U0872493

2023年1月17日，中国农业科学院2023年工作会议在北京闭幕

2023年5月26日，中国农业科学院召开交流会，重温习近平总书记贺信精神

2023年3月24日，农业农村部副部长张兴旺调研国家成都农业科技中心

2023年4月1日，农业农村部副部长张兴旺调研中国农业科学院国家南繁研究院

2023年4月18日，中国农业科学院召开院部改革暨新部门集中揭牌会议

2023年3月31日，中国农业农村低碳发展论坛暨第十六届农业环境峰会在北京召开

2023年4月20日，2023年中国农业展望大会在北京召开

2023年5月21日，中国农业科学院发布《中国农业产业发展报告2023》《2023全球粮食政策报告》

2023年9月14日，中国农业科学院中原研究中心在河南省新乡市平原示范区揭牌

2023年9月5日，我国首个国家级北方水稻科技创新平台——中国水稻研究所北方水稻研究中心落户黑龙江省宝清县

2023年11月8—9日，中国农业科学院召开2023年科技创新工作会

2023年11月23日，中国农业科学院召开“科技创新工程这十年”发布会

2023年11月22日，中国农业科学院基因组研究所黄三文研究员当选中国科学院院士

2023年4月13日，中共中央组织部人才工作局副局长张志到中国农业科学院调研人才工作

2023年12月18日，中国农业科学院参加第二届全国博士后创新创业大赛

2023年10月27日，中国农业科学院、四川省农业农村厅、成都市人民政府共同主办第三届全国农业科技成果转化大会

2023年10月27日，中国农业科学院院长吴孔明为生猪产业专家团等8个产业专家团团长颁发证书

2023年2月10日，江西省副省长卢小青到中国农业科学院调研座谈

2023年4月24日，中国农业科学院与新疆维吾尔自治区人民政府签订科技合作补充协议

2023年3月31日，中国农业科学院科技小分队在河南省伊川县开展小麦春季田间管理指导

2023年5月10日，中国农业科学院召开第一批产业顾问组支持脱贫县产业发展工作启动会

2023年5月29—30日，中国农业科学院组织开展丘陵山区“短板”农机装备调研

2023年6月9日，中国农业科学院党组书记杨振海赴甘肃省舟曲县调研产业发展情况

2023年7月6日，中国农业科学院院长吴孔明赴贵州省台江县调研产业发展情况

2023年9月19日，中国农业科学院科技小分队赴安徽省含山县开展稻米品质提升技术指导

2023年10月28日，召开中国农业科学院科技支撑乡村振兴示范县建设推进会

发布《2023年度中国农业科学院知识产权分析报告》

2023年10月26日，第七届国际农科院院长高层研讨会在海南省三亚市举行

2023年3月7日，联合国粮食及农业组织（FAO）总干事屈冬玉博士访问中国农业科学院

2023年3月27日，来自拉丁美洲和加勒比地区20国的驻华使节访问中国农业科学院

2023年6月15日，美国比尔及梅琳达·盖茨基金会联席主席比尔·盖茨访问中国农业科学院

2023年10月31日，国际杰青计划十周年研讨对话活动在中国农业科学院举行

2023年4月27日，中国农业科学院举办“希望之星”英语演讲大赛

2023年2月21日，由中国农业科学院与河南省宁陵县联合举办的大型现代豫剧——农科精神剧作《黄河故道梨花开》在北京展演

2023年3月7日，中国农业科学院妇女工作委员会举办“倾情礼赞新时代 巾帼奋进新征程”——中国农业科学院纪念“三八”国际妇女节113周年暨表彰活动

2023年3月29日，中国农业科学院举行纪念郭予元院士诞辰90周年活动暨铜像揭幕仪式

2023年4月7日，中国农业科学院2023年职工健步走活动启动仪式在国家奥林匹克森林公园举办

2023年4月22日，中国农业科学院第五届农科开放日暨海淀区“科普之春”活动在国家农业科技创新园正式启动

2023年5月8日，中国农业科学院举行庄巧生院士纪念活动

2023年5月9日，中国农业科学院党组举行学习贯彻习近平新时代中国特色社会主义思想主题教育专题读书班集中研讨暨理论学习中心组学习会

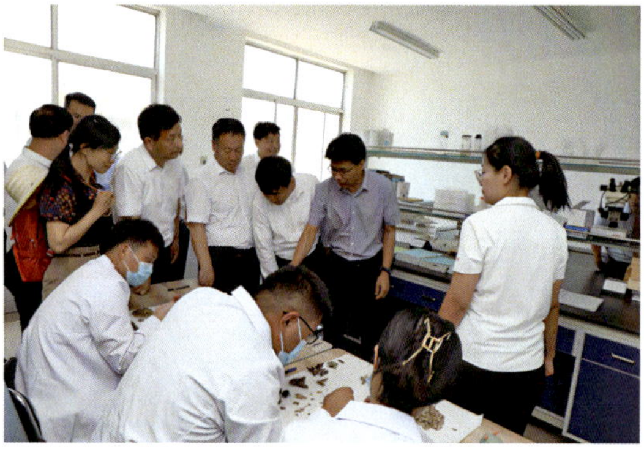
2023年6月21日，中国农业科学院植物保护研究所在山东长岛海洋生态文明综合试验区北隍城岛举行“长岛试验站精神”发布活动

2023年6月29日，中国农业科学院召开庆祝中国共产党成立102周年表彰大会

2023年6月29日，农业农村部党组成员、中国农业科学院院长吴孔明为全院党员干部作主题教育专题党课报告

2023年7月19日，中央和国家机关工委群众工作部（统战部）联合农业农村部直属机关党委和中国农业科学院，共同举办2023年第3期中央和国家机关党外代表人士“同心筑梦”活动

2023年9月28日，由中国农业科学院工会主办，院足球俱乐部（环发所）承办的中国农业科学院第六届“跨越杯”足球联赛在北京圆满收官

2023年10月25日，中国科学院院士、中国农业科学院哈尔滨兽医研究所动物流感基础与防控研究创新团队首席科学家陈化兰再次当选中华全国妇女联合会副主席

2023年11月13日，中国农业科学院党组书记杨振海同新一届院团委委员集体谈话

2023年10月30日至11月2日，中国农业科学院2023年党支部书记示范培训班在北京举办。院党组书记杨振海出席开班式并讲授第一课

中国农业科学院棉花研究所研究员严根土被中华全国总工会授予“全国五一劳动奖章”荣誉称号

中国农业科学院作物科学研究所研究员谢瑞芝被评为2023年“全国巾帼建功标兵”

中国农业科学院果树研究所研究员赵德英被中华全国总工会授予“全国五一劳动奖章”荣誉称号

中国农业科学院直属机关党委正处级纪检员、院工会副主席、研究员刘燕被人力资源社会保障部、中华全国总工会授予“全国工会系统先进工作者”荣誉称号

中国农业科学院资源与区划研究所研究员周卫、何萍家庭荣获“2023年全国最美家庭”荣誉称号

中国农业科学院年鉴

2023

中国农业科学院办公室　编

中国农业科学技术出版社

图书在版编目(CIP)数据

中国农业科学院年鉴. 2023 / 中国农业科学院办公室编. -- 北京：中国农业科学技术出版社，2025. 6. -- ISBN 978-7-5116-7436-4

Ⅰ. S-242

中国国家版本馆 CIP 数据核字第 2025YG6564 号

责任编辑 史咏竹
责任校对 马广洋
责任印制 姜义伟　王思文

出 版 者 中国农业科学技术出版社
北京市中关村南大街 12 号　　邮编：100081
电　　话 (010) 82105169 (编辑室)　　(010) 82106624 (发行部)
(010) 82109709 (读者服务部)
网　　址 https://castp.caas.cn
经 销 者 各地新华书店
印 刷 者 北京建宏印刷有限公司
开　　本 185 mm×260 mm　1/16
印　　张 64. 25　　彩插　20 面
字　　数 1 475 千字
版　　次 2025 年 6 月第 1 版　2025 年 6 月第 1 次印刷
定　　价 268. 00 元

版权所有 · 翻印必究

《中国农业科学院年鉴 2023》

编 辑 委 员 会

主　　任　吴孔明　杨振海

副 主 任　周若辉　叶玉江　孙　坦　刘现武　曹永生　陈华宁

委　　员　孙君茂　李新海　范　静　夏耀西　金　轲　彭文君　钱万强　舒文华　赵玉林　姜梅林　方海洋

主　　编　吴孔明

执行主编　刘现武

副 主 编　孙君茂　张树清　张庆忠　苗水清

执行编辑　鞠光伟　左　旭　肖碧林　李　宁　龚　渤　黄丹丹　杨　洋　郭燕枝　欧阳灿彬　钟　娟　陈黎明

参编人员　卜振鲲　王安佳　王丽娜　王　莹　石　瑾　毕祥远　乔　磊　邬震坤　刘　艺　李卫东　李欣欣　杨　灿　郑钊光　单　榕　赵春雷　胡馨月　徐雷鸣　高羽洁

目 录

一、总 类

二、科研创新与创新工程

三、科技支撑乡村振兴

四、国际合作与交流

五、人事管理与人才建设

六、计划财务管理与条件建设

七、研究生教育与管理

八、综合政务管理

九、党的建设、思想政治和党风廉政工作

十、人物介绍

十一、大事记

一、总　　类

深入学习贯彻党的二十大精神
为建设农业强国提供强有力科技支撑

——中国农业科学院2023年工作会议报告

农业农村部党组成员、中国农业科学院院长　吴孔明

2023年1月16日

同志们：

今天，我们召开2023年院工作会议，主要任务是，全面学习贯彻党的二十大精神，贯彻落实中央经济工作会议、中央农村工作会议精神，全面总结2022年工作，系统盘点新时代十年特别是习近平总书记致我院贺信五年来的发展成效，分析当前主要形势和任务，研究部署2023年重点工作。

2022年，党的二十大胜利召开，为新时代新征程党和国家事业发展、实现第二个百年奋斗目标，指明了前进方向，确立了行动指南。年底召开的中央经济工作会议，发出了提振发展信心、推动经济运行整体好转的强烈信号；党的十八大以来，习近平总书记第四次出席中央农村工作会议并发表重要讲话，系统阐释了建设农业强国、加快推进农业农村现代化、全面推进乡村振兴的一系列重大理论和实践问题，明确了当前和今后一个时期“三农”工作的目标任务、战略重点和主攻方向。全院上下要深入学习贯彻会议精神，锚定建设农业强国目标，以加快实现高水平农业科技自立自强为己任，全力以赴提升科技创新整体效能，奋力谱写农科发展新篇章。

下面，我讲三点意见。

一、2022年全院上下一心、努力奋斗，各项工作取得积极成效

过去一年，我们坚持“四个面向”，围绕“国之大者”，创新机制“举院抓大事”，谋划建设“四中心一智库”，统筹疫情防控与科技创新，高质量完成全年各项工作任务，为粮食生产实现“十九连丰”、中国人的饭碗端得更牢、脱贫攻坚成果持续巩固、乡村振兴全面推进贡献了强劲的农科力量。

（一）重大科技立项喜获丰收

一是国家科技计划立项再创佳绩。全院新增国家科技计划629项，同比增加34%，其中，国家重点研发计划51项，同比增加60%。成功申报11项关键核心技术攻关项目和3项生物育种重大专项。二是科学基金再上新台阶。新增国家自然科学基金346项、社会科学基金8项，直接经费1.79亿元，同比增长5.4%。其中，创新研究群体项目1项、重点项目4项、优青项目7项。三是启动实施创新工程“跃升计划”。突出国家队使命，落实78项任务清单，稳定支持330个创新团队，组织开展长周期、非共识、应急性重大科学问题研究和重大科技任务联合攻关。

（二）原创性、引领性科技创新取得新突破

一是基础研究取得新进展。发表科技论文7 734篇，在《自然》《科学》主刊上发表论文4篇，在水稻高产基因挖掘、马铃薯遗传多样性、番茄遗传变异、几丁质定向生物合成等领域取得重大原创性发现。二是关键核心技术攻关取得新成果。实施强种、沃田、增粮、智机等科技行动。获省部级奖励33项，其中一等奖14项。中油杂501刷新我国冬油菜单产和含油量纪录，华西牛成为我国首个自主育成的肉牛新品种，羊小反刍兽疫病毒抗体检测试纸获批国家一类新兽药。聚焦耕地要害问题，突出融合创新，加强黑土地健康培育；突出以种适地，加强盐碱地综合利用。《新闻联播》9次报道我院重大科研进展。三是农业长期因子观测体系构建迈出坚实一步。围绕农业资源、生态、生物安全、微观经济及人居环境等五大领域，初步构建“数据总平台—区域中心—观测站”三级观测网络体系。牵头第三次全国土壤普查相关工作，开发应用全国土壤数据库。四是学科体系全面重塑。新增“农业基础前沿”和“农业微生物”学科集群，重构“农业经济与农村发展”和“农业装备工程与农业信息”学科集群，形成“11大学科集群、58个学科领域、282个重点方向”的全新学科体系。

（三）科技服务稳产保供和产业发展有力有效

一是建立常态化体系化科技服务新机制。组建小麦、水稻等6个产业专家团，打造专家工作站和“田间课堂”，组织开展夺夏粮、秋粮丰收和油菜扩增等专项行动，千名专家常态化指导一线生产。在主产区开展油菜、蔬菜、人居环境等20个领域的高产高效技术集成与示范，集成先进实用技术209项，建设示范基地167个，示范面积169万亩①。科技帮扶160个重点县，持续打造11个乡村振兴科技支撑示范县，78名科技特

① 1亩≈667平方米，全书同。

派员对口帮扶42个县、19类产业。二是成果转化支撑产业发展取得新成效。全院成果转化到账收入13.78亿元，同比增长5.7%。联合大北农等100余家知名企业成立科企融合发展联合体，院级战略合作企业增至8家，年度合作经费达2.9亿元。获发明专利1 584件，知识产权转化率达25%，同比提高5个百分点。单价1 000万元以上知识产权转让6项，200万元以上的55项。第二届全国农业科技成果转化大会发布千余项优秀科技成果、百余项重大科技成果，4个重点项目签约总额2.9亿元。

（四）国家战略人才力量不断壮大

一是高层次人才引育加速推进。精准引进急需紧缺人才26人，69人次入选国家人才计划，入选首届“神农英才”领军人才数占全国总数的31%，农科英才总数达422人。组织首次农科英才期满考核，88名英才获新一轮院级稳定支持，23人院层面不再给予经费支持。启动青创专项，首批遴选支持41人。新晋正高级职称144人平均年龄43岁，副高级职称279人平均年龄37岁，创新团队首席科学家平均年龄降至48.7岁。二是领导班子和干部队伍建设持续加强。加快“推年轻”，29个班子配备45岁左右副职。选派32名优秀干部挂职锻炼，4人执行第十批援藏挂职任务，13人参与国家南繁研究院、西部农业研究中心建设，推动干部历练成长。健全“一把手”和领导班子监督管理长效机制，激励担当作为。三是人才支持保障政策更加有力。积极组织申报神农英才，45名人才共获1 800万元奖励；创设院级人才奖项，给予10名杰出人才和30名优秀青年人才共1 000万元奖励。人员调配单独立户，京外调干、解决夫妻两地分居自主申报、直通审批44人，数量和速度均大幅提高。统筹自有资金5 000多万元安排人才和挂职干部补助等。四是后备人才队伍量质双升。在站博士后首次突破800人，年度进站人数增长28%，博士后基金项目资助再创新高。研究生招生指标同比增加145个，录取硕士生中“双一流”高校生源达1/3，博士生中重点院校生源超70%。五是国际高层次人才交流稳步推进。获批国家级留学类和外专类项目近百项，选派出国研究人员58批次，引进外国专家109批次。获批国家引才引智示范基地4个，新增驻外农业外交官2名、联合国粮食及农业组织（FAO）高级官员2名。

（五）科技创新条件能力水平持续提升

一是重大平台建设取得历史性突破。牵头建设水稻、蔬菜、作物基因资源等8个全国重点实验室，参与建设畜禽生物育种等7个全国重点实验室，数量占全国农业领域的40%。积极参与崖州湾国家实验室建设，正式组建基因编辑创新利用重点实验室。二是资金保障力度持续加大。全院财政预算收入38.34亿元，其中院统筹科研经费12.9亿元。多渠道争取条件建设资金12.8亿元，有力保障科研条件建设需求。三是农业大科学设施建设梯次推进。国家作物种质库投入使用；北方水稻中心、海外农业中心、南繁表型设施基本建成，种业创新中心和农业基因组学中心加快建设；畜禽种质库、深圳国际食品中心、作物基因编辑与表型鉴定中心、茶产业技术创新中心等稳步推进。四是区域中心基本建设步伐加快。国家成都农业科技中心一期工程投入使用，国家南繁研究院国际合作交流中心建设进展顺利，西部农业研究中心昌吉①、喀什、巴州②基地以及农业生物安全中心西北分中心等项目加快推进。五是信息化支撑能力进一步加强。完成数字农科 3.0 系统开发，打造专属工作平台，解决系统入口多、功能分散、数据不共享等问题。

（六）科技开放合作更加积极主动

一是院地院校合作务实推进。与内蒙古③、河南等地方政府联合打造北方农牧业中心、中原农业中心等区域创新平台。牵头建设国家农业科技创新联盟，推动成立碳达峰碳中和、盐碱地综合利用等 6 个专业和产业创新联盟。二是高水平国际科技合作不断深化。国际大科学计划申报加快推进，农业基因资源阐析（G2P）列入国家有关方案的重点领域和优先方向，与 19 家国际合作伙伴签署了合作意向书。新增国际合作项目 121 项，是 2021 年的 1.5 倍；获批国家重点研发计划政府间合作专项 16 项，是 2021 年的 3.2 倍。三是全球创新合作布局持续拓展。成立“FAO—中国农业科学院创新平台”，成为我国落实联合国全球发展倡议的七大举措之一。“全球农业科技创新联盟”通过科协初步论证，21 家国外机构和 34 家国内机构响应加入。牵头筹建中非农业科技创新联盟。在哈萨克斯坦、罗马尼亚、乌拉圭 3 个国家的“一带一路”联合实验室建设进展顺利。新建 11 个国际联合实验室。四是国际影响力显著提升。116 名专家在国际组织和机构中兼职，358 名专家在 710 个国际知名期刊（近半数为一区期刊）兼任编辑。举办第二届国际小麦大会等重要国际会议 57 场，受邀参加 FAO 首届“国际植物健康日”活动、世界粮食论坛等 233 场国际会议。继续支撑气候变化谈判，承办数十场各专业领域国际培训班。

（七）国家农业高端智库建设稳步推进

一是战略中心实体化运行。成立理事会，初步形成“一办三部”的组织架构，强化战略研究中心牵头智库建设、成果集成创新和交流发布的核心枢纽作用。统筹组织全院研究力量，围绕夯实粮食安全根基等重大战略问题，完成 20 多项重大战略研究任务，研究形成近 40 项战略研判和政策建议报告。二是智库成果决策影响力进一步提升。充

① 新疆维吾尔自治区（全书简称新疆）昌吉回族自治州，全书简称昌吉。

② 新疆巴音郭楞蒙古自治州，全书简称巴州。

③ 内蒙古自治区，全书简称内蒙古。

分发挥农经观察、农科讲坛等高端学术交流平台作用，研究提出了巩固粮食主权、科学恢复南方多熟制、发展戈壁生态农业、优化大豆玉米带状复合种植等政策建议，81 份咨询报告得到党和国家领导人重要批示。向中共中央办公厅报送 35 期《中国农业科学院信息》，12 篇被采纳，6 篇获批示。接续发布农业展望、产业发展、绿色发展、科技进展等系列智库报告，新推出中国食物与营养发展报告，打造智库成果品牌。

（八）科技创新体制机制持续优化

一是建立“举院抓大事”管理机制。聚焦种子、耕地、生物安全、农机装备、绿色低碳、乡村发展等 6 个重点领域，部署实施 22 项院级重大任务，组建重大任务专班，成立种子科技处，建立总首席+总指挥的“双总制”管理模式。以监督机构改革为标志性措施，推动院部由管所为主向管所与管大事并重转型。二是成功纳入中央编办[①]编制备案管理试点。机构编制资源统筹调配实现重大突破，同步解决研究生教育事业编制紧缺和职工未纳入基本养老保险的多年难题。三是科研“放管服”不断深化。顺利启动预算管理一体化建设，简化科研项目预算编制，下放预算调剂权限，管好用好从稳定经费中提取的奖励经费。批复 34 个研究所章程，实现院所章程管理全覆盖。四是评价与监测工作持续优化。突出国家队使命导向，优化完善研究所评价指标。简化运行监测指标体系，优化数据填报频率，强化监测结果运用。以事业单位组总分第一和创新项目单项第一的成绩获得部绩效考核优秀单位。

（九）综合保障能力大幅提升

一是全力以赴抓好新冠疫情防控。紧跟政策调整，全面落实措施，强化应急处置，院区所区生产生活平稳有序。特别是中关村院区突发新冠疫情期间，院部和院区各单位第一时间动员 600 余人投身一线，全力打赢防控阻击战。新冠疫情防控转段后，关心关爱重点人群，组织疫苗接种，做好医药保障，重点做好老职工、老专家、老病号的服务保障和求医问药。三年抗疫，全院众志成城，每个阶段都得到广泛支持和认可，每个阶段都涌现出许多让人感动的人与事，农科精神在齐心抗疫中得到丰富和发展。二是提升公共保障与服务能力。加快推动昌平院区建设，实施条件建设三年攻坚行动，启动京区 13.1 万平方米老旧小区综合改造，梯次推进京外所区基础设施建设，改造中关村院区英才公寓 82 套。落实安全责任制，加强危化品专项整治、实验室生物安全、消防安全和地下空间管理，筑牢安全生产防护墙。抓好净化、绿化、亮化，恢复中关村院区绿地 2.5 万平方米，整治院区交通秩序，加强经营业态管控，确保国有资产合法合规合理使用。扎实做好离退休职工服务，持续开展增添正能量系列活动，为老同志办好事办

---

① 中央机构编制委员会办公室，全书简称中央编办。

实事。

（十）党的领导全面加强

一是持续加强政治建设。把学习宣传贯彻党的二十大精神作为首要政治任务，坚持“两个第一”学习制度，院党组带头学、各级党组织深入学、院士团队主动学，自觉把学习成效转化为推动事业发展的生动实践。二是传承弘扬新时代农科精神。开展“灯塔、谱系、铸魂、强基”系列行动，梳理习近平总书记的农科牵挂，举办陈凤桐、李光博、徐冠仁等院士诞辰纪念活动和老院士学术思想研讨会、老领导农科思想交流会，大力宣传保丰收、抗疫情等活动中涌现的先进事迹。加强教育基地建设，新乡精神展馆入选全国首批科学家精神教育基地。三是锻造坚强有力的基层党组织。新发展 382 名党员，全院党员总数突破 1 万名。深化党支部标准化规范化建设，获评中央和国家机关“四强”党支部 29 个、部“四强”党支部 57 个。巩固“支部建在团队”成果，在科技小分队、科技帮扶工作组等建立临时党组织，加快推进南繁院、西部中心、战略中心党组织建设。四是以严实细的作风强化全面从严治党。持续巩固深化中央巡视整改成果，高质量完成对 9 个单位的巡察，建立巡察整改监督评估机制，做好“后半篇文章”。坚持把政治监督摆在首位，对 5 个单位开展政治生态专题调研，聚焦贯彻落实中央八项规定精神、新冠疫情防控等做实专项监督。坚持抓早抓小，在提拔、晋升、入职、入学、导师上岗等关键节点开展廉政谈话、纪律宣讲和警示教育。抓住信访举报、日常监督发现的苗头倾向和风险隐患，通过约谈函询、批评教育等多种方式，把严管厚爱融入日常、抓在经常。

同志们，2022 年的成绩来之不易，这主要得益于习近平总书记贺信精神的激励指引，得益于农业农村部①党组的正确领导，得益于各有关部委和社会各界的大力支持，得益于全院上下的团结奋斗。

2022 年也是中国农业科学院建院 65 周年，我们今天取得的成就，是一代又一代农科院人接续奋斗、辛勤耕耘得来的。特别是党的十八大以来，以习近平同志为核心的党中央高度重视农业科技创新，我国农业科技创新能力显著增强，中国农业科学院发展进入历史最好时期。2017 年 5 月 26 日，习近平总书记致信祝贺我院建院 60 周年，为我院创新发展指明了前进方向、提供了根本遵循。十年来，我们坚持以习近平新时代中国特色社会主义思想为指导，聚焦主责主业、强化使命担当，实施创新工程，科技平台更加完善、人才基础更加扎实、创新体系更加完备、创新成果更加丰富、创新效能加快提升。十年来，我院论文发表数量增长 30%，在《自然》《科学》《细胞》发表文章从过去几年一篇到现在一年数篇，专利数量增长 92%，审定新品种数量增长 4 倍，新兽药、农药、肥料登记数量增长 2.8 倍。习近平总书记致贺信这五年来，我们面向世界农业科

① 中华人民共和国农业农村部，全书简称农业农村部。

技前沿，加强原创性、引领性科技攻关，作物功能基因组、植物保护、预防兽医等基础学科全球领跑，在全球顶尖期刊发表论文67篇，取得科技成果445项，国家科技奖占全国农业领域的1/4。我们面向国家重大需求，创制华浙优261、中麦578、中豆63、中甘21、中畜黑猪、华西牛、中新白羽肉鸭、广明2号白羽肉鸡等重大新品种，研发玉米籽粒直收、水稻长秧龄大苗同步开沟插秧、油菜毯状苗移栽等技术模式与装备，构建草地贪夜蛾监测预警与应急防控技术体系，全力支撑农业稳产保供。我们面向现代农业建设主战场，主动派出数万人次科技人员深入脱贫攻坚和乡村振兴一线，建立了常态化体系化科技服务机制，牵头组建7家国家农业科技创新联盟实体，务实推进与地方政府和龙头企业战略合作关系。我们面向人民生命健康，研发高效二价禽流感灭活疫苗、农产品化学污染物快速检测技术，牵头编制国家食物与营养发展纲要。我们始终坚持和不断加强党的全面领导，把支部建在创新团队上，持续弘扬新时代农科精神，探索建立有农科特色的监督体系，努力营造纪律严明、环境宽松的创新文化氛围，持续优化学科体系和科研力量布局，实施农科英才工程，推动"放管服"落地见效，一流学科与一流院所建设不断推进。

在此，我代表中国农业科学院，向长期关心支持我院发展的各级领导、各界朋友，向辛勤耕耘、奉献有为的全院职工，表示衷心的感谢和崇高的敬意！

二、切实增强加快农业科技创新的使命感紧迫感

习近平总书记强调，强国必先强农，农强方能国强。保障粮食和重要农产品稳定安全供给始终是建设农业强国的头等大事；全面推进乡村振兴是新时代建设农业强国的重要任务；要依靠科技和改革双轮驱动加快建设农业强国；农村现代化是建设农业强国的内在要求和必要条件，建设宜居宜业和美乡村是农业强国的应有之义。我们要深入学习、深刻领会习近平总书记关于建设农业强国、加快推进农业农村现代化、全面推进乡村振兴的一系列重要论述，准确把握农业科技创新面临的新形势、新任务和新要求，切实把思想和行动统一到中央擘画的宏伟蓝图、谋划的战略部署上来。

第一，要深刻认识农业要强农业科技必须强。在耕地、淡水等基础资源以及农业劳动力日趋紧张的情况下，建设农业强国，从根本上讲要依靠高水平农业科技支撑与赋能、加快实现高水平农业科技自立自强。当前，生物技术、信息技术、材料技术等领域发展日新月异，基因编辑、生物育种、数字智能等颠覆性技术不断加快农业产业变革。新冠疫情防控仍是吃劲的时候，全球保护主义愈演愈烈，气候变化、粮食安全、粮农治理等问题错综复杂，外部不确定因素增多，农业领域国际合作面临较大压力。我们必须清醒地认识到，在复杂严峻的形势下，要赢得农业科技竞争和现代化发展的主动权，就必须紧盯世界农业科技前沿，聚焦底盘技术、核心种源、关键农机装备等领域，强化自主创新和原始创新，推动农业科技由跟跑、并跑向领跑跨越。

第二，要深刻认识实现稳产保供必须依靠农业科技创新。中央经济工作会议和农村

工作会议对实施新一轮千亿斤①粮食产能提升行动作出部署，强调要抓住耕地和种子两个要害，健全种粮农民收益保障和主产区利益补偿两个机制，树立大食物观，构建多元化食物供给体系。我们要深刻理解党中央决策部署的精神实质，坚持聚焦稳产保供强化科技供给，在增产和减损两端同时发力，提升全要素生产率，提高单位土地产出，开发多元化食物供给渠道，加强减损技术研发，统筹国内国际两种科技资源，用提高科技竞争力来稳定、扩大食物供给空间、端牢端稳中国饭碗。

第三，要深刻认识全面推进乡村振兴迫切需要通过科技创新塑造新动能新优势。中央农村工作会议强调，产业振兴是乡村振兴的重中之重，巩固拓展脱贫攻坚成果是底线任务，增加农民收入是中心任务。在支撑乡村振兴方面，我们要加快推进科技创新由注重种养为主向“种养加”结合、一二三产业融合全过程拓展，由注重农业向农业农村并重拓展，由注重生产向生产生活生态并重及文化、休闲等多功能性拓展，推动乡村产业全链条升级。在巩固拓展脱贫攻坚成果方面，要继续实施好乡村振兴科技支撑行动，把脱贫攻坚联系点打造成为乡村振兴示范点，通过科技赋能提升可持续发展能力，助力农民实现增收致富。

第四，要深刻认识建设宜居宜业和美乡村迫切需要科技创新强力支撑。中央农村工作会议强调，要一体推进农业现代化和农村现代化，实现乡村由表及里、形神兼备的全面提升。我们要认识到，适应高质量推进乡村发展、乡村建设、乡村治理的新形势和新要求，必须深入推进科技创新布局从“一农”向“三农”转变，大力推进支撑农村现代化的科技创新工作，努力为系统治理农业面源污染、改善农村生活条件、推进厕所革命、垃圾污水处理和乡村建设规划提供行之有效的解决方案。要加强农业资源节约化和农业投入品减量化技术研究，推进生物防控、绿色投入品、节能环保设施装备等绿色低碳农业技术研究，为人民群众提供更多绿色优质的生态产品、文化产品和公共服务产品。

当前，我国农业科技整体实力已跨入世界第一方阵，农业领域高被引论文数量和发明专利申请量都稳居全球第一。农业科技进步贡献率由 2012 年的 54.5%提高到 2021 年的 61.5%，农作物耕种收综合机械化水平从 2012 年的 57%提高到 2021 年的 72%以上，科技已成为农业农村发展最重要的驱动力。但是，我们也要深刻认识到，农业科技发展仍然存在不少困难和问题。党的二十大报告指出科技创新能力还不强，中央农村工作会议强调科技创新体系存在各自为战、低水平重复、转化率不高等突出问题。这些问题不仅是全国性的共性问题，在我院也不同程度地存在，具体表现在以下四个方面。

第一，科研力量布局亟须加速优化。2022 年，我们下大力气研究调整科研力量布局，刚修订完成新的学科体系。但是，从“四个面向”的标准看，我们的农业农村基础性长期性工作积累还不够，乡村学科体系短板突出，新兴交叉学科融合不足，落实“大食物观”的整体谋划和研究能力有待加强，基础研究尚未形成系统性、全局性的前

---

① 1 斤=0.5 千克，全书同。

瞻引领。一些部门、研究所缺乏识变的敏锐性、应变的主动性、求变的改革精神，科研力量布局滞后于国家农业产业结构调整和主产区转移的大趋势。一些科研团队习惯跟随式发展，开展原始创新的意识和能力不足，聚焦关键核心技术开展大联合大攻关的使命感与责任感还有待加强。

第二，创新资源统筹利用机制不完善。我院研究所力量分散、各自为战、交叉重复等问题还不同程度地存在。还未建立与“举院抓大事”相匹配的资源配置机制，尚未形成聚焦重大科技问题开展联合攻关的组织模式和考核评价机制，还没有实现平台基地、科研资产、科研经费、人才力量的一体化布局、一体化配置、一体化使用。

第三，高水平人才中心建设任务仍然艰巨。我院人才引进力度还不够大，青年人才担重任、挑大梁的有效机制还有待健全完善。人才队伍质量结构的问题突出，与国家队的定位相比、与农科院的体量相比，新兴学科和交叉学科人才短缺，农业基础研究高端人才储备不足，京外部分研究所引进人才困难，高层次有影响力的专家仍然偏少，战略科学家更是凤毛麟角。

第四，产学研深度融合还不足。虽然我院科技成果转化率在逐年提升，但是由于科研选题与产业需求结合还不够紧密，大部分科技成果仍然束之高阁，没有实现转化推广，没有实现产业化应用。面对培育重大作物和畜禽新品种、研发推广适用农机具和现代农业投入品、创新推广现代耕作技术模式以及推动乡村产业全链条升级等技术难题和现实需求，我们的科技供给还严重不足。

这些问题很多是长期存在的难点，既有客观因素，更有主观原因，全院一定要统一思想认识，不断强化担当作为，创新改革举措，完善体制机制，加大工作力度推动解决。

三、为建设农业强国提供强有力科技支撑

2023年是全面贯彻落实党的二十大精神的开局之年，是实施“十四五”规划承上启下的关键一年，下一个阶段，我们要坚持以习近平新时代中国特色社会主义思想为指导，以学习宣传贯彻党的二十大精神为首要政治任务，以高质量全方位支撑农业强国建设为统领，以“抓改革、优布局、强统筹、提能力”为总体要求，一体部署推进全院科技、人才和教育工作，持续打造国家农业科技战略力量，更好发挥农业科研国家队的“领头羊”作用。抓改革，就是要全力以赴推进“举院抓大事”改革，调整优化管理机构、组织模式、运行机制、评价体系；优布局，就是要紧紧围绕“四个面向”，主动适应形势与任务的发展变化，加快优化学科布局和科研力量布局；强统筹，就是要加强人、财、物等科技资源统筹配置，推动财务预算管理一体化、科研设施规划建设一体化、科研资源管理使用一体化；提能力，就是要聚焦供给保障安全可靠、科技创新自立自强、设施装备配套完善、产业链条健全高端、资源利用集约高效、国际竞争优势明显等农业强国基本内涵，加强基础研究、关键核心技术与装备攻关，加快科教科产融合发

展，扩大农业科技国际交流与合作，提升支撑粮食和重要农产品稳定安全供给、全面推进乡村振兴的整体能力。

2023 年要重点抓好以下十项工作。

（一）加快推进六大领域科技创新

深入实施创新工程“跃升计划”，围绕重点领域，聚集优势力量，开展集中攻关。一是加快建立重大任务联合攻关机制。重塑管理体系，持续推进 6 个重点领域全面建立“双总制”；加快重大任务管理机构建设，强化重大任务的组织实施、日常管理、资源调度和综合协调。二是强化种业创新攻关，加强种质资源保护和鉴定利用，挖掘重大价值基因，培育优异新品种，加强生物育种技术研发与产业化应用，选育南方多熟制作物新品种，加快畜禽良种化和大动物品种国产化，加快实现重要种源自主可控。三是强化耕地保护利用科技创新，在“护黑土、肥旱地、阻酸化、保水田、改盐碱、强设施、挖潜力”上下功夫，突破关键技术，提供系统解决方案，打造示范样板。四是强化农机装备补短板，聚焦粮食装备智能化、棉油装备关键核心技术自主化、薄弱环节和区域生产装备全面化，研发新型农业设施装备，推进戈壁设施农业试点，构建适应国情农情的农机装备体系。五是强化农业生物安全研究，系统开展外来物种入侵、植物病虫草害、畜禽疫病、微生物耐药性、生物技术环境安全等风险因素的监测预警、快速检测、综合防控和战略研究。六是强化农业绿色发展技术供给，围绕农业资源高效利用、投入品科学使用、产地环境清洁等，研发推广绿色低碳种养技术和产品。七是强化乡村发展科技支撑，研发农村人居环境治理技术，研究数字乡村治理和乡村科学规划，研发乡村特色产业发展集成配套技术。

（二）全面提升科技创新效能

一是持续优化学科体系。全面推进建设 11 大学科集群，强化基础前沿研究，筑牢传统学科优势，补足农业微生物、乡村振兴等学科短板，努力打造有中国农业科学院特色优势的科研学术体系。制定基础研究行动方案，建立基础研究工作体系，实施基础研究专项，激励引导全院加强基础研究。二是依托全国重点实验室建设科学中心。院党组直接领导，依托全国重点实验室分期分批建设科学中心，聚焦重要领域的共同性、基础性、前瞻性科学问题，开展跨所、跨学科、跨团队的交叉研究。三是主动承担国家重大项目。力争在国家关键核心技术、生物育种重大专项和重点研发计划、自然科学基金、社会科学基金的重大类项目立项上实现新突破。探索建立根据竞争性经费匹配稳定性经费支持的奖励机制，鼓励研究所争取竞争性经费，围绕主责主业开展战略性、原创性、引领性科技攻关。四是加强长期因子综合观测网络建设。提升院所两级试验基地的综合能力，打造一批综合观测试验站。推动农业农村长期因子综合观测体系财政专项落地落细。谋划申报基础资源调查专项及科学考察项目。积极引导收集整理各领域长期因子观测数据成果，拓展数据资源，加强开放共享。

（三）加强技术服务与成果转化

以国家战略需求为导向，强化科技成果转化与技术集成推广，保障粮食和重要农产品稳定安全供给，支撑乡村全面振兴。一是强化转基因产业化试点技术服务。做好转基因玉米和大豆试点的跟踪监测，深入一线开展技术指导和培训服务，跟踪解决重大技术问题。开展转基因作物储备品种研发，做好转基因技术科普宣传。二是建立常态化稳产保供服务机制。以小麦产业专家团为样板，组建覆盖粮棉油、肉蛋奶、果蔬茶等主要产业的科技支撑队伍，完善“专家团—专家站—田间课堂”服务体系，全方位、常态化支撑农业产业发展。三是科技赋能乡村振兴。加快推进建设乡村振兴学院。加强与国家乡村振兴局工作对接，持续推进重点帮扶县和示范县共建，支撑全国农业科技现代化先行县建设。建立考核评估机制，引导示范县建设良性发展。四是深化科企科产融合发展。推动科企合作项目落地，构建科企联合研发中心，打造科企融合发展样板。完善院地协同攻关体系，加快推动中原中心、北方农牧中心等区域创新中心建设。加强转移转化平台建设，强化知识产权服务，提升高质量高价值知识产权创造和转化运用水平。

（四）深入实施人才强院战略

进一步夯实人才第一资源的基础性、战略性地位，完善“四横四纵”人才体系布局，努力打造国家农业战略人才高地。一是升级实施“农科英才工程”。完善高层次人才引进培育、支持保障、培训研修、考核激励、动态管理机制，加快健全各年龄段人才激励政策。优化人才结构布局，在重大科研任务中培养使用战略科学家，储备一批高层次复合型人才，选拔一批领军人才、青年英才，进一步扩大国家级人才队伍规模。二是打造高素质干部队伍。全面落实任期制，着眼院所高质量发展选干部、配班子，进一步“推年轻”。加强担责履职考核，形成能者上、优者奖、庸者下、劣者汰的良好局面。加强干部全方位管理、日常教育和经常性监督。三是建设全程高质量教育体系。持续提高生源质量、优化生源结构，推动招生指标向6个重点领域倾斜。加强教师、导师及管理队伍建设。推进中国农业科学院大学建设，构建本硕博贯通培养的人才培养体系。四是加强国际化人才队伍建设。积极申报国际人才合作培养和外国专家引进项目，大力加强国内外高层次人才交流，支持鼓励我院专家参与外交官选派和国际组织岗位竞聘。依托国家南繁研究院、西部农业研究中心等推进国际教育学院建设，深化中外合作办学。

（五）扩大农业科技交流合作

加强国内外科技交流合作，努力开创农业科技合作新格局。加强与全国各级农科院、高校的科技合作，完善实体化机制，建强国家农业科技创新联盟。主动谋划和牵头国际科技合作，办好第七届全球农科院院长高层研讨会（GLAST），推动建设全球农业科技创新联盟，加快推进 G2P 国际大科学计划。依托海外农业研究中心、国际交流中心等，引进国际组织与国际企业入驻，打造农业科技国际合作新高地。实施"沿边农业科技国际合作行动"，建立一批沿边合作平台和基地，与周边和"一带一路"重点合作伙伴开展联合研究与技术示范。统筹建设对外宣传体系，提升国际影响力。

（六）打造国家农业高端智库

强化顶层设计，立足自然科学与社会科学协同研究的特色优势，加强战略中心建设，强化人员力量配备，保障实体化运行。制定国家农业高端智库建设发展规划，统筹院内外和国内外战略研究资源，加快形成系统高效、开放共享的智库体系。持续完善农业农村科技发展高峰论坛、政策论坛、展望大会、绿色发展论坛等智库成果年度发布机制，打造更加科学、系统和权威的智库报告品牌。进一步提升《中国农业科学院信息》《专报》《咨询报告》《判断与思考》等信息报送质量，不断提高智库成果影响力，建设国家倚重、社会信任、国际知名的国家农业高端智库。

（七）推动科技平台一体化规划建设管理

加强院部统筹管理，全院"一盘棋"推进科技平台与重大项目建设。一是加强科技平台体系建设。深入参与崖州湾国家实验室建设。突出全国重点实验室在全院平台体系中的核心引领作用，形成协同攻关的平台和机制。做好农业农村部重点实验室的新增建设工作。以研究所为主体，突出区域特色和学科优势，积极参与省实验室建设。二是加强重大科学设施谋划建设。加快形成全院实验室一张图、基地台站一张网、建设项目一张表，建立各类科研平台、基础设施，基地台站、数据中心的开放共享机制。围绕 6 个重点领域，统筹谋划建设科学设施，加快农业基因组学中心、种业创新中心和国家畜禽种质库建设；推动农业微生物库、植物生物安全资源保存设施等立项审批；协调争取科技创新条件能力、现代种业提升工程、数字农业农村等专项规划项目落地。三是加强院部和区域中心布局建设。统筹配置土地、房屋等基础条件资源，确保用于科研、服务科研。编制《中国农业科学院土地统筹利用发展规划》。加快国家未来农业中心暨昌平院区建设，推动与北京市昌平区共建协议落地见效。加快西部农业研究中心、国家南繁研究院、国家成都农业科技中心等区域中心建设，引导科研力量向主产区和功能区汇聚。

(八) 完善科技创新体系

加大改革力度，打造良好创新生态，着力激发内在活力。一是健全“举院抓大事”管理机制。以纳入中央编办编制备案管理试点为契机，盘活用好机构编制资源，围绕重大使命任务优化机构设置，进一步提升院部学术领导能力和管理效能。二是提升管理服务效能。强化督查督办，落实“四中心一智库”建设重点任务，保障重大决策部署落地见效。加强重大进展、重大成果、重大活动宣传，进一步提升我院影响力。强化法务能力建设，确保依法依规开展科研活动。三是优化科技评价与绩效管理。突出部院党组中心工作，突出6个重点领域，优化研究所评价。完善院所运行监测与分析，强化风险预警功能。优化创新工程绩效评价，做好跨越发展期的中期评估。深化人才分类评价改革，健全专业技术岗位管理体系，探索实施更加灵活的人才聘用机制。四是深入落实科研“放管服”。持续推进落实国办关于改革完善中央财政科研经费管理的部署要求，健全经费使用动态监管机制，管好用好从稳定支持经费中提取的奖励经费。完善财务信息化系统，建立院所一体、分级管理的集团化架构。积极稳妥推进预算管理一体化改革，确保全院财务运转平稳有序过渡。五是加强院所办企业经营管理。加大力度推进所办企业改革，制定企业治理权责清单，开展企业管理培训，持续做好对外投资审核审批、企业运行监测和财务信息管理。

(九) 营造一流创新环境

从硬条件和软环境两方面营造良好的科技创新环境。一是加强院所区环境建设。落实安全生产责任，完善应急管理机制，突出抓好安全生产管理。优化“数字农科3.0”，强化网络安全。加快实施中关村院区改造、老旧小区综合整治以及信息化提升工程，提升餐饮服务水平，改善门诊部就诊环境，解决停车难问题，确保职工子女入托入园，打造平安、美丽、和谐院区。二是积极培育创新文化。加强院史研究，深入挖掘农科精神资源，大力弘扬符合时代特征、独具特色的新时代农科精神。加强干部职工人文关怀，做细做实思想政治工作。精准做好离退休服务管理工作。统筹加强科普工作，建设农科特色创新文化。三是健全完善科研诚信管理机制。强化以学术委员会为核心的院学术治理体系建设，构建完善科研诚信管理体制。加强人才晋升、评选表彰、奖助学金评选、学历学位授予等工作中的科研诚信把关，对学术不端行为坚持“零容忍”。

(十) 深入落实新时代党的建设总要求

坚持和加强党对科技工作的统一领导，坚定不移落实全面从严治党部署要求，坚守初心使命，强化担当作为。一是持续强化理论武装。认真组织开展习近平新时代中国特色社会主义思想主题教育，坚持学思用贯通、知信行统一，教育引导全院党员干部深刻领悟“两个确立”的决定性意义，增强“四个意识”，坚定“四个自信”，做到“两个维护”。二是持续夯实基层党组织战斗堡垒。健全创新团队党支部议事决策机制，增强基层党组织政治功能和组织功能。深化党支部标准化规范化建设，推动“有形覆盖”到“有效覆盖”，全面提升基层党组织建设质量。健全完善“举院抓大事”党组织保障机制，推进党建业务深度融合，确保在重点工作、重大任务中充分发挥好党组织和党员作用。三是构建农科特色“大监督”工作格局。以“国之大者”为着力点，以重大任务为切入点，推动政治监督具体化、精准化、常态化。强化院、所、团队三级党组织、纪检组织责任落实，建立专责监督和职能监督有机贯通、相互协调的工作机制，加快构建覆盖重点领域和各类人员的监督体系。坚持严管和厚爱相结合、激励和约束并重，强化制度制约“治未病”，做好教育培训“防复发”，加强对全院干部职工全方位管理和经常性监督。

同志们，党的二十大吹响了向第二个百年奋斗目标进军的号角，让我们更加紧密地团结在以习近平同志为核心的党中央周围，努力奋斗、真抓实干，踔厉奋发、勇毅前行，全力以赴加快院所改革创新发展，全力以赴推动农业科技进步，为加快实现高水平农业科技自立自强，加快建设农业强国不断作出更大贡献。

中国农业科学院党组书记杨振海在中国农业科学院 2023 年工作会议上的总结讲话

2023 年 1 月 17 日

同志们：

在大家的共同努力下，我们已经顺利完成了工作会议的各项任务。昨天，大家共同听取了吴孔明院长全面系统、振奋人心的报告，听取了张兴旺副部长带着感情、富有哲理的讲话。会议隆重表彰了 2022 年各项工作取得优异成绩的先进单位、先进个人和优秀成果；组织开展了分组讨论，反响热烈。刚才，5 个组的代表介绍了讨论情况，听了很受启发。大家普遍反映，这次会议安排紧凑、务实高效、效果良好。

下面，就贯彻本次会议精神，谈两方面意见，两个关键词，学习和落实。

要想落实好，就得弄明白，就需要下功夫学习。学习什么？我在 2023 年 1 月 11 日的院干部大会上谈了自己的看法，一方面是学习习近平新时代中国特色社会主义思想，另一方面是学习专业知识特别是农业科技的新知识、新技能。当前，首要政治任务是学习宣传贯彻党的二十大精神，要按照习近平总书记的指示要求，全面学习、全面把握、全面落实。我们要聚精会神抓学习，原原本本学习党的二十大报告，同时把学习报告同学习大会系列讲话和相关文件结合起来，同学习党的十八大报告、党的十九大报告结合起来，同学习中央经济工作会议、中央农村工作会议精神结合起来，贯通起来学。一要重点学习关于“三农”工作的战略部署。党的二十大报告专节部署的全面推进乡村振兴以及其他 40 余处相关要求，是新时代新征程“三农”工作的指引指南，是发挥农业科技创新战略支撑作用的根本着力点、立足点，我们要逐字逐句学习领会，结合实际细化方案、学深悟透。二要重点学习关于“实施科教兴国战略，强化现代化建设人才支撑”的专章部署。党的二十大将教育科技人才作为全面建设社会主义现代化国家的基础性、战略性支撑，一体部署、一体推进，强调“必须坚持科技是第一生产力、人才是第一资源、创新是第一动力”，充分体现了中共中央对教育科技人才工作的高度重视和殷切期盼，是推进科技创新的根本遵循。作为国家农业科技战略力量，我们必须在贯彻落实上走在前、作表率，拿出“领头羊”的气魄，打样板、树典型。

要联系实际学习习近平总书记“六个坚持”的方法论。习近平总书记在党的二十大报告中概括和阐述了习近平新时代中国特色社会主义思想的世界观和方法论，强调要坚持好、运用好贯穿其中的立场观点方法，这是我们抓好科研工作的“金钥匙”。一要坚持人民至上，必须站稳人民立场、把握人民愿望、尊重人民创造、集中人民智慧，把一切为了人民、一切依靠人民、发展成果由人民共享、发展成效由人民评价，落实到谋划推进科技创新的全过程。二要坚持自信自立，必须在重大政治问题上有定力、有主见，任何时候任何情况下都要坚定“四个自信”，坚持从中国基本国情出发，由中国人自己来解答，加快推进高水平农业科技自立自强，牢牢把握发展主动权。三要坚持守正创新，必须在重大原则性问题上旗帜鲜明、毫不含糊，同时充分认识到形势在变、任务在变、工作要求也在变，要准确识变、科学应变、主动求变，深化自身改革，激发内在活力。四要坚持问题导向，必须科学认识、准确把握遇到的各种问题，以强烈的担当精神直面问题，把解决问题作为研究制定政策方案的出发点，把化解矛盾、破解难题作为打开局面的突破口，不断开创事业发展的新局面。五要坚持系统观念，必须用普遍联系的、全面系统的、发展变化的观点观察事物，面对改革创新中的两难三难多难问题，要做到横向看全局、纵向看古今、正反两方看，善于处理好各方面关系、统筹好各方面利益、调动好各方面积极性。六要坚持胸怀天下，必须把办好自己的事放在全球背景下思考谋划推进，以全球视野谋划和推动科技创新，主动融入全球创新网络，主动发起全球创新议题，用好全球人才资源、创新要素，加快建设世界主要科学中心、重要人才中心和创新高地。

怎么落实？马克思有句名言，“一步实际行动胜过一打纲领”。习近平总书记反复强调，一分部署、九分落实。不注重抓落实，不认真抓好落实，再好的部署都是空谈。抓落实是对领导干部和科技工作者工作能力的重要检验。我结合个人工作经历谈五点抓落实的体会。

第一，要政治引领抓落实。习近平总书记多次强调、反复重申，“旗帜鲜明讲政治，是马克思主义政党的鲜明特征”“在领导干部的所有能力中，政治能力是第一位的”。提升政治能力、加强政治建设，必须落实到深刻领悟“两个确立”的决定性意义、增强“四个意识”、坚定“四个自信”、做到“两个维护”的实际行动上，这是抓落实的根本要求。就中国农业科学院而言，就是要把加快高水平农业科技自立自强、保障粮食和重要农产品稳定安全供给、支撑全面推进乡村振兴、加快建设农业强国作为重大政治任务，引领推动农业科技创新。要坚持把强化理论武装摆在重要位置，坚持把全面从严治党抓在手上，坚持把民主集中制落到实处，坚持党的工作和科技创新互融互促，团结带领广大农业科技人员，切实把中共中央的各项决策部署落到实处，把讲政治的要求落实到农业科技创新各方面全过程。

第二，要突出关键抓落实。中共中央高度重视“三农”和科技创新工作。实现中共中央提出的战略目标，我们必须提高站位、拓宽视野，从严要求、确保实效。党员领导干部特别是各单位各部门的“一把手”，既要做到统筹兼顾、整体推进，更要善于突出重点、抓住关键，学会“一子落”带动“全盘活”。简单地讲，就是要围绕中心、聚焦重点抓落实。中央农村工作会议上，习近平总书记专门对农业科技创新作出具体部署，在中央一号文件也有详细的工作安排，这就是我们的总方向总目标。要锚定建设农业强国目标，聚焦“国之大者”推进战略科技攻关，聚焦产业急需攻克关键核心技术，聚焦效能提升深化机制改革，这是我们下一阶段的重点任务。昨天，吴孔明院长在工作报告中明确提出今后一个时期的工作要求和2023年的十项重点任务，张兴旺副部长提出六个方面的明确要求，涉及科研重点和创新布局、技术服务与成果转化、干部人才队伍、国内外交流合作、高端智库、科技平台、院所改革、创新环境、党的建设等方方面面，各部门各单位要紧盯“施工图”、对照“任务书”，集中力量、集中资源、全力以赴推动落实落细、落地见效。

第三，要加强调研抓落实。实践中，容易出现面对新情况新问题，由于缺乏深入调研、科学判断，按照老套路做、按照旧习惯办，这是一种惯性，其结果可想而知。面对当前错综复杂的国内外形势、日趋严峻的挑战、艰巨繁重的任务，我们要有强烈的危机意识，切实增强调研的主动性，要善于挖掘典型，胸中有典型、心中有全局；要善于解剖麻雀，掌握一般规律；要善于统计分析，发现产业规律；要善于总结归纳，发现问题，解决问题。要真调查、真研究，深入研究所、深入农村牧区，深入一线、深入实际，汲取破解难题的智慧，摒弃不合时宜的观念，破除阻碍发展的束缚，推动部署得到有效落实，推动问题得到有效解决。

第四，要主动担当抓落实。干事担事，是我们的职责所在、价值所在。在建设农业强国、科技强国、教育强国、人才强国的全局中，我院必须找准职责定位、强化使命担当，积极主动作为。当前我们面临的很多问题都是两难三难多难问题。例如，习近平总书记在中央农村工作会议上指出的，创新体系各自为战、低水平重复、转化率不高等突出问题，包括吴孔明院长工作报告中指出的四个方面问题，可以说是科技领域多年来的痼疾，涉及很多历史问题和现实问题，涉及方方面面的现实利益，解决起来难度很大，但是如果不解决，我们就无法实现高质量发展。吴孔明院长强调要加快建立“举院抓大事”的体制机制，强调管理机构、组织模式、运行机制、评价体系等都要深化改革，这是我们中国农业科学院的时代担当。各部门各单位一定要把思想认识统一到“举院抓大事”的改革部署上来，准确把握要求、适应调整变化、主动多作贡献。抓落实中，必然会遇到许多矛盾问题，我们要相信，问题和解决问题的办法同时存在，不要害怕矛盾问题，而要冷静对待、理性分析，自觉主动入位，先从自身做起，找出难点卡点，寻求破解办法，同干部职工一道千方百计地寻求解决矛盾问题的正确方法。这是工作要求，更是纪律要求，各级领导干部要统一思想、统一步调，引导全体干部职工与院党组同心同向发力，共同推动院所改革创新发展。

第五，要改进作风抓落实。要发扬实事求是、求真务实的优良作风，坚决杜绝形式主义、官僚主义。要把改进会风文风落到实处，时刻牢记开会发文必须服务服从于工作需要，做到务实、精简、管用，让科研人员把更多时间、更多精力用在科技创新上。要坚持“眼睛向下看、身子往下沉”，把抓落实的重心放在一线、放在实践，切实解决“最后一公里”“最后一百米”的问题。要坚持从基础做起，抓具体抓细致，发扬钉钉子精神，积跬步至千里，积小功成大业。要始终保持昂扬向上、奋发有为的进取状态，始终保持脚踏实地、埋头苦干的实干作风，始终保持同心同德、团结奋斗的合作精神，毫不松懈提升院所治理能力和治理水平，坚定不移加快建设世界一流学科、一流院所。

关于做好岁末年初的工作，再重点强调一下。一是高度重视抓好安全生产。要绷紧弦、不放松，扎实落实安全生产责任制和各项制度，加强对重要场所、重要部位安全隐患的排查与治理，坚决防范化解安全风险。二是统筹安排好各项会议。院工作会后紧接着还有述职考核等会议，大家要认真参加。春节后，还有民主生活会、组织生活会等，要认真组织好，确保开出成效。三是做好节前走访慰问工作。这项工作正在进行中，要抓紧时间、采取各种形式走访慰问离退休老同志和一线职工，特别是在春节值班值守的职工，要关心他们、慰问他们，让他们感受到组织的温暖。还有 5 天就是新春佳节，我谨代表院党组，向全院干部职工和离退休老同志拜个年，祝大家新春快乐、阖家幸福、身体健康、万事如意。

同志们，让我们更加紧密地团结在以习近平同志为核心的党中央周围，扎实工作、接续奋斗，全力以赴推进农业科技创新、推动院所高质量发展，为加快实现高水平农业科技自立自强、加快建设农业强国不断作出新的更大贡献！

中国农业科学院关于发布 2023 年度研究所评价结果的通知

农科院发展〔2024〕10 号

院机关各部门、院属各单位：

2023 年度研究所评价结果已经中国农业科学院 2024 年第 1 次常务会审议通过。2023 年全院发展实力稳步上升，总分同比增长 2.7%；人均实力不断增强，人均得分同比增长 3.7%；相比前三年，全院平均发展速度增长 25.6%。

现将 2023 年度研究所评价结果印发你们，希望各研究所锚定建设农业强国目标，锐意进取、砥砺前行，为加快实现高水平农业科技自立自强、有力有效推进乡村全面振兴贡献更大力量。

附件：1. 中国农业科学院 2023 年度研究所评价结果

2. 中国农业科学院 2023 年度研究所评价奖扣附加排名

中国农业科学院

2024 年 1 月 19 日

附件 1

中国农业科学院 2023 年度研究所评价结果

发展实力			发展速度			人均实力			总体实力		
排名		得分	排名		比前三年增长率	排名		得分	排名		得分
1	作科所	3 729.28	1	灌溉所	78.60%	1	蔬菜所	11.41	1	作科所	3 764.28
2	植保所	2 729.63	2	蔬菜所	59.10%	2	植保所	10.44	2	植保所	2 804.63
3	资划所	2 466.99	3	棉花所	56.07%	3	作科所	9.59	3	资划所	2 531.99
4	蔬菜所	2 431.70	4	基因组所	54.63%	4	营养所	9.43	4	水稻所	2 470.55
5	水稻所	2 405.55	5	生物所	54.61%	5	资划所	8.44	5	蔬菜所	2 456.70
6	牧医所	1 824.56	6	水稻所	47.89%	6	水稻所	7.60	6	牧医所	1 879.56
7	基因组所	1 732.28	7	草原所	42.13%	7	牧医所	7.54	7	基因组所	1 772.28
8	棉花所	1 672.24	8	兰牧药	41.32%	8	生物所	6.82	8	棉花所	1 682.24
9	哈兽研	1 664.86	9	油料所	35.85%	9	农经所	6.65	9	哈兽研	1 679.86
10	油料所	1 607.03	10	沼科所	35.80%	10	环发所	6.50	10	油料所	1 647.03
11	环发所	1 383.38	11	茶叶所	34.92%	11	基因组所	6.49	11	环发所	1 428.38
12	茶叶所	1 211.40	12	饲料所	30.96%	12	茶叶所	6.05	12	茶叶所	1 211.40
13	加工所	1 131.31	13	资划所	28.86%	13	都市所	5.88	13	加工所	1 151.31
14	生物所	1 069.68	14	作科所	27.69%	14	油料所	5.83	14	生物所	1 069.68
15	信息所	995.58	15	信息所	27.06%	15	质标所	5.46	15	信息所	995.58
16	兰兽研	925.08	16	烟草所	23.70%	16	加工所	5.37	16	兰兽研	945.08
17	农经所	915.30	17	哈兽研	23.37%	17	哈兽研	5.29	17	农经所	880.30
18	烟草所	843.98	18	加工所	21.55%	18	饲料所	5.00	18	烟草所	873.98
19	郑果所	803.18	19	环发所	18.07%	19	上兽研	4.71	19	郑果所	783.18
20	环保所	737.98	20	郑果所	16.65%	20	兰兽研	4.67	20	环保所	737.98
21	饲料所	704.13	21	特产所	14.87%	21	环保所	4.66	21	饲料所	704.13

（续表）

发展实力			发展速度			人均实力			总体实力		
排名		得分	排名		比前三年增长率	排名		得分	排名		得分
22	农机化所	647.10	22	农机化所	13.46%	22	蜜蜂所	4.10	22	农机化所	647.10
23	麻类所	641.10	23	牧医所	12.09%	23	信息所	3.92	23	草原所	563.72
24	灌溉所	580.14	24	兰兽研	11.70%	24	棉花所	3.84	24	麻类所	561.10
25	质标所	565.54	25	上兽研	11.26%	25	郑果所	3.75	25	蜜蜂所	540.29
26	都市所	565.49	26	都市所	7.65%	26	麻类所	3.58	26	都市所	535.49
27	草原所	563.72	27	植保所	5.53%	27	烟草所	3.52	27	质标所	530.54
28	果树所	563.56	28	农经所	4.19%	28	沼科所	3.20	28	灌溉所	525.14
29	蜜蜂所	540.29	29	麻类所	2.19%	29	灌溉所	2.94	29	上兽研	501.24
30	上兽研	531.24	30	环保所	1.01%	30	果树所	2.91	30	兰牧药	481.22
31	兰牧药	506.22	31	质标所	-3.17%	31	兰牧药	2.79	31	果树所	468.56
32	沼科所	454.38	32	营养所	-3.32%	32	草原所	2.60	32	沼科所	444.38
33	营养所	396.29	33	果树所	-4.39%	33	农机化所	2.36	33	特产所	345.16
34	特产所	385.16	34	蜜蜂所	-5.94%	34	特产所	1.07	34	营养所	311.29

附件 2

中国农业科学院 2023 年度研究所评价奖扣附加排名

人才队伍建设附加排名		成果转化附加排名	
1	基因组所	1	水稻所
2	资划所	2	环发所
3	植保所	3	油料所
4	作科所	4	植保所
5	牧医所	5	烟草所
6	蔬菜所	6	牧医所
7	加工所	7	资划所
8	水稻所	8	兰兽研
9	哈兽研	9	棉花所
10	兰兽研	10	哈兽研
11	环发所	11	茶叶所
12	棉花所	12	作科所
13	生物所	13	加工所
14	油料所	14	生物所
15	农机化所	15	沼科所
16	茶叶所	16	兰牧药
17	蜜蜂所	17	饲料所
18	烟草所	18	环保所
19	饲料所	19	信息所
20	都市所	20	蔬菜所
21	信息所	21	农机化所
22	草原所	22	郑果所

（续表）

人才队伍建设附加排名		成果转化附加排名	
23	质标所	23	草原所
24	环保所	24	蜜蜂所
25	上兽研	25	特产所
26	沼科所	26	基因组所
27	农经所	27	灌溉所
28	郑果所	28	农经所
29	兰牧药	29	上兽研
30	麻类所	30	都市所
31	特产所	31	质标所
32	灌溉所	32	营养所
33	营养所	33	果树所
34	果树所	34	麻类所

二、科研创新与创新工程

中国农业科学院关于成立重大任务顾问专家组的通知

农科院重大〔2023〕105号

院机关各部门、院属各单位：

经2023年第4次院党组会研究，决定组建中国农业科学院重大任务专家顾问组。

重大任务专家顾问组主要包括种子、耕地、生物安全、农机装备、绿色低碳、乡村发展六大领域总首席，以及中国科学院、中国工程院院士，或具有较高学术地位和社会影响力的战略专家，负责对院重大任务的总体设计、领域布局、重点方向以及组织实施中的重大问题提出咨询意见和建议，为院党组决策提供依据参考。

附件：1. 中国农业科学院六大领域总首席名单

2. 中国农业科学院重大任务专家顾问组成员名单

中国农业科学院

2023年7月26日

附件 1

中国农业科学院六大领域总首席名单

姓名	职称	单位	研究方向	领域
万建民	院士	中国农业科学院	作物遗传育种	种子
周　卫	院士	中国农业科学院	土壤肥料	耕地
陈化兰	院士	中国农业科学院	病毒学	生物安全
唐华俊	院士	中国农业科学院	农村土地资源	农机装备
梅旭荣	研究员	中国农业科学院	生态农业	绿色低碳
张合成	研究员	中国农业科学院	乡村发展	乡村发展

附件2

中国农业科学院重大任务专家顾问组成员名单

姓名	职称	单位	研究方向	备注
陈化兰	院士	中国农业科学院	病毒学	组长
张合成	研究员	中国农业科学院	乡村发展	副组长
余欣荣	研究员	中国农业绿色发展研究会	农业绿色发展	
唐华俊	院士	中国农业科学院	农村土地资源	
万建民	院士	中国农业科学院	作物遗传育种	
周　卫	院士	中国农业科学院	土壤肥料	
印遇龙	院士	中国科学院亚热带农业生态研究所	动物营养与饲料	
邓子新	院士	上海交通大学	微生物学	
沈其荣	院士	南京农业大学	土壤肥料	
康绍忠	院士	中国农业大学	农业水土工程	
康　乐	院士	中国科学院动物研究所、河北大学	昆虫与生态	
康振生	院士	西北农林大学	植物病理	
罗锡文	院士	华南农业大学	农业工程	
赵春江	院士	北京市农林科学院	农业信息技术	
于贵瑞	院士	中国科学院地理科学与资源研究所	生态系统生态学、环境生态	
梅旭荣	研究员	中国农业科学院	生态农业	

中国农业科学院关于印发《中国农业科学院重大科技任务管理办法（试行）》的通知

农科院重大〔2023〕157 号

院机关各部门、院属各单位：

为推动高水平农业科技自立自强，加快建设农业强国、科技强国，深入贯彻部院党组重要工作部署，中国农业科学院研究制定了《中国农业科学院重大科技任务管理办法（试行）》，进一步优化和完善院级重大科技任务框架体系和管理规范。经 2023 年第 13 次院常务会议审议通过，现印发给你们，请遵照执行。《中国农业科学院科技创新工程重大科研任务管理办法（试行）》（农科院科〔2022〕154 号）同时废止。

中国农业科学院

2023 年 10 月 23 日

中国农业科学院重大科技任务管理办法（试行）

第一章 总 则

第一条 为推动高水平农业科技自立自强，加快建设农业强国、科技强国，深入贯彻落实习近平总书记提出的“四个面向”“两个一流”目标要求，积极践行社会主义市场经济条件下新型举国体制，进一步优化和完善院级重大科技任务框架体系和管理规范，制定本办法。

第二条 重大科技任务（以下简称重大任务）为中国农业科学院紧密围绕种子、耕地、生物安全、农机装备、绿色低碳、乡村发展等农业农村领域的重大科技问题，凝练协同创新科技任务。

重大任务坚持目标导向、成果导向，按照“聚焦关键问题、强化目标管理、培育重大产出”的总体要求，组织跨学科、跨领域的优势科研队伍，解决战略性、全局性、前瞻性重大科技问题，产出引领性、系统性、标志性重大成果，加快突破制约农业高质量发展的关键堵点和卡点，努力抢占农业农村科技创新制高点，为加快建设农业强国、科技强国和全面推进乡村振兴提供强有力的科技支撑。

第三条 重大任务坚持以下组织实施原则：

（一）强化任务聚焦。瞄准六大领域关键技术问题，找准产业发展痛点、核心技术卡点和体制机制难点，确保精准部署，产出系统性、引领性科技成果。

（二）强化顶层设计。坚持科学决策，构建技术和行政双线管理体系，充分发挥战略科学家全局谋划作用，积极对接产业部门需求，实行自上而下任务部署模式。

（三）强化联合攻关。发挥“举院抓大事”管理体制，构建战略科学家牵头、优势团队联合协作的联合攻关模式，充分调动科研、推广优势力量，吸引各级政府、企业等多渠道投入，推动产学研用协同创新。

（四）强化机制创新。遵循农业产业特点和科研规律，完善科学选题机制，建立长期稳定支持机制，实行“双总”制、专家跟踪制、联络专员沟通制，充分赋权任务负责人，加强任务、基地、人才一体化配置，提高组织管理效能。

第四条 重大任务资金保障多元化，主要来源于创新工程等中央财政资金、地方财政资金、企业资金等。各渠道经费有机衔接，保障核心团队经费稳定支持。院级经费按照本办法进行独立核算，其他渠道经费使用参照本办法并结合原渠道相关规定进行管理。

第二章　组织管理体制

第五条　建立重大任务行政管理体系和技术责任体系。行政管理体系由院常务会、领域总指挥、重大任务局组成；技术责任体系由专家顾问组、领域总首席、领域跟踪专家组成。行政和技术体系在农业农村部科技创新领导小组领导下开展工作，相关重要事项及时上报领导小组。

第六条　院常务会负责审议重大任务管理制度、总体规划、年度部署、综合绩效评估等重大事项。

第七条　领域总指挥由重大任务局分管院领导担任，其他相关学科分管院领导协助统筹院内外有关部门，推进配套政策创设与落实保障。

第八条　重大任务局在重大任务管理中的职责包括：

（一）组织研究拟定重大任务管理办法。

（二）制定重大任务议事规则和相关政策。

（三）重大任务选题策划、立项论证。

（四）确定重大任务牵头单位和负责人，组织实施方案编制。

（五）组织重大任务跟踪督导、考核评估、动态调整和总体验收等。

（六）组织开展六大领域战略研究和政策研究，为重大任务布局与管理运行提供政策支撑。

第九条　专家顾问组以领域总首席、战略科学家为主体，对重大任务的总体布局、选题策划、期满绩效评价等相关事项提出咨询建议。

第十条　领域总首席由院内六大领域相关院士或重要影响力的专家担任，对各领域重大任务的总体设计、目标任务等进行战略咨询和规划。

第十一条　跟踪专家组由资深同行专家、产业专家和管理专家组成，负责对任务进展、资金使用等执行情况开展实地抽查和综合评估，独立形成跟踪报告，结果报送重大任务局，作为重大任务阶段性考核的重要参考。

第十二条　院机关相关部门在重大任务管理中的职责包括：

（一）科技管理局协同完成重大任务与其他科研任务的统筹，协助完成与其他科研任务的查重与限项。

（二）科技管理局与财务局根据当年财力情况统筹安排重大任务年度预算。

（三）重大任务实施过程中涉及的人事、资产、科研条件与成果转化、知识产权管理、科学传播、监察审计、安全保密等工作，由院机关相关部门根据职能分工分别负责。

第十三条　任务承担单位是重大任务实施和资金使用管理的责任主体，主要职责包括：

（一）强化法人责任，建立健全任务管理、财务管理等内部管理办法，确保经费落实到任务、子任务负责人。

（二）对照任务书，全面完成各项任务和目标。

（三）落实配套条件，加强人才激励等政策保障。

（四）按要求及时编报任务执行情况等有关报告，及时报告任务执行过程中的重大事项。

（五）配合做好监督检查和综合绩效评价等工作。

（六）严格落实保密、知识产权保护等要求。

第十四条 重大任务实施周期一般为3年。重大任务过程管理实行不定期跟踪督导与年度进展报告相结合。

第十五条 重大任务下设子任务，各子任务间应紧密联系、有效衔接，围绕任务总体目标进行科学合理任务分解，任务目标应明确可考核，杜绝碎片打包。

第十六条 鼓励重大任务团队争取各级政府及企业资源投入，并作为院级资源后续持续支持的重要依据。

第三章 组织实施管理

第十七条 重大任务选题一般采取顶层设计、自上而下、上下结合的原则。重大任务局在双总（总首席和总指挥）指导下，针对国家重大需求，通过深入调研、民主征集、论证研究提出重大任务选题建议。

第十八条 选题建议经专家顾问组咨询评议后报院常务会审议。重大任务局根据审议通过的任务方向，采用定向委托等方式，遴选汇聚院优势力量，形成牵头单位和任务负责人建议。

第十九条 重大任务局在总首席指导下，组织牵头单位和任务负责人，根据不同技术领域的行业特点和工作基础，研究起草重大任务实施方案，明确任务设置、考核指标、经费概算等。

第二十条 重大任务局预审核实施方案后组织专家论证，根据论证评审意见对实施方案进行修改完善，经各领域双总审定后，提请院常务会议审定。通过后，组织各方签署任务书，所需创新工程经费纳入下一年度创新工程经费预算。

第二十一条 任务书由重大任务局与牵头单位、任务负责人共同签署。

（一）重大任务执行期内任务书一年一签。年度任务书对研究内容、团队人员分工、联合攻关方案、阶段及总体目标、时间表、路线图、共享机制、科研诚信等做出约定。

（二）重大任务牵头单位应与各子任务参与单位、子任务负责人签订子任务书。参与单位按照任务书要求，及时向牵头单位报告实施进展。

第二十二条 任务负责人优先选用有情怀、有能力、敢担当的优秀中青年科研骨干担任。各级管理机构应赋予任务负责人充分的攻关团队组建权、技术路线决策权和资金分配使用权。任务负责人主要职责包括：

（一）组织开展国内外发展现状与趋势研究，找准拟突破的重大科学问题与关键技术难题、明确可量化考核的任务目标，在重大任务局指导下组织编制重大任务实施方案，统领任务实施。

（二）及时向研究所和重大任务局汇报任务进展；通过重大任务实施，推动人才培养和团队建设，尤其要确保青年科研人员作为骨干力量参与重大任务。

（三）及时督查子任务执行情况，对子任务实施提出明确要求，确保不偏离协同技术路线，有效支撑总体任务目标。

（四）将主要精力用于任务组织实施，原则上不得再牵头承担院内其他重大科研项目。

（五）有权利根据任务完成情况，会同牵头单位共同提出经费动态调整和任务调整建议。

第二十三条　任务各级负责人须按照任务书确定的统一方案和分工安排，履行各自责任和义务，协同推进，不得因申报新的任务而退出在研任务，并承诺任务执行期内原则上不调离中国农业科学院。

第二十四条　重大任务执行过程中，涉及多部门、研究所协调事宜可由总指挥召开院长办公会组织落实。

第二十五条　重大任务建立联络专员制。由重大任务局为每一项重大任务指定联络专员，按照重大任务进展节点和上级部门要求，不定期同任务负责人沟通调度研究进展，列席重大任务工作推进会，收集整理问题信息及时上报，并反馈意见要求。

第二十六条　重大任务实行年度进展报告制度。各级任务实施单位根据年度工作计划，及时总结实施进展情况，形成报告，按程序报送重大任务局。重大任务执行进展纳入当年度研究所评价。

第二十七条　任务实施过程中，需对必要事项进行调整的，应按程序逐级报批或备案。

（一）一般不得变更任务牵头单位、（子）任务负责人、实施周期、主要考核指标等。如确需变更，由任务牵头单位提出书面申请，重大任务局按程序报双总审批。

（二）变更任务参与单位和参加人，由任务牵头单位报重大任务局备案。必要时由重大任务局报双总研究决定。

（三）其他一般性调整事项，由任务牵头单位负责办理。

第二十八条　已获得其他渠道经费支持的重大任务，按照原渠道要求进行管理，重大任务局可参照本办法跟踪任务执行，协助解决存在问题。

第四章　绩效评价

第二十九条　重大任务实施效果作为院所及相关团队绩效评价的重要内容。在研究所评价、人才评价、职称评审等院内评估评价活动中，任务视同国家重大科技计划项目，子任务视同国家重大科技计划课题。

第三十条 重大任务综合绩效评价以任务合同书的考核指标为依据，强化整体实施效果和支撑引领作用考核。对重大产品技术产出、科学价值、应用价值、人才培养、吸引资源投入、社会贡献、组织管理、资金使用等情况进行综合评价。已获其他渠道经费支持的重大任务绩效评价管理参考原渠道办法执行，不进行重复评价。

第三十一条 重大任务综合绩效评价按照以下程序开展：

（一）任务牵头单位应在实施期满 3 个月内向重大任务局提交综合绩效评价申请，包括任务完成情况报告、预算执行情况报告及其他资料。不能按期完成任务目标的，须在任务实施期满前 3 个月内向重大任务局提交书面延期申请，延期时间原则上不超过 12 个月。

（二）重大任务局组织专家顾问组根据各技术领域特点，对任务分类开展综合绩效评价，形成绩效评价报告和建议，报院常务会审议，原则上在任务实施期满后 6 个月内完成。

（三）重大任务成果需要较长时间才能产生效果和影响的，任务结束后 1~3 年持续开展跟踪评价。

（四）对于需要长期持续开展的任务，根据考核结果和必要性，可再次列入重大任务管理和支持。

第三十二条 重大任务综合绩效评价结论分为通过、未通过和结题三类。

（一）按期保质完成任务书确定目标和任务的，为通过。

（二）因非不可抗力因素未完成任务书确定的主要目标和任务，为未通过；未通过综合绩效评价的，应进行整改，在 6 个月内向重大任务局重新申请综合绩效评价。经整改后完成目标和任务的，为整改后通过；仍未通过的，按照有关惩罚条款处理。

（三）因不可抗力因素未完成任务书确定的主要目标和任务，为结题，按有关规定收回结余经费。

第三十三条 根据阶段和期满综合绩效评价结果建立信用管理和逐级责任追究制度。

（一）重大任务实施期间，进度严重滞后，或出现重大失误、发生学术不端等问题，造成重大负面影响，或资金使用严重违规违纪的，原则上立即终止任务并追回拨付资金。

（二）重大任务期满评价结论为未通过的，牵头单位和任务负责人原则上 3 年内不得再牵头承担院级重大科技任务，并与院所创新工程绩效评价、人才考评等科技评价挂钩。

（三）对在重大任务实施过程中发生失职、渎职、弄虚作假、学术不端及违规使用专项资金等行为，按照有关规定追究相关责任人和单位的责任。

第五章　知识产权、保密与成果管理

第三十四条　任务承担单位应做好成果登记保管和知识产权保护。成果包括专利、种源、品种（系）、软硬件产品、样机样品、技术秘密、原始数据等。

第三十五条　重大任务取得的成果和相关知识产权的归属使用及转移转化，按照国家有关法律法规和中国农业科学院有关政策执行。

第三十六条　任务承担单位应约定责权利清晰的知识产权利益分配和成果共享原则。共享机制建设作为重大任务监测评价的重要内容之一。

（一）牵头单位和任务负责人全面负责所承担任务的知识产权和保密等管理工作。

（二）任务承担单位建立知识产权保护工作的长效机制。

（三）任务实行知识产权全过程管理，配备知识产权专员，协助任务负责人推进和落实知识产权管理的各项具体工作。

第三十七条　重大任务实施过程中应严格遵守国家保密法律法规，建立层次清晰、职责明确的保密工作责任体系，确保国家秘密安全。任务信息公开公示工作要坚持有序有度、分类公开，与任务管理工作相结合。涉及工作秘密或敏感信息不得公开。

第三十八条　重大任务按照经费来源对科研成果进行相应标注。经费来源为创新工程重大任务经费的，其形成的科研成果须标注“中国农业科学院科技创新工程（重大任务编号）”资助，英文标注为“The Agricultural Science and Technology Innovation Program（ASTIP）”。

第三十九条　积极做好重大任务成果宣传工作，通过多种渠道宣传重大成果、传播科学思想、弘扬科学家精神，适时将重大任务进展及成效等情况向上级部门及中央报告。

第六章　附　则

第四十条　本办法由院重大任务局负责解释。

第四十一条　本办法自印发之日起施行。原《中国农业科学院科技创新工程重大科研任务管理办法（试行）》（农科院科〔2022〕154 号）同时废止。

中国农业科学院 2023 年科研进展情况报告

一、基础性工作

（一）作物学科

开展农作物种质资源普查。开展了新中国成立以来规模最大的全国农作物种质资源普查，历时 9 年，覆盖 31 个省（区、市）及新疆生产建设兵团，超额完成普查与征集任务。行动抢救性收集了珍稀、濒危野生植物种质资源，累计接收 13.9 万份种质资源，超额完成计划目标 10 万份，为我国种质资源遗传多样性的拓展提供了重要支撑。

农作物种质资源长期保存突破 55 万份。国家农作物种质资源长期库和种质资源圃完成新增种质的接收、检测工作，严格把控质量关，检出并重新繁种 3 186 份不达标种质。目前，长期库保存 47.6 万份种质资源，综合种质圃保存超过 55 万份，为种业振兴行动提供了坚实的物质基础。

更新整编全国主要农作物需耗水特征资料。针对我国主要农作物需耗水特征基础数据的标准化和共享程度低的问题，编制了 6 类主要作物需水、耗水及生长特征基础数据采集整理规范。收集整理全国灌溉试验站网的灌溉试验资料，开展遥感监测采集作物种植面积、生长、耗水等方面的基础数据，为高标准农田和农业水利工程提供重要依据。

挖掘高产短生育期油菜突破性种质资源。针对高产、适应性强的短生育期油菜种质资源匮乏问题，开展了 3 200 份油菜种质资源群体的精准鉴定工作，筛选到 183 份早熟种质。最终筛选到 37 份高产、高含油量的双低短生育期甘蓝型油菜，其中 6 份种质综合性状突出，有效突破了早熟与高油的矛盾。

收集鉴定国内外棉花种质资源。收集国内外棉花种质资源 200 份，完成新种质基本特性鉴定、编目、繁种入长期库 410 份。中期库安全保存棉花种质资源 12 621 份，已编目种质 10 613 份，有效促进了我国棉花种质遗传改良和基础理论研究的进步。

（二）园艺学科

开展林果种质资源收集与调查研究。收集桃、杏、梨、苹果、扁桃等林果种质资源，引进新品种，开展扁桃杂交育种工作。对西北及新疆桃种质资源进行全基因组重测序，明确了新疆桃的亲缘关系和遗传多样性。开展新疆野生樱桃李种质资源考察，收集种质资源 40 份，为核果类远缘杂交育种奠定了基础。

编著《中国果树种质资源多样性》丛书。 国家园艺种质资源库牵头完成的《中国果树种质资源多样性》24 册丛书，涉及 24 个树种，系统梳理了我国果树种质资源多样性，明确了种质资源多样性家底和水平。该丛书预计 2024 年上半年出版，为果树种质资源研究提供了重要参考。

开展西瓜甜瓜种质资源普查与共享。 国家西瓜甜瓜种质资源中期库负责第三次全国农作物种质资源普查项目中的相关工作，收集种质资源 1 276 份，种植 1 200 余份资源。开展优异种质资源展示与公益共享活动，共享分发西瓜甜瓜种质资源 2 180 份次，为西瓜甜瓜产业的可持续发展提供支持。

开展烟草及盐碱地生物种质资源基础性工作。 国家烟草种质资源库新增 31 份资源，引进 15 份，编目 51 份，总计 6 205 份资源，居世界首位。完成 1 332 份资源的性状调查，获得 8 335 项数据。开展 1K 基因组计划，对 1 000 份核心烟草资源进行重测序。向 19 家单位提供 622 份资源，支持 35 个项目。建立雪茄烟资源库，鉴定筛选 400 余份资源。收集 2 400 余份耐盐碱植物资源，评价 300 余份资源的耐盐性。扩充微生物种质库，含细菌 1 478 株、真菌 383 株，评价耐盐促生特性。

构建特色农产品特征品质数据库。 利用先进技术建立了草莓、甜瓜等水果的风味物质、活性物质检测方法体系。构建了辣椒、大蒜、生姜等特色农产品资源数据库，收集整理了产地环境、品质特色、生产方式等信息，并集成了风险分析与膳食健康评价模型，完成了特色蔬菜地理标志产品品质数据库的功能框架建设。

（三）植物保护学科

持续开展农作物生物灾害因子长期调查。 依托国家植物保护数据中心等资源，持续开展生物灾害因子长期调查工作。2023 年共汇集重大病虫害种群动态数据 15 万条，作物微气候数据 3 万条，气象监测数据 27 万条，为麦蚜等重要农业入侵生物的风险预判预警提供了技术支持。全面支撑了全国外来入侵物种普查工作，初步查实我国外来入侵物种发生和分布情况。

开展草原有害生物多样性调查及分子溯源。 开展全国草原有害生物普查工作，调查发现有害生物 200 种，查明草原有害生物发生种类、面积、分布范围及危害程度。对草地螟和黄花刺茄的迁移扩散开展分子溯源研究，提出防控措施，为草原鼠害防治工作提供了有力支撑。

建立新疆草原鼠害普查并建立智能监测站。 开展新疆草原鼠害普查工作，完成了 12 个地州及 2 个地州典型鼠害区的草原鼠害普查工作，明确了主要害鼠种类和鼠害主要发生区。建成全国首个草原鼠害智能监测站，实现草原生态系统中“植被—鼠类—

天敌”要素的长期、定点、定时监测，为鼠害防治提供了智能化解决方案。

系统开展落叶果树病虫害监测工作。针对果业在农业农村经济中的重要地位，系统开展基础性、长期性“五位一体”的农业科学数据观测工作。2023年建立病虫、天敌、环境、田间管理4项数据集，监测对象涵盖苹果、梨、桃、葡萄等树种，为区域产业升级、生态振兴提供数据支持。

（四）农业资源与环境学科

强化土壤三普科技支撑。作为第三次土壤普查的国家级质控室之一，研制出土壤和农产品有证标准物质，组织开展能力验证工作，对检测样品进行留样复检，开展检测工作飞行检查，优化检测方法，提供技术培训，保障检测数据的一致性和可比性。

推进典型农区耕地质量演替数据整编与深加工。针对耕地质量历史数据分布零散等问题，开展耕地质量数据的比对、整合、挖掘和深加工，摸清区域耕地质量的时空演替规律，实现耕地质量数据整合。收集整理了西北、黄淮海和长江中下游三大典型农区耕地质量与生产力数据12万余条，采集长期监测和定位试验土壤样品2 322份，为国家粮食安全、耕地质量和生态环境建设提供基础数据支撑。

加强农业基础性长期性观测实验站建设。大理站建立了流域观测网络，持续开展水、土、气、生四大要素长期观测，获取数据3.5万条，累计收集处理整编数据20万余组。完善实验站观测指标体系，开发数字管理平台，构建流域农业生态环境数据实时采集数据库和在线信息共享平台。

开展塔里木河流域土地开发与农业资源调查。围绕国家在塔里木河流域推进农业绿色发展等战略，全面调查和分析塔河流域土地开发与农业资源状况，揭示农业结构演化特征及驱动因素，提出节水抑盐土体构型，预期可以降低土壤盐分的作物危害风险80%以上，单位耕地面积农业用水量降低30%~40%，作物产能提升10%~20%。

开展自治区农田地膜残留监测。开展农田地膜覆盖及残留监测，对全区68个主要覆膜县市开展全区农田地膜残留监测工作，建立健全监测数据档案和管理信息平台，准确判断自治区当前农业生态环境形势，改善农业生态环境质量，保障农产品质量安全。

（五）畜牧学科

建立实验动物SNP遗传信息资源数据库。针对实验动物品种品系遗传特性和遗传稳定性的重要性，持续开展了针对SPF大白猪、长白猪、荣昌猪、藏猪、五指山小型猪以及SPF金定鸭、绍兴麻鸭和福建山麻鸭等常用试验动物的SNP遗传信息数据库构建工作，为我国试验动物资源保存和标准化提供支撑。

推进牛羊饲料营养价值与营养需求数据检测。采用常规分析方法，检测牛羊饲料中主要营养成分含量，积累牛羊用饲料原料的中性洗涤纤维和酸性洗涤纤维含量数据，开展肉羊、奶牛、肉牛生产性能监测和饲料瘤胃降解率数据监测。

“蜂彩”千种资源助力农业腾飞。国家蜜蜂基因库（北京）收集和保存了丰富的蜜蜂遗传资源，目前保持了各类蜂蜂传资源共3.8万份。建立蜜蜂种质资源数据库，挖掘蜜蜂遗传资源优异特性，为我国蜜蜂资源保存和标准化提供支撑。目前，在蜜蜂资源挖掘鉴定领域处于国内领先、世界先进水平。

强化南口熊蜂繁育车间建设。目前有2间饲养室，1间育种室，车间年均生产熊蜂5 000群，销售熊蜂3 000群，满足温室大棚的部分需求，填补国内熊蜂国产化的空白，为农户提供授粉技术和授粉效果评估指导。

建立农草畜产品品质大数据分析平台。利用大数据技术分析和挖掘农畜产品价值，建立“农草畜产品品质大数据分析平台”，挖掘内蒙古生态农产品的品质特色及产地优势，为品牌培育与宣传提供数据支撑。

开展草种质资源考察收集和分类鉴定。开展草种质资源保护和开发利用研究，构建种质资源保护体系，对内蒙古等地区进行草种质资源考察收集，收集整理燕麦种质资源6 000余份，并进行了扩繁与鉴定进行扩繁与鉴定，中期库共享利用621份。

（六）兽医学科

制定中兽医术语国家标准。牵头制定了首个中兽医术语国家标准《中兽医基本术语》（GB/T 42953—2023），系统界定了554个术语，推动了中兽医学的传承和发展，为我国畜牧业健康发展提供保障。

（七）农业微生物学科

厌氧微生物模式菌株保藏量逾1 000种。从国内外引进入库300种厌氧微生物模式菌株，模式菌株累计保藏量达到1 140种，与国内25家科研机构和高校实现资源共享103株，发表厌氧微生物新科1个。

（八）农产品质量与加工学科

开展饲料质量安全监管工作。为保障饲料和饲料添加剂相关产品的质量安全，完成226批次样品中447种兽药和非法添加物筛查，发现51批次样品检出药物，检出率为22.56%，在“饲料禁抗，养殖限抗，产品无抗”的大背景之下，有效震慑和打击饲料行业违法违规问题。

推进优质农产品品质评价工作。推进优质农产品品质评价工作，开发“土特产”推介活动申报平台，征集300余种土特产品。通过专家评价会，向社会发布189款“土特产”，并在农业农村部官网发布。

二、基础研究工作

（一）作物学科

揭示种子休眠与萌发调控机制。通过使用赤霉素等处理种子，能够激活 MKK3-MPK7 激酶级联，调控细胞扩增相关基因 EXPAs 的表达，释放休眠，促进萌发，揭示了种子释放休眠启动萌发的新机制。相关成果发表在 *Molecular Plant*。

利用深度学习模型研究植物基因功能。研究作物育种数据挖掘关键技术与工具，实现信息技术和作物育种的全程融合。利用深度学习模型 DeepGOPlus 精准挖掘耐盐基因，提高基因筛选和鉴定的准确性。结合系统发育谱系分析与机器学习算法，挖掘盐胁迫相关基因，为植物基因功能研究提供预测工具。研究成果为植物基因功能研究提供新途径。

发现作物细胞离子转运新机制。细胞膜蛋白是离子在细胞间转运的主要通道。研究发现，Cd 污染导致水稻中 Ca、Mn、Fe 和 Zn 含量显著增加，Ca 离子通道和 Mn 转运蛋白表达水平增加。亚硒酸盐和柠檬酸等小分子物质能够抑制 Cd 的器官间转运，增强细胞抗氧化能力。相关成果发表在 *Journal of Hazardous Materials* 等期刊。

构建玉米核心自交系泛基因组。针对玉米杂种优势形成机理的研究，构建了首个玉米育种自交系的泛基因组，揭示了结构变异对基因表达变化及杂种优势类群分化的作用。研究解析了亲本基因组间的遗传互补性，挖掘了关键杂种优势基因。本研究为玉米杂种优势机理研究迈出坚实一步，相关成果发表在 *Nature Genetics*。

揭示调控玉米株高发育新机制。玉米株高是重要的农艺性状。研究发现 ZmBELL10 转录因子通过特异的空间结构形成异源多聚体，增强下游靶基因表达，通过调节细胞分裂和伸长来调控玉米株高发育。该研究为培育耐密、抗倒的玉米新品种提供理论基础和基因资源。研究成果发表在 *New Phytologist*。

克隆玉米雄穗及根系构型关键基因。为提高玉米单产，研究团队挖掘了调控玉米雄穗分枝数的关键基因 *ZmELF3.1*，建立了遗传模块。同时，开发了基于 X-ray CT 的方法，挖掘出特异调控玉米根系构型及倒伏抗性的关键基因，为培育耐密、抗倒的玉米新品种提供基因资源和理论指导。相关成果发表在 *New Phytologist*。

发现提高玉米抗病性的转录因子。玉米粗缩病是一种严重的病毒病，研究发现转录因子 ZmGLK36 能够提高玉米、水稻和小麦对水稻黑条矮缩病毒的抗性。ZmGLK36 通过激活茉莉酸生物合成路径关键基因的表达，增强防御反应。该研究为作物抗病分子育种提供了理论支持，成果发表在 *Nature Plants*。

发现转录因子 ZmNAC78 提高玉米铁含量。研究发现 ZmNAC78 转录因子能够直接激活金属离子转运蛋白，控制铁元素进入玉米籽粒。利用 *ZmNAC78* 基因培育出铁含量显著提高的玉米新品系，为改善铁营养状况提供了新方案。研究成果发表在 *Science*。

破解水稻生殖隔离控制新元件。籼粳杂种优势利用是提高水稻产量的有效途径。研究发现 RSH12 位点由两个紧密连锁的基因组成，分别发挥“破坏者”和“守卫者”的作用，影响花粉发育。该研究为水稻分子设计育种提供了新思路，成果发表在 *Cell* 和 *Nature Communications*。

建立杂交水稻无融合生殖体系。通过建立人工无融合生殖体系，首次获得水稻克隆种子，为杂交稻自留种提供可能。通过对水稻可诱导孤雌生殖基因的研究，成功获得可以发生无融合生殖的 Fix2 材料。相关研究成果在线发表在 *Molecular Plant*。

揭示脱落酸调控水稻开花新机制。脱落酸（ABA）在水稻开花过程中起着关键作用。研究发现，ABA 信号通过 SAPK8 和 ABF1 的相互作用影响水稻开花，揭示了 ABA 信号传导及调控水稻开花方面的生物学功能。该研究为培育适宜抽穗期的水稻品种提供了理论依据，相关成果发表在 *Journal of Advanced Research*。

创制油脂含量媲美大豆的水稻种质。为解决植物油脂供给依赖大豆进口的问题，研究通过集成策略提升水稻种子的油脂含量。利用合成生物学技术手段精准调控油脂合成关键基因的表达，创制了油脂含量显著提升的水稻种质。相关研究成果在线发表在 *Plant Communications*。

解析乙烯调控水稻胚芽鞘生长机制。水稻胚芽鞘对幼苗形态建成至关重要。研究发现乙烯通过激活活性氧清除相关基因的表达来减少胚芽鞘中活性氧的积累，从而促进胚芽鞘的纵向生长。该研究为培育耐深播、立苗好的直播稻新品种提供新的分子途径和基因资源。相关研究成果发表在 *Plant Communications*。

解析中国菰和水稻类黄酮生物合成。中国菰富含类黄酮保健活性成分。通过基因组共线性分析，鉴定到 47 个类黄酮生物合成候选基因。表达 *ZlRc* 基因能够提高水稻种子的类黄酮含量和抗氧化活性，该研究为提高作物类黄酮含量提供了新思路。

揭示稻虾轮作甲烷排放机制。通过综合分析，揭示了水稻—小麦轮作转变为水稻—小龙虾轮作后甲烷排放来源的改变。发现稻虾轮作增加了土壤深度对甲烷排放的贡献，非根际土壤和水稻植株对甲烷排放同等重要。该研究为稻田甲烷减排提供了理论支持，成果发表在 *Journal of the Cleaner Production*。

揭示小麦分蘖调控新基因。小麦分蘖是决定产量的核心要素。研究发现 *TN1* 基因编码的膜蛋白通过影响 ABA 合成和信号转导途径促进小麦分蘖芽伸长。该研究为小麦株型改良和分子设计育种提供了重要新基因和新材料，相关成果发表在 *Nature Communications*。

绘制豆科植物根尖单细胞表达图谱。完成了首个豆科植物百脉根的根尖单细胞表达图谱，鉴定出根尖的主要细胞类型，发现了新的细胞类型特异基因，对研究豆科植物根系发育、结瘤固氮以及生物育种具有重要意义。相关研究成果发表在 *Journal of Integrative Plant Biology*。

发现提高大豆耐密性和产量的关键基因。大豆是我国重要的粮饲兼用作物。研究发

现 *PH13* 基因编码蛋白与 GmCOP1 互作来降解 STF 转录因子，促进茎秆伸长。PH13 及其同源基因 *PHP* 的双突变体在各种植密度下表现优异的抗倒性。此外，鉴定了调控大豆株型和生育期的多效基因 *GmEID1*，为培育适合密植的高产大豆新品种提供了重要新基因和新材料。相关成果发表在 *Nature Communications* 和 *PNAS*。

协同改良油菜产量与耐旱性。研究发现 *SGI* 基因能够提高油菜在干旱条件下的光合效率、生物量、产量和含油量。SGI 蛋白与多种蛋白相互作用，增强了植物的光合能力和活性氧清除能力。该研究为协调作物耐旱性和产量提供了分子机制，成果发表在 *Plant Physiology*。

基因编辑技术创制油菜优异资源。通过基因编辑技术，创制了耐盐、耐低温、黄籽、高含油量、智能不育等油菜优异资源。编辑 *BnST* 和 *TTG1* 基因提高了油菜的耐盐性和种子含油量。*OPR3* 基因突变实现智能不育，提高油菜育种的稳定性和便利性。研究结果发表在 *Horticulture Research*。

探索棉花适应性进化新机制。通过高质量基因组的比较分析，探讨了棉属物种形成史，发现不完全谱系分选事件和古代基因流导致了复杂的基因组系统发育关系。研究揭示了 ILS 在棉花物种形成和适应性分化中的重要作用，为解释棉属复杂的物种形成历史提供了新思路。研究成果发表在 *Plant Biotechnology Journal*。

揭示棉花纤维性状进化分子机制。揭示了油菜素内酯通过调控棉花纤维内源超长链脂肪酸的合成，调节纤维伸长的分子机制。该研究阐明了油菜素内酯和超长链脂肪酸在调控纤维伸长方面的关系及其分子机理，对棉花纤维品质的遗传改良具有指导意义。相关研究成果在线发表在 *Plant Cell*。

构建棉花抗黄萎病研究体系。聚焦棉花抗病品种利用，建立了全面的黄萎病菌变异型病圃。通过群体结构研究，确定了新疆棉区 4 个主要变异型，并筛选出适宜新疆种植的抗病品种 46 份。相关技术已纳入国家重点研发计划项目，有效控制黄萎病发生。发表 SCI 论文 15 篇，申请发明专利 1 件。

推进新疆产区罗布麻育种研究。共建中国农业科学院麻类研究所国家罗布麻研究中心，开展罗布麻盐碱、荒漠地治理和产业化利用研究。收集耐盐碱罗布麻种质资源 30 余份，完成基因组测序及比较基因组学研究，挖掘出参与干旱、盐碱迫调控的重要次生代谢产物，推进了罗布麻新种质创新及选种育种研究。

挖掘棉花抗黄萎病关键基因。围绕棉花优异抗病基因鉴定及其作用机制展开研究，鉴定到可以增强黄萎病抗性的亚洲棉渐渗片段，发现并解析了抗黄萎病的关键基因 *Gh-RVD1* 及其遗传基础。该研究为通过生物育种手段改良棉花抗病性提供了重要靶点。相关研究成果在线发表在 *Genome Biology*。

完成谷子基因组组装及泛基因组构建。研究完成了 110 个谷子和狗尾草高质量基因组组装，构建了首个杂粮和 C_4 作物高质量图基因组，为谷子模式植物体系发展提供了重要数据基础。黍稷泛基因组的构建为黍稷等杂粮作物的基础研究和资源利用提供了重要数据基础，研究成果发表在 *Nature Genetics*。

揭示 C_4 解剖学结构形成新机制。C_4 作物具有高光合效率和产量。研究解析了分子模块 SHR/IDD/PIN 在 C_4 解剖学结构形成的分子作用机制，为在 C_3 作物中组装有效的 C_4 叶片特殊解剖学结构提供优异的基因资源，向着 C_4 高光效水稻的创制迈出重要一步。相关成果发表在 *The Plant Cell*。

加速杂交马铃薯育种进程。开发出“进化透镜”发现马铃薯进化约束及有害突变。利用图谱信息，提出反直觉的自交系培育方法，开发全基因组预测新模型，使马铃薯产量预测准确度显著提高。该研究在马铃薯育种理论和技术上达到世界领先水平，成果发表在 *Cell*。

发掘马铃薯抗病基因资源。完成了光果龙葵的高质量参考基因组组装，克隆了多个晚疫病效应子受体，为马铃薯抗晚疫病品种选育提供重要基因参考，为抗病基因克隆提供方法参考。该成果发表在 *Nature Genetics*。

开展黄麻纳米纤维素的双重功能研究。研究发现黄麻纳米纤维素可显著增加核心肠道菌群丰度，促进脂肪酸和不饱和脂肪酸的生物合成，加速嘌呤代谢，增加抗菌肽等相关基因表达，实现调控有益菌与提升免疫力的双重功能。该成果发表在 *ACS Nano*。

（二）园艺学科

解析糖基化调控植物细胞壁合成新机制。植物细胞壁的结构和形态维持对植物生长至关重要。研究发现蛋白—糖基化修饰调控植物细胞壁纤维素的合成与组装，为细胞壁多糖合成与调控研究提供了新的研究思路和策略。相关研究成果即将发表在 *Molecular Plant* 和 *The Plant Cell* 等期刊。

揭示苹果叶片不定芽再生分子机理。苹果叶片不定芽再生能力是提高苹果遗传转化效率的关键。研究发现 MdAIL5 转录因子参与苹果叶片不定芽再生的调控网络。该研究有利于提高苹果叶片不定芽再生和遗传转化效率，为苹果功能基因验证和优异种质创新奠定基础。相关研究成果发表在 *Horticulture Research*。

桃基因发掘与新品种培育取得进展。桃资源与育种创新团队基于丰富的桃种质资源，发掘了关键基因，并开发了育种标记。研究发现制罐桃加工过程中的代谢物变化，明确了黄肉制罐桃的营养品质特性。相关研究成果发表在 *Food Chemistry* 和 *Plant Physiology* 等期刊。

阐明葡萄风味形成及驯化历史。葡萄是重要的水果作物。研究利用机器学习手段揭示了葡萄风味的形成机制和驯化历史。该研究有助于理解葡萄品质的遗传基础，为现代育种技术在葡萄中的应用提供了理论支持。相关研究成果发表在 *PNAS*。

揭示中国野生刺葡萄抗病遗传位点。葡萄资源与育种创新团队发现起源于中国的野生刺葡萄抗病遗传位点，为野生葡萄利用和抗病育种提供了基因资源和理论支撑。成果发表在 *Horticulture Research*。

首个半野生型甜瓜 *T2T* 基因组组装成功。甜瓜遗传育种与栽培团队对半野生型甜

瓜进行了高质量 *T2T* 基因组组装，为揭示甜瓜抗性相关基因挖掘和品质改良提供了重要遗传资源。相关研究成果发表在 *Horticulture Research*。

八倍体红颜草莓端粒到端粒基因组图谱发布。特色果树资源与育种团队发布了八倍体草莓端粒到端粒基因组图谱，为基因功能挖掘以及品质和抗性分子育种提供了理论和数据支撑。相关成果发表在 *Horticulture Research*。

解析蓝莓花青素合成调控机制。蓝莓果实中的花青素对果实品质至关重要。研究发现 *VcSnRK2. 3* 基因在蓝莓花青素合成中发挥调控作用。该研究系统阐释了蓝莓花青素合成的转录调控网络，为蓝莓品质改良和次生代谢产物合成途径研究提供了重要信息，相关研究成果发表在 *Frontiers in Plant Science*。

发现白菜等芸薹属蔬菜作物基因组进化新机制。白菜等芸薹属蔬菜作物的基因组进化研究揭示了 LTRs 插入是白菜着丝粒区域快速进化的关键因素。利用群体基因组数据，重建了油菜的系统发育历史，阐明了多倍体杂交渗入对多倍体植物多样化的重要作用。

揭示黄瓜响应低温胁迫的新机制。黄瓜的耐低温性对农业生产具有重要影响。研究发现 *CsSGR* 基因编码区 SNP323 是影响黄瓜耐低温性的重要功能位点，为黄瓜响应低温胁迫分子机制提供了理论依据。相关研究结果发表在 *Journal of Integrative Plant Biology*。

揭示甘蓝变种快速分化的遗传机制。甘蓝变种的形态多样化快速形成是植物遗传学的研究重点。通过构建高质量的甘蓝泛基因组，研究发现结构变异是大量基因表达剂量变异的重要调节因子，为理解甘蓝遗传机制提供了新的见解。相关研究结果发表在 *Nature Genetics*。

解析甘蓝显性雄性不育遗传调控。甘蓝显性雄性不育的遗传调控机制对育种具有重要意义。研究克隆了甘蓝显性雄性不育基因 *Ms-cd1*，阐明了其遗传调控机理，为甘蓝杂交制种提供了理论依据。研究成果发表在 *Nature Communications*。

揭示茶树甲基化儿茶素生物合成机制。茶树中的甲基化儿茶素具有更好的稳定性和生物活性。研究团队发掘鉴定出关键的茶树 O-甲基转移酶，阐明了甲基化儿茶素生物合成的分子机制。此外，成功解析了两个酶的蛋白晶体结构，为茶树资源的高效利用和高甲基化儿茶素品种培育提供了理论依据。研究成果发表于 *Nature Communications*。

发现茶树镁氮协同调控机制。茶树氮素吸收和利用效率的提升对茶叶品质至关重要。研究明确了镁营养对茶树氮肥利用效率的分子机制，发现镁缺乏可增强茶树根部氮和氨基酸的累积。该研究为茶树氮高效育种提供了重要的基因资源，也为制定茶园养分管理策略提供了新思路。相关研究结果发表在 *Plant Physiology*。

揭示茶多酚自组装新材料抗菌新机制。茶多酚具有天然的抗菌抗炎等健康功效。研究开发了一种茶多酚原位一步自组装方法，稳定了茶多酚结构，实现了高效协同抗菌特性。该研究为我国丰富的茶多酚资源健康利用拓展了新方向，相关研究结果发表在 *Advanced Materials*。

揭示普洱茶特色品质形成机理。普洱熟茶具有独特的风味品质。研究发现高品质普洱熟茶具有特定的化学成分特点，揭示了关键的发酵通路和新物质 FAHFAs 的形成机理。该研究丰富了普洱熟茶品质调控理论基础，并为普洱茶发酵适度精准控制提供了新思路，相关研究结果发表在 *Food Chemistry*。

发布首个茶树泛基因组图谱。茶树是重要的饮料作物。研究构建了茶树首个泛基因组图谱，揭示了茶树基因组中近期基因大规模扩张的遗传基础，并鉴定了多个参与重要农艺性状相关的遗传变异。该研究为茶树重要基因挖掘和分子设计育种提供了重要参考，相关研究成果发表在 *Nature Plants*。

（三）植物保护学科

揭示植物疾病在气候变化下的演变。系统阐述了全球气候变化下植物、病原菌乃至生态系统的适应能力及适应性代价的变化，以及这些变化如何影响作物病害的暴发及流行。研究提出了从进化生态学角度收集数据并融入病害预警模型，以提高病害预测的精确性。该成果发表在 *Trends in Plant Science*。

揭示重大农业害虫扩散和适应性进化机制。联合多家单位，对棉铃虫的群体结构进行了解析，明确了全球范围内棉铃虫的种群结构和扩散机制，从自然环境和人为因素两方面对棉铃虫的适应性进化机制进行了系统解析，为害虫的绿色防控提供了新靶标。该成果发表在 *The Innovation*。

阐释几丁质脱乙酰基酶为靶标的真菌病害机制。研究发现几丁质脱乙酰基酶（CDA）的几丁质脱乙酰基活性对真菌的毒力至关重要，为设计靶向 CDA 的绿色农药提供了结构基础。研究成果在线发表在 *Nature Communication*。

突破病原物与农作物互作新机制。研究聚焦真菌、病毒、细菌等重大病害，克隆了稻瘟病广谱抗病新基因 *Pijx*，并解析了其分子机制。研究发现了多种病原物与农作物互作的新机制，为病害防控技术创新提供了重要理论基础。相关成果发表在 *Molecular Plant* 和 *Cell Reports*。

发现草地贪夜蛾关键抗性基因。在全球范围内首次鉴定到了 *Bt-Vip3A* 抗性基因位点，并且解析了候选基因的作用机制，揭示了其作用机制，为保障未来 Bt 抗虫作物的可持续种植提供了重要支撑。相关研究成果发表在 *PNAS*。

破解小菜蛾 Bt 抗性形成新机制。率先破解了小菜蛾对 Bt 毒素的抗性遗传密码，阐明了 m6A 修饰介导的 Bt 抗性小菜蛾 JH 含量升高的表观遗传学调控机制。研究揭示了植物源和微生物源水平转移基因在小菜蛾生殖和氮代谢中的作用机制，为害虫长期防控提供了新策略。相关研究成果发表在 *Science Advances* 和 *PNAS*。

揭示真菌逃逸植物免疫的机制。研究发现病原真菌能分泌几丁质脱乙酰基酶（CDA）修饰自身细胞壁上的几丁质，从而逃避植物免疫反应。基于结构筛选获得的 CDA 抑制剂，正在开展田间试验，以增强作物对病原真菌的抗性。相关研究结果发表在 *Nature Communication*。

创新纳米核酸药物靶向绿色防控理论。创新性地开发了基于纳米材料的核酸药物递送系统，用于防治植物病毒病和害虫。该技术通过纳米材料携带核酸穿透花粉屏障，实现对病毒和害虫的精准防控，为害虫绿色防控策略提供了新思路。

（四）农业资源与环境学科

证明放牧强度影响土壤碳氮循环。放牧管理方式的改变影响微生物组代谢途径，进而影响植物生长和土壤理化性质。放牧强度的变化改变了微生物的碳氮代谢作用过程，优化草原管理制度可实现生态保护与植物生产的平衡，对未来草地管理政策具有指导意义。

揭示红壤区土壤酸化贫瘠化的同步调控机制。揭示了红壤区磷素供应特征及土壤酸化与重金属有效性同步调控机制。发现配施有机肥和生物有机肥可提高磷固相再供给能力，改良酸化，提高土壤 pH 值，降低重金属含量，为红壤酸化贫瘠化阻控提供理论支撑。

探明抗生素/抗性基因在青藏高原农田土壤中的分布。研究发现青藏高原农田土壤中抗生素/抗性基因的绝对丰度随着温度和降水量的增加而降低，移动遗传元件和重金属是驱动抗生素/抗性基因在农田土壤中迁移的关键因素。相关研究成果发表在 *Environmental Research*。

阐释水杨酸合成与信号路径及其调节水稻耐土壤逆性。研究系统地阐释了绿色植物中水杨酸合成和信号通路的起源与进化过程，发现水杨酸通过 WRKY 转录因子调控水稻对盐和干旱胁迫的耐受能力。

揭示设施菜地土壤新污染物复合污染特征。探究了设施菜地土壤中农药及微塑料的污染程度及赋存特征，评估了污染物、土壤理化性质及微生物间的互作关系。研究发现土壤酸碱度与有机质含量通过调控微生物群落结构决定农药和微塑料的残留。研究成果发表于多个期刊，并入选中国科学技术协会 2023 年十大课题。

研究冻融作用下黑土修复机理。研究了冻融作用下三江平原不同秸秆还田方式黑土修复机理及其微生物群落的演变规律。研究发现植物和微生物的抗性与恢复力存在权衡关系，植物相对于微生物群落组合的随机性较大。研究成果发表在 *New Phytologist* 和 *Science China-Life Sciences*。

发现亏缺灌溉施肥葡萄节水提质的智慧调控。揭示了不同水氮胁迫处理对葡萄水分消耗、产量和果实品质的影响规律，阐明了亏缺灌溉施肥的节水提质低排机制，为葡萄精准调控水肥消耗提供理论依据和决策工具。该成果发表在 *Agricultural Water Management* 和 *Agricultural and Forest Meteorology*。

研究污水生物电化学处理工艺及新型阳极结构。设计了新型三维生物阳极结构用于同步污染去除产电，揭示了可能的强化机制过程，对优化调控生物电化学阳极性能，实现生物电化学污水高效处理具有积极意义。该成果发表在 *Bioresource Technology*。

揭示钠离子和钾离子对养殖污水脱氮的影响。研究发现 Na^+胁迫降低了氨氮的去除率，并造成了亚硝酸盐氮积累，而 K^+胁迫和 Na^+与 K^+联合胁迫对氮的转化和去除没有影响。研究提出盐胁迫的研究应关注离子种类而非总盐度。成果发表在 *Chemical Engineering Journal*。

揭示大气水汽压差对生态系统影响。从全球尺度揭示了大气水汽压差增加导致陆地生态系统水分利用效率饱和的现象。研究显示近 20 年来全球植物水分利用效率增长趋于停滞，这一基础原创性发现为全球气候变化背景下，全世界尤其是我国北方半干旱地区生态治理提供了新的政策建议。相关研究成果发表在 *Science*。

乙酸介导的废弃物和一碳气体增值制造。系统介绍了一种乙酸介导的废弃物和一碳气体升值生产食品营养物及高附加值化合物的系统，突出了一碳气体发酵及电化学还原是获得高乙酸浓度的手段，为提高乙酸耐受及生物转化提供了挑战和解决策略。

阐明乙烯在植物温度胁迫响应中的关键作用。乙烯作为植物激素，在植物生长发育和逆境胁迫响应中发挥重要作用。研究总结了乙烯合成和信号转导途径的最新进展，探讨了温度胁迫对乙烯合成的影响及其调控机制，为培育耐温度胁迫作物提供了策略。相关成果发表在 *Trends in Plant Science*。

发现植被变化对地表温度的影响规律。研究揭示了植被变化通过生物物理作用影响局地尺度的温度变化，为制定土地管理政策提供新的理论依据。

揭示农药在环境中的转化过程及其生态毒性机制。利用高分辨质谱结合疑似靶标和非靶标化合物筛查鉴定方法，鉴定了醚菌酯在水和土壤中的转化产物，提出了多种降解途径。研究结果为农药及其转化产物的环境风险综合评价提供了数据支撑。

明确新农药及双酚 A 替代物的生物毒性效应。明确了溴虫氟苯双酰胺等新农药以及双酚 A 替代物的生物毒性效应，首次提出内分泌干扰物通过迷走神经干扰肠脑调节的分子机制。

制备基于共晶溶剂的高效铀吸附材料。利用共晶溶剂作为溶剂热炭化反应介质，成功制备具有高效 U(Ⅵ) 吸附性能的炭质材料，产品产率高、吸附量大，具有广泛的应用前景。相关研究成果发表在 *Chemical Engineering Journal*。

首次探明聚苯乙烯微塑料在草莓幼苗中的迁移行为。研究表明聚苯乙烯微塑料的粒径大小、浓度是影响其在草莓中吸收与传输的主要因素，对草莓幼苗的抗氧化防御系统、光合作用、渗透调节均产生了影响。相关成果发表在 *Environmental Science & Technology*。

发现秸秆源有机质降低水铁矿结合态重金属生物有效性。发现秸秆源有机质可抑制亚铁离子介导的水铁矿还原转化，降低了铬（Ⅲ）的生物有效性，为重金属超标稻田安全利用和秸秆还田管理提供了重要理论依据。

揭示稻田中铁硫影响镉有效性变化的机制。研究揭示了淹水处理后硫酸盐还原过程促进镉固定，高铁和高硫酸盐含量是镉活性快速下降的主控因素，为稻田土壤中镉污染的修复和农产品安全保障提供了重要参考。研究成果发表在 *Science of Total Environment*

等期刊。

阐明全球棉花全产业链对环境的影响。棉花种植环节对环境的影响取决于灌溉、农药和化肥用量。提出了棉花产业可持续生产与利用的发展策略，为棉花产业的环境友好发展提供了方向。

（五）畜牧学科

泛基因组解析牦牛基因组结构变异。牦牛具有极强的低氧环境适应能力，研究通过PacBio长读长测序和基因组从头组装，构建了牛科动物图形泛基因组，并发现与低氧适应相关的受选择基因1 051个。研究还发现牦牛和高原黄牛之间存在26 591个SVs渐渗，与低氧适应能力、抗病能力和肌纤维发育密切相关。此外，通过比较野牦牛和家牦牛之间SVs的等位基因频率，确定了654个候选驯化基因，证明了SVs在牦牛驯化过程中的重要作用。

揭示全球瘤牛基因组遗传多样性、种间渗入和适应性进化。研究通过分析全球瘤牛品种样本，揭示了瘤牛的起源迁移扩散路线，明确了与瘤牛耐热和免疫相关的候选基因，为理解瘤牛的起源进化和环境适应性提供了理论基础。相关成果发表在*Nature Communications*。

揭示枯草芽孢杆菌与博落回可降低泌乳奶牛的甲烷排放。研究发现在荷斯坦泌乳奶牛日粮中添加益生菌和天然植物提取物可显著降低瘤胃甲烷排放，改善能量和氮代谢，提升奶牛生产性能。该研究为减少奶牛甲烷排放提供了新途径，得到国家重点研发计划支持。

发现调控羊毛细度和密度的主效基因突变。羊毛产量占全球总产量的20%，但存在进口需求。研究通过全基因组重测序和转录组数据分析，鉴定了影响羊毛细度和密度的主效基因Keratin 74（*KRT74*）和Ectodysplasin-A receptor（*EDAR*），为羊毛产量和质量提升提供了分子育种靶点。相关研究发表在*Journal of Advanced Research*。

发现白羽肉鸡胸肌产量遗传调控靶点。白羽肉鸡是重要的畜产品，但其高产肉性能的遗传调控机理尚不明晰。研究通过全基因组重测序，鉴定出影响白羽肉鸡胸肌重的主效基因*SOX6*，为白羽肉鸡基因组育种技术升级提供了关键支撑。相关研究成果发表在*Journal of Advanced Research*。

解析白羽肉鸡饲料报酬性状调控机制。提高饲料利用效率是现代动物生产的重要目标。研究以广明2号白羽肉种鸡为素材，发现盲肠短链脂肪酸与基因组变异显著相关，揭示了饲料报酬性状的调控机制，为创新高效选育技术提供了理论依据。相关成果发表在*Microbiome*。

蛋壳品质差机理和调控研究。蛋壳质量差影响蛋鸡养殖收益和蛋产业高质量发展。研究揭示了鸡蛋微生物传递路径，发现老龄蛋鸡子宫免疫功能增强，导致微生物紊乱。通过调节产蛋后期蛋鸡子宫微生物组成和炎性状态，提高蛋壳品质，为挖掘营养素及生物活性物质的矿化调控提供了理论依据。

阐明鸭骨骼肌发育规律。肉品质选育是畜禽育种的难题。研究成功建立了鸭胸肌代谢谱库，检测出多种影响肉品质的关键代谢物。明确了与肉品质相关代谢物的生化和遗传基础，为优质肉鸭新品种培育提供了丰富的基因资源，为其他畜禽肉品质遗传改良提供了新思路。相关成果发表在 *Advanced Science*。

揭示昆虫性信息素调控交配行为分子机制。研究对蛾类雄性性信息素进行了鉴定和功能研究，筛选出对雌蛾交配行为有显著影响的活性组分，为开发针对害虫的新型干预策略提供了科学依据。相关研究成果发表在 *Current Biology* 和 *Cellular and Molecular Life Sciences* 等期刊。

熊蜂繁殖生物学研究取得突破。熊蜂作为社会性昆虫，其工蜂通常被认为终身不交配。最新研究发现熊蜂工蜂并非终生不交配，这一发现挑战了超有机体工蜂的终身不交配定律，为理解超有机体进化提供了新视角，对濒危熊蜂物种保护、商业化饲养和授粉应用具有重要意义。相关研究成果发表在 *Nature Communication*。

成功研制大蜡螟生态防控技术。蜜蜂对维持自然生态系统平衡至关重要。大蜡螟作为蜜蜂的主要害虫，对养蜂业造成严重损失。研究团队研发出一种苏云金芽孢杆菌诱杀技术，通过蜂群对照试验和在我国中华蜜蜂主要饲养区的试用，有效保护蜂群免受大蜡螟为害，为实现大蜡螟的绿色、高效治理提供了技术支持。

鹿茸干细胞研究取得进展。鹿茸干细胞是鹿茸再生的关键。研究揭示了鹿茸干细胞驱动鹿茸再生的机制，改造了鹿茸干细胞衍生的外泌体，开发了工程化的鹿茸干细胞外泌体，为抗肿瘤免疫治疗提供了新方法。相关研究成果分别发表在 *Science*、*Cellular & Molecular Biology Letters* 和 *Chemical Engineering Journal* 等期刊。

发现动物面部识别知识蒸馏方法。面对动物面部图像采集的挑战，研究提出了 CS-AKD 方法，利用人脸数据集上预训练网络得到的注意力图，提升动物面部识别精度。该方法在多个物种数据集上显示出显著性能提升，为动物身份识别提供了新途径。

提出多糖类后生元饲用不当解决方案。多糖类后生元是水产用免疫刺激剂，饲用不当会导致免疫紊乱。研究提出肠道菌群作为解决免疫紊乱的靶点，为防控多糖类后生元饲用不当引起的水产动物免疫紊乱提供了前瞻性解决方案。相关成果已发表在 *Reviews in Aquaculture*。

开发桑根达来麻叶荨麻提升饲草价值。桑根达来麻叶荨麻作为一种高产、优质、抗寒耐旱的饲草资源，具有显著的开发价值。该品种通过低温胁迫处理，叶片和根系均具有较强的抗寒性。在泌乳牛日粮中添加 12.5%麻叶荨麻，能有效稳定瘤胃 pH 值，降低肠道中好氧菌和致病微生物比例，提高有益菌比例，对泌乳牛胃肠道健康具有潜在益处，对减少乡土草用量、替代进口苜蓿具有重要意义。

抗菌肽药代研究探索。抗菌肽类药物的药代动力学特点与规律研究是世界范围内的难题。研究建立了抗菌肽体内药代示踪检测体系，完成了抗菌肽在小鼠体内的药代动力学研究，为抗菌肽的药代检测示踪技术瓶颈提供了解决方案。

（六）兽医学科

揭示禽流感病毒的进化与风险。发现了 H3N8 和 H10N3 亚型禽流感病毒的进化和公共卫生风险。研究表明，H3N8 病毒在家鸭和野鸟中分布广泛，具有低致病性，但在 2022 年导致了两例人感染病例。研究还发现，这些病毒在活禽市场中与人类感染病毒有密切关联，具有双受体结合特性，并能在豚鼠间传播，对公共卫生构成潜在威胁。

研究 A 型流感病毒复制促进因子。研究发现宿主因子 ABTB1 通过拮抗 TRIM4 介导的病毒 NP 蛋白降解，促进 A 型流感病毒（IAV）复制。ABTB1 与 TRIM4 相互作用导致 TRIM4 降解，从而抵消其对 IAV 复制的抑制作用。该研究成果发表在 *Emerging Microbes & Infections*。

揭示口蹄疫病毒宿主细胞代谢调控机制。揭示了口蹄疫病毒（FMDV）通过氨基酸转运蛋白 SLC38A8 促进天冬氨酸摄入，进而促进病毒复制的分子机制。研究发现 FMDV 感染促进 mTOR 向溶酶体转移，激活相关通路，促进病毒增殖。该研究为高效培养基的制备和疫苗种毒设计提供了新思路。

揭示小 RNA 病毒调控宿主信号通路机制。揭示了小 RNA 病毒调控 cGAS-STING 信号通路的机制。研究发现口蹄疫病毒（FMDV）、肠道病毒 71（EV71）和塞内卡病毒（SVV）感染可诱导线粒体损伤和线粒体 DNA 释放，激活 cGAS 介导的天然免疫应答。研究成果发表在 *PLoS Pathogens*。

揭示弓形虫感染非编码 RNA 调控机制。揭示了弓形虫感染终末宿主后的非编码 RNA 调控机制。研究预测了 235 个长链非编码 RNA 靶向 1 044 个蛋白质编码基因，并发现 174 个长链非编码 RNA 靶向 2 097 个信使 RNA。这些非编码 RNA 在免疫或疾病相关通路中显著富集，影响猫的免疫反应。该研究成果发表在 *Infectious Diseases of Poverty*。

揭示狂犬病病毒和新冠病毒细胞内化机制。阐明了代谢型谷氨酸受体 2（mGluR2）在狂犬病病毒（RABV）和新冠病毒（SARS-CoV-2）感染中的作用。mGluR2 基因敲除小鼠对 RABV 致死攻击的抵抗力显著提高。研究还发现转铁蛋白受体蛋白 1（TfR1）是新的 RABV 入侵分子，mGluR2 通过与 TfR1 相互作用介导病毒内吞过程。研究成果发表在 *Journal of Virology*。

揭示宿主因子抑制猪流行性腹泻病毒增殖机制。揭示了宿主因子介导细胞自噬抑制猪流行性腹泻病毒（PEDV）增殖及病毒的拮抗机制。研究发现宿主细胞通过调控 HNRNPA1 表达抑制病毒增殖。HNRNPA1 能够招募 E3 泛素连接酶 MARCHF8 泛素化 PEDV N 蛋白，并通过自噬途径降解。

揭示非洲猪瘟病毒致病机制。系统研究了非洲猪瘟病毒（ASFV）的分子机制，包括病毒入侵、复制、组装及炎症反应。研究发现 CD1d 和 AXL 分子介导病毒入侵，E301R 蛋白在基因组复制中起滑动夹作用，CD2v 抑制 ISG 产生，影响病毒致病力。

阐明非洲猪瘟病毒的生物学特性。首次揭示了基因Ⅰ/Ⅱ型重组非洲猪瘟病毒

(ASFV) 的生物学特性及其危害。监测显示，该重组病毒已在全国大部分地区流行，成为优势流行毒株。研究结果为我国非洲猪瘟流行变异趋势及防控政策制定提供了重要数据支撑。

发现非洲猪瘟病毒新型毒力基因。发现非洲猪瘟病毒编码的免疫抑制基因 I73R，研究了 I73R 蛋白调控宿主抗病毒蛋白合成的分子机制。发现 I73R 在病毒感染早期定位于细胞核，抑制宿主信使核糖核酸出核，广泛抑制宿主抗病毒蛋白的合成。该研究成果发表在 *Proceedings of the National Academy of Sciences*。

揭示日本脑炎病毒复制与毒力新机制。揭示了日本脑炎病毒（JEV）非结构蛋白 NS2A 在 C221 残基处的棕榈酰化修饰影响病毒复制与毒力的新机制。研究发现 C221 位点突变可抑制病毒复制，并降低毒力。该研究成果发表在 *Journal of Virology*。

新冠病毒药物防治策略研究。针对新冠病毒（SARS-CoV-2）的持续流行和变异，研究从天然植物中筛选出抑制病毒感染的药物。研究证明这些药物能有效抑制病毒复制，并鉴定了介导病毒进入细胞的受体蛋白。该研究为新冠病毒入侵提供了新的理论基础，并为药物防治提供了新策略。

发现新型大肠杆菌群体感应抑制剂。发现新型大肠杆菌群体感应抑制剂。研究以Ⅱ型群体感应信号分子 AI-2 关键合成酶为靶点，筛选得到 3 个高抑制活性的抑制剂。这些化合物能有效抑制 AI-2 信号分子的产生，且具有良好的 ADMET 性质。该研究成果发表在 *Microbiology Spectrum*。

揭示 NOG1 下调干扰素产生的分子机制。揭示了 NOG1 蛋白通过靶向 p-IRF3 下调干扰素产生的分子机制。研究发现 NOG1 过表达抑制病毒 RNA 和 DNA 介导的信号通路，缺乏 NOG1 促进抗病毒先天免疫应答。该研究有助于理解宿主先天免疫应答的负调控和 NOG1 的功能。

发现 PSMB1 降解 Nsp12 抑制 PRRSV 复制。发现 PSMB1 通过招募 NBR1 经自噬途径降解 PRRSV 非结构蛋白 Nsp12，抑制病毒复制。研究发现 PSMB1 对 Nsp12 的降解作用依赖于 Nsp12 在 K130 位点的泛素化。该研究为开发新疗法和疫苗提供了候选靶点。

揭示耐药基因 *optrA* 传播扩散机制。解析了重要耐药基因 *optrA* 在猪场中的传播扩散分子机制。研究发现 *optrA* 主要以水平转移方式传播扩散，载体具有多样化特点。该研究为理解畜禽养殖场中耐药基因的发生发展提供科学依据。

（七）农业微生物学科

研究食药同源植物胰脂肪酶抑制剂。对 20 种食药同源植物进行胰脂肪酶抑制剂筛选，发现姜黄具有控制肥胖潜力。研究采用多种技术手段，表明姜黄素是一种新型有效的 PLI，可开发成预防和控制肥胖的食品补充剂。

揭示阿魏酸酯酶 FAE 活力调控机制。研究了人体肠道菌群来源的阿魏酸酯酶 FAE 活力调控机制。研究发现底物结合口袋结构影响 FAE 对底物的催化活性，寡聚化通过影响活性中心构象动态调控活力。研究构建了酯酶底物特异性 AI 预测模型 CESS，为 FAE 的研究与工业化应用奠定基础。

明确酪氨酸激酶 BLK 促进炎症信号转导。发现酪氨酸激酶 BLK 正调控 TLR/IL-1R 介导的炎症反应。BLK 与 IL-1 受体结合，催化 TOLLIP 磷酸化，促进 TOLLIP 与 IRAK1 解离，利于炎症信号级联反应。该研究为治疗过度炎症诱发的疾病提供指导意义。

揭示木聚糖酶 XynA 催化效率提高机制。以瘤胃木聚糖酶 XynA 为研究对象，发现 XynA 的 C 末端区域显著提高其催化效率。研究通过分子动力学模拟揭示 C 末端参与底物结合口袋相互作用，降低酶与底物的结合自由能。研究成果发表在 *Bioresource Technology*。

明确幼龄反刍动物肠道微生物结构。建立幼龄反刍动物肠道微生物结构与功能紊乱的腹泻模型。研究发现腹泻是动物肠道微生物失衡的表现，是导致幼龄反刍动物生长发育迟缓的主要原因。研究为调控幼龄反刍动物肠道微生物组成，促进肠道健康提供基础。

合成生物学创制一碳蛋白新菌株。利用合成生物技术，构建高效一碳同化工程菌，转化 CO_2 制造蛋白质。研究为实现 CO_2 固定及利用，将是我国实现“双碳”目标与粮食安全双赢的战略举措。

揭示产甲烷古菌耐受氨胁迫机制。研究了产甲烷古菌耐受氨胁迫差异的作用机制。研究发现吉布斯自由能是决定产甲烷途径耐氨能力差异的关键因素。该研究为沼气发酵过程的氨胁迫应答调控提供了理论依据。

（八）农产品质量与加工学科

阐明农产品品质数字化表征。通过农产品品质数字化表征，实现品质评价智能化、特征品质标识化、生产标准化和区域化。研究建立了基于感官评价的农产品多维品质数字追溯技术，构建了特质性成分数据库，为果实品质的数字化、标识化、优质化提供数据支撑。

揭示氨基酸酰胺化果胶凝胶/乳化机制。研究了氨基酸酰胺化果胶的制备及其凝胶/乳化机制。研究发现 pH 值是影响果胶氨基酸酰胺化的关键因素，创新了 DMTMM 催化的果胶高效氨基酸酰胺化技术。该研究成果为果胶氨基酸酰胺化改性提供新方法。

（九）农业装备工程与信息学科

构建小麦功能结构协同模拟模型。以小麦作物为研究对象，开展小麦生长与生产力形成模型与小麦功能协同模拟模型构建研究。研究明确了植株器官的形态结构与同化物分配状态的时空变化模式。

揭示大豆机械化收获控制机制。围绕大豆高质量收获的关键技术，构建大豆含水率在线检测系统和基于深度学习的机收大豆作业质量在线检测系统，实现了机收大豆参数实时感知和核心部件参数在线可调。

三、核心关键技术

（一）农业基础前沿

开发基因编辑脱靶效应检测新方法。研发了一种名为 SAFETI 的新方法，用于检测单碱基编辑技术可能引发的意外突变风险。该方法系统分析了 3 种碱基编辑器的脱靶效应，并在转基因小鼠体内发现了新的脱靶突变。这一突破性工具对评估基因编辑工具的安全性至关重要，相关成果已发表在 *Nature Communications*。

突破基因编辑递送系统技术。在基因编辑递送系统研发方面取得新进展，基于 CDB 递送策略，实现了无须组织培养过程的编辑工具递送和编辑。研究发现，外施 REF1 和利用 CG1 可显著提高植物递送效率。*Cas-SF01* 的基因敲除效率在多个农业生物中高于 *Cas9* 或 *Cas12a*，尽管其碱基编辑效率仍需提升。此外，成功克隆了 7 个关键基因，并构建了靶向基因编辑载体，推进精准高效育种技术体系的建立。

多组学评价基因修饰作物安全性。采用多组学方法对基因修饰作物进行安全性评价，以促进新产品的产业化应用。研究基于复合转基因水稻材料，从转录组、蛋白质组和 DNA 甲基化组层面分析，发现差异表达基因和蛋白的影响较小。此外，研究基于 *CRISPR/Cas9* 和 *ABE* 的基因编辑水稻材料，结果显示基因编辑的影响小于遗传转化过程。

开发 PER-seq 技术体系。该技术无须创制突变体或转基因株系，为转录调控网络解析提供了高效工具。利用 PER-seq 筛选了 *Opaque2* 的下游靶基因，揭示了其在多个生物学过程中的潜在功能。相关成果发表在 *Plant Physiology*，并申请了国家发明专利。

构建植物分子医药表达底盘。基于烟草瞬时表达系统，构建了植物分子医药表达底盘技术。该技术具有绿色、高效、安全等优点，已与企业合作研发猪、禽类疫苗，并进入动物实验阶段。相关技术获得中国创新创业大赛一等奖，青岛市植物分子医药重点实验室获批建设，为植物瞬时表达技术的应用和产业化推广奠定了基础。

（二）作物学科

研发 LED 光配方加速作物繁育。开发了主粮作物加代快繁 LED 光配方及配套栽培技术。该技术利用 LED 植物照明优势，研究光参数与环境因子对小麦、玉米生长发育的影响，成功缩短玉米和小麦的繁育周期 20%和 50%左右，为主粮作物快速育种提供理论依据。

发现玉米秸秆转化人造淀粉新方法。开发了将玉米秸秆高效转化为人造淀粉和单细胞蛋白的技术。通过体外多酶分子体系与酵母菌的生物转化，实现了纤维素到人造淀粉的高效转化。新方法显著降低了人造粮食生产成本，提高了纤维素酶的水解能力，为人造粮食工业化生产提供了可能。

发明秸秆高效饲料化生物转化关键技术。秸秆资源作为潜在能量饲料资源，其高效利用存在技术瓶颈。研究开发了常温、低浓度 NaOH 化学前处理法和优化的物理法，筛选获得高效降解微生物菌株，构建了高效降解秸秆的复合菌系，为秸秆高效饲料化提供了技术支撑。

发明稻稻（再）油周年绿色高产高效生产技术。发展稻油多熟种植模式，集成示范了稻稻（再）油“三熟三高”模式。油菜单产超 130 千克/亩，含油量超 43%，两季水稻单产超 900 千克/亩，亩增效 300～500 元，为粮油产能提升提供了重要的技术支撑。

组合诱变创制小麦外显子突变体库。利用不同诱变方式创制了小麦京 411 外显子突变体库，共鉴定到超过 1 800 万个突变位点，有效覆盖 96.7%的高置信度基因。该突变体库为小麦功能基因研究提供了重要材料基础，并为小麦育种应用研究提供了技术支撑。

推广新疆棉花综合植棉技术。创新集成并示范推广新疆棉花“降密壮株、提质增效”“宽早优”综合植棉技术。该技术通过农艺学方法提高棉花单产和品质，增加收益。在新疆累计推广面积达 4 117 万亩，新增植棉效益 224.4 亿元，具有显著的经济和社会效益。

“宽早优”植棉技术国际领先。在新疆创新形成了“宽早优”植棉模式，通过优化种植方式和资源利用，实现了增产增效和绿色优质。该技术获得国内外专家的高度评价，连续多年被列为农业主推技术，已累计示范推广 4 117 万亩，创造了显著的经济效益。

创制无人机平台高通量表型获取技术。基于无人机平台，研发了棉花田间高通量表型获取技术。通过无人机搭载 RGB 相机，实现了对棉花种质资源材料的规模化田间表型获取。利用该技术进行 GWAS 分析，鉴定出调控棉花株高的功能基因，为棉花株高遗传研究提供了理论依据。

研发油料干燥减损与提质加工技术。针对油料产后损失和过度加工问题，研发了油料干燥减损与提质加工关键技术。该技术显著提高了油料产后利用率和效益，节能 40%，水耗降低 95%以上，时间减少 90%以上，为产业提质增效提供了技术支持。

创制高油酸高产耐盐碱花生新品种。选育的高油酸早熟花生新品种中花 215 创长江流域花生高产新纪录，亩产达 680.03 千克。该品种具有高产、高油酸、高含油量等优异性状，迅速推广超过 30 万亩，对保障食用油供给安全和促进花生产业高质量发展具有重要意义。

研发花生提质固氮绿色增产技术。创建的花生提质固氮绿色增产—ARC 耦合关键技术在全国 165 个示范点开展试验，显著提高结瘤数量和固氮酶活性，平均增产 20%，为粮油量质提升开辟新途径。

（三）园艺学科

研发蔬菜绿色生产用纳米材料。研制出蔬菜绿色生产用系列的铜—铁层状双氢氧化物纳米材料，能有效促进莴苣（生菜）生长和提高产量。同时，提出了纳米保鲜新策略，研发了特异纳米吸附材料，实现了蔬菜产品资源的高值利用。

集成昌吉设施番茄黄瓜冬季提质栽培技术。针对昌吉冬季温室瓜果生产的问题，采用多项技术集成，实现了无热风炉加温条件下的生产，显著提高了果实品质和产量。通过增加蓄热墙体、LED 补光、熊蜂授粉和水肥一体化系统，有效提升了温室的能耗效率和作物生产效益。

建立水果感官评价技术系统。以多种水果为对象，针对不同人群进行了感官评价调查，获取了感官评价的性状比重，建立了完善的感官评价系统。该系统为新品种选育提供了数据支撑，有助于满足市场和消费者的多样化需求。

创新设施葡萄品种选育及栽培技术。建立了基于消费者、经销商和生产者需求的品种评价技术体系，筛选和育成了适用品种。创新了肥水高效利用关键技术和树体管理技术，构建了优质高效栽培技术体系，广泛应用于全国设施葡萄栽培，显著提高了产业水平。

研发葡萄花果调控技术体系。研发葡萄花果调控技术体系，有效解决了葡萄生产中的多个难题，显著提高了葡萄的优质果率和产量。通过配套施肥管理，降低了化肥农药用量，减少了劳动力投入，为葡萄产业的高质量发展提供了重要技术支持。

突破槲皮素识别技术。利用表面分子印迹技术，成功制备了新型氧化石墨烯—磁性分子印迹聚合物，解决了槲皮素在复杂体系中的快速分离纯化问题。该技术丰富了红葡萄酒中槲皮素提取的前处理技术，拓宽了分子印迹聚合物的应用领域。

创新猕猴桃基因编辑体系。通过短茎段快速培养技术，建立了高效的猕猴桃基因编辑体系。该技术简化了传统遗传转化体系，显著缩短了基因编辑周期，为高倍性猕猴桃的基因编辑提供了技术基础。

精准高效识别茶树新梢。通过视觉注意力机制模块，目标检测模型能精准提取小目标信息，显著提高识别效率。结合视频追踪和越线计数算法，实现了智能精准计数，推动了手持式测产装置的开发，为茶园测产提供了智能化解决方案。

创新抹茶高值化利用技术。开发了抹茶微胶囊包埋和分散技术，解决了抹茶易色变和聚团的技术难题。通过 HP-β-CD 材料的微胶囊抹茶制备技术，提升了抹茶的色泽稳定性和保留率。同时，系统分析颗粒度及添加剂对抹茶分散性能的影响，实现了抹茶在液体中的快速、均匀分散，推动了抹茶焙烤食品和饮品的多样化发展。

建立花卉良种良法配套栽培技术体系。选育了切花菊和牡丹新品种，并建立了配套的脱毒种苗繁殖技术和节肥增效技术体系。该技术体系在我国花卉主产区的推广应用，有效助力了乡村振兴和美丽乡村建设。

高效构建烟草基因编辑技术体系。率先攻克了双子叶植物高效基因编辑技术，建立了新型基因编辑体系，显著提升了作物基因编辑效率。该技术已无偿提供给多家科研单位使用，并获得良好的应用反馈。

烟草智慧育种技术取得进展。在烟草智慧育种理论与技术上取得重要进展，构建了烟草育种导航草图，可用于基因挖掘和分子标记辅助育种。利用分子标记和基因编辑技术培育了抗病新品种，推动了烟草产业的高质量发展。

构建烟粮绿色高效复种模式。成功构建了烟粮绿色高效复种模式，通过推广“粮烟融合”绿色防控综合治理示范区，显著提高了烟区的综合效益。相关技术已在全国烟区广泛推广，为粮油面积的增加和耕作制度创新提供了新思路。

（四）植物保护学科

发展病害靶向防控策略。针对小麦赤霉病，揭示了禾谷镰孢菌携带的 FgGMTV1 病毒特性，并通过基因沉默技术靶向控制病害。研究成功构建了弱毒菌株，通过预喷施，能有效降低强毒菌株的扩展和毒素积累，防效达到 76%以上，为小麦赤霉病提供了新的防控策略和技术资源。

构建害虫监测预警网络。通过在关键区域开展长期监测研究，研发了高分辨多维协同雷达测量仪，突破了昆虫雷达害虫种类辨识技术，创新了害虫监测预警平台。该平台实现了全国害虫迁飞态势的实时监测预警，明确了昆虫迁飞群落结构及动态规律，为害虫迁飞阻截技术体系和虫源管控策略提供了科学依据，有效提升了农作物害虫监测预警水平。

推广全程绿色防控技术。针对棉花病虫害，揭示了病原种群结构和流行规律，研发了基于遥感技术的智能化监测技术，创新了棉花品种抗病性利用和害虫绿色防控产品。新疆棉花全程绿色防控技术入选全国农业主推技术，大规模示范应用，为棉花安全生产和化学农药减量提供了科技支撑，对推动农业绿色发展具有重要意义。

创新纳米载药体系制备。构建了新型纳米载药体系，发展了智能响应型纳米载药体系及其合成方法。通过优化配方和制备技术，将载药粒子尺寸从 5 微米降低至 100 纳米以下，提高了农药的水溶性和分散性，提升了农药的有效成分利用率，减少了残留污染，对化学农药提质增效与节量具有重要意义。

创制农药抗体检测技术。首次制备了氯吡脲、乙嘧酚等农药纳米抗体及重组全长抗体，并明确了抗体识别机制。建立了多种农药抗体制备体系，筛选出阳性细胞株，制备了满足最大残留限量的单克隆抗体。构建了免疫分析体系和快速检测免疫层析体系，为农药残留检测提供了新技术。

提升茶棍蓟马防控效率。开发了基于茶棍蓟马聚集信息素的农药减施技术，通过鉴定出的有效组分乙酸月桂酯和乙酸十四酯，显著提高茶棍蓟马的活跃度和接触药液的几率。新技术实现了生物农药用量减少 30%，化学农药施用量减少 50%，特别是虫螨腈减施量可达 70%，有效降低了防治成本。

（五）农业资源与环境学科

靶向阻控农田重金属污染。构建了全国性空天地智慧监测体系，明确了土壤与农产品的安全阈值。揭示了土壤—作物系统中重金属迁移累积的分子机制，并研发了 10 余项降镉、砷产品技术。在西藏[①]、云南等地区推广应用，土壤中镉、砷含量合计降低了 38%，农产品质量达标率提高至 95%，技术服务合同金额超 6 000 万元。

精准提升养殖粪水还田效率。建立了精准核算评估方法，开发了粪水养分快速检测技术和便携式装备。研发了原位固碳减氨施用技术，并构建了典型还田模式，在黑龙江、山东、江苏等地推广，提高了粪水养分利用率 10%～13%，并制定了相关国家、地方标准。

中重度盐碱地绿色增产技术应用。在滨海盐碱地修复领域取得突破，创新应用了基于“菌糖”协同的抗盐产品，开发了新型大豆耐盐碱根瘤菌剂，增产效果显著。同时，创新了秸秆绿色转化技术，研制出土壤调理剂产品，显著提升了土壤有机碳和降低了土壤盐度。集成建立了植物—微生物共生体系改良技术体系，在山东省东营市、潍坊市、滨州市等地区落实盐碱地大豆种植面积 2 万亩，产量提高 5. 87%。

研发耕地监测和治理智能决策技术。依托国家盐碱地综合利用技术创新中心，在山东省东营市开展耕地次生盐渍化三维遥感监测。构建了退化耕地监测数据方舱，遴选主要监测站点，辐射 15 000 个监测点位，形成了耕地质量退化监测网络体系，为退化耕地的监测和治理提供了智能决策支持。

突破汞镉元素同步富集技术。成功研发了基于电热蒸发样品导入的汞、镉元素同步富集技术，利用镀铂泡沫镍研制的同步富集装置，实现了重金属汞、镉的同步富集。与小型化金属陶瓷蒸发器和原子荧光检测器联用，构建了新型小型化汞镉同测仪，检出限达到 0. 04～0. 40 微克/千克，为土壤样品中汞、镉的快速、灵敏、准确测定提供了技术支撑。

突破秸秆生物炭转化提质技术。研发了多参数速测技术和成套智能装备。针对秸秆生物炭转化过程中的问题，研发了清洁转化与提质技术，优化了生物炭的 N、P 掺杂改性技术，显著提升了热解炭、气品质。研发了生物炭清洁高效转化装备关键部件及智能控制系统，为农业废弃物循环利用效率的提升提供了技术支撑。

创制生物质发酵品渗透墙构建技术。研发了生物质发酵品渗透墙构建技术，通过机械成型技术制成的薄层堆肥预埋于土壤中，形成生物质渗透墙，提高了化肥中养分的固持利用率。编制了相关技术指南，为农耕土壤固碳保肥和减肥降药提供了有效技术

① 西藏自治区，全书简称西藏。

手段。

研发寒冷地区厕污共治装备。针对我国寒冷地区厕污共治设备适应性问题，开发了结合生物+物化治理工艺，通过物化功能的强化作用弥补微生物冬季效率降低的问题。同时，对寒区小型设施的保温系统进行了标准化设计，研发了适合于寒区厕污共治的一体设备，提高了适应性和经济性。

构建农村沼气工程全链条管控模式。针对农村沼气工程的“减排固碳”效应，开发了碳排放监测与核算方法，形成了国家标准报批稿 2 项。对工程辐射的畜禽养殖场的粪污特性、收集和利用碳排放情况进行分析，形成了政策建议和技术指南，为农村沼气工程减排固碳发展模式提供了科学依据。

创新农村人居环境低碳治理。诱变出新型污水脱氮菌，提高了处理效率 30% 和 17%。研发了无动力黑灰水协同处理工艺，实现了低成本低碳处理，节约成本 90%。构建了人居环境智慧平台，提升了后期管护的便捷性和科学性。成果在贵州、湖北等 5 省 20 余村推广，得到中央电视台科教频道、科技日报等媒体报道。

（六）畜牧学科

研发牦牛育种芯片技术。研发了牦牛专属的液态基因芯片，以提高牦牛遗传多样性的认识和选育效率。构建了牦牛 7K 液相芯片，并通过样本检测验证了其高性能。该芯片具有高位点检出率和杂合率，基因型结果一致性高，稳定性良好。液相芯片技术解决了固相芯片的限制，实现了大规模基因分型，为牦牛育种提供了低成本、高准确性的服务，并得到了政府和科研经费的支持。

突破细毛羊 50K SNP 液相芯片。自主研发了国内首款细毛羊 50K SNP 液相芯片，覆盖了 45 213 个高质量位点，实现了国内主要细毛羊品种的全面覆盖。芯片已应用于多个研究方向，并构建了国内最大的高山美利奴羊基因组选择参考群体。通过结合基因组选择与传统育种技术，育种效率提高了 40%，实现了细毛羊种业科技的自立自强。

蜂良种繁育关键技术集成应用。明确了 5 个生态区的中蜂遗传资源分布，并筛选出 200 群核心育种群。通过转录组学和代谢组学方法，筛选出强群和弱群间的差异表达基因和代谢物，这些集成技术为中蜂遗传改良和育种提供了重要基础。

创新中蜂高效生产技术。围绕中蜂高效生产技术，研发了预防中囊病的中草药制剂和增强免疫力的发酵制剂，并筛选出多种益生菌。在多个地区开展了试验示范，推广了高效养殖技术，显著提升了蜂群健康和产量。

建立中蜂现代养殖模式。建立了特色蜂蜜灌装生产线和天麻中蜂蜜片生产线，探索了养蜂户与公司合作的新模式，带动了农户增收。建立了示范蜂场，发表了相关研究成果，并申报了多项专利。

创新智能化中蜂养殖与病害防控。研制了智能化饲养平台和大蜡螟诱杀技术，以及防治中蜂微孢子虫病的中草药提取制剂。这些技术提高了养殖效率，降低了人力成本，相关成果已在学术期刊发表，并获得了有关奖项。

开发中蜂产品高值利用技术。开展了特征性成分鉴定及功能活性研究，建立了鉴别中蜂蜂蜜真实性的检测方法，并开发了新型产品。这些技术提升了中蜂产品的市场价值，为蜂农提供了培训和技术支持。

创建蝙蝠—鸡/小鼠/猪嵌合体。利用无外源基因残留的蝙蝠诱导多能性干细胞成功创建了蝙蝠—鸡/小鼠/猪嵌合体，为蝙蝠生物学特性研究提供了优质细胞资源，并为相关机制研究奠定了基础。

提升畜禽饲料制粒性能。针对低蛋白低豆粕饲料的制粒性能问题，构建了饲料原料评价指标体系，建立了检测方法和制粒成型特性评价方法。提出了改善饲料吸水性和提高制粒性能的方法，提高了饲料颗粒质量和制粒效率。

推进饲草育种技术创新。构建苜蓿遗传图谱，开展配合力测定。利用 ddRAD 测序技术，开发了 55 份沙芦草的 SNP 分子标记，筛选出 74 个高多态性标记。此外，采用高能重 C 离子辐照技术，对紫花苜蓿种子进行诱变，建立了诱变圃，并筛选出 3 份优异种质。研究还涉及老芒麦的 WGCNA 分析和长柄扁桃的系统发生地位分析，为育种与遗传多样性研究提供了基础。

（七）兽医学科

构建重组鸭瘟病毒。构建了一株共表达 3 价禽流感病毒 HA 基因的重组鸭瘟病毒（rDEV-dH5/H7），对我国及全球 H5 和 H7 禽流感防控具有重要意义。该重组病毒遗传稳定，能完全保护鸭瘟病毒，并诱导产生良好的 HI 抗体，为鸭子提供对同源和异源的高致病性 H5 和 H7 流感病毒的完全保护。

强化禽病防控技术。3 项重要疫病综合防控技术被列为农业农村部主推技术，覆盖兽医类 3/4。这些技术针对禽流感、新城疫、禽白血病等疫病，通过多年技术攻关和集成示范，创制了系列防控产品，为养禽业提供了关键技术支撑，并助力乡村振兴。

研发莫西菌素缓释微球。针对宠物药市场的需求，研发了莫西菌素缓释微球长效注射剂。莫西菌素作为一种安全、高效的抗寄生虫药物，已被广泛应用于犬心丝虫病防治。本研究基于 PLGA 缓释微球给药系统的长效释药特点，开发了新型缓释微球型长效注射剂。

研制羊棘球蚴病疫苗。在毕赤酵母系统中成功实现了 EG95 蛋白的高效可溶性表达，并基于此蛋白抗原，研制了“羊棘球蚴（包虫）病基因工程亚单位疫苗”。该疫苗已完成实验室研究和中试生产，并获得临床批件，目前正在进行临床试验研究。

开发鸭坦布苏病毒疫苗。发现鸭坦布苏病毒弱毒疫苗株 FX2010-180P 可有效预防病毒感染，并可作为其他黄病毒疫苗快速研发的骨架。该疫苗株已获得新兽药证书，对鸭无毒，能诱导强烈免疫反应，是当前销售额最高的水禽疫苗。

构建西尼罗热风险监测模型。构建了西尼罗热输入风险监测及阻断技术模型，依据传播媒介、气候地理因素和地区疫情流行等风险评估指标。团队制定了高风险时间和地区的采样方案，并在新疆、四川等地区进行了候鸟和蚊媒的布点采样，为西尼罗热的防控提供了科学依据。

建立阿龙山病毒传播模型。成功构建了阿龙山病毒（ALSV）经蜱传播的模型。研究发现ALSV能在多种蜱中复制并通过唾液腺传播，也可经蜱卵垂直传播。这一发现为理解ALSV的传播机制提供了重要信息。

（八）农业微生物学科

靶向分离瘤胃尿素分解菌。开发了一种微球原位分离培养法，有效提高了瘤胃尿素分解菌的分离效率。通过*ureC*基因富集靶标菌群，共分离出976株菌，其中28株为尿素分解菌，分离效率达53.8%，新菌种数量增加了34.4%。泛基因组学分析显示，新菌株具有独特基因，表明其具有新的代谢功能。

提升糖苷水解酶催化效率。采用深度神经网络和分子进化设计的新策略，显著提高了糖苷水解酶的催化效率。通过收集119个糖苷水解酶家族的蛋白序列，建立了深度学习模型DeepGH，预测准确率达96.73%。利用Grad-CAM方法提取特征并设计突变体，成功获得壳聚糖酶突变体CHIS1754-MUT7，其催化效率是野生型的23.53倍。

升级抗菌肽制备技术。针对后抗生素时代的需求，提质升级了抗菌肽绿色高产制备技术。通过筛选获得了高产表达的候选序列PN7，该序列在5-L发酵罐中表达量高，具有安全性和稳定性，能有效杀灭表皮葡萄球菌，优于万古霉素。

合成N-乙酰氨基葡萄糖。以罗尔斯通氏菌为底盘细胞，构建了N-乙酰氨基葡萄糖生产菌株。通过基因敲除和表达调控，优化了菌株的代谢途径，显著提高了产物产量。使用二氧化碳作为碳源进行气体发酵，最佳菌株的N-乙酰氨基葡萄糖产量达到75.3毫克/升。这项研究首次实现了二氧化碳向N-乙酰氨基葡萄糖的生产转化，为温室气体的生物转化提供了新途径。

智能设计蛋白反应温度。开发了一种基于深度学习的蛋白最适反应温度智能设计策略。通过分析CAZy数据库中的糖苷水解酶序列，建立了DeepGH模型，预测准确率超过96%。结合Grad-CAM方法和序列进化信息，设计出壳聚糖酶突变体CHIS1754-MUT7，其催化效率显著提升。

开发多顺反子表达系统。开发了一种真菌多顺反子表达系统，简化了代谢物生物合成途径的重构步骤。该系统无须外源启动子和调控元件，实现了自动化工作流程和精确表达。在酿酒酵母中成功合成高价值罗汉果醇，验证了该技术在高等真核生物中的应用潜力。

构建果汁营养强化技术体系。构建了果汁营养强化技术体系。通过筛选益生菌菌株，有效提高了果汁中的生物活性物质含量。利用代谢组学分析揭示了发酵过程中的代谢规律，明确了发酵方式对果汁营养与风味特性的影响，为果汁的营养与功能提升提供了科学依据。

（九）农产品质量与加工学科

高通量检测农药残留。开发了植物源性食品中 500 余种农药的高通量检测技术，制修订了 3 项食品安全国家标准。该技术解决了传统检测方法的局限性，覆盖了 68.2%的限量标准农药品种，填补了 160 余种农药检测方法的空白，有效支撑了我国食品安全监管，确保了公众的食品安全。

研发近红外荧光仿生检测技术。开发了一种高效抗干扰的近红外荧光仿生检测技术，用于农产品中农药残留的快速检测。通过近红外激发—发射策略和仿生分子设计，构建了能够靶向响应有机磷和氨基甲酸酯类农药的荧光探针。该技术对农药检测具有高灵敏度和准确性，抗基质干扰能力强，不受样品颜色影响，适用于多种农产品中农药残留的快速筛查。

研发粮食霉变监测预警技术。开展了粮食霉变监测预警技术研究，筛选出标志性有机挥发物，构建了全细胞生物传感器阵列，结合机器学习模型，实现了高准确度的霉变预测。该技术对减少粮食产后损耗、降低经济损失具有重要意义。

创制畜禽肉新鲜度精准识别技术。研发了畜禽肉新鲜度的精准感知识别技术，系统解析了挥发性物质的变化规律，明确了新鲜度标志物。研发了多种智能感知材料和生物传感器，实现了冷鲜肉中挥发性胺的原位无损检测。该技术已入选中国农业农村重大新技术，并获得了多项专利。

创制薯类鲜湿粉条加工新技术。针对薯类鲜湿粉条加工中的问题，发明了无明矾薯类鲜湿粉条配方，创新设计了关键零部件和加工装置。开发了银染色电泳法鉴别掺杂外源淀粉新技术，提高了薯类鲜湿粉条的品质和安全性。核心技术已在多家企业推广应用，取得了显著的经济和社会效益。

研发马铃薯全组分加工利用技术。开展了马铃薯全组分加工利用关键技术研发，明确了酶解、热压质构重组技术，建立了马铃薯基乳液制备新技术，提升了马铃薯全组分的加工性能。研发的新产品已在多家公司进行推广示范，促进了马铃薯加工产业的发展。

创制绿色制备高温花生粕胶黏剂。受“蜘蛛腿”结构启发，研发了新型高温花生粕胶黏剂制备技术。该胶黏剂具有高胶合强度、耐腐性、耐老化和耐水性，且具有阻燃性。技术显著提高了胶合强度和防腐时间，减少了热释放，延长了适用期。

创制预制菜肴特征品质保真技术。解析了预制菜的风味构成，研发了定量风味调控技术和复热过程的品质保真技术。相关产品已在知名企业进行熟化示范，提升了预制菜肴的品质和风味还原度。该技术获得了国家科技进步奖等多项奖励。

工业化加工传统肉类菜肴。针对传统肉类菜肴工业化加工中的挑战，揭示了风味增益与伴生危害物消减的新机制，构建了特征风味物质与关键伴生危害物数据库。研发了一系列精准预制加工技术和核心装备，开发了200余种新产品，实现了传统肉类菜肴的工业化加工。相关成果获得了多项荣誉和奖项。

研发冻干果蔬质构调控技术。系统研究了冻干果蔬质构形成机理，开发了高效冻干技术和质构调整技术。通过超细打浆和网络重构改善了冻干重组苹果块的质构，显著提高了产品脆度和口感。该技术已获得多项国际和国家专利。

（十）农业装备工程与信息学科

农机补短板满足国家需求。针对南方丘陵山区农机化需求，开展智能农机装备创新研发项目，项目通过研发适用南方特性的通用机具和技术，制定了芥菜机艺融合的宜机化作业种植模式，建立了应用场景，为解决丘陵山区蔬菜收获难的问题提供了装备支撑。

创制丘陵山区旱地毯状苗移栽机。针对丘陵山区土壤条件苛刻问题，研发了小型油菜毯状苗联合移栽机等3种机型，实现了油菜、叶茎蔬菜高速、高质、轻简化移栽。这些机型在多个丘陵山区进行了试验示范，作业效率1.5~4亩/小时。

研发水旱轮作智能化机械施肥技术。针对水田肥料施用难题，研发了新型防堵均匀施肥和肥料精确投送技术，实现了肥料的均匀施用和精确控制。集成的样机通过第三方检测，排肥量准确性在90%以上，变异系数在10%以下。

智慧施肥关键技术研发与集成应用。研发智慧施肥关键技术，建立精准智能推荐施肥新方法，开发新型绿色肥料产品和机械施肥技术。项目在多个省市开展田间试验，显著提升作物产量和资源利用效率。

开发基于无人机的大田作物智能感知技术。面向主粮作物生产全环节，开展农田感知关键技术研发，突破空地融合农情智能识别技术瓶颈。利用无人机和农田传感器，通过视觉大模型进行图像分割，显著提高了作物识别精度。项目得到科技部①支持，为农业智能化提供了新的技术手段。

研发玉米密植滴灌精准调控高产技术。集成创新玉米密植滴灌精准调控高产技术模式，破解密植群体倒伏、整齐度差等问题。该技术在全国各主产区累计推广7 000万亩，显著提升玉米单产潜力和水肥资源利用效率，被遴选为农业引领性技术和全国主推技术。

引领无人植物工厂发展。突破超高层植物工厂核心技术，实现栽培环境均匀调控、智能LED调光、光—温耦合节能调控等关键技术。创制全套自动化作业机器人和智慧监测管理系统，实现全栽培过程自动化操作和智慧管控。首套生产示范系统占地100平方米，高8.8米，年产蔬菜50吨以上，生产效率为露地栽培120倍。

突破植物工厂育种加速器技术。突破了植物工厂环境下光—营养耦合促进作物快速

---

① 中华人民共和国科学技术部，全书简称科技部。

加代繁育的技术瓶颈。实现了小麦、玉米、大豆、棉花等作物生育期缩短 46%～67%，创制的“育种加速器”系列装备在多家单位推广应用，为作物育种提供了新的有效途径。

构建沙漠戈壁设施蔬菜栽培技术体系。研发了沙漠戈壁设施蔬菜高效无土栽培技术体系，通过一系列技术创新，实现了基质成本降低、节水节肥，番茄最高年亩产达 30 吨。该技术入选 2023 年农业农村重大新技术。

研发甘蓝联合收获技术。成功攻克甘蓝机械化收获难题，突破了低损起拔、自适应挠度喂入等关键技术，实现了甘蓝从拔取到集箱的联合收获作业。开发的甘蓝联合收获机填补了国内技术装备空白，具有高效低损的优点，可在我国甘蓝主产区推广应用。

研究畜禽健康状态智能感知技术。针对畜禽疫病监测预警需求，开展智能感知关键技术研究。研究奶牛跛行识别新方法和生猪健康监测预警技术，显著提高了识别精度。研究成果为规模养殖条件下畜禽健康状态的智能感知提供了新的技术手段。

数字化蜂箱研发取得进展。开发了成熟蜂蜜生产专用智慧蜂箱系统，通过数据收集和处理，实现蜂群管理策略优化和生产效率最大化。新系统可实时监测蜂场环境和蜂群内状况，通过数字化平台进行管理，提升了蜂群监测性能和蜂场管理效率。

提出 DNA 数字存储纠错新算法。提出 DNA 数字存储纠错新算法，利用精确错误模型融入纠错码解码，实现了 DNA 数字存储技术中的软判决译码。该研究显著提高了纠错数量，对实现 DNA 数字存储的应用具有重要意义，特别是在便携设备高错误率环境下和超大规模数据存储方面。

农业大语言模型研发与应用。围绕农技知识问答、农业政务管理和古农文知识抽取等业务场景，研究建立领域大语言模型，并实际应用。研发的京郊果蔬农技知识推广平台和古代农业技术分析大数据产品，为数据驱动的模型应用创新提供了新途径。

研发科技文献深度挖掘及智能分析技术。开展科技文献深度挖掘及智能分析技术研发、集成共享与应用示范。研究成果已应用于国家级知识服务平台，并面向行业领域形成部署意向和应用设计方案。

四、重大产品创制

（一）作物新品种

研制高水分挤压植物蛋白新产品。率先明确了豌豆、花生、大豆、小麦和大米 5 种植物蛋白在高水分挤压过程中的纤维结构特点及其应用适宜性，实现了植物蛋白结构的精细改良与品质调控。通过创新高水分挤压技术，研发了新型植物基肉制品的制备技术，包括肉皮、脂肪替代物和瘦肉等全链条产品。研究成果获得国际认可，与企业合作开发出多款新产品，推动了科技产品的实际应用。

培育抗虫耐除草剂玉米 BFL4-2。BFL4-2 是一种抗鳞翅目害虫、耐草甘膦除草剂的转基因玉米品种，能有效抵抗玉米螟、草地贪夜蛾等多种害虫，并耐受较高浓度的草甘膦。经过10年研发，BFL4-2于2023年获得生产应用安全证书，成为中国农业科学院首个获得安全证书的抗虫耐除草剂玉米品种。该品种的推广将丰富我国的玉米种质资源，为生物育种产业化奠定基础。

培育密植高产玉米新品种中单8812。选育耐密高产抗逆玉米新品种中单8812，已提供给北京丰度高科种业进行示范推广。在河南省周口市6 469株/亩的高密度下创造1 027.48千克/亩的高产典型，具有矮秆抗倒伏、出籽率高、综合抗病性优良等特点，未来将引领黄淮海地区玉米生产种植密度的提高。

培育系列镉低积累水稻品种。针对我国南方稻区土壤镉污染问题，基于lcd1低镉突变体选育出系列镉低积累水稻品种，实现了早中晚全熟期配套。其中，中安7号和中安2号已通过省级审定，成为全球首批通过审定的镉低积累早稻品种。这些低镉品种的推广将有望解决湖南乃至全国稻米镉超标问题，保障稻米食用安全。

选育广适优质稻华浙优210。华浙优210是一款中晚籼三系优质杂交稻新品种，具有广适性、优质食味性和良好的抗病性。在长江中下游作一季中稻种植，表现出较好的产量和米质，达到农业行业标准《食用稻品种品质》优质稻一级。截至目前，华浙优210已累计推广近100万亩，对提升稻米品质和保障粮食安全具有积极作用。

选育超级稻品种助力粮食稳产。选育出“中组/舜达”系列早籼稻新品种，具有抗稻瘟病、早熟专用、高产稳产等优点。通过集成配套高产栽培技术，提出了早稻百亩方平均亩产700千克的攻关目标，并在早稻超高产研究上取得重大突破。2023年，3个品种被认定为农业农村部超级稻品种，对提升早稻生产水平和质量具有重要意义。

创制稻渔共作新模式促进减排增粮。采用特别培育的高秆水稻品种，构建了基于养殖池塘的稻—青虾共作模式。该模式能有效降低养殖池塘的温室气体排放，增加青虾和水稻产量。通过微电极等方法揭示了高秆水稻减少养殖池塘温室气体排放的作用机制，为我国农业碳减排提供了新的技术途径。

选育高产广适小麦新品种轮选145。轮选145具有高产、广适、抗倒、抗寒和早熟的特性，具备大面积推广的潜质。轮选145品种权转让费达到1 270万元，成为当前国内最高的小麦品种使用权转让费之一。

培育耐除草剂转基因大豆品种中黄6106。针对我国大豆生产中的草害问题，创制出高耐草甘膦除草剂转基因大豆中黄6106，获批北方春大豆区和黄淮海夏大豆区生产应用安全证书。利用中黄6106开展品种转育，实现了耐除草剂特性和优良农艺性状的结合，显著提升了大豆生产的效率和经济效益。

培育大豆新品种中豆63。采用分子育种技术选育出大豆新品种中豆63，突破了大豆高产与优质、抗病、抗倒等的矛盾，实现了大豆高产优质多抗的协同改良。该品种在不同大豆产区均表现高产优质、抗高温干旱、耐多雨高湿等特性，近两年已在长江流域、黄淮海及西南大豆产区累计推广100万亩以上。

培育三熟制短生育期油菜新品种。选育出高产高油短生育期油菜新品种中油早1

号，具有耐密、优质、多抗、适合机械化等特性。在江西万安县稻稻油轮作模式下，配套密植高产新技术亩产达 175.7 千克，生育期约 169 天，比当地主推短生育期油菜品种生育期早 5 天，产量增 26.5%，创造了三熟制模式下短生育期油菜高产纪录。

选育中棉 113 优质棉花品种。中棉 113 于 2019 年通过甘肃省审定，2020 年引种至新疆示范种植。该品种突破早熟、高产等协同改良技术瓶颈，推动风险棉区宜棉化、优棉化，扩大北疆植棉边界至北纬 47°，品质超“澳棉”标准。2022 年推广面积达 223 万亩，跃为全国第三大棉花优良品种。入选农业农村部 2022—2023 年度主推品种及多地主栽、推荐品种，并获批出口“一带一路”合作伙伴。

培育耐除草剂棉花 GGK2。GGK2 是一种双基因耐除草剂棉花品种，可耐受较高浓度的草甘膦除草剂，具有草甘膦抗性好、植株残留量低的特点。GGK2 已完成中间试验、环境释放、生产性试验等安评工作，并提交了生产应用安全证书的申报。通过与主栽品种杂交转育，获得了多个稳定耐除草剂新品系，为新品种培育和生产应用奠定了基础。

创制棉花智能化管理系统。棉花智能化管理系统基于田间环境因子与作物长势的农业大数据采集，构建作物管理模型，实现精准灌溉和水肥一体化自动控制。该系统在新疆等地建立了多个示范点，示范面积 5 000 亩，示范点智能控制设备 300 多台套。通过智能控制设备，显著提高了灌溉效率，节省了用工成本，精准灌溉可以节约用水 25% 减少了水资源的浪费。智能化管理系统的推广应用对提升棉花生产的效率和可持续性具有积极影响。

培育高品质蔬菜种源降低进口种子依存度。育成“卓粉”“IVF”系列番茄新品种，超过美国品种，在东北、西北等地区新增推广 23 万亩，进口种子替代率提升 6.7%。育成“美青”系列青花菜新品种，超过日本品种，在浙江、云南、四川等主产区新增推广面积 16 万亩，进口种子替代率提升 9.4%。育成“中誉”系列胡萝卜新品种，达到或超过法国“红誉”系列，在河南、内蒙古主产区推广 4 万亩，进口种子替代率提升 5.7%。

中油蟠 9 号桃品种入选农业主导品种。培育的中油蟠 9 号桃新品种入选农业农村部 2023 年农业主导品种。该品种解决了油蟠桃果顶不闭合等问题，实现了果实外观和风味品质的协同改良，是我国桃品种的重大突破，推广面积达 100 余万亩。

培育黄瓜新品种中农脆玉 3 号。成功培育出功能性黄瓜新品种中农脆玉 3 号，并实现全国销售代理权转让超 1 000 万元。该品种综合抗病性强、丰产优势明显，为农业农村部主导品种和中国农业农村重大新产品。

培育甘蓝系列品种助力蔬菜稳产保供。选育的早熟春甘蓝品种中甘 628 入选农业农村部主导品种，越冬甘蓝品种中甘 1305 成功替代了日本、荷兰同类品种，保障了我国冬春淡季蔬菜稳产保供，入选中国农业农村重大新产品。

选育茶树新品种 23 个。成功选育出中茶 504 等 23 个茶树新品种，并通过国家茶树品种登记。中茶 504 为特早生种，具有强育芽能力、高产量、抗寒旱及炭疽病能力，制茶品质优越。机采鲜叶完整率可达80%，适宜机采，已实现实施许可。

自主培育雪茄烟和香韵烟草新品种。自主培育国内首批雪茄烟和特征香韵烟草新品种，川雪5号和雪雅香1号成为国内首批通过全国审定的雪茄烟品种。烤烟品种中川105和中烟106通过全国烟草品种审定，探索建立优质新品种“育繁推用”一体化模式。

（二）畜禽品种和兽药

培育基因编辑小型猪并获得认证。成功培育出3个基因编辑小型猪专门化品系，并通过中国实验动物学会的鉴定和评价，被认定为中国实验动物新资源。这些品系有望成为研发相关疾病机制和药物的精准大动物模型。

肃南牦牛遗传资源挖掘取得进展。挖掘肃南牦牛遗传资源，该资源体格健壮，肉质细嫩，富含矿物元素，年平均产奶量280千克/头，具有高海拔生态环境适应能力。肃南牦牛遗传资源挖掘取得重大进展，被农业农村部确定为我国第二十二个牦牛遗传资源。

红三叶草提取物获饲料添加剂新产品证书。研发的红三叶草提取物（有效成分为刺芒柄花素、鹰嘴豆芽素A）获批准为新饲料添加剂产品。该产品显著抑制奶牛瘤胃脲酶活性，提高氮利用效率和产奶量，实现工业化生产，并在多地开展示范应用。

选育优质高产饲草新品种。针对我国不同气候、地理、生境的生态修复需求，选育羊草、燕麦、苜蓿等饲草新品种。筛选高结实率羊草种质，抗逆高产优异燕麦种质，耐盐种质，培育高产优质燕麦新品系和羊草新品系，审定登记多个优质高产饲草品种。

重组禽流感病毒灭活疫苗获专供出口授权。研制的重组禽流感病毒灭活疫苗（H5N8亚型，Egy/PR8-6株）等4项产品获得专供出口授权。相关疫苗在埃及禽流感疫情控制中发挥重要作用，提升了我国在非洲国家的国际声誉和地位。

“次氯酸溶液”获得国家三类新兽药证书。研发的“次氯酸溶液”获得国家三类新兽药证书。该产品是一种高效环保型兽用消毒剂，具有消毒防腐效果，用于家畜舍、器具、空气、饮水、环境等消毒，效果确切，安全性好。

研制不受母源抗体干扰的新型H9疫苗。研制出不受母源抗体干扰的新型H9疫苗，突破了母源抗体阻碍H9N2灭活疫苗免疫效果的问题，显著减少病毒的传播，为防控H9N2病毒提供了有效手段。

猪瘟病毒ELISA抗体检测试剂盒获注册证书。创制的猪瘟病毒ELISA抗体检测试剂盒获得国家新兽药注册证书。该产品敏感性优于同类进口试剂盒，具有良好的特异性和稳定性，是评估猪瘟疫苗免疫效果的重要监测工具。

非洲猪瘟亚单位疫苗研发取得进展。在非洲猪瘟病毒全基因组层面完成亚单位疫苗有效抗原的筛选、制备。优化组合后确定了7组分亚单位疫苗，免疫持续期可达4个月以上，证明该疫苗安全、有效，可实现产业化，该疫苗不影响产仔，对仔猪发育安全，不影响生长性能。

牛多杀性巴氏杆菌病疫苗获注册证书。研制的牛多杀性巴氏杆菌病二价灭活疫苗（A 型 Pm-TJ+B 型 C45-2 株）获得国家新兽药注册证书。该疫苗安全性好、免疫效力高，为全面防控我国牛多杀性巴氏杆菌病提供了有效工具。

成功研制猫三联灭活疫苗。成功研制国内首批获准上市的猫三联灭活疫苗，针对猫鼻气管炎、杯状病毒病和泛白细胞减少症三种病毒性传染病。疫苗经过实验室和中试环节评价，显示出良好的安全性和有效性。

创制水貂犬瘟热、病毒性肠炎二联活疫苗。针对水貂犬瘟热、细小病毒性肠炎两种疫病，开发了水貂犬瘟热、病毒性肠炎二联活疫苗（CDV3-CL 株+MEVB-F61 株），并获得新兽药注册证书。该产品易于运输和储存，可与水貂出血性肺炎二价灭活疫苗联合使用，实现“一针多防”。

（三）农药与化肥产品

创制农田生产力提升新型绿色投入品。解析微生物修复除草剂阿特拉津污染的机理，开发出用于防治土壤病害新植物源杀菌剂，以及“海益农”复合共生菌剂等产品，形成了“烟草早生快发”“作物土传病害‘三位一体’防治”等关键技术及产品套餐。

研发黑土地高效菌剂与专用肥料产品。依据黑土地养分需求规律，研发玉米、大豆和水稻专用控释肥料产品，提高生物降解率，解决保护性耕作条件下肥料产品缺乏问题。同时，研发秸秆低温促腐和拮抗病害的组合菌剂，提高作物产量和氮素利用效率。

创新广谱高效生物农药 Bt 工程菌 G033A。创新新型广谱高效生物农药 Bt 工程菌 G033A，针对抗性小菜蛾、黄曲条跳甲等多种重大害虫，筛选获得优秀的 Bt 菌株 G033A，成功构建并创制出产品，开发菜薹、油菜种子丸粒化包衣技术和适用于无人机撒施的颗粒剂新剂型。

研制番茄褐色皱果病毒快速检测试纸条。针对番茄褐色皱果病毒，研制快速检测试纸条，可在 3~5 分钟内现场检测出样品是否带有病毒。该试纸条已生产 10 000 余条，被全国农业技术推广中心用于专项调查。

农药智能化快速检测产品入选主推技术。创新农药抗体识别机制，研发超过 50 余种高性能农药抗体，形成 200 余种农药智能化快速检测产品，入选 2023 年农业农村部农业主推技术，为农产品中高风险农药快速有效监测提供技术支撑。

（四）质量安全与加工产品

首次研制出柑橘黄龙病菌系列国家有证标准物。应用自主知识产权技术，克隆柑橘黄龙病菌 16S rDNA 特异序列，制得柑橘黄龙病菌 4 个标准物质，获得国家一级标准物质证书，填补了柑橘黄龙病菌标准物质的国际和国内空白。

创制杂质去除新材料解决检测难题。针对食用农产品及饲料基质复杂问题，创制兼具空间位阻排阻、金属残基结合、有机配体共轭的分子识别新材料，实现对样品基质中色素和脂肪的高效去除，提高目标分析物检测准确度。

创制直接快速 PCR 转基因品种鉴定技术及产品。开发直接快速 PCR 转基因品种鉴定技术及产品，通过改造 Taq DNA 聚合酶，创制出高进行性、高耐受性的新型 DNA 聚合酶，开发配套的一步式常温快提试剂和免提取技术，实现转基因作物快速精准、现场化、全覆盖的安全监管。

创制中式预制菜肴智能化多功能连续炒制装置。针对传统中式菜肴中动物原料肉和植物食材，采用多模态智能传感技术及多源数据融合算法，创制烹饪过程多模态智能感知技术，构建炒制关键装备模块调控、不同菜肴炒制工艺数字化及品质变化规律的工业化炒制流程模型。

构建新一代耐铵泌铵固氮工程菌株。构建具有高效泌铵能力的固氮工程菌株，以施氏固氮假单胞菌 A1501 为底盘，人工设计非编码 RNA 功能模块，显著提高固氮酶活性和泌铵量，为高效固氮模块设计提供技术平台和理论支持。

开发基于 Pickering 乳液体系新产品。成功使用花生球蛋白颗粒构建 Pickering 乳液催化体系，实现甘油二酯高效绿色制备。研究建立了基于微流控技术的复合型各向异性（Janus）颗粒构筑平台，为良好性能的果胶开发及其应用提供科学指导。

（五）农业机械装备

创制高性能收获关键部件及智能收获机械。设计大喂入量轮式、轮履式联合收获机底盘结构，开发电控换挡策略，优化风机结构，研发小麦收获含杂率在线检测系统，全面提升谷物联合收获机智能化水平，并集成研发多款高性能谷物联合收获装备。

研发黄瓜品质无损检测及智能分选装备。针对黄瓜品质分级需求，研发黄瓜品质无损检测及智能分选装备，视觉系统以长度判断黄瓜成熟度，结合缺陷及弓形高度、横径差等可量化分级指标建立分级准则，分级准确率约为 90%。

自主研发智能稻米食味仪。该仪器具有智能、快速、便捷、客观的优点，缩短评价时间，提高评价效率，解决传统评价费时费力、效率低、重复性差的问题，填补了国内相关仪器的空白。

农业知识精准智能服务平台研发与应用。开展农业动植物全生命周期环境及生命特征提取与状态识别、跨领域融合的知识图谱构建与演化、多模式协同的农情反演与预测等关键技术研究，构建农业智能知识服务平台，为农业新型经营主体提供一站式知识获取、病虫害诊断、专家在线等服务。

数字智慧稻作技术创新与产品研发。围绕数字水稻产业发展需求，研发杂交稻智能精准播种装备，优化育秧系统，推动水稻工厂化集中育秧，研发稻田智能灌溉双相传感器及配套装备，病虫害 AR 智能测报眼镜，提高工作效率和减轻劳动强度。

研究田间管理机器人专用芯片。完成田间管理机器人导航线智能提取、作物与杂株目标精确识别与定位算法研究，研制电动四轮独立转向田间管理机器人，提出基于级联编码器—解码器网络的轻量化语义分割方法，提高模型压缩率和精度。

五、软科学研究

发布《中国农业展望报告（2023—2032）》。该报告预测了未来十年中国粮食及其他 18 种主要农产品的生产、消费和贸易形势。报告聚焦农业强国建设、粮食安全保障、农业科技创新、农业资源环境保护、农业监测预警和农产品国际贸易等关键议题。

发布《2023 中国涉农企业创新报告》。持续开展中国涉农企业创新能力评价，建立了包含创新投入、创新产出和创新环境 3 个层面的评价指标体系，监测我国涉农企业创新能力及其变化。同时，品种增产贡献率测算研究取得进展，通过逐年更新基础数据，实现对品种增产贡献率的跟踪测定。此外，初步构建了农业强国建设指标体系，并提出了促进城乡融合高质量发展的建议措施。

发布《2023 中国农业农村低碳发展报告》。这是首份专业回顾和展望农业农村领域低碳发展的战略性报告。报告以权威数据为支撑，科学系统地反映了我国农业农村低碳发展的主要进展，并明确了农业碳排放的性质和减排方向。该报告为推动我国农业农村低碳发展提供了重要的决策参考。

发布《中国农业绿色发展报告 2022》。系统反映了我国农业绿色发展的总体水平、重大行动和主要进展。报告显示，我国克服重大疫情和极端天气等不利因素，实现了农业生产、生态和生活全面绿色转型的持续深化。报告首次以中英双语出版，向国际社会宣传了农业绿色发展的中国模式、经验和方案，成为国内外观察了解我国农业绿色发展的重要窗口。

发布《中国果业高质量发展战略研究报告》。系统分析了世界及我国主要果树生产与贸易概况、果树科技发展动态与趋势。报告提出了我国果业高质量发展的内涵与路径、战略性思考与建议，为政府及相关部门制定产业政策提供了科学参考，也为果树相关领域从业人员提供了深入了解行业发展现状及趋势的借鉴。

推进农业宏观战略研究。围绕乡村振兴、农业强国建设、粮食安全保障、重要农产品供给、一二三产业融合发展等关键领域开展战略研究。提出了战略路径与举措，为相关政策调整提供了有力支撑，并向政府报送了 16 篇政策研究报告。编制了《中国农业科学院国家农业高端智库建设规划》，为智库建设提供了清晰的思路和工作重点，有效推动了农业宏观战略研究的深入发展。

构建农业风险评价体系。构建了包括市场贸易、流通运输、政治经济等方面的风险评价指标体系，并提出了涵盖风险与成本的双目标规划模型。该研究定量评估了中国主要农产品的进口风险水平及其演变特征，探讨了中国大豆进口布局的优化方案，并对中美农产品贸易及农业合作前景进行了探索。研究面向价值链升级，提出了中国农业对外投资布局策略，为中国农业的全球化发展提供了科学指导和战略支持。

开展农业绿色发展实践研究。围绕农作物秸秆综合利用、生猪生产粪污处理利用、生态公益岗位对农户家庭收入结构的影响、农户施肥和植保环节外包参与行为、农户农业绿色生产技术采纳行为等方面开展研究。量化研究果园绿肥产生的产量、品质、环境和经济效益，揭示果园绿肥效益产生的路径。这些研究为农业绿色发展提供了理论依据和实践指导，促进了农业可持续发展。

模拟重大冲击对中国—全球农业的影响。开展全球农业综合模拟模型研究，审视WTO规则下的农业保险归箱属性，研究了多重灾害作物险与指数保险产品设计的差异影响，为中央一号文件提供依据。

开展中国和中亚农业合作研究。围绕中国与中亚农业合作开展研究，探讨了中亚国家经济状况效应的异质性，并到中亚国家开展实地调研和考察收集一手调研数据和资料，构建与中亚国家的多方合作交流机制。

分析RCEP对中国农业的影响。重点研究了RCEP农业领域实施成效、涉农合作舆情、影响等领域。通过GDELT数据库采集国际媒体数据，诊断了RCEP农业合作中的合作共赢和冲突质疑两类舆情。研究比较了自贸协定的关税和非关税效应，得出了自贸协定对农产品进口的促进效应更大的观点，并在重要国际会议上进行学术交流，相关咨询报告获得省部级以上领导批示。

开展深入耕地技术政策融合研究。重点分析了全国不同行政单元的水资源总量、耕地面积、粮食产量等统计数据，研究了水—土—粮食的匹配特征。从规模和坡度两个角度衡量耕地宜机化程度，分析了粮食生产机械化对生产效率的影响，并揭示了小麦联合收割机跨区流动的空间规律。研究成果为优化农机跨区作业组织调度、促进农业社会化服务高质量发展提供了理论依据。

粮食安全研究落实重点任务。为跟踪研究新一轮千亿斤粮食产能提升行动的实施成效，对东北及黄淮海七省（区）的2 777名玉米种植户进行了播种情况和成本收益的问卷调查，实地调研了河北献县蓄滞洪区玉米的受灾情况。向农业农村部上报了多份研究报告，为上级部门及时掌握玉米生产积极性和实际种植效益提供了有力支撑。

支撑种粮积极性与畜牧经济发展。针对提高农民种粮积极性问题开展研究，形成了调动种粮积极性的对策建议，提出健全种粮农民收益保障机制和主产区利益补偿机制。同时，畜牧经济研究聚焦高质量发展，实证测算了肉牛和生猪生产效率和竞争力现状，并开展了“双碳”目标下畜牧业减碳路径研究，为行业主管部门相关政策的制定提供了决策支持。

全国三大主粮生产风险评估与区划。开展全国三大主粮生产风险评估和风险区划研究，收集整理长时间序列的风险数据，进行多源数据融合的风险评估建模。研究成果被中国农业再保险股份有限公司采纳，推进了农业保险费率区划和风险分散机制的构建。

智能化实现农业科技竞争力分析。开展农业研究前沿识别分析、科技论文专利竞争力分析的智能化研究，提出了数据源选取、数据清洗转换、内容挖掘模型选择、探索分析与主题自主分析等一系列自动化分析流程及实现方案，为我国农业农村科技发展重大战略部署和政策创设提供决策参考。研究报告有效提升了农业科技高端智库品牌的影响力。

谋划设施园艺科技创新。起草了《“十五五”设施园艺绿色智能高效科技创新重点专项建议书》，并报送农业农村部。该建议书为我国设施园艺科技创新和发展提供了战略指导。

充分发挥水稻产业智库作用。围绕全国水稻生产中的热点和焦点问题，开展实地调研和专题研究，撰写并呈报了一系列高质量研究报告，获得省部级以上领导批示 13 次。同时，多层次、多途径参与农业农村部、浙江省等战略研究报告、规划等课题，定期向农业农村部和发改委等部委报送粮食和水稻市场形势分析周报、月报等材料，为上级领导部门提供决策参考。

建成水稻全产业链大数据平台。平台聚焦水稻产业数据的生成、采集、存储、加工、分析、服务，打通了从生产到消费的全产业链。构建了一个数据指挥中心、一张全产业大数据图、九个分类数据仓库、五大应用模型和多个应用场景，打造了水稻全产业大数据产品和服务体系。平台的建成和应用推动了我国水稻产业数字化、信息化建设的深化。

提出棉花产业可持续发展策略。研究提出了多种环境改善措施，包括种植、加工和使用阶段的改进。研究表明，天然植物纤维的环境影响低于动物和合成纤维，推广天然植物纤维纺织品的使用有助于实现可持续发展。研究还提出了确保棉花产业高质量发展的重要指导意义，为解决棉花产业面临的环境挑战提供了重要的思路和措施。

构建南疆麦后复种棉花种植制度。针对南疆棉田长期连作导致的病虫草害加剧、土壤养分失衡、冬闲期光热资源浪费等问题，开展了麦棉等作物复种模式及关键技术的研究与示范。在南疆多个地区安排了麦后复种特早熟棉花试验和示范，取得了显著成效。研究表明，在积温较高的县（市）发展麦后复种棉花是可行的，而在积温较低的地区则不适合。这些研究成果为南疆棉花产业提供了新的种植模式和发展策略。

推进盐碱地油料作物生产技术集成。在新疆尉犁县建立的国家罗布麻研究中心，收集 30 余份耐盐碱罗布麻种质资源，指导种植超过 1 万亩。成功筛选的中亚麻 3 号和中亚麻 4 号品种在多地示范推广，产量较进口品种提高 80%。福建省漳州市诏安县沿海滩涂地的红麻耐盐碱种质筛选试验也取得显著成果，为油料作物空间利用和盐碱地创新利用提供了重要材料保障。

花生全产业链示范应用提供科技支撑。在新疆昌吉和库车市的试验示范基地，进行了多项针对性的试验，包括 ARC 菌肥试验、花生密植试验等。示范田的花生产量显著，得到了政府部门和科研机构的认可，为新疆花生产业的高质量发展提供了坚实的科技支撑。

筛选加工专用花生品种推动产业升级。对全国 145 份优质花生品种进行研究，构建了蛋白组分与亚基的近红外光谱模型，实现了高通量快速检测。通过相关性分析和聚类分析，筛选出加工专用品种，并构建了适宜加工水煮花生的原料评价指标体系。在新疆开展的全产业链示范应用，辐射带动了大面积的花生种植，推动了新疆花生产业的高质量发展。

蔬菜产业发展建议报送中办。形成的《我国蔬菜产业发展现状、问题及对策》报告被报送至中共中央办公厅和国家发展和改革委员会，为蔬菜产业的政策制定和发展规划提供了重要参考。

完成草原畜牧业转型升级绩效评价。通过在多个省（区）的试点项目调研和评价，制定了一套转型升级绩效评价指标体系，总结了主要做法和模式，并指出了存在的问题。向农业农村部提交的建议报告和撰写的文章被中央办公厅采用，为草原畜牧业转型升级提供了宝贵经验。

优化生猪产能调控策略。通过专题调研和深入研究，提出了减少能繁母猪正常保有量、放宽生猪产能调控下限、优化地方责任落实和考核机制等建议，以适应行业发展实际。该建议为生猪产业稳定发展提供了政策支持。

实施牛奶全产业链高效优质生产关键技术项目。通过试验研究评估了牛奶干预对试验动物骨骼发育的影响，在奶制品营养成分分析、真实性检测技术等方面取得突破。发表的SCI论文和形成的调研报告为乳品消费向生活必需品转型提供了科学依据和政策建议。

编制乡村产业指数助力数字乡村建设。在成功创制多个产业指数的基础上，进一步研究数据作为新生产要素的理论，并完善指数编制方法模型。特别是针对肉牛产业打造的“中国肉牛产业·科右中旗指数”，成功主办发布会。

监测脱贫地区帮扶产业发展风险。对中西部22个省（区、市）832个脱贫县的经营性帮扶产业项目风险进行了跟踪监测研究。通过实地调研核查，梳理总结了主要风险，并提出了防范化解风险的对策建议。这项工作为巩固拓展脱贫攻坚成果、推动乡村振兴提供了决策支撑，得到了乡村振兴局社会帮扶司的高度评价。

创新农产品特优区建设与品牌发展研究。专注于特色农产品优势区的建设与发展策略研究，对多个特优区进行评估调研，提出了存在的问题和改进建议。进行中国农业品牌目录制研究和营销体系建设研究，提出了以绿色生态、品质优良、地域特色、信誉第一为原则的农业品牌目录发展思路。

推动食物系统营养化转型升级。主持编制发布多项农业行业标准和团体标准，引领植物蛋白产业发展。开展居民消费引导研究，发现居民对食品营养标签的需求日益增长并发布行业报告。研究成果为完善我国食品营养标签标识相关标准提供了科学支撑。

建立餐桌剩余食物饲料化利用管理制度。提出了一套完整的管理制度体系文件，包括分类收集规范、存贮运输规范、企业认定条件、加工过程控制规范、全程溯源及应急处理规范、产品标准和使用规范等，旨在保障产品的安全性，扩大产品数量，为餐桌剩余食物饲料化利用提供了坚实的管理制度保障。

完成食物损耗与浪费情况量化评估。首次从营养、经济层面量化评估我国食物损耗与浪费情况，构建了食物损耗与浪费的营养和经济损失评价模型，系统量化了全产业链的食物损耗与浪费情况，为食物减损提供科学依据。

编制岚县粗杂粮产业高质量发展规划。通过实地调研、产品检测和多次研讨会，形成了产业发展规划报告和营养品质评价报告。这些报告分析了岚县粗杂粮产业的现状、优势、问题和未来发展思路，为产业的高质量发展提供了指导意义，并为新产品的研发提供了新思路。

研究推进临县蜂业发展策略。通过整合蜂业合作社资源，加强蜂蜜产业链，助力蜂农增收。采用多元化培训方式，有效提升了新型职业蜂农的养殖技术和蜂蜜质量控制能力。完成了标准化示范蜂场建设，改良了当地蜂种，推广了 50 群适合当地条件的蜂种，推动了临县蜂业的技术进步和品牌建设。

发布《桐城锌米食用指南》白皮书。基于锌米营养价值评价、锌与儿童健康发育评估等研究成果，系统阐述桐城锌米的营养特点、食用推荐、健康功效及产业发展路径，为桐城富锌产业的转型升级和资源优势转化为产业优势提供了科学指导，对于打造“中国锌谷”具有重要意义。

开展西藏居民膳食营养健康改善工作。为改善西藏居民膳食营养健康状况，组织专家组赴西藏调研，深入了解居民膳食营养状况和农产品生产供给。研究形成了专项工作的总体思路和保障措施，为西藏居民膳食营养健康改善提供支持。

编制《中国农村人居环境发展智库报告》。报告邀请专家对农村人居环境发展进行了深入分析，研究了厕所革命、垃圾治理、污水处理、付费机制等关键领域。报告为“三农”领域的民生工程和乡村振兴战略的实施提供了重要参考。

优化农民居住意愿和政策保障体系。开展了大规模的居住意愿调查，研究发现，农户对现有居住条件较为满意，未来多数农户计划长期居住在农村。建议乡村建设和居住保障应谨慎推进集中居住点建设。研究成果《农民愿意怎么住——基于对 8 254 个农户的调查分析》为政策完善提供了支撑。

助力乡村振兴研究成果与实践。构建了一套科学的乡村治理评价指标体系，通过在 29 个省（区、市）的实地访谈和案例研究，验证了指标的科学性和可操作性。开展了乡村振兴评价的村庄类型识别研究，为不同类型村庄的优化发展提供了路径建议。

完善农村低收入人口帮扶机制。开展了完善农村低收入人口常态化帮扶机制的研究。通过在多个省区的实地调研，提出了统一认定低收入人口、建立统筹制度设计、改进帮扶政策措施等政策建议。形成的决策参考报告已获农业农村部审定，并上报中央领导参阅。

中国农业科学院2023年省部级奖励成果简介

1. 广明2号白羽肉鸡新种源创制与基因组育种技术体系构建

主要完成单位 中国农业科学院北京畜牧兽医研究所，北京康普森农业科技有限公司，佛山市高明区新广农牧有限公司，北京挑战生物技术有限公司，北京市畜牧总站

主要完成人员 赵桂苹，文杰，刘冉冉，刘大伟，李庆贺，崔焕先，郑麦青，梁尚根，王巧，贾亚雄，张广民，訾凡，安炳星，杨卫芳，郝晓东

起止时间 2009年1月—2021年12月

获奖情况 2022年北京市科学技术进步奖一等奖

内容提要 《种业振兴行动方案》提出，我国畜禽种业要实现科技自立自强、种源自主可控。作为全球三大白羽肉鸡生产国之一，我国白羽肉鸡种源长期依赖进口被“卡脖子”，表型精准测定、基因组育种新技术研发应用滞后，严重限制了产业健康可持续发展。针对上述问题，本项目通过科企联合历经12年攻关，构建了白羽肉鸡自主育种技术体系，培育出广明2号白羽肉鸡新品种，取得突破性成果。①发明国内首款肉鸡55K SNP芯片“京芯一号”，为实施基因组育种提供了核心技术。芯片中新发现SNP位点数占比31%，功能基因位点数占比26%，位点检出率和重复率超过99%，具有品种通用性强、经济性状关联度高、检测准确性高的优点。在国家级肉鸡核心育种场基因组选育中已应用11万张，支撑和加速了广明2号白羽肉鸡等5个新品种通过审定。芯片获得了美国和中国发明专利以及北京市新产品证书。②构建了白羽肉鸡从表型精准测定到智能化、大数据的基因组遗传评估体系，遗传选育进展提高1倍以上，选育时间节省2~3个世代，有效地缩短了国产白羽肉鸡品种的培育进程。创建了血清酶活预测木质化鸡肉、X-ray影像检测腿病等5项精准表型测定技术；制定了白羽肉鸡饲料转化效率、产蛋和抗病性状基因组选择方案3套。鉴定出影响胸肉率等5类经济性状关键变异位点或区间，解释性状遗传变异达4.4%~13.6%；研制出自动化育种管理系统和基因组遗传评估系统2项；表型测定方法和技术平台获得专利1项、软著7项。③培育出广明2号白羽肉鸡新品种，实现了种源从0到1的突破。创制了具有快长、高繁、节粮等特性的白羽肉鸡新素材7个，其中含有地方鸡血缘的矮小白羽肉鸡培育方法获得发明专利。广明2号由三系配套，应用基因组选择技术体系完成了8个世代以上的系统选育，商品肉鸡42日龄出栏体重达2.8千克以上、料重比（1.45~1.55）：1，胸肉率达24%。已推广父母代种鸡110万套（1.45亿只肉鸡），综合性能与国际品种持平，屠宰后胸肌木质肉发生率比国际品种低42%；建立了配套饲养标准和养殖规程，饲养经济效益优势显著。

2. 全天候时空连续一致的地表温度遥感反演与验证方法

主要完成单位　中国农业科学院农业资源与农业区划研究所，中国科学院地理科学与资源研究所，中国科学院空天信息创新研究院，中国科学院、水利部成都山地灾害与环境研究所，河北地质大学

主要完成人员　李召良，段四波，王宁，吴骅，冷佩，赵伟，马灵玲，唐伯惠，唐荣林，赵恩宇

起 止 时 间　2012 年 1 月—2022 年 1 月

获 奖 情 况　2022 年北京市自然科学奖二等奖

内 容 提 要　地表温度是表征地表过程变化的重要特征物理量。快速、高效、准确获取时空连续一致的地表温度对定量解析地气系统交换过程、认知生态系统响应特征与规律、推动地球科学的发展具有重要意义。如何获得时空连续一致的全天候地表温度成为目前遥感科学界亟需解决的科学难题。项目通过 10 余年的持续研究，按照“方法创新—模型构建—精度验证”的研究主线，突破了全天候地表温度遥感反演与验证的一系列瓶颈，实现了时空连续一致的地表温度高精度定量遥感反演，赢得了国际同行的广泛认可，在国际上引领了地表温度遥感反演与验证研究的发展方向，推动了遥感科学的发展。①提出了利用分段线性近似表征地物波谱发射率来减少未知数数量的思路，创立了高光谱热红外地表温度物理反演方法，解决了晴空条件热红外地表温度遥感反演欠定问题；创建了晴空热红外温度产品与被动微波云下温度产品融合模型，提出了全天候时空连续的地表温度反演方法，首次实现了全天候高空间分辨率的地表温度遥感反演，并率先生产了中国区域全天候、时空连续的千米级地表温度产品供全球用户免费下载使用。②发现了地表温度遥感产品因局地观测时间不一致而导致温度时空不可比的问题，通过耦合地表能量平衡方程和地面热传导方程定量描述地表温度日变化规律，创建了基于遥感可反演参数的地表温度产品时间归一化模型，使得地表温度产品具备充分的时空可比性，开创了地表温度遥感产品时间归一化研究方向，为生产长时序时空连续一致的地表温度科学数据集提供了方法支撑。③构建了常态化运行的地表温度遥感产品真实性检验包头场，纳入 CEOS 全球四大示范场，提出了地表温度精度验证的标准流程和方法，催生了地表温度遥感产品真实性检验国家标准的颁布，解决了现有地表温度产品因缺乏真值和验证标准流程导致的精度不明确问题，推动了地表温度产品的广泛应用。

3. 高等植物避荫反应分子调控机理解析

主要完成单位　中国农业科学院生物技术研究所，华南农业大学，首都师范大学

主要完成人员　王海洋，谢钰容，何奕騉，刘扬，王宝宝，孔德鑫，魏洪彬，胡勇，包方

起 止 时 间　2014 年 1 月—2021 年 12 月

获 奖 情 况　2022 年北京市自然科学奖二等奖

内 容 提 要　光不仅是植物的能量来源，也是调控植物生长发育的重要环境信

号。对作物而言，光调控了植株株型、生育期、产量、品质和抗性等。在遮阴下，自然光中红光被上层植物吸收，而远红光被透射或反射，导致下层植物感受的红光与远红光比例下降，从而诱发避荫反应，导致株高增加、分蘖数下降、开花提前、养分利用效率下降、抗病能力减弱等，最终产量严重下降。尽管避荫反应一直是植物学的研究热点，但是其遗传和分子调控机理仍不清楚。前人研究表明光信号转导因子 PIF、FHY3/FAR1、HY5 等在植物幼苗形态建成中起关键作用，但它们是否参与成年植株避荫反应及其调控机理尚少有研究。研究团队围绕这些光信号转导因子展开深入研究，系统揭示了它们在株型、开花时间、养分高效利用、生长与免疫防御等方面的功能和调控机制，取得了以下重要科学发现。①率先揭示了 PIF、FHY3/FAR1 和 CRY1 调控植物株型和开花时间的分子机理。发现了光信号转导“phyB-PIF”分子模块与植物年龄途径“MIR156-SPL”分子模块互作，调控遮阴下植物的株型变化；揭示了 FHY3/FAR1-SPL 分子模块调控遮阴下植物分枝数目和开花时间的分子机理；发现了氮素通过蓝光受体 CRY1 调控植株开花时间的分子机理。②首次揭示了高等植物遮荫条件下磷素养分代谢的调控机理。发现了 FHY3/FAR1 和 HY5 能与乙烯信号通路关键因子 EIN3 共同调控磷素代谢核心基因 *PHR1* 的转录从而控制植株磷素代谢的分子机理。③率先揭示了高等植物遮阴条件下生长与防御平衡的分子机理。首次发现了 FHY3 通过调控生长因子 PAR1/PAR2 表达抑制植物生长、与茉莉酸信号关键因子 MYC2 互作增强植物抗病能力，从而协调植物生长和防御平衡的分子机理。这些成果为培育耐阴耐密植理想株型、磷素高效利用、抗病作物新品种提供了重要理论指导和基因源。

研究成果先后在 *PNAS* 和 *Nature Communications* 等国际著名期刊发表原创性论文 11 篇，累计他引 651 次，5 篇代表作他引 256 次，单篇最高他引 82 次，1 篇文章被 *Faculty Opinions* 推荐为必读论文；两项成果入选“中国农业科学院 2017 年重大科技成果”和“2020 年中国植物科学领域 30 项重要研究进展”。培育了国家基金委创新研究群体首席科学家 1 名、广东“特支”杰出人才计划人才 1 名、政府特殊津贴专家 1 名和国家基金委优秀青年基金获得者 1 名。

4. 肉羊健康养殖营养调控技术创新及应用

主要完成单位 中国农业科学院饲料研究所、北京九州大地生物技术集团股份有限公司，北京英惠尔生物技术有限公司，北京精准动物营养研究中心有限公司，阜新科威生物科技有限公司，内蒙古富川饲料科技股份有限公司，内蒙古河套农牧业技术研究院

主要完成人员 张乃锋，刁其玉，屠焰，马涛，毕研亮，邓凯东，王岗，董利锋，刘杰，王芬

起 止 时 间 2009 年 1 月—2017 年 12 月

获 奖 情 况 2022 年北京市科技进步奖二等奖

内 容 提 要 该成果针对制约我国羊产业发展的羔羊腹泻多发、饲料利用率低、养殖成本高等问题，阐明了消化道微生态建立及发展规律，研发了关键微生态制剂产

品；建立了肉羊营养调控关键技术，创建了适合国情的营养需要量和饲养标准；集成构建了肉羊标准化饲养技术体系，解决了肉羊饲料精准配制技术缺乏的短板问题，成果达到国际领先水平。项目成果在我国 30 多个省（区、市）的饲料和养殖企业推广应用，累计带动 42 万农牧户，覆盖肉羊超过 1 亿只次，腹泻死亡率降低 20%以上，饲料效率提高 15%左右，养殖成本降低 10%以上，2019—2021 年候选单位直接经济效益 44.87 亿元，经济社会效益显著，推动了我国肉羊营养科技进步和产业高质量发展。该成果获授权专利 7 项，软件著作权 22 项，制定行业标准 2 项，出版著作 2 部，发表论文 150 余篇，其中 SCI 收录 52 篇。

5. 农业有机废弃物高效厌氧发酵技术及安全利用

主要完成单位　农业农村部沼气科学研究所，四川省农村能源发展中心，华中农业大学，四川中沼生物能源检测有限责任公司，德阳好韵复合材料有限公司

主要完成人员　冉毅，罗涛，黄如一，艾平，席江，曾文俊，陈子爱，孔垂雪，王超，梅自力

起止时间　2008 年 7 月—2021 年 12 月

获奖情况　2022 年四川省科技进步奖二等奖

内容提要　针对第二代农村沼气技术的缺陷，研发了玻璃纤维增强塑料（玻璃钢）沼气池及模压工艺，沼气工程循环流化、螺旋管增温技术，沼气脱硫、安全使用、处置技术，检测技术与装置，沼肥高值化利用技术及风险评估系统等。通过制定修订一系列行业和地方标准，建立起一套建造、运行、检测及安全使用规范体系，构建了以工业化生产和产业化发展为主要特征的第三代沼气技术体系，保障了农业有机废弃物高效厌氧发酵及安全利用。①建立了基于高分子复合材料和工程热力学的第三代沼气建池理论与技术体系。应用高分子复合材料，设计沼气池池型，采用模压生产工艺和抗紫外线填料，建立了一套玻璃钢沼气池（工程）制造、安装、检测和验收技术规范，实现了农业有机废弃物高效厌氧发酵。②构建了农村沼气从前端安全生产到后端沼肥高值化利用及风险评估的技术体系。发明了多级喷淋式生物脱硫法，避免了化学脱硫剂造成二次污染。研发了沼液氨吹脱及膜浓缩技术，构建了一套基于沼液氨吹脱工艺，同时兼具沼气提纯、氮肥生产和原料预处理等功能。研发了沼肥及沼肥增值化产品风险因子（重金属、抗生素）评估技术，推动了沼肥及沼肥增值化产品的安全高效利用。制定了农村沼气设施安全处置技术规程，填补了农村沼气在安全处置方面的空白，消除农村沼气安全隐患，保障安全运行。③研发了户用沼气池和沼气工程成套检测技术与装置，保障了第三代沼气池和沼气工程的建设质量与运行效果。

成果推广的户用沼气池和沼气工程可年产沼气 2.8 亿立方米，折合 2 亿吨标煤，为农户直接创造能源收益折合 6.4 亿元/年，年产沼肥 560 万吨，年减排 104.4 万吨 COD 和 211.0 万吨 CO_2 当量。同时，检测技术及装置应用于 260 个玻璃钢沼气池和 280 座沼气工程的委托检测，创收 915 万元；企业出厂检验商品化沼气池 24.02 万套，商品化小

沼工程 63 座，节约检测成本 962.06 万元，销售收入 4.93 亿元。该成果在农业绿色发展和碳减排中发挥了重要作用，经济、环保、生态和社会效益显著。

6. 烟草重要病毒病成灾机理与绿色防控关键技术研究

主要完成单位 中国农业科学院烟草研究所

主要完成人员 杨金广，王凤龙，焦裕冰，申莉莉，李莹，王杰，王秀国

起 止 时 间 2010 年 12 月—2021 年 12 月

获 奖 情 况 2022 年中国烟草总公司科技进步奖二等奖

内 容 提 要 揭示了我国烟草重要病毒病危害的种类、发生分布、流行规律与灾变风险。明确了 TMV、PVY、CMV、TVBMV、ChiVMV、TSWV 是危害烟草的高风险病毒种类，生产过程中农事操作、带毒蚜虫和带毒蓟马是其初始侵染源。构建了多重病毒分子检测体系、多病毒胶体金检测试纸条和时间分辨荧光免疫检测系统，极大提升了病毒病风险预警能力。系统揭示了烟草重要病毒致病机理，突破了抗病毒天然免疫激活关键难题。创制了新型天然免疫诱抗剂灵菌红素，开发了生物钝化剂双 A 碱蛋白，研发了虫传阻断纳米核酸药物 HC-Pro dsRNA，实现了病毒病防控的革新升级。集成以免疫诱抗为核心，源头控制和传播阻断为保障的烟草病毒病绿色防控技术体系，在四川、湖南、江西、山东和安徽等烟叶产区进行了示范推广，综合防效达 65%以上，取得了明显的经济效益、社会效益和生态效益。

7. 优质青贮饲料质量提升和应用提效关键技术集成与推广

主要完成单位 中国农业科学院北京畜牧兽医研究所，北京市兽药饲料监测中心，北京市农林科学院畜牧兽医研究所北京三元种业科技股份有限公司，全国畜牧总站，北京中地畜牧科技有限公司，现代牧业（集团）有限公司，北京优博维尼科技有限公司

主要完成人员 卜登攀，赵连生，马露，姚婷，王加亭，李竞前，冯涛，陈雅坤，张晓峰，刘佳，王桂英，刘金霞，赵勐，崔彪，吴娟

起 止 时 间 2019 年 7 月—2022 年 6 月

获 奖 情 况 2020—2022 年北京市农业技术推广奖二等奖

内 容 提 要 本成果针对北京优质青贮饲料的产业难题，创制并集成了关键技术体系。①青贮饲料品质提升关键技术，提高了全株玉米青贮和苜蓿青贮的品质指数，降低了青贮损失。该成果使全株玉米青贮 CSQS 平均提高 7.9%，苜蓿青贮 AHQS 平均提高 9.8%，泌乳牛单产提高 10%，乳脂率和乳蛋白率分别达到 3.6%和 3.3%。②突破多元化青贮日粮生产技术，优化了日粮配方和饲喂方式，提高了泌乳牛的单产和乳品质。③创新了“双循环驱动”协同创新的合作推广机制，创建了“建体系—搭平台—以赛促推”多元支撑的技术推广新模式。④整合了国际和国内的资源和平台，引入了国际技术专家和前沿技术及成果，与奶牛产业技术体系北京市创新团队和京津冀协同创新平台衔接，并推广应用。2019 年以来，在京津冀地区累计推广优质全株玉米青贮饲料

2 500 万吨、苜蓿青贮饲料 150 万吨，覆盖奶牛群体 523 万头，累计获得经济效益 4.76 亿元。

8. 智慧蜂业关键技术研究

主要完成单位　中国农业科学院农业信息研究所，北京市蜂业有限公司，北京京纯养蜂专业合作社

主要完成人员　刘升平，诸叶平，王星，王唯伊，张杰，钟耀富，郭秀明，岳慧丽，杨丽鹤，杜鸣竹，吕纯阳，吕传军，石艳丽，胡梓涵，张建红

起 止 时 间　2016 年 1 月—2022 年 6 月

获 奖 情 况　2020—2022 年北京市农业技术推广奖三等奖

内 容 提 要　智慧蜂业关键技术成果集智慧蜂场建设、智能装备研发、蜂产品质量安全控制、蜂产业大数据分析与智能决策、蜂业公共服务平台、蜂业文旅服务于一体，针对蜂产业信息化水平低、管理低效、行业信息不对称、产品质量缺乏保障等痛点，在蜂业信息采集、智能管控、质量追溯、辅助决策等方面实现关键技术创新及蜂业智能装备研制，实现了蜂业全产业链信息采集、智能管控、辅助决策及数字化服务，提出了基于数据驱动与智能服务的“AI+物联网+蜂产业链”的技术服务模式，形成了“蜂农+企业+现代农业产业体系”的推广服务模式。①成果以蜂产业信息化发展需求为导向，以国家科研院所为研发主体，充分依托产业体系、地方政府和蜂业龙头企业开展成果推广示范，促进产学研企紧密结合，实现信息技术与蜂产业的深度融合，促进蜂农和企业增收致富，推进蜂业管理科学决策。成果应用场景多样化，既可为个体化蜂农、规模化蜂场或合作社的生产管理人员提供服务，也可辅助政府部门进行科学决策，还可面向科研人员提供数据支撑和技术支撑。②成果面向全国蜂业主产区推广示范，已在北京、新疆、湖北、广东、广西[①]、浙江、四川等 13 个省（区、市）应用并取得显著效果，覆盖全国 13 家蜂场及合作社，10 万群蜂。2019 年以来服务北京市 1.99 万群蜂，为北京养蜂专业合作社累计增加收益 1 207.5 万元，增加利润 772 万元。③成果符合当前农业绿色发展需求，提质、节本、增效效果显著，降低人力成本，提升生产经营收益，提高养蜂业规模化经营管理和决策水平；成果促进农作物授粉，保护生态环境，提升蜂产品质量，保障人类健康，推动蜂产业向数字化、标准化、智能化、生态化发展。为加快数字乡村建设、推动现代农业发展提供信息化支撑，为加快北京数字蜂业发展及农业绿色高质量发展提供了新技术和新发展模式。团队成员北京市政协农业与农村专业委员会副主任诸叶平研究员提出的“发展北京市养蜂业”提案被评为优秀提案。

9. 良种蜂王扩繁和优质蜂蜜高产技术的示范与推广

主要完成单位　中国农业科学院蜜蜂研究所，北京市密云区园林绿化局蜂业管理

① 广西壮族自治区，全书简称广西。

站，北京天宝康高新技术开发有限公司

主要完成人员 赵亚周，韩胜明，周志勇，刘然，张瑞，刘金良，张红，安建东，贾国刚，邢为

起止时间 2016年1月—2018年12月

获奖情况 2020—2022年北京市农业技术推广奖三等奖

内容提要 目前，北京蜜蜂饲养量为26.5万群，普遍存在良种普及率低、生产模式相对落后的问题。为了促进北京蜂产业高质量发展，团队通过蜜蜂扩繁场规模化生产良种蜂王、创建优质蜂蜜高产技术、建立示范蜂场及开展技术培训，助推北京蜂产业提档升级。①蜜蜂扩繁场规模化生产良种蜂王。建立了400群规模的蜜蜂扩繁场，规模化生产和推广繁育力强、易维持强群、采集力强的良种蜂王，使密云区良种覆盖率提高至80%以上，彻底改观用王混乱的现象。②创建优质蜂蜜高产技术。针对北方蜜源、气候特征，创建"巢继箱双王繁殖""单新王强群生产"相结合的关键核心技术，实现42.5波美度以上优质蜂蜜增产47.01%。③建立示范蜂场和开展技术培训。通过良种蜂王的推广和优质蜂蜜高产技术的常态化培训，建立200群规模的高标准示范蜂场5个，辐射带动北京及周边地区的养蜂业高质量发展。

10. 口蹄疫免疫净化技术体系产品创制与产业化

主要完成单位 中国农业科学院兰州兽医研究所

主要完成人员 卢曾军，李平花，孙普，付元芳，包慧芳，白兴文，王国华，脱浩亮，马雪青，曹轶梅，袁红，李坤，蒋韬，李冬，刘在新

起止时间 2002年9月—2022年6月

获奖情况 2023年甘肃省科技进步奖一等奖

内容提要 口蹄疫是严重危害养殖业健康发展的重大动物疫病，我国口蹄疫防控进入到免疫净化阶段，急需相关技术和产品。口蹄疫病毒非结构蛋白3ABC抗体是世界动物卫生组织（WOAH）法典规定的免疫净化评价指标，传统灭活疫苗的抗原纯净度不达标，不能完全去除非结构蛋白，多次免疫动物会产生3ABC抗体，会对免疫背景下感染状况的评价产生干扰，不利于免疫无疫区的国际认证，是家畜及其产品国际贸易的一大障碍。本项目在创建口蹄疫病毒反向遗传操作技术平台的基础上，利用该平台缺失了病毒3ABC蛋白中的优势表位，研制成功了表位缺失标记灭活疫苗和配套的3ABC抗体检测试剂盒，形成了支持口蹄疫免疫净化的技术与产品体系。获疫苗和诊断类新兽药证书4项（一类1项、二类2项、三类1项）；取得国家发明专利10项；发表论文80余篇，其中SCI论文30余篇。口蹄疫O型、A型二价3B表位缺失标记灭活疫苗以6 000万元单次转让企业生产，推广应用超5亿多头份；3ABC抗体检测技术列入国家和行业标准（GB/T 18935—2018和NY/T 4044—2021），试剂盒累计生产应用超过2万盒，检测临床样本300余万份，在疫病辅助诊断方面发挥了重要作用。标记灭活疫苗推广应用后显著降低了3ABC抗体阳性率，消除了疫苗免疫对感染与免疫鉴别诊断的干

扰。该系列技术与产品的应用，必将推动我国口蹄疫免疫无疫区建设和畜产品出口，产生显著的经济与社会效益。

11. 亚洲棉的生物学贡献及其在我国的传播途径

主要完成单位　中国农业科学院棉花研究所

主要完成人员　李付广，杜雄明，何守朴，杨召恩

起 止 时 间　2005 年 1 月—2019 年 12 月

获 奖 情 况　2023 年河南省自然科学奖一等奖

内 容 提 要　亚洲棉在我国已有近 2 000 年的种植历史。亚洲棉具有天然抗病耐旱等优点，但其进化地位和传播历程在学术上一直存在争议，优异性状的遗传基础也尚未明确。本研究以亚洲棉种质资源为对象，采用基因组学、群体遗传学和分子生物学等手段，在亚洲棉基因组演化和重要性状遗传解析方面取得了新的科学发现，研究成果发表在 *Nature Genetics* 和 *Nature Communications* 等顶尖学术期刊。研究团队在其前期二倍体棉花 A、D 基因组和四倍体棉花 AD 基因组研究基础上，进一步深化和系统研究，从基因组水平佐证了二倍体 A 基因组亚洲棉是四倍体 AD 基因组陆地棉的供体种和纤维的主要贡献者，证实了亚洲棉与草棉（二倍体 D 基因组）为“兄弟”关系，从基因型演化角度揭示了亚洲棉在我国是“自南向北”传播的特点。同时还首次发现亚洲棉抗病性相关位点是受强烈地理选择的位点。该项目解决了棉花基础研究领域的一些关键科学问题，为棉属的进化和基因组学研究提供了参考，提升了我国棉花基础研究在世界上的地位。

12. 动物专用原料药及制剂创制与产业化

主要完成单位　中国农业科学院兰州畜牧与兽药研究所，常州齐晖药业有限公司，浙江海正药业股份有限公司，瑞普（天津）生物药业有限公司，重庆方通动物药业有限公司，成都中牧生物药业有限公司，武威牛满加药业有限责任公司，河北远征药业有限公司，山东德州神牛药业有限公司，张掖市万禾草畜产业科技开发有限责任公司

主要完成人员　张继瑜，李冰，周绪正，朱建民，程富胜，阳凯，王玮玮，刘爱玲，魏小娟，毕海林，尚小飞，卢朝成，苗小楼，郭丽华，朱跃明

起 止 时 间　2005 年 1 月—2022 年 8 月

获 奖 情 况　2023 年甘肃省科技进步奖一等奖

内 容 提 要　兽药是动物和人畜共患疾病防控、实现养殖业健康发展的重要物质基础，是现代畜牧业可持续发展的重要保障。本成果针对动物抗寄生虫、抗菌药物生产制备关键技术和新兽药开展创新研究，并进行新技术和新产品的推广应用，解决我国兽药生产技术落后、药物稳定性和长效性差、药物在动物源性食品中的残留和生产成本等关键技术问题，对我国流行广、危害严重、缺乏有效防治药物的寄生虫病和细菌感染性疾病的防控提供技术支撑。

通过应用技术和产品创新，研制了羟氯扎胺和赛拉菌素2种新型抗动物寄生虫原料药；创制了3种新兽药产品羟氯扎胺混悬液、赛拉菌素滴剂和替米考星肠溶颗粒；建立了3种兽用抗寄生虫药物的高效绿色合成技术，实现了规模化生产；建立了5种药物高效包合、微乳载药和微囊化等技术，突破了药物定位释放、长效性、溶解性等工艺技术瓶颈，大幅提高了药物生物利用度。成果取得8项国家发明专利，获得4项国家二类新兽药证书和1项国家四类新兽药证书，取得7项新兽药生产批文，发表学术论文33篇。相关成果实现了产业化，赛拉菌素、羟氯扎胺原料药分别占全球70%和80%的市场份额，羟氯扎胺混悬液对牛肝片吸虫病治疗有效率98%以上，较现有产品提高近10%；赛拉菌素滴剂对犬体外的血虱、跳蚤等节肢昆虫及体内狮弓蛔虫、弓首蛔虫等治疗有效率高达90%以上；替米考星肠溶颗粒对猪胸膜肺炎放线杆菌感染治疗有效率超过90%。推广应用动物1 300万头（只）以上，技术成果转化应用取得11.54亿元的直接经济效益。本技术成果填补了国内兽药产品空白，对我国兽药企业技术升级、打破国际垄断、提升自主创新能力具有重要作用。

13. 农产品危害因子靶向识别材料库构建和速测关键技术开发及应用

主要完成单位 中国农业科学院农业质量标准与检测技术研究所

主要完成人员 王静，万宇平，曹振，金茂俊，王淼，王珊珊，佘永新，吴小胜，郑鹭飞，邵华，金芬，王兆芹，李辉，宋灿灿，冯才伟

起止时间 2012年1月—2022年7月

获奖情况 2023年北京市科技进步奖一等奖

内容提要 农药残留等一直是影响我国农产品质量安全的主要危害因子，威胁消费安全和人民健康。但农药等小分子抗体制备难、检测灵敏度及通量低、结果判读不精准，制约了农药残留快速检测技术的发展和应用。

针对农药等小分子抗体制备难、检测灵敏度及通量低、结果判读不精准等难题，在特异性识别抗体库构建、多类型增敏标记材料体系创制、高通量智能识别等核心技术方面取得以下突破。①创新了高免疫原性、高可靠性半抗原分子设计技术，构建了454种20 000余株抗体识别材料库，创建了小分子半抗原分类改造体系，解决了结构不稳定、活性位点少、半抗原设计成功率低的小分子危害因子抗体制备难题。②创新了多类型抗体定向标记及信号放大技术，开发了850余种农药等宽量程、高稳定、高灵敏免疫快检试纸条/试剂盒，开发了金颗粒、荧光微球、酶等多类型增敏材料，研发了结合肽标签蛋白双功能接头、糖基化区域介导的抗体定向偶联技术，产品灵敏度提升2~100倍。③发明了免疫层析智能图像识别系统，形成了300余套基于移动终端的胶体金多靶标半定量检测产品，建立了免疫层析显色精准调控计量化学模型，攻克了环境光条件下图像识别的技术瓶颈，建立了基质匹配标准曲线定量表征方法，实现了农药多残留等5~15分钟内同步半定量快速检测，与传统胶体金方法相比检测效率提升5倍，与仪器确证方法符合率大于92%。相关成果被列为农业农村部2023年农业主推技术。获授权发明专

利 69 件（含美国专利 3 件），软件著作权 5 项，知识产权转让 2 500 万元，发表论文 114 篇（SCI 98 篇，JCR Q1 55 篇），制定国家标准/行业标准 30 项，获国家/北京市新产品证书 74 个。产品已服务于 5 141 家单位，累计提供试剂 6 480 万样次。该成果在国家重大活动保障、政府现场监管与专项治理、企业农产品入市把关等环节广泛应用。近 3 年直接经济效益 33 247.71 万元。智能快检技术经中国农学会成果评价整体技术水平国际领先。。

14. 华西牛新品种培育与联合育种创新应用

主要完成单位 中国农业科学院北京畜牧兽医研究所，北京联育肉牛育种科技有限公司，乌拉盖管理区农牧和科技局，内蒙古奥科斯牧业有限公司，乌拉盖管理区博昊良种肉牛繁育专业合作社，锡林郭勒盟畜牧工作站，沙洋县汉江牛业发展有限公司，吉林省德信生物工程有限公司，河南省鼎元种牛育种有限公司，伊犁创锦犇牛牧业有限公司

主要完成人员 李俊雅，高会江，张路培，汪聪勇，朱波，王泽昭，高雪，陈燕，徐凌洋，金生云，宝金山，杨艳明，李英豪，伊布勒图，马海滨

起 止 时 间 2003 年 1 月—2022 年 7 月

获 奖 情 况 2023 年北京市科学技术进步奖一等奖

内 容 提 要 我国是世界肉牛生产大国，牛肉消费量位居世界第二，但由于缺乏高产高效的专门化肉牛新品种，牛肉生产难以满足快速增长的市场需求，且主导品种核心种源长期依赖进口，育种技术体系落后，严重制约了肉牛业健康可持续发展。针对上述问题，项目通过近 20 年联合攻关，系统开展了分子育种技术体系构建、联合育种机制创新、专门化肉牛新品种培育等研究，取得以下突破性成果。①育成了专门化肉牛新品种华西牛，突破核心种源依赖进口的局面。历经 43 年系统选育，育成了专门化肉牛新品种华西牛，主要性能达国际先进水平。12～18 月龄育肥牛平均日增重 1.36 千克/天，最高可达 1.86 千克/天，屠宰率 62.4%，净肉率 53.9%。累计在 11 省推广种公牛 850 余头，推广冻精 1 600 余万剂。新品种的育成打破了我国肉牛核心种源严重依赖进口的局面，提升了我国肉牛品种的国际竞争力。②建立了我国首个肉牛全基因组选择技术平台，实现传统育种向现代分子育种的升级换代。创建了国家肉牛遗传评估中心，建立了国家肉牛育种数据库，已收集 32 个肉牛品种的 100 万余条数据。构建了国内第一个规模最大的全基因组参考群，研发了具有自主知识产权优化 Bayes、多链并行和机器学习等基因组育种值估计新方法，准确性提高 10%以上，运算速度提升 20 倍以上，达到国际领先水平。研发了国内首款大规模商业化应用的 Cattle110K 育种芯片，分型成本降低了 80%，打破了国外商业芯片的垄断。③解析了肉牛重要经济性状的遗传机制，为新品种培育提供了理论基础。构建了华西牛染色体水平的参考基因组，相比 *ARS-UCD1.2* 基因组，*ContigN50* 提高了 3.5 倍。研究发现 *NCAPG*、*MTPN* 等基因是影响华西牛日增重、胴体重与净肉重性状的主效基因，为华西牛新品种培育提供了重要分子标记。④创新了肉牛联合育种机制和市场化推广模式，破解大动物育种难的问题。开创性

成立了我国第一个实体化肉牛联合育种组织，形成了以科研单位为研发和技术支撑、以种公牛站和核心育种场为抓手、以育种群为依托的“全国一盘棋”联合育种创新模式。创新市场化推广模式，举办四届全国种公牛拍卖会，实现优种优价。

15. 水貂阿留申病防控关键技术创新与应用

主要完成单位 中国农业科学院特产研究所

主要完成人员 张蕾，刘昊，胡博，闫喜军，赵传芳，张海玲，白雪，廉士珍，吕爽

起止时间 2012 年 1 月—2022 年 1 月

获奖情况 2023 年吉林省科技进步奖二等奖

内容提要 ①创新了 AD 抗体诊断技术。创新采用生物学软件和实验验证结合的方式，高效预测获得了 ADV 抗原表位。首次利用多肽合成法获得诊断抗原，抗原获取方式便捷、纯度稳定，创制了 ADV ELISA 抗体检测试剂盒，该法在诊断早期感染能力上高于传统 CIEP 检测法 43.6%。获得了农业农村部颁发的国家一类新兽药注册证书。②系统地完成了国内 ADV 的分子流行病学调查。在国内首次发现了貉感染 ADV；明确了我国 ADV 有独特的流行特点，70%的国内毒株分布在我国特有的基因型分支上，为该病防控产品的研制提供了理论基础。创新编制了系统流行病学调查应用的分子生物学软件，获得了软件著作权。③创新的制定了 AD 诊断吉林省地方标准和农业行业标准。由于国际 WOAH 没有 AD 的诊断标准，成果第一完成人制定了“水貂阿留申病诊断 ELISA 法”吉林省地方标准，2018 年标准正式颁布实施且进行示范应用。制定了“水貂阿留申诊断技术”农业行业标准 NY/T 4041—2021。④创制了 ADV 基因疫苗：创新的采用敲除免疫沉淀位点的方式，构建不含免疫沉淀表位的基因缺失疫苗，免疫小鼠获得了良好的免疫效力。突破该病不能通过传统方式进行疫苗制备的技术瓶颈。⑤创新了杂交瘤细胞培养工艺：首次采用 WAVE 生物反应器，对影响 ADV 单克隆抗体规模化生产关键环节的工艺参数进行筛选，建立了批生产量 1 升的灌注培养生产工艺。杂交瘤细胞的生长密度为 1×10^{7} 个/升，单克隆抗体产量大于 62.5 毫克/升。

16. 毛皮动物疫苗关键技术集成创新与联合应用

主要完成单位 中国农业科学院特产研究所，吉林特研生物技术有限责任公司

主要完成人员 罗国良，程悦宁，冯二凯，王振军，钟伟，姜秋杰，任飞，董清平，刘伟，李斌茹，刘志杰，焉石

起止时间 2015 年 1 月—2022 年 12 月

获奖情况 2023 年吉林省科技进步奖二等奖

内容提要 该项目建立了水貂犬瘟热活疫苗悬浮培养生产工艺和水貂细小病毒性肠炎灭活疫苗 BEI 灭活工艺；突破疫苗管制瓶冻干技术，采用 100 毫升玻璃瓶冻干，使冻干规格由原来的 15 头份/瓶，提高至 100 头份/瓶。利用水貂源 D 型绿脓杆菌

LN17-D 株，研制出一种水貂源 D 型绿脓杆菌灭活疫苗；采用昆虫细胞表达系统，研制出一种预防貉细小病毒病的 VLP 疫苗；研制出一种水貂犬瘟热、细小病毒性肠炎二联灭活疫苗；对悬浮培养工艺、BEI 灭活工艺、大容量冻干工艺等关键疫苗技术进行集成创新，采用水貂细小病毒性肠炎灭活疫苗稀释犬瘟热活疫苗的方式，简化疫苗稀释、免疫接种环节，实现两种疫苗的联合应用。

该项目是对毛皮动物疫苗关键技术的集成创新与联合应用，该技术经吉林特研生物技术有限公司推广应用，2015—2022 年应用该技术生产、推广应用犬瘟热活疫苗和水貂细小病毒性肠炎灭活疫苗 9.4 亿头份，直接经济效益 33 310 万元，新增利润 7 360 万元，新增税收 2 760 万元。该项研究的推广应用对提升毛皮动物疫苗产业水平，保障毛皮动物产业健康发展具有重要意义。该项研究成果转化程度较高，市场竞争力较强，创造了较大经济效益。

17. 设施农业智慧种植关键技术和智能装备创制与应用

主要完成单位　中国农业科学院特产研究所，吉林省农业科学院，吉林省农业综合信息服务股份有限公司，康美新开河（吉林）药业有限公司

主要完成人员　孔繁涛，闫梅霞，赵福顺，许世泉，杨义明，狄甲民，张万伍，张志东，陈曦，周春元，路洪涛，李政

起止时间　2009 年 1 月—2020 年 12 月

获奖情况　2023 年吉林省科技进步奖二等奖

内容提要　一是首次系统创建设施农业智慧种植新模式、新技术，克服了物联网、AI 等现代信息技术和农业传统种植深度融合难题，为推动吉林农业强省建设提供了信息化方法论；二是创新设施农业“土壤环境—育种育苗—田间管理—病虫害防治”全过程的智慧种植关键技术，突破特色经济作物生产方式由传统向现代转变的瓶颈，为海量数据获取和乡村振兴提供了技术支撑；三是创制基于大数据的设施种植分析预测模型库，研发智能化调控设备，解决设施农业智能分析预警调控难的问题，实现了设施农业绿色高效种植的智慧管理与科学决策。该成果总体技术水平达到国内领先，其中设施蔬菜精准浇水的方法装置和电子设备、人参叶片病害早期诊断技术处于国际先进水平。整体技术基本成熟，具备了推广应用和产业化开发的条件。获授权专利 36 项（其中发明专利 13 项）、软著 57 项，发表论文 65 篇（SCI/EI 14 篇），出版著作 6 部，制定标准 7 项。已在吉林省 9 市（州）应用推广，同时带动辐射全国特色经济作物设施种植。近 3 年实现产值 4.24 亿元、利润 1.08 亿元，并取得显著社会生态效益，具有强劲科技竞争力和广阔市场应用前景。

18. 茶叶中典型化学污染物精准检测与评估关键技术创新

主要完成单位　中国农业科学院茶叶研究所

主要完成人员　陈红平，马桂岑，柴云峰，鲁成银，刘新，王晨，汪庆华

起 止 时 间 2004年1月—2019年12月

获 奖 情 况 2023年浙江省科技进步奖三等奖

内 容 提 要 化学污染物是我省进一步做强茶产业和扩大出口的重要制约因素，精准检测、科学评估是实现茶叶中典型危害因子有效管控、消费者健康有力保障的必要手段。中国农业科学院茶叶研究所茶叶质量与风险评估创新团队历经16年的研究攻关，构建了“精准检测、科学评估、标准管控”为核心的茶叶质量安全管控体系，显著提高了我省茶叶质量安全水平，保障了茶叶产业安全、消费安全与出口安全。①创建了茶叶中典型化学污染物高效精准检测技术，突破了检不准的技术瓶颈。发明了适用于茶叶农残检测的石墨烯净化新材料，对干扰物质的去除率提高3.7~89倍，解决了基质干扰严重的难题；创新集成了茶叶中化学危害因子多种类、多参数、多手段的高通量精准检测新技术。②科学评估出典型化学污染物的风险熵，解决了污染物风险不清楚的评估难题。掌握了我国茶叶中典型化学污染物的含量水平基础数据，成为我国茶叶质量安全权威数据来源之一；查明了稀土元素等新型危害因子污染来源，明确了4种高风险农药降解动态规律及其人体健康危害水平。③制定了茶叶质量安全关键检测方法与绿色食品产品评价标准，解决了茶叶质量安全标准缺失的管控难题。制定了茶叶中质量安全行业标准4项，提供了检测方法依据与评价依据，助力了我国茶叶中稀土元素限量标准的修订。

成果获国家发明专利6件，制修订行业标准4项，发表论文55篇，出版著作2部，该成果整体技术处于国际领先水平。

19. 高山美利奴羊分子育种关键技术创新与应用

主要完成单位 中国农业科学院兰州畜牧与兽药研究所，甘肃省绵羊繁育技术推广站，肃南县畜牧兽医服务中心，天祝藏族自治县畜牧技术推广站，兰州三毛实业有限公司，乌审旗农牧技术推广中心

主要完成人员 岳耀敬，袁超，郭婷婷，刘继刚，王喜军，安玉锋，李锋红

起 止 时 间 2012年1月—2020年12月

获 奖 情 况 2023年甘肃省科技进步奖三等奖

内 容 提 要 成果首次完成了高山美利奴羊基因组和线粒体De novo组装，解析了群体遗传结构及毛囊、肌肉发育的分子调控网络，挖掘与体重、羊毛、适应性等经济性状相关的功能基因102个，建立了TBXT尾型基因和RXFP2角型基因分子标记检测技术。研制了新型GnIH-INH多胎疫苗，建立了高山美利奴羊胚胎移植、INHA多胎基因检测等高效繁殖技术。应用常规育种与分子育种技术开展了高山美利奴羊选育提高和超细、多胎、肉用品系培育，留场核心群成年公、母羊的剪毛后体重和产毛量分别提高了13.80千克、8.06千克、0.6千克和0.4千克，选育多胎、肉用和超细品系群体分别达到1 533只、1 980只和5 556只。创新了高山美利奴羊全产业链生产模式、经营模式、管理模式，助力细毛羊产业高质量发展。发表学生论文15篇，授权发明专利2项，

培养研究生 5 人，培训农基层技术人员和养殖户 4 262 人次。

项目推广高山美利奴羊种羊 17 908 只，累计改良细毛羊 358.16 万只，显著提高了体重、繁殖、羊毛品质等性能，保障了高档精纺羊毛供给、绿色羊肉的刚性需求，增加了农牧民收入，促进了牧区经济繁荣和社会稳定，累计新增经济效益 9.35 亿元，新增纯收益 1.87 亿元。

20. 牦牛瘤胃微生物区系优异特性形成的重要调控途径与机制研究

主要完成单位　中国农业科学院兰州畜牧与兽药研究所

主要完成人员　丁学智，杨峰，吴晓云

起止时间　2010 年 7 月—2020 年 12 月

获奖情况　2023 年甘肃省自然科学奖三等奖

内容提要　成果建立了基于隧道技术、六氟化硫示踪技术和体外发酵技术测定放牧家畜温室气体排放的综合技术平台。系统研究了青藏高原放牧牦牛瘤胃甲烷排放的季节动态，揭示了牦牛瘤胃甲烷生成和调控过程中微生物间的互作关系及生物学机制，相关研究结果被联合国政府间气候变化专门委员会（IPCC）用于校正发展中国家反刍动物甲烷排放清单的测算（IPCC，2012；Tier 2）。通过比较不同海拔高度牦牛生理和组织代谢差异，明确了低氧诱导下血红蛋白输送氧气的能力和效率，从器官功能的变化、细胞代谢调整及低氧因子诱导等方面揭示牦牛低氧适应的整体代偿机制；阐明了低氧环境下牦牛 TF 在铁离子代谢中的网络调控系统，低氧加快铁离子转运过程（结合→释放→结合），红细胞内三价铁离子浓度增加，电子需求增加，降低血红蛋白对氧亲和力，达到释放氧气的目的。通过对牦牛乳腺炎喹诺酮类耐药大肠杆菌的分子表征解析，揭示了 DNA 旋转酶 GyrA 和 DNA 拓扑异构酶Ⅳ ParC 中的喹诺酮类耐药决定簇是喹诺酮类抗生素的潜在靶标；通过对牧草营养和季节调控牦牛脂蛋白脂肪酶（LPL）活性研究发现，LPL 在牦牛脂肪酸转移到脂肪细胞酯化并储存这一过程中起着关键作用；冷季胰岛素和甘油酸三酯参与上调牦牛脂肪和肌肉组织 LPL 活性，从而加速脂肪沉积以适应高原严酷、牧草营养匮乏的生态环境。黄牛与牦牛差异表达的基因在序列水平也表现出了更快的进化速率，这些基因主要与代谢功能有关，说明基因序列和表达的双重进化使牦牛具有更高的代谢效率。

21. 水稻重要农艺性状调控基因的挖掘利用与分子解析

主要完成单位　中国水稻研究所，中国科学院遗传与发育生物学研究所

主要完成人员　王跃星、钱前、段朋根、李云海、胡江

起止时间　2011 年 10 月—2020 年 12 月

获奖情况　2023 年浙江省自然科学奖三等奖

内容提要　本成果面向高产优质水稻新品种选育这一国家重大需求，利用图位克隆、基因组重测序、基因编辑等方法，持续开展了重要农艺性状关键调控基因的克隆

和功能分析，从遗传资源与核心种质资源中挖掘出粒型、株型、品质关键调控基因 *GL7*、*GS2*、*HTD1HZ*、*GSE5* 和 *MAPK* 途径相关基因，并深入解析了他们的作用机理，相关研究结果发表在 *Nature Genetics*、*Molecular Plant*、*Nature Plants* 和 *Plant Journal* 等国内外顶级期刊上，为高产优质水稻品种分子设计育种提供了重要的指导意义和基因资源。①鉴定了水稻产量与品质协同调控关键基因 *GL7*。生产实践中高产与优质往往存在一定的拮抗，针对这一难题，从热带粳稻 P13 中成功分离了粒长调控基因 *GL7*。研究表明，*GL7* 的拷贝数变异（Copy number variation，CNV）是导致粒长差异的主要原因。*GL7* 在不降低千粒重的前提下，可有效改善稻米外观品质，在水稻育种（特别是杂交水稻育种）中具有极大的利用价值。②解析了 OsmiR396-GS2-OsGIFs 途径调控水稻籽粒大小的新机制。通过 QTL 分析，从“巨大粒”和“宝大粒”中成功定位一个能够显著提高水稻产量的粒型控制位点 *GS2/GL2*，该显性基因在杂合状态下更符合生产需求，将含 *GS2* 显性等位基因的恢复系与优异品质的不育系配组，将有助于培育超级稻品种。③完成水稻株型调控的分子机制研究，克隆了水稻“绿色革命”伴侣基因 $HTD1^{HZ}$，解析现代水稻育种历史。研究表明，华占中含有一个独脚金内酯合成基因 *HTD1* 新的等位形式 $HTD1^{HZ}$，能够有效增加水稻分蘖数但不影响结实率，并且 $HTD1^{HZ}$ 杂合状态就能够增加分蘖数，使华占配制的杂交稻组合也能获得稳产特性。④阐明了籼粳亚种间和籼稻品种间粒宽差异的分子遗传机制。亚洲栽培稻分为籼稻和粳稻两个亚种，两者的籽粒形态特征差别很大。一般而言，籼稻籽粒窄长，呈长椭圆形；粳稻籽粒短宽，呈椭圆形或卵圆形。通过对不同籼稻品种进行全基因组关联分析，发现 *GSE5* 表达量的差异是造成籼粳亚种间和籼稻品种间粒宽差异的主要原因。⑤揭示了 MAPK（Mitogen-activated protein kinase，促分裂原活化蛋白激酶）信号转导途径调控水稻粒型的分子机理。MAPK 级联信号转导途径在植物的生长发育过程中发挥重要作用。首次揭示了完整的 OsMKKK10-OsMKK4-OsMAPK6 级联信号转导通路正向调控籽粒大小的分子机理，同时发现 OsMKP1 通过去磷酸化 OsMAPK6 负向调控水稻粒型。为水稻高产性状精准设计育种提供了可用的分子网络。

中国农业科学院 2023 年科学技术成果奖简介

1. 小麦种质资源重要基因多样性发掘与应用

主要完成单位 中国农业科学院作物科学研究所

主要完成人员 张学勇，郝晨阳，侯健，董玉琛，贾继增，王兰芬，李甜，刘红霞，刘旭，曹永生，刘三才，姜奇彦，游光霞

起止时间 1998 年 10 月—2020 年 12 月

获奖情况 中国农业科学院杰出科技创新奖

内容提要 成果以我国 23 090 份小麦种质资源为基础，利用表型数据、78 个 SSR 位点扫描，建立了核心种质和微核心种质，遗传代表性分别为 91.5%和 71%，发现我国地方品种和育成品种基本为两大独立群体，前者可划分为西北、东南两大类型，*3B* 和 *7A* 基因组区段主导了其分化；引进品种的利用重塑了我国小麦现代品种的基因组，骨干亲本拥有更多保守传递的优良单倍型区段；三个亚基因组中有一个承受更大的育种选择压，产量基因变异主要发生在调控区，在光温水资源条件好、育种力量雄厚的国家和地区，品种富集了更多的优良变异。建立了微核心种质的多亲本杂交、回交互交群体，聚集了育种必需的基因，显著提升了稀有等位变异的频率和 GWAS 效率，优良等位变异聚合的水平高于 2000 年后的国审品种，从中选育出新品种 3 个，在一个群体中实现了基因定位、克隆和新品种选育，推动了种质资源与基因组学和育种的融合。10 篇代表性论文他引 1 549 次，核心种质也有力支撑了全国小麦基因组学研究。

2. 害虫嗅觉行为调控技术创新与产品研发

主要完成单位 中国农业科学院植物保护研究所，中捷四方生物科技股份有限公司，宾川县植保植检站，诸暨市农业技术推广中心，河北省植保植检总站，盐山县农业农村局，丰宁满族自治县农业农村局植保植检站，杨凌翔林农业生物科技有限公司，北京市海淀区农业技术综合服务中心，北京黄将军科技有限公司

主要完成人员 王桂荣，梅向东，刘杨，李拥虎，何建群，周宇杰，袁文龙，温艳英，尚玉儒，吕卫鹏，孔垂智，王兆勇，王冰，杨斌，宁君

起止时间 2012 年 1 月—2021 年 12 月

获奖情况 中国农业科学院杰出科技创新奖

内容提要 项目实现重大农业害虫绿色防控产品研发全链条科技创新。建立了基于嗅觉受体筛选害虫行为调控剂的基础理论，创建了高通量、智能化筛选害虫行为调控剂的新技术，创制了草地贪夜蛾、棉铃虫等高效性诱剂、迷向剂新产品。草地贪夜蛾

性诱剂诱捕效率提高60%，特异性提高40%，2021年获得农药登记。性诱剂和迷向剂新产品在云南、新疆、甘肃、山东、河北、浙江等地进行推广，累计应用面积650多万亩，产品的推广和应用减少了化学农药的使用，保护了生态环境，有效防控了靶标害虫，在保障农作物生产安全的同时，促进农户节支增收超过5亿元。本项目在*PNAS*、*Current Biology*等杂志发表研究论文105篇，获得授权国家发明专利21件，实用新型专利3件，制定团体标准3个，企业标准4个。

3. 设施黄瓜新成灾病害关键防控技术创新与应用

主要完成单位 中国农业科学院蔬菜花卉研究所，天津德瑞特种业有限公司，浙江新农化工股份有限公司，沈阳化工大学，山东泰诺药业有限公司，山东省农业技术推广中心，辽宁绿色农业技术中心，河北省农药检定监测总站，沈阳同祥生物农药有限公司

主要完成人员 李宝聚，李磊，范腾飞，项盛，吴志强，徐仲奎，关丽杰，石延霞，谢学文，柴阿丽，史建新，李炜蔷，董旭，杨建闻，孙海森

起止时间 2005年1月—2021年12月

获奖情况 中国农业科学院杰出科技创新奖

内容提要 项目解决了以细菌性流胶病和棒孢叶斑病为代表的黄瓜新成灾病害绿色防控的难题，实现了理论、技术、装备、产品的创新并产业化。项目揭示了设施黄瓜细菌性流胶病和棒孢叶斑病的主要病原，探明了病原菌气溶胶和多主棒孢菌的流行规律；研发了精量电动弥粉机和生物农药微粉剂，建立了弥粉法空间施药技术，创制了噻唑锌、苯丙烯菌酮、荧光假单胞杆菌等杀细菌剂；创建了以监测预警、抗病品种、健康种苗、绿色精准防控为核心技术的设施黄瓜真菌、细菌病害产前—产中—产后全程绿色防控技术方案，实现了从“不见症状不施药”向“以防为主、防控结合”的全程绿色防控的根本转变，综合防效达85%以上。项目成果已广泛推广应用，在全国累计应用2 033万亩，新增纯收入1 016.5亿元，节本增效225亿元。项目发表论文48篇，获得授权专利15件，登记新农药2个，制定标准3项。

4. 华西牛新品种培育与分子育种技术体系构建

主要完成单位 中国农业科学院北京畜牧兽医研究所，北京联育肉牛育种科技有限公司，内蒙古锡盟乌拉盖农牧和科技局，内蒙古奥科斯牧业有限公司，乌拉盖管理区博昊良种肉牛繁育专业合作社，锡林郭勒盟畜牧工作站，沙洋县汉江牛业发展有限公司，吉林省德信生物工程有限公司，内蒙古赤峰博源种牛繁育有限公司，河南省鼎元种牛育种有限公司

主要完成人 李俊雅，高会江，张路培，汪聪勇，朱波，王泽昭，高雪，陈燕，徐凌洋，金生云，宝金山，杨艳明，马海滨，李姣，刘波

起止时间 2003年1月—2021年12月

获奖情况 中国农业科学院杰出科技创新奖

内 容 提 要 该成果针对我国肉牛育种技术落后和种源被国外“卡脖子”等技术难题，系统开展了专门化肉牛新品种培育，分子育种技术构建以及联合育种机制创新等研究。育成了专门化肉牛新品种华西牛，主要性能达国际先进水平，打破了我国肉牛核心种源严重依赖进口的局面。研发了国内首款大规模商业化应用的Cattle110K育种芯片，分型成本降低了80%，估计准确性达0.5以上。研发了具有自主知识产权优化Bayes、多链并行和机器学习等基因组育种值估计新方法，准确性提高10%以上，运算速度提升20倍以上，达到国际领先水平。建立了我国首个肉牛全基因组选择技术平台，遗传进展速度提升20%以上。创新了肉牛联合育种机制和市场化推广模式，破解大动物育种难的问题。项目培育华西牛新品种1个，获奖励6项，取得欧盟发明专利1项，取得国家发明专利10项，取得软件著作权31项，制定标准2项，发表论文121篇，其中SCI收录89篇，华西牛新品种推广和肉牛全基因组选择分子育种技术的应用已获经济效益106.32亿元。项目成果扭转了我国肉牛核心种源依赖进口的局面，实现种源自主可控，有效落实了国家种业振兴行动，为我国肉牛种业及产业高质量发展发挥了重要作用。

5. 预制菜肴工业转换关键技术与产业化

主要完成单位 中国农业科学院农产品加工研究所，扬州大学，铁骑力士食品有限责任公司，新疆帕戈郎食品有限公司，江苏花果山食品有限公司，山东莱州大家乐食品有限公司

主要完成人员 张春晖，张德权，李侠，孟祥忍，韩东，魏文松，夏双梅，黄峰，张春江，刘云鹤，艾鑫，崔钊伟，李艳杰，韩英明，戚进兴

起 止 时 间 2011年1月—2021年12月

获 奖 情 况 中国农业科学院科学技术成果奖

内 容 提 要 本项目针对我国预制菜肴加工存在标准化程度低、工业转换技术装备缺乏、品质保持难等突出问题，解析了传统菜肴多维品质，挖掘烹饪技艺，研创了菜肴多模态信息智能感知技术，实现了烹饪技艺由经验手工向数字化智能化跨越；研发了热源同效节能转换技术，创制了预制菜肴核心热加工装备，创建了“三转一保”工业转换技术体系；突破了预制菜肴多维锁鲜与风味定向编辑关键技术，实现了预制菜肴品质保持与保真还原。技术成果在益海嘉里、西贝、铁骑力士等15家国内外头部企业应用，颠覆了“小锅换大锅”规模化生产方式，推进了预制菜肴产业高质量发展，整体技术居国际领先水平。

6. 中国粮食稳定安全供给政策研究及应用

主要完成单位 中国农业科学院农业经济与发展研究所

主要完成人员 钟钰，陈萌山，普蓂喆，辛翔飞，钱加荣，王国刚，崔奇峰，甘林针，陈希，袁龙江

起止时间 2013年6月—2021年12月

获奖情况 中国农业科学院科学技术成果奖

内容提要 由于地方抓粮积极性不高，主产区主销区粮食产量差距持续拉大，要素配置效率处在低位。同时，收储投放不合理、进口风险防范不够，导致粮食生产效率较低、库存大起大落和进口波动大等问题突出，我国粮食安全保障面临较大潜在隐患。本项目通过9年攻关，构建粮食安全理论研究框架，从生产、收储和贸易全链条开展系统研究，为粮食政策改革与完善提供科学依据和决策参考。①构建了中国粮食安全供给理论分析框架，提出粮食稳定安全供给内涵与战略导向，推动了粮食安全党政同责实施。②揭示了生产要素配置效率与作用路径演变规律，科学测度粮食生产要素配置效率，为优化生产支持政策提供了重要支撑。③构建了社会福利动态优化模型，揭示收储政策演进规律，为政府优化粮食储备提供了决策参考。④创设粮食进口效率评价方法，测算我国与“一带一路”区域粮食贸易网络密度，为保障粮食进口提供科学依据。

7. 稻田氮磷源转汇关键技术与应用

主要完成单位 中国农业科学院农业资源与农业区划研究所，中国科学院精密测量科学与技术创新研究院，上海交通大学，湖北省农业科学院植保土肥研究所，云南省农业科学院农业环境资源研究所，辽宁省农业科学院，四川省农业科学院农业资源与环境研究所

主要完成人员 刘宏斌，武淑霞，潘君廷，刘连华，樊秉乾，庄艳华，李旭东，王娜，陈静蕊，翟丽梅，胡万里，周丰，林超文，杨晋辉，张富林

起止时间 2006年1月—2020年12月

获奖情况 中国农业科学院杰出科技创新奖

内容提要 该成果针对我国稻田氮磷源汇功能不清及粮食安全和生态环境保障难以兼顾问题，在多个国家重大项目支持下，历经长期攻关，创建了稻田氮磷归趋全过程评估方法，首次界定了我国稻田氮磷源汇功能并提出了源汇功能调控策略，创新了稻田氮磷源转汇关键技术及产品装备，构建了田—沟—塘一体化综合调控技术模式并进行了大规模推广应用，在确保产量基础上，推动了稻田由污染源向净化汇的重大转变，实现了生产生态双赢。成果为深刻认知稻田生产生态功能、高效防控氮磷流失和保障粮食安全提供了科学依据和成功典范。

8. 饲料重点监管风险因子快速鉴别与确证关键技术研究及应用

主要完成单位 中国农业科学院农业质量标准与检测技术研究所，中国农业大学，上海市动物疫病预防控制中心

主要完成人员 樊霞，索德成，肖志明，李阳，杨增玲，曹莹，刘晓露，王石，严凤，贾铮，田静，李丽蓓，邓涛，徐思远，赵根龙

起止时间 2013年1月—2022年12月

获 奖 情 况　中国农业科学院杰出科技创新奖

内 容 提 要　饲料中风险物质品类繁杂、风险点多，且存在多环节扩散的情况，给监管带来了很大的挑战，是行业“痛点”之一。该项目历经 10 年攻关，本着“非靶向+靶向”的思路，突破“饲料重点监管风险因子快速鉴别与确证”技术瓶颈，形成适应不同场景的“快速筛查+高效确证”解决方案，为国家饲料政策法规的制定和实施提供重要数据保障和先进技术手段，从技术层面保障饲料与农产品安全。构建饲料安全风险因子质谱及光谱特征分析基准数据库，实现数据高效智能化处理和识别；制定《饲料中风险物质的筛查与确认导则　液相色谱—高分辨质谱法（LC-HRMS）》国家标准，实现筛查技术标准化；研制的蛋白质、脂肪、氨基酸等 10 种饲料基体标准物质，实现进口替代；研发系列多源分子光谱及色谱绿色快速分析技术，实现适用不同监管场景需要的违禁药物、工业化学品、非蛋白氮、抗生素药渣等风险因子高效快速筛查；创制离子液体、磁性分子聚合物、荧光量子点和多重机制杂质吸附净化等新材料，研发超声探针辅助酶解、亚临界水萃取等高效前处理技术，实现新发风险物质的高通量精准确证分析。成果授权知识产权 32 件（发明专利 10 件），实现转化收入近 2 696 万元；制修订国家/行业标准 14 项，研制标准物质 10 种；发表论文 56 篇。成果被国家行业主管部门和各省部级饲料质检机构采纳，连续 10 年用于全国饲料监督抽查、例行监测和风险预警工作，累计新增经济效益达 116. 7 亿元，社会经济效益显著。

9. 新疆“宽早优”综合植棉技术研究与应用

主要完成单位　中国农业科学院棉花研究所，新疆维吾尔自治区农村专业技术服务中心，中国农业科学院西部农业研究中心

主 要 完 成 人　张西岭，宋美珍，王光强，王香茹，贵会平，支艳英，张恒恒，张聚明，庞念厂，董强，时增凯，赵战胜，刘新兰，魏建华，杜远仿

起 止 时 间　2013 年 1 月—2022 年 12 月

获 奖 情 况　中国农业科学院杰出科技创新奖

内 容 提 要　新疆“宽早优”综合植棉技术研究与应用成果，是随着我国棉区战略转移新疆及其新疆机采棉规模化发展而研究创新的一项重要棉花科技成果，是新疆棉区继“矮密早”“膜下滴灌”植棉模式之后的又一重大植棉模式创新。该成果揭示了“宽早优”棉花光、温、水、肥高效利用机理，创建了“宽早优”棉花栽培技术体系，构建了“宽早优”棉花技术推广体系，创新建立了“宽早优”棉花订单生产新机制，解决了新疆棉花质量、品质、效益难以协同提升的难题。发表论文 44 篇，其中 SCI 论文 24 篇；获授权国家发明专利 2 项，制定行业标准 2 项、地方标准 9 项；出版《新疆“宽早优”植棉》专著。已在我国西北内陆棉区广泛应用，连续 2 年入选农业农村部主推技术，入选新疆地州主推技术，累计推广 4 117 万亩，新增植棉效益 224. 4 亿元。随着新疆标准化农田规模化建设和粮食战略需求任务的推进，该成果对未来我国棉花总产稳定及棉花产业安全，将会发挥更重要的战略性科技支撑。

10. 鸭坦布苏病毒病防控关键技术研发与应用

主要完成单位 上海兽医研究所

主要完成人员 李泽君，刘芹防，滕巧泱，李国新，李雪松，闫大为，苑纯秀

起止时间 2010年11月—2020年12月

获奖情况 中国农业科学院科技进步成果奖

内容提要 鸭坦布苏病毒病是严重危害养鸭业的新发传染病。鸭坦布苏病毒病暴发初期面临病原不清、传播途径不明、防控技术和产品缺乏的问题，本项目率先分离鉴定出引起鸭产蛋下降的病原为鸭坦布苏病毒，将该病命名为鸭坦布苏病毒病。发现了鸭坦布苏病毒新的传播途径，为该病防控策略制定提供了理论依据；建立了一系列病原学和血清学诊断技术，成功研制出鸭坦布苏病毒病活疫苗和抗体检测试剂盒，为我国鸭坦布苏病毒病防控提供了技术支撑和产品保障。形成以下主要成果。①首次发现鸭坦布苏病毒不依赖蚊媒、经气溶胶传播新途径，并揭示了其不依赖蚊媒传播的关键分子机制。②研制出安全高效的鸭坦布苏病毒病活疫苗和首个特异、敏感的鸭坦布苏病毒ELISA抗体检测试剂盒，填补了国内外空白。③建立了首个鸭坦布苏病毒病诊断技术行业标准和坦布苏病毒病综合防控技术体系，有效降低了鸭坦布苏病毒病的危害。

11. 菠菜抗病优质资源创制及新品种选育

主要完成单位 中国农业科学院蔬菜花卉研究所

主要完成人员 钱伟，刘志远，徐兆生，张合龙，折红兵，李国亮

起止时间 2005年1月—2021年12月

获奖情况 中国农业科学院青年科技创新奖

内容提要 菠菜是我国重要的绿叶蔬菜之一，我国杂交菠菜严重依赖进口，存在种源“卡脖子”风险，雌性系育种技术落后、抗病育种技术缺乏等严重限制了我国菠菜杂交育种进程。本项目解析了菠菜性别遗传基础，建立了菠菜雌性系育种技术体系，创制的菠菜雌性系中雌株率近100%；解析了我国菠菜主产区霜霉病生理小种，挖掘了抗病基因，建立了抗霜霉病分子育种技术体系，快速创制了抗病优异种质资源10余份；培育了“蔬菠”系列杂交抗病品种35个，覆盖春秋越冬、越夏茬口，实现国产菠菜的周年生产；在全国累计推广应用111万亩，打破了国外公司的垄断，促进了我国菠菜产业发展，具有显著的经济和社会效益。

12. 典型特色果蔬收贮运质量安全控制关键技术开发与应用

主要完成单位 中国农业科学院农产品加工研究所，浙江大学，新疆冠农股份有限公司

主要完成人员 李敏敏，范蓓，林星宇，刘中海，孙玉凤，刘佳萌，金诺，黄亚涛，卢嘉，李龙

起止时间 2016年1月—2021年12月

获 奖 情 况　中国农业科学院科学技术成果奖

内 容 提 要　成果针对典型特色果蔬收贮运风险因子不清、本底数据不明，标准检测方法缺乏，管控薄弱等问题，以基础研究为引领，以产—学—研—管协同为路径，准确定义我国典型特色果蔬收贮运风险因子，开发了区域尺度下关键控制点模型，科学划定了我国特色果蔬采收—贮藏—运输链条的关键区域、品种及环节，建立了“农产品收贮运风险查询控制系统”共享数据平台，覆盖了收贮运环节 10 类、94 种、228 个品种中的 158 种危害因子，破解精细化管控难点。揭示典型特色果蔬收贮运质量影响关键因子，解析了典型化学防腐剂、杀菌剂迁移转化机制，明确高风险关键控制点，构建复杂食品基质高风险因子快速识别技术手段，具有抗干扰灵敏度高等特点。突破了收贮运风险因子质量安全控制理论框架及共性关键技术，系统组建了收贮运环节安全与质量控制技术体系，降低风险残留，提升果蔬质量水平，填补收贮运环节风险因子精准控制空白。该成果为农产品质量安全监管及乡村特色果蔬发展提供了理论、方法和技术支撑。

13. 基于免疫层析和移动终端的农药残留快速智能识别技术

主要完成单位　中国农业科学院农业质量标准与检测技术研究所，北京勤邦科技股份有限公司，北京壹拾智检生物科技有限公司

主要完成人员　曹振，王静，王淼，郑鹭飞，王珊珊，万宇平，金茂俊，佘永新，邵华，金芬，王兆芹，李辉，宋灿灿，冯才伟，罗婷

起 止 时 间　2019 年 1 月—2021 年 12 月

获 奖 情 况　中国农业科学院青年科技创新奖

内 容 提 要　农药残留是影响我国农产品质量安全的最主要危害因子，威胁消费安全和人民健康。快速检测是第一时间发现问题、政府实施有效监管、企业自查、消费者自检的有力抓手。本项目发明了免疫层析显色精准调控计量化学模型，创制了胶体金多通道光源平衡阵列成像托盘，研发了手机拍照智能识别 AI 软件和数据库系统，实现了农药多残留同步快速检测。该成果获授权发明专利 25 项（含美国专利 2 项），软件著作权 4 项，成果转让 2 500 万元，获国家/北京市新产品证书 8 个，发表 SCI 论文 43 篇（IF275. 963）。300 余种系列农药快检产品已应用于全国 2 000 余家单位，产品远销美、德、意等 10 个国家，2021—2023 年新增直接经济效益 6 593. 29 万元。为农业农村部和 20 个省（区、市）豇豆农残专项治理、50 个城市农产品质量安全快检应用研究提供重要手段和技术支撑，入选 2023 年农业农村部主推技术。福布斯日本评价该成果“5 分钟检测农药残留的 AI 系统在中国诞生，史无前例”。

14. 功能性脂质生物合成与提质加工关键技术创新及应用

主要完成单位　中国农业科学院油料作物研究所，嘉必优生物技术（武汉）股份有限公司，广州白云山汉方现代药业有限公司，大连医诺生物股份有限公司，惠州市康

维健生物科技有限公司

主要完成人员 郑明明，龚阳敏，万霞，李翔宇，黄凤洪，许文东，陈文超，洪永德，万楚筠，汤虎，刘昌盛，韩忠睦，魏芳，张羽飞，张逸

起 止 时 间 2010 年 6 月—2021 年 10 月

获 奖 情 况 中国农业科学院青年科技进步奖

内 容 提 要 脂质是人体必需的三大营养素之一，功能性脂质是不可缺少的功能配料；但我国居民摄入严重不足，市场需求旺盛，对外依存度高。生物合成是提高功能性脂质供给的新途径。本项目针对优异菌株和酶催化剂缺乏、生物合成效率低、加工损失大、易氧化劣变等产业瓶颈难题，探明了功能脂质细胞生物合成途径，创制出 DHA、EPA、β-胡萝卜素等高产优异菌种；发明了高性能酶微阵列、绿色乳液界面酶催化体系和连续流酶反应器；攻克了油脂酶法脱酸与功能脂同步生成等生物精炼及稳态化提质加工技术；创制出多不饱和脂肪酸、类脂、结构脂三大类 10 多种功能性脂质，并广泛应用于营养健康食品，有力支撑了产业高质量发展。项目成果在 30 多家企业转化应用，经济、社会、生态效益显著。对保障我国功能性脂质自主供给，打破核心技术和产品垄断，带动健康食品产业发展意义重大。

15. 复杂基因组三代测序组装算法

主要完成单位 中国农业科学院农业基因组研究所

主要完成人员 阮珏，刘海琳，伍世刚，李阿伦

起 止 时 间 2015 年 1 月—2020 年 2 月

获 奖 情 况 中国农业科学院青年科技创新奖

内 容 提 要 随着三代测序的飞速发展，农业育种已进入基因组设计育种阶段。本项目针对三代测序高错误率和计算效率瓶颈的问题，提出同聚碱基压缩索引的方法和点阵图比对方法，开发出 SMARTdenovo 组装算法，能够容忍极高的错误率并降低序列比对复杂度，显著提高组装效率；提出模糊布鲁因图理论，开发出 WTDBG 组装算法，解决了三代测序中德布鲁因范式的适用性问题，首次突破了组装速度落后于测序速度的领域难题，支撑完成高杂合茶树、超大脊椎动物肺鱼、超大裸子植物银杏等多项农业重难点基因组项目。相关研究成果累计被引用 1 630 次，其中 WTDBG 方法学论文单篇引用超过 600 次，获得国内外同行的高度评价。

中国农业科学院 2023 年重大科技成果简介

1. 转录因子 ZmNAC78 可实现玉米铁生物强化

文章题目　Biofortification of iron content by regulating a NAC transcription factor in maize

主要作者　中国农业科学院作物科学研究　闫鹏帅（第一作者），李文学（通信作者）

内容提要　该研究鉴定到调控铁元素进入玉米籽粒的关键基因 ZmNAC78，其与金属转运蛋白共同组成一个分子开关控制铁元素进入玉米籽粒。利用该基因使玉米籽粒中的铁含量显著提高到每 70.5 毫克/千克，比现有生产用玉米籽粒含铁量超出 2 倍以上。研究结果在揭开铁元素进入玉米籽粒的生物学路径的同时，也为解析营养物质如何进入小麦等具有传递细胞的禾谷类作物提供了新思路。该研究还开发了富铁玉米新品种培育的分子标记并率先应用，选育出富铁的玉米新组合，为解决铁等微量元素缺乏的“隐性饥饿”问题提供了新材料，为培育高产与优质协同的作物品种提供了理论和技术支撑。

2. 构建核心种质泛基因组—解析玉米杂种优势遗传机理

文章题目　De novo genome assembly and analyses of 12 founder inbred lines provide insights into maize heterosis

主要作者　中国农业科学院生物技术研究所　王宝宝（第一作者），王海洋（通信作者）

内容提要　杂种优势利用是提高作物产量的关键技术途径。该研究对具有广泛代表性的核心骨干玉米自交系进行了完整基因组的组装，构建了玉米育种自交系的泛基因组，解析了结构变异对基因表达变化及杂种优势类群分化的作用，揭示了亲本基因组间的遗传互补性促进玉米杂种优势形成的重要基因组学基础，鉴定了关键的产量杂种优势基因，为玉米功能基因组研究及强优势杂交种的培育奠定了坚实的理论及资源基础。

3. “进化透镜”加速杂交马铃薯育种

文章题目　Phylogenomic discovery of deleterious mutations facilitates hybrid potato

主要作者　中国农业科学院农业基因组研究所　吴瑶瑶（第一作者），黄三文（通信作者）

内容提要　马铃薯是全球最重要的块茎类作物。“优薯计划”彻底变革马铃薯育种方式，引领产业的“绿色革命”。为加速马铃薯杂交育种，本研究解析了100份茄科基因组，开发了“进化透镜”技术，绘制了首个马铃薯全基因组功能位点和有害突变的二维图谱，提出了反直觉的自交系选育方法，开发了全基因组预测新模型，使马铃薯产量预测达到了前所未有的准确度，加速了杂交马铃薯育种进程，使得我国在马铃薯育种基础理论和技术上站在了世界领先地位。

4. 逆转录转座子插入突变导致小菜蛾对Bt生物杀虫剂进化产生抗药性

文章题目 Retrotransposon-mediated evolutionary rewiring of a pathogen response orchestrates a resistance phenotype in an insect host

主要作者 中国农业科学院蔬菜花卉研究所 郭兆将（第一作者），张友军（通信作者）

内容提要 小菜蛾是一种世界性重大农业害虫，也是全球杀虫剂抗药性最严重的害虫。该研究首次通过正向遗传学定位了小菜蛾对Bt生物杀虫剂产生抗药性的关键遗传变异，该突变为MAPK信号途径上游关键基因*MAP4K4*启动子区的一个SE2逆转座子插入突变，该突变携带了一个额外的转录因子FOXO的结合位点，使其成为了上游昆虫激素激活下游整个MAPK信号途径反式调控机制的“中间信号枢纽”，从而破译了小菜蛾Bt抗药性的遗传密码，为害虫Bt抗药性监测预警和综合治理提供了全新思路。

5. 大气水汽压差增加导致了全球陆地生态系统水分利用效率饱和

文章题目 Global water use efficiency saturation due to increased vapor pressure deficit

主要作者 中国农业科学院草原研究所 李飞（第一作者，通信作者）

内容提要 生态系统的碳同化效率与水汽蒸散比即生态系统水分利用效率是衡量生态系统固碳潜力与活性的重要指标，大量的研究认为大气二氧化碳浓度的上升增强了生态系统水分利用效率。该研究发现全球陆地生态系统的水分利用效率增长自2001年以来出现了明显的停滞，大气水汽压差的增加是导致陆地生态系统的水分利用效率增长停滞的主要原因。研究表明气候变化的负效应会持续削弱陆地生态系统碳汇潜力，从而对未来全球碳中和与碳达峰产生不利的影响。

6. 揭开千古进化之谜，挑战“超有机体熊蜂工蜂终身不交配”传统观点

文章题目 Unexpected worker mating and colony-founding in a superorganism

主要作者 中国农业科学院蜜蜂研究所 庄明省（第一作者），李继莲（通信作者）

内容提要 社会性昆虫被定义为超有机体，其主要特征是羽化前决定的工蜂终身不交配。然而属于超有机体的熊蜂工蜂终身不交配却保留完整受精囊的悖论一直是科学界未解之谜，中国农业科学院蜜蜂研究所李继莲团队验证了熊蜂工蜂保留了蜂王的生殖特征：能够交配和建立蜂群；工蜂的交配是受社会因素的抑制。该研究挑战了“超有机

体工蜂羽化前决定的终身不能交配”的观点，为深入全面地理解超有机体进化提出新视角，也为保护濒危熊蜂物种提供了新思路。

7. 禽流感病毒非结构蛋白 NS2 的 SUMO 相互作用基序（SIM）促进禽流感病毒对哺乳动物宿主的适应性

文章题目 The SUMO-interacting motif in NS2 promotes adaptation of avian influenza virus to mammals

主要作者 中国农业科学院哈尔滨兽医研究所 孙留克（第一作者），王晓钧（通信作者）

内容提要 禽流感病毒（Avian influenza virus，AIV）跨物种传播适应哺乳动物宿主的潜在分子机制尚不明确。研究团队首次发现 AIV 非结构蛋白 NS2 利用其 SUMO 相互作用基序（SUMO-interacting motif，SIM）特异性增强 AIV 适应哺乳动物宿主的一种全新的分子机制，解释了部分 AIV 在未获得适应性突变情况下跨种感染的现象，拓宽了对 AIV 跨种传播适应新宿主机制的理解。

8. 植物共栖微生物Ⅶ型分泌系统通过导致根系铁泄漏从而促进定殖

文章题目 Plant commensal type Ⅶ secretion system causes iron leakage from roots to promote colonization

主要作者 中国农业科学院农业资源与农业区划研究所 刘云鹏（第一作者），刘云鹏（通信作者）

内容提要 聚焦耕地培肥中的关键科学问题，以生产上广泛应用的微生物肥料菌种芽孢杆菌为研究材料，发现其Ⅶ型分泌系统分泌的蛋白能在菌—植互作早期直接插入根细胞膜，导致短暂性的根细胞铁泄漏，从而快速获取铁并启动根表定殖。这种“先借后还、借少还多”的菌—植互作，代表了一种全新的根际益生菌—植物之间的互作模式，为微生物肥料高效利用提供了理论指导。相关成果发表在国际顶尖期刊 *Nature Microbiology*（IF=28.3）。

9. 工程化高生物相容性的抗菌多酚金属纳米颗粒用于伤口愈合

文章题目 Engineering Antimicrobial Metal-Phenolic Network Nanoparticles with High Biocompatibility for Wound Healing

主要作者 中国农业科学院茶叶研究所 俞蓉欣（第一作者），张相春（通信作者）

内容提要 我国茶园面积已超过 5 000 万亩，具有丰富的茶多酚资源。茶多酚具有抗氧化、抗菌等多种健康功效，但茶多酚结构不稳定性限制了其精深加工利用。该研究首次研发了茶多酚原位自组装技术，稳定了茶多酚结构，并构建了茶多酚新材料库；其中发现茶多酚自组装纳米铜具有高效协同抗菌抗炎活性，进一步提出和证明了醌蛋白介导的抗菌新机制。该研究成果为新型稳态多酚材料的设计提供了新思路，拓展了多酚资源在生命健康领域中的应用。

10. 工业 5.0 模式能否优化农业企业的可持续绩效？从利益相关者理论和农业领域进行实证调查

文章题目 Does industry 5.0 model optimize sustainable performance of Agri-enterprises? Real-time investigation from the realm of stakeholder theory and domain

主要作者 中国农业科学院农业经济研究所 郭龙（第一作者），孙东升（通信作者）

内容提要 目前有关工业 5.0 模式的研究刚刚兴起，因此学术界也在努力揭示其对全球各行各业的影响力。该研究在充分调研了工业 5.0 模式下农业企业发展的新业态、新模式后，从我国农业经济领域利益相关者理论的视角出发，来理解工业 5.0 模式如何优化农业经济中三个维度（即经济、环境和社会）的可持续绩效（STP）问题；该研究为实现农业企业的个性化、生态化、可持续化运营提供了理论支持和管理新思路，同时也为我国乡村振兴战略下的农业经济发展布局带来了实时证据和真实案例。

11. 抗虫耐除草剂玉米转化体 BFL4-2 为生物育种产业化应用奠定基础

研究团队 中国农业科学院生物技术研究所王磊研究团队

内容提要 团队牵头创制的抗虫耐除草剂玉米转化体 BFL4-2 聚合有 *cry1Ab*、*cry1F* 和 *cp4epsps* 基因，其转育的玉米品种对玉米螟、草地贪夜蛾、棉铃虫、黏虫、桃蛀螟等 8 种鳞翅目害虫的防效达到 95%以上，并可耐受 4 倍以上草甘膦，除草效果好。2023 年 1 月获批农业转基因生产应用安全证书，为中国农业科学院第一例转基因玉米安全证书。专利转让实现转化收入 1 500 万元。转育品种被纳入 2023 年生物育种产业化应用试点种植，为生物育种产业化应用奠定基础。

12. 早熟优质高产新品种中棉 113 保障我国优质原棉稳定供给

研究团队 中国农业科学院棉花研究所马雄风研究团队

内容提要 中棉 113 突破了生育期与产量、品质等性状负相关的瓶颈，实现了早熟、优质、高产；推动了“东向西（甘肃—北疆—伊犁①）示范推广、北向南（北疆—南疆）拓展应用”，防范了西北内陆棉区的植棉风险；满足了棉花生产链中不同主体的需求，形成了“一厂一品”的市场推广模式。2022 年位居全国推广面积第三位，入选中国农业农村重大科技新成果，2022—2023 年连续入选农业农村部主推品种，在

---

① 新疆伊犁哈萨克自治州，全书简称伊犁。

新疆、甘肃等地被列为主推品种或示范品种，累计推广 800 万亩，取得了巨大的经济和社会效益。

13. 优质多抗露地黄瓜新品种中农 48 号成为新一代南菜北运基地主栽品种

研究团队　中国农业科学院蔬菜花卉研究所张圣平研究团队

内容提要　团队利用国际领先的分子聚合育种技术培育出适合露地栽培、丰产、优质抗病的亮条华北密刺型黄瓜新品种中农 48 号，极大改良了露地品种抗病、抗逆性差，瓜条商品性不佳的问题。该品种节本增效优势明显，成为新一代南菜北运基地主栽品种，在我国露地黄瓜主产区广泛种植，取得了巨大的经济和社会效益。2023 年入选农业农村部唯一黄瓜主导品种，同年入选 2023 中国农业农村重大新技术新产品新装备。

14. 破解裂果重、果实小、产量低，中油蟠 7 号成为油蟠桃新标杆

研究团队　中国农业科学院郑州果树研究所王力荣研究团队

内容提要　油蟠桃集蟠桃与油桃特点于一身，风味更好、食用更方便，然而由于其裂果更重、果实更小、产量更低，先期仅有零星栽培。郑州果树研究所历时 30 多年，发掘国内外优异种质，经历 4 代杂交，利用胚挽救技术，聚合 17 份种质优良性状，破解了油蟠桃裂果重、果实小、产量低的世界难题，育成中熟黄肉大果高产的中油蟠 7 号，具有颜值高、品质高、产量高的特性，实现了果实外观与风味品质的协同改良，是油蟠桃育种的重大突破，被果农誉为“神 7”，是我国油蟠桃的标志性品种之一，已在山东、河南、山西等地规模化种植，产生了良好的社会经济效益。

15. 布鲁氏菌基因缺失标记活疫苗（M5-90Δ26 株）有力保障养羊产业健康发展

研究团队　中国农业科学院哈尔滨兽医研究所步志高团队

内容提要　团队研制的布鲁氏菌基因缺失标记活疫苗能区分疫苗免疫和自然感染抗体，可有效剔除自然感染动物，突破布病疫苗生产应用的关键瓶颈。该标记疫苗累计应用 6 800 万头份，对免疫地区羊个体阳性率、群体阳性率及人间布病发病率均有降低作用。为《畜间布病防控五年行动方案（2022—2026 年）》的顺利实施提供重要科技支撑。

16. “设施蔬菜高效无土栽培技术”助力戈壁沙漠等非耕地上的设施农业发展

研究团队　中国农业科学院蔬菜花卉研究所蒋卫杰研究团队

内容提要　针对我国西北地区戈壁、荒漠等非耕地基质成本高，缺乏实用的节水栽培、水肥高效利用技术等技术难点问题，研发了沙漠戈壁设施蔬菜高效无土栽培关键技

术。该技术使基质成本较传统草炭基质降低35%，肥料成本降低40%，节水超25%、节肥超35%，番茄最高年亩产达30吨。实现了在戈壁沙漠上进行设施蔬菜无土栽培高效生产，解决了戈壁、沙漠地区农业生产效益低、可持续发展难的问题，从根本上推动我国戈壁地区的设施蔬菜产业发展和转型升级。该技术入选2023中国农业农村重大新技术。

17. 工业化绿色加工技术引领肉类预制菜肴产业健康发展

研究团队 中国农业科学院农产品加工研究所张德权研究团队

内容提要 针对我国传统肉类菜肴工业化过程中存在的特征品质保持难、加工关键技术缺乏、核心装备缺乏与成套生产线落后三大突出问题，突破了肉类预制菜肴新型靶向减菌、风味发育与保持、工业化绿色熟成等关键技术，创制了脉冲变压腌制、一体化定量炖煮、“过热蒸汽+”一体化炒烤等关键成套装备和控制系统，开发了即食、即热、即烹、即配四大类新产品，构建了传统肉类菜肴工业化加工理论技术装备体系，促进了预制菜肴产业“传统小锅生产”向“数字化工业化”转型升级，实现品质保持、工业化加工、提质增效三大目标。2020年以来，11家代表性应用企业累计新增销售额113.18亿元，新增利润8.02亿元。

18. 南方稻田绿肥轻简高效节肥增效技术助力稻田绿肥生产现代化

研究团队 中国农业科学院农业资源与农业区划研究所曹卫东研究团队

内容提要 针对我国稻田有机养分投入及养地手段不足、生态环境问题多等现象，培育优选出稻田系列绿肥新品种，优化了绿肥高产栽培及调控方法，研制出绿肥轻简化生产全过程装备装置，研发出绿肥—稻秸联合利用、节氮减钾调磷及减损减排等技术，集成了“南方稻田绿肥轻简高效节肥增效技术”。该技术有效实现水稻节氮、钾各40%，固碳减排、氮磷减损、土壤质量提升等效应显著。2013—2022年，累计示范及推广数千万亩，核心技术多次入选全国农业农村主推技术、农业农村十大新技术。

19. 加强小麦茎基腐病研究，助力小麦茎基腐病科学防控政府决策

研究团队 中国农业科学院植物保护研究所陈万权研究团队

内容提要 小麦茎基腐病系新发、突发植物疫情。近5年连续大范围调研发现，病害在我国广大麦区呈持续扩散态势，年均发生面积突破1亿亩、产量损失超过350万吨，严重影响我国小麦产业稳健发展。查明了我国小麦茎基腐病严重发生、一般发生和零星发生区域以及病原菌优势种类、毒素污染特征和小麦品种抗病状况，提出病害造成的产业技术难题和亟待研究解决的科技问题，研制了重大科研任务作战图，协助农业农村部制定小麦茎基腐病应急防控策略与技术方案。

20. 探寻共同富裕道路上农村内部收入差距的根源及破解之道

研究团队　中国农业科学院农业经济研究所谢玲红研究团队

内容提要　缩小农村内部群体收入差距是实现共同富裕的重要内容，使命重大，任务艰巨。该成果测算了农村内部收入差距水平及演变趋势，总结各类差距的典型特征，从区域和收入来源两个维度分析差距的结构性来源，研判并展望缩小农村内部收入差距的外部环境、机遇和挑战，特别剖析了传统小农户增收压力大导致农业后继乏人及其对建设农业强国的挑战，系统总结了农村内部收入差距的新问题及新现象，提出了缩小农村内部收入差距的总体思路、实现路径及配套政策，为做好新形势下农民增收工作、缩小农村内部收入差距、实现共同富裕提供前瞻性决策支撑。

中国农业科学院 2023 年平台目录

国家重大科技基础设施

序号	设施名称	依托单位
1	农作物基因资源与基因改良国家重大科学工程	作科所，生物所
2	国家农业生物安全科学中心	植保所

全国重点实验室（略）

省部共建国家重点实验室

序号	实验室名称	依托单位
1	省部共建特种经济动物分子生物学国家重点实验室	特产所

农业农村部综合性重点实验室

序号	实验室名称	依托单位
1	农业农村部作物基因资源与种质创制重点实验室	作科所
2	农业农村部麦类生物学与遗传育种重点实验室	作科所
3	农业农村部作物有害生物综合治理重点实验室	植保所
4	农业农村部园艺作物生物学与种质创制（蔬菜）重点实验室	蔬菜所

（续表）

序号	实验室名称	依托单位
5	农业农村部薯类作物生物学与遗传育种重点实验室	蔬菜所
6	农业农村部农业环境重点实验室	环发所
7	农业农村部动物营养与饲料学重点实验室	牧医所
8	农业农村部农产品加工重点实验室	加工所
9	农业农村部农业基因组学重点实验室（北京）	生物所
10	农业农村部植物营养与肥料重点实验室	资划所
11	农业农村部农产品质量安全重点实验室	质标所
12	农业农村部水稻生物学与遗传育种重点实验室	水稻所
13	农业农村部棉花生物学与遗传育种重点实验室	棉花所
14	农业农村部油料作物生物学与遗传育种重点实验室	油料所
15	农业农村部兽用药物与诊断技术重点实验室	哈兽研
16	农业农村部动物病原生物学重点实验室	兰兽研
17	农业农村部农村可再生能源开发利用重点实验室	沼科所
18	农业农村部现代农业装备重点实验室	农机化所
19	农业农村部动物遗传育种与繁殖（家禽）重点实验室	牧医所
20	农业农村部特种经济动植物生物学与遗传育种重点实验室	茶叶所
21	农业农村部产地环境污染防控重点实验室	环保所
22	农业农村部农业遥感重点实验室	资划所

农业农村部专业性（区域性）重点实验室

序号	实验室名称	依托单位
1	农业农村部作物生理生态重点实验室	作科所
2	农业农村部北京大豆生物学重点实验室	作科所

（续表）

序号	实验室名称	依托单位
3	农业农村部旱作节水农业重点实验室	环发所
4	农业农村部设施农业节能与废弃物处理重点实验室	环发所
5	农业农村部授粉昆虫生物学重点实验室	蜜蜂所
6	农业农村部饲料生物技术重点实验室	饲料所
7	农业农村部农业微生物资源收集与保藏重点实验室	资划所
8	农业农村部面源污染控制重点实验室	资划所
9	农业农村部农业信息服务技术重点实验室	信息所
10	农业农村部作物需水与调控重点实验室	灌溉所
11	农业农村部生物毒素检测重点实验室	油料所
12	农业农村部麻类生物学与加工重点实验室	麻类所
13	农业农村部园艺作物种质资源利用重点实验室	果树所
14	农业农村部果树育种技术重点实验室	郑果所
15	农业农村部兽用药物创制重点实验室	兰牧药
16	农业农村部动物寄生虫学重点实验室	上兽研
17	农业农村部牧草资源与利用重点实验室	草原所
18	农业农村部特种经济动物遗传育种与繁殖重点实验室	特产所
19	农业农村部烟草生物学与加工重点实验室	烟草所
20	农业农村部蚕桑遗传改良重点实验室	蚕业所
21	农业农村部农产品质量安全生物性危害因子（植物源）控制重点实验室	植保所
22	农业农村部蔬菜质量安全控制重点实验室	蔬菜所
23	农业农村部农膜污染防控重点实验室	环发所
24	农业农村部休闲农业重点实验室	环发所
25	农业农村部牧草种质资源与育种重点实验室	牧医所
26	农业农村部奶及奶制品质量安全控制重点实验室	牧医所
27	农业农村部蜂产品质量安全控制重点实验室	蜜蜂所

（续表）

序号	实验室名称	依托单位
28	农业农村部农产品质量安全收贮运管控重点实验室	加工所
29	农业农村部农业转基因生物安全评价（分子）重点实验室	生物所
30	农业农村部草地资源监测评价与创新利用重点实验室	资划所
31	农业农村部农业大数据重点实验室	信息所
32	农业农村部节水灌溉工程重点实验室	灌溉所
33	农业农村部油料加工重点实验室	油料所
34	农业农村部茶叶质量安全控制重点实验室	茶叶所
35	农业农村部兽用化学药物及制剂学重点实验室	上兽研
36	农业农村部草地与农业生态遥感重点实验室	草原所
37	农业农村部草地生态与修复治理重点实验室	草原所
38	农业农村部经济动物疫病重点实验室	特产所
39	农业农村部农产品质量安全环境因子控制重点实验室	环保所
40	农业农村部农业基因数据分析重点实验室	基因组所
41	农业农村部基因编辑创新利用重点实验室（海南）（试运行）	南繁中心
42	农业农村部合成生物学重点实验室（试运行）	基因组所，烟草所
43	农业农村部植物工厂加代育种重点实验室（试运行）	都市所，浙江大学
44	农业农村部粮食作物基因资源评价利用重点实验室（试运行）	作科所，上海农业生物基因中心
45	农业农村部园艺作物基因资源评价利用重点实验室（果树）（试运行）	郑果所
46	农业农村部农业转基因生物安全评价（环境）重点实验室（试运行）	植保所，山东省农业科学院，棉花所，上海市农业科学院
47	农业农村部区块链农业应用重点实验室（试运行）	信息所
48	农业农村部耕地质量监测与评价重点实验室（试运行）	资划所，扬州大学，扬州耕保站

（续表）

序号	实验室名称	依托单位
49	农业农村部农村厕所与污水治理技术重点实验室（试运行）	环保所，农业农村部规划设计研究院，同济大学
50	农业农村部外来入侵生物防控重点实验室（试运行）	植保所，农业农村部生态与资源保护总站，云南省农业科学院环资所
51	农业农村部华北平原农业绿色低碳重点实验室（试运行）	环发所，环保所
52	农业农村部畜禽资源评价利用重点实验室（牛）（试运行）	牧医所，西北农林科技大学，广西水牛所
53	农业农村部青藏高原畜禽遗传育种重点实验室（试运行）	兰牧药，西藏自治区农牧科学院畜牧兽医研究所，青海牧医院
54	农业农村部动物生物安全风险预警及防控重点实验室（试运行）	上兽研，兰兽研，牧医所
55	农业农村部农业微生物组学重点实验室（试运行）	生物所，广东省科学院微生物研究所，浙江省农业科学院
56	农业农村部食物资源监测与营养评价重点实验室（试运行）	营养所
57	农业农村部农产品品质评价与营养健康重点实验室（试运行）	作科所，浙江大学，唐山市农产品质检中心
58	农业农村部大豆机械化生产重点实验室（试运行）	农机化所，黑龙江八一农垦大学
59	农业农村部饲草高效生产模式创新重点实验室（试运行）	草原所，宁夏大学，山西农业大学
60	农业农村部花卉生物学与种质创制重点实验室（北方）（试运行）	蔬菜所

（续表）

序号	实验室名称	依托单位
61	农业农村部农业转基因生物溯源重点实验室（试运行）	浙江省农业科学院，油料所
62	农业农村部植物检疫性有害生物监测防控重点实验室（试运行）	中国农业大学，植保所，南京农业大学
63	农业农村部农药评价重点实验室（试运行）	湖南省农业科学院，植保所，贵州大学，农业农村部农药检定所
64	农业农村部天敌昆虫重点实验室（试运行）	山东省农业科学院，北京市农林科学院，植保所
65	农业农村部畜禽生物组学重点实验室（试运行）	山东省农业科学院畜牧兽医研究所，基因组所，四川农业大学
66	农业农村部禽流感等家禽重大疾病防控重点实验室（试运行）	广东农业科学院动物卫生研究所，哈兽研，中国农业大学
67	农业农村部反刍动物重大疫病防控重点实验室（西部）（试运行）	西北农林科技大学，兰兽研
68	农业农村部动物源细菌耐药性监测重点实验室（试运行）	中国兽医药品监察所，中国农业大学，饲料所

中国农业科学院重点开放实验室

序号	实验室名称	依托单位
1	中国农业科学院作物种质资源与生物技术重点开放实验室	作科所

（续表）

序号	实验室名称	依托单位
2	中国农业科学院作物遗传改良与生物技术重点开放实验室	作科所
3	中国农业科学院粮棉油料作物生理与栽培重点开放实验室	作科所
4	中国农业科学院植物病虫害生物学重点开放实验室	植保所
5	中国农业科学院农药化学与应用技术重点开放实验室	植保所
6	中国农业科学院生物入侵与生物防治重点开放实验室	植保所
7	中国农业科学院杂草鼠害生物学与治理重点开放实验室	植保所
8	中国农业科学院园艺作物遗传与生理重点开放实验室	蔬菜所
9	中国农业科学院农业环境与气候变化重点开放实验室	环发所
10	中国农业科学院旱作节水农业重点开放实验室	环发所
11	中国农业科学院动物营养学重点开放实验室	牧医所
12	中国农业科学院家养动物遗传资源与种质创新重点开放实验室	牧医所
13	中国农业科学院牧草遗传改良与利用重点开放实验室	牧医所
14	中国农业科学院授粉昆虫生物学重点开放实验室	蜜蜂所
15	中国农业科学院饲料生物技术重点开放实验室	饲料所
16	中国农业科学院农产品加工与质量控制重点开放实验室	加工所
17	中国农业科学院农作物分子生物学与生物技术重点开放实验室	生物所
18	中国农业科学院国家农业政策分析与决策支持系统重点开放实验室	农经所
19	中国农业科学院植物营养与养分循环重点开放实验室	资划所
20	中国农业科学院资源遥感与数字农业重点开放实验室	资划所
21	中国农业科学院土壤质量重点开放实验室	资划所
22	中国农业科学院智能化农业预警技术与系统重点开放实验室	信息所

（续表）

序号	实验室名称	依托单位
23	中国农业科学院农产品质量与食物安全重点开放实验室	质标所
24	中国农业科学院农业水资源高效安全利用重点开放实验室	灌溉所
25	中国农业科学院水稻生物学重点开放实验室	水稻所
26	中国农业科学院棉花遗传改良重点开放实验室	棉花所
27	中国农业科学院油料作物生物学重点开放实验室	油料所
28	中国农业科学院茎纤维生物质与工程微生物重点开放实验室	麻类所
29	中国农业科学院麻类遗传育种与生物加工重点开放实验室	麻类所
30	中国农业科学院果树种质资源与育种技术重点开放实验室	果树所
31	中国农业科学院果树生长发育与品质控制重点开放实验室	郑果所
32	中国农业科学院茶及饮料植物产品加工与质量控制重点开放实验室	茶叶所
33	中国农业科学院兽医生物技术重点开放实验室	哈兽研
34	中国农业科学院动物流感重点开放实验室	哈兽研
35	中国农业科学院人兽共患病重点开放实验室	哈兽研，兰兽研
36	中国农业科学院家畜疫病病原生物学重点开放实验室	兰兽研
37	中国农业科学院草食动物疫病重点开放实验室	兰兽研
38	中国农业科学院新兽药工程重点开放实验室	兰牧药
39	中国农业科学院动物寄生虫学重点开放实验室	上兽研
40	中国农业科学院兽药安全评价与兽药残留研究重点开放实验室	上兽研
41	中国农业科学院草地资源生态重点开放实验室	草原所

（续表）

序号	实验室名称	依托单位
42	中国农业科学院特种经济动物种质资源遗传改良重点开放实验室	特产所
43	中国农业科学院农业环境与农产品安全重点开放实验室	环保所
44	中国农业科学院能源微生物重点开放实验室	沼科所
45	中国农业科学院农业机械重点开放实验室	农机化所
46	中国农业科学院烟草遗传改良与生物技术重点开放实验室	烟草所
47	中国农业科学院柑桔学重点开放实验室	柑桔所
48	中国农业科学院北方糖料作物资源与利用重点开放实验室	甜菜所
49	中国农业科学院蚕桑遗传改良与生物技术重点开放实验室	蚕业所
50	中国农业科学院草地农业系统学重点开放实验室	草原生态所
51	中国农业科学院家禽遗传资源评价与繁育重点开放实验室	家禽所
52	中国农业科学院甘薯遗传改良重点开放实验室	甘薯所

农业农村部农产品质量安全风险评估实验室

序号	实验室名称	依托单位
1	农业农村部稻米产品质量安全风险评估实验室（杭州）	水稻所
2	农业农村部谷物产品质量安全风险评估实验室（北京）	作科所
3	农业农村部油料产品质量安全风险评估实验室（武汉）	油料所
4	农业农村部奶产品质量安全风险评估实验室（北京）	牧医所
5	农业农村部蔬菜产品质量安全风险评估实验室（北京）	蔬菜所
6	农业农村部果品质量安全风险评估实验室（郑州）	郑果所

（续表）

序号	实验室名称	依托单位
7	农业农村部果品质量安全风险评估实验室（兴城）	果树所
8	农业农村部柑桔产品质量安全风险评估实验室（重庆）	柑桔所
9	农业农村部茶叶产品质量安全风险评估实验室（杭州）	茶叶所
10	农业农村部蜂产品质量安全风险评估实验室（北京）	蜜蜂所
11	农业农村部农产品质量安全生物性危害因子风险评估实验室（北京）	植保所
12	农业农村部农产品质量安全环境因子风险评估实验室（天津）	环保所
13	农业农村部农产品加工质量安全风险评估实验室（北京）	加工所
14	农业农村部棉花产品质量安全风险评估实验室（安阳）	棉花所
15	农业农村部烟草质量安全风险评估实验室（青岛）	烟草所
16	农业农村部畜产品质量安全风险评估实验室（兰州）	兰牧药
17	农业农村部微生物产品质量安全风险评估实验室（北京）	资划所
18	农业农村部蚕桑产品及食用昆虫质量安全风险评估实验室（镇江）	蚕业所
19	农业农村部糖料产品质量安全风险评估实验室（哈尔滨）	甜菜所
20	农业农村部禽类产品质量安全风险评估实验室（扬州）	家禽所
21	农业农村部动物产品质量安全生物性危害因子风险评估实验室（上海）	上兽研
22	农业农村部动物产品质量安全环境因子风险评估实验室（北京）	环发所
23	农业农村部植物纤维产品质量安全风险评估实验室（长沙）	麻类所
24	农业农村部特种动植物产品质量风险评估实验室（长春）	特产所

（续表）

序号	实验室名称	依托单位
25	农业农村部农产品质量与营养功能风险评估实验室（北京）	营养所
26	农业农村部农产品质量安全肥料源性因子风险评估实验室（北京）	资划所
27	农业农村部动物产品质量安全饲料源性因子风险评估实验室（北京）	饲料所
28	农业农村部农产品质量安全水环境因子风险评估实验室（新乡）	灌溉所
29	农业农村部草产品质量安全风险评估实验室（呼和浩特）	草原所
30	农业农村部生物质发酵产品质量安全风险评估实验室	沼科所

中国农业科学院农产品质量安全风险评估研究中心

序号	研究中心名称	依托单位
1	中国农业科学院谷物产品质量安全风险评估研究中心	作科所
2	中国农业科学院农产品农药残留与生物危害风险评估研究中心	植保所
3	中国农业科学院蔬菜产品质量安全风险评估研究中心	蔬菜所
4	中国农业科学院奶产品质量安全风险评估研究中心	牧医所
5	中国农业科学院蜂产品质量安全风险评估研究中心	蜜蜂所
6	中国农业科学院农产品加工质量安全风险评估研究中心	加工所
7	中国农业科学院食用菌质量安全风险评估研究中心	资划所
8	中国农业科学院稻米产品质量安全风险评估研究中心	水稻所
9	中国农业科学院棉花质量安全风险评估研究中心	棉花所
10	中国农业科学院油料产品质量安全风险评估研究中心	油料所

（续表）

序号	研究中心名称	依托单位
11	中国农业科学院麻类产品质量安全风险评估研究中心	麻类所
12	中国农业科学院兴城果品质量安全风险评估研究中心	果树所
13	中国农业科学院郑州果品质量安全风险评估研究中心	郑果所
14	中国农业科学院茶叶质量安全风险评估研究中心	茶叶所
15	中国农业科学院兰州畜产品质量安全风险评估研究中心	兰牧药
16	中国农业科学院特种经济动植物产品质量安全风险评估研究中心	特产所
17	中国农业科学院农产品产地环境风险评估研究中心	环保所
18	中国农业科学院烟草产品质量安全风险评估研究中心	烟草所
19	中国农业科学院柑桔质量安全风险评估研究中心	柑桔所
20	中国农业科学院蚕业产品质量安全风险评估研究中心	蚕业所
21	中国农业科学院农用水质量安全风险评估研究中心	灌溉所
22	中国农业科学院沼气及发酵产品质量安全风险评估研究中心	沼科所
23	中国农业科学院动物产品质量安全饲料源性因子风险评估研究中心	饲料所
24	中国农业科学院农产品质量安全肥料源性因子风险评估研究中心	资划所
25	中国农业科学院草业产品质量安全风险评估研究中心	草原所

国家工程研究中心与国家工程实验室

序号	研究中心与实验室名称	依托单位
1	作物分子育种国家工程研究中心	作科所
2	棉花生物育种及产业技术国家工程研究中心	棉花所
3	耕地保护国家工程研究中心	资划所

（续表）

序号	研究中心与实验室名称	依托单位
4	动物用生物制品国家工程研究中心	哈兽研
5	作物细胞育种国家工程实验室	蔬菜所
6	作物高效用水与抗灾减损国家工程实验室	环发所
7	油料油脂加工技术国家地方联合工程实验室（湖北）	油料所

国家工程技术研究中心

序号	中心名称	依托单位
1	国家昌平综合农业工程技术研究中心	中国农业科学院
2	国家饲料工程技术研究中心	中国农业大学，饲料所
3	国家油菜工程技术研究中心	华中农业大学，油料所
4	国家茶产业工程技术研究中心	茶叶所
5	国家柑桔工程技术研究中心	柑桔所
6	国家盐碱地综合利用技术创新中心	资划所等

中国农业科学院工程技术研究中心

序号	研究中心名称	依托单位
1	中国农业科学院粮食作物育种工程技术研究中心	作科所
2	中国农业科学院生物防治工程技术研究中心	植保所
3	中国农业科学院花卉工程技术研究中心	蔬菜所
4	中国农业科学院农业环境工程技术研究中心	环发所

（续表）

序号	研究中心名称	依托单位
5	中国农业科学院家畜品种改良与繁育工程技术研究中心	牧医所
6	中国农业科学院蜂产品工程技术研究中心	蜜蜂所
7	中国农业科学院饲料安全工程技术研究中心	饲料所
8	中国农业科学院农产品加工工程技术研究中心	加工所
9	中国农业科学院作物生物技术工程技术研究中心	生物所
10	中国农业科学院新型肥料工程技术研究中心	资划所
11	中国农业科学院农业监测预警与大数据工程技术研究中心	信息所
12	中国农业科学院农产品质量安全工程技术研究中心	质标所
13	中国农业科学院双蛋白工程技术研究中心	营养所
14	中国农业科学院节水灌溉工程技术研究中心	灌溉所
15	中国农业科学院超级稻工程技术研究中心	水稻所
16	中国农业科学院棉花工程技术研究中心	棉花所
17	中国农业科学院油料作物分子育种工程技术研究中心	油料所
18	中国农业科学院麻类工程技术研究中心	麻类所
19	中国农业科学院落叶果树工程技术研究中心	果树所
20	中国农业科学院果树瓜类种苗工程技术研究中心	郑果所
21	中国农业科学院茶叶加工工程技术研究中心	茶叶所
22	中国农业科学院动物疫病诊断技术工程技术研究中心	哈兽研
23	中国农业科学院草食动物疫病防控工程技术研究中心	兰兽研
24	中国农业科学院羊育种工程技术研究中心	兰牧药
25	中国农业科学院动物热带疫病防控技术研究中心	上兽研
26	中国农业科学院草原生产力保育工程技术研究中心	草原所
27	中国农业科学院特种动物饲养与饲料工程技术研究中心	特产所

（续表）

序号	研究中心名称	依托单位
28	中国农业科学院农产品产地环境保护与修复工程技术研究中心	环保所
29	中国农业科学院沼气工程技术研究中心	沼科所
30	中国农业科学院农作物收获装备工程技术研究中心	农机化所
31	中国农业科学院烟草工程技术研究中心	烟草所
32	中国农业科学院全基因组育种设计工程技术研究中心	基因组所

国家农作物、畜禽改良中心（分中心）

序号	改良中心（分中心）名称	依托单位
1	国家小麦改良中心	作科所
2	国家大豆改良北京分中心	作科所
3	国家蔬菜改良中心	蔬菜所
4	国家花卉改良中心	蔬菜所
5	国家马铃薯改良中心华北分中心	蔬菜所
6	国家畜禽分子育种中心	牧医所
7	国家牛奶质量改良中心	牧医所
8	国家水稻改良中心	水稻所
9	国家棉花改良中心	棉花所
10	国家油料作物改良中心	油料所
11	国家麻类作物育种中心	麻类所
12	国家苹果育种中心	果树所
13	国家桃、葡萄改良中心	郑果所
14	国家茶树改良中心	茶叶所

（续表）

序号	改良中心（分中心）名称	依托单位
15	国家烟草改良中心	烟草所
16	国家柑桔品种改良中心	柑桔所
17	国家糖料改良中心	甜菜所
18	国家蚕桑育种中心	蚕业所
19	国家禽类实验动物种子中心	哈兽研
20	国家牧草改良中心	草原所
21	国家食用菌改良中心	资划所
22	国家瓜果改良中心	郑果所

现代农业产业技术体系技术研发中心

序号	产业	研发中心名称	依托单位
1	水稻	国家水稻产业技术研发中心	水稻所
2	玉米	国家玉米产业技术研发中心	作科所
3	小麦	国家小麦产业技术研发中心	作科所
4	大豆	国家大豆产业技术研发中心	作科所
5	大麦青稞	国家大麦青稞产业技术研发中心	作科所
6	谷子糜子	国家谷子糜子产业技术研发中心	作科所
7	马铃薯	国家马铃薯产业技术研发中心	蔬菜所
8	油菜	国家油菜产业技术研发中心	油料所
9	棉花	国际棉花产业技术研发中心	棉花所
10	麻类	国家麻类产业技术研发中心	麻类所
11	茶叶	国家茶叶产业技术研发中心	茶叶所
12	大宗蔬菜	国家大宗蔬菜产业技术研发中心	蔬菜所

（续表）

序号	产业	研发中心名称	依托单位
13	肉鸡	国家肉鸡产业技术研发中心	牧医所
14	水禽	国家水禽产业技术研发中心	牧医所
15	蜂	国家蜂产品技术研发中心	蜜蜂所
16	绿肥	国家绿肥技术研发中心	资划所

现代农业产业技术体系综合试验站

序号	产业	试验站名称	依托单位
1	水稻	祁阳综合试验站	资划所
2	小麦	德州综合试验站	资划所
3	棉花	皖南综合试验站	棉花所
4	麻类	沅江苎麻试验站	麻类所
5	绿肥	祁阳综合试验站	资划所
6	苹果	葫芦岛综合试验站	果树所
7	葡萄	豫西与黄土高原综合试验站	郑果所
8	桃	郑州综合试验站	郑果所
9	牧草	鄂尔多斯综合试验站	草原所
10	奶牛	大理综合试验站	环保所

国家农产品加工技术研发中心（分中心）

序号	研发中心（分中心）中心名称	依托单位
1	国家农产品加工技术研发中心	加工所
2	国家油菜籽加工技术研发专业分中心	油料所

（续表）

序号	研发中心（分中心）中心名称	依托单位
3	国家杂粮加工技术研发专业分中心	作科所
4	国家饲料加工技术研发专业分中心	饲料所
5	国家柑橘加工技术研发专业分中心	柑桔所
6	国家茶叶加工技术研发专业分中心	茶叶所
7	国家蜂产品加工技术研发专业分中心	蜜蜂所
8	国家人参鹿茸加工技术研发专业分中心	特产所

国家科技资源共享服务平台

序号	平台名称	依托单位
1	国家作物种质资源库	作科所
2	国家菌种资源库	资划所
3	国家家养动物种质资源库	牧医所
4	国家农业科学数据中心	信息所
5	国家园艺种质资源库	郑果所
6	国家禽类实验动物资源库	哈兽研

国家级野外台站

序号	野外台站名称	依托单位
1	河南新乡农作物种质资源国家野外科学观测研究站	作科所
2	北京昌平土壤质量国家野外科学观测研究站	资划所
3	湖南祁阳农田生态系统国家野外科学观测研究站	资划所
4	内蒙古呼伦贝尔草原生态系统国家野外科学观测研究站	资划所

（续表）

序号	野外台站名称	依托单位
5	河南商丘农田生态系统国家野外科学观测研究站	灌溉所
6	山西寿阳旱地农业生态系统国家野外科学观测研究站	环发所
7	云南大理农业生态系统国家野外科学观测研究站	环保所

农业农村部野外科学观测试验站

序号	野外台站名称	依托单位
1	农业农村部迁西燕山生态环境重点野外科学观测试验站	资划所
2	农业农村部洛阳旱地农业重点野外科学观测试验站	资划所
3	农业农村部呼伦贝尔草甸草原生态环境重点野外科学观测试验站	资划所
4	农业农村部祁阳红壤生态环境重点野外科学观测试验站	资划所
5	农业农村部昌平潮褐土生态环境重点野外科学观测试验站	资划所
6	农业农村部德州农业资源与生态环境重点野外科学观测试验站	资划所
7	农业农村部长白山野生生物资源重点野外科学观测试验站	特产所
8	农业农村部杭州茶树资源重点野外科学观测试验站	茶叶所
9	农业农村部寿阳旱地农业重点野外科学观测试验站	环发所
10	农业农村部鄂尔多斯沙地草原生态环境重点野外科学观测试验站	草原所
11	农业农村部沙尔沁牧草资源重点野外科学观测试验站	草原所
12	农业农村部玉树高寒草原资源与生态环境重点野外科学观测试验站	草原所
13	农业农村部沅江麻类资源重点野外科学观测试验站	麻类所

（续表）

序号	野外台站名称	依托单位
14	农业农村部廊坊有害生物防治重点野外科学观测试验站	植保所
15	农业农村部锡林浩特草原有害生物防治重点野外科学观测试验站	植保所
16	农业农村部兴城北方落叶果树资源重点野外科学观测试验站	果树所
17	农业农村部武昌花生资源重点野外科学观测试验站	油料所
18	农业农村部商丘农业资源与生态环境重点野外科学观测试验站	灌溉所
19	农业农村部兰州黄土高原生态环境重点野外科学观测试验站	兰牧药
20	农业农村部昌平畜禽资源重点野外科学观测试验站	牧医所
21	农业农村部新乡矮败小麦重点野外科学观测试验站	作科所
22	农业农村部大理农业生态环境重点野外科学观测试验站	环保所
23	农业农村部镇江桑树资源重点野外科学观测试验站	蚕业所
24	农业农村部徐州甘薯资源重点野外科学观测试验站	甘薯所

国家农业科学观测实验站

序号	实验站名称	依托单位
1	国家土壤质量德州观测实验站	资划所
2	国家土壤质量祁阳观测实验站	资划所
3	国家土壤质量昌平观测实验站	资划所
4	国家土壤质量洛龙观测实验站	资划所
5	国家植物保护甘谷观测实验站	植保所
6	国家种质资源管城观测实验站	郑果所
7	国家农业环境寿阳观测实验站	环发所

（续表）

序号	实验站名称	依托单位
8	国家土壤质量西湖观测实验站	茶叶所
9	国家土壤质量呼伦贝尔观测实验站	资划所
10	国家农业环境商丘观测实验站	灌溉所
11	国家农业环境顺义观测实验站	环发所
12	国家农业环境那曲观测实验站	环发所
13	国家农业环境岳阳观测实验站	环发所
14	国家土壤质量玉树观测实验站	草原所
15	国家土壤质量呼和浩特观测实验站	草原所
16	国家农业微生物鄂尔多斯观测实验站	草原所
17	国家植物保护廊坊观测实验站	植保所
18	国家植物保护锡林郭勒观测实验站	植保所
19	国家植物保护桂林观测实验站	植保所
20	国家植物保护临沂观测实验站	蔬菜所
21	国家植物保护西宁观测实验站	油料所
22	国家植物保护兴城观测实验站	果树所
23	国家农业环境大理观测实验站	环保所
24	国家农业微生物双流观测实验站	沼科所
25	国家农业科学海淀观测实验站	蜜蜂所
26	国家农业科学即墨观测实验站	烟草所
27	国家农业科学沅江观测实验站	麻类所
28	国家农业科学左家观测实验站	特产所
29	国家农业科学江城观测试验站	植保所
30	国家农业科学乌拉盖观测实验站	牧医所

农业农村部科学观测实验站

序号	实验站名称	依托单位
1	农业农村部新乡小麦高效育种技术科学观测实验站	作科所
2	农业农村部核辐射农业生物科学观测实验站	作科所
3	农业农村部锡林郭勒草原有害生物科学观测实验站	植保所
4	农业农村部桂林有害生物科学观测实验站	植保所
5	农业农村部廊坊农作物有害生物科学观测实验站	廊坊基地
6	农业农村部蔬菜作物基因资源与种质创制北京科学观测实验站	蔬菜所
7	农业农村部寿阳农业环境与作物高效用水科学观测实验站	环发所
8	农业农村部兽用药物与兽医生物技术北京科学观测实验站	牧医所
9	农业农村部华北动物遗传资源与营养科学观测实验站	牧医所
10	农业农村部祁阳农业环境科学观测实验站	资划所
11	农业农村部呼伦贝尔农业环境科学观测实验站	资划所
12	农业农村部华北设施栽培与施肥科学观测实验站	德州实验站
13	农业农村部商丘农业环境科学观测实验站	灌溉所
14	农业农村部作物基因资源与种质创制浙江科学观测实验站	水稻所
15	农业农村部作物基因资源与种质创制辽宁科学观测实验站	果树所
16	农业农村部作物基因资源与种质创制河南科学观测实验站	郑果所
17	农业农村部草原畜牧业装备科学观测实验站	草原所
18	农业农村部大理农业环境科学观测实验站	环保所
19	农业农村部西南地区果树科学观测实验站	柑桔所

中国农业科学院野外科学观测试验站

序号	野外台站名称	依托单位
1	中国农业科学院祁阳红壤生态环境野外科学观测试验站	资划所
2	中国农业科学院呼伦贝尔草甸草原生态环境野外科学观测试验站	资划所
3	中国农业科学院洛阳旱地农业野外科学观测试验站	资划所
4	中国农业科学院迁西燕山生态环境野外科学观测试验站	资划所
5	中国农业科学院昌平潮褐土生态环境野外科学观测试验站	资划所
6	中国农业科学院德州农业资源与生态环境野外科学观测试验站	资划所
7	中国农业科学院长白山野生生物资源野外科学观测试验站	特产所
8	中国农业科学院杭州茶树资源野外科学观测试验站	茶叶所
9	中国农业科学院寿阳旱地农业野外科学观测试验站	环发所
10	中国农业科学院鄂尔多斯沙地草原生态环境野外科学观测试验站	草原所
11	中国农业科学院沙尔沁牧草资源野外科学观测试验站	草原所
12	中国农业科学院玉树高寒草原资源与生态环境野外科学观测试验站	草原所
13	中国农业科学院沅江麻类资源野外科学观测试验站	麻类所
14	中国农业科学院廊坊有害生物防治野外科学观测试验站	植保所
15	中国农业科学院锡林浩特草原有害生物防治野外科学观测试验站	植保所
16	中国农业科学院兴城北方落叶果树资源野外科学观测试验站	果树所
17	中国农业科学院武昌花生资源野外科学观测试验站	油料所
18	中国农业科学院商丘农业资源与生态环境野外科学观测试验站	灌溉所

（续表）

序号	野外台站名称	依托单位
19	中国农业科学院兰州黄土高原生态环境野外科学观测试验站	兰牧药
20	中国农业科学院昌平畜禽资源野外科学观测试验站	牧医所
21	中国农业科学院新乡矮败小麦野外科学观测试验站	作科所
22	中国农业科学院大理农业生态环境野外科学观测试验站	环保所
23	中国农业科学院镇江桑树资源野外科学观测试验站	蚕业所
24	中国农业科学院徐州甘薯资源野外科学观测试验站	甘薯所
25	中国农业科学院新乡有害生物防治野外科学观测试验站	植保所
26	中国农业科学院天水有害生物防治野外科学观测试验站	植保所
27	中国农业科学院桂林有害生物防治野外科学观测试验站	植保所
28	中国农业科学院廊坊数字水肥野外科学观测试验站	资划所
29	中国农业科学院密云生态农业野外科学观测试验站	资划所
30	中国农业科学院鄂托克旗牧草资源与育种野外科学观测试验站	牧医所
31	中国农业科学院杭州水稻种质资源野外科学观测试验站	水稻所
32	中国农业科学院长江中下游棉花野外科学观测试验站	棉花所
33	中国农业科学院平安油菜育种野外科学观测试验站	油料所
34	中国农业科学院进贤红壤地区油料作物野外科学观测试验站	油料所
35	中国农业科学院汉川转基因油料作物环境安全野外科学观测试验站	油料所
36	中国农业科学院武清转基因生物农田生态系统影响野外科学观测试验站	环保所
37	中国农业科学院藁城农业生态环境野外科学观测试验站	环保所
38	中国农业科学院彭州农产品产地环境野外科学观测试验站	环保所
39	中国农业科学院南京农业机械野外科学观测试验站	农机化所
40	中国农业科学院郑州果树瓜类野外科学观测试验站	郑果所

（续表）

序号	野外台站名称	依托单位
41	中国农业科学院阿克苏果树瓜类野外科学观测试验站	郑果所
42	中国农业科学院青岛烟草资源与环境野外科学观测试验站	烟草所
43	中国农业科学院张掖牧草及生态农业野外科学观测试验站	兰牧药
44	中国农业科学院苏尼特温带荒漠草原资源与生态环境野外科学观测试验站	草原所
45	中国农业科学院太仆寺旗草地资源生态监测与评价野外科学观测试验站	草原所
46	中国农业科学院葫芦岛落叶果树生理生态及有害生物野外科学观测试验站	果树所
47	中国农业科学院新乡农业水土环境野外科学观测试验站	灌溉所
48	中国农业科学院廊坊蔬菜资源野外科学观测试验站	蔬菜所
49	中国农业科学院信息农业野外科学观测试验站	信息所
50	中国农业科学院数字化文献信息服务系统野外科学观测试验站	信息所
51	中国农业科学院岳阳农业环境野外科学观测试验站	环发所
52	中国农业科学院那曲高寒草原生态与气候变化野外科学观测试验站	环发所
53	中国农业科学院密云农业环境野外科学观测试验站	环发所
54	中国农业科学院共和农业环境野外科学观测试验站	环发所
55	中国农业科学院兰州农业环境野外科学观测试验站	环发所，兰牧药
56	中国农业科学院永宁农业环境野外科学观测试验站	环发所
57	中国农业科学院大荔农业环境野外科学观测试验站	环发所
58	中国农业科学院崇明农业环境野外科学观测试验站	环发所
59	中国农业科学院东营农业环境野外科学观测试验站	环发所
60	中国农业科学院西昌烟草资源与环境野外科学观测试验站	烟草所

国家农作物种质资源库

序号	种质资源库名称	依托单位
1	国家农作物种质资源库	作科所
2	国家粮食作物种质资源中期库（北京）	作科所
3	国家蔬菜种质资源中期库（北京）	蔬菜所
4	国家水稻种质资源中期库（杭州）	水稻所
5	国家棉花种质资源中期库（安阳）	棉花所
6	国家油料作物种质资源中期库（武汉）	油料所
7	国家麻类作物种质资源中期库（长沙）	麻类所
8	国家西瓜甜瓜种质资源中期库（郑州）	郑果所
9	国家北方饲草种质资源中期库（呼和浩特）	草原所
10	国家烟草种质资源中期库（青岛）	烟草所
11	国家甜菜种质资源中期库（哈尔滨）	甜菜所
12	国家甘薯种质资源试管苗库（徐州）	甘薯所

国家农作物种质资源圃

序号	种质资源圃名称	依托单位
1	国家多年生小麦野生近缘植物种质资源圃（北京）	作科所
2	国家多年生及无性繁殖蔬菜种质资源圃（北京）	蔬菜所
3	国家多年生草本花卉种质资源圃（北京）	蔬菜所
4	国家野生棉种质资源圃（三亚）	棉花所
5	国家野生花生种质资源圃（武汉）	油料所
6	国家麻类作物种质资源圃（沅江）	麻类所
7	国家梨苹果种质资源圃（兴城）	果树所

（续表）

序号	种质资源圃名称	依托单位
8	国家葡萄桃种质资源圃（郑州）	郑果所
9	国家茶树种质资源圃（杭州）	茶叶所
10	国家多年生饲草种质资源圃（呼和浩特）	草原所
11	国家山葡萄种质资源圃（吉林）	特产所
12	国家桑树种质资源圃（镇江）	蚕业所
13	国家柑橘种质资源圃（重庆）	柑桔所

国家农业微生物种质资源库

序号	种质资源库名称	依托单位
1	国家农业微生物种质资源库	资划所
2	国家饲料微生物种质资源库（北京）	牧医所
3	国家畜禽水产微生物种质资源库（北京）	饲料所
4	国家农业环境微生物种质资源库（四川）	沼科所
5	国家农业环境微生物种质资源库（山东）	烟草所

国家质量监督检验中心

序号	质检中心名称	依托单位
1	国家饲料质量监督检验中心（北京）	质标所
2	国家化肥质量监督检验中心（北京）	资划所
3	国家植保机械质量监督检验中心	农机化所

部级产品质量监督检验测试中心

序号	质检中心名称	依托单位
1	农业农村部谷物品质监督检验测试中心	作科所
2	农业农村部农药应用评价监督检验测试中心（北京）	植保所
3	农业农村部植物生态环境安全监督检验测试中心（北京）	植保所
4	农业农村部蔬菜品质监督检验测试中心（北京）	蔬菜所
5	农业农村部畜牧环境设施设备质量监督检验测试中心（北京）	环发所
6	农业农村部奶及奶制品质量监督检验测试中心（北京）	牧医所
7	农业农村部蜂产品质量监督检验测试中心（北京）	蜜蜂所
8	农业农村部农产加工品质量监督检验测试中心	加工所
9	农业农村部微生物肥料和食用菌菌种质量监督检验测试中心	资划所
10	农业农村部农产品质量安全监督检验测试中心	质标所
11	水利部节水灌溉设备质量检测中心	灌溉所
12	农业农村部稻米及制品质量监督检验测试中心	水稻所
13	农业农村部转基因植物环境安全监督检验测试中心（杭州）	水稻所
14	农业农村部棉花品质监督检验测试中心	棉花所
15	农业农村部转基因植物环境安全监督检验测试中心（安阳）	棉花所
16	农业农村部油料及制品质量监督检验测试中心	油料所
17	农业农村部转基因植物环境安全监督检验测试中心（武汉）	油料所
18	农业农村部麻类产品质量监督检验测试中心	麻类所
19	农业农村部果品及苗木质量监督检验测试中心（兴城）	果树所

（续表）

序号	质检中心名称	依托单位
20	农业农村部果品及苗木质量监督检验测试中心（郑州）	郑果所
21	农业农村部茶叶质量监督检验测试中心	茶叶所
22	农业农村部实验动物质量监督检验测试中心（哈尔滨）	哈兽研
23	农业农村部动物毛皮及制品质量监督检验测试中心（兰州）	兰牧药
24	农业农村部特种经济动植物及产品质量监督检验测试中心	特产所
25	农业农村部环境质量监督检验测试中心	环保所
26	农业农村部植物生态环境监督检验测试中心（天津）	环保所
27	农业农村部沼气产品及设备质量监督检验测试中心	沼科所
28	农业农村部烟草产业产品质量监督检验测试中心	烟草所
29	农业农村部植物及植物用微生物生态环境安全监督检验测试中心（北京）	生物所
30	农业农村部柑桔及苗木质量监督检验测试中心	柑桔所
31	农业农村部甜菜品质监督检验测试中心	甜菜所
32	农业农村部蚕桑产业产品质量监督检验测试中心（镇江）	蚕业所

国家农业检测基准实验室

序号	实验室名称	依托单位
1	国家农业检测基准实验室（农药残留）	环保所
2	国家农业检测基准实验室（生物毒素）	油料所
3	国家农业检测基准实验室（饲料非法添加物）	质标所
4	国家农业检测基准实验室（奶及奶制品污染物）	牧医所
5	国家农业检测基准实验室（重金属）	水稻所

国家参考实验室

序号	实验室名称	依托单位
1	国家牛传染性胸膜肺炎参考实验室	哈兽研
2	国家禽流感参考实验室	哈兽研
3	国家口蹄疫参考实验室	兰兽研
4	国家动物血吸虫病参考实验室	上兽研
5	国家马鼻疽参考实验室	哈兽研
6	国家马传染性贫血参考实验室	哈兽研
7	国家动物包虫病专业实验室	兰兽研
8	国家非洲猪瘟区域实验室	兰兽研
9	国家非洲猪瘟专业实验室	哈兽研

获 WOAH、FAO 认可的参考实验室、中心

序号	实验室名称	依托单位
1	WOAH 禽流感参考实验室	哈兽研
2	WOAH 马传染性贫血参考实验室	哈兽研
3	WOAH 马流感 twinning 实验室	哈兽研
4	WOAH 口蹄疫参考实验室	兰兽研
5	WOAH 禽传染性法氏囊病 twinning 实验室	哈兽研
6	WOAH 人兽共患病亚太区协作中心	哈兽研
7	WOAH 羊泰勒虫病参考实验室	兰兽研
8	FAO 动物流感参考中心	哈兽研
9	FAO 沼气技术研究培训参考中心	沼科所

吴孔明院长在中国农业科学院推进全国重点实验室建设工作会上的讲话

2023年4月3日

同志们：

今天我们召开中国农业科学院全国重点实验室工作会，主要目的是贯彻习近平总书记关于建设国家战略科技力量的重要指示，落实国家重点实验室重组整体部署，健全新型举国体制，突出院党组抓战略、谋全局、管大事的治理理念，聚焦“国之大者”，部署我院全国重点实验室重组建设工作，加快打造我院科学研究高地，引领全院科技创新工作。本次国家重点实验室重组，我院获批牵头建设水稻育种、作物基因资源等8个实验室，参与建设畜禽生物育种等7个实验室，数量占全国农业领域的40%，成绩比较突出。建设好全国重点实验室，充分发挥国家战略科技力量作用，中国农业科学院重任在肩、责无旁贷。

一、深刻认识国重重组工作的战略意义

习近平总书记强调要强化国家战略科技力量、提升国家创新体系整体效能，要加快建设科技强国、实现高水平科技自立自强。重大平台建设要和国家战略一体两面，国家重点实验室作为国家科技创新体系的重要组成，1984年启动建设以来，已成为发现积累知识、突破关键技术、培养聚集人才、提升创新能力、引领科技进步的“金字招牌”。当前，世界百年未有之大变局加速演进，外部环境的不确定性、不稳定性日益增加，立足新发展阶段、贯彻新发展理念、构建新发展格局，迫切需要重组国家重点实验室体系，打造国家战略科技力量，实现科技自立自强，支撑我国经济社会发展，保障国家安全。重组国家重点实验室体系就是要着力形成围绕国家需求、开展有组织科研的体系化能力，支撑国家战略科技力量建设。

二、关于全国重点实验室重组建设的工作要求

这次科技部按照党中央的部署重组国家重点实验室，其核心要义是引导实验室转变思想观念和价值观，担国家责，做国家事。从根本要求上看，要转变定位，既突出科学前沿，更要面向国家需求，围绕国家需求，完成重大任务；从实现手段上看，要打破

"四唯"评价，以创新价值、能力、贡献为评价导向，强调解决问题，产生实际贡献；从建设目标上看，要建设科技"特长生"，形成领域体系化布局，打造国家战略科技力量。

科技部在这次全国重点实验室重组建设过程中也提出了相应的标准，我院要认真对标，才能做好这项工作。一是清晰的使命，坚持"四个面向"，突出国家战略导向，以解决事关国家重大需求背后的科学问题、拓展认识自然边界为使命任务，在本领域聚焦形成特色鲜明、优势显著的研究方向，产出战略性、关键性、原创性重大科技成果，打造支撑有力、前沿领先、根基深厚的国家战略科技力量。二是明确的定位，我院的全国重点实验室主要是应用基础研究类，要着重围绕国家重大战略需求，凝练本领域重大科学问题，提出原创性新概念、新原理、新方法，支撑关键核心技术突破。三是坚实的基础。研究水平要国内领先，具有国际竞争力。能牵头组织、高质量完成过国家重大科技任务，能产出重大创新成果。能集聚一批战略科技人才、一流科技领军人才和创新团队。对实验室主任要求政治上靠得住、人品上信得过、方向上有思路、工作中有本领。四是创新的机制。坚持和加强党的领导，强化实体化建设，健全主任负责制，完善科学规范的管理运行制度，促进产学研融通发展，营造良好创新环境。在实验室人员职称职务晋升方面切实打破"四唯"评价，建立以创新价值、能力、贡献为导向的评价体系。五是有力的保障。依托单位、主管部门要在人员编制、经费投入、资源配置、科研场地、仪器设备、后勤服务以及激励和保障政策等方面给予实验室必要支持，有力、高效支撑实验室高质量完成科研任务。从院里的角度也要更加重视，全方位支持我院全国重点实验室的建设。

三、加强院党组对全国重点实验室的统筹管理

一是加强组织领导，做好顶层设计。我院要认真贯彻中共中央决策部署，突出政治引领和使命牵引，将全国重点实验室提级管理，由院党组直接联系管理，统筹推进全国重点实验室的整体布局、申报建设和运行管理等顶层设计工作，为推进实验室的高质量建设与发展，提供坚强的思想、政治、组织保障。

二是加强职能配置，优化管理机制。当前，我国进入新发展阶段，我院科技创新工程也进入跨越发展期，实现农业科技整体跃升的使命担当更加重大，院里安排科技局牵头，按照科技部重组后全国重点实验室建设标准要求，尽快出台我院全重建设运行指导意见，推动全国重点实验室成为我院体制机制创新的"先行区"。

三是加强综合保障，做好多方支撑。院党组协调院机关各部门，进一步发挥在全国重点实验室运行和管理、组织实施和建设方面的作用，给予政策、人财物等更大的支持。科技管理局、人事局、财务局、基本建设局、国际合作局、成果转化局等机关各部门，落实院党组工作部署，在各自职权范围内，协调对实验室的重点支持。各研究所要承担自己的责任，制定依托本研究所建设的实验室中长期发展规划。

同志们，全国重点实验室是国家创新体系的重要组成，要加快提升创新效能和水平，紧密围绕“国之大者”开展有组织的科学研究，构筑与实现使命任务相匹配的人才队伍、能力水平、产出贡献，形成支撑国家战略需求的系统化能力。各研究所一定要高度重视、转变观念，将实验室建设作为要事抓稳抓好抓实，每个全国重点实验室都应该是本领域科技创新的“特长生”，要找准在国家战略中的位置，有所为有所不为，把自己打造成为全球领先的农业科技创新高地。

杨振海书记在中国农业科学院科研管理工作会上的讲话

2023 年 11 月 8 日

同志们：

今天我们在郑州召开 2023 年全院科研管理工作会议，这是新冠疫情后我们首次聚在一起共商全院科研管理大计。这次会议的主要任务是全面落实党中央关于科技强国、农业强国的战略部署，加快实现农业科技自立自强，以高水平科研管理、高质量服务支撑，打造国家农业科技战略力量，提升院所科技创新效能。

党的二十大报告提出了“加快建设农业强国”的战略要求，指出了“科技是第一生产力、人才是第一资源、创新是第一动力”的战略路径。习近平总书记在 2022 年中央农村工作会议上对加快建设农业强国作出系统部署，明确了当前和今后一个时期“三农”工作的目标任务、战略重点和主攻方向。贯彻落实党的二十大和中央农村工作会议精神，加快建设农业强国，必须将科技创新自立自强作为根本动力，抢抓新一轮科技革命有利时机。这次会议的召开恰逢其时、意义重大。根据会议安排，我讲三方面内容。

一、深刻认识新时期农业科技新形势，着力打造国家战略科技力量，加快实现农业科技高水平自立自强

第一，要高度重视科技创新在农业农村高质量发展中的重要性与紧迫性。党的二十大报告擘画了以中国式现代化全面推进中华民族伟大复兴的宏伟蓝图，首次提出加快建设农业强国的战略部署。报告强调要坚持科技创新在我国农业农村现代化建设全局中的核心地位，加快实现高水平科技自立自强。这是以习近平同志为核心的党中央把握国际国内大势、有效应对风险挑战、确保实现新时代新征程党的历史使命作出的重大战略抉择，充分体现了习近平总书记高瞻远瞩、统揽全局的战略思想及对科技创新的战略擘画，为新时代农业科技发展指明了方向。科技强国是全面建成社会主义现代化强国的基础和核心，科技创新能力已经成为我国综合国力的重要体现，只有拥有强大的自主创新能力，才能在激烈的国际竞争中把握先机、赢得主动。当今世界正经历百年未有之大变局，新一轮科技革命和产业变革正在孕育新的重大突破，国际科技竞争日趋激烈，全球粮食安全正在面临气候变化、地缘冲突、贸易阻隔等多重挑战。我国农业科技自主创新

的需求比以往任何时候更加迫切，多学科融合与迭代创新加速催生新产业新业态，绿色低碳与高质量发展定位农业科技新坐标，农业科技创新主体呈现多元化发展格局。我们必须充分发挥科技创新的引领带动作用，不断提高土地产出率、劳动生产率和资源利用率，走主要依靠科技进步支撑农业强国的内涵式发展之路。

第二，要深刻认识当前我国农业科技面临的新形势新要求。当前，我国农业科技创新实现大发展、大跨越，农业科技创新体系整体效能不断提升，整体迈进了世界第一方阵。2022 年全国农业科技进步贡献率达 62.4%、农作物良种覆盖率超过 96%，自主选育作物品种面积占比超 95%、主要畜禽核心种源自给率达 75%、农作物耕种收综合机械化率达 72.03%、农业绿色发展指数达 76.91，为保障国家粮食安全、促进农民增收和农业绿色发展发挥了重要作用。但是，与加快建设农业强国的要求相比，我国农业科技仍然存在诸多短板弱项，如面向乡村发展的科技供给不足，基础性科技工作积累不足、部分核心种源依赖进口、高端装备及零部件受制于人，各自为战、上下一般粗等体制机制弊端与高水平农业科技自立自强要求不相匹配等，农业科技进步贡献率同美国、德国、以色列等发达国家（均超过 90%）相比还有不小差距。生物技术、信息技术、材料技术等领域发展日新月异，基因编辑、合成生物、数字智能等关键核心技术不断加快农业产业变革，科技竞争空前激烈。我们要深入学习、深刻领会习近平总书记关于建设农业强国、加快推进农业农村现代化、全面推进乡村振兴的一系列重要论述，准确把握农业科技创新面临的新形势、新任务和新要求，推动我国农业农村高质量发展，助力乡村战略全面深入实施。

第三，锚定建设农业强国目标，扛起高水平农业科技自立自强国家队的职责使命。我院作为农业科研国家队，在奋力实现农业科技自立自强的征程中，使命光荣、任务艰巨。面对新时期新要求，要树立“举院抓大事”的工作导向，紧紧围绕“种子、耕地、生物安全、农机装备、绿色低碳、乡村发展”等“国之大者”，抓主抓重，优化创新资源配置，充分发挥国家战略科技力量的引领作用，聚焦产业急需攻克关键核心技术，优化学科布局，构建协同攻关机制，尽快拿出一批高质量、突破性的创新成果，不断加强农业领域高新技术研究和关键核心技术攻关，不断强化技术集成应用，强力支撑农业农村现代化。同时要打造好“四中心一智库”，进一步履行我院作为国家战略科技力量的战略定位和目标追求，全面夯实人才和基础条件，着力提升全院综合实力和影响力，加快建设农业科技强国，全面塑造中国农业科学院创新发展的新优势。

二、“十四五”以来科技创新成就与存在问题

“十四五”以来，全院干部职工坚守农业科研初心、牢记国家队使命，团结协作，奋力攻关，全院自主创新能力迈上新台阶，院所改革发展取得新成就。

一是国家科技计划立项再创佳绩。三年来，全院新增国家重点研发计划项目 131 项，同比增长 57.8%，合同经费超过 30 亿元。新增国家自然科学基金项目 1 072 项，

同比增长 10.7%，直接经费 7.5 亿元，尤其是今年，3 项杰青项目（牧医所周正奎、生物所林浩、沼科所承磊）获批立项，使我院成为国家自然科学基金委员会农业领域杰青项目立项最高的单位，也创我院历史最好成绩。同时，我院还承担实施了 11 项关键核心技术攻关项目和 3 项生物育种重大专项。国家主体科技计划立项与科技创新工程合理衔接，形成了竞争立项与稳定支持有机衔接的资助格局，为全院开展高水平科技创新提供更加坚实的支撑和新的动力。

二是农业科技创新取得重要突破。三年来，我院在 *Nature*、*Science*、*Cell* 三大主刊发表高水平论文 13 篇，在水稻高产基因挖掘、马铃薯遗传多样性、几丁质定向生物合成、烟粉虱广泛寄主适应性的分子机制等领域取得重大原创性发现。关键核心技术攻关取得新成果，实施强种、沃田、增粮、智机等科技行动。华浙优 261 等水稻品种大幅度提高了超级稻食味优质化率，中麦 578 高产小麦品种品质达到进口优质小麦水平，中油杂 501 刷新我国冬油菜单产和含油量纪录；我院自主培育的广明 2 号白羽肉鸡和华西牛肉牛新品种打破国外种源长期垄断，主要生产性能达到国际先进水平。先后获省部级奖励 102 项，其中一等奖 31 项。这些高水平的重大原创性成果强有力地提升了与我院的学术影响力和产业贡献力。

三是领军人才与优秀青年人才队伍不断壮大。升级实施"农科英才工程"，坚持国家使命和科学问题牵引，统筹推进国家农业科技人才培养、引进和使用，构建以战略科学家为牵引、领军人才为核心、青年人才为中坚、博士后和研究生为后备的雁阵式人才体系，打造高质量体系化的科研团队。入选首届"神农英才"领军人才数占全国总数的 31%，农科英才总数达 422 人。当选工程院院士 2 人，新增杰青 3 人、优青 17 人，16 人任现代农业产业技术体系首席，243 人任现代农业产业技术体系岗位科学家。遴选出两批"青创专项"青年科学家 80 人。一大批优秀人才的阶梯式提升有力助推我院农业科技创新实现了跨越式发展。

四是重大平台建设取得历史性突破。在新一轮的国重重组中牵头建设水稻、蔬菜、作物基因资源等 8 个全国重点实验室，参与建设畜禽生物育种等 7 个全国重点实验室，数量占全国农业领域的 40%。积极参与崖州湾国家实验室建设。国家盐碱地综合利用技术创新中心正式获得批复，成为全国农业领域第 5 家国家技术创新中心。寿阳站和大理站成功进入国家野外科学观测研究站序列，农业长期因子观测体系构建顺利推进，科学观测能力显著提升。

五是国家农业科技高端智库品牌的影响力不断提升。每年发布《中国农业产业报告》《中国农业科技前沿报告》《中国农业绿色发展报告》《中国农业展望报告》等系列智库产品，新推出《中国食物与营养发展报告》，广受社会关注。近百份咨询报告得到党和国家领导人重要批示，研究提出了巩固粮食主权、科学恢复南方多熟制、发展戈壁生态农业、优化大豆玉米带状复合种植等政策建议，为我院打造了一批具有影响力的智库品牌。

六是农业科技创新体制机制持续优化。以院部改革为龙头和引领，加快打造多点突破、全面发力、系统集成的"1+3+N"改革体系。聚焦种子、耕地、生物安全、农机装备、绿色低碳、乡村发展6个重点领域，组建重大任务局，部署实施院级重大任务，建立总首席+总指挥的"双总制"管理模式。加快构建"举院抓大事"管理体制，以监督机构改革为标志性措施，推动院部由管所为主向管所与管大事并重转型。

当然，在看到成绩的同时，也要清醒地认识到我院科研工作中存在的不足：一是学科力量布局有待进一步优化，一些传统学科已不适宜新时期国家战略需求和产业发展，一批新兴学科尚未给我院的发展提供新的增长点，部分学科研究所间的低水平重复现象依然存在；二是基础研究与原始创新不足，自主提出的科学理论和原创思想非常少，缺乏顶尖基础研究人才和团队，缺乏解决产业重大需求、引领产业技术升级的原创性成果；三是协同创新机制不高效，研究所和团队间依然存在"各自为战、单打独斗、单兵作战"现象，尚未形成深层次、大范围、体现国家意志的协同创新格局，产学研融合、科教融合还面临更多挑战。

三、深入贯彻落实党的二十大的要求，推进我院科技创新能力迈上新台阶，加速建设科技强国和农业强国

一要强化农业科技创新政治引领，着力推动党建和科技创新互融互促。我院上半年开展了主题教育活动，我们要把学习贯彻习近平新时代中国特色社会主义思想作为重大政治任务，全面学习、全面把握、全面落实党的二十大精神，持续深入学习领会习近平总书记关于"三农"工作、科技创新的重要论述，在深学细悟中深刻领悟"两个确立"的决定性意义，增强"四个意识"、坚定"四个自信"、做到"两个维护"，始终在思想上政治上行动上同以习近平同志为核心的党中央保持高度一致，深化落实支部建在团队上，强化科技创新，服务支撑全面推进乡村振兴、加快建设农业强国。2023年，我院首次被纳入落实中央一号文件重点任务的责任单位，作为农业科研国家队，这既是使命担当所在，更是沉甸甸的政治任务。全院统筹科技力量，明确76条针对性措施，全方位支撑中央一号文件重点任务的落实，这就是全院科技工作的重点，以后这会成为常态，各研究所都要抓好任务落实，做好科技支撑工作。

二要推进科技创新工程"跃升计划"深入实施，全面提升基础研究水平。全面打造农作物育种、畜禽育种、耕地、生物安全等九大科学中心，聚焦重要领域的共同性、基础性、前瞻性科学问题，支持青年领军人才开展跨所、跨学科、跨团队的交叉研究，要做好科技创新工程实施十年宣传活动，加快推动科学中心基础研究重点任务遴选，出台创新工程科研团队管理办法，研究制定创新工程跨越发展期中期评估方案。持续推进青年创新专项高质量实施，进一步落实对青年科研人员发展的保障措施，依托青创论坛品牌，建立完善青年科研人员沟通交流的平台，做好第三批青年创新任务遴选，形成100名左右的资助规模，为杰青、优青等高层次人才项目提供后备生力军。不断强化我院基础研究支持力度，不断健全基础研究队伍。

三要强化重大项目与成果布局，持续开展高水平科技创新。全面推进重点研发计划、自然科学基金等竞争性项目的申报与立项，力争实现各所重大科技计划立项和各创新团队基金立项的全覆盖，重点孵化培育一批创新研究群体、基础科学中心等重大类项目。以国家机构改革为契机，面向“十五五”开展战略研究，积极参与农业领域科技计划项目的顶层设计，结合行业部门重大需求，凝练提出更加符合农业生产实际，符合科学发生规律的一批应用基础、技术研发选题。持续跟踪国家科学技术奖改革落地，加大省部级成果储备，重点培育 2~3 个具有竞争力的成果全力冲刺国家科学技术奖一等奖。

四要系统布局学科、团队和平台建设，全面提升科技创新效能。持续开展学科体系优化布局，适应国家重大需求的调整和农业主战场的变化，及时调整现有学科方向，补足农业微生物、乡村振兴等学科短板，调整部分学科从“一农”向“三农”转变，打造有中国农业科学院特色优势的科研学术体系。坚持抓战略、谋全局、管大事的治理理念，对院属全国重点实验室等重大平台实行提级管理，突出全国重点实验室在全院平台体系中的核心引领作用，形成协同攻关的平台和机制。统筹推进整体布局、运行管理等顶层设计，完善并发布全国重点实验室建设发展指导意见，指导全国重点实验室高质量建设发展。推动农业长期因子观测专项申报，力争 2024 年实现长期因子观测专项经费渠道的历史性突破，推动标准规范体系编制，为专项启动实施夯实前期基础。

五要着眼激发活力，完善科技创新体制机制。深入探索完善举院创新体制研究，优化创新机制和布局，统筹资源举院抓大事，举全院之力促进重大成果产出。研究出台国家重点研发计划等项目申报指导意见，统筹院属单位形成创新合力，有序竞争。健全完善科研诚信管理机制，组建第九届院学术委员会，强化以学术委员会为核心的院学术治理体系建设。规范和治理科研诚信和科技伦理，在院学术委员会下设专门委员会，开展指导学术道德和科技伦理等专业领域咨询评议工作。建立健全以诚信为基础的科技计划监管机制，加强科技计划的科研诚信管理，将科研诚信要求融入科技计划管理全过程。

同志们，让我们把智慧和力量凝聚到推动科技创新工程全面跃升上来，凝聚到支撑全面推进乡村振兴上来，加快产出一批有影响力的重大科技成果，进一步提升我院显示度，为加快建设科技强国、农业强国提供更好的科技支撑。谢谢大家！

中国农业科学院关于2023年度中国农业科学院科学技术成果奖的决定

院机关各部门、院属各单位：

为全面贯彻落实党的二十大和二十届二中全会精神，聚焦建设科技强国、农业强国的重大需求，进一步促进高水平科研成果产出，实现“顶天立地，跨越发展”战略目标，接续推进高水平农业科技自立自强，中国农业科学院决定对在农业农村科技创新中作出突出贡献的科技人员和单位给予奖励。

根据《中国农业科学院科学技术成果奖励办法》，经过推荐申报、专家评审、成果公示等工作流程和2024年第1次院常务会议审议，决定授予“小麦种质资源重要基因多样性发掘与应用”等10项成果为2023年度中国农业科学院杰出科技创新奖，授予“菠菜抗病优质资源创制及新品种选育”等5项成果为2023年度中国农业科学院青年科技创新奖（清单见附件）。

现予公布。

附件：2023年度中国农业科学院科学技术成果奖拟授奖成果清单

中国农业科学院

2024年2月6日

附件

2023年度中国农业科学院科学技术成果奖拟授奖成果清单

序号	成果名称	主要完成单位	主要完成人员
杰出科技创新奖（10项）			
1	小麦种质资源重要基因多样性发掘与应用	中国农业科学院作物科学研究所	张学勇　郝晨阳　侯　健 董玉琛　贾继增　王兰芳 李　甜　刘红霞　刘　旭 曹永生　刘三才　姜奇彦 游光霞
2	害虫嗅觉行为调控技术创新与产品研发	中国农业科学院植物保护研究所 中捷四方生物科技股份有限公司 宾川县植保植检站 诸暨市农业技术推广中心 河北省植保植检总站 盐山县农业农村局 丰宁满族自治县农业农村局植保植检站 杨凌翔林农业生物科技有限公司 北京市海淀区农业技术综合服务中心 北京黄将军科技有限公司	王桂荣　梅向东　刘　杨 李拥虎　何建群　周宇杰 袁文龙　温艳英　尚玉儒 吕卫鹏　孔垂智　王兆勇 王　冰　杨　斌　宁　君
3	设施黄瓜新成灾病害关键防控技术创新与应用	中国农业科学院蔬菜花卉研究所 天津德瑞特种业有限公司 浙江新农化工股份有限公司 沈阳化工大学 山东泰诺药业有限公司 山东省农业技术推广中心 辽宁绿色农业技术中心 河北省农药检定监测总站 沈阳同祥生物农药有限公司	李宝聚　李　磊　范腾飞 项　盛　吴志强　徐仲奎 关丽杰　石延霞　谢学文 柴阿丽　史建新　李炜蔷 董　旭　杨建闻　孙海森

（续表）

序号	成果名称	主要完成单位	主要完成人员
4	华西牛新品种培育与分子育种技术体系构建	中国农业科学院北京畜牧兽医研究所 北京联育肉牛育种科技有限公司 内蒙古锡盟乌拉盖农牧和科技局 内蒙古奥科斯牧业有限公司 乌拉盖管理区博昊良种肉牛繁育专业合作社 锡林郭勒盟畜牧工作站 沙洋县汉江牛业发展有限公司 吉林省德信生物工程有限公司 内蒙古赤峰博源种牛繁育有限公司 河南省鼎元种牛育种有限公司	李俊雅　高会江　张路培 汪聪勇　朱　波　王泽昭 高　雪　陈　燕　徐凌洋 金生云　宝金山　杨艳明 马海滨　李　姣　刘　波
5	预制菜肴工业转换关键技术与产业化	中国农业科学院农产品加工研究所 扬州大学 铁骑力士食品有限责任公司 新疆帕戈郎食品有限公司 江苏花果山食品有限公司 山东莱州大家乐食品有限公司	张春晖　张德权　李　侠 孟祥忍　韩　东　魏文松 夏双梅　黄　峰　张春江 刘云鹤　艾　鑫　崔钊伟 李艳杰　韩英明　戚进兴
6	中国粮食稳定安全供给政策研究及应用	中国农业科学院农业经济与发展研究所	钟　钰　陈萌山　普蓂喆 辛翔飞　钱加荣　王国刚 崔奇峰　甘林针　陈　希 袁龙江
7	稻田氮磷源转汇关键技术与应用	中国农业科学院农业资源与农业区划研究所 中国科学院精密测量科学与技术创新研究院 上海交通大学 湖北省农业科学院植保土肥研究所 云南省农业科学院农业环境资源研究所 辽宁省农业科学院 四川省农业科学院农业资源与环境研究所	刘宏斌　武淑霞　潘君廷 刘连华　樊秉乾　庄艳华 李旭东　王　娜　陈静蕊 翟丽梅　胡万里　周　丰 林超文　杨晋辉　张富林

（续表）

序号	成果名称	主要完成单位	主要完成人员
8	饲料重点监管风险因子快速鉴别与确证关键技术研究及应用	中国农业科学院农业质量标准与检测技术研究所 中国农业大学 上海市动物疫病预防控制中心	樊　霞　索德成　肖志明 李　阳　杨增玲　曹　莹 刘晓露　王　石　严　凤 贾　铮　田　静　李丽蓓 邓　涛　徐思远　赵根龙
9	新疆“宽早优”综合植棉技术研究与应用	中国农业科学院棉花研究所 新疆维吾尔自治区农村专业技术服务中心 中国农业科学院西部农业研究中心	张西岭　宋美珍　王光强 王香茹　贵会平　支艳英 张恒恒　张聚明　庞念厂 董　强　时增凯　赵战胜 刘新兰　魏建华　杜远仿
10	鸭坦布苏病毒病防控关键技术研发与应用	中国农业科学院上海兽医研究所	李泽君　刘芹防　滕巧泱 李国新　李雪松　闫大为 苑纯秀
青年科技创新奖（5 项）			
11	菠菜抗病优质资源创制及新品种选育	中国农业科学院蔬菜花卉研究所	钱　伟　刘志远　徐兆生 张合龙　折红兵　李国亮
12	典型特色果蔬收贮运质量安全控制关键技术开发与应用	中国农业科学院农产品加工研究所 浙江大学 新疆冠农股份有限公司	李敏敏　范　蓓　林星宇 刘中海　孙玉凤　刘佳萌 金　诺　黄亚涛　卢　嘉 李　龙
13	基于免疫层析和移动终端的农药残留快速智能识别技术	中国农业科学院农业质量标准与检测技术研究所 北京勤邦科技股份有限公司 北京壹拾智检生物科技有限公司	曹　振　王　静　王　淼 郑鹭飞　王珊珊　万宇平 金茂俊　佘永新　邵　华 金　芬　王兆芹　李　辉 宋灿灿　冯才伟　罗　婷
14	功能性脂质生物合成与提质加工关键技术创新及应用	中国农业科学院油料作物研究所 嘉必优生物技术（武汉）股份有限公司 广州白云山汉方现代药业有限公司 大连医诺生物股份有限公司 惠州市康维健生物科技有限公司	郑明明　龚阳敏　万　霞 李翔宇　黄凤洪　许文东 陈文超　洪永德　万楚筠 汤　虎　刘昌盛　韩忠睦 魏　芳　张羽飞　张　逸
15	复杂基因组三代测序组装算法	中国农业科学院农业基因组研究所	阮　珏　刘海琳　伍世刚 李阿伦

中国农业科学院关于表彰 2023 年度重大科技成果的决定

院机关各部门、院属各单位：

2023 年，我院深入贯彻习近平总书记重要指示批示精神，立足国家农业战略科技力量职责使命，统筹加强前沿基础研究和关键核心技术攻关，重点领域科技攻关取得突破，科技创新基础能力不断增强，各项事业高质量发展。

为鼓励全院科研人员继续围绕“四个面向”积极投身原创性、高水平科技创新活动，根据《中国农业科学院重大科技产出奖励办法（试行）》，我院决定对入选本年度重大科技产出的 10 项重大科学发现和 10 项重大产品创制、重大技术突破和重大智库报告等予以表彰。

院属各单位和全体科研人员要继续以取得重大科技产出的科研团队和科学家为榜样，求真务实、勇攀高峰、率先跨越，不断主攻农业科技创新，推动农业农村科技进步，为建设科技强国、农业强国提供有力支撑，为推进高水平农业科技自立自强、保障粮食和重要农产品稳定安全供给、支撑全面推进乡村振兴奠定坚实基础。

附件：1. 中国农业科学院 2023 年度重大科学发现

2. 中国农业科学院 2023 年度重大产品创制、重大技术突破和重大智库报告

中国农业科学院

2024 年 2 月 6 日

附件 1

中国农业科学院 2023 年度重大科学发现

序号	科学发现论文题目	期刊名称	完成单位	主要作者
1	Biofortification of iron content by regulating a NAC transcription factor in maize 通过调控 NAC 转录因子实现玉米铁含量的生物强化	*Science*	作科所	闫鹏帅 李文学
2	De novo genome assembly and analyses of 12 founder inbred lines provide insights into maize heterosis 玉米泛基因组组装及杂种优势形成机理解析	*Nature Genetics*	生物所	王宝宝 王海洋
3	Phylogenomic discovery of deleterious mutations facilitates hybrid potato 利用进化基因组学鉴定有害突变、加速杂交马铃薯育种	*Cell*	基因组所	吴瑶瑶 黄三文
4	Retrotransposon-mediated evolutionary rewiring of a pathogen response orchestrates a resistance phenotype in an insect host 逆转录转座子插入突变导致小菜蛾对 Bt 生物杀虫剂进化产生抗药性	*PNAS*	蔬菜所	郭兆将 张友军
5	Global water use efficiency saturation due to increased vapor pressure deficit 大气水汽压差增加导致全球陆地生态系统水分利用效率趋于饱和（停滞）	*Science*	草原所	李　飞
6	Unexpected worker mating and colony-founding in a superorganism 超有机体中熊蜂工蜂交配和群体建立	*Nature Communications*	蜜蜂所	庄明省 李继莲

（续表）

序号	科学发现论文题目	期刊名称	完成单位	主要作者
7	The SUMO-interacting motif in NS2 promotes adaptation of avian influenza virus to mammals NS2 蛋白的 SUMO 相互作用基序（SIM）促进禽流感病毒对哺乳动物宿主的适应性	*Science Advances*	哈兽研	孙留克 王晓钧
8	Plant commensal type Ⅶ secretion system causes iron leakage from roots to promote colonization 植物共栖微生物Ⅶ型分泌系统通过导致根系铁泄漏从而促进定殖	*Nature Microbiology*	资划所	刘云鹏
9	Engineering antimicrobial metal-phenolic network nanoparticles with high biocompatibility for wound healing 工程化高生物相容性的抗菌多酚金属纳米颗粒用于伤口愈合	*Advanced Materials*	茶叶所	俞蓉欣 张相春
10	Does industry 5.0 model optimize sustainable performance of Agri-enterprises? Real-time investigation from the realm of stakeholder theory and domain 工业 5.0 模式能否优化农业企业的可持续绩效？从利益相关者理论和农业领域进行实证调查	*Sustainable Development*	农经所	郭　龙 孙东升

附件 2

中国农业科学院 2023 年度重大产品创制、重大技术突破和重大智库报告

序号	重大成果名称	完成单位	完成人	类别
1	转 *cry1Ab*、*cry1F* 和 *cp4epsps* 基因抗虫耐除草剂玉米 BFL4-2	生物所	王　磊	重大产品创制
2	早熟优质高产棉花新品种中棉 113	棉花所	马雄风	
3	黄瓜新品种中农 48 号	蔬菜所	张圣平	
4	中油蟠 7 号	郑果所	王力荣	
5	布鲁氏菌基因缺失活疫苗（M5-90Δ26 株）	哈兽研	步志高	
6	戈壁设施蔬菜高效无土栽培关键技术	蔬菜所	蒋卫杰	重大技术突破
7	南方稻田绿肥轻简高效节肥增效技术	资划所	曹卫东	
8	肉类预制菜肴制品工业化绿色加工技术	加工所	张德权	
9	《加强小麦茎基腐病研究，确保小麦产业健康发展》	植保所	陈万权	重大智库报告
10	《探寻共同富裕道路上农村内部收入差距的根源及破解之道》	农经所	谢玲红	

中国农业科学院关于成立
中国农业科学院农业微生物研究中心的通知

农科院科〔2023〕14号

生物技术研究所：

为贯彻落实"大食物观、大农业观"的发展要求，支撑引领我国农业微生物学科和产业发展，经2023年第1次院常务会研究，同意你单位牵头成立"中国农业科学院农业微生物研究中心"。中心主要开展农业微生物资源收集鉴定评价和应用、农业微生物重要性状形成的理论基础、农业微生物前沿技术创新和农业微生物重大产品创制等研究。

中心为非法人机构的学术型科研协作组织，不设人员编制，所需办公场所、人员、经费由你所内部调剂解决。你所作为依托单位，应切实履行法人责任，加强对中心的支持、监督和管理，注重整合全院相关领域优势力量，创新体制机制集聚创新要素，切实发挥中心在农业微生物原始创新与关键核心技术攻关方面的核心作用。

中国农业科学院

2023年1月13日

中国农业科学院关于成立中国农业科学院农村能源与生态研究中心的通知

农科院科〔2023〕15 号

沼气科学研究所：

为贯彻落实农业农村现代化、碳达峰碳中和的发展要求，加快我院科技支撑能力由“一农”向“三农”转变，经 2023 年第 1 次院常务会研究，同意你单位牵头成立“中国农业科学院农村能源与生态研究中心”。中心主要开展厌氧微生物、农村清洁能源、农村生态领域的应用基础研究、关键技术创新和重大产品创制。

中心为非法人机构的学术型科研协作组织，不设人员编制，所需办公场所、人员、经费由你所内部调剂解决。你所作为依托单位，应切实履行法人责任，加强对中心的支持、监督和管理，引导中心与相关领域创新团队科学分工、团结协作，为乡村振兴、农村能源安全、和美乡村建设提供有力科技支撑。

中国农业科学院

2023 年 1 月 13 日

中国农业科学院关于作物科学研究所等 8 个研究所变更科技创新工程科研团队首席科学家的批复

农科院科〔2023〕26 号

作物科学研究所、蔬菜花卉研究所、农业环境与可持续发展研究所、北京畜牧兽医研究所、农产品加工研究所、农业资源与农业区划研究所、上海兽医研究所、农业农村部环境保护科研监测所：

你们关于调整科技创新工程科研团队首席科学家的请示收悉。经研究，现批复如下。

一、同意作物科学研究所“作物种质资源抗逆和品质性状评价”团队首席由任贵兴调整为段灿星，试用期一年；“水稻优异种质资源发掘与创新利用”团队首席由杨庆文调整为童红宁；“作物功能基因组研究”团队首席由程治军调整为任玉龙；“水稻分子设计技术与应用”团队首席由徐建龙调整为王文生。

二、同意蔬菜花卉研究所“花卉种质资源与遗传育种”团队首席由葛红调整为张秀新。

三、同意农业环境与可持续发展研究所“畜牧环境科学与工程”团队首席由董红敏调整为朱志平。

四、同意北京畜牧兽医研究所“畜禽种质资源保护与利用”团队首席由马月辉调整为蒋琳。

五、同意农产品加工研究所“薯类食品科学与技术”团队首席由木泰华调整为孙红男，试用期一年。

六、同意农业资源与农业区划研究所“肥料及施肥技术”团队首席由赵秉强调整为何萍；“农业遥感”团队首席由李召良调整为段四波。

七、同意上海兽医研究所“动物血吸虫病”团队首席调整为金亚美；“动物抗感染药物和微生物耐药”团队首席由谷峰调整为周文。

八、同意农业农村部环境保护科研监测所“养殖业污染防治”团队首席由张克强调整为杜连柱；“环境危害因子风险评估”团队首席由周其文调整为贺泽英；“农田有机污染生物污染”团队首席调整为李晓晶。

请按照科技创新工程管理办法等相关文件要求，签订首席科学家聘用合同，督促做好工作交接，明确任务目标，加强团队管理，按要求对一年试用期首席做好期满考核工作，确保科技创新工程各项工作顺利实施。

特此批复。

中国农业科学院

2023 年 2 月 7 日

中国农业科学院关于蜜蜂研究所和农业经济与发展研究所变更科技创新工程科研团队首席科学家的批复

农科院科〔2023〕62号

蜜蜂研究所、农业经济与发展研究所：

你们关于调整科技创新工程科研团队首席科学家的请示收悉。经研究，现批复如下。

一、同意蜜蜂研究所“传粉昆虫资源与育种”团队首席由安建东调整为彭文君；“资源昆虫产品加工与功能评价”团队首席由彭文君调整为田文礼。

二、同意农业经济与发展研究所“国际农业经济与贸易”团队首席由李先德调整为陈秧分。

请按照科技创新工程管理办法等相关文件要求，签订首席科学家聘用合同，督促做好工作交接，明确任务目标，加强团队管理，确保科技创新工程各项工作顺利实施。

特此批复。

中国农业科学院

2023年4月23日

中国农业科学院关于农业环境与可持续发展研究所等 4 个研究所变更科技创新工程科研团队首席科学家的批复

农科院科〔2023〕112 号

农业环境与可持续发展研究所、农业资源与农业区划研究所、棉花研究所、农业农村部环境保护科研监测所：

你们关于调整科技创新工程科研团队首席科学家的请示收悉。经研究，现批复如下。

一、同意农业环境与可持续发展研究所“退化及污染农田修复”团队首席由曾希柏调整为苏世鸣。

二、同意农业资源与农业区划研究所“耕地质量保育”团队首席由张斌调整为杨建军。

三、同意棉花研究所“棉花绿色增产增效”团队首席由张西岭调整为马小艳。

四、同意农业农村部环境保护科研监测所“乡村环境建设”团队首席由郑向群调整为申锋。

请按照科技创新工程管理办法等相关文件要求，签订首席科学家聘用合同，督促做好工作交接，明确任务目标，加强团队管理，确保科技创新工程各项工作顺利实施。

特此批复。

中国农业科学院

2023 年 8 月 7 日

中国农业科学院关于
北京畜牧兽医研究所等4个研究所
变更科技创新工程科研团队首席科学家的批复

农科院科〔2023〕168号

北京畜牧兽医研究所、农产品加工研究所、郑州果树研究所、南京农业机械化研究所：

你们关于调整科技创新工程科研团队首席科学家的请示收悉。经研究，现批复如下。

一、同意北京畜牧兽医研究所“鸡营养代谢与调控”团队首席由张敏红调整为赵峰。

二、同意农产品加工研究所“植物蛋白结构与功能调控”团队首席由王强调整为石爱民。

三、同意郑州果树研究所“桃资源与育种”团队首席由王力荣调整为曹珂；“葡萄资源与育种”团队首席由刘崇怀调整为张颖。

四、同意南京农业机械化研究所“农业生产废弃物资源化利用装备”团队首席由陈永生调整为龚艳。

请按照科技创新工程管理办法等相关文件要求，签订首席科学家聘用合同，督促做好工作交接，明确任务目标，加强团队管理，确保科技创新工程各项工作顺利实施。

特此批复。

中国农业科学院

2023年11月2日

中国农业科学院　北京理工大学
战略合作框架协议

为深入贯彻习近平新时代中国特色社会主义思想，积极落实党的二十大精神，加快实施科教兴国战略、人才强国战略、创新驱动发展战略和乡村振兴战略，按照习近平总书记提出的“面向世界农业科技前沿、面向国家重大需求、面向现代农业建设主战场，加快建设世界一流学科和一流科研院所，推动我国农业科技整体跃升”，以及“办出中国特色世界一流大学、培养社会主义合格建设者和接班人”的期望和要求，共同实现高质量发展，中国农业科学院、北京理工大学经友好协商，达成如下战略合作框架协议。

一、合作宗旨

双方本着“开放合作、优势互补、资源共享、共同发展”原则，立足国家重大战略部署，面向联合解决我国现代农业发展重大科技问题，发挥双方人才优势、科技优势、平台优势，深化院校共建合作机制，围绕保障国家粮食安全、推动农业绿色发展、推动农业数字化智能化转型等方向，在科技协同创新、学科合作共建、人才培养交流、科技成果转化等方面开展深入交流合作，共同打造国家战略科技力量，促进创新链、产业链、人才链深度融合，支撑“三农”事业高质量发展，服务“两个一流”和“双一流”建设，为科技强国、教育强国、农业强国建设贡献力量。

二、合作内容

（一）科技协同创新

1. 科技联合攻关

双方发挥各自优势，充分利用北京理工大学工科领域技术优势及中国农业科学院农业产业应用场景资源，聚焦作物育种、农业生物与气象灾害、智慧农业、农业微生物、智能农机装备等领域，组建联合创新团队，共同开展科技协同攻关，为保障我国粮食安全、生物安全、生态安全和人民健康提供强有力的科技支撑。

2. 项目联合申报

双方围绕国家农业发展战略布局和重大需求，共同组织专家凝练和申报国家重点研发计划项目、国家自然科学基金重大科研仪器研制项目和基础科学中心项目等重大重点类国家科技计划项目，合作产出高水平科技成果，并共同申报国家级和省部级等重大科技奖励。

3. 科技平台共建

双方聚焦农业战略需求，探索开辟新领域、谋划新专项，共建特殊环境育种、昆虫雷达组网监测预警、农业气象灾害实时监测、农业智能化场景应用、农用功能微生物菌种创制等合作研究平台，培育具有引领性的一流研究成果，共同打造业内领先的重大科技创新平台。北京理工大学积极参与并支持中国农业科学院牵头的全国重点实验室建设，中国农业科学院积极参与并大力支持北京理工大学建设相关领域的国家和省部级科技创新平台。

4. 资源开放共享

双方相关领域的国家重大科学工程、全国重点实验室、国家工程技术中心（工程实验室）、国家科技基础条件平台等重大平台科技资源向对方开放共享，实现科技平台资源共享共用；双方在“统筹管理、用途控制、基本共享”原则下，开放共享利用昆虫雷达、诱虫灯等设备监测的昆虫种群动态等数据资料，并建立数据资源使用监督机制，促进学科深入交叉融合，推动数据资源科学配置与有效利用。

（二）学科合作共建

1. 学科交叉融合

双方围绕各自学科布局，探索“农工融合”发展模式，鼓励优势学科团队联合开展特色学科、交叉学科、新兴学科的结对共建，聚焦创新研究交集，明确生物学等学科共建任务，开展长期稳定合作，共同提升跨学科合作的深度、广度和精度。

2. 课程教学共享

双方结合农学、工学、理学等学科建设需要，积极开展相关课程共享、学分互认等合作，互派人员参与相关课程教学及科研任务，联合打造国家级、省部级精品课程等。

（三）人才培养交流

1. 人才双向交流

双方通过互聘导师及科研人员、互派访问进修学者的形式，形成常态化人才交流机制；联合开展国际合作和海外人才引进工作，建设复合型高层次人才队伍梯队，合作推进师资建设。

2. 招生实习就业

双方推动开展相关学科研究生的联合招收和培养工作；中国农业科学院为北京理工大学学生提供实习和社会实践的机会，鼓励和支持北京理工大学优秀本科生攻读中国农业科学院相关专业研究生；双方共享就业创业资源，鼓励和支持双方优秀毕业生到对方工作。

3. 举办学术活动

双方联合举办学术研讨会、专题讲座、专项培训、留学生联谊等活动，并积极发挥各自国际合作交流平台的优势，合办相关领域的国内外学术会议，相互支持开展国内外技术交流等。

（四）科技成果转化

1. 畅通成果转化渠道

双方以产业需求为导向，搭建农业科技创新体系与科技成果应用推广体系联合协作平台，优化科技成果供给，深化产学研融合发展，双方共同开展概念验证中心、中试熟化平台建设，提供开放式成果熟化、二次开发、工程化等服务，畅通中国农业科学院及北京理工大学科技合作成果的转移转化渠道。

2. 推进“所院企”深度融合

双方共同支持中国农业科学院相关研究所与北京理工大学相关院系、科研团队开展“产学研用”全方位对接合作。建立农业产业科技成果信息互通共享机制，加快推进实用性强、应用范围广的科技成果面向产业尽快转化应用。积极促进北京理工大学学科性公司拳头产品在农业领域的市场推广和产业应用，以科技助力农业高质量发展。

3. 加强专业服务支撑

双方共同完善全要素、全流程的科技成果转化服务体系建设，充分发挥全国农业科技成果转移服务中心和北京理工大学专利中心、技术合同登记处等服务机构的专业力量，推进重点科技成果的高价值专利培育。设立技术合同认定登记优先受理、加快认定登记通道，加速科技成果转化。

三、合作机制

1. 建立高层会商机制

双方高层不定期互访，就合作事宜开展深入交流、互换意见，共同协调推进战略合作协议落地见效。

2. 建立“一总多分”的合作协议框架

本协议为合作的总体框架，双方可就本协议提及的合作事宜作进一步研究和协商，根据具体工作需要，由双方实施合作项目的相关研究所、院系等另行签署具体合作协议，明确合作实施方的具体权利和义务。

3. 建立工作协调机制

双方定期或一方提议召开协商会议，研究制定合作计划，组织交流对接活动，协调解决合作具体问题，积极探索创新合作模式，力求取得实效。

4. 确定具体议事机构

为便于推进合作，建立部门衔接落实机制，双方分别确定由中国农业科学院科技管理局和北京理工大学合作与发展部为合作议事机构，协商落实合作具体事项。

四、保密及对外披露

双方对本协议讨论、谈判、签订及执行过程中获取、知悉的国家秘密，根据《中华人民共和国保守国家秘密法》以及相关管理规定予以严格保密。双方提供的信息若为保密信息，应于提供信息时告知对方。

双方对上述过程中获取或知悉的对方商业秘密等信息，承担保密义务，未经对方另行书面许可，任何一方不得向任何第三方提供或披露，也不得擅自用于合作范围以外的其他事项，但双方另有约定、法律法规另有规定或有权机关另有要求的除外。确需对外披露时，双方应共同协商，统一步骤和宣传口径。本条款不因本协议的无效、变更、解除、终止而无效。

五、其他事项

（1）本协议的解除和废止，不影响本协议有效期内所签订的各项具体项目协议的法律效力。

（2）双方各自所拥有的一切知识产权均保留为本方各自所有，双方在合作过程中形成的知识产权和技术成果，原则上归双方共同所有，双方另有约定的除外。

（3）本协议自双方法定代表人或其授权代表签字并加盖公章之日起生效，有效期为五年。协议期满后，根据经济社会发展和深化合作的实际需要，经双方友好协商，可另行补充修订或协商续签。

（4）本协议一式六份，双方各执三份，具有同等法律效力。

中国农业科学院	北京理工大学
法定代表人/授权代表（签字）：	法定代表人/授权代表（签字）：
2023 年 7 月 14 日	2023 年 7 月 14 日

中国农业科学院　江苏科技大学
共建中国农业科学院桑蚕科学研究中心
战略合作框架协议

为深入贯彻党的二十大精神，落实习近平总书记关于“三农”工作和科技创新的系列重要指示批示精神，以及工信部、农业农村部等六部门关于印发《蚕桑丝绸产业高质量发展行动计划（2021—2025 年）》等文件要求，充分发挥农业科研机构和高等院校的学科、人才和技术优势，推动农科教、产学研紧密结合，持续推动桑蚕产业创新、协调、绿色发展。中国农业科学院与江苏科技大学拟共同组建“中国农业科学院桑蚕科学研究中心”（以下简称桑蚕中心），加强国家蚕桑战略科技力量，聚焦蚕桑产业重大科学问题、关键技术难题开展协同攻关，提升科技支撑能力，引领蚕桑产业高质量发展，为全面推进乡村振兴，助力“一带一路”建设贡献更大力量。

一、建设目标

1. 桑蚕中心将助力优势传统产业发展

栽桑养蚕起源于我国，蚕桑产业至今仍然在国民经济中占有重要地位。蚕桑产业涉及种植养殖、加工制造、商贸流通和文化创意等多个领域，兼具经济、社会、生态效益。桑蚕中心将以蚕桑丝绸文化为引领，传承合作共赢的“丝路精神”，推进转型升级和创新发展，确保桑蚕产业在国际上的主导和优势地位。

2. 桑蚕中心将为桑蚕产业发展提供重要技术支撑

桑蚕中心将发挥双方科技和人才优势，通过平台建设、资源整合、协同攻关，利用前沿理论和方法开展蚕桑相关基础研究和技术创新，加强成果转化，提高对蚕桑产业高水平科技自立自强和高层次人才培养的支撑能力。

3. 桑蚕中心将成为院校合作的创新典范

双方战略合作将打破原有共建研究所资源分散、各自为战的局面，建立符合双方重大学科布局的、有实质性合作的、更加高效的现代农业科技研发新模式，推动建成蚕桑种业创新高地、蚕桑技术研发硅谷，以原始创新促技术开发，以技术开发推产业发展。

二、合作内容

根据国家重大需求与双方重大学科布局，坚持“优势互补、资源共享、务实合作、跨越发展”的原则，桑蚕中心拟围绕以下方面开展合作。

1. 桑树种质资源保存与利用研究

在农业农村部农作物种质资源保护与利用中心支持下，共同开展桑树种质资源收集保存、鉴定评价与创新利用研究；合作研发桑树种质资源超低温保存等新保存技术；协同开展基于组学等新技术的桑树功能基因研究；共同推动建设桑树种质资源共享服务平台，开展桑种质资源信息与实物共享。

2. 桑树果枝叶多元开发技术研究

开展桑树果枝叶等营养成分、功能物质的分析与提取研究；开展桑树枝叶饲用成分、营养价值等饲料化利用基础研究，以及功能蛋白饲料产品开发与营养调控技术、饲料桑栽培技术、标准规范等产业化应用研究；开展桑果保鲜技术、果品开发、果桑栽培技术研究；开展果用、畜禽饲用、生态用等多元化桑树品种选育研究。

3. 桑树重要病虫害绿色防控研究

开展桑树桑疫病、萎缩病等主要病害病原生物学、检测技术、发病规律和灾变机制研究；开展桑树桑螟、桑毛虫等主要虫害的发育特征、预测预报、成灾规律以及天敌种群研究；开展桑树病虫害防治新型药剂配方及其助剂、生物农药等防控产品研究；开展桑园农药减量、生物防治等绿色综合防控技术体系研究。

4. 家蚕功能基因解析与育种研究

开展家蚕食性、眠性等重要性状的遗传基础和分子机制研究，家蚕肠道微生物组与食性、眠性性状的多组学关联研究；开展家蚕营养生理、抗性生理研究，从单细胞水平揭示家蚕的生理状态与分子调控网络；开展家蚕基因调控网络新模型研究，为家蚕育种提供新理论支持；开展家蚕育种策略优化研究，利用 AI（人工智能）技术提高抗血液型脓病、抗微量农药、天然彩色茧、广食性、适工厂化饲育等多用途蚕品种选育效率。

5. 蚕病防控与智慧养蚕技术研究

开展家蚕细菌病、病毒病以及微粒子病的病原生物学、检测技术、致病机理、传播途径及绿色防控研究；开展新养蚕消毒技术及高效消毒防病药物筛选、剂型研究；开展蚕桑产业突发疫情处置技术研究；开展省力化养蚕技术研发，基于物联网、机器视觉、人工智能、知识图谱开展智能化、工厂化、绿色化家蚕养殖关键技术、设施设备和大数据平台研究。

6. 蚕丝资源高值利用与产品研发

开展蚕丝资源高值利用的物质基础、活性成分高效提取技术研究；提高蚕蛹油脂、蛋白质及活性肽，蚕茧丝素丝胶，蚕沙叶绿素的提取和利用水平，推动蛹油、蛹蛋白、蚕丝蛋白水解物等原料在功能食品、美妆用品、畜禽饲料、生物材料等领域的创新利用研究及产品开发。

7. 蚕桑标准体系建设与标准研究

依托农业农村部农产品质量标准研究中心和全国桑蚕业标准化技术委员会，开展全产业链标准体系建设研究；开展桑树种苗、蚕种、蚕茧等蚕桑产业产品质量标准与检测技术研究；开展蚕桑产品与食用昆虫农药残留等质量安全与风险评估研究。

8. “一带一路”国际合作与智库研究

践行“一带一路”倡议，为合作伙伴发展蚕桑产业提供蚕桑品种、种养技术、发展规划等咨询与技术服务，推进蚕桑产能国际合作；加强智库建设，开展蚕桑产业发展态势、发展政策、发展战略、发展路径研究，为政府制定产业规划建言献策，为企业提供决策咨询服务。

三、合作机制

围绕共建目标，整合双方创新资源，共同推进桑蚕中心高质量建设和发展。

1. 成立领导小组

双方共同成立由分管领导担任组长、相关单位负责人为成员的工作领导小组。领导小组下设办公室，负责日常工作，具体由中国农业科学院科技管理局和江苏科技大学生物技术学院承担。

2. 建立协商机制

双方建立合作共建协商机制，根据工作需要，适时召开会议研究部署和协商解决桑蚕中心有关重大事项。领导小组办公室负责协商处理日常合作事项。相关专业领域的具体合作内容及方案，根据需要在本协议框架下协商确定。

3. 强化条件保障

共建期内，为加强中心建设，江苏科技大学在人员安排、经费投入、资源配置、科研场地、仪器设备、后勤服务以及激励和保障政策等方面给予全方位支持；中国农业科学院在平台建设、政策支持等方面给予倾斜支持，有力支撑中心高质量发展。

4. 推动资源共享

建立双方科技、人才和基础条件资源共享机制，开展项目联合申报、学科共建、人才培养及服务社会等创新活动，推进仪器设备共享利用、领军人才交流合作、科研人员客座互访、研究生联合培养。

四、合作成果

本协议签署前和本协议以外、未基于共建中心的资源和条件研发的现有技术成果及知识产权归原单位享有。

双方依托各自单位单独研发的技术成果归各自单位所有。

共建过程中，在本协议框架下，由双方共同开发的技术成果及知识产权归双方所共有。其排名、专利费用、知识产权使用等相关权利由双方协商一致后签订书面协议确定。

合作双方应充分尊重彼此的知识产权，均有保护知识产权的义务。

五、合作期限

本协议有效期限为五年，自 2024 年 1 月 1 日起至 2028 年 12 月 31 日止。本协议有效期限届满 6 个月前，双方视合作情况，决定是否续签协议或终止合作。

六、保密义务

双方对合作过程中的各项技术、数据、文档、成果和商业秘密等负有保密义务。本条款约定的保密义务始终有效，不因本协议的无效、变更、解除或终止而失效。

七、其　他

（1）双方的合作没有排他性，双方在合作的同时，各自均可以与其他主体开展同类型的合作。

（2）由于不可抗力或者其他不可预见因素且对其发生和后果不能防止或避免的，致使本协议有关条款无法履行或不能继续履行，双方互不追究责任，经双方协商后可终止本协议。

（3）本协议未尽事宜，双方应本着友好协商的原则另行约定。

（4）本协议一式四份，双方各执两份且具有同等法律效力，自双方法定代表人或授权代表签字并加盖公章之日起生效。

中国农业科学院	江苏科技大学
法定代表人/授权代表（签字）：	法定代表人/授权代表（签字）
2023 年 12 月 26 日	2023 年 12 月 26 日

中国农业科学院　武汉禾元生物科技股份有限公司战略合作框架协议

按照中共中央、国务院关于加快生物育种产业化步伐指示精神，进一步拓展药用工业用转基因植物在农业生产中的可能性边界，中国农业科学院与武汉禾元生物科技股份有限公司（以下简称武汉禾元生物）将以产业和企业需求为导向，围绕解决植物源重组人血清白蛋白等植物生物反应器创新性成果在转化应用中产生的农业科学和产业问题，进一步加强科技合作，推进药用工业用转基因植物的种植和应用。经双方友好协商，达成以下战略合作框架协议。

一、合作目标

当前，我国农业正处于由传统农业向现代农业转型的关键时期，农业科技已成为现代农业发展的主要推动力，转基因技术的快速发展带动了以转基因植物作为生物反应器生产医药蛋白的研究与应用。双方将以“协同创新、优势集成、资源共享、合作共赢”为原则，聚焦转基因植物生物反应器相关科学及产业化瓶颈问题，围绕植物源重组人血清白蛋白、植物源重组人乳铁蛋白、植物源重组人溶菌酶、植物源重组犬血清白蛋白等创新性成果的研发、安全性评价及综合利用等方面，积极探索院企合作机制，建立产权清晰、协同高效的合作模式，实现院企双赢，引领相关产业发展。

二、合作内容

（一）植物生物反应器相关产品应用合作研发

开展植物源重组人乳铁蛋白、植物源重组人溶菌酶和植物重组凝集素的无抗生素饲料开发；开展植物源重组犬血清白蛋白在宠物创新药物的非临床评价、临床试验申请、临床研究及上市许可申请等方面的合作研发。

（二）安全评价合作研究

围绕转基因水稻在生产和综合利用过程中产生的各种中间产物和废弃物，如米渣、沼渣和废液等，开展短片段转基因成分和含量的精准检测和监测研究；围绕植物源重组人血清白蛋白等在水稻生产性试验中的安全评价，开展昆虫对基因工程水稻基因漂移风险的影响研究和基因工程水稻对稻田节肢动物影响的生态学评价，开展转化体个体生存竞争能力和自然延续能力、转化体基因漂移风险、生物多样性影响及对植物和土壤生态系统群落结构的影响等研究。

（三）综合利用研发

围绕转基因水稻种植的资源环境循环利用，开展米渣、秸秆等不同加工副产物的饲用价值评定、沼气发酵、沼渣转化利用等研究。

（四）共建农业生物安全中心

1. 科技平台共建

双方共同推进国家农业生物安全科学中心西北中心建设，组建“基因工程水稻生物安全实验室”，引进优秀人才团队，夯实新疆乃至西北地区农业生物安全“科技之基”，打造创新高地。

2. 项目联合申报

双方围绕药用工业用转基因植物安全管理需求，联合申报农业生物安全领域的重大科技专项，合作产出高水平科技成果，共同申报国家级和省部级等重大科技奖励。

三、合作方式

双方根据本协议约定内容开展务实合作。武汉禾元生物提出的项目需求，由武汉禾元生物采取技术委托方式，与中国农业科学院院属相关研究所开展合作研究；中国农业科学院提出的项目需求，由中国农业科学院统筹院自主创新经费或申请国家科技计划项目，组织院属相关研究所团队开展研究，武汉禾元生物负责提供开展研究所需的试验田环境、植物试验材料以及米渣、沼渣等材料，以及合作研究所需的其他必要条件。

四、其他事项

（1）本协议为双方战略性合作框架协议，未尽事宜可在开展具体合作业务时，双方另行签订协议。

（2）为顺利推进合作，双方分别确定由中国农业科学院科技管理局和武汉禾元生物植物分子医药研究院为合作议事机构，协商落实合作具体事项。

（3）本协议产生的科技成果权属及收益分配，包括但不限于专利申请、发表文章、申报奖项和科技成果转化等，由双方共同享有，权属及分配的比例根据实质性贡献大小，经友好协商另行协议。

（4）合作期内以及合作终止后，双方均负有对本合作事宜以及本协议内容等与本协议相关的任何信息的保密义务，未经对方授权许可，不得单独或先于另一方公开进行披露。任何一方不得将双方合作中所涉及的商业秘密以任何方式泄露给第三方。保密期限自本协议生效之日起计算，终止期限根据合作具体内容另行协议规定，未另行规定视为长期保密。

（5）本框架协议有效期为五年。合作期限届满后，双方可根据合作成效，商议续签协议事宜。

（6）本协议经双方法定代表人或委托代理人签字并加盖公章后生效。未尽事宜双方本着诚信原则友好协商另行协议补充。

（7）本协议一式四份，双方各持两份，具有同等效力。

中国农业科学院	武汉禾元生物科技股份有限公司
法定代表人/委托代理人（签字）：	法定代表人/委托代理人（签字）：
2023 年 12 月 22 日	2023 年 12 月 22 日

三、科技支撑乡村振兴

中国农业科学院2023年全资及控股企业名录

院所	全资及控股企业
中国农业科学院研究生院	北京中农研科技服务中心有限公司 北京市咸恒农业科技开发公司
中国农业科学院作物科学研究所	北京特品降脂燕麦开发有限责任公司
中国农业科学院植物保护研究所	河北中保绿农作物科技有限公司
中国农业科学院蔬菜花卉研究所	中蔬种业科技（北京）有限公司 北京蔬卉科技有限责任公司
中国农业科学院农业环境与可持续发展研究所	北京中环易达农业科技发展有限公司
中国农业科学院蜜蜂研究所	北京中农蜂蜂业技术开发中心有限公司 北京中农蜂研科技有限公司
中国农业科学院饲料研究所	北京万物合生物科技有限公司
中国农业科学院农产品加工研究所	北京中农探味科技有限公司 中农科合肥食品营养与健康创新研究院有限公司
中国农业科学院农业信息研究所	北京汇邦物业管理有限责任公司
中国农业科学院农田灌溉研究所	新乡市中灌灌排技术有限公司
中国水稻研究所	浙江国稻高科技种业有限公司
中国农业科学院棉花研究所	安阳惠民科技咨询服务有限责任公司 安阳中棉所科技贸易有限公司
中国农业科学院油料作物研究所	武汉中油科技新产业有限公司
中国农业科学院麻类研究所	湖南锦农农业科技有限公司
中国农业科学院果树研究所	兴城绿安果业科技有限责任公司 兴城市果树研究所劳动服务公司种苗基地
中国农业科学院郑州果树研究所	郑州兴研农业科技有限公司
中国农业科学院农业质量标准与检测技术研究所	中标农检（北京）科技有限公司

（续表）

院所	全资及控股企业
中国农业科学院茶叶研究所	杭州中茶技术服务有限公司 杭州中农质量认证中心有限公司
中国农业科学院哈尔滨兽医研究所	哈尔滨国生生物科技股份有限公司 哈尔滨维科生物技术有限公司 哈尔滨维实生物科创投资有限公司
中国农业科学院兰州兽医研究所	中农威特生物科技股份有限公司 兰州兽研生物科技有限公司
中国农业科学院兰州畜牧与兽药研究所	兰州中牧畜牧科技有限责任公司 兰州牧药所生物科技研发有限责任公司 中国农业科学院兰州畜牧与兽药研究所伏羲宾馆
中国农业科学院上海兽医研究所	上海门侯生物科技有限公司 上海至采信息科技有限公司 上海致采信息科技有限公司
中国农业科学院草原研究所	内蒙古中农草业发展有限公司
中国农业科学院特产研究所	吉林特研药业有限公司 吉林中特农业科技有限公司 吉林中特生物技术有限责任公司 吉林省中特中药材精深加工中试有限公司
农业农村部环境保护科研监测所	天津东方绿色科技发展有限责任公司
农业农村部沼气科学研究所	成都中农能源环境工程设计所有限责任公司 成都正通物业管理有限责任公司 四川中沼生物能源检测有限责任公司
农业农村部南京农业机械化研究所	中农国科（南京）规划设计有限公司
中国农业科学院烟草研究所	青岛农特生物科技有限责任公司
中国农业科学院院本级	北京中固生物新技术有限责任公司 北京中农科技术开发公司 全农科创技术服务（北京）有限责任公司 北京中农种业有限责任公司 北京市中农良种有限责任公司 北京中农福得绿色科技有限公司

中国农业科学院关于开展科技支撑2023年下沉一线包省包片活动全力抓好粮食油料生产的通知

农科院转化〔2023〕56号

院机关各部门、院属各单位：

今年是全面贯彻落实党的二十大精神的开局之年，也是加快建设农业强国的起步之年，科技助力夺取夏季粮油首战告捷、确保全年粮食和农业再夺丰收意义重大责任重大。为贯彻落实《农业农村部办公厅关于开展2023年下沉一线包省包片活动全力抓好粮食油料生产的通知》（农办农〔2023〕15号）《农业农村部办公厅关于印发〈奋战120天夺取夏季粮油丰收行动方案〉的通知》（农办农〔2023〕8号）要求，科技助力全国粮油等主要作物大面积单产提升行动，为实施新一轮千亿斤粮食产能提升行动提供支撑，进一步增强粮食和重要农产品稳定安全供给能力，中国农业科学院以产业专家团为基础派出科技小分队，科技支撑农业农村部下沉一线包省包片活动，指导各地分环节、分区域、分类型落实落细春管和春耕备耕各项措施，紧盯“三夏”“三秋”生产，确保夏季粮油首战告捷，夯实全年粮食和农业丰收基础。

一、主要工作

1. 指导田间管理

根据在田作物不同阶段生长发育特点，协助各地制定田间管理技术意见，指导落实有针对性的技术措施，促进苗情转化升级，确保作物稳健生长，夯实丰产基础。

2. 指导单产提升

根据全国粮油等主要作物大面积单产提升行动实施方案，指导各地实施粮油等主要作物大面积单产提升行动，特别是开展好大豆玉米大面积单产提升工作，重点盯紧整地、播种等重要环节和良种、农机等关键要素，指导落实增产关键技术。

3. 指导防灾减灾

坚持以防为主、防抗救相结合，强化责任意识，突出关键农时，加强分类指导，推进科学抗灾。指导地方重点防范干旱、低温冷害、高温热害、洪涝等灾害，协助制定防灾减灾技术意见，落实关键技术措施，做好灾害应对。

4. 指导防病治虫

指导各地紧盯小麦条锈病、赤霉病，水稻“两迁”害虫、稻瘟病，玉米草地贪夜蛾，大豆根腐病、囊孢线虫，油菜菌核病、蚜虫等重大病虫害发生态势，适时开展病虫防控，全力“虫口夺粮”。

5. 做好技术培训

在春耕春管、“三夏”“三秋”等关键农时，开展田间课堂、现场观摩、巡回指导等，加强对农民合作社、家庭农场、种植大户等新型农业经营主体培训，示范带动小农户提高生产技术水平。

二、时间安排

第一阶段：从当前开始到“夏至”（6 月 21 日），主要是抓好春耕备耕，确保夏季粮油首战告捷。

第二阶段：从“夏至”到“秋分”（9 月 23 日），主要是奋力夺取全年粮油丰收。

第三阶段：从“秋分”到年底，主要是落实秋收秋种和冬前管理，夯实来年粮油丰收基础。

根据地方实际情况和粮油生产农时特点，各科技小分队不定期开展下沉一线指导服务。

三、有关要求

1. 扎实开展工作

各科技小分队联络员主动与部各司局联络员对接，确保关键时刻派得出、用得上。全年不定期深入一线，调查苗情、墒情、灾情和病虫情；走访种植大户、合作社等经营主体，了解技术措施落实情况，帮助解决生产实际困难。

2. 严格工作纪律

各专家组成立临时党支部，充分发挥战斗堡垒作用。要严格遵守中央八项规定及其实施细则精神，轻车简从，直接深入基层，深入田间地头，确保指导的针对性和实效性。

3. 加强宣传总结

各科技小分队要及时报送工作动态，分析各地苗情长势，存在的问题并提出意见建议，相关工作简报反馈至成果转化局。充分利用有关媒体，大力开展宣传报道，营造良好舆论氛围。

附件：1. 中国农业科学院科技支撑 2023 年下沉一线包省包片活动对接联系表（略）

2. 农业农村部办公厅关于开展2023年下沉一线包省包片活动全力抓好粮食油料生产的通知（略）
3. 农业农村部办公厅关于印发《奋战120天夺取夏季粮油丰收行动方案》的通知（略）

中国农业科学院
2023年4月12日

中国农业科学院关于开展科技支撑下沉一线　包省包片奋战 100 天夺秋粮丰收行动的通知

农科院转化〔2023〕100 号

院机关各部门、院属各单位：

当前“小暑”已过，秋粮作物已进入产量形成关键期，也是自然灾害和病虫害高发期，夺取秋粮丰收难度较大、任务艰巨。按照《农业农村部办公厅关于开展 2023 年下沉一线包省包片活动全力抓好粮食油料生产的通知》（农办农〔2023〕15 号）、《全国粮油等主要作物大面积单产提升行动实施方案（2023—2030 年）》和《农业农村部办公厅关于开展下沉一线包省包片奋战 100 天夺秋粮丰收行动的通知（农办农〔2023〕24 号）》要求，科技助力全国粮油等主要作物大面积单产提升行动，为实施新一轮千亿斤粮食产能提升行动提供支撑，进一步增强粮食和重要农产品稳定安全供给能力，中国农业科学院以产业专家团为基础派出科技小分队，科技支撑农业农村部下沉一线包省包片奋战 100 天夺秋粮丰收行动，赴秋粮主产省份，分环节、分区域、分类型落实落细各项田管措施，紧盯“三秋”生产，全力夺取秋粮和全年粮食丰收。

一、主要工作

1. 指导单产提升

聚焦大豆和玉米，以 100 个大豆单产提升整建制推进县和 200 个玉米单产提升整建制推进县为重点，指导各地抓好大面积单产提升工作，确保取得实效。

2. 指导南方“双抢”

指导华南地区和长江中下游地区抢早稻收获，确保应收尽收、安全入仓；抢晚稻栽插，确保面积落实、种在丰产期。

3. 指导秋粮田管

指导各地制定秋粮田间管理技术意见，落实肥水调控、化控防倒等管理措施，确保作物稳健生长，构建合理群体，搭好丰收架子。

4. 指导防灾减灾

指导各地防范干旱、高温热害、洪涝渍害、台风等灾害，协助制定防灾减灾技术意见，落实秋粮“一喷多促”等关键措施，提前做好灾害应对，促进灾后恢复生长。

5. 指导病虫防控

指导各地盯紧盯牢水稻“两迁”害虫和稻瘟病、玉米大小斑病和草地贪夜蛾、大豆症青等重大病虫害发生态势，适时开展统防统治，全力做好“虫口夺粮”。

6. 做好技术培训

在“三秋”关键农时，开展田间课堂、现场观摩、巡回指导等，加强对农民合作社、家庭农场、种植大户等新型农业经营主体培训，示范带动小农户提高生产技术水平。

二、时间安排

行动从“小暑”（7 月 7 日）开始至“霜降”（10 月 24 日）结束，共约 100 天。根据地方生产实际、农时季节、作物生育进程、灾害情况等特点，各科技小分队统筹安排下沉一线指导服务。于 7 月 21 日前与农业农村部各司局对接情况，7 月 28 日前将各省份秋粮底数情况报告反馈至成果转化局。

三、有关要求

1. 扎实开展工作

各科技小分队联络员主动与部各司局联络员对接，确保关键时刻派得出、用得上。不定期深入一线，调查苗情、墒情、灾情和病虫情，分作物、分区域、分环节落实单产提升关键技术，重点区域、主要任务、重大灾情要持续盯紧。走访种植大户、家庭农场、合作社等经营主体，了解技术措施落实情况。

2. 加强宣传引导

各科技小分队要及时报送工作动态，分析各地苗情长势、灾情形势，了解单产提升工作进展，以及生产中存在的问题并提出意见建议，相关工作简报反馈至成果转化局。充分利用有关媒体，大力开展宣传报道，营造良好舆论氛围。

3. 严格工作纪律

各专家组成立临时党支部，充分发挥战斗堡垒作用。要严格遵守中央八项规定及其实施细则精神，轻车简从，直接深入基层，深入田间地头，确保下沉一线工作的针对性和时效性。

附件：1. 中国农业科学院科技支撑下沉一线包省包片活动对接联系表（略）

2. 农业农村部办公厅关于开展下沉一线包省包片奋战 100 天夺秋粮丰收行动的通知（略）

中国农业科学院

2023 年 7 月 21 日

中国农业科学院关于进一步加强科技支撑乡村振兴重点工作的通知

农科院转化〔2023〕146 号

院机关各部门、院属各单位：

2023 年是全面贯彻落实党的二十大精神的开局之年，也是加快建设农业强国的起步之年。为全面贯彻落实党的二十大精神、中央一号文件精神和中央农村工作会议、全国农业农村厅局长会议重大工作部署，充分发挥农业科研国家队作用，巩固拓展脱贫攻坚成果同乡村振兴有效衔接，统筹做好中国农业科学院东海、婺源等乡村振兴示范县，永顺、龙山等农业农村部定点帮扶县，国家乡村振兴重点帮扶县，产业顾问组对接帮扶县的科技支撑工作，科技援疆援藏工作，为全面推进乡村振兴、加快建设农业强国贡献科技力量，特印发本通知。

一、总体要求

以习近平新时代中国特色社会主义思想为指导，深入贯彻落实党的二十大精神，按照《中共中央　国务院关于做好 2023 年全面推进乡村振兴重点工作的意见》《农业农村部关于落实党中央国务院 2023 年全面推进乡村振兴重点工作部署的实施意见》等文件有关部署，牢记坚守不发生规模性返贫的底线原则，坚持“乡村振兴主战场在哪里，中国农业科学院专家团队就到哪里”的责任担当，完善乡村振兴工作领导小组和“3+N”工作机制，汇集全院各方资源和力量，强化重点区域科技帮扶，开展派专家、送技术、出主意、做示范、搞培训等系列农科帮扶活动，打造科技支撑乡村振兴样板，为全面推进乡村振兴，实现农业农村现代化贡献中国农业科学院的智慧和力量。

二、重点工作

1. 调整院乡村振兴工作领导小组组成人员

根据实际工作需要，对院乡村振兴工作领导小组组长、副组长、成员进行调整，进一步加强对全院乡村振兴工作的统筹。院乡村振兴工作领导小组下设办公室，办公室设在成果转化局，具体负责全院乡村振兴的日常工作（详见附件 1）。

2. 全力推动乡村振兴示范县建设

按照“院地共建、地方为主、支撑产业、互利共赢”的原则，全力推进东海、婺源、兰考、邛崃、临潭、桦川、阜平、紫阳、新乡、祁阳、武夷山11个乡村振兴示范县建设，继续实施“3+N”工作机制，每个县分别安排1名院领导负责、1个机关部门协调、1个研究所牵头、多个专家团队协同开展科技帮扶（详见附件2），探索整县制乡村振兴科技支撑模式，推动我院成果转化与地方主导产业发展深度结合，为全面实施乡村振兴战略提供样板。

3. 持续支撑农业农村部定点帮扶县

推动湖南省永顺县、龙山县，湖北省咸丰县、来凤县，贵州省剑河县农业农村部5个定点帮扶县主导产业提质增效，分管院领导统筹谋划，院机关部门组织协调，牵头研究所积极对接，多个专家团队具体实施（详见附件3），全面摸清当地主导产业发展情况和实际需求，实现科技精准发力，支撑引领产业发展。

4. 持续支撑国家乡村振兴重点帮扶县

深入贯彻落实中共中央组织部、科技部等6部门关于向国家乡村振兴重点帮扶县选派科技特派团有关部署，按照农业农村部《关于配合做好向国家乡村振兴重点帮扶县选派科技特派团有关工作的通知》要求，统筹部署科技特派团工作，选派专业技术强、实践经验丰富的专家参与科技特派团，全力支撑重点帮扶县特色产业发展。

5. 做好产业顾问组支持脱贫县产业发展工作

按照国家乡村振兴局、中国科学技术协会、中国农业科学院组建产业顾问组支持脱贫县产业发展工作要求，做好中国农业科学院承担的产业顾问组工作，为脱贫县提供科技服务。聚焦脱贫县县域要求最紧迫、发展最急需的产业，围绕全产业链发展关键技术，提供科技帮扶，帮助脱贫县找准产业发展方向，解决产业发展中的突出问题，提升一二三产业融合发展水平，为脱贫县巩固拓展脱贫攻坚成果同乡村振兴有效衔接提供智力和技术支持。

6. 系统推进科技援疆援藏工作

落实院科技援疆工作推进会精神，发挥西部农业研究中心和科技援疆指挥部作用，协调院属各单位与新疆维吾尔自治区各级政府、科研教学单位系统化、常态化推进科技援疆工作，为新疆乡村振兴、农业农村高质量发展提供有力科技支撑。联合西藏自治区农牧科学院、中国水产科学院等部属3院及17个省级农科院，共同推动高原农业科技联合创新中心建设，针对西藏农牧产业共性问题，联合全国力量、强化协同攻关，助力西藏农牧业提档升级。

三、工作内容

按照“支撑一个好规划、发展一个好产业、引育一批好龙头、建设一批示范点、培训一批新农人、谋划一批好项目、擦亮一个好品牌”的“七个一”全链条工作思路，进一步凝练科技帮扶模式，助力乡村产业高质量发展。

1. 摸清底数，支撑一个好规划

规划是产业高质量发展的先导，通过广泛调研，摸清家底基础和资源禀赋，通过科技支撑、规划编制与执行，进一步深化认识，统一思想，明确科技帮扶和产业发展的路径。

2. 重点突破，选准一批好产业

结合当地实际，按照产业基础、加工特性、市场需求、政策扶持、辐射带动和生态保护等对当地产业进行充分论证，选定特色主导产业，实现重点帮扶、重点突破，突出带动示范效应，避免面面俱到，用力分散，资源平摊。

3. 延伸链条，引育一批好龙头

现代农业必须依赖龙头企业带动，根据市场需求，推进农产品精深加工，延伸产业链条，使农民在产业加工链条上获得更多收益，不断完善联农带农机制，根据重点产业情况，帮助对接引进一批龙头企业，带动农民增收。

4. 集中资源，建设一批示范点

瞄准特色化、绿色化、标准化方向，围绕新技术、新品种、新模式大范围应用，建设一批可看可学、可复制可推广的示范点，强化指导服务和辐射带动，推进县域现代农业可持续发展。

5. 强化培训，培养一批新农人

乡村产业振兴，人才是关键。科技帮扶要遵循“教干部、育专家、开专业、培农民”的思路，通过“田间课堂”、技术观摩、指导服务等打造一支“本土化”“留得住”“用得上”的本地人才队伍。

6. 补弱增强，谋划一批好项目

全方位梳理主导产业发展在品种培育、栽培（养殖）、病虫害防治、收获加工等环节存在的突出问题。做好脱贫县参谋，有针对性做好项目谋划，积极争取支持农业特色产业发展的各类政府项目和社会资本等各方资源，做大做强主导优势特色产业。

7. 挖掘优势，做亮一个好品牌

立足区域生态环境优势和民族特色等资源优势，深挖产品品质特色，强化消费帮扶和质量安全保障，做好“土特产”文章，讲好产品故事，扩大品牌影响力。

四、保障措施

1. 加强组织领导

中国农业科学院乡村振兴工作领导小组加强对全院乡村振兴工作的统筹。各部门、各单位要进一步提高政治站位，把科技支撑乡村振兴工作摆在突出位置落实落细、见行见效。牵头单位负责组织实施，参与单位积极配合，加强联系对接，协同高效开展工作，按照“七个一”全链条工作思路，扎实落实“3+N”工作机制，形成分工负责、协作有力的工作格局。

2. 压实工作责任

分管院领导主动担责，带领相关责任部门，每年至少到当地调研指导1次。院机关部门主动联系院领导和相关研究所，加强与农业农村部相关司局的协作联系，协调上下关系，巩固工作机制。牵头研究所积极对接地方政府，组织相关研究所参与帮扶县乡村振兴科技支撑行动，专家团队实施科技帮扶具体任务，共同推进乡村全面振兴。

3. 强化党建引领

各级党组织把巩固拓展脱贫攻坚成果作为一项重要政治任务，牢固树立科技帮扶是初心使命、是主责主业的意识。院党组统筹部署，研究所党委、团队党支部要全力以赴，主动跟进、主动参战，为巩固拓展脱贫攻坚成果，全面推进乡村振兴提供坚强的组织保证。

4. 加强考核督导

院乡村振兴工作领导小组办公室加强督导，完善考核评价机制，加强过程管理，强化绩效考核。将示范县建设、重点地区科技帮扶等纳入院所考核评价体系，根据牵头研究所、参与研究所的工作成效和帮扶效果，进行综合评估，给予相应分值。表彰在科技帮扶工作中表现突出的集体和个人，对表现突出的人员在职称评聘等方面给予优先考虑。

5. 做好总结宣传

院成果转化局会同各研究所及时总结工作成效，提炼典型模式、经验做法。中国农业科学院办公室积极协调组织各媒体资源，大力宣传乡村振兴建设中的典型案例、先进事迹，确保宣传效果。各牵头研究所将此项工作纳入研究所年度宣传重点任务予以实施。

附件：1. 中国农业科学院乡村振兴工作领导小组成员名单
2. 中国农业科学院乡村振兴示范县对接帮扶表
3. 农业农村部定点帮扶县对接帮扶表

中国农业科学院
2023年10月13日

附件1

中国农业科学院乡村振兴工作领导小组成员名单

一、领导小组

组　长：吴孔明　农业农村部党组成员、中国农业科学院院长
　　　　杨振海　院党组书记
副组长：梅旭荣　副院长、党组成员
　　　　孙　坦　副院长、党组成员
成　员：陈华宁　党组成员、人事局局长
　　　　孙　研　院办公室主任
　　　　杨　鹏　科技管理局局长
　　　　范　静　财务局局长
　　　　赵玉林　成果转化局局长
　　　　钱万强　重大任务局副局长（主持工作）
　　　　舒文华　直属机关党委常务副书记

二、领导小组办公室设在成果转化局

办公室主任：孙　坦（兼）
常务副主任：赵玉林（兼）
副　主　任：韩　进　院办公室副主任
　　　　张军民　科技管理局副局长
　　　　薛鹏飞　人事局副局长
　　　　韩小玲　财务局副局长
　　　　王宇鸿　成果转化局副局长
　　　　季　勇　重大任务局副局长
　　　　苗水清　直属机关党委副书记
　　　　李哲敏　研究生院副院长

领导小组组成人员如有变动，由相应职务人员自行递补，不再另行发文。

附件 2

中国农业科学院乡村振兴示范县对接帮扶表

序号	示范县	牵头院领导	院机关	牵头研究所	协同研究所	主导产业
1	河北省阜平县	吴孔明	转化局	蔬菜所	蜜蜂所、牧医所、郑果所、资划所等	设施蔬菜、特色林果、食用菌等
2	黑龙江省桦川县	杨振海	机关党委	作科所	植保所、加工所等	水稻、玉米、农产品深加工等
3	甘肃省临潭县	曹永生	人事局	兰牧药	兰兽研、蜜蜂所等	牦牛、肉羊、蜜蜂等
4	湖南省祁阳市	周若辉	监督局	资划所	蔬菜所、水稻所、郑果所、茶叶所等	水稻、蔬菜、林果、茶叶等
5	江苏省东海县	刘现武	转化局	环发所	蔬菜所、水稻所、郑果所等	蔬菜、花卉、水稻、草莓、淮猪等
6	陕西省紫阳县	孙　坦	国合局	茶叶所	郑果所、资划所、植保所等	富硒茶叶、富硒魔芋、食用菌、林果等
7	河南省兰考县	曹永生	科技局	郑果所	蔬菜所、牧医所、灌溉所等	密瓜、密桃、奶山羊等
8	江西省婺源县	梅旭荣	财务局	油料所	蜜蜂所、茶叶所、农机化所等	油菜、茶叶、蜜蜂等
9	福建省武夷山市	孙　坦	院办	水稻所	茶叶所、资划所等	水稻、茶叶等
10	四川省邛崃市	刘现武	发展局	沼科所	蔬菜所、茶叶所、农机化所等	蔬菜、花卉、水稻、茶叶等
11	河南省新乡县	陈华宁	重任局	灌溉所	作科所、郑果所等	小麦、玉米、林果等

附件 3

农业农村部定点帮扶县对接帮扶表

序号	帮扶县	牵头院领导	院机关	牵头研究所	主导产业
1	湖南省永顺县	曹永生	机关党委	郑果所	水稻、猕猴桃、茶叶等
2	贵州省剑河县	孙　坦	科技局	资划所	食用菌、生猪等
3	湖北省咸丰县	刘现武	发展局	牧医所	生猪、茶叶、蔬菜等
4	湖南省龙山县	陈华宁	转化局	蔬菜所	百合、柑橘、中蜂等
5	湖北省来凤县	梅旭荣	财务局	蜜蜂所	蜜蜂、蔬菜、藤茶等

中国农业科学院　楚雄彝族自治州人民政府战略合作协议

为深入贯彻党的二十大精神，全面落实中共中央、国务院关于乡村振兴的战略决策部署，加快建设楚雄现代农业示范区，奋力打造西南地区现代农业示范样板，推动农业农村高质量发展。经中国农业科学院、楚雄彝族自治州（以下简称楚雄州）人民政府协商，达成如下战略合作协议。

一、合作思路

以习近平新时代中国特色社会主义思想为指导，深入贯彻落实党的二十大精神、习近平总书记关于“三农”工作重要论述和考察云南重要讲话精神，坚持“四化同步”，坚持农业农村优先发展，集聚中国农业科学院的科技优势和楚雄州的资源优势，围绕楚雄州聚力打造现代农业示范区，共同推进楚雄州农业全面升级、农村全面进步、农民全面发展和城乡不断融合。

二、合作内容

（一）开展战略咨询

根据楚雄州现代农业农村发展需要，发挥中国农业科学院的专家智库作用，组织相关专家团队，围绕生物育种、农产品加工、智慧农业、现代农业、乡村振兴战略、城乡融合发展等方面开展战略研究和政策建议咨询。

（二）共建中国农业科学院云南现代农业研究院

依托中国农业科学院及院属各单位的资源，采用新型研发机构模式，谋划设立不定行政级别、不设人员编制的地方事业法人单位，中国农业科学院授予地方法人单位“中国农业科学院云南现代农业研究院”牌子。研究院首期按照“一总部、二中心、一基地”设计，重点建设综合性总部、云南种子繁育研究中心、云南绿色食品加工产业研究中心和数字农业创新基地。研究院围绕楚雄州产业需求，探索“科技研发+示范推广+产业孵化”的发展模式。后续根据发展情况，可增加相应工作内容。

（三）打造现代农业示范区

支持楚雄州现代农业示范区建设，依托中国农业科学院下属研究所人才团队和技术优势，为楚雄州主要粮食作物、园艺作物、特色优势经济作物和畜禽产业发展提供技术支持；支持楚雄州加入农产品加工产业、蔬菜产业等国家农业科技创新联盟，在粮食作物、生物育种、蔬菜花卉、工业大麻、热带水果、烟草产业、畜禽饲草等方面，利用联盟平台优势，在楚雄州召开高层次学术交流研讨会，吸引相关产业龙头企业到楚雄落地，打造云南特色农业高新技术产业集群。

（四）发展数字农业

依托数字农业创新基地和楚雄州农业资源优势及产业发展潜力，打造一批新型数字资源基础设施、农业农村信息化服务平台。支持楚雄州加快发展农业数字技术、信息技术，提升现代信息技术与农业农村发展融合度，积极构建数字乡村治理体系，推动农业产业数字化发展，为楚雄州实施乡村振兴战略、推动农业农村高质量发展提供有力支撑。

（五）推动科技成果转移转化

积极推动中国农业科学院先进技术成果到楚雄转化和落地，鼓励和支持院属高层次科技人才团队携带自有科技成果到楚雄创新创业。双方共同为高层次人才团队赴楚开展创新创业提供必要的平台和环境保障，构建资源优势互补、链式成长的长效机制。

（六）开展人才培养交流

双方联合开展专项人才培训，联合共创院地人才培训中心或实训基地，通过开放科研平台、学术交流、合作研究、技术培训、挂职锻炼等形式，加强转移转化人才、科技推广人才、产业经营人才、新型农民和农业农村实用人才等队伍建设，培养一批“懂农业、爱农村、爱农民”的“一懂两爱”农业科技人才，为楚雄州农业农村现代化发展提供人才和智力支撑。

三、合作机制

（一）加强组织领导

中国农业科学院、楚雄州人民政府成立战略合作协调领导小组，由双方主要负责同志任组长、分管负责同志任副组长、有关部门和单位负责人任成员。领导小组下设办公室，分别设在中国农业科学院成果转化局和楚雄州科学技术局，具体负责合作沟通协商、重大事项跟踪调度、典型宣传推广等工作，及时交流通报有关情况，抓好具体工作落实。

（二）建立会商机制

建立联席会议会商机制，根据工作实际推进情况，适时召开联席工作会、现场办公会等，听取合作事项推进情况汇报，研究协调解决合作中遇到的问题。

四、保障措施

（一）中国农业科学院

1. 聚集优势农业科技资源

围绕绿色农业、健康农业、设施农业、智慧农业、休闲农业等领域组织相关优质科技资源，组建创新团队，为楚雄州农业农村现代化发展提供支持。

2. 建设高端农业智库

组织产业专家团开展技术指导、关键技术联合攻关、人才培养等活动。以“强核心、大网络”的模式，组建专业型农业智库，逐步建成精准化智库咨询体系，为楚雄州的“三农”发展提供智力支撑。

3. 支持申报科技项目

依托中国农业科学院优势，联合云南省农业科学院、楚雄州高校、科研院所、企业等力量，共同申报国家、省科技和农业计划项目，并加强成果转化示范。

（二）楚雄彝族自治州人民政府

1. 人才政策

中国农业科学院及所属单位引进到楚雄州的各类符合条件的人才，享受楚雄州现行引进高层次人才相关政策；对符合楚雄州现行人才政策的中国农业科学院在编在岗人员的随迁家属就业、子女入学，在同等条件下予以优先安排。

2. 运营支持

加大资金支持力度，通过向上争取、双方共筹、本级预算安排等多种方式统筹1 000万元，用于甲方开展工作所需的场地、办公设施、日常运行、专家补助等经费支出，以及双方科技研发项目实施、人才培养等具体需要。

五、附　则

本协议未尽事宜，经双方协商，可另行签订补充协议，或者在后续签订的具体项目协议项下加以补充明确；涉及后续具体合作事宜，双方将就具体事项另行商洽签订协议。

本协议有效期五年，自双方签字盖章之日起生效。协议文本一式四份，双方各执两份，具有同等效力。

中国农业科学院	楚雄彝族自治州人民政府
法定代表人/授权代表（签字）：	法定代表人/授权代表（签字）：
2023 年 1 月 7 日	2023 年 1 月 7 日

石家庄市人民政府 中国农业科学院
战略合作框架协议

为加强双方农业战略合作与交流，促进石家庄农业农村又好又快发展，双方决定发挥各自科技、人才、区位、资源等优势，深入开展高层次、宽领域、多角度的长期友好合作与交流。经双方友好协商，达成以下战略合作框架协议。

一、合作背景

石家庄市是河北省省会，全省政治、经济、科技、金融、文化和信息中心，地理位置优越，交通网络发达，是国家重要交通枢纽城市。市域总面积 1.35 万平方千米，常住人口 1 123.51 万人，城镇化率 70.18%。现辖 16 个农村县（市、区），耕地面积 655.83 万亩，自然资源十分丰富，是国家重要的优质小麦生产基地、北方地区重要的粮食、蔬菜、果品和肉、蛋、奶主产区，首批国家现代农业示范区、国家科技创新示范城市、国家生物医药产业基地，全国文明城市，国家卫生城市、国家森林城市，国家食品安全示范城市，素有“北方粮仓”之称。

中国农业科学院是全国规模最大、学科最全、综合研究实力最强的国家级农业科研机构，担负着全国农业重大基础与应用基础、应用研究和高新技术产业开发研究的任务，在解决农业及农村经济建设中基础性、方向性、全局性、关键性重大科技问题，以及科技兴农、培养高层次科研人才等方面发挥着重要作用。多年来，中国农业科学院始终坚持习近平总书记“四个面向”重要批示精神，牢记农业科研国家队使命，在推动农业科技创新、服务地方经济发展、培养高层次科研人才等方面做出了重要贡献。

石家庄市人民政府与中国农业科学院开展全面合作，有利于实现优势互补、相互促进，有利于农业最新技术和成果的快速转化应用，有利于国家全面推进乡村振兴战略的落地落实，对于加快中国农业科学院科技成果转化，促进石家庄市农业高质量发展，共同打造农业高质高效、产业协调发展、乡村宜居宜业、农民富足富裕的全面乡村振兴“国家样板”具有重要的意义。

二、合作宗旨

本着“优势互补、互利共赢、共同发展”的原则，充分发挥中国农业科学院的科技优势、人才优势、智力优势，以及石家庄市的区位交通、农业基础、自然资源等优势，加强农业规划编制、乡村振兴、平台搭建、协同创新、产业培育、人才培养等方面的交流与合作，有组织、有计划地加快中国农业科学院科技成果、先进适用技术和人才向石家庄市的转移转化，促进现代农业自主创新体系和现代农业产业体系建设，将中国农业科学院的科技、人才优势转化为石家庄市农业农村经济高质量发展的累累硕果，为加快建设现代化国际化美丽省会城市提供科技支撑。

三、合作内容

1. 为农业农村经济发展提供战略决策咨询

石家庄市人民政府聘请中国农业科学院相关专家组成顾问团，围绕加快石家庄现代农业发展、全面乡村振兴等重大问题，尤其是现代都市农业发展和农业可持续发展战略等，定期开展战略研究和咨询活动，多方位参与石家庄市的农业政策、发展规划、产业升级、科技成果转化等方面的研究、制定、组织和实施。帮助制定和完善现代食品产业发展规划、国家农业科技园区建设规划、强筋麦产业集群和谷子产业集群发展规划、特色农业产业发展规划、富硒产业发展规划、乡村振兴发展规划、都市农业发展规划等，引领石家庄农业农村高质量发展。

2. 全力打造乡村振兴全国示范样板

中国农业科学院与石家庄市共同开展乡村振兴示范区建设，科学合理利用各种资源，科学安排战略性和战术性目标任务，带动石家庄全域乡村振兴战略实施，助力石家庄打造全国乡村振兴示范区。优先选择乡村振兴工作基础好、特色强的藁城区作为全国乡村振兴示范县（市、区）培育对象，重点在强筋小麦、设施蔬果、特色畜牧、农产品加工、农业信息化建设等方面开展区域农业农村现代化发展规划编制，指导调整城乡空间布局，科学确定目标任务，细化功能分区，谋划重大工程，强化政策保障，确保全面推进乡村振兴，打造全国乡村振兴的样板片区。

3. 合作共享提升种业创新能力

中国农业科学院结合石家庄市种业发展需求，优先在种质资源共享、新优特农作物品种培育等方面给予倾斜，大力支持市级农业科研单位、种业企业育种创新。依托石家庄市农林科学研究院利用生物育种等新育种手段开展小麦、玉米、大豆、棉花、马铃薯、蔬菜、花卉、中药材、畜牧等动植物种质资源创新、新品种选育和育种技术创新，打造农业科技协同创新平台。依托石家庄市健全的种子管理体系，立足石家庄市农作物品种综合测试评价基地，开展玉米、小麦、杂粮、蔬菜等新品种（新品系）、新技术、新成果的引进、试验示范、展示评价、测试鉴定、精准推广工作，着力提升石家庄市农作物种质资源保护、鉴定、评价水平，加快成果转化，促进优良品种推广，种业企业科研实力实现大跃升。

4. 开展农业科技协同创新

中国农业科学院根据石家庄市农业产业发展需要，按照“一个主体、一个项目、一个团队”的合作模式，与石家庄市相关科研院所和经营主体共同开展科技协同创新。重点围绕粮食生产、绿色蔬菜、畜牧养殖、优质果品四大主导产业，以及打造石家庄千亿级现代食品产业园，创建国家首批农业现代化示范区等大产业、大项目，指导开展种业科技创新，联合组织申报和实施国家重点研发计划、现代农业产业技术体系、重大科技成果转化等项目，利用生物育种技术开展小麦、玉米、大豆、棉花、马铃薯、蔬菜、花卉、中药材、畜牧等动植物种质资源创新、新品种选育和育种技术创新，打造农业科技协同创新平台；加强在特色农产品精深加工、节水高效灌溉、农业品牌打造、高端设施建设、现代畜牧业全产业链发展、农产品冷链物流体系建设、农业信息化建设、智慧农业应用、农作物有害生物研究与防治、农业监测预警等领域开展全面合作，为提升石家庄农业的技术创新能力和市场竞争力提供长期智力支撑。

5. 共建农业科技成果示范转化基地

中国农业科学院新技术、新品种、新成果优先在石家庄市落地转化，并积极与石家庄市有关方面共建“国家级区域性农业科技创新中心”，共同开展农业科技攻关、产业对接、人才培训、信息服务交流、科技平台建设等方面的合作。以石家庄市农林科学研究院赵县实验基地和藁城区农科所为重点，联合创建小麦、玉米、蔬菜、果树、智慧农业中试熟化基地，开展新品种、新技术、新成果的展示、集成与熟化，联合打造京津冀农业科技成果示范转化基地，共建“国家级现代种业产业园”。石家庄市为中国农业科学院创造良好的科研环境，中国农业科学院充分发挥自身优势，提供科技、人才、成果支持，经常性选派专家来石调研、指导和服务。

6. 合作推进特色优势产业集群发展

中国农业科学院支持石家庄市创建优质专用农产品精深加工基地，做大做强强筋小麦、优质谷子、优质油料、精品蔬菜、优质梨、高端乳品、优质生猪、优质蛋鸡等特色优势产业集群，以及道地中药材、优势食用菌、优质葡萄、山地苹果、优质肉牛、特色水产等特色优质农产品生产基地，重点在农产品精深加工与贮运等成套技术装备开发等方面进行合作，提高石家庄市农业产业化发展水平，为农业增效、农民增收和农村稳定提供有力支撑。

7. 开展奶业科技创新工程

中国农业科学院与石家庄市合作打造“世界一流”的标准奶源基地，突出良种奶牛全基因组选择育种和奶牛胚胎移植技术应用，加快建立育、繁、推一体的特色牛群繁育体系；围绕奶牛良种繁育、疫病防控、乳品加工、质量追溯，开展科研攻关与技术装备示范应用，突破益生菌和牛奶中活性蛋白保持、母乳低聚糖应用等关键技术，推动奶业产业集群高质量发展。

8. 引进培育乡村振兴人才队伍

中国农业科学院对石家庄市农业农村发展进行技术指导，通过开放科研平台、学术交流、合作研究、技术培训、挂职锻炼等形式，为石家庄市培养一批科技带头人和实用技术人才。石家庄市每年确定专题，邀请中国农业科学院专家来石开展讲座和技术培训；面向全市遴选优秀青年干部（人才），赴中国农业科学院跟班学习。

四、合作机制

1. 定期磋商

双方成立战略合作领导小组，由双方高层领导、相关职能部门负责人和专家共同组成。双方高层领导定期召开会议（每年至少1次），研究磋商合作过程中的重大事项和问题，必要时进行优化调整。同时，按照一项任务、一名领导、一个专班、一个方案、一抓到底的“五个一”要求，根据需要成立若干专门联络小组，负责相关具体项目工作的协调对接。

2. 定期交流

中国农业科学院根据石家庄市需要，定期组织专家开展实地考察调研，指导农业农村发展工作；接受石家庄市分期分批组织有关人员到中国农业科学院学习交流；为石家庄现代食品产业发展提供最新科技成果转化和产业发展信息，介绍国内相应知名企业落户当地。

3. 共建共享

中国农业科学院发挥科技、人才、成果等资源优势，将适合石家庄当地产业发展的最先进科技成果、最高端的人才，通过合作转化为石家庄市农业农村发展动力和优势，为石家庄现代农业和农村经济发展提供强有力的科技支撑。

4. 经费保障

石家庄市人民政府及辖域各合作县（市、区），根据合作内容和具体项目安排财政专项资金，市级每年不少于1 000万元，用于支持双方开展的合作项目，保障合作顺利推进。

五、附　则

本协议未尽事宜由双方另行协商决定。辖区内各县（市、区）合作事项在本框架内，与中国农业科学院相应职能局（所）另行协商。

本协议有效期五年，自签字盖章之日起生效，期满后双方可协商续签。

本协议一式六份，双方各执三份。

石家庄市人民政府	中国农业科学院
法定代表人/授权代表（签字）：	法定代表人/授权代表（签字）：
2023年1月8日	2023年1月8日

吉林省人民政府　中国农业科学院联合推进农业高质量发展战略合作框架协议

为深入贯彻习近平总书记视察吉林时作出的“率先实现农业现代化，争当现代农业建设排头兵”“农业现代化，关键是农业科技现代化”重要讲话重要指示精神，认真落实党的二十大精神和吉林省第十二次党代会决策部署，加快推进“千亿斤粮食”产能建设工程、“秸秆变肉”暨千万头肉牛建设工程及万亿级农产品加工业和食品产业工程实施，实现吉林农业高质量发展。吉林省人民政府、中国农业科学院经友好协商，达成如下战略合作协议。

一、合作宗旨

吉林省人民政府、中国农业科学院双方本着“优势互补、资源共享、长期合作、互利共赢”原则，依托吉林省农业资源优势、政策优势、产业优势和中国农业科学院人才优势、科技优势、平台优势，深化省院共建合作机制，在农业科技攻关、平台建设、成果转化和人才交流等方面开展深度交流合作，加快推进吉林“一主六双”高质量发展战略实施及创新型省份、农业强省、人才强省建设，进一步提升吉林省农业科技创新和产业发展水平，增强中国农业科学院科研教学综合实力和服务农业农村经济社会发展能力。

二、合作内容

（一）开展科技联合攻关

1. 整合科技资源

吉林省统筹利用全省农业科技资源禀赋，中国农业科学院充分发挥农业领域研究优势，双方共同支持中国农业科学院下属院所与吉林省农业科学院、吉林农业大学等驻吉涉农科研院校和有关企业开展农业科技创新合作。

2. 联合申报项目

双方围绕国家农业发展战略布局和吉林省农业转型升级的重大需求，共同组织专家凝练和申报国家和省级农业科技项目。双方共同提供优惠合作政策等支撑配套条件，保障项目顺利实施。

3. 开展战略研究

双方聚焦吉林省率先实现农业现代化、碳达峰碳中和、黑土地保护、十大产业集群等，重点针对农业科技进步贡献率、减排固碳等核心指标体系，组织专家开展政策研讨、专家论证和战略咨询等科技服务。

4. 实施科技支撑行动

双方围绕“藏粮于地、藏粮于技”战略，聚焦良种、良机、良法、良田及智慧农业“四良一智”，实施强种、智机、沃土和生物安全四大科技支撑行动，全力抓好农业关键核心技术攻关，加快推进吉林省“双千一万”工程实施，为保障国家粮食安全提供坚强的科技支撑。

（二）共建科技创新平台

1. 成立新型研发机构

双方共同推进长春国家农高区等平台建设，联合支持中国农业科学院特产所和长春国家农高区共建长春农业高新技术研究院（暂定名），力争打造立足吉林、辐射东北、影响全国的新型农业研发机构。

2. 推进科研基地建设

双方围绕吉林省玉米、水稻、大豆、肉牛等主导产业和人参、梅花鹿等特色产业，共同筹建种业创新示范基地、黑土地保护试验示范基地、长白山中药材产业研究中心以及梅花鹿核心区、保种场和基因库等。

3. 建立平台共享机制

双方优化配置科研实验室、试验基地、研发中心等农业科技平台资源，鼓励支持中国农业科学院与驻吉科研院校、企业共同申报建设国家级和省级平台，实现科技平台资源共建共享。

（三）加快科技成果转化

1. 打造成果转化新高地

吉林省与中国农业科学院共同推动全国农业科技成果转移服务中心东北分中心落户长春国家农高区。针对吉林省农业生产实际和产业发展的科技需求，共同探索建立有效对接的市场化农业科技交易中心。

2. 加强国际交流合作

深化与阿根廷、乌拉圭、韩国、俄罗斯、日本在肉牛、人参、梅花鹿、寒地浆果等方面的农业科技交流合作，双方共同支持共建中国—阿根廷安格斯肉牛繁育中心、中国—乌拉圭安格斯肉牛繁育基地和中俄生物技术科技中心。

3. 畅通成果转化渠道

双方依托现代农业产业技术体系、基层农技推广体系和高素质农民培育体系，发挥全国农业科技现代化先行县、农业现代化示范区等优势，促进科研与推广紧密融合，打通科技成果转化“最后一公里”。

4. 加快推进科企融合

双方共同支持中国农业科学院所属单位与驻吉企业开展“产学研用”全方位对接合作，建立农业产业科技成果信息互通共享机制，加快推进实用性强、应用范围广的科技成果在吉林就近就地转化应用。

（四）构建人才交流机制

1. 实现高端人才省院共享

围绕吉林省农产品深加工和食品细加工万亿级产业打造，聚焦“十大”产业集群建设，双方共同优选专家组建技术顾问团，每个产业集群配备一名首席技术顾问，加快推进农村一二三产业融合发展。

2. 加大高层次人才培养力度

中国农业科学院和吉林农业大学开展高层次人才培养合作，每年培养研究生 20 人左右。双方联合开展“人才吉林行”就业招聘活动，吸引更多的优秀毕业生赴吉林就业创业。

3. 开展人才双向交流

吉林省选派优秀农业技术人才和科技管理干部到中国农业科学院相关单位进修深造。中国农业科学院发挥人才优势，推荐优秀农业科技人才和管理干部到吉林省相关单位挂职锻炼。

三、合作机制

1. 建立高层会商机制

双方高层不定期互访，就双方合作事宜开展深入交流、互换意见，共同协调推进战略合作框架协议落地见效。

2. 建立支持保障机制

吉林省人民政府在政策、资金、资源等方面对双方合作事宜给予支持。中国农业科学院充分发挥农业学科优势，积极支持双方合作事宜有序推进。

3. 建立合作议事机制

吉林省人民政府和中国农业科学院分别确定由吉林省农业农村厅和中国农业科学院成果转化局为双方合作的议事机构，协商落实双方合作具体事项。

4. 建立协调推进机制

双方定期或一方提议召开协商会议，研究制定合作计划，组织交流对接活动，协调解决合作具体问题，积极探索创新合作模式，力求取得实效。

四、附　则

本协议有效期为五年，自双方签字之日起生效。根据经济社会发展和深化合作的实际需要，经双方友好协商，可另行补充修订。

本协议一式四份，双方各执两份。

吉林省人民政府	中国农业科学院
法定代表人/授权代表（签字）：	法定代表人/授权代表（签字）：
2023 年 1 月 29 日	2023 年 1 月 29 日

兴安盟行政公署　中国农业科学院合作框架协议

甲方：兴安盟行政公署

乙方：中国农业科学院

为深入贯彻习近平新时代中国特色社会主义思想和习近平总书记对内蒙古工作的重要讲话指示批示精神，紧扣党中央对内蒙古自治区“两个屏障”“两个基地”“一个桥头堡”的战略定位，践行“加快探索以生态优先、绿色发展为导向的高质量发展新路子”的指示要求，紧紧围绕“科技兴蒙”行动和“京蒙协作”，充分依托中国农业科学院技术与人才的综合优势，围绕兴安盟区位、资源和政策等优势，建立兴安盟行政公署与中国农业科学院合作长效机制，开展创新平台载体共建、创新人才培养、关键技术攻关和成果转移转化等。双方本着互惠互利、合作共赢的原则，共同决定建立全面战略合作关系，达成协议如下。

一、合作宗旨

以实现兴安盟经济高质量发展及拓展乙方技术成果转移转化为目标，以合作共赢为原则，充分发挥双方优势，广泛开展院地、院企间合作，促进甲方在作物、园艺、畜牧、兽医、资源与环境、工程与机械、农畜产品质量安全与加工、信息与经济等领域的农业科研水平进一步提升，形成优势特色资源与先进技术的融合互补。

二、合作内容

乙方发挥在作物、园艺、畜牧、兽医、资源与环境、工程与机械、农畜产品质量安全与加工、信息与经济等学科优势，结合甲方在区位、资源、政策等方面优势，在关键技术攻关及成果转移转化、专业技术人才培养等方面开展广泛合作。

1. 开展农业农村重大战略问题研究

围绕“科技兴蒙”行动和“京蒙协作”，充分依托中国农业科学院技术与人才的综合优势，乙方在农业、畜牧业、加工业等专业领域和人才培养等方面对甲方进行战略及发展规划指导，为兴安盟农牧业产业发展及创新人才培养、关键技术攻关和成果转移转化形成助力，为兴安盟农畜产品质量安全、农牧业产业结构调整、农牧业区域优化布局提供科技支撑与决策建议。

2. 搭建育种关键技术研发平台

依托中国农业科学院作物科学研究所、生物技术研究所、水稻研究所等，围绕大豆、玉米、水稻等产业发展需求，建立智慧育种平台系统，开展地方优良新品种选育，建设北方寒地丘陵农作物种子基因库。围绕生物育种产业化全产业链应用，在育繁推一体化、良种繁育产业化、品种来源本地化方面，支持兴安盟建设转基因大豆玉米制种基地，助力本地区及拟生态区新品种产业化应用取得重大进展。协助兴安盟本土科研院所、制繁种企业与国内外知名科研机构、先进育种企业广泛开展交流合作，搭建长期合作战略合作平台。

3. 搭建植保防控技术研发平台

依托中国农业科学院植物保护研究所，围绕区域农业生产中的关键共性技术和实际需求，建立信息化、智能化、现代化的植物保护科技平台体系，开展植物病害监测与防控、农业害虫监测与防控、生物防治、植保生物技术、入侵生物预警与防控、杂草鼠害与草地有害生物防控，为区域农业产业高质量发展提供专业的植保技术服务和方案。

4. 搭建乡土饲用植物资源保护和开发利用平台

依托中国农业科学院草原所、作物所和畜牧兽医研究所等，围绕兴安盟草牧业领域的区域重大需求，把握草牧业重大产业瓶颈问题，建立乡土植物资源保护和开发利用平台，开展草种质资源收集、评价、保存与利用；引育因地制宜的优质苜蓿和羊草新品种，并进行草新品种培育、制种与栽培研究；草产品加工与质量安全等研究，强化饲草饲料新产品、新装备研发能力，为促进兴安盟草牧业发展和经济社会发展提供技术支撑。

5. 搭建高效节水灌排技术研发平台

依托中国农业科学院农田灌溉研究所，围绕农业灌排水领域的关键共性技术需求，建立高效节水灌排技术研发平台，开展农业灌溉排水、农业水土环境及农村水生态治理等范围的协同创新和集成示范等研究，助力区域节水农业的可持续发展。

6. 搭建养殖业关键技术研发平台

依托中国农业科学院北京畜牧兽医研究所等，围绕肉牛、奶牛、肉羊等特色畜牧产业发展，开展畜牧业优良品种本土化选育和新品种培育技术研究，开展具有自主知识产权的肉羊优质种源培育和肉质品质提升研究。

7. 搭建农畜产品加工研发平台

依托中国农业科学院农产品加工研究所等，围绕玉米、水稻、大豆、林果、牛肉、羊肉、乳品、食用菌等特色农畜产品加工需求，打造农畜产品初加工、精深加工、农畜产品及副产物综合利用、冷链保鲜物流技术研发与综合服务平台，帮助甲方积极引进国内重点农牧业产业化龙头企业到兴安盟投资创业，聚焦农畜产品加工业系统化、智能化、高值化、无人化等发展方向，推进农产品多元化开发、多层次利用、多环节增值，提高农畜产品附加值，从而推进农牧业一二三产业融合发展，助推优势农畜产品加工企业技术升级和人才培养。

8. 搭建蔬菜水果花卉种植关键技术研发平台

依托中国农业科学院蔬菜花卉研究所等，促进甲方在番茄、黄瓜、甘蓝、马铃薯、卜留克等蔬菜作物，软枣猕猴桃、葡萄、草莓、樱桃、苹果等水果作物，月季、百合、牡丹、菊花等花卉高效栽培技术、采后保鲜加工技术、温室大棚等设施建造技术、病虫害绿色防控技术、种质创新技术等方面的科研水平进一步提升，做好优质果类菜类新品种引进试验示范，共建现代设施农业产业示范园，重点解决兴安盟高端优质品种资源匮乏、设施农业技术水平不高、绿色安全生产等“卡脖子”问题，形成优势特色资源与先进技术的融合互补。

9. 搭建智慧农牧业研发平台

依托中国农业科学院农业资源与农业区划研究所等，积极推进大数据、云计算、人工智能等在农牧业关键技术攻关和集成应用，打造智慧农场、智慧牧场，提升甲方特色优势农畜产品品质和产量。围绕肉牛、肉羊等产业，开展养殖数字化、标准管理化、云服务智能管理、过程管理和大数据分析管理关键技术研发，研发繁殖育种数字管理系统和智慧育种公共服务平台，研发工厂化养殖环境智能系统、畜禽精准饲喂技术及养殖大数据平台。

10. 搭建成果转化平台体系

以兴安盟科技大市场为平台，面向甲方优势特色产业发展需要，充分发挥成果转化平台在信息提供、成果展示、成果评价、成果筛选、服务咨询、技术集成等方面作用，通过“发现、筛选、撮合、转化”等方式，建立技术成果转化、扩散机制，实施科技成果与产业发展的精准对接，促进技术创新成果高效转化，形成产业化，助推地方产业的集聚和发展。

11. 开展人才培养交流

依托乙方的技术、人才等优势，邀请乙方专家到甲方进行挂职，通过业务交流，促进甲方的科研人员研发能力提升。共同开展研究生联合培养及教育实践基地建设、博士后流动站建设、专家工作站建设等，依托乙方研究生院的人才优势，选派一定数量的博士、硕士生到兴安盟实习，甲方提供食宿等生活保障；甲方根据技术需求，每年选派一定数量的科技管理或技术人员到乙方进行培训深造。乙方选派专业人才对兴安职业技术学院在教学研究和师资队伍建设方面进行教师培训和教研指导，并选派兴安职业技术学院老师到乙方进行跟岗学习，促进教育领域科研人才的能力提升。借助阿尔山论坛，邀请乙方到兴安盟召开学术论坛，提升甲方学术交流能力。

三、保障措施

1. 组织机构

由双方成立战略合作领导小组，分管负责同志任组长，研究确定重大科技活动与重大合作事项，组织、协调合作项目实施和其他相关工作的开展。

2. 协作制度

双方定期开展交流与互访，加强院地合作工作的组织与指导，通报各自发展需求及最新科技发展情况，共同研究确定重大战略合作项目，协调处理重大合作事项以及合作中出现的重大问题，保障院地合作的顺利开展，实现双方工作机构经常性工作对接。

3. 资金保障

甲方每年安排1 000万元财政预算资金，用于乙方在兴安盟开展工作所需的场地、办公设施、日常运行、专家补助等经费支出，以及双方科技研发项目实施、人才培养等具体需要，并根据项目实施具体情况进行拨付。

4. 人才保障

针对合作领域，中国农业科学院遴选专家，对接合作企业，构建科技创新研发团队，共同开展科研创新和成果转化工作；同时强化人才引进培养交流，形成自身发展壮大的内生动力。对符合条件的高层次人才，兴安盟给予职级、住房、补助等优惠政策；对重点产业、重点领域创新型人才和创新团队，采取“一事一议”方式予以支持。

5. 基础保障

甲方根据合作实际需求，在兴安盟安排必要的科学研究和新品种、新技术示范用地。为通过院地合作引进的投资企业提供用地保障，协调办企优惠政策，保障资源供应。

6. 绩效评估

双方根据总体合作目标，共同研究制订每年的年度计划和目标，共同组织专家每年对合作项目进行绩效评估。根据评估结果，协商下一年度工作年度计划和目标。

四、附　则

（1）本协议为框架协议，是今后双方长期合作的指导性文件，为下一步签订各相关方面深层次合作协议奠定基础。

（2）本协议合作项目中具体事宜将由本协议双方当事人或者双方当事人指定的单位另行签订正式合同予以明确，本协议与正式合同约定内容不一致的，以正式合同约定为准。

（3）本协议未尽事宜及纠纷，双方本着友好协商原则解决。对本协议条款的任何修改、变更或增减，须经双方一致同意并以书面形式作出。

（4）本协议有效期三年，一式四份，双方各执两份，具有同等法律效力，自双方签字盖章之日起生效。期满后双方可协商续签。

兴安盟行政公署	中国农业科学院
法定代表人/授权代表（签字）：	法定代表人/授权代表（签字）：
2023 年 2 月 9 日	2023 年 2 月 9 日

普洱市人民政府　中国农业科学院
战略合作框架协议

甲方：普洱市人民政府
乙方：中国农业科学院

为贯彻落实习近平总书记关于全面推进乡村振兴战略的指示要求，中国农业科学院与普洱市人民政府按照“优势互补、互利互惠、真诚合作、讲求实效、共谋发展”的原则，进一步深化长期、稳定、全面的战略合作关系，促进普洱市农业农村现代化建设，达成如下协议。

一、合作目标

拓宽双方合作领域，建立全面合作机制，提高合作水平，将中国农业科学院人才、科研资源与普洱市绿色经济发展的政策优势和农业农村现代化建设有机融合，解决发展中基础性、方向性、全局性、关键性的重大科技问题，加快乙方科技成果下基层，助推甲方特色农业产业转型升级、提质增效，建设世界一流“绿色食品牌”和高原特色农业产业发展，实现科研、产业科技和地方经济的有机融合，更好服务普洱市全面乡村振兴。

二、合作内容

1. 技术咨询与服务

普洱市人民政府聘请中国农业科学院相关专家组成普洱市现代农业高级专家顾问团开展技术咨询与服务，重点在普洱市乡村振兴、产业发展、社会事业、生态建设等工作中，乙方全力提供政策研究、专家咨询、规划编制、技术转移、项目策划、科技中介等智力支持。优先围绕普洱市“三农”发展需求和短板，重点组建普洱市粮食、肉牛、茶叶、咖啡、蔬菜重点产业品牌的科学家技术服务团队及帮扶团队，解决技术难题，构建产学研相结合、农科教一体化的新型社会化服务体系。

2. 科技研发与成果转化

中国农业科学院支持普洱市有关农业科研单位和研发中心业务建设，与普洱市联合申报并合作实施相关科技项目。围绕粮食、蔬菜、茶叶、中药材、水果、肉牛、生猪等优势特色产业，重点在跨境病虫害监测防控、生物育种产业化、杂交稻旱种、特色蔬菜种植、澜沧黑猪新品种选育、肉牛养殖等领域开展创新协作研究、技术开发和集成推广。结合优势特色产业，中国农业科学院的科技成果优先在普洱市示范转化，普洱市人民政府提供土地、人员、政策等相关条件，并协助组织实施。鼓励乙方人员以技术转让、技术咨询、技术入股等多种形式与普洱市本土企业合作，引进和组装农业高新技术项目，推动农业产业化发展。

3. 科研平台建设

共同开展科研试验基地、专家工作站等平台建设，为普洱乡村振兴实施提供平台支撑。支持在普洱市涉农科技企业或普洱市农业科学研究所、普洱市茶叶科学研究所等科研院所建立院士专家工作站、企业技术创新中心、重点实验室、工程（技术）研究中心、技术转移示范机构等，重点建设普洱市跨境迁飞害虫监测预警与绿色防控研究中心、跨境动物疫病区域防控平台（中心）等研究平台。建设中国农业科学院普洱跨境昆虫迁飞科学观测试验站，甲方给予用地保障等全方位支持，试验基地通过开展基础性前沿性创新研究，打造国家级、世界一流病虫害野外研究平台。依托乙方在产业专家团、园区规划、技术指导、专家服务的优势，共建现代农业科技产业园、产业专家工作站等，加快科技成果转化和产业化，服务稳产保供和乡村振兴。

4. 人才培养

中国农业科学院对普洱市发展现代农业和特色产业进行技术指导，帮助定向培养人才。结合普洱农业农村需求，通过开放科研平台、学术交流、合作研究、技术培训、挂职锻炼等形式，为普洱市培养一批科技研发、科技管理等高层次人才及农业农村实用技术人才。根据双方人才培养需求，建立双向人员流动锻炼机制。中国农业科学院选派有关人员到普洱市挂职，以指导帮助普洱市特色产业领域农业科技应用、全产业链培育和农业农村现代化建设。普洱市人民政府选派有关技术人员到中国农业科学院挂职锻炼，提升现代农业技术运用和科技创新能力。

三、合作方式

根据合作领域及合作重点，主要采取四种合作方式。

1. 院市合作

由乙方与甲方指定主体，共建研发或咨询服务平台，为技术研发及成果转化提供政策咨询服务。甲方为乙方创造优良的成果转化、政策和投资环境等条件，建立良性互动、沟通顺畅的常态机制，确保合作务实高效互惠。

2. 院企合作

由乙方与甲方指定主体，通过强基地、促加工、优结构、树品牌，发挥乙方的人才技术优势，以人才支持、技术成果转让、技术培训、技术咨询、技术承包、技术入股等多种方式支持甲方涉农龙头企业技术进步。

3. 共同研发

根据农业生产中的技术难题和项目需求，甲乙双方联合组织科研力量开展关键技术和难题攻关。联合论证筛选、组织申报、承担实施国家、省和甲方的重大科技攻关项目及产业化关键技术攻关项目。

4. 教育合作

采取短期培训、跟班学习、挂职锻炼、专题讲座及学历教育等多种形式为甲方培养高级人才或适用人才。

四、保障措施

1. 成立战略合作领导小组

领导小组组长由中国农业科学院和普洱市人民政府主管领导担任，成员由双方相关领域负责人员组成。领导小组办公室分别设在中国农业科学院成果转化局和普洱市农业农村局，负责合作的日常事务管理与工作协调。领导小组定期召开工作会议，每年至少召开一次，总结当年的工作，研究部署下一年工作。相关专业领域工作会议视实际需要协商召开。

2. 建立甲乙双方合作联席会议机制

由甲乙双方指定的召集人和成员单位组成项目推进小组，负责双方合作的协调、规划制定和督促项目实施等重大事项；同时双方分别设立联席会议办公室（甲方设在普洱市农业农村局、乙方中国农业科学院成果转化局)，负责双方合作具体日常工作。

3. 予以优先支持

凡双方共同认定的重大合作项目，甲方在立项、土地审批、资金筹措及有关政策上给予优先支持。

五、附　则

（1）本协议未尽事宜双方另行协商决定。

（2）本协议有效期五年，自签字之日起生效，期满后双方可协商续签。

（3）本协议一式四份，甲乙双方各执二份。

普洱市人民政府	中国农业科学院
法定代表人/授权代表（签字)：	法定代表人/授权代表（签字)：
2023 年 3 月 16 日	2023 年 3 月 16 日

贵州省人民政府 中国农业科学院 科技支撑贵州农业高质量发展 战略合作协议

为深入贯彻习近平总书记关于“三农”工作重要论述和视察贵州重要讲话精神、国发〔2022〕2号文件精神，贯彻落实贵州省委、省政府坚持以高质量发展统揽全局和关于“科技入黔”推动高质量发展行动的决策部署，全方位推动贵州现代山地特色高效农业高质量发展，经贵州省人民政府和中国农业科学院协商，就科技支撑贵州农业高质量发展达成如下战略合作协议。

一、合作建设农业科技人才队伍

1. 加强农业科技人才队伍建设

中国农业科学院大力支持贵州省农业科技人才队伍建设。根据产业发展需要，贵州省人民政府采取重大项目“揭榜挂帅”等形式，通过柔性引进方式，引进一批中国农业科学院院士团队、顶尖专家团队开展联合科技创新。中国农业科学院通过科技特派团或协商选派一批专业技术人员到贵州开展科技创新、科研服务、合作研究；选派高端人才到贵州省农业科研机构挂任副院（校、所）长，不受岗位职务职数编制限制。

2. 加强农业科技人才培养

充分利用中国农业科学院研究生院等平台，支持贵州省农业科研人员前往中国农业科学院攻读博士学位。建立人员进修培训和互访机制，加强贵州省农业科研机构同中国农业科学院相关研究所人才合作，遴选优秀青年科技人员前往中国农业科学院进修培训、开展合作研究，大力培养贵州农业科技人才队伍。

二、合作开展贵州现代山地特色高效农业科技重大攻关

围绕贵州省现代山地特色高效农业产业发展的科技需求，中国农业科学院充分利用科技成果、科技人才及创新平台等优势资源，加强与贵州省深度合作，联合开展现代山地特色高效农业科技重大项目攻关，提升贵州省农业科技自主创新能力，推动贵州现代山地特色高效农业高质量发展。

1. 全面推进贵州从种质资源大省向种业强省迈进

重点围绕水稻、玉米、马铃薯、油菜等主要粮油作物及12大特色优势产业和山桐

子、油茶等木本油料作物，开展育种技术创新与新种质创制，充分利用中国农业科学院丰富的种质资源、育种中间材料、技术方法等优势培育突破性新品种或新种质；攻克一批育种前沿技术，提升贵州省农作物育种技术原始创新能力，解决“卡脖子”关键技术问题，从种质资源保护利用、种业创新攻关、种业企业扶优、种业基地提升、种业市场净化等方面着手，全面推进贵州从种质资源大省向种业强省迈进。

2. 开展特色农业产业绿色发展关键技术研发与应用

重点开展贵州主要农作物机械化、农机农艺融合、轻简化、“双减”绿色优质高效等生产技术攻关，山地优质稻病虫害、蓝莓果蝇、畜禽绿色防控及疫苗创制、辣椒土传病害、食用菌连作障碍等绿色防控技术，现代山地特色作物绿色高效高产栽培技术研究，研发一批农作物绿色高产高效生产技术、重大病虫绿色防控、耕地地力提升、健康养殖等关键技术，提供一批农业绿色发展典型技术模式，提升贵州省农产品质量安全水平，推动贵州省乡村振兴战略实施。

3. 开展特色农产品加工关键技术研发与应用

重点开展茶叶、刺梨、食用菌、果蔬、辣椒、山桐子、油茶等特色农产品贮运保鲜及高效加工等关键技术创新应用，解决贵州省部分农产品季节性过剩、加工增值和资源综合利用程度偏低等问题，提升贵州省农产品加工水平，推动一二三产业融合发展。

4. 开展山地特色高效农业机械化、智能化关键技术研发与应用

围绕贵州现代山地特色高效农业薄弱环节和机械化智能化技术需求，合作开展山地适用小型农机关键技术攻关和应用示范、农作物生长及环境数据的动态协同采集技术、多源信息智能分析与服务等关键技术研发，提高贵州现代山地特色高效农业生产数字化、机械化、智能化水平，提升现代农业生产效率。

三、合作建设农业科技创新平台

中国农业科学院支持贵州省农业科研机构加入有关国家重大科学工程、国家重点实验室、国家农作物改良中心等科研基地和技术平台。中国农业科学院在现有国家级科研平台的基础上研究建立贵州研究中心，提升贵州农业科技创新平台建设，指导贵州省农业科技创新联盟建设。

四、加强中国农业科学院与贵州大学的合作交流

中国农业科学院加强对贵州大学在学科建设、国家级项目申报、科研平台建设和科技成果转化等方面工作的指导、支撑、合作与交流。

五、合作共抓台江县产业帮扶

围绕台江县巩固拓展脱贫攻坚成果同乡村振兴有效衔接产业发展需求，充分挖掘台江县资源优势，贵州省相关部门与中国农业科学院进一步深化帮扶工作。优化台江县产业发展规划方案，加强特色产业统筹布局，推进产业进村入户联农带农，外引内培发展壮大龙头企业。挖掘“一村一品、特色营销、旅产协同、联农带农、科技支撑”等模式发展潜力，推动专业合作社、养殖大户等经营主体融合多渠道发展。力争在生产规模、产业化经营、品牌打造等方面取得新突破，进一步拓展产业发展空间，整体提升台江县农业科技水平。

六、合作机制

1. 具体合作工作

贵州省人民政府委托贵州省农业科学院与中国农业科学院开展具体的合作工作，在本协议框架下双方签订具体合作协议。

2. 建立省院战略合作领导小组

领导小组组长由贵州省人民政府分管贵州省农业科学院的省领导和中国农业科学院领导共同担任；领导小组副组长由中国农业科学院分管对外合作的副院长与贵州省农业科学院院长共同担任。领导小组负责统筹协调和审议确定合作过程中的重大事项，全面指导合作工作目标的实施。

3. 建立联席会议制度

建立科技支撑贵州农业高质量发展联席会议制度，由合作双方共同召集。联席会议每年至少召开一次，主要任务是总结工作成效，研究重大事项，协调解决困难和问题，共商下一步合作事宜。

4. 明确目标任务

围绕重大科技创新攻关，细化双方合作建设平台及重大项目清单，签订项目合同任务书，按照项目约定按期完成相应任务目标，并享有相应的权利与权益。

5. 落实相关待遇政策

通过聘请的院士团队、顶尖专家团队来黔开展科技创新合作工作，根据贵州省制定的相应政策签订合作目标任务，享有高层次人才的相关政策待遇。

6. 建立共享机制

合作开展科技创新获得的科技成果根据贡献大小享有相应的知识产权；合作双方通过科技成果转化、技术咨询、技术服务等获得的收益，按照国家相关政策，根据贡献大小享有相应的分配权利。

7. 建立互访机制

合作双方每年开展 1~2 次高层互访。根据工作需要，院与院、各研究所、各产业、各合作领域之间也开展互访活动，其目的是加强交流、沟通和协作，促进合作工作的深入和取得较好的合作成效。

七、条件保障

（1）贵州省人民政府在“十四五”期间逐年增加财政投入，支持合作双方开展科技攻关、成果转化、推广应用，配套申报国家级项目和平台，共同培养人才。

（2）中国农业科学院支持贵州省农业科研机构联合组织申报和实施国家级农业科技创新与示范推广项目，共同组织农业重大科技成果的研发、示范、推广和产业化开发。

（3）中国农业科学院每年投入相应的人力、财力和技术等支持贵州省开展现代山地特色高效现代农业领域相关的协同创新工作。

（4）合作双方为协同创新、联合推广科技成果、开展对外农业科技合作、从事产业化开发等提供便利条件。

（5）贵州省为中国农业科学院科研人员来黔进行科学实验、科学考察、调查研究等提供便利条件。

八、附　则

（1）本协议未尽事宜，由双方在合作过程中协商决定。

（2）本协议合作周期为 5 年，自 2023 年至 2027 年止。合作期满后，双方根据情况另行商议续签事宜。

（3）本协议一式四份，双方各执两份，经双方签署后生效。

贵州省人民政府	中国农业科学院
法定代表人/授权代表（签字）：	法定代表人/授权代表（签字）：
2023 年 7 月 5 日	2023 年 7 月 5 日

中国农业科学院　驻马店市人民政府
合作框架协议

甲方：中国农业科学院

乙方：驻马店市人民政府

为落实中国农业科学院与河南省人民政府共建协议，充分发挥各自优势，助力中国式农业农村现代化建设，双方本着“优势互补、共建共享、合作共赢、持续发展”的原则，达成如下协议。

一、合作宗旨

围绕驻马店建设“国际农都”总体目标，深化院地合作，利用驻马店农业资源优势，通过中国农业科学院的人才、科研、技术赋能，实施农业科技研发、人才培养和成果转化，在驻马店共同打造中国农业科技成果转化实验基地、推广基地、示范基地，推动驻马店农业高质量发展，为中国式农业农村现代化提供支撑和示范。

二、合作内容

1. 共建科技成果转化促进中心

依托甲方技术成果优势，在驻马店市智慧岛合作共建中国农业科学院科技成果转化促进中心。加快成果熟化示范应用，推动技术成果走出实验室、走进孵化器、走向大市场，实现“研发—转化—服务”一条龙。重点开展全国农业科技成果展览展示及推广工作；合作建设全国优质小麦研发中心，开展小麦新品种科技创新及推广工作；开展技术转移与科技成果转化专业咨询、中介服务、人才培育等创新创业辅导培训工作；开展省级以上科技成果评价评估与遴选、编撰成果公报、发布成果信息等服务工作；开展夏南牛培育及产品研发；举办国际国内高层次农业科技成果论坛、科技赛事、科学普及、会展会议承办工作，以及科技成果对接、合作及转化等活动的服务工作；加强院院合作共建，甲方支持利用自身资源与驻马店市农业科学院在育种、栽培、畜禽发展等方面开展深度合作，助力驻马店市农业科学院提升科研水平。乙方免费提供不少于 1 000 平方米的办公场所，配套不少于 10 名专业运营人才、不少于 10 名农业方面拔尖人才。甲方派驻不少于 20 名科研技术人员（其中科研杰出人才或杰出专业技术人才不少于 10

人），乙方给甲方派驻科研工作人员免费提供人才公寓或发放人才住房租赁补贴，并按政策给予生活补贴等。乙方免费提供 1 000 亩农业用地，支持中心布局综合试验实训基地，主要包括试验基地、实训（实践）基地、繁育基地和科普基地等，开展农产品标准化生产实验、良种繁育、人员实训和农业科技知识普及等。

2. 共建农产品综合检验检测中心

依托中国农业科学院农业质量标准与检测技术研究所、农业农村部食物与营养发展研究所、驻马店市质量技术监督检验测试中心，在驻马店市合作共建中国农业科学院农产品综合检验检测中心并挂牌。该中心围绕农产品质量安全风险监测、农产品质量安全溯源及真假识别、未知风险筛查识别、已知风险精准检测、农兽药和重金属等有毒有害物质残留检测、营养成分与风味物质的检测、技术指导与培训、国内外检测技术交流等方面开展合作。对农药、兽药、添加物、重金属、生物毒素、环境污染物、营养成分等提供检测服务。乙方为综合检验检测中心提供不少于 30 人的专业运营人才。甲方派驻不少于 10 人的相关专业人才，乙方给甲方派驻科研工作人员免费提供人才公寓或发放人才住房租赁补贴，并按政策给予生活补贴等。

3. 共建国际农产品加工产业园

充分发挥中国农业科学院农产品加工研究所在农产品加工、机械设备制造、食品研发、科技创新、成果转化、国际合作等方面的优势，在农产品加工相关产品研发、制造、转化、国际招商等方面进行合作，共同将中国（驻马店）国际农产品加工产业园打造成国际农产品精深加工基地、国际高端食品制造基地、国际食品机械装备制造基地、国际农产品科技研发基地、国际农产品贸易物流中心。

4. 共建国家智慧农业示范区

依托中国农业科学院农业信息研究所，以数字化高标准农田为抓手，在驻马店市域内开展智慧农业示范区建设试点。开展农业物联网、现代农业智能装备、“互联网+农业”等方面的科技创新工作。基于物联网传感技术基础，以农业生产和农业决策支持为应用方向，打造从感知、传输、应用到决策的信息化整体解决方案；聚焦小麦、玉米、花生、芝麻等主要农作物智慧生产需求和网络信息技术前沿，开展前沿基础研究和智慧耕种、智慧水肥管理、智慧植保等关键技术与智能装备研发，推进前沿基础研究和应用技术研究的有机互动和深度融合。

为农洽会（中国农产品加工业投资贸易洽谈会）信息化服务平台助力赋能，打造智慧农洽会。配合大会主办方在驻马店市举办以乡村产业振兴、农业高质量发展为主题的论坛研讨活动，充分发挥中国农洽会 5A 级展会品牌优势，提升展会知名度和影响力。

5. 合作编制“国际农都”规划

甲方组织相关领域专家按照市场化原则，为驻马店“国际农都”建设、现代农业发展提供规划编制和战略咨询服务，并全过程指导规划实施。

三、合作机制

1. 建立沟通联络机制

成立分管领导牵头的工作专班，建立常态化沟通协调机制，加强沟通，及时解决问题，推动高效合作。甲方指定中国农业科学院成果转化局为牵头落实单位，乙方指定驻马店市农业农村局为牵头落实单位，驻马店市农业科学院、驻马店市豫资投资发展有限公司积极配合落实工作。

2. 建立高层互访及合作成效评估机制

在沟通联络的基础上，每年双方主要领导要进行互访，为深化合作定方向、作指导。同时，每半年对各领域合作成效进行一次细致评估，针对评估发现问题及时整改，确保合作取得实效。

3. 建立保障机制

在双方合作期间，乙方将每年不少于1 000万元的合作所需科研经费纳入财政预算，在项目研究、平台建设、成果转化等方面给予支持，并根据具体实施情况经市政府同意后拨付。按实际需求为科研人员提供足够的办公用房、实验场所和科技孵化空间。对于在驻工作科研人员在驻研究获得奖项成果按照现行政策给予奖励等。

四、附　则

（1）针对后续合作事项，双方将在本协议主体意向下签署具体合作协议后执行。

（2）细化合作方案。根据合作内容，分别制定落地方案，完善合作机制，明确责任，确保落地。

（3）双方及其所属部门机构均应对本协议和所涉及相关事项保密，未经对方同意不得向无关方披露；若因项目推进确有必要对有关第三方披露本协议和所涉及相关事项及成果，须经双方协商一致。

（4）本协议未尽事宜，双方可协商签订补充协议，补充协议与本协议具有同等效力。

（5）本协议中乙方应支持甲方开展相关工作的，限于乙方在合法合规且职权范围内的支持。

（6）本协议一式六份，双方各执三份，具有同等法律效力，自双方签字并盖章之日起生效，协议有效期五年。

中国农业科学院

法定代表人/授权代表（签字）：

2023 年 9 月 7 日

驻马店市人民政府

法定代表人/授权代表（签字）：

2023 年 9 月 7 日

黑龙江省人民政府　中国农业科学院发展现代化大农业加快推进省院合作共建框架协议

为深入贯彻落实2023年9月习近平总书记在黑龙江省考察时提出的“以科技创新引领产业全面振兴”“当好国家粮食安全‘压舱石’”“以发展现代化大农业为主攻方向，以发展绿色农业为鲜明导向，加快建设现代农业大基地、大企业、大产业，率先实现农业物质装备现代化、科技现代化、经营管理现代化、农业信息化、资源利用可持续化”和“统筹推进科技农业、绿色农业、质量农业、品牌农业”等重要指示，黑龙江省人民政府与中国农业科学院经友好协商，在前期良好合作基础上，就推进省院合作共建达成本协议。

一、总体思路

双方坚持以发展现代化大农业为主攻方向，以科技创新为驱动，聚焦国家关于实施新一轮千亿斤粮食产能提升行动、大豆和油料产能提升工程、保障初级产品供给安全等重大战略部署，立足中国农业科学院作为国家战略科技力量和黑龙江省作为国家粮食安全“压舱石”的使命与责任，重点围绕大豆产业振兴，双方充分发挥各自优势，进一步统筹资源，以中国农业科学院哈尔滨兽医研究所、北方水稻研究中心和黑河大豆研究中心为战略支点，共建科技创新区域中心，推动建设专业化大豆研究机构，开展高端人才培养，加强既有合作平台建设，全面深化省院共建战略合作，共同助推黑龙江现代化大农业高质量发展。

二、合作内容

1. 推动建设专业化大豆研究机构

（1）利用中国农业科学院在基础研究、关键技术、成果转化等方面的人才、技术、科研优势，整合黑河大豆研究中心等平台资源，共同推动在黑龙江省建设专业化大豆研究机构，着力突破大豆产业发展的科技创新瓶颈问题，助力全国大豆产业振兴。

（2）依托专业化大豆研究机构，选育、引进和推广适合于我国种植的大豆新品种；聚焦大豆单产提升，根据不同土地类型和区域气候特点选择典型区域，综合运用工程、农艺、农机、生物技术等措施，在黑龙江打造大豆高产种植示范样板；服务国内大豆加工企业，面向全国消费市场，突破一批大豆精深加工“卡脖子”技术。

2. 共建科技创新区域中心

（1）以北方水稻研究中心为基础，在黑龙江省宝清县共建科技创新区域中心，根据黑龙江现代化大农业发展的科技需求，重点围绕水稻、玉米、北方经济作物、富硒农业等，开展战略规划、应用技术研发、科研中试熟化、成果转移转化、人才培育与农业科技企业孵化等工作。

（2）依托省院优势团队，由有竞争力的科学家牵头，针对黑龙江乃至全国迫切需要解决的农业关键核心技术，共同申报国家科技创新重大项目和国家重点研发计划等科研项目，开展关键核心技术攻关，破解产业发展难题，服务区域经济可持续发展。

3. 共同开展成果转移转化

中国农业科学院适宜科技成果在黑龙江省优先转化，发挥佳木斯国家农业高新技术产业示范区、中国农业科学院桦川示范县等相关平台作用，以产业专家团、田间课堂等为载体，大力开展绿色优质、生态安全、高产高效栽培技术，畜禽繁育、标准化养殖、疫病防控技术的集成示范与推广应用，以科技创新引领现代农业产业全面振兴，助力黑龙江现代化大农业高质量发展。

4. 联合开展高端人才培养

（1）邀请中国农业科学院院士、知名专家学者为战略科学家、重点实验室主任、重大科研项目主持人，定期到黑龙江省指导相关领域开展科技创新，培养科技创新团队、业务骨干和农技推广人员，提升整体创新能力。

（2）依托中国农业科学院的教育平台和黑龙江省相关科技创新平台，联合培养博士、硕士研究生。双方互派访问学者和挂职干部开展合作研究、进修和学习深造。

三、合作机制

按照省院共建、合力推进的原则，中国农业科学院、黑龙江省人民政府成立联合工作专班，由中国农业科学院主要领导、黑龙江省人民政府分管领导任组长，中国农业科学院相关部门及研究所负责人和黑龙江省有关部门负责人为成员。在中国农业科学院成果转化局和黑龙江省农业农村厅设立专班办公室，负责业务沟通、项目联络和专班日常工作。

联合工作专班建立沟通会商制度，跟踪调度重大事项落实情况，研究解决推进中的新情况新问题。中国农业科学院在科技项目、人才引进、试点示范等方面给予倾斜，协调相关国家力量加强对黑龙江打造大豆产业振兴、加快发展现代化大农业的支持。黑龙江省人民政府落实专业化大豆研究机构和科技创新区域中心等重大项目选址、条件建设和配套扶持政策，强化工作推动。

四、附　则

（1）协议中未尽事宜，由省院联合工作专班研究商定。专业化大豆研究机构和科技创新区域中心组建方案由双方另行签署并组织实施。具体合作项目由双方相关部门签订协议并组织实施。

（2）本协议有效期为五年，经法定代表人或授权代表签字并加盖公章后生效。协议期满后，经双方协商后可再行续约。

（3）本协议一式四份，双方各执两份，具有同等效力。

黑龙江省人民政府	中国农业科学院
法定代表人/授权代表（签字）：	法定代表人/授权代表（签字）：
2023 年 11 月 15 日	2023 年 11 月 15 日

《中国农业科学院　新疆维吾尔自治区人民政府农业科技合作协议》补充协议

本协议是中国农业科学院与新疆维吾尔自治区人民政府 2020 年 12 月 2 日签订《中国农业科学院　新疆维吾尔自治区人民政府农业科技合作协议》（以下简称原协议）的补充协议，除另有说明，否则本协议中所有术语与原协议中的定义相同。

中国农业科学院与自治区人民政府本着“优惠互补、互利共赢、友好协商、共同发展”的原则，经协商，双方决定在原协议的基础上，进一步深化双方农业科技合作意向，签署补充协议，就原协议中的未尽事项特订立以下补充协议。

一、新增合作内容

1. 合作提升新疆现代畜牧业发展的科技支撑能力

开展畜禽新品种联合育种攻关，围绕构建畜牧业全产业链数字化体系，推进智慧畜牧业建设；联合开展大动物三级生物安全实验室、西部山地草业研究中心等科技创新平台建设；构建先进的肉牛全基因组选择技术平台，开展肉牛基因组选择育种芯片开发；推进青贮饲料提质增效关键技术研发与应用。

2. 合作提升生物育种技术的科技支撑能力

瞄准以基础研究和技术突破引领新一轮育种技术革新为目标，联合开展棉花、玉米、小麦、谷子、花生、中草药等作物和牛、羊种质资源鉴定与挖掘；开展根系养分关联分子标记在玉米遗传改良中的应用研究；建设不受基因型限制、可针对当前主栽品种进行定向遗传转化的生物育种体系；合作培养高科技育种人才，推动新疆育种技术向以分子设计、基因编辑为代表的生物育种 4.0 迈进。

3. 合作提升新疆优势农产品质量安全检测技术与营养品质分析、评价及调控技术的科技支撑能力

以提高新疆优势农产品高质量与可持续供给为总体目标，合作开展新疆大宗农产品全产业链质量安全风险评估、全程管控及预警追溯技术研究，开展典型农产品营养品质分析、特征组分挖掘鉴定及综合品质评价技术研究，开展基于独特环境的特色农产品的特征/功能因子分离鉴定，进行品质形成机制及调控机理研究，为实现新疆特色农产品品质培优、品质提升与品牌打造及高质化综合利用提供科技支撑。

4. 合作提升新疆优质棉基地建设的科技支撑能力

加强新疆盐碱地棉花生产模式、棉花高效农艺用水联合攻关。

5. 合作推进新疆农业科技人才培养与队伍建设

通过申报“天池英才”“创新拓展智力援疆”等项目，中国农业科学院选派科研团队、学科领域专家、优秀研究人员到新疆农业科学院等单位开展技术指导，增强棉花、林果、粮食、农产品加工、现代种业、作物种质资源、生物育种等重点领域、畜牧业育种、饲料营养、疫病防控、畜产品加工、生物安全、农产品质量安全等方面的人才培养和技术攻关力度。

二、附　则

本协议生效后，即成为原协议不可分割的组成部分，与原协议具有同等的法律效力。

本协议一式四份，双方各执二份，具有同等法律效力，自双方签字盖章之日起生效。

中国农业科学院	新疆维吾尔自治区人民政府
法定代表人/授权代表（签名）：	法定代表人/授权代表（签名）：
2023 年 4 月 24 日	2023 年 4 月 24 日

中国农业科学院关于印发《中国农业科学院棉花产业专家团组建方案》的通知

农科院转化〔2023〕66 号

院机关各部门、院属各单位：

现将《中国农业科学院棉花产业专家团组建方案》印发给你们，请结合实际，认真贯彻落实。

中国农业科学院

2023 年 5 月 10 日

中国农业科学院
棉花产业专家团组建方案

为深入贯彻党的二十大精神，全面落实习近平总书记“四个面向”及相关指示批示要求，将科技支撑棉花产业高质量发展和助力乡村振兴作为政治任务，通过组建棉花产业专家团，组织全院科技力量，围绕“供给保障强”，持续探索科技支撑产业发展新模式，切实填补我国高品质棉花缺口，为国家重要农产品稳产保供做出应有的贡献。

一、背景意义

棉纤维是重要的纺织工业原料和战略物资，我国是世界上最主要的棉纺织品生产、消费和出口大国。但是，随着生产区域转移，我国棉花生产所面临的极端气候频发、重要病虫害加剧、耕地质量下降等问题愈加严峻，通过科技支撑棉花稳定高效生产能够保障人民物质需求、国家经贸稳定、民族地区安定团结，有效落实乡村振兴战略。

1. 棉花生产事关民族复兴

民族要复兴，乡村必振兴。棉花产业为我国主产地区农民脱贫摘帽做出了历史贡献，立足新阶段继续发展好棉花生产，特别是新疆维吾尔自治区的棉花高质高效生产，对于民族地区巩固拓展脱贫攻坚成果同乡村振兴有效衔接具有现实意义。西方为了遏制我国经济社会高速发展，以政治手段打压新疆棉花生产，因此，推动我国高品质棉花生产，摆脱对国际市场优质原棉的依赖，做优做强我国棉花产业对于树立国家形象、展现发展意志、凝聚发展动力具有时代意义。

2. 确保高品质棉花自给必须依靠科技支撑

我国是棉花生产大国，近年来棉花产量稳定在600万吨左右。中国农业科学院作为国家战略科技力量围绕棉花生产开展了一系列科技创新与技术模式集成示范，育成中棉所12、中棉所16、中棉所19、中棉所35、中棉所41和中棉所49等重大品种，以及合理密植、化学调控、膜下滴灌、综合防控、水肥一体、全程机械化等一系列科技创新与技术模式集成示范，为保证我国棉花稳产、高产发挥了重要作用。

3. 常态化农业科技支撑服务体系亟待建立

随着“良田”变“粮田”，棉花生产区域转移所面临的非生物胁迫愈加严峻，干旱、盐碱、低温、风灾、冰雹、高温、早霜等频发，加之过度集中连续种植造成病虫草害加剧，而且长江、黄河、新疆天山南北、戈壁边缘不同地区环境各异，气候变化造成害虫危害规律变化、铃病多发，水肥一体化下的随意施肥、滴灌用药等新的生产问题不断涌现。然而随着种植业结构快速调整，棉花科研力量布局失衡，棉花生产过程中迫切需要稳定的专业技术人员开展服务支撑。

我院现有以棉花所为主的 9 个研究所（中心）、24 个科研团队开展棉花产业相关研究工作，有力服务棉花产业发展和乡村振兴建设。2020 年以来，棉花所组织专家深入农业生产一线开展“联县联团”工作，为支撑棉花产业发展进行了良好实践。独木不成林，院内资源整合力度不够，所际团队协同科技支撑意识不强，长期稳定的稳产保供科技服务保障机制尚未形成，科技成果应用和服务产业一线“最后一公里”存在的问题仍然比较突出，需要稳定一支常态化技术攻关与稳产保供科技队伍，更好服务政府、服务企业、服务农民、服务科研。

二、总体思路

认真贯彻习近平总书记“四个面向”及相关重要指示批示精神，组建棉花产业专家团，以科技支撑棉花产业发展为手段，以服务政府、服务企业、服务农民、服务科研为目的，遵循“平时布局、战时实用”保障模式，面向全国棉区，重点是新疆棉花生产区域，建立专家工作站，按照“专业到边、服务到底、全院一盘棋”的总体要求，结合“专家团—专家站—田间课堂”的服务格局，整合我院良种培育、栽培耕作、盐碱改良、水肥高效、绿色植保、综合利用等方面科技力量，开展棉花产业科技支撑工作。集成示范一批关键技术产品，打造一批产业示范服务网络平台，锻炼一批农业科技实用人才队伍。

三、发展目标

每年根据棉花产业发展需求、地方政府需求、涉棉企业需求、农户需求、服务科技创新需求，以及生产应急服务需求，开展产业技术指导，强化年度主导品种种植布局，制定盐碱地治理与地力保护及提升技术方案，集成示范棉花绿色丰产增效技术，鉴选推荐一批高产、优质、多抗重大品种，加大推进重大病虫草害防控和气象灾害预警，推广水肥高效、全程化控、绿色植保等轻简化生产技术，解决棉花生产科技问题，培养一批“一懂两爱”新农人。

依托我院科技服务力量组建一支 100 人左右的稳定的棉花产业科技支撑队伍，有重大应急服务任务时调得来、派得出、用得上。建立长效机制，与地方政府、生产企业、种植大户合作，在新疆南疆巴楚、莎车、伽师、阿克苏、库尔勒以及新疆生产建设兵团所在的阿拉尔、图木舒克，新疆北疆博州、昌吉以及新疆生产建设兵团（简称新疆兵团）所在的石河子、胡杨河、五家渠，新疆东疆哈密，黄河流域河南安阳，长江流域安徽安庆等区域，建设 15 个棉花产业专家工作站，作为开展科技服务的重要抓手和前沿阵地。

到 2035 年，健全棉花产业专家工作站，推进我国棉花生产功能区皮棉单产提升约 8 千克/亩；通过“田间课堂”培训新农人 1 000 名左右。

四、组织架构

棉花产业专家团是一个整合全院不同研究所相关专业科技力量（附表1）形成的服务型组织（图1），是履行我院服务棉花产业稳产保供职能使命的松散型机制，设团长1名（李付广）、副团长2名（陆宴辉、马雄风），分设15个专家工作站（附表2），每个工作站由棉花所、植保所、西部中心、生物所、灌溉所、农机化所、信息所、环发所、农经所相关创新团队的育种、栽培、土肥、植保、农机、信息、气象、农经等方面专家负责，并联合院外相关科教推广单位及生产一线专家，结合棉花全产业链发展的技术需求，进行重点任务分工与协作，共同开展科技支撑服务工作。

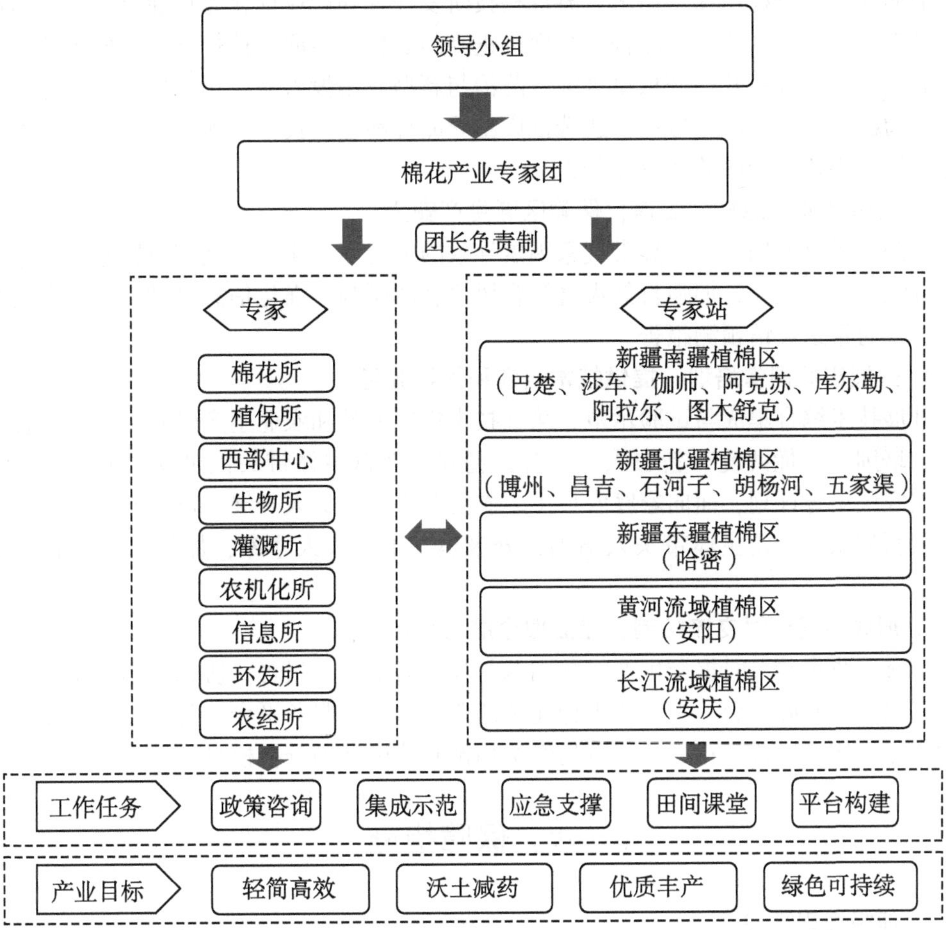

图1 棉花产业专家团架构

五、重点任务

棉花产业专家团扎根产业一线，服务于产业发展，服务于政府部门，服务于相关企业，服务于科技创新。

1. 开展产业政策研究，为政府决策提供咨询服务

研判国内外产业发展趋势，提出阶段性、区域性、长期性战略与政策研究，充分发挥高端科技智库作用，为产业发展提供决策咨询。向农业农村部等上级部门递交咨询报告，在国家制定重要农产品供给保障政策、农业科技政策等方面提供重要的决策依据。

2. 凝练重大攻关目标，开展新品种新技术集成示范

面向我国棉花稳产保供需求，凝练科技研发任务和产业优化布局建议，加强品种区域种植布局，鉴选示范优良品种，全面推进高品质棉花轻简化植棉技术集成示范，强化农机农艺融合，统筹开展病虫草害综合防治与新型农用投入品应用推广，开展盐碱地改良与地力提升技术集成与应用，遴选推广主导品种和主推技术，解决产业共性技术瓶颈问题，提升棉花生产区的产业竞争力。

3. 提供产业应急技术支撑，保障区域生产安全

监测分析重要病虫害、异常气象因素导致的灾情等变化，开展应急服务等工作。统筹做好农业防灾减灾，加强自然灾害综合风险会商研判。强化信息管理，加强灾情调度会商，及时报送灾情预测报告。

4. 开展田间课堂培训，提供技术培训和指导服务

开展技术综合集成与试验示范，培训技术推广人员和农业生产经营主体。结合田间课堂，培训“一懂两爱”新农人。培育新型农业经营主体带头人带动产业发展；实施高素质农民培育计划，面向家庭农场主、农民合作社带头人开展全产业链培训。分层分类开展新型农业经营主体带头人培训，分级建立带头人人才库，加强对青年农场主的培养。

5. 形成协同研讨交流机制，建立健全服务平台

调查、收集并及时提交生产实际问题与技术需求信息报告。协调各运行单元开展调研，组织产业发展年会。丰富完善棉花全产业链大数据服务平台，为政府决策提供及时有效支撑。构建适合棉花产业特点的供给均衡和价格预测分析模型。

六、保障措施

1. 加强组织领导

成立领导小组，由孙坦副院长担任组长，成果转化局局长赵玉林担任副组长，成员由院机关相关部门和院属有关单位主要负责人组成。领导小组办公室设在成果转化局科技推广处，负责日常组织协调工作。专家团的具体工作由棉花所牵头负责，组织制定实施方案，做好技术指导、技术培训、产业政策研究、信息报送等各项工作。

2. 加强协同创新

一是与国家任务协同，包括农业农村部《“十四五”全国种植业发展规划》等文件明确的国家重点任务，履行产业服务使命；二是与区域内力量协同，与地方科研、推广力量联合开展工作；三是与国家体系、地方体系、农技推广部门、联盟协同，建立协同产业技术网络，构建机制，形成工作合力，提高棉花产业专家团工作成效。

3. 强化资金保障

充分利用院创新工程、院地合作、科企合作等平台多渠道筹措资金。整合研究所承担的应用类研究、科技推广、成果转化、示范展示等项目资金，拓展资金投入渠道；积极申请国家和地方项目，筹集工作资金；积极吸纳社会资金的投入，促进产业技术和金融结合，形成多元化投入体系。

4. 完善评价机制

建立以激励为导向的考核方案和评价指标体系，同时实施专家进入和退出动态管理。切实贯彻“到一线去”“到田间去”的指导思想，自科类团队侧重田间地头工作时间、成果推广面积、成果效益等指标；社科类侧重基层调研次数、访谈群体数量等指标，同时依据专家团运行情况不断优化评价方案，建成有标准、有监督的评价体系，助力常态化全天候服务目标实现。

5. 做好宣传报道

充分发挥媒体的宣传和舆论引导作用，积极宣传棉花产业专家团工作取得的新进展、新经验和新成效。围绕典型成果案例、突出先进人物及阶段性成效等方面及时总结报道，发挥先进典型的引领作用，展现科学家服务“三农”风采，通过弘扬科学理念和科学精神，提升崇尚科学的良好社会氛围，扩大专家团的社会影响力。

附表：1. 棉花产业专家团任务矩阵表
　　　2. 棉花专家工作站信息表

附表1

棉花产业专家团任务矩阵表

团长：李付广　副团长：陆宴辉　马雄风

编号	团队首席	责任专家	单位	所属创新团队	参加人员	任务职责	核心指标产出	考核方式
1	喻树迅	魏恒玲	棉花所	棉花早熟遗传改良	张永山 姚金波 王寒涛	早熟、优质、高产棉花品种鉴选及防灾保丰收技术 应急：逆境损失调研，提出补救方案	①鉴选早熟、优质、高产品种；②制定早熟棉逆境监测预警及防控方案1~2套；③培训棉农	组织早熟、优质、高产品种田间观摩，提出品种布局建议，实施实产验收，与企业合作对审定品种进行推广
2	邢朝柱	吴建勇	棉花所	棉花高产育种	范术丽 杨代刚 郭立平 李　威	鉴选高产优质品种；集成高产优质品种关键配套技术	①鉴选高产优质、油麦后直播棉花品种3~5个；②形成高产优质和油麦后直播棉花品种关键配套技术报告2~3份	组织高产优质品种和油麦后直播品种田间观摩，并达到预期目标；与区域内力量协同，完成油麦后棉直播及高产优质品种关键栽培技术研究报告
3	商海红	赵云雷	棉花所	棉花优质育种	王红梅 袁有禄 严根土 龚举武	抗逆优质中早熟品种培育及防灾保丰收技术 应急：中后期逆境损失调研，提出补救方案	①培育抗逆优质中早熟品种2~3个；②编制防灾保丰收技术方案1~2个	组织品种种植现场观摩会，提出品种选用的有关建议
4	崔金杰	雒珺瑜	棉花所	棉花虫害防控与生物安全	张开心 马亚杰 宋贤鹏	害虫发生和抗性监测，害虫高效防治技术 应急：害虫危害或成灾损失调研，提出止损方案	①提供主要害虫抗性监测报告1~2份；②制定害虫绿色防控技术规程1~2套	组织田间现场观摩，提交抗性监测和相关调研报告
5	朱荷琴	魏　锋	棉花所	棉花病害防控与风险评估	冯自力 冯鸿杰 师勇强	棉花病害防控 应急：棉花苗期病害及黄萎病的发生情况调研，提出防控方案	①制定棉花黄萎病防控技术1~2套；②科学制定棉花全程病害防控技术规程1~2套	组织田间观摩，提交研究报告
6	李亚兵	冯　璐	棉花所	棉花智慧栽培	韩迎春 杨北方	棉田环境、棉花长势监测与诊断、智能化管理；棉花水分高效利用及田间管理技术 应急：棉花逆境调研，提出止损方案	①制定棉田环境、棉花长势监测方案与诊断、智能化管理技术方案2套；②棉花水分高效利用及田间管理技术1套	组织棉花不同生育阶段田间智能化栽培技术观摩会；实施实产验收；提交技术研究报告

（续表）

团长：李付广　副团长：陆宴辉　马雄风								
编号	团队首席	责任专家	单位	所属创新团队	参加人员	任务职责	核心指标产出	考核方式
7	张西岭	王香茹	棉花所	棉花绿色增产增效	黄殿成 庞念厂	筛选优质高产棉花品种，并研发配套绿色增效栽培技术 应急：棉花种植管理不当造成的问题，提供解决方案	①筛选适合南疆早中熟优质品种 2～3 个；②形成配套高产提质增效技术规程 1～2 套	组织田间观摩，开展技术培训，提交研究报告
8	庞朝友	郑苍松	棉花所	棉花生理生态	刘绍东 李鹏程	优质高产高效品种筛选及配套栽培技术、水肥调控技术、抗逆种植技术 应急：针对盐碱、低温、高温干旱等灾害及时调研，提出补救措施	①制定品种布局方案 1 套；②制定优质高产高效种植方案 1 套；③组织技术集成示范	组织不同生育阶段田间示范观摩会和培训会，实施测产验收，提交总结报告
9	陆宴辉	黄红娟	植保所	经济作物虫害监测与防控	李　冉 肖　山 刘青青	病虫草害绿色防控技术及应对方案 应急：突发重大病虫害防控策略	指导制定病虫草害绿色防控技术及提升方案 1~2 套	现场技术培训、技术示范及推广，完成重大技术建议研究报告
10	陈捷胤	崔　丽	植保所	经济作物真菌病害监测与防控	简桂良 李石磊	病虫害绿色防控技术应对方案，突出抗性品种利用/生物防治等绿色防控技术 应急：重大病虫害防治对策	指导制定病虫草害绿色防控技术及提升方案 1~2 套	现场技术培训、技术示范及推广，完成重大技术建议研究报告
11	宋美珍	罗　彤	西部中心	高品质棉花生产模式与技术	董　强 王倩倩	研究与建立南北疆高品质棉生产技术模式，形成高品质棉绿色高产高效群体构建理论 应急：棉花灾后调查及补救措施和方案制定 棉花产业问题调研	①筛选高品质棉品种 2～3 个；②制定高品质棉生产技术模式 1～2 个；③建立高品质棉生产技术规程 2～3 项；④开展技术培训和田间指导 10～12 次；⑤召开现场观摩会 5～8 次；⑥开展棉花产业问题调研 1～2 次	列入师市推广和示范品种和主推技术；地方标准发布；相关培训资料及观摩培训记录；形成调研报告

（续表）

团长：李付广　副团长：陆宴辉　马雄风								
编号	团队首席	责任专家	单位	所属创新团队	参加人员	任务职责	核心指标产出	考核方式
12	董合林	张先亮	西部中心	西部粮棉轮作技术	代　帅 李鹏程	土壤肥力提升，干播湿出、粮棉轮作技术 应急：灾害天气补救方案	制定干播湿出、粮棉轮作技术规程 2~3 套	现场技术培训，技术示范观摩，提出重大技术建议及研究报告
13	王占彪	李军宏	西部中心	棉花布局与减碳增汇技术	潘占磊 刘布春 马　欣	棉花种植与品种布局优化，减碳增汇技术研发与应用 应急：灾害天气应对方案与技术	形成棉花减碳增汇技术方案 1~2 套	现场技术培训，技术示范观摩，提出重大技术建议与研究报告
14	张　锐	王　远	生物所	作物生物技术育种	孟志刚 梁成真	不同棉区种植布局、实产验收。品种种植或气候灾害损失调研，制定补救措施	①按照熟性制定品种区域种植布局方案 1 套；②制定气候灾害预警及防控方案 1 套；③组织技术集成示范	完成区域调研报告，组织现场观摩，实施实产验收，提交技术报
15	林　敏	孙国清	生物所	微生物智能设计与合成	程红梅 苏晓峰	优质高产品种鉴选、良种繁育、机械收获减损	①鉴选优质高产品种；制定良种繁育技术规程 1~2 套；②编制配套技术体系 1~2 套；③培养“一懂两爱”新农人	组织优质品种田间观摩，提出品种布局建议，实施实产验收，完成技术研究报告
16	王景雷	刘　浩	灌溉所	作物需水过程与调控	韩其晟 宁慧峰	棉花播种造墒及生育期水分高效利用管理技术 应急：干旱及气候异常时的生产状况调研及田间指导	①制定棉花播种造墒（一般冬春灌、滴水春灌、干播湿出）技术 1~2 套；②科学制定生育期膜下滴灌水分高效管理技术规程 1~2 套	组织田间现场观摩与技术培训，提交干旱预测、墒情调研和灌溉指导意见的研究报告
17	张　彬	陈长林	农机化所	棉麻收获技术装备	孙勇飞 谢　庆 孔凡婷 吴　腾	棉花轻简化机收技术，及新疆棉区智能化精准精量化学打顶技术	①制定长江流域及黄河流域高湿棉花机收及预处理技术规程 1 套；②制定新疆棉区智能化精准精量化学打顶技术规程 1 套；③形成棉花轻简化收获装备 1 套	组织田间棉花机收现场观摩与技术培训，提交长江流域及黄河流域高湿棉花轻简化机收的研究报告

（续表）

团长：李付广　副团长：陆宴辉　马雄风								
编号	团队首席	责任专家	单位	所属创新团队	参加人员	任务职责	核心指标产出	考核方式
18	李干琼	喻　闻	信息所	农业监测预警	陈　威 张　益	棉花全产业链分析预警	①制定棉花全产业链信息监测方案；②开展棉花生产、消费、价格、贸易监测预警；③开展棉花热点问题与专题调研；④研建棉花全产链监测预警数据库及分析预警系统	撰写棉花监测预警报告，提出棉花产业发展与市场调控相关政策建议，发布棉花展望报告及平衡表
19	陈秧分	钱静斐	农经所	国际农业经济与贸易	孙致陆 曹芳芳 陈珏颖 洪　宇	全球棉花市场供需及涉棉政策分析	①分析全球棉花贸易格局，建立全球棉花市场供需数据库及撰写市场供需报告；②预测“一带一路”合作伙食和区域棉花供给潜力；③研判美西方涉棉涉疆政策走向及影响；④梳理和分析RCEP、CPTPP等自由贸易协定中涉棉条款及影响	撰写政策咨询报告，提交全球棉花市场供需数据库

附表 2

棉花专家工作站信息表

序号	专家工作站	牵头单位	负责人	参加人	辐射地区
1	新疆巴楚	棉花所	王红梅	育种：赵云雷 栽培：李亚兵 植保：魏　锋 农经：孙致陆	麦盖提
2	新疆莎车	棉花所	马雄风	育种：黄殿成 栽培：郑苍松 植保：刘青青 机械：孙勇飞	泽普、叶城
3	新疆伽师	棉花所	袁有禄	育种：龚举武 栽培：冯　璐 植保：简桂良 信息：喻　闻	岳普湖、疏勒、英吉沙、阿克陶
4	新疆阿克苏	生物所	孙国清	育种：王　远 栽培：王　峰 植保：肖　山 气象：刘布春	库车、沙雅、新和、阿瓦提
5	新疆兵团阿拉尔	灌溉所	王景雷	育种：苏晓峰 栽培：刘　浩 植保：宋贤鹏 农经：曹芳芳	新疆兵团第一师
6	新疆兵团图木舒克	西部中心	董合林	育种：代　帅 栽培：李鹏程 植保：冯鸿杰 农经：陈珏颖	新疆兵团第三师、克州
7	新疆库尔勒	植保所	陆宴辉	育种：张永山 栽培：韩迎春 植保：崔　丽 信息：陈　威	巴州地区、新疆兵团第二师
8	新疆博州	棉花所	范术丽	育种：孟志刚 栽培：潘占磊 植保：马亚杰 农经：洪　宇	伊犁（含奎屯）、新疆兵团第四师、新疆兵团第五师
9	新疆昌吉	西部中心	张西岭	育种：魏恒玲 栽培：董　强 植保：黄红娟 机械：谢　庆	昌吉、塔城地区（含沙湾、乌苏）

（续表）

序号	专家工作站	牵头单位	负责人	参加人	辐射地区
10	新疆兵团石河子	植保所	陈捷胤	育种：姚金波 栽培：刘绍东 植保：李　冉 信息：张　益	新疆兵团第八师
11	新疆兵团胡杨河	棉花所	庞朝友	育种：王寒涛 栽培：宋美珍 植保：张开心 气象：马　欣	新疆兵团第七师
12	新疆兵团五家渠	棉花所	朱荷琴	育种：张先亮 栽培：庞念厂 植保：冯自力 机械：吴　腾	新疆兵团第六师
13	新疆哈密	棉花所	邢朝柱	育种：郭立平 栽培：李军宏 植保：李石磊	哈密地区、甘肃
14	河南安阳	棉花所	宋国立	育种：严根土 栽培：杨北方 植保：雒珺瑜 机械：陈长林	河南、山东、河北
15	安徽安庆	棉花所	杨代刚	育种：李　威 栽培：李鹏程 植保：师勇强 机械：孔凡婷	湖南、湖北、安徽、江西、江苏

中国农业科学院关于印发《中国农业科学院生猪产业专家团组建方案》的通知

农科院转化〔2023〕148 号

院机关各部门、院属各单位：

《中国农业科学院生猪产业专家团组建方案》已经中国农业科学院 2023 年第 13 次常务会议审议通过，现印发给你们，请结合实际，认真贯彻落实。

中国农业科学院

2023 年 10 月 20 日

中国农业科学院
生猪产业专家团组建方案

为深入贯彻落实习近平总书记“四个面向”重要指示精神和中央一号文件要求，科技支撑生猪产业提质增效、稳产保供健康发展，通过组建生猪产业专家团，协同全院和主产区科技力量，建立一支“关键时刻能站出来、重要时刻能冲上去、平时钻研精通”的生猪产业专家服务团队，夯实生猪主产区稳产保供智力和技术基础，为我国生猪稳产保供和产业高质量发展提供科技支撑。

一、背景意义

1. 生猪稳产保供对国家食物安全意义重大

“猪粮安天下”，生猪是关系我国国计民生的重大产业，年产值达2万亿元，猪肉产量和消费量均占全球的50%左右，占我国居民肉类消费的53.8%~63.4%，对保障居民膳食营养、促进农民增收、乡村振兴发挥着重要作用。生猪产业上连种植业，下接加工业和消费业，产业链长，对资源、环境的需求及影响大。我国“粮食安全的主要缺口是饲料用粮，解决粮食安全的主要潜力也在饲料粮”，生猪生产饲料消耗直接影响谷物、蛋白饲料资源乃至口粮的供给安全；粪污资源化利用关系种养循环、农业生产系统可持续发展以及保障青山绿水生态安全；生猪产业受饲料原料、重大疫病以及环保政策、养殖用地影响起伏大，对CPI的影响大。因此，猪肉稳产保供对国家食物和粮食安全意义重大，直接关系到国计民生和社会稳定。

2. 实现生猪稳产保供必须依靠科技支撑

生猪产业链涵盖遗传育种、营养饲料、养殖设施、疫病防控、粪污利用、屠宰加工等关键环节。生猪健康高效生产需要生物、医学、装备、信息、环保、食品加工等高新技术的突破及其系统集成。因此，提高生猪产业的国际竞争能力必须依靠科技支撑。2017年以来，中国农业科学院组织相关研究所科研团队围绕生猪绿色发展等开展先进技术集成与示范应用，协同创新推出了29项成果在全国示范应用，为非洲猪瘟暴发后生猪产能的快速提升发挥了国家战略科技力量应有作用，有效保障了生猪产业的稳产保供，为我国生猪健康高效发展提供了技术支撑和示范引领作用。

3. 组建产业专家团体现国家战略科技力量的使命担当

中国农业科学院现有以牧医所为主的10个所、12个团队开展生猪产业技术相关研究，在猪遗传育种、饲料营养、疫病防控、养殖装备、粪污利用、屠宰加工、智慧养殖等领域都处于国内领先水平，在组织全国性科技攻关、提质增效协同创新、培训推广服务产业等方面积累了一大批成果，在国内外具有重大的影响力，与全国生猪产业主要的龙头企业有深度融合的合作，有力服务生猪产业发展和乡村振兴。作为畜牧科研国家队，打好科技支撑生猪稳产保供政治责任，构建“集团军式”大联合、大协作的科技服务网络体系，扎根主战场、奉献主战场、服务主战场、建功主战场，为生猪稳产保供和产业高质量发展提供强有力的科技支撑。

二、总体思路

按照“四个面向”总要求，立足全国生猪主产区，围绕全局共性、区域特性产业问题，组建中国农业科学院生猪产业专家团，遵循“超前布局、战时实用”的模式，根据农业农村部全国生猪产业分区布局，面向东北地区、中原地区、华东地区、华南地区、西南地区、西北地区建立专家工作站，按照“专业到边、服务到底、全院一盘棋”工作要求，结合“专家团—专家站—牧场课堂”的服务模式，通过“拉出一支队伍，关键时刻服务生产需求；创出一个机制，科研创新覆盖全产业链；打通一条渠道，国家院所直通猪场猪舍；实践一套模式，科研选题来源基层一线；践行一种精神，培育‘一懂两爱’科学人才”的任务要求，全方位、成建制、常态化全力支撑生猪供给。

三、发展目标

依托全院现有生猪科技服务力量，组建一支 60 人左右的固定人员、50 人左右的长期合作人员相结合的稳定的生猪产业科技支撑队伍，有重大应急服务任务时能够调得来、派得出、用得上、打得好。建立长效机制，与主产区政府、省级团队、集团公司、生产企业、专业合作社合作，在华南区广西贵港市、广东深圳市，西南区四川绵阳市、贵州遵义市，中原区河南驻马店市、河北衡水市，西北区甘肃陇南市、陕西渭南市，东北区辽宁沈阳市、黑龙江哈尔滨市，华东区上海市等首批建设 11 个生猪产业专家工作站，作为开展科技服务的重要抓手和前沿阵地，在当地培训带动一批“一懂两爱”新农人。以生猪稳产保供、产业高质量发展为目标，建立服务新型工业化和家庭农场两种生产经营模式的技术体系，创新绿色高效生产模式。增强研产推用结合创新发展能力，支撑品种、饲料、养殖、疫病防控、粪污资源化利用、节粮节地低碳和猪肉质量安全、生猪产后加工增值以及信息化智能化、劳动生产力水平显著提高，推动产前产中产后相协调、一二三产业相融合的现代生猪全产业链体系。到 2025 年，生猪主导生产品种饲料转化率提高 0.1~0.2，能繁母猪 PSY 提高 1~1.5 头，节省饲料 500 万~600 万吨/年，加工猪肉比重提高 4~5 个百分点，粪污资源化率达 85%以上，生猪产业链节本/增效 300 亿~500 亿元，养猪主体物联网信息率家庭农场物联网信息化达 80%以上、集团化企业达 100%，培养带动新农人 3 000 名左右。到 2035 年，猪主导生产品种饲料转化率提高 0.2~0.3，能繁母猪 PSY 提高 2~3 头，节省饲料 800 万~1 000 万吨/年，加工猪肉比重提高 15~20 个百分点，粪污资源化率达 90%以上，生猪产业链节本/增效 800 亿~1 000 亿元，养猪主体物联网信息率达 100%，培养带动新农人 8 000 名左右。

四、组织架构

生猪产业专家团是一个以北京牧医所牵头、整合全院研究所相关专业科技力量形成的服务型组织，采取新型有效机制，履行服务生猪产业稳产保供职能使命。设团长 1 名、副团长 2 名，首批分设 11 个专家工作站，每个工作站由育种、兽医、饲料、牧机、加工、信息等方面专家组成（图 1）。各站任务由牧医所、兰兽研、哈兽研、基因组所等创新团队牵头对接，联合院内涉生猪产业相关团队、院外相关科教推广单位及深耕生产一线的专家共同组织完成。结合生猪全产业链发展的技术需求，进行重点任务分工与协作。

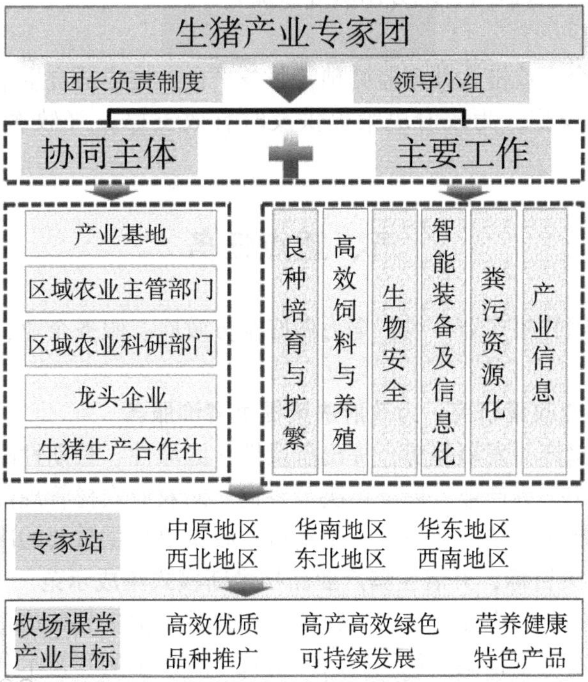

图 1　生猪产业专家团架构

1. 猪品种培育与扩繁

重点开展不同生产需要的猪新品种培育、良种高速扩繁技术的研发、集成示范、推广应用。(牧医所牵头，基因组所、地方团队参加)

2. 替粮饲料资源开发与高效应用

重点开展非粮新型饲料资源开发与高效利用、玉米替代能量饲料高效利用、低蛋

白日粮技术、替抗饲料及饲养技术等研发、集成示范、推广应用。（牧医所牵头，饲料所、地方团队参加）

3. 生物安全防控

重点开展不同规模猪场生物安全防控、重大疫病预警控制、兽药疫苗减量化精准施用技术等研发、集成示范、推广应用。（兰兽研牵头，哈兽研、上兽研、地方团队参加）

4. 设施化智能化

重点开展养殖设施、粪污资源化利用设施工艺以及自动化、智能化、信息化技术、装备等研发、集成示范、推广应用。（农机化所牵头，环发所、牧医所、环保所及地方团队参加）

5. 加工增值

重点开展生猪产后加工增值、保鲜、贮运等及质量安全技术研发、集成示范、推广应用。（加工所牵头，牧医所、地方团队等参加）

6. 产业信息

重点建立生猪全产业链大数据监测预警服务平台，构建适合生猪产业特点的供给均衡和价格预测分析模型，为政府决策提供及时有效支撑。（牧医所牵头，地方团队参加）

五、重点任务

生猪产业专家团扎根产业一线，全力做好服务政府、服务企业、服务农民、服务科研工作。

1. 开展生猪产业政策研究，为政府决策提供咨询服务

研判国内外生猪产业发展趋势，提出阶段性、区域性、长期性战略与政策建议，充分发挥高端智库作用，为产业发展提供决策咨询。向农业农村管理部门等上级部门提出咨询报告，为国家制定生猪产业发展、生猪科技政策等提供重要的决策依据。

2. 凝练重大攻关目标，开展生猪产业新技术新模式集成示范

凝练科技研发任务和产业优化布局建议，加强重大优良品种培育与生产推广，集成示范工厂化、家庭农场生猪高产优质高效养殖及产后加工配套技术和模式，遴选推广主导品种和主推技术。统筹资源高效利用、生物安全、自动化智能化设施工艺、绿色低碳养殖等先进技术，增强种养结合循环种养业生产模式示范，提升猪肉产品优质安全水平和产后加工增值效益。

3. 提供产业应急技术支撑，保障生猪稳产保供安全生产

监测分析生猪重大疫病及饲料供给、市场消费等因素导致的灾情等变化，开展应急服务等工作。统筹做好生猪防灾减灾，加强自然灾害及资源、产品行情综合风险会商研判。强化信息管理，加强灾情调度会商，及时报送灾情预测报告。

4. 开展牧场课堂培训，提供技术培训和指导服务

开展技术综合集成与试验示范，培训技术推广人员和农业生产经营主体。结合牧场课堂，培训“一懂两爱”新农人。培育新型农业经营主体带头人带动产业发展；实施高素质农民培育计划，面向家庭农场主、农民合作社带头人开展全产业链培训。分层分类开展新型农业经营主体带头人培训，分级建立带头人人才库，加强对青年农场主的培养。

5. 形成协同研讨交流机制，建立健全服务平台

调查、收集并及时提交生产实际问题与技术需求信息报告。协调各运行单元开展调研，组织产业发展年会。建立生猪全产业链大数据服务平台，为政府决策提供及时有效支撑。构建适合生猪产业特点的供给均衡和价格预测分析模型。

六、保障措施

1. 加强组织领导

成立领导小组，由一名副院长担任组长，成果转化局局长担任副组长，成员由院机关相关部门和院属有关单位主要负责人组成。领导小组办公室设在成果转化局科技推广处，负责日常组织协调工作。专家团的具体工作由牧医所牵头负责，组织制定实施方案，做好技术指导、技术培训、产业政策研究、信息报送等各项工作。

2. 加强协同创新

一是与国家任务协同，包括农业农村部《“十四五”生猪产业发展规划》等文件明确的国家重点任务，履行产业服务使命；二是与区域内力量协同，与地方主管部门、科研、推广力量联合开展工作；三是与国家行业协会、生猪产业技术体系、创新联盟协同，建立协同产业技术网络，构建机制，形成合力，提高生猪产业专家团工作成效。

3. 强化资金保障

充分利用院创新工程、院地合作、科企合作等平台多渠道筹措资金。整合研究所承担的应用类研究、科技推广、成果转化、示范展示等项目资金，拓展资金投入渠道；积极申请国家和地方项目，筹集工作资金；积极吸纳社会资金的投入，促进产业技术和金融结合，形成多元化投入体系。

4. 完善评价机制

制定专家站激励方案，专家进入和退出实施动态管理，探索建立服务生产一线的评价指标体系。自科类团队侧重猪场一线工作时间、成果推广面、成果应用效益等指标；社科类侧重基层调研次数、访谈群体数量、数据库及服务频次等指标。把各团队发挥的作用作为对生猪产业专家团评价的重要导向。建成有标准、有监督的评价体系，助力常态化协同化全天候服务目标实现。

5. 做好宣传表彰

对专家团工作取得的新进展、新经验和新成效及时进行总结报道，充分发挥新闻媒体的正向宣传和引导作用，通过树立先进典型、推广成功案例、总结工作成效等形式，大力弘扬科学家精神，营造崇尚科学、尊重科学、服务“三农”的良好社会氛围，进一步扩大专家团的社会影响力。

附表：1. 生猪产业专家团任务矩阵表
　　　2. 生猪产业专家工作站信息表

附表 1

生猪产业专家团任务矩阵表

团长：张宏福　副团长：董红敏　郑海学								
编号	团队首席	责任专家	单位	所属创新团队	骨干专家	任务职责	核心指标产出	考核方式
1	王立贤	王立贤	牧医所	猪遗传育种	王立贤 张龙超	猪品种培育及育种新技术推广；生猪批次化生产模式技术推广与培训	推出指导性自主品种培育技术 1 项；开展牧场课堂，推广育种新技术	自主品种培育技术 1 项推广服务及成效
2	唐中林	唐中林	基因组所	猪基因组设计育种	唐中林 胡　伟	组织全国性育种交流培训与观摩会；猪基因组育种技术应用和品种培育，推广高产、优质和抗病猪品种	主推猪育种前沿技术 1～2 项；推广高产优质抗病猪种；组织技术集成示范	指导服务品种选育及成效；育种繁殖技术的推广服务及成效
3	张宏福	张宏福	牧医所	家畜营养与调控	张宏福 唐湘方 陈　亮 朱增勇 郝　月 钟儒清	组织全国性技术交流培训与观摩会；生猪健康高效生产饲料营养精准调控技术培训与推广；猪精准饲养智能化技术装备推广与培训；猪产业经济预测分析	推出生猪健康高效营养技术 1～2 项目；每年发布猪饲料原料数据库；推广猪精准饲养装备和技术；举办全国性技术交流培训会 1 场	组织专家团协同频次与效果；多元化节粮高效养殖模式技术推广及成效；政策建议报告

（续表）

团长：张宏福　副团长：董红敏　郑海学								
编号	团队首席	责任专家	单位	所属创新团队	骨干专家	任务职责	核心指标产出	考核方式
4	李习龙	李习龙	饲料所	猪营养与饲料	李习龙 蒋显仁	生猪节粮饲料配制及养殖技术	主推节粮、低蛋白饲料配制技术方案3~4项；多元化猪肉饲养技术模式1~2套	节粮成效、特色猪肉生产技术集成培训成效
5	仇华吉	仇华吉	哈兽研	猪烈性传染病	仇华吉 孙　元 张交儿	非洲猪瘟综合防控与猪场生物安全管理体系	制定非洲猪瘟及猪生物安全防控方案1套；组织猪场生物安全管理体系技术集成应用	指导大型集团企业及养猪合作社生物安全防控技术推广应用覆盖面、成效
6	郑海学	郑海学	兰兽研	口蹄疫与新发病流行病学	郑海学 何继军 潘　丽 吕建亮	非洲猪瘟亚单元疫苗创制及应用；口蹄疫综合防控技术研发与集成应用	主推非洲猪瘟亚单元疫苗、口蹄疫疫苗1~2个；推广口蹄疫综合防控技术模式；组织技术集成应用培训	非洲猪瘟、口蹄疫新产品及功效；新产品防控应用技术培训覆盖面
7	周艳君	李国新	上兽研	猪病毒性繁殖障碍疫病防控技术	李国新 虞凌雪	猪伪狂犬病疫苗研制及净化技术；猪蓝耳病新型疫苗研制及综合防控技术	集成猪伪狂犬病和猪蓝耳病等综合防控技术1~2项；组织技术集成示范	猪伪狂犬病疫苗研制及推广成效；猪蓝耳病防控技术培训推广及成效
8	董红敏	董红敏	环发所	畜牧环境科学与工程	董红敏 朱志平	生猪低碳养殖环境优化控制成套方案	生猪低碳养殖指标体系建立；减污降碳工艺技术集成及推广应用培训	低碳养殖指标体系；减污降碳技术集成应用成效

（续表）

团长：张宏福　副团长：董红敏　郑海学								
编号	团队首席	责任专家	单位	所属创新团队	骨干专家	任务职责	核心指标产出	考核方式
9	张克强	张克强	环保所	养殖业污染防治	张克强 杜连柱 杨　鹏	创新养殖粪污处理与资源化利用技术、模式；开展种养循环技术培训与推广	集成粪污处理与资源化利用技术1~2套；制定种养循环技术模式1套	种养结合循环农业技术模式培训及推广应用成效
10	陈永生	陈永生	农机化所	农业生产废弃物资源化利用装备	陈永生 吴爱兵	猪场废弃物资源化利用装备及成套化生产技术应用	主推生猪养殖粪污处理和种养循环关键装备1~2件；开展农机具技术培训和现场指导	猪场的废弃物肥料化应用轻简化推广应用成效
11	张春晖	张春晖	加工所	中式食品加工与装备	张春晖 李　侠	猪肉精准减损保鲜与预制菜工业转换加工技术装备研发及产业示范	制定猪肉精准减损保鲜技术方案1~2个，进行现场技术培训；主推高价值预制菜产品	现场技术培训，技术示范观摩，提出重大技术建议与研究报告
12	陈鸿军	李　涛	上兽研	动物生物安全共性技术	陈鸿军 李　涛	猪场重大疫病生物安全风险预警与防控技术、兽药疫苗减量化精准施用技术等研发、集成示范	推出猪场重大疫病生物安全风险预警与防控技术专家系统1套，制定猪场兽药疫苗减量化精准施用技术方案1~2个；技术集成与应用示范	生猪绿色可持续健康养殖体系集成培训成效

附表 2

生猪产业专家工作站信息表

序号	专家工作站	牵头单位	负责人	骨干专家	所属养猪片区/辐射地区
1	贵州遵义	牧医所	院内：张宏福 当地：邹　园	遗传育种：张龙超 营养饲养：张宏福 营养饲养：陈　亮 粪污处理：吴爱兵 生物安全：李国新	西南片区/ 四川、云南、贵州、重庆
2	四川绵阳	加工所	院内：张春晖 当地：周建川	遗传育种：唐中林 营养饲养：陈　亮 粪污处理：朱志平 生物安全：孙　元 肉品加工：张春晖 产业经济：朱增勇	西南片区/ 四川、云南、贵州、重庆
3	河南驻马店	环保所	院内：张克强 当地：代国显	遗传育种：王立贤 营养饲养：蒋显仁 种养循环：张克强 生物安全：张交儿 肉品加工：李　侠	中原片区/ 河南、山东、山西、河北
4	河北衡水	环发所	院内：董红敏 当地：刘瑞强	遗传育种：胡　伟 营养饲养：陈　亮 粪污处理：董红敏 农机装备：吴爱兵 生物安全：张交儿 肉品加工：李　侠 产业经济：朱增勇	中原片区/ 河南、山东、山西、河北
5	黑龙江哈尔滨	哈兽研	院内：仇华吉 当地：张立忠	遗传育种：胡　伟 营养饲养：蒋显仁 智慧养殖：唐湘方 粪污处理：杜连柱 生物安全：仇华吉 生物安全：孙　元	东北片区/ 辽宁、吉林、黑龙江、内蒙古

（续表）

序号	专家工作站	牵头单位	负责人	骨干专家	所属养猪片区/辐射地区
6	辽宁沈阳	上兽研	院内：李国新 当地：华泽峰	营养饲养：钟儒清 养殖装备：陈永生 粪污处理：杨　鹏 生物安全：何继军 生物安全：李国新	东北片区/ 辽宁、吉林、黑龙江、内蒙古
7	甘肃陇南	兰兽研	院内：郑海学 当地：桑　文	遗传育种：张龙超 营养饲养：李习龙 粪污处理：杜连柱 生物安全：郑海学 生物安全：何继军	西北片区/ 甘肃、陕西、宁夏、新疆
8	陕西渭南	饲料所	院内：李习龙 当地：张文晔	遗传育种：胡　伟 营养饲养：李习龙 营养饲养：钟儒清 粪污处理：朱志平 生物安全：潘　丽	西北片区/ 甘肃、陕西、宁夏、新疆
9	广西贵港	农机化所	院内：陈永生 当地：谭家健	遗传育种：唐中林 智慧养殖：唐湘方 营养饲养：钟儒清 养殖装备：陈永生 生物安全：孙　元 产业经济：朱增勇	华南片区/ 广西、广东、湖南、湖北
10	广东深圳	基因组所	院内：唐中林 当地：吴　龙	遗传育种：唐中林 营养饲养：张宏福 粪污处理：杨　鹏 生物安全：潘　丽 肉品加工：张春晖 产业经济：朱增勇	华南片区/ 广西、广东、湖南、湖北
11	上海	上兽研	院内：陈鸿军 当地：黄士新	营养饲养：郝　月 药物残留：吕建亮 粪污处理：李　涛 生物安全：陈鸿军 生物安全：李国新	华东片区/ 江苏、浙江、江西、上海、福建

中国农业科学院关于印发《中国农业科学院肉牛产业专家团组建方案》的通知

农科院转化〔2023〕149 号

院机关各部门、院属各单位：

《中国农业科学院肉牛产业专家团组建方案》已经中国农业科学院 2023 年第 13 次常务会议审议通过，现印发给你们，请结合实际，认真贯彻落实。

中国农业科学院

2023 年 10 月 20 日

中国农业科学院
肉牛产业专家团组建方案

为深入贯彻落实习近平总书记“四个面向”重要指示精神和中央一号文件要求，将科技支撑牛肉有效供给作为肉牛产业链效能提升的核心手段，通过组建肉牛产业专家团，组织全院乃至全国科技力量，全力推动肉牛产业技术应用升级，为我国牛肉稳产保供提供科技支撑。

一、背景意义

1. 肉牛产能提升是保障居民“肉盘子”的关键

牛肉是国内消费的刚需产品，肉牛产业已成为乡村振兴的主导产业之一，对我国乡村产业发展具有举足轻重的关键作用。肉牛业是畜牧业乃至大农业的重要组成部分，为居民改善食物营养结构和增强国民体质作出了重要贡献。2022 年国内肉牛存栏量超 9 817 万头，出栏量达 4 840 万头，牛肉产量达 718 万吨，牛肉进口达 269 万吨，进口额达 177. 57 亿美元，牛肉超 1/4 依赖进口；存栏量占全球的 7. 6%，消费总量却占全球的 16. 6%。肉牛产能的提升，对于保障国家畜产品有效供给和全面推进乡村振兴具有十分重要的意义。

2. 科技支撑是实现肉牛增量提质的根本保障

科技是第一生产力，在肉牛遗传改良计划的推动下，我国肉牛种业形成了由种公牛站、核心育种场、商品牛繁育场组成的三级繁育体系，科技支撑是实现肉牛增量提质的根本保障。长期以来，中国农业科学院组织全院精锐力量，围绕提升遗传评估系统效率，研发先进快捷分子育种技术，构建我国自主培育种牛技术体系等，建立了国家肉牛遗传评估中心，收集了来自全国 41 家种公牛站和 42 家核心育种场的超 5. 7 万头种牛数据，提升了肉牛遗传评估准确性，培育出了中国西门塔尔牛、华西牛等高产高效肉牛新品种。因此，必须依靠科技支撑引领现代肉牛产业高质量发展，保障国家重要产品供给和乡村振兴的重大战略布局。

3. 组建产业专家团体现战略科技力量的使命担当

中国农业科学院是保障国家粮食安全的战略科技力量，现有以牧医所为主的 9 个研究所、14 个研究团队开展肉牛相关研究工作，有力支撑了肉牛繁育、饲料营养、疫病防控、屠宰加工、产业经济等全产业链技术需求。作为农业科研国家队，扛好肉牛科技支撑稳产保供政治责任，开展院所联动、多所协同，构建“集团军式”大联合、大协作的科技服务网络体系，扎根主战场、奉献主战场、服务主战场、建功主战场，为肉牛产能提升提供持续、全面且强有力的科技支撑。

二、总体思路

认真贯彻习近平总书记“要下决心把民族种业搞上去，抓紧培育具有自主知识产权的优良品种，从源头上保障国家粮食安全，实现种业科技自立自强、种源自主可控”的重要指示精神，围绕部院党组战略部署，按照“专业到边、服务到底、全院一盘棋”的总体要求，整合全院良种培育、饲料与营养、疾病防控、产品加工、信息与自动化、生产与环境控制等方面科技力量，组建肉牛产业专家团，面向东北、西北、中原和西南四大肉牛主产区，建立专家工作站，结合“专家团—专家站—牧场课堂”的服务格局，开展肉牛产业科技支撑工作。开展肉牛高产高效先进实用技术集成与示范，研发核心关键技术，发展适度规模标准化养殖，扩大基础母畜产能，增加优质饲草供给，加强重大动物疫病防控，逐步完善屠宰加工流通体系，加强技术指导与服务，加强品牌建设，助推我国肉牛产能提升和高质量发展。

三、发展目标

按照“关键时刻服务生产需求，科研创新覆盖全产业链，国家院所直通肉牛养殖企业，科研选题来源基层一线，培育‘一懂两爱’科学人才”的任务要求，依托全院科技服务力量，组建一支 60 名左右固定人员与 50 名左右长期合作人员相结合、稳定的肉牛产业科技支撑队伍，与地方政府、肉牛企业合作，在东北主产区的内蒙古锡林郭勒盟和吉林白城，中原主产区的河南郑州、湖北荆门，西南主产区的云南昆明，西北主产区的甘肃兰州和新疆伊犁，建设 7 个肉牛产业专家工作站，作为开展科技服务的重要抓手和前沿阵地。培训带动 300 名左右新农人，核心服务区肉牛出栏重提升 5%，胴体重提高 5%~10%，繁育存活率提高 5%。到 2025 年，健全专家团、专家站人员和组织架构，肉牛主导品种—华西牛核心种源进口替代率达 75%。

四、组织架构

肉牛产业专家团是一个整合全院不同研究所肉牛相关专业科技力量形成的服务型组织，是履行服务肉牛产业稳产保供职能使命的产业技术联合协作机构。设团长 1 名、副团长 2 名，分设 7 个专家工作站（图 1），每个工作站由育种、饲料与营养、疾病防控、产品加工、生产与环境控制、信息化技术等方面专家组成。各站任务由牧医所、兰牧药、兰兽研、环保所、饲料所、加工所责任创新团队牵头，并联合院外相关科教推广单位及生产一线专家共同组织实施。结合肉牛全产业链发展的技术需求，进行重点任务分工与协作。

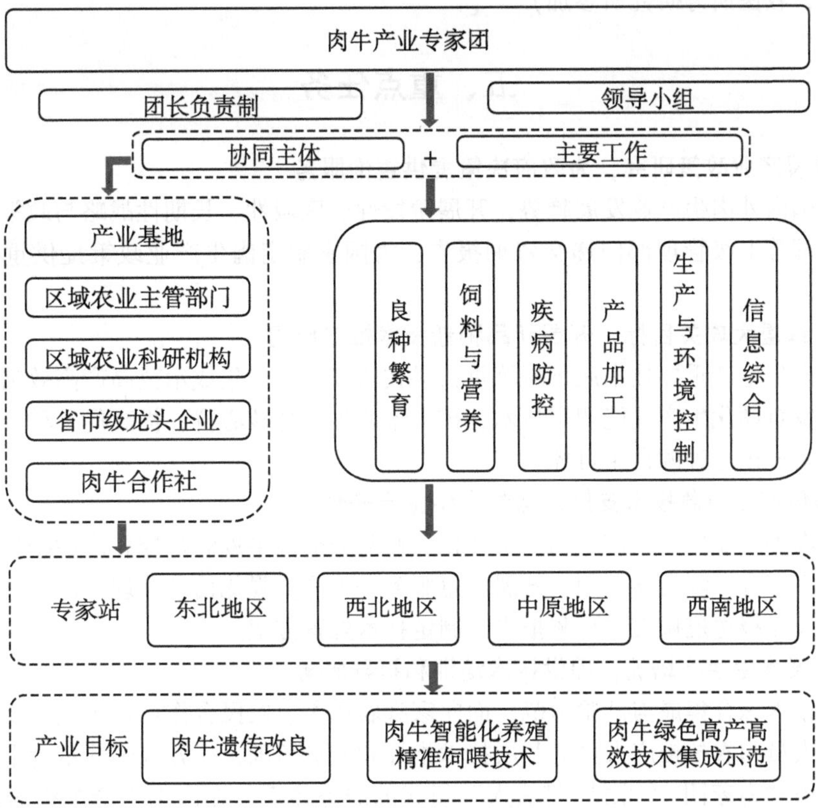

图1　肉牛产业专家团架构

1. 良种繁育

重点开展肉牛新品种培育、良种繁育体系建设与示范推广应用。（牧医所牵头，兰牧药等研究所参加）

2. 饲料与营养

重点开展肉牛绿色高产高效技术集成示范与应用，开展饲草料营养价值评定与肉牛营养需要相关研究。（饲料所牵头，牧医所等研究所参加）

3. 疾病防控

重点开展肉牛流行病学调查，推进新疫苗、新药、新型诊断技术的深入研究，根据不同地区和养殖模式特点，进行综合防控模式研究与示范。（兰兽研牵头，牧医所、哈兽研、上兽研等研究所参加）

4. 产品加工

重点开展中式牛肉产品品质评价技术的研究，基于全链条的牛肉差异化品质、安全提升技术的开发研究。（加工所牵头，牧医所等研究所参加）

5. 生产与环境控制

开展肉牛智能化养殖精准饲喂技术研究，畜禽养殖粪污处理与综合利用技术。（环

保所牵头，牧医所等研究所参加）

五、重点任务

1. 开展产业政策研究，为政府决策提供咨询服务

研判国内外肉牛产业发展趋势，开展阶段性、区域性、长期性战略与政策研究，向农业农村部等上级管理部门递交咨询报告，为国家制定肉牛产业政策提供重要的决策依据。

2. 凝练重大攻关目标，开展新品种新技术推广应用

根据肉牛生产重要技术瓶颈凝练重大科技研发任务，集成示范高产高效肉牛新品种技术，研发自动化生产性能测定技术，扩大华西牛育种核心群，提高优秀种公牛自主培育能力，实现核心种源自主可控。

3. 提供产业应急技术支撑，保障肉牛生产安全

监测肉牛产业生产和市场的异常变化，监测分析肉牛疫病防控和疫病净化情况，加强自然灾害综合风险会商研判，开展应急服务等工作。强化信息管理，加强疫病灾情调度会商，及时报送疫病灾情预测报告，制定技术处置方案。

4. 开展肉牛生产培训，提供技术培训和指导服务

开展技术综合集成与试验示范，面向家庭农场主、农民合作社带头人、规模化养殖企业技术人员和农技推广人员等开展技术指导和人员培训，提升肉牛养殖者生产技术水平。构建由“专家团+专家站+带头人”组成的服务体系，在肉牛生产关键时期下沉一线开展科技服务。

5. 构建高效协同运行机制，健全信息化服务平台

建立肉牛全产业链大数据服务平台，为政府决策提供及时有效支撑。构建适合肉牛产业特点的供给均衡和价格预测分析模型。依托肉牛全产业链大数据服务平台，调查、分析并及时提交生产实际问题与技术需求信息报告，为政府决策提供参考咨询。

六、保障措施

1. 加强组织领导

成立领导小组，由 1 名副院长担任组长，成果转化局局长担任副组长，成员由院机关相关部门和院属有关单位主要负责人组成。领导小组办公室设在成果转化局科技推广处，负责日常组织协调工作。专家团的具体工作由牧医所牵头负责，组织实施，制定实施方案，组织技术指导、技术培训、产业政策研究、信息报送等各项工作。

2. 注重协同创新

与国家任务协同，履行产业服务使命；区域内力量协同，与地方科研、推广力量联合开展工作；与国家体系、农技推广部门、联盟协同，建立协同产业技术网络，构建机制，形成工作合力，提高肉牛专家团工作成效。

3. 强化资金保障

充分利用院创新工程、院地合作、科企合作等平台多渠道筹措资金，积极申请国家和地方项目，积极吸纳社会资金的投入，促进产业技术和金融结合，形成多元化投入体系。

4. 完善评价机制

建立以激励为导向的考核方案和评价指标体系，把各团队发挥的作用作为对肉牛产业专家团评价的重要导向，作为职称评定和人才选拔的硬标准。建成有标准、有监督的评价体系，助力常态化全天候服务目标实现。

5. 做好宣传表彰

及时总结专家团工作取得的新进展、新经验和新成效，充分发挥媒体的宣传和舆论的引导作用，大力弘扬科学家精神，营造崇尚科学、尊重科学、服务“三农”的良好社会氛围，进一步扩大专家团的社会影响力。

附表：1. 肉牛产业专家团任务矩阵表

2. 肉牛产业专家工作站信息表

附表 1

肉牛产业专家团任务矩阵表

团长：李俊雅　副团长：郭　宪　屠　焰

编号	团队首席	责任专家	单位	所属创新团队	参加人员	任务职责	核心指标产出	考核方式
1	李俊雅	高会江	牧医所	牛遗传育种	张路培 高　雪 陈　燕 朱　波	良种选育和育种技术推广应用	推广优秀肉牛品种 1 个；提出并应用基因组选择技术 1 套；开展相关技术指导/培训 1~2 次	技术方案的制定、发布与示范；相关培训资料与记录
2	郭　宪	梁春年	兰牧药	牦牛资源与育种	闫　萍 梁春年 包鹏甲 裴　杰	高效肉牛繁育技术推广	推广高效繁育技术 1 套，犊牛繁育存活率提高 5%～10%；开展相关技术指导/培训 1~2 次	技术方案的制定、发布与示范；相关培训资料与记录
3	朱化彬	赵学明	牧医所	家畜胚胎工程与繁殖	赵学明 杜卫华 庞云渭 赵善江	高效肉牛繁育技术推广	推广高效繁育技术 1 套，犊牛繁育存活率提高 5%～10%；开展相关技术指导/培训 1~2 次	技术方案的制定、发布与示范；相关培训资料与记录
4	屠　焰	屠　焰	饲料所	反刍动物营养与饲料	屠　焰 毕延亮 刁其玉	适合当地饲草料资源的饲料配方研制和调制技术示范	提出饲料配方 3 个并推广；开展相关技术指导/培训 1~2 次	技术方案的制定、发布与示范；相关培训资料与记录

（续表）

团长：李俊雅　副团长：郭　宪　屠　焰								
编号	团队首席	责任专家	单位	所属创新团队	参加人员	任务职责	核心指标产出	考核方式
5	卜登攀	赵连生	牧医所	反刍动物营养	卜登攀 赵连生 吴兆海	青贮饲料加工技术和精准饲喂技术示范	推广应用青贮饲料加工和评价技术1套；开展相关技术指导/培训1~2次	技术方案的制定、发布与示范；相关培训资料与记录
6	丁家波	丁家波	牧医所	动物生物安全与公共卫生防控	丁家波 沈青春 范学政 蒋　卉 李　朋	布病、结核病检测技术推广	推广布病和结核病检测和监测技术1套；开展相关技术指导/培训1~2次	技术方案的制定、发布与示范；相关培训资料与记录
7	储岳峰	储岳峰	兰兽研	草食动物细菌病	刘永生 储岳峰 李学瑞 尚佑军	肉牛常见病的治疗	推广肉牛常见病治疗方案1套；开展相关技术指导/培训1~2次	技术方案的制定、发布与示范；相关培训资料与记录
8	张军民	张军民	牧医所	优质功能畜产品创新	孙宝忠 张松山 汤超华 谢　鹏	牛肉精细分割加工技术示范	推广牛肉精细分割技术推广1套；开展相关技术指导/培训1~2次	技术方案的制定、发布与示范；相关培训资料与记录
9	张克强	张克强	环保所	养殖业污染防治	张克强 沈丰菊 赵　润 李佳佳 王　风	畜禽养殖污染控源减排技术应用示范	推广肉牛控源减排技术1套；开展相关技术指导/培训1~2次	技术方案的制定、发布与示范；相关培训资料与记录

（续表）

团长：李俊雅　副团长：郭　宪　屠　焰								
编号	团队首席	责任专家	单位	所属创新团队	参加人员	任务职责	核心指标产出	考核方式
10	张德权	张德权	加工所	肉品科学与营养工程	侯成立 张春江 李少博 王德宝 肖德志	牛肉品质评价及其预制菜肴加工技术集成示范	指导制定牛肉及其预制菜肴加工技术及提升方案 2~3 套	现场技术培训、技术示范及推广，提交调研和总结报告
11	浦　华	浦　华	牧医所	畜牧经济	浦　华 赵　凯 马　卓	科技示范对肉牛产业贡献率评价	分析全球牛肉贸易格局，建立全球牛肉市场供需数据库及撰写市场供需报告；预测"一带一路"合作伙食和区域牛肉供给潜力	撰写政策咨询报告，提交我国肉牛市场供需数据库
12	金亚美	傅志强	上兽研	动物血吸虫病	金亚美 傅志强 陆　珂	肉牛常见寄生虫病的防治	推广肉牛常见寄生虫病治疗方案 1 套；开展相关技术指导、培训 1~2 次	技术方案的制定、发布与示范；相关培训资料与记录
13	刘继芳	郭雷风	信息所	农业物联网创新团队	郭雷风 杨　勇 王　锐 艾洪波 李　敏	肉牛智慧养殖技术推广	推广肉牛智能感知技术 1 套；开展相关技术指导、培训 1 ~ 2 次	技术方案的制定、发布与示范；相关培训资料与记录

（续表）

团长：李俊雅　副团长：郭　宪　屠　焰								
编号	团队首席	责任专家	单位	所属创新团队	参加人员	任务职责	核心指标产出	考核方式
14	尹　鑫	尹　鑫	哈兽研	牛羊传染病	常继涛 姜志刚 王　芳 孙　超 汪孟航	肉牛呼吸系统及消化系统疾病综合防控	推广肉牛呼吸道系统及消化道系统疾病防控技术1套；开展相关技术指导、培训1~2次	技术方案的制定、发布与示范；相关培训资料与记录

附表 2

肉牛产业专家工作站信息表

序号	专家工作站	牵头单位	负责人	参加人	辐射地区
1	内蒙古 锡林郭勒盟	牧医所	高会江	育种：高会江 繁殖：赵学明 资源：陈　燕 营养：屠　焰 加工：孙宝忠 疾病：常继涛 环境：沈丰菊 经济：浦　华 信息：郭雷风	内蒙古
2	云南昆明	环保所	张克强	育种：高会江 繁殖：杜卫华 资源：高　雪 营养：赵连生 加工：汤超华 疾病：沈青春 环境：王　风 信息：李　敏	云南、广西、贵州
3	吉林白城	哈兽研	尹　鑫	育种：朱　波 繁殖：庞云渭 资源：包鹏甲 营养：刁其玉 加工：孙宝忠 疾病：尹　鑫 环境：赵　润 经济：赵　凯 信息：杨　勇	黑龙江、吉林、辽宁

（续表）

序号	专家工作站	牵头单位	负责人	参加人	辐射地区
4	河南郑州	兰兽研	储岳峰	育种：张路培 繁殖：朱化彬 资源：裴　杰 营养：卜登攀 加工：谢　鹏 疾病：李学瑞 环境：王　风 信息：郭雷风	河南、河北、山东
5	湖北荆门	加工所	张德权	育种：朱　波 繁殖：赵善江 资源：郭　宪 营养：吴兆海 加工：谢　鹏 疾病：傅志强 环境：李佳佳 经济：马　卓 信息：艾洪波	湖北、安徽、湖南
6	新疆乌鲁木齐	饲料所	屠　焰	育种：梁春年 繁殖：赵善江 资源：郭　宪 营养：毕延亮 加工：张松山 疾病：储岳峰 环境：李佳佳 信息：郭雷风	新疆
7	甘肃兰州	兰牧药	闫　萍	育种：闫　萍 繁殖：郭　宪 资源：梁春年 营养：赵连生 加工：张松山 疾病：尚佑军 环境：张克强 信息：王　锐	甘肃

中国农业科学院关于印发《中国农业科学院羊产业专家团组建方案》的通知

农科院转化〔2023〕150 号

院机关各部门、院属各单位：

《中国农业科学院羊产业专家团组建方案》已经中国农业科学院 2023 年第 13 次常务会议审议通过，现印发给你们，请结合实际，认真贯彻落实。

中国农业科学院

2023 年 10 月 20 日

中国农业科学院
羊产业专家团组建方案

为深入贯彻落实习近平总书记“四个面向”重要指示精神和中央一号文件要求，将科技支撑羊肉有效供给作为羊产业链效能提升的核心手段，通过组建羊产业专家团，组织全院乃至全国科技力量，全力推动羊产业技术应用升级，为我国羊肉稳产保供提供科技支撑。

一、背景意义

1. 羊产能提升是保障居民“肉盘子”的关键

羊肉是国内消费的刚需产品，羊产业已成为乡村振兴的主导产业之一，对我国乡村产业发展具有举足轻重的关键作用。羊产业是畜牧业乃至大农业的重要组成部分，为居民改善食物营养结构和增强国民体质做出了重要贡献。2022 年我国羊出栏量 33 624 万只，羊肉产量 525 万吨，羊肉生产持续向好，均创历史新高，但增速有所下降。羊产能的提升，对于保障国家畜产品有效供给和全面推进乡村振兴具有十分重要的意义。

2. 科技支撑是实现羊增量提质的根本保障

科技是第一生产力，在羊遗传改良计划的推动下，我国羊繁育体系逐步完善，建立了以种羊场为核心、以繁育场为基础、以性能测定中心为支撑的良种繁育体系，科技支撑是实现羊增量提质的根本保障。长期以来，中国农业科学院组织全院精锐力量，重点围绕提升遗传评估系统效率，研发先进快捷分子育种技术，构建我国自主培育羊技术体系，先后培育出了高山美利奴羊等高产高效羊新品种。因此，必须依靠科技支撑引领现代羊产业可持续高质量发展，保障国家重要产品供给和乡村振兴的重大战略布局。

3. 组建产业专家团体现战略科技力量的使命担当

中国农业科学院是保障国家粮食安全的战略科技力量，现有以兰牧药为主的 10 个研究所、13 个研究团队开展羊相关研究工作，有力支撑了羊繁育和育种、饲料营养、疫病防控、屠宰加工、产业经济等全产业链技术需求。作为农业科研国家队，扛好羊科技支撑稳产保供政治责任，开展院所联动、多所协同，构建“集团军式”大联合、大协作的科技服务网络体系，扎根主战场、奉献主战场、服务主战场、建功主战场，为羊产能提升提供持续、全面且强有力的科技支撑。

二、总体思路

认真贯彻习近平总书记“要下决心把民族种业搞上去，抓紧培育具有自主知识产权的优良品种，从源头上保障国家粮食安全，实现种业科技自立自强、种源自主可控”的重要指示精神，围绕部院党组战略部署，按照“专业到边、服务到底、全院一盘棋”的总体要求，整合全院良种繁育、饲料与营养、疾病防控、产品加工、信息与自动化、生产控制等方面科技力量，组建羊产业专家团，面向我国西北、西南、中原和中东四大羊主产区，建立专家工作站，结合“专家团—专家站—牧场课堂”的服务格局，开展羊产业科技支撑工作。开展羊高产高效先进实用技术集成与示范，研发核心关键技术，发展适度规模标准化养殖，扩大基础母畜产能，增加优质饲草供给，加强重大动物疫病防控，逐步完善屠宰加工流通体系，加强技术指导与服务，加强品牌建设，助推我国羊产能提升和可持续高质量发展。

三、发展目标

按照“关键时刻服务生产需求，科研创新覆盖全产业链，国家院所直通羊养殖企业，科研选题来源基层一线，培育‘一懂两爱’科学人才”的任务要求，依托全院科技服务力量，组建一支 50 名左右固定人员与 50 名左右长期合作人员相结合的稳定的羊产业科技支撑队伍，与地方政府、羊企业合作。在西北主产区的甘肃兰州、新疆乌鲁木齐和陕西西安，西南主产区的四川成都，中原主产区的河南郑州和安徽合肥，中东主产区的内蒙古呼和浩特和吉林长春，建设 8 个羊产业专家工作站，作为开展科技服务的重要抓手和前沿阵地。培训带动 300 名左右新农人，核心服务区羊产肉性能提高 5%以上。到 2030 年，健全专家团、专家站人员和组织架构，羊优势区产肉性能提高 10%以上。

四、组织架构

羊产业专家团是一个整合全院不同研究所羊相关专业科技力量形成的服务型组织，是履行服务羊产业稳产保供职能使命的产业技术联合协作机构。羊产业专家团共设团长 1 名、副团长 2 名，分设 8 个专家工作站（图 1），每个工作站由育种、繁殖、资源、饲料与营养、疾病防控、产品加工、生产控制、信息化技术等方面专家组成。各站任务由兰牧药、牧医所、兰兽研、饲料所、加工所、质标所和农经所责任创新团队牵头，并联合院外相关科教推广单位及生产一线专家共同组织实施。结合羊全产业链发展的技术需求，进行重点任务分工与协作。

1. 良种繁育

重点开展羊新品种培育、杂交改良、良种繁育体系建设与示范推广应用。（兰牧药牵头，牧医所等研究所参加）

2. 饲料与营养

重点开展羊绿色高产高效技术集成示范与应用，开展饲草料营养价值评定与羊营养需要相关研究。（饲料所牵头，兰牧药等研究所参加）

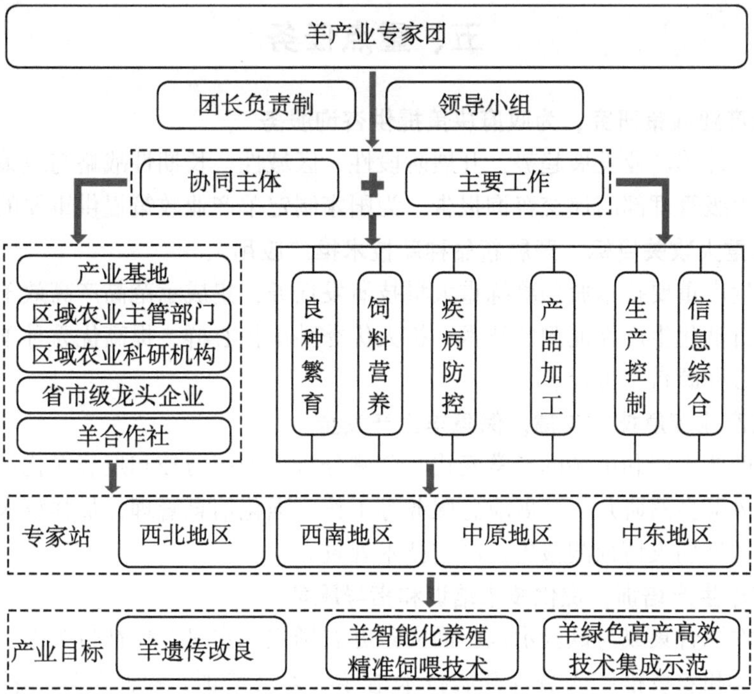

图 1　羊产业专家团架构

3. 疾病防控

重点开展羊流行病学调查，推进新疫苗、新药、新型诊断技术的深入研究，根据不同地区和养殖模式特点，进行综合防控模式研究与示范。（兰兽研牵头，哈兽研、上兽研、兰牧药等研究所参加）

4. 产品加工

重点开展羊肉产品品质评价技术研究，基于全链条的羊肉差异化品质、安全提升技术的开发研究。（加工所牵头，牧医所等研究所参加）

5. 生产控制

开展羊智能化养殖精准饲喂技术研究，羊肉综合溯源及品质因子挖掘与示范。（饲料所牵头，质标所等研究所参加）

6. 信息综合

重点建立羊全产业链大数据监测预警服务平台，构建适合羊产业特点的供给均衡和价格预测分析模型，为政府决策提供及时有效支撑。（农经所牵头，牧医所、信息所等研究所参加）

五、重点任务

1. 开展产业政策研究，为政府决策提供咨询服务

研判国内外羊产业发展趋势，开展阶段性、区域性、长期性战略与政策研究，向农业农村部等上级管理部门递交咨询报告，为国家制定羊产业政策提供重要的决策依据。

2. 凝练重大攻关目标，开展新品种新技术推广应用

根据羊生产重要技术瓶颈凝练重大科技研发任务，集成示范高产高效羊新品种培育技术，研发自动化生产性能测定技术，扩大优秀种羊核心群，提高优秀种羊自主培育能力，实现核心种源自主可控。

3. 提供产业应急技术支撑，保障羊生产安全

监测羊产业生产和市场的异常变化，监测分析羊疫病防控和疫病净化情况，加强自然灾害综合风险会商研判，开展应急服务等工作。强化信息管理，加强疫病灾情调度会商，及时报送疫病灾情预测报告，制定技术处置方案。

4. 开展羊生产培训，提供技术培训和指导服务

开展技术综合集成与试验示范，面向家庭农场主、农民合作社带头人、规模化养殖企业技术人员和农技推广人员等开展技术指导和人员培训，提升羊养殖者生产技术水平。构建由“专家团+专家站+带头人”组成的服务体系，在羊生产关键时期下沉一线开展科技服务。

5. 构建高效协同运行机制，健全信息化服务平台

建立羊全产业链大数据服务平台，为政府决策提供及时有效支撑。构建适合羊产业特点的供给均衡和价格预测分析模型。依托羊全产业链大数据服务平台，调查、分析并及时提交生产实际问题与技术需求信息报告，为政府决策提供参考咨询。

六、保障措施

1. 加强组织领导

成立领导小组，由 1 名副院长担任组长，成果转化局局长担任副组长，成员由院机关相关部门和院属有关单位主要负责人组成。领导小组办公室设在成果转化局科技推广处，负责日常组织协调工作。专家团的具体工作由兰牧药牵头负责，组织实施，制定实施方案，组织技术指导、技术培训、产业政策研究、信息报送等各项工作。

2. 注重协同创新

与国家任务协同，履行产业服务使命；区域内力量协同，与地方科研、推广力量联合开展工作；与国家体系、农技推广部门、联盟协同，建立协同产业技术网络和机制，形成工作合力，提高羊专家团工作成效。

3. 强化资金保障

充分利用院创新工程、院地合作、科企合作等平台多渠道筹措资金，积极申请国家和地方项目，积极吸纳社会资金的投入，促进产业技术和金融结合，形成多元化投入体系。

4. 完善评价机制

建立以激励为导向的考核和评价指标体系，把各团队发挥的作用作为对羊产业专家团评价的重要导向，作为职称评定和人才选拔的硬标准。建成有标准、有监督的评价体系，助力常态化全天候服务目标实现。

5. 做好宣传表彰

及时总结专家团工作取得的新进展、新经验和新成效，充分发挥媒体的宣传和舆论的引导作用，大力弘扬科学家精神，营造崇尚科学、尊重科学、服务“三农”的良好社会氛围，进一步扩大专家团的社会影响力。

附表：1. 羊产业专家团任务矩阵表

2. 羊产业专家工作站信息表

附表1

羊产业专家团任务矩阵表

团长：刘建斌　副团长：张德权　张　莉

编号	团队首席	责任专家	单位	所属创新团队	参加人员	任务职责	核心指标产出	考核方式
1	刘建斌	刘建斌	兰牧药	绵羊资源与育种	杨博辉 岳耀敬 牛春娥 袁　超 卢曾奎 安雪娇	肉羊育繁推一体化产业技术、高效养殖技术集成示范 应急：繁育技术、高效养殖技术调研，提出解决方案	制定育繁推一体化产业技术1~2套；制定高效养殖技术1~2套；技术培训	组织育繁推一体化产业技术、高效养殖技术田间观摩，提出产业布局建议，与企业合作对适宜技术进行推广
2	李建喜	李建喜	兰牧药	中兽医与临床	王贵波 仇正英 张　康 郭志廷	常见普通病诊疗技术集成示范 应急：常见普通病调研，提出治疗方案	制定常见普通病防控技术1~2套；编制常见普通病防控技术规程1~2套	组织田间观摩，提交研究报告
3	张　莉	张　莉	牧医所	羊遗传育种研究组	胡文萍	种业和产业关键技术集成示范 应急：种业和产业调研，提出解决方案	制定种业和产业关键技术方案1~2套；制定种业和产业关键技术规程1~2套	组织田间观摩，提交种业和产业关键技术调研报告

（续表）

团长：刘建斌　副团长：张德权　张　莉								
编号	团队首席	责任专家	单位	所属创新团队	参加人员	任务职责	核心指标产出	考核方式
4	蒋　琳	蒋　琳	牧医所	畜禽种质资源保护与利用	赵倩君 蒲亚斌 何晓红	遗传资源收集、保护和评价及技术集成示范 应急：遗传资源收集、保护和评价调研，提出解决方案	制定遗传资源收集、保护和评价技术1~2套；制定遗传资源收集、保护和评价技术规程1~2套	组织田间现场观摩，提交遗传资源收集、保护和评价调研报告
5	储明星	储明星	牧医所	肉羊遗传育种	狄　冉 王翔宇 贺小云	分子检测和育种关键技术集成示范 应急：重要经济性状和育种技术调研，提出解决方案	制定分子检测技术1~2套；制定育种关键技术规程1~2套	组织田间观摩，提交分子检测和育种关键技术调研报告
6	尚佑军	尚佑军	兰兽研	兽医临床中心	曹小安 吴锦艳 冯　霞 刘　萍 李兆才	羊病毒病防控技术研究与示范；规模场生物安全防护技术体系建设指导；场群保健操作技术 应急：羊病毒病疫情流调与防控，群发病毒病诊防服务，灾后防疫指导等	示范推广羊病毒病诊防技术1~2套；制定规模场生物安全防护技术规范1套；指导养殖企业创建无规定疫病净化“双场”基地2~3个；技术培训与本土队伍建设指导	技术成果证书；技术推广应用证明；对接服务企业现场观摩；羊病毒病调查报告与健康养殖咨询、建议等

（续表）

团长：刘建斌　副团长：张德权　张　莉								
编号	团队首席	责任专家	单位	所属创新团队	参加人员	任务职责	核心指标产出	考核方式
7	屠　焰	屠　焰	饲料所	反刍动物营养与饲料	马　涛 杨春涛 杨　东 潘发明	安全高效育肥模式、营养调制和饲草料加工配置技术集成示范 应急：针对营养调控、饲草料加工利用技术调研，提出解决方案	制定安全高效育肥模式1～2套；制定优质高产高效营养调制和饲草料加工配置技术方案2～3套；组织技术集成示范	组织不同生育阶段田间示范观摩会和培训会，提交调研和总结报告
8	钱永忠	钱永忠	质标所	畜产品质量安全	赵　燕 陈爱亮 赵姗姗 田河山	肉羊综合溯源及品质因子评价与示范 应急：羊肉综合溯源及品质因子挖掘与示范应对措施	指导制定肉羊综合溯源及品质因子评价技术及提升方案1～2套	现场技术培训、技术示范及推广，提交调研和总结报告
9	张德权	张德权	加工所	肉品科学与营养工程	侯成立 张春江 李少博 王德宝 肖德志	羊肉及其预制菜肴加工技术集成示范 应急：羊肉品质评价和加工技术调研，提出解决方案	指导制定羊肉及其预制菜肴加工技术及提升方案2~3套	现场技术培训、技术示范及推广，提交调研和总结报告
10	王明利	胡向东	农经所	畜牧业经济与政策	周　慧 石自忠 常　倩 于　超	科技示范对肉羊产业贡献率评价	分析全球羊肉贸易格局，建立全球羊肉市场供需数据库及撰写市场供需报告；预测“一带一路”合作伙伴和区域羊肉供给潜力	撰写政策咨询报告，提交我国羊市场供需数据库

（续表）

团长：刘建斌　副团长：张德权　张　莉								
编号	团队首席	责任专家	单位	所属创新团队	参加人员	任务职责	核心指标产出	考核方式
11	尹　鑫	尹　鑫	哈兽研	牛羊传染病研究	常继涛 薛　飞 王　芳 姜志刚 孙　超 刘　杏 汪孟航 贾梅玉	羊细菌病防控技术研究与示范；规模场生物安全防护技术体系建设指导；场群保健操作技术应急：细菌病疫情流调与防控，群发细菌病诊防服务，灾后防疫指导等	示范推广羊细菌病诊防技术1～2套；制定规模场生物安全防护技术规范1套；指导养殖企业创建无规定疫病净化“双场”基地2～3个；技术培训与本土队伍建设指导	技术成果证书；技术推广应用证明；对接服务企业现场观摩；羊细菌病调查报告与健康养殖咨询、建议等
12	周金林	周金林	上兽研	动物寄生虫与生物媒介控制	张厚双 韩红玉 董　辉 曹　杰 周勇志 朱顺海 赵其平 王亚楠	羊寄生虫与生物媒介防控技术研究与示范；规模场生物安全防护技术体系建设指导；场群保健操作技术 应急：羊寄生虫与生物媒介疫情流调与防控，群发寄生虫与生物媒介诊防服务，灾后防疫指导等	示范推广羊寄生虫与生物媒介诊防技术1～2套；制定规模场生物安全防护技术规范1套；指导养殖企业创建无规定疫病净化“双场”基地2～3个；技术培训与本土队伍建设指导	技术成果证书；技术推广应用证明；对接服务企业现场观摩；羊寄生虫与生物媒介调查报告与健康养殖咨询、建议等

（续表）

团长：刘建斌　副团长：张德权　张　莉								
编号	团队首席	责任专家	单位	所属创新团队	参加人员	任务职责	核心指标产出	考核方式
13	朱　聪	朱　聪	信息所	农业农村部农产品市场分析预警	朱　聪（信息所） 司智陟（加工所） 杨　春（农经所）	科技示范对羊品种及其产品市场监测和产业贡献率评价	分析国内羊品种及其产品市场供需形势，撰写市场研究报告。监测全球羊品种及其产品市场，建立全球羊品种及其产品市场监测供需数据库；预测“一带一路”合作伙伴和区域羊品种及其产品供给潜力	撰写政策咨询报告，提交我国羊品种及其产品监测市场供需数据库

附表2

羊产业专家工作站信息表

序号	专家工作站	牵头单位	负责人	参加人	辐射地区
1	甘肃兰州	兰牧药	李建喜	育　种：岳耀敬 杨博辉 繁　殖：狄　冉 资　源：蒋　琳 营　养：马　涛 加　工：侯成立 评　价：赵　燕 普通病：李建喜 病毒病：尚佑军 细菌病：常继涛 寄生虫：张厚双 农　经：周　慧 分析师：朱　聪	甘肃
2	新疆乌鲁木齐	兰牧药	刘建斌	育　种：袁　超 繁　殖：王翔宇 资　源：赵倩君 营　养：杨春涛 加　工：张春江 评　价：陈爱亮 普通病：王贵波 病毒病：李兆才 细菌病：薛　飞 寄生虫：韩红玉 农　经：王明利 分析师：司智陟	新疆

（续表）

序号	专家工作站	牵头单位	负责人	参加人	辐射地区
3	陕西西安	牧医所	蒋　琳	育　种：蒋　琳 繁　殖：安雪娇 资　源：蒋　琳 营　养：马　涛 加　工：肖德志 评　价：田河山 普通病：郭志廷 病毒病：曹小安 细菌病：王　芳 寄生虫：董　辉 农　经：于　超 分析师：杨　春	陕西
4	四川成都	加工所	张德权	育　种：胡文萍 繁　殖：贺小云 资　源：浦亚斌 营　养：杨　东 加　工：李少博 评　价：赵珊珊 普通病：仇正英 病毒病：吴锦艳 细菌病：姜志刚 寄生虫：曹　杰 农　经：常　倩 分析师：朱　聪	四川
5	河南郑州	兰兽研	尚佑军	育　种：卢曾奎 繁　殖：王翔宇 资　源：蒲亚斌 营　养：杨　东 加　工：张春江 评　价：陈爱亮 普通病：张　康 病毒病：冯　霞 细菌病：孙　超 寄生虫：周勇志 农　经：周　慧 分析师：司智陟	河南

（续表）

序号	专家工作站	牵头单位	负责人	参加人	辐射地区
6	安徽合肥	牧医所	储明星	育　种：储明星 繁　殖：储明星 资　源：何晓红 营　养：屠　焰 加　工：李少博 评　价：赵珊珊 普通病：王贵波 病毒病：尚佑军 细菌病：刘　杏 寄生虫：朱顺海 农　经：石自忠 分析师：杨　春	安徽
7	内蒙古 呼和浩特	牧医所	张　莉	育　种：张　莉 繁　殖：胡文萍 资　源：张　莉 营　养：潘发明 加　工：王德宝 评　价：田河山 疾　病：郭志廷 病毒病：吴锦艳 细菌病：贾梅玉 寄生虫：赵其平 农　经：胡向东 分析师：司智陟	内蒙古
8	吉林长春	质标所	钱永忠	育　种：牛春娥 繁　殖：王翔宇 资　源：何晓红 营　养：杨春涛 加　工：侯成立 评　价：赵　燕 普通病：仇正英 病毒病：曹小安 细菌病：汪孟航 寄生虫：王亚楠 农　经：胡向东 分析师：杨　春	吉林

中国农业科学院关于印发《中国农业科学院家禽产业专家团组建方案》的通知

农科院转化〔2023〕151 号

院机关各部门、院属各单位：

《中国农业科学院家禽产业专家团组建方案》已经中国农业科学院 2023 年第 13 次常务会议审议通过，现印发给你们，请结合实际，认真贯彻落实。

中国农业科学院

2023 年 10 月 20 日

中国农业科学院
家禽产业专家团组建方案

为深入贯彻落实习近平总书记“四个面向”重要指示精神和中央一号文件要求，围绕农业农村部全力抓好畜牧生产、保障畜产品有效供给的工作部署，满足人民对多元化肉类的消费需求作为首要任务，中国农业科学院组织全院科技力量组建家禽产业专家团，在全国家禽主产区建立专家工作站，并通过协同院内外相关科研和推广力量，强化“科研命题从生产实践中来，科研成果到生产实践中去”的工作原则和重要任务，打通科技成果应用和服务产业一线“最后一公里”，为我国禽肉稳产保供提供强有力的科技支撑。

一、背景意义

1. 禽肉是我国居民动物蛋白的重要来源

我国是世界家禽产业大国，2022 年，家禽出栏 161.4 亿只，禽肉产量 2 443 万吨，禽肉产量居世界第二，为仅次于猪肉的第二大消费肉类。家禽产业作为我国畜牧业中最具活力和特色的产业之一，具有生产周期短、产能调整快、集约化程度高的产业特点，耗料少、碳排放量低、易管理的品种性能，以及高蛋白、低脂肪、低热量和低胆固醇的营养优势，在肉类消费占比中持续提高。家禽产业提供了大量的肉、蛋、羽绒产品和种类丰富的休闲食品，保障了居民动物蛋白供给，丰富人民群众饮食文化，在解决就业、增加收入、促进乡村振兴、维护社会稳定等方面发挥了无可替代的巨大作用。

2. 科技支撑是实现禽肉稳定高效生产的根本保障

种源是畜牧业价值链的高端，种源依靠进口易加剧商品代的价格波动。中国农业科学院相关研究所以白羽肉鸡、肉鸭市场需求和产业问题为导向，围绕重要性状选育、水禽主要流行病防控、养殖废弃物处理和肉产品加工，先后培育出了广明 2 号白羽肉鸡、中畜草原白羽肉鸭、中新白羽肉鸭、Z 型北京鸭、中畜长白半番鸭等国审配套系，实现了我国家禽种源的自主可控。另外，家禽养殖是当代畜牧业高效节约化生产的典范，集成种源繁育、饲粮配制、养殖环境控制、疫病防控、排泄物资源化利用、食品加工等方面的技术，为我国家禽产能提升提供了示范带头作用和技术支撑，并使家禽产业成为当代畜牧业中集约化程度最高、饲料消耗最少、环境负担低的高效生产的典范。因此，无论是从产业稳定发展还是从国家长远战略考量，都需要大力提升家禽育种、生产技术水平，为我国家禽产业高质量发展提供根本保障。

3. 组建产业专家团体现了国家队的使命担当

中国农业科学院是保障畜产品有效供给的国家战略科技力量，以牧医所为主的 8 个研究所、13 个研究团队协同开展家禽品种培育和生产技术相关工作，与我国家禽产业主要的龙头企业深度合作，在家禽养殖优势区、养殖潜力区及特色养殖区建立家禽产业专家工作站，布局试验基地，通过服务家禽产业发展和畜牧业结构调整，扛好畜牧科研国家队在家禽行业中科技支撑稳产保供的政治责任。通过构建院所“集团军式”大联合、大协作的科技服务网络体系，扎根主战场、奉献主战场、服务主战场、建功主战场，为禽肉产能提升提供强有力的科技支撑。

二、总体思路

深入贯彻落实习近平总书记“四个面向”重要指示和中央一号文件精神，“打好种业翻身仗”“提升粮食和重要农产品供给保障能力”，确保肉类供给安全。围绕农业农村部、中国农业科学院党组战略部署，按照“专业到边、服务到底、全院一盘棋”的总体要求，整合全院遗传育种、营养调控、免疫抑制、生物安全、污染防治、食品加工等方面科技力量，面向全国养殖优势区、养殖潜力区及特色养殖区，组建家禽产业专家工作站。结合“专家团—专家站—牧场课堂”的服务格局，开展各主产区重点推广家禽品种鉴选、核心关键技术研发、绿色增产增效生产技术模式优化集成等家禽产业科技支撑工作，全方位、成建制、常态化全力支撑产业产能提升和家禽产业高质量发展。

三、发展目标

按照“关键时刻服务生产需求，科研创新覆盖全产业链，国家院所直通笼栏圈舍，科研选题来源基层一线，培育‘一懂两爱’科学人才”的任务要求，依托全院科技服务力量，组建一支 50 名左右固定人员与 50 名左右长期合作人员相结合的稳定的家禽产业科技支撑队伍，与地方政府、生产企业、养殖大户合作，在全国家禽养殖优势区、养殖潜力区建立 8 个家禽产业专家工作站，作为开展科技服务的重要抓手和前沿阵地。到 2025 年，培训带动 300 名左右新农人，核心服务区肉鸡生产效率提升 5%，推进国产品种市场占有率提升 20%以上，肉鸡养殖效率接近国际先进水平；水禽生长速度及饲料转化效率提高 5%，自主培育的白羽肉鸭品种占比达到 50%，肉鹅达到 80%。到 2035 年，健全专家工作站，推进我国白羽肉鸡自主品种的市场占有率达到 50%以上、水禽生长速度及饲料转化效率提高 8%，核心产区家禽养殖效率达到国际先进水平。通过“牧场课堂”培训新农人 1 200 名左右，辐射带动白羽肉鸡 100 亿只、肉鸭生产超 10 亿只、蛋鸭生产超 3 000 万只、肉鹅生产超 1 亿只，新增效益 100 亿元。

四、组织架构

家禽产业专家团是一个整合全院不同研究所家禽相关专业科技力量形成的服务型组

织（图 1），是履行服务家禽产业稳产保供职能使命的产业技术联合协作机构。设团长 1 名、副团长 4 名，分设 8 个专家工作站，每个工作站由育种、营养饲料、养殖技术、疫情防控、粪污利用、加工等方面专家组成。各站任务由牧医所、饲料所、环发所、加工所、上兽研、哈兽研、信息所的责任创新团队牵头，并联合院外相关科教推广单位及生产一线专家共同组织实施，以我国家禽产业龙头企业山东益生、江苏立华、新希望六和集团、内蒙古塞飞亚集团等为服务对象，结合家禽全产业链发展的技术需求，进行良种推广、精准营养、高效养殖、疫病防控、粪污利用、加工增值、产业经济等重点任务分工与协作。

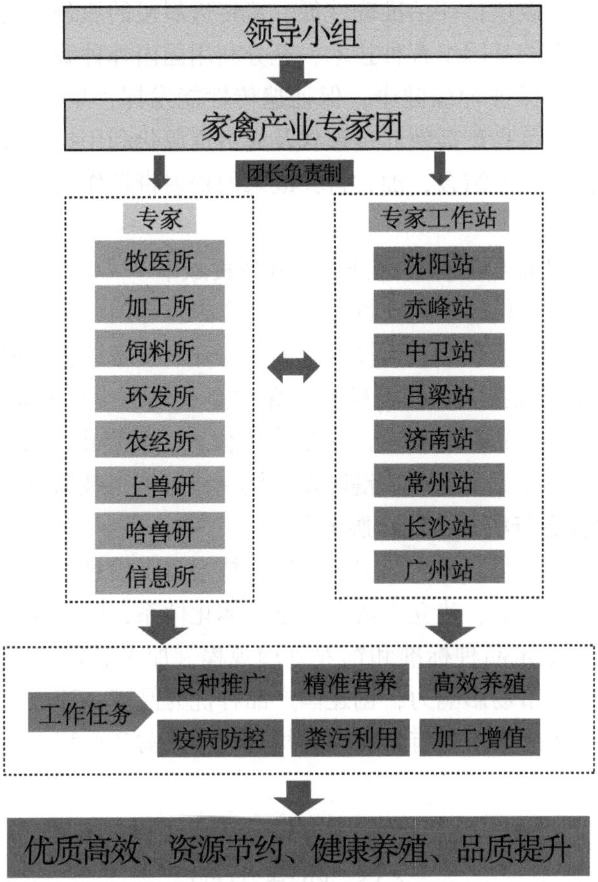

图 1　家禽产业专家团架构

五、重点任务

家禽产业专家团扎根产业一线，服务于产业发展，服务于政府部门，服务于相关企业，服务于科技创新。

1. 开展产业政策研究，为政府决策提供咨询服务

研判国内外家禽产业发展趋势，开展阶段性、区域性、长期性战略与政策研究，向农业农村部等上级管理部门递交咨询报告，为国家制定禽肉安全保障政策、科技政策等方面提供重要的决策依据。

2. 凝练重大攻关目标，开展新品种新技术集成示范

根据产业技术瓶颈凝练重大科技研发任务，鉴选示范优良品种，突破饲料报酬测定等精准表型测定方面的瓶颈，建立料重比等指标的测定技术规程和评价标准体系；对标国际育种技术前沿，突破遗传评估准确性低、遗传进展慢的瓶颈，建立基因组育种技术平台、高效和抗性平衡的基因组育种技术；充分利用国内外种源性疾病净化技术，高强度实施禽病净化措施，保证种源健康，保证遗传性能发挥；集成示范禽肉产能提升技术，推进精准营养、绿色高产高效养殖模式及粪污资源化利用技术应用。通过专家工作站的工作，以点带面、点面结合，加大科技成果的辐射带动作用，促进主产区家禽产业的快速提升。

3. 强化技术培训和指导服务、提升家禽科技贡献率

依托各类科技支撑和科技服务项目，协同地方农技部门、家禽龙头企业、区域科研院校，组织各种形式的现场观摩会、技术培训班，开展技术综合集成与试验示范，结合“牧场课堂”，提升基层农技人员、养殖户、龙头企业等的生产技术水平以及应用最新科技成果的能力，提高新品种普及率、新技术到位率。构建由“专家团+专家站+带头人”组成的服务体系，在家禽生产关键时期下沉一线开展科技服务。

4. 构建高效协同运行机制，健全服务平台

调查、收集并及时提交家禽生产实际问题与技术需求信息报告。协调各运行单元开展调研，组织产业发展年会；建立家禽育繁推一体化体系，联合大型养殖企业，建立中试推广基地 4~5 个，制定品种标准和饲养管理规程，加大品种宣传，联合中试推广体系，提高良种覆盖度和市场影响力，创建国产品种优秀品牌；建立家禽全产业链大数据服务平台，为政府决策提供及时有效支撑。构建适合家禽产业特点的供给均衡和价格预测分析模型。

六、保障措施

1. 加强组织领导

成立领导小组，由一名副院长担任组长，成果转化局局长担任副组长，成员由院机关相关部门和院属有关单位主要负责人组成。领导小组办公室设在成果转化局科技推广处，负责日常组织协调工作。专家团的具体工作由牧医所牵头负责，负责具体组织实施，制定实施方案，组织技术指导、技术培训、产业政策研究、信息报送等各项工作。

2. 强化协同创新

与国家任务协同，履行产业服务使命；区域内力量协同，与地方科研、推广力量联合开展工作；与国家体系、农技推广部门、联盟协同，建立协同产业技术网络，构建机制，形成工作合力，提高家禽专家团工作成效。

3. 加强资金保障

充分利用院创新工程、院地合作、科企合作等平台多渠道筹措资金，积极申请国家和地方项目，积极吸纳社会资金的投入，促进产业技术和金融结合，形成多元化投入体系。

4. 完善评价机制

建立以激励为导向的考核方案和评价指标体系，把各团队发挥的作用作为对家禽产业专家团评价的重要导向，作为职称评定和人才选拔的硬标准。建成有标准、有监督的评价体系，助力常态化全天候服务目标实现。

5. 做好宣传表彰

及时总结专家团工作取得的新进展、新经验和新成效，充分发挥媒体的宣传和舆论的引导作用，大力弘扬科学家精神，营造崇尚科学、尊重科学、服务“三农”的良好社会氛围，进一步扩大专家团的社会影响力。

附表：1. 家禽产业专家团任务矩阵表
　　　2. 家禽产业专家工作站信息表

附表1

家禽产业专家团任务矩阵表

团长：赵桂苹　副团长：谢　明　李泽君　张德权　高玉龙								
编号	团队首席	责任专家	单位	所属创新团队	参加人员	任务职责	核心指标产出	考核方式
1	赵桂苹	赵桂苹	牧医所	肉鸡遗传育种创新团队	刘冉冉 李庆贺 崔焕先 王　巧 安炳星	肉鸡育种技术研发与应用、广明2号白羽肉鸡三级扩繁体系建立、示范推广	建立广明2号白羽肉鸡三级扩繁体系，推广父母代200万套；形成肉鸡育种技术2套；培训从业人员50人	现场技术培训，技术示范观摩，推广应用证明
2	周正奎	谢　明	牧医所	水禽育种与营养创新团队	谢　明 张云生 唐　静 蔡文涛 郭占宝 胡　健 邢光楠	水禽新品种测试、筛选、展示、示范与应用；集成水禽精准营养与饲料高效利用技术示范与应用	鉴选优质、高效水禽品种2~3个；形成鸭、鹅营养与饲料高效利用技术2~3套；形成鸭、鹅营养与饲料高效利用技术2~3套；培训水禽从业人员100人	组织现场观摩，提出品种布局建议并进行推广；开展技术培训，提交研究报告
3	张宏福	马　腾	牧医所	家畜营养与调控科技创新团队	陈　亮 萨仁娜	优化肉鸡养殖工艺和模式，集成节能减碳技术并推广应用	建立肉鸡立体化笼养规程1套，培训养殖从业人员100人	组织家禽养殖现场观摩，开展技术培训，提交研究报告

（续表）

团长：赵桂苹　副团长：谢　明　李泽君　张德权　高玉龙								
编号	团队首席	责任专家	单位	所属创新团队	参加人员	任务职责	核心指标产出	考核方式
4	赵　峰	赵　峰	牧医所	鸡营养代谢与调控科技创新团队	吕　林 廖秀东	开展肉鸡营养需求、健康养殖、技术研发与应用	改进白羽肉鸡和黄羽肉种鸡饲料配方各1~2种	现场技术培训，技术示范观摩，提供技术报告
5	浦　华	浦　华	牧医所	畜牧经济创新团队	浦　华	监测我国家禽的市场供需及政策分析	分析我国家禽市场供求规律，撰写市场供需报告	撰写市场需求、政策咨询报告
6	张德权	王振宇	加工所	肉品科学与营养工程创新团队	张春江	推广应用烤鸭、板鸭，以及预制菜等食品的标准化加工技术，建立标准化的工业化加工技术与工艺方案	建立禽肉标准化的工业化加工技术与工艺方案1~2套	组织禽肉加工现场观摩，开展技术培训，提交研究报告
7	武书庚	武书庚	饲料所	家禽营养与饲料创新团队	祁小乐 赵玉杰 张广民	开展肉鸡营养需求、健康养殖、技术研发与应用	改进白羽肉鸡和黄羽肉种鸡饲料配方各1~2种；培训养殖从业人员50人	现场技术培训，技术示范观摩，提供技术报告
8	闻治国	闻治国	饲料所	水禽营养与饲料创新团队	吴永保 曹俊婷 王岐蒙	集成水禽旱养技术及饲养管理技术示范与应用	形成鸭、鹅旱养技术及饲养管理技术1~2套；培训水禽从业人员	组织水禽旱养技术及饲养管理技术观摩，开展技术培训，提交研究报告

（续表）

团长：赵桂苹　副团长：谢　明　李泽君　张德权　高玉龙								
编号	团队首席	责任专家	单位	所属创新团队	参加人员	任务职责	核心指标产出	考核方式
9	朱志平	朱志平	环发所	水禽废弃物处理与利用创新团队	尚　斌 陈永杏 魏　莎	水禽养殖排泄物处理及资源化利用技术示范与应用	制定水禽养殖排泄物处理及资源化利用技术方案 2 套；培训水禽从业人员	组织水禽养殖排泄物处理现场观摩；提交技术研究报告
10	李泽君	李泽君	上兽研	水禽病毒病及动物流感防控创新团队	刘芹防 滕巧泱 苑纯秀	水禽主要疫病防控技术示范与应用	科学制定水禽主要疫病防控技术规程 1～2 套	组织水禽养殖现场观摩，提交水禽疫病监测和相关调研报告
11	高玉龙	高玉龙	哈兽研	禽免疫抑制病创新团队	王　晶 祁小乐 王瑞刚 崔红玉 徐应明	禽白血病和鸡白痢的疫病防控技术示范与应用	制定禽白血病和鸡白痢净化方案 1～2 套	现场技术培训，技术示范观摩，提出重大技术建议及研究报告
12	辛翔飞	辛翔飞	农经所	农业产业经济研究二室（畜牧业）	辛翔飞	全球禽肉市场供需及政策分析	分析全球禽肉和国内贸易格局、市场供求规律，撰写市场供需报告	撰写政策咨询报告
13	孙　伟	曹姗姗	信息所	农业物联网技术与服务创新团队	曹姗姗 刘继芳 安　民 卫培刚 王　亿	家禽智能养殖关键技术示范与应用	研发家禽智能养殖技术、装备与平台 1～2 套	现场技术培训，技术示范观摩，提交家禽智慧养殖解决方案及应用案例

附表 2

家禽产业专家工作站信息表

序号	专家工作站	牵头单位	负责人	参加人	辐射地区
1	辽宁沈阳	哈兽研	高玉龙	育种：安炳星 蔡文涛 营养：张敏红 养殖：胡　健 疫病：崔红玉 粪污：陈永杏 加工：王振宇 农经：辛翔飞 信息：曹姗姗	辽宁、吉林、黑龙江
2	内蒙古赤峰	饲料所	闻治国	育种：郭占宝 营养：吴永保 养殖：胡　健 疫病：苑纯秀 粪污：陈永杏 加工：王振宇 农经：浦　华 信息：安　民	内蒙古
3	宁夏中卫	牧医所	赵　峰	营养：廖秀冬 养殖：陈　亮 疫病：祁小乐 粪污：陈永杏 加工：王振宇 农经：浦　华 信息：曹姗姗	宁夏、甘肃、新疆
4	山西吕梁	饲料所	武书庚	育种：王　巧 营养：吕　林 养殖：赵玉杰 疫病：王　晶 粪污：魏　莎 加工：王振宇 农经：浦　华 信息：安　民	北京、山西、陕西

（续表）

序号	专家工作站	牵头单位	负责人	参加人	辐射地区
5	山东济南	牧医所	谢　明	育种：李庆贺 郭占宝 营养：谢　明 曹俊婷 疫病：苑纯秀 王瑞刚 加工：王振宇 粪污：陈永杏 农经：浦　华 信息：卫培刚	山东、河北、河南
6	江苏常州	上兽研	李泽君	育种：邢光楠 营养：唐　静 养殖：马　腾 疫病：刘芹防 加工：张春江 粪污：魏　莎 农经：辛翔飞 信息：王　亿	江苏、浙江、安徽
7	湖南长沙	环发所	朱志平	育种：张云生 营养：王岐蒙 疫病：滕巧泱 养殖：马　腾 加工：张春江 粪污：尚　斌 农经：辛翔飞 信息：曹姗姗	湖南、湖北
8	广东佛山	牧医所	赵桂苹	育种：刘冉冉 崔焕先 营养：张广民 养殖：萨仁娜 疫病：崔红玉 徐应明 粪污：尚　斌 加工：张春江 农经：辛翔飞 信息：卫培刚	云南、四川、贵州、重庆、广东、广西、海南

中国农业科学院关于印发《中国农业科学院蛋产业专家团组建方案》的通知

农科院转化〔2023〕152号

院机关各部门、院属各单位：

《中国农业科学院蛋产业专家团组建方案》已经中国农业科学院2023年第13次常务会议审议通过，现印发给你们，请结合实际，认真贯彻落实。

中国农业科学院

2023年10月20日

中国农业科学院
蛋产业专家团组建方案

为深入贯彻落实习近平总书记“四个面向”重要指示精神，保障“菜篮子”中蛋品的安全有效供给，将科技支撑蛋产业绿色高效生产作为重要抓手，通过协同院内外蛋相关科研和推广力量，组建蛋产业专家团，探索科技支撑蛋产业发展新模式，常态化机制化服务蛋产业发展，为保障国家粮食安全、食品安全作出应有的贡献。

一、背景意义

1. 蛋产能提升对保障动物源性蛋白食物安全意义重大

鸡蛋是我国居民膳食中质优、价廉的动物蛋白源，约占畜禽产品所提供总蛋白的21.9%。我国1985年已成为世界最大的蛋生产国和消费国，迄今人均占有量仍持续增加，未来需要在现有基础上提高25%左右，才能满足“吃得饱”向“吃得营养健康”转变。此外，在传统饮食文化和健康饮食理念影响下，消费者对优质特色型、营养升级型和加工型蛋产品的需求不断提升，因此，蛋产品的高效安全和多元化供给，对于保障我国动物源性蛋白食物安全具有重大意义。

2. 实现蛋高效安全生产必须依靠科技支撑赋能

当前，市场推动蛋产业朝着产品优质化和品牌化发展，“双碳”目标挤压畜禽养殖业发展空间的同时，也成为产业转型的重要驱动。科技支撑是加速蛋产业提质增效和蛋产品高效安全生产的重要保障。亟需通过育种与繁育、营养调控、疫病防控、智能化和信息化饲养管理、粪污能源化利用、功能性产品开发、蛋产品深加工等各项配套技术，协同支撑蛋产业高效安全生产。

3. 常态化农业科技支撑服务体系亟待建立

中国农业科学院现有以饲料所、牧医所为主的多个研究所开展蛋产业相关工作，基本覆盖从育种到餐桌的全产业链。但目前院内资源整合力度不够，各所协同意识不强，长期稳定的科技服务保障机制尚未形成，科技成果集成应用和服务产业一线“最后一公里”存在的问题仍然比较突出，需要建立一支常态化技术攻关、集成和科技服务队伍，更好地服务政府政策制定、服务企业创新发展、服务农民增收致富、服务科研落地应用。

二、总体思路

贯彻落实习近平总书记“四个面向”重要指示精神，协同院内外相关科研和技术推广力量组建蛋产业专家团，以科技支撑蛋产业发展为手段，建立专家工作站，形成“专家团—专家站—产业一线”的服务模式，整合全院良种培育、营养调控、疫病防控、粪污能源化利用、智能化和信息化饲养管理、功能性产品开发、产业分析与政策制定等方面科技力量，开展蛋产业科技支撑工作。集成示范一批新品种和新技术，针对性解决生产难题，培养一批农业科技实用人才队伍，打造科技服务生产平台。

三、发展目标

依托全院科技服务力量，组建一支50名左右固定人员与20名左右长期合作人员相结合的稳定的蛋产业科技支撑队伍。建立长效机制，与地方政府、专业协会、大型生产企业合作，根据蛋产业发展、种业企业、养殖场户、服务科技创新本身等需求，以及生产应急服务需求，开展产业技术指导。在蛋鸡制种和禽蛋生产、销售集中区域（河南、山东、河北、辽宁、湖北、山西、广东和安徽等地）建设8个蛋产业专家工作站，作为开展科技服务的重要抓手、前沿阵地和技术辐射中心。开展高产优质蛋鸡新品种和高效繁育、营养调控、疫病防控、产品升级、深加工等先进实用技术集成与示范，培训带动技术人员从业技能提升，到2035年，健全蛋产业专家团队和工作站设置，技术覆盖全国60%以上的种鸡和商品蛋鸡，种鸡制种效率提升5%以上，蛋鸡全周期产蛋性能提高2%，蛋产品附加值提升10%以上，培训技术人员1万人次以上。

四、组织架构

蛋产业专家团是一个整合全院不同研究所相关专业科技力量形成的服务型组织，履行服务蛋鸡高效安全生产职能使命（图1）。专家团设团长1名、副团长4名，分设8个专家工作站，每个工作站由饲料所、牧医所、哈兽研、加工所、都市所、农经所相关创新团队的育种与繁育、疫病防控、营养调控、粪污资源化利用、智能化与信息化饲养管理、功能性蛋产品开发等方面专家负责。各站任务依托相关专业协会、院外相关科研院所和技术推广单位及10余个示范企业共同完成。结合蛋全产业链发展的技术需求，进行如下重点任务分工与协作，共同开展科技支撑服务工作。

1. 蛋鸡良种筛选

重点开展候选高效和优质蛋鸡新品种测试、筛选、示范与应用，组织集成和推广超长产蛋期蛋鸡饲养管理和蛋种鸡高效繁育技术。（牧医所牵头）

2. 营养精准调控

重点开展超长产蛋期品种营养需要及营养精准调控技术的集成应用，有效防控蛋鸡代谢病和改善蛋品质量。（饲料所牵头，牧医所参加）

3. 疫病综合防控

重点开展蛋鸡整体健康保障与细菌性和病毒性疾病免疫调控技术集成应用。推广应

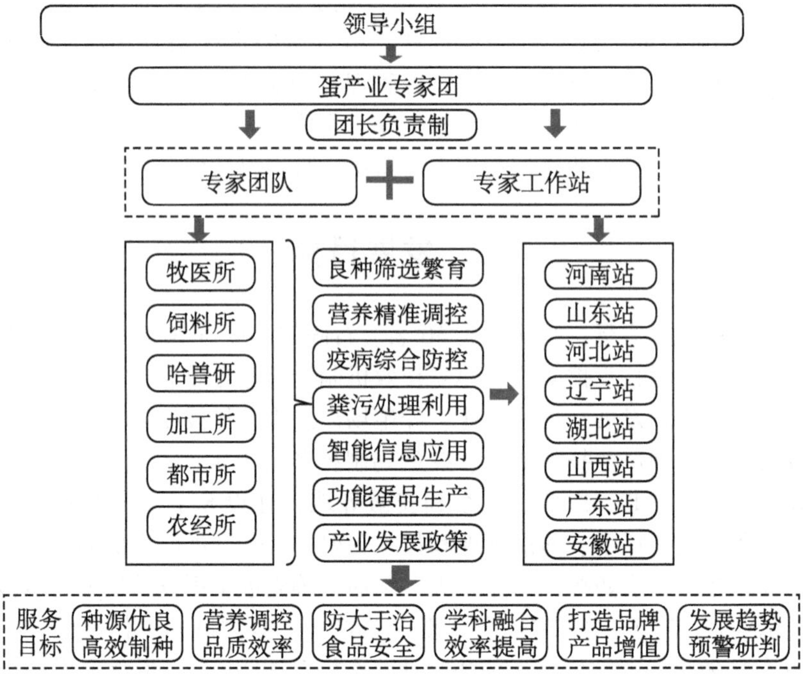

图 1　蛋产业专家团架构

用禽白血病、鸡白痢沙门氏菌病、支原体病、传染性支气管病疫苗和检测试剂盒产品，制定和示范防控技术，建立综合生物安全方案，保障蛋产品和食品安全。（哈兽研牵头，上兽研、牧医所参加）

4. 粪污能源化利用

重点开展蛋鸡废弃物高效处理与利用技术的集成和推广应用，以及规模化蛋鸡场环境控制技术的集成和推广应用。(都市所牵头，牧医所参加)

5. 智能化与信息化技术应用

重点开展集成推广应用鸡舍内环境精准控制系统、蛋鸡健康巡检机器人，建设推广蛋鸡生产过程数字化管控平台。(饲料所牵头，牧医所参加)

6. 功能性蛋产品开发

重点开展营养元素富集的功能性蛋新产品开发，开发蛋品活性物质利用和营养元素富集技术，挖掘禽蛋蛋白新食品原料，提升品牌鸡蛋品质和附加值。(饲料所牵头，加工所、牧医所和湖北省农业科学院畜牧兽医研究所等参加)

7. 产业信息综合

重点建立蛋鸡产业发展数据平台，构建我国蛋供需均衡模型，对蛋市场动态跟踪、预测预警，为政府决策提供参考，并为从业者提供品牌建设等指导性建议。(农经所牵头)

五、重点任务

蛋产业专家团扎根产业一线，服务产业发展和全院科技创新成果落地转化应用。

1. 研究产业政策，服务政府决策

建立蛋产业发展数据平台，构建我国蛋产品供需均衡模型，跟踪、预测预警蛋产品市场动态，研判国内外蛋产业发展趋势，撰写阶段性、区域性、长期性、战略性政策研究报告，为产业发展提供决策咨询。向农业农村部、中国农业科学院等上级部门递交年度咨询报告。针对相关突发事件，第一时间研判蛋产业发展形势、受到的影响及应对措施，为国家制定蛋产业保障政策、农业科技政策等提供决策依据。

2. 凝练重大项目，示范新品新技

根据产业优化发展目标，凝练重大科技研发任务，集成示范蛋种禽高效扩繁、蛋禽生产潜力提升、蛋品深加工等技术，推进育种与繁育、疫病防控、营养调控、粪污资源化利用、智能化与信息化管理、功能性蛋产品、蛋品加工等生产技术落地，强化科技创新驱动产业发展。

3. 提供应急支撑，保障区域安全

发生重大自然灾害或重大突发性事件时，根据应急预案，成立专家组，第一时间赴一线指导，现场提出解决方案。尤其对于高致病性禽流感等疫情发生时，配合农业农村部发布的《高致病性禽流感疫情应急实施方案（2020 年版）》和《农业部门应对人间发生高致病性禽流感疫情应急预案》的要求，提供应急和咨询服务。

4. 集成关键技术，培训专业技能

针对禽蛋全产业链（投入品—养殖—流通和加工—消费），发动相关专家，集成关键技术；深入生产一线开展繁育、疫病防控、营养调控、环境控制、智能化和信息化管理、功能性新产品、蛋品加工等技术的培训。培训对象包括技术推广人员、投入品创制人员、商品蛋鸡生产人员、物流加工和包装人员、消费者等，推动产业发展。

六、保障措施

1. 加强组织领导

成立领导小组，由一名副院长担任组长，成果转化局局长担任副组长，成员由院机关相关部门和院属有关单位主要负责人组成。领导小组办公室设在成果转化局科技推广处，负责日常组织协调工作。专家团的工作由饲料所牵头负责，包括组织制定实施方案、协同开展具体工作、做好总结和信息报送等。

2. 加强协同创新

与国家任务协同，履行产业服务使命；与国家和地方产业技术体系、农技推广部门、畜牧业科技联盟协同，建立协同产业技术网络，形成工作合力，提高工作成效。

3. 强化资金保障

整合利用院创新工程、院地合作、科企合作等渠道筹措资金。积极申请地方科技成果转化、技术推广示范和揭榜挂帅等类型项目资助，积极吸纳协会和企业等社会资金的投入，拓展资金投入渠道。

4. 完善评价机制

建立以激励为导向的考核方案和评价指标体系。将深入生产一线次数、技术培训成效、成果推广覆盖面等纳入考评指标范畴。考核结果作为职称评定和人才选拔的重要参考。

5. 做好宣传引导

充分发挥媒体的宣传和舆论的引导作用，及时总结和积极宣传蛋鸡专家组工作取得的新进展、新经验和新成效。营造崇尚科学、尊重科学、服务“三农”的良好社会氛围。同时通过科普和联合品牌推广，宣传倡导正确的蛋消费观，扩大专家团的社会影响力。

附表：1. 蛋产业专家团任务矩阵表

　　　2. 蛋产业专家工作站信息表

附表 1

蛋产业专家团任务矩阵表

团长：武书庚　副团长：张军民　陈继兰　王凤忠　刘胜旺

编号	团队首席	责任专家	单位	所属创新团队	参加人员	任务职责	核心指标产出	考核方式
1	武书庚	邱　凯	饲料所	家禽营养与饲料	王　晶 张海军 齐广海 马友彪	蛋鸡代谢病和改善蛋品质量，提升品牌鸡蛋品质和附加值	组织集成超长产蛋期蛋鸡营养需要、饲料原料评价、营养精准调控技术 1～2 套；蛋品活性物质利用技术和营养元素富集技术及其评价有效；开展相关技术指导、培训 2～3 次	产品上市；技术成果发布与示范；相关培训资料与记录；相关培训资料与记录
2	陈继兰	孙研研	牧医所	蛋鸡和鸽遗传育种	袁经纬 李云雷	良种筛选与高效扩繁技术推广应用	测试、筛选 1～2 个候选高效和优质蛋鸡新品种，并进行中试应用；组织集成超长产蛋期蛋鸡高效饲养/蛋种鸡高效繁育技术 1～2 套；开展相关技术指导、培训 2～3 次	测试与示范结果报告；技术规范等的制定、发布与示范；相关培训资料与记录
3	刘胜旺	刘胜旺	哈兽研	禽呼吸道病	韩宗玺	蛋鸡场生物安全与综合防控技术推广应用	集成鸡传染性支气管炎防控技术 1 套，推广应用疫苗产品；开展相关技术指导、培训 2～3 次	产品上市；技术规范制定、发布与示范；相关培训资料与记录

（续表）

团长：武书庚　副团长：张军民　陈继兰　王凤忠　刘胜旺								
编号	团队首席	责任专家	单位	所属创新团队	参加人员	任务职责	核心指标产出	考核方式
4	高玉龙	高玉龙	哈兽研	禽免疫抑制病	祁小乐 陈运通	蛋鸡场垂直传播疾病净化技术推广应用	集成鸡白血病防控技术，推广应用检测试剂盒产品；开展相关技术指导、培训2~3次	产品上市；技术规范制定、发布与示范；相关培训资料与记录
5	丁家波	沈青春	牧医所	动物生物安全与公共卫生防控	冯　宇 梁　琳 鑫　婷	蛋鸡场垂直传播疾病净化技术推广应用	集成鸡白痢沙门氏菌病防控技术，推广应用疫苗产品；集成鸡支原体防控技术，推广应用疫苗产品；开展相关技术指导、培训2~3次	产品上市；技术规范制定、发布与示范；相关培训资料与记录
6	廖　瑛	仇旭升	上兽研	家禽病毒病监测预警与防控	谭　磊 孙英杰 宋翠萍	蛋鸡新城疫、传染性支气管炎净化技术推广应用	集成蛋鸡传染性支气管炎防控技术，研发和推广针对传染性支气管炎流行毒株的载体类疫苗产品；集成蛋鸡新城疫防控技术，研发和推广应用新城疫—传染性支气管炎二联苗疫苗产品；开展相关技术指导、培训2~3次	研发、应用和推广传染性支气管炎载体疫苗；研发、应用和推广新城疫—传染性支气管炎二联苗；相关培训资料与记录
7	唐湘方	熊本海	牧医所	智慧畜牧业	张　帆 杨　亮 雷凯栋 周梦婷	蛋鸡智能养殖技术与装备推广应用	集成推广应用鸡舍内环境精准控制系统、蛋鸡健康巡检机器人；建设推广蛋鸡生产过程数字化管控平台；开展相关技术指导、培训2~3次	测试与示范结果报告；发布蛋鸡养殖智能设备及管控平台；相关培训资料与记录

（续表）

团长：武书庚　副团长：张军民　陈继兰　王凤忠　刘胜旺								
编号	团队首席	责任专家	单位	所属创新团队	参加人员	任务职责	核心指标产出	考核方式
8	陶秀萍	胡永松	都市所	废弃资源利用工程	李　同 宋建超 刘崇涛	蛋鸡养殖废弃物处理与利用	集成推广规模化蛋鸡场废弃物高效处理与利用技术；集成推广规模化蛋鸡场环境控制技术；开展相关技术指导、培训2~3次	技术规范制定、发布与示范；相关培训资料与记录
9	张军民	司　玮	牧医所	优质功能畜产品加工	赵青余 汤超华 余雅男 张会艳	功能性蛋产品开发	创建推广营养强化鸡蛋生产关键技术，开发2种营养强化鸡蛋产品；建立和推广鸡蛋活性营养成分检测技术，实现产品质量精准控制；开展相关技术指导、培训2~3次	撰写营养强化鸡蛋生产技术研究报告；发布团体标准等技术规范；相关培训资料与记录
10	王凤忠	刘丽娅	加工所	禽蛋加工	黄亚涛 孙培培 陶　然 杜金平	禽蛋功能性食品原料研发与应用	创新挖掘1~2种禽蛋蛋白新食品原料和利用技术；跟踪禽蛋加工产业发展形势，撰写禽蛋加工产业发展报告1份；开展相关技术指导、培训2~3次	新食品原料研究报告；产业发展报告发布；相关培训资料与记录
11	饶正华	杨悠悠	牧医所	中心实验室	孟庆石 谢秀兰 刘　娜	禽蛋营养品质鉴定与评价	提供鸡蛋活性营养成分、风味物质常规营养物质检测鉴定，服务品质评价需求；开展蛋品质测定、功能富集禽蛋产品检测等相关技术指导、培训2~3次	检测相关技术规范或标准的制定与发布；相关培训资料与记录

（续表）

团长：武书庚　副团长：张军民　陈继兰　王凤忠　刘胜旺								
编号	团队首席	责任专家	单位	所属创新团队	参加人员	任务职责	核心指标产出	考核方式
12	赵一夫	朱　宁	农经所	乡村治理与发展	刘明月 韩　炜 张　宇 易裕元	蛋鸡产业提质增效及竞争力提升研究	建立蛋鸡产业发展数据库，对鸡蛋市场动态跟踪、预测预警，撰写市场供需报告；研判蛋鸡产业薄弱环节和短板问题，评估新品种、新技术、新工艺、新模式，为技术研发推广、政策创设等提供基础支撑；跟踪蛋鸡产业发展形势，撰写蛋鸡产业竞争力提升报告	政策咨询报告发布；提交蛋鸡产业发展数据库

附表 2

蛋产业专家工作站信息表

序号	专家工作站	牵头单位	负责人	参加人	辐射地区
1	河北辛集	饲料所	武书庚	疫病防控：高玉龙 宋翠萍 营养调控：张海军 繁育制种：孙研研 产品开发：张会艳 产品加工：孙培培 质量检测：刘　娜	京津冀（辛集、北京、天津等）
2	河南郑州	牧医所	张军民	疫病防控：陈运通 谭　磊 营养调控：邱　凯 资源利用：刘崇涛 智 能 化：张　帆 经　　济：朱　宁	河南（郑州、洛阳、许昌等）
3	山东济南	加工所	王凤忠	疫病防控：鑫　婷 孙英杰 营养调控：王　晶 产品开发：汤超华 产品加工：刘丽娅 经　　济：韩　炜	山东（济南、聊城等）
4	辽宁大连	哈兽研	刘胜旺	疫病防控：沈青春 营养调控：齐广海 智 能 化：熊本海 产品开发：佘雅男 资源利用：李　同 经　　济：张　宇	东北地区（大连等）
5	湖北武汉	牧医所	陈继兰	疫病防控：梁　琳 繁育制种：李云雷 智 能 化：杨　亮 资源利用：宋建超 产品加工：杜金平 经　　济：易裕元	华中地区（荆门、武汉等）

（续表）

序号	专家工作站	牵头单位	负责人	参加人	辐射地区
6	山西忻州	牧医所	饶正华	疫病防控：祁小乐 营养调控：马友彪 智 能 化：周梦婷 产品开发：赵青余 产品加工：黄亚涛 质量检测：杨悠悠	山西（忻州、太原等）
7	广东惠州	都市所	陶秀萍	疫病防控：冯　宇 资源利用：胡永松 质量检测：孟庆石 智 能 化：雷凯栋 经　　济：刘明月	华南地区（惠州、深圳等）
8	安徽宿州	牧医所	唐湘方	疫病防控：韩宗玺 廖　瑛 营养调控：司　玮 繁育制种：袁经纬 产品加工：陶　然 质量检测：谢秀兰	华东地区（宿州、六安、芜湖等）

中国农业科学院关于印发《中国农业科学院奶产业专家团组建方案》的通知

农科院转化〔2023〕153号

院机关各部门、院属各单位：

《中国农业科学院奶产业专家团组建方案》已经中国农业科学院2023年第13次常务会议审议通过，现印发给你们，请结合实际，认真贯彻落实。

中国农业科学院

2023年10月20日

中国农业科学院
奶产业专家团组建方案

为深入贯彻落实习近平总书记“四个面向”和“要下决心把乳业做强做优”的重要指示精神，全力推动奶业高质量发展，中国农业科学院协同院内外相关科研和推广力量组建奶产业专家团，围绕奶源基地建设、奶牛健康养殖、乳制品加工、乳品质量安全以及消费引导等方面，开展奶业全产业链技术支撑服务，打通科技成果应用和服务产业一线“最后一公里”，为我国重要畜产品稳产保供和加快推进奶业振兴提供科技支撑。

一、背景意义

1. 奶业是健康中国、强壮民族不可或缺的产业

“现在讲粮食安全，实际上是食物安全。”习近平总书记指出，“树立大农业观、大食物观，向耕地草原森林海洋、向植物动物微生物要热量、要蛋白。”党的二十大报告中也明确提出“树立大食物观，发展设施农业，构建多元化食物供给体系”。肉蛋奶是动物性蛋白的主要来源，让菜篮子装满高质量的肉蛋奶，不仅是保障食物安全的重要内容，也是满足“人民对美好生活的向往”的重要内容。2022 年，我国奶业提质增效稳步提升，全年牛奶产量达到 3 932 万吨，同比增长 6. 8%，创历史新高，奶源自给率首次实现增长。但受新冠疫情、国际局势动荡等影响，我国奶牛饲养成本持续增加，利润空间不断压缩，我国奶业综合竞争力提升受限，生鲜乳稳产保供的不确定性增加。

2. 依靠科技支撑降本增效是生鲜乳稳产保供的重要保障

据农业农村部生鲜乳收购站监测数据显示，2022 年，我国生鲜乳全成本 3. 70 元/千克，同比上涨 48. 1%；而美国、欧盟、新西兰成本分别为 2. 5 元/千克、2. 48 元/千克、2. 3 元/千克，我国较之分别高出 48. 0%、49. 2%和 60. 8%。我国每千克生鲜乳的饲料成本为 2. 76 元，同比上涨 10. 4%，均创历史新高。伴随生鲜乳交售价格回落，2022 年每头成年母牛年平均产奶利润 4 340 元，同比下降 2 500 元。养殖成本的增加、利润空间的压缩影响我国奶业持续稳定健康发展。当前，我国奶牛养殖业存在优质饲草料自给能力不足、饲草料品质整体偏低、奶牛健康状况不佳、饲料转化率低、氮磷等营养素排放过高、粪污有效利用率不高、产品品质单一等问题，导致奶牛生产效率低、养殖投入产出比过高，迫切需要科技支撑奶牛养殖降本增效，实现生鲜乳稳产保供。

3. 组建奶产业专家团体现国家队使命担当

中国农业科学院以牧医所为主的相关研究所联合奶业主产区的高校、技术推广部门以及龙头企业，通过联合科技攻关、综合技术集成与高效生产模式的研究与示范应用，

2022 年先后在华北、东北和西北奶牛养殖优势区内建立了 15 个示范基地，以点带面、辐射推广，覆盖牛群约 50 万头，主推技术 11 项，有效推动我国奶业生产提质增效发展。当下，坚持国家战略科技力量定位，强化对我国奶业优势科技资源的统筹，组建一支奶产业专家团队，积极配合各级政府和技术推广部门的“集团军式”大联合、大协作的科技服务网络体系，为奶牛养殖降本增效和奶业高质量发展提供长期稳定的科技支撑。

二、总体思路

深入贯彻落实习近平总书记“要下决心把乳业做强做优，生产出让人民群众满意、放心的高品质乳业产品”的重要指示，以及 2022 年中央一号文件“加快扩大奶业生产，保障‘菜篮子’产品供给”的要求。积极配合落实农业农村部“十四五”奶业竞争力提升行动，根据部院重要决策部署，充分发挥举院办大事的制度优势，整合院内外全国奶业科研和示范推广等主要科技力量，组建奶产业专家团，在全国奶业主产区建立专家工作站，以区域奶产业技术需求为导向，结合“专家团—工作站—牧场课堂”服务格局，针对我国不同地区、不同规模奶牛养殖技术需求，围绕投入品—奶牛生产—产出品等环节，通过综合技术集成与高效生产模式的研究与示范应用，提高奶牛单产、饲料转化率和生鲜乳质量安全水平，实现并带动奶牛生产降本增效，提升牧场核心竞争力，充分发挥中国农业科学院在我国奶业发展中的技术引领和支撑作用。

三、发展目标

依托全院相关研究所创新团队和相关科技力量，组建一支由 60 名左右固定人员和 50 名左右长期合作人员相结合的奶产业科技支撑队伍，建立与地方政府、企业、规模牧场的长效沟通合作机制。在东北优势奶牛产区的黑龙江哈尔滨市、齐齐哈市，内蒙古呼和浩特市，华北奶牛优势产区的山东青岛市、东营市、临沂市，天津北辰区，河北石家庄市、保定市，河南兰考县，西北奶牛优势区的宁夏银川市、石嘴山市，甘肃定西市等区域，建设奶产业专家工作站，作为开展科技服务的重要抓手和前沿阵地。到 2025 年，培训专业技术人才 500 名以上，核心服务区奶牛单产提高 5%以上，饲料转化率提高 8%以上，乳脂率、乳蛋白率分别达 4. 0%和 3. 3%以上。到 2030 年，健全奶产业专家工作站，培训高水平专业技术人才 1 000 名左右，核心服务区奶牛单产提高 10%以上，饲料转化率提高 10%以上，乳脂率、乳蛋白率分别达 4. 2%和 3. 35%以上，辐射牛群达 100 万头以上。

四、组织架构

奶产业专家团是一个服务型产业技术协作组织，主要任务是围绕国家奶业振兴行动和“十四五”奶业竞争力提升行动，服务奶产业降本增效，保障乳品质量安全供给。专家团设团长 1 名、副团长 4 名，分设 9 个专家工作站（图 1），每个工作站由饲草、营养、繁育、疾病、环境、加工、信息等方面专家组成。各站任务由牧医所、草原所、饲料所、兰牧药、环保所、信息所等院内相关创新团队及院外相关科研单位和主产区农业推广部门等共同组织承担，并与奶业国际联合研究中心、中爱奶业可持续发展中心和国家奶业科技创新联盟等奶业平台资源有机结合，构建科研布局“一盘棋”、科企合作“一条龙”、技术方案“一体化”的奶业协同创新与应用格局。结合奶业全产业链技术需求，进行如下重点任务分工与协作。

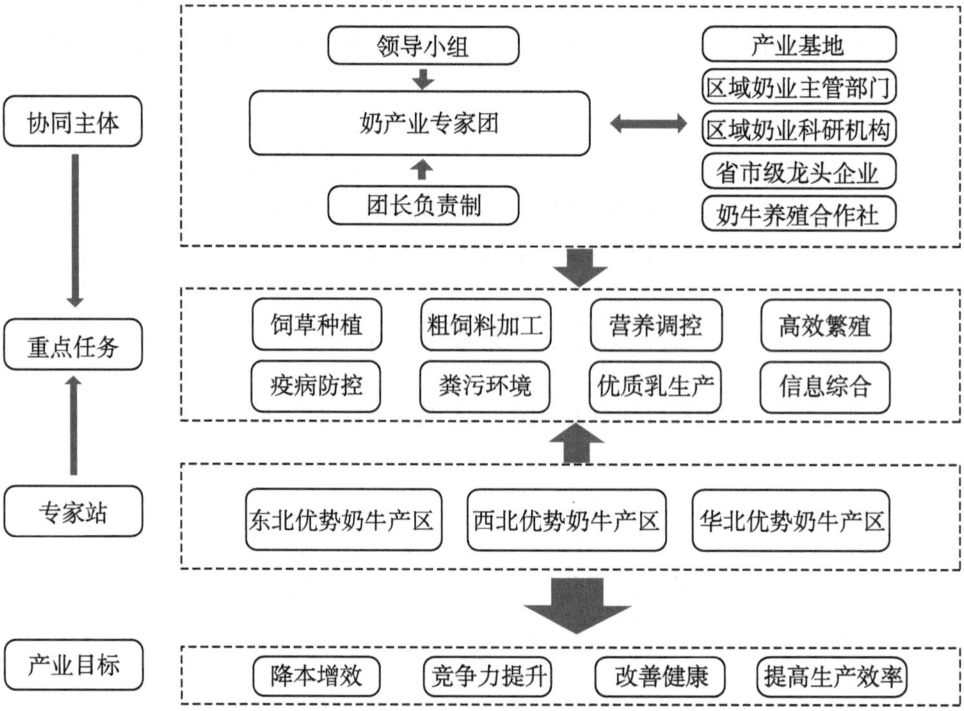

图 1　奶产业专家团架构

1. 饲草种植

重点开展不同地区苜蓿、燕麦等新品种筛选、高效种植、农闲田饲草化利用技术集成示范与应用。（草原所牵头，饲料所、兰州大学、宁夏回族自治区畜牧工作站、河北省农林科学院等单位参加）

2. 粗饲料加工

重点落实粮改饲优质青贮行动（GEAF 计划），开展玉米青贮、苜蓿青贮等质量安全跟踪评价、新型饲料资源开发利用、不同地区粗饲料生产加工利用模式的集成与示范应用。（牧医所牵头，饲料所、黑龙江八一农垦大学、兰州大学、宁夏回族自治区畜牧工作站等单位参加）

3. 营养调控

重点开展奶牛饲料转化率提升技术、低蛋白氨基酸平衡降本增效技术、奶牛（含后备牛）精准营养与减排技术集成与应用。（牧医所牵头，饲料所、黑龙江八一农垦大学、新疆农业大学、青岛市畜牧工作站等单位参加）

4. 高效繁殖

重点开展奶牛体内胚胎生产与移植技术、性控精液人工输精技术、高效超排技术等高效繁殖技术集成与示范。（牧医所牵头，宁夏回族自治区畜牧工作站、河北省畜牧良种工作总站、黑龙江省农垦科学院畜牧兽医研究所等单位参加）

5. 疫病防控

重点开展重要人畜共患病的综合防控技术、重大疾病疫苗创制与诊断试剂的研发、重要疫病多联灭活疫苗和诊断产品研制、规模化牧场疾病综合防治技术示范与应用。（兰牧药牵头，牧医所、饲料所、黑龙江省农垦科学院畜牧兽医研究所等单位参加）

6. 粪污环境

重点开展养殖污染控源减排技术与设备、畜禽粪污沼气发酵技术、养殖粪污处理与资源化利用模式等集成与示范。（环保所牵头，黑龙江省农垦科学院畜牧兽医研究所、新疆农业大学等单位参加）

7. 优质乳生产

重点开展生鲜乳质量安全监测、牛奶活性成分富集营养调控技术、奶产品营养品质形成机制与调控技术集成与应用。（牧医所牵头，宁夏回族自治区畜牧工作站、内蒙古自治区农牧业技术推广中心、现代牧业、君乐宝乳业、光明牧业等单位参加）

8. 信息综合

重点开展数字奶业管理应用技术集成，构建奶牛数字化管理与应用服务平台新模式，为政府决策提供支撑。（牧医所牵头，信息所、宁夏回族自治区畜牧工作站、内蒙古自治区农牧业技术推广中心等单位参加）

五、重点任务

1. 开展产业发展预测、政策研究与决策咨询

围绕党和国家重大发展战略，研判国内外奶产业发展趋势，开展阶段性、区域性、长期性战略与政策研究，向农业农村管理部门等递交咨询报告，为国家制定奶业安全保障政策、农业科技政策等提供重要依据。

2. 凝练重大攻关目标，开展全产业链技术集成示范

坚持“四个面向”，聚焦奶产业发展中的关键共性技术问题，凝练重大科技攻关目标，围绕投入品—奶牛生产—产出品等环节，开展技术研发和技术集成示范，构建不同主产区奶牛绿色高产高效生产技术模式，提升牧场核心竞争力，推动我国奶业高质量发展。

3. 提供产业应急性、突发性事件技术支撑

监测生鲜乳产量、乳制品贸易、苜蓿干草贸易等数据，分析高温、高温、涝渍、干旱等极端气候对奶牛生产的影响，加强综合风险会商研判，及时报送风险预警预测报告，制定技术处置方案，开展应急服务。

4. 提供技术培训和指导服务

构建由“专家团+专家站+带头人”组成的技术服务体系，以各类培训为载体，注重现场技术指导、集中培训、现场观摩和跟踪评价相结合，遵循优势互补的原则，充分发挥合作单位优势，形成了以科研院所出技术、技术推广部门组织推广、合作企业做示范的“全国一盘棋”的科技推广培训示范机制，使技术模式切实落地。

5. 形成协同研讨交流机制，建立健全服务平台

调查、收集并及时提交生产实际问题与技术需求信息报告。协调各专家站开展调研和技术服务，组织产业发展年会。建立奶牛全产业链大数据服务平台，为政府决策提供及时有效的支撑。

六、保障措施

1. 加强组织领导

成立领导小组，由一名副院长担任组长，成果转化局局长担任副组长，成员由院机关相关部门和院属有关单位主要负责人组成。领导小组办公室设在成果转化局科技推广处，负责日常组织协调工作。专家团的具体工作由牧医所牵头负责，负责具体组织实施，制定实施方案，组织技术指导、技术培训、产业政策研究、信息报送等各项工作。

2. 注重统筹协调

全面承接中央各项重大决策部署和农业农村部《“十四五”奶业竞争力提升行动方案》等文件明确的国家重点任务，加强统筹布局和系统分工，加大与地方政府、推广部门、学会协会和产业联盟的协同力度，形成工作合力，不断提高工作成效。

3. 强化资金保障

充分利用院创新工程、院地合作、科企合作等平台多渠道筹措资金。整合研究所承担的应用类研究、科技推广、成果转化、示范展示等项目资金，拓展资金投入渠道；积极申请国家和地方项目，筹集工作资金；积极吸纳社会资金的投入，促进产业技术和金融结合，形成多元化投入体系。

4. 完善评价机制

强化使命担当和科学家精神，建立以激励为导向的考核方案和评价指标体系，将技术指导、技术培训、成果效益和决策咨询报告质量等纳入考评指标范畴，考评结果作为院内单位职称评定和人才选拔的重要参考标准。同时，依据专家团运行情况不断优化完善考评方案。

5. 强化宣传引导

对专家团工作取得的新进展、新经验和新成效及时进行总结报道，充分发挥新闻媒体的正向宣传和引导作用，通过树立先进典型、推广成功案例、总结工作成效等形式，大力弘扬科学家精神，营造崇尚科学、尊重科学、服务“三农”的良好社会氛围，进一步扩大专家团的社会影响力。

附表：1. 奶产业专家团任务矩阵表

2. 奶产业专家工作站信息表

附表1

奶产业专家团任务矩阵表

团长：卜登攀　副团长：林克剑　李建喜　李秀波　张克强

编号	团队首席	责任专家	单位	所属创新团队	参加人员	任务职责	核心指标产出	考核方式
1	林克剑	李　峰	草原所	牧草栽培与加工利用	陶　强 孟元发 于　洁 李文龙	鉴选牧草高产优质品种；集成高产优质品种关键配套技术	鉴选高产优质苜蓿及燕麦复种3～5个；形成高产优质苜蓿种植管理与燕麦复种关键配套技术方案各1～2份	组织品种田间观摩，提出北方苜蓿种植建议及品种选择；与企业合作对审定品种进行推广
2	卜登攀	卜登攀	牧医所	反刍动物营养	赵连生 马　露 吴兆海 詹腾飞 陈雅坤	实施优质青贮行动GEAF计划和奶牛养殖提质增效行动	建立青贮饲料品质提升技术体系1套；建立奶牛高效养殖营养调控技术体系1套；形成技术2～3份	建立示范基地；开展现场观摩会；形成技术研究报告
3	屠　焰	屠　焰	饲料所	反刍动物营养与饲料	毕研亮 董利锋 查满千	集成后备牛健康生长营养调控技术，奶牛绿色低碳减排营养调控技术	建立犊牛后备牛健康营养调控技术1套，及相关饲料产品1～2个；集成奶牛绿色低碳减排营养调控技术1套，降低胃肠道甲烷排放量；开展推广应用，培训技术人员	建立技术示范场，组织现场观摩，形成技术研究报告

（续表）

团长：卜登攀　副团长：林克剑　李建喜　李秀波　张克强								
编号	团队首席	责任专家	单位	所属创新团队	参加人员	任务职责	核心指标产出	考核方式
4	朱化彬	朱化彬	牧医所	家畜胚胎工程与繁殖	赵善江 郝海生 赵学明	奶牛快繁关键技术研究与应用	建立奶牛高效快繁技术方法 1～2 项；制定技术操作规程 1～2 项；培训奶农	示范牛场奶牛繁殖性能提高 5%以上；形成地标或团体技术标准 1~2 项
5	丁家波	丁家波	牧医所	动物生物安全与公共卫生防控科技	蒋　卉 沈青春 范学政 冯　宇	实现奶牛重要疾病的有效防控	有效控制奶牛场布病、牛结核病等重要疫病 2～3 种；分析 50 个以上规模化牛场的主要疫病风险，提供配套疫病防控技术方案 2~3 种	服务牧场的布病阳性率下降 90%，产奶量整体提升 3%，流产率下降 50%员工感染布病比例下降 90%
6	李建喜	王　磊	兰牧药	中兽医与临床	张　康 王　磊 徐国伟 张景艳	奶牛疾病防治配套技术	集成奶牛疾病防控技术 2～3 项；示范推广奶牛疾病防控技术 4～5 项；培训养殖场人员	专家组鉴定；与企业合作对防控技术进行推广；培训照片或培训签名表
7	李秀波	李秀波	饲料所	新兽药与免疫调控	陈孝杰 徐　飞 刘义明	奶牛高发病病原监测，系列防治新兽药创制	分离鉴定病原菌 5~7 种；创制新兽药 3~5 项	申报或获得新兽药证书或产品批准文号

（续表）

团长：卜登攀　副团长：林克剑　李建喜　李秀波　张克强								
编号	团队首席	责任专家	单位	所属创新团队	参加人员	任务职责	核心指标产出	考核方式
8	张克强	张克强	环保所	养殖业污染防治	杜连柱 赵　润 杨凤霞 沈仕洲	奶牛场粪污污染物监测与防控；奶牛场节水和污水减量；奶牛场肥水养分管理和资源化利用	研发奶牛场粪污污染物原位监测检测及防控技术装备1~2套；研发节水和污水减量关键技术装备1~2套；建立奶牛场肥水还田关键技术标准1~2项	奶牛场粪污污染综合防治关键技术示范应用，构建模式
9	王加启	郑　楠	牧医所	奶产品质量与风险评估	张养东 赵圣国 刘慧敏 孟　璐	建立优质奶产品评价技术	优质奶产品评价标准2~3项；我国奶产品品质评价报告2~3份；培训相关技术人员100名以上	形成团体标准；完成优质奶产品评价技术研究报告
10	唐湘方	唐湘方	牧医所	智慧畜牧业	熊本海 王　辉 陈睿鹏 周梦婷 张　帆	奶牛养殖智能化设备应用研发与推广；产后奶牛营养代谢疾病的快速诊断技术与营养调控技术	奶牛推料机器人、中央大厨房全混合日粮（TMR）饲喂设备、智能称重和分群设备应用、犊牛自动饲喂技术3~5套；奶牛酮病、低血钙的检测技术与营养调控技术报告2~3份	组织现代奶牛养殖设备的奶牛场应用现场观摩，形成奶牛营养代谢疾病、智能饲喂技术应用推广，与企业合作形成应用技术报告

（续表）

团长：卜登攀　副团长：林克剑　李建喜　李秀波　张克强								
编号	团队首席	责任专家	单位	所属创新团队	参加人员	任务职责	核心指标产出	考核方式
11	蒲　华	蒲　华	牧医所	畜牧经济	蒲　华 赵　凯 马　卓	开展典型地区奶业温室气体排放情况调研，总结奶业低碳发展现状及问题	对1～2个优势区规模奶牛场低碳发展状况进行评估	开展调研，提出适应我国实际的低碳发展路径建议报告
12	刘继芳	程国栋	信息所	农业物联网技术与服务	韩书庆 王亚丽	奶牛生理生长状态数字化表征及智能获取关键技术	研发奶牛行为识别技术方案；研发奶牛亚健康状态监测技术方案	技术示范观摩，提供技术报告
13	陈兆国	韩先干	上兽研	动物源性食品安全	蒋　蔚 米荣升	奶牛疫病防控技术及牛乳制品安全研究与应用	建立奶牛重要疫病防控技术1～2项；建立牛乳及其制品病原微生物检测技术1～2种；开展推广应用，培训技术人员	开展奶牛疫病技术应用，形成应用证明技术报告；申请或获得发明专利1～2项

附表 2

奶产业专家工作站信息表

序号	专家工作站	牵头单位	负责人	参加人	辐射地区
1	宁夏银川	牧医所	院内：赵连生 当地：温　万	饲草：陶　雅 营养：刘义明 机械：王　辉 疫病：蒋　卉 信息：徐　飞 繁育：赵善江	宁夏
2	河北石家庄	牧医所	院内：沈青春 当地：倪俊卿	饲草：尹　强 繁育：赵善江 营养：董利锋 疫病：范学政 品质：刘义明 粪污：杜连柱	河北
3	内蒙古 呼和浩特	草原所	院内：李　峰 当地：刘云鹏	繁育：赵学明 饲养：陈睿鹏 疫病：徐国伟 饲草：孟元发 粪污：赵　润	内蒙古
4	黑龙江 哈尔滨	饲料所	院内：毕研亮 当地：李长志	饲草：于　洁 品质：孟　璐 机械：熊本海 疫病：刘义明 粪污：杨凤霞	黑龙江
5	新疆昌吉	饲料所	院内：陈孝杰 当地：臧长江	饲草：李文龙 信息：王亚丽 品质：张养东 疫病：张　康 粪污：沈仕洲	新疆

（续表）

序号	专家工作站	牵头单位	负责人	参加人	辐射地区
6	安徽马鞍山	上兽研	院内：韩先干 当地：张　学	信息：韩书庆 疾病：米荣升 营养：查满千 机械：周梦婷 繁殖：郝海生 饲草：赵连生 品质：刘慧敏	安徽
7	上海	牧医所	院内：郑　楠 当地：袁耀明	信息：马　卓 营养：董利锋 疫病：蒋　蔚 质量：张养东 饲草：马　露 乳品：蒋　蔚 安全：米荣升	华东地区
8	山东东营	兰牧药	院内：张　康 当地：王建华	机械：张　帆 信息：浦　华 营养：毕研亮 疫病：张景艳 饲草：吴兆海	山东
9	云南大理	环保所	院内：赵　润 当地：杨旭艳	品质：赵圣国 信息：赵　凯 营养：詹腾飞 疫病：陈孝杰 饲草：陈雅坤	云南

中国农业科学院关于印发《中国农业科学院果树瓜类产业专家团组建方案》的通知

农科院转化〔2023〕154 号

院机关各部门、院属各单位：

《中国农业科学院果树瓜类产业专家团组建方案》已经中国农业科学院 2023 年第 13 次常务会议审议通过，现印发给你们，请结合实际，认真贯彻落实。

中国农业科学院

2023 年 10 月 20 日

中国农业科学院
果树瓜类产业专家团组建方案

党的二十大闭幕后，习近平总书记在考察陕西省延安市安塞区高桥镇南沟村苹果园时指出，大力发展苹果种植业可谓天时地利人和，这是最好的、最合适的产业，大有前途。这是对当地振兴乡村做法的肯定，充分体现了果树种植对巩固脱贫攻坚成果、促进农民增收、推动乡村全面振兴的重要作用。果树瓜类是人们食物结构的重要组成部分，随着大食物观的树立，满足人民日益增长的高质量果品需求，是实现人民对美好生活向往的必然要求。贯彻落实习近平总书记“四个面向”重要指示精神，汇集全院优势力量组建果树瓜类产业专家团，科技支撑产业高质量发展，对全面推进乡村振兴和加快建设农业强国意义重大。

一、背景意义

1. 丰富果树瓜类供给对提升人民幸福感意义重大

我国是世界瓜果生产和消费大国，几种大宗水果的生产量均居世界首位。随着我国人均国内生产总值（GDP）突破1万美元大关，居民瓜果消费量，尤其高端果品消费快速增长，消费更多高质量瓜果成为新时代人们对美好生活的新追求。俗话说“一亩园十亩田”，果树瓜类产业在农业经济效益中比较优势明显，果树瓜类还具有赏食兼用、药食同源、生态美化等多元功能，在助力我国打赢脱贫攻坚战和美丽乡村建设中发挥了至关重要的作用。推动果树瓜类产业高质量发展，成为保障果品高效供给，持续发挥特色优势，助力乡村振兴的重要途径。

2. 实现果树瓜类产业高质量发展必须依靠科技

果树瓜类产业高质量发展必须是全产业链的整体提升。然而，在品种方面，我国苹果、葡萄、草莓等部分品种仍是国外品种占优；在栽培方面，单产水平与发达国家相比仍有差距，由于生产成本增加、资源环境趋紧等原因亟须推动产业转型升级；同时，不与粮争地，推动果树上山上坡，也对果业发展提出新的要求。长期以来，中国农业科学院组织全院果树瓜类科研力量，围绕果树瓜类全产业链开展果树瓜类品种国产化、果树瓜类绿色高产高效技术集成模式研究与示范等行动，培育出“中蟠”“中油”系列桃、“红皮梨”系列梨、“中猕”系列猕猴桃等优良品种，并在高效栽培、绿色植保、加工增值、防灾减灾、产业经济等方面取得显著成绩，为丰富我国果品供给，持续提升产业质量、效益和竞争力方面发挥了重要作用。因此果树瓜类产业高质量发展，需要持续强化科技有力支撑。

3. 常态化协同化的农业科技支撑服务体系亟待建设

中国农业科学院作为我国农业领域的战略核心力量，现有以郑果所为主的 8 个研究所（郑果所、果树所、蔬菜所、植保所、农机化所、加工所、信息所、环发所），30 多个科研团队开展果树瓜类产业有关研究，主产区分布在 20 个试验点，有力支撑果树瓜类产业高质量发展和农业供给侧结构调整。2022 年以来，组织果树瓜类专家深入生产一线开展抗灾夺丰收、向国家乡村振兴重点帮扶县选派科技特派团、应急性科技支撑专项行动，有力支持了我国果树瓜类产业健康发展。但院内有效资源整合力度不足，各所协同创新成效不凸显，长期性、稳定性科技服务产业发展保障机制还不健全，科技服务果树瓜类产业高质量发展中还存在一些技术瓶颈，需要开展院所联动、多所协同，构建“集团军式”大联合、大协作的科技服务网络体系，扎根农业主战场，服务“三农”，为我国果树瓜类产业高质量发展提供强有力的科技支撑。

二、总体思路

以习近平总书记“四个面向”重要指示精神为指引，充分发挥举院办大事的制度优势，整合院内外果树瓜类优势科研力量，组建中国农业科学院果树瓜类产业服务团，面向环渤海湾、华北、华中、黄淮海、华东、华南、西南、黄土高原、西北等果树瓜类重要产区，建设专家工作站，按照“专业到边、服务到底、全院一盘棋”工作要求，结合“专家团—专家站—田间课堂”的服务格局，开展果树瓜类产业科技支撑工作。通过“拉出一支队伍，关键时刻服务生产需求；创出一个机制，科研创新覆盖全产业链；打通一个渠道，国家院所直通田间地头；实践一套模式，科研选题来源基层一线；践行一种精神，培育‘一懂两爱’科学人才”等任务要求，全方位、成建制、常态化支撑我国果树瓜类产业高质量发展。

三、发展目标

依托全院科技服务力量，组建一支 50 余名固定人员与 50 名长期合作人员组成的稳定的果树瓜类产业科技支撑队伍，与地方政府、龙头企业、种植大户开展科技合作，在环渤海湾地区的河北唐山、山东沂源与烟台，华北地区的北京平谷，华中地区的湖南永顺、永州，黄淮海地区的河南新乡、兰考、宁陵、太康，华东地区的山东临沂，华南主产区的海南三亚，西南地区的云南楚雄、云南大理、四川成都、西藏林芝，黄土高原地区的山西万荣、河南灵宝，西北地区的新疆喀什、吐鲁番等地建设 20 个果树瓜类产业专家工作站，作为开展科技服务的重要抓手和前沿阵地，为当地培训一批“一懂两爱”高素质农民。到“十四五”末，培训 500 名以上的高素质农民，核心服务区优质果率、机械化率、亩均节本增效均提升 10%以上；到 2030 年，以果树瓜类产业专家工作站为依托，培训高水平专业技术人才 1 000 名以上，区域专家工作站核心服务区优质果率提高 20%、综合机械化率达到 50%以上、亩均增效 20%以上。

四、组织架构

果树瓜类产业专家团是一个整合全院不同研究所果树瓜类相关专业科技力量组建的服务型组织，是践行“大食物观”稳产保供职能使命的新型机构。专家团设团长 1 名、副团长 5 名，分设 20 个专家工作站（图 1），每个工作站由品种选育、栽培生理、绿色防控、农业机械、贮藏加工、信息综合等方面专家组成。各站任务由郑果所、果树所、蔬菜所、植保所、农机化所、加工所、信息所、环发所创新团队牵头与参加，并联合院外相关科教推广单位及生产一线专家共同组织实施。结合果树瓜类全产业链发展的技术需求，进行重点任务分工与协作：

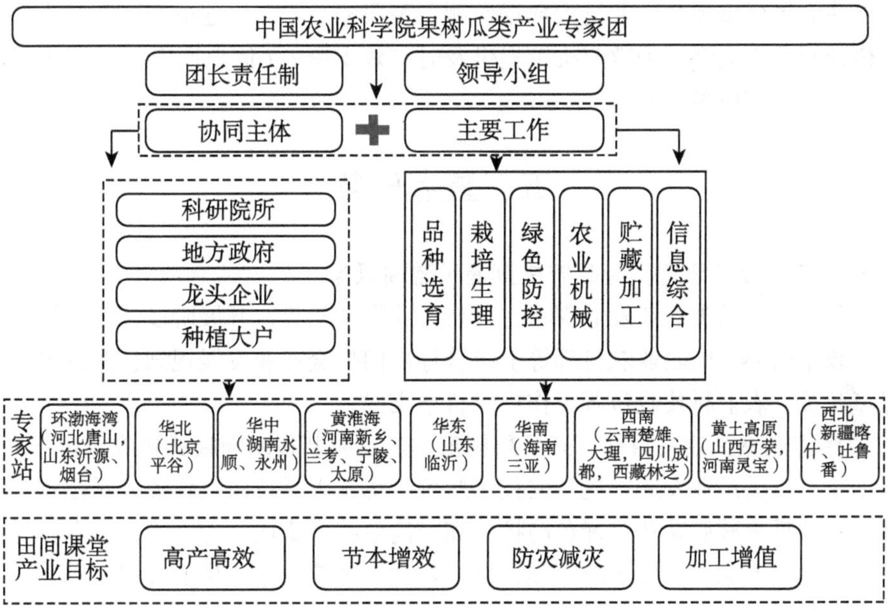

图 1　果树瓜类产业专家团架构

1. 品种选育

重点开展果树瓜类新品种测试、筛选、展示、示范与应用。（郑果所牵头，果树所参加）

2. 栽培生理

重点开展集约化育苗、高产高效栽培、设施瓜果生产等技术研发，果树瓜类高产高效技术集成示范与应用，提升应对灾害性天气能力等。（果树所牵头，郑果所、环发所、农机化所、蔬菜所等研究所参加）

3. 绿色防控

重点开展果树瓜类主要病虫害全程绿色防控技术集成示范，防灾减灾预警研判、制定应急方案、技术实施与培训。（郑果所牵头，植保所、环发所、果树所、农机化所等研究所参加）

4. 全程机械化

重点开展施用基肥、耕整地、移栽、果园管理、采收、废弃物处理等全程机械化农机农艺融合操作。（农机化所牵头，郑果所、果树所参加）

5. 贮藏加工

重点开展果树瓜类采后保鲜、贮藏、加工等技术研发和示范。（加工所牵头，郑果所、果树所、农机化所等研究所参加）

6. 信息综合

重点建立果树瓜类全产业链大数据监测预警服务平台，构建适合产业特点的供给均衡和价格预测分析模型，为政府决策提供及时有效支撑。（信息所牵头，郑果所、果树所、环发所等研究所参加）

五、重点任务

1. 开展产业政策研究，为政府决策提供咨询服务

调研我国果树瓜类产业发展现状，分析产业发展趋势，开展阶段性、区域性、长期性战略与政策研究，向农业农村部等上级管理部门提交产业发展规划，为国家制定食品安全保障政策、农业科技政策等工作提供科学支撑。

2. 凝练谋划重大攻关目标，开展果树瓜类新品种新技术新模式集成示范

根据果树瓜类产业发展中遇到的技术瓶颈凝练重大科技研发任务，示范推广优良瓜果品种，示范瓜果减肥减药、绿色防控、高产高效技术集成，遴选推广农业主导品种和主推技术，通过专家工作站示范引领，以点带面，加快科技成果的辐射带动作用，服务现代农业主战场，精准助力乡村振兴。

3. 提供产业应急技术支撑，保障瓜果生产安全

统筹做好果树瓜类防灾减灾，监测分析病虫害、气候因素导致的灾情等变化，加强自然灾害综合风险会商研判，为果树瓜类稳产保供做好应急服务保障。建设信息化、常态化服务体系，及时向上级主管部门报送灾情预测报告。

4. 开展技术培训和技术指导，提升产业科技贡献比

面向家庭农场主、农民合作社带头人和农技推广人员等，开展“田间课堂”“高素质农民培育”等培训活动，提升农民生产技术水平。构建由“科研院所+地方政府+龙头企业+种植大户”组成的科技服务体系，果树瓜类生产关键期下沉一线科技支撑果树瓜类产业健康发展，提升科技在产业发展中的贡献比。

5. 构建高效协同运行机制，健全信息化服务平台

建立果树瓜类全产业链大数据服务平台，分析并提交生产实际问题和技术需求信息报告；构建适合果树瓜类产业特点的供给均衡和价格预测分析模型，为政府决策提供及时有效的数据支撑。

六、保障措施

1. 加强组织领导

成立领导小组，由一名副院长担任组长，成果转化局局长担任副组长，小组成员由院机关相关部门和院属有关单位主要负责人组成。领导小组办公室设在成果转化局科技推广处，负责日常组织协调工作。专家团的具体工作由郑果所牵头负责，组织制定实施方案，做好技术指导、技术培训、产业政策研究、信息报送等各项工作。

2. 加强统筹协调

一是共享各方优势资源，推动院内外相关研究机构联动，实现品种、技术、项目、人才等方面全方位合作；二是与地方政府、涉农企业、专业合作社保持良性互动，深化合作成效；三是与国家各类果树瓜类产业体系、农技推广部门、创新联盟协同，建立协同产业技术网络，构建机制，形成工作合力，提高果树瓜类专家团工作成效。

3. 强化资金保障

一是充分利用院创新工程、院地合作、科企合作等平台多渠道筹措资金，积极争取国家和地方政府各类科技推广、科技服务和乡村振兴等项目，促进产业技术和金融结合，形成多元化投资体系；二是积极吸纳社会资金投入，加快科技成果产业化实施进度，实现科技创新与成果转化良性循环。

4. 完善评价机制

建立以激励为导向的考核评价指标体系，将田间地头服务时长、技术培训成效、成果推广面积效益和决策咨询报告质量等纳入考评指导范畴，考评结果作为院属单位职称评定和各类人才选拔的重要参考。同时，根据专家团运行实际，不断优化考评方案，建成有标准、有监督的评价体系，助力常态化协同化全天候服务目标实现。

5. 做好宣传推介

总结凝练专家团先进经验和做法，利用线上线下各类媒体平台，强化宣传报道，营造崇尚科学、尊重科学、服务“三农”的良好氛围；表彰先进人物，大力弘扬科学家精神，鼓励更多科研人员深入田间一线，进一步提升中国农业科学院专家团社会影响力。

附表：1. 果树瓜类产业专家团任务矩阵表
　　　2. 果树瓜类产业专家工作站信息表

附表 1

果树瓜类产业专家团任务矩阵表

团长：王力荣　副团长：田　鹏　王海波　王海峰　龚　艳　马凌珂

编号	重点任务	首席专家	牵头单位	参与单位	牵头团队	主要人员	任务职责	核心指标产出	考核方式
1	品种选育	阎振立	郑果所	果树所 蔬菜所	苹果资源与育种团队	薛华柏 王新卫 刘文革 刘三军 张彩霞 姜淑苓 冀晓昊 牛　良 王怀松	开展果树瓜类新品种测试、筛选、展示、示范与应用	选育优质高效果树瓜类新品种 3～5 个；开展新品种示范展示	组织新品种示范交流会，开展技术培训，提交相关研究报告
2	栽培生理	王海波	果树所	郑果所 环发所 农机化所 蔬菜所	浆果类栽培与生理团队	何　楠 李　涛 张　晓 李　壮 赵德英 王孝娣 高建昌	开展集约化育苗、高产高效栽培、设施瓜果生产等技术研发，果树瓜类高产高效技术集成示范与应用，提升应对灾害性天气能力等	创建高产高效技术集成与示范模式 3 套；制定气候灾害应急预案 1 套	组织田间观摩会，提交相关研究报告

（续表）

团长：王力荣　副团长：田　鹏　王海波　王海峰　龚　艳　马凌珂									
编号	重点任务	首席专家	牵头单位	参与单位	牵头团队	主要人员	任务职责	核心指标产出	考核方式
3	绿色防控	刘永强	植保所	植保所 郑果所 果树所 农机化所 环发所	经济作物真菌病害监测与防控团队	刘永强 李世访 张志想 关　巍 张金勇 韩　锐 陈　晓 王　丽 周宗山 闫文涛	开展果树瓜类主要病虫害全程绿色防控技术集成示范，防灾减灾预警研判、制定应急方案、技术实施与培训	制定果树瓜类主要病虫害绿色防控技术集成模式3套；制定病虫害应急预案1套；开展病虫害防控技术培训	组织开展示范观摩会，提交病虫害应预案，提交培训证明材料
4	全程机械化	龚　艳	农机化所	郑果所 果树所	西部寒旱区特色作物生产机械化团队	高登涛 陈永生 王　果 陈明江 陈　晓 张　晓 刘德江 王志强 （果树所）	开展施用基肥、耕整地、移栽、果园管理、采收、废弃物处理等全程机械化农机农艺融合操作	现场示范观摩1次；形成技术规程1~2套	组织召开现场观摩会，提交总结报告

（续表）

团长：王力荣　副团长：田　鹏　王海波　王海峰　龚　艳　马凌珂									
编号	重点任务	首席专家	牵头单位	参与单位	牵头团队	主要人员	任务职责	核心指标产出	考核方式
5	贮藏加工	郑金凯	加工所	郑果所 果树所 农机化所	植物化学组分与组学研究团队	焦中高 刘德江 王文辉 贾晓辉 佟　伟	重点开展果树瓜类采后保鲜、贮藏加工等技术研发和示范	现场示范观摩1次；形成技术规程1~2套	组织召开示范展示会，提交总结报告
6	信息综合	赵俊晔	信息所	郑果所 果树所 环发所	农业监测预警团队	侯煜庐 孙　伟 张　莉 薛莹莹 韩　锐	建立果树瓜类全产业链大数据监测预警服务平台，构建适合产业特点的供给均衡和价格预测分析模型，为政府决策提供及时有效支撑	建立果树瓜类全产业链信息监测数据库1个；形成果品供需分析模型1套	提交瓜果市场和产业发展等相关报告

附表2

果树瓜类产业专家工作站信息表

序号	专家工作站	牵头单位	责任站长	涉及树种	参加人员	辐射地区
1	河北唐山	郑果所	王　然	猕猴桃	方金豹　孙雷明 顾　红　周宗山 龚　艳　王文辉 孙　伟	环渤海湾地区
2	山东沂源	果树所	王海波	综合类	赵德英　李　壮 王孝娣　徐　锴 周宗山　闫文涛 高登涛　张志想 陈永生　郑金凯 孙　伟	环渤海湾地区
3	山东烟台	信息所	赵俊晔	苹果 大樱桃	孙　伟　侯煜庐 张　莉　高登涛 阎振立　张恒涛 刘聪利　陈明江 佟　伟	环渤海湾地区
4	北京平谷	郑果所	王新卫	桃	王力荣 王志强（郑果所） 朱更瑞　方伟超 崔国朝　龚　艳 郑金凯　赵俊晔 李　涛　梅向东 薛莹莹	华北地区
5	湖南永顺	郑果所	齐秀娟	猕猴桃	林苗苗　李玉阔 孙雷明　张　晓 周宗山　陈　晓 佟　伟　赵俊晔 李世访	华中地区
6	湖南永州	加工所	郑金铠	综合类	唐选明　林　琼 赵成英　焦中高 刘德江　王文辉 贾晓辉　佟　伟 陈大磊　张　薇	华中地区

（续表）

序号	专家工作站	牵头单位	责任站长	涉及树种	参加人员	辐射地区
7	河南新乡	郑果所	涂洪涛	综合类	王新卫　牛　良 薛华柏　顾　红 何　楠　张金勇 韩　锐　周宗山 闫文涛　吴会杰 马　罡	黄淮海地区
8	河南兰考	郑果所	司　鹏	综合类	刘崇怀　陈锦永 方伟超　陈玉玲 贺亮亮　徐国益 李　涛　陈永生 张　晓　孙　伟 李世访	黄淮海地区
9	河南宁陵	郑果所	杨　健	梨	薛华柏　王　龙 王苏珂　苏艳丽 张向展　赵德英 闫文涛 王志强（果树所） 贾晓辉　张　薇	黄淮海地区
10	河南太康	郑果所	何　楠	西甜瓜	刘文革　徐永阳 高建昌　路绪强 朱迎春　王平勇 周　丹　龚　艳 陈万龙　佟　伟 张　莉　关　巍	黄淮海地区
11	山东临沂	郑果所	高登涛	综合类	魏志峰　刘　丽 石彩云　吴会杰 陈明江　王　果 侯煜庐　李　欣	华东地区
12	海南三亚	郑果所	徐志红	西甜瓜	赵光伟　何　楠 朱迎春　王平勇 赵胜杰　李　壮 韩　锐　龚　艳 林　琼　孙　伟 王怀松　陈景超	华南地区

（续表）

序号	专家工作站	牵头单位	责任站长	涉及树种	参加人员	辐射地区
13	云南楚雄	郑果所	张　颖	综合类	刘崇怀　孙雷明 鲁振华　李　勇 齐希梁　杨　健 周宗山　陈　晓 张培基　贾晓辉 刘永强	西南地区
14	云南大理	植保所	王忠跃	综合类	刘永强　刘崇怀 鲁振华　龚　艳 焦中高　赵华晔 高登涛	西南地区
15	四川成都	郑果所	王新卫	综合类	朱更瑞　陈玉玲 薛华柏　顾　红 张培基　陈永生 郑金凯　孙　伟 陈　怡　倪毅军	西南地区
16	西藏林芝	郑果所	周厚成	综合类	阎振立　李　明 方伟超　李　刚 王海波　涂洪涛 龚　艳　陈　晓 侯煜庐	西南地区
17	山西万荣	郑果所	陈锦永	综合类	朱更瑞　刘崇怀 陈玉玲　刘聪利 郭西智　王海波 刘德江　赵俊晔 朱　亮	黄土高原片区
18	河南灵宝	郑果所	高启明	苹果	阎振立　张恒涛 刘珍珍　闫文涛 陈永生　焦中高 佟　伟　张　薇	黄土高原片区
19	新疆喀什	郑果所	阎振立	综合类	张恒涛　高启明 薛华柏　刘三军 王新卫　何　楠 张彩霞　冀晓昊	西北地区

（续表）

序号	专家工作站	牵头单位	责任站长	涉及树种	参加人员	辐射地区
20	新疆吐鲁番	农机化所	龚　艳	综合类	刘三军　陈　晓 张　晓　刘德江 王　果　高登涛 刘　丽 王志强（果树所） 陈永生　陈万龙	西北地区

中国农业科学院关于印发《中国农业科学院茶叶产业专家团组建方案》的通知

农科院转化〔2023〕155号

院机关各部门、院属各单位：

《中国农业科学院茶叶产业专家团组建方案》已经中国农业科学院2023年第13次常务会议审议通过，现印发给你们，请结合实际，认真贯彻落实。

中国农业科学院

2023年10月20日

中国农业科学院
茶叶产业专家团组建方案

党的十八大以来，习近平总书记多次对茶产业发展作出重要指示。2021 年 3 月，在福建武夷山考察时指出，“茶产业过去是脱贫攻坚的支柱产业，今后要成为乡村振兴的支柱产业”“要把茶文化、茶产业、茶科技统筹起来，做好这篇大文章”。习近平总书记的重要指示为我国茶产业的发展指出了明确方向，提供了根本遵循。组建茶叶产业专家团是贯彻落实习近平总书记关于茶产业指示精神的具体举措，对于加强院内外科研力量协作，科技支撑我国茶产业高质量发展，助力茶区乡村振兴具有重大意义。

一、背景意义

1. 茶叶是巩固脱贫攻坚成果同乡村振兴有效衔接的重要乡村特色产业

党的二十大报告指出要全面推进乡村振兴，发展乡村特色产业，拓宽农民增收致富渠道。茶产业是重要的富民产业，在带动农民增收，助力巩固脱贫攻坚成果同乡村振兴有效衔接，推进和美乡村建设中持续发挥重要作用。据统计，全国 337 个脱贫县中 1/3 是以茶叶为支柱产业成功实现脱贫。截至 2022 年，我国茶园面积达 5 030 万亩，总产量 335 万吨，平均亩产值超过 5 000 元。茶产业已成为茶区乡村振兴的重要支柱产业，老百姓“因茶致富，因茶兴业”。

2. 科技支撑是茶产业高质量发展的重要保障

中国农业科学院作为国家战略科技力量，长期围绕茶产业重大需求开展系列创新研究与应用，有力支撑我国茶产业发展壮大。选育的龙井 43、中茶 108 等品种已经成为全国推广面积最大的无性系良种之一，助力我国茶园良种化率提升至 68%；创建了茶叶中农药残留和污染物管控技术体系，研发的化肥农药减施、数字化色板等绿色高效生产技术及产品，提升了我国茶叶质量安全水平；以提质、节能、定向加工为目标，研制了名优茶机械化加工、工夫红茶自动化生产线等茶叶加工新技术、新装备，促进茶叶基本实现连续化机械化加工；构建了夏秋茶高值化利用技术体系，提高了茶资源利用率，带动了我国茶叶深加工的发展；研发的速溶茶、功能食品、茶日化品等不断满足人民对美好生活的需求。进入高质量发展阶段，茶产业对科技的需求更加迫切。茶叶生产方式向标准化、机械化与智能化发展，茶叶产品消费需求向优质化、多元化、品牌化方向升级；产业整体生产效率不高、劳动力短缺，资源利用率低，适应市场需求的高质量成果供给不足等问题日益突出，这些制约产业发展的问题，仅靠单项技术成果难以有效解决，迫切需要加强多学科、多领域的联合攻关，提供综合和集成的科技解决方案。

3. 常态化协同化的茶叶技术服务体系亟须完善

全国现有从事茶叶科学研究的高校院所16家，国家茶叶产业技术体系由31位岗位科学家和27个综合试验站组成，覆盖我国主要茶区135个产茶县。国家乡村振兴局与中国科学技术协会组建了第一批产业顾问组，其中有10个团组涉及茶产业。中国农业科学院有34个研究所，其中农机化所、植保所、农经所、营养所等在农业智能装备研发、病虫草害防控、战略规划以及营养健康研究等领域有强有力的人才与技术储备。茶叶产业链较长，涉及种子、耕地、栽培、植保、加工、机械装备、营养健康、产业经济等多个学科，加强全院资源整合力度，强化各服务团（组）协同意识，形成长期稳定的茶产业技术服务保障机制，亟须建立一支稳定的常态化的技术攻关与服务产业的科技队伍。

二、总体思路

以习近平新时代中国特色社会主义思想为指导，全面贯彻落实“四个面向”重要指示精神，立足茶叶主产区，围绕全局共性、区域特性产业问题，组建中国农业科学院茶叶产业专家团，面向江南、西南、华南与江北四大茶区建立专家工作站。按照“专业到边、服务到底、全院一盘棋”工作要求，结合“专家团—专家站—田间课堂”的服务模式，通过“拉出一支队伍，关键时刻服务生产需求；创出一个机制，科研创新覆盖全产业链；打通一条渠道，国家院所直通田间地头；实践一套模式，科研选题来源基层一线；践行一种精神，培育‘一懂两爱’科学人才”的任务要求，全方位、成建制、常态化全力支撑茶叶高质量发展。

三、发展目标

依托中国农业科学院现有与茶叶有关的科技服务力量，组建一支由80名左右的固定人员、40名左右长期合作人员相结合组成的稳定的茶叶产业科技支撑队伍。与茶叶主产区地方政府、企业构建长期的战略合作关系，建立长效服务机制，在江南茶区、西南茶区、华南茶区与江北茶区建立13个茶叶产业专家工作站，以点带面辐射周围茶区产业高质量发展。到“十四五”末，筛选茶树新品种10个，推广应用茶树新品种50万亩，茶园绿色生产新技术100万亩，示范推广茶叶加工新工艺、新装备6项，培养带动茶叶技能人才100名左右。到2035年，健全覆盖全国主要产茶县茶叶产业专家工作站，示范茶园亩均增效10%~15%，茶叶生产机械化水平明显提高，培养带动茶叶技能人才500名左右。

四、组织架构

茶叶产业专家团是一个以茶叶所为主、整合全院不同研究所相关专业科技力量形成的服务型组织（图 1），采取灵活机制，履行服务茶叶产业高质量发展的职能使命。设团长 1 名、副团长 2 名，分设 13 个专家工作站，每个工作站根据产业的具体需求，分别由育种、栽培、植保、加工、农机、营养及经济等方面专家组成。各站任务由院内相关研究所创新团队专家牵头，联合院外相关单位及生产一线专家共同组织完成。结合茶叶全产业链的技术需求，进行重点任务分工与协作。

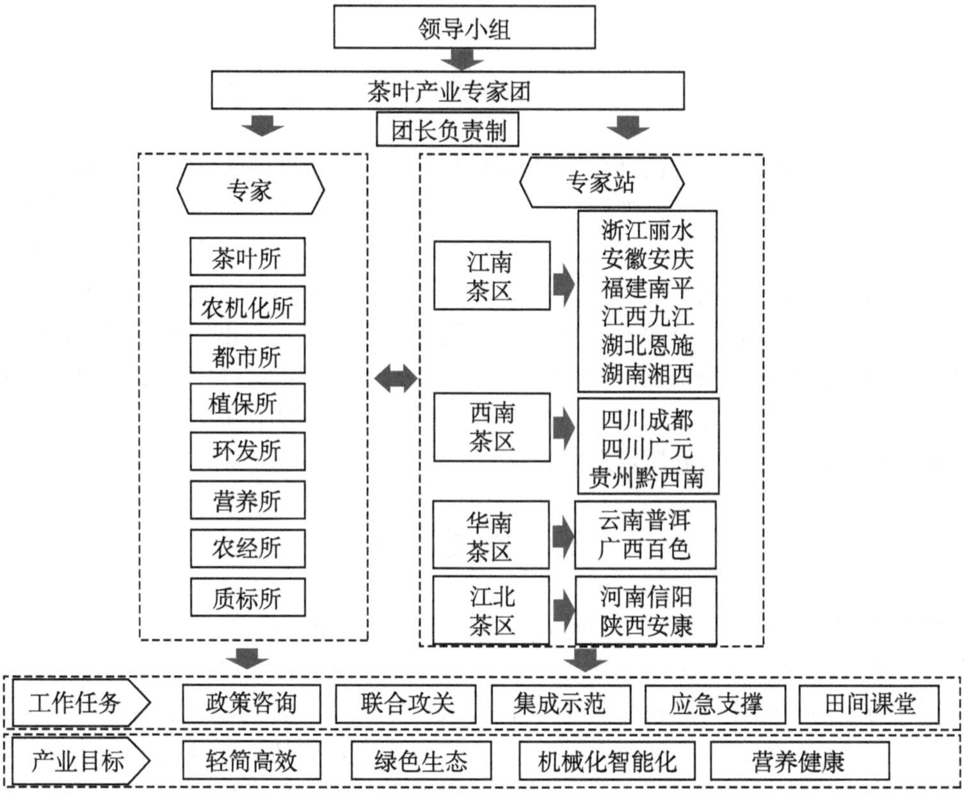

图 1　茶叶产业专家团架构

五、重点任务

1. 分析产业发展形势，开展战略规划研究，为政府决策提供高端智库

开展茶叶主产区不同县域的产业发展调研，研判国内外茶产业发展趋势，分析面临的机遇与挑战，编制产业发展规划，提出阶段性、区域性、长期性战略与政策建议，为农业农村部等上级部门提供产业咨询报告，为不同茶区主产县市政府茶产业高质量发展提供高端智库。

2. 围绕区域性关键性产业难题，开展技术攻关与集成示范，提高有效成果供给

围绕不同茶叶主产区区域性、关键性“卡脖子”技术难题开展联合攻关，加快茶树优良特异品种育繁推，推进老茶园良种化改造；加快茶叶绿色高效、机械化、智能化生产与加工等技术的研发与转化；加快研发智能采茶机、茶树生长环境因子、病虫害智能识别、智能化加工等新装备，提升高价值品种、技术与装备的有效供给。

3. 开展“田间课堂”行动，开展技术培训与指导服务，推动成果转化落地

开展技术综合集成与试验示范，推动“田间课堂”行动，开展茶叶全产业链的技术培训与示范，培训茶叶技术推广人员、茶叶生产经营主体与茶农，分级建立茶叶技术人才库，培训“一懂两爱”新茶人，提升茶叶从业人员专业技能，提高成果转化落地。

4. 研判茶叶产业风险形势，提供产业应急技术支撑

监测分析极端干旱、倒春寒等气候因素，以及茶树病虫害暴发危害等导致的灾情变化，开展应急性的技术服务等工作。与产市县政府保持常态化联络机制，做好茶叶各类风险应急处置技术方案。出现风险时，及时统筹做好茶叶防灾减灾，加强自然灾害综合风险会商研判，向院领导小组和上级部门报送风险处置报告。

5. 构建协同交流服务机制，完善茶叶技术服务网络

构建茶叶全产业链的技术服务网络，协调各运行团（组）组织开展技术服务产业交流会，及时梳理、收集并提交生产实际问题与技术服务报告，以现有专家工作站为基础，根据不同茶叶区域产业问题，推动更多合作单位与专家加入，逐步建立覆盖全国主要茶叶主产区、网络化的茶叶技术服务体系。

六、保障措施

1. 强化组织领导

成立领导小组，由一名副院长担任组长，成果转化局局长担任副组长，成员由院机关相关部门和院属有关单位主要负责人组成。领导小组办公室设在成果转化局科技推广处，负责日常组织协调工作。专家团的具体工作由茶叶所牵头负责，组织制定实施方案，做好技术指导、技术培训、产业政策研究、信息报送等各项工作。

2. 强化协同创新

协同国家部委的科研重点任务，履行产业服务使命。协同地方科研、推广力量，联合开展工作。协同国家茶叶产业技术体系，建立协同产业技术网络，形成合力，提高茶叶产业专家团工作成效。

3. 强化资金保障

充分利用院创新工程、院地合作、科企合作等平台多渠道筹措资金。整合研究所承担的示范推广、成果转化等项目资金。积极申请国家和地方项目，筹集工作资金；积极吸纳社会资金的投入，促进产业技术和金融结合，形成多元化投入体系。

4. 强化评价机制

制定院级的科技服务考评与激励机制。实施专家进入和退出动态管理，推动专家团的服务深入产业一线，将论文写在大地上。

5. 强化表彰宣传

对专家团工作取得的新进展、新经验和新成效及时进行总结报道，充分发挥新闻媒体的正向宣传和引导作用，通过树立先进典型、推广成功案例、总结工作成效等形式，大力弘扬科学家精神，营造崇尚科学、尊重科学、服务“三农”的良好社会氛围，进一步扩大专家团的社会影响力。

附表：1. 茶叶产业专家团任务矩阵表
　　　2. 茶叶产业专家工作站信息表

附表 1

茶叶产业专家团任务矩阵表

团长：江用文　副团长：阮建云　宋志禹

编号	团队专家	责任专家	单位	所属创新团队	参加人员	任务职责	核心指标产出	考核方式
1	李　鑫	李　鑫	茶叶所	茶树生态栽培创新团队	李　杨 李　强 袁海波 吕海鹏 郭华伟 肖　强 赵　峰 韦　康 张　优 汪秋红 马　欣 李迎春 秦晓波	筛选培育特色优质高效茶树品种；集成创新生态低碳茶园综合生产技术；研发茶叶新产品	筛选特色优质高效茶树品种 2~3 个；制定生态低碳茶园综合生产技术规程 1~2 套；研发茶叶新产品 3~4 个；培训茶农 500 人次以上	组织田间观摩及现场培训，召开技术示范现场会，提交总结报告
2	江用文	袁海波	茶叶所	茶叶精准加工创新团队	郝心愿 邓余良 颜　鹏 滑金杰 徐海泉	引进示范茶树优良品种，建立生态标准化示范茶园，优化茶产品加工工艺，提升品质，产品具有自身特色；协助建立标准化生产体系	筛选适合服务区域的特色优质高效茶树品种 2~3 个，建立生态标准化示范茶园 100 亩；提出优化的加工工艺，获得高质量茶叶产品 2~3 个；协助制定鲜叶采摘、茶园建设、加工技术规程等标准 2~4 项；每年培训和指导茶农 100 人次	组织技术培训、现场观摩，提交总结报告

（续表）

团长：江用文　副团长：阮建云　宋志禹								
编号	团队专家	责任专家	单位	所属创新团队	参加人员	任务职责	核心指标产出	考核方式
3	周　利	李兆群	茶叶所	茶树病虫害防控创新团队	蔡晓明 张群峰 江和源 韩　余	茶园害虫绿色防控技术；茶园田间机械化管理；茶园栽培管理；茶叶加工技术应急：暴发性害虫防治方案	建立茶园害虫监测预警平台，指导制定茶园绿色防控技术方案1~2套；指导建立茶园机械化采摘和栽培管理模式；提出茶叶加工新技术或产品1~2个；培训200人次	茶园绿色防控技术推广与培训，成果转化示范基地建设，提出害虫防控建议，提交总结报告
4	陈　亮	江和源	茶叶所	茶树种质资源创新团队	李　鑫 金基强 刘浩然 王伟伟 李征珍 唐美君	庐山云雾茶和宁红茶专用品种选育及推广；集成创新茶园应对极端天气的防灾减灾技术；集成庐山云雾茶标准化加工技术及推广	培育并申报庐山云雾茶、宁红茶专用新品种2~3个，建立母本园和良种示范基地繁育推广新品种；制定茶园应对极端天气的防灾减灾技术规程1~2套；优化庐山云雾茶标准化加工技术参数，试制标准样；培训茶农50~100人次	以品种权受理通知书或证书、技术规程和标准样等实物和现场考察方式，提交总结报告
5	姜仁华	陈富桥	茶叶所	茶业经济与文化研究创新团队	伊晓云 潘昌健 胡林英 林梦星 凌　晨 肖　强	开展信阳市茶产区产业发展战略研究；信阳代表性县产茶县域产业竞争力评估与提升策略研究；编制信阳毛尖茶消费者画像；依托国家茶叶大数据中心建设信阳分中心；开展技术培训	信阳茶青交易监测与行情分析；提交信阳市各产茶县（区）（浉河、平桥、新县、罗山、光山等）竞争力评估和提升策略研究报告1份；编制信阳毛尖茶消费者画像1套；依托国家茶叶大数据中心建设信阳分中心1个；培训当地茶叶从业人员100人次	召开培训会、研讨会、发布相关成果报告，提交总结报告

（续表）

团长：江用文　副团长：阮建云　宋志禹								
编号	团队专家	责任专家	单位	所属创新团队	参加人员	任务职责	核心指标产出	考核方式
6	李　鑫	胡　强	茶叶所	茶树生态栽培创新团队	孙　亮 王志博 王东辉 郝心愿 蔡晓明 陈根生 朱大洲 梁金波 向　俊	开展生态低碳认证，开展绿色生态茶园管理技术指导，推广一批实用绿色产品、病虫害绿色防控技术，开展技术培训及现场观摩会，开拓富硒茶认证体系建设，并在恩施州（恩施土家族苗族自治区，简称恩施州）率先试点推广	设置技术试验点5个，开展生态低碳认证；开展茶树新品种、病虫害防治等技术服务指导2~3次/年开展茶园管理现场会1次、集中培训1~2次、茶叶品质集中审评评价1次；推荐专家申报恩施州“候鸟人才”计划；开展富硒茶认证体系建设，辐射经营主体10个，辐射茶园面积5 000亩	组织现场观摩和专家审核验收，提交总结报告
7	陈红平	陈红平	茶叶所	茶叶质量与风险评估创新团队	马桂岑 陈利燕 张颖彬 柴云峰 王　晨 张相春 马建强 颜　鹏 罗宗秀 滑金杰 张星联 贾　琪	湘西黄金茶品质提升技术与标准化生产应急：湘西茶叶生产技术与质量安全调研	湘西黄金茶高品质自动化加工技术；制定湘西黄金茶全产业链标准1套；培训茶农100人次	组织现场观摩，提出全产业链标准化生产建议，制定并发布相关标准，提交总结报告

（续表）

团长：江用文　副团长：阮建云　宋志禹								
编号	团队专家	责任专家	单位	所属创新团队	参加人员	任务职责	核心指标产出	考核方式
8	陈　亮	姚明哲	茶叶所	茶树种质资源	孙　亮 陈富桥 马春雷 吕海鹏 邓余良 李　鑫	围绕广西六堡茶产业高质量发展，开展资源收集利用，品种选育、绿色生态防控、规划咨询等技术攻关、技术服务与集成示范	编制广西六堡茶等县（市）域产业发展战略规划2项；筛选适宜六堡茶生产的优良品种1~2个；提出区域性绿色生态的病虫害防控方案1套；培训茶农100人次	现场技术培训、技术示范指导，完成产业发展规划，试验示范等研究与建议报告，提交总结报告
9	宋志禹	蒋清海	农机化所	果蔬茶收获技术装备	蒋清海 丁文芹 占才学 陈　佳 孙翔灵 周　冉	围绕丘陵茶园机械化生产需求，开展丘陵茶园全程自动化生产技术装备攻关，技术服务与集成示范	研发应用与集成示范适用丘陵茶园全程自动化生产成套装备1套；丘陵茶园全程自动化生产机具配置方案1个；培训茶农50人次以上	组织田间现场观摩、对研发集成的技术进行推广，提交总结报告
10	马　伟	杨　晓	都市所	智能园艺机器人	田志伟 曹冬平 姚　森 倪　康 杨向德	推进标准化茶园机械化生产规程、建立物联网茶园基地建设标准	制定智慧茶园机械化生产规程1套；制定物联网茶园基地建设标准1套	组织起草颁布智慧茶园机械化生产规程，组织建成物联网茶园基地1~2个，提交总结报告
11	王新超	王新超	茶叶所	茶树遗传育种创新团队	郝心愿 叶　阳 马立峰 蔡晓明	围绕中黄1号品种特性，集成种苗繁育、配套栽培、绿色防控、配套加工等技术，并示范推广	研发高效、低成本繁育技术1套、配套栽培及绿色防控技术1套、配套加工工艺1套，开发新产品1个；培训茶叶经营主体和茶农	组织种苗繁育、配套栽培、绿色防控技术的田间观摩会，对集成的技术进行推广

（续表）

团长：江用文　副团长：阮建云　宋志禹								
编号	团队专家	责任专家	单位	所属创新团队	参加人员	任务职责	核心指标产出	考核方式
12	尹军峰	黄　飞	茶叶所	茶深加工与多元化利用创新团队	许勇泉 邹　纯 陈根生 陈建新 涂　政 朱宏凯 邓余良 边　磊 胡　强 宋志禹	茶产业调研与发展规划；茶叶加工技术提升及新产品开发；产销对接与技术服务	制定茶产业调研报告1份；引进茶叶加工新技术新产品1~2项；组织外出参观和技术培训1~2次	组织现场观摩、培训，提交总结报告
13	林　智	吕海鹏	茶叶所	茶叶品质化学与营养健康创新团队	孙　亮 陈富桥 颜　鹏 曾建明 杨现明 蒋清海	提升当地茶咖产业发展水平，开发高附加值农副产品，助推普洱市特色农业产业转型升级、提质增效和乡村全面振兴	推广先进的茶叶育种、栽培和加工技术2~3项；制定当地茶叶或咖啡的病虫害监测预警及防控方案1~2套；培训茶农100人次	组织现场观摩和技术培训，提交总结报告
14	阮建云	阮建云	茶叶所	茶树营养与养分管理创新团队	林　智 杨向德 丁长庆 吕海鹏 曾建明 修春丽 刘　静	筛选引进适宜品种，建立绿色生产技术及模式，开发茶叶新产品和功能	引进良种2~3个并建立示范茶园；建立绿色生产技术模式3~4套，开展示范；开发富硒茶叶产品1~2个；培训茶农100人次	组织田间观摩和技术培训，提出品种布局建议，提交总结报告

（续表）

团长：江用文　副团长：阮建云　宋志禹								
编号	团队专家	责任专家	单位	所属创新团队	参加人员	任务职责	核心指标产出	考核方式
15	刘　静	刘　静	农经所	乡村治理与发展创新团队	刘　静 牛坤玉 薛　莉 常　明 吴志旻 郑　莹 张寒影 宋　蕊 李思颖 郭　庆 马　宁	开展调查研究，分析国内外茶产业发展形势，撰写战略规划研究，为政府决策提供咨询报告	茶产业绿色高效集成技术经济评价指标体系构建；茶产业技术经济评价结果分析研究报告；茶产业绿色高效发展战略规划	组织撰写茶产业的技术经济评价报告和战略规划，协助组织召开现场观摩培训会，提交总结报告

附表2

茶叶产业专家工作站信息表

序号	专家工作站	牵头单位	负责人	参加人	辐射地区
1	浙江丽水	茶叶所	李　鑫	育种：韦　康 栽培：李　强 加工：吕海鹏 植保：郭华伟 机械：李　杨 固碳：马　欣	浙江金华、温州、台州，福建福鼎
2	安徽安庆	茶叶所	江用文	育种：郝心愿 栽培：颜　鹏 加工：袁海波 营养：徐海泉	安徽黄山、六安
3	福建南平	茶叶所	周　利	栽培：张群峰 植保：李兆群 加工：江和源 农机：韩　余	福建三明、宁德、泉州
4	江西九江	茶叶所	陈　亮	育种：金基强 栽培：李　鑫 加工：江和源 植保：唐美君	江西上饶、景德镇、吉安
5	河南信阳	茶叶所	姜仁华 陈富桥	战略研究：伊晓云 市场监测：胡林英 植保：肖　强	河南南阳
6	湖北恩施	茶叶所	李　鑫 胡　强	育种：郝心愿 植保：孙　亮 加工：陈根生 认证：王志博 营养：朱大洲 栽培：梁金波	湖北宜昌，重庆

（续表）

序号	专家工作站	牵头单位	负责人	参加人	辐射地区
7	湖南湘西	茶叶所	陈红平	育种：马建强 栽培：颜　鹏 植保：罗宗秀 加工：滑金杰 质量：陈利燕 评价：张星联	湖南张家界、怀化
8	广西百色	茶叶所	姚明哲	资源：马春雷 栽培：李　鑫 植保：孙　亮 加工：邓余良 品质：吕海鹏 经济：陈富桥	云南文山，广西崇左、贺州、梧州
9	四川成都蒲江	都市所	马　伟	栽培：倪　康 杨向德 机械：杨　晓 田志伟	成都邛崃
10	四川广元	茶叶所	王新超	育种：郝心愿 栽培：马立峰 加工：叶　阳 植保：蔡晓明 机械：丁文芹	四川巴中、绵阳、宜宾
11	贵州黔西南	茶叶所	尹军峰	栽培：胡　强 植保：边　磊 茶饮：邹　纯 加工：许勇泉 陈根生 机械：邓余良 宋志禹	贵州黔南、黔东南
12	云南普洱	茶叶所	林　智	育种：曾建明 栽培：颜　鹏 植保：孙　亮 杨现明 机械：蒋清海 经济：陈富桥	云南西双版纳、临沧

（续表）

序号	专家工作站	牵头单位	负责人	参加人	辐射地区
13	陕西安康	茶叶所	阮建云	育种：曾建明 栽培：杨向德 加工：林　智 植保：修春丽 经济：刘　静	陕西白河、紫阳、岚皋，湖北十堰、竹山、郧西

中国农业科学院 2023 年度知识产权分析报告

2023 年，中国农业科学院深入贯彻落实习近平总书记关于知识产权工作的重要指示以及党中央和国务院有关文件精神，以贯彻实施国家标准《科研组织知识产权管理规范》（GB/T 33250—2016）、培养知识产权专员等专业人才为抓手，加强知识产权规范管理，强化知识产权服务指导，完善知识产权全链条保护，持续提升全院知识产权创造、运用、保护、管理和服务水平，取得了显著效果。全院共获得国内专利授权 1 946 件，其中发明专利占比 87. 62%；共获得植物新品种权授权 308 件，较 2022 年增加了 43. 93%；全院知识产权转化率达到 27. 07%，知识产权转化收入为 5. 57 亿元。本报告中，除知识产权转化部分涉及所有知识产权类型，其他部分均主要针对专利权、植物新品种权和商标进行统计分析。

一、知识产权创造情况

（一）授权专利数量与质量情况

1. 国内授权专利情况

2023 年，中国农业科学院获得国内发明专利授权数量为 1 705 件，年度授权数量较 2022 年降低 0. 93%。实用新型专利授权量继续保持下降趋势，2023 年授权量为 241 件，较 2022 年下降 29. 12%。中国农业科学院发明专利授权数量自 2014 年以来连续 9 年保持增长态势，2023 年发明专利授权数量的下降，也是积极落实《知识产权强国建设纲要（2021—2035 年）》和《专利转化运用专项行动方案（2023—2025 年）》，从注重专利数量转变为更加注重专利创造质量的表现。

2. 国外授权专利情况

2023 年，中国农业科学院 15 个院属研究所获得经国外实质审查的授权发明专利共 35 件，其中饲料研究所获得 6 件，农产品加工研究所和油料作物研究所分别获得 4 件，作物科学研究所和烟草研究所分别获得 3 件，北京畜牧兽医研究所等 5 个研究所分别获得 2 件。从地域分布看，在美国获得授权的专利数量最多，共 29 件；其次是通过欧洲专利局审查的，共 3 件。中国农业科学院在研究所评价中对经过实质性审查获得的发达国家专利进行赋分，有效激励了院属研究所积极开展高质量专利的国外布局。

3. 国内公开及授权专利质量情况

权利要求数量一定程度上反映了专利的撰写质量以及技术的创新水平。2023 年院属研究所公开的发明专利，平均权利要求数量为 8. 71 个，较 2022 年的 6. 91 个有较大提升，院属研究所越来越重视提高知识产权创造质量和专利撰写水平。

发明专利经审查并授权后，与申请公开时的文本相比，其权利要求数量通常会发生变化。中国农业科学院 2023 年授权发明专利中，权利要求数量为 1~2 个的授权专利数量占比较 2022 年、2021 年均有所降低，说明质量较低的授权专利数量逐渐减少。

（二）获得植物新品种权情况

2023 年，中国农业科学院共获得 292 件农业植物新品种权授权和 16 件林业植物新品种权授权。郑州果树研究所获得授权的植物新品种权最多，独立授权 73 件，联合授权 4 件；其次为作物科学研究所，独立授权 49 件，联合授权 11 件；再次为中国水稻研究所，独立授权 43 件，联合授权 7 件。截至 2023 年底，中国农业科学院共有 16 个研究所累计获得 46 个种类的农业植物新品种权 1 235 件，其中独立授权 947 件，联合授权 288 件；共有 2 个研究所获得林业植物新品种权授权 106 件。

按照类别划分，2023 年中国农业科学院获得的植物新品种权共涉及 30 个种类，高于 2022 年的 25 个种类。其中水稻最多，为 57 件；普通西瓜次之，为 32 件；棉居第三位，为 29 件。

（三）商标申请情况

截至 2023 年底，共有 28 个研究所申请了商标，其中棉花研究所申请商标数量最多，为 423 件；其次是农业质量标准与检测技术研究所，为 102 件；再次是郑州果树研究所，为 88 件。除中国农业科学院院标外，共有 13 个研究所的所标或所徽申请了商标保护。

中国农业科学院商标申请前三位的类别为第 31 类、第 1 类、第 35 类，截至 2023 年底，排名前三位类别的商标申请数量分别为 192 件、134 件、99 件。

二、专利保护情况

（一）有效专利类型布局情况

截至 2023 年底，中国农业科学院国内有效发明专利和实用新型专利总数为 12 461 件，其中有效发明专利占 78. 59%，有效实用新型专利占 21. 41%；有效发明专利占比较 2022 年提高了 4. 72 个百分点，较 2021 年提高了 10. 87 个百分点，一定程度上说明中国农业科学院专利创造整体质量稳步提升。

（二）专利保护维持期限情况

截至 2023 年 12 月 31 日，院属研究所有效发明专利平均维持期限为 6.5 年，较 2022 年的 5.5 年延长了约 1 年，较 2021 年的 5.8 年延长了约 0.7 年；实用新型专利平均维持期限为 5.08 年，较 2022 年的 3.6 年延长了约 1.48 年，较 2021 年的 3.5 年延长了约 1.58 年。

（三）高价值发明专利情况

1. 战略性新兴产业的发明专利

根据国家统计局发布的《战略性新兴产业分类（2018）》，战略性新兴产业主要包括新一代信息技术产业、生物技术产业、新能源产业、新材料产业、高端装备制造产业、智能及新能源汽车产业、绿色环保产业、数字创意及新兴服务业、未来产业 9 类产业领域。中国农业科学院相关研究领域主要包括生物种业、生物工程、新型疫苗研制、节能环保、农机装备、农业污染防治装备与技术、农业资源综合利用等。

据不完全统计，截至 2023 年底，中国农业科学院共有近 2 000 项发明专利分布在战略性新兴产业领域，其中生物技术产业领域分布最多，占比超过 60%；其他依次分别为高端装备制造产业、新一代信息技术产业、新材料产业、绿色环保产业等领域。

2. 在海外有同族专利权的发明专利

同族国家数较多的专利具有较高价值或为国际前沿颠覆性技术。2023 年，院属研究所获得授权的发明专利中，进入其他国家数量大于等于 3 个（即同族国家数量大于等于 3 个）的授权有效专利共 12 件。同族国家数量最多的专利是南京农业机械化研究所的授权发明专利“一种适于可降解秧盘的气力式有序抛秧机和抛秧方法”“一种秸秆粉碎行间集覆免耕播种机”和“一种多级籽棉重杂清分装置”，均已获得 4 个海外国家或地区保护。

3. 维持期限超过 10 年的发明专利

截至 2023 年底，全院共有 31 个研究所拥有 1 979 件维持期限超过 10 年（含 10 年）的有效发明专利。其中农产品加工研究所数量最多，共有 247 件，其次为作物科学研究所、植物保护研究所、兰州兽医研究所、饲料研究所、北京畜牧兽医研究所等。

4. 实现质押融资的发明专利

根据国家知识产权局公开数据，2023 年，院属研究所作为申请人的授权专利中，新增质押融资的发明专利 14 项，其中兰州畜牧与兽药研究所 9 项；生物技术研究所专利“提高了热稳定性及蛋白酶抗性的环化植酸酶”在 2022 年实现质押后，2023 年再次进行质押。

5. 获得中国专利奖的发明专利

2023 年，中国农业科学院有 1 项专利获得第 24 届中国专利奖优秀奖，为农产品加工研究所的“具有二肽基肽酶-Ⅳ高抑制活性的鼠李糖乳杆菌及其应用”。

三、知识产权运用情况

2022 年 12 月 16 日至 2023 年 12 月 15 日，中国农业科学院知识产权转化收入达到 5.57 亿元，占成果转化总收入的 35.82%，较 2022 年增加了 0.36 亿元。有 29 个研究所实现了知识产权转化，知识产权转化收入排在前三位的研究所为哈尔滨兽医研究所、兰州兽医研究所和作物科学研究所。此外，还有 6 个研究所的知识产权转化收入超过 1 000 万元，分别为油料作物研究所、中国水稻研究所、北京畜牧兽医研究所、郑州果树研究所、生物技术研究所和植物保护研究所。

四、主要问题及建议

结合以上数据分析，2023 年中国农业科学院在知识产权创造保护运用等方面存在以下几点问题：一是项目申请和实施过程中对专利全景分析、竞品（技术路线）分析、专利自由实施分析，可专利性分析开展得不够，专利申请前规划评估不够，部分研究所还未能完全从重视专利数量向重视专利质量转变；二是基础前沿技术和关键核心技术领域专利保护布局不够，由于缺少专业人员介入谋划知识产权保护布局和专项资金支持，存在顶级科研成果未能及时获得最恰当保护的现象；三是部分科技成果与产业需求不够契合，知识产权转化价值不高，部分科技成果长时间未实现转化，知识产权转化运用效率仍有提升空间；四是知识产权转化流程规范性有待提高，如 2023 年全院实现转化的知识产权共 1 086 件，但仅能查询到 174 件专利许可备案信息，远低于实际许可数量。

针对上述问题，为全面提高中国农业科学院知识产权创造保护运用及管理水平，提出以下建议。

1. 持续推动研究所开展知识产权贯标工作

2023 年，中国农业科学院出台了知识产权贯标工作实施方案，从国家需求和院所发展出发，以贯彻实施《科研组织知识产权管理规范》国家标准为抓手，形成“系统谋划、整体部署，领导重视、全员参与，贯标赋能、持续提升”的工作格局，首批启动 12 个研究所，已有 6 个研究所通过认证，初步建立起系统、科学、规范的知识产权管理体系。要继续推动这项长期性基础性工作，力争“十四五”末，院属牵头重大科研任务的研究所、以应用研究为主的研究所，均通过认证，建立知识产权管理体系并实施运行，持续支撑高价值知识产权产出和转化。

2. 围绕重大任务开展知识产权全过程管理

推动重大任务实行知识产权全过程管理，聚焦关键核心技术攻关任务等重大任务，深入创新团队开展知识产权挖掘、申请、保护等面对面全流程服务，提高重大科研任务成果产出质量。鼓励相关领域团队参与专利分析和预警项目，为开展科研工作提供创新分析、技术空白分析、侵权风险等参考。鼓励承担重大任务的创新团队设置专职知识产权专员岗位，通过在任务立项、实施、验收等阶段，对重大任务相关领域国内外知识产权保护情况、产生知识产权的运用前景、市场和行业发展情况等进行跟踪和分析，提高知识产权创造质量和保护水平，提升知识产权转化运用效能。围绕国家重大专项、关键核心技术攻关、院级重大任务、全国重点实验室等打造适应跨所跨院合作机制的知识产权管理模式，形成根据各方实质性贡献和资金投入情况等确定知识产权归属的良性合作模式。

3. 积极推动存量专利盘活工作

落实《专利转化运用专项行动方案（2023—2025 年）》“梳理盘活高校和科研机构存量专利”要求，按照《高校和科研机构存量专利盘活工作方案》部署，从盘活存量、做优增量两方面发力，全面盘点存量专利，筛选高价值高质量专利，结合产业特点，分类施策推动转化；鼓励院属研究所建立以产业需求为导向的专利创造及应用机制，健全以产业化前景分析为核心的专利申请前评估制度，从源头提升专利创造质量。通过推动存量专利盘活工作，进一步探索建立农业相关领域专利评价的方法和模式，不断提升知识产权转化率和实际转化收益等。

4. 强化科研项目专利规划及运用

2024 年 1 月 14 日，科技部等六部门联合印发《建立财政资助科研项目形成专利的声明制度实施方案》，要求“财政资助科研项目承担单位或个人在财政科研项目专利申请时，须在国家知识产权局专利业务办理系统中，对该专利申请所依托的项目类型、项目名称、项目编号等信息进行声明”，涉及的范围包括“率先在中央财政投入的部分科研项目中实施，范围包括国家科技重大专项（含科技创新 2030—重大项目、重大专项接续项目、面向 2035 的重大项目等）、国家重点研发计划重点专项、国家自然科学基金项目等国家科研项目，以及国防和军队建设科研项目。后续视制度运行情况，研究逐步将项目范围扩大至其他中央部门科研项目及地方财政资助科研项目”。建议院属研究所在项目实施中，完善财政资助科研项目知识产权申请及运用规划，加强基础技术、运用范围广泛技术的知识产权申请，做好高价值知识产权的转化工作。

5. 提升全院知识产权保护意识

将提升知识产权保护意识纳入中国农业科学院及院属各单位的各类人才培训体系，推动全院科研和管理人员的知识产权保护意识和知识产权管理水平整体再上新台阶。持续开展知识产权专员培训和进阶培训，以《农业与健康创新知识产权管理最佳实践手册》等教材为基础，以知识产权创造保护运用全程全域全链管理为主线，结合农业知识产权特点以及实际工作需求，有针对性地开展培训，确保学习成果运用到实际工作中。加强植物新品种权保护及打假维权意识，充分利用中国农业科学院相关植物新品种测试平台，不断强化品种的选育和管理。加强商标的保护与运用，建议院属研究所梳理现有商标使用情况，明确商标的使用、防御功能，避免注册商标成为其核定使用的商品的通用名称或没有正当理由连续 3 年不使用的情况，从而防范第三方向商标局申请撤销中国农业科学院注册商标。

6. 持续推进知识产权转化

制定更有利于知识产权类成果转化的政策制度，包括利益分配比例、奖励报酬制度、考核评价制度等。在中国农业科学院现代院所评价体系分别取消了实用新型专利数量、发明专利数量、非实质审查国外授权专利数量加分的基础上，加快建立以创造转化高价值高质量知识产权为导向的科技创新考评体系，以知识产权转化率、实际转化收益等为重要指标，促进知识产权的创造与运用。鼓励院属研究所以专利许可方式进行转化，充分利用普通许可、独占许可、排他许可、开放许可等多种类型，拓展不同的转化形式，将专利开放许可与农业技术推广和乡村振兴有机融合，最大限度将财政支持的科研成果回馈社会公众，造福人民。

中国农业科学院办公室关于印发《中国农业科学院知识产权贯标工作实施方案》的通知

农科办转化〔2023〕28 号

院机关各部门、院属各单位：

为落实创新驱动发展战略和知识产权强国战略，以贯彻实施《科研组织知识产权管理规范》国家标准为着力点，全面提升我院知识产权创造、运用、保护和管理水平，增强院所创新能力和综合竞争力，加快实现高水平农业科技自立自强，现将《中国农业科学院知识产权贯标工作实施方案》印发给你们，请结合实际抓好贯彻落实。

中国农业科学院办公室
2023 年 6 月 26 日

中国农业科学院知识产权贯标工作实施方案

为落实创新驱动发展战略和知识产权强国战略，增强院所创新能力和综合竞争力，提升高水平科技成果有效供给，根据《知识产权强国建设纲要（2021—2035年）》，推进我院全面贯彻实施国家标准《科研组织知识产权管理规范》（GB/T 33250—2016）（以下简称知识产权贯标或贯标），建立规范的知识产权工作体系，制定如下方案。

一、重要意义

保护知识产权就是保护创新。习近平总书记指出，“知识产权保护工作关系国家治理体系和治理能力现代化，关系高质量发展，关系人民生活幸福，关系国家对外开放大局，关系国家安全。”随着新一轮科技革命和产业变革突飞猛进，全球产业链供应链创新链面临重塑，知识产权已经成为国家发展的战略性资源和国际竞争力的核心要素。2021年7月，中共中央、国务院印发了《知识产权强国建设纲要（2021—2035年）》，强调统筹推进知识产权强国建设，全面提升知识产权创造、运用、保护、管理和服务水平，充分发挥知识产权制度在社会主义现代化建设中的重要作用。党的二十大报告提出加快建设农业强国战略目标。加强农业领域知识产权系统保护，将有力促进农业科技创新，推动实现高水平农业科技自立自强，为加速农业强国建设提供坚强支撑。

近年来，我院高度重视知识产权高质量发展，在政策引导、项目带动、人才培养、精准服务等方面持续发力，取得显著效果。但院属研究所仍普遍缺少知识产权系统部署和战略安排，缺乏知识产权专业管理人员，知识产权质量和效益有待加强，管理水平需进一步提升。加快“两个一流”建设，抢占农业基础前沿创新高地，实现关键核心技术自主可控，必然要求研究所通过建立完善的知识产权管理体系，不断提高知识产权管理能力，充分发挥知识产权在科技创新过程中的重要作用，更好履行科技支撑稳产保供和乡村振兴的职责使命。

二、指导思想

坚持“四个面向”，从国家需求和院所发展出发，建立系统、科学、规范的知识产权管理体系，全面提升我院知识产权创造、运用、保护和管理水平，激发创新活力、增强创新能力，为促进科技成果转化和现代院所建设奠定坚实基础。

三、基本原则

系统谋划、整体部署。全院贯标工作由成果转化局负责顶层设计、组织协调、谋划资源，具体推动院机关贯标工作。院属研究所结合自身实际、坚持实事求是，整合相关资源、选择合适时机，启动实施本单位知识产权贯标工作。

领导重视，全员参与。研究所作为贯标工作的主体，应建立以所长或党委书记为第一责任人、各部门协调配合的工作机制。充分发挥全体员工的创造性和积极性，学习了解相关要求和做法，保障贯标工作顺利推进。

贯标赋能，持续提升。研究所应以贯标工作为抓手，持续提升知识产权创造、运用、保护和管理水平，建立符合自身发展定位的知识产权管理体系，聚焦全过程知识产权管理，解决现实问题，提升科技创新的质量和效益，促进知识产权价值实现。

四、总体目标

至“十四五”末，院属牵头重大科研任务（关键核心技术攻关、生物育种重大专项等）的研究所、以应用研究为主的研究所，均通过《科研组织知识产权管理规范》认证，建立知识产权管理体系并实施运行，持续支撑高价值知识产权产出和转化。

五、贯标内容

根据《科研组织知识产权管理规范》，结合院所知识产权工作实际，院属研究所贯标工作主要包括以下内容。

（一）管理体系文件

（1）制定知识产权方针，明确研究所知识产权管理的宗旨和内容。

（2）确定知识产权目标，作为知识产权方针的具体落实和考核依据。

（3）编制知识产权手册，涵盖知识产权管理体系的基本规定，明确相关程序及其相互关系。

（二）组织管理

（1）研究所主要领导（所长或党委书记）为知识产权管理第一责任人。

（2）第一责任人可指定主管科研或成果转化工作的副所长作为代表，总体负责研究所知识产权管理事务。

(3) 设置知识产权管理部门，配备专职知识产权工作人员。基础较好或者有条件的研究所可以成立独立的知识产权管理部门。

(4) 建立知识产权服务支撑机构，可设在研究所负责信息文献的部门，或聘请外部服务机构。

(5) 创新团队首席负责所承担科研项目的知识产权管理，承担重大科研项目的创新团队配备知识产权专员协助团队首席进行科研项目知识产权管理。

(三) 基础管理

1. 人力资源管理

(1) 通过人事合同明确员工的知识产权权利与义务。

(2) 加强入职和离职人员的知识产权管理。

(3) 组织开展知识产权培训。

(4) 加强创新团队人员以及学生、离岗创业人员、柔性引进人员等的知识产权管理。

2. 科研设施管理

采购实验用品、软件、耗材时进行知识产权审查，在仪器设备管理办法中明确知识产权要素等。

3. 合同管理

对合同中的知识产权条款进行审查，在进行委托开发或合作研发时应签订书面合同，明确约定知识产权权属、许可及利益分配等。

4. 信息管理

建立信息收集渠道、专利信息分析利用机制及信息披露的知识产权审查机制等。

(四) 科研项目管理

1. 管理方式

根据科研项目来源和重要程度等对科研项目进行分类管理；科研项目应实行立项、执行、结题验收全过程知识产权管理，重大科研项目应配备知识产权专员。

2. 项目立项阶段的知识产权管理

(1) 确认科研项目委托方的知识产权要求，制定知识产权工作方案，并确保相关人员知悉。

(2) 分析该科研项目所属领域的发展现状和趋势、知识产权保护状态和竞争态势，进行知识产权风险评估。

(3) 根据分析结果，优化科研项目研发方向，确定知识产权策略。

3. 项目执行阶段的知识产权管理

（1）搜集和分析与科研项目相关的产业市场情报及知识产权信息等资料，跟踪与监控研发活动中的知识产权动态，调整研发策略和知识产权策略，持续优化科研项目研发方向。

（2）定期做好研发记录，及时总结和报告研发成果。

（3）及时对研发成果进行评估和确认，明确保护方式和权益归属，适时形成知识产权。

（4）对研发成果适时进行专利挖掘，进行专利布局。

（5）研发成果对外发布前，进行知识产权审查，确保发布的内容、形式和时间符合要求。

（6）根据知识产权市场化前景确立知识产权运营模式。

4. 项目结题验收阶段的知识产权管理

（1）分析和总结知识产权完成情况，确认科研项目符合委托方要求。

（2）提交科研项目成果的知识产权清单，成果包括但不限于专利、植物新品种、计算机软件、商业秘密等。

（3）整理科研项目知识产权成果并归档。

（4）开展科研项目产出知识产权分析，提出知识产权维护、开发、运营的方案建议。

（五）知识产权运用

（1）开展知识产权评估与分级管理。

（2）制定知识产权实施和运营策略与规划，建立实施和运营控制流程，明确权利人、发明人和运营主体间的收益关系。

（3）规范进行知识产权许可和转让、作价投资。

（六）知识产权保护

做好知识产权保护工作，防止侵权、被侵权和知识产权流失。

（七）资源保障

根据需要配备软硬件设备、办公场所等相关资源，支持知识产权管理体系运行；设立经常性预算费用。

（八）检查和改进

对照知识产权方针、目标，定期对知识产权管理体系运行情况进行监督检查，制定和落实改进措施。

六、重点任务

知识产权贯标工作的重点任务，包括但不限于以下方面。

（1）明确知识产权管理职责，研究所科研管理、成果转化、人事管理、财务管理等与知识产权相关的部门之间，建立起规范、系统、明晰的协同工作机制。

（2）针对重大项目成果进行国内外知识产权布局。

（3）明确在编人员、非在编人员等职务发明人的知识产权权属分配、使用及转化收益分配原则。

（4）科研绩效评价体系中知识产权相关指标突出质量和转化成效导向。

（5）以市场为导向，增加知识产权价值。

（6）开展专利申请前评估。

（7）掌握发明披露的保密要求。

（8）遴选优秀代理机构，有效监控工作质量。

（9）与其他单位合作过程中，如设立新型研发机构、与企业联合研发等，提高知识产权风险意识、清晰界定背景知识产权及合作产生的知识产权权属分配。

（10）了解知识产权侵权举证方法及维权路径。

（11）了解知识产权价值评估方法。

（12）掌握作价入股公司涉及清算时相关知识产权的处理流程。

（13）提升知识产权许可转让谈判技巧。

（14）建立全类型知识产权保护机制，包括监测、科研数据、内部和外部数据的使用与管理等。

（15）开展知识产权分级分类管理。

七、贯标流程

1. 摸清现状

开展内、外部环境分析，确认科研组织所处的外部环境及基本状况、支撑资源、人员、组织运行、管理体系等内部环境，明确需求。

2. 筹备启动

制定贯标工作计划，成立贯标领导小组、工作小组，研究所主要领导高度重视，组织召开贯标工作启动会。

3. 调查诊断

通过人员访谈、资料收集等，对知识产权管理现状进行调查诊断。

4. 框架构建

建立知识产权管理体系框架，明确各部门的知识产权职责，重点形成知识产权工作管理架构、方针、目标及其他体系文件等方面的初步规划，并在领导层和工作层面达成共识。

5. 文件编写

结合调查诊断结果，对照标准要求，按照知识产权管理体系框架以及文件撰写要求，编制形成若干体系文件，用于规范知识产权各项工作过程。

6. 宣贯培训

组织各相关部门，对所涉及的体系文件进行培训学习，确保相关人员了解并遵守关于知识产权工作的新要求。

7. 实施运行

与知识产权相关的各岗位和工作环节进入知识产权管理体系设定的流程规范，开展各项知识产权活动。加强对记录文件的管理、保存、检查，确保各种知识产权事务按照体系要求运行。

8. 检查改进

建立自我完善机制，设定适当周期对知识产权管理体系及其运行控制过程进行检查监督，采取内部审核、管理评审、外部审核或例行检查等方式，持续评价改进。

9. 认证审核

体系运行 3~6 个月后，经贯标单位自评，向认证机构提出认证申请，由认证机构进行认证。

10. 登记备案

认证通过后，研究所将认证文件报成果转化局备案。

八、时间安排

1. 贯标工作宣讲

组织召开贯标工作宣讲会，邀请中国科学院等单位专家解读标准、介绍经验。

时间安排：2023 年 2 月。

2. 启动贯标工作

召开全院知识产权贯标启动会，正式启动贯标工作。

时间安排：2023 年 4 月。

3. 分阶段推进贯标

以研究所为主体，分阶段推进知识产权贯标工作，提升我院知识产权工作整体效能。

时间安排：2023 年 4 月至“十四五”末。2023 年首批开展知识产权贯标的研究所包括作物科学研究所、植物保护研究所、农产品加工研究所、生物技术研究所、农业资源与农业区划研究所、农田灌溉研究所、棉花研究所、郑州果树研究所、兰州兽医研究所、南京农业机械化研究所、深圳农业基因组研究所、都市农业研究所。

4. 交流贯标经验

总结贯标工作推进情况，交流经验，研究下一步工作思路。

时间安排：2024 年 4 月、2025 年 12 月。

5. 开展院级贯标

在院属研究所基本完成贯标工作的基础上，开展院机关贯标工作。

时间安排：2025 年 4—12 月。

九、保障措施

1. 组织保障

院所两级各司其职、密切配合，院成果转化局负责举办贯标工作宣讲会、组织召开院级启动会、贯标经验交流和推广等，帮助研究所解决贯标工作中遇到的困难；研究所负责推进本单位的贯标工作；全国农业科技成果转移服务中心根据研究所开展贯标工作的实际需求，提供相应的培训和辅导服务。

2. 激励保障

通过贯标认证的研究所，将获得研究所评价赋分等激励，并在知识产权专员培养及各类知识产权培训中获得优先支持。

中国农业科学院成果转化奖励办法

第一章　总　则

第一条　为深入落实习近平总书记“四个面向”重要指示精神，全面贯彻党中央关于全面推进乡村振兴、加快建设农业强国的战略部署，鼓励和表彰我院为农业科技成果转化工作做出突出贡献的团队及个人，根据《中华人民共和国农业技术推广法》《中华人民共和国促进科技成果转化法》等，制定本办法。

第二条　中国农业科学院设立成果转化奖，包括稳产保供贡献奖、乡村振兴贡献奖、科技开发奖及知识产权转化奖四类。每年评审一次，原则上每年授奖总数不超过 15 项，其中稳产保供贡献奖、乡村振兴贡献奖、科技开发奖分别不超过 4 项，知识产权转化奖不超过 3 项。

第三条　中国农业科学院成果转化奖评审工作由成果转化局负责组织实施，遵循公开、公平、公正的原则。

第四条　我院建立不少于 60 人的成果转化奖励评审专家库，由有关政府部门、科研机构、涉农企业以及技术转移和知识产权服务机构的领导和专家组成。

第二章　奖励对象

第五条　稳产保供贡献奖主要奖励开展技术集成示范和成果推广工作，为科技支撑粮食安全和稳产保供作出突出贡献的个人。

第六条　乡村振兴贡献奖主要奖励长期扎根基层开展科技成果示范推广服务，为区域经济社会发展和乡村振兴作出突出贡献的个人。

第七条　科技开发奖主要奖励开展科技成果转让许可、技术咨询、技术服务、产业开发等工作成效显著的创新团队。申报科技开发奖的团队，原则上应为院级创新团队。

第八条　知识产权转化奖主要奖励转化所获得的中国农业科学院及院属单位知识产权（包括专利权、植物新品种权、技术秘密、著作权、软件著作权等）成效显著的职务发明人。申报知识产权转化奖的知识产权，原则上应为单件知识产权。

第三章 评价指标及权重

第九条 稳产保供贡献奖评价指标：

围绕产业需求开展科技创新，品种或技术推广规模全国领先；或开展技术集成示范推广，建立区域产业支撑体系，有效推动区域农业高质量发展；或在我院产业专家团、科技小分队等工作中发挥重要作用，为粮食安全和稳产保供作出突出贡献。

第十条 乡村振兴贡献奖评价指标：

长期扎根基层开展科技成果示范推广服务，为区域经济社会发展和乡村振兴作出突出贡献并得到地方政府部门高度认可。

第十一条 科技开发奖评价指标及权重：

（一）团队设置（10%）：团队主体任务面向世界农业科技前沿、面向国家重大需求、面向现代农业建设主战场、面向人民生命健康；岗位设置科学，分工明确；人才配置合理，明确专人从事成果转化工作。

（二）成果转化收入（70%）：为近3年累计到账收入。

（三）知识产权保护及社会效益（20%）：知识产权保护措施得当，无法律纠纷；行业影响力明显；政策适应性强；社会效益显著。

第十二条 知识产权转化奖评价指标及权重：

专利权

（一）技术先进性和专利质量（10%）：具有新颖性、创造性、实用性；与当前同类技术相比具有先进性；专利申请文本质量高。

（二）经济效益（70%）：为近3年累计到账收入。

（三）保护措施及社会效益（20%）：保护措施得当，无法律纠纷；行业影响力明显；政策适应性强；社会效益显著。

植物新品种权

（一）原创性（10%）：具有特异性、一致性、稳定性；与已有品种分子或者表型性状总体相似度低于90%，在重要经济性状上有重大突破。

（二）经济效益（70%）：为近3年累计到账收入。

（三）社会效益（20%）：推广面积较大或其他社会效益显著；保护措施得当，无法律纠纷。

技术秘密等其他类型知识产权

（一）原创性（10%）：具有新颖性、创造性和实用性；与当前同类技术相比具有先进性，填补国内外空白或解决“卡脖子”问题等。

（二）经济效益（70%）：为近3年累计到账收入。

（三）社会效益（20%）：保护措施有效、得当，无法律纠纷；行业影响力明显；政策适应性强；社会效益显著。

第十三条　品种或技术推广规模以公开发布的统计数据为参考。成果转化收入为经过技术市场登记认定的合同到账收入，需提供技术市场登记证明及财务到账证明。成果转化收入不得重复使用。

第四章　申报与评审

第十四条　奖励申报按照以下程序进行：

（一）研究部署。成果转化局组织印发年度评审奖励通知，部署评审工作。

（二）组织申报。院属各单位按要求组织个人和团队申报。申报材料包括申请表及附件证明材料。

（三）单位推荐。院属单位对申报材料进行审查核实并组织开展评审，就党风廉政、科研诚信、师德师风、干部履职等情况征求本单位相关部门意见并公示后，形成推荐意见报成果转化局。

（四）形式审查。成果转化局负责对申报材料进行形式审查。符合规定的进入评审环节。不符合规定的，申报单位应按要求在限定时间内补正，逾期不补正或经补正仍不符合规定的，视为放弃申报。

第十五条　院级评审按照以下程序进行：

（一）初评。初评采用通讯评审方式，从评审专家库中抽取不少于 10 位院外专家，对所有进入评审阶段的申报材料进行评审打分，按照计分标准折算相加为初评总分。每类奖项按初评总分从高到低进行排序，各奖项的前六名提交会议评审。

（二）会议评审。由主管院领导、院机关有关部门主要负责人及院外专家组成不少于 7 人的评审组，审阅评审材料并充分讨论评议后，进行综合打分，按照计分标准折算相加为总分。每类奖项按总分从高到低进行排序，确定候选名单。

第五章　审定与公布

第十六条　审定与公布按照以下程序进行：

（一）院常务会议审定。成果转化局就入选个人、团队和知识产权职务发明人的党风廉政、科研诚信、师德师风、干部履职等情况征求院相关部门意见后，将候选名单提请院常务会议审议。

（二）公示。评审结果在成果转化局官网进行公示，公示期为 5 个工作日。任何单位和个人对申报个人、单位、知识产权职务发明人、成果及转化内容持有异议，可在规定时间内以书面形式实名向成果转化局提出。成果转化局会同科技局、监督局等部门与申报单位共同完成调查、核实工作。调查结果由成果转化局、科技局和监督局会审。确有问题的，取消授奖资格。

（三）发布授奖决定。公示结束后，以中国农业科学院文件形式发布授奖决定，并在院年度工作会议期间进行表彰。

第六章 奖励结果运用

第十七条 获得一次个人奖的人员，或获奖一次的团队或知识产权职务发明人（团队）中1名主要从事成果转化工作的人员（排名前三），且符合职称申报条件的，可不占所在单位职数申报高一级职称，或在单位专业技术岗位数内优先聘任五级及以下岗位；获得两次个人奖的人员，或获奖两次及以上的团队或知识产权职务发明人（团队）中1名主要从事成果转化工作的人员（排名前三），且符合职称申报条件的，可不占所在单位职数申报高一级职称，或在单位专业技术岗位数内不占院下达职数优先聘任三级及以下岗位。

第十八条 在现代院所评价等考评中，本奖与中国农业科学院科学技术成果奖同等赋分。

第十九条 对获得中国农业科学院成果转化奖的个人或团队给予适当资金奖励。

第二十条 优先推荐参加中国农业科学院转化英才评选、农业农村部等上级部门的稳产保供和乡村振兴先进评选、中国专利奖等国家相关奖项评选。

第七章 附 则

第二十一条 申报人员和推荐单位不得提供虚假数据、材料。

第二十二条 本办法由成果转化局负责解释。

第二十三条 本办法自印发之日起施行。2020年3月9日颁布的《中国农业科学院成果转化奖励办法（试行）》以及2020年12月4日颁布的《中国农业科学院成果转化奖励评审细则（试行）》同时废止。

中国农业科学院关于 2023 年度中国农业科学院成果转化奖励授奖的决定

农科院转化〔2024〕11 号

院机关各部门、院属各单位：

为深入落实习近平总书记“四个面向”重要指示精神，全面贯彻党中央关于全面推进乡村振兴、加快建设农业强国的战略部署，鼓励和表彰我院为农业科技成果转化工作做出突出贡献的团队及个人，推动全院成果转化工作高质量发展，根据《中国农业科学院成果转化奖励办法》，我院组织开展了 2023 年度中国农业科学院成果转化奖励评审工作。

经过组织申报、研究所推荐和成果转化局组织评审，并经院 2024 年第 1 次常务会议审议，决定授予植物保护研究所李香菊等 4 人 2023 年度稳产保供贡献奖；授予蔬菜花卉研究所李宝聚等 4 人 2023 年度乡村振兴贡献奖；授予中国水稻研究所水稻品质遗传改良团队等 4 个团队 2023 年度科技开发奖；授予蔬菜花卉研究所植物新品种权中甘 56 等 3 项知识产权 2023 年度知识产权转化奖（授奖名单见附件）。

希望全院广大科技工作者以受表彰个人、创新团队、知识产权发明人为榜样，不忘初心、牢记使命，锐意进取、开拓创新，为促进农业科技创新与成果转化，保障国家粮食安全，全面推进乡村振兴，加快建设农业强国做出新的更大贡献。

附件：2023 年度中国农业科学院成果转化奖励授奖名单

中国农业科学院
2024 年 1 月 24 日

附件

2023 年度中国农业科学院成果转化奖励授奖名单

稳产保供贡献奖

植物保护研究所	李香菊
北京畜牧兽医研究所	侯水生
中国水稻研究所	梁　燕
棉花研究所	徐开杰

乡村振兴贡献奖

蔬菜花卉研究所	李宝聚
农产品加工研究所	王凤忠
中国水稻研究所	曹小闯
兰州畜牧与兽药研究所	牛春娥

科技开发奖

中国水稻研究所	水稻品质遗传改良团队
哈尔滨兽医研究所	动物流感基础与防控研究团队
兰州兽医研究所	口蹄疫与新发病流行病学团队
农业农村部环境保护科研监测所	重金属生态毒理与污染修复团队

知识产权转化奖

蔬菜花卉研究所	植物新品种权：中甘 56
农业环境与可持续发展研究所	商业秘密：新型兽用纳米疫苗及佐剂
油料作物研究所	植物新品种权：中油杂 39

四、国际合作与交流

中国农业科学院2023年
国际合作与交流工作概况

2023年，中国农业科学院全面贯彻落实党的二十大精神，在部院党组的坚强领导下，更紧密围绕服务国家战略，深入落实“举院抓大事”工作部署，按照“开新局、谋长远、提形象、树品牌、练内功”的工作思路，着力抓好重大任务实施，全面优化对外合作布局，主动加强调研和宣传，推进高质量农业科技开放合作，推动国合局工作由“迎来送往”到“立项引智”、由“以我为主”向“牵头引领”转变、由“为我所用”向“互利共赢”的转变，取得一系列突破性进展，进一步强化国家农业战略科技力量建设。

一、服务外交，全球粮农治理参与能力实现新提升

发挥农业科技国家队作用，更有力支撑我国农业科技外交工作。进一步深化与联合国粮食及农业组织（FAO）、国际农业研究磋商组织（CGIAR）、国际应用生物科学中心（CABI）、国际原子能机构（IAEA）、欧盟等国际组织联系，在二十国集团（G20）、亚太经济合作组织（APEC）、金砖国家机制下农业科技合作以及国际组织决策磋商会议中发挥建设性作用；承担增设联合国咨商粮食安全专委会筹备工作，积极参与世界粮食安全委员会、全球土壤合作伙伴关系等国际粮农议程设定；科技支撑《国际植物保护公约》、食品法典委员会和世界动物卫生组织等领域工作，深度参与气候变化、农药、兽药、食品安全等方面的国际公约谈判以及标准制定或修订。宣传我国农业科技成就，分享中国方案，深度参与全球农业科技治理。105名专家在国际组织兼任高级管理职务，414名专家国际知名期刊兼任主编等，其中47份期刊为SCI或JCR一区期刊。

接待4个国级和14个部级多双边代表团来访我院。包括智利总统博里奇、联合国粮农组织总干事屈冬玉、国际原子能机构总干事格罗西、盖茨基金会联席主席比尔·盖茨、联合国工发组织总干事格尔德·穆勒等，实现了全球重要国际组织主要领导“全聚首”，将中国农业科学院打造成国外高级农业代表团访华的打卡点。

高质量承办高层级科技人文交流活动。受农业农村部委托，组织接待拉丁美洲及加勒比地区20国驻华使节调研中国农业科学院，各国使节对中国农业科学院的发展成就给予了高度评价。承办第二届中非农业合作论坛农业科技创新合作分论坛，17个非洲国家和国际组织代表聚焦“科技创新与合作引领中非农业现代化”共享经验见解，形成合作共识。受科技部委托，承办国际杰青计划十周年研讨对话活动，推动构建“一

带一路”倡议下的创新共同体。

二、支撑创新，谋划构建“牵头引领”合作新格局

G2P 大科学计划申报筹备取得新突破。积极协调争取到农业农村部推荐及北京市和海南省地方支持。G2P 列为北京市“国际种业联合中心建设”方案首要任务，推动科学家发起 G2P 国际大科学计划在全球创业者峰会上正式发布。研究提出组织管理架构和管理原则，获得全部 24 家合作伙伴的认可。项目已由科技部以专报形式上报。

竞争性国际合作项目提质增效。组织全院申报重点研发计划“政府间国际科技创新合作”“战略性科技创新合作”项等重点合作专项 47 项，获批项目 16 项，合计经费 5 950 万元，同比提高 78%，资助率比全国平均高出 10 余个百分点。全院全年共新增 106 个国内外合作项目，合同金额达 1.62 亿元，当年在研合作项目留所经费总计 9 732 万元。

积极谋划“国际农业科学计划”二期项目。在全面总结一期项目成效和经验基础上，重点聚焦“引进来”“走出去”以及全球农业布局，科学谋划论证，形成 5 个具备实质性开展境外合作研究的二期项目建议，为撬动更多资源、申请重大项目打好基础，持续创新合作范式。

深入落实《沿边农业科技国际合作行动方案》。围绕粮食安全、生物安全、生态安全等国家战略需求，主动谋划与周边国家开展跨境重大作物病虫害等方面的合作研究与联防联控，与成熟合作伙伴共建联合实验室，推动部署一批沿边合作平台和项目，深化周边外交。

召开高水平引领性学术交流会议。2023 年全院共主办 61 场国际会议，全球约 1.2 万人通过线上线下等形式参会，在全球农业科技界的话语权和影响力进一步提升。其中“全球草地贪夜蛾可持续防控研讨会”“植物生物安全国际研讨会”“旱地农业国际研讨会”等会议凸显了规模大、层次高、成果显著的特点，在本学科领域产生广泛影响。

三、打造品牌，提升全球农业科技合作话语权

成功举办第七届国际农科院院长高层研讨会（GLAST）。作为“后疫情时代”我国牵头的农业科技界首场全球性、高端型学术盛宴，以“科技引领全球粮食系统转型”为主题，吸引了来自 49 个国家、13 个国际组织的 440 余名代表参会。会议发布的《三亚宣言》，得到全球合作伙伴广泛关注和积极响应，中国农业科学院发起的“G2P 国际大科学计划”和“中非农业科技创新联盟”倡议成为全球农业科技界行动共识，彰显了农业科技“国家队”的号召力。召开 6 场边会，安排了 10 余场多双边会见，巩固战略性科技合作计划。FAO 总干事屈冬玉表示，“GLAST 作为农业科技领域的全球论坛，

在确保科学技术促进粮食系统转型方面具有重要作用。”

四、搭建平台，提供国际农业科技合作有效载体

牵头发起中非农业科技创新联盟。与非洲科学院多次深度磋商，达成共同发起中非农业科技创新联盟的倡议，纳入习近平主席访非成果“中国助力非洲农业现代化计划”，作为第二届中非农业合作论坛成果正式发布，搭建起中非农业科技与产业协同发展的高端平台。

“联合国粮食及农业组织（FAO）—中国农业科学院创新平台”稳步推进。召开工作推进会并形成未来 4 年工作计划，中国农业科学院多个研究所在平台框架下积极承担了 FAO 项目。与 FAO 共同举办青年创客坊活动，吸引了 27 个国家 64 支团队参赛，FAO 首席科学家出席颁奖典礼并致辞，成为具有国际影响力的青年创新旗舰活动。

发挥农业科技“走出去”联盟资源聚合作用。与广东省农业科学院联合举办第七届海外农业研究大会、全国农业科技走出去联盟会议、第二十八届全国农科院系统外事协作网会议，新吸纳 15 家企业正式加入联盟，进一步强化“人才、项目、平台和网络”相结合的协同创新机制。

服务“南繁国际种业创新中心”建设。依托在国家南繁研究院建设的“中国农业科学院—国际水稻研究所（IRRI）三亚国际水稻育种中心”和“中国农业科学院—国际玉米小麦改良中心（CIMMYT）三亚育种中心”，引进国际知名专家 2 人，为种业振兴联合实施项目攻关，搭建共享平台，进一步支撑国际种业创新高地建设。

此外，与印度尼西亚共建的作物育种联合研发中心纳入双方国家领导人见签的共建联合研发中心备忘录，在巴基斯坦实体化建设中巴植物保护联合实验室获先正达 100 万元经费支持，依托西部中心正式成立“中国农业科学院中亚农业研究中心”并召开首届“中国—中亚农业科技创新合作研讨会”，举办首届中国—马来西亚农业科技工作组和种植业工作组会议，深度参与“一带一路”科技减贫专项合作计划的编制工作，积极申报第四批科技部“一带一路”联合实验室，进一步扩大合作机制和平台的辐射范围。

五、人才赋能，全面强化国际化人才培养

国际人才培养机制实现新突破。依托七部委部署的博士后专项，启动实施中国农业科学院“青年远航计划”，获批资助 27 人，占科技部首批试点名额一半以上，累计资助金额达 2 418 万元。组织开展 2023 年畜牧、植保学科创新型人才国际合作培养项目选派工作，20 人获得资助；组织开展 2024 年智慧农业学科项目申报已顺利通过评审。获批国家公派出国留学项目 85 项。

海外人才引进不断强化。积极推动聘请非洲科学院原院长达科拉院士担任中国农业

科学院客座研究员、全职引进德国马普学会化学生态学研究所名誉所长等国际知名专家。成功获批外国专家类项目 16 项，资助金额 356 万元；两家单位被授予 2023 年度国家引才引智示范基地，获批资助经费 493 万元。出台《中国农业科学院青年人才海外专项实施方案》《中国农业科学院高端外国专家引进方案》，提供制度保障。

大力推进国际教育学院建设。制定落实《中国农业科学院南繁学院、西部中心国际招生与海外引智工作方案》，面向“一带一路”合作伙伴大力开展人才引介推举。积极推荐留学生人选 40 余位，协助加纳和巴基斯坦留学生获奖学金支持入驻南繁学院。

六、苦练内功，推动合作效能整体跃升

战略研究多次获领导批示。结合我国农业援外、生物安全布局、农业科技“走出去”等重大需求，组织撰写多篇研究报告，获得部院主要领导肯定性批示。《关于加快实施国家植物生物安全全球布局的建议》作为院士建议上报，为完善植物生物安全全球布局提出政策建议。

创新打造国际化对外宣传矩阵。协调《科学》杂志正刊发表我院专题报道并向全球推送，阅读量超过 15 万人次。全新改版制作具国际化特色的院英文门户网站、英文宣传片、英文宣传手册、中英文年报，形成提升中国农业科学院国际形象的系列精品宣传材料。中央电视台农业农村频道、中国国际电视台、新华社、人民网、光明网等主流媒体发布 GLAST 专题报道 40 余篇，反响热烈。

加强交流汇报推动工作对接。外交部[①]、国家留学基金委员会、科技部、商务部[②]等部门领导多次带队前来中国农业科学院调研指导或开展联学共建活动，推动人才交流、项目谋划、政策研究、援外培训等方面的工作对接。

建设高素质专业化人才队伍。时隔 10 年再次举办面向全院的英语演讲大赛，组织举办“院外事专办员培训班”，有效提升了对外合作管理和科研队伍的能力建设。

全力保障国际交流高效顺畅运行。办理全院因公出国（境）团组 331 个，共 717 人次，邀请外宾来访 464 批，共 606 人次，完成 61 个国际会议的审批工作，为新冠疫情后有序恢复线下对外交往合作提供有力保障。

① 中华人民共和国外交部，全书简称外交部。
② 中华人民共和国商务部，全书简称商务部。

中国农业科学院关于表彰2023年度国际合作先进单位和先进个人的通知

农科院国合〔2023〕172号

院属各单位：

为深入推进农业科技开放合作，全力服务国家粮食安全战略和外交大局，提升我院科研及管理人员“后疫情时代”国际合作交流能力，经院主要领导批准，我院组织开展了2023年度国际合作先进单位和先进个人评选活动。经各单位推荐、专家组评审，共评选出院级2023年度国际合作先进单位5家（个）、院级2023年度国际合作先进个人10名（人），名单详见附件。

院属各单位要以国际合作先进单位和先进个人为榜样，把握农业科技创新形势和国际合作新机遇，聚焦国家农业战略需求和我院中心工作，围绕部院党组部署，主动谋划、务实推动，为农业科技开放合作高质量服务“三农”工作，打造国家战略科技力量作出贡献。

特此通知。

附件：中国农业科学院2023年度国际合作先进单位和先进个人获奖名单

中国农业科学院

2023年12月14日

附件

中国农业科学院 2023 年度
国际合作先进单位和先进个人获奖名单

（按研究所排名）

一、国际合作先进单位

植物保护研究所
农业环境与可持续发展研究所
农业经济与发展研究所
食物与营养发展研究所
国家南繁研究院

二、国际合作先进个人

姜纯子（作物科学研究所）
薛璟祺（蔬菜花卉研究所）
周志刚（饲料研究所）
郑　江（农业资源与农业区划研究所）
陈新荷（农田灌溉研究所）
沈慧芝（中国水稻研究所）
徐倩倩（郑州果树研究所）
张　蕾（特产研究所）
程静思（成都沼气科学研究所）
刘　爽（都市农业研究所）

中共中国农业科学院党组关于印发《中国农业科学院高端外国专家引进方案》的通知

农科院党组发〔2023〕40号

院机关各部门、院属各单位：

《中国农业科学院高端外国专家引进方案》已经院党组2023年第13次会议审议通过，现印发给你们，请结合实际，认真贯彻执行。

中共中国农业科学院党组

2023年8月10日

中国农业科学院高端外国专家引进方案

为深入落实党的二十大和中央人才工作会议精神，突破科研队伍国际化水平低的瓶颈，实行更加积极、更加开放、更加有效的人才引进政策，积极主动引进优秀外国专家特别是高端人才来院工作，根据《中国农业科学院高层次人才柔性引进管理暂行办法》《中国农业科学院农科英才特殊支持管理暂行办法》《国家外国专家项目和经费管理办法》等有关规定，拟研究制订中国农业科学院高端外国专家引进方案，搭建面向全球高级科技和管理人才的蓄水池，进一步强化国家农业战略科技力量，提升我院国际影响力。

一、总体目标

以引进国外优秀人才、发展战略伙伴关系、提高国际合作水平、提升科技创新能力为目标，吸引农业领域国际高端科技和管理人才为我院服务，协助开展农业科技合作战略研究，拓展全球农业科技创新网络关系，解决关键技术瓶颈问题，提升我院的国际化氛围和国际影响力，推进我院“两个一流”建设。

二、基本原则

（一）以我为主，为我服务

高端外国专家引进工作应坚持以我为主的原则，根据我院战略性发展需要，如国际大科学计划筹备发起、国际农业科技创新联盟筹建、国际多边场合发声等方面，精准引才并为我提供精准服务。

（二）高端为主，按需聘请

高端外国专家掌握国际先进的科学技术、学术思想、管理理念和相关领域国际伙伴信息，具有相关领域国际知名度，应坚持按需聘请，发挥其智力、影响力和资源方面的优势，择优聘用，用其所长，以求解决实际问题。

（三）讲求实效，一人一议

聘请高端外国专家要做到选准用好，一人一议，有针对性地研究相关配套支持措施和计划解决的实际问题，切实提高引智的实效性。

三、具体内容

（一）引进对象

（1）诺贝尔奖获得者。
（2）担任过世界知名大学校长、副校长，或国际机构、国际组织主要负责人。
（3）现任国外科学院院士。
（4）中国科学院或中国工程院现任外籍院士。

（二）引进方式

由院属引人单位与拟引进高端外国专家进行一对一联系协商，确定高端专家年度工作计划、考核方式、成果产出、条件保障和薪酬待遇等，经商院国际合作局、人事局同意后，报院党组会审议。审议通过后，由引人单位与高端外国专家签署聘用合同。

（三）考核评估

对引进的高端外国专家绩效考核内容对标以下几方面，但不局限于这些内容。
（1）作为主要牵头或协调人，搭建并运作我院与国际组织、国际机构合作平台或合作机制。
（2）协助我院牵头或参与全球性农业科研计划、项目。
（3）协助拓展合作伙伴关系，并开展实质性国际科技活动。
（4）在多边机制下、国际活动和倡议中宣传我院科研创新成果，为我院发声。
（5）联合培养和指导研究生，在华期间举办专题讲座。
（6）撰写或修订政策建议报告、国际合作项目建议书等。
在以上几方面的基础上，按照“一人一议”的方式，根据国际合作重大需求，协商确定可考核指标。

（四）支持措施

高端外国专家将参照《中国农业科学院农科英才特殊支持管理暂行办法》中顶端人才予以支持，同时根据高端外国专家的工作投入和产出事先在聘用合同中约定。专家来华的国际旅费可从创新工程科研工作经费中支出，按照公务舱标准实报实销，其在华期间工作、生活保障将在聘用合同中根据工作计划和实际情况协商予以明确。引人单位为其提供临时办公场所。

（五）日常管理

引人单位对引进的高端外国专家强化日常跟踪管理和考核评估，建立专家工作日志和管理台账，记录对我院战略发展工作投入时间、阶段性产出、主要贡献和任务目标完成等情况，并以年度报告形式上报国际合作局。

四、组织保障

院党组负责组织领导，审核认定高端外国专家，一人一议，对高端外国专家工作内容审核把关。

引人单位需履行主体责任，根据实际工作需要，结合当地人才引进政策，与高端外国专家联系协商、确定聘用合同约定内容以及日常跟踪管理。

国际合作局负责统筹协调高端外国专家引进工作，指导帮助引人单位将高端外国专家更好地为我所用。

人事局负责将引进的高端外国专家纳入我院人才政策体系，对高端外国专家在华工作的各项保障措施予以支持。

财务局负责高端外国专家引进经费安排，对来华专家科研工作经费、工资补贴、来华国际旅费和在华期间生活费等予以支持。

五、附　则

本方案由国际合作局负责解释。

中国农业科学院 2023 年合作谅解备忘录、协议签署清单

序号	合作谅解备忘录/协议名称	中方签署单位名称	外方签署单位名称	外方单位所在国家	签署时间
1	阿根廷国家农业技术研究院与中国农业科学院谅解备忘录 Memorandum of Understanding（MoU）between the Instituto Nacional de Tecnologia Agropecuaria（INTA）and the Chinese Academy of Agricultural Sciences（Caas）	中国农业科学院	阿根廷共和国国家农业技术研究院 The Instituto Nacional deTecnología Agropecuaria	阿根廷	2023 年 9 月 19 日
2	中国农业科学院和食物周期表倡议秘书处谅解备忘录（在本谅解备忘录中由美国心脏协会代表） Memorandum of Understanding between Chinese Academy of Agriculutral Sciences（CAAS），China and the Secretariat of the Periodic Table of Food Initiative（PTFI）Represented for this Memorandum of Understanding by American Heart Association，INC.（AHA）	中国农业科学院	美国心脏协会 American Heart Association，INC	美国	2023 年 9 月 8 日
3	高产优质荞麦新品种的选育、示范与推广 Breeding，Demonstration and Popularization of New Buckwheat Varieties with High Yield and Quality	中国农业科学院作物科学研究所	日本 Tatucyo 公司 Tatucyo Co.，Ltd	日本	2022 年 1 月 1 日
4	利用 CRISPR. *Cas9* 基因编辑技术改良稻米品质培育水稻新品种 Developing Rice Quality with Crisper. *Cas9*	中国农业科学院作物科学研究所	先锋海外公司 Pioneer Overseas Corporation	美国	2021 年 4 月 28 日

（续表）

序号	合作谅解备忘录/协议名称	中方签署单位名称	外方签署单位名称	外方单位所在国家	签署时间
5	CIMMYT-ICS CAAS 合作意向书 CIMMYT-ICS CAAS Letter of Intent	中国农业科学院作物科学研究所	墨西哥国际玉米小麦改良中心 International Maize and Wheat Improvement Center（CIMMYT）	墨西哥	2009年10月19日
6	草本植物茎尖超低温保存生物学机制研究及其应用 Agreement on Joint Research on Study on the Biological Mechanisms of Survival and Regrowth of Cryopreserved Shoot Tips from Herbaceous Plants and Application towards Crop Genebanks（2022—2026）	中国农业科学院作物科学研究所	国际生物多样性中心．鲁汶分中心 Bioversity International C. O KU Leuven	比利时	2022年4月
7	茎尖、休眠芽、胚的超低温保存生物学机制研究及其应用联合研究合作协议 Joint Research Agreement on Study of the Biological Mechanisms Involved in the Cryoprotection of Shoot Tips，Dormant Buds and Embryos and Application towards Crop Genebank（2019—2023）	中国农业科学院作物科学研究所	国际生物多样性中心．鲁汶分中心 Bioversity International C. O KU Leuven	比利时	2019年4月
8	“种子发育和寿命研究”联合研究合作协议 Joint Research Agreement on “Seed development and longevity”（2024—2027）	中国农业科学院作物科学研究所	新加坡国立大学 National University of Singapore	新加坡	2023年10月
9	关于在农业农村部—CABI生物安全联合实验室框架下建立“农业农村部—CABI生物安全联合实验室山东分中心”暨“山东—CABI生物防治联合实验室”的备忘录 MoU on the Establishment of MARA-CABI Joint Laboratory for Biosafety Shandong Sub-center，and the Joint Laborarotory for Bio-control between CABI and Shandong Academy of Agricultural Sciences	山东省农业科学院、中国农业科学院植物保护研究所	国际应用生物科学中心 CABI	英国	2023年6月21日

（续表）

序号	合作谅解备忘录/协议名称	中方签署单位名称	外方签署单位名称	外方单位所在国家	签署时间
10	关于老挝农林部种植业司植保中心与中国农业科学院植物保护研究所共同建立老挝—中国植物保护联合实验室的协议 Agreement of Cooperation between the Plant Protection Center，Department of Agriculture，Ministry of Agriculture and Forestry，Lao PDR and the Institute of Plant Protection，Chinese Academy of Agricultural Sciences，China for the Establishment of the Lao PDR－PR China Joint Labortary for Plant Protection	中国农业科学院植物保护研究所	老挝农林部种植业司、老挝农林部种植业司植保中心 Department of Agriculture，Ministry of Agriculture and Forestry，Lao PDR；Plant Protection Center，Department of Agriculture，Ministry of Agriculture and Forestry，Lao PDR	老挝	2023 年 6 月 20 日
11	巴基斯坦费萨拉巴德农业大学与中国农业科学院植物保护研究所关于共同建立巴基斯坦—中国作物有害生物防控联合实验室的意向书 Letter of Intent between University of Agriculture，Faisalabad－Pakistan and Institute of Plant Protection，Chinese Academy of Agriclutural Sciences，P. R. China for establishing the Pakistan－China Joint Laboratory for Crop Pest Management	中国农业科学院植物保护研究所	巴基斯坦费萨拉巴德农业大学 University of Agriculture，Faisalabad－Pakistan	巴基斯坦	2023 年 7 月 27 日
12	关于中国农业科学院植物保护研究所与卢旺达农业和动物资源发展委员会共建中国—卢旺达作物病虫害综合防控实验室的备忘录 MoU between the Institute of Plant Protection and Rwanda Agriculture and Animal Rescources Development Board（RAB）for Establising the China－Rwanda Joint Laboratory for Crop Pest Management	中国农业科学院植物保护研究所	卢旺达农业和动物资源发展委员会 Rwanda Agriculture and Animal Resources Development Board	卢旺达	2023 年 4 月 3 日

（续表）

序号	合作谅解备忘录/协议名称	中方签署单位名称	外方签署单位名称	外方单位所在国家	签署时间
13	蒙古国植物保护研究所与中国农业科学院植物保护研究所合作意向书 Agreement of Cooperation between the Institute of Plant Protection in Mongolia and the Institute of Plant Protection，Chinese Academy of Agricultural Sciences，China	中国农业科学院植物保护研究所	蒙古国植物保护研究所 Institute of Plant Protection in Mongolia	蒙古国	2023年11月3日
14	中国农业科学院蔬菜花卉研究所和意大利都灵大学农业、森林和食品科学系学术合作协议 Agreement on Academic Cooperation between Institute of Vegetables and Flowers Chinese Academy of Agricultural Sciences and Disafa Plant Genetics University of Turin，Italy	中国农业科学院蔬菜花卉研究所	意大利都灵大学 Institute of Vegetables and Flowers Chinese Academy of Agricultural Sciences	意大利	2022年12月
15	关于通过建立蔬菜栽培联合实验室加强合作执行的谅解备忘录 Memorandum of Understanding on Enforcement of The Cooperation through The Establishment of Joint Laboratory on Vegetable Cultivation	中国农业科学院蔬菜花卉研究所	摩洛哥园艺综合体 Agadir Horticultural Complex	摩洛哥	2023年4月
16	蔬菜基因组和遗传育种合作协议 Cooperation Agreement on Vegetable Genome and Genetic Breeding	中国农业科学院蔬菜花卉研究所	荷兰瓦赫宁根大学 Wageningen University	荷兰	2023年6月
17	关于共建中国—塞尔维亚功能性植物联合研发中心合作备忘录 A Memorandum of Understanding on the Establishment of the China－Serbia Functional Plany Joint（R&D）Center	中国农业科学院蔬菜花卉研究所	塞尔维亚贝尔格莱德药用植物研究所 Institute of Medicinal Plants Research “Dr. Josif Pancic”，Belgrade	塞尔维亚	2023年6月16日

（续表）

序号	合作谅解备忘录/协议名称	中方签署单位名称	外方签署单位名称	外方单位所在国家	签署时间
18	线虫 Mi2G02 效应蛋白劫持寄主植物三螺旋转录因子帮助线虫寄生 Mi2G02 Nematode Effector Protein Hijacks a Host Plant Trihelix Transcription Factor for Nematode Parasitism	中国农业科学院蔬菜花卉研究所	法国农业科学研究院索菲亚农业生物技术研究所 Institut Sophia Agrobiotech，INARe	法国	2023 年 7 月 13 日
19	中国—土耳其十字花科蔬菜科技合作协议 Cooperation Agreement Between Institute of Vegetables and Flowers，Chinese Academy of Agricultural Sciences & Hacettepe University	中国农业科学院蔬菜花卉研究所	土耳其哈西德佩大学 Hacettepe University	土耳其	2023 年 10 月 20 日
20	中国农业科学院蔬菜花卉研究所与塞尔维亚诺维萨德大学农学院合作协议 Agreements on Academic Cooperation Between Institute of Vegetables and Flowers，Chinese Academy of Agricultural Sciences & Faculty of Agriculture ，Unversity of Novi Sad，Republic of Serbia	中国农业科学院蔬菜花卉研究所	塞尔维亚诺维萨德大学 University of Novi Sad	塞尔维亚	2023 年 11 月 15 日
21	中国农业科学院农业环境与可持续发展研究所与国际玉米小麦改良中心关于联合建立"IEDA-CIMMYT 气候变化与农业减排固碳联合实验室"的协议 Memorandum of Agreement By and between Institute of Environment and Sustainable Development in Agriculture，Chinese Academy of Agricultural Sciences and Centro Internacional de Mejoramiento de Maiz y Trigo，in English the International Maize and Wheat Improvement Center on Establishment of the IEDA-CIMMY Joint Laboratory on Climate Change and Agricultural Mitigation and Sequestration	中国农业科学院农业环境与可持续发展研究所	国际玉米小麦改良中心 International Maize and Wheat Improvement Center	墨西哥	2023 年 11 月

（续表）

序号	合作谅解备忘录/协议名称	中方签署单位名称	外方签署单位名称	外方单位所在国家	签署时间
22	中国农业科学院蜜蜂研究所、伊犁哈萨克自治州农业科学研究所、哈萨克斯坦（养鹿、养蜂）有机农业技术研究所合作协议 Tripartite Agreement between Institute of Apicultural Research, Chinese Academy of Agricultural Sciences and Ili Kazakh autonomous Prefecture Institute of Agricultural Science and Kazakhstan Institute of Organic Agriculture Technology（Deer Farming, Beekeeping）	中国农业科学院蜜蜂研究所、伊犁哈萨克自治州农业科学研究所	哈萨克斯坦（养鹿、养蜂）有机农业技术研究所 Kazakhstan Institute of Organic Agriculture Technology（Deer Farming, Beekeeping）	哈萨克斯坦	2023年8月
23	中国—挪威水产动物饲料资源开发与利用技术创新中心谅解备忘录 Memorandum of Understanding for Establishment of China-Norway Technological Innovation Center for Development and Utilization of Aquatic Animal Feed Resources	中国农业科学院饲料研究所	挪威生物经济研究所 Norwegian Institute of Bioeconomy Research	挪威	2023年9月
24	中国—意大利鱼类消化道微生物与动物福利联合实验室谅解备忘录 Memorandum of Understanding Between Polytechnic University of Marche, Italy and Institute of Feed Research, Chinese Academy of Agricultural Sciences on Establishment of a Joint Lab on Fish Gut Microbiota and Animal Welfare	中国农业科学院饲料研究所	意大利马尔凯理工大学 Polytechnic University of Marche	意大利	2023年11月
25	美国大豆出口协会水产养殖试验谅解备忘录 Memorandum of Understanding Aquaculture Feeding Demonstration	中国农业科学院饲料研究所	美国大豆出口协会 U. S. Soybean Export Council	美国	2023年5月

（续表）

序号	合作谅解备忘录/协议名称	中方签署单位名称	外方签署单位名称	外方单位所在国家	签署时间
26	刚果民主共和国金沙萨大学与中国农业科学院饲料研究所科技合作谅解备忘录 Memorandum of Understanding（MOU）between University of Kinshasa，Kinshasa，Democratic Republic of the Gongo and Institute of Feed Research，Chinese Academy of Agricultural Sciences，Beijing，China for Scientific and Technology Cooperation	中国农业科学院饲料研究所	金萨沙大学 University of Kinshasa	刚果（金）	2023年6月
27	中国农业科学院农产品加工研究所与爱尔兰都柏林大学农业与食品学院联合培养博士研究生备忘录 Memorandum of Agreement between School of Agriculture & Food Science University College Dublin Ireland and Institute of Food Science and Technology Chinese Academy of Agricultural Sciences China	中国农业科学院农产品加工研究所	爱尔兰都柏林大学农业与食品学院 School of Agriculture & Food Science University College Dublin Ireland	爱尔兰	2023年11月
28	中国农业科学院加工所与葡萄牙米尼奥大学生物系及西南医科大学附属中医医院中医药、功能性食品和人才联合培养合作备忘录 Memorandum of Understanding between Institute of Food Science and Technology，Chinese Academy of Gricultural Sciences，P. R. China And Department of Biology，University of Minho，Portugal And Affiliated Traditional Chinese Medicine Hospital of Southwest Medical University，P. R. China on Traditional Chinese Medicine，Functional Food，Joint talents Training Collaboration	中国农业科学院加工所、西南医科大学附属中医医院	米尼奥大学生物系 Department of Biology，University of Minho	葡萄牙	2023年5月
29	中国—葡萄牙中医药与功能性食品联合实验室联合申报协议书 Joint Application Agreement on “Sino－Portuguese Joint Laboratory for Traditional Chinese Medicine and Functional Food”	中国农业科学院加工所、西南医科大学附属中医医院	米尼奥大学生物系 Department of Biology，University of Minho	葡萄牙	2023年5月

（续表）

序号	合作谅解备忘录/协议名称	中方签署单位名称	外方签署单位名称	外方单位所在国家	签署时间
30	中国农业科学院生物技术研究所与诺丁汉大学合作谅解备忘录 Memorandum of Understanding Between Biotechnology Research Institute, Chinese Academy of Agricultural Sciences and University of Nottingham	中国农业科学院生物技术研究所	诺丁汉大学 University of Nottingham	英国	2023年4月
31	比利时鲁汶大学和中国农业科学院生物技术研究所植物蛋白质组合作研究谅解备忘录 Memorandum of Understanding for the Establishment of Plant Proteome Joint Research Platform between BEC，KU Leuven and BRI，CAAS	中国农业科学院生物技术研究所	天主教鲁汶大学 KU Leuven	比利时	2023年4月
32	中国农业科学院农业资源与农业区划研究所和德国莱布尼茨转型经济农业发展研究所合作备忘录 Memorandum of Understanding between Institute of Agricultural Resources and Regional Planning of the Chinese Academy of Agricultural Sciences and Leibniz Institute of Agricultural Development in Transition Economies（IAMO）	中国农业科学院农业资源与农业区划研究所	德国莱布尼茨转型经济农业发展研究所 Leibniz Institute of Agricultural Development in Transition Economies（IAMO）	德国	2023年7月
33	中国农业科学院农业资源与农业区划研究所和乌兹别克斯坦共和国农业部土壤成分和储存库及质量分析中心关于共建土壤质量监测与土壤健康评价联合实验室的谅解备忘录 MOU between Institute of Agricultural Resources and Regional Planning of the Chinese Academy of Agricultural Sciences and Soil Composition and Repository，Quality Analysis Center under the Ministry of Agriculture of the Republic of Uzbekistan AND Tashkent State Agrarian University FOR Joint Laboratory on Soil Quality Monitoring and Soil Health Evaluation	中国农业科学院农业资源与农业区划研究所	乌兹别克斯坦共和国农业部土壤成分和储存库及质量分析中心 Soil Composition and Repository，Quality Analysis Center under the Ministry of Agriculture of the Republic of Uzbekistan	乌兹别克斯坦	2023年9月

（续表）

序号	合作谅解备忘录/协议名称	中方签署单位名称	外方签署单位名称	外方单位所在国家	签署时间
34	国际应用生物科学中心与中国农业科学院农业信息研究所数字资源长期保存谅解备忘录 Memorandum of Understanding between CAB International and Agricultural Information Institute of Chinese Academy of Agricultural Sciences	中国农业科学院农业信息研究所	国际应用生物科学中心	英国	2023年7月24日
35	国际应用生物科学中心与中国农业科学院农业信息研究所合作框架协议 Letter of Agreement between CAB International and Agricultural Information Institute of Chinese Academy of Agricultural Sciences	中国农业科学院农业信息研究所	国际应用生物科学中心 CAB International	英国	2023年11月1日
36	马来西亚博特拉大学与中国农业科学院农业信息研究所谅解备忘录 Memorandum of Understanding between Universiti Putra Malaysia and Agricultural Information Institute of Chinese Academy of Agricultural Sciences	中国农业科学院农业信息研究所	马来西亚博特拉大学 Universiti Putra Malaysia	马来西亚	2023年11月21日
37	中国农业科学院农业质量标准与检测技术研究所与意大利食品科学研究所研究合作协议 Research and Cooperation Agreement between Institute of Quality Standards and Testing Technology for Agro-products, Chinese Academy of Agricultural Sciences（IQSTAP-CAAS）and Institute of Sciences of Food Production, National Research Council of Italy（CNR-ISPA）	中国农业科学院农业质量标准与检测技术研究所	意大利食品科学研究所 Institute of Sciences of Food Production, National Research Council of Italy（CNR-ISPA）	意大利	2023年10月
38	全球科技创新合作备忘录 Memorandum of Understanding Global Technology Innovation Cooperation	农业农村部食物与营养发展研究所	联合国工业发展组织CNGPC碳中和全球促进中心 CNGPC carbon neutral global promotion center project	中国	2023年4月

（续表）

序号	合作谅解备忘录/协议名称	中方签署单位名称	外方签署单位名称	外方单位所在国家	签署时间
39	中国农业科学院农田灌溉研究所与尼泊尔农业研究委员会合作备忘录 Memorandum of Understanding between Institute of Farmland Irrigation, Chinese Academy of Agricultural Sciences, China and Government of Nepal, Nepal Agricultural Research Council, Singadurbar Plaza, Kathmandu, Nepal	中国农业科学院农田灌溉研究所	尼泊尔农业研究委员会 Nepal Agricultural Research Council	尼泊尔	2023 年 10 月
40	中国农业科学院农田灌溉研究所与尼泊尔农业研究委员会关于研究和教育领域的合作联合申报河南省国际科技合作项目的合作备忘录 Letter of Agreement between Institute of Farmland Irrigation, Chinese Academy of Agricultural Sciences, China and Government of Nepal, Nepal Agricultural Research Council, Singadurbar Plaza, Kathmandu, Nepal For Cooperation in the Field of Research and Education In International Science and Technology Cooperation Project of Henan Province	中国农业科学院农田灌溉研究所	尼泊尔农业研究委员会 Nepal Agricultural Research Council	尼泊尔	2023 年 10 月
41	中国农业科学院棉花研究所（棉花生物育种与综合利用全国重点实验室）与乌兹别克斯坦棉花育种、种子生产和农业技术研究所关于进一步推进棉花产业合作的备忘录 МЕМОРАНДУМ между Институтом Хлопка Академии Сельскохозяйственных Наук Китая и Научно-исследовательским Институтом Селекции, Семеноводства и Агротехнологии Выращивания Хлопка Республики Узбекистан о Дальнейшем Развитии Сотрудничества в Хлопковой Промышленности	中国农业科学院棉花研究所	乌兹别克斯坦棉花育种、种子生产和农业技术研究所 The Research Institute of Cotton Breeding, Seed Production and Agrotechnologies of the Republic of Uzbekistan	乌兹别克斯坦	2023 年 3 月

（续表）

序号	合作谅解备忘录/协议名称	中方签署单位名称	外方签署单位名称	外方单位所在国家	签署时间
42	中国农业科学院油料作物研究所与埃塞俄比亚德布雷·马科斯大学关于建立中国—埃塞俄比亚芝麻遗传改良联合实验室合作协议 Cooperative Agreement Between Oil Crops Researchinstitute, Chinese Academy of Agricultural Sciences of the People's Republic of China and Debre Markos University of the Federal Democratic Republic Ofethiopia on the China-Ethiopia Joint Laboratory Forgenetic Improvement of Sesame	中国农业科学院油料作物研究所	德布雷·马科斯大学 Debre Markos University	埃塞俄比亚	2023 年 6 月
43	芝麻品种改良合作协议 Sesame Varieties Improvement Collaboration Agreement	中国农业科学院油料作物研究所	提格雷油料和豆类生产者协会 Tigray Commercial Oilseeds & Pulses Producers Sectoral Association	埃塞俄比亚	2023 年 7 月
44	中国—意大利农业食品质量安全合作协议 Sino-Italy Cooperation Agreement for Quality and Safety of Agro-Food	中国农业科学院油料作物研究所	意大利国家研究委员会食品生产科学研究所 Institute of Sciences of Food Production, National Research Council, Bari, Italy	意大利	2023 年 7 月
45	中国—尼日利亚麻类作物遗传改良联合实验室 Agreement between the Department of Agronomy, Bayero University Kano and IBFC with Regard to the Establishment of the Joint Laboratory for Genetic Breeding and Utilization of Bast Fiber Crops	中国农业科学院麻类研究所	巴耶罗大学 Bayero University Kano	尼日利亚	2023 年 11 月

（续表）

序号	合作谅解备忘录/协议名称	中方签署单位名称	外方签署单位名称	外方单位所在国家	签署时间
46	中国农业科学院果树研究所与埃及国家研究中心联合研究协议 Joint Research Agreement between Institute of Pomology，Chinese Academy of Agricultural Sciences－China And National Research Center－Egypt	中国农业科学院果树研究所	埃及国家研究中心 National Research Centre（Egypt）	埃及	2023 年 9 月 5 日
47	中国—埃及瓜果学联合实验室合作谅解备忘录 Memorandum of Understanding for the establishment of the “China－Egypt Joint Laboratory on Fruits and Cucurbits”	中国农业科学院郑州果树研究所	埃及农业研究中心园艺研究所 Horticulture Research Institute，Agricultural Research Center，Egypt	埃及	2023 年 11 月
48	2024—2028 年甜瓜分子育种设计平台共建合作协议 Cooperation Agreement on Joint Construction of Melon Molecular Design Breeding Platform in 2024—2028	中国农业科学院郑州果树研究所	加泰罗尼亚农业科学院 Institut de Recerca I Tecnologia Agroalimentàries	西班牙	2023 年 11 月
49	新加坡国立大学与中国农业科学院茶叶研究所合作谅解备忘录 Memorandum of Understanding between National University of Singapore and the Tea Research Institute of the Chinese Academy of Agricultural Sciences	中国农业科学院茶叶研究所	新加坡国立大学 National University of Singapore	新加坡	2023 年 2 月
50	中国农业科学院茶叶研究所与韩国河东绿茶研究所合作意向书 Letter of Intent Between Tea Research Institute，Chinese Academy of Agricultural Sciences and Institute of Hadong Green Tea of Korea	中国农业科学院茶叶研究所	韩国河东绿茶研究所 Institute of Hadong Green Tea of Korea	韩国	2023 年 5 月

（续表）

序号	合作谅解备忘录/ 协议名称	中方签署 单位名称	外方签署 单位名称	外方单位 所在国家	签署时间
51	中国农业科学院茶叶研究所与英国利兹大学合作项目协议 Exchange Program Agreement between Tea Research Institute of the Chinese Academy of Agricultural Sciences and the University of Leeds, England, United Kingdom	中国农业科学院茶叶研究所	英国利兹大学 University of Leeds, England, United Kingdom	英国	2023年 9月
52	那不勒斯费德里克二世大学生物系与中国农业科学院茶叶研究所合作协议 Agreement for Cooperation between the University of Naples, Federico Ⅱ, Department of Biology and the Tea Research Institute, Chinese Academy of Agricultural Sciences, China	中国农业科学院茶叶研究所	意大利那不勒斯费德里克二世大学生物系 Department of Biology, University of Naples, Federico Ⅱ, Italy	意大利	2023年 11月
53	哈兽研与俄罗斯联邦病毒与微生物研究所合作谅解备忘录 Memorandum of Understanding of Cooperation between Harbin Veterinary Research Institute, Chinese Academy of Agricultural Sciences and Federal Research Center for Virolofy And Microbiology	哈尔滨兽医研究所	俄罗斯联邦病毒与微生物研究所 Federal Research Center for Virolofy and Microbiology	俄罗斯	2023年 9月
54	哈尔滨兽医研究所与布隆迪共和国农业科学院关于"中国—布隆迪媒介昆虫传播动物疫病防控及同一健康联合实验室"的合作协议 Agreement on "China-Burundi Arthropod-transmitted-Transmitted Animal Disease Prevention and Control and One Health Joint Laboratory" between Harbin Veterinary Research Institute, the Chinese Academy of Agricultural Sciences (HVRI), People's Republic of China and Institut des Sciences Agronomiques du Burundi (ISABU), Republic of Burundi	哈尔滨兽医研究所	布隆迪共和国农业科学院 Institut Des Sciences Agronomiques du Burundi	布隆迪	2023年 5月

（续表）

序号	合作谅解备忘录/协议名称	中方签署单位名称	外方签署单位名称	外方单位所在国家	签署时间
55	哈萨克斯坦赛福林农业技术研究大学与哈尔滨兽医研究所关于教育和科学领域的合作协议 Agreement on Cooperation in the Field of Education and Science between NC JSC “S. Seifullin Kazakh Agrotechnical Research University”（Kazakhstan）and Harbin Veterinary Research Institute, the Chinese Academy of Agricultural Sciences（China）	哈尔滨兽医研究所	哈萨克斯坦赛福林农业技术研究大学 S. Seifullin Kazakh Agrotechnical Research University	哈萨克斯坦	2023年11月
56	与马来西亚雪兰莪赛马俱乐部合作意向书 The Application of Acupuncture Technique in the Treatment of Horse Racing Diseases	中国农业科学院兰州畜牧与兽药研究所	马来西亚雪兰莪赛马俱乐部 Selangor Turf Club, Malaysia	马来西亚	2023年7月
57	与埃塞俄比亚麦凯勒大学兽医学院合作意向书 The Cooperation of Servicing as Veterinary Epidemiologist and Animal Health Economics with Mekelle University	中国农业科学院兰州畜牧与兽药研究所	埃塞俄比亚麦凯勒大学兽医学院 Mekelle University, College of Veterinary Sciences	埃塞俄比亚	2023年8月
58	与孟加拉国地方政府、农村发展和合作部下属的农村发展学院合作意向书 Application and Cooperation of TCVM in the Treatment of Dairy Cow Mastitis	中国农业科学院兰州畜牧与兽药研究所	孟加拉国地方政府、农村发展和合作部下属的农村发展学院 Rural Development Academy, Bogura, Bangladesh under the Ministry of Local Government, Rural Development and Co-operatives, Bangladesh	孟加拉国	2023年9月

（续表）

序号	合作谅解备忘录/协议名称	中方签署单位名称	外方签署单位名称	外方单位所在国家	签署时间
59	与巴基斯坦旁遮普大学合作意向书 Joint Application for International Cooperation Project Intention	中国农业科学院兰州畜牧与兽药研究所	巴基斯坦旁遮普大学 Department of Clinical studies, Faculty of Veterinary and Animal Sciences, PMAS Arid Agriculture University, Rawalpindi, Punjab, Pakistan	巴基斯坦	2023 年 9 月
60	中国农业科学院上海兽医研究所与老挝农业部畜牧渔业司兽用疫苗生产中心关于“中国—老挝在动物疫病防控等生物安全领域的战略合作”协议 Agreement on “China-Laos Strategic Cooperation in the Field of Animal Disease Prevention and Control and Other Biological Safety” between the Shanghai Veterinary Research Institute of the Chinese Academy of Agricultural Sciences and the Veterinary Vaccine Production Center of the Animal Husbandry and Fisheries Department of the Ministry of Agriculture of Laos	中国农业科学院上海兽医研究所	老挝农业部畜牧渔业司兽用疫苗生产中心 Veterinary Vaccine Production Center of the Livestock and Fisheries Department of the Ministry of Agriculture of Laos	老挝	2023 年 9 月 29 日
61	关于中蒙天然草地有害生物与沙漠化监测防治的联合项目申请合作协议 Collaboration Agreement for Joint Project Application on the Topic of Monitoring and Control of Natural Grassland Pests and Grassland Desertification in China and Mongolia	中国农业科学院草原研究所	蒙古国植物保护研究所 Institute of Plant Protection Research, Mongolian	蒙古国	2023 年 11 月

（续表）

序号	合作谅解备忘录/协议名称	中方签署单位名称	外方签署单位名称	外方单位所在国家	签署时间
62	中国农业科学院草原研究所与蒙古国植物保护研究所框架协议 Framework Agreement between Institute of Plant Protection Research, Mongolia and the Institute of Grassland Research of Chinese Academy Agricultural Sciences（CAAS）	中国农业科学院草原研究所	蒙古国植物保护研究所 Institute of Plant Protection Research, Mongolian	蒙古国	2023年11月
63	中国农业科学院草原研究所与蒙古国科学院生物研究所框架协议 Framework Agreement between the Institute of Biology, Mongolian Academy of Sciences（IBMAS）and the Institute of Grassland Research of Chinese Academy Agricultural Sciences（CAAS）	中国农业科学院草原研究所	蒙古国科学院生物研究所 Institute of Biology, Mongolian Academy of Sciences	蒙古国	2023年11月
64	关于中蒙畜牧业非生物灾害天空地预警和应急响应关键技术与示范联合项目申请合作协议 Collaboration Agreement for Joint Project Application on the Topic of Key Technology Research and Demonstration of Hybrid Satellite-Aerial-Terrestrial Monitoring, Early Warning, and Emergency Response for Animal Husbandry Abiotic Major Natural Disasters for China and Mongolia	中国农业科学院草原研究所	蒙古国国立大学 City and Regional Development Research Institute of National University of Mongolia	蒙古国	2023年9月
65	中国农业科学院草原研究所与蒙古国国立大学城市区域发展研究所谅解备忘录 Memorandum of Understanding（MOU）between the City and Regional Development Research Institute of National University of Mongolia（NUM）and the Institute of Grassland Research of Chinese Academy Agricultural Sciences（CAAS）	中国农业科学院草原研究所	蒙古国国立大学 City and Regional Development Research Institute of National University of Mongolia	蒙古国	2023年9月

（续表）

序号	合作谅解备忘录/协议名称	中方签署单位名称	外方签署单位名称	外方单位所在国家	签署时间
66	共同开展利用组织培养技术快速扩繁药用植物良种合作协议书 Cooperation Agreement for Joint Development of Rapid Propagation of Medicinal Plant Elite Varieties Utilizing Tissue Culture Technology	中国农业科学院特产研究所	Chunbuk National University	韩国	2023 年 7 月 10 日
67	特种动物表观遗传学对疫苗效力的影响 The Influence of Epigenetics of Special Animals on Vaccine Efficacy	中国农业科学院特产研究所	美国农业部 USDA	美国	2023 年 1 月 1 日
68	禽天然免疫因子的筛选及应用 Screening and Application of Natatual Immune Factors in Poultry	中国农业科学院特产研究所	美国农业部 USDA	美国	2023 年 1 月 1 日
69	国际合作协议 International Joint Cooperation Agreement	农业农村部环境保护科研监测所	克莱蒙奥弗涅大学—法国国家科研中心物理气象实验室（法国） Laboratoire de Météorologie Physique（LaMP）of Université Clermont Auvergne（UCA）and Centre National de la Recherche Scientifique（CNRS）（France）	法国	2023 年 11 月
70	国际合作备忘录 Memorandum of Understanding Between Universiti Putra , Malaysia and Agro－Environmental Protection Institute，Ministry of Agriculture and Rural Affairs	农业农村部环境保护科研监测所	马来西亚博特拉大学 Universiti Putra，Malaysia	马来西亚	2023 年 11 月

（续表）

序号	合作谅解备忘录/协议名称	中方签署单位名称	外方签署单位名称	外方单位所在国家	签署时间
71	农业农村部沼气科学研究所与千叶大学合作备忘录 Memorandum of Cooperation Between Biogas Institute of Ministry of Agriculture and Chiba University	农业农村部成都沼气科学研究所	千叶大学 Chiba University	日本	2022 年 8 月
72	2023 年昆士兰大学农药应用与安全中心与农业农村部南京农业机械化研究所合作协议 Letter of Collaboration 2023 between Center of Pesticide Application and Safety，University of Queensland and Nanjing Institute of Agricultural Mechanization，Ministry of Agriculture and Rural Affairs	农业农村部南京农业机械化研究所	昆士兰大学 Center of Pesticide Application and Safety，University of Queensland	澳大利亚	2023 年 6 月 8 日
73	2023 年法国国家农业食品与环境研究院施药技术研究团队与农业农村部南京农业机械化研究所合作协议 Letter of Collaboration 2023 between National Research Institute for Agriculture，Food and the Environment-Research Team on Spray Application Technologies and Nanjing Institute of Agricultural Mechanization，Ministry of Agriculture and Rural Affairs	农业农村部南京农业机械化研究所	法国国家农业食品与环境研究院 National Research Institute for Agriculture，Food and the Environment - Research Team on Spray Application Technologies	法国	2023 年 6 月 8 日
74	2023 年拉瓦尔品第干旱农业大学农学系与农业农村部南京农业机械化研究所合作书协议 Letter of Collaboration 2023 between Department of Agronomy，PMAS-Arid Agriculture University Rawalpindi and Nanjing Institute of Agricultural Mechanization，Ministry of Agriculture and Rural Affairs	农业农村部南京农业机械化研究所	拉瓦尔品第干旱农业大学 Department of Agronomy，PMAS-Arid Agriculture University Rawalpindi	巴基斯坦	2023 年 6 月 8 日

（续表）

序号	合作谅解备忘录/协议名称	中方签署单位名称	外方签署单位名称	外方单位所在国家	签署时间
75	研究合作协议 Research Collabration Agreement	中国农业科学院深圳农业基因组研究所	国际玉米和小麦改良中心 International Maize and Wheat Improvement Center	墨西哥	2023年10月
76	联合研究协议 Research Collabration Agreement	中国农业科学院深圳农业基因组研究所、中国科学院大学	ISRIC —国际土壤参考和资料中心、荷兰皇家艺术与科学学院荷兰生态研究所 ISRIC — World Soil Information、the Netherlands Institute of Ecology, the Royal Netherlands Academy of Arts & Sciences	荷兰	2023年10月
77	国际科技项目合作意向书 Letter of International Cooperation for Scientific Research	中国农业科学院都市农业研究所	比利时农业、渔业与食品研究院 Flanders Research Institute for Agriculture, Fisheries and Food（ILVO）	比利时	2023年9月8日

（续表）

序号	合作谅解备忘录/协议名称	中方签署单位名称	外方签署单位名称	外方单位所在国家	签署时间
78	中国农业科学院都市农业研究所与卡塔尔大学谅解备忘录 Memorandum of Understanding between Institute of Urban Agriculture，Chinese Academy of Agricultural Sciences AND Qatar University	中国农业科学院都市农业研究所	卡塔尔大学 Qatar University	卡塔尔	2023年11月
79	合作框架协议 Cooperation Framework Agreement	中国农业科学院都市农业研究所	卡塔尔 WeGrow 农业投资有限公司 Qatar WeGrow Agriculture Investment WLL	卡塔尔	2023年9月
80	科研项目合作谅解备忘录 Memorandum of Understanding for Collaboration in Scientific Research	中国农业科学院都市农业研究所	淡马锡生命科学研究院 Temasek Life Sciences Laboratory	新加坡	2023年9月
81	老挝北方农林科学院和中国农业科学院都市农业研究所合作备忘录 Memorandum of Agreement between Northern Agriculture and Forestry College，LAO P. D. R.（Lao People's Democratic Republic）and Institute of Urban Agriculture（IUA）Chinese Academy of Agricultural Sciences（CAAS）	中国农业科学院都市农业研究所	老挝北方农林科学院 Northern Agriculture and Forestry College	老挝	2023年9月
82	中国农业科学院都市农业研究所和越南国立农业大学作物研究与发展研究所合作备忘录 Memorandum of Agreement between Institute of Urban Agriculture（IUA），Chinese Academy of Agricultural Sciences（CAAS）and Crop Research and Development Institute（CRDI），Vietnam National University of Agriculture（VNUA）	中国农业科学院都市农业研究所	越南国立农业大学 Vietnam National University of Agriculture	越南	2023年10月

（续表）

序号	合作谅解备忘录/协议名称	中方签署单位名称	外方签署单位名称	外方单位所在国家	签署时间
83	设施蔬菜水培根际环境精准调控关键技术研究合作协议 Collaboration Agreement on Research of Key Technologies for Precise Regulation of Hydroponic Rhizosphere Environment in Protected Vegetable Production	中国农业科学院都市农业研究所	鸟取大学 Tottori University	日本	2023 年 3 月
84	中国农业科学院国家南繁研究院和斯里兰卡鲁胡纳大学促进国际教育和研究领域的学术合作谅解备忘录 Memorandum of Understanding between National Nanfan Research Institute，Sanya，Chinese Academy of Agricultural Sciences，China and University of Ruhuna，Sri Lanka for the Development of Academic Cooperation in International Education and Research	三亚中国农业科学院国家南繁研究院	斯里兰卡鲁胡纳大学 University of Ruhuna，Sri Lanka	斯里兰卡	2023 年 6 月 14 日
85	中国农业科学院西部农业研究中心与塔吉克斯坦农业科学院谅解备忘录 Меморандум о взаимопонимании Между Западным центром по исследовании сельского хозяйства Китайской Академии сельскохозяйственных наук（Координатор по научно—технической помощи Синьцзян）и Таджикской академией сельскохозяйственных наук	中国农业科学院西部农业研究中心（科技援疆指挥部）	塔吉克斯坦农业科学院 Tajik Academy of Agricultural Sciences（TAAS）	塔吉克斯坦	2023 年 7 月
86	中国农业科学院西部农业研究中心与塔吉克斯坦农业大学谅解备忘录 Меморандум о взаимопонимании Между Западным центром по исследовании сельского хозяйства Китайской Академии сельскохозяйственных наук и Таджикским аграрным университетром имени Шотемур	中国农业科学院西部农业研究中心（科技援疆指挥部）	塔吉克斯坦农业大学 Tajik Agrarian University Named Shirinsho Shotemur	塔吉克斯坦	2023 年 11 月

（续表）

序号	合作谅解备忘录/协议名称	中方签署单位名称	外方签署单位名称	外方单位所在国家	签署时间
87	中国农业科学院西部农业研究中心与乌兹别克斯坦蔬菜、瓜类作物和马铃薯研究所等科研院所谅解备忘录 Memorandum of Understanding between Research Institute of Vegetable, Melon Crops and Potato, Uzbekistan and Institute of Western Agriculture, Chinese Academy of Agricultural Sciences, China	中国农业科学院西部农业研究中心（科技援疆指挥部）	乌兹别克斯坦蔬菜、瓜类作物和马铃薯研究所等科研院所 Research Institute of Vegetable, Melon Crops and Potato, Uzbekistan	乌兹别克斯坦	2023年11月
88	中国农业科学院研究生院与哈萨克斯坦国家生物技术中心合作谅解备忘录 Memorandum of Understanding Between Graduate School of Chinese Academy of Agricultural Sciences and National Center for Biotechnology	中国农业科学院研究生院	哈萨克斯坦国家生物技术中心 National Center for Biotechnology	哈萨克斯坦	2023年8月
89	中国农业科学院研究生院与乌兹别克斯坦塔什干农业大学合作谅解备忘录 Memorandum of Understanding Between Graduate School of Chinese Academy of Agricultural Sciences and Tashkent State Agrarian University	中国农业科学院研究生院	塔什干农业大学 Tashkent State Agrarian University	乌兹别克斯坦	2023年8月
90	中国农业科学院研究生院与乌兹别克斯坦水稻研究所合作谅解备忘录 Memorandum of Understanding Between Graduate School of Chinese Academy of Agricultural Sciences and Rice Research Institute	中国农业科学院研究生院	乌兹别克斯坦水稻研究所 Rice Research Institute	乌兹别克斯坦	2023年8月
91	中国农业科学院研究生院与巴基斯坦苏比利尔大学合作谅解备忘录 Memorandum of Understanding Between Graduate School of Chinese Academy of Agricultural Sciences and Superior University	中国农业科学院研究生院	巴基斯坦苏比利尔大学 Superior University	巴基斯坦	2023年11月

中国农业科学院 2023 年新建国际合作平台清单

1. 2023 年海外新建的合作平台（指平台主体在海外建设的平台）

序号	国际合作平台名称	中方承担单位	外方承担单位	所在地点	建立时间	合作领域
1	中国—巴基斯坦小麦分子育种国际联合实验室 China - Pakistan Joint Wheat Molecular Breeding International Lab	中国农业科学院作物科学研究所	巴基斯坦真纳大学 Quaid-i-Azam Unversity	巴基斯坦伊斯兰堡	2023 年 3 月 1 日	小麦分子育种
2	巴中作物有害生物防控联合实验室 Pakistan - China Joint Laboratory for Crop Pest Management	中国农业科学院植物保护研究所	巴基斯坦费萨拉巴德农业大学 University of Agriculture, Faisalabad-Pakistan	巴基斯坦费萨拉巴德	2023 年 7 月	植物保护
3	中国-挪威水产动物饲料资源开发与利用技术创新中心 China-Norway Technological Innovation Center for Development and Utilization of Aquatic Animal Feed Resources	中国农业科学院饲料研究所	挪威生物经济研究所 Norwegian Institute of Bioeconomy Research	挪威奥斯陆	2023 年 9 月	水产动物饲料资源开发、海藻生物资源开发
4	中国—意大利鱼类消化道微生物与动物福利联合实验室 Sino-Italy Joint Lab on Fish Gut Microbiota and Animal Welfare	中国农业科学院饲料研究所	意大利马尔凯理工大学 Polytechnic University of Marche	意大利安科纳	2023 年 11 月	鱼类消化道微生物、动物福利

（续表）

序号	国际合作平台名称	中方承担单位	外方承担单位	所在地点	建立时间	合作领域
5	澜沧江-湄公河薯类合作研发平台 Lancang-Mekong Cooperative R&D Platform for Root and Tuber Crops	中国农业科学院薯类食品科学与技术创新团队	越南农科院大田作物研究所 Field Crops Research Institute, Vietnam Academy of Agricultural Sciences	越南河内	2023年12月	薯类加工适宜性评价与品种筛选、薯类加工与副产物综合利用关键技术
6	中非花生品质评价与加工利用合作研究中心 China-Africa Cooperative Research Center of Peanut Quality Evaluation, Processing and Utilization	中国农业科学院农产品加工研究所	尼日利亚农业研究委员会 Agricultural Research Council of Nigeria	尼日利亚	2023年12月	共建联合实验室/联合研究中心
7	中国农业科学院农业资源与农业区划研究所—乌兹别克斯坦共和国农业部土壤成分和储存库及质量分析中心土壤质量监测与土壤健康评价联合实验室 the Joint Laboratory of Soil quality control and evaluation between Institute of Agricultural Resources and Regional Planning of the Chinese Academy of Agricultural Sciences and Soil Composition and Repository, Quality Analysis Center under the Ministry of Agriculture of the Republic of Uzbekistan	中国农业科学院农业资源与农业区划研究所	乌兹别克斯坦共和国农业部土壤成分和储存库及质量分析中心 Soil Composition and Repository, Quality Analysis Center under the Ministry of Agriculture of the Republic of Uzbekistan	乌兹别克斯坦塔什干	2023年9月4日	农业土壤

（续表）

序号	国际合作平台名称	中方承担单位	外方承担单位	所在地点	建立时间	合作领域
8	中国—布隆迪媒介昆虫传播动物疫病防控及同一健康联合实验室 China - Burundi Arthropod - transmitted - Transmitted Animal Disease Prevention and Control and One Health Joint Laboratory	哈尔滨兽医研究所	布隆迪共和国农业科学院 Institut Des Sciences Agronomiques du Burundi	布隆迪	2023 年 5 月	媒介昆虫传播动物疫病
9	中国—法国农业环境污染与修复联合研究中心联合实验室 laboratory of the Sino-French Joint Research Center on Agricultural Environmental Pollution and Remediation	农业农村部环境保护科研监测所	克莱蒙奥弗涅大学—法国国家科研中心物理气象实验室（法国） Laboratoire de Météorologie Physique （LaMP） of Université Clermont Auvergne（UCA）and Centre National de la Recherche Scientifique（CNRS）（France）	法国克莱蒙费朗	2023 年 12 月	农业环境领域污染与修复
10	中国—马来西亚农林废弃物资源化利用联合工程研究中心 China-Malaysia Joint Engineering Research Center for Resource Utilization of Agricultural and Forestry Wastes	农业农村部环境保护科研监测所	马来西亚博特拉大学 Universiti Putra Malaysia	马来西亚雪兰莪州沙登地区	2023 年 11 月	农林废弃物资源化利用

2. 2023年国内新建的合作平台（包括中外双挂牌平台）

序号	国际合作平台名称	中方承担单位	外方承担单位	所在地点	建立时间	合作方向
1	中国—俄罗斯大豆联合研究中心	中国农业科学院黑河大豆研究中心	俄罗斯远东国立农业大学、俄罗斯远东农业生物技术联邦科学中心和俄罗斯科学院远东分院 Дальневосточный государственный аграрный университет России, Федеральный научный центр сельскохозяйственной биотехнологии Дальнего Востока России, Дальневосточное отделение Российской академии наук	黑河	2023年7月	早熟高产耐寒大豆育种、土壤管理、水资源利用、病虫害防控植保栽培技术等中国与俄罗斯大豆领域科技合作
2	中国—巴基斯坦作物有害生物防控联合实验室	中国农业科学院植物保护研究所	巴基斯坦费萨拉巴德农业大学 University of Agriculture, Faisalabad-Pakistan	巴基斯坦费萨拉巴德	2023年7月	植物保护
3	IEDA-CIMMYT气候变化与农业减排固碳联合实验室	中国农业科学院农业环境与可持续发展研究所	国际玉米小麦改良中心 CIMMYT	北京	2023年11月	气候变化与农业减排固碳
4	国家引才引智示范基地	中国农业科学院农业环境与可持续发展研究所	荷兰瓦格宁根大学等 Wageningen University & Research	北京	2023年6月	设施农业

（续表）

序号	国际合作平台名称	中方承担单位	外方承担单位	所在地点	建立时间	合作方向
5	中国—挪威水产动物饲料资源开发与利用技术创新中心	中国农业科学院饲料研究所	挪威生物经济研究所 Norwegian Institute of Bioeconomy Research	中国农业科学院饲料研究所	2023年9月	水产动物饲料资源开发、海藻生物资源开发
6	中国—意大利鱼类消化道微生物与动物福利联合实验室	中国农业科学院饲料研究所	意大利马尔凯理工大学 Polytechnic University of Marche	中国农业科学院饲料研究所	2023年11月	鱼类消化道微生物、动物福利
7	中非花生品质评价与加工利用合作研究中心	中国农业科学院农产品加工研究所	尼日利亚农业研究委员会 Agricultural Research Council of Nigeria	尼日利亚	2023年12月	共建联合实验室/联合研究中心
8	中国农业科学院农业资源与农业区划研究所—乌兹别克斯坦共和国农业部土壤成分和储存库及质量分析中心土壤质量监测与土壤健康评价联合实验室	中国农业科学院农业资源与农业区划研究所	乌兹别克斯坦共和国农业部土壤成分和储存库及质量分析中心 Soil Composition and Repository，Quality Analysis Center under the Ministry of Agriculture of the Republic of Uzbekistan	中国（北京）	2023年9月4日	农业土壤
9	中国—布隆迪媒介昆虫传播动物疫病防控及同一健康联合实验室	中国农业科学院哈尔滨兽医研究所	布隆迪共和国农业科学院 Institut Des Sciences Agronomiques du Burundi	布隆迪	2023年5月	媒介昆虫传播动物疫病
10	中国—法国农业环境污染与修复联合研究中心联合实验室	农业农村部环境保护科研监测所	克莱蒙奥弗涅大学—法国国家科研中心物理气象实验室（法国） Laboratoire de Météorologie Physique（LaMP）of Université Clermont Auvergne（UCA）and Centre National de la Recherche Scientifique（CNRS）（France）	法国克莱蒙费朗	2023年12月	农业环境领域污染与修复

（续表）

序号	国际合作平台名称	中方承担单位	外方承担单位	所在地点	建立时间	合作方向
11	中国—马来西亚农林废弃物资源化利用联合工程研究中心	农业农村部环境保护科研监测所	马来西亚博特拉大学 Universiti Putra Malaysia	马来西亚雪兰莪州沙登地区	2023年11月	农林废弃物资源化利用
12	中国—尼日利亚麻类作物遗传改良联合实验室	中国农业科学院麻类研究所	巴耶罗大学 Bayero University Kano	湖南长沙	2023年11月	麻类作物遗传育种
13	植物活性益生因子食饲用研究国际联合实验室	中国农业科学院麻类研究所	日本国立鹿儿岛大学 Kagoshima University	湖南长沙	2023年10月	植物活性功能成分食饲用研究
14	中国—埃及瓜果学联合实验室	中国农业科学院郑州果树研究所	埃及农业研究中心园艺研究所 Horticulture Research Institute, Agricultural Research Center, Egypt	河南郑州	2023年11月	种质资源评价利用，瓜果功能基因发掘，分子育种，人才培养
15	中国农业科学院上海兽医研究所—老挝农林部畜牧渔业司联合实验室	中国农业科学院上海兽医研究所	老挝农林部畜牧渔业司 the Livestock and Fisheries Department of the Ministry of Agriculture of Laos	上海	2023年11月	跨境动物疫病防控
16	中国—法国农业环境污染与修复联合研究中心联合实验室	农业农村部环境保护科研监测所	克莱蒙奥弗涅大学—法国国家科研中心物理气象实验室（法国） Laboratoire de Météorologie Physique (LaMP) of Université Clermont Auvergne (UCA) and Centre National de la Recherche Scientifique (CNRS) (France)	天津	2023年12月	农业环境领域污染与修复
17	中国—马来西亚农林废弃物资源化利用联合工程研究中心	农业农村部环境保护科研监测所	马来西亚博特拉大学 Universiti Putra Malaysia	天津	2023年11月	农林废弃物资源化利用

中国农业科学院2023年在国内举办国际会议、双边会议及国际培训班情况清单

序号	活动类型	活动名称	中方主办单位	中方承办单位	参会国家和机构	线下地点	时间
1	国际会议	第七届国际农科院院长高层研讨会	中国农业科学院、海南省人民政府	海南省农业农村厅、海南省科学技术厅、三亚市人民政府、中国农业科学院国家南繁研究院	中国、荷兰、日本、德国、肯尼亚等	海南三亚	2023年10月25—28日
2	国际会议	“农作物基因资源阐析（G2P）”大科学计划研讨会	中国农业科学院	中国农业科学院作物科学研究所	国际玉米小麦改良中心（CIMMYT）、国际水稻所（IRRI）、澳大利亚联邦科学与工业研究组织（CSIRO）、非洲科学院、中国农业大学等	海南三亚	2023年10月27日
3	国际会议	国家自然科学基金国际（地区）合作与交流项目—喜马拉雅地区野生苦荞资源研究与利用（32161143005）项目推进会	中国农业科学院作物科学研究所	中国农业科学院作物科学研究所	国际生物多样性中心（IBC）、比利时天主教鲁汶大学（KU Leuven）、中国农业科学院作物科学研究所	北京	2023年9月14日

（续表）

序号	活动类型	活动名称	中方主办单位	中方承办单位	参会国家和机构	线下地点	时间
4	双边会议	2023 年中国—巴基斯坦小麦育种国际联合实验室年会	中国农业科学院作物科学研究所	中国农业科学院作物科学研究所	巴基斯坦驻中国大使馆、真纳大学、国际玉米小麦改良中心（CIMMYT）	北京	2023 年 5 月 8 日
5	国际会议	中国农业科学院作科所—科迪华合作推进会	中国农业科学院作物科学研究所	中国农业科学院作物科学研究所	中国、美国先锋海外公司	北京	2023 年 11 月 1 日
6	国际会议	国家自然科学基因国际水稻研讨会	中国农业科学院作物科学研究所	中国农业科学院作物科学研究所	国际水稻研究所（IRRI）、中国水稻研究所、南京农业大学、江苏省农业科学院、中国农业科学院国家南繁研究院	江苏南京	2023 年 9 月 21—23 日
7	双边会议	2023 中国—俄国大豆科技合作论坛	黑龙江省农业科学院、中国农业科学院作物科学研究所、东北农业大学联合主办	黑河市农业农村局和哈尔滨乐实农业科技有限公司联合承办，中蒙俄大豆产业科技创新院协办	中国、俄罗斯	黑龙江黑河	2023 年 7 月
8	双边会议	中国—法国小麦基因组与育种联合实验室学术交流会	中国农业科学院	中国农业科学院作物科学研究所	法国农科院克莱蒙研究中心	北京	2023 年 10 月 17 日
9	国际会议	第二届小麦组委会理事会	中国农业科学院	中国农业科学院作物科学研究所	默多克大学，CIMMYT	北京	2023 年 8 月 29 日
10	双边会议	中国—乌拉圭大豆科技合作田间展示会	中国农业科学院作物科学研究所	黑龙江省农业科学院克山分院	乌拉圭国家农牧业研究院、克山县农业科学技术推广中心	黑龙江齐齐哈尔	2023 年 8 月 29 日

（续表）

序号	活动类型	活动名称	中方主办单位	中方承办单位	参会国家和机构	线下地点	时间
11	双边会议	中国—乌拉圭大豆科技合作田间展示会	中国农业科学院作物科学研究所	黑龙江省农业科学院齐齐哈尔分院	乌拉圭国家农牧业研究院、齐齐哈尔市富尔农艺有限公司	黑龙江齐齐哈尔	2023年8月30日
12	双边会议	中国—乌拉圭大豆科技合作田间展示会	中国农业科学院作物科学研究所	江西省农业科学院作物研究所	乌拉圭国家农牧业研究院	江西南昌	2023年8月31日
13	双边会议	中国—乌拉圭大豆科技合作田间展示会	中国农业科学院作物科学研究所	云南省农业科学院粮食作物研究所	乌拉圭国家农牧业研究院	云南昆明	2023年9月1日
14	双边会议	中国—乌拉圭大豆科技合作田间展示会	中国农业科学院作物科学研究所	云南省农业科学院粮食作物研究所	乌拉圭国家农牧业研究院	云南大理	2023年9月2日
15	双边会议	大豆食品加工技术交流	中国农业科学院作物科学研究所		乌拉圭国家农牧业研究院、中国农业大学、河北达利食品有限公司	北京	2023年9月4日
16	双边会议	大豆生物技术产品研发进展交流	中国农业科学院作物科学研究所		乌拉圭国家农牧业研究院、北京大北农生物技术有限公司	北京	2023年9月4日
17	双边会议	乌拉圭农业科技交流	中国农业科学院作物科学研究所		乌拉圭国家农牧业研究院	北京	2023年9月5日
18	双边会议	中国—乌拉圭大豆科技合作交流会	中国农业科学院作物科学研究所		乌拉圭国家农牧业研究院、中国农业大学、吉林省农业科学院、东北农业大学、北京大北农生物技术有限公司	北京	2023年9月5日

（续表）

序号	活动类型	活动名称	中方主办单位	中方承办单位	参会国家和机构	线下地点	时间
19	双边会议	中国—乌拉圭农业联委会大豆工作组会议纪要	中国农业科学院作物科学研究所		乌拉圭国家农牧业研究院、浙江省农业科学院、吉林省农业科学院、沈阳农业大学、北京大北农生物技术有限公司	北京	2023年5月17日
20	双边会议	大豆转基因安全评价研讨会	中国农业科学院作物科学研究所		乌拉圭国家农牧业研究院、乌拉圭驻华大使馆	北京	2023年6月12日
21	双边会议	中国—乌拉圭大豆科技合作交流会	中国农业科学院作物科学研究所		乌拉圭国家农牧业研究院、乌拉圭驻华大使馆	北京	2023年8月9日
22	国际会议	利用快速诱变育种技术改良作物产量和品质国际研讨会	中国农业科学院	中国农业科学院作物科学研究所	中国、澳大利亚、孟加拉国、印度、印度尼西亚等	北京	2023年10月16—18日
23	国际会议	植物生物安全国际研讨会	中国农业科学院	中国农业科学院植物保护研究所、中国植物保护学会、云南农业大学	中国、德国、新西兰、老挝、越南	云南昆明	2023年10月29日至11月1日
24	国际会议	全球草地贪夜蛾可持续防控研讨会	中国农业科学院	中国农业科学院植物保护研究所、全国农业技术推广服务中心、中国植物保护学会	中国、美国、英国、意大利、肯尼亚	北京	2023年10月30日至11月2日

（续表）

序号	活动类型	活动名称	中方主办单位	中方承办单位	参会国家和机构	线下地点	时间
25	国际会议	第二届“一带一路”国际线虫学学术研讨会	中国农业科学院植物保护研究所、陕西省生物农业研究所、中国植物病理学会植物病原线虫专业委员会、植物病虫害综合治理全国重点实验室	陕西省植物线虫学重点实验室、陕西省植物保护学会、西北农林科技大学植物保护学院承办	中国、美国、英国、新西兰、尼日利亚	陕西西安	2023年11月3—5日
26	国际会议	亚太地区重要作物病害绿色防控保障粮食安全研讨会		中国农业科学院植物保护研究所、植物病虫害综合治理全国重点实验室	中国、马来西亚、墨西哥、菲律宾、秘鲁	北京	2023年7月19—20日
27	双边会议	中国—缅甸农药残留风险控制技术培训交流会	中国农业科学院植物保护研究所		中国、缅甸	北京	2023年6月27日至7月3日
28	双边会议	中国—韩国国际合作项目年会暨中韩双边研讨会	中国农业科学院植物保护研究所		中国、韩国	北京	
29	双边会议	国家重点研发计划中比合作项目中期研讨会	中国农业科学院植物保护研究所		中国、比利时	北京	2023年10月24日
30	双边会议	中国—挪威国际合作项目Sinograin Ⅱ 2023年会	中国农业科学院植物保护研究所		中国、挪威	北京	2023年6月6—7日

（续表）

序号	活动类型	活动名称	中方主办单位	中方承办单位	参会国家和机构	线下地点	时间
31	双边会议	中国—俄罗斯生物炭固化微生物防控污染研讨会	中国农业科学院植物保护研究所		中国、俄罗斯	北京	2023 年 11 月 2—3 日
32	培训班	APPPC 植保无人机施药国际培训班	中国农业科学院植物保护研究所		老挝、马来西亚、尼泊尔、泰国、中国	南京	2023 年 8 月 24—27 日
33	培训班	蔬菜作物现代育种与栽培技术国际培训班	科技部国际合作司	中国农业科学院蔬菜花卉研究所	埃及、巴基斯坦、塞尔维亚、阿尔及利亚	北京	2023 年 11 月 18 日至 12 月 3 日
34	双边会议	植物品种全指标高通量智能化测试平台建设研讨会	中国农业科学院蔬菜花卉研究所	中国农业科学院蔬菜花卉研究所	中国、英国	北京	2023 年 3 月 27 日
35	国际会议	国际植物新品种保护制度与测试技术进展交流会	中国农业科学院蔬菜花卉研究所	中国农业科学院蔬菜花卉研究所	中国、国际植物新品种保护联盟（UPOV）	北京	2023 年 9 月 11 日
36	国际会议	重点研发国际合作项目中期汇报	中国农业科学院蔬菜花卉研究所	中国农业科学院蔬菜花卉研究所	中国，塞尔维亚	北京	2023 年 9 月 27 日
37	国际会议	旱地农业国际研讨会	中国农业科学院、联合国粮食及农业组织（FAO）、国际农业研究磋商组织（CGIAR）	农业环境与可持续发展研究所	中国、印度、巴基斯坦、孟加拉国、塔吉克斯坦等	北京	2023 年 10 月 23—27 日
38	培训班	利用环境核素示踪技术评价流域污染物国际培训班	农业环境与可持续发展研究所	农业环境与可持续发展研究所	西班牙、孟加拉国、印度尼西亚、马来西亚、巴基斯坦、菲律宾等国	北京	2023 年 10 月 23—27 日

（续表）

序号	活动类型	活动名称	中方主办单位	中方承办单位	参会国家和机构	线下地点	时间
39	国际会议	第八届“奶牛营养与牛奶质量”国际研讨会	中国农业科学院北京畜牧兽医研究所、农业农村部食物与营养发展研究所、中国奶业协会	北京金诺浩洋文化会展服务有限责任公司	美国、英国、新西兰、丹麦、爱尔兰	北京	2023 年 11 月 19 —20 日
40	国际会议	“一带一路”蜜蜂种质资源与育种国际合作交流会	中国农业科学院蜜蜂研究所	伊犁哈萨克自治州农业科学研究所	中国、哈萨克斯坦、北马其顿、德国	新疆伊犁	2023 年 5 月 25 日
41	双边会议	中哈蜜蜂产业发展座谈会	中国农业科学院蜜蜂研究所	伊犁哈萨克自治州农业科学研究所	中国、哈萨克斯坦	新疆伊犁	2023 年 5 月 24 日
42	国际会议	第四届幼龄草食动物国际研讨会	中国农业科学院饲料研究所、饲料产业技术创新战略联盟	奶牛营养学北京市重点实验室、北京博亚和讯文化传媒有限公司、饲料联盟草食动物健康专委会	中国、英国、美国、加拿大、德国	北京	2023 年 10 月 25—27 日
43	双边会议	宠物食品霉菌毒素防控技术国际学术研讨会	中国农业科学院饲料研究所	中国农业科学院饲料研究所		北京	2023 年 11 月 1 日
44	双边会议	中国—挪威水产动物饲料资源开发与利用技术创新中心研讨会暨揭牌仪式	中国农业科学院饲料研究所	中国农业科学院饲料研究所	中国农业科学院饲料研究所、挪威生物经济研究所	北京	2023 年 10 月 30 日
45	国际会议	第七届国际饲料加工与质量安全技术研讨会	中国农业科学院饲料研究所	北京英惠尔生物技术有限公司	中国、挪威、丹麦、泰国、荷兰等	江苏南京	2023 年 3 月 13—15 日

（续表）

序号	活动类型	活动名称	中方主办单位	中方承办单位	参会国家和机构	线下地点	时间
46	国际会议	第三届国际奶牛疾病大会暨美国乳房炎协会（NMC）区域会	中国农业科学院、中国农业大学	中国农业科学院饲料研究所、家畜产业技术体系北京市创新团队、世信朗普国际展览（北京）有限公司	中国、美国、比利时、英国、智利	北京	2023 年 3 月 17 日
47	国际会议	2023 年谷物科学与技术国际研讨会	中国农业科学院农产品加工研究所	谷物加工与品质调控创新团队	中国、澳大利亚、德国、荷兰	北京	2023 年 7 月 14 日
48	国际会议	第六届国际肉品质量与加工技术研讨会	中国农业科学院农产品加工研究所、国家肉类加工产业科技创新联盟	河南双汇投资发展股份有限公司、河南农业大学、河南牧业经济学院、河南科技学院、郑州轻工业大学、北京盛华宝业食品信息咨询中心	中国农业科学院农产品加工研究所、澳大利亚墨尔本大学、爱尔兰都柏林大学、巴基斯坦兽医和动物科学大学、查维斯机械制造（北京）有限公司	河南郑州	2023 年 6 月 13—14 日
49	培训班	澜湄薯类一二三产科技创新培训班	中国农业科学院农产品加工研究所		中国、越南、老挝、缅甸	北京	2023 年 7 月 13 日
50	双边会议	2023 年中国—葡语国家食药资源研究应用大会	中国农业科学院农产品加工研究所、广西中医药大学	广西中医药大学瑞康医院、广西壮族自治区农业科学院经济作物研究所	中国农业科学院农产品加工研究所、澳门科技大学、澳门大学、葡萄牙米尼奥大学	广西南宁	2023 年 7 月 8 日

（续表）

序号	活动类型	活动名称	中方主办单位	中方承办单位	参会国家和机构	线下地点	时间
51	双边会议	中国—巴基斯坦营养健康合作交流会暨2023年中国—巴基斯坦营养健康研究中心年度会议	中国农业科学院农产品加工研究所、巴基斯坦卡拉奇大学ICCBS	中国农业科学院农产品加工研究所食物营养团队	中国农业科学院农产品加工研究所、巴基斯坦卡拉奇大学ICCBS	北京	2023年7月14日
52	国际会议	《中国农业产业发展报告2023》《2023全球粮食政策报告》发布会	中国农业科学院	中国农业科学院农业经济与发展研究所	美国、韩国；国际食物政策研究所、韩国农村经济研究所、国家有关部委、科研院所及高校、国际机构等部门代表，中国农业科学院属相关单位	北京	2023年5月21日
53	国际会议	乡村建设与发展研讨会	中国农业科学院农业经济与发展研究所	中国农业大学、海南师范大学	德国、肯尼亚；德国莱布尼茨转型经济农业发展研究所、德国图能研究所、肯尼亚埃格顿大学农业政策与发展研究所、捷克布拉格生命科学大学、中德农业中心、海南省农业科学院、湖北省农业科学院、重庆市农业科学院农业经济与乡村发展研究所、安徽省农业科学院经信所、中国农业科学院茶叶所	海南三亚	2023年10月27日

（续表）

序号	活动类型	活动名称	中方主办单位	中方承办单位	参会国家和机构	线下地点	时间
54	培训班	中非农业遥感监测培训班	中国农业科学院农业资源与农业区划研究所	中国农业科学院农业资源与农业区划研究所	中国、埃及、埃塞俄比亚、蒙古国	北京	2023 年 4 月 10 日
55	国际会议	亚太地区数字化农业交流促进粮食安全合作研讨会	中国农业科学院农业资源与农业区划研究所	中国农业科学院农业资源与农业区划研究所	澳大利亚、加拿大、马来西亚、墨西哥、秘鲁	北京	2023 年 7 月 17 日
56	国际会议	2023 国际智慧农业创新大会	中国农业科学院	中国农业科学院农业资源与农业区划研究所、国家智慧农业科技创新联盟	美国、英国、德国、日本、中国	江苏昆山	2023 年 10 月 18 日
57	国际会议	农业绿色发展前沿技术和基础研究—农作物需水量遥感监测研讨会	中国农业科学院农业资源与农业区划研究所	中国农业科学院农业资源与农业区划研究所	埃及、蒙古国、澳大利亚、中国	北京	2023 年 11 月 10 日
58	国际会议	区域农业生态建设国际经验与发展模式研究项目国际研讨会	中国农业科学院农业信息研究所		孟加拉国、斐济、亚洲开发银行、国际应用生物科学中心、中国	北京	2023 年 5 月 5 日
59	国际会议	亚太地区农业农村发展与共同富裕培训研讨会	中国农业科学院农业信息研究所、中国农业科学院海外农业研究中心、中国农业科学院农业资源与农业区划研究所		澳大利亚、越南、马来西亚、智利、中国	北京	2023 年 7 月 18 日

（续表）

序号	活动类型	活动名称	中方主办单位	中方承办单位	参会国家和机构	线下地点	时间
60	国际会议	中国与欧盟国际科技创新合作项目 Trans4num 启动会	中国农业科学院农业信息研究所		德国、荷兰、捷克、罗马尼亚、中国	北京	2023 年 11 月 1 日
61	国际会议	第七届海外农业研究大会	中国农业科学院海外农业研究中心、中国农业科学院国际合作局	广东省农业科学院	丹麦、泰国、老挝、国际水稻所、中国	广东广州	2023 年 11 月 15 日
62	双边会议	《生物技术通报》（英文）国际编委会议	信息所 aBIOT-ECH 编辑部		美国、中国	深圳	2023 年 11 月 7—8 日
63	双边会议	中国—英国农业科技合作创新研究成果发布会	中国农业科学院农业信息研究所、中国农业科学院海外农业研究中心、中国农业科学院农业资源与农业区划研究所		英国、中国	北京	2023 年 6 月 2 日
64	培训班	“一带一路”合作国家数字农业农村发展、减贫与乡村振兴实践研修班	商务部	商务部国际商务官员研修学院、中国农业科学院农业信息研究所、中国农业科学院海外农业研究中心	多米尼加共和国、尼泊尔、尼日利亚、巴基斯坦、斯里兰卡	北京、浙江杭州	2023 年 6 月 7—17 日

（续表）

序号	活动类型	活动名称	中方主办单位	中方承办单位	参会国家和机构	线下地点	时间
65	培训班	发展中国家粮食减损及副产物高值化利用研修班	商务部	商务部国际商务官员研修院、中国农业科学院农业信息研究所、中国农业科学院海外农业研究中心	老挝、蒙古国、缅甸、南苏丹、尼泊尔	北京、浙江杭州	2023 年 6 月 7—17 日
66	培训班	“一带一路”合作国家瓜果资源利用与栽培技术培训班	商务部	商务部国际商务官员研修院、中国农业科学院农业信息研究所、中国农业科学院海外农业研究中心	尼泊尔、老挝、乌兹别克斯坦、古巴、埃塞俄比亚	北京、河南洛阳、河南登封、河南新乡	2023 年 7 月 6—16 日
67	培训班	中兽医药学技术培训班	商务部	商务部国际商务官员研修院、中国农业科学院农业信息研究所、中国农业科学院海外农业研究中心	阿富汗、孟加拉国、埃塞俄比亚、肯尼亚、老挝	甘肃兰州	2023 年 7 月 6—19 日
68	培训班	果树绿色生产关键技术培训班	商务部	商务部国际商务官员研修院、中国农业科学院农业信息研究所、中国农业科学院海外农业研究中心	阿富汗、孟加拉国、埃塞俄比亚、肯尼亚、老挝	辽宁兴城	2023 年 7 月 26 日至 8 月 8 日
69	培训班	杂交棉育种利用技术培训及国际合作交流			孟加拉国、中国	孟加拉国达卡	2023 年 7 月 11 日
70	国际会议	《棉花研究（英文）》期刊编委会会议	棉花研究所	中国农业科学院国家南繁研究院	美国、澳大利亚、中国、巴基斯坦	海南三亚	2023 年 11 月 2—4 日

（续表）

序号	活动类型	活动名称	中方主办单位	中方承办单位	参会国家和机构	线下地点	时间
71	国际会议	第七届国际脂质科学与健康研讨会暨未来食品产业新成果对接会·2023	中国农业科学院油料作物研究所	中国农业科学院油料作物研究所、江南大学、江苏省生产力促进中心、南京国家农业高新技术示范区、中国作物学会油料作物专业委员会、国家健康油脂产业科技创新联盟、白马未来食品研究院、“一带一路”国际油料作物产业科技创新院、武汉轻工大学	芬兰、马来西亚、澳大利亚、比利时	江苏南京	2023 年 11 月 10 —12 日
72	国际会议	国际天然纤维可持续发展论坛	中国农业科学院麻类研究	中国农业科学院麻类研究所	希腊、加拿大、马来西亚、肯尼亚、坦桑尼亚	湖南长沙	2023 年 11 月 3—4 日
73	双边会议	中国尼日利亚麻类作物产业发展研讨会	中国农业科学院麻类研究	中国农业科学院麻类研究	中国、尼日利亚		2023 年 7 月
74	双边会议	中国—韩国红麻国际合作交流会	中国农业科学院麻类研究所	中国农业科学院麻类研究所	中国、韩国	湖南长沙	2023 年 8 月 15 日
75	培训班	果树绿色生产关键技术培训班	商务部国际商务官员研修学院	中国农业科学院果树研究所	中国、南非、巴基斯坦、孟加拉国、尼日利亚等 15 国	辽宁兴城	2023 年 7 月 26 日至 8 月 8 日

（续表）

序号	活动类型	活动名称	中方主办单位	中方承办单位	参会国家和机构	线下地点	时间
76	国际会议	第七届国际瓜类作物学术大会	中国农业科学院郑州果树研究所	河南农业大学、中国园艺学会、国家西甜瓜产业技术体系、国家大宗蔬菜产业技术体系、果蔬园艺作物种质创新与利用全国重点实验室	西班牙、法国、韩国、印度、中国	河南郑州	2023年6月12—14日
77	培训班	“一带一路”瓜果资源与利用培训班	商务部研修学院	中国农业科学院海外农业研究中心、郑州果树研究所	古巴、埃塞俄比亚、老挝、莱索托、尼泊尔、乌兹别克斯坦	河南郑州	2023年7月6—16日
78	国际会议	第五届国际茶学院所长会议	中国农业科学院茶叶研究所、中国茶叶学会	杭州市余杭区径山茶发展领导小组办公室	英国、韩国、肯尼亚、斯里兰卡、澳大利亚	浙江杭州	2023年11月1—3日
79	国际会议	STAR-IDAZ亚洲和大洋洲区域工作会议	中国农业科学院兰州兽医研究所	中国农业科学院兰州兽医研究所	澳大利亚、韩国、日本、泰国、中国		2023年4月4日
80	双边会议	中国—波黑非洲猪瘟疫情防控技术交流网络会议	中国驻波黑大使馆	中国农业科学院兰州兽医研究所	波黑、中国		2023年8月16日
81	国际会议	动物布病、结核病、支原体病研究国际研讨会	中国农业科学院兰州兽医研究所	中国农业科学院兰州兽医研究所	美国、巴西、阿根廷、巴基斯坦、中国	甘肃兰州	2023年8月27日
82	国际会议	中国—东南亚—蒙古国口蹄疫控制行动计划实验室网络会议	中国农业科学院兰州兽医研究所	中国农业科学院兰州兽医研究所	菲律宾、印度尼西亚、老挝、蒙古国、中国	甘肃兰州	2023年10月24日

（续表）

序号	活动类型	活动名称	中方主办单位	中方承办单位	参会国家和机构	线下地点	时间
83	双边会议	中国—乌拉圭畜禽疫病防控交流会	中国农业科学院上海兽医研究所		乌拉圭国家农牧研究院、中国农业科学院上海兽医研究所	上海	2023年10月29日至11月1日
84	双边会议	“中国—蒙古国边境地区蜱虫及家畜蜱传病的调查和防控技术研究”项目进展交流会	中国农业科学院上海兽医研究所		蒙古国生命科学大学兽医研究所	上海	2023年11月16—19日
85	培训班	发展中国家清洁能源应用技术研修班	商务部	农业农村部成都沼气科学研究所、中国农业科学院草原研究所	中国、埃及、斯里兰卡、古巴、柬埔寨等15个国家	内蒙古呼和浩特、鄂尔多斯	2023年9月7—8日
86	国际会议	第三届世界鹿类资源保护与利用学术研讨会	中国农业科学院特产研究所	中国农业科学院特产研究所	俄罗斯科学院远东分院、哈萨克斯坦国际驯鹿牧民协调委员会	吉林长春	2023年8月27—29日
87	国际会议	中欧微量元素迁移的生物地球化学机理及修复技术研讨会	农业农村部环境保护科研监测所	农业农村部环境保护科研监测所	法国国家科研中心、法国克莱蒙奥弗涅大学、意大利都灵大学、瑞士日内瓦大学、江南大学、南开大学、湖南农业大学	天津	2023年11月30日至12月1日
88	国际会议	产地环境监测与数据挖掘国际研讨会	农业农村部环境保护科研监测所	农业农村部环境保护科研监测所	中国、荷兰、蒙古国	天津	2023年12月14日
89	双边会议	农业及农工业废弃物处理研讨会	农业农村部成都沼气科学研究所	农业农村部成都沼气科学研究所	中国、阿根廷	阿根廷门多萨	2023年11月1—3日

（续表）

序号	活动类型	活动名称	中方主办单位	中方承办单位	参会国家和机构	线下地点	时间
90	培训班	阿根廷沼气技术培训班	农业农村部成都沼气科学研究所	农业农村部成都沼气科学研究所	中国、阿根廷	阿根廷布宜诺斯艾利斯、门多萨	2023年10月31日至11月3日
91	培训班	柬埔寨沼气标准编制培训班	农业农村部成都沼气科学研究所	农业农村部成都沼气科学研究所	中国、柬埔寨		2023年3月
92	双边会议	中国—法国科技合作探讨会	农业农村部成都沼气科学研究所	农业农村部成都沼气科学研究所	中国、法国	四川成都	2023年7月31日
93	双边会议	中国—菲律宾沼气可持续发展项目总结会	农业农村部成都沼气科学研究所	农业农村部成都沼气科学研究所	中国、菲律宾	四川成都	2023年9月19日
94	培训班	发展中国家沼气技术与农村能源、环境保护培训班	商务部	农业农村部成都沼气科学研究所	加纳、约旦、赞比亚、乌干达、尼泊尔	四川成都、都江堰、遂宁、自贡	2023年4月6—26日
95	培训班	发展中国家环境污染防治官员研修班	商务部	农业农村部成都沼气科学研究所	尼日利亚、阿塞拜疆、伊拉克、加纳、肯尼亚	四川成都、都江堰、绵竹，黑龙江哈尔滨、肇东，北京	2023年5月5—25日

（续表）

序号	活动类型	活动名称	中方主办单位	中方承办单位	参会国家和机构	线下地点	时间
96	培训班	发展中国家生物质能源改良与利用官员研修班	商务部	农业农村部成都沼气科学研究所	加纳、萨摩亚、乌兹别克斯坦、埃塞俄比亚、委内瑞拉	四川成都、都江堰、遂宁、自贡，重庆，北京	2023年5月12日至6月1日
97	培训班	绿色能源和双碳达标管理研修班	商务部	农业农村部成都沼气科学研究所	加纳、缅甸、乌兹别克斯坦、埃塞俄比亚、巴拿马	四川成都、都江堰、遂宁	2023年5月30日至6月5日
98	培训班	蒙古国污水处理培训班	商务部	农业农村部成都沼气科学研究所	蒙古国	四川成都、都江堰、绵竹、遂宁	2023年6月8—28日
99	培训班	发展中国家环保和可持续发展研修班	商务部	农业农村部成都沼气科学研究所	南非、尼日利亚、尼泊尔、哥斯达黎加、斯里兰卡	四川成都、都江堰、绵竹、马尔康，北京	2023年6月15日至7月5日
100	培训班	发展中国家沼气推广管理研修班	商务部	农业农村部成都沼气科学研究所	约旦、老挝、孟加拉国、尼日利亚、尼泊尔	四川成都、都江堰、德阳、自贡，云南昆明	2023年6月29日至7月19日

（续表）

序号	活动类型	活动名称	中方主办单位	中方承办单位	参会国家和机构	线下地点	时间
101	培训班	非洲法语国家农业废弃物沼气化处理利用技术培训班	商务部	农业农村部成都沼气科学研究所	刚果布、刚果金、马达加斯加、中非、毛里塔尼亚	四川成都、都江堰、遂宁、自贡	2023年7月6—26日
102	培训班	“一带一路”合作国家生态治理与生态旅游开发官员研修班	商务部	农业农村部成都沼气科学研究所	智利、委内瑞拉、伊拉克、尼泊尔、苏里南	四川成都、都江堰，云南大理白族自治州	2023年7月13日至8月2日
103	培训班	叙利亚能源项目规划和融资及可再生能源发展政策研修班	商务部	农业农村部成都沼气科学研究所	叙利亚	四川成都、都江堰，青海西宁，北京	2023年7月20日至8月8日
104	培训班	发展中国家清洁能源应用技术研修班	商务部	农业农村部成都沼气科学研究所	塔吉克斯坦、伊拉克、阿塞拜疆、津巴布韦、伊朗	四川成都、都江堰，内蒙古呼和浩特，北京	2023年8月24日至9月13日
105	培训班	发展中国家农业绿色发展与生态建设官员研修班	商务部	农业农村部成都沼气科学研究所	土耳其、尼泊尔、古巴、莱索托、智利	四川成都、都江堰、遂宁，北京	2023年8月31日至9月20日

（续表）

序号	活动类型	活动名称	中方主办单位	中方承办单位	参会国家和机构	线下地点	时间
106	培训班	摩洛哥清洁能源开发与利用研修班	商务部	农业农村部成都沼气科学研究所	摩洛哥	四川成都、都江堰，德阳，北京	2023年9月5—25日
107	培训班	发展中国家村镇污水处理技术培训班	商务部	农业农村部成都沼气科学研究所	古巴、肯尼亚、赞比亚、蒙古国、老挝	四川省成都、都江堰、绵竹、遂宁	2023年10月10—30日
108	培训班	发展中国家农村能源与环境卫生官员研修班	商务部	农业农村部成都沼气科学研究所	莱索托、乌干达、赞比亚、古巴、老挝	四川成都、都江堰、绵竹，海南三亚，北京	2023年10月12日至11月1日
109	培训班	节能减排与新能源产业发展研修班	商务部	农业农村部成都沼气科学研究所	尼日利亚、柬埔寨、巴拿马、津巴布韦、苏里南	四川成都、都江堰、绵竹，浙江杭州	2023年10月26日至11月15日
110	培训班	发展中国家新型肥料应用技术培训班	商务部	农业农村部成都沼气科学研究所	贝宁、牙买加、赞比亚、乌干达、津巴布韦	四川成都、都江堰、遂宁、眉山	2023年11月9—29日
111	国际会议	第四届国际运动发酵单胞菌学术研讨会	农业农村部沼气科学研究所		中国、英国、美国、意大利	四川成都	2023年9月15—18日

（续表）

序号	活动类型	活动名称	中方主办单位	中方承办单位	参会国家和机构	线下地点	时间
112	国际会议	精准施药技术国际学术交流	农业农村部南京农业机械化研究所	无	法国、澳大利亚、巴基斯坦	南京	2023 年 6 月 6—8 日
113	培训班	联合国粮食及农业组织亚太植物保护委员会植保无人机施药技术培训班	联合国粮食及农业组织亚太植物保护委员会秘书处	农业农村部农药检定所、中国农业科学院植物保护研究所、农业农村部南京农业机械化研究所	印度尼西亚、马来西亚、尼泊尔	南京	2023 年 8 月 24—27 日
114	国际会议	第十届国际精准农业航空会议暨第十三届精准农业与航空施药技术国际研讨会	国际精准农业航空学会、华南农业大学国家精准农业航空施药技术国际联合研究中心、山东理工大学、农业农村部南京农业机械化研究所、CIGR 精准农业航空工作委员会、韶关学院	深圳市无人机行业协会、华南农业大学	英国、法国、澳大利亚、土耳其、巴基斯坦	深圳	2023 年 7 月 1—3 日
115	国际会议	蔬菜机械化发展国际研讨会	中国蔬菜协会机械化分会	农业农村部南京农业机械化研究所、湖南农业大学、汉寿县人民政府	中国、日本、韩国	湖南汉寿	2023 年 11 月 8 日

（续表）

序号	活动类型	活动名称	中方主办单位	中方承办单位	参会国家和机构	线下地点	时间
116	国际会议	“一带一路”数字农业发展论坛	中国农业科学院烟草研究所	中国农业科学院烟草研究所	中国、俄罗斯，白俄罗斯、哈萨克斯坦、吉尔吉斯坦	山东青岛	2023年11月1日
117	国际会议	天然产物与生物合成暨烟草底盘萜烯成分生物合成研讨会	青岛市科学技术协会、青岛市生物工程学会、青岛微藻产业学会	中国农业科学院烟草研究所	中国、瑞士、德国、法国	山东青岛	2023年10月20日
118	双边会议	多尺度表型和人工智能驱动的性状分析	中国农业科学院农业基因组研究所		中国、英国	广东深圳	2023年7月12日
119	国际会议	薯类杂交育种技术主力提升小农户生产力与全球粮食安全研讨会	中国农业科学院农业基因组研究所		中国、秘鲁、卢旺达、印度、英国	海南三亚	2023年10月26—28日
120	国际会议	第二届垂直农业国际研讨会（Verti Farm 2023）	中国农业科学院都市农业研究所	成都农业科技中心	中国、美国、英国、罗马尼亚、智利	成都	2023年5月22—24日
121	培训班	东南亚林果小型作业装备适用性技术培训班	中国农业科学院都市农业研究所	成都农业科技中心	中国、老挝、越南、泰国	四川成都	2023年9月1—2日
122	培训班	澜湄国家丘陵山地轻简农业生产装备作业技术培训班	中国农业科学院都市农业研究所	四川省农业科学院遥感与数字农业研究所（成都农业遥感分中心）、金堂现代农业装备产业研究院	中国、柬埔寨、泰国、缅甸、老挝	四川成都	2023年10月24—25日

（续表）

序号	活动类型	活动名称	中方主办单位	中方承办单位	参会国家和机构	线下地点	时间
123	国际会议	中国—中亚农业科技创新与合作国际研讨会	中国农业科学院、昌吉回族自治州人民政府	中国农业科学院西部农业研究中心、棉花研究所、国家盐碱综合利用技术创新中心、农业环境与可持续发展研究所，新疆维吾尔自治区农业科学院、新疆维吾尔自治区畜牧科学院、昌吉国家农业高新技术产业示范区、新疆农业职业技术大学、昌吉科技局	中国农业科学院、塔吉克斯坦农科院、乌兹别克斯坦农业大学、西哈萨克斯坦农业技术大学、吉尔吉斯斯坦国立民族大学	新疆昌吉	2023 年 7 月 16—19 日

中国农业科学院专家2023年在国际机构、知名国际期刊兼职清单

1. 国际期刊兼职

序号	研究所	专家姓名	期刊英文名称	期刊中文名称	担任职务	任职起止时间	期刊分区
1	作科所	周美亮	*Journal of Genetics and Genomics*	遗传学与基因组学杂志	编委	2023年1月—2025年12月	SCI 二区
2		周美亮	*Journal of Integrative Agriculture*	农业科学学报	编委	2023年6月—2025年5月	SCI 二区
3		张凯旋	*Frontiers in Plant Sciences*	植物科学前沿	编委	2022年1月至今	SCI 二区
4		郝元峰	*Frontiers in Plant Science*	作物科学前沿	编委	2023年1月—2026年1月	SCI 一区
5		郝元峰	*Frontiers in Genetics*	基因学前沿	编委	2021年1月—2029年1月	SCI 二区
6		刘金栋	*Plants-Basel*	植物基础学	编委	2022年10月—2025年10月	SCI 一区
7		刘金栋	*Frontiers in Plant Science*	作物科学前沿	编委	2022年10月—2025年10月	SCI 一区
8		张　勇	*Frontiers in Plant Science*	作物科学前沿	编委	2018年10月—2028年10月	SCI 一区
9		何中虎	*Frontiers of Agricultural Science and Engineering*	农业科学与工程前沿	编委	2019年10月—2029年10月	SCI 三区
10		田文斐	*Journal of Food Processing and Preservation*	食品加工与保存	副主编	2021年9月—2024年9月	SCI 三区

（续表）

序号	研究所	专家姓名	期刊英文名称	期刊中文名称	担任职务	任职起止时间	期刊分区
11	作科所	田文斐	*Journal of Food Science*	食品科学	编委	2023 年 10 月—2026 年 10 月	SCI 三区
12		夏先春	*Theoretical and Applied Genetics*	遗传理论与应用	编委	2007 年 9 月—2025 年 9 月	SCI 一区
13		夏先春	*The Crop Journal*	作物杂志	副主编	2014 年 10 月—2024 年 9 月	SCI 一区
14		何中虎	*The Crop Journal*	作物杂志	副主编	2017 年 10 月—2027 年 9 月	SCI 一区
15		何中虎	*The Plant Genome*	植物基因组学	编委	2022 年 10 月—2025 年 10 月	SCI 一区
16		何中虎	*Molecular Breeding*	分子育种	编委	2018 年 10 月—2024 年 10 月	SCI 三区
17		张　勇	*Agronomy*	农学	编委	2022 年 10 月—2025 年 10 月	SCI 一区
18		何中虎	*Plant Production Science*	植物产量科学	编委	2016 年 10 月—2026 年 10 月	SCI 三区
19		纪志远	*Agronomy*	农业	编委	2023 年 2 月—2023 年 12 月	SCI 二区
20		纪志远	*Frontiers in Plant Science*	农业	编委	2022 年 1 月—2026 年 12 月	SCI 一区
21		纪志远	*The Crop Journal*	农业	编委	2022 年 10 月—2025 年 10 月	SCI 二区
22		纪志远	*International Journal of Molecular Sciences*	农业	编委	2022 年 9 月—2025 年 9 月	SCI 二区
23		赵开军	*Frontiers in Plant Science*	农业	副主编	2022 年 1 月—2027 年 12 月	SCI 一区
24		金秀良	*Agriculture*	农业	编委	2022 年 3 月—2025 年 12 月	SCI 一区
25		金秀良	*The Journal of Agricultural Science*	农业科学杂志	副主编	2017 年 1 月—2024 年 12 月	SCI 二区
26		金秀良	*Frontiers in Plant Science*	植物科学前沿	副主编及客座主编	2022 年 1 月—2025 年 12 月	SCI 一区
27		金秀良	*Agronomy Journal*	农艺学杂志	客座主编	2022 年 8 月—2023 年 4 月	SCI 二区
28		金秀良	*Scientific Reports*	科学报告	编委	2018 年 6 月—2025 年 12 月	SCI 二区
29		金秀良	*The Crop Journal*	作物学报	副主编	2020 年 9 月—2023 年 12 月	SCI 一区
30		金秀良	*Agronomy*	农艺学	客座主编	2022 年 7 月—2023 年 6 月	SCI 一区
31		金秀良	*Precision Agriculture*	精准农业	编委	2022 年 3 月—2025 年 12 月	SCI 一区

（续表）

序号	研究所	专家姓名	期刊英文名称	期刊中文名称	担任职务	任职起止时间	期刊分区
32	作科所	金秀良	*Remote Sensing*	遥感	客座主编	2023 年 5 月—2024 年 2 月	SCI 一区
33		金秀良	*New Phytologist*	新植物学家	咨询委员	2023 年 3 月—2026 年 3 月	SCI 一区
34		金秀良	*Phyton-International Journal of Experimental Botany*	国际实验植物杂志	编委	2023 年 4 月—2025 年 4 月	SCI 三区
35		殷大萌	*Plant Phenomics*	植物表型组学	青年编委	2023 年 5 月—2024 年 5 月	SCI 一区
36		殷大萌	*Remote Sensing*	遥感	客座主编	2022 年 4 月—2023 年 7 月	SCI 一区
37		殷大萌	*Frontiers in Plant Science*	植物科学前沿	专题协调员	2022 年 3 月—2023 年 6 月	SCI 一区
38		李少昆	*Agriculture*	农业	编委	2021 年 6 月—2025 年 12 月	SCI 一区
39		李少昆	*Journal of Integrative Agriculture*	中国农业科学英文版	执行主编	2017 年 1 月—2026 年 12 月	SCI 一区
40		侯　鹏	*Agriculture*	农业	编委	2022 年 1 月—2026 年 12 月	SCI 一区
41		侯　鹏	*Frontiers in Plant Science*	植物科学前沿	客座主编	2023 年 3 月—2023 年 12 月	SCI 一区
42		侯　鹏	*Agronomy*	农学	客座主编	2023 年 2 月—2023 年 12 月	SCI 一区
43		侯　鹏	*Crop Science*	作物科学	副主编	2022 年 1 月—2024 年 12 月	SCI 一区
44		侯　鹏	*Frontiers in Plant Science*	植物科学前沿	副主编	2022 年 3 月—2027 年 3 月	SCI 一区
45		侯　鹏	*Scientific Data*	科学数据	编委	2023 年 3 月—2028 年 3 月	SCI 一区
46		侯　鹏	*Journal of Agronomy and Crop Science*	农学与作物科学杂志	编委	2023 年 3 月—2028 年 3 月	SCI 一区
47		侯　鹏	*Scientific Reports*	科学报告	编委	2019 年 6 月—2025 年 6 月	SCI 一区
48		侯　鹏	*Agriculture*	农业	客座主编	2023 年 7 月—2024 年 1 月	SCI 一区
49		谢瑞芝	*Agriculture*	农业	编委	2022 年 1 月—2026 年 12 月	SCI 一区
50		明　博	*Journal of Integrative Agriculture*	中国农业科学英文版	青年编委	2023 年 6 月—2025 年 5 月	SCI 一区
51		明　博	*Sustainability*	可持续发展	客座主编	2021 年 1 月—2023 年 11 月	SCI 二区
52		张国强	*Agronomy*	农学	客座主编	2023 年 2 月—2023 年 12 月	SCI 一区
53		李学勇	*Frontiers in Plant Science*	植物科学前沿	客座副主编	2022 年 6 月—2023 年 8 月	SCI 一区

（续表）

序号	研究所	专家姓名	期刊英文名称	期刊中文名称	担任职务	任职起止时间	期刊分区
54	作科所	万建民	*The Crop Journal*	作物学报	主编	2017年1月起，长期	SCI 一区
55		万建民	*Journal of Integrative Agriculture*	农业科学学报	编委	2016年1月起，长期	SCI 一区
56		程治军	*International Journal of molecular Sciences*	国际分子科学杂志	编委	2022年1月—2023年12月	SCI 二区
57		任玉龙	*Agronomy*	农学	编委	2022年12月—2027年11月	SCI 二区
58		任玉龙	*Frontiers in plant science*	植物科学前沿	编委	2022年4月—2027年4月	SCI 二区
59		万建民	*Rice Science*	水稻科学	副主编及客座编委	2013年1月起，长期	SCI 二区
60		任玉龙	*Frontiers in genetics*	遗传学前沿	编委	2021年2月—2025年2月	SCI 三区
61		张卫建	*The Crop Journal*	作物学报	副主编	2010年1月至今	JCR 一区
62		宋振伟	*Agronomy*	农学	专刊主编	2022年11月—2024年11月	JCR 一区
63		张卫建	*Crop and Environment*	作物与环境	编委	2020年6月至今	
64		张　俊	*International Journal of Molecular Sciences*	国际分子科学杂志	客座编辑	2024年6月	JCR 一区
65		孙君明	*Plants*	植物	客座主编	2023年5月—2024年5月	SCI 一区
66		孙君明	*Agronomy*	农学	客座主编	2022年11月—2024年3月	SCI 一区
67		徐云碧	*in silico Plants*	硅中植物	编委	2019年1月起，长期	SCI 三区
68		徐云碧	CropDesigh	作物设计	编委	2021年1月起，长期	SCI 三区
69		徐云碧	*Theoretical and Applied Genetics*	理论与应用遗传学	编委	2007年1月起，长期	SCI 一区
70		徐云碧	*The Crop Journal*	作物学报	执行主编	2020年1月起，长期	SCI 一区
71		徐云碧	*Agriculture Communications*	农业通信	编委	2022年12月起，长期	新创
72		李文学	*The Crop Journal*	作物学报	编委	2022年1月—2023年12月	SCI 一区
73		夏兰琴	*Journal of Integrative Plant Biology*	植物学报	编委	2020年9月—2025年9月	SCI 一区

（续表）

序号	研究所	专家姓名	期刊英文名称	期刊中文名称	担任职务	任职起止时间	期刊分区
74	作科所	夏兰琴	*Journal of Integrative Agriculture*	农业科学学报	编委	2022 年 1 月—2026 年 12 月	SCI 一区
75		夏兰琴	*aBiotech*	生物技术通报	高级编委	2023 年 5 月—2026 年 4 月	SCI 一区
76		杨　平	*Crop Science*	作物科学	编委	2023 年 1 月—2025 年 12 月	JCR 一区
77		杨　平	*Frontiers in Plant Science*	植物科学前沿	编委	2022 年 6 月至今	JCR 一区
78		杨　平	*Frontiers in Microbiology*	微生物学前沿	编委	2020 年 9 月至今	JCR 一区
79		乔卫华	*Frontiers in Plant Science*	农业	编委	2021 年 1 月起，长期	SCI 一区
80		乔卫华	*Agronomy*	农业	编委	2022 年 1 月起，长期	SCI 一区
81		郑晓明	*Rice*	水稻科学	编委	2023 年 8 月起，长期	JCR 一区
82		郑晓明	*New Crops*	新型作物	编委	2023 年 8 月起，长期	SCI 一区
83		童红宁	*Crop Journal*	作物学报	编委	2021 年 1 月—2023 年 12 月	SCI 一区
84		童红宁	*Frontiers in plant science*	植物科学前沿	客座编辑	2022 年 7 月—2027 年 12 月	SCI 二区
85		童红宁	*Scientific reports*	科学报告	编委	2022 年 1 月—2032 年 12 月	SCI 三区
86		童红宁	*Journal of Genetics and Genomics*	遗传学报	青年编委	2023 年 3 月—2028 年 12 月	SCI 二区
87		童红宁	*New Crops*	新作物	编委	2023 年 7 月—2028 年 12 月	新办
88		尹广鹍	*Plants*	植物	副主编及客座主编	2023 年 1 月—2023 年 8 月	SCI 一区
89		陈晓玲	*Horticulturae*	园艺	副主编及客座主编	2022 年 11 月—2023 年 11 月	SCI 一区
90		张金梅	*Horticulturae*	园艺	副主编及客座主编	2022 年 11 月—2023 年 11 月	SCI 一区
91		王建康	*The Crop Journal*	作物学报	副主编	2013 年 1 月起，长期	SCI 一区

（续表）

序号	研究所	专家姓名	期刊英文名称	期刊中文名称	担任职务	任职起止时间	期刊分区
92	作科所	王建康	*Theor Appl Genet*	基因学理论	编委	2015年1月起，长期	SCI 一区
93		王建康	*Euphytica*	绿藻	编委	2017年1月起，长期	SCI 二区
94		王建康	*Plants*	植物学	客座编委	2022年1月起，长期	SCI 一区
95		张鲁燕	*Plants*	植物学	客座编委	2022年1月起，长期	SCI 一区
96		李慧慧	*Frontier in Plant Science*	植物科学前沿	主编	2022年1月—2026年1月	SCI 二区
97		李慧慧	*Theoretical and Applied Genetics*	理论与应用遗传学	编委	2020年1月—2026年1月	SCI 一区
98		李慧慧	*Journal of Integrative Agriculture*	综合农业杂志	编委	2022年1月—2026年1月	SCI 一区
99		李慧慧	*aBIOTECH*		编委	2023年1月—2027年1月	新办
100		李慧慧	*The Crop Journal*	作物杂志	编委	2022年1月—2026年1月	SCI 一区
101		张晓玫	*Froniters in plant science*	植物科学前沿	评审编辑	2021年6月起，长期	SCI 一区
102		徐兆师	*Plants*	植物	编委	2021年5月—2026年5月	SCI 二区
103		徐兆师	*International Journal of Molecular Sciences*	国际分子生物学杂志	客座编辑	2021年3月—2024年9月	SCI Top
104		徐兆师	*Genes*	基因	客座编辑	2023年9月—2025年8月	SCI 二区
105		陈　明	*Agriculture*	农业	编委	2022年3月—2032年3月	SCI 一区
106		陈　明	*Journal of Integrative Agriculture*	农业	编委	2022年1月—2026年12月	SCI 一区
107		刘春明	*Frontiers in Plant Science*	植物科学前沿	主编	2022年1月—2027年12月	SCI 一区
108		刘春明	*The Crop Journal*	作物杂志	编委	2017年1月—2028年9月	SCI 一区
109		刘春明	*Food and energy security*		副主编	2010年1月—2025年12月	SCI 二区
110		毛　龙	*Journal of Integrative Plant Biology*	植物学报	编委	2022年1月—2023年12月	SCI 一区
111		毛　龙	*Genomics, Proteomics & Bioinformatics*	基因组学、蛋白质组学和生物信息学	编委	2023年1—12月	SCI 一区

（续表）

序号	研究所	专家姓名	期刊英文名称	期刊中文名称	担任职务	任职起止时间	期刊分区
112	作科所	毛　龙	*Crop Journal*	作物学报	副主编及客座主编	2023 年 1—12 月	SCI 一区
113		毛　龙	*ACS Agricultural Science and Technology*	ACS 农业科技	编委	2023 年 1—12 月	SCI 三区
114		毛　龙	*The Plant Genome*	植物基因组	编委	2023 年 1—12 月	SCI 一区
115		邱丽娟	*Plant Genome*	植物基因组	编委	2022 年 1 月—2023 年 12 月	SCI 一区
116		邱丽娟	*The Crop Journal*	作物学报	编委	2021 年 1 月—2023 年 12 月	SCI 一区
117		李英慧	*Agriculture*	农业	编委	2021 年 9 月—2026 年 9 月	SCI 一区
118		李英慧	*International Journal of Molecular Science*	国际分子科学	专题咨询小组成员/客座主编	2021 年 10 月—2023 年 10 月	SCI 一区
119		李英慧	*Plants*	植物	客座编委	2023 年 5 月—2023 年 12 月	SCI 一区
120		李英慧	*AIMS Agriculture and Food*	AIMS 农业和食品	编委	2022 年 10 月—2027 年 10 月	SCI 二区
121		张立超	*Frontiers in Plant Science*	植物科学前沿	编委	2021 年 5 月—2026 年 5 月	SCI 一区
122		张立超	*Agronomy*	农业	编委	2023 年 1 月—2024 年 2 月	SCI 二区
123		王文生	*Frontiers in Plant Science*	植物科学前沿	副主编及客座主编	2022 年 5 月—2027 年 4 月	SCI 一区
124		王文生	*Agriculture*	农业	编委	2022 年 5 月—2027 年 4 月	SCI 一区
125		徐建龙	*The Crop Journal*	作物杂志	责任编辑	2013 年 9 月至今	SCI 一区
126		徐建龙	*Frontiers in Plant Science*	植物科学前沿	植物育种领域副主编	2022 年 5 月—2027 年 4 月	SCI 一区
127		徐建龙	*Biology*	生物学	编委	2022 年 5 月—2027 年 4 月	SCI 二区
128		傅彬英	*Frontiers in Plant Science*	植物科学前沿	副主编	2022 年 1 月—2024 年 12 月	
129		傅彬英	*BMC Plant Biology*	BMC 植物学	编委	2021 年 1 月—2024 年 12 月	SCI 一区
130		傅彬英	*PLoS ONE*	美国科学公共图书馆	编委	2016 年 1 月—2024 年 12 月	SCI 二区

（续表）

序号	研究所	专家姓名	期刊英文名称	期刊中文名称	担任职务	任职起止时间	期刊分区
131	作科所	赵秀琴	*International Journal of Molecular Sciences*	国际分子科学杂志	客座编辑	2023 年 2 月—2024 年 2 月	SCI 一区
132		张　帆	*Ineternational Journal of Molecular Sciences*	国际分子科学杂志	客座编辑	2023 年 2 月—2024 年 2 月	JCR 一区
133		张　帆	*Ineternational Journal of Molecular Sciences*	国际分子科学杂志	编委	2023 年 2 月—2025 年 2 月	JCR 一区
134		郑天清	*Frontiers in Plant Science*	植物科学前沿	编委	2022 年起，长期	SCI 一区
135		郑天清	*Frontiers in Genetics. Statistical Genetics and Methodology*	遗传学前沿．统计遗传学和方法学	编委	2022 年起，长期	SCI 一区
136		付俊杰	*Agriculture*	农业	编委	2022 年 3 月至今	SCI 一区
137		付俊杰	*Frontiers in Plant Science*	植物科学前沿	编委	2022 年 3 月至今	SCI 一区
138		付俊杰	*Frontiers in Genetics*	遗传学前沿	编委	2011 年 2 月至今	SCI 一区
139		张红伟	*Frontiers in Plant Science*	植物科学前沿	编委	2022 年 9 月至今	SCI 一区
140		张红伟	*Agronomy*	农学	客座主编	2022 年 6 月至今	SCI 一区
141		景蕊莲	*Frontiers in Plant Science*	植物科学前沿	编委	2021 年 1 月—2025 年 12 月	SCI 二区
142		景蕊莲	*Scientific Reports*	科学报告	编委	2021 年 1 月—2025 年 12 月	SCI 三区
143	植保所	曹坳程	*Agriculture*	农业科学	编委	2021 年 1 月至今	SCI 三区
144		陈华民	*Frontiers in Plant Science*	植物科学前沿	编委	2021 年 1 月—2023 年 1 月	SCI 二区
145		陈华民	*Crop Protection*	作物保护	副主编	2020 年 12 月—2024 年 12 月	SCI 二区
146		陈捷胤	*Journal of Phytopathology*	植物病理学学报	编委	2021 年 1 月至今	SCI 一区
147		陈捷胤	*Phytopathology*	植物病理学	编委	2021 年 1 月至今	SCI 一区
148		陈捷胤	*Frontiers in Plant Science*	植物科学前沿	编委	2022 年 1 月至今	SCI 一区
149		陈捷胤	*Frontiers in Fungal Biology*	真菌生物学前沿	编委	2022 年 1 月至今	SCI 一区
150		孔志强	*Agrochemicals*	农用化学品	编委	2022 年 10 月至今	SCI 三区
151		陈巨莲	*Plants-Basel*	植物—巴塞尔	客座主编	2022 年 3 月至今	SCI 一区

（续表）

序号	研究所	专家姓名	期刊英文名称	期刊中文名称	担任职务	任职起止时间	期刊分区
152	植保所	陈巨莲	*Frontiers in Plant Science*	植物科学前沿	客座主编	2022年7月至今	SCI 一区
153		陈巨莲	*Frontiers in Plant Pathogen Interactions*	植物与病原互作前沿	客座副主编	2022年4月至今	SCI 一区
154		陈巨莲	*Frontiers in Sustainable and Intelligent Phytoprotection*	可持续和智能植物保护前沿	客座副主编	2022年5月至今	SCI 一区
155		陈巨莲	*Frontiers in Invertebrate Physiology*	无脊椎动物生理学前沿	编委	2022年6月至今	SCI 一区
156		陈巨莲	*Frontiers in Ecology and Evolution*	生态学与进化前沿	编委	2022年6月至今	SCI 一区
157		张　勇	*Plants-Basel*	植物—巴塞尔	客座主编	2022年3月至今	SCI 一区
158		范　佳	*Frontiers in Phisology*	生理学前沿	编委及客座主编	2021年1月至今	SCI 一区
159		高　利	*BMC Microbiology*	BMC 微生物学	编委	2020年1月至今	SCI 三区
160		高　利	*BMC Plant Biology*	BMC 植物生物学	编委	2021年5月至今	SCI 一区
161		高　利	*Frontiers in Plant Science*	植物科学前沿	编委	2021年1月至今	SCI 三区
162		高玉林	*Entomologia Generalis*	普通昆虫学	编委	2021年1月—2026年1月	SCI 一区
163		高玉林	*Journal of Pest Science*	害虫科学学报	副主编及客座主编	2021年1月—2026年12月	SCI 一区
164		高玉林	*Pest Management Science*	害虫管理科学	执行主编	2018年6月—2025年6月	SCI 一区
165		高玉林	*Insects*	昆虫	编委	2023年1月—2026年1月	SCI 一区
166		高玉林	*Journal of Economic Entomology*	经济昆虫学报	编委	2019年5月—2025年5月	SCI 二区
167		高玉林	*Environmental Entomology*	环境昆虫学	编委	2019年8月—2025年8月	SCI 二区
168		高玉林	*Journal of Applied Entomology*	应用昆虫学报	编委	2022年10月—2025年10月	SCI 二区
169		高玉林	*Entomologia Experimentalis et Applicata*	昆虫学实验与应用	编委	2023年1月—2026年1月	SCI 二区

（续表）

序号	研究所	专家姓名	期刊英文名称	期刊中文名称	担任职务	任职起止时间	期刊分区
170	植保所	高玉林	*Journal of Asia-Pacific Entomology*	亚太昆虫学杂志	副主编	2023年1月—2026年1月	SCI 二区
171		高玉林	*International Journal of Pest Management*	害虫管理国际期刊	编委	2022年12月—2025年12月	SCI 二区
172		高玉林	*Arthropod-Plant Interactions*	节肢动物与植物互作	编委	2023年1月—2026年1月	SCI 二区
173		高玉林	*BiocontrolSciecne and Technology*	生物防治科学与技术	编委	2022年10月—2025年10月	SCI 二区
174		高玉林	*International Journal of Tropical Insect Science*	国际热带昆虫科学杂志	副主编	2022年12月—2025年12月	SCI 三区
175		郭立华	*Frontiers in Microbiology*	微生物学前沿	编委	2021年1月至今	SCI 一区
176		何康来	*Scientific Reports*	科学报告	副主编及客座主编	2021年1月至今	SCI 一区
177		侯茂林	*Biocontrol*	生物防治	编委	2019年8月至今	SCI 三区
178		黄文坤	*Physiological and Molecular Plant Pathology*	生理和分子植物病理学	编委	2021年1月至今	SCI 一区
179		黄文坤	*Pesticide Biochemistry and Physiology*	农药生物化学和生理学	编委	2021年1月至今	SCI 一区
180		黄文坤	*BMC Plant Biology*	BMC 植物生物学	编委	2021年1月至今	SCI 一区
181		江幸福	*Plant Protection News*	植物保护新闻	编委	2021年1月至今	SCI 一区
182		江幸福	*Insects*	昆虫	客座主编	2022年1月至今	SCI 三区
183		康厚祥	*Frontiers in Microbiology*	微生物学前沿	编委	2021年1月至今	SCI 二区
184		康厚祥	*Frontiers in Plant Science*	植物科学前沿	编委	2022年10月至今	SCI 二区
185		李方方	*Frontiers in Plant Science*	植物科学前沿	编委	2021年1月至今	SCI 一区
186		李方方	*Frontiers in Genome Editing*	基因组编辑前沿	编委	2020年12月至今	SCI 三区
187		李方方	*Frontiers in Microbiology*	微生物学前沿	编委	2019年1月至今	SCI 三区

（续表）

序号	研究所	专家姓名	期刊英文名称	期刊中文名称	担任职务	任职起止时间	期刊分区
188	植保所	李世访	*Canadian Journal of Plant Pathology*	加拿大植物病理学报	编委	2021 年 1 月—2023 年 12 月	SCI 三区
189		李世访	*Virology Journal*	病毒学学报	编委	2021 年 1 月至今	SCI 一区
190		李云河	*Plants-Basel*	植物—巴塞尔	编委	2015 年 1 月至今	SCI 三区
191		李云河	*Journal of Integrative Agriculture*	中国农业科学	编委	2022 年 1 月—2026 年 12 月	SCI 二区
192		刘世名	*Plants*	植物	编委	2021 年 1 月至今	SCI 一区
193		刘万学	*Insects*	昆虫	编委	2021 年 1 月至今	SCI 一区
194		刘文德	*Bio-Protocol*	生物协议	编委	2021 年 1 月至今	SCI 一区
195		刘文德	*aBIOTECH*	农业生物技术	编委	2021 年 1 月至今	SCI 二区
196		刘文德	*Advances in Crop Science and Technology*	作物科学与技术进展	副主编及客座主编	2021 年 1 月至今	SCI 二区
197		刘文文	*Frontiers in Microbiology*	微生物学前沿	副主编及客座主编	2021 年 1 月至今	SCI 一区
198		刘新刚	Agriculture-Basel	农业—巴塞尔	副主编及客座主编	2021 年 1 月至今	SCI 二区
199		刘新刚	*Moleculars-Special Issue*	分子—专刊	副主编及客座主编	2021 年 1 月—2023 年 12 月	SCI 二区
200		马春森	*Current Research in Insect Science*	昆虫科学研究现状	编委	2020 年 1 月—2023 年 12 月	SCI 一区
201		马春森	*PLOS Climate*	美国科学公共图书馆：气候	编委	2016 年 1 月—2023 年 12 月	SCI 三区
202		马春森	*Frontiers in Ecology and Evolution*	生态学与进化前沿	副主编	2022 年 1 月至今	SCI 三区
203		马春森	*Biology*	生物学	编委	2022 年 1 月至今	SCI 一区
204		马　罡	*Frontiers in Ecology and Evolution*	生态学与进化前沿	编委	2022 年 1 月至今	SCI 三区

（续表）

序号	研究所	专家姓名	期刊英文名称	期刊中文名称	担任职务	任职起止时间	期刊分区
205	植保所	马　罡	*Biology*	生物学	客座主编	2022年1月至今	SCI 一区
206		毛连纲	*Frontiers in Environmental Science - Special Issue*	环境科学前沿—专刊	编委	2013年1月至今	SCI 二区
207		毛连纲	*Frontiers in Environmental Science*	环境科学前沿	编委	2015年1月至今	SCI 一区
208		毛连纲	*Applied Sciences-Basel-Special Issue*	应用科学—巴塞尔—专刊	编委	2020年1月至今	SCI 一区
209		宁约瑟	*Frontiers in Physiology*	生理学前沿	编委	2021年1月至今	SCI 二区
210		宁约瑟	*Frontiers in Plant Science*	植物科学前沿	编委	2021年1月至今	SCI 二区
211		彭　焕	*Molecular Biology Reports*	分子生物学报告	编委	2015年1月至今	SCI 一区
212		王桂荣	*Frontiers in Plant Science*	植物科学前沿	编委	2013年1月至今	SCI 二区
213		王桂荣	*Journal of Integrative Agriculture*	中国农业科学	副主编及客座主编	2012年1月至今	SCI 一区
214		王桂荣	*Frontiers in Ecology and Evolution*	生态学与进化前沿	编委	2021年1月至今	SCI 三区
215		王桂荣	*Scientific Reports*	科学报告	编委	2021年1月—2023年12月	SCI 一区
216		王锡锋	*JoVE - Journal of Visualized Experiments*	可视化实验学报	编委	2020年1月至今	SCI 三区
217		王锡锋	*Viruses-Basel*	病毒—巴塞尔	编委	2020年1月至今	SCI 二区
218		王锡锋	*Frontiers in Microbiology*	微生物学前沿	编委	2020年1月至今	SCI 二区
219		刘文德	*PLoS Genetics*	美国科学公共图书馆：遗传学	副主编及客座主编	2022年10月至今	SCI 一区
220		王锡锋	*Plant Pathology Journal*	植物病理学报	副主编及客座主编	2020年1月至今	SCI 三区
221		王锡锋	*Scientific Reports*	科学报告	编委	2018年1月至今	SCI 三区

（续表）

序号	研究所	专家姓名	期刊英文名称	期刊中文名称	担任职务	任职起止时间	期刊分区
222	植保所	王振营	*Insects*	昆虫	编委	2016 年 1 月至今	SCI 三区
223		吴蓓蕾	*Agricultural Research & Technology*	农业研究与技术	编委	2020 年 1 月至今	SCI 三区
224		吴孔明	*aBIOTECH*	农业生物技术	编委	2019 年 1 月—2024 年 12 月	SCI 三区
225		吴孔明	*Frontiers of Agricultural Science and Engineering*	农业科学与工程前沿	编委	2013 年 1 月—2024 年 12 月	SCI 三区
226		吴孔明	*Journal of Cotton Research*	棉花研究学报	编委	2019 年 1 月—2024 年 12 月	SCI 二区
227		吴孔明	*Entomologia Generalis*	普通昆虫学	副主编及客座主编	2018 年 1 月—2024 年 12 月	SCI 一区
228		吴孔明	*Entomologia Experimentalis et Applicata*	昆虫学实验与应用	编委	2019 年 1 月—2024 年 12 月	SCI 三区
229		吴孔明	*Journal of Integrative Agriculture*	中国农业科学	主编	2019 年 1 月—2024 年 12 月	SCI 二区
230		徐学农	*Systematic and Applied Acarology*	系统与应用蜱螨学	编委	2016 年 1 月至今	SCI 三区
231		杨斌	*Frontiers in Physiology*	生理学前沿	编委	2017 年 1 月至今	SCI 一区
232		杨凤环	*Frontiers in Plant Science*	植物科学前沿	编委	2020 年 1 月至今	SCI 三区
233		杨念婉	*CABI Agriculture and Bioscience*	CABI 农业和生物科学	编委	2020 年 1 月至今	SCI 一区
234		杨念婉	*Frontiers in Molecular Biosciences*	分子生物科学前沿	编委	2018 年 1 月—2023 年 1 月	SCI 三区
235		杨念婉	*Frontiers in Genetics*	遗传学前沿	编委	2018 年 1 月至今	SCI 三区
236		杨　青	*Current Pharmaceutical Design*	当前药物设计	编委	2018 年 1 月至今	SCI 三区
237		杨　青	*Biofuels, Bioproducts and Biorefining*	生物燃料、生物制品和生物精炼	编委	2013 年 1 月至今	SCI 三区

（续表）

序号	研究所	专家姓名	期刊英文名称	期刊中文名称	担任职务	任职起止时间	期刊分区
238	植保所	杨晓伟	*Frontiers in Plant Science*	植物科学前沿	编委	2018 年 1 月—2022 年 12 月	SCI 一区
239		杨秀玲	*Frontiers in Plant Science*	植物科学前沿	编委	2016 年 1 月至今	SCI 三区
240		杨秀玲	*Frontiers in Genome Editing*	基因组编辑前沿	编委	2004 年 1 月至今	SCI 三区
241		杨秀玲	*Frontiers in Microbiology*	微生物学前沿	编委	2020 年 1 月至今	SCI 三区
242		战斌慧	*Frontiers in Microbiology*	微生物学前沿	编委	2017 年 1 月至今	SCI 一区
243		张　昊	*Tropical Plant Pathology*	热带植物病理学	编委	2020 年 1 月至今	SCI 一区
244		张　昊	*World Mycotoxin Journal*	世界真菌毒素学报	编委	2020 年 9 月至今	SCI 二区
245		张　杰	*Scientific Reports*	科学报告	编委	2020 年 8 月至今	SCI 一区
246		张　杰	*Archives of Insect Biochemistry and Physiology*	昆虫生物化学和生理学档案	编委	2020 年 12 月至今	SCI 二区
247		张　兰	*Insects*	昆虫	编委	2017 年 1 月至今	SCI 二区
248		张　兰	*Agriculture-Basel*	农业—巴塞尔	编委	2017 年 1 月至今	SCI 二区
249		张　兰	*Agriculture-Basel-Special Issue*	农业—巴塞尔—专刊	编委	2020 年 1 月至今	SCI 一区
250		张礼生	*Frontiers in Physiology*	生理学前沿	编委	2017 年 1 月至今	SCI 一区
251		张礼生	*Agronomy-Basel*	农学	编委	2022 年 4 月—2026 年 12 月	SCI 一区
252		张天涛	*Frontiers in Physiology*	生理学前沿	编委	2020 年 1 月至今	SCI 二区
253		张志想	*Frontiers in Microbiology*	微生物学前沿	副主编及客座主编	2020 年 1 月至今	SCI 一区
254		郑永权	*Journal of Integrative Agriculture*	中国农业科学	主编	2018 年 1 月至今	SCI 二区
255		周焕斌	*Frontiers in Genome Editing*	基因组编辑前沿	副主编及客座主编	2020 年 1 月至今	SCI 三区
256		周焕斌	*BMC Plant Biology*	BMC 植物生物学	副主编及客座主编	2015 年 1 月至今	SCI 三区
257		周雪平	*Fundamental Research*	基础研究	编委	2010 年 1 月至今	SCI 二区
258		周雪平	*Frontiers in Microbiology*	微生物学前沿	编委	2020 年 1 月至今	SCI 一区

（续表）

序号	研究所	专家姓名	期刊英文名称	期刊中文名称	担任职务	任职起止时间	期刊分区
259	植保所	周雪平	*Stress Biology*	应激生物学	编委	2018 年 1 月至今	SCI 一区
260		周雪平	*Phytopathology Research*	植物病理学研究	编委	2016 年 1 月至今	SCI 一区
261		周雪平	*Journal of Cotton Research*	棉花研究学报	编委	2016 年 1 月至今	SCI 一区
262		周雪平	*Virology*	病毒	编委	2017 年 1 月至今	SCI 一区
263		周雪平	*Science China-Life Sciences*	科学中国—生命科学	编委	2020 年 1 月至今	SCI 二区
264		周雪平	*Plant Protection Science*	植物保护科学	编委	2020 年 1 月—2024 年 12 月	SCI 二区
265		周雪平	*Journal of Zhejiang University Science B*	浙江大学学报：科学 B	编委	2020 年 1 月—2024 年 12 月	SCI 二区
266		周雪平	*Journal of Integrative Agriculture*	中国农业科学	编委	2020 年 1 月—2024 年 12 月	SCI 一区
267		周益林	*Plant Pathology*	植物病理学	编委	2017 年 3 月至今	SCI 一区
268		朱　勋	*Agriculture*	农业	编委	2019 年 1 月—2023 年 12 月	SCI 二区
269		陆宴辉	*Plants*	植物	编委	2022 年 2 月至今	SCI 二区
270		李远播	*Environmental Toxicology and Chemistry*	环境毒理与化学	副主编	2022 年 3 月至今	SCI 二区
271		高　利	*Microbiology Spectrum*	微生物学光谱	编委	2022 年 11 月至今	SCI 一区
272		高　利	*Biology*	生物学	编委、咨询委员会委员	2022 年 1 月至今	SCI 一区
273		李　园	*Agriculture*	农业科学	编委	2022 年 10 月至今	SCI 三区
274		吴蓓蕾	*Frontiers in Microbiology*	微生物学前沿	客座副主编	2021 年 1 月至今	SCI 一区
275		王秋霞	*Applied Sciences*	应用科学杂志	编委	2022 年 4 月至今	SCI 三区
276		张毅波	*Entomologia Generalis*	普通昆虫学	客座主编	2022 年 6 月—2023 年 12 月	SCI 一区
277		张毅波	*Insects*	昆虫学	客座主编	2022 年 1 月—2023 年 12 月	SCI 一区
278		张毅波	*Frontiers in Phisology*	生理学前言	编委	2022 年 1 月—2025 年 12 月	SCI 一区
279		张毅波	*PLoS Climate*	美国科学公共图书馆：气候	编委	2022 年 1 月—2025 年 12 月	SCI 三区

（续表）

序号	研究所	专家姓名	期刊英文名称	期刊中文名称	担任职务	任职起止时间	期刊分区
280	植保所	谭晓玲	*Entomologia Generalis*	普通昆虫学	编委	2023年8月至今	SCI 一区
281		谭晓玲	*Agronomy*	农学	客座副主编	2022年9月—2024年3月	SCI 二区
282		李珊珊	*Biology*	生物学	编委	2022年3月至今	SCI 一区
283		李珊珊	*Frontiers in Microbiology*	微生物学前沿	编委	2022年6月至今	SCI 一区
284		葛蓓孛	*Microorganisms*	微生物	客座主编	2022—2023年	SCI 二区
285	蔬菜所	张友军	*Entomologia Generalis*	普通昆虫学	副主编	2021年3月至今	JCR 一区
286		张友军	*Pest Management Science*	害虫管理科学	副主编	2021年9月至今	JCR 一区
287		郭兆将	*Frontiers in Insect Scinence*	昆虫科学前沿	编委	2021年1月至今	JCR 一区
288		王少丽	*Entomologia Experimentalis et Applicata*	实验与应用昆虫学	编委	2021年10月至今	无
289		谢　文	*Frontiers in Physiology*	生理学前沿	编委	2021年7月至今	JCR 一区
290		阳文龙	*Agronomy*	农学	客座编辑	2022— 2024年	SCI 二区
291		王海平	*Journal of Clinical Nutrition and Food Science*	临床营养与食品科学	编委会成员	2019年至今	SCI
292		茆振川	*Plants*	植物	客座编辑	2023年3月—2024年3月	SCI
293		赵建龙	*Plants*	植物	客座编辑	2023年3月—2024年3月	SCI
294		李　彦	*Frontiers in Microbiology*	微生物学前言	客座主编	2022年12月—2023年12月	SCI
295		王晓武	*Horticultural Plant Journal*	园艺植物学报	主编	至2025年12月	SCI 一区
296		王晓武	*Horticulture Research*	园艺研究	副主编	至2022年12月	SCI 一区
297		王晓武	*Frontiers in Plant Science. Plant Development and EvoDevo*	植物科学前沿（植物发育与演化）	副主编	至2024年12月	SCI
298		王晓武	*Frontiers in Plant Science. Plant Genetics and Genomics*	植物科学前沿（植物遗传与基因组）	客座主编	至2024年12月	SCI
299		王晓武	*Journal of Intergrative Agriculture*	综合农业学报	编委	至2026年12月	SCI

（续表）

序号	研究所	专家姓名	期刊英文名称	期刊中文名称	担任职务	任职起止时间	期刊分区
300	蔬菜所	王晓武	*Horticulturae*	园艺学	副编委	至 2024 年 12 月	SCI
301		王晓武	*Plants*	植物	客座主编	至 2024 年 12 月	SCI
302		武　剑	*Horticulturae*	园艺学	编委	至 2024 年 12 月	SCI
303		武　剑	*Horticulturae*	园艺学	客座主编	至 2024 年 12 月	SCI
304		武　剑	*Frontiers in Plant Science. Plant Development and EvoDevo*	植物科学前沿（植物发育与演化）	编委	至 2024 年 12 月	SCI
305		武　剑	*Genes*	基因	客座主编	至 2024 年 2 月	SCI
306		蔡　旭	*Horticulturae*	园艺学	客座主编	至 2024 年 12 月	SCI
307		杨学勇	*Horticultural Plant Journal*	园艺学报英文刊	编委	2021 年 12 月—2025 年 12 月	SCI 一区
308		杨学勇	*Journal of Integrative Agriculture*	中国农业科学英文刊	编委	2022 年 1 月—2026 年 12 月	SCI 一区
309		杨学勇	*Frontiers in Plant Science*	植物科学前沿	编委	2022 年 1 月至今	SCI 一区
310		杨学勇	*Plants*	植物	客座编委	2021 年 8 月至今	SCI 二区
311		孙进京	*Journal of Integrative Agriculture*	中国农业科学英文刊	编委	2023 年 1 月—2027 年 12 月	SCI 一区
312		张扬勇	*Horticulturae*	园艺	客座编辑	2023 年 1—10 月	SCI
313		张扬勇	*Plants*	植物	客座编辑	2022 年 1 月—2023 年 1 月	SCI
314		张扬勇	*International Journal of Molecular Sciences*	国际分子科学杂志	客座编辑	2023 年 1 月—2024 年 1 月	SCI
315		韩风庆	*Horticulturae*	园艺	客座编辑	2023 年 1—10 月	SCI
316		王　勇	*Horticulturae*	园艺	客座编辑	2023 年 1—10 月	SCI
317		吕红豪	*Frontiers in Plant Science*	植物科学前沿	副主编	2022 年 5 月至今	SCI
318		吕红豪	*Horticulturae*	园艺	编委	2019 年 9 月至今	SCI
319		李占省	*Frontiers in Plant Science*	植物科学前沿	客座编委	2020 年 12 月至今	SCI
320		李占省	*Applied Sciences*	应用科学	客座编委	2021 年 10 月—2024 年 7 月	SCI
321		程　锋	*Molecular Breeding*	分子育种	编委	2018 年 9 月—2023 年 9 月	SCI 一区

（续表）

序号	研究所	专家姓名	期刊英文名称	期刊中文名称	担任职务	任职起止时间	期刊分区
322	蔬菜所	程　锋	*Horticultural Plant Journal*	园艺植物期刊	编委	2019 年 5 月—2024 年 5 月	SCI 一区
323	蔬菜所	程　锋	*Journal of Integrative Agriculture*	综合农业期刊	客座编委	2020 年 9 月—2025 年 9 月	SCI 一区
324	蔬菜所	程　锋	*Frontiers in Plant Biology*	植物科学前沿	编委	2021 年 5 月—2026 年 5 月	SCI 二区
325	蔬菜所	程　锋	*Vegetable Research*	蔬菜研究	编委	2021 年 6 月—2026 年 6 月	SCI 二区
326	蔬菜所	程　锋	*Plants*	植物	客座编委	2021 年 11 月—2026 年 11 月	SCI 二区
327	蔬菜所	刘广洋	*Frontiers in Nutrition*	营养前沿	编委	2022 年 1 月—2025 年 1 月	SCI 一区
328	蔬菜所	刘广洋	*Foods*	食品	编委	2022 年 1 月—2025 年 1 月	SCI 二区
329	蔬菜所	刘广洋	*Food Innovation and Advances*	食品创新与进展	青年编委	2023 年 1 月—2024 年 1 月	SCI 一区
330	蔬菜所	陈　鸽	*Frontiers in Nutrition*	营养前沿	编委	2022 年 1 月—2025 年 1 月	无
331	蔬菜所	钱　伟	*Genes*	基因	客座编辑	2023 年 3 月—2024 年 2 月	SCI 二区
332	蔬菜所	折红兵	*Genes*	基因	客座编辑	2023 年 3 月—2024 年 2 月	SCI 二区
333	蔬菜所	董邵云	*Agriculture*	农学	编辑	2023 年 3—9 月	SCI，JCR 一区
334	蔬菜所	李衍素	*Horticulturae*	园艺	客座编辑	2023 年 3 月—2024 年 4 月	中科院三区
335	蔬菜所	张　慧	*Genes*	基因	客座编辑	2023 年 1 月—2024 年 2 月	JCR 二区
336	蔬菜所	张淑江	*Genes*	基因	客座编辑	2023 年 1 月—2024 年 2 月	JCR 二区
337	蔬菜所	田彩环	*The Innovation*	创新	青年编委	2022 年 1 月至今	
338	蔬菜所	田彩环	*The Innovation Life*	创新生命	学术编委	2023 年 6 月至今	
339	环发所	武建双	*Journal of Mountain Science*	山地科学学报	编委	2020—2024 年	SCI 三区
340	环发所	张晴雯	*International Soil and Water Conservation Research*	国际水土保持研究	副主编	2018 年至今	SCI 一区
341	环发所	王耀生	*Archives of Agronomy and Soil Science*	农艺学与土壤科学档案	副主编	2018 年至今	SCI 一区
342	环发所	刘家磊	*Mini-Reviews in Organic Chemistry*		编委	2018 年至今	SCI 二区
343	环发所	贺　勇	*Plants*	植物	编委	2020 年至今	SCI 三区
344	环发所	龚道枝	*Agronomy*		编委	2021 年至今	SCI 一区

（续表）

序号	研究所	专家姓名	期刊英文名称	期刊中文名称	担任职务	任职起止时间	期刊分区
345	牧医所	庞永珍	*Frionties in Plant Science*	植物科学前沿	副编辑	2022 年至今	
346		张宏福	*Frontiers in Cellular and Infection Microbiology*	细胞与感染微生物学前沿	客座副主编	2022 年至今	
347		孙　鹏	*Animal Nutrition*	动物营养	副主编	2022 年至今	
348		陈继兰	*Agriculture*	农业	编委	2022 年至今	
349		储明星	*Biology*	生物学	编委	2022 年至今	
350		陈　林	*Frontiers in Plant Science*	植物科学前沿	客座编辑	2022 年至今	
351		陈　亮	*Animals*	动物	客座主编	2022 年至今	
352		卜登攀	*Animal Nutrition*	动物营养	副主编	2022 年至今	
353		狄　冉	*Biology*	生物学	编委	2022 年至今	
354		陈　林	*International Journal of Molecular Sciences*	国际分子科学杂志	客座编辑	2022 年至今	
355		苏小运	*Frontiers in Fungal Biology*	真菌生物学前沿	副编辑	2022 年至今	
356		陈　亮	*Frontiers in Veterinary Science*	兽医学前沿	编委	2022 年至今	
357		苏小运	*Toxins*	毒物	客座编辑	2022 年至今	
358		贺小云	*Frontiers in Genetics*	遗传学前沿	编委	2022 年至今	
359		贺小云	*Frontiers in Veterinary Science*	兽医学前沿	编委	2022 年至今	
360		赵圣国	*Frontiers in Microbiology*	微生物学前沿	副编委	2022 年至今	
361		王立刚	*Agriculture*	农业	编辑	2022 年至今	
362		王立刚	*Veterinary Sciences*	兽医科学	客座编辑	2022 年至今	
363	蜜蜂所	吴黎明	*Foods*	食品	客座主编	2023 年 1—12 月	JCR 一区
364		李强强	*Foods*	食品	客座主编	2023 年 1—12 月	JCR 一区
365		齐素贞	*Foods*	食品	客座主编	2023 年 1—12 月	JCR 一区
366		方小明	*Molecules*	分子	客座编辑	2023 年 1—12 月	JCR 二区

（续表）

序号	研究所	专家姓名	期刊英文名称	期刊中文名称	担任职务	任职起止时间	期刊分区
367	蜜蜂所	李相昕	*Molecules*	分子	客座编辑	2023 年 1—12 月	二区
368		陈　晓	*Life*	生活	特邀编委	2023 年 1—12 月	二区
369		刘振兴	*PLoS Genetics*	公共科学图书馆遗传学	编委	2021 年 8 月至今	一区
370		刘振兴	*Frontiers in Genetics*	遗传学前沿	编委	2021 年 2 月至今	三区
371		刘振兴	*Frontiers in Toxicology*	毒理学前沿	编委	2021 年 2 月至今	三区
372	饲料所	王秀敏	*Animal Research and One Health*	动物研究与同一健康	青年编委	2023 年 3 月至今	新刊
373		王秀敏	*Frontiers in Cellular and Infection Microbiology*	前沿细胞与感染微生物学	主题编辑	2021 年 9 月至今	SCI
374		王秀敏	*Marine Drugs*	海洋药物	编委	2021 年 3 月至今	SCI
375		王秀敏	*Antibiotics*	抗生素	主题编辑	2021 年 8 月至今	SCI
376		王秀敏	*Frontiers in Pharmacology*	前沿药理学	客座编辑	2023 年 9 月至今	SCI
377		王秀敏	*Applied Sciences*	应用科学	专题编辑	2022 年 9 月至今	SCI
378		王建华	*Frontiers in Microbiology*	前沿微生物	专刊主编	2020 年 11 月至今	SCI 二区
379		王建华	*BioMetals*	生物金属	特邀主编	2021 年 12 月至今	SCI 三区
380		王建华	*Biochimica et Biophysica Acta-Biomembranes*	生物化学与生物物理学报：生物膜	编委	2020 年 1 月至今	SCI 三区
381		王建华	*Membranes*	膜	编委	2020 年 1 月至今	SCI 三区
382		王建华	*Antibiotics*	抗生素	专刊主编	2023 年 1 月至今	SCI 二区
383		周志刚	*Frontier in Microbiology*	微生物学前沿	编辑	2018 年 9 月至今	SCI 二区
384		周志刚	*Frontier in Marine Science*	海洋科学前沿	编辑	2018 年 9 月至今	SCI 三区

（续表）

序号	研究所	专家姓名	期刊英文名称	期刊中文名称	担任职务	任职起止时间	期刊分区
385	饲料所	周志刚	*Aquaculture*	水产	副主编	2022 年 1 月至今	SCI 一区
386		周志刚	*Antibiotics*	抗生素	编委	2021 年至今	JCR 一区
387		周志刚	*Engineer*	工程学报	农业学科青年通讯专家	2020 年至今	JCR 一区
388		杨雅麟	*Frontiers in Immunology*	免疫学前沿	“鱼类肠炎的发病机理及营养干预”客座副主编	2022 年至今	SCI 一区
389		冉　超	*Water Biology and Security*	水生物学与安全	客座编辑	2021 年 12 月—2022 年 12 月	无
390		张　震	*Frontiers in Physiology*	生理学前沿	客座编辑	2022 年 12 月—2023 年 6 月	SCI 一区
391		张　震	*Life-Basel*		客座编辑	2022 年 10 月—2023 年 10 月	SCIE 二区
392		薛　敏	*Frontiers in Physiology*	生理学前沿	评审编辑	2023 年 1—12 月	JCR 一区
393		梁晓芳	*Frontiers in Physiology*	生理学前沿	评审编辑	2023 年 3—12 月	JCR 一区
394		薛　敏	*Antioxidants*	抗氧化剂	客座编辑	2023 年 1—12 月	JCR 一区
395		王　杰	*Antioxidants*	抗氧化剂	客座编辑	2023 年 1—12 月	JCR 一区
396		薛　敏	*Frontiers in Marine Science*	海洋科学前言	编委	2023 年 1—12 月	JCR 一区
397		薛　敏	*Aquaculture Nutrition*	水产动物营养	编委	2023 年 1—12 月	JCR 一区
398		薛　敏	*Animal Nutrition*	动物营养	编委	2023 年 1—12 月	JCR 一区
399		梁晓芳	*Frontiers in Marine Science*	海洋科学前言	评审编辑	2023 年 3—12 月	JCR 一区
400		杨培龙	*Foods*	食品	编委	2022 年 6 月—2024 年 6 月	JCR 一区
401		蒋显仁	*Veterinary Sciences*	兽医科学	客座主编	2023 年 3 月—2024 年 3 月	JCR 二区
402		皮　宇	*Life*	生命	客座主编	2023 年 4 月—2024 年 1 月	JCR 二区
403		齐广海	*Poultry Science*	家禽科学	副主编	2012 年 1 月—2025 年 12 月	SCI 一区

（续表）

序号	研究所	专家姓名	期刊英文名称	期刊中文名称	担任职务	任职起止时间	期刊分区
404	饲料所	武书庚	*Frontiers in Physiology*	生理前言	副主编	2020 年 1 月—2025 年 12 月	SCI 一区
405		张海军	*Italian Journal of Animal Science*	意大利家禽科学	专栏编辑	2016 年 1 月—2025 年 12 月	SCI 一区
406	加工所	张德权	*Food Science and Human Wellness*	食品科学与人类健康	编委	2021 年 7 月至今	JCR 一区
407		张德权	*Foods*	食品	编委	2022 年 1 月至今	JCR 一区
408		张德权	*Food Science of Animal Produtions*	动物生产食品科学	科学主编	2022 年 11 月至今	
409		张德权	*Meat and Muscle Biology*	肉类和肌肉生物学	编委	2022 年 11 月至今	
410		李　欣	*Foods*	食品	编委	2023 年 3 月至今	JCR 一区
411		侯成立	*Bioengineering*	生物工程	编辑	2022 年 5 月至今	JCR 二区
412		陈　丽	*International Journal of Food Science-And Biotechnology*	国际食品科学与生物技术	编委	2022 年 2 月至今	
413		毕金峰	*Exploration of Foods and Foodomics*	食品与食品组学探索	编委	2022 年 9 月至今	
414		邢福国	*Toxins*	毒素	客座主编	2023 年 1 月至今	JCR 一区
415		靳　婧	*Toxins*	毒素	客座主编	2023 年 1 月至今	JCR 一区
416		邢福国	*Toxins*	毒素	编委	2021 年 1 月—2023 年 12 月	JCR 一区
417		邢福国	*Frontiers in Microbiology*	微生物学前沿	编委	2019 年 1 月—2023 年 12 月	JCR 一区
418		邢福国	*Frontiers in Nutrition*	营养学前沿	编委	2019 年 1 月—2023 年 12 月	JCR 一区
419		邢福国	*Frontiers in Fungal Physiology and Metabolism*	真菌生理学和代谢前沿	编委	2022 年 1 月—2023 年 12 月	JCR 一区

（续表）

序号	研究所	专家姓名	期刊英文名称	期刊中文名称	担任职务	任职起止时间	期刊分区
420	加工所	郭　维	*Frontiers in Microbiology*	微生物前沿	审稿编辑	2020 年至今	JCR 一区
421		郭　维	*Frontiers in Plant Sciences*	植物科学前沿	审稿编辑	2023 年至今	JCR 一区
422		郭　维	*Frontiers in Fungal Biology*	真菌生物学前沿	客座副主编	2023 年至今	JCR 三区
423		郭　维	*Separations*	分离科学	编委	2021 年至今	JCR 一区
424		林　琼	*Agriculture Communications*	农业通讯	青年编委	2023 年 9 月—2025 年 9 月	JCR 一区
425		夏伊宁	*Foods*	食品	客座编辑	2022 年 11 月—2023 年 10 月	JCR 一区
426		林　琼	*Foods*	食品	客座编辑	2022 年 4 月—2023 年 10 月	JCR 一区
427		王　强	*Journal of Integrative Agriculture*	综合农业杂志	食品栏目主编	2022 年 1 月—2026 年 12 月	JCR 一区
428		王　强	*NPJ Science of Food*	NPJ 食品科学	编委	2017 年 3 月至今	JCR 一区
429		石爱民	*Foods*	食物	编委	2022 年 1 月至今	JCR 一区
430		石爱民	*Frontiers in Nutrition*	营养学前沿	副主编	2022 年 6 月至今	JCR 一区
431		石爱民	*Journal of Integrative Agriculture*	综合农业杂志	青年编委	2023 年 6 月—2026 年 5 月	JCR 一区
432		石爱民	*Scientia Agricultura Sinica*	中国农业科学	青年编委	2023 年 7 月—2026 年 6 月	JCR 一区
433		佟立涛	*Food Chemistry*：*X*	食品化学：*X*	特刊主编	2023 年 1—12 月	SCI，JCR 一区
434		孙　晶	*International Journal of Biological Macromolecules*	国际生物大分子杂志	客座编辑	2023 年 1—12 月	SCI，JCR 一区
435		孙　晶	*Arabian Journal of Chemistry*	阿拉伯化学杂志	客座编辑	2023 年 1—12 月	SCI，JCR 二区
436		孙　晶	*Food Chemistry*：*X*	食品化学：*X*	客座编辑	2023 年 1—12 月	SCI，JCR 一区
437		孙　晶	*Frontiers in Chemistry*	化学前沿	客座编辑	2023 年 1—12 月	SCI，JCR 二区
438		郭波莉	*Foods* 特刊 *Cereal*：*Storage*，*Processing*，*and Nutritional Attributes*	食品	特邀客座主编	2023 年 1—12 月	JCR 一区

（续表）

序号	研究所	专家姓名	期刊英文名称	期刊中文名称	担任职务	任职起止时间	期刊分区
439	加工所	郭波莉	*Foods* 特刊 *Food Fraud as a Global Problem*: *Advanced Analytical Tools to Detect Species*, *Country of Origin and Adulterations*	食品	特邀客座主编	2023 年 1—12 月	JCR 一区
440		张影全	*Foods* 特刊 *Cereal-Based Staple Foods Processing*, *Quality and Health Benefits*, 特邀客座主编	食品	特邀客座主编	2023 年 1—12 月	JCR 一区
441		张书文	Foods 专刊 *Dairy*: *Chemistry*, *Processing Technology and Structure-Function Relationships*	食品	特邀客座主编	2023 年 1—12 月	JCR 一区
442		吕加平	*Foods* 专刊 *Milk and Dairy Products*: *Structure*, *Digestion*, *and Properties*	食品	特邀客座主编	2023 年 1—12 月	JCR 一区
443		胡宏海	*Gels* 专刊 *Food Gels*: *Properties and Applications*	凝胶	特邀客座主编	2023 年 1—12 月	JCR 一区
444		李敏敏	*Food Science & Nutrition*	食品科学与营养	专刊客座主编	2023 年 1—12 月	JCR 二区
445	生物所	梁　哲	*BMC Biology*	BMC 生物学	客座编辑	2023 年 5 月—2024 年 5 月	SCI
446		梁　哲	*Internation Journal of Molecular Science*	国际分子科学杂志	客座编辑	2023 年 9 月—2024 年 5 月	SCI
447		谢钰容	*Plants-Basel*	植物	客座编辑	2022 年 8 月至今	SCI

（续表）

序号	研究所	专家姓名	期刊英文名称	期刊中文名称	担任职务	任职起止时间	期刊分区
448	生物所	徐妙云	*Plants Basel*	植物	客座编辑	2022年8月至今	SCI
449		王海洋	*aBIOTECH*	生物技术通报	编委	2020年12月至今	
450		王海洋	*Frontiers in Plant Science*	植物科学前言	编委	2021年2月至今	SCI
451		谷晓峰	*Plant Growth Regulation*	植物生长调控	编委	2016年3月至今	SCI
452		林　浩	*Grass Research*	草业研究	副主编	2022年8月至今	
453		张春义	*Frontiers in Plant Science*	植物科学前言	编委	2022年2月—2027年2月	SCI
454		路铁刚	*Frontiers in Genetics*	遗传学前沿	副主编	2017年7月至今	SCI
455		张治国	*Frontiers in Genetics*	遗传学前沿	编委	2017年7月至今	SCI
456	农经所	胡向东	*Environmental Impact Assessment Review*	环境影响评估及检讨	特邀编辑	2023年6月—2024年6月	SCI一区
457		普莫喆	*Journal of Integrative Agriculture*	综合农业杂志	青年编委	2023年6月— 2025年5月	SCI一区
458	资划所	宋阿琳	*Agricultural-Basel*	农业—巴塞尔	编委	2023年1—12月	SCI二区
459		赵士诚	*Agronomy*	农学	主编	2023年1—12月	SCI一区
460		杨建军	*Agronomy*	农学	编委	2023年1—12月	SCI一区
461		徐大伟	*Agronomy*	农学	编委	2023年1—12月	SCI一区
462		辛晓平	*Agronomy*	农学	编委	2023年1—12月	SCI一区
463		辛晓平	*Agronomy*	农学	主编	2023年1—12月	SCI一区
464		李晓彬	*Agronomy*	农学	主编	2022年11月—2024年2月	SCI一区
465		高懋芳	*Agronomy*	农学	编委	2023年1—12月	SCI一区
466		高懋芳	*Agronomy*	农学	编委	2023年1—12月	SCI一区
467		范分良	*Agronomy*	农学	编委	2021年1月—2023年12月	SCI一区
468		闫瑞瑞	*Agronomy-Basel*	农学—巴塞尔	编委	2022年9月—2023年12月	SCI一区
469		李　娟	*Agronomy-Basel*	农学—巴塞尔	主编	2023年1月—2024年4月	SCI一区

（续表）

序号	研究所	专家姓名	期刊英文名称	期刊中文名称	担任职务	任职起止时间	期刊分区
470	资划所	潘君廷	*Biochar*	生物炭	编委	2021 年 12 月—2025 年 12 月	SCI 一区
471		潘君廷	*Biofuel Research Journal*	生物燃料	编委	2023 年 1—12 月	SCI 一区
472		吴庆钰	*BMC Plant Biology*	BMC 植物生物学	编委	2021 年 12 月—2023 年 12 月	SCI 一区
473		魏海雷	*BMC Plant Biology*	BMC 植物生物学	编委	2019 年 8 月—2023 年 12 月	SCI 一区
474		吴文斌	*CABI Agriculture and Bioscience*	农业和生物科学	主编	2020 年 1 月—2023 年 12 月	SCI 一区
475		邵长亮	*Ecological Processes*	生态过程	副主编	2021 年 1 月—2023 年 12 月	SCI 二区
476		刘卫星	*Ecology*	生态学	编委	2023 年 1—12 月	SCI 一区
477		刘卫星	*Ecology*	生态学	副主编	2023 年 1—12 月	SCI 一区
478		魏海雷	*Engineering*	工程学	编委	2020 年 6 月—2023 年 12 月	SCI 一区
479		刘卫星	*FEMS Microbiology Ecology*	环境 & 微生物	编委	2023 年 1—12 月	SCI 二区
480		邵长亮	*Forests*	森林经济	编委	2023 年 1—12 月	SCI 一区
481		高懋芳	*Forests*	森林经济	编委	2023 年 1 月—2024 年 6 月	SCI 一区
482		高懋芳	*Frontiers in Environmental Science*	环境科学前沿	编委	2023 年 1—12 月	SCI 二区
483		魏海雷	*Frontiers in Microbiology*	微生物学前沿	副主编	2020 年 6 月—2023 年 12 月	SCI 一区
484		刘云鹏	*Frontiers in Microbiology*	微生物学前沿	编委	2022 年 6 月—2023 年 12 月	SCI 一区
485		刘云鹏	*Frontiers in Microbiology*	微生物学前沿	副主编	2022 年 6 月—2023 年 12 月	SCI 一区
486		黄晨阳	*Frontiers in Microbiology*	微生物学前沿	副主编	2023 年 1—12 月	SCI 一区
487		范分良	*Frontiers in Microbiology*	微生物学前沿	副主编	2023 年 1—12 月	SCI 一区
488		闫玉春	*Frontiers in Plant Science*	植物科学前沿	编委	2022 年 4 月—2023 年 12 月	SCI 一区
489		闫瑞瑞	*Frontiers in Plant Science*	植物科学前沿	编委	2022 年 9 月—2023 年 12 月	SCI 一区
490		辛晓平	*Frontiers in Plant Science*	植物科学前沿	副主编	2022 年 3 月—2023 年 12 月	SCI 一区
491		吴庆钰	*Frontiers in Plant Science*	植物科学前沿	副主编	2020 年 8 月—2023 年 12 月	SCI 一区
492		吴红慧	*Frontiers in Plant Science*	植物科学前沿	编委	2023 年 1—12 月	SCI 一区
493		邵长亮	*Frontiers in Plant Science*	植物科学前沿	编委	2022 年 4 月—2023 年 12 月	SCI 一区

（续表）

序号	研究所	专家姓名	期刊英文名称	期刊中文名称	担任职务	任职起止时间	期刊分区
494	资划所	仇少君	*Frontiers in Plant Science*	植物科学前沿	副主编	2022 年 4 月—2023 年 12 月	SCI 一区
495		张文菊	*Geoscience Letters*	地球科学快报	编委	2022 年 7 月—2024 年 7 月	SCI 二区
496		黄晨阳	*Horticulturae*	园艺学	编委	2023 年 1—12 月	SCI 一区
497		邵长亮	*Hydrology*	水文学	编委	2021 年 12 月—2023 年 12 月	SCI 二区
498		李召良	*IEEE Journal of Selected Topics in Applied Earth Observations and Remote Sensing*	IEEE 地球科学与遥感汇刊	副主编	2023 年 1—12 月	SCI 一区
499		邵长亮	*Innovation*	创新	编委	2023—2028 年	SCI 一区
500		张瑞福	*International Biodeterioration & Biodegradation*	国际生物退化与生物降解	编委	2018 年 1 月—2023 年 12 月	SCI 二区
501		李召良	*International Journal of Applied Earth Observation and Geoinformation*	应用地球观测与地理信息	编委	2021 年 1 月—2023 年 12 月	SCI 一区
502		李召良	*ISPRS Journal of Photogrammetry and Remote Sensing*	摄影测量与遥感学报	编委	2021 年 1 月—2023 年 12 月	SCI 一区
503		张瑞福	*Journal of Integrative Agriculture*	农业科学学报	编委	2022 年 1 月—2026 年 12 月	SCI 一区
504		余强毅	*Journal of Integrative Agriculture*	农业科学学报	编委	2023 年 1 月—2025 年 5 月	SCI 一区
505		吴文斌	*Journal of Integrative Agriculture*	农业科学学报	编委	2017 年 1 月—2023 年 12 月	SCI 一区
506		宋　茜	*Journal of Integrative Agriculture*	农业科学学报	编委	2023 年 1 月—2025 年 5 月	SCI 一区
507		潘君廷	*Journal of Integrative Agriculture*	农业科学学报	编委	2023 年 1 月—2025 年 5 月	SCI 一区

（续表）

序号	研究所	专家姓名	期刊英文名称	期刊中文名称	担任职务	任职起止时间	期刊分区
508	资划所	李兆君	*Journal of Integrative Agriculture*	农业科学学报	编委	2017 年 1 月—2023 年 12 月	SCI 一区
509		何　萍	*Journal of Integrative Agriculture*	农业科学学报	编委	2022 年 1 月—2026 年 12 月	SCI 一区
510		易可可	*Journal of Integrative Plant Biology*	植物学报	编委	2022 年 1 月—2023 年 12 月	SCI 一区
511		孙　晶	*Journal of Land Use Science*	土地利用科学	编委	2020 年 12 月—2023 年 12 月	SCI 二区
512		刘卫星	*Land*	土地	编委	2023 年 1—12 月	SCI 二区
513		段四波	*Land*	土地	编委	2022 年 10 月—2023 年 12 月	SCI 二区
514		邹亚杰	*Life-Basel*	生命—巴塞尔	编委	2023 年 1—12 月	SCI 二区
515		吴庆钰	*Physiologia Plantarum*	植物生理学	副主编	2023 年 1—12 月	SCI 一区
516		李文娟	*Plant Phenomics*	植物表型组学	编委	2023 年 5 月—2024 年 5 月	SCI 一区
517		邵长亮	*Plants*	植物杂志	编委	2023 年 1—10 月	SCI 一区
518		杨相东	*Plants-Basel*	植物—巴塞尔	主编	2023 年 1—12 月	SCI 一区
519		吴庆钰	*PLoS ONE*	美国科学公共图书馆	编委	2022 年 1 月—2023 年 12 月	SCI 二区
520		余强毅	*Remote Sensing*	遥感快报	主编	2023 年 11 月—2024 年 3 月	SCI 一区
521		王　聪	*Remote Sensing*	遥感快报	编委	2023 年 1—12 月	SCI 一区
522		孙　亮	*Remote Sensing*	遥感快报	主编	2023 年 1—12 月	SCI 一区
523		李召良	*Remote Sensing*	遥感快报	副主编	2023 年 1—12 月	SCI 一区
524		李文娟	*Remote Sensing*	遥感快报	编委	2022 年 1 月—2023 年 2 月	SCI 一区
525		冷　佩	*Remote Sensing*	遥感快报	主编	2021 年 5 月—2023 年 12 月	SCI 一区
526		段四波	*Remote Sensing*	遥感快报	编委	2022 年 10 月—2023 年 12 月	SCI 一区
527		段四波	*Remote Sensing*	遥感快报	编委	2022 年 10 月—2023 年 12 月	SCI 一区
528		辛晓平	*Science of the Total Environment*	环境科学学报	编委	2023 年 1—12 月	SCI 一区

（续表）

序号	研究所	专家姓名	期刊英文名称	期刊中文名称	担任职务	任职起止时间	期刊分区
529	资划所	李兆君	*Science of the Total Environment*	环境科学学报	编委	2020 年 1 月—2023 年 12 月	SCI 一区
530		何　萍	*SOIL*	土壤学科	编委	2021 年 6 月—2023 年 2 月	SCI 一区
531		刘卫星	*Soil Biology and Biochemistry*	土壤生物学与生物化学	编委	2023 年 1—12 月	SCI 一区
532		何　萍	*Soil Science and Plant Nutrition*	土壤科学与植物营养	编委	2019 年 1 月—2023 年 12 月	SCI 三区
533		宋阿琳	*Sustainability*	可持续发展	编委	2023 年 1—12 月	SCI 二区
534		李晓彬	*Water*	水	编委	2022 年 12 月—2023 年 7 月	SCI 二区
535	信息所	周清波	*Journal of Integrative Agriculture*	农业科学学报	主编	2020 年 4 月至今	SCI 一区
536		贾相平	*Agriculture*		编委	2022 年 11 月至今	SCI 一区
537	质标所	金茂俊	*Frontiers in Nutrition*	营养学前沿	副主编	2022 年 5 月—2025 年 5 月	SCI 二区
538		徐贞贞	*Journal of Food Processing and Preservation*	食品加工与保存	责任编辑	2020 年 9 月至今	SCI 三区
539		李　会	*Frontiers in Microbiology*	微生物学前沿	评审编辑	2018 年 8 月至今	SCI 二区
540		陈爱亮	*Frontiers in Microbiology*	微生物学前沿	评审编辑	2022 年 6 月至今	SCI 二区
541		陈爱亮	*Frontiers in Bioengineering and Biotechnology*	生物工程与生物技术前沿	评审编辑	2022 年 6 月至今	SCI 一区
542		王培龙	*Agriculture*	农业	客作编辑	2022 年 1 月—2023 年 4 月	SCI 一区
543		董姝君	*International Journal of Environmental Research and Public Health*	环境研究和公共卫生国际杂志	客作编辑	2022 年 10 月—2023 年 12 月	SCI 一区
544		樊　霞	*Frontiers in Molecular Biosciences*	分子生物科学前沿	客作编辑	2022 年 10 月—2023 年 4 月	SCI 二区
545		翁　瑞	*Separations*	分离	专栏编辑	2022 年 1 月至今	SCI 三区

（续表）

序号	研究所	专家姓名	期刊英文名称	期刊中文名称	担任职务	任职起止时间	期刊分区
546	质标所	钱永忠	*Foods*	食品	责任编辑	2022年11月至今	SCI一区
547		王培龙	*Food and Agricultural Immunology*	食品与农业免疫学	责任编辑	2023年1月至今	SCI二区
548		王培龙	*Food Safety and Health*	食品安全与健康	副主编	2023年2月至今	.
549		邱　静	*Separations*	分离	责任编辑	2022年4月至今	SCI三区
550		邱　静	Frontiers in Nutrition	营养学前沿	客座副主编	2021年8月至今	SCI二区
551		赵　燕	*Foods*	食品	客座编辑	2023年8月—2024年2月	SCI一区
552		赵　燕	*Frontiers in Nutrition*	营养学前沿	客座编辑	2023年1—6月	SCI二区
553		赵　燕	*Frontiers in Sustainable Food Systems*	可持续食物系统前沿	客座编辑	2023年8月—2024年5月	SCI二区
554		赵　燕	*International Journal of Food Science and Technology*	国际食品科学与技术杂志	客座编辑	2023年9—12月	SCI二区
555		曹　振	*Journal of Agricultural and Food Chemistry*	农业食品化学	客座编辑	2023年10月至今	SCI一区
556	灌溉所	刘　源	*iMeta*		副主编	2023年8月至今	
557		刘　源	*Biochar*		编委	2023年2月至今	SCI一区
558		刘　源	*Reviews of Environmental Contamination and Toxicology*		编委	2023年4月至今	SCI一区
559		刘　源	*Journal of Integrative Agriculture*		编委	2023年6月至今	SCI一区

（续表）

序号	研究所	专家姓名	期刊英文名称	期刊中文名称	担任职务	任职起止时间	期刊分区
560	灌溉所	秦安振	*Applied Sciences*		客座编辑	2022 年 8 月—2024 年 2 月	SCI，JCR 二区
561		秦安振	*Agriculture*		客座编辑	2023 年 5 月—2024 年 1 月	SCI，JCR 一区
562		秦安振	*Water*		客座编辑	2023 年 2—7 月	SCI，JCR 二区
563		秦安振	*Advances in Meteorology*		学术编辑	2023 年 4 月—2028 年 4 月	SCI，JCR 三区
564		刘战东	*Agriculture*		客座编辑	2023 年 5 月—2024 年 1 月	SCI，JCR 一区
565		刘战东	*Water*		客座编辑	2023 年 2—7 月	SCI，JCR 二区
566	水稻所	胡培松	*Rice Science*	水稻科学	主编	2021 年至今	SCI 一区
567		程式华	*Rice Science*	水稻科学	荣誉主编	2021 年至今	SCI 一区
568		阮刘青	*Rice Science*	水稻科学	执行主编	2021 的至今	SCI 一区
569		钱　前	*Rice Science*	水稻科学	编委	2003 年至今	SCI 一区
570		王　磊	*Rice Science*	水稻科学	编委	2003 年至今	SCI 一区
571		朱智伟	*Rice Science*	水稻科学	编委	2003 年至今	SCI 一区
572		杨长登	*Rice Science*	水稻科学	编委	2018 年至今	SCI 一区
573		庄杰云	*Rice Science*	水稻科学	编委	2018 年至今	SCI 一区
574		曹立勇	*Rice Science*	水稻科学	编委	2018 年至今	SCI 一区
575		方福平	*Rice Science*	水稻科学	编委	2021 年至今	SCI 一区
576		钱　前	*Rice*		编委	现任	SCI 一区

（续表）

序号	研究所	专家姓名	期刊英文名称	期刊中文名称	担任职务	任职起止时间	期刊分区
577	水稻所	钱　前	*Breeding Science*		编委	现任	SCI 二区
578		张　健	*BMC Developmental Biology*		副主编及客座主编	现任	SCI 二区
579		张　健	*PloS ONE*		编委	现任	SCI 二区
580		万品俊	*Frontiers in Physiology*		编委	现任	SCI 二区
581		钱　前	*PLoS ONE*		编委	现任	SCI 二区
582		王克剑	*Abiotech*		编委	现任	SCI 一区
583		钱　前	*Journal of Getitics and Genomes*		副主编及客座主编	现任	SCI 二区
584		张　健	*Journal of Plant Research*		编委	现任	SCI 二区
585		寇艳君	*BMC Plant Biology*		副主编及客座主编	现任	SCI 一区
586		寇艳君	*BMC Microbiology*		副主编及客座主编	现任	SCI 二区
587		寇艳君	*Frontiers in Plant Science*		编委	现任	SCI 一区
588		寇艳君	*Frontiers in Microbiology*		编委	现任	SCI 一区
589		寇艳君	*Agronomy*		副主编及客座主编	现任	SCI 一区
590		冯国忠	*BMC Microbiology*		副主编及客座主编	现任	SCI 二区
591		冯国忠	*PloS ONE*		编委	现任	SCI 二区
592		陈国庆	*BMC Microbiology*		副主编及客座主编	现任	SCI 二区
593		任德勇	*Frontiers in Plant Science*		编委	现任	SCI 一区
594		任德勇	*BMC Plant Biology*		副主编及客座主编	现任	SCI 一区

（续表）

序号	研究所	专家姓名	期刊英文名称	期刊中文名称	担任职务	任职起止时间	期刊分区
595	水稻所	任德勇	*Agriculture-Basel*		副主编及客座主编	现任	SCI 一区
596		任德勇	*Frontiers in Bioscience-Landmark*		编委	现任	SCI 二区
597		张均华	*Life-Basel*		副主编及客座主编	现任	SCI 二区
598		高振宇	*Agriculture*		副主编及客座主编	现任	SCI 一区
599		冯金飞	*Agriculture, Ecosystems & Environment*		副主编及客座主编	现任	SCI 一区
600		王克剑	*Journal of Integrative Plant Biology*		编委	现任	SCI 一区
601		曹小闯	*Agronomy Journal*		副主编及客座主编	现任	SCI 一区
602		王克剑	*Genes*		编委	现任	SCI 二区
603		王克剑	*Frontiers in Genome editing*		副主编及客座主编	现任	SCI 一区
604		王克剑	*Frontiers in Plant Science*		副主编及客座主编	现任	SCI 一区
605		郭龙彪	*Frontiers Plant Science*		编委	现任	SCI 一区
606		郭龙彪	*PLoS ONE*		编委	现任	SCI 二区
607		郭龙彪	*Plants-Basel*		编委	现任	SCI 二区
608		郭龙彪	*Frontiers in Genetics*		编委	现任	SCI 三区
609		郭龙彪	*BMC Genetics*		编委	现任	SCI 三区
610		侯雨萱	*Frontiers in Microbiology*		编委	现任	SCI 一区
611		侯雨萱	*Frontiers in Plant Science*		编委	现任	SCI 一区

（续表）

序号	研究所	专家姓名	期刊英文名称	期刊中文名称	担任职务	任职起止时间	期刊分区
612	水稻所	侯雨萱	*Plant Signaling and Behavior*		副主编及客座主编	现任	SCI 二区
613		王以锋	*Frontiers in Plant Science*		编委	现任	SCI 一区
614		侯雨萱	*PLoS ONE*		编委	现任	SCI 二区
615		王克剑	*BMC Plant Biology*		副主编及客座主编	现任	SCI 一区
616		张光恒	*BMC Plant Biology*		副主编及客座主编	现任	SCI 一区
617		张光恒	*PloS ONE*		编委	现任	SCI 二区
618		曾大力	*Plant Growth Regulation*		编委	现任	SCI 一区
619		曾大力	*Phyton*		副主编及客座主编	现任	SCI 三区
620		曾大力	*Frontiers in Bioscience-Landmark*		编委	现任	SCI 二区
621		曾大力	*BMC Plant Biology*		副主编及客座主编	现任	SCI 一区
622		曾大力	*PLoS One*		编委	现任	SCI 二区
623		曾大力	*Frontiers in Plant Science*		编委	现任	SCI 一区
624		魏兴华	*Agronomy*		副主编及客座主编	现任	SCI 一区
625		胡　江	*Phyton*		编委	现任	SCI 三区
626		郭龙彪	*Plant Growth Regulation*		编委	现任	SCI 一区
627		钱　前	*Journal of Integrative Plant Biology*		编委	现任	SCI 一区
628		钱　前	*Crop Journal*		编委	现任	SCI 一区

（续表）

序号	研究所	专家姓名	期刊英文名称	期刊中文名称	担任职务	任职起止时间	期刊分区
629	水稻所	胡　江	*BMC Plant Biology*		副主编及客座主编	现任	SCI 一区
630		冯国忠	*BMC Genomic Data*		副主编及客座主编	现任	SCI 二区
631		应杰政	*Life-Basel*		副主编及客座主编	现任	SCI 二区
632		应杰政	*Frontiers in Plant Science*		编委	现任	SCI 一区
633		任德勇	*Plant Signaling & Behavior*		副主编及客座主编	现任	SCI 二区
634		张　健	*Frontiers in Plant Science*		副主编及客座主编	现任	SCI 一区
635		张　健	*Life-Basel*		副主编及客座主编	现任	SCI 二区
636		张　健	*BMC Plant Biology*		副主编及客座主编	现任	SCI 一区
637		张　健	*BMC Molecular and Cell Biology*		副主编及客座主编	现任	SCI 一区
638		方福平	*Rice Science*		编委	现任	SCI 一区
639		邱结华	*BMC Plant Biology*		编委	现任	SCI 一区
640		庄杰云	*Crop Journal*		编委	现任	SCI 一区
641		邱结华	*BMC Microbiology*		编委	现任	SCI 二区
642	棉花所	刘　方	*Functional & Integrative Genomics*		责任编辑	2023 年 2 月至今	JCR 二区
643		王占彪	*Journal of Integrative Agriculture*	中国农业科学（英文版）	青年编委	2023 年 6 月—2025 年 5 月	SCI 一区

（续表）

序号	研究所	专家姓名	期刊英文名称	期刊中文名称	担任职务	任职起止时间	期刊分区
644	棉花所	王占彪	*Phyton-International Journal of Experimental Botany*	植物-国际实验植物学杂志	编委	2023年3月—2025年3月	SCI四区
645		王占彪	*Open Access Journal of Agricultural Research*	开放获取农业研究杂志	编委	2023年2月—2025年2月	JCR一区
646		王占彪	*Biochemistry*	生物化学	编委	2023年9月—2025年8月	SCI三区
647		王寒涛	*Agronomy*	农学	特刊客座编辑	2022年11月—2023年12月	JCR一区
648		魏恒玲	*International Journal of Molecular Sciences*	国际分子科学杂志	特刊客座编辑	2022年9月—2023年12月	JCR一区
649		巩万奎	*Frontiers in Plant Science*	植物科学前沿	副编辑	2021年1月至今	JCR一区
650		巩万奎	*Plants*	作物	客座编辑	2022年4月—2023年12月	JCR二区
651		袁有禄	*Genes*	基因	学术编辑	2022年1月至今	JCR二区
652		商海红	*International Journal of Molecular Sciences*	国际分子科学杂志	客座编辑	2023年5月至今	JCR二区
653		何守朴	*Frontiers in Plant Science*	植物科学前沿杂志	责任编辑	2022年至今	JCR一区
654		何守朴	*The International Journal of Molecular Sciences (IJMS)*	国际分子科学杂志	责任编辑	2022年至今	JCR一区
655		杜雄明	*Journal Cotton Research*	棉花研究杂志	编辑	2020年至今	中科院四区
656	油料所	蔡光勤	*Frontiers in Plant Science*	植物科学前沿	客座副编辑	2023年1月至今	JCR一区
657		蔡光勤	*Frontiers in Plant Science*	植物科学前沿	评审编辑	2023年1月至今	JCR一区
658		魏　芳	*Human Nutrition & Metabolism*	人类营养与代谢	副主编	2022年5月—2025年5月	
659		廖伯寿	*Frontiers in Plant Science*	植物科学前沿	编委	2017年至今	SCI一区
660		张良晓	*Foods*	食品	客座主编	2022年9月至今	SCI一区

（续表）

序号	研究所	专家姓名	期刊英文名称	期刊中文名称	担任职务	任职起止时间	期刊分区
661	油料所	王秀嫔	*Foods*	食品	客座主编	2022 年 1 月—2023 年 3 月	SCI 一区
662		郑明明	*Food Safety and Health*	食品安全与健康	编委	2022 年 8 月至今	
663		张兆威	*Frontier in Chemistry*	化学前沿	编委	2018 年至今	SCI 二区
664		李　慧	*Frontier in Chemistry*	化学前沿	编委	2022 年至今	SCI 二区
665		李培武	*World Mycotoxin Journal*	世界真菌毒素	编委	2017 年至今	SCI 二区
666		张　奇	*World Mycotoxin Journal*	世界真菌毒素	编委	2018 年至今	SCI 二区
667		吴　刚	*Scientific Report*	科学报告	编委	2015 年至今	SCI 一区
668		李培武	*Food Additives & Contaminants: Part A*	食品添加剂和污染物：上	编委	2020 年至今	SCI 一区
669		李培武	*Journal of Integrative Agriculture*	综合农业杂志	编委	2017 年至今	SCI 二区
670		李培武	*Toxins*	毒素	副主编或客座主编	2020 年至今	SCI 一区
671		张　奇	*Toxins*	毒素	副主编或客座主编	2020 年至今	SCI 一区
672		李培武	*Mycotoxin Research*	真菌毒素研究	编委	2017 年至今	SCI 二区
673		刘胜毅	*The Crop Journal*	作物杂志	编委	2014 年至今	SCI 二区
674		张良晓	*Frontier in Chemistry*	化学前沿	编委	2019 年至今	SCI 二区
675		张　奇	*Biosensors*	生物传感	编委	2020 年至今	SCI 二区
676		张兆威	*Biosensors*	生物传感	编委	2020 年至今	SCI 一区
677		张兆威	*Biosensors*	生物传感	编委、客座主编	2022 年 1 月至今	SCI 一区
678		唐晓倩	*Biosensors*	生物传感	编委	2022 年 1 月至今	SCI 一区
679		毛　劲	*Frontiers in Microbiology*	微生物前言	副主编或客座主编	2020 年至今	SCI 一区

（续表）

序号	研究所	专家姓名	期刊英文名称	期刊中文名称	担任职务	任职起止时间	期刊分区
680	油料所	毛　劲	*Frontiers in Nutrition*	营养学前言	副主编或客座主编	2020年至今	SCI 一区
681		张良晓	*Quality Assurance and Safety of Crops & Foods*	农作物和食品的质量保证与安全	编委	2022年9月至今	JCR 四区
682		唐晓倩	*Agriculture*	农业	编委	2021年8月至今	JCR 三区
683	麻类所	朱爱国	*Metaboliates*	代谢	客座编辑	2023年6月—2024年6月	SCI
684		高　钢	*Metaboliates*	代谢	客座编辑	2023年6月—2024年6月	SCI
685		朱四元	*Agronomy*		主编	2023年2月—2024年5月	SCI，JCR 一区
686		栾明宝	*Agronomy*		副主编	2023年2月—2024年5月	SCI，JCR 一区
687		张小雨	*New Crops*	新作物	青年编委	2023年9月—2025年9月	
688		张小雨	*Agriculture Communications*	农学通讯	青年编委	2023年9月—2025年9月	
689		张小雨	*Modern Agriculture*	现代农业	副主编	2022年10月—2023年12月	
690		谭志坚	*Molecules*	分子	客座主编	2022年6月—2023年3月	JCR 二区
691		谭志坚	*Food Science & Nutrition*	食品科学和营养	副主编	2023年10月至今	JCR 二区
692		谭志坚	*Foods*	食品	编委	2023年11月至今	JCR 一区
693		谭志坚	*Molecules*	分子	编委	2022年7月至今	JCR 二区
694		侯春生	*Foods*	食品	客座主编	2022年7月—2023年12月	SCI 一区
695		侯春生	*Frontiers in Physiology*	生理学前沿	客座主编	2022年8月—2023年1月	SCI 一区
696		杨修仕	*Life*	生命	客座主编	2022年8月—2023年2月	SCI 二区
697		王玉富	*Journal of Natural Fibers*	天然纤维学报	副主编	2023年10月至今	JCR 一区
698		徐建平	*Fungal Diversity*	真菌多样性	副主编	长期	SCI 一区
699		徐建平	*Genome*	基因组	副主编	2016年至今	SCI 三区
700		徐建平	*Mycology*	真菌学	副主编	2009年至今	SCI 三区
701		徐建平	*Mycopathologia*	真菌病理	副主编	2011年至今	SCI 三区

（续表）

序号	研究所	专家姓名	期刊英文名称	期刊中文名称	担任职务	任职起止时间	期刊分区
702	麻类所	徐建平	*Mycoses*	真菌	副主编	2012 年至今	SCI 二区
703		肖建波	*Phytochemical Analysis*		副主编	2017 年至今	SCI 三区
704		肖建波	*International Journal of Molecular Science*	分子科学国际	编委	2017 年至今	SCI 三区
705		肖建波	*Current Drug Metabolism*		编委	2017 年至今	SCI 三区
706		肖建波	*Phytomedicine*		编委	2017 年至今	SCI 二区
707		肖建波	*Industrial Crops and Products*		编委	2017 年至今	SCI 一区
708		肖建波	*Anti-Cancer Agents in Med Chemistry*		编委	2017 年至今	SCI 三区
709		石鹏君	*Microorganisms*	微生物	编委	2022 年 7 月—2025 年 12 月	SCI
710		石鹏君	*BioMed Research International*	国际生物医学研究	编委	2015 年 1 月—2025 年 12 月	SCI
711		王满生	*Molecules*	分子	客座主编	2022 年 7 月—2023 年 3 月	SCI
712		石鹏君	*Molecules*	分子	客座主编	2022 年 7 月—2023 年 3 月	SCI
713		段盛文	*Molecules*	分子	编辑	现任	JCR 二区
714		成莉凤	*Molecules*	分子	编辑	现任	JCR 二区
715		刘亮亮	*Separations*	分离	编辑	现任	JCR 二区
716		刘亮亮	*Nanomaterial*	纳米材料	编辑	现任	JCR 一区
717		杨　琦	*Separations*	分离	编辑	现任	JCR 二区
718		邱　东	*Polymer Testing*	聚合物测试	编辑	现任	JCR 一区
719		刘亮亮	*Molecules*	分子	编辑	现任	JCR 二区
720	果树所	张利义	*Frontiers in Plant Science*	植物科学前沿	编委	2020 年 7 月至今	JCR 一区
721		王海波	*Technology in Horticulture*	园艺技术	副主编	2022 年 10 月至今	新刊
722	郑果所	鲁振华	*Journal of Integrative Agriculture*	中国农业科学	青年编委	2023 年 6 月至今	SCI，JCR 一区
723		姜建福	*Frontiers in Plant Science*	植物科学前沿	客座主编	2022 年 1 月至今	JCR 一区

（续表）

序号	研究所	专家姓名	期刊英文名称	期刊中文名称	担任职务	任职起止时间	期刊分区
724	郑果所	刘　慧	*Molecules*	分子	客座编辑	2023 年 10 月	SCI 二区
725		张　强	*Molecules*	分子	客座编辑	2023 年 10 月	SCI 二区
726		朱红菊	*Frontiers in Microbiology*	微生物学前沿	客座编辑	2023 年 8 月	中科院二区
727	茶叶所	许勇泉	*Foods*	食品	编委	2022 年 12 月至今	SCI，JCR 一区
728		许勇泉	*Journal of the Science of Food and Agriculture*	农业与食品科学	副主编	2023 年 1 月至今	SCI，JCR 二区
729		许勇泉	*Beverage Plant Research*	饮料植物研究	副主编	2023 年 5 月至今	
730		李　佳	*Metabolites*	代谢物	客座学术编辑	2022 年 9 月—2023 年 6 月	SCI，JCR 二区
731		杨艳芹	*Frontiers in Sustainable Food Systems*	可持续粮食系统前沿	客座主编	2023 年 11 月—2024 年 5 月	JCR 二区
732		陈　亮	*Horticulture Research*	园艺研究	副主编	2020 年 7 月至今	JCR 一区
733		陈　亮	*Agriculture*	农业	编委	2022 年至今	SCI 一区
734		陈　亮	*Turkish Journal of Agriculture and Forestry*	土耳其农林科学	编委	2021 年至今	SCI 二区
735		陈　亮	*Beverage Plant Research*	饮料植物研究	执行主编	2021 年至今	

（续表）

序号	研究所	专家姓名	期刊英文名称	期刊中文名称	担任职务	任职起止时间	期刊分区
736	茶叶所	朱　荫	*Foods*	食品	客座编辑	2023年3月—2024年4月	JCR一区
737		周梦雪	*Pharmaceutics*	药剂学	客座编辑	2023年6月—2024年6月	JCR一区
738		王新超	*Horticulturae*	园艺	编委	2023年1月至今	SCI，JCR一区
739		王新超	*Agronomy*	农学	客座编辑	2022年7月—2024年1月	SCI，JCR一区
740		王新超	*Horticulturae*	园艺	客座编辑	2023年9月—2024年5月	SCI，JCR一区
741		王新超	*Frontiers in Plant Science*	植物科学前沿	评审编辑	2022年至今	SCI，JCR一区
742		王新超	*Tree Physiology*	树木生理学	评审编辑	2019年1月至今	SCI，JCR一区
743		韦　康	*International Journal of Molecular Sciences*	国际分子科学杂志	专刊主编	2023年4—12月	SCI，JCR一区
744		孙晓玲	*International Journal of Molecular Sciences*	国际分子科学杂志	客座编辑	2023年5—11月	SCI，JCR一区
745		孙晓玲	*Plants*	植物	客座编辑	2023年7月—2024年5月	SCI，JCR一区
746		王　璐	*Frontiers in Plant Science*	植物科学前沿	评审编辑	2021年5月至今	SCI，JCR一区
747		郝心愿	*Frontiers in Macrobiology*	植物科学前沿	副主编	2021年5月至今	SCI，JCR一区
748		郝心愿	*Horticulturae*	园艺	客座编辑	2021年7月至今	SCI，JCR一区
749		石元值	*Agronomy*	农学	专刊编辑	2022—2023年	SCI一区
750		阮建云	*Horticulturae*	园艺	编委	2023年至今	SCI一区
751		刘美雅	*Agronomy*	农学	专刊编辑	2022—2023年	SCI一区
752		杨向德	*Agronomy*	农学	专刊编辑	2022—2023年	SCI一区
753		陈宗懋	*Beverage Plant Research*	饮料作物研究	主编	2021年3月至今	

（续表）

序号	研究所	专家姓名	期刊英文名称	期刊中文名称	担任职务	任职起止时间	期刊分区
754	茶叶所	张新忠	*Agronomy-Basel*	农艺学	编辑	2023年9月—2025年8月	SCI二区，JCR一区
					专刊客座主编	2022年6月—2023年5月	
755		李　鑫	*Frontiers in Plant Science*	植物科学前沿	副主编	2023年2月至今	JCR一区
756		韩文炎	*Frontiers in Plant Science*	植物科学前沿	副主编	2022年1月至今	JCR一区
757		李　鑫	*BMC Plant Biology*	植物生物学	编委	2022年1月至今	JCR一区
758		李　鑫	*Forests*	林学	客座主编	2023年2月—2024年2月	JCR一区
759		李　鑫	*Plants*	植物学	客座主编	2023年4月—2024年4月	JCR一区
760	哈兽研	陈化兰	*Virology Journal*		主编	2018年1月—2023年1月	SCI三区
761		汤艳东	*Frontiers in Microbiology*		编委	2022年1月—2027年1月	SCI二区
762		汤艳东	*Frontiers in Immunology*		编委	2022年1月—2027年1月	SCI二区
763		陈化兰	*Journal of Integrative Agriculture*		主编	2017年1月—2023年1月	SCI三区
764		陈化兰	*Virology*		编委	2017年1月—2023年1月	SCI三区
765		陈化兰	*Science China Life Sciences*		主编	2018年1月—2023年1月	SCI三区
766		王玉娥	*Archives of Virology*		编委	2018年1月—2023年1月	SCI三区
767		李呈军	*Virology Journal*		副主编	2018年1月—2023年1月	SCI三区
768		李　凯	*Frontiers in Microbiology*		编委	2019年1月—2024年1月	SCI二区
769		张万江	*Frontiers in Cellular and Infection Microbiology*		编委	2020年1月—2025年1月	SCI二区
770		贾洪林	*Frontiers in Cell and Developmental Biology*		编委	2022年1月—2027年1月	SCI二区

（续表）

序号	研究所	专家姓名	期刊英文名称	期刊中文名称	担任职务	任职起止时间	期刊分区
771	哈兽研	薛 美	*Frontiers in Microbiology*		编委	2022 年 1 月—2027 年 1 月	SCI 二区
772		高玉龙	*Frontiers in Veterinary Science*		编委	2021 年 1 月—2026 年 1 月	SCI 二区
773		高玉龙	*Veterinary Science*		编委	2021 年 1 月—2026 年 1 月	SCI 三区
774		汤艳东	*Viruses*		编委	2021 年 1 月—2026 年 1 月	SCI 二区
775		汤艳东	*Archives of Virology*		编委	2021 年 1 月—2026 年 1 月	SCI 三区
776		李 凯	*Frontiers in Immunology*		编委	2021 年 1 月—2026 年 1 月	SCI 二区
777		王晓钧	*Frontiers in Microbiology*		编委	2020 年 1 月—2025 年 1 月	SCI 二区
778		尹 鑫	*Frontier in Microbiology*		编委	2021 年 1 月—2026 年 1 月	SCI 二区
779		陈化兰	*Viruses*		编委	2021 年 1 月—2026 年 1 月	SCI 二区
780	兰兽研	李维克	*Frontiers in Microbiology*		编委	2020 年起	SCI 一区
781		李维克	*Frontiers in Immunology*		编委	2021 年起	SCI 一区
782		王 帅	*Journal of Integrative Agriculture*		编委	2022 年起	SCI 一区
783		王 帅	*Frontiers in Cellular and Infection Microbiology*		编委	2019 年起	SCI 二区
784		王 帅	*Animal Disease*		编委	2023—2027 年	SCI 二区
785		王 帅	*iMeta*		编委	2023—2024 年	SCI 二区
786		王 帅	*Advanced Biotechnology*		编委	2023—2026 年	新刊
787		任巧云	*Frontiers in Microbiology*		编委	2023—2026 年	SCI 一区
788		罗 金	*Frontiers in Cellular and Infection Microbiology*		客座主编	2021—2026 年	SCI 二区
789		张克山	*Veterinary Sciences and Medicine*		编委	2021 年起	SCI 二区
790		李志勇	*Frontiers in Microbiology*		编委	2021 年起	SCI 一区
791		牛庆丽	*Frontiers in Microbiology*		副主编及客座主编	2019 年起	SCI 一区

（续表）

序号	研究所	专家姓名	期刊英文名称	期刊中文名称	担任职务	任职起止时间	期刊分区
792	兰兽研	陈佳宁	*Animals*		副主编及客座主编	2022—2023年	SCI 一区
793		陈阿鹏	*Frontier in Genetics*		副主编及客座主编	2021年起	SCI 二区
794		刘军龙	*Frontiers in Parasitology*		编委	2022年起	SCI 三区
795		关贵全	*Frontiers in Parasitology*		编委	2022年起	SCI 三区
796		王金磊	*Frontiers in Immunology*		编委	2022年起	SCI 一区
797		王金磊	*Frontiers in Cellular and Infection Microbiology*		编委	2022年起	SCI 二区
798		周继章	*Frontiers in Microbiology*		编委	2022年起	SCI 一区
799		独军政	*Frontier in Veterinary Science*		编委	2019年起	SCI 二区
800		独军政	*BMC Veterinary Research*		编委	2020年起	SCI 一区
801		殷　宏	*World Journal of Veterinary Science*		编委	2022年起	SCI 一区
802		殷　宏	*Frontiers in Parasitology*		编委	2022年起	SCI 三区
803		郭慧琛	*Vaccines*		编委	2015年起	SCI 三区
804		郭慧琛	*Journal of Molecular Pharmaceutics and Organic Process Research*		编委	2016年起	SCI 二区
805		郭慧琛	*Frontiers in Microbiology*		编委	2021年起	SCI 一区
806		王锦明	*Frontiers in Parasitology*		编委	2022年起	SCI 三区
807		刘光亮	*Molecular Biology Reports*		编委	2021年起	SCI 三区
808		朱启运	*Infection Genetics and Evolution*		编委	2021年起	SCI 二区
809		郑海学	*Veterinary Vaccine*		编委	长期	SCI 二区
810		郑海学	*Animal Disease*		编委	长期	SCI 二区
811		郑海学	*Virology*		客座编辑	2023年起	SCI 三区

（续表）

序号	研究所	专家姓名	期刊英文名称	期刊中文名称	担任职务	任职起止时间	期刊分区
812	兰兽研	朱紫祥	*Virology*		客座编辑	2023 年起	SCI 三区
813		朱紫祥	*Journal of Integrative Agriculture*		编委	2023—2026 年	SCI 一区
814		刘会胜	*Animals*		客座主编	2023—2024 年	SCI 二区
815		张克山	*Journal of Clinical Veterinary Research*		编委	长期	SCI 二区
816		刘保红	*Frontiers in Genetics*		编委	2023 年起	SCI 三区
817		肖书奇	*Journal of Virology*		编委	2023 年 1 月—2025 年 12 月	SCI 一区
818	兰牧药	尚小飞	*Frontiers in Veterinary Sciences*	兽医科学前沿	副编辑	2021 年 8 月至今	SCI 二区
819		尚小飞	*BMC Veterinary Research*	BMC 兽医研究	编委	2021 年 9 月至今	SCI 三区
820		尚小飞	*Evidence - based Complementary and Alternative Medicine*	基于证据的补充和替代医学	编委	2021 年 11 月至今	SCI 四区
821	上兽研	丁　铲	*Frontiers in Cellular Infection Microbiology*	细胞与感染微生物学前沿	客座编辑	长期	SCI，JCR 二区
822		丁　铲	*Animal disease*	动物疾病	客座编辑	长期	SCI，JCR 二区
823		丁　铲	*Viruses*	病毒	客座编辑	长期	SCI，JCR 二区
824		丁　铲	*Virology*	病毒学	客座编辑	长期	SCI，JCR 二区
825		廖　瑛	*Frontiers in Veterinary Science*	兽医学前沿	客座编委．特邀客座主编	长期	SCI，JCR 二区
826		廖　瑛	*Frontiers in Microbiology*	微生物前沿	特邀客座主编	长期	SCI，JCR 二区
827		孙英杰	*Microbiology*	微生物学	客座编辑	长期	SCI，JCR 二区
828		孙英杰	*Infectious Diseases*	感染性疾病	客座编辑	长期	SCI，JCR 二区

（续表）

序号	研究所	专家姓名	期刊英文名称	期刊中文名称	担任职务	任职起止时间	期刊分区
829	上兽研	孙英杰	*Comparative Immunology*	比较免疫学	客座编辑	长期	SCI，JCR二区
830		仇旭升	*Frontiers in Microbiology*	微生物前沿	客座编辑	长期	SCI，JCR二区
831		王少辉	*BMC Microbiology*	BMC 微生物学	副主编	2021年8月起	SCI，JCR二区
832		王少辉	*BMC Veterinary Research*	BMC 兽医研究	编委	2021年5月至今	SCI，JCR一区
833		王少辉	*Frontiers in Veterinary Science*	兽医学前沿	编委	2021年12月至今	SCI，JCR一区
834		王少辉	*Veterinary Sciences*	兽医科学	客座主编	2022年1月—2023年4月	SCI，JCR二区
835		王少辉	*Frontiers in Cellular and Infection Microbiology*	细胞与感染微生物学前沿	客座副主编	2022年6月—2023年11月	SCI，JCR一区
836		于圣青	*Frontiers in Veterinary Science*	兽医学前沿	客座副主编	2022年2月—2023年1月	SCI，JCR一区
837		田明星	*Frontiers in Cellular and Infection Microbiology*	细胞与感染微生物学前沿	客座副主编	2022年6月—2023年11月	SCI，JCR一区
838		周　文	*Veterinary Sciences*	兽医学	编委	2021年12月至今	SCI，JCR一区
839		周　文	*Frontiers in Pharmacology*	药理学前言	编委	2019年8月至今	SCI，JCR一区
840		于　海	*Veterinary Sciences*	兽医科学	客座编辑	2021年12月—2025年12月	SCI，JCR一区
841		刘长龙	*Frontiers in Microbiology*	微生物前沿	客座编辑	2021年12月—2025年12月	SCI，JCR二区
842		姜一峰	*Frontiers in Microbiology*	微生物前沿	客座编辑	2021年12月—2025年12月	SCI，JCR二区

（续表）

序号	研究所	专家姓名	期刊英文名称	期刊中文名称	担任职务	任职起止时间	期刊分区
843	上兽研	高　飞	*Frontiers in Veterinary Science*	兽医科学前沿	客座编辑	2021 年 12 月—2025 年 12 月	SCI，JCR 二区
844		高　飞	*BMC Veterinary Research*	BMC 兽医研究	客座编辑	2021 年 12 月—2025 年 12 月	SCI，JCR 二区
845		单同领	*Viruses*	病毒	客座编辑	2021 年 12 月—2025 年 12 月	SCI，JCR 二区
846		单同领	*Frontiers in Veterinary Science*	兽医科学前沿	客座编辑	2021 年 12 月—2025 年 12 月	SCI，JCR 二区
847		单同领	*BMC Veterinary Research*	BMC 兽医研究	客座编辑	2021 年 12 月—2025 年 12 月	SCI，JCR 二区
848		马志永	*Viruses*	病毒	客座主编	2022 年 7 月—2023 年 12 月	SCI，JCR 二区
849		马志永	*Veterinary Vaccine*	兽医疫苗	顾问编辑	2022 年 3 月—2025 年 12 月	SCI，JCR 二区
850		邱亚峰	*Veterinary Sciences*	兽医科学	编委	2022 年 8 月至今	SCI，JCR 三区
851		邱亚峰	*Veterinary Sciences*	兽医科学	客座主编	2022 年 3 月—2023 年 1 月	SCI，JCR 三区
852		邱亚峰	*Frontiers in Cellular and Infection Microbiology*	细胞与感染微生物学前沿	审稿编辑	2022 年 6 月至今	SCI，JCR 二区
853		李蓓蓓	*Veterinary Sciences*	兽医科学	客座主编	2022 年 2 月—2023 年 3 月	SCI，JCR 三区
854		魏建超	*Viruses*	病毒	专题顾问	2022 年 5 月至今	SCI，JCR 二区
855		周金林	*Ticks and Tick-Borne Diseases*	蜱和蜱传疾病	编委	现任	SCI，JCR 三区
856		李　涛	*Frontier in Microbiology*	微生物前沿	客座主编	2022 年 2 月	SCI，JCR 二区

（续表）

序号	研究所	专家姓名	期刊英文名称	期刊中文名称	担任职务	任职起止时间	期刊分区
857	上兽研	魏建超	*Viruses*	病毒	客座主编	2022 年 1 月—2023 年 12 月	SCI，JCR 三区
858		周金林	*Zoonoses*	人兽共患病	编委		SCI，JCR 三区
859	草原所	韩文军	*Research for Tropical Agriculture*（日文期刊）；*Tropical Agriculture and Development*（英文期刊）	日本热带农学会学术期刊	编委	2014 年至今	
860		李　飞	*Frontiers in Forests and Global Change*	森林与全球变化前沿	编委	2023 年 3 月至今	SCI 二区
861	特产所	张铁涛	*Metabolites*	代谢	客座编辑	2023 年 10 月—2024 年 6 月	JCR 二区
862	环保所	申　锋	*Biochar*	生物炭	青年编委	2022—2025 年	JCR 一区
863		王丽丽	*Biochar*	生物炭	青年编委	2023—2027 年	JCR 一区
864		郭海心	*Biochar*	生物炭	青年编委	2022—2025 年	JCR 一区
865		郭海心	*Nanomaterials*	纳米材料	客座编辑	2023 年	JCR 一区
866		郭海心	*Frontiers in Chemistry*	化学前沿	客座编辑	2023—2024 年	JCR 一区
867		李晓晶	*Frontiers in Microbiology*	微生物学前沿	专栏编委	2018 年长期	JCR 二区
868		李晓晶	*Agriculture-Basel*	农业	编委	2023—2027 年	JCR 一区
869		翁莉萍	*Aquatic Geochemistry*	水地球化学	副主编	2019 年至今	JCR 三区
870		赵丽霞	*Toxics*	有毒物质	客座编委	2023 年 7 月—2024 年 6 月	JCR 一区
871		徐　艳	*Frontiers of Environmental Science & Engineering*	环境科学与工程前沿	青年编委	2023 年 1—12 月	JCR 一区
872		徐　艳	*iMeta*	宏基因组	青年编委	2023 年 1—12 月	JCR 一区
873		杜连柱	*Separations*	分离	客座编辑	2023 年 10 月—2024 年 10 月	JCR 三区

（续表）

序号	研究所	专家姓名	期刊英文名称	期刊中文名称	担任职务	任职起止时间	期刊分区
874	环保所	支苏丽	*Separations*	分离	客座编辑	2023 年 10 月—2024 年 10 月	JCR 三区
875		杨　鹏	*Sustainability*	可持续发展	编委	2023 年 1 月起，长期	JCR 二区
876		安　毅	*Sustainability*	可持续发展	客座编辑	2023 年 1 月—2024 年 1 月	JCR 二区
877		霍莉莉	*Sustainability*	可持续发展	客座编辑	2023 年 1 月—2024 年 1 月	JCR 二区
878		孙约兵	*Applied Sciences-Basel*	应用科学	编委	2023—2027 年	JCR 二区
879		孙约兵	*Toxics*	有毒物质	客座主编	2023 年	JCR 一区
880		孙约兵	*Land degradation and Development*	土壤退化与发展	客座主编	2023 年	JCR 二区
881		孙约兵	*Agriculture-Basel*	农业	编委	2023—2027 年	JCR 一区
882		杨凤霞	*Frontiers in Materials*	材料前沿	编委	2022—2027 年	JCR 三区
883		穆　莉	*Chinese Chemical Letters*	中国化学通报	青年编委	2021 年 7 月—2025 年 6 月	JCR 一区
884	沼科所	何明雄	*Biotechnology for Biofuels*	生物技术与生物燃料	审稿专家	长期	SCI，JCR 一区
885		何明雄	*Frontiers in Microbiology*	微生物前沿	编委	长期	SCI，JCR 一区
886		王文国	*Frongties in Bioengineering and Biotechnology*	生物工程与生物技术前沿	主题编辑	2023 年 1—12 月	SCI，JCR 一区
887		王文国	*Agriculture*	农业	客座编辑	2021 年 1—12 月	SCI，JCR 一区
888		代立春	*Carbon Research*	炭研究	青年编委	2023 年 1 月—2025 年 12 月	SCI

（续表）

序号	研究所	专家姓名	期刊英文名称	期刊中文名称	担任职务	任职起止时间	期刊分区
889	沼科所	代立春	*Biochar*	生物炭	青年编委	2023年2月—2027年2月	SCI，JCR一区
890	沼科所	汤界世	*Emerging Microbes & Infections*	新兴微生物与感染	审稿人	2022年10月—2023年10月	SCI，JCR一区
891	沼科所	汤界世	*Scientific Reports*	科学报告	审稿人	2021年10月—2023年10月	SCI，JCR二区
892	沼科所	杨　暖	*Separations*	分离	客座编辑	2023年9月至今	SCI，JCR二区
893	沼科所	杨　暖	*Frongties in Bioengineering and Biotechnology*	生物工程与生物技术前沿	客座副主编	2023年9月至今	SCI，JCR一区
894	农机化所	薛新宇	*Computers and Electronics in Agriculture*	计算机电子农业	审稿专家	2012年至今	JCR三区
895	农机化所	薛新宇	*International Journal of Agricultural and Biological Engineering*	国际农业与生物工程学报	审稿专家	2012年至今	JCR二区
896	烟草所	郭永峰	*Molecular Horticulture*	分子园艺	编委	2023年7月—2026年6月	
897	烟草所	郭永峰	*Frontiers in Plant Science*	植物科学前沿	领域副主编	2022年2月至今	
898	烟草所	郭永峰	*Scientific Reports*	科学报道	编委	2022年11月至今	
899	烟草所	郭永峰	*Agronomy*	农艺学	专刊主编	2022年11月至今	
900	烟草所	徐宗昌	*Agronomy-Basel*	农艺学	专刊编辑	2022年10月—2023年12月	SCI，JCR一区
901	烟草所	张洪博	*SN Applied Sciences*	SN应用科学	副主编	2023年2月至今	JCR二区

（续表）

序号	研究所	专家姓名	期刊英文名称	期刊中文名称	担任职务	任职起止时间	期刊分区
902	基因组所	常玉晓	*BMC Plant Biology*		编委	2021 年 10 月起，长期	SCI 二区
903		程时锋	*Elsevier Protist*	原生生物	编委	2021 年 10 月起，长期	SCI
904		萧玉涛	*Insects*	昆虫	客座编辑	2023 年	JCR 一区
905		萧玉涛	*Entomologia Experimentalis et Applicata*	实验昆虫学及应用	客座编辑	2022 年 1 月至今	JCR 二区
906		李　伟	*Frontiers in Plant Science*	植物科学前沿	客座编辑	2022 年 2 月起，长期	SCI 一区
907		唐中林	*Frontiers in Genetics*	遗传学前沿	编委	2021—2025 年	SCI 二区
908		程　旭	*Frontiers in Bioengineering and Biotechnology*	生物工程和生物技术前沿	编委	2022 年 6 月起，长期	SCI 二区
909		唐中林	*Frontiers in Veterinary Science*	兽医学前沿	编委	2021—2025 年	SCI 一区
910		戴俊彪	*Genetics*	遗传学	副主编	2020—2025 年	SCI 二区
911		戴俊彪	*BioDesign Research*	生物设计研究	编委	2021—2024 年	
912		戴俊彪	*Frontiers in Microbiology*	微生物学前沿	副主编	2019—2023 年	SCI 二区
913		戴俊彪	*Quantitative-Biology*	定量生物学	编委	2019—2023 年	
914		李　奎	*Frontier in Genetics*	遗传学前沿	副主编	2021 年 1 月至今	JCR 一区
915		李　奎	*BioMed Research International*	国际生物医学研究	编委	2021 年 1 月至今	SCI 三区
916		李　奎	*Journal of Animal Science and Biotechnology*	动物科学与生物技术杂志	编委	2021 年 1 月至今	SCI 一区

（续表）

序号	研究所	专家姓名	期刊英文名称	期刊中文名称	担任职务	任职起止时间	期刊分区
917	基因组所	李　奎	*American Journal of Animal and Veterinary Sciences*	美国动物和兽医科学杂志	编委	2021年1月至今	SCI
918		叶国友	*Frontiers in Plant Sceince*	植物科学前沿	编委	2021年10月—2025年10月	SCI 一区
919		叶国友	*BMC Genomics*	BMC 基因组学	编委	2021年1月—2025年1月	SCI 二区
920		叶国友	*Rice Science*	水稻科学	编委	2015年6月至今	JCR 一区
921		程　旭	*Frontiers in Bioengineering and Biotechnology*	生物工程和生物技术前沿	专刊编委	2022年至今	JCR 二区
922		程　旭	*iMeta*	宏基因组 & 生物信息期刊	青年编委	2022年至今	SCI
923		黄三文	*Cell*	细胞	学术顾问委员会，委员	2020年1月至今	SCI 一区
924		徐建龙	*The Crop Journal*	作物科学	执行副主编	2013年1月至今	JCR 一区
925		黎志康	*Plant Breeding*	植物育种	编委	2014年至今	SCI
926		黎志康	*AfricaSeeds*	非洲种子	理事	2017年至今	
927		周永锋	*Horticulture Research*	园艺研究	副主编	2021—2025年	SCI 一区
928		周永锋	*Horticulturae*	园艺学	编委	2021—2025年	SCI 一区
929		周永锋	*Frontiers in Plant Science*	植物科学前沿	编委	2021年至今	SCI 二区
930		周永锋	*Journal of Plant Sciences-EB*	植物科学学报	编委	2021—2026年	SCI 三区
931		周永锋	*Journal of Fruit Science*	果树学报	编委	2022年1月—2024年12月	
932		周永锋	*Journal of Integrative Agriculture (JIA)*	综合农业学报	编委	2022年1月—2026年12月	JCR 一区
933		杨　青	*Insect Biochemistry and Molecular Biology*	昆虫生物化学与分子生物学	编委	2019年至今	JCR 一区
934		杨　青	*Frontiers in Insect Sciences*	昆虫科学前沿	编委	2019年至今	SCI 二区
935		杨　青	*Current Pharmaceutical Design*	当前药物设计	编委	2009年至今	JCR 三区

（续表）

序号	研究所	专家姓名	期刊英文名称	期刊中文名称	担任职务	任职起止时间	期刊分区
936	基因组所	杨　青	*Biofuels, Bioproducts and Biorefining*	生物燃料、生物制品和生物精炼	编委	2010年至今	中科院三区
937		刘永鑫	*iMeta*	宏基因组 & 生物信息期刊	执行主编	2022年至今	中科院一区
938	都市所	任茂智	*Frontiers in Cell and Developmental Biology*		编辑	2016年至今	JCR 一区
939		任茂智	*Frontiers in Plant Science*		编辑	2016年至今	JCR 一区
940		欧阳琳	*Frontiers in Horticulture*	园艺前沿	编委	2023年8月至今	
941		费书朗	*Frontiers in Sustainable Food Systems*	可持续食物系统前沿	客座编辑	2023年7月至今	JCR 二区
942		杨　晓	*Frontiers in Horticulture*	园艺学前沿	副主编	2023年7月至今	
943		杨　晓	*Vegetable Research*	蔬菜研究	青年编委	2022年8月至今	
944		刘宏艳	*Frontiers in Nutrition*		评审编辑	2022年4月至今	JCR 二区
945		刘宏艳	*International Journal of Food Science and Technology*		客座编辑	2023年5月至今	JCR 二区
946		刘宏艳	*Nutrients*		客座编辑	2023年8月至今	JCR 一区
947		杨其长	*Engineering*		青年通讯编委	2020年2月至今	SCI，JCR 一区
948		杨其长	*International Journal of Molecular Sciences*		客座编辑	现任	SCI，JCR 一区
949		杨其长	*Horticulturae*		客座编辑	2022年11月至今	SCI，JCR 一区
950		杨　睿	*Agriculture*	农业	客座编辑	2022年6月—2024年2月	JCR 一区
951		杨　睿	*Horticulturae*	园艺学	客座编辑	2022年6月—2024年7月	JCR 一区

（续表）

序号	研究所	专家姓名	期刊英文名称	期刊中文名称	担任职务	任职起止时间	期刊分区
952	南繁院	金秀良	*Agriculture*	农业	编委	2022年3月—2025年12月	SCI 一区
953		金秀良	*The Journal of Agricultural Science*	农业科学杂志	副主编	2017年1月—2024年12月	SCI 二区
954		金秀良	*Frontiers in Plant Science*	植物科学前沿	副主编	2022年1月—2025年12月	SCI 一区
955		金秀良	*Agronomy Journal*	农艺学杂志	客座主编	2022年8月—2023年4月	SCI 二区
956		金秀良	*Scientific Reports*	科学报告	编委	2018年6月—2025年12月	SCI 二区
957		金秀良	*The Crop Journal*	作物学报	副主编	2020年9月—2023年12月	SCI 一区
958		金秀良	*Agronomy*	农艺学	客座主编	2022年7月—2023年6月	SCI 一区
959		金秀良	*Precision Agriculture*	精准农业	编委	2022年3月—2025年12月	SCI 一区
960		金秀良	*Remote Sensing*	遥感	客座主编	2023年5月—2024年2月	SCI 一区
961		金秀良	*New Phytologist*	新植物学家	咨询委员	2023年3月—2026年3月	SCI 一区
962		金秀良	*Phyton-International Journal of Experimental Botany*	国际实验植物杂志	编委	2023年4月—2025年4月	SCI 三区
963		殷大萌	*Plant Phenomics*	植物表型组学	青年编委	2023年5月—2024年5月	SCI 一区
964		殷大萌	*Remote Sensing*	遥感	专刊编辑	2022年4月—2023年7月	SCI 一区
965		殷大萌	*Frontiers in Plant Science*	植物科学前沿	专题协调员	2022年3月—2023年6月	SCI 一区
966		郑晓明	*Rice*	米	编辑编委成员	2022年10月至今	SCI 二区
967		郑晓明	*New Crops*	新作物	编辑编委成员	2023年8月至今	
968		李慧慧	*Frontier in Plant Science*		主编	2022年1月—2026年1月	SCI 一区
969		李慧慧	*Theoretical and Applied Genetics*		编委	2020年1月—2026年1月	SCI 一区
970		李慧慧	*Journal of Integrative Agriculture*		编委	2022年1月—2026年1月	SCI 一区
971		李慧慧	*aBIOTECH*		编委	2023年1月—2027年1月	
972		李慧慧	*The Crop Journal*	作物学报	编委	2022年1月—2026年1月	SCI 一区

（续表）

序号	研究所	专家姓名	期刊英文名称	期刊中文名称	担任职务	任职起止时间	期刊分区
973	西部中心	王占彪	*Journal of Integrative Agriculture*	中国农业科学（英文版）	青年编委	2023 年 6 月—2025 年 5 月	SCI 一区
974		王占彪	*Phyton-International Journal of Experimental Botany*	植物—国际实验植物学杂志	编委	2023 年 3 月—2025 年 3 月	SCI 四区
975		王占彪	*Open Access Journal of Agricultural Research*	开放获取农业研究杂志	编委	2023 年 2 月—2025 年 2 月	JCR 一区
976		王占彪	*Biochemistry*		编委	2023 年 9 月—2025 年 8 月	SCI 三区

2. 国际组织、机构、机制兼职

序号	研究所	专家姓名	机构英文名称	机构中文名称	担任职务	任职起止时间	机构性质
1	作科所	周美亮	International Buckwheat Research Association	国际荞麦协会	执行主席	2023 年 8 月—2026 年 7 月	实体性国际学会
2		郝元峰	Wheat Initiative	国际小麦协调委员会	委员	2021 年 1 月—2026 年 10 月	实体性国际组织
3		何中虎	American Society of Agronomy	美国农学会	理事	2013 年 1 月—2028 年 7 月	实体性国际学会
4		何中虎	Crop Science Society of America	美国作物学会	理事	2009 年 1 月—2028 年 9 月	实体性国际学会
5		何中虎	14th International Gluten Workshop Organizing Committee	第 14 届国际小麦谷蛋白会组委会	委员	2022 年 5 月—2024 年 9 月	虚拟性国际合作机制
6		何中虎	Wheat Initiative	国际小麦协调委员会	委员	2012 年 12 月—2028 年 7 月	实体性国际组织
7		何中虎	RDA	韩国农村振兴厅	咨询专家	2019 年 11 月—2028 年 7 月	实体性国际组织
8		夏先春	Gene Symbols for Wheat	小麦基因目录编委会	委员	2009 年 1 月—2023 年 12 月	虚拟性国际合作机制

（续表）

序号	研究所	专家姓名	机构英文名称	机构中文名称	担任职务	任职起止时间	机构性质
9	作科所	何中虎	International Maize and Wheat Improvement Center	国际玉米小麦改良中心	理事长	1997年1月—2028年7月	实体性国际组织
10		金秀良	Swiss National Science Foundation	瑞士国家自然基金委	咨询专家	2021年2月—2025年12月	实体性国际组织
11		金秀良	Austrian Science Fund	奥地利国家自然基金委	咨询专家	2020年2月—2025年12月	实体性国际组织
12		殷大萌	American Association of Geographers（AAG）Remote Sensing Specialty Group	美国地理学家协会遥感专业组	理事	2021年4月—2025年4月	实体性国际组织
13		殷大萌	The International Association of Chinese Professionals in Geographic Information Sciences	国际华人地理信息科学协会	学生论文竞赛委员	2023年1—12月	实体性国际组织
14		万建民	International Crop Science Society	国际作物学会	理事长	2016年1月起，长期	学会
15		张卫建	The World Bank	世界银行	咨询专家	2023年6—9月	实体性国际组织
16		张卫建	Food and Agriculture Organization of the United Nations	联合国粮食及农业组织	咨询专家	2023年6—11月	实体性国际组织
17		徐云碧	International Maize and Wheat Improvement Center	国际玉米小麦改良中心	咨询专家	2010—2023年	实体性国际组织
18		郑晓明	IRRI	国际水稻研究所驻中国办事处	主席	2023年1—12月	实体性国际组织
19		郑晓明	TUCN	世界自然保护联盟	委员	2022年1月—2025年12月	重大国际倡议
20		陈晓玲	Membership Committee of the Society for Cryobiology	国际低温生物学会会员资格审查委员会	委员	2017年5月起，长期	学会

（续表）

序号	研究所	专家姓名	机构英文名称	机构中文名称	担任职务	任职起止时间	机构性质
21	作科所	毛　龙	International Council of the Third International Wheat Congress	第三届国际小麦大会国际理事会	副主席	2022 年 11 月—2024 年 11 月	实体性国际组织
22		阎　哲	World Soybean Research Conference	世界大豆研究大会	常任理事	2023—2027 年	实体性国际组织
23		刘录祥	CGIAR	国际农业研究磋商组织	咨询专家	2021 年 1 月—2023 年 3 月	实体性国际组织
24		刘录祥	Asia Pacific Plant Mutagenesis and Breeding Network	亚太植物诱变育种协作网	主席	2019 年 7 月—2023 年 12 月	实体性国际组织
25		刘录祥	RCA	国际原子能机构核技术合作项目指导委员会	委员	2017 年 1 月—2025 年 12 月	实体性国际组织
26		刘录祥	FAO	联合国粮农组织	咨询专家	2023 年 1 月至今	“一国一品”全球行动咨询专家
27		郭会君	FAO	联合国粮农组织	咨询专家	2023 年 1 月至今	“一国一品”全球行动咨询专家
28	植保所	曹坳程	United Nations Environment Programme Methyl Bromide Technical Options Committee	联合国环境规划署甲基溴技术选择委员会	主席	2005 年 9 月—2025 年 9 月	实体性国际组织
29		高玉林	VinFuture Prize Committee	国际温纳未来科技奖提名委员会	委员	2023 年 1 月—2026 年 12 月	实体性国际组织
30		高玉林	International Biological Control Organization	国际生物防治组织	副主席	2020 年 1 月—2024 年 12 月	实体性国际组织
31		高玉林	International Working Group on Biological Control of Pests in Solanaceous Crops (Potatoes)	马铃薯等茄科作物害虫生物防治国际工作组	主席	2021 年 11 月—2026 年 11 月	实体性国际组织

（续表）

序号	研究所	专家姓名	机构英文名称	机构中文名称	担任职务	任职起止时间	机构性质
32	植保所	李世访	International Council for the Study of Virus and other Graft Transmissible Diseases of Fruit Crops	国际果树作物病毒和其他嫁接传染病研究理事会	主席	2014 年 11 月—2028 年 12 月	实体性国际学会
33		李香菊	Asia Pacific Weed Society	亚太杂草学会	副主席	2019 年 1 月—2024 年 12 月	实体性国际学会
34		彭德良	International Federation of Nematology Societies	国际线虫学会	委员	2009 年 12 月—2025 年 12 月	实体性国际组织
35		王桂荣	Asia - Pacific Association of Chemical Ecologists	亚太国际化学生态学会	主席	2019 年 12 月—2023 年 12 月	实体性国际学会
36		王锡锋	International Committee on Taxonomy of Viruses（ICTV）Luteovirus Working Group	国际病毒分类委员会黄症病毒工作组	咨询专家	2013 年 4 月—2023 年 12 月	实体性国际组织
37		王振营	IWGO-IOBC	国际生防组织国际玉米螟及其他玉米害虫研究协作组	主席	2020 年 9 月—2025 年 12 月	实体性国际组织
38		王振营	Technical Committee for the Global Action for Fall Armyworm Control-FAO	联合国粮食及农业组织草地贪夜蛾行动计划技术委员会	委员	2015 年 5 月—2025 年 12 月	实体性国际行动
39		吴孔明	Technical Committee for the Global Action for Fall Armyworm Control-FAO	联合国粮食及农业组织草地贪夜蛾行动计划技术委员会	委员	2015 年 5 月—2025 年 12 月	实体性国际行动
40		吴孔明	Global Action for Fall Armyworm Control Steering Committee Membership List	联合国粮食及农业组织草地贪夜蛾防控指导委员会	副主席	2018 年 7 月—2024 年 12 月	实体性国际行动

（续表）

序号	研究所	专家姓名	机构英文名称	机构中文名称	担任职务	任职起止时间	机构性质
41	植保所	徐学农	Predatory Mites as Biological Control Agents Working Group, Internaitional Organization of Biological Control, Asia and the Pacific Regional Section	国际生物防治组织亚太区“生物防治物捕食螨”工作组	协调人	2017年7月至今	实体性国际组织
42		杨念婉	International Biological Invasion Commission	国际生物入侵委员会	委员	2019年1月—2024年12月	实体性国际组织
43		袁会珠	International Precision Agriculture Aviation Association	国际精准农业航空协会	理事	2015年5月—2025年12月	实体性国际组织
44		袁会珠	International Commission on Agriculture and Biological Engineering	国际农业与生物工程委员会	理事	2014年6月—2025年12月	实体性国际组织
45		张　杰	IOBC-BiCoSol	马铃薯等茄科作物害虫生物防治国际工作组	委员	2020年12月—2023年1月	实体性国际组织
46		张礼生	ASEAN Action Plan on Fall Armyworm	东盟草地贪夜蛾行动计划	委员	2017年8月—2025年12月	实体性国际行动
47		周雪平	IAPPS	国际植物保护科学学会	主席	2019年9月—2024年12月	实体性国际学会
48		周雪平	Tenuivirus Study Group	国际病毒分类委员会	委员	2020年1月—2024年12月	实体性国际学会
49		周益林	Agri－Tech in China: Newton Network+	中国农业科技：牛顿网络+	咨询专家	2020年5月—2024年12月	实体性国际组织
50		周益林	Subject Matter Committee on Biotic Constraints to Food and Fiber Production	食品和纤维生产的生物限制主题委员会	委员	2019年3月—2024年12月	实体性国际组织

（续表）

序号	研究所	专家姓名	机构英文名称	机构中文名称	担任职务	任职起止时间	机构性质
51	植保所	万方浩	Expert Committee of the International Plant Protection Convention	国际植物保护公约专家委员会	委员	2011年9月至今	实体性国际组织
52		万方浩	Intergovernmental Science Policy Platform Multidisciplinary Expert Committee on Biodiversity and Ecosystem Services	生物多样性与生态系统服务政府间科学—政策平台多学科专家委员会	专家	2014年至今	虚拟性国际合作机制
53		万方浩	Invasive Species Specialist Group, IUCN Species Survival Commission	入侵物种专家组，IUCN物种生存委员会	委员	2009年至今	实体性国际学会
54		万方浩	Expert Committee of International Congress of Biological Invasions	国际生物入侵大会专家委员会	专家	2010年至今	重大国际会议
55		万方浩	Global Invasive Species Information Network	全球入侵物种信息网	执行委员会委员	2005年至今	虚拟性国际合作机制
56		陈巨莲	CIMMYT-Expert Working Group of Wheat Initiative	国际玉米和小麦改良中心小麦倡议专家工作组	委员	2022年7月至今	实体性国际组织
57		张　勇	CIMMYT-Expert Working Group of Wheat Initiative	国际玉米和小麦改良中心小麦倡议专家工作组	委员	2022年7月至今	实体性国际组织
58		谭晓玲	CIMMYT-Expert Working Group of Wheat Initiative	国际玉米和小麦改良中心小麦倡议专家工作组	委员	2022年7月至今	实体性国际组织

（续表）

序号	研究所	专家姓名	机构英文名称	机构中文名称	担任职务	任职起止时间	机构性质
59	植保所	吴孔明	Action Plan for the Cooperation in Plant Protection between China and Southeast Asian Countries	中国—东南亚植物保护合作行动方案	主席	2022 年 11 月—2025 年 11 月	重大国际行动
60		周雪平	Action Plan for the Cooperation in Plant Protection between China and Southeast Asian Countries	中国—东南亚植物保护合作行动方案	委员	2022 年 11 月—2025 年 11 月	重大国际行动
61		陆宴辉	Action Plan for the Cooperation in Plant Protection between China and Southeast Asian Countries	中国—东南亚植物保护合作行动方案	委员	2022 年 11 月—2025 年 11 月	重大国际行动
62		张　杰	Action Plan for the Cooperation in Plant Protection between China and Southeast Asian Countries	中国—东南亚植物保护合作行动方案	委员	2022 年 11 月—2025 年 12 月	重大国际行动
63		刘文德	Action Plan for the Cooperation in Plant Protection between China and Southeast Asian Countries	中国—东南亚植物保护合作行动方案	委员	2022 年 11 月—2025 年 12 月	重大国际行动
64		刘万学	Action Plan for the Cooperation in Plant Protection between China and Southeast Asian Countries	中国—东南亚植物保护合作行动方案	委员	2022 年 11 月—2025 年 12 月	重大国际行动
65		王振营	Action Plan for the Cooperation in Plant Protection between China and Southeast Asian Countries	中国—东南亚植物保护合作行动方案	委员	2022 年 11 月—2025 年 12 月	重大国际行动
66		侯茂林	Action Plan for the Cooperation in Plant Protection between China and Southeast Asian Countries	中国—东南亚植物保护合作行动方案	委员	2022 年 11 月—2025 年 12 月	重大国际行动

（续表）

序号	研究所	专家姓名	机构英文名称	机构中文名称	担任职务	任职起止时间	机构性质
67	植保所	侯茂林	Action Plan for the Cooperation in Plant Protection between China and Southeast Asian Countries	中国—东南亚植物保护合作行动方案	委员	2022年11月—2025年12月	重大国际行动
68		张毅波	International Working Group on Biological Control of Pests in Solanaceous Crops（Potatoes）	马铃薯等茄科作物害虫生物防治国际工作组	委员	2021年11月—2023年12月	实体性国际组织
69	蔬菜所	顾兴芳	International Society for HorticulturalScience，Group Cucurbitaceae	国际园艺学会葫芦科分会	主席	2019年6月—2023年6月	学会
70		张友军	IOBC-BiCoSol	马铃薯等茄科作物害虫生物防治国际工作组	学术咨询专家	2021年2月至今	实体性国际组织
71	环发所	姚宗路	GIZ	德国国际合作机构	咨询专家	2021年1月—2023年12月	项目
72		赵立欣	GIZ	德国国际合作机构	咨询专家	2021年1月—2023年12月	项目
73		于寒青	IAEA	国际原子能机构	咨询专家	2023年7—12月	国际组织
74		董红敏	Global Research Alliance on Agricultural Greenhouse Gases	全球农业温室气体研究联盟	粪污管理网络主席	2020年1月—2023年12月	国际组织
75		马　欣	Integrity Council for the Voluntary Carbon Market	国际自愿碳交易诚信委员会	咨询专家	2023年1月—2025年12月	国际组织
76		赵　明	IFAD	国际农业发展基金	咨询专家	2023年1月—2024年12月	国际组织
77		董红敏	FAO	联合国粮农组织	咨询专家	2023年3月—2024年12月	国际组织
78		朱志平	FAO	联合国粮农组织	咨询专家	2023年3月—2024年12月	国际组织
79		李迎春	IFAD	国际农发基金	咨询专家	2023年4月—2024年12月	国际组织
80		李迎春	ANSO	“一带一路”国际科学组织联盟	咨询专家	2022年1月—2023年12月	国际组织

（续表）

序号	研究所	专家姓名	机构英文名称	机构中文名称	担任职务	任职起止时间	机构性质
81	环发所	朱志平	ADB	亚洲发展银行	咨询专家	2023年2月—2024年10月	国际组织
82		高清竹	Mountain Partnership	FAO山地伙伴关系	委员	2019年7月—2023年12月	国际组织
83		顾峰雪	AsiaFlux Science Steering Committee	亚洲能量协作网科学委员会	委员	2021—2024年	国际组织
84		董红敏	IPCC EFDB Editorial Board Members	IPCC排放因子数据库	委员	2021—2023年	国际组织
85	牧医所	丁家波	World Organization for Animal Health	世界动物卫生组织	布鲁氏菌病参考实验室首席专家	2019年5月	国际组织
86		丁家波	Food and Agriculture Organization of the United Nations	联合国粮食与农业组织	布病参考中心主任	2021年11月	国际组织
87	蜜蜂所	刁青云	Food and Agriculture Organization of the United Nations	联合国粮食与农业组织	纳米比亚国家代表	2023年6月—2025年5月	实体性国际组织
88	饲料所	王建华	International Lactoferrin Conference	国际乳铁蛋白会议	会议主席和会议委员	2007年9月	
89		周志刚	International Fish Microbiota Workshop	国际鱼菌互作学术研讨会	当然委员	2019年10月至今	实体性国际学会
90		周志刚	International Research Consortium Agreement on GIT Microbiota of Aquatic Animals	国际水产动物消化道微生物研究联盟	副主席	2019年5月至今	实体性国际组织
91		周志刚	China-Norway Joint Lab on Fish Gut Microbiota	中国—挪威鱼类消化道微生物联合实验室	中方主任	2015年9月—2023年9月	实体性国际机构

（续表）

序号	研究所	专家姓名	机构英文名称	机构中文名称	担任职务	任职起止时间	机构性质
92	饲料所	周志刚	2019 Netherlands Organization for Scientific Research NOW	2019荷兰科学研究组织	特邀评审专家	2019年2月至今	实体性国际组织
93		周志刚	2020 PEW Oceanographer Project	2020美国皮尤海洋学者项目	提名专家	2019年1月至今	实体性国际项目
94		周志刚	China-Norway Technological Innovation Center for Development and Utilization of Aquatic Animal Feed Resources	中国—挪威水产动物饲料资源开发与利用技术创新中心	中方主任	2023年9月至今	实体性国际机构
95		周志刚	Sino-Italy Joint Lab on Fish Gut Microbiota and Animal Welfare	中国—意大利鱼类消化道微生物与动物福利联合实验室	中方主任	2023年11月至今	实体性国际机构
96		冉 超	International Research Consortium Agreement on GIT Microbiota of Aquatic Animals	国际水产动物消化道微生物研究联盟	秘书	2019年5月至今	实体性国际组织
97		蒋显仁	University of Milan	意大利米兰大学	客座教授	2020年1月至今	
98		王 晶	Canadian Poultry Research Council	加拿大家禽研究委员会	科技项目评审专家	2021年1月—2025年12月	实质性国际学会
99	加工所	李 欣	ISO. TC34. SC6	国际标准化组织食品技术委员会肉禽蛋鱼及其制品分委员会	国内技术对口工作组专家	2023年11月—2026年11月	实体性国际组织、机构、学会
100	农经所	李先德	FAO	联合国粮食及农业组织	全球重要农业文化遗产（GIAHS）科学委员会委员副主席	2021年12月—2023年12月	实体性国际组织

（续表）

序号	研究所	专家姓名	机构英文名称	机构中文名称	担任职务	任职起止时间	机构性质
101	农经所	麻吉亮	World Food Programme（WFP）Resilient Local Food Supply Chains Alliance	世界粮食计划署韧性区域食物供应链联盟	国际咨询专家	2023 年 9 月—2024 年 12 月	重大国际倡议
102	资划所	白可喻	the Alliance of Bioversity International and CIAT	国际生物多样性中心和国际热带农业中心联盟	理事长	2023 年 1—12 月	实体性国际组织
103		何　萍	the International Scientific Center for Fertilizers	国际肥料科学中心亚洲分中心	主席	2016 年 8 月—2026 年 8 月	实体性国际组织
104		高　巍	International Mushroom Association	国际蘑菇学会	委员	2015 年 4 月至今	实体性国际组织
105		邵长亮	US-China Carbon Consortium	中美碳联盟	主席	2021 年 7 月—2024 年 7 月	虚拟性国际合作机制
106		辛晓平	US-China Carbon Consortium	中美碳联盟	委员	2019—2024 年	虚拟性国际合作机制
107		辛晓平	Global Ecosystem and Environment Observation Analysis Research Cooperation	全球生态系统与环境观测分析研究合作组织	理事长	2023 年 1 月—2025 年 12 月	实体性国际组织
108		吴红慧	NPK Drought Network	氮磷钾和干旱交互联网实验平台	委员	2020 年 1 月—2025 年 12 月	虚拟性国际合作机制
109		姚艳敏	ISO. TC 211. WG1	国际标准化组织地理信息技术委员会第 1 工作组	咨询专家	2022 年 1 月—2023 年 1 月	实体性国际组织
110		吴红慧	Disturbance and Resources Across Global Grasslands Network	全球草地干扰和资源网络	委员	2021 年 1 月—2026 年 12 月	虚拟性国际合作机制

（续表）

序号	研究所	专家姓名	机构英文名称	机构中文名称	担任职务	任职起止时间	机构性质
111	资划所	张仙梅	International Federation of Measurement and Control of Granular Materials Application Committee	国际粉体检测与控制联合会工业应用委员会	理事	2022 年 5 月至今	实体性国际组织
112		邵长亮	FLUXNET	世界通量网	委员	2022 年 1 月—2023 年 1 月	虚拟性国际合作机制
113	质标所	王培龙	VEBLEO	国际组织	资深研究员	2022 年 4 月至今	学会
114		穆希岩	National Science Center, Poland	波兰国家科学中心	提案审核	2022 年 9 月至今	实体性国际机构
115		徐贞贞	International Fruit and Vegetable Juice Association	国际果蔬汁协会	会员	2022 年 1 月至今	学会
116		陈　璐	European Society of Toxicology	欧洲毒理学会	毒理专家	2023 年 6 月至今	学会
117	营养所	刘　锐	ICC	国际谷物科技协会	会员工作委员会委员	2020 年 12 月—2023 年 1 月	实体性国际组织
118		刘　锐	World Federation of Chinese Catering Industry	世界中餐业联合会中餐工业化产业分会	副主席兼秘书长	2023 年 3 月—2028 年 3 月	实体性国际组织
119		刘　锐	World Federation of Chinese Catering Industry	世界中餐业联合会咖啡茶饮产业分会	联席主席	2023 年 6 月—2028 年 6 月	实体性国际组织
120	灌溉所	齐学斌	International Commission on Irrigation and Drainage	国际灌溉排水委员会	灌区节水工作组和非传统水源灌溉工作组委员	2021 年 11 月—2024 年 11 月	实体性国际组织
121	灌溉所	胡培松	国际水稻委员会	国际水稻委员会	中国代表	2019 年至今	实体性国际组织、机构、学会
122		胡培松	The Council for Partnerships on Rice Research in Asia	亚洲水稻研究合作委员会	中国代表	2019 年至今	实体性国际组织、机构、学会

（续表）

序号	研究所	专家姓名	机构英文名称	机构中文名称	担任职务	任职起止时间	机构性质
123	灌溉所	胡培松	Hybrid Rice Development Consortium	国际杂交稻联盟	专家委员会委员	现任	实体性国际组织、机构、学会
124	水稻所	王丹英	国际直播稻联盟	国际直播稻联盟	咨询专家	2018 年至今	实体性国际组织、机构、学会
125		罗　炬	国际水稻委员会	国际水稻委员会	中国副代表	现任	实体性国际组织、机构、学会
126		罗　炬	The Council for Partnerships on Rice Research in Asia	亚洲水稻研究合作委员会	中国副代表	现任	实体性国际组织、机构、学会
127		金千瑜		国际（长沙）农田生态种养发展论坛第一届理事会	常务理事	2019—2023 年	实体性国际组织、机构、学会
128		朱德峰	Republic of Korea Rural Development Administration	韩国农业振兴厅	荣誉科学家和顾问	2021—2023 年	实体性国际组织、机构、学会
129	棉花所	杜雄明	the International Cotton Genome Initiative	国际棉花基因组协会	协同主席	2019 年 1 月—2023 年 12 月	学会
130		袁有禄	the International Cotton Genome Initiative	国际棉花基因组协会	协同主席	2019 年 6 月—2023 年 6 月	学会
131		叶武威	the International Cotton Genome Initiative	国际棉花基因组协会	协同主席	2019 年 6 月—2023 年 9 月	学会
132	棉花所	郑明明	美国 AOCS 协会	美国油脂化学家学会	咨询专家	2019 年 1 月至今	实体性国际组织
133		刘胜毅	Global Council for Innovation in Rapeseed and Canola	国际油菜咨询委员会	委员	2019 年 12 月—2024 年 12 月	学会
134		廖伯寿	Groundnut Bacterial Wilt Working Group	国际花生青枯病工作网（国际半干旱研究所）	技术协调员（首席专家）	1997 年 5 月至今	

（续表）

序号	研究所	专家姓名	机构英文名称	机构中文名称	担任职务	任职起止时间	机构性质
135	油料所	李培武	Global Council for Innovation in Rapeseed and Canola	国际油菜咨询委员会	咨询专家	2007年6月至今	学会
136		李培武	ISM	国际真菌毒素学会	咨询专家	2007年6月至今	学会
137		李培武	JECFA	联合国粮农组织和世界卫生组织-食品添加剂联合专家委员会	评审专家	2015年1月至今	学会
138		王汉中	Global Council for Innovation in Rapeseed and Canola	国际油菜咨询委员会	理事	2003年6月至今	学会
139		张良晓	Global Council for Innovation in Rapeseed and Canola	国际油菜咨询委员会	理事	2022年12月—2026年12月	学会
140	麻类所	王玉富	Coordination Center of the FAO European Cooperative Research Network on Flax and Other Bast Plants	粮农组织欧洲亚麻及其他韧皮纤维植物协作组织	中国区域代表	2017年6月至今	实体性国际组织
141		杨永坤	International Natural Fibres Organization	国际天然纤维组织	主席	2019年9月—2024年9月	实体性国际组织
142		郭旭虹	Asian Pacific Confederation of Chemical Engineering Member		Secretariat	2021年10月至今	实体性国际组织
143		郭旭虹	International Symposia on Polyelectrolytes（ISP）		International Advisory Board	2012年至今	实体性国际组织

（续表）

序号	研究所	专家姓名	机构英文名称	机构中文名称	担任职务	任职起止时间	机构性质
144	郑果所	方金豹	International Cultivar Registration Authority for Actinidia	国际园艺学会命名与登录委员会	猕猴桃属新品种的国际登录权威	2019年10月至今	实体性国际组织
145		刘文革	International Society for Horticultural Science	国际园艺学会	葫芦科分会主席	2023年6月至今	实体性国际组织
146		孙晓玲	Asia-Pacific Association of Chemical Ecologists	亚太化学生态学学会	理事	2020—2024年	学会
147		孙晓玲	International Society of Chemical Ecology	国际化学生态学学会	理事	2022—2026年	学会
148		孙晓玲	Scientific Advisory Committee, ISCE	国际化学生态学学会年会科学咨询委员会	委员	2023年	学会
149		李　鑫	Asia Association of Plant Scientists	亚洲植物科学家协会	执行委员会委员	2023年1月至今	
150		李雁冰	WHO. WOAH OFFLU	WOAH-FAO 动物流感专家组	执委	2021年6月—2024年6月	实体性国际组织
151	兰兽研	朱启运	IAEA	国际原子能机构	咨询专家	2022—2026年	机构
152		殷　宏	STAR-IDAZ IRC	动物与人畜共患主要传染疾病研究统筹协调全球战略促进协调机构	主席	2019—2024年	实体性国际组织
153		刘湘涛	WOAH China National Foot-and-Mouth Disease Reference Laboratory	WOAH 口蹄疫参考实验室	主席	长期	机构
154		殷　宏	WOAH Ovine Theileriosis Reference Laboratory	WOAH 羊泰勒虫病参考实验室	主席	长期	机构

（续表）

序号	研究所	专家姓名	机构英文名称	机构中文名称	担任职务	任职起止时间	机构性质
155	兰兽研	骆学农	WOAH Reference Laboratory for Cysticercosis	WOAH 囊尾蚴病参考实验室	主席	长期	机构
156		付宝权	ZODIAC National Laboratory	ZODIAC 人兽共患病行动国家重点实验室	主席	2022—2030 年	机构
157	草原所	金　轲	Intergovernmental Technical Panel on Soils	联合国粮农组织全球土壤合作伙伴关系政府间高级专家组	专家	2022—2025 年	实体性国际组织
158		李　平	International Society of Environmental and Rural Development	国际环境与农村发展学会	国家．地区副主席	2019 年 1 月—2024 年 1 月	学会
159	环保所	赵丽霞	Basel Convention Regional Centre for Asia and the Pacific	巴塞尔公约亚太区域中心	化学品和废物环境管理智库专家	2023 年 11 月—2028 年 11 月	实体性国际组织
160		张贵龙	World Wide Fund for Nature	世界自然基金会	咨询专家	2014 年 9 月至今	实体性国际组织
161	沼科所	刘　刈	ISO	国际标准化组织沼气技术委员会	委员	长期	实体性国际组织
162		龙　燕	Asia Biogas Association	亚太沼气联盟	委员	长期	虚拟性国际合作机制等
163	农机化所	薛新宇	International Commission of Agricultural Engineering	国际农业工程学会精准农业航空工作委员会	副主任	2013 年 9 月至今	实体性国际组织
164	沼科所	王　韧	International Organizational for Biological Control	国际生物防治组织	终身荣誉会员	终身	实体性国际组织
165	沼科所	王　韧	International Centre of Bio-saline Agriculture	国际生物盐碱农业中心	理事会理事学术与计划委员会主席	2019—2024 年	实体性国际组织

（续表）

序号	研究所	专家姓名	机构英文名称	机构中文名称	担任职务	任职起止时间	机构性质
166	基因组所	叶国友	International Rice Research Institute	国际水稻研究所	高级科学家	2017 年 1 月至今	实体性国际组织
167		程　旭	Wageningen for the University	荷兰瓦赫宁根大学	客座科学家、植物科学研究生院合作博士生导师	2020 年 6 月—2022 年 5 月	大学
168		万方浩	IUCN Species Survival Commission	国际自然保护联盟物种生存委员会	会员	2021 年 1 月—2025 年 12 月	实体性国际组织
169		程时锋	Designing Future Wheat	未来小麦联盟	参与人	2021 年 1 月至今	实体性国际组织、机构、学会
170		程时锋		国际种业科学家联合体	执行委员会副主任	2021 年 12 月至今	实体性国际组织、机构、学会
171		周永锋	Plant Genomes Online	第一届 PGO 国际大会	亚洲区负责人	2022 年 4—12 月	虚拟性国际合作机制
172		王桂荣	Asia-Pacific Association of Chemical Ecologists	亚太国际化学生态学会	主席		实体性国际组织
173	都市所	任茂智	International Atomic Energy Center	国际原子能中心	首席科学家	2022 年 1 月—2026 年 12 月	实体性国际组织
174		费书朗	FAO World Food Forum	联合国粮农组织世界粮食论坛	青年科学家	2022 年 5 月—2023 年 5 月	
175		费书朗	High Level Panel of Experts on Food Security and Nutrition	世界粮食安全委员会粮食安全和营养问题高级别专家小组	专家	2023 年 5 月—2024 年 10 月	

（续表）

序号	研究所	专家姓名	机构英文名称	机构中文名称	担任职务	任职起止时间	机构性质
176	都市所	刘宏艳	world federation ofchinese catering industry	世界中餐业联合会咖啡茶饮分会	副秘书长	2023年9月—2028年9月	国际性社团
177		杨其长	ISHS	国际园艺学会植物生产系统智能化专委会	主席	2018年8月至今	
178		杨其长	ISA	国际半导体照明联盟农业照明委员会	主席	2021年11月至今	
179		杨其长	ISA	国际半导体照明联盟顾问委员会	委员	2021年11月至今	
180	南繁院	金秀良	Swiss National Science Foundation	瑞士国家自然基金委	咨询专家	2021年2月—2025年12月	
181		金秀良	Austrian Science Fund	奥地利国家自然基金委	咨询专家	2020年2月—2025年12月	
182		殷大萌	American Association of Geographers（AAG）Remote Sensing Specialty Group	美国地理学家协会遥感专业组	理事	2021年4月—2025年4月	
183		殷大萌	The International Association of Chinese Professionals in Geographic Information Sciences	国际华人地理信息科学协会	学生论文竞赛委员	2023年1—12月	

五、人事管理与人才建设

中国农业科学院2023年人事人才工作概况

2023年，在中国农业科学院党组坚强领导下，坚持以习近平新时代中国特色社会主义思想为指导，深入学习贯彻党的二十大精神，锚定建设农业强国职责使命，按照院工作会议“抓改革、优布局、强统筹、提能力”总体要求，聚焦“四中心一智库”建设重点任务，围绕院党组确定的“六件大事”，建机构、配干部、聚人才、强保障，全力为“举院抓大事”提供组织保证和人才支撑，各项重点任务取得积极进展。

一、锐意进取，人事人才工作取得新进展

（一）聚焦院所发展，抓好重大改革任务落实

一是有序推动院部改革平稳落地。着眼加强院党组对新时期农业科技工作的全面领导，按照院党组部署，系统谋划推进院部职能优化调整，组建重大任务局，更名组建发展建设局，优化后勤服务机构设置和职能配置，完成重大任务局等6个部门“三定”规定制修订。先后召开专班启动会、工作调度会、院部改革暨新部门揭牌会议，深入细致开展谈心谈话，平稳有序完成涉改部门领导班子调整配备、处级干部岗位调整和处以下人员转隶工作，会同重大任务局探索院部新型用人机制，实现改革步伐紧凑连贯、稳妥落地。

二是积极推进科研力量布局调整。贯彻落实党的二十大关于完善科技创新体系部署，主动适应国家科技体制改革新要求，对标“四个面向”，坚持问题导向、目标导向，以新建一批“战略、前沿”，撤销一批“同质、同类”，重组一批“过小、过散”，加强一批“传统、优势”为总体思路，谋划推进全院科研力量布局优化调整，构建适应新时代要求的农业科技创新体系。有关方案已经部科技创新领导小组第1次会议审议通过。

三是深入推进编制备案管理试点。进一步盘活用好编制资源，聚焦种子、耕地、生物安全等重点领域编制需求，重点保障、分类调剂，形成院编制调整方案，报中央编办备案、部党组批复，中国农业科学院编制自主调剂取得重要突破。研究审核7家院属单位内设机构调整事项；办理事业单位登记管理等有关事项22项。

（二）着眼事业需要，加强领导班子和干部队伍建设

一是着力优化领导班子配备。落实新时代好干部标准，推动选优配强党政正职，选好用好班子副职，全年累计任免农业农村部、中国农业科学院党组管理干部 76 人次，新提任所局级干部 28 名，不断增强班子力量和整体功能。做好 8 家单位党委纪委换届、增补委员候选人预备人选审批工作。

二是稳妥推进干部队伍年轻化。开展优秀干部调研。持续加大“80 后”年轻干部选配力度，17 个班子实现“80 后”副职配备。落实任期制，累计推动 22 名任职满 10 年的所局级干部退出班子。

三是强化干部管理监督。组织开展干部队伍教育整顿，强化“一把手”和领导班子监督，发挥“一报告两评议”监督作用，个人有关事项报告查核一致率达历史最高水平。加强领导人员企业兼职管理，对 4 家院属单位开展“一把手”任中和离任经济责任审计。制定领导人员社团兼职工作规范，办理备案 51 人次。

四是加强干部培训和实践锻炼。组织参加中央党校与上级部门调训 108 人次；举办所局级干部、新入职人员、离退休工作等培训。选派 13 名优秀干部人才，承担援疆、定点帮扶、博士服务团等挂职任务。

（三）围绕中心任务，加快建设国家农业战略人才力量

一是着力推进“农科英才”品牌升级。首次制定出台《“农科英才”工程管理办法》，完善资源配置结构，调整择优遴选方式，创新考核评估机制，优化“四横四纵”体系。完成新一批人才的择优遴选，农科英才总数突破 470 人。第二批农科英才期满考核 12 人优秀，17 人退出或调整支持，实现动态管理。农科英才做法获评部系统组织人事工作优秀案例。

二是持续加强高层次人才队伍建设。新增顶端人才 2 人，入选国家级人才计划 67 人次，1 人荣获首届“国家工程师奖”。引进 41 名人才中近 60%来自 QS 世界大学学科排名前 100 的高校。优化高级专家延退政策。指导办好郭予元、庄巧生院士纪念活动。出台《京区农科英才周转住房管理办法》，组织英才公寓入住，首批解决 7 位农科英才、16 名博士后住房问题。承办“西部之光”访问学者、少数民族特培学员培养工作。

三是积极探索推进人才分类评价改革。出台职称评审管理办法和 6 个系列评价标准，优化业绩条件“新标”，鼓励重大原创性成果产出；职称晋升、岗位聘用指标向产业专家团等服务一线、“六件大事”管理等人才支持。授予 9 家全国重点实验室主建单位正高级职称评审权限。推进科技人才评价改革试点、自主确定专业技术岗位结构比例试点。

四是不断夯实后备人才力量。博士后稳定在 820 人以上。获批博士后工作站、创新

实践基地各1个。启动青年远航计划。33人入选首批国家级博士后引进、派出项目，52人获院优秀博士后、"优农计划"资助。博士后获各类基金资助154项，以1/4的规模获得近1/2的青年基金项目。全国博士后创新创业大赛中获得1银牌、2铜牌、3优胜奖的佳绩，奖牌数居北京赛区首位。

（四）突出服务大局，强化人事工作基础保障

一是着力推动招聘调配工作提质增量。出台《公开招聘管理办法》，组织举办部系统面试考官培训。调配指标取得较大突破，京区单位接收毕业生同比增长近50%，京外调干数量同比增长3倍，解决夫妻两地分居数量持续保持高位运行。优化招聘工作，举办两期重点院校"云宣讲"活动，年度招聘各类人员近300人；有序组织机关招聘，优化岗位设置、考试方式，拓宽选才用才空间，连续两年从"985""211"重点院校引进优秀毕业生。

二是稳步推进薪酬制度改革。经全力争取，推动1家院属单位纳入中央科研院所薪酬制度改革试点。加强绩效工资管理，组织开展年度绩效工资数据摸底，对3家单位进行约谈。完成机关后勤工资一体化管理改革，统一工资政策和标准，合并养老保险账户，形成机制健全、关系合理、秩序规范的统一管理运行体系；组织开展人事劳动统计工作，为决策提供基础支撑。推动解决4名回京正所级待遇领导干部医疗保障事宜，争取新的政策支持。

三是加强组工干部队伍建设。印发《关于加强院系统组工干部队伍建设的工作方案》，对思想建设、能力提升、作风纪律等提出系统要求，打造高素质专业化组工干部队伍。编印《人事工作纪律规范选编》，明确红线底线，规范履职行为。举办院组织人事专题培训会，宣贯解读有关制度，集中学习纪律规定，切实打通政策落地"最后一公里"。组队参加部系统组工干部应知应会知识竞赛，中国农业科学院两支队伍均以高分成绩进入决赛。

（五）坚持精准服务，持续提升离退休管理工作水平

一是全力做好离退休党总支建设。深入学习贯彻党的二十大精神，创新载体开展主题教育；组织总支2021—2022年度"两优一先"推荐评选；开展困难党员摸底调研，做好走访慰问，加强结对帮扶；组织参加党务干部培训，做细做实离退休干部党建工作。总支被评为院2021—2022年度先进基层党组织。

二是深入开展增添正能量活动。组织"增添正能量·共筑中国梦"系列活动，举办"礼赞二十大　奋进新征程"文艺演出和书画摄影作品展，其中25部作品在农业农村部评选中获奖，获农业农村部离退休职工文艺汇演优秀组织奖；文体组织有序恢复活动，成立太极、朗诵2个文体组织，在各级文艺演出、书画评选和体育比赛中获奖10

余次；编印《吕飞杰院长农科管理理念选编》，传承农科精神；组织 33 个中国农业科学院离退休职工乡村振兴志愿服务队，开展活动 2 300 余人次，助力乡村振兴。

三是持续提升精准服务保障能力。扎实开展年度通报情况，细化落实离休干部"一人一策"服务措施，关心关爱高龄独居等人群，对院机关 39 名特困离退休职工给予救助，完成 1 100 余人次走访慰问；有序开展机关离退休医疗服务和年度体检；完成陈耀邦等 7 位部级老领导来院调研接待；邀请海淀医院专家开展健康讲座义诊，与北京大学医学部联合开展主题党日活动，为全方位融合共建打下良好基础；召开中国农业科学院 2023 年离退休工作会议，开展中国农业科学院离退休工作第三轮督导检查，强化工作部署落实，促进全院离退休工作提质增效。

二、凝心聚力，党建和精神文明建设取得扎实成效

一是高站位推进主题教育。牢牢把握"学理论"主线，原原本本研读学习材料和指定书目，人事局局长带头讲专题党课，班子成员领学促学，示范带动全局同志研讨交流。围绕"六件大事"开设科普讲堂，深化对"国之大者"的理解；组织青年干部赴中棉所、新乡纪念馆参观并交流体会，形成专题简报 1 期，全局职工深刻领悟"两个确立"决定性意义、坚决做到"两个维护"的自觉性显著提升。

二是高标准推进调查研究。紧扣"全党大兴调查研究"的部署要求，赴蔬菜所、南口基地开展"走进科研一线"系列活动，强化服务一线意识。承担完成院重点调研课题，形成"农科英才"、人才评价和博士后队伍建设"1+3"报告，为优化人才政策提供决策参考。组织开展离退休工作大调研，形成调研报告 33 篇，其中 4 篇在部评选中获奖，离退办调研报告获一等奖。

三是高质量推进支部建设。严格执行"三会一课"等组织生活制度，组织开好民主生活会，杨振海书记、党组成员陈华宁参加支部第一党小组组织生活。持续做强"组工讲堂"特色学习品牌，开展多期读书分享活动，积极选派干部参加院巡察、党办主任培训班等，鼓励年轻同志参加各类学习交流，为组工干部成长搭台赋能。

一年来，人事局各项工作得到了上级部门和领导的支持、认可，各方面工作都取得了一定成绩。人事局党支部和机关离退休党总支获中国农业科学院 2021—2022 年度先进基层党组织称号；人事局党支部获中国农业科学院 2022 年度党建宣传信息先进单位，并继续保持中央和国家机关工委"四强"党支部称号；通过人事局的努力，中国农业科学院获得部离退休干部宣传信息工作先进单位、文艺汇演优秀组织奖等。薛鹏飞获 2021 年度所局级干部理论学习论文一等奖。肖碧林获院优秀共产党员、裴越获院优秀党务工作者，纪媛获院 2022 年度党建宣传信息优秀信息员。

三、创新思路，谋划2024年人事人才重点工作

2024年，人事局将在中国农业科学院党组坚强领导下，以习近平新时代中国特色社会主义思想为指导，深入学习贯彻党的二十大、中央农村工作会议和全国农业农村厅局长会议精神，强化全面从严治党，发挥党建引领作用，聚焦“举院抓大事”的落实，围绕科研力量布局调整、深化体制机制改革、“农科英才”工程落地等，统筹推进高层次人才、高素质干部队伍建设和高质量服务保障，为实现高水平农业科技自立自强、支撑全面推进乡村振兴提供坚强的组织保证。

一是统筹推进科研力量布局调整和体制机制改革。大力推动研究所转型发展和优化布局，聚焦国家战略和产业需求，积极稳妥推进科研机构改革走深走实。有序推进研究所编制调整研究，建立编制动态调整长效机制。持续深化人才评价制度改革，研究出台推进人才分类评价的实施意见，制定专技岗位管理办法，抓好国家人才评价改革试点。扎实做好国家薪酬制度改革试点，探索实施激发创新活力、知识价值导向、管理规范有效、保障激励兼顾的薪酬制度。

二是扎实推进领导班子和干部队伍建设。围绕院党组中心工作抓主抓重，聚焦“六件大事”和重大部署，加强对领导班子和干部队伍的综合分析研判，加大优秀年轻干部培养使用力度，让干部各得其所、各尽其职、各展其才。坚持严管厚爱结合，强化全方位管理和经常性监督。强化干部人才教育培训，持续抓好院系统干部调训、专题培训和挂职锻炼。

三是加快推进高层次人才队伍建设。推动“农科英才”工程落地见效，充分发挥工程对建设国家农业科技创新人才中心、打造国家农业战略人才力量的牵引作用。组织复合型领军人才遴选，打造战略科学家后备人才梯队。不断壮大国家级人才队伍，支持其在各类重大科技任务中锤炼成长。持续落实“青十条”专项计划，成立青年联合会，启动实施引航计划，加大对青年人才的培养力度。强化博士后招收与培养，建立预聘制度，畅通优秀博士后留院留所渠道，有效发挥人才储备库的作用。

四是着力优化劳资调配等人事基础工作。研究制定薪酬制度改革试点工作方案，精心组织实施，强化指导监督。指导研究所制定公开招聘实施细则，推进公开招聘管理系统优化升级，稳步提升招聘调配工作质量，全力保障重点领域基础人才需求。加强组工干部队伍建设，推动《关于加强院系统组工干部队伍建设的工作方案》重点任务落地落实，切实强化政治能力、业务素质和作风建设，打造模范部门。

五是积极做好离退休老同志服务工作。做深做实离退休职工思想政治工作。用心用情精准服务，积极对接社会资源，创新工作方法，加强离退休工作人员教育培训，着力提升服务质量。深化拓展“增添正能量”系列活动，策划建国75周年庆祝活动，深入开展“乡村振兴志愿行活动”。开展离退休干部先进集体和个人评选，引导离退休职工为院所发展和党的事业贡献力量。

中国农业科学院组织机构图

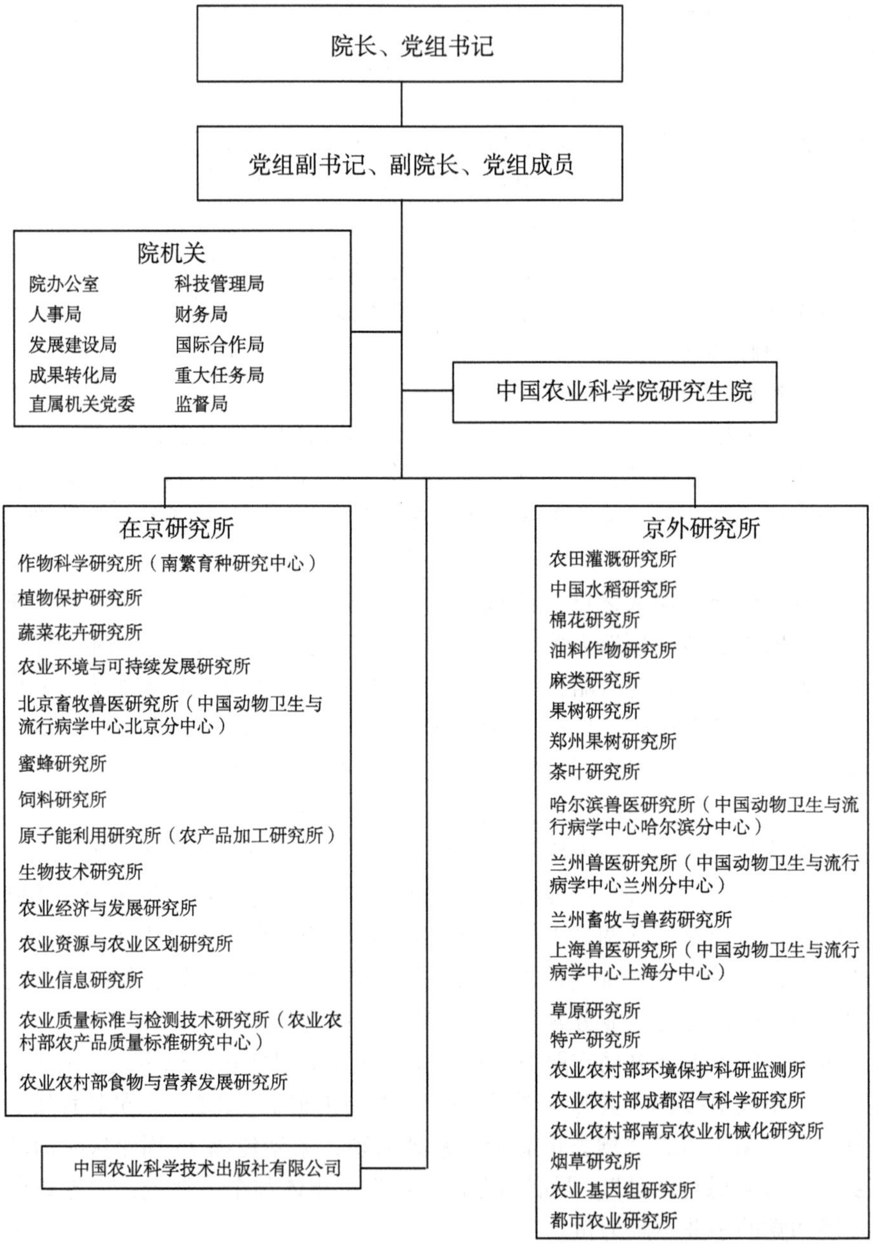

中国农业科学院及院直属单位（部门）领导人员名单

截至2023年12月底

院长、党组副书记：吴孔明
党组书记：杨振海
纪律检查组组长：周若辉
副院长：叶玉江　孙　坦　刘现武　曹永生
党组成员：杨振海　吴孔明　周若辉　叶玉江　孙　坦　刘现武　曹永生
　　　　　陈华宁

农业农村部巡视组

组　长：陈金强（正局级）
副组长：韩小玲（副局级）（女）

院办公室

副主任：孙君茂（主持工作）　张树清　韩　进　张庆忠

科技管理局

局　长：李新海
副局长：刘　涛

人事局

局　长：陈华宁（兼）
副局长：薛鹏飞

财务局

局　长：范　静（女）
副局长：梁富昌

发展建设局

局　长：夏耀西
副局长：李建国　王　欣（女）　于　辉

国际合作局

局　长：金　轲
副局长：钱　钰（女）　翟　琳（女）

成果转化局

局　长：彭文君
副局长：张国良　王宇鸿（女）　刘　洁（女）　张　熠（女）

重大任务局

局　长：钱万强
副局长：季　勇　柴秀娟（女）

直属机关党委

书　记：曹永生（兼）
常务副书记：舒文华
副书记、纪委书记：赵玉林（兼）
副书记、纪委副书记：柯小华（女）
副书记：苗水清

监督局

局　长：赵玉林
副局长：李延青

研究生院

院　长：吴孔明（兼）
党委书记：姜梅林（正局级）（女）
副院长：方海洋
副院长、纪委书记：李哲敏（副局级）（女）

作物科学研究所（南繁育种研究中心）

所长、党委副书记：周文彬
党委书记、副所长：刘录祥
副所长：张春义　王文生
纪委书记：杨　峻（女）

植物保护研究所

所长、党委副书记：陆宴辉
副所长：张　杰　陈　昶　刘蓉蓉（女）　刘文德
纪委书记：刘水长

蔬菜花卉研究所

所长、党委副书记：张友军
副所长：张圣平　张扬勇　翟研宁（女）
纪委书记：王　芳（女）

农业环境与可持续发展研究所

所　长：赵立欣（女）
党委书记、副所长：郝志强

副所长：郝卫平　高清竹　姚宗路
纪委书记：陆美芳（女）

北京畜牧兽医研究所
（中国动物卫生与流行病学中心北京分中心）

所长（主任）、党委副书记：张军民
党委书记、副所长（副主任）：张明富
纪委书记：王　勇
副所长（副主任）：卓俊成　李俊雅　周正奎

蜜蜂研究所

党委书记：谢双红（女）
副所长：徐　欢　吴黎明　刘振虎　田文礼
纪委书记：李海芬（女）

饲料研究所

所长、党委副书记：马　莹（女）
党委书记、副所长：陆建中
副所长、纪委书记：吴子林
副所长：杨培龙　李秀波（女）

原子能利用研究所（农产品加工研究所）

所长、党委副书记：王凤忠
党委书记、副所长：康　威
党委副书记、纪委书记：邓红亮
副所长：王海峰　范　蓓（女）

生物技术研究所

所长、党委副书记：王登山
党委书记、副所长：李红康（女）
副所长：谷晓峰　燕永亮

副所长、纪委书记：郭静利

农业经济与发展研究所

党委书记、副所长：毛世平
副所长、纪委书记：孙东升
副所长：朱铁辉　孔繁涛　胡向东

农业资源与农业区划研究所

所长、党委副书记：吴文斌
党委书记、副所长：王秀芳（女）
副所长：张继宗　张帼俊（女）　易可可

农业信息研究所

所长、党委副书记：周清波
党委书记、副所长：刘继芳
副所长：代辛（副局级）　赵瑞雪（女）
党委副书记、纪委书记：张蕙杰（女）

农业质量标准与检测技术研究所（农业农村部农产品质量标准研究中心）

所长（主任）、党委副书记：钱永忠
党委书记、副所长（副主任）：汪飞杰
副所长（副主任）：杜清海　金　芬（女）　郑床木
纪委书记：朱　捷

农业农村部食物与营养发展研究所

所长、党委副书记：王加启
党委书记、副所长：王晓举
副所长、纪委书记：王晓红
副所长：王济民

中国农业科学技术出版社有限公司

党委书记、执行董事、经理、社长：李祥洲（副所级）
总编辑：沈银书（副所级）
党委副书记、纪委书记、专职监事：李志平（副所级）（女）
副社长：彭　卓（副所级）

农田灌溉研究所

副所长：王景雷（主持工作）　朱东海
党委副书记、纪委书记：邓　祥

中国水稻研究所

所　长：胡培松
副所长：李国荣　王克剑
纪委书记：吴限忠（女）

棉花研究所

所　长：曹永生（兼）
党委书记、副所长：高　雷（新疆挂职）
党委副书记、纪委书记：宋国立
副所长：张西岭　马雄风　彭　军　吴建勇

油料作物研究所

所长、党委副书记：黄凤洪
党委书记、副所长：马秀勇（恩施挂职）
党委副书记、纪委书记：张银波
副所长：王新发、邓乾春

麻类研究所

所长、党委副书记：杨永坤

党委书记、副所长：邱化蛟
副所长：朱爱国　侯春生

果树研究所

所长、党委副书记：程存刚
党委书记、副所长：李滋睿
党委副书记、纪委书记：李建才
副所长：王海波　仇贵生

郑州果树研究所

所长、党委副书记：曹　珂
党委书记、副所长：赵红梅（女）
副所长：王力荣（女）　田　鹏　顿宝庆
党委副书记、纪委书记：高养杰

茶叶研究所

所长、党委副书记：姜仁华
党委书记、副所长：江用文
副所长：阮建云
副所长、纪委书记：王新超

哈尔滨兽医研究所
（中国动物卫生与流行病学中心哈尔滨分中心）

所长（主任）、党委副书记：步志高
副所长（副主任）：刘胜旺　孙百明　王晓钧　李呈军
纪委书记：周　亮

兰州兽医研究所
（中国动物卫生与流行病学中心兰州分中心）

所长（主任）、党委副书记：郑海学
党委书记、副所长（副主任）：罗建勋

副所长（副主任）：朱启运
纪委书记：申拥军

兰州畜牧与兽药研究所

所长、党委书记：张继瑜
纪委书记：杨振刚
副所长：李建喜

上海兽医研究所
（中国动物卫生与流行病学中心上海分中心）

所长（主任）、党委副书记：马志永
党委书记、副所长（副主任）：韩雪松
党委副书记、纪委书记：王香平（女）
副所长（副主任）：李泽君　张礼生

草原研究所

所长、党委副书记：林克剑
党委书记、副所长：张应禄
副所长：王　川　那日苏
纪委书记：萨茹拉（女）

特产研究所

所长、党委副书记：孙长伟
党委书记、副所长：梁　波
党委副书记、纪委书记：田　欣
副所长：刘志杰

农业农村部环境保护科研监测所

所长、党委副书记：熊明民
副所长：周其文　张克强　周　莉（女）
党委副书记、纪委书记：胡　梅（女）

农业农村部成都沼气科学研究所

所长、党委副书记：孟海波
副所长、纪委书记：胡国全
副所长：王　超　何明雄

农业农村部南京农业机械化研究所

所长、党委书记：周国民
副所长：曹光乔
党委副书记、纪委书记：肖体琼（女）

烟草研究所

所长、党委副书记：张忠锋
党委书记、副所长：严定春
党委副书记、纪委书记：吴　洁
副所长：戴培刚

农业基因组研究所

党委书记、副所长：崔泽民
副所长：王桂荣（主持工作）　阮　珏　佟继旭
副所长、纪委书记：饶敏杰

都市农业研究所

所长、党委书记：张德权
副所长：孙长伟（兼）　胡永松　甘炳成　刘　爽
党委副书记、纪委书记：段成立

中国农业科学院2023年院属各单位人员情况统计表

（单位：人）

序号	单位	从业人员	编制内职工总计	专业技术人员						管理人员							工勤技能人员					编制外职工	直属企业职工
				小计	其中在管理岗位上工作人员	正高级	副高级	中级	初级及以下	小计	相当副部	正司局级	副司局级	正处级	副处级	科级及以下	小计	技工一级	技工二级	技工三级	技工四级及以下		
	全院合计	11 213	6 708	6 248	1 504	1 550	2 231	2 171	296	1 576	2	12	75	554	438	495	388	13	94	241	40	4 443	62
	京内合计	4 652	2 938	2 849	790	838	1 051	859	101	824	2	10	38	292	221	261	55	5	22	15	13	1 652	
	京外合计	6 561	3 770	3 399	714	712	1 180	1 312	195	752		2	37	262	217	234	333	8	72	226	27	2 791	
1	院机关	271	271	238	228	43	62	112	21	238	2	5	10	73	46	102	23	1	12	4	6		
2	研究生院	131	79	74	48	16	21	33	4	53		3	1	9	12	28						52	
3	作科所	729	362	355	64	118	135	86	16	64			2	17	28	17	7	2	2	3		367	
4	植保所	335	240	235	49	85	116	34		53			1	20	14	18	1	1				95	
5	蔬菜所	358	207	201	36	65	76	56	4	37			1	22	8	6	5	1	2	1	1	151	
6	环发所	275	200	197	29	64	69	58	6	29			2	15	11	1	3		1		2	75	

（续表）

序号	单位	从业人员	编制内职工总计	专业技术人员						管理人员							工勤技能人员					编制外职工	直属企业职工
				小计	其中在管理岗位上工作人员	正高级	副高级	中级	初级及以下	小计	相当副部	正司局级	副司局级	正处级	副处级	科级及以下	小计	技工一级	技工二级	技工三级	技工四级及以下		
7	牧医所	440	231	230	43	73	74	81	2	44			2	22	4	16						209	
8	蜜蜂所	146	109	106	23	28	39	33	6	23			2	10	8	3	3		3			37	
9	饲料所	180	118	113	25	33	43	35	2	27			2	8	7	10	3			2	1	62	
10	加工所	262	185	185	53	36	57	79	13	53			2	14	13	24						77	
11	生物所	190	133	130	24	52	50	25	3	27			2	12	8	5						57	
12	农经所	133	120	120	33	42	48	27	3	33			2	17	6	8						13	
13	资划所	477	269	261	52	94	107	52	8	59			2	20	20	17	1				1	208	
14	信息所	464	296	286	42	48	97	129	12	43			3	11	27	2	9		2	5	2	168	
15	质标所	140	84	84	27	26	40	18		27			2	16	5	4						56	
16	营养所	59	34	34	14	15	17	1	1	14		2	2	6	4							25	
17	出版社	62																					62
18	灌溉所	220	145	128	40	20	36	66	6	46			1	14	10	21	11		3	7	1	75	

（续表）

序号	单位	从业人员	编制内职工总计	专业技术人员						管理人员							工勤技能人员					编制外职工	直属企业职工
				小计	其中在管理岗位上工作人员	正高级	副高级	中级	初级及以下	小计	相当副部	正司局级	副司局级	正处级	副处级	科级及以下	小计	技工一级	技工二级	技工三级	技工四级及以下		
19	水稻所	560	304	252	38	59	94	88	11	43		2	3	9	23	6	47	1	12	34		256	
20	棉花所	735	453	377	105	63	80	178	56	106			2	26	24	54	75		7	68		282	
21	油料所	386	244	222	43	47	71	100	4	43			2	18	11	12	22	1	2	18	1	142	
22	麻类所	168	157	123	30	24	53	41	5	34			2	14	16	2	30		2	26	2	11	
23	果树所	311	161	131	47	25	41	51	14	49			1	20	9	19	28		3	23	2	150	

注：1. 从业人员包含编制内职工和编制外职工。

中国农业科学院2023年院属各单位专业技术人员情况统计表

（单位：人）

序号	单位	科技人员总数	职称情况				学历情况			学位情况		年龄情况						专家情况	
			正高级	副高级	中级	初级及以下	研究生	大学	大专及以下	博士	硕士	35岁及以下	36~40岁	41~45岁	46~50岁	51~54岁	55岁及以上	两院院士	国家级专家
	全院总计	6 248	1 550	2 231	2 171	296	4 991	1 123	134	3 542	1 804	1 540	1 417	1 256	752	572	711	18	315
	京内合计	2 849	838	1 051	859	101	2 396	414	39	1 906	641	646	667	538	358	276	364	13	203
	京外合计	3 399	712	1 180	1 312	195	2 595	709	95	1 636	1 163	894	750	718	394	296	347	5	112
	机关小计	238	43	62	112	21	150	76	12	55	113	58	46	52	10	42	30	8	8
1	院办公室	73	13	8	44	8	35	28	10	15	23	11	13	10	4	18	17	7	6
2	科技局	20	1	8	8	3	16	3	1	9	7	7	2	6	1	3	1		
3	人事局	23	3	8	8	4	14	9		3	14	9	3	5	1	3	2		
4	财务局	27	4	9	13	1	12	15		2	13	10	6	2	1	4	4		
5	发建局	22	2	7	12	1	15	6	1	4	11	5	5	6		5	1		
6	国合局	18	2	3	12	1	13	5		5	11	4	4	8		1	1		
7	转化局	15	5	4	5	1	10	5		2	12	4	3	1	2	4	1		

（续表）

序号	单位	科技人员总数	职称情况				学历情况			学位情况		年龄情况						专家情况	
			正高级	副高级	中级	初级及以下	研究生	大学	大专及以下	博士	硕士	35岁及以下	36~40岁	41~45岁	46~50岁	51~54岁	55岁及以上	两院院士	国家级专家
8	机关党委	13	2	7	3	1	12	1		3	10	3	3	3	1	1	2		
9	监督局	12	3	3	5	1	8	4		1	8	2	2	5		2	1		
10	重任局	15	8	5	2	0	15			11	4	3	5	6		1		1	2
11	研究生院	74	16	21	33	4	48	24	2	18	45	13	20	16	6	8	11		1
12	作科所	355	118	135	86	16	301	46	8	271	50	67	74	69	44	30	71	1	48
13	植保所	235	85	116	34		211	24		198	26	32	55	54	32	26	36		26
14	蔬菜所	201	65	76	56	4	159	38	4	137	31	42	43	38	30	26	22		15
15	环发所	197	64	69	58	6	180	15	2	155	30	51	50	42	23	9	22		15
16	牧医所	230	73	74	81	2	206	23	1	189	37	60	52	43	30	15	30	2	30
17	蜜蜂所	106	28	39	33	6	78	28		65	20	29	29	19	16	5	8		2
18	饲料所	113	33	43	35	2	101	11	1	81	24	20	20	15	21	21	16		7
19	加工所	185	36	57	79	13	165	20		120	50	80	47	24	15	10	9		8
20	生物所	130	52	50	25	3	115	12	3	101	14	21	29	20	23	19	18	1	12
21	农经所	120	42	48	27	3	111	9		98	16	28	33	23	13	9	14		3

（续表）

序号	单位	科技人员总数	职称情况				学历情况			学位情况		年龄情况						专家情况	
			正高级	副高级	中级	初级及以下	研究生	大学	大专及以下	博士	硕士	35岁及以下	36~40岁	41~45岁	46~50岁	51~54岁	55岁及以上	两院院士	国家级专家
22	资划所	261	94	107	52	8	236	24	1	199	43	41	45	53	53	29	40	1	19
23	信息所	286	48	97	129	12	239	43	4	146	112	82	90	48	25	20	21		2
24	质标所	84	26	40	18		64	19	1	50	21	16	22	18	13	6	9		6
25	营养所	34	15	17	1	1	32	2		23	9	6	12	4	4	1	7		1
26	灌溉所	128	20	36	66	6	104	20	4	54	57	46	28	24	11	11	8		1
27	水稻所	252	59	94	88	11	200	42	10	160	53	54	60	44	34	22	38	1	9
28	棉花所	377	63	80	178	56	271	100	6	126	166	163	90	47	11	28	38	1	11
29	油料所	222	47	71	100	4	201	20	1	137	64	51	69	51	21	13	17	1	12
30	麻类所	123	24	53	41	5	95	24	4	60	41	38	24	33	11	5	12		2
31	果树所	131	25	41	51	14	101	28	2	36	78	49	29	24	12	12	5		
32	郑果所	172	41	60	65	6	117	51	4	67	59	39	36	36	22	13	26		3
33	茶叶所	153	40	70	39	4	101	45	7	76	45	30	35	29	19	18	22	1	7
34	哈兽研	308	72	118	109	9	244	59	5	185	62	35	46	97	63	38	29		13
35	兰兽研	158	46	76	34	2	120	32	6	104	34	10	25	24	46	25	28		9

（续表）

序号	单位	科技人员总数	职称情况				学历情况			学位情况		年龄情况						专家情况	
			正高级	副高级	中级	初级及以下	研究生	大学	大专及以下	博士	硕士	35岁及以下	36~40岁	41~45岁	46~50岁	51~54岁	55岁及以上	两院院士	国家级专家
36	兰牧药	147	28	55	52	12	120	21	6	64	55	33	24	37	20	16	17		6
37	上兽研	93	44	39	10		67	23	3	62	14	5	16	28	14	16	14		5
38	草原所	162	23	54	75	10	136	24	2	97	47	61	38	39	5	7	12		
39	特产所	234	28	62	110	34	157	66	11	55	120	67	44	57	22	23	21		1
40	环保所	131	31	66	33	1	109	20	2	88	22	16	36	43	16	7	13		3
41	沼科所	104	18	40	34	12	79	23	2	44	35	32	26	24	9	8	5		4
42	农机化所	217	35	68	112	2	141	65	11	39	135	78	58	26	26	12	17		4
43	烟草所	204	37	78	82	7	160	35	9	124	57	61	48	33	27	16	19		
44	基因组所	33	19	4	10		26	7		19	10	5	5	15	2	2	4	1	20
45	都市所	50	12	15	23		46	4		39	9	21	13	7	3	4	2		2

注：1. 本表数据以人员统计口径为准，即具有专业技术职务的全部人员；
2. 本表数据不含出版社。

中国农业科学院2010—2023年全院离退休人员变化情况统计表

（单位：人）

类别 年份	离退休人员情况							中共党员	高级专业技术职务	
	小计	离休干部	退休干部	工人	退养	退职	街道代管		正高级	副高级
2010	5 647	268	3 281	1 955	56	56	31	2 084	829	1 225
2011	5 729	250	3 359	1 969	54	62	35	2 121	839	1 249
2012	5 813	232	3 437	1 989	60	61	34	2 159	834	1 263
2013	5 970	222	3 532	2 067	53	61	35	2 183	839	1 281
2014	6 036	198	3 608	2 080	51	58	41	2 242	830	1 296
2015	6 131	177	3 690	2 117	48	55	44	2 274	859	1 306
2016	6 189	162	3 723	2 186	42	35	41	2 202	882	1 336
2017	6 298	143	3 816	2 230	37	36	36	2 235	886	1 318
2018	6 365	120	3 872	2 266	37	32	38	2 256	916	1 298
2019	6 413	98	3 904	2 310	32	32	37	2 345	926	1 270
2020	6 480	86	3 926	2 399	27	30	12	2 347	929	1 272
2021	6 469	70	3 904	2 428	25	31	11	2 290	952	1 233
2022	6 450	56	3 901	2 431	24	30	8	2 339	988	1 200
2023	6 579	45	3 990	2 486	22	29	7	2 305	1061	1 196

中国农业科学院2023年院属各单位离退休人员情况统计表

（单位：人）

序号	单位	离退休人员情况							中共党员	高级专业技术职务	
		小计	离休干部	退休干部	工人	退养	退职	街道代管		正高级	副高级
	全院总计	6 579	45	3 990	2 486	22	29	7	2 305	1 061	1 196
	京内小计	2 485	30	1 921	502	22	3	7	1 075	599	601
	京外小计	4 094	15	2 069	1 984	0	26	0	1 230	462	595
1	院机关	473	7	313	140	9	2	2	236	62	81
2	研究生院	63	3	45	14	1			34	17	9
3	作科所	379	5	297	76	1			154	106	106
4	植保所	178		129	44	2		3	52	45	34
5	蔬菜所	189	5	133	51				86	51	40
6	环发所	91	1	87	3				39	21	28
7	牧医所	171	1	127	38	4		1	63	36	43
8	蜜蜂所	95		73	21			1	41	26	23

（续表）

序号	单位	离退休人员情况							中共党员	高级专业技术职务	
		小计	离休干部	退休干部	工人	退养	退职	街道代管		正高级	副高级
9	饲料所	34		33	1				15	13	6
10	加工所	141		109	31		1		65	24	43
11	生物所	54		46	8				25	19	6
12	农经所	74		71	3				39	35	17
13	资划所	254	6	226	18	4			95	67	84
14	信息所	233	2	180	50	1			101	55	67
15	质标所	32		29	3				17	12	9
16	营养所	3		3					2	2	1
17	出版社	21		20	1				11	8	4
18	灌溉所	129	2	90	37				46	21	35
19	水稻所	737	1	177	541		18		148	42	40
20	棉花所	414	3	152	258		1		97	22	29
21	油料所	232	1	129	102				74	33	41
22	麻类所	146		63	83				57	20	11
23	果树所	220	1	101	118				75	15	24
24	郑果所	165	2	99	63		1		47	22	28

（续表）

序号	单位	离退休人员情况							中共党员	高级专业技术职务	
		小计	离休干部	退休干部	工人	退养	退职	街道代管		正高级	副高级
25	茶叶所	116	1	77	34		4		42	25	23
26	哈兽研	347	1	170	176				82	36	41
27	兰兽研	169		118	50		1		56	37	38
28	兰牧药	175		135	40				74	33	45
29	上兽研	72		51	21				30	19	12
30	草原所	163		112	51				70	31	40
31	特产所	414	2	188	224				134	21	39
32	环保所	82	1	65	15		1		36	16	24
33	沼科所	110		95	15				55	18	29
34	农机化所	247		176	71				104	29	78
35	烟草所	156		71	85				3	22	18

注：基因组所、都市所无离退休人员。

中国农业科学院专家 2023 年获得各类奖项、荣誉称号

中国科学院院士（1 人）

基因组所：黄三文

全国创新争先奖奖章获得者（1 人）

水稻所：胡培松

全国创新争先奖奖状获得者（3 人）

环发所：董红敏
资划所：周　卫
都市所：张德权

何梁何利基金科学与技术创新奖（1 人）

兰兽医：郑海学

首届国家工程师奖（1 人）

加工所：张春江

中国青年女科学家奖（1 人）

植保所：李方方

全国农业农村系统先进集体（1 个）

牧医所：鸡遗传育种科技创新团队

全国农业农村系统先进个人（2 人）

作 科 所：王天宇
西部中心：王占彪

中国农业科学院2022年度高级职称拟晋升人员名单

院机关（11人）

研 究 员：韩 进 任红艳 钱 钰 张国良

副研究员：鞠光伟 豆 鹏 李 雪 张 冰 韩 冰 宋子涵 李 超

作物科学研究所（30人）

研 究 员：路则府 张立超 周 鹏 刘 学 侯 鹏 郑成岩 刘章雄 郝晨阳 郑天清 段灿星 鲁玉清 李春辉 王 轲 贺 强 谢永盾 肖永贵 李从锋

正高级农艺师：刘运霞

副研究员：崔 迪 崔 钰 孟 哲 刘 荣 张韫玮 朱金洁 闫 鹏 殷文超 蔡宇鹏 李 龙 唐文思

高级农艺师：张慧杰

植物保护研究所（20人）

研 究 员：王 冰 吴蓓蕾 葛蓓孛 束长龙 孔令安 卢美光 陈 威 张云慧

副研究员：李如男 刘 伟 施李鸣 黄晓庆 朱 亮 沈文君 孙 爻 梅向东 刘明娜 王双超 杨 龙

高级农艺师：何伟志

蔬菜花卉研究所（21人）

研 究 员：孙进京 李占省 徐建飞 凌 键 薛璟祺 陈建新 张晓辉 柴阿丽 谢学文

正高级农艺师：杨 坤

副 研 究 员： 秦宇轩　贾会霞　季家磊　曹亚从　董邵云　张　亢　孔德男
张金喆　李国亮　孙　帅
高级农艺师： 高　巍

农业环境与可持续发展研究所（13 人）

研　究　员： 张爱平　仝宇欣　李巧珍　封朝晖
副 研 究 员： 魏　莎　郑　莹　丁军军　李昊儒　刘连华　郑云昊　马　江
赵明月　姜菁秋

北京畜牧兽医研究所（21 人）

研　究　员： 涂　涛　杨　亮　谢　明　张铁鹰　侯绍华　张红莲　赵圣国
副 研 究 员： 赵一广　王　辉　刘慧敏　朱　波　张松山　刘　欣　侯欣华
赵善江　王晓璐　王　坤
高级实验师： 刘　娜　谢秀兰
高级畜牧师： 张云生
副　编　审： 戴　晔

蜜蜂研究所（11 人）

研　究　员： 陈　超　冯　毛　张金振　李海芬　方小明
副 研 究 员： 张　红　张　丽　童越敏　杨　磊　褚艳娜　李强强

饲料研究所（6 人）

研　究　员： 王秀敏　闻治国　马　莹
副 研 究 员： 皮　宇　孙文娟　田　园

农产品加工研究所（15 人）

研　究　员： 石爱民　夏伊宁　张春江　孙红男
正高级农艺师： 孙艳丽
副 研 究 员： 王　刚　白亚娟　刘佳萌　张影全　郭玉杰　裴　颖　赵成英
黄亚涛　李少博
高级农艺师： 李建勋

生物技术研究所（9人）

研　　究　　员：苗朝华　周晓今　战嵛华
副 研 究 员：孙占敏　乐　亮　高新桃　周加加　关菲菲　李圣彦

农业经济与发展研究所（10人）

研　　究　　员：郭君平　王海东　高　芸　谢玲红
副 研 究 员：王丽红　林青宁　张崇尚　黄圣男　励汀郁　高道明

农业资源与农业区划研究所（23人）

研　　究　　员：艾　超　阮文渊　潘君廷　高懋芳　阮志勇　杨相东　徐爱国　张帼俊　刘云鹏　余强毅
副 研 究 员：丁文成　樊秉乾　刘　萌　李福夺　张仙梅　关大伟　李　华　曲积彬　乔　磊　周国朋　王　龙　赵　芬
高级农艺师：刘淑军

农业信息研究所（13人）

研　　究　　员：孙　伟　程海鹏　姜丽华　周爱莲
副 研 究 员：吴　蕾　黄佳琦　魏同洋　王亚辉　王盛威　夏　雪　刘佳佳　范蓓蕾　王静怡

农业质量标准与检测技术研究所（7人）

研　　究　　员：徐贞贞　程　劼　郭林宇　曹　振
副 研 究 员：田　静　李　雪　陈　璐

农业农村部食物与营养发展研究所（5人）

研　　究　　员：黄家章　王晓红　王秀丽
副 研 究 员：刘　鹏　聂　莹

研究生院（4人）

研　　究　　员：方　放
副 研 究 员：牛　星　夏　晨　韩　姝

中国农业科学技术出版社（2人）

编　　　　审：史咏竹
副　　编　　审：李冠桥

农田灌溉研究所（6人）

研　　究　　员：杜臻杰　张志刚
副 研 究 员：马守田　秦安振　郭　魏　宗　洁

中国水稻研究所（17人）

研　　究　　员：曹小闯　冯金飞　吴玮勋　季芝娟　陈　颖
正高级农艺师：毛一剑
编　　　　审：邬亚文
副 研 究 员：邱结华　刘元辉　孙廉平　钟铮铮　张振华　黄奇娜　陈　乾　刘朝雷　代丽萍
高 级 农 艺 师：陈庆根

棉花研究所（15人）

研　　究　　员：阴祖军　王国平　黄　群　葛晓阳　李　伟
副 研 究 员：秦文强　姬继超　朱守鸿　陈　伟　龚举武　杨北方　王业锋　裴文锋　吴长才
高 级 农 艺 师：刘爱忠

油料作物研究所（15人）

研　　究　　员：罗怀勇　师家勤　曹　东　周小静　顿小玲　张银波
副 研 究 员：张园园　陈亚淑　韩　琴　陈李淼　朱晓义　吕　艳　程　玲

李先容
高级实验师：郑　畅

麻类研究所（9人）

研　究　员：谢纯良　邱化蛟　唐　蜻
副研究员：朱作华　杨　琦　常　丽　王满生　邓灿辉
高级工程师：刘淳劼

果树研究所（8人）

研　究　员：宋　杨　杨振锋
正高级农艺师：李　静
副研究员：陈艳辉　冀晓昊　闫　震
高级农艺师：岳　强
副　编　审：岳　英

郑州果树研究所（13人）

研　究　员：张春岭　刘丽锋　何　楠　姜建福
编　　　审：张　莉
副研究员：吴金龙　王　然　邢　燕　魏志峰　刘聪利　王　丽　田发军
高级实验师：乔成奎

茶叶研究所（18人）

研　究　员：戴伟东　张新忠　马春雷　高　菁　金基强　边　磊
编　　　审：翁　蔚
副研究员：朱宏凯　林修竹　邹　纯　张　瑾　王永鑫　冯智慧　张　悦　诸　力　王伟伟
高级农艺师：王东辉
副　编　审：谷记平

哈尔滨兽医研究所（17人）

研　究　员：尹　鑫　孟凡丹　朱远茂　李　素　彭金美　刘益民　王雪峰

薛　美

副 研 究 员: 万晓朋　姜志刚　康洪涛　乔祖健　高友兰　江丰伟

高级实验师: 王　伟　林　欢　徐姗姗

兰州兽医研究所（18 人）

研　究　员: 李平花　田　宏　杨　敏

正高级兽医师: 兰　喜

副 研 究 员: 马雪青　马旭升　刘爱红　付钰广　丛国正　胡志敏　付元芳
陈启伟　王锦明　房永祥　何小兵　李潇萍　曹伟军　张　娟

兰州畜牧与兽药研究所（8 人）

研　究　员: 杨亚军　王晓力　王宏博

副 研 究 员: 熊　琳　郭志廷　郭婷婷　袁　超　孔晓军

上海兽医研究所（9 人）

研　究　员: 刘长龙　宋　斌　魏建超　张可煜　姜一峰

正高级兽医师: 郑海红

副 研 究 员: 牛牧笛　陆　珂　闫大为

草原研究所（11 人）

研　究　员: 李　飞　韩文军　王　宁　武自念

编　　审: 胡卉芳

副 研 究 员: 唐士明　张园园　李　峰　张继泽　夏　燕　张燕东

特产研究所（10 人）

研　究　员: 王　雷　张　蕾　王秋霞

副 研 究 员: 金银萍　曲正义　王振军　赵　卉　王晓旭　秦红艳

副　编　审: 董昕瑜

农业农村部环境保护科研监测所（14 人）

研　究　员：李晓晶　穆　莉　申　锋
正高级农艺师：徐亚平
副 研 究 员：仇　茉　杜兆林　李　洁　沈仕洲　王　菲　张　爱　刘文婧
马田田　谭　璐
高 级 农 艺 师：陈志永

农业农村部成都沼气科学研究所（7 人）

研　究　员：蒲小东　贺　静
副 研 究 员：王　兰　宋大刚　张宏伟　陈城汉　姜　娜

农业农村部南京农业机械化研究所（14 人）

研　究　员：祁　兵　张　萌　赵　闰　常　春　顾峰玮
副 研 究 员：于昭洋　陈　聪　张井超　沈　孚　梅　松　田昆鹏　纪　要
沈　成　张岫琪

烟草研究所（10 人）

研　究　员：张久权　龚达平　徐蓬军
副 研 究 员：刘光亮　刘国祥　侯婉莹　冯　超　王文静　代常波　潘旭浩

农业基因组研究所（11 人）

研　究　员：易国强　陶永富　孟丽君
副 研 究 员：李华伟　黄　雷　商连光　贺文闯　贺慧英　尤小满　何　桑
曾晔临

都市农业研究所（6 人）

研　究　员：王　森
副 研 究 员：郑胤建　杨　睿　王　枏　杨　晓　伍文宪

西部农业研究中心（3 人）

研　　究　　员：王占彪　王新卫
副 研 究 员：李　冉

国家南繁研究院（1 人）

研　　究　　员：虞国平

中国农业科学院关于印发《中国农业科学院公开招聘管理办法》的通知

农科院人〔2023〕81号

院机关各部门、院属各单位：

《中国农业科学院公开招聘管理办法》已经中共中国农业科学院党组2023年第9次会议审议通过，现印发给你们，请认真贯彻执行。

中国农业科学院

2023年5月29日

中国农业科学院公开招聘管理办法

第一章　总　则

第一条　为进一步加强公开招聘管理，规范招聘行为，提高招聘工作质量，根据《事业单位人事管理条例》《事业单位公开招聘人员暂行规定》《农业农村部事业单位公开招聘管理办法》等制度规定，结合中国农业科学院实际，制定本办法。

第二条　中国农业科学院机关部门、院属事业单位（以下简称院机关、院属单位）在编制内新聘用工作人员，适用本办法。除国家政策性安置、按照干部人事管理权限由上级任命、涉密岗位等确需采取其他方式选拔任用的人员，以及部机关公务员交流到院机关、院属单位，部属在京事业单位、院机关、院属事业单位间按照国家有关规定进行交流，符合京外调干条件引进人才外，原则上都要实行公开招聘。

第三条　坚持党管干部、党管人才原则，全面准确贯彻公开、平等、竞争、择优的方针，按照德才兼备、以德为先的用人导向，围绕单位职能、主责主业、有利于促进农业科技创新事业发展和干部人才队伍建设需要开展招聘工作。

招聘编制内人员，应严格控制在核定的编制数内，并符合岗位设置和职数管理要求。

第四条　公开招聘应采取考试、体检和考察相结合的方式进行，有计划地接收高校毕业生、公开招聘留学回国人员和博士后出站人员、面向社会公开招聘其他人员。

第五条　公开招聘实行统一规范、分类指导、分级管理。中国农业科学院人事局（以下简称人事局）负责指导、管理和监督院属单位公开招聘工作，建立健全招聘制度、统筹制定招聘计划、备案拟聘用人选；负责统筹组织院机关人员招聘工作。院属单位承担公开招聘工作的主体责任，负责提出进人需求、实施招聘工作、确定拟聘用人选和办理聘用手续，应制定公开招聘计划、公开招聘方案和公开招聘公告并按照有关程序报批核准，拟聘用人选报人事局备案。

院机关、院属单位应成立招聘工作组，负责招聘工作的组织实施。院机关招聘工作组由人事局负责人、用人部门负责人和有关专家组成；院属单位招聘工作组由本单位负责人、人事和用人部门负责人、有关专家组成。

第二章　招聘范围、条件与程序

第六条　招聘人员应面向社会，符合条件的人员均可报名应聘。

第七条　应招聘具备以下条件的人员：

（一）具有中华人民共和国国籍；

（二）遵守宪法和法律，品行端正，诚实守信；

（三）具备应聘岗位所需的专业、素质和能力；

（四）具备正常履行职责的身体条件和心理素质；

（五）热爱“三农”工作，有志于投身农业现代化建设，推动农业科技事业高质量发展；

（六）招聘原则上应面向具有大学本科以上学历，并获得相应学位的人员（其中，科研岗位应面向具有硕士研究生以上学历且获得相应学位的人员，工勤岗位可适当放宽至具有岗位要求的学历或取得相应的职业资格证书的人员）；

（七）招聘七级职员以下管理人员或十一级以下专业技术人员，应面向年龄在35周岁以下的人员；招聘六级职员以上管理人员或十级以上专业技术人员，一般应面向年龄在40周岁以下的人员；如确需放宽年龄招聘业务骨干或有特殊专长的人才，应按公开招聘管理程序报批；

（八）符合岗位所需的其他条件。

第八条 应根据招聘岗位要求，科学合理地设置招聘岗位条件，不得设置指向性或与岗位无关的歧视性条件。招聘岗位条件一经面向社会公开发布，未经招聘公告核准部门同意，不得擅自更改。经同意确需更改的，应及时发布变更或补充公告。

第九条 公开招聘工作按照下列程序进行：

（一）制定招聘计划，经用人单位负责人员（院机关主要包括人事局负责人、用人部门负责人等，院属单位为单位领导班子成员，下同）集体研究，按有关要求报人力资源社会保障部审批；

（二）制定招聘方案和招聘公告，报人事局核准；

（三）公布招聘岗位、资格条件等招聘信息；

（四）审查应聘人员资格条件；

（五）考试、体检与考察；

（六）经用人单位负责人员集体研究确定拟聘用人选；

（七）公示拟聘用人选信息；

（八）拟聘用人选报人事局备案；

（九）签订聘用合同，办理聘用手续。

第三章 计划编制、信息发布与资格审查

第十条 招聘计划由用人单位负责编制，主要包括核定的编制数及空编数、招聘岗位及条件、招聘时间、招聘人员数量和招聘方式等。招聘计划应着眼于学科布局和单位发展，重点保障关键核心技术攻关、重大战略任务、重大工程和重大项目等急需紧缺人才需要。

在京单位接收毕业生，北京生源、京外生源的结构比例要达到人力资源社会保障部的有关要求。

第十一条　专业设置应与招聘岗位相匹配。招聘岗位专业条件，按照教育部门发布的专业目录设置，或参考符合规定的学科专业目录设置，原则上应从宽确定专业要求，同一岗位可设置一个或多个相近的适合岗位要求的专业，也可按专业大类设置专业条件。专业名称应准确、规范，标注专业代码，并在招聘公告中予以明确。应聘人员所学专业接近但不在公布的专业目录中的，由用人单位根据岗位需求，综合研判应聘人员能否报考。

第十二条　根据批复的招聘计划，用人单位应及时制定招聘方案，明确招聘岗位、人员范围、组织方式、工作程序、时间安排等，经人事局核准后实施。京外单位同时根据地方要求报相关部门审核后实施。

第十三条　根据批复的招聘计划和核准的招聘方案，用人单位可自主组织公开招聘。其中，在京单位招聘工作由人事局统一部署，如确有需要，用人单位可经人事局同意后自行组织补充招聘；京外单位可根据地方要求适时开展招聘。

第十四条　用人单位应面向社会公开发布招聘公告，内容包括公开招聘范围、条件、程序、时间和方式等。招聘公告应在中央和国家机关所属事业单位公开招聘服务平台、院信息发布平台和用人单位政务网站发布；京外单位同时根据属地管理要求，及时发布招聘信息。发布时间不少于 7 个工作日。

第十五条　用人单位应严格按照有关规定和招聘公告确定的条件开展资格审查，不得随意放宽招聘岗位条件和范围。对没有通过资格审查的人员，用人单位有义务接受其询问并告知其原因。资格审查工作不得委托考试服务机构等第三方进行。

第十六条　岗位招聘人数与通过资格审查人数的比例一般应达到 1∶3 方可进入考试环节，没有达到该比例的，由用人单位负责人员集体研究是否取消招聘。继续开展招聘的，可按照已发布的公告执行，也可采取延长岗位报名时间、放宽岗位报名条件、减少岗位招聘人数等方式处理。延长岗位报名时间或放宽岗位报名条件，须按程序及时发布补充公告。

第四章　考试、体检与考察

第十七条　组织考试应当制定工作方案，明确考试方法、测评要素、实施步骤与流程、考场设置要求、考试人员管理等。

第十八条　考试方式应符合招聘岗位特点，采取笔试、面试相结合的方式进行测试，也可以结合岗位需要增加实际操作等专业能力测试。

委托命题的用人单位应择优确定专业水平高、符合保密要求等条件的考试服务机构承担命题工作，机构的选择应经用人单位负责人员集体研究确定。

自命题的用人单位应建立命题管理制度，包括成立领导小组、制定工作规范和保密制度、建立命题队伍，相关制度应经用人单位负责人员集体研究后报人事局备案。

第十九条 考试内容应为招聘岗位所必需的综合知识、专业知识、业务能力和工作技能。科研岗位侧重于考核科学素养和科研潜力；管理岗位侧重于考核组织协调和综合分析能力；主要以技能操作或技能指导履行职责任务的岗位，实际操作能力测试的赋分比例原则上不低于50%。

第二十条 正式开考前，用人单位应在单位政务网站及时发布笔试、面试公告，内容包括考试方式、时间、地点、参加考试人员名单等，公告时间不少于3个工作日。

第二十一条 择优确定政策理论水平高、专业素养好、工作经验丰富、责任心强、公道正派的人员担任面试考官。

第二十二条 用人单位根据应聘人员的考试成绩由高到低顺序确定体检人选，并组织体检。体检项目及标准，参照公务员录用有关规定执行。

第二十三条 用人单位根据应聘人员的考试成绩、体检结果和考察比例等确定考察对象，全面了解考察人选的德、能、勤、绩、廉，严把政治关、品行关、能力关、作风关、廉洁关。组成2人以上的考察组，采取个别谈话、审核人事档案（学籍档案）等方法深入了解考察人选情况，并对资格条件进行复审，填写《中国农业科学院公开招聘考察人事档案审核情况登记表》。考察内容和标准可参考《公务员录用考察办法（试行）》。考察结束后，及时形成书面考察材料。

第五章 聘 用

第二十四条 经用人单位负责人员集体研究，根据考试、体检、考察结果择优确定拟聘用人选。

第二十五条 公开招聘结果应在招聘信息发布的范围内进行公示，时间不少于7个工作日。公示内容应包括招聘单位名称、招聘岗位情况和拟聘用人选基本情况。

第二十六条 经公示合格的拟聘用人选，报人事局备案，由用人单位填写《中国农业科学院新聘用人员登记表》并存入干部档案。

第二十七条 经备案的聘用人员，由用人单位法定代表人或其委托人与聘用人选按照有关规定签订聘用合同，确立人事关系，并按规定办理入职手续。聘用合同期限一般不低于3年。

第二十八条 公开招聘人员实行试用期制度，初次就业的人员试用期为12个月，其他人员为6个月，试用期包括在聘用合同期限内。

试用期满，用人单位应及时对聘用人员进行考核。考核合格者，予以正式聘用，填写《中国农业科学院新聘用人员任职定级表》并存入干部档案；考核不合格者，取消聘用。

第二十九条 院每年统一组织对新聘用人员进行岗前培训，用人单位应另组织开展入职教育。

第六章　纪律与监督

第三十条　负责公开招聘的工作人员应强化政治意识、责任意识，严格遵守各项工作纪律，维护公开招聘工作的严肃性。

第三十一条　公开招聘人员实行回避制度，严格按照《事业单位人事管理回避规定》中规定的基本原则、回避种类、适用范围、权限程序、管理监督等，加强对公开招聘工作人员任职岗位和履职情况的监督约束。用人单位负责人员和招聘工作人员与应聘人员有利害关系，可能影响招聘公平公正的，应主动申请回避，不得参加相关考察、讨论、评议、投票、评分、审核、决定等活动，也不得以任何方式施加影响。用人单位、招聘工作组发现上述情形，应通知相关人员回避。

第三十二条　招聘工作应做到信息公开、过程公开、结果公开，主动接受社会和有关部门的监督。用人单位和主管部门应及时受理有关投诉或举报。

第三十三条　公开招聘工作中有违纪违规行为的，由用人单位和主管部门按照管理权限，依据《事业单位公开招聘违纪违规行为处理规定》等规定进行认定和处理。

第七章　附　则

第三十四条　高精尖缺人才引进按中国农业科学院农科英才等有关规定执行。

第三十五条　接收高校毕业生工作，依据《国务院各部委、各直属机构及在京企业接收高校毕业生计划工作管理办法》执行。

第三十六条　院属单位应按本办法制定具体实施细则并报人事局备案。

第三十七条　本办法由人事局负责解释。

第三十八条　本办法自印发之日起施行，2012 年 3 月印发的《中国农业科学院公开招聘人员暂行办法》（农科院人〔2012〕47 号）同时废止。

附件：1. 中国农业科学院公开招聘考察人事档案审核情况登记表（略）
2. 中国农业科学院新聘用人员登记表（略）
3. 中国农业科学院新聘用人员任职定级表（略）

中国农业科学院关于印发《中国农业科学院职称评审管理办法》《中国农业科学院高级职称评价标准》《中国农业科学院中初级职称评价标准指引》的通知

农科院人〔2023〕75号

院机关各部门、院属各单位：

为贯彻落实党中央、国务院和农业农村部关于深化职称制度改革有关决策部署，规范我院职称评审工作，制定了《中国农业科学院职称评审管理办法》《中国农业科学院高级职称评价标准》《中国农业科学院中初级职称评价标准指引》，现印发给你们，请认真贯彻执行。

中国农业科学院

2023年5月25日

中国农业科学院职称评审管理办法

第一章　总　则

第一条　为进一步规范中国农业科学院职称评审工作，加强职称评审全过程管理，保证评审质量，发挥职称评审的导向作用，激励广大专业技术人员聚焦主责主业干事创业，根据中共中央办公厅、国务院办公厅《关于深化职称制度改革的意见》、人力资源社会保障部《职称评审管理暂行规定》、《农业农村部职称评审管理办法》等，结合中国农业科学院实际，制定本办法。

第二条　中国农业科学院职称评审工作、受权委托中国农业科学院开展的职称评审工作，适用本办法。

第三条　中国农业科学院职称评审坚持党管人才的原则，坚持德才兼备、以德为先的导向，以围绕“四个面向”主责主业履职尽责、创新创造、做出实绩和贡献为根本评价标准，实施分类评价，推行代表性成果评价，科学公正评价专业技术人员的职业道德、创新能力、业绩水平和实际贡献。职称评审结果是专业技术人员聘用、考核、晋升等的重要依据。

第四条　经授权，中国农业科学院可开展自然科学研究、哲学社会科学研究、农业、工程、实验、出版6个系列高级和中、初级职称评审，其中，实验系列评审到副高级。根据工作需要，中国农业科学院人事局（以下简称人事局）可调整院机关、院属单位职称系列评审权限。

第五条　人事局负责中国农业科学院职称评审的统筹规划、政策制定、组织实施、工作指导和监督检查等工作。院属单位在人事局的指导下，承担本单位职称评审工作细则制定、具体实施和相关管理工作。

第六条　中国农业科学院设置常规通道、青年通道、专门通道等，负责评审不同类型专业技术人员的职称。

常规通道面向中国农业科学院全体在职专业技术人员（含人事关系在我院的在站博士后、编制外聘用人员、劳务派遣人员等，下同）开放，受理专业技术人员申报高级和中、初级职称。此通道可接受外单位委托评审。此通道原则上不接受破格申报。

青年通道面向中国农业科学院优秀青年专业技术人员开放，受理40岁以下（含，下同）专业技术人员申报正高级职称、35岁以下专业技术人员申报副高级职称。对于工作业绩突出、成果显著的专业技术人员，可不受学历资历、职称层级、任职年限等限制，破格申报高级职称。

专门通道面向中国农业科学院部分专业技术人员开放，主要受理农科英才，引进的高层次管理人才，在科技成果转化推广、下沉一线指导服务“三农”事业发展或承担重大科技、管理服务等工作中作出突出贡献人才，或急需紧缺人才等申报高级职称。此通道接受破格申报。

第七条 人事局依据国家、农业农村部标准，并结合人才队伍实际，制定中国农业科学院自然科学研究、哲学社会科学研究、农业、工程、实验、出版6个系列高级职称评价标准和中、初级职称评价标准指引。其中，自然科学研究系列高级职称评价标准，按照科技工作性质，分为农业基础研究人员，农业应用研究、技术开发与推广、全职从事教研教学人员，农业科技咨询、科学传播与科技管理服务人员3个类别。

院属单位在权限范围内，研究制定本单位高级和中、初级职称评价标准。院属单位职称评价标准不得低于中国农业科学院职称评价标准。

推行代表性成果评价制度，将重大科学发现、国家主推技术、主导品种、重大装备、高质量论文、高质量专利、高水平智库成果等具有创新性和显示度的学术成果作为评价的重要依据。

第八条 中国农业科学院职称评审执行国家专业技术资格考试相关政策，对以考代评的各级各系列职称不再组织评审；对考评结合的各级各系列职称，申报人员在取得相应资格证书后，方可申报。

第二章 职称评审委员会

第九条 院机关、院属单位按照权限组建职称评审委员会，开展职称评审工作。职称评审委员会负责评议、认定专业技术人员学术技术水平和专业能力，对组建单位负责，接受上级部门的审核与监督。职称评审委员会按照职称系列或专业组建，不得跨系列组建综合性职称评审委员会。根据工作需要，人事局可调整院机关、院属单位职称评审委员会的组建权限。

第十条 职称评审委员会分为高级和中初级职称评审委员会。高级职称评审委员会可代为评审中、初级职称。

中国农业科学院可组建高级职称评审委员会，开展职称系列权限内的高级和中、初级职称评审工作。院机关、院属单位经授权可组建高级职称评审委员会，依据职称系列权限和年度职称评审工作要求，在本单位开展高级和中、初级职称评审或推荐工作。

根据工作需要，院机关、院属单位可组建中初级职称评审委员会，开展职称系列权限内的中、初级职称评审工作。

第十一条 组建职称评审委员会应具备下列条件。

（一）高级职称评审委员会

1. 拟评审的职称系列或专业为职称评审委员会组建单位主体职称系列或专业。

2. 拟评审的职称系列或专业在行业内具有重要影响力，能够代表本领域的专业发展水平。

3. 具有一定数量的专业技术人员和符合条件的高级职称评审专家。

4. 具有开展高级职称评审的能力。

（二）中初级职称评审委员会

1. 拟评审的职称系列或专业为职称评审委员会组建单位主体职称系列或专业。

2. 具有一定数量的专业技术人员和符合条件的中级以上职称评审专家。

3. 具有开展中初级职称评审的能力。

第十二条 职称评审委员会组成人数应是单数，根据工作需要设主任委员和副主任委员。

（一）按照职称系列组建的高级职称评审委员会评审专家不少于25人，按照专业组建的高级职称评审委员会评审专家不少于11人，评审正高级职称的专家应全部具有正高级职称。

（二）按照职称系列组建的中初级职称评审委员会评审专家不少于21人，其中，具有高级职称专家人数不少于1/2。

（三）职称评审委员会评审专家本单位外比例不低于40%，院外比例不低于20%。

第十三条 职称评审委员会的评审专家应具备下列条件：

（一）遵守宪法和法律。

（二）作风正派，办事公道，坚持原则，不徇私情，具备良好的职业道德、群众基础，组织纪律性强。

（三）从事本领域专业技术工作，具有本职称系列或专业相应层级的职称。

（四）能够履行职称评审工作职责。

评审专家每届任期不超过3年。公务员、离退休人员原则上不担任职称评审委员会评审专家。

第十四条 对职称评审委员会实行核准备案管理制度。人事局负责建立中国农业科学院高级职称评审委员会评审专家库，向上级部门备案，有效期不超过3年，有效期满重新备案。高级职称评审委员会应由专家库中随机抽取规定数量的专家组成。院属单位从专家库内抽取专家组成的职称评审委员会不再报人事局备案。

第三章　申报审核

第十五条 中国农业科学院职称评审工作一般每年集中开展一次。人事局面向全院发布通知，部署年度职称评审工作。院机关、院属单位按照通知要求，公布职称系列和层级、申报条件、工作程序、评审方式、材料要求等事项。

第十六条 申报职称评审的人员（以下简称申报人）应同时具备下列条件：

（一）遵守宪法和法律。

（二）具有良好的职业道德、敬业精神，作风端正，恪守科研诚信。

（三）热爱“三农”事业和农业科技工作，服务农业农村发展，为实现高水平农业科技自立自强、全面推进乡村振兴、加快建设农业强国贡献力量。

（四）认真履行岗位职责，积极围绕主责主业创新创造。

（五）身心健康，具备从事专业技术工作的身体条件。

（六）年度考核合格以上次数达到所需资历年限数，且上一年度考核为合格以上。

（七）参加继续教育每年累计不少于 90 学时。

（八）外语条件全院不作统一要求，须符合所在单位的考核标准。

（九）符合所申报系列相应层级的职称评价标准。

第十七条 申报人应为在职的专业技术人员，至申报资格计算截止时间，未办理待岗、停薪留职、内退、博士后出站、离退休等手续。

受党纪政务处分或组织处理，在受处分期间或影响期内的不得申报；在解除处分或影响期满后，符合院所申报条件者可正常申报。

第十八条 申报人有下列情形之一的，取消其评审资格，并从评审次年起两年内不得申报相应职称：

（一）伪造、变造证件、证明的。

（二）提交虚假申报材料的。

（三）侵占他人技术成果、伪造试验数据等学术不端行为的。

（四）被列入失信联合惩戒对象的。

（五）因违纪违法行为受到相应处理，或者涉嫌违纪违法且在处理阶段的。

（六）职称申报过程中存在以不正当手段拉拢、贿赂评审专家等影响评审公平公正的。

（七）其他违反评审规定行为的。

第十九条 申报人一般应当按照职称层级逐级申报职称。

对于取得重大基础研究和前沿技术突破、解决重大农业农村生产技术难题，在农业科技事业发展中作出突出贡献的专业技术人员，可适当放宽学历资历、职称层级、任职年限等条件限制，直接申报自然科学研究、哲学社会科学研究系列高级职称。

为满足重点学科发展、重大平台建设、核心任务攻关、卓越团队创建等需要，在种子、耕地、生物安全、农机装备、绿色低碳、乡村发展等核心领域引进的海外高层次人才、急需紧缺人才，通过国际或国内同行专家评价，可实行“一人一策”，参照同等资历人员申报自然科学研究、哲学社会科学研究系列高级职称，或适当放宽学历资历、职称层级、任职年限等条件限制，直接申报自然科学研究、哲学社会科学研究系列高级职称。其他海外引进人才或留学回国（境）人员，从事本专业技术工作满 1 年，可依据在国（境）外取得的职称，申请认定相应职称，或参照同等资历人员申报相应职称。

农业农村部等部委机关调入院机关、院属单位的人员，从事本专业技术工作满 1 年，符合相应申报条件，可依据已取得的职称申报高一级职称；没有职称的，可参照同等资历人员申报职称，其中，无副高级职称的，一般应从副高级职称开始申报，评价标准按正常申报对待。

军队转业人员，在院机关、院属单位从事本专业技术工作满 1 年，符合相应申报条件，可依据在军队取得的职称申报高一级职称；没有职称的，可参照同等资历人员申报职称，其中，无副高级职称的，一般应从副高级职称开始申报，评价标准按正常申报对待。

经中央组织部、人力资源社会保障部等选派的援藏援疆援青专业技术人员，援派期为 3 年的，援派期满后可提前 1 年申报高一级别职称。援派期 1 年以上的专业技术人员，在受援地取得的职称，援派期满回到派出单位继续有效；援派期满经考核合格的，返回后，派出单位按照援派期间取得的职称，在岗位出现空缺时将其优先聘用到相应的专业技术岗位。

驻外干部和政府借调国际职员，可在原单位按规定正常申报职称，同等条件下优先考虑。驻外期间从事专业技术工作的业绩，可作为职称评审的依据。

院属单位博士后科研流动（工作）站的博士后研究人员，进站可申报中级职称。进站满 2 年的，可申报副高级职称。

在符合院机关、院属单位主责主业发展需要的前提下，鼓励专职从事教研教学、会计、审计、翻译、技术经纪、知识产权管理、人力资源管理、科普等具有较强专业性工作的人员，强化专业知识学习，委托评审相应系列职称，提升履职能力。

第二十条 具有农业实验工、农艺工等工种职业资格或职业技能等级的高技能人才，从事实验技术、农业技术等工作，按照国家有关规定，可申报实验、农业等系列职称。其中，取得高级工职业资格或职业技能等级后，从事技术技能工作满 2 年，可申报相应系列助理级职称；取得技师职业资格或职业技能等级后，从事技术技能工作满 3 年，可申报相应系列中级职称；取得高级技师职业资格或职业技能等级后，从事技术技能工作满 4 年，可申报相应系列副高级职称。高技能人才参加职称评审，应在现工作岗位上近 3 年年度考核合格以上，且符合相应系列职称评价标准。

第二十一条 申报的职称系列原则上应与所从事专业或任职岗位职责一致。转系列申报职称原则上不予受理，但确因工作岗位调整，所从事的专业技术工作内容和性质发生较大变化，经所在单位研究同意，可依据已取得的职称，申报评审其他系列同层级或高一层级职称。

转评的职称系列须与现从事的专业技术工作内容紧密相关，从事与转评职称系列相关专业技术工作满 1 年，且满足转评职称系列的评价标准，可由 2 名转评系列正高级同行专家署名推荐。

第二十二条 专业技术人员跨区域、跨部门（农业农村部系统外）流动时，其职称原则上按照职称评审管理权限重新评审或确认，国家另有规定的除外。

第二十三条 申报人应在规定期限内提交申报材料，并对申报材料的真实性负责。涉密材料按有关规定进行处理或由申报人所在单位进行脱密处理后，方可用于申报。

第二十四条 申报人所在单位应对照申报条件对申报人材料，以及申报人的学术道德、党风廉政和师德师风等情况严格审核把关。申报材料不齐全或不符合规定的，应一次性告知申报人需要补正的全部内容。逾期未补正的，可视为放弃申报。通过审核的，申报材料在单位内部公示，公示期不少于5个工作日。对材料审核合格、经公示无异议的，提交职称评审委员会评审。

对需要参加中国农业科学院高级职称评审委员会评审的专业技术人员，由人事局组建审核组，复审申报人的申报材料；并联合科技局、监督局、研究生院等对申报人的学术道德、党风廉政和师德师风等情况进行复核。

第二十五条 院机关、院属单位推荐本单位专业技术人员参加农业农村部等高级职称评审委员会职称评审，可组建职称评审推荐委员会，由15名以上具有高级职称的同行专家组成。召开推荐委员会评审会议，对申报人进行综合评价，经单位领导班子集体研究后产生推荐人选。

种子、耕地、生物安全、农机装备、绿色低碳、乡村发展等核心领域总指挥和总首席科学家可联合提名推荐产生所属领域的青年通道申报人。

第二十六条 院机关、院属单位开展职称评审或推荐工作时，应充分考虑本单位专业技术岗位批复数与已具备相应职称人员数之间的平衡，根据本单位人才梯队建设以及岗位实际情况，从严掌握评审或推荐数量。

第四章　组织评审

第二十七条 职称评审委员会应坚持公平、公正、民主、择优的原则，严守评审程序和评审规则，严把评价标准，确保评审质量。参与职称评审的专家和工作人员要认真履行职责，恪守职业道德，严格评审纪律，遵守保密规定。

第二十八条 职称评审委员会召开评审会议。评审会议由主任委员或副主任委员主持，出席评审会议的专家人数应不少于职称评审委员会人数的2/3。

第二十九条 根据评审工作需要，职称评审委员会可按照学科或专业组成若干评议组，每个评议组评审专家不少于3人，负责对申报人提出书面评议意见。不设评议组的，可由职称评审委员会3名以上评审专家按照分工，提出评议意见。评议组或分工负责评议的专家在评审会议上介绍评议情况，作为职称评审委员会评议表决的参考。

第三十条 职称评审委员会可通过审阅材料、汇报答辩、讨论评议等方式，遵照少数服从多数的原则，进行无记名投票表决，同意票数达到出席评审会议评审专家总数2/3的通过评审。未出席评审会议的评审专家不得委托他人投票或补充投票。严禁多轮投票。

申报高级职称和委托我院评审高级职称的申报人，应进行汇报答辩。

第三十一条 评审会议结束时，由主任委员或主持会议的副主任委员宣布投票结果，所有到会评委对投票结果签字确认，并加盖职称评审委员会印章或职称评审委员会组建单位公章。

第三十二条 评审会议应做好会议记录，包括出席评委、评审对象、评议意见、投票情况和评审结果等内容。会议记录归档管理。

第三十三条　评审会议实行封闭管理，评审专家名单一般不对外公布。

评审专家和评审工作人员不得对外泄露评审内容，不得私自接收评审材料，不得利用职务之便谋取不正当利益。

第三十四条　评审专家和评审工作人员涉及本人利害关系，或涉及《事业单位人事管理回避规定》（人社部规〔2019〕1 号）第六条所列亲属关系人员的利害关系，或涉及 3 年内指导的学生、开展合作研究的博士后等其他可能影响公平公正履行评审职责的，应主动申请回避。职称评审委员会组建单位发现上述情形，应通知相关人员回避。

评审专家应在需回避的申报人汇报、答辩、评议和投票表决环节进行回避。

评审工作人员应回避职称评审工作全过程。

第三十五条　职称评审委员会组建单位在一定范围内对评审结果进行公示，公示期不少于 5 个工作日。

公示期间，对通过举报投诉等方式发现的问题线索，由职称评审委员会组建单位调查核实。经调查核实影响评审结果的，按有关规定严肃处理。

经公示无异议，或虽有异议但经调查核实不影响评审结果的评审通过人员，按照规定由职称评审委员会组建单位确认。院机关、院属单位职称评审通过的高级职称人员应报人事局备案。

第五章　委托评审

第三十六条　中国农业科学院接受委托评审范围如下：

（一）院属单位中签订 3 年以上劳动合同的编外聘用专业技术人员，在聘用单位从事本专业技术工作满 1 年且年度考核结果为合格以上，经其人事档案管理部门审核同意、提供档案材料存档证明，委托评审职称的。

（二）院属单位中连续在本单位从事本专业技术工作 3 年以上的劳务派遣专业技术人员，年度考核结果均为合格以上，由劳务派遣公司商用工单位提出申请，并经其人事档案管理部门审核同意、提供档案材料存档证明，委托评审职称的。

（三）农业农村部直属单位、业务主管社团、其他部委所属单位等专业技术人员，经农业农村部人事司研究同意，委托评审职称的。

第三十七条　院属单位不具备高级、中初级评审委员会组建条件的，经人事局研究同意，可委托具备条件的其他院属单位评审，委托评审需求和评审结果报人事局备案。

第三十八条　农业农村部、中国农业科学院具有评审权限的职称系列，不委托其他单位或地方评审。不具备职称评审权限的系列，一般应委托相应职称系列主管部门或人力资源社会保障部门组建的、经核准备案的职称评审委员会评审。

院属京外单位可委托所在地方评审。委托评审前，应征求地方人力资源社会保障部门或相应职称系列主管部门同意。

委托评审应由委托评审人员所在单位提出申请，经人事局、农业农村部人事司审核批准并出具委托评审函。未经审核批准，委托评审人员或者其所在单位直接进行委托评审的，一律无效。

援藏援疆援青挂职干部在援派期间可选择在派出地或受援地参加职称评审，应符合国家相关政策要求。

第六章 监督管理

第三十九条 中国农业科学院职称评审工作接受上级部门监督检查；人事局负责院属单位职称评审工作的监督检查。院属单位对本单位权限范围内的职称评审工作负主体责任，并接受监督检查。被检查单位和个人应如实提供职称评审有关材料，不得拒绝检查或谎报、瞒报。

第四十条 人事局或委托有关单位通过质询、约谈、现场观摩、查阅资料等形式，对院属单位职称评审工作进行抽查、巡查，依据有关问题线索进行倒查、复查等。

第四十一条 申报人通过提供虚假材料、剽窃他人作品和学术成果或通过不正当手段取得职称的，职称评审委员会组建单位应撤销其职称，并记入职称评审诚信档案库。

申报人所在单位未按要求履行审核职责的，对相关单位直接负责的主管人员和其他直接责任人员予以批评教育，并责令采取补救措施；情节严重的，追究相关人员责任。

院属单位职称评审委员会超越职称评审权限、擅自扩大职称评审范围的，对其职称评审权限或超越权限和范围的职称评审行为不予认可；情节严重的，取消院属单位职称评审权，并追究相关人员责任。

评审专家违反本办法第三十三条、第三十四条规定的，取消其评审专家资格，通报批评并记入职称评审诚信档案库；情节严重的，追究相关人员责任。

工作人员违反本办法第三十三条、第三十四条规定的，不得再从事职称评审工作，并通报批评；情节严重的，追究相关人员责任。

第七章 附 则

第四十二条 院属单位依据本办法，制定本单位职称评审管理办法。

第四十三条 本办法由人事局负责解释。

第四十四条 本办法自印发之日起施行。1995 年印发的《中国农业科学院专业技术职务评聘规范》，以及《关于进一步做好我院专业技术职务任职资格初次认定工作的通知》（农科人才函〔2016〕100 号）同时废止。

中国农业科学院高级职称评价标准

第一章　总　则

第一条　为客观公正评价专业技术人员的品德、能力和业绩贡献，发挥人才评价的激励导向作用。根据中共中央办公厅、国务院办公厅《关于深化职称制度改革的意见》、人力资源社会保障部《职称评审管理暂行规定》、《农业农村部职称评审管理办法》、《农业农村部高级职称评价标准（试行）》、《中国农业科学院职称评审管理办法》等制度文件要求，结合中国农业科学院职称评审工作实际，制定本标准。

第二条　中国农业科学院评审高级职称，受权委托中国农业科学院评审高级职称，适用本标准。

第三条　中国农业科学院高级职称评审分为自然科学研究、哲学社会科学研究、农业、工程、实验、出版 6 个系列，其中，实验系列仅评审到副高级。

第四条　中国农业科学院高级职称评审将履行主责、服务主业的质量效果作为评价重点，坚持干什么评什么，从贯彻党中央决策部署、推动重大科技进步、发挥决策支撑作用等多个维度，综合评价专业技术人员在服务保障部、院党组中心工作中的业绩表现，以及全面推进乡村振兴、加快建设农业强国的作用贡献。

第五条　本标准是申报中国农业科学院各系列高级职称的门槛条件。具有高级职称评审权限的院属单位，应依据本标准，制定适合本单位的职称评价标准，报人事局、科技管理局、成果转化局备案审核。院属单位职称评价标准不得低于本标准；鼓励有条件的院属单位，制定更高的评价标准。

第二章　基本条件

第六条　申报人必须遵守宪法和法律；具有良好的职业道德、敬业精神，作风端正，恪守科研诚信；热爱“三农”事业和农业科技工作，服务农业农村发展，为实现高水平农业科技自立自强、全面推进乡村振兴、加快农业强国建设贡献力量；认真履行岗位职责，积极围绕主责主业创新创造；身心健康，具备从事专业技术相关工作的身体条件。

第七条　申报人应具备相应的资格条件。

（一）申报副高级职称应具备下列条件之一：

1. 具备博士学位，取得本系列中级职称后，从事本专业技术工作满 2 年。

2. 具备研究生学历或硕士学位，或具备大学本科学历或学士学位，取得本系列中级职称后，从事本专业技术工作满5年。

（二）申报正高级职称：

应具备大学本科以上学历或学士以上学位，取得本系列副高级职称后，从事本专业技术工作满5年。

第八条 申报人应具备相应的专业能力条件。

（一）申报副高级职称应具备下列条件：

1. 系统掌握农业农村领域相关专业基础理论和专业技术知识，了解本专业国内外现状和发展趋势，具有较强的研究能力和丰富的研究工作积累，在专业领域取得重要成果。

2. 长期从事本专业工作，参与解决农业农村高质量发展中复杂问题或重大技术问题，并取得较好的经济效益、社会效益和生态效益。

3. 在培养农业农村中青年技术骨干方面发挥重要作用，主动指导中级或初级专业技术人员开展专业技术工作，或指导研究生开展专业学习研究。

（二）申报正高级职称应具备下列条件：

1. 具有深厚的农业农村领域专业理论功底，掌握并能够分析本专业国内外发展趋势，在本专业领域取得重大农业农村理论研究成果或关键技术突破，或在相关领域取得创新性研究和推广成果，推动农业农村高质量发展。

2. 长期从事本专业工作，业绩突出，能够主持解决农业农村高质量发展中复杂问题或重大技术问题，并取得显著的经济效益、社会效益和生态效益。

3. 在培养农业农村中青年技术骨干方面作出突出贡献，主动指导本专业副高级专业技术人员开展专业技术工作，或指导研究生开展专业学习研究。

第九条 申报人员应符合在岗考核和继续教育要求。

（一）年度考核合格以上次数达到所需资历年限数，且上一年度考核为合格以上。

（二）按照要求参加继续教育，包括参加培训班、研修班、进修班，相关继续教育实践活动，远程教育，学术会议、学术讲座、学术访问等，每年累计不少于90学时。

第三章　正常申报业绩条件

第十条 自然科学研究系列

（一）申报副研究员

1. 从事农业基础研究的人员，取得中级职称后，围绕实现高水平农业科技自立自强，致力于解决我国农业农村经济发展中公益性、基础性、全局性、战略性、前瞻性科学技术问题，业绩、成果应至少符合下列条件中的2条：

（1）聚焦农业科技的基础理论、底盘技术、核心种源、关键装置等，主持省部级、中国农业科学院级以上科研项目（课题）1项以上（凡冠以“以上、以下”者，均包含本级，下同），或主持中央行业主管部门机关司局级以上科研项目（课题）2项以上。

（2）围绕“三农”中心工作，主持研究提出具有较大学术影响和应用价值的创新性研究方法、制定可行的研究方案 1 项以上，并在相关研究工作中推广应用。

（3）研究成果得到业内认可，获得省部级、中国农业科学院级以上人才奖励、科学技术奖励 1 项以上（国家级额定完成人，省部级一等奖前 10 完成人、二等奖前 5 完成人、三等奖前 3 完成人，中国农业科学院杰出人才奖和优秀青年人才奖获得者，中国农业科学院科学技术奖励前 10 完成人）。

（4）善于立足岗位发明创造，作为第 1 完成人获得发明专利授权、植物新品种权等 1 件以上，或作为前 3 完成人获得新产品（品种、兽药、饲料、装备等）审定、认定或登记 1 项以上。

（5）有原创性科学发现或科技创新，以第 1 作者或通信作者，发表高水平学术论文 2 篇以上，或作为主编、副主编、核心章节主要撰写人出版本领域学术著作 1 部以上，或提出本领域政策建议报告 1 项，得到中央国家机关、省（区、市）或中国农业科学院等省部级以上领导肯定性批示。

2. 从事农业应用研究、技术开发与推广、全职从事教研教学的人员，取得中级职称后，致力于农业科技成果转化落地和推广应用，促进科技与经济紧密结合，注重科教融合，业绩、成果应至少符合下列条件中的 2 条：

（1）主持或作为业务骨干（前 3 完成人）参与本单位重点科研、教研项目 2 项以上，并取得明显成效，为科研创新、产业发展或研究生教育提供有效支撑。

（2）主持或作为技术骨干（前 3 完成人）参与本单位农业科研成果集成转化，对区域、产业发展具有重大价值，相关技术列入农业农村部年度主推技术，或获得政府及企事业项目经费支持累计 100 万元以上。

（3）研究成果得到业内认可，获得省部级、中国农业科学院级以上人才奖励、科学技术奖励、成果转化奖励、教育教学奖励 1 项以上（国家级额定完成人，省部级一等奖前 10 完成人、二等奖前 5 完成人、三等奖前 3 完成人，中国农业科学院杰出人才奖和优秀青年人才奖获得者，中国农业科学院科学技术奖励前 10 完成人，中国农业科学院成果转化奖励前 5 完成人，中国农业科学院教育教学奖励前 3 完成人）。

（4）善于立足岗位发明创造，作为第 1 完成人获得并转化专利（含发明专利、实用新型专利等）或植物新品种权 1 件以上，或作为前 3 完成人获得新产品（品种、兽药、饲料、装备等）审定、认定或登记 1 项以上。

（5）为农业农村标准化规范化管理工作提供技术支撑，作为前 5 完成人制（修）订本专业领域有关国家标准和行业标准 2 项以上。

（6）聚焦农业农村高质量发展技术难题，以第 1 作者或通信作者，发表高水平学术论文 2 篇以上，或作为主编、副主编、核心章节主要撰写人出版本领域高水平学术著作、农业应用技术、科普类读物或研究生教材等 2 部以上，具有一定的理论创新性、技术引领性和实践应用价值，或作为前 5 完成人提出政策建议报告并得到中央国家机关、省（区、市）或中国农业科学院等省部级以上领导肯定性批示，或作为前 5 完成人提出政策建议报告并得到中央行业主管部门机关司局主要负责同志肯定性批示 2 项以上，或作为前 5 完成人撰写并获中央行业主管部门机关司局级以上单位实施（或采纳）政策建议、技术支撑报告、编制发展规划等 5 项以上。

3. 从事农业科技咨询、科学传播与科技管理服务的人员，取得中级职称后，致力于推动管理服务规范化，提升科技创新影响力，为科学研究事业高质量发展保驾护航，创造性地开展管理服务工作，业绩、成果应至少符合下列条件中的 2 条：

（1）作为前 5 完成人，参与中央行业主管部门机关或中国农业科学院研究所设立的司局级以上农业重大科研或科技咨询项目，撰写高水平科技咨询或战略政策研究报告 2 项以上。

（2）作为前 5 完成人，参与完成中央行业主管部门机关司局级或中国农业科学院所局级以上重点科技管理服务工作 2 项以上，或提出对推进管理工作有实际效果的创新举措和方案 2 项以上且得到中国农业科学院、中央国家机关司局等上级主管部门认可。

（3）作为前 5 完成人，参与研究提出科学传播、科技管理服务等相关政策建议报告并得到中央国家机关、省（区、市）或中国农业科学院等省部级以上领导肯定性批示或被中央行业主管部门机关司局采纳 2 项以上，或撰写政策建议、技术支撑报告、发展规划、规章制度等获中央行业主管部门机关司局级或中国农业科学院所局级以上单位实施（或采纳）5 项以上。

（4）善于发现和总结农业科学传播、科技管理规律，以第 1 作者或通信作者公开发表与管理工作相关的论文 2 篇以上，或作为主编、副主编、核心章节主要撰写人出版与管理工作相关的著作或译著 1 部以上，具有一定的理论创新性、技术引领性和实践应用价值。

（5）在服务“三农”事业发展中，立足岗位发挥技术把关、决策支撑作用明显，受到中央行业主管部门机关司局级以上表彰、表扬。

（二）申报研究员

1. 从事农业基础研究的人员，取得副高级职称后，围绕实现农业科技自立自强，致力于解决我国农业农村经济发展中公益性、基础性、全局性、战略性、前瞻性重大科学技术问题，业绩、成果应至少符合下列条件中的 2 条：

（1）聚焦农业科技的基础理论、底盘技术、核心种源、关键装置等，主持国家级项目（课题）1 项以上，或主持省部级、中国农业科学院级以上科研项目（课题）2 项以上。

（2）围绕“三农”中心工作，主持研究提出具有较大学术影响和应用价值的创新性研究方法、制定可行的研究方案 2 项以上，得到业内权威专家认可，并在相关研究工作中推广应用。

（3）研究成果得到业内认可，获得省部级、中国农业科学院级以上人才奖励、科学技术奖励 1 项以上（国家级一等奖额定完成人，国家级二等奖前 10 完成人。省部级一等奖前 5 完成人、二等奖前 3 完成人、三等奖第 1 完成人。中国农业科学院杰出人才奖获得者，中国农业科学院科学技术奖励前 5 完成人）。

（4）善于立足岗位发明创造，作为第 1 完成人获得发明专利、植物新品种权等 2 件以上，或作为前 3 完成人获得新产品（品种、兽药、饲料、装备等）审定、认定或登记 2 项以上，或作为前 3 完成人制（修）订本专业领域国家标准或行业标准 3 项以上。

（5）有原创性科学发现或科技创新，以第 1 作者或通信作者发表高水平学术论文 3 篇以上；或作为主编、副主编出版本领域认可的高水平学术专著 2 部以上；或提出本领域重要政策建议报告 2 项以上，得到中央国家机关、省（区、市）或中国农业科学院等省部级以上领导肯定性批示。

2. 从事应用研究、技术开发与推广、全职从事教研教学的人员，取得副高级职称后，致力于农业科技成果转化落地和推广应用，促进科技与经济紧密结合，注重科教融合，业绩、成果应至少符合下列条件中的 2 条：

（1）主持本单位重点科研、教研项目 2 项以上，并取得明显成效，为科研创新、产业发展或研究生教育提供有效支撑。

（2）组织本单位本学科科研成果集成转化，为产业一线提供服务，对地区、产业产生重大价值或较大经济效益，相关技术列入农业农村部年度主推技术、主导品种或重大装备，或获得政府、企事业项目经费支持累计 200 万元以上。

（3）研究成果得到业内普遍认可，研究成果获得省部级、中国农业科学院级以上人才奖励、科学技术奖励、成果转化奖励、教育教学奖励 1 项以上（国家奖额定完成人，省部级一等奖前 5 完成人、二等奖前 3 完成人、三等奖第 1 完成人，中国农业科学院杰出人才奖获得者，中国农业科学院科学技术奖励前 5 完成人，中国农业科学院成果转化奖励前 3 完成人，中国农业科学院教育教学奖励第 1 完成人）。

（4）善于立足岗位发明创造，作为第 1 完成人获得并转化专利（含发明专利、实用新型专利等）或植物新品种权 2 件以上，或获得新产品（品种、兽药、饲料、装备等）审定、认定或登记 1 项以上。

（5）为农业农村标准化规范化管理工作提供技术支撑，作为前 3 完成人制（修）订本专业领域国家标准或行业标准 3 项以上。

（6）聚焦农业农村高质量发展技术难题，取得下列学术成果之一：①以第 1 作者或通信作者，发表高水平学术论文 3 篇以上；②作为主编、副主编出版本领域认可的高水平学术著作、技术培训教材、技术指南或研究生教材等 3 部以上，具有较高的理论创新性、技术引领性和实践应用价值，在业内具有较大影响力；③主笔提出政策建议报告并得到中央国家机关、省（区、市）或中国农业科学院等省部级以上领导肯定性批示，或主笔提出政策建议报告并得到中央行业主管部门机关司局主要负责同志肯定性批示 2 项以上，或主笔撰写并获中央行业主管部门机关司局级以上单位实施（或采纳）政策建议、技术支撑报告、发展规划等 5 项以上。

3. 从事农业科技咨询、科学传播与科技管理服务的人员，取得副高级职称后，致力于推动管理服务规范化，提升科技创新影响力，为科学研究事业高质量发展保驾护航，创造性地开展管理服务工作，业绩、成果应至少符合下列条件中的2条：

（1）主持中央行业主管部门机关或中国农业科学院研究所设立的司局级以上农业重大科研或科技咨询项目，撰写高水平科技咨询或战略政策研究报告2项以上。

（2）牵头完成中央行业主管部门机关司局级或中国农业科学院所局级以上重点科技管理服务工作2项以上，或作为第1完成人提出对推进管理工作有实际效果的重大创新举措并制定相应实施方案2项以上且得到中国农业科学院、中央国家机关司局等上级主管部门认可。

（3）主笔完成科学传播、科技管理服务等相关政策建议报告并得到中央国家机关、省（区、市）或中国农业科学院等省部级以上领导肯定性批示或被中央行业主管部门机关司局采纳2项以上，或主笔撰写并获中央行业主管部门机关司局级或中国农业科学院所局级以上单位实施（或采纳）政策建议、技术支撑报告、发展规划、规章制度等5项以上。

（4）善于发现和总结农业科学传播、科技管理规律，以第1作者或通信作者公开发表与管理工作相关的论文3篇以上，或作为主编、副主编出版与管理工作相关的著作或译著1部以上，具有较高的理论创新性、技术引领性和实践应用价值，在业内具有较大影响力。

（5）在服务“三农”事业发展中，立足岗位发挥技术把关、决策支撑作用显著，受到农业农村部、省（区、市）以上政府或中国农业科学院等省部级表彰、表扬。

第十一条 哲学社会科学研究系列

（一）申报副研究员

取得中级职称后，致力于开展农业农村政策创设、思想理论创新、管理模式创新、复杂重大问题应对以及农史和农耕文化、人才队伍建设等研究，服务农业农村经济社会发展业绩、成果应至少符合下列条件中的2条：

1. 为单位主体职能履行提供技术支撑，作为前5完成人，承担省部级、中国农业科学院级等重大工程、重点工作、重大活动2项以上，取得较高的社会、经济和生态效益，获得业务主管部门认可，并出具相关证明。

2. 开展“三农”领域社会科学重大问题研究，主持完成省部级、中国农业科学院级以上研究课题1项以上，或作为前5完成人，参与完成省部级、中国农业科学院级研究课题2项以上，或参与完成中央行业主管部门机关司局级研究课题3项以上，提出创新性学术观点，课题通过验收或获得奖项。

3. 为政府部门、中国农业科学院科学决策提供智力支持和理论支撑，取得下列成果之一：①作为第1完成人，撰写的政策建议、对策研究成果、典型案例材料等获得中央国家机关、省（区、市）或中国农业科学院等省部级以上领导肯定性批示1项以上，或作为前5完成人，获得中央国家机关、省（区、市）或中国农业科学院等省部级以上领导肯定性批示或被中央行业主管部门机关司局采纳2项以上；②作为前5完成人，撰写中央行业主管部门机关司局级以上研究报告、项目报告、发展规划、技术咨询报告等 4 项以上，获得业务主管部门或委托单位认可并出具证明。

4. 为农业农村法律法规制度建设提供支撑，参与制（修）订法律、法规、规章、重要政策文件、中长期规划等 1 项以上，或省部级、中国农业科学院级政策、规划 1 项以上；或作为前 5 完成人，参与制（修）订中央行业主管部门机关司局级以上行业性、专业性工作规范、管理办法等规章制度 4 项以上，正式印发执行并取得较好实效，获得业务主管部门或委托单位认可并出具证明。

5. 推动农业经济管理、农村社会事业、乡村治理、农耕文化保护等标准化规范化工作，作为前 5 完成人，参与制（修）订本专业领域有关国家标准 1 项以上，或行业标准 2 项以上，或地方标准、团体标准 3 项以上，并经有关部门批准颁布实施。

6. 围绕农业农村社会科学重点问题，取得下列学术成果之一：①以第 1 作者或通信作者，在公开出版的学术期刊上发表本专业学术论文 2 篇以上，或在全国性学术会议、国际会议上交流本人独立撰写的学术论文 3 篇以上，或在行业重要媒体发表评论性、综述性文章 6 篇以上，或在本行业领域较高层次学术交流、工作研讨或培训活动中作为主讲人作报告 6 次以上；②作为主编、副主编或核心章节主要撰写人出版本专业著作或译著 1 部以上，或主笔编写本专业培训教材或讲义 2 部以上，具有一定的理论创新性、技术引领性和实践应用价值。

7. 在服务“三农”事业发展中，发挥支撑服务作用明显，受到省部级以上政府、国际组织或中国农业科学院表彰、表扬。

（二）申报研究员

取得副高级职称后，致力于开展农业农村政策创设、思想理论创新、管理模式创新、复杂重大问题应对以及农史和农耕文化、人才队伍建设等研究，服务农业农村经济社会发展，业绩、成果应至少符合下列条件中的 2 条：

1. 为单位主体职能履行提供技术支撑，主持完成省部级、中国农业科学院级等重大工程、重点工作、重大活动 2 项以上，取得显著的社会、经济和生态效益，获得业务主管部门认可，并出具相关证明。

2. 开展“三农”领域社会科学重大问题研究，主持国家级研究课题 1 项以上，或主持省部级、中国农业科学院级研究课题 2 项以上，或主持完成中央行业主管部门机关司局级相关研究课题 3 项以上，引领课题研究方向，提升学科发展水平，课题通过验收或获得奖项。

3. 为政府部门、中国农业科学院科学决策提供智力支持和理论支撑，取得下列成果之一：①作为第 1 完成人，撰写的政策建议、对策研究成果、典型案例材料等获得中央国家机关、省（区、市）或中国农业科学院等省部级以上领导肯定性批示 2 项以上，或作为前 3 完成人，获得中央国家机关、省（区、市）或中国农业科学院等省部级以上领导肯定性批示或被中央行业主管部门机关司局采纳 4 项以上；②主持完成省部级、中国农业科学院级研究报告、项目报告、发展规划、技术咨询报告等 4 项以上，获得业务主管部门或委托单位认可并出具证明。

4. 为农业农村法律法规制度建设提供支撑，取得下列成果之一：①作为主要参与者参与制（修）订法律、法规、规章、重要政策文件、中长期规划等 1 项以上，或省部级、中国农业科学院级政策、规划 2 项以上；②主持制（修）订中央行业主管部门机关司局级以上行业性、专业性工作规范、管理办法等规章制度 4 项以上，正式印发执行并取得显著实效，获得业务主管部门或委托单位认可并出具证明。

5. 推动农业经济管理、农村社会事业、乡村治理、农耕文化保护等标准化规范化工作，作为前 5 完成人，参与制（修）订本专业领域有关国家标准 2 项以上，或作为前 3 完成人，制（修）订行业标准、地方标准、团体标准 4 项以上，并经有关部门批准颁布实施。

6. 围绕农业农村社会科学重点问题，取得下列学术成果之一：①以第 1 作者或通信作者，在公开出版的学术期刊上发表本专业学术论文 3 篇以上，或在全国性学术会议、国际会议上交流本人独立撰写的学术论文 5 篇以上，或在行业重要媒体发表评论性、综述性文章 10 篇以上，或在本行业领域较高层次学术交流、工作研讨或培训活动中作为主讲人作报告 10 次以上；②作为主编、副主编出版本专业著作或译著 1 部以上，或主笔编写本专业培训教材或讲义 4 部以上，具有较高的理论创新性、技术引领性和实践应用价值，在业内具有较大影响力。

7. 在服务“三农”事业发展中，发挥支撑服务作用显著，受到省部级以上政府、国际组织或中国农业科学院表彰、表扬。

第十二条 农业系列

（一）申报高级农艺师（高级畜牧师、高级兽医师）

取得中级职称后，围绕实现重要农产品种源自主可控、确保国家粮食安全和重要农产品有效供给、保障农产品质量安全、加强农业农村环境保护治理等，致力于农产品品种培优、品质提升、农业防灾减灾、重大动植物疫病防控、农业机械化创新与应用、秸秆综合利用、畜禽粪污资源化利用、水生生物资源养护和生态修复等关键技术研发和转化应用，业绩、成果应至少符合下列条件中的 2 条：

1. 聚焦农业产业重点领域关键核心技术，作为前 5 完成人参与研发或推广绿色增产高质高效新品种、新技术、新产品、新方法等 2 项以上，取得较高的社会、经济和生态效益，获得省级以上政府主管部门审（认）定、登记或通过业务主管部门验收。

2. 积极为农业行业发展提供技术支持和智力支撑，作为前 5 完成人参与完成中央行业主管部门机关司局级以上项目或任务 3 项以上，或省部级、中国农业科学院级以上项目 2 项以上，在实施过程中承担专业技术支撑或把关工作，提升行业专业技术水平效果明显，项目通过评估验收或获得相应奖项或获得中央行业主管部门机关司局主要负责同志肯定性批示。

3. 开展发明创造和技术创新，作为前 5 完成人获得本专业国家技术发明专利 1 项以上，或作为第 1 完成人获得实用新型专利 2 项以上或软件著作权 4 项以上。须由相关部门或所在单位出具证明。

4. 为制定农业农村政策提供参考，作为前 5 完成人撰写的政策建议、成果报告获得中央行业主管部门机关司局主要负责同志肯定性批示 2 项以上，或中央国家机关、省（区、市）或中国农业科学院等省部级以上领导肯定性批示 1 项以上，或被党中央国务院文件、省部级、中国农业科学院文件采纳。

5. 为农业农村法律法规制度建设提供支撑，取得下列成果之一：①参与制（修）订法律、法规、规章、重要政策文件、中长期规划等 1 项以上，并经审议通过颁布实施；②参与制（修）订国家标准（规程）或研制国家标准样品或国家标准物质 1 项以上，并由有关部门发布；③作为前 5 完成人制（修）订行业标准 2 项以上，或地方标准、团体标准、国际合作协定、支撑主责主业的技术指南（规范）、省部级推广鉴定大纲 3 项以上，并经有关部门批准颁布实施；④作为前 5 完成人参与制（修）订中央行业主管部门机关司局级以上行业性、专业性工作规范、管理办法等规章制度 4 项以上，正式印发执行并取得较好实效。需由相关部门或所在单位出具证明。

6. 为农业农村重要专项工作提供技术支撑，作为前 5 完成人完成本专业领域中央行业主管部门机关司局级以上风险评估报告、可行性研究报告、调研报告、课题研究报告、鉴定检测报告、技术咨询报告等 4 项以上。需由中央国家机关司局等上级主管部门或所在单位出具证明。

7. 紧扣所从事工作领域重点问题，取得下列学术成果之一：①以第 1 作者或通信作者，在公开出版的学术期刊上发表本专业领域高水平学术论文 2 篇以上，或在全国性学术会上交流本人独立撰写的学术论文 3 篇以上；②作为主编、副主编或核心章节主要撰写人出版本专业著作或译著 1 部以上，或制作本专业技术培训视频课件累计 5 课时以上，或主笔编写本专业培训教材或技术手册 1 部以上，具有一定的理论创新性、技术引领性和实践应用价值。

8. 在服务“三农”事业发展中，发挥技术把关、决策支撑作用明显，受到省部级以上政府、中国农业科学院表彰，或在农业农村技术领域取得重要成就，或在重大动植物疫病防控、农产品质量安全突发事件应急处置、重大违法行为调查处置、农业重大灾害处置、重要农业种质资源抢救性保护利用等工作中作出突出贡献，并得到上级有关主管部门表彰、表扬。

（二）申报正高级农艺师（正高级畜牧师、正高级兽医师）

取得副高级职称后，围绕实现重要农产品种源自主可控、确保国家粮食安全和重要农产品有效供给、保障农产品质量安全、加强农业农村环境保护治理等，致力于农产品品种培优、品质提升、农业防灾减灾、重大动植物疫病防控、农业机械化创新与应用、秸秆综合利用、畜禽粪污资源化利用和生态修复等关键技术研发和转化应用。业绩、成果应至少符合下列条件中的 2 条：

1. 聚焦农业产业重点领域关键核心技术，主持研发或推广绿色增产高质高效新品种、新技术、新产品、新方法等 2 项以上，取得显著的社会、经济和生态效益，获得省级以上政府主管部门审（认）定、登记或通过业务主管部门验收。

2. 为农业行业发展提供有力技术支持和智力支撑，作为前 3 完成人完成省部级、中国农业科学院级项目 2 项以上或完成国家级项目 1 项以上，或作为第 1 完成人主持完成中央行业主管部门机关司局级项目或任务 3 项以上，在实施过程中发挥技术引领、指导和业务把关作用，有效推动行业发展，项目通过评估验收或获得相应奖项或获得中央行业主管部门机关司局主要负责同志肯定性批示。

3. 开展发明创造和技术创新，作为前 3 完成人获得本专业国家技术发明专利 2 项以上，或作为第 1 完成人获得实用新型专利 3 项以上或软件著作权 6 项以上。须由相关部门或所在单位出具证明。

4. 为制定农业农村政策提供参考，作为前 3 完成人撰写的政策建议成果报告获得中央行业主管部门机关司局主要负责同志肯定性批示 3 项以上，或中央国家机关、省（区、市）或中国农业科学院等省部级以上领导肯定性批示 2 项以上，或被党中央国务院文件、省部级、中国农业科学院文件采纳 2 项以上。

5. 为农业农村法律法规制度建设提供支撑，取得下列成果之一：①作为主要参与者参与制（修）订法律、法规、规章、重要政策文件、中长期规划等 2 项以上，并经审议通过颁布实施；②作为前 5 完成人制（修）订国家标准 2 项以上，并由有关部门发布；③作为前 3 完成人制（修）订行业标准、地方标准、团体标准、省部级推广鉴定大纲 4 项以上，经有关部门批准颁布实施；④主持制（修）订中央国家机关司局级以上行业性、专业性工作规范、管理办法等规章制度等 4 项以上，正式印发执行并取得显著实效。需由相关部门或所在单位出具证明。

6. 为农业农村重要专项工作提供技术把关，主持完成本专业领域中央国家机关机关司局级或作为前 3 完成人完成省部级风险评估报告、可行性研究报告、调研报告、课题研究报告、鉴定检测报告、技术咨询报告等 4 项以上。须由上级主管部门或所在单位出具证明。

7. 紧扣所从事工作领域重点问题，取得下列学术成果之一：①以第 1 作者或通信作者在公开出版的学术期刊上发表本专业领域高水平学术论文 3 篇以上，或在全国性学术会上交流本人独立撰写的学术论文 5 篇以上；②作为主编、副主编出版本专业著作或译著 1 部以上，或制作本专业技术培训视频课件累计 10 课时以上或主编本专业培训教材或技术手册 2 部以上，具有较高的理论创新性、技术引领性和实践应用价值，在业内具有较大影响力。

8. 在服务“三农”事业发展中，发挥技术把关、决策支撑作用显著，受到省部级以上政府、中国农业科学院表彰，或在农业农村技术领域取得突出成就，或在重大动植物疫病防控、农产品质量安全重大事件应急处置、重大违法行为调查处置、农业重大灾害处置、重要农业种质资源抢救性保护利用等工作中作出重大贡献，并得到中国农业科学院、中央国家机关等省部级表彰、表扬。

第十三条　工程系列

（一）申报高级工程师

取得中级职称后，致力于农业农村工程领域产品装备、工程技术、信息技术等研发应用，着力解决农业农村现代化建设中的工程技术难题，推动现代工程技术创新，业绩、成果应至少符合下列条件中的 2 条：

1. 开展农业工程技术装备研发与集成应用，作为前 5 完成人，参与研制开发新产品、新材料、新设备、新工艺等 2 项以上，取得较高的社会、经济和生态效益，获得省级以上政府主管部门审（认）定、登记或通过业务主管部门验收。

2. 承担农村能源开发利用、设施农业、农产品加工工程、农业展览展示、信息化应用、农技信息化服务等公益性项目，作为前 5 完成人，参与完成省部级、中国农业科学院级以上研究项目（课题）2 项以上，或中央行业主管部门机关司局级研究项目（课题）3 项以上，有效发挥技术支持和智力支撑作用，项目通过评估验收或获得相应奖项。

3. 善于立足岗位发明创造，作为前 5 完成人，获得本专业国家技术发明专利 1 项以上，或作为第 1 完成人，获得实用新型专利 2 项以上或软件著作权 4 项以上。须由相关部门或所在单位出具证明。

4. 围绕农业农村重大工程、重大项目实施提出政策建议，作为前 5 完成人，参与或组织撰写的政策建议、研究报告获得中央行业主管部门机关司局主要负责同志肯定性批示 2 项以上，或中央国家机关、省（区、市）、中国农业科学院等省部级以上领导肯定性批示 1 项以上。

5. 为农业农村法律法规制度建设提供支撑，取得下列成果之一：①参与制（修）订法律、法规、规章、重要政策文件、中长期规划等 1 项以上，或省部级、中国农业科学院级政策、规划 1 项以上，或参与制（修）订国际标准、国家标准 1 项以上；②作为前 5 完成人，参与制（修）订行业标准、地方标准、团体标准 2 项以上，并经有关部门批准颁布实施；③作为前 5 完成人，参与制（修）订中央行业主管部门机关司局级以上行业性、专业性工作规范、管理办法等规章制度 4 项以上，正式印发执行并取得较好实效。需由相关部门或所在单位出具证明。

6. 开展农业农村规划设计、展览工程设计、信息化应用等调查研究，作为前 5 完成人，完成本专业领域中央行业主管部门机关司局级以上研究报告（含项目建议书、可行性研究报告、初步设计报告、调研报告、评估评审报告、投资管理报告、发展规划报告、技术咨询报告等）4 项以上，并由中央国家机关司局等上级主管部门或所在单位出具证明，或获得相应奖项。

7. 推进工程技术交流和科学普及，取得下列学术成果之一：①以第 1 作者或通信作者，在公开出版的学术期刊上发表本专业领域高水平学术论文 2 篇以上，或在全国性学术会上交流本人独立撰写的学术论文 3 篇以上；②作为主编、副主编或核心章节主要撰写人出版本专业著作或译著 1 部以上，或主笔编写本专业培训教材或技术手册 1 部以上，具有一定的理论创新性、技术引领性和实践应用价值。

8. 在服务“三农”事业发展中，发挥所在岗位技术支撑作用明显，受到农业农村部、省级以上政府、中国农业科学院等表彰，或在服务部、院党组中心工作、提供信息化和执法监管支撑保障，或农业农村重大活动、重大专项工作中作出重要贡献，并得到部机关有关主管司局、中国农业科学院表彰、表扬。

（二）申报正高级工程师

取得副高级职称后，致力于农业农村工程领域产品装备、工程技术、信息技术等研发应用，着力解决农业农村现代化建设中的工程技术难题，实现现代工程技术突破，业绩、成果应至少符合下列条件中的 2 条：

1. 开展农业工程技术装备研发与集成应用，主持研制开发新产品、新材料、新设备、新工艺等 2 项以上，取得显著的社会、经济和生态效益，获得省级以上政府主管部门审（认）定、登记或通过业务主管部门验收。

2. 承担农村能源开发利用、设施农业、农产品加工工程、农业展览展示、信息化应用、农技信息化服务等公益性项目，作为前 3 完成人，参与完成国家级研究项目（课题）1 项以上，或主持完成省部级、中国农业科学院级研究项目（课题）2 项以上，或主持完成中央行业主管部门机关司局级研究项目（课题）3 项以上，充分发挥技术把关和指导作用，项目通过评估验收或获得相应奖项。

3. 善于立足岗位发明创造，作为前 3 完成人，获得本专业国家技术发明专利 2 项以上，或作为第 1 完成人，获得国家技术发明专利 1 项、实用新型专利 3 项以上或软件著作权 6 项以上。需由相关部门或所在单位出具证明。

4. 围绕农业农村重大工程、重大项目实施提出政策建议，作为前 3 完成人，撰写的政策建议、研究报告获得中央行业主管部门机关司局主要负责同志肯定性批示 3 项以上，或获得中央国家机关、省（区、市）、中国农业科学院等省部级领导肯定性批示 2 项以上，或获得中央领导肯定性批示 1 项以上，或被中央行业主管部门机关司局采纳 2 项以上。

5. 为农业农村法律法规制度建设提供支撑，取得下列成果之一：①作为主要参与者参与制（修）订法律、法规、规章、重要政策文件、中长期规划等 1 项以上，或省部级、中国农业科学院级政策、规划 2 项以上；②作为前 5 完成人，制（修）订国家标准 2 项以上；③作为前 3 完成人，制（修）订行业标准、地方标准、团体标准 4 项以上，并经有关部门批准颁布实施；④主持制（修）订中央行业主管部门机关司局级以上行业性、专业性工作规范、管理办法等规章制度 4 项以上，正式印发执行并取得显著实效。需由相关部门或所在单位出具证明。

6. 开展农业农村规划设计、展览工程设计、信息化应用等调查研究，主持完成本专业领域中央行业主管部门机关司局级或作为前 3 完成人完成省部级、中国农业科学院级研究报告（含项目建议书、可行性研究报告、初步设计报告、调研报告、评估评审报告、投资管理报告、发展规划报告、技术咨询报告等）4 项以上，并由中央国家机关司局等上级主管部门或所在单位出具证明，或获得相应奖项。

7. 推进工程技术交流和科学普及，取得下列学术成果之一：①以第 1 作者或通信作者，在公开出版的学术期刊上发表本专业领域高水平学术论文 3 篇以上，或在全国性学术会上交流本人独立撰写的学术论文 5 篇以上；②作为主编、副主编出版本专业著作或译著 1 部以上，或主笔编写本专业培训教材或技术手册 2 部以上，具有较高的理论创新性、技术引领性和实践应用价值，在业内具有较大影响力。

8. 在服务“三农”事业发展中，发挥所在岗位技术支撑作用显著，受到农业农村部、省级以上政府、中国农业科学院等表彰，或在服务部、院党组中心工作提供信息化和执法监管支撑保障，或在农业农村重大活动、重大专项工作中作出突出贡献，并得到部机关有关主管司局、中国农业科学院表彰、表扬。

第十四条 出版系列

（一）申报副编审

取得中级职称后，致力于宣传党的“三农”政策、传递农业科技、传承农耕文明、繁荣农村文化，业绩、成果应至少符合下列条件中的 2 条：

1. 善于传播农业农村科技文化，作为前 3 完成人，参与完成出版领域省部级、中国农业科学院级以上研究课题 2 项以上，或省部级、中国农业科学院级项目研究报告（含可行性研究报告、项目申请报告、课题总结报告、技术咨询报告等）2 项以上，获得业务主管部门认可，并出具相关证明。

2. 紧扣“三农”重大主题和社会高度关注的热点，取得下列成果之一：①作为前 3 完成人，参与制定出版物或行业发展规划 2 项以上，或参与策划的选题至少有 1 种被列入省部级、中国农业科学院级以上重点出版物、重点图书选题规划、重点数字出版计划等并实施，或编发省部级、中国农业科学院级以上重点、热点图书 1 部以上，社会影响较好；②作为第 1 完成人或主笔起草人，组织（起草）编辑出版重要政策建议、规章制度等 5 篇以上，获得所在单位或中央行业主管部门机关司局或中国农业科学院等上级主管部门实施（或采纳），并出具相关证明。

3. 致力于做精做强出版传播工作，取得下列成果之一：①参与责编或策划的农业农村科技文化传播领域图书（期刊、数字出版产品），作为前 3 完成人，获得省部级、中国农业科学院级以上或全国一级行业协会、专业学会颁发的出版奖 1 项以上，或审稿、编辑加工、校对中多次发现重大是非问题，负责的出版物在单位或行业质量检查中被评为优秀出版物奖 2 项以上；②参与责编或策划的农业农村科技文化传播领域图书（期刊、数字出版产品），获国家或行业权威期刊评价机构奖 2 项以上，或被核心期刊、国际权威检索机构收录，或获得省部级、中国农业科学院级、中央行业主管部门的出版基金、项目资助；③负责编辑出版的农业农村科技类文章获得省部级、中国农业科学院级以上或全国一级行业协会颁发的论文奖 1 项以上，或以第一作者发表的编辑出版领域专业论文有 1 篇以上获国家权威机构评定的优秀论文奖。

4. 以第 1 作者或通信作者，在公开出版发行的专业期刊或行业报纸（除本人参与工作的期刊或报纸）发表相关专业论文2篇以上，或作为主编、副主编或核心章节主要撰写人出版专业性、技术性著作或译著1部以上，具有一定的理论创新性、技术引领性和实践应用价值。

5. 在服务"三农"事业发展中，发挥所在岗位技术把关、决策支撑作用明显，受到省部级以上中央行业主管部门、政府、中国农业科学院表彰、表扬。

（二）申报编审

取得副高级职称后，致力于宣传党的"三农"政策、传递农业科技、传承农耕文明、繁荣农村文化，业绩、成果应至少符合下列条件中的2条：

1. 善于传播农业农村科技文化，作为第1完成人或主笔起草人，参与完成出版领域国家级研究课题1项以上，或省部级、中国农业科学院级以上研究课题2项以上，或省部级、中国农业科学院级项目研究报告（含可行性研究报告、项目申请报告、课题总结报告、技术咨询报告等）4项以上，获得业务主管部门认可，并出具相关证明。

2. 紧扣"三农"重大主题和社会高度关注的热点，取得下列成果之一：①作为第1完成人，制定出版物或行业发展规划2项以上，或策划的选题至少有2种被列入省部级、中国农业科学院级以上重点出版物、重点图书选题规划、重点数字出版计划等并实施，或编发省部级、中国农业科学院级以上重点、热点图书2部以上，社会影响好；②作为第1完成人或主笔起草人，组织（起草）编辑出版重要政策建议、规章制度等8篇以上，获得所在单位或中央行业主管部门机关司局或中国农业科学院等上级主管部门实施（或采纳），并出具相关证明。

3. 致力于做精做强出版传播工作，取得下列成果之一：①责编或策划的农业农村科技文化传播领域图书（期刊、数字出版产品），作为第1完成人，获得省部级、中国农业科学院级以上或全国一级行业协会、专业学会颁发的出版奖2项以上，或审稿、编辑加工、校对中多次发现重大是非问题，负责的出版物在单位或行业质量检查中被评为优秀出版物奖4项以上；②责编或策划的农业农村科技文化传播领域图书（期刊、数字出版产品），获国家或行业权威期刊评价机构奖3项以上，或被国际权威检索机构收录，或获得国家级出版基金、项目资助；③编辑出版的农业农村科技类文章获得省部级、中国农业科学院级以上或全国一级行业协会颁发的论文奖2项以上，或以第一作者发表的编辑出版领域专业论文2篇以上获国家权威机构评定的优秀论文奖。

4. 以第1作者或通信作者，在公开出版发行的专业期刊或行业报纸（除本人参与工作的期刊或报纸）发表专业相关论文4篇以上，或作为主编、副主编出版专业性、技术性著作或译著1部以上，具有较高的理论创新性、技术引领性和实践应用价值，在业内具有较大影响力。

5. 在服务"三农"事业发展中，发挥所在岗位技术把关、决策支撑作用显著，受到省部级以上中央行业主管部门、政府、中国农业科学院表彰、表扬。

第十五条 实验系列

申报高级实验师，取得中级职称后，致力于保障农业科技项目顺利开展，业绩、成果应至少符合下列条件中的 2 条：

1. 具有大型仪器设备的操作与维护能力，熟练掌握本专业领域检测技术规程和标准，作为前 5 完成人，参与开发新工艺、新技术、新方法等 2 项以上，得到中央行业主管部门机关司局级、中国农业科学院研究所等以上单位认可或验收。

2. 作为前 5 完成人，参与中央行业主管部门机关司局级以上农业农村重要实验项目 2 项以上，或农业生产管理或技术试验示范及推广项目 1 项以上，解决农业生产关键技术问题并取得良好社会反响。

3. 牵头研制或改进实验仪器设备 1 项以上，并投入农业科技研究使用，由中央行业主管部门机关司局级、中国农业科学院研究所等以上单位出具相关证明。

4. 作为前 5 完成人，参与制（修）订农业科技实验国家标准或行业标准 1 项以上，或获得国家技术发明专利 1 项以上（含植物新品种权、软件著作权、国家级新产品等相应水平的成果）。

5. 作为前 5 完成人，参与编制中央行业主管部门机关司局级、中国农业科学院研究所等以上重大检验监测工作方案，并完成检验监测结果情况分析报告 2 份以上，或编制本单位（实验室）质量手册、程序文件或作业指导书 1 次以上。

6. 作为前 3 完成人，公开发表学术论文 2 篇以上，或作为主编、副主编或核心章节主要撰写人出版著作或技术手册 1 部以上，被 2 个以上科研院所或学校使用，并出具相关使用证明。

7. 获得省部级、中国农业科学院级检验测试技能竞赛奖项 1 次以上，或作为前 3 完成人，在省部级、中国农业科学院级检验测试技术能力验证活动中获得 2 次以上满意结果。

第十六条　专业技术人员专兼职从事党务工作的，其开展党务工作获得的表彰、奖励以及形成的党建课题研究、典型案例材料、新闻宣传报道等可作为职称评审的业绩成果依据。

第四章　破格申报业绩条件

第十七条　对于取得重大基础研究和前沿技术突破、解决重大农业技术难题，在农业科技事业发展中作出突出贡献的专业技术人员，可适当放宽学历资历、职称层级、任职年限等条件限制，破格申报自然科学研究、哲学社会科学研究系列高级职称。自然科学研究、哲学社会科学研究系列中、初级职称不接受破格申报。农业、工程、实验、出版职称系列各层级均不接受破格申报。

第十八条　具备规定资历要求但未达到规定学历要求，或具备规定学历要求但与规定资历年限相差 2 年之内的，由 2 名以上同行专家（具有正高级职称）署名推荐，可破格申报相应系列高级职称。破格申报在具备正常晋升业绩条件基础上，还应具备下列条件中的 2 条。

（一）破格申报副高级职称

1. 作为前 3 完成人，撰写的政策建议或成果报告获得中央国家机关、省（区、市）、中国农业科学院等省部级以上领导肯定性批示 2 项以上，或获得中央领导肯定性批示 1 项以上，或被中央行业主管部门机关司局采用 2 项以上并出具相关证明。

2. 在中央重大任务落实、重大动植物疫病防控、重大违法行为调查处置、农业重大灾害处置等工作中作出重大贡献，或专业技术工作业绩突出，获得省部级、中国农业科学院级表彰 1 项以上。

3. 完成援藏、援疆、援青、驻外任务，为全面推进乡村振兴、加快农业农村现代化作出重要贡献，获省部级、中国农业科学院级表彰 1 项以上。

4. 作为第 1 完成人，获得并转化与本专业领域核心关键技术相关的国家技术发明专利、实用新型专利 2 项以上，并取得显著的经济效益、社会效益和生态效益。

5. 主持省部级、中国农业科学院级项目（课题）2 项以上，并通过评估验收或获得相应奖项；或以第 1 作者或通信作者，发表本专业领域高水平学术论文 2 篇以上，获得业界普遍认可；或作为主编出版专业性、技术性著作或译著 1 部以上，具有较高的理论创新性、技术引领性和实践应用价值。

6. 研究成果得到业内普遍认可，获得省部级、中国农业科学院级以上人才奖励、科学技术奖励、成果转化奖励 1 项以上（国家级一等奖额定完成人，国家级二等奖前 10 完成人。省部级一等奖前 5 完成人、二等奖前 3 完成人、三等奖第 1 完成人。中国农业科学院杰出人才奖和优秀青年人才奖获得者，中国农业科学院科学技术奖励前 5 完成人，中国农业科学院成果转化奖励前 3 完成人）。

（二）破格申报正高级职称

1. 作为前 3 完成人，撰写的政策建议或成果报告获得中央领导肯定性批示 2 项以上，或被中央行业主管部门机关司局、中国农业科学院采用 4 项以上并出具相关证明。

2. 在中央重大任务落实、重大动植物疫病防控、重大违法行为调查处置、农业重大灾害处置等工作中作出重大贡献，或专业技术工作业绩突出，获得国家级表彰 1 项，或省部级、中国农业科学院级表彰 2 项以上。

3. 完成援藏、援疆、援青、驻外任务，为全面推进乡村振兴、加快农业农村现代化作出重大贡献，获得省部级、中国农业科学院级表彰 1 项以上。

4. 作为第 1 完成人，获得并转化与本专业领域核心关键技术相关的国家技术发明专利、实用新型专利 2 件以上，在生产中大范围使用，并取得重大经济效益、社会效益和生态效益。

5. 主持国家级重大科研项目（课题）1 项以上或主持国家级科研项目（课题）2 项以上或主持省部级、中国农业科学院级项目（课题）3 项以上，并通过评估验收或获得相应奖项；或以第 1 作者或通信作者，发表本专业领域高水平学术论文 3 篇以上，获得业界普遍认可；或作为主编出版专业性、技术性著作或译著 2 部以上，具有较高的理论创新性、技术引领性和实践应用价值，在业内具有较大影响力。

6. 研究成果得到业内普遍认可，获得省部级、中国农业科学院级以上人才奖励、科学技术奖励、成果转化奖励 1 项以上（国家级一等奖前 10 完成人，国家级二等奖前 8 完成人。省部级一等奖前 3 完成人、二等奖第 1 完成人。中国农业科学院杰出人才奖获得者，中国农业科学院科学技术奖励前 3 完成人，中国农业科学院成果转化奖励第 1 完成人）。

第十九条 符合第十八条规定的破格业绩条件的下列人员，由 2 名以上同行专家（具有正高级职称）署名推荐，可“一人一策”，不受学历资历、职称层级、任职年限等限制，直接申报高级职称。

（一）对于取得重大基础研究和前沿技术突破、解决重大农业生产技术难题，在农业科技事业发展中作出突出贡献的专业技术人员，通过国际或国内同行专家评价，直接申报青年通道高级职称的。

（二）为满足重点学科发展、重大平台建设、核心任务攻关、卓越团队创建等需要，在种子、耕地、生物安全、农机装备、绿色低碳、乡村发展等核心领域引进的海外高层次人才、急需紧缺人才，通过国际或国内同行专家评价的。

第二十条 作为前 3 完成人，取得重大原创性研究成果或关键核心技术突破，经同行专家或第三方评估达到国际领先水平的，可直接申报高级职称。

第五章　附　则

第二十一条 本标准中涉及的能力素质、工作业绩、学术成果、论文著作等均应与申报专业相关联，业绩标准如无特殊说明，均为任现职称以来获得，同时提供相应的佐证材料。

第二十二条 本标准中规定的同一成果（项目、教材等）既通过鉴定又获奖，或同时获几个级别的奖励，按最高级别计算 1 次，不重复计算。同年度同一先进称号按最高级别认定。未明确个人地位、作用的集体成果奖，不能作为个人获奖使用。专著、编著、教材不含论文集。

第二十三条 中国农业科学院级科研项目（课题）包括中央级公益性科研院所基本科研业务费专项、中国农业科学院科技创新工程联合攻关重大科研任务。

中国农业科学院人才奖励包括杰出人才奖和优秀青年人才奖。中国农业科学院科学技术奖励包括杰出科技创新奖和青年科技创新奖。中国农业科学院成果转化奖励包括成果转化优秀团队奖和知识产权转化奖。中国农业科学院教育教学奖励包括优秀教师奖、教学名师奖和教学突出贡献奖。

中国农业科学院省部级领导肯定性批示包括中国农业科学院院长、党组书记作出的肯定性批示。

中国农业科学院级政策、规划等包括以院文件印发的各类规章制度。

中国农业科学院级研究报告（项目报告、技术咨询报告等）包括中国农业科学院党组，或院机关业务主管部门围绕农业农村发展或全院管理的关键核心问题，设立（委托开展）的重大科研任务、调研任务等，工作（调研）期间产出的研究报告、项目报告、技术咨询报告等。

中国农业科学院级检验测试技能竞赛包括中国农业科学院组织举办的支撑人才岗位技能竞赛等。

中国农业科学院级表彰（表扬）包括中国农业科学院颁发的荣誉性（工作性）表彰、作出的书面表扬；或经院批准，中国农业科学院机关部门颁发的工作性表彰。

中国农业科学院研究所设立的司局级以上农业重大科研或科技咨询项目包括研究所利用中央级公益性科研院所基本科研业务费专项、中国农业科学院科技创新工程联合攻关重大科研任务，自主设立的重大项目（课题、任务）。

第二十四条 本标准由人事局负责解释。

第二十五条 本标准自印发之日起施行。此前发布的有关职称评价标准，凡与本标准不一致的，按照本标准执行。

中国农业科学院中初级职称评价标准指引

一、适用范围

中国农业科学院评审中初级职称，受权委托中国农业科学院评审中初级职称，适用本指引。

二、职称系列

中国农业科学院中、初级职称评审分为自然科学研究、哲学社会科学研究、农业、工程、实验等 5 个系列。出版系列中、初级职称需参加全国统一组织的专业技术资格考试取得。

三、基本条件

申报人必须遵守宪法和法律；具有良好的职业道德、敬业精神，作风端正，恪守科研诚信；热爱“三农”事业和农业科技工作，服务农业农村发展，为实现高水平农业科技自立自强、全面推进乡村振兴、加快农业强国建设贡献力量；认真履行岗位职责，积极围绕主责主业创新创造；身心健康，具备从事专业技术相关工作的身体条件。

（一）申报初级职称应具备下列条件之一：

1. 具备硕士学位，或具备第二学士学位（自然科学研究、实验系列除外）。

2. 具备大学本科学历或学士学位，从事本专业技术工作满 1 年。

3. 具备大学专科学历，从事本专业技术工作满 3 年，可申报农业、工程、实验系列初级职称。

4. 具备中专毕业学历，从事本专业技术工作满 5 年，可申报农业、工程、实验系列初级职称。

5. 具备高中（含职高）毕业学历，从事本专业技术工作满 5 年，可申报农业、实验系列初级职称。

（二）申报中级职称应具备下列条件之一：

1. 具备博士学位。

2. 具备硕士学位，或第二学士学位（自然科学研究、实验系列除外），取得本系列初级职称后，从事本专业技术工作满 2 年。

3. 具备大学本科学历或学士学位，取得本系列初级职称后，从事本专业技术工作满4年。

4. 具备大学专科学历，取得本系列初级职称后，从事本专业技术工作满4年，可申报农业、工程、实验系列中级职称。

5. 具备高中（含中专、职高）毕业学历，取得本系列初级职称后，从事本专业技术工作满5年，可申报农业、实验系列中级职称。

四、专业能力条件

（一）申报初级职称应具备下列条件：

1. 基本掌握本学科基础理论和专业知识，初步了解本领域国内外研究现状和发展趋势。

2. 具备独立完成一般性专业技术工作的能力，能够围绕主责主业处理本专业范围内一般性问题。

（二）申报中级职称应具备下列条件：

1. 熟练掌握并能够灵活运用本学科基础理论和专业知识，了解本学科领域国内外研究现状和发展趋势。

2. 具有独立承担本专业较为复杂的技术工作的能力，能够围绕主责主业解决本专业较为复杂的实际问题。

3. 能够指导初级专业技术人员开展工作。

五、业绩成果条件

业绩成果条件主要包括参与完成本专业相关课题、调研报告，制定的标准、办法，发表的论文，出版的专业著作或译著，获得的表彰奖励等情况。

各单位要围绕主责主业，结合单位实际，研究制定本单位相应系列中、初级职称评审业绩条件要求。以自然科学研究系列为例。

（一）申报初级职称

围绕主责主业参与本专业技术工作，至少符合下列条件中的2条：

1. 参与（承担）农业科学研究、教研教学、科技咨询、科学传播与科技管理服务等专业技术工作至少1项，取得较好成绩。

2. 获得专利、植物新品种权等授权1件以上（凡冠以“以上”“以下”者，均包含本级，下同），或获得新产品（品种、兽药、饲料、装备等）审定、认定或登记1项以上，或制（修）订本专业领域有关国家标准、行业标准、地方标准和团体标准1项以上，颁布实施或正式印发。

3. 获得省部级、中国农业科学院级以上人才奖励、科学技术奖励、成果转化奖励、教育教学奖励 1 项以上。

4. 在公开出版的学术期刊上发表本专业学术论文 1 篇以上，或在全国性学术会上交流撰写的学术论文 1 篇以上；或参与出版本领域学术著作、农业应用技术、科普类读物或研究生教材等 1 部以上；或撰写政策建议、技术支撑报告、发展规划、规章制度等获本单位或上级部门实施（或采纳）1 个以上。

5. 参与（承担）农业科研成果集成转化工作，对区域、产业发展具有一定的价值。

6. 在服务“三农”事业发展中，发挥所在岗位技术支撑作用，受到本单位或上级有关部门表彰、表扬。

（二）申报中级职称

取得初级职称或博士学位后，围绕本单位主责主业参与或承担本专业技术工作，至少符合下列条件中的 2 条：

1. 主持（分管）至少 1 项，或参与（承担）完成农业科学研究、教研教学、科技咨询、科学传播与科技管理服务等专业技术工作至少 2 项，发挥较重要的技术支撑、保障作用。

2. 作为主要完成人，获得专利、植物新品种权等授权 1 件以上，或获得新产品（品种、兽药、饲料、装备等）审定、认定或登记 1 项以上，或制（修）订本专业领域有关国家标准、行业标准、地方标准和团体标准 1 项以上，颁布实施或正式印发。

3. 作为主要完成人，获得省部级、中国农业科学院级以上人才奖励、科学技术奖励、成果转化奖励、教育教学奖励 1 项以上。

4. 作为主要完成人，在公开出版的学术期刊上发表本专业学术论文 1 篇以上，或在全国性学术会上交流撰写的学术论文 1 篇以上；或作为主要撰写人出版本领域学术著作、农业应用技术、科普类读物或研究生教材等 1 部以上；或作为主要撰写人，撰写的政策建议、技术支撑报告、发展规划、规章制度等获本单位以上实施（或采纳）1 个以上。

5. 主持（分管）或参与（承担）农业科研成果集成转化工作，取得较好的经济效益和社会效益。

6. 在服务“三农”事业发展中，发挥所在岗位技术支撑作用，受到上级有关部门表彰、表扬。

六、考核和继续教育要求

（一）年度考核合格以上次数达到所需资历年限数，且上一年度考核为合格以上。

（二）按照要求参加继续教育，包括参加培训班、研修班、进修班，相关继续教育实践活动，远程教育、学术会议、学术讲座、学术访问等，每年累计不少于 90 学时。

七、高技能人才申报评审

（一）高技能人才可申报农业、实验等系列中初级职称，申报人应是在农业、实验技术等领域生产一线岗位，从事技术技能工作，具有高超技艺和精湛技能，能够进行创造性劳动，并作出贡献的技能劳动者。

（二）申报人须符合所申报系列职称评价标准，具有高级工以上职业资格或职业技能等级，在现工作岗位上近3年年度考核合格以上。

（三）按照国家有关规定取得高级工职业资格或职业技能等级后从事技术技能工作满2年，可申报相应系列助理级职称；取得技师职业资格或职业技能等级后从事技术技能工作满3年，可申报相应系列中级职称。

（四）技工院校中级工班、高级工班、预备技师（技师）班毕业，可分别按相当于中专、大专、本科学历申报工程系列职称。

八、附　则

（一）自《农业农村部职称评审管理办法》印发之日起，农业农村部系统不再实行职称初次认定。为确保平稳过渡，按照“新人新办法、老人老办法”的原则，2022年7月12日之前入职的编制内人员，可按照原规定，申请初、中级职称初次认定；之后入职的编制内人员通过参加职称评审取得初、中级职称。

试用期内符合申报条件人员，可按照我院有关规定，申报评审相应系列层级职称。申报高一层级职称所需任职年限，可从取得职称资格时间起计算。试用期满考核取得合格以上等次的，履行相应层级专业技术岗位聘任程序，兑现相应待遇。专业技术岗位聘任时间，可从试用期满当日计算。

（二）中国农业科学院人才奖励包括杰出人才奖和优秀青年人才奖。中国农业科学院科学技术奖励包括杰出科技创新奖和青年科技创新奖。中国农业科学院成果转化奖励包括成果转化优秀团队奖和知识产权转化奖。中国农业科学院教育教学奖励包括优秀教师奖、教学名师奖和教学突出贡献奖。

中国农业科学院关于印发《京区农科英才周转住房管理办法（试行）》的通知

农科院人〔2023〕61 号

院机关各部门、院属各单位：

《中国农业科学院京区农科英才周转住房管理办法（试行）》已经中共中国农业科学院党组 2023 年第 7 次会议审议通过，现印发给你们，请认真贯彻执行。

中国农业科学院

2023 年 4 月 14 日

中国农业科学院京区农科英才周转住房管理办法（试行）

第一章　总　则

第一条　为进一步优化人才引育环境，健全我院人才住房保障制度，规范农科英才周转住房管理，根据《中国农业科学院农科英才住房租售暂行办法》（农科院党组发〔2017〕45号）和《中国农业科学院关于印发农科英才住房保障补充规定的通知》（农科院人〔2020〕102号）等文件，结合实际，制定本办法。

第二条　本办法所称农科英才周转住房（以下简称周转住房），是指房屋产权归属中国农业科学院或由中国农业科学院合法管理，可用于京区农科英才周转租住的房屋。

第三条　周转住房的租住、使用和管理坚持“统筹分配、按序入住、只租不售、周转使用”的原则。

第四条　在院人才工作领导小组的统一领导下，院人事局会同有关单位和部门，负责周转住房的申请资格审核与分配，院房屋运营部门负责周转住房日常管理。

第二章　房源情况与申请条件

第五条　周转住房主要用于京区农科英才短期租住，房源为中关村院区成套住房、单间公寓以及其他可由我院统一管理的人才住房。

第六条　申请周转住房需同时符合以下条件：

（一）申请人为支持期内的院级农科英才（以下简称农科英才），以及经院人才工作领导小组批准的其他人才。

（二）申请人及配偶、未成年子女未购置国家政策性住房，主要包括公有住房、中央国家机关职工住宅、经济适用住房等。

（三）申请人及配偶、未成年子女在京内名下无社会商品住房。

（四）申请人未租住院（所）周转住房、北京市政策保障性住房，未享受其他单位周转住房政策。

（五）申请人未领取农科英才安家费补助或租房补助，或已领取安家费但退回发放单位、停止领取租房补助。

申请人及配偶均具备申请资格的，按照“就高从优”的原则掌握，但不重复享受相关政策，在申请周转住房时可适当优先考虑。

第三章　住房面积标准与租金管理

第七条　农科英才可租住的周转住房面积（以建筑面积计算）按以下标准掌握。实际分配到的周转住房面积，视房源情况而定。

（一）顶端人才不超过 140 平方米；领军人才不超过 100 平方米；青年英才、转化和支撑英才不超过 80 平方米。

（二）经院人才工作领导小组批准的其他人才，一事一议确定面积标准。

第八条　房屋租金以周转住房所在区域租房市场价格为基准，参照中央国家机关公务员配租房屋租金与房屋所在区域租房市场价格的比例进行核定。院人事局会同院房屋运营部门，每 5 年核定一次租金标准。

第九条　承租人须按时足额缴纳租金，租金缴纳方式以租住协议约定为准。租金收入全部上缴院房屋运营部门，主要用于周转住房的基本装修、家具配备和日常维护等。

第十条　承租人自行承担租住期间的水、电、燃气、电话、网络、有线电视、供暖及物业管理等费用，另有约定的除外。

第四章　申请与审批

第十一条　周转住房申请

（一）符合本办法第六条规定的申请人，填写《中国农业科学院京区农科英才周转住房申请表》，提供符合周转住房申请条件的证明材料，报所在单位初审。

（二）申请人所在单位负责审核承租资格条件及申请材料的真实性、完整性；对 2 人以上同时申请的，需进行排序。

（三）申请人所在单位将申请材料在单位内部公示 3 个工作日，无异议后，向院人事局报送《中国农业科学院京区农科英才周转住房申请表》及有关证明材料。

第十二条　周转住房审批

（一）院人事局会同院房屋运营部门、房屋建设部门，对申请人的承租资格进行复核，并根据申请人所在单位提交材料时间先后、排序意见，以及人才类别、房源情况等，确定拟分配的周转住房。

（二）院人事局将申请材料和拟分配的周转住房公示 3 个工作日，无异议后，经集体研究通过，院房屋运营部门与申请人签订租住协议，办理入住手续。

第五章　周转住房管理

第十三条　周转住房原则上只能由承租人及其配偶、子女租住，租住期限一般为 3 年。对于表现良好的，经所在单位同意，可延租 1~2 年，延租期间超出本人支持期的时段，租金按照周转住房所在区域租房市场价格的80%收取。

第十四条 承租人周转住房租住协议到期，应于到期当日或提前腾退周转住房。

第十五条 租住协议尚未到期，但承租人主动退租的，应提前向所在单位提出申请，由所在单位向院人事局报告，院人事局会同院房屋运营部门批复，批复同意后10日内腾退周转住房。

第十六条 承租人暂时离院离所时间在6个月以内的，可继续租住周转住房，如无法按期缴纳租金，应于办理离院离所手续前，一次性预缴纳离院离所期间的租金。离院离所时间在6个月以上的，原则上应于办理离院离所手续前腾退周转住房。

第十七条 承租人应主动向所在单位如实告知本人及配偶在京购房或承租公有住房、经济适用住房、其他单位周转住房等情况，因在京购房或承租公有住房、经济适用住房、其他单位周转住房等而失去承租资格的，应在所购或所承租住房交房日起3个月内腾退周转住房（交房日以购房合同约定时间或租房合同起租日为准）。

第十八条 承租人农科英才支持期满、终止在院在所工作或被取消农科英才称号的，其租住协议自支持期满、解除聘用关系或取消农科英才称号之日起自动终止，须于10日内腾退周转住房。

第十九条 院房屋运营部门按月统计周转住房腾退情况，并将有关情况送院人事局备案。

第六章 违规处理

第二十条 有下列情形之一的，属于违规占房，应按本办法规定以及周转住房租住协议及时腾退周转住房：

（一）擅自将房屋转租、转借他人租住的。

（二）擅自改变房屋居住用途或房屋结构的。

（三）损坏房屋，未在要求期限内修复或赔偿的。

（四）房屋租金等费用逾期2个月以上未缴纳的。

（五）房屋连续空置3个月以上的（特殊原因除外）。

（六）利用房屋进行非法活动，损害公共利益的。

（七）违反其他相关规定或合同约定的。

第二十一条 对违规占房的，视情节轻重采取以下处理措施：

（一）限期腾退周转住房。

（二）超出期限仍未腾退周转住房，院人事局和房屋运营部门将联合发出限期搬离通知单，按照租金标准的3倍向承租人收取超期租金，必要时将采取措施收回周转住房。

（三）在全院范围内进行通报批评。

（四）承担国家法律法规规定和租赁协议约定的其他责任。

第二十二条 承租人应爱惜周转住房及内部设备。房屋及内部设备自然损坏时，应及时通知院房屋运营部门并积极配合检查和维修，因使用年限较长、无维修必要的室内设施，履行报废手续后重新购置。

因承租人使用不当，或人为造成房屋或设备损坏，以及腾退房屋时，房屋及内部设备损坏且未恢复原状的，由承租人负责赔偿和修复。承租人不主动赔偿和维修的，由院房屋运营部门组织维修，相关费用由承租人补交。

第二十三条 未经我院同意，承租人不得对周转住房进行装修、改造。承租人私自装修、改造周转住房的，承租人应将房屋恢复原状。因私自装修、改造给周转住房造成损坏的，承租人应承担赔偿责任。

第二十四条 承租人须遵守国家、北京市法律法规及我院规章制度中关于治安管理、消防安全管理、疫情防控等的相关规定，配合做好周转住房的日常管理工作。

第七章 附 则

第二十五条 本办法自印发之日起实施，《中国农业科学院高层次引进人才周转住房管理办法》（农科院人〔2014〕177 号）同时废止。周转住房尚在协议期内的，按原协议约定继续执行至协议期满；协议已到期或无协议的，按本办法的规定执行。

第二十六条 本办法由院人事局和院房屋运营部门负责解释。

第二十七条 院属京外单位人才周转住房管理，可参照本办法执行。

关于公布2022年度第二批“优农计划”和“优秀博士后”入选者名单的通知

农科博管办〔2023〕2号

院属有关单位：

根据《中国农业科学院关于加强博士后队伍建设的实施意见》（农科院党组发〔2020〕30号）有关规定，经个人申报、资格审查、专家评审、结果公示，魏少博等26人入选2022年度第二批“优农计划”，李晶莹等26人入选2022年度第二批“优秀博士后”，现将名单予以公布。“优农计划”入选者资助期两年，自进站之日起计算（以全国博管办备案通过时间为准）。“优秀博士后”一次性奖励经费按照院所3：2比例分担。请各单位及时落实好博士后、合作导师激励政策。

请各单位积极贯彻落实国家“破四唯”“立新标”人才评价改革导向，认真对照《中国农业科学院“优农计划”管理协议目标任务指标体系》以及博士后有关规定，及时组织合作导师与“优农计划”入选者签订管理协议，约定资助期工作目标任务，并按照协议对其进行管理。在约定科研任务和考核指标时，支持鼓励有条件的研究所和“优农计划”入选者选择“科研项目”类指标，积极对外争取国家级或省部级竞争型资源，充分发挥农业科研国家队的职能作用。在“优农计划”中期评估和期满考核时，“科研项目”类指标作为入选者可否定为“合格”及以上档次的重要依据，可不作为入选者是否能够通过评估（考核）的限制性条件。

请各单位高度重视管理协议签订工作，于3月24日（周五）下班前将加盖单位公章的管理协议报院博管办备案，电子版发送至boshihou@caas.cn。

附件：1. 2022年度第二批“优农计划”入选者名单
2. 2022年度第二批“优秀博士后”入选者名单

中国农业科学院博士后管理委员会办公室
2023年3月20日

附件 1

2022 年度第二批“优农计划”入选者名单

特别资助

作 科 所：魏少博
环 发 所：刘紫云
加 工 所：胡　淼
质 标 所：王洪萍
哈 兽 研：张　晶
兰 兽 研：孔兴天
基因组所：王　楠　张平贤

重点资助

作 科 所：宋　扬　关红辉
植 保 所：冯　琴　石琳琳　吴　楠
环 发 所：孙逸飞
饲 料 所：周建民
加 工 所：刘淑君
农 经 所：谢艳乐
资 划 所：刘梦娇　张福韬　李　卓　王　静
水 稻 所：徐　鹏
哈 兽 研：孟　飞
基因组所：仲　阳　李大伟　翟来圆

附件 2

2022 年度第二批“优秀博士后”入选者名单

作 科 所：李晶莹　韩振云　杜庆国　刘云川
植 保 所：许春丽　吴　迟　杨　龙　马　超
蔬 菜 所：张　磊
环 发 所：马俊怡
牧 医 所：高亚男　王　坤
蜜 蜂 所：延　莎
资 划 所：周国朋　樊秉乾　吴海霞　赵　芬
水 稻 所：李志永
棉 花 所：刘永明　栗战帅
油 料 所：赵传纪
茶 叶 所：潘昌健
烟 草 所：苏陈禹
基因组所：贺文闯　王鹏杰　孔思远

关于公布 2023 年度第一批“优农计划”和“优秀博士后”入选者名单的通知

农科博管办〔2023〕6 号

院属有关单位：

根据《中国农业科学院关于加强博士后队伍建设的实施意见》（农科院党组发〔2020〕30 号）有关规定，经个人申报、资格审查、专家评审，葛林豪等 15 人入选 2023 年度第一批“优农计划”，赵志英等 25 人入选 2023 年度第一批“优秀博士后”，现将名单予以公布。“优农计划”入选者资助期两年，自进站之日（以全国博管办备案为准）起计算。

请各单位依据有关规定及时落实好配套支持政策，与“优农计划”入选者签订管理协议，协议目标作为支持期满考核的重要依据，考核结果（完成“科研项目”是考核合格及以上的前提）将决定入选者能否进行出站答辩，请入选者、合作导师、研究所务必严肃对待，于 8 月 28 日 15:00 前将管理协议纸质版报院博管办备案，电子版发送至 boshihou@ caas. cn。

附件：1. 2023 年度第一批“优农计划”拟入选人员名单
　　　2. 2023 年度第一批“优秀博士后”拟入选人员名单

中国农业科学院博士后管理委员会办公室
2023 年 8 月 22 日

附件1

2023年度第一批“优农计划”拟入选人员名单

特别资助（5人）

植 保 所：葛林豪
环 发 所：王海涛
饲 料 所：戴 东
烟 草 所：郭英杰
基因组所：钟万顺

重点资助（9人）

作 科 所：王志荣
资 划 所：马长辉
信 息 所：姜小鱼
水 稻 所：操瑞节
棉 花 所：冯娟娟
哈 兽 研：许 浒
基因组所：宋 超 王志清
南 繁 院：单文宠

专门资助（1人）

兰 兽 研：周艳龙

附件 2

2023 年度第一批“优秀博士后”拟入选人员名单

作 科 所：赵志英　吕向光
植 保 所：龚　攀　沈　超　周　燕
环 发 所：张　岳
牧 医 所：王丹丹
饲 料 所：蔡红英
生 物 所：谢李楠
农 经 所：郭　龙
资 划 所：胡蒙蒙　韩天富　司梦林
质 标 所：许　柠
水 稻 所：乔继月
棉 花 所：郭亚萍
茶 叶 所：陈　思
哈 兽 研：汪孟航
上 兽 研：刘英楠
沼 科 所：茶桂宏
烟 草 所：刘珊珊
基因组所：吴瑶瑶　史学涛　王怡雯　肖　华

中国农业科学院关于印发办公室主要职责内设机构和人员编制规定的通知

农科院人〔2023〕159号

院机关各部门、院属各单位：

《办公室主要职责内设机构和人员编制规定》已经2023年10月16日院党组会议审议通过，现予印发。

中国农业科学院

2023年10月23日

办公室主要职责
内设机构和人员编制规定

根据机构编制管理有关规定，现对办公室的主要职责、内设机构和人员编制规定如下。

一、主要职责

（一）负责院务会议、院常务会议、院党组会议和院工作会议等重要会议的组织服务工作。

（二）负责全院性重要接待和重大活动的组织服务工作。

（三）承担院党组秘书工作，负责院党组日常事务和院领导公务活动及日常事务的协调服务。

（四）拟订院重大工作计划并组织实施。负责院重要综合性文稿的起草、审核工作。

（五）负责院公文处理、文件印制、机要文件收发与运转、印章管理、档案管理工作，指导院属单位公文处理、档案管理工作。

（六）负责院机关各部门、院属各单位贯彻落实中央和部院党组重要决策、工作部署的督办工作。负责推动院所依章程管理。

（七）负责组织开展农业农村部对院机关的绩效考核工作。

（八）承担院党组交办的调研工作，指导院机关各部门和院属各单位开展调研工作。

（九）负责全院政务信息工作的宏观指导与综合协调，院政务信息刊物的组稿、编辑与报送工作。

（十）负责院新闻宣传工作，组织重要新闻的发布和重大事项的宣传报道。负责院出版单位出版业务和院科技期刊管理的指导监督。

（十一）负责组织院级舆情监测与应对，指导所级舆情监测与应对。

（十二）负责院机关保密管理、安全生产管理工作，指导院属单位保密、安全生产工作。负责院机关安全保卫管理、消防安全管理，指导中关村院区院属单位安全保卫、消防等工作。

（十三）负责组织协调院重大应急工作体系建设、重大突发公共事件应急处置工作。负责院政务值班工作。

（十四）负责院机关法律事务、合同事务综合管理工作。负责院信访工作。

（十五）负责院系统对台事务管理，推动对台农业科技交流合作。

（十六）负责制定院有关规章制度并组织实施。

（十七）负责与属地政府相关部门的沟通联络，承担上级部门和属地政府下达的有关公益性社会工作、指令性任务。

（十八）负责院幼儿园工作，加强教职工队伍建设，协调院机关、院属京区单位在编职工及博士后子女入园事宜。

（十九）负责中关村院区机关食堂、职工食堂管理。

（二十）负责院委托房产经营管理，指导承租方安全生产工作。负责京区人才保障性住房日常管理维护。

（二十一）负责院机关公务用车服务保障。负责院门诊部管理。

（二十二）负责中关村院区办公区物业管理服务，组织协调马连洼院区办公区物业管理服务。

（二十三）承办院领导交办的其他工作。

二、内设机构及职责任务

办公室设 7 个内设机构。

（一）综合处

1. 协助室领导处理日常工作，承担室内外综合协调工作。

2. 负责以室名义召开的有关会议和室内会议的组织服务；负责室内决定事项的督办。

3. 承担室人事、财务、信息宣传、网站维护等工作，协助党群组织开展工作。

4. 起草室工作计划、总结、报告及有关综合文稿；拟订有关规章制度并监督实施。

5. 负责室内文件核稿、公文运转、印章管理和归档工作。

6. 承担院机关档案管理，指导院属单位档案管理工作。

7. 组织编印《中国农业科学院年鉴》。

8. 负责室工勤人员工资、档案等工作。

9. 负责室编外聘用人员的审核备案、工资管理等工作，研究拟订编外聘用人员管理办法并组织实施。

10. 负责门诊部等事业单位法人证书、财务管理等工作。

11. 承办室领导交办的其他工作。

（二）秘书处

1. 承担院公文处理工作，负责院发文的审核把关，指导院机关各部门和院属各单位的公文处理工作。

2. 承担院党组秘书工作。

3. 承担院务会议、院常务会议、院党组会议、院工作会议等重要会议的组织服务工作。

4. 承担全院性重要接待和重大活动的组织服务工作。

5. 承担院党组日常事务和院领导公务活动及日常事务的协调服务。

6. 承担贯彻落实中央和部院党组重要决策部署，以及院常务会、院党组会议定事项、院领导重要批示等督办工作。

7. 承担印章管理工作，负责院印章和相关证件的审核、保管和使用。

8. 负责院保密委员会日常工作，负责院机关保密管理工作，指导院属单位保密工作。负责机要文件运转和院内分发。承担室保密工作。

9. 负责院会议计划管理。

10. 承担院值班管理工作，负责政务值班、应急协调的处理服务工作。

11. 承担院对台事务管理，推动对台农业科技交流合作。

12. 承办室领导交办的其他工作。

（三）调研信息处

1. 拟订院重大工作计划并组织实施。负责组织起草或审核院重要综合性报告以及院主要领导讲话等文稿。

2. 承担院党组交办的调研工作，指导院机关各部门和院属各单位开展调研工作。

3. 负责统筹协调全院政务信息工作。

4. 负责《中国农业科学院信息》《专报》等上报信息的组稿、编撰与报送。

5. 负责推动院所依章程管理，牵头制修订、发布和宣传贯彻院章程，组织审核研究所章程。

6. 负责组织开展农业农村部对院机关的绩效考核工作。

7. 承办室领导交办的其他工作。

（四）新闻宣传处

1. 负责院新闻宣传工作，承担院重大活动的新闻宣传组织策划工作。

2. 负责与新闻媒体的联络与沟通。

3. 负责院中文网站新闻中心内容策划、监测与管理，指导院机关各部门、院属各单位中文网站管理。

4. 负责院级新媒体矩阵的内容策划与管理，指导所级新媒体账号管理。

5. 负责院新闻宣传工作体系构建，承担院级媒体平台搭建，开展新闻宣传人员队伍培训。

6. 负责院出版单位出版业务报批。负责院出版单位出版业务和院科技期刊管理的指导监督。

7. 负责院级舆情监测与应对管理，指导所级舆情监测与应对。

8. 负责《中国农业科学院报》《农科动态》等编发工作。

9. 承担中国农学会农业科技期刊分会秘书处工作，中国科技新闻学会农业科技传播专业委员会秘书处工作。

10. 协助承担院信息化工作领导小组有关工作。

11. 承办室领导交办的其他工作。

（五）法务安保处（信访处）

1. 负责院机关法律事务、合同事务的综合管理以及相关制度的合法性审查，组织提供院机关开展业务所需的日常法律咨询服务，参与院机关日常所涉法律诉讼、非诉及仲裁活动。

2. 负责组织院机关普法宣传教育工作，指导监督院属单位普法宣传教育工作。

3. 负责拟订院安全管理规章制度，并对执行情况进行监督检查。

4. 承担院安全生产委员会办公室日常工作，负责院机关安全生产管理工作，指导院属单位安全生产工作。负责院机关安全保卫管理、消防安全管理，指导中关村院区院属单位安全保卫、消防安全工作。

5. 负责组织协调院重大应急工作体系建设、重大突发公共事件应急处置。

6. 协助公安、消防、国家安全等部门做好发生在院内部案件、事故的查处和国家安全等方面的相关工作，以及易制毒、易制爆等危险化学品的监督管理工作。

7. 负责院工作证的管理、发放和院钢印用印管理。负责中关村院区办公区车辆管理及车辆通行证审核工作。

8. 承担院级信访事项的综合管理职责，负责受理、转办、分办、协调、督导等工作。

9. 承办室领导交办的其他工作。

（六）社会事务处

社会事务处设幼儿园、餐饮部、经营开发部。

1. 负责与街道社区、学区学校及地方政府相关部门的沟通联络、服务保障，协调集体户口职工子女幼升小等相关工作。

2. 承担幼儿园示范园建设，负责在园幼儿膳食供应、医疗保健、健康教育等工作。

3. 负责幼儿园教职工队伍建设和技能培训，组织开展各类幼教课题研究、教科研实践活动。

4. 负责院机关、院属京区单位在编职工及博士后子女入园事宜。

5. 负责研究制定机关食堂、职工食堂内部管理制度并组织实施。

6. 负责中关村院区机关食堂、职工食堂的管理。

7. 负责编制餐饮部年度经费预算、设施设备的购置及日常运行维护。

8. 承担院委托房产经营管理工作，负责院委托房产的物业服务、维修维护、安全生产等工作，指导监督承租方依法依规开展经营活动。

9. 负责京区人才保障性住房日常管理、维护等工作。

10. 承办室领导交办的其他工作。

（七）公共服务处

公共服务处设物业部、机关服务部、门诊部。

1. 负责拟订物业管理、机关服务、医疗服务等相关规章制度并组织实施。

2. 负责为中关村院区办公区提供基础服务和保障，负责水、电、暖、消防、通信等共用设施设备的日常维修维护等。

3. 负责中关村院区办公区绿地养护、卫生保洁、垃圾分类等工作，承担门区管控、安全巡逻、秩序维护工作。组织协调马连洼院区办公区物业管理服务。

4. 承担院绿化委员会领导小组办公室、爱国卫生委员会领导小组办公室等职能，落实全民义务植树、公共区域大扫除义务劳动等工作。

5. 负责院机关公务用车服务保障。负责院交通安全委员会办公室、院公务用车制度改革工作领导小组办公室的日常工作，指导院属单位交通安全和公务用车改革的组织实施。

6. 负责院机关和院属单位机要、文件和信函的收发工作。负责院发文、保密材料、会议材料的印制服务。

7. 负责院机关集体户口的迁入、迁出及日常维护等管理工作。承担院计划生育委员会办公室职能，联系居委会开展相关工作。

8. 承担属地卫生健康委员会和红十字会下达的任务，指导中关村院区内的传染病预防与控制工作。

9. 有偿开展基本医疗服务及院所重大活动医疗保障服务。负责医疗废弃物储存、运输、销毁等工作。

10. 承办室领导交办的其他工作。

三、人员编制

核定办公室人员编制39名，其中内设机构处级职数11名。

中国农业科学院关于印发科技管理局主要职责内设机构和人员编制规定的通知

农科院人〔2023〕160号

院机关各部门、院属各单位：

《科技管理局主要职责内设机构和人员编制规定》已经2023年10月16日院党组会议审议通过，现予印发。

中国农业科学院

2023年10月23日

科技管理局主要职责
内设机构和人员编制规定

根据机构编制管理有关规定，现对科技管理局的主要职责、内设机构和人员编制规定如下。

一、主要职责

（一）负责全院科技工作的统筹、协调、指导和综合管理。

（二）负责全院学科和团队建设与管理；编制全院科技发展规划并组织实施，提出科技政策建议和重大科技项目建议报告；承担院科技发展报告的编制工作。

（三）组织协调全院各类国家科技计划、国家科技重大专项、部门财政专项等的选题建议、项目申报与实施管理，组织相关科技计划项目的执行及其检查、中期评估和结题验收。

（四）负责院科技创新工程、基本科研业务费专项等实施管理，组织项目的受理、评审和实施工作。负责院青年创新专项的组织实施。

（五）组织编制院基础研究规划，提出基础研究任务并监督实施。承担全院基础性长期性工作体系谋划、建设及运行管理，推进科技资源和科学数据开放共享。

（六）组织开展院科技成果的培育、鉴定，及院科技成果奖评审，国家及省部级奖、社会奖励等成果申报组织与管理。

（七）编制院科技平台发展规划，承担全院实验室体系建设，负责各类重点实验室、重大科学工程、技术创新中心、野外台站、作物改良中心、种质资源圃、工程研究中心、质检中心、科技基础条件平台等各类国家级、省部级和院级科技平台的能力建设与运行管理。负责全院试验基地建设与管理，指导院属研究所试验基地建设与管理。

（八）承担国家农业科技创新联盟办公室日常工作，负责联盟机制创新、重点任务实施等。负责组织管理我院与国内科研院所及高校的合作，组织开展学科共建和协同创新等工作。

（九）负责组织推进全院生物安全内控管理与监督工作。

（十）承担院科研计划任务的执行与科技统计工作。

（十一）承担院学术委员会办公室、院学术道德委员会办公室的日常工作，负责院科技伦理管理工作。

（十二）承办院领导交办的其他工作。

二、内设机构及职责任务

科技管理局设 5 个内设机构。

（一）综合处（院学术委员会办公室）

1. 协助局领导处理日常工作；承担局内外综合协调工作。

2. 负责以局名义召开的有关会议和局内会议的组织服务；负责局内决定事项的督办。

3. 承担局人事、财务、保密、安全、信息宣传、网站维护等工作，协助党群组织开展工作。

4. 起草局工作计划、总结、报告及有关综合文稿；拟订有关规章制度并监督实施。

5. 负责局内文件核稿、公文运转、印章管理和归档工作。

6. 承担院学术委员会办公室、院学术道德委员会办公室的日常管理工作。

7. 承担全院科研诚信和科技伦理体系建设、制度建设并组织实施。

8. 承办局领导交办的其他工作。

（二）创新工程处（创新工程管理办公室）

1. 承担全院学科建设、学科评价与动态管理，编制全院科技发展规划、提出科技政策建议并组织实施；负责全院学科类非法人研究中心建设与管理。

2. 负责科技创新工程的组织实施、制度建设、预算与绩效管理，开展进展总结与宣传等工作。

3. 组织实施科技创新工程“跃升计划”，负责科学中心及其重点任务的遴选、批复、绩效考评等工作。

4. 负责科技创新工程科研团队新增、调整、首席接续等建设与管理工作，指导研究所对科研团队开展绩效考评等工作。

5. 承办局领导交办的其他工作。

（三）项目与成果处

1. 承担国家自然科学基金、国家重点研发计划等各级各类国家科技计划选题建议、项目申报和实施管理，提出重大科技项目建议报告。

2. 承担国家奖、省部级奖、社会奖励等各级各类成果奖励的申报组织、管理和跟踪服务。

3. 承担院科技成果奖和年度重大科技产出的组织评审；编制院科技发展报告、院重大科技成果培育和重大科技进展报告。

4. 承担国家现代农业产业技术体系的组织协调和管理工作，负责农业农村部财政类项目的申报组织与实施管理。

5. 承担院基本科研业务费专项等实施管理及预算编制，组织项目的受理、评审和实施工作。负责院科研计划任务的执行管理。

6. 承办局领导交办的其他工作。

（四）科技平台处

1. 组织编制全院科技平台条件发展规划，负责各类科技平台的能力建设、运行管理和共建共享工作。

2. 负责国家及部门重点实验室、重大科学工程、技术创新中心、野外台站、作物改良中心、种质资源圃、工程研究中心、质检中心、科技基础条件平台等的申报组织与运行管理；统筹全院创新资源，强化对全国重点实验室的支持。承担院级科技平台的立项、评定与运行管理。

3. 承担全院试验基地的综合管理，组织开展考核评价，指导研究所开展试验基地建设与管理。

4. 负责组织推进全院生物安全内控管理与监督工作。推动院所两级生物安全内控管理体系建设，监督院属研究所合法合规开展生物安全活动。

5. 承办局领导交办的其他工作。

（五）基础研究处

1. 负责组织编制院基础研究规划，提出院基础研究任务并监督实施，组织研究所开展重大基础研究工作。组织实施院青年创新专项。

2. 承担全院基础性长期性工作体系谋划、建设及运行管理，组织开展长期因子综合观测、数据收集及共享利用；承担国家基础资源调查专项申报和实施管理；协助国家农业科学观测工作体系日常管理。

3. 承担国家农业科技创新联盟办公室的日常工作，负责联盟机制创新、重点任务实施，以及子联盟的运行管理和考评工作。

4. 负责组织管理我院与国内科研院所及高校的合作，组织开展学科共建和协同创新等工作。

5. 承办局领导交办的其他工作。

三、人员编制

核定科技管理局人员编制23名，其中内设机构处级职数11名。

中国农业科学院关于印发财务局主要职责内设机构和人员编制规定的通知

农科院人〔2023〕161号

院机关各部门、院属各单位：

《财务局主要职责内设机构和人员编制规定》已经2023年10月16日院党组会议审议通过，现予印发。

中国农业科学院

2023年10月23日

财务局主要职责
内设机构和人员编制规定

根据机构编制管理有关规定，现对财务局的主要职责、内设机构和人员编制规定如下。

一、主要职责

（一）开展农业科技事业发展的相关政策研究，提出中央级科学事业单位、农业事业单位的财政、税收和金融等有关政策建议。

（二）研究提出全院部门预算管理的指导意见，组织实施全院部门预算改革相关工作；负责组织编报预算、决算和政府财务报告，承办预算、决算批复和公开工作，负责预算执行管理和监督检查。

（三）组织实施全院预算一体化工作。

（四）研究拟订全院财务管理、资产管理、内部审计等管理制度，负责监督执行。

（五）负责全院预算绩效管理，组织建立预算绩效指标体系，开展绩效目标设定、绩效监控和自评等工作。

（六）负责财务管理能力建设，组织开展业务培训。

（七）组织全院财务信息化建设。

（八）负责全院银行账户、住房资金、政府非税收入、财政国库集中支付的管理和监督检查。

（九）负责政府采购、国有资产的管理和监督检查，负责组织开展国有资产管理绩效考核。负责制定全院房屋资产使用管理制度并组织实施。

（十）负责全院中央财政专项等项目预算申报、资金管理和监督检查。

（十一）负责基本建设资金的财务管理和监督检查，审核、审批基本建设项目竣工财务决算。

（十二）负责社会保障资金、京区公费医疗等经费的管理，以及院属单位上缴收入、国有资产经营收入、无形资产转让收益等自有资金的管理。

（十三）组织全院内部控制建设和执行工作，负责全院内部控制的评价和监督。

（十四）负责院本级财务管理、资产管理、会计核算和内部监督工作，研究拟订相关内部管理制度并执行。

（十五）负责院属单位主要负责人经济责任审计，开展全院财务收支审计、预算执行情况审计、绩效审计、专项审计等内部审计。指导院属单位内部审计工作；监督执行国家审计机关和上级审计部门的审计决定。

（十六）负责组织编制全院各级、各类信息统计报表和分析报告，负责提供公开发布的财务信息。

（十七）负责职能范围内委托业务的专业性机构遴选与监管。

（十八）指导全院地方法人机构和挂靠社团组织的财务管理工作。

（十九）承办院领导交办的其他工作。

二、内设机构及职责任务

财务局设6个内设机构。

（一）综合处

1. 协助局领导处理日常工作；承担局内外综合协调工作。

2. 负责以局名义召开的有关会议和局内会议的组织服务；负责局内决定事项的督办。

3. 承担局人事、财务、保密、安全、信息宣传、网络维护等工作，协助党群组织开展工作。

4. 起草局工作计划、总结、报告及有关综合文稿；拟订有关规章制度并监督实施。

5. 负责局内文件核稿、公文运转、印章管理和归档工作。

6. 组织开展研究所财务资产运行监测工作。

7. 承办局领导交办的其他工作。

（二）预算处

1. 牵头组织农业科技事业发展的相关政策研究，提出中央级科学事业单位、农业事业单位的财政、税收和金融等有关政策建议。

2. 研究提出部门预算管理的指导意见，组织实施部门预算改革相关工作。

3. 研究提出全院财务管理制度体系，指导和拟订财务管理制度。

4. 负责组织实施全院预算一体化工作。

5. 组织编报全院预算（部门预算、住房资金预算），负责编报预算调整和追加，负责预算批复和预算公开。

6. 负责科技创新工程预算申报和经费管理等工作。

7. 负责全院基本科研业务费预算申报工作。

8. 负责全院住房资金（住房公积金、提租补贴、购房补贴、维修基金、售房收入）管理和监督检查。

9. 负责全院政府非税收入管理和监督检查。

10. 负责全院社会保障资金（养老保险、医疗保险等）管理和监督检查。

11. 负责研究生培养费、教育经费的管理和监督检查。

12. 负责院属单位上缴收入核定。

13. 组织全院内部控制建设和执行工作。

14. 负责全院预算执行管理和监督检查。

15. 指导全院财务管理和会计核算。

16. 负责全院财政国库集中支付管理和监督检查。

17. 组织编报全院部门决算、住房资金决算，负责部门决算批复和公开。

18. 组织编报全院政府财务报告。

19. 负责组织全院编制财务信息统计报表和分析报告，负责提供公开发布的财务信息。

20. 负责财务管理能力建设，组织开展业务培训。

21. 负责全院银行账户管理和监督检查。

22. 指导全院地方注册的法人机构和挂靠社团组织的财务管理工作。

23. 承办局领导交办的其他工作。

（三）会计处

1. 研究拟订院机关财务管理制度。

2. 负责院机关预算一体化财务管理工作。

3. 编报院机关预算（部门预算、住房资金预算），负责预算细化、预算公开和预算执行。

4. 组织院机关开放式项目申报。

5. 负责院人才引育等重点工作自筹资金筹措和保障。

6. 承办院机关财务管理、会计核算和财会监督工作。

7. 承办院机关财政国库集中支付业务。

8. 承办院机关外汇收支业务。

9. 负责全院非税收入（资产处置收入）的收缴。

10. 负责全院博士后经费、政府特殊津贴的管理。

11. 负责京区公费医疗经费管理。

12. 负责院机关内部控制建设和执行工作。

13. 负责院机关税务申报和票据管理。

14. 负责院机关在职和离休人员工资、退休人员补贴发放，在职职工住房公积金、购房补贴等经费的预算编制与发放。

15. 负责院机关公务卡办理、系统维护、数据录入和还款业务。

16. 组织编报院机关部门决算、住房资金决算，负责部门决算公开。

17. 负责编报院本级政府财务报告。

18. 负责院机关编制各级、各类信息统计报表和分析报告。

19. 负责院工会经费、机关工会经费、院党费的财务管理和会计核算。

20. 负责院机关财务信息系统建设及维护升级。

21. 承办局领导交办的其他工作。

（四）资产管理处

1. 拟订国有资产、政府采购管理制度。

2. 组织全院预算一体化资产管理工作，负责院本级相关工作。

3. 组织编制全院部门预算中新增资产配置预算、中央行政事业单位通用资产配置计划，并承办院本级相应工作。

4. 组织全院国有资产产权管理、资产清查、资产评估、资产处置，并承办院本级相应工作。

5. 负责制定全院房屋资产使用管理制度并组织实施。

6. 组织全院新增大型仪器设备评议工作。

7. 承办院机关固定资产日常管理。

8. 组织编制全院政府采购预算、计划、信息统计、月度批量采购计划，并承办院本级相应工作。

9. 组织全院科研仪器设备进口备案。

10. 组织全院政府采购方式变更申报。

11. 负责申报全院汽车购置指标、内部定点采购（会议、印刷、车辆维修等）资格和京内特定产品协议供货事项。

12. 组织编报全院国有资产年度决算、中央行政事业性国有资产报告、中央行政事业性国有资产决算报告，行政事业单位国有资产月报、政府采购信息统计等报表和分析报告，并承办院本级相应工作。负责提供公开发布的资产和政府采购信息。

13. 组织开展全院国有资产管理绩效考核，并承办院本级相应工作。

14. 负责委托资产评估业务的专业性机构遴选与监管。

15. 指导全院地方注册的法人机构和挂靠社团组织的资产管理工作。

16. 负责全院国有资产与政府采购管理能力建设，组织开展业务培训。

17. 承办局领导交办的其他工作。

（五）审计处

1. 研究拟订内部审计制度。

2. 负责全院财务收支审计、预算执行情况审计、绩效审计、专项审计等。

3. 负责组织实施院属单位负责人经济责任审计。

4. 负责全院内部控制的评价和监督。

5. 配合国家审计机关和上级审计部门开展审计工作，督促落实审计发现问题的整改。

6. 负责内部审计能力建设，组织开展业务培训。

7. 负责委托审计业务的专业性机构遴选与监管。

8. 承办局领导交办的其他工作。

（六）财政专项管理处

1. 负责全院预算绩效管理，拟定管理制度，组织建立预算绩效指标体系，开展绩效目标设定、绩效监控和自评等工作。

2. 负责全院基本建设项目资金财务管理和监督检查。

3. 负责审核、审批全院基本建设项目竣工财务决算。

4. 负责全院运转费专项（科研设施专项运行费、农业农村部重大专用设施运行费）管理，拟订管理制度，组织项目申报、资金管理和监督检查。

5. 组织开展全院基本科研业务费专项资金管理和监督检查。

6. 负责全院社会公益类科研机构改革专项管理，拟订管理制度，组织预算审核、资金管理和监督检查。

7. 负责组织全院农业财政专项项目预算申报、资金管理和监督检查。

8. 组织全院财务信息化建设，拟订管理制度，开展培训和监督检查。

9. 负责职能范围内委托业务的专业性机构遴选与监管。

10. 承办局领导交办的其他工作。

三、人员编制

核定财务局人员编制 29 名，其中内设机构处级职数 11 名。

中国农业科学院关于印发发展建设局主要职责内设机构和人员编制规定的通知

农科院人〔2023〕162号

院机关各部门、院属各单位：

《发展建设局主要职责内设机构和人员编制规定》已经2023年10月16日院党组会议审议通过，现予印发。

中国农业科学院

2023年10月23日

发展建设局主要职责
内设机构和人员编制规定

根据机构编制管理有关规定，现对发展建设局的主要职责、内设机构和人员编制规定如下。

一、主要职责

（一）负责组织协调院战略研究，组织编制院综合发展规划、创新条件能力建设发展中长期规划和院条件建设规划并协调落实；指导院属单位制定发展规划。

（二）负责统筹协调中关村院区、马连洼院区以及新建院区规划建设；负责全院土地利用规划，以及院级综合试验基地、区域中心等总体规划；负责统筹协调区域中心土地征用、建设实施；指导院属单位制定所区总体规划。

（三）负责牵头组织开展院所综合性发展改革重大问题研究；负责统筹协调科技体制改革、院所改革、“拟转企”所改革等全局性、长远性、跨部门的重大改革事项；协调督促有关部门和研究所落实院党组改革决策部署。

（四）负责组织开展院所运行监测及研究所评价工作；负责组织开展院所发展的基础数据收集和统计分析工作。

（五）负责全院基本建设项目可行性研究报告、初步设计和概算、审查及申报，并协调批复；负责全院改善科研条件专项项目申报书、实施方案审查及申报，负责全国重点实验室科研仪器设备专项项目预算审核及申报，并协调批复。

（六）负责组织全院重大科研设施项目谋划，协调前置条件落实和项目批复；负责提出全院基本建设项目年度投资方向建议，上报与下达全院基本建设项目年度投资计划。

（七）负责组织开展全院基本建设项目和改善科研条件专项项目的绩效考评、监督检查、业务指导、竣工验收、安全生产监督管理。

（八）负责拟订全院基本建设和改善科研条件专项领域规章制度，并监督落实；负责全院基本建设和改善科研条件专项管理队伍建设与信息化建设，组织开展专业技术与技能培训。

（九）负责组织院本级建设项目的谋划、申报、实施、竣工验收和交付使用。

（十）负责院部机关及院属单位房产资源统筹配置。负责院部机关办公用房调配、京区人才保障性住房筹措，负责院统管在京住宅房屋相关手续办理、已购公房上市服务，负责院在京单位（不包含有独立产权住宅楼房的单位）职工住房档案系统和维修资金系统的管理和使用。

（十一）承担院节能减排工作领导小组办公室、人防办公室工作。

（十二）承办院领导交办的其他工作。

二、内设机构及职责任务

发展建设局设 4 个内设机构。

（一）综合处

1. 协助局领导处理日常工作；承担局内外综合协调工作。

2. 负责以局名义召开的有关会议和局内会议的组织服务；负责局内决定事项的督办。

3. 承担局人事、财务、保密、安全、信息宣传、网站维护等工作，协助党群组织开展工作。

4. 起草局工作计划、总结、报告及有关综合文稿；拟订有关规章制度并监督实施。

5. 负责局内文件核稿、公文运转、印章管理和归档工作。

6. 负责全院基本建设和改善科研条件专项管理队伍建设，组织开展专业技术与技能培训。

7. 负责全院基本建设和改善科研条件专项管理领域信息化建设。

8. 负责院统管在京住宅房屋相关手续办理、已购公房上市服务；负责京区人才保障性住房筹措，协助开展承租资格复核、安家费补助申请核定；负责院部机关办公用房调配。

9. 负责院在京单位（不包含有独立产权住宅楼房的单位）职工住房档案系统和维修资金系统的管理和使用。

10. 负责统筹协调中关村院区、马连洼院区综合整治。

11. 承担院节能减排工作领导小组办公室、人防办公室日常工作。

12. 承办局领导交办的其他工作。

（二）发展改革处

1. 负责组织协调院战略研究，拟订全院综合发展规划，起草全院专项发展规划编制计划并牵头协调相关工作，指导院属单位综合发展规划编制。

2. 负责全院土地利用规划，及院区、院级综合试验基地、区域中心等总体规划编制，指导院属单位所区总体规划编制。

3. 负责统筹协调院区域中心土地划拨和建设项目落实。

4. 负责牵头组织开展院所综合性发展改革重大问题研究。

5. 负责统筹协调科技体制改革、院所改革、“拟转企”所改革等全局性、长远性、跨部门的重大改革事项，协调督促有关部门和研究所落实院党组改革决策部署。

6. 拟定研究所评价工作方案，组织开展年度研究所评价。

7. 拟订研究所运行监测工作方案，定期开展运行监测。

8. 负责组织开展院所发展的基础数据收集和统计分析工作。

9. 负责院部机关及院属单位房产资源统筹配置。

10. 承办局领导交办的其他工作。

（三）投资条件处

1. 负责组织开展全院创新条件能力建设发展中长期规划工作；承担科研基础条件保障能力研究。

2. 负责组织编制全院条件建设规划（五年）、科学事业单位改善科研条件专项规划（三年）、农业事业单位改善科研条件专项规划（三年）、全国重点实验室科研仪器设备专项规划（五年），并协调落实。

3. 负责全院基本建设项目可行性研究报告、初步设计和概算、审查和申报，并协调批复。

4. 负责全院改善科研条件专项项目申报书审查和申报，并协调批复。

5. 负责全国重点实验室科研仪器设备专项项目预算审核和申报，并协调批复。

6. 组织全院重大科研设施项目谋划，指导前置条件落实和协调项目批复。

7. 负责提出全院基本建设项目年度投资方向建议，上报与下达全院基本建设项目年度投资计划。

8. 负责牵头拟订全院基本建设和改善科研条件专项领域规章制度并监督落实。

9. 承办局领导交办的其他工作。

（四）建设管理处

1. 负责全院基本建设项目业务指导、绩效考评、监督检查、竣工验收。

2. 负责全院改善科研条件专项项目实施方案的审查，业务指导、绩效考评、监督检查、竣工验收。

3. 负责全国重点实验室仪器设备专项项目的业务指导、监督检查。

4. 负责全院基本建设项目和改善科研条件专项项目建设进度管理。

5. 负责全院基本建设项目和改善科研条件专项项目安全生产监督管理。

6. 负责院本级项目（基本建设、财政专项、院部统管住宅维修基金）的可行性研究报告（申报书）编制、初步设计及概算（实施方案）编制以及相关前置条件落实。

7. 负责院本级项目的组织实施、竣工验收和交付使用。

8. 负责中关村院区、马连洼院区综合改造提升方案编制。

9. 承办局领导交办的其他工作。

三、人员编制

核定发展建设局人员编制23名，其中内设机构处级职数8名。

中国农业科学院关于印发重大任务局主要职责内设机构和人员编制规定的通知

农科院人〔2023〕163号

院机关各部门、院属各单位：

《重大任务局主要职责内设机构和人员编制规定》已经2023年10月16日院党组会议审议通过，现予印发。

中国农业科学院

2023年10月23日

重大任务局主要职责内设机构和人员编制规定

根据机构编制管理有关规定，现对重大任务局的主要职责、内设机构和人员编制规定如下。

一、主要职责

（一）负责跟踪掌握种子、耕地、生物安全、农机装备与信息化、绿色低碳、乡村发展等相关领域的国际前沿、国家政策、产业需求等，研究我院科研力量的创新能力和发展趋势，提出全院相关领域重大科技任务战略规划。

（二）负责研究建立全院重大科技任务组织管理机制，强化重大任务实施的全过程和专业化管理。

（三）落实国家和部院党组重大科技任务部署，负责重大科技任务的培育、争取、组织、协调与管理，组织开展重大任务技术攻关，跟踪并监督重大任务实施。

（四）强化重大科技成果应用，为上级有关部门决策提供政策建议，为地方产业发展提供技术和服务支撑。

（五）承办院领导交办的其他工作。

二、内设机构及职责任务

重大任务局设 6 个内设机构。

（一）综合处

1. 协助局领导处理日常工作；承担局内外综合协调工作。

2. 负责以局名义召开的有关会议和局内会议的组织服务；负责局内决定事项的督办。

3. 承担局人事、财务、保密、安全、信息宣传、网站维护等工作，协助党群组织开展工作。

4. 起草局工作计划、总结、报告及有关综合文稿；拟订有关规章制度并监督实施。

5. 负责局内文件核稿、公文运转、印章管理和归档工作。

6. 负责研究全院重大科技任务组织管理机制，制定相关制度。

7. 负责重大任务专家顾问组日常工作。

8. 承办局领导交办的其他工作。

（二）种子创新处

1. 跟踪掌握种子领域国际前沿、国家政策、产业需求等，提出种子领域重大科技任务战略规划。

2. 负责种子领域重大科技任务的培育、争取、组织、协调与管理。

3. 对接国家部委相关司局，提供政策建议；组织和协调全院种子领域国家科技重大专项的选题建议和项目申报。

4. 统筹种子领域重大科技成果应用，为产业发展提供技术和服务支撑。

5. 协助推进种子领域学科建设、科研平台建设、成果转化和人才团队建设，协调院内重大平台、优秀人才团队向重大任务倾斜。

6. 承办院种子领域总指挥、总首席和局领导交办的其他工作。

（三）耕地与绿色发展处

1. 跟踪掌握耕地、绿色低碳领域国际前沿、国家政策、产业需求等，提出耕地、绿色低碳领域重大科技任务战略规划。

2. 负责耕地、绿色低碳领域重大科技任务的培育、争取、组织、协调与管理。

3. 对接国家部委相关司局，提供政策建议；组织和协调全院耕地、绿色低碳领域国家科技重大专项的选题建议和项目申报。

4. 统筹耕地、绿色低碳领域重大科技成果应用，为产业发展提供技术和服务支撑。

5. 协助推进耕地、绿色低碳领域学科建设、科研平台建设、成果转化和人才团队建设，协调院内重大平台、优秀人才团队向重大任务倾斜。

6. 承办院耕地、绿色低碳领域总指挥、总首席和局领导交办的其他工作。

（四）生物安全处

1. 跟踪掌握生物安全领域国际前沿、国家政策、产业需求等，提出生物安全领域重大科技任务战略规划。

2. 负责生物安全领域重大科技任务的培育、争取、组织、协调与管理。

3. 对接国家部委相关司局，提供政策建议；组织和协调全院生物安全领域国家科技重大专项的选题建议和项目申报。

4. 统筹生物安全领域重大科技成果应用，为产业发展提供技术和服务支撑。

5. 协助推进生物安全领域学科建设、科研平台建设、成果转化和人才团队建设，协调院内重大平台、优秀人才团队向重大任务倾斜。

6. 承办院生物安全领域总指挥、总首席和局领导交办的其他工作。

（五）农机装备与信息化处

1. 跟踪掌握农机装备与信息化领域国际前沿、国家政策、产业需求等，提出农机装备与信息化领域重大科技任务战略规划。

2. 负责农机装备与信息化领域重大科技任务的培育、争取、组织、协调与管理。

3. 对接国家部委相关司局，提供政策建议；组织和协调全院农机装备与信息化领域国家科技重大专项的选题建议和项目申报。

4. 统筹农机装备与信息化领域重大科技成果应用，为产业发展提供技术和服务支撑。

5. 协助推进农机装备与信息化领域学科建设、科研平台建设、成果转化和人才团队建设，协调院内重大平台、优秀人才团队向重大任务倾斜。

6. 承办院农机装备与信息化领域总指挥、总首席和局领导交办的其他工作。

（六）乡村发展处

1. 跟踪掌握乡村发展领域国际前沿、国家政策、产业需求等，提出乡村发展领域重大科技任务战略规划。

2. 负责乡村发展领域重大科技任务的培育、争取、组织、协调与管理。

3. 对接国家部委相关司局，提供政策建议；组织和协调全院乡村发展领域国家科技重大专项的选题建议和项目申报。

4. 统筹乡村发展领域重大科技成果应用，为产业发展提供技术和服务支撑。

5. 协助推进农业经济与农村发展学科建设、科研平台建设、成果转化和人才团队建设，协调院内重大平台、优秀人才团队向重大任务倾斜。

6. 承办院乡村发展领域总指挥、总首席和局领导交办的其他工作。

三、人员编制

核定重大任务局人员编制 33 名，其中内设机构处级职数 12 名。

中国农业科学院关于印发监督局主要职责内设机构和人员编制规定的通知

农科院人〔2023〕164号

院机关各部门、院属各单位：

《监督局主要职责内设机构和人员编制规定》已经2023年10月16日院党组会议审议通过，现予印发。

中国农业科学院

2023年10月23日

监督局主要职责
内设机构和人员编制规定

根据机构编制管理有关规定，现对监督局的主要职责、内设机构和人员编制规定如下。

一、主要职责

（一）检查和监督党的路线、方针、政策和决议的执行情况，对院机关、院属单位领导班子及其成员实行党章规定范围内的监督。

（二）负责对院机关、院属单位贯彻执行国家法律、法规、政策和农业农村部、中国农业科学院有关规章制度情况的监督检查。

（三）负责全面从严治党和党风廉政制度建设，经常对党员进行遵守纪律的教育，对党的组织和党员领导干部履行职责、行使权力进行监督，发现问题及时谈话提醒、约谈函询。

（四）负责监督工作的统筹规划，组织协调、监督督促相关职能部门履行监督职责，建立监督信息一体化平台。

（五）负责按照管理权限受理检举控告，调查处理违纪违法案件，对全院副所级及以下党员干部涉嫌违纪违法问题进行立案审查、审理。

（六）统筹协调全院巡视巡察工作，组织开展巡视巡察反馈，督促检查巡视巡察整改工作。

（七）履行直属机关纪委职责。

（八）承办院领导交办的其他工作。

二、内设机构及职责任务

监督局设 3 个内设机构。

（一）综合处（纪委办公室）

1. 协助局领导处理日常工作；承担局内外综合协调工作和直属机关纪委日常工作。

2. 负责以局名义召开的有关会议和局内会议的组织服务；负责局内决定事项的督办。

3. 承担局人事、财务、保密、安全、信息宣传、网站维护等工作，协助党群组织开展工作。

4. 起草局及直属机关纪委工作计划、总结、报告及有关综合文稿；拟订有关规章制度并监督实施。

5. 负责局内及直属机关纪委文件核稿、公文运转、印章管理和归档工作。

6. 负责接收登记并按规定分办信访举报件。对职责范围内的问题线索实行受理登记、流转督办、统计分析、办结反馈的闭环管理。

7. 负责违纪违法案件审理，依规依纪依法提出审理意见。

8. 负责按照干部管理权限受理党风廉政意见回复工作。

9. 负责组织开展对全院干部职工的党风廉政教育。

10. 负责全院纪检干部的日常教育、管理和监督。

11. 承担院党组纪检组日常工作。

12. 承办组、局领导交办的其他工作。

（二）监督一处（院巡察工作领导小组办公室）

1. 负责开展政治监督和日常监督。监督检查全院各级党组织、党员干部和监督对象遵守和执行党章党规党纪、党的路线方针政策和决议、国家法律法规的情况。监督检查各级党组织贯彻落实党中央和部院党组决策部署情况。

2. 监督检查全院重点领域、重点部门、重点人群、重大事项、关键环节权力运行情况，督促落实职能监督责任。推进廉政风险防控机制建设。

3. 负责中央巡视、部巡视整改相关工作的组织、督促和检查。

4. 负责院巡察工作的统筹协调、组织部署、指导督导、服务保障。

5. 负责组织开展新提任所局级领导干部集体廉政谈话。

6. 承担院党风廉政建设领导小组办公室、巡察工作领导小组办公室日常工作。

7. 承办组、局领导交办的其他工作。

（三）监督二处

1. 负责对职责范围内的问题线索提出处置意见。

2. 负责分类处置问题线索，依规依纪依法进行谈话函询、初步核实、审查调查，提出处理建议。

3. 负责处分决定执行情况的监督检查、受处分人员回访教育和案发单位的整改督促等工作。

4. 负责拟订执纪审查工作制度，指导院属单位开展执纪审查工作。

5. 负责组织开展对全院干部职工的纪律教育、警示教育。

6. 负责全院干部职工作风纪律记实台账的建设。

7. 承办组、局领导交办的其他工作。

三、人员编制

核定监督局人员编制 15 名，其中内设机构处级职数 6 名。

吴孔明院长在中国农业科学院院部改革暨新部门集中揭牌会议上的讲话

2023 年 4 月 18 日

党的二十大作出了加快建设科技强国、农业强国战略部署，对高水平科技自立自强提出明确要求。习近平总书记在中央农村工作会议上强调，要依靠科技和改革双轮驱动加快建设农业强国。总书记在致我院建院 60 周年贺信中明确指示："努力抢占世界农业科技竞争制高点，牢牢掌握我国农业科技发展主动权，为我国由农业大国走向农业强国提供坚实科技支撑。"农业农村部党组对我院改革发展非常关心，指示我院要围绕粮食生产和重要农产品保供，快出成果、出大成果，围绕全面推进乡村振兴，建学科、建队伍，强化农业农村现代化科技服务和支撑，并对院里强化院部统筹作用有关考虑予以充分肯定。围绕贯彻落实党的二十大部署、习近平总书记重要讲话精神，锚定科技强国、农业强国建设目标，院党组立足当前、着眼长远，经过深入研究，提出以院部改革为龙头和引领，加快打造多点突破、全面发力、系统集成的"1+3+N"改革体系，让机构、学科、人才、平台、资金、项目都充分活跃起来，形成推进科技创新强大合力，加快实现院所跨越式发展。

"1"是以全面提升院所治理体系和治理能力现代化为主轴，立足院所两级法人治理结构，以章程管理为基本依据，建立"院管院事、所管所事，各负其责、协同一致"管理机制。院党组抓大事、抓要事、抓战略、抓统筹，加强对科研工作的全面领导，坚决落实党中央和部党组重大决策部署，推动院部从"管所为主"向"管大事与管所并重"转变。对研究所的管理，坚持该管的管住管好，该放的放下放活，该统的统出成效。

"3"是以构建"举院抓大事"管理体制、健全"四个面向"科研体系、畅通科教融合发展路径为突破口，推动解决制约院所发展的全局性、根本性、关键性重大问题。构建"举院抓大事"管理体制，就是要聚焦种子、耕地、生物安全、农机装备、绿色低碳、乡村发展等"国之大者"，发挥院部集中决策、组织动员和统筹协调作用，开展有组织的科研工作，形成体系化创新、专业化集成、集团化作战的创新格局。健全"四个面向"科研体系，就是要深化学科体系、科研机构改革，重塑全院机构布局，优化科研力量配置，努力解决困扰我院多年的"拟转企所"问题，推进科研布局从"一农"向"三农"转变，提升农业科技创新体系整体效能。当前，我院科技创新体系面临两大问题：第一个问题，如何构建有组织的科研体系，加强党对科研工作全面领导，这一问题主要通过当下的院部改革来推动解决；第二个问题，如何适应新的形势和挑战，优化全院科研机构设置。新的形势和挑战主要有3个方面：一是面对农业农村现代化建设过程中的科技支撑问题，如何从“一农”向“三农”转变，构建完整的农业农村科技创新体系；二是面对一些研究所服务的产业弱化萎缩问题，如何推动相关研究所转型发展，强化新形势下产业科技支撑；三是面对农业产业布局的深刻变化，原来设立在主产区的研究所已经不能很好适应产业结构调整，如何立足新的产业发展形势，不断优化学科与机构布局。这一问题主要通过科研机构改革来推动解决，既需要上级有关部委大力支持，也需要院所共同努力。畅通科教融合发展路径，就是要统筹教育、科技和人才，千方百计推进中国农业科学院大学建设，加快实现科教融合的发展战略，这是我院几代人的夙愿，也是实现“两个一流”目标的必然要求。从历史来讲，早在1960年部党组就曾批准我院成立中国农业科学技术大学，后来由于各种原因没有继续办下去，这表明我院在建院初期就有走科教融合发展道路的初心。从现实来讲，研究生是开展科研工作的重要力量，必须加快推进中国农业科学院大学建设。

“N”是以增强改革的系统性、整体性、协同性为着力点，一体推进优化科研力量布局、探索“双总制”管理模式、夯实“四横四纵”人才体系、深化科研“放管服”改革、优化科技评价与绩效管理、发起国际大科学计划、强化科企融合发展、健全农科智库体系、深化后勤服务改革、构建“大监督”工作格局、巩固扩大支部建在团队等重点任务，打好改革组合拳，形成整体效应，充分激发院所创新活力。

这次院部改革，是对全院“大脑”和中枢的改革，是“1+3+N”改革体系的重要组成部分。在农业农村部党组和部人事司、科教司等有关司局大力支持下，院党组分步实施、稳妥推进院部改革，对院部职能进行系统性、整体性重构。2022年9月，农业农村部党组批复同意我院优化纪检监督机构设置，监督局先行挂牌运行，院部改革迈出第一步。2023年1月，农业农村部党组批复同意我院院部职能调整总体方案，院党组全面部署推动有关工作。今天召开院部改革暨新部门集中揭牌会，标志着院部职能优化调整的正式落地，院部改革取得阶段性成效。刚才，两个部门主要负责同志代表相关局办作了发言，表达了做好下一步工作的信心和决心，讲得都很好，希望大家言出必行、真抓实干，不辜负部、院党组的期望和重托。下面，我讲三点意见。

一、统一思想、提高站位，深刻认识院部改革重要意义

这次院部改革与当前进行的党和国家机构改革时机背景、思路逻辑是高度契合的。党和国家机构改革以加强党中央集中统一领导为统领，强调推动健全新型举国体制，优化科技创新全链条管理，强化战略规划、体制改革、资源统筹等宏观管理职责；我院院部改革也是遵循这一思路，围绕“举院抓大事”强化资源统筹，优化战略规划、深化改革等宏观管理职责，加强院党组对新时期全院科技工作的集中统一领导。这次院部改革也是在学习贯彻习近平新时代中国特色社会主义思想主题教育大背景下开展的，我们

要把推进院部改革与开展主题教育结合起来，带着问题去调研，切实推进解决院所改革发展存在的问题。具体到这次院部改革，有三方面考虑。

一是聚焦“国之大者”“举院抓大事”的必然要求。中国农业科学院是国家战略科技力量，必须认真贯彻落实党中央、农业农村部党组部署要求，有效服务国家战略需求，破解制约“三农”发展全局的重大科技问题。过去的农业科技创新是单点突破为主，科研任务层层分解，从某种意义上讲，干好干坏都是研究所的事。现在，更多需要交叉融合，提出综合性解决方案，已经不是某个研究所能独立完成的。要围绕国家战略需求，聚焦种子、耕地等“六件大事”，开展跨学科、大协同的创新攻关。这就要求我们创新体制机制，强化全院“一盘棋”科技力量部署和科技资源“一体化”配置。基于这一考虑，院党组决定组建重大任务局，由专业的人干专业的事，把专家队伍统起来，把工作指挥建起来，推动构建以国家战略需求为导向、集中力量办大事的组织管理模式。

二是推进院所治理体系现代化的重要举措。推进院所治理体系和治理能力现代化，是强化国家战略科技力量的应有之义。相比之下，院部管理方式此前是按照条块式划分，一定程度上存在学术集成能力弱、统筹协调难度大等问题。从机构上看，改革前院部绝大部分机构编制资源集中在行政管理和后勤领域，仅有科技局、转化局 2 个纯科研业务部门，“小马拉大车”，资源配置不合理，难以有效满足全院庞大科研体量需求。从职能上看，发展规划、院所运行监测、深化改革等宏观管理职责交叉、重复、分散，专业化管理水平偏低。因此，在这次院部改革中，院党组优化了院部有关部门机构设置和职能配置，目的就是通过机构调整和职能优化，推动院部当好统抓全院工作的“参谋部”、组织重大科技任务的“作战部”、保障院所高质量发展的“服务部”。

三是适应新形势深化后勤改革的现实需要。后勤中心和院机关历史上本就是一体的，根据当时工作需要，1995 年我院组建了后勤中心。多年来，后勤中心在服务保障科技创新方面作了大量工作，为院所发展作出了重要贡献。但后勤中心不是中央编办批复设立法人，在中央编办没有户头，长期以来，主要依靠院机关拨付财政经费和出租房产收入维持自身运转，资产管理不够规范，中央巡视、审计多次要求院里整改，推动后勤资源回归科研。2023 年初，中央部门全面实施预算管理一体化改革，后勤改革更加迫在眉睫、势在必行。这次把后勤中心职能整合，纳入院办统一管理，是主动适应预算一体化改革形势作出的必要调整，是新时期对我院后勤工作的统筹和加强。改革之后，后勤的职责定位就是为科技创新服务、为科学家服务、为院区居民和干部职工服务，围绕服务保障科技创新，建设美丽、和谐、宜居院区。

二、肯定成绩、坚定信心，扎实做好院部改革“后半篇文章”

这次院部改革工作的稳妥、高效推进，得益于部党组的坚强领导，得益于部人事司、科教司等有关司局的大力支持。在具体推进过程中，院党组通盘考虑、认真研究，对做好各项工作进行了周密部署。各位院领导亲力亲为、靠前指挥，积极协调解决重点难点问题。各工作专班集中时间、集中精力，围绕职责划转接收、办公用房落实、人员转隶等作了大量支撑工作。各部门、各单位从讲政治、讲大局的高度，在人员调配、资源统筹等方面给予了积极支持。院部特别是后勤中心广大干部职工，展现出良好的精神面貌和大局意识，坚决拥护、积极支持部、院党组有关决定。在此，我代表院党组，向关心支持我院改革发展的各级领导，向为院部改革作出贡献的广大干部职工表示崇高的敬意和衷心的感谢！

完成机构、职责调整，只是解决了“面”上的问题，真正要发生“化学反应”，还有大量工作要做。各部门要坚持不懈、再接再厉，稳妥推进制定“三定”规定等后续任务落实，实现院部运转优化、协同、高效。

一要准确把握部门职能定位。主要是涉及职能调整较大的5个部门。一是重大任务局和科技管理局。院党组参照中央关于军队改革的思路，坚持“院党组管总、重大任务局主战、科技管理局主建”原则，组建重大任务局，同步强化了科技管理局统筹协调职责。重大任务局“主战”，就是要围绕重大科研任务抓主抓重，对研究所相关力量统一组织、综合交叉、优势集成，纵向配置创新资源；科技管理局“主建”，就是要围绕全院34个研究所体系化、建制化布局，提升学科、团队、平台、项目、成果、联盟等管理水平，横向加强科研要素的全链条建设。两个局要立足这一原则，加强衔接配合，构建纵横有序的“矩阵式”科研管理职能体系，真正达到增强农业科技创新体系化对抗能力的预期目的。二是发展建设局。更名后的发展建设局，从院层面贯通了基本建设、条件建设，以及研究所评价、战略规划、深化改革等宏观管理职责。要牵头落实院党组体系化改革部署，做好新增职责和既有职责融合，不断强化战略思维，把国家以及各相关省份发展战略研究清楚，和我院发展战略有机衔接起来，加强对全院发展建设的顶层设计，加强对研究所发展战略的统筹指导，打造全院“一盘棋”科研条件平台体系，引领院所高质量发展。三是院办公室。这次院部改革，将后勤服务职能整体纳入了院办，院办要按照院党组部署，大力推进职责融合、队伍融合、机制融合“三个融合”，向管理要效益，以服务求发展，确保后勤服务水平只提升不降低，行政运转能力只加强不削弱。要牢牢把握院办作为“运转中枢”职能定位，优化处室职责，提升管理效能，围绕院党组部署当好参谋、做好服务、抓好落实。四是监督局。更名后的监督局，要在构建全院“大监督”工作格局上下功夫，既要承担好监督专责，更要突出“监督的再监督”职责定位，以政治监督为统领，指导协调各类监督优势互补、贯通协同，推动横向到边、纵向到底，发挥全面从严治党对科技自立自强的引领保障作用。

二要健全部门间协同配合机制。按照“一类事项原则上由一个部门统筹、一件事情原则上由一个部门负责”原则，院党组对有关部门职能作了优化调整。各部门在制定“三定”时，要合理确定职责权限，避免责任不清、推诿扯皮。对需要部门间协调配合落实的，要划清职责边界，明确牵头部门，确定谁为主、谁配合，健全完善协作机制。例如，在房产统筹方面，院党组下大力气统筹全院房产资源，推动回归科研使用，职能分工上主要涉及 3 个方面：从政策上讲，财务局负责房产资源出租出借调控职责，要研究提出指导性意见和管理办法；从业务上讲，发展建设局负责建新房、退旧房等房产资源调配职责，要拿出管用措施，推动解决科研、教学和生活用房供需矛盾；从监督上讲，监督局要从政治监督的高度，把全院房产资源统筹使用工作监督好、规范好。院属单位房产资源的使用，首先要看是为赢利还是为科研，不仅要算经济账，更要算政治账。对继续出租出借的，要严格把关，对积极腾退并回归科研的，各部门都要全力支持，积极帮助解决遇到的困难，推动转型发展。再如，在平台建设方面，院党组以强化全国重点实验室统筹管理为重点，构建全院实验室“一张图”、基地台站“一张网”。全国重点实验室建设是综合性工作，科技局是抓平台基地建设的主责部门，要履行好宏观管理职责，发挥牵头部门作用。人事局要立足部门职能，参照中共中央组织部、科技部管理国家实验室的模式，抓好全国重点实验室班子建设。既要加强牵头建设的 8 个实验室整体班子建设，也要做好参与建设的 7 个实验室班子人选把关。发展建设局要支持全国重点实验室硬件建设，统筹修购专项等资金，支持实验室改造升级。

三要建立完善过渡期管理模式。任何一项改革，关键都要解决好人的问题。通过改革，不仅推动工作，也为干部职工个人发展提供更合适的岗位和更好的发展机遇。这次后勤服务职能纳入院办统一管理，院党组尽最大努力保障了有关干部职工岗位和待遇，为平稳推进职能融合，还设置了 5 年过渡期。要用好过渡期，加快健全完善后勤服务管理运行模式。总的方向是，牢牢把握“为科技创新服务、为科学家服务、为院区居民和干部职工服务”的宗旨，通过改革实现运行规范化、管理专业化、服务社会化，构建“小管理、大服务”的后勤服务工作格局。具体来说，有 3 点要求。一是建制度、立规矩。用制度管人管事，规范工作流程，优化服务内容，能面向市场稳妥推进市场化运行，公益性强的按照公益性目标加强管理，增收节支、提质增效。二是重考核、强监管。健全绩效考核制度和监管体系，提升执行力、服从力，破除“干与不干一个样、干多干少一个样”，充分调动各类人员工作积极性。三是抓思想、转观念。从“养人搞服务”向“管人做服务”转变，筑牢“开源节流”意识，弘扬艰苦奋斗、勤俭节约优良作风。

各部门、各单位也要立足职能，大力支持、积极参与院部改革，不能当旁观者。人事局要指导有关部门制定“三定”规定，并适时开展此次院部改革的效果评估。财务局要牵头理顺后勤服务方面财务管理机制，落实运行经费、人员经费保障，提升院部财务管理水平。国合局要在国际合作交流方面，对有关部门积极支持。转化局要在强化产业服务支撑等方面强化与重大任务局、科技局协同配合。机关党委要指导院办、发展建设局、重大任务局等部门加强党组织建设。各单位也要按照新的院部局办职能分工，加强工作对接，构建从院到所运行顺畅、充满活力的工作体系。

三、建强队伍、砥砺本领，建设符合农业科研国家队使命定位的院部机关

事业发展，关键在人，关键在干部。职能调整和人员转隶到位后，各部门要切实加强领导班子和干部队伍建设，发挥好政治机关、学术机关、服务机关作用，围绕落实党中央和部、院党组决策部署，坚定不移当好执行者、行动派、实干家。

一要讲政治、顾大局。院部机关首先是政治机关，旗帜鲜明讲政治是第一位要求。“三农”和科技创新工作本身也具有很强政治性、政策性。各部门、各单位都要不断提高政治判断力、政治领悟力、政治执行力，增强“四个意识”、坚定“四个自信”、做到“两个维护”，牢记“国之大者”，全面准确领会党中央战略意图和部、院党组部署要求，不折不扣抓好落实，提高创造性执行的能力。要扎实开展学习贯彻习近平新时代中国特色社会主义思想主题教育，学思想、强党性、重实践、建新功，把讲政治的要求落实到加快推进院所高质量发展和高水平农业科技自立自强的实际行动上。

二要讲团结、善协作。讲团结，关键是要贯彻执行民主集中制，抓好班子、带好队伍。各部门要以此次院部改革为契机，树立鲜明干事创业导向，激励引导干部职工各就其位、各负其责、各展其才，不断提升凝聚力战斗力。机关事务牵涉面广、涉及部门多，很多关系院所改革发展的重大任务，往往需要几个部门乃至有关研究所统筹谋划、协作推进。要树牢全院“一盘棋”思想，既要分工明确、权责一致，也要讲胸怀、讲格局，加强部门内部、部门之间、部门与研究所沟通协调，增进协同配合。

三要讲学习、求创新。院部机关作为服务科技创新的管理部门，要在懂科研、善管理上作表率。院部改革后，任务更重了、要求也更高了，思想观念、工作方式、履职能力都要与时俱进。这就要求大家加强学习，转变工作思路，创新工作方法。要主动学习党和国家“三农”和科技创新政策，学习农业科技知识，对什么是“国之大者”，哪些是部、院党组关心的大事，做到心中有数。同时，希望院部干部“一专多能”，既当好业务领域的行家里手，又掌握管理理论、行政知识、法律法规等，不断开阔视野格局，提升战略思维和解决复杂问题的能力。

四要讲担当、重实干。院部是院党组抓全院工作的“指挥部”，必须守土有责、守土尽责，围绕中心抓主抓重、服务大局落细落小。凡是中央强调的，部、院党组关心的，就是各部门、各单位重点要抓的工作，要雷厉风行、真抓实干、善作善成。例如，举院抓大事、强化资源统筹，不只是院党组的事，更是各部门、各单位分内的事，绝不能“坐而论道”，表态表得调门高，落实起来摆困难、谈条件。要在实干上打头阵，领导干部发挥示范带头作用，带头抓、带头干，把大事办好、把急事办妥、把难事办成。

五要讲纪律、强作风。院部干部要始终把自身一言一行同院部形象、全院形象联系起来，强化底线思维，树牢红线意识，看清一些事情该不该做、能不能干，时刻自重自省，严守纪法规矩。要立足岗位履职尽责，防止因职能调整出现“等靠要”“推拖绕”

等情况。要贯彻中央关于大兴调查研究精神，强化服务意识，提升服务本领，对研究所和科研人员遇到的问题，主动关心、帮助解决，真正为科研人员办实事、解难题、松绑减负。

我院面临着难得的发展机遇，肩负着光荣的使命，让我们同心同德、团结奋斗，开拓创新、锐意进取，以崭新的面貌、优异的成绩，为强化国家战略科技力量建设提供坚强组织保障，为全面推进乡村振兴和农业强国建设作出新的更大贡献。

吴孔明院长在中国农业科学院第二期所局级干部任职培训班座谈交流会上的讲话

2023 年 10 月 9 日

同志们：

所局级干部任职培训，十分重要，也十分必要，是贯彻落实党中央和部党组关于加强干部教育培训工作部署要求的重要安排，也是巩固拓展干部队伍教育整顿成果、进一步加强全院领导班子和干部队伍建设的具体举措。院党组高度重视，院人事局对本次培训作了精心筹备，培训课程安排具有较强的系统性和针对性，授课教师均为理论功底深厚的专家，既有农业农村部领导，也有中央党校、清华大学等高校教授。相信大家通过这次培训一定能够学有所获、学有所成。今天，我特地来和同志们谈谈心，给大家加加油、鼓鼓劲。刚才，5 位小组代表分别谈了培训感受，讲得都很好，我都赞同。根据培训班的安排，我和大家主要交流三点意见：一是深刻认识我国农业农村发展新形势新任务，二是准确把握我院科技创新重点任务，三是全面提升担当作为能力水平。

一、深刻认识我国农业农村发展新形势新任务

过去几十年，尤其是党的十八大以来，我国农业农村发展取得了一系列伟大成就，脱贫攻坚成绩举世罕见，粮食生产连年增收，为社会稳定发展作出重要贡献。党的二十大以来，农业农村发展进入新阶段，党中央作出加快建设农业强国、全面推进乡村振兴的重大部署，这也是我院面临的最主要的新形势新任务。

接下来，我重点从以下三方面和大家进行交流。

第一个方面，关于稳产保供问题。习近平总书记强调，保障粮食和重要农产品稳定安全供给始终是建设农业强国的头等大事。当前，我们面临的风险挑战仍然严峻。一是对外依存度高。近年来我国主要农作物播种面积为 25 亿多亩，从国外进口的粮食、油料、肉类等折算成播种面积，保守估计大概是 14 亿亩，按播种面积折算，主要农作物对外依存度超过 30%。其中，口粮进口仅相当于 0.3 亿亩左右的播种面积，谷物进口相当于 1.7 亿亩左右，大豆进口相当于 7 亿~8 亿亩。所以，我国做到了谷物基本自给、口粮绝对安全，但大豆进口依存度仍然很高，距离党中央、国务院的战略要求还有一定差距。二是绿色发展压力大。我国农业水资源、耕地资源十分有限，为了保障农业高产出，长期使用了大量农药和化肥，化肥使用量占世界 1/3，农药、地膜使用量也居世界

前列，给环境生态和绿色发展造成很大压力。三是农产品竞争力弱。与国际市场相比，我国农产品生产成本高、价格高，竞争力不强。例如，为了降低大豆对外依存度，这两年农业农村部做了大量工作，但是，进口大豆到岸价格每吨 4 000 多元，国产大豆每吨收购价超过 5 000 元。玉米及其他大宗农产品也存在类似问题，如果不进行补贴、不进行市场准入控制，难以经受国际市场冲击。四是气候变化风险大。近年来，受全球气候变化影响，我国自然灾害增多。特别是今年，黄淮海遭遇多年不遇“烂场雨”，导致河南小麦减产 50 多亿斤，粮食丰收压力加剧。要解决这些问题，根本出路在科技。

第二个方面，关于乡村全面振兴问题。全面推进乡村振兴是建设农业强国的重要任务。抓好以乡村振兴为重心的“三农”工作，迫切需要通过科技创新塑造新动能。一是乡村产业发展。乡村要发展，产业是基础。习近平总书记强调，要落实产业帮扶政策，做好“土特产”文章。全院很多研究所的主责主业与此密切相关，要思考谋划如何更好地支持乡村产业发展。二是乡村建设。全面建设社会主义现代化国家，最艰巨最繁重的任务仍然在农村。不解决农村建设问题，农业强国、社会主义现代化强国建设就难以实现。如何围绕乡村规划、建设强化科技支撑，推动建设宜居宜业和美乡村，是我院责无旁贷的事情。三是乡村治理。乡村治理是国家治理的基石，是乡村振兴重要内容。乡村治理既有政策创设，也涉及硬技术支撑，包含农村改革、数字化管理、党的建设、文化建设等方面，这也同样是中国农业科学院的职责。

第三个方面，关于科技创新问题。科技是大国竞争的主要手段，当今世界的综合国力竞争，说到底是科技实力竞争。经过几十年努力，我国农业科技创新取得了举世瞩目的成绩，同西方国家差距已大幅缩小。但也要清醒看到，在原始创新、理论发现和高新技术创新方面，我们还存在不少短板。一是原始创新能力不够强。例如，基因编辑、合成生物学等研究领域共性技术，我们用得很好，也发了不少高水平论文，但底盘技术，也就是技术原创权不在我国。二是部分高端装备“卡脖子”。智能化、现代化农机装备领域短板突出，与美国、德国等发达国家有较大差距，部分高端农机、智能装备或核心部件严重依赖进口。我们要清醒认识到国家发展对农业农村科技的迫切需求，主动聚焦国家需求，确定工作目标和任务。

二、准确把握我院科技创新重点任务

面对新形势新任务新挑战必须围绕这些问题去思考、研究和解决，推动院所改革发展。有两种比较典型做法。一种是把研究所发展融入国家发展大局，与国家共发展，与人民共命运，主动适应国家战略需求，调整科研方向，在经济社会发展中作出成绩和贡献，也获得发展带来的红利。这样做，事业才会越发展越大、越发展越好。另一种是以不变应万变，甚至“关起门来过日子”。最简单的做法就是出租，把土地出租，把科研用房出租，以租金给职工提高收入，像小公司一样经营。这种做法，可能“死不了”，但肯定也发展不好。

作为国家级农业科研机构，要把各方面科技资源都用于科技创新，通过科技创新和成果转化来获得国家、社会和市场的支持，这样既能推动研究所发展，也能提高干部职工获得感，走出一条良性发展道路。对于领导干部来说，领导院所走什么样的路，干什么样的事，制定什么样的发展战略，需要认真思考。锚定农业强国建设目标，立足新形势新任务，院党组系统谋划了以院部改革为统领的“1+3+N”改革体系，积极稳妥推进科研力量布局优化调整，坚定不移深化院所改革，集中力量打造国家农业战略科技力量。各部门各单位都要主动入位，在全局中找准坐标方位，在“举院抓大事”中实现新发展。

一要坚持“四个面向”，调学科、优布局。中国农业科学院着力完善学科布局，形成11大学科集群、58个学科领域、283个重点方向的全新学科体系。院西部中心、成都中心、南繁研究院、中原中心等区域创新中心加快建设，科研力量布局进一步优化。但科技创新体系布局仍面临“三个挑战”。一是一些研究所服务产业不断弱化萎缩，如何推动相关研究所转型发展，强化新形势下产业科技支撑。由于国家战略需求和产业发展变化，我院建院初期设置的部分研究所的科研定位已不符合国家队的建设发展要求。例如，随着化纤产业发展，麻原料作为保障物资和出口创汇历史使命已经完成，麻类种植面积从最高峰2 000万亩缩减至不足100万亩，已经难以支撑一个国家科研机构发展。在这种情况下，必须要改革，要加快麻类所转型发展。二是农业产业布局深刻调整变化，如何立足新的产业发展形势，优化科研机构布局。这方面突出表现为部分科研机构设置与农业农村主战场严重脱节。例如，棉花主产区从长江、黄河流域逐步转移至新疆等西北地区，新疆产棉量占全国棉花总产量92%，主产区已经转移且不可逆。在这种形势下，棉花所要需要认真研究思考怎么发展、怎么转移。三是面对党中央和农业农村部党组高度重视的农村学科问题，如何从“一农”向“三农”转变，构建完整的农业农村科技创新体系。这次党和国家机构改革，明确把指导农村科技进步职责划入农业农村部。作为部属科研事业单位，我院要加快从“一农”向“三农”转变，加强农村学科建设。在这种背景下，我院一些面临发展困境的研究所，能否瞄准农村学科进行方向调整？能否围绕解决农村问题去优化研究领域？希望大家都能深入思考，在改革中找到适合研究所的发展道路。

二要围绕“两个一流”，建机制、强统筹。上半年，我院下大力气推进院部改革，推动管理方式从“管所为主”向“管所与管大事并重”转变，组建重大任务局，重组发展建设局，将后勤服务职能整体纳入院办公室，构建全院一盘棋的“抓主抓重”管理体系。这些改革主要是落实新型举国体制要求，加强党对科研工作的全面领导，构建有组织的科研体系，同时，也是下决心解决我们在巡视巡察和审计中长期没有解决的问题，例如，由于出租房产带来的大院治理、大院文化建设等一系列问题。对于各部门、各单位而言，一方面，要从讲政治、讲大局的高度，积极支持和配合全院的资源统筹和创新力量配置。院党组要求所有科技资源都要投入科技创新。在这方面，院机关已经带头推进了这项工作，各研究所也要提高站位，认真谋划，从让土地房产资源回归科研等实际问题抓起，拿出具体举措。另一方面，要主动入位，把本部门本单位工作放到“举院抓大事”背景下进行思考和谋划。要围绕“六件大事”和行业重大需求，把科研力量有效组织起来，调动各方人员积极性。只有院所协同配合，才能构建运行顺畅、充满活力的工作体系，提升科技创新整体效能。全院的改革是系统的，也是分阶段的，第一阶段院部改革已基本到位，第二、第三阶段将更多围绕科教融合发展和科研力量布局调整展开。当然，这些改革绝不是一朝一夕能完成的，要有历史耐心，可以把时间放长一点，但要朝这个方向去努力，绝不能无动于衷、无所作为。

三要瞄准农业强国，抓创新、强支撑。2023 年，我院首次被纳入贯彻落实中央一号文件重点任务的责任单位，作为农业科研国家队，这既是使命担当所在，更是沉甸甸的政治任务。半年多来，院里建立重大任务联合攻关机制，推进种子、耕地等 6 个领域重大科技问题的组织化创新。组建小麦、水稻等 7 个产业专家团，打造专家工作站和“田间课堂”，形成常态化稳产保供服务机制。统筹全院科技力量，明确 76 条针对性措施，全方位支撑中央一号文件重点任务落实，是我们非常重要的工作。各研究所都要抓好任务落实，一方面要抓科技创新，另一方面也要研究如何把科技成果用于服务支撑农业生产和乡村建设。

三、全面提升担当作为能力水平

面对新形势新任务，抢抓机遇、创新发展迫在眉睫。在座各位都是院所改革发展的骨干和中坚力量，是院里的“关键少数”，必须不断提升领导能力和工作本领。这方面，习近平总书记先后向领导干部提出了“八项本领”“七种能力”等重要指示要求，大家要认真学习领会。在这里，我结合院里工作实际，重点强调五点。

一要讲学习。作为所局级干部，要在懂科研、善管理上作表率，这就要求大家不断加强学习。习近平总书记在第一批主题教育中，作出以学铸魂、以学增智、以学正风、以学促干指示要求，为我们提供了方法论。具体到中国农业科学院，以学铸魂，就是要深入学习习近平新时代中国特色社会主义思想，特别是习近平总书记关于“三农”、科技创新工作重要论述，坚定理想信念。以学增智，就是要对“国之大者”牢记于心，对部、院党组关心的大事心中有数，不断提高政治能力、思维能力和实践能力。以学正风，就是要深入调查研究，强化服务意识，为科研人员办实事解难题、松绑减负。以学促干，就是要既当好业务领域的行家里手，又掌握管理理论、行政知识、法律法规等，把学习成果转化为推动发展的实际行动。

二要善谋划。领导班子是研究所改革发展的决策者和推动者，要对研究所的主责主业、发展战略、学科布局等进行深入思考、系统谋划，必须有大思路，绝不能摸着石头过河、走哪算哪。对照“四个面向”，应该怎么进一步定位、怎么进一步发展？在加快建设农业强国、全面推进乡村振兴中又能发挥什么样的作用？这是我们每一位领导干部必须思考的问题。科技创新最根本的三个要素，就是项目、平台、人才。项目该怎么去争取、争取什么样的项目，平台该怎么建设和维护，人才该怎么培养和使用，这也需要大家去系统谋划。做到善于谋划，就要抓大势谋大事，善于从战略上看问题、想问题，不断提高战略思维。通过日常工作交流可以发现，我们大概有三种类型领导干部：一种是谋大事，从战略上谋划研究所发展；另一种是盯着鸡毛蒜皮的小事，在“一亩三分地”打小算盘；还有一种是“关起门来过日子”，平时看不见，出了问题才找院里。希望大家都做第一种领导干部，进一步解放思想、开拓视野格局，聚焦“举院抓大事”，围绕六大重点领域，找准工作重点和着力点。

三要敢担当。“干部”两字，干字当头，领导干部必须有大担当、大作为。当前，改革、发展和安全是全院工作主基调。要强化守土有责、守土担责、守土尽责的担当意识，千方百计谋改革、促发展、保安全。要善于运用新理念、新方法、新模式对科研管理工作再审视、再认识，不能整天表面上忙忙碌碌，实际上得过且过；也不能眼界狭窄、目光短浅，只算自身账、眼前账，不算全局账、长远账；更不能事不关己、高高挂起，遇事能推则推，能躲则躲。必须以时不我待的紧迫意识，真抓实干，以大思路、大手笔、大气魄谋划推动事业发展。要增强底线思维、法治思维，坚持关口前移，下好保安全、防风险的“先手棋”，既要干成事，也要不出事。

四要抓落实。一分部署，九分落实。院所改革发展任务纷繁复杂、千头万绪，必须因地制宜、因势利导抓具体、抓到位。要围绕中心抓主抓重、服务大局落细落小，做到重要部署有时间表、路线图，重要任务有及时的督办指导，确保工作一项项往前推，一件件抓到底。作为领导干部，要发挥示范带头作用，带头抓、带头干，在重点环节、关键节点亲力亲为，共同把大事办好、把急事办妥、把难事办成。抓落实的效果，最终要体现在加快推进高水平农业科技自立自强的成效上，要以研究所产出了多少重大成果、实现了多少经济社会效益、培养了多少优秀人才来衡量。

五要重协作。一个班子，只有团结协作、相互支持，才能把各项工作做好。凡是发展出问题的研究所，往往是班子团结出了问题。搞好协作，关键是要贯彻执行好民主集中制。民主集中制好讲、好懂，做好难，关键是形成共识。作为所长、书记，要彼此尊重，换位思考，经常互相通气，经常交流交心，统一思想、凝聚共识。作为班子成员，既要不缺位也要不越位。一方面，按照班子分工，抓好分管工作落实；另一方面，贯彻集体决策部署，积极配合主要领导工作。要强化大局观念和补台意识，积极为单位长远发展出谋划策。

当前中国农业科学院面临着难得的发展机遇，肩负着光荣的使命。希望大家同心同德、团结奋斗，开拓创新、锐意进取，为强化国家战略科技力量建设，全面推进乡村振兴和建设农业强国作出新的更大贡献。

践行新时代好干部标准　打造高素质干部队伍
——杨振海书记在中国农业科学院第二期所局级干部任职培训班上的专题报告

2023 年 10 月 12 日

同志们：

中国农业科学院所局级干部任职培训班开班已经 5 天了，基本完成了教学任务，相信大家都有所收获。所局级干部任职培训班是院党组非常重视的班次，举办这个班目的就是要贯彻《干部教育培训工作条例》和《全国干部教育培训规划（2023—2027年)》，进一步强化全院所局级干部的政治素质，着力解决一些领导干部理想信念不够坚定、责任担当不够强的问题；着力解决一些领导干部不懂、不会、不知道怎么抓管理的问题；着力解决个别领导干部自律不严、作风不强的问题，用党的规矩、党的纪律推动作风建设。2013 年习近平总书记在全国组织工作会议上首次提出 20 字“好干部”标准，我今天结合总书记系列重要讲话和论述，也结合院所工作实际，就如何贯彻落实新时代好干部标准，重点从理想信念、求真务实、担当作为、斗争精神、廉洁自律 5 个方面，与大家谈谈心，提出一些要求。

一、筑牢理想信念根基

理想信念是立党兴党之基，也是党员干部安身立命之本。党员干部如果丢掉了理想信念，就会丢掉政治灵魂，遇到考验时就会败下阵来。理想信念坚定，是好干部第一位的标准，是不是好干部首先看这一条。中国共产党的理想信念，大家都耳熟能详，就是马克思主义信仰、共产主义远大理想、中国特色社会主义共同理想。习近平总书记曾深刻分析几种情况需要引起重视。一种是，有的人从来就没有真正树立共产党人理想信念，世界观、人生观、价值观本就不正，进入党的队伍动机不纯。另一种是，在理想信念上半信半疑、摇摆不定。顺风顺水时心气颇高、信心很足，一遇到挫折困难则意志消沉、悲观失望，甚至放纵自己、变质堕落。还有一种，就是对理想信念有基本认知，对党有朴素感情，但没有达到虔诚而执着、至信而深厚的境界，需要加强理论学习，特别是需要在长期实践锻炼和考验中不断坚定。分析一些党员干部理想信念缺失或动摇的原因，无非是不真信。有的人总认为马克思主义太旧了、共产主义太远了、社会主义太长了，权力才是硬的、票子才是实的、享受才是真的。这些错误言行，我们必须坚决厘清和反对。

坚定理想信念，必须先知而后信之，信之而后行之，做到知行合一。近年来，我院坚持以理想信念铸魂，结合历次主题教育，把理想信念教育贯穿于院所发展的全过程。一是着力学思想。党组带头、院所同步，在全院坚持“两个第一时间”学习制度，配合组织开展辅导报告、农科讲坛等活动，推动全院党员干部及时跟进、学深悟透习近平总书记重要讲话和最新重要指示批示精神，形成全院“思想引领、学习在先”机制，切实加强思想理论上的学习引导。二是着力强党性。主要通过讲党课，树立大家的党性意识。院党组成员都分别在分管领域、分管单位为所在支部讲党课。各级党组织积极开展丰富多彩的主题党日活动，党委带头、支部跟进，通过专题读书班、理论中心组、青年理论学习小组等多种方式学习交流研讨，强化了党性意识。三是弘扬农科精神。我院实施灯塔、谱系、铸魂、强基四大行动，为丁颖、金善宝等知名科学家塑铜像挂画像，开展陈凤桐、庄巧生等老科学家学术思想研讨，建设院展厅、新乡精神展馆，打造农科精神丰碑。加强先进事迹的挖掘，选树茶叶所白堃元等一批符合时代特征、独具特色的新时代农科精神典型代表，以身边楷模影响带动身边人，为锻造对党忠诚、造福人民的农业科研国家队提供有力的思想保障。

虽然我院在理想信念教育方面持续加力，但从院内巡察、主题教育查找问题以及日常工作中发现，在理想信念方面还存在差距和不足，主要表现为：理论学习不深不够不透，有的领导干部只是拿来喊空头口号；个别领导干部把理论学习当负担，不愿意下真功夫；一些领导干部理想信念不够坚定，与接好坚持马克思主义信仰、为共产主义远大理想和中国特色社会主义共同理想而奋斗的班有明显差距。

大家一定要牢记习近平总书记的教诲，坚定理想信念不是一阵子而是一辈子的事，要常修常炼、常悟常进，无论顺境逆境都坚贞不渝，经得起大浪淘沙的考验。

一要深学理论，点亮理想信念之光。理想信念的坚定源于思想理论的坚定。坚定的理想信念，必须建立在对马克思主义的深刻理解之上。只有全面、系统、深入学习，才能完整、准确、全面领会马克思主义，对是什么、干什么、怎么干了然于胸。在座的都是各单位领导班子成员，是“关键少数”，要带头学理论、强信念，打牢马克思主义理论功底，全面系统学习把握习近平新时代中国特色社会主义思想的丰富内涵、精髓要义及其蕴含的世界观和方法论，不断坚定对马克思主义的信仰、对中国特色社会主义的信心，筑牢信仰之基，补足精神之钙，把稳思想之舵。

二要锤炼党性，提升理想信念境界。党性是共产党人的根本政治品格，是对领导干部的根本政治要求。全院领导干部要强化政治自觉，以对党忠诚、为民服务为最大价值追求；要树牢宗旨意识，多为群众着想、心系民生冷暖，聚焦为民办实事、解决群众诉求，从小切口、小角度关注单位民生问题，重视“柴米油盐”的困难，对单位食堂、住房保障、子女入学等职工群众的切身利益问题，要及时反应、及时研究，多出实招、硬招，把“人民至上”体现在工作中，落实到解决实际问题上。

三要赓续传统，传承理想信念薪火。长期以来，我院科学家初心不改、百折不挠、勇攀高峰、乐于奉献，创造了祁阳站精神、中棉所精神、新乡精神等宝贵精神财富，激励着一代又一代农科人奋发图强。全院领导干部必须始终弘扬、坚定传承，引导广大科研人员守好科研报国、为民兴农的初心，增强农业科研国家队的责任感使命感，心系“国家事”、扛稳“国家责”，奋力推进农业科技创新不断取得新突破。

二、坚持求真务实

求真务实是共产党人的重要思想和工作方法。习近平总书记强调，党员干部干事创业必须实事求是、求真务实，来不得半点虚浮。“求”就是研究，要找准用对研究的方法。首先，解放思想是前提。我们党百年来的实践充分证明，只有解放思想，才能正确认识和把握客观事物的内在联系、本质和规律，制定正确的政策，做出正确的决策。要不断解放思想，增强创新意识，积极开拓进取，探索破解难题的新思路新路径。其次，一切从实际出发是根本。坚持一切从实际出发，是我们想问题、作决策、办事情的出发点和落脚点。领导班子是单位改革的决策者，要时刻把握世情、国情、院情、所情，全面掌握实际情况，想问题做决策从推进院所高质量发展的实际出发，从加快核心技术攻关和重大成果培育的实际出发，从激发科研人员创新活力和创新能力的实际出发。最后，理论联系实际是基本方法。求真的目的在于务实，坚持科学理论的指导，才能把对事物的科学认识转化为正确的行动。当前，推进全院深化科研机构改革和科研力量布局调整等重大问题，都需要我们用党的创新理论来指导实践，做到知行合一，向实践问计，具体问题具体分析，努力破解难题。

近年来，全院不断强化调查研究、服务基层一线，主要从三方面把求真务实贯穿于院所发展全过程。一是调查研究推动工作。组织开展科技支撑农业农村重大问题调研，聚焦打造国家农业战略科技力量、提升创新体系整体效能、加快实现高水平农业科技自立自强等当前最重大、最急迫、最艰巨的任务，院党组成员带头开展专题调研，深入科研一线、走进农业农村基层，累计调研 108 个部门、单位、企业、县市，累计实地调研 188 天，并围绕调研成果系统研究院所改革发展的思路举措，形成指导实践、推动工作的务实举措，得到中央第三十五指导组的肯定和认可。二是基层锻炼真抓实干。积极倡导全院干部投身基层，锤炼能力、磨砺本领。院层面目前共 31 名优秀干部在执行援疆援藏、定点帮扶、科技副职等挂职任务，各单位还有一大批科研人员长期扎根基层一线，在农业农村最前沿、乡村振兴主战场，脚踏实地，真抓实干，用实际行动赢得了当地党委、政府和广大干部群众的赞誉，展现了我院干部人才良好形象。前段时间，我到甘肃省甘南藏族自治州舟曲县调研，当地干部群众对我院挂职干部都非常肯定。三是深入一线服务生产。面向粮食和重要农产品稳产保供需求，组建产业专家团，派出科技下乡小分队，深入农业生产一线开展助春耕播种、保夏粮秋粮丰收、蔬菜应急保供等大规模、应急性科技支撑专项行动，为粮食丰收提供了强有力的科技支撑。我院“科技小分队守护大国粮仓”项目和作物科学研究所刘录祥同志分别获得 2022 年度全国学雷锋志愿服务“最佳志愿服务项目”和“最美志愿者”荣誉称号。

总体上，我院党员干部能够秉持实事求是、求真务实的工作态度，但从高标准严要求看，还存在差距和不足，主要表现为：一是调查研究还需深入。还存在不够重视调查研究、不善于调查研究的问题，还有领导干部没有把调查研究看作关系事业成败的大事，自以为工作经验丰富，熟悉基层情况，院里不安排就不去调研，常以工作忙没有时间为借口不愿调研；还有领导干部调研不接地气，为调研而调研，走过场，“只调不研”的情况很多。前段时间，我院承担了8个调研课题，现在要推动形成实实在在的成果。二是抓落实力度还不够大。还有研究所落实党中央、部院党组重大决策部署不够及时，围绕“国之大者”、六大领域抓主抓重不够有力，领导班子指导督促不到位、不严格。三是个别团队对国际科技前沿不了解、对国家重大需求不清晰、对产业重大问题不掌握等。有的团队上报的材料，一些基本数据都搞错了，得出的政策建议是不靠谱的。

针对这三个问题，我们要按照习近平总书记“三严三实”的要求，打造求真务实、作风扎实的干部队伍。

一要提高调查研究质量。一方面，必须真调查。调查研究的高质量，贵在“真”和“实”。当前院所改革发展需要研究和解决的重大问题很多，迫切需要各级领导干部强化问题意识，在提高调研对象的广泛性、调研内容的针对性、调研方法的有效性上下功夫，要更多听取广大干部、普通科研人员、基层一线职工的意见，多到工作任务重的地方，多到群众意见多的地方，多到工作推不开的地方，真正把情况摸清、把问题找准。另一方面，必须真研究。要认真理性分析，防止调查多研究少、情况多分析少，提出的对策措施要么是伸手向院里要支持，要么大而化之、空洞抽象；要把调研重心放在梳理问题、排查难题、找准症结、明确抓手上，形成问题清单、责任清单、任务清单，发挥班子的主观能动性，一条一条研究，一项一项解决。

二要坚持基层锻炼。基层是了解实际、向群众学习的好课堂，也是积累工作经验的好地方，更是磨炼工作意志、提高素质的大考场。我们是中国农业科学院，天生就带着“农”字，工作更要装着“农”字，“农”的根就在基层。全院党员干部，特别是中青年干部，要主动下基层锻炼，在深入基层、深入实际、深入群众中，锤炼求真务实作风，练就过硬本领，干出优良业绩。院所领导班子要认真落实相关激励保障政策措施，让党员干部在基层锻炼中更好更快成长，各单位也要积极争取锻炼机会，为干部基层锻炼创造条件。

三要切实抓好落实。抓落实是对领导干部工作能力素质的重要检验，也是检验党员干部是不是对党忠诚的现实检验标准。各单位领导班子成员特别是“一把手”，要把抓落实上升到政治层面，从讲政治的高度认真做好工作部署，在方式方法上既要做到统筹兼顾、整体推进，更要善于突出重点、抓住关键。要锚定建设农业强国目标，聚焦“国之大者”推进战略科技攻关，聚焦产业急需攻克关键核心技术，聚焦效能提升深化机制改革等这些重大任务。要聚焦年初吴孔明院长在工作报告中部署的十项重点任务，聚焦主题教育整改落实，紧盯“施工图”、对照“任务书”，集中力量、集中资源、全力以赴推动落实落细、落地见效。

三、勇于担当作为

习近平总书记强调，干事担事，是干部的职责所在，也是价值所在。担当作为铸就了党的百年辉煌，锻造了过硬的干部队伍，成为党的重要法宝。新时代党员领导干部，既要勇于担当，还要乐于担当，更要善于担当，在自己的岗位上创造佳绩。首先，担当作为就要讲政治。干部担当作为，这既是政治品格，也是从政本分。我们是党的领导干部，得党之培养，就要为党分忧；受民之期待，就要为民服务。领导干部要以身作则、率先垂范，坚持把讲政治贯穿各项工作始终，为党担当，为民担当。要把担当作为的干劲，放在贯彻落实党中央重大决策部署上，放在推进农业科技创新和院所改革发展上。其次，担当作为就要讲责任。能否敢于负责、勇于担当，最能看出一个干部的党性和作风。领导班子特别是主要领导，如果缺少担当，在位不在状态，不只干不出成绩，打不开局面，更会让单位错失机遇、耽误进程。个别研究所是有这方面惨痛教训的。必须负起责任、挑起重担，养成我要干的行动自觉，保持闲不下的紧迫意识，尽心竭力不懈怠，让党组和群众放心、信任。最后，担当作为就要讲能力。没有真本领就没有真担当。看一个干部，既要看他愿不愿干、敢不敢干，还要看他能担什么、能担多少。在座的都是班子成员，是工作的领导者，要常怀能力不足的危机感，提高锻炼新思维、学习新知识、掌握新本领的自觉性和紧迫感，不断掌握新知识、熟悉新领域、开拓新视野，全面提高领导能力和领导水平，使自己的能力素质跟上时代需要、跟上单位发展步伐、与岗位职责相匹配，不断增强担当作为的实力和“底气”。

近年来，我院坚持以政治建设为统领，不断强化责任落实，从政治上推动干部担当作为。一是明确担当作为政治责任。坚持问题导向、目标导向、结果导向，发挥巡察监督作用，聚焦“关键少数”，紧盯权力责任，督促院属单位强化政治担当、积极履职尽责，各级领导干部履职尽责意识和水平不断提高。二是选优配强领导班子。坚持事业为上、以事择人、人事相宜，着眼事业发展需要和院属单位领导班子建设实际，选优配强党政正职，选好用好班子副职，大胆起用年轻同志，提升班子整体效能，一批年富力强的青年干部走上领导岗位，建强“领头雁阵”。三是加强业务培训。强化教育培训整体规划，在人事局设立培训与机构编制处，统筹抓好全院培训工作，重点办好所局级干部培训班等班次；积极争取、用好上级培训资源。近两年，院里共计选派 200 余名干部参加上级部门调训和专题培训，为干部能力提升创造了条件。

总体上看，我院各级干部在担当作为方面表现是好的，绝大部分同志都能自觉履职尽责，但差距和不足也不小，主要表现为：一是动力不足“不想为”。还有领导干部缺乏干事创业积极性，对党中央在关心什么、部、院在强调什么不够关注；还有研究所履行国家队核心职能不够到位，服务国家战略需求的积极性主动性需进一步提高；个别领导干部不敢作为、害怕担责，做“佛系”领导和“太平官”，甚至做“好好先生”，个别所领导班子在院内巡察中测评优秀率过低，这些都是不担当作为的具体表现。二是能力不足“不能为”。还有领导干部对新形势新任务新要求不清楚，对解决当前制约单位发展的深层次问题，找不到破解的有效途径，打不开局面；有的研究所发展定位不够清晰，谋划长远发展不够等。

担当和作为是一体的，不作为就是不担当，有作为就是有担当。我们必须按照中央的要求，打造敢担当善作为的干部队伍。

一要敢担当愿作为。敢干事是干成事的前提，要想干成事，必须敢担当作为。领导班子是研究所改革发展的领路人，必须练就敢于担当的肩膀，主动承担并负起责任。党政主要负责同志要当好“发动机”，定战略、善谋事、抓大事，对于改革发展中遇到的重点难点问题，要敢闯险滩，只要出于对院所发展负责、不谋私利，就要敢闯敢试；只要合法合规集体研究决策，就要敢拍板定调，不能在议而不决、决而不行中耽误时机。要充分授权、充分信任、支持班子成员履行职责，做到统揽不包揽、信任不放任、放手不撒手。班子成员要按照分工切实履行岗位职责，全心全意辅佐好党政“一把手”，凡属分管工作范围内的事情，要敢于独立负责处理，创造性开展工作，不要什么事情都集体讨论，都往“一把手”身上推，更不能我行我素，另搞一套。

二要能担当会作为。想干事不代表就能干成事。要成事，归根结底取决于是否具备担当作为的能力。能力不会随年龄增长和职位升迁而自动提升，只有在不断修炼历练中提高。各单位领导班子成员都是院所事业发展的中坚力量，要站在全局和战略高度想问题、办事情，主动融入全院工作大局，从全局上谋划分管工作。要常怀“本领恐慌”，依靠学习提高能力素质，坚持在学中干、在干中学，在实践中练就担当的“真本事”。要善用战略思维、辩证思维、系统思维、创新思维、底线思维来观察、分析和解决问题，化解工作中的风险和矛盾。

三要勇担当善作为。敢拍板不意味着乱拍板，主动作为也不是乱作为。既要想干事、敢干事，也要干成事、不出事。绝不能打着敢于担当的旗号谋取私利，打着集体决策的幌子触碰纪律红线、底线、高压线，也不能只做表面文章，深层问题不愿面对、不想解决，阵仗搞得轰轰烈烈，实际收效却甚微。全院领导干部要把思想认识统一到“举院抓大事”的改革部署上来，着力把院党组关心的大事办好、把群众急难愁盼的急事办妥、把制约单位发展的难事办成。要分清轻重缓急，对当前紧要的问题，要立说立行、紧抓快办；对长期性、艰巨性任务，要保持战略定力和耐心，把工作做扎实、做到位，久久为功。

四、增强斗争精神

敢于斗争，是我们党最鲜明的特质和底色，是中国共产党人的风骨和品质。党的二十大把“发扬斗争精神、增强斗争本领”的内容写入党章，充分彰显了新时代伟大斗争的重要地位。首先，斗争要有正确方向。习近平总书记指出，共产党人的斗争是有方向、有立场、有原则的，大方向就是坚持中国共产党领导和我国社会主义制度不动摇。全院领导干部要时刻保持头脑清醒，坚定政治立场，在大是大非面前敢于亮剑，在矛盾冲突面前敢于迎难而上，在危机困难面前敢于挺身而出，在歪风邪气面前敢于坚决斗争，“不畏浮云遮望眼”，立场坚定、旗帜鲜明。其次，斗争就要攻坚碰硬。做事总是有风险的。工作中有些硬骨头不好啃，往往需要耗费大量的心力，还可能要担风险；有些难题牵涉面广，例如，深化科研机构改革和科研力量布局调整，短期内确实面临很大困难，却又必须破题、解题。作为领导干部，我们要敢于直面风险挑战，敢于攻坚碰硬，凡是有利于党和国家的事，有利于科技创新的事，有利于院所发展的事，有利于群众利益的事，就要勇敢坚定、锲而不舍地去干。最后，斗争要会团结合作。斗争的目的是取得共识、实现团结。面对班子内部、单位内部存在的问题不去纠正，表面看一团和气，实际上只会让问题越放越大，对事业发展、个人进步都将带来损失和影响。只有在斗争中坚持正确立场，面对问题敢于指出、敢于纠正，才能及时解决问题，才能实现小到班子内部，大到研究所，直至我院的大团结。

近年来，我院将党的领导贯穿于各项工作始终，不断强化斗争精神养成，以斗争增团结、聚合力、促发展。一是党的领导把方向。着力加强党对科研工作的领导，把支部建在创新团队上，健全工作机制，夯实党领导科研工作的组织基础。做细做实思想政治和意识形态工作，强化党对期刊、学会、协会、院所办企业等薄弱环节的指导，院所办企业党组织覆盖率达 97%；加强和改进研究生思政教育，每年新学期我们带头讲好思政第一课，坚决筑牢意识形态防线。二是民主集中制有实效。院党组通过部署开展民主集中制专题学习，以民主集中制为主题举办所局级干部培训班，在院内巡察工作中突出民主集中制情况落实，在干部教育整顿中抓好民主集中制问题整改等，有效提升了机关各部门、院属各单位领导班子贯彻落实民主集中制的自觉性、主动性和坚定性。三是民主生活会见真招。将斗争精神贯穿历次民主生活会全过程，强调民主生活会的“辣味”，敢于“揭开盖子亮真容”，院所领导班子成员严格落实互相监督、认真开展批评和自我批评的相关要求，在斗争中发现问题整改问题，打造团结有战斗力的领导班子。

差距和不足的主要表现为：一是班子内部民主集中制还需加强。个别单位还存在所长个人说了算的情况，班子副职、中层干部的意见被忽视；个别单位党委书记政治站位不高，在大局问题上似是而非、模模糊糊，在重大原则问题上不发声、不靠前，当缩头乌龟。二是斗争意识还需强化。防范化解风险意识还不够强，有的单位对学风师风、学生安全、生物安全、科研经费监管、企业经营管理等方面存在的风险估计不足，自查自改没发现问题，巡察组一查就发现问题，说明思想不重视，斗争精神不足。

斗争无处不在、无处不有。当前，世界百年来未有之大变局加速演进，中华民族伟大复兴进入关键时期，我们面临的风险挑战明显增加，必须打造具有斗争精神的干部队伍。

一要强化斗争意识。习近平总书记提出，进入新时代，要进行具有新的历史特点的伟大斗争。全院领导干部要切实提高政治判断力、政治领悟力、政治执行力，把准政治大方向，在形形色色的社会思潮面前做到立场坚定、旗帜鲜明，在各种复杂形势面前做到头脑清醒、保持信心，在重大政治原则和大是大非问题上勇于发声、坚决斗争，切实把增强“四个意识”、坚定“四个自信”、做到“两个维护”落实到行动上。要有攻坚克难的勇气，面对重大任务挑战，面对农业科技领域的“卡脖子”难题，能够以坚定顽强的意志和百折不挠的精神破解难题。

二要提高斗争本领。领导干部要善斗争、会斗争，提升见微知著的能力，透过现象看本质，洞察先机、趋利避害。具体来说，就是要增强底线意识，把防风险摆在突出位置。要持续关注科研诚信、生物安全、科研经费使用、科研副产品管理、院所办企业等问题多发领域，关注意识形态领域的风险点。这一部分我在前段时间的党课报告中做过重点提醒，希望我们的领导干部善于预判风险，做到监督到位、工作到位，有效防控各类风险。

三要贯彻好民主集中制。领导班子的团结，事关单位发展，事关事业全局。维护好班子团结，关键是坚持好民主集中制。各单位领导班子要始终高举团结的旗帜，特别是党政“一把手”在团结问题上觉悟要更高一些，心胸要更开阔一些，律己要更严一些。要负起主要责任，带头执行民主集中制，带头维护和增强班子团结，通过党政“一把手”的团结来带动和促进领导班子的团结，进而带动整个干部队伍的团结，营造心齐、气顺、风正、劲足的局面。班子其他成员要大力维护团结，相互支持、相互配合、相互补位，要勇于同影响和破坏团结的言行作斗争，自觉做到不利于团结的话不说、不利于团结的事不做。

五、坚守规矩底线

廉洁自律是终身课题，是领导干部的立身之本、处世之道，不能“前脚刚踏上仕途，后脚就走入歧途”，刚成为单位骨干或走上领导岗位就陷入贪腐。习近平总书记在党的二十大报告中要求，教育引导广大党员、干部增强不想腐的自觉，清清白白做人、干干净净做事。我们要深刻把握新时代廉洁自律的内涵和精髓要义，为农业科技创新厚植廉洁土壤、营造清正氛围。一要守规矩底线。守规矩，就是坚守党的纪律，始终把纪律和规矩挺在前面，成为自觉行动，及时矫正违规行为；明底线，就是将法律底线、纪律底线、政策底线、道德底线作为做人做事的基本要求，不能触碰更不可逾越。二要公道正派。守公德，就是厚植人民至上的“公德”，怀着对人民的赤诚之心，时刻践行为民服务宗旨；严私德，就是锻造修身律己的“私德”，领导干部的私德直接影响履职行为，关系党在人民群众中的形象和威信，要始终慎独慎微、慎言慎行。三要洁身自好。控私欲，就是时时自律自省，把私欲约束在党纪国法的堤坝之内，严守公私边界，严防“心中贼”；正家风，就是要以身作则，正确对待亲情，不让子女亲属打着自己的旗号牟利，不让身边人把自己“拉下水”。

近年来，在院党组坚强领导下，全院认真贯彻落实全面从严治党各项工作，坚持严的基调，打造农科特色监督体系。一是不断强化“两个责任”。压实各级领导干部管党治党的政治责任。院领导带头落实“一岗双责”，压实院属各单位党政主要领导和班子成员的责任，做到明责、履责、尽责。二是从严从紧抓好“关键少数”监督。立足农业科研院所实际，聚焦主责主业、民主集中制、两个责任、八小时之外等监督重点，建立健全院属单位党政主要负责同志和领导班子监督管理长效机制。三是抓好日常监督。开展经常性纪律教育，做好任职谈话、政治谈话、工作谈话、廉政谈话。规范改进任前谈话制度，对新入职职工、新晋升高级职称人员、新晋升导师、新提任所局级领导干部开展集体廉政谈话。不断规范干部监督，开展干部队伍教育整顿等专题活动，从领导班子成员抓起，带动全院党员干部切实改进工作作风。

尽管我院在廉政建设方面取得了明显成效，但从近年来驻部组反馈问题、信访举报、院内巡察以及日常工作中发现，还存在一些差距和不足：一是存在责任落实不到位的问题。个别单位负责人主体责任扛得不牢、“一岗双责”意识不强，导致单位政治纪律、组织纪律意识不强，重大事项报告制度执行不到位，个别同志对全面从严治党与宽松科研环境的关系认识有误区。二是存在自律不够、监督不严的问题。一些老问题屡查屡犯、屡改屡犯，个别党组织对党员干部的日常监督还有待加强，个别党员干部对自己要求不严、自律不够，甚至违纪违法。

严守规矩底线，首先要有敬畏心。要知敬畏、存戒惧、守底线，敬畏党、敬畏人民、敬畏法纪，不能在“月黑风高无人见”的自欺欺人中乱了心智，不能在“你知我知天知地知”的花言巧语中迷了方向，不能在“富贵险中求”的侥幸心理中铤而走险，不能在“法不责众”的错误认识中恣意妄为。要时刻自重自省，守住内心，打造廉洁自律的干部队伍。

一要带头做到遵规守纪。单位主要负责同志，要做遵规守纪“带头人”，带头严格遵守政治纪律和组织纪律，带头接受监督，带动廉洁纪律、群众纪律、工作纪律、生活纪律严起来。班子成员要把纪律挺在前面，牢固树立规矩意识、纪律意识，坚持讲规矩话、做规矩人、办规矩事，把党的路线方针政策和组织纪律要求落实到工作的方方面面。

二要坚决落实“两个责任”。单位党政主要负责同志是全面从严治党第一责任人，要做到党政同责、守土有责。班子成员要履行“一岗双责”，敢于管理、善于管理，尤其要管好关键人、管住关键事、管到关键处、管在关键时。重视对“小微权力”“软权力”的监督制约，真正做到把自己摆进去，把职责摆进去，把工作摆进去，把管所治所责任落到实处。

三要做细做实监督管理。要强化干部的日常教育监督管理，加强经常性纪律教育，围绕抓早抓小，把领导干部提拔、科研人员晋升、新任导师任职、新入职人员上岗等重要节点的谈心谈话、纪律教育、思想政治工作做细做实。坚持严管和厚爱结合、激励与约束并重，既严格执行纪律规定，又充分遵循科技创新特点规律，营造纪律严明、环境宽松的良好氛围。

以上就是我和大家分享的几点体会。全面推进中华民族伟大复兴，关键在党、关键在人，全院党员干部要把践行新时代好干部标准与学习习近平新时代中国特色社会主义思想结合起来，坚持学思用贯通、知信行统一，不做政治麻木、办事糊涂的昏官；不做饱食终日、无所用心的懒官；不做推诿扯皮、不思进取的庸官；不做以权谋私、蜕化变质的贪官，切实扛起管党治党政治责任。我在湖南出差期间，看到毛泽东主席的题词："加强学习，力求进步，好好为人民服务"。与大家共勉。希望大家通过学习提升能力，为农业强国建设和农业科技自立自强作出新的更大贡献！

厚植爱农情怀　练就兴农本领 为加快建设农业强国贡献青春力量

——杨振海书记在中国农业科学院 2023 年新入职人员岗前培训班上的讲话

2023 年 10 月 17 日

各位青年同仁：

大家上午好！非常欢迎大家成为农业科研国家队的一员，投身到新时代新征程中国农业科技创新的伟大事业中！

党的十八大以来，党中央坚持把解决好“三农”问题作为全党工作的重中之重。习近平总书记在党的二十大报告中，对全面推进乡村振兴、加快建设农业强国、加快实现高水平科技自立自强进行了总体部署。当前，中国农业科学院正处于高质量发展、跨越发展的新时期，同志们现在加入中国农业科学院，机遇难得、使命光荣、挑战艰巨、责任重大。

各位同仁是农业科研国家队的新生力量。院里举办这次培训班，是专为大家量身打造的，主要目的是，和大家共同重温我院历史与成就、感悟农科精神、把握职责定位，帮助大家找准职业发展的目标方向，总而言之，就是帮助大家定好位、起好步、走好路，缩短进入角色的时间，优化进入角色的路径，提振干事创业的精气神，用奋发有为的状态、敢闯敢试的斗志、开拓进取的精神，为加快建设农业强国和高水平农业科技自立自强贡献更大的力量。下面，我重点和大家交流四个方面的情况。

一、重温院史，从中国农业科学院的发展历程中牢记初心

中国农业科学院成立于 1957 年，是农业农村部直属的中央级农业科研机构。成立 66 年来，我们担负着农业基础与应用基础研究、应用研究和高新技术研究的重要任务，始终致力于解决我国农业及农村经济发展中公益性、基础性、全局性、战略性、前瞻性重大科学与技术问题，以科技创新引领、支撑和推动我国“三农”事业发展。发展历程大体有四个阶段。

第一阶段：应势而生（1949—1957 年）

1949 年新中国成立后，党和政府十分重视农业科研工作，在接管原有农业科研机

构的基础上，分别成立东北、华北、西北、中南、西南、华东、华南7个大区一级的综合农业科研机构，期间，还设立了一批部属的农业专业研究机构，奠定了新中国农业科学研究体制的发展基础，也为中国农业科学院的成立奠定了重要基础。1953年，国家第一个五年计划和全国农业发展远景规划提出，农业增产任务需求很大，对农业科学技术的需求日益增加，为适应社会主义经济建设需要，统一全国农业科学研究工作的领导，组建中国农业科学院被提到了议事日程。1954年，成立筹备小组。1956年，国务院正式批复同意成立中国农业科学院。1957年3月1日，在华北农业科学研究所、由农业部领导的大区研究所及一些专业研究所的基础上，中国农业科学院在北京正式成立，11个研究所或研究所筹备处划归中国农业科学院领导，标志着中国农业科学研究事业进入统一部署、全面发展的重要阶段。

第二阶段：砥砺前行（1958—1977年）

中国农业科学院成立后，把“理论联系实际，科学为生产服务”作为科研工作的基本方针，致力于“成为全国农业科学的领导中心和重点的研究中心，并围绕这个中心把各农业科学研究机构和高等农业院校组成一个全国农业科学工作网”。这期间，我院不断强化机构建设、拓展学科领域、开展技术攻关，进行了北方盐碱地改良研究、南方中低产稻改良研究，提出了棉麦保苗增产技术，建立了盐碱地综合治理技术模式，科研成效显著，为解决我国6亿多人口温饱和基本农产品供给问题发挥了重要作用。“文革”期间，中国农业科学院研究机构被拆散下放，与中国林业科学院合并成立中国农林科学院，组成35个科技服务组（队），奔赴革命圣地和“红旗点”蹲点，接受贫下中农“再教育”，农业科学研究受到很大影响。但我院科研人员利用专业所长，结合当地农业生产发展需要，开展科学试验和技术服务，科技服务农业农村农民始终没有间断。

第三阶段：改革兴院（1978—2011年）

1978年春，全国科学技术大会在北京召开，邓小平同志在会上深刻阐述“科学技术是生产力”的重大论断，科学的春天来了，科学家们张开双臂拥抱这个春天，农业科技事业从此掀开了新的篇章。改革开放的东风推进了农业科技体制改革，按照“科学技术工作必须面向经济建设”的方针，中国农业科学院陆续新建、恢复科研机构35个。1982年，确立新的发展战略，即“中国农业科学院是全国性、综合性农业科研机构，应建成全国农业科学研究中心、学术中心”。这一时期，我院根据国家重大方针政策和社会需要，调整科研战略布局，紧紧围绕“四个服务”（为农业生产服务、为农业科学发展服务、为国家宏观决策服务、为各农业科研院所服务），组织重点科技攻关，加强农业研究和开发研究，“黄淮海平原中低产地区综合治理的研究与开发”项目，为大规模综合治理与开发提供了先进实用的配套技术，获国家科技进步奖特等奖，被誉为农业科技界的“两弹一星”；牵头起草我国食物发展史上第一部纲要《90年代中国食物结构改革与发展纲要》，为我国实现由温饱向小康生活的食物结构改善提供了具体指导。我院成为国家农业科技进步的排头兵，为我国现代农业发展和农业科技进步作出了积极贡献。

第四阶段：创新引领（2012 年至今）

党的十八大以来，在以习近平同志为核心的党中央坚强领导下，科技创新被摆在国家发展全局的核心位置。在此期间，我院积极谋划“跨越发展”新思路、新举措，提出“建设世界一流农业科研院所”的战略目标，启动实施科技创新工程，牵头国家农业科技创新联盟建设，建有全球单体最大的国家作物种质库和世界最大的畜禽资源体细胞库、国家动物疫病防控高级别生物安全实验室和我国体量最大的动物生物安全高级别实验室设施集群，取得一大批创新成果，引领我国农业科技整体水平进入世界第一方阵，大力开展科技兴农活动，有力支撑粮食安全、农民增收和农业农村发展；启动实施农科英才特殊支持政策，深化人才发展体制机制改革，建立了包括博士、硕士、留学生和非全日制专业学位教育在内的多层次、多类型人才培养体系，实现干部人才规模、质量双提升；积极实施农业科技全球布局，与 100 多个国家、近 50 个国际组织、跨国公司及基金会建立了广泛合作，牵头推进国际农业大科学计划，国际影响力和声誉不断提升。

经过几代农科人的不懈努力，目前，我院已经发展成为我国规模最大、学科最全、综合研究实力最强、在国际上有重要影响力的国家农业科研机构。形成了以基础前沿、作物、园艺、植保、资源与环境、畜牧、兽医、农业微生物、农产品质量与加工、农业装备工程与信息、农业经济与农村发展 11 大学科集群，58 个学科领域，283 个研究方向为基本构架的三级学科体系。现有 10 个 A 类学科，其中 5 个 A+学科（作物学、园艺学、植物保护、畜牧学、兽医学），3 个 A 学科（生物学、农业资源与环境、农业硕士专业学位），2 个 A-学科（生态学、食品科学与工程）。我院现有 10 个职能部门、下设 34 个直属研究所，以及研究生院和中国农业科学技术出版社。截至 2022 年年底，我院从业人员共 11 391 人，编制内人员 6 792 人，其中，专业技术人员 6 191 人，占 91%。专业技术人员中，拥有高级专业技术职称的 3 680 人，占 59%；年龄 45 岁及以下 4 093 人，占 66%。现有两院院士 16 位，国家高层次人才 400 余人次。

大家有的刚刚走出校园，有的刚刚步入农业科研领域，工作之初，有的同志还没有明确方向，有的同志还会迷茫。我希望大家从中国农业科学院的发展历程中，找到农科人的初心，明晰初心，进而坚定初心、坚守初心，这样才能一往无前地走好脚下的路，有希望到达光辉顶点。

二、回顾成就，从中国农业科学院的重大贡献中提振信心

建院以来，中国农业科学院始终牢记党和国家的嘱托，心系“三农”，矢志科研，人才辈出，创造了不平凡的业绩，在我国农业科技发展中的骨干引领作用不断增强，在国际农业科技舞台上的影响力不断提升。2017 年建院 60 周年之际，习近平总书记专门致信祝贺，对我院的贡献予以充分肯定，指出：“中国农业科学院牢记使命、勇于担

当，以解决我国农业发展重大科技问题为己任，取得一大批具有国际先进水平的重大原创成果，培养造就了一大批农业科技领军人才，为我国‘三农’事业发展作出重要贡献。”习近平总书记的重要指示，为新时代农业科技创新和我院改革发展指明了方向。我们要坚持以贺信精神为指引，强化国家战略科技力量的使命担当，在推动我国农业科技进步、保障国家粮食安全、支撑脱贫攻坚和乡村振兴等方面取得系列突破、作出贡献。

（一）面向世界农业科技前沿，在基础研究领域和关键核心技术上努力抢占科技竞争制高点

在基础研究领域，牵头完成全球70%以上的重要农作物基因组测序和分析工作，主导完成水稻、小麦、马铃薯、棉花、油菜等五大作物的基因组测序；创立了水稻、小麦品种光温反应特性理论，实现了杂交稻种子克隆理论新突破，鉴定到可同时调控作物光合作用效率、氮素利用率、生育期三个性状的基因，率先揭示了H7N9型禽流感病毒适应哺乳动物宿主及跨种感染、传播的关键机制，首次发现了产甲烷古菌碳代谢新途径等，取得了一批国际先进的研究成果。

在关键核心技术领域，建立了系统的作物种质资源收集保存、鉴定评价的理论、方法和技术体系，在国际上率先构建了水稻、小麦、大豆等主要作物的核心种质；大力推进作物种质资源鉴定与新品种培育、功能基因挖掘与分子育种设计、畜禽资源挖掘与核心种质育种、高效繁殖调控与健康养殖技术等攻关，获得国家级科技奖励成果29项，占全国农业领域的1/4。

（二）面向国家重大需求，在作物育种、畜禽育种、耕地保护、农业机械装备、生物安全防控等方面全力支撑稳产保供

作物育种方面，全球首创矮败小麦及配套育种方法、水稻“三系”配套育种方法；自主培育出超级稻华浙优261、高产耐热小麦中麦895、优质强筋小麦中麦578、中油杂501冬油菜等一系列新品种，一次次创造了高产、优质的新记录。

畜禽育种方面，中畜黑猪新品种进入第一世代选育，华西牛通过国家审定，广明2号白羽肉鸡、中新白羽肉鸭等新品种打破了国外种源的长期垄断。

耕地保护方面，针对东北黑土地、北方旱地、南方水田、南方旱地、盐碱地、设施农地和后备耕地等“七块地”，实施“沃田”科技行动，支撑地力水平提升；充分发挥“天空地”一体化遥感技术、信息技术优势，开展高标准农田用途监测，高质量服务国家农田用途管制。

农业机械装备方面，加快“机械换人”进程，研发玉米籽粒直收技术，打通玉米全程机械化生产的最后瓶颈；研制水稻长秧龄大苗育插秧技术与装备，破解双季稻及稻

麦（油）轮作季节茬口矛盾；创制油菜毯状苗移栽机，首次解决了油菜高效高密移栽难题。

生物安全防控方面，研究发现蝗虫、黏虫、棉铃虫、草地贪夜蛾、小麦条锈病等重大病虫害流行规律，建立了综合防治技术体系，提供了重要技术支撑。

（三）面向现代农业建设主战场，强化乡村振兴科技支撑

开展脱贫攻坚和乡村振兴科技支撑行动，脱贫攻坚阶段，累计派出 700 多个专家团队、1.2 万人次科技人员，派专家、出主意、送技术、做示范，辐射带动 9.7 万贫困户增收。做好脱贫攻坚与乡村振兴有效衔接的科技支撑，持续推进共建 11 个乡村振兴科技支撑示范县，打造整县制科技支撑的农科模式。创新推广“田间课堂”科技助农新模式，作物科学研究所获评全国党建创新成果“十佳案例”。

建立全天候常态化农业科技服务体系，2021 年河南特大暴雨，70 多位专家奔赴一线提供抗灾技术服务，100 多位专家奔赴 5 省 69 个受灾县开展抢收抢种技术服务。近两年，组织开展夺丰收专项行动和包省包片行动，助力“三夏”“三秋”生产。2023 年以产业专家团为基础，组成 27 支科技小分队，派出 354 人的专家队伍，在 27 个省（区、市）开展科技支撑下沉一线包省包片、奋战 120 天夺取夏季粮油丰收、奋战 100 天夺秋粮丰收等行动，在粮食主产区分环节、分区域、分类型落实落细各项田管措施，夯实全年粮食和农业丰收的基础。

推动产学研协同创新，构建 11 家国家农业科技创新联盟实体，奶业联盟的“优工联”标识、棉花联盟的“CCIA”国棉品牌得到广泛认可；与成都、苏州等地合作共建农业科技中心及新型研发机构，与中粮、先正达等知名企业组建科企联合体或合作设立“三创协同奖”“杰出人才奖”等，加强科产科企融合发展。

（四）面向人民生命健康，开展技术研发和决策咨询研究，保障农业生物安全与食物营养健康

技术研发方面，创立了以核酸序列分析为核心的分子流行病学方法，解析了禽流感病毒进化、跨种感染及致病力分子机制，揭示了口蹄疫病毒持续感染的机理；研制高效 H5/H7 二价禽流感灭活疫苗，成功阻断 H7N9 型禽流感病毒向人传播。由于禽流感的肆虐，世界上许多国家在疫苗攻关上有差距，不能保障鸡蛋的充足供应，我国人民能够吃到优质低价的鸡蛋，正是得益于我院的科技成果；研发出能同步检测 300 多种化学污染物的快速检测技术，为农产品质量安全进入消费者监管时代提供了有效支撑；油料所李培武院士牵头的黄曲霉毒素高灵敏检测技术，破解了快速准确定量检测的难题，打破了发达国家的技术垄断。

决策咨询方面，提出中国农业现代化理论，创建农业科技进步贡献率计算方法；提

出农业监测预警理论，实施国家农业展望制度；充分发挥国家食物营养咨询委员会作用，开展高层次决策咨询研究及食物与营养科普，推动我国食物与营养发展纲要编制与落实。

各位青年同仁，你们很多人刚刚参加工作，就赶上了中国农业科学院全力推进创新跨越发展的历史性时代，希望你们凝心聚力、刻苦钻研，从我院66年的辉煌成就中坚定前行的信心，努力承担起发展我国农业科技的历史重任，为解决制约现代农业发展的科学问题贡献自己的聪明才智。我也希望有一天我们的继任者讲述你们的故事。

三、感悟精神，从中国农业科学院的科学家事迹中汲取力量

我院的发展离不开党中央对农业科技创新工作的关怀和支持，也离不开一代又一代农科人拼搏进取、攻坚克难、艰苦奋斗的汗水和心血。66年来，我院涌现出一大批两院院士、知名科学家和全国先进科技工作者。

（一）奠定现代农业发展根基的老一辈科学家

我国现代稻作科学主要奠基人、我院首任院长、我国第一个稻作专业研究机构的创立者丁颖院士，被周恩来总理誉为是“中国人民优秀的农业科学家”。现今水稻研究的一些基本框架就是由丁颖院士创造，他高中毕业后就树立了科研救国的远大目标，曾三次赴日研修，学成后毅然归国，投身水稻研究。在出任我院第一任院长后，严谨治学，晚年罹患肝癌，仍坚持下田试验。我国著名红色农学家陈凤桐院士，受命于1949年5月1日组建成立华北农业科学研究所，并担任首任所长兼党委书记，这是新中国第一所综合性农业科研机构，是中国农业科学院前身。1957年3月1日，中国农业科学院成立大会召开，他被任命为中国农业科学院分党组书记兼副院长。他一生矢志农业科技创新，在漫长的革命实践、科研实践和管理实践中凝练出“没有调查研究就没有科研实验权”的鲜明观点，成为农业科研工作最重要的方法论。我院第二任院长金善宝院士，是我国现代小麦科学主要奠基人，他留美归国后，抗战期间仍坚持科研，筛选出最好的小麦品种支援延安革命事业；新中国成立后又育成了多个高产小麦品种，为中国的农业增产作出了巨大贡献。

（二）为“三农”事业做出重要贡献的前辈科学家

庄巧生院士育成多个抗病、高产小麦品种，在推动数量遗传学和计算机在中国作物育种中的应用研究及倡导改良小麦加工品质等方面作出了贡献。百岁高龄仍然关心作物遗传育种事业发展，2022年5月8日逝世，享年106岁。全国优秀共产党员方智远院士，立足于产业发展和种子“卡脖子”问题，从25岁与甘蓝结缘，到80多岁依然奔

走在田间地头，为我国培育优质甘蓝品种倾注了毕生心血，育成我国第一个甘蓝一代杂种——京丰一号，打破了依赖洋种子的被动局面。张子仪院士是我国动物营养与饲料科学界有口皆碑的铺路人，主持出版了我国第一部《国产饲料营养成分含量表》，编著的《中国饲料及营养价值表》，为我国饲料工业起步奠定基础。范云六院士以“敢为天下先”的勇气，带领团队在中国农业科学院创建分子生物学实验室，开展植物基因工程和分子生物学研究，为将植酸酶基因转入玉米并获得稳定遗传的转基因玉米纯合体、实现饲料玉米改造作出贡献。陈宗懋院士在国内率先开展茶叶农药残留分析，先后提出多项标准被采纳为国家标准，在茶叶农残检测标准制定中积极与欧洲茶叶委员会建言磋商，捍卫我国茶叶出口利益。

（三）奋斗在乡村振兴一线的新一代科学家

现任院长吴孔明院士，是重大农业害虫生物学、监测预警与控制技术领域专家，在监测和防控草地贪夜蛾入侵等方面发挥了重大作用。2021 年 9 月 29 日，在习近平总书记主持的中央政治局第三十三次集体学习上，吴孔明院士专门就加强我国生物安全建设问题进行讲解，提出了工作建议。他的试验基地就在长岛，当时交通非常不发达，从陆路到长岛有时需要几天的时间，条件极其艰苦，正是这种艰苦的环境，创造了这样的“大家”。前任院长唐华俊院士，通过卫星遥感技术应用，实现农业生产“天、空、地”一体化精准管理和数字化管理，带领团队组织完成了高分六号卫星工程需求与任务分析，能够分辨作物品种，监视农业作物的长势，有效扭转长期依赖国外同类卫星数据的局面。工程院原副院长、我院原副院长刘旭院士，潜心种质资源研究，每年都亲率团队赴普查一线考察指导，在黑龙江抚远、新疆乌恰、西藏墨脱和海南永兴岛都留下了他的足迹。在他的带领下，全国第三次农作物种质资源普查收集作物种质达 12.4 万份，进一步充实了我国种质资源的战略储备，搭建了一座基因利用的“通天塔”。

除了上面介绍的几位院士以外，我们还有一批知名的科学家。83 岁的茶叶专家白堃元，26 年坚守在对口扶贫的第一线，他长期在浙江和四川往返，深入浙南革命老区浙江缙云，奔波于对口帮扶地四川广元，每年有 200 多天都在下乡上山的路上，无论条件多么艰苦，他不曾言苦、不曾叫累，依靠科技的力量为缙云县和广元市茶农的脱贫致富作出了突出贡献。蔬菜所金黎平研究员长期深入马铃薯主产区，与农民同吃同住同生产，帮农民把土豆变成致富的“金蛋蛋”，作为女同志，自己却“黑出了水平”。中国农业科学院产业团的专家们，组建科技小分队先后开展夺夏粮丰收、抗旱保秋粮等多次大规模、应急性科技支撑专项行动，千余人次专家下沉一线、扎根一线、服务一线，为我国连年粮食丰收提供了强有力的技术支撑，得到农民朋友和新闻媒体广泛赞誉和好评。棉花研究所、祁阳红壤试验站的优秀科技工作者们，他们长期扎根基层、历尽艰辛，孕育出了中棉所精神、“红土地上的丰碑”祁阳站精神，还有扎根海岛的“长岛试验站精神”、执着旱作农业创新的“寿阳站精神”……一批又一批科学家以他们的艰苦奋斗、担当奉献，续写着新时代的农科“光荣榜”。

今天，你们加入中国农业科学院这个光荣集体，一定要以这些杰出科学家和科技工作者为榜样，继承发扬他们热爱祖国、对党忠诚的政治品格，恪尽职守、无私奉献的家国情怀，勇于进取、求实创新的科学精神，严谨治学、淡泊名利的优良学风，努力在岗位上建功立业，为提高我国农业科技自主创新能力、加快建设农业强国贡献青春力量。

四、强基固本，在争当新时代农科青年中奋发有为

习近平总书记在党的二十大报告中对青年提出殷切期望，广大青年要坚定不移听党话、跟党走，怀抱梦想又脚踏实地，敢想敢为又善作善成，立志做有理想、敢担当、能吃苦、肯奋斗的新时代好青年，让青春在全面建设社会主义现代化国家的火热实践中绽放绚丽之花。青年兴则国家兴，青年强则国家强。迈向新征程，作为未来支撑农业科技创新、服务“三农”事业发展的中坚力量，大家要坚定理想信念、树牢思想根基，心怀“国之大者”、主动担当作为，严守纪律规矩、坚守科研诚信，传承农科精神，做新时代有为的农科青年。

（一）坚定理想信念，树牢思想根基

青年理想远大、信念坚定，是一个国家、一个民族无坚不摧的前进动力。习近平总书记强调，坚定理想信念，必先知之而后信之，信之而后行之。一是“知之”，即学深悟透。始终抓好理论学习这项“基本功”，抓牢马克思主义理论这项共产党人的“看家本领”，坚持把习近平新时代中国特色社会主义思想、党的二十大报告和党章作为学习重中之重，深入学习习近平总书记关于“三农”工作的重要论述，牢牢把握贯穿其中的世界观和方法论，不断提高政治敏感程度，拓宽思维视野广度，提升思想境界高度。二是“信之”，即坚守信念。理想信念是共产党人精神上的“钙”。作为农科青年，我们要旗帜鲜明讲政治，听党话、感党恩、跟党走，不断提高政治判断力、政治领悟力、政治执行力。要恪守国家战略科技力量的使命担当，把个人理想自觉融入民族伟业，不断提高把握新发展阶段、贯彻新发展理念、构建新发展格局的战略眼光、学术水平。三是“行之”，即厚植“三农”情怀。我院的目标就是要“培养造就一支懂农业、爱农村、爱农民的‘三农’工作队伍”。各位青年同志无论是来自农村还是城市，一定要在工作中滋养“一懂两爱”的“三农”情怀，要把农业科研的选题放在农村，农业科研的成果应用于农业农村生产一线，把自己培养成“一懂两爱”的专家，把“一懂两爱”作为农业科研工作者的最基本的要求。

（二）强化使命担当，勇攀科技高峰

习近平总书记鼓舞青年，青年怀壮志，立功正当时，此时不搏更待何时，责任担当，舍我其谁！新征程上，在座的农科青年既要有担当的宽肩膀，还得有成事的真本领。要主动到实践中去、到人民群众中去、到基层一线去、到祖国最需要的地方去，在科技创新、乡村振兴、绿色发展等各领域各方面工作中争当排头兵和生力军，展现青春的朝气锐气。这些并不是口号，青年人要想成大器，就一定要到实践中、到人民中、到基层中去。我毕业几个月后就到了鄂西（今恩施土家族苗族自治州）宣恩县，有一段时间还曾负责过牧区工作，走过几大牧区，在基层确实能感受到与机关的差别，与牧民的关系非常密切，牧区牧民的诉求，我们是可以直接掌握的。一是要聚焦“国之大者”敢担当。国家所需，青年所向。习近平总书记反复强调，对“国之大者”要心中有数。各位青年同仁，作为农业科研国家队的一员，心怀“国之大者”就是要贯彻落实好党中央决策部署，院党组提出的种子、耕地、生物安全、农机装备、绿色低碳和乡村发展这“六件大事”，主动担当作为，把工作重点、工作重心落到支撑国家队履行好使命职责上，落实到强化国家战略科技力量上，努力把中国农业科学院建设成为农业科技自立自强顶梁柱。二是要脚踏实地能吃苦。在攀登科技高峰的道路上，不能太浮躁，不能有“短平快”“一夜暴富”的想法。要脚踏实地，一步一步往前走，耐得住清贫寂寞、守得住默默无闻、坐得住科研“冷板凳”，才能攀登科研最高峰。要树牢艰苦朴素的本色，把艰苦环境、艰巨任务作为磨炼自己的机遇，学会“自找苦吃”，主动到条件艰苦的基层、国家建设的一线、项目攻关的前沿，经受锻炼、增长才干，在经历大风大浪中磨砺品质、强壮筋骨。要在科学前沿孜孜求索，在重大科研领域寻求突破，把论文写在大地上，把成果送进千万家，乐于成为“干惊天动地事，做隐姓埋名人”的民族英雄。三是要干劲十足肯奋斗。青年时期精力旺盛、思维敏捷、干劲十足、潜力无限，是科研的黄金阶段，也是爬坡过坎的艰难时期。大家要加快融入科研创新团队、融入研究所，围绕本领域农业基础理论和前沿领域的方向和任务，不断向更广更深的科学技术探索，在重大理论创新上寻求突破，抢占世界科技制高点，在农业科技发展中把握主动权，不断攻克“卡脖子”农业科技关键核心技术，为国家粮食安全等重大需求作出国家队贡献。

（三）严守纪律规矩，筑牢底线意识

习近平总书记在二十届中央纪委二次全会上强调，要把纪律建设摆在更加突出位置，党规制定、党纪教育、执纪监督全过程都要贯彻严的要求。大家作为国家队的一员，是践行“两个维护”的第一方阵，在守规矩上要做到走在前、做表率，不仅工作时间之内要有要求，工作时间之外同样要强化自我约束。一是发表言论守底线。不散布

违背党和国家路线方针政策的言论；不制造、传播丑化党和国家形象的言论；不发表偏离“两个维护”的言论；不利用掌握的信息散布所谓“内部”消息、小道消息；不擅自接受媒体特别是国（境）外媒体采访。二是网络行为守底线。牢记网络不是法外之地，必须做到网上网下同一标准、同一要求。不发表、转发、点赞那些妄议党中央大政方针或者破坏党和国家集中统一的言论、文章、图片、音视频等；不组织、参加反对党的基本理论、基本路线、基本方略的网络论坛、群组、直播等；不擅自浏览、访问非法或者反动网站；不在微博、微信、论坛社区等网络平台上制造、传播政治谣言或者其他不实信息。三是表里如一守底线。对党忠诚老实，光明磊落。不人前一套、背后一套，公开场合表态高调、私下里对党的路线方针政策和党中央决策部署说三道四；不违背社会公序良俗，在公共场所“雷言雷语”、恣意妄为。四是参加活动守底线。坚定政治立场，保持政治定力，增强政治敏锐性和政治鉴别力。不参加反对党的理论和路线方针政策的集会、游行、示威等活动；不搞封建迷信、参与邪教，或者利用这些活动反对党的路线方针政策；不收听、收看国（境）外反动电台和电视节目；不携带、收藏反动书籍、刊物、音像制品、电子读物等。五是社会交往守底线。坚守做人、处事、交友的底线，自觉净化社交圈、生活圈、朋友圈。不以老乡、校友、同学等关系拉帮结派；不组织、参加自发成立的老乡会、校友会、同学会等。六是家风学风守底线。注重家庭家教家风，引导亲属和身边人立德修身、遵纪守法、廉洁从业。不对亲属和身边人员的错误言行听之任之。

（四）坚守科研诚信，营造优良学风

习近平总书记强调，要营造良好学术环境，弘扬学术道德和科研伦理。科研诚信是科技创新的基石，中国农业科学院有着优良的传统，老专家们十分注重团队学风建设与传承，大家刚刚开始走上学术道路，要坚守科研诚信底线，绝不触碰科研“红线”。一是深入了解科研诚信相关要求。深入了解中共中央办公厅、国务院办公厅印发的《关于进一步加强科研诚信建设的若干意见》，近年来我院出台的《科研道德规范》《科研诚信与信用管理暂行办法》《学术道德与学术纠纷问题调查认定办法》《科研人员重点纪律红线》（简称“红八条”）等规章制度，不踩“红线”、不闯“雷区”。二是深刻认识我院对违背科研诚信“零容忍”的坚决态度。我院对于违背科研诚信的行为历来是“零容忍”的，发现一起处理一起，绝不袒护、绝不手软。尽管院里三令五申，但近年来在科研学术领域仍然出现了一些问题，说明有些科研人员恪守学术道德还不到位，院里对科研学术领域的风险防控还没有彻底扎紧扎牢制度的笼子。我在这里向青年同志们再次强调，院里态度非常明确，无论是谁、职务多高、学术成就多大，只要触碰了科研诚信、学术道德等红线底线，一经查实一律严肃处理。三是恪守学术道德和学术规范。学术失范问题一旦发生，纵向影响是非常深远的，横向传播也很快，对科研单位软实力的杀伤力非常强大。要高度重视，珍惜多年来不断积累的学术成果和学术地位。

对于个人来讲，不要因一时糊涂而让一切努力付诸东流，不要把一辈子积累的学术成果和学术地位断送掉。作为新时代农科青年，一定要保持农业科研的纯洁性，做恪守学术道德的楷模，坚决杜绝一切学术失范问题发生。

（五）赓续创新血脉，传承农科精神

习近平总书记强调，要鼓励人才深怀爱国之心、砥砺报国之志，主动担负起时代赋予的使命责任。要求广大人才要继承和发扬老一辈科学家胸怀祖国、服务人民的优秀品质，主动为国分忧、为国解难、为国尽责。作为国家队的青年同志，你们是中国农业科学院的未来，希望大家自觉践行和弘扬新时代科学家精神，传承好农科精神。

要做新时代科学家精神的践行者。在党的领导和指引下，以“爱国、创新、求实、奉献、协同、育人”为内涵的新时代科学家精神，是几代科技工作者在长期科学实践中积累的宝贵精神财富。坚持“爱国”，胸怀祖国、服务人民。坚持国家利益至上和人民利益至上，以国家民族命运为己任。坚持“创新”，勇攀高峰、敢为人先。勇于提出新理论，在原创上下功夫，在解决受制于人的“卡脖子”问题上强担当。坚持“求实”，追求真理、严谨治学。解放思想、认真求证、立德为先、诚信为本。坚持“奉献”，淡泊名利、潜心研究。肯下“数十年磨一剑”的苦功夫，不为虚名所扰、不被功利所惑，立志出大成果、做大贡献。坚持“协同”，集智攻关、团结协作。强化团队意识、大局意识，加强协同创新、跨界合作。坚持“育人”，甘为人梯、奖掖后学。充分认识重大科技突破可能需要十几年、几十年甚至几代人不懈努力，善于发现和培养青年科技人才，甘做“铺路石”和领路人。

要做农科精神的传承者。中国农业科学院 66 年来的发展，形成了以“求真笃行，敬农致用”为核心的农科精神，作为新时代的农科青年要下功夫传承接力。求真，就是要追求事物发展的真理所在和客观规律，在科学的理论与方法指导下不断认识本质、把握规律。笃行，就是要一心一意、潜心坚定，树立攻坚克难、笃定不悔的科学精神。敬农，就是要情系“三农”、兢兢业业，以高尚的学术道德和品行修养肩负使命。致用，就是要坚持科技报国，立足“四个面向”，为科技支撑乡村全面振兴和建设农业强国贡献力量。农科精神不是抽象的、空洞的，它就在我们身边。要持续深入学习贯彻习近平总书记致我院贺信精神，丰富农科精神的时代性。坚持以解决我国农业发展重大科技问题为己任，努力取得更多具有国际先进水平的重大原创成果，为我国“三农”事业发展作出更多贡献。

最后，我想给大家交流一下心态调适问题。心态不好很难干好工作，也容易影响身体健康。调适作风状态，可以开阔人生，应对压力，更好地发挥主观能动性。当下，有一种东西几乎让所有人都无可逃避，那就是浮躁的风气。浮躁的表现，一是丧失定力，随波逐流；二是心急如火，投机取巧；三是虚浮夸张，一片泡沫；四是不要过程，只要结果。这样问题就来了，浮躁之风盛行，为官者盼望一步登天，为学者盼望一步到位，

为商者盼望一夜暴富，为艺者盼望一举成名。浮躁的结果就是，清净的人生、专心的工作、精良的产品、工匠的精神，变得越来越稀缺，这也是近年来一些地方事故多发、反复折腾、劳民伤财的原因所在。那些整日忙碌赶场的人，到这个会场坐几分钟，到那个会场点个卯，那些眼观六路耳听“八方”的人，那些跟风起哄盲目不安的人，看似日理万机，好像勤奋忙碌，到头来往往难成大事，甚至还忙坏了身体。

对于浮躁，古人总结出了“欲速则不达，见小利则大事不成”的道理，舒服与辛苦，安逸与劳动，亦有着互相转换的辩证法。古人讲，重为轻根，静为躁君，轻则失根，躁则失君。古人还说“凿井者起于三寸之坎，以就万仞之深。”人活一辈子，要想给社会给后人留下点儿东西，要实现自我价值，就必须避开社会的喧嚣，拒绝外来的诱惑，祛除内心的焦躁，静下心来定下神，扎扎实实、心无旁骛地做事，而不要被外界的喧嚣浮躁所裹挟。内心的宁静是避免浮躁的灵丹妙药，也是最为深厚的修行。我们常说，心静则无扰，心安则无忧，心宽则无怒。在当下，保持内心的宁静，调适心态，不以物喜，不以己悲，不仅能做好、做精工作，而且也能够保持乐观向上心态和身体健康。

六、计划财务管理与条件建设

中国农业科学院2023年基本建设概况

2023年，中国农业科学院深入学习贯彻党的二十大精神，认真贯彻院党组“抓改革、优布局、强统筹、提能力”总要求，顺利完成部门职能重组，组织召开首届全院发展建设工作会议，持续优化研究所评价和运行监测体系，系统谋划全院土地统筹利用，高效推进北京昌平、河南安阳等重要地块总体规划，强力推动区域中心、重大平台和院部条件建设，为加快实现“四中心一智库”目标提供有力支撑。

一、部门职责和主要业务情况

2023年，紧扣新职责新使命，把握新定位新要求，积极整合监测、评价、规划、建设等管理流程和业务单元，努力贯通“运行监测诊断、评价与规划引领、统筹资源保障、项目建设支撑”全过程运行机制，不断推动发展建设取得新成就。主要表现在：研究所评价和院所运行监测进一步优化，“指挥棒”和“诊断器”作用更加明显；资金保障更加有力，全年共落实各类建设资金9.8亿元；建设项目取得新突破，3个重大项目获得地方政府立项批复，总投资12亿元，全院“十四五”基建规划申报率超过70%，储备各类建设项目总投资约20亿元。

（一）强化顶层设计，机制创新迈出坚实步伐

聚焦国家战略需求，突出“高精尖”导向，紧紧把握机构评价改革、使命导向改革等部署要求，加强系统研究，谋划重点举措，为院所改革发展提供有力决策支撑。

一是优化研究所评价与院所运行监测体系。分层分类调研中国科学院及其院属10余家单位，收集整理指标分类、分值分配、申报周期、结果运用等意见建议300余条，系统调整研究所评价指标，充分发挥研究所评价“指挥棒”作用；聚焦风险预警功能，将监测频率由月度调整为季度、监测指标减少35%，自动抓取率提高25%，获得院属单位普遍赞同。

二是探索推动使命导向管理机制改革。聚焦主责主业，推动全院34个研究所全部纳入中央级科研机构绩效评价改革试点；组织推动使命导向管理改革试点，探索完善研究所治理、科研组织和资源配置机制；印发兼职兼薪、离岗创业改革试点方案，推动植保所等3个研究所纳入试点范畴，探索科研导向机制、成果权益机制等，激发科研人员创新活力。

三是强化资源统筹优化配置。组织编制《中国农业科学院土地统筹利用规划》，探索土地资源配置与学科、区域、机构等科研力量布局协调统一途径；创新条件管理方式，通过规划引领、评价驱动等，引导研究所优化土地等条件资源配置，提高资源利用效率；落实房产协同管理机制，将房产资源回归科研用途作为立项审批前置条件，推动科研房产回归科研主战场。

（二）聚焦“国之大者”，加快打造高能级重大农业科研设施

聚焦创新驱动发展战略，紧紧围绕“六个重点领域”，系统推动院科研条件平台建设，引领和驱动高质量发展。

一是加速推进“十四五”规划项目落地。紧扣目标任务，按照体系化建设思路，分批次推进规划项目谋划申报。坚持高位推进，密切衔接，持续跟进并积极配合评审机构和主管部门，全年组织申报 34 个基建项目可行性研究报告、10 个基建项目初步设计、35 个改善科研条件专项项目申报书，目前，23 个基建项目可行性研究报告、8 个项目初步设计完成评审待批复。

二是加速形成一批重大科研创新平台。北方水稻中心建成运行，国家南繁表型鉴定设施建成运行，国家种业创新中心基本建成，国家畜禽资源库开工建设，国家农业微生物库加速立项，国家农产品产地环境样品库和国家植物生物安全资源保藏利用设施等项目可行性研究报告报农业农村部审批，全面提升科技自立自强核心支撑能力。

（三）坚持“四个面向”，着力推进区域创新高地建设

贯彻落实“举院抓大事”要求，积极拓展京区发展空间，整体优化科研条件资源布局，加快建设“两个一流”。

一是京区发展空间取得重大突破。完成昌平院区马池口地块规划综合实施方案，协调征得地方发展改革、规划等 11 个政府部门同意，争取建设指标约 5 万平方米，为国家植物生物安全资源保藏利用等一批重大科研设施落地奠定坚实基础；推动国家农业微生物库、蔬菜生物育种全国重点实验室落户通州和平谷，完成院地协议签订、项目选址和项目建议书编制等前期工作；推进中国农业科学院安阳创新基地落地，完成院地协议签订、基地总体规划和一期 7 万平方米 5.3 亿元项目立项，实现“当年签订协议，当年完成规划，当年立项建设”院地合作崭新样板。

二是区域中心建设全面提速。成都中心垂直农业产业示范基地全面建成，深圳基因组学研究中心、西部中心国家农业生物安全科学中心西北中心结构封顶，深圳食品科学中心可行性研究报告获得批复，南繁国际合作交流中心即将开工，赋能“南繁硅谷”建设，有力支撑区域农业高质量发展。

（四）紧扣“五个院区”定位，营造一流创新环境

把不断满足“人民群众对美好生活的向往”作为院区建设的出发点和落脚点，补齐民生短板，增强基础保障，打造宜居宜业和美院区。

一是院区环境条件明显提升。围绕“科研院区、文化院区、平安院区、美丽院区和生活院区”定位，以院主楼、海外中心、种质库等主要功能区域实施环境更新，通过改善行车条件、优化停车布局、重塑慢行系统、修补绿化空间、修缮基础设施等，实现院区环境功能化、景观化、科普化；坚持问题导向，多渠道筹措资金，拓展改造高6号楼和高7号楼停车场，停车位数量较现状增加1倍，有效缓解停车难、停车乱问题；推进院区31处共2.24万平方米违建拆除，提升创新环境保障能力。

二是做好公租房、公房管理服务。积极协调地方住房管理部门，落实海淀区、昌平区人才公租房指标，并协调推动合同签订4个。制定《在京单位职工住房档案建立使用管理规程》，为大院内住户提供住房上市咨询300余次，办理上市手续113户；开具与住房相关的证明以及审核职工住房相关申请等310份；收取年度承租房房租、住宅专项维修资金补交款、超标房价款共计89户76万余元；办理完成多套住房回购、售房手续、退回超标房款、住房历史遗留问题、更换高7号楼电梯等事宜，做好便民服务。

（五）着眼安全、廉政双底线，推进项目规范管理

坚持“安全第一、预防为主”原则，加强项目全过程监管，扎实做好院本级项目实施，打造精品工程、示范工程。

一是抓严项目管理监督。强化院级监管和项目单位主体责任，坚持在建项目安全生产调度和现场检查。加强国家畜禽库等重大项目招标文件审核，严格老旧小区改造等项目招标采购流程管控，印发全院在建项目检查方案并组织开展重点领域建设项目招标投标自查整改，做好关键节点的风险防控，守住廉政安全底线。

二是抓紧项目执行。印发已下达完投资的基建项目和在建条件专项项目2023年度进度目标，设定开工、执行率、申请验收3个指标。完成49个项目660余份验收材料审核，指导解决106个问题，推动19个项目通过院级验收，13个项目通过部级验收。利用院条件建设信息化系统、院所运行监测系统，协同农业农村投资项目管理平台，做好动态监测、偏离分析、每月预警和督导约谈，全年预警31个项目，督导约谈24个单位，推动40多个问题整改完成，指导新疆阿拉尔、北方水稻中心等52个项目优化进度安排。

三是提升项目规范管理能力。采取业务培训、向行业主管部门咨询、在建项目现场调研，以及京区项目招标采购流程研讨会等多种方式，强化项目单位关于工程结算、政府采购政策、管理办法和实际操作流程的深度学习。同时，归纳总结日常监管和项目验

收经验，研究起草《中国农业科学院本级建设项目管理办法》。推动科技培训楼、国家农业图书馆项目诉讼等历史遗留问题取得突破性进展。

二、2024 年工作思路与重点任务

2024 年，中国农业科学院将坚持以习近平新时代中国特色社会主义思想为指引，围绕“四中心一智库”目标，坚决落实“举院抓大事”要求，实施“强基行动”，夯实发展基础；聚焦重点难点工作，实施“攻坚行动”，突破发展瓶颈。贯通提升运行监测、研究所评价、统筹规划和项目建设各环节效能，全力推动院所创新发展。

一是加强战略研究。围绕科技强国和农业强国建设，对标“两个一流”，开展院所高质量发展大调研，为中国农业科学院“十五五”发展规划制定奠定基础；聚焦条件能力建设，系统开展“设施平台一张图、基地台站一张网、建设项目一张表”研究，超前谋划重大科研基础设施建设。围绕利用大数据技术，进一步开展研究所评价和运行监测体系研究，逐步实现智能监测与评价。

二是着力统筹规划。围绕科研资源管理使用一体化，扎实推进全院土地统筹利用工作，加快编制重点区域发展规划和空间规划，启动中国农业科学院在河南省高质量发展规划，研究生院郑州新院区、海南文昌、北京通州等地块总体规划，以及马连洼院区综合提升规划的编制，以规划为牵引，推动中国农业科学院发展空间布局和资源统筹优化配置。

三是狠抓重点项目。全力以赴推进“十四五”规划项目落实落地，加速推动种业创新中心、深圳基因组学研究中心建成，加快推进国家畜禽库、安阳创新基地一期、南繁国际合作交流中心以及老旧小区综合改造等项目建设，全力争取国家农业微生物库、植物生物安全资源保藏利用设施立项。加快推进生物安全中心、图书馆、国际交流中心等项目验收相关工作。

中国农业科学院已购公房上市前期服务工作流程

为进一步规范中国农业科学院已购公房上市前期服务工作，做好一次性告知，精细化，标准化服务，根据《中央在京单位已购公有住房上市出售管理办法》（国管房改〔2003〕165号）及《中关村院区住房交易管理办法（试行）》（农科院服〔2013〕258号）等文件规定，制定本流程。

一、服务范围

中国农业科学院职工，按房改政策购买（或承租）院产权房的人员等。

二、工作内容

对已购公房上市业务进行初审；核对报送职工住房档案信息；开具住宅专项维修资金结余查询告知单以及物业费等费用结清证明；查看住宅一层外部违章建设情况等。

三、工作流程

（一）提交材料

职工或（产权人，承租人）本人及配偶身份证原件及复印件；夫妻双方名下所购（承租）政策性住房不动产权证书（承租证明）、购房合同原件及复印件；若职工或（产权人，承租人）去世的，则需要由继承人提供公证书或法院判决书（调解书）原件及复印件。

（二）办事流程

（1）核对报送职工住房档案信息。如果没有录入《中央在京单位职工住房档案管理信息系统》的，须先按相关政策规定补办。

（2）核对购买现住房超标处理情况。没有进行超标处理的，应先作处理后办理。

职工及其配偶申请承租或购买一套以上公有住房合并计算后面积超标，且其产权分属一个以上单位的，由其中建筑面积较大一套住房的产权单位处理超标事宜。

（3）对住宅楼一层住房进行现场检查。如有室外违建的，须先拆除后办理。

（4）核对《中央国家机关房改资金业务信息系统》住宅专项维修资金情况，金额不足的须先补交后办理。

（5）开具“上市证明”。先到物业部门办理相关手续并盖章后，再返回房管部盖章。

四、其他事项

（1）本人无法到场的，须提交受托人身份证和公证委托书原件及复印件，委托事项为代办央产房上市初步审核等手续。

（2）无（限制）民事行为能力人办理业务时，由其监护人代为办理。提交监护人身份证明、被监护人居民身份证或户口簿（未成年人）、证明法定监护关系的户口簿，或其他能够证明监护关系的法律文件。

（3）原始购房合同丢失的，请到房屋属地不动产登记事务中心档案查询窗口调取，复印后加盖公章视同原件。

（4）所有复印件材料均使用 A4 纸，身份证须将正反面复印在同一页上。

五、后续业务咨询电话

（1）在京中央国家机关住房交易办公室。办公地点：北京市朝阳区朝外大街甲 10 号中认大厦一层。电话：010-65993081。

（2）海淀区不动产登记事务中心。办公地点：海淀区阜成路 67 号银都大厦三层。电话：010-60609304。

咨询电话：010-82109467

监督电话：010-82109442

中国农业科学院发展建设局

2023 年 8 月 14 日

中国农业科学院2023年基本建设项目立项情况

2023年批复立项的基本建设项目共7个，批复立项投资共计15 358万元，全部为中央预算内投资。

序号	项目名称	建设年限	项目单位	总投资（万元）
1	中国农业科学院环境保护科研监测所庆云试验基地建设项目	2年	环境保护科研监测所	2 755
2	中国农业科学院农田灌溉研究所农业农村部节水灌溉工程重点实验室建设项目	2年	农田灌溉研究所	1 514
3	中国农业科学院烟草研究所宣城试验基地建设项目	2年	烟草研究所	2 712
4	中国农业科学院南繁育种研究中心农业农村部基因编辑创新利用重点实验室（海南）建设项目	2年	南繁育种研究中心（作物科学研究所）	2 713
5	中国农业科学院生物技术研究所国家数字种业（作物育种）创新分中心建设项目	2年	生物技术研究所	1 920
6	中国农业科学院农产品加工研究所技术国家数字农业装备（智能加工）创新分中心建设项目	2年	农产品加工研究所	1 879
7	中国农业科学院特产研究所国家数字种植业（中药材）创新分中心建设项目	2年	特产研究所	1 865

中国农业科学院 2023 年基本建设投资计划概况

2023 年中央预算内基本建设投资共下达 2 批计划，累计 35 735 万元。

中国农业科学院2023年改善科研条件专项项目清单

序号	单位	项目名称	项目类型	总投资（万元）
	总计			21 886.40
1	院本级	中国农业科学院中关村院区西区科研用房修缮改造项目	房屋修缮	807.25
2	植保所	植保所植物保护野外科学观测试验站体系科研条件提升项目（打捆）	房屋修缮	614.58
3	蔬菜所	蔬菜所试验区科研用房条件改善项目	房屋修缮	713.08
4	蜜蜂所	蜜蜂所国家农业科学海淀观测试验站科研用房房屋修缮项目	房屋修缮	780.53
5	资划所	资划所公共实验楼实验室修缮项目	房屋修缮	401.35
6	果树所	果树所综合实验楼修缮项目	房屋修缮	791.81
7	兰兽研	兰兽研动物实验生物安全实验室能力保障项目	房屋修缮	793.71
8	上兽研	上兽研动物医学实验楼修缮项目	房屋修缮	933.46
9	环保所	环保所科研实验楼修缮项目	房屋修缮	895.15
10	沼科所	沼科所绿色低碳循环农业安居试验基地改造项目	房屋修缮	912.37
11	作科所	作科所重大科学工程及转基因技术温室改造项目	基础设施改造	2 006.27
12	蔬菜所	蔬菜所试验区科研条件改善项目	基础设施改造	766.81
13	牧医所	牧医所反刍动物营养（乌拉盖）试验基地基础设施改造项目	基础设施改造	1 782.50

（续表）

序号	单位	项目名称	项目类型	总投资（万元）
14	水稻所	水稻所室外人工气候室群及植物生长环境调控室改造项目	基础设施改造	833.54
15	茶叶所	茶叶所杭州试验基地基础设施改造项目	基础设施改造	655.00
16	哈兽研	哈兽研所区保障性基础设施维修改造项目	基础设施改造	620.44
17	特产所	特产所左家综合试验基地供暖及供水系统改造项目	基础设施改造	671.55
18	植保所	植保所重大迁飞害虫雷达监测体系构建设备购置项目	仪器设备购置	486.00
19	环发所	环发所农业环境公共实验室仪器设备购置项目	仪器设备购置	1 331.00
20	牧医所	牧医所生物安全与重要人畜共患病防控创新团队仪器设备购置项目	仪器设备购置	727.00
21	饲料所	饲料所畜禽豆粕减量替代与减碳技术研发平台设备购置项目	仪器设备购置	416.00
22	加工所	加工所显微图像处理公共实验室设备购置项目	仪器设备购置	410.00
23	生物所	生物所农业生物智能设计与合成平台设备购置项目	仪器设备购置	240.00
24	信息所	中国农业科学院数字科研平台仪器设备购置项目	仪器设备购置	1 099.00
25	油料所	油料所油料作物分子育种及营养安全研究平台设备购置项目	仪器设备购置	582.00
26	麻类所	麻类所农业新材料基础研究与创制实验室仪器设备购置项目	仪器设备购置	537.00
27	郑果所	郑果所果品功能性成分分析与高值化利用仪器设备购置项目	仪器设备购置	302.00
28	草原所	草原所农业农村部饲草高效生产模式创新重点实验室仪器设备购置项目	仪器设备购置	777.00

中国农业科学院2023年建成项目一览表

序号	建设单位	项目名称	实际完成总投资（万元）	完成情况	产生的效益
1	研究生院	生物学实验室教学设备购置项目（条件专项）	125	购置多功能分子成像系统、微量蛋白质制备电泳系统、氮氧化物分析仪、超高效液相色谱系统、凝胶成像系统、超微量紫外可见分光光度计、细胞计数仪等仪器设备7台（套）	有助于提高分子生物学和兽医学科的研究生在细胞代谢物分析和蛋白提取和纯化等实验操作能力，为培养创新型人才提供了必要条件
2	作物科学研究所	中国农业科学院作物科学研究所国家农作物国外引种隔离检疫基地改扩建项目	2 331	改造种质检验综合楼、温室、防虫网室409平方米、防鸟网室等，新建场区道路、围栏、大门、排水沟以及水电暖等场区工程；购置仪器设备51台（套）	项目建成后，具备每年完成400～500批次中低风险、100～150批次较高风险引进种质资源的病虫害隔离检疫的能力
3	植物保护研究所	中国农业科学院山东长岛迁飞昆虫科学观测实验站建设项目	2 644	新建综合实验楼、消防泵房、门卫室、科研温室，配套建设场区观测场、大门、围墙、给排水、电气等工程；购置安装扫描昆虫雷达、双目连续变倍体视镜、风洞等仪器设备14台（套）	项目建成后，提升了长岛科学观测实验站的科研保障能力，满足了渤海湾地区跨海迁飞昆虫科学观测、监测、评估等工作的科学条件需求，为持续开展迁飞害虫监测预警、区域性农业防灾减灾和粮食稳产保供提供了坚实保障

（续表）

序号	建设单位	项目名称	实际完成总投资（万元）	完成情况	产生的效益
4	蔬菜花卉研究所	蔬菜有害生物控制与绿色高效优质栽培平台仪器设备购置项目（条件专项）	870	购置四旋翼无人机、多光谱表型成像分析系统、高通量单细胞转录组测序建库仪等设备33台（套）	进行蔬菜大田信息及农作物生长情况监测、蔬菜中代谢产物的检测、化学杀虫剂与昆虫靶标受体的结合机制以及在精准鉴定待测物的多级质谱结构等方面的研究，对实现作物长势精准探测、开展精细化田间管理以及田间病虫害监测具有十分重要的科学及实践意义
5	蔬菜花卉研究所	院级重大平台：中国农业科学院成都农业科技中心植物生理生化公共实验室仪器设备购置（条件专项）	1 490	购置生物安全柜、台式高速大容量冷冻离心机、激光共聚焦显微镜等仪器设备79台（套）	为特色优异蔬菜及花卉资源评价、良种培育及高效繁殖技术体系研究，在分子生物学技术等方面搭建了基础平台，对西南地区良种培育、繁殖、栽培、生产以及蔬菜、花卉产业链向中高端拓展延伸起到了支撑和推进作用
6	农业环境与可持续发展研究所	中国农业科学院农业环境与可持续发展研究所顺义试验基地建设项目	2 668.46	新建综合实验室、科研车间、农机具库等，修建围墙、道路、绿化等，配套给排水、电气、供暖及安防监控系统等室外工程；购置拖拉机、小麦收割机、小麦精量播种机、水肥一体化灌溉系统等7台（套）	项目建成后，提升了试验基地在农业环境和节水农业创新技术的支撑水平，为进一步开展旱作节水农业科学研究和相关服务提供了基本支撑，加快了技术集成和成果熟化。有助于形成一系列旱作节水高新技术产品、标准，带动区域旱作节水技术进步，有效促进农业绿色低碳发展

（续表）

序号	建设单位	项目名称	实际完成总投资（万元）	完成情况	产生的效益
7	农业环境与可持续发展研究所	院级重大平台：中国农业科学院成都农业科技中心功能植物栽培与精细化提取利用公共实验室仪器设备购置项目（条件专项）	2 180	购置气相色谱仪、离子色谱系统、原子荧光光度计、总有机碳分析仪等仪器设备79台（套）	为中国农业科学院成都农业科技中心功能植物栽培与精细化提取利用公共实验室在功能植物生物学、功能植物栽培学、功能植物加工学等研究配备了必要的实验室仪器设备，提供了条件支撑
8	北京畜牧兽医研究所	院所共享设施：科研基础条件设施升级改造（条件专项）	380	铺设中心配电室至6号楼科研楼场区电缆及配套配电柜、电气火灾监测系统；改造科研废弃物暂存环保型室外化学品防爆仓库系统；升级改造污水处理设施及场区污水管道	保障了科研实验用电安全，规范了科研废弃物暂存条件，完善了院区污水处理设施，为科研工作提供了基础保障
9	农产品加工研究所	院所共享设施：所区科研实验楼修缮改造项目（条件专项）	225	改造所区主要科研实验楼的屋面防水及消防报警系统，铺设电缆，安装点型光电感烟探测器、点型感温系统探测器等，建立起消防火灾自动报警联动控制系统，换消防中控吊顶；改造4号楼外墙，并增加保温层，更换雨水管，增加安装防盗窗	改善了实验楼屋面防水及外立面、消防报警系统，为加工所开展科技创新提供了基础条件保障

（续表）

序号	建设单位	项目名称	实际完成总投资（万元）	完成情况	产生的效益
10	生物技术研究所	院所共享设备平台：作物高光效高效筛查与鉴定系统平台仪器设备购置项目（条件专项）	795	采购叶绿素荧光成像系统、3D成像分析系统、高光谱成像系统、高分辨率红外热成像系统、智能LED光适应室、电脑自动控制与数据处理系统、手持式光谱仪等仪器设备7台（套）	为开展水稻、玉米、小麦、大豆等主要农作物的光合生理表型高通量鉴定等研究提供了必要的科研条件支撑，有效提升作物高光效高效筛查与育种应用的创新能力
11	生物技术研究所	院所共享设备平台：玉米耐密遗传基础研究平台仪器设备购置项目（条件专项）	435	购置核酸提取工作站、高通量荧光定量PCR仪、高通量动植物组织研磨机、多光谱三维激光成像系统、全自动移动扫描平台等仪器设备6台（套）	为玉米耐密基因的筛选、作物基因组学、表型组学研究提供有力的科研条件支撑
12	农业资源与农业区划研究所	中国农业科学院农业资源与农业区划研究所德州试验基地建设项目	2 731	新建综合实验楼、化粪池、日光温室、网室、晒场、土壤溶质运移渗漏池等，改造大门、围墙、电力系统、室外供水系统、绿化等，拆除旧房、旧水塔，整理复耕土地，安装场区、实验室监控	项目建成后，改善了试验基地的基础设施条件，增强了实验室的试验分析及试验样品长期保存能力，提高了土—肥—水互作规律研究的条件支撑能力，基地综合保障能力显著提升

（续表）

序号	建设单位	项目名称	实际完成总投资（万元）	完成情况	产生的效益
13	农业资源与农业区划研究所	全国农田建设综合监测监管平台建设项目	2 951	开发云资源调度与管理平台、农田时空数据建模等软件系统21套，并进行系统集成	项目建成后，已有超过5 000余个用户通过平台完成高标准农田建设项目全周期的数字化管理。已完成“十二五”以来历史项目累计6.4亿亩以及2019年以来的新建项目上图入库。农田建设核查App有力支撑了农业主管部门在全国开展高标准农田建设质量回头看专项检查工作，以及2023年高标准农田建设工程质量专项整治百日行动。通过平台收集的数据，为农业农村领域相关工作提供了数据支撑，形成了多期专题报告
14	农业资源与农业区划研究所	综合试验基地：昌平国家褐潮土试验站基础设施改造（条件专项）	290	拆建钢筋混凝土结构径流池，改造淋溶池地下室，铺装生态护坡植草砖，改造机耕路，硬化东门地面，改造东西两侧大门，改造实验室、宿舍供暖系统，安装空气能供热机组2套及配套设施，更换散热器及供暖管道，安装土壤水分蒸渗系统等	完善了昌平站科研基础条件，淋溶池、径流池经修缮后重新投入使用，取暖条件和场区环境得到改善，达到了预期效果

（续表）

序号	建设单位	项目名称	实际完成总投资（万元）	完成情况	产生的效益
15	农业信息研究所	农业科学文献购置项目（条件专项）	130	购置中外文印本图书共计7 148册，已完成验收、编目、入藏，并形成固定资产，登记入账	进一步优化了国家农业图书馆印本资源馆藏结构，保证了馆藏农业科学图书的权威性、完整性、连续性，提升了农业学科文献馆藏水平
16	农业信息研究所	海外农业研究中心高通量计算与知识服务平台仪器设备购置项目（条件专项）	2 145	购置社会科学引文数据库、高通量计算一体化集群存储节点、磁盘阵列等信息化设备34台（套）	构建了高通量计算与知识服务平台，实现了农业科研联合集成，提升了农业文献资源服务能力，为农业科研及其产业化提供了基础支撑
17	中国水稻研究所	院所共享设施：水稻抗虫试验辅助设施改造项目（条件专项）	230	完成改造养虫室、鉴定室，翻新钢结构网室，养虫室、鉴定室加层实验室，改造天然气暖通系统，改良中心抗虫抗病设施区域安装视频监控系统，养虫温室安装补光灯，大院温室辅助用房门窗更换等	对养虫室、抗病鉴定室、网室进行整体改造，完善了改良中心抗虫抗病区域基础设施，为稻曲病抗性、稻瘟病抗性、褐飞虱抗性等的精准鉴定创造了良好的工作条件
18	中国水稻研究所	院所共享设施：所区科研辅助用房修缮（条件专项）	225	完成专家（博士）工作楼和农业工程楼修缮	专家工作楼和农业工程楼满足了正常使用功能，为科学试验提供了良好的基础条件，保证了科研工作的正常开展

（续表）

序号	建设单位	项目名称	实际完成总投资（万元）	完成情况	产生的效益
19	油料作物研究所	中国农业科学院油料作物研究所国家油料种质资源中期库建设项目	1 050	改扩建中期库、预处理室，新建旱棚、耐渍鉴定池、隔离网棚，进行土地整治，购置仪器设备 45 台（套）、物联网系统 1 套	项目建成后，扩充了油料作物中期库的库容，提升了种质资源精准鉴定能力，改善了田间试验条件，为油料作物及其野生近缘种种质资源的安全保存、鉴定评价和高效分发利用提供了有效保障
20	油料作物研究所	院所共享设施：种子资源库及挂藏室等科研用房房屋修缮（条件专项）	350	修缮种质资源库、挂藏室，铺设进线电缆，新建污水处理设施	改善了种子资源库及挂藏室科研工作环境，提升了储存、收藏和育种能力，缩短了油菜杂交育种的周期
21	油料作物研究所	公共安全：武汉本部核心区科研辅助设施改造（条件专项）	1 215	改造综合实验室辅助设施，包括铺设实验室耐酸碱 PVC 地板胶，安装中心机房消防控制系统，安装 1 200 千伏安双电源柴油发电机、信息监控系统，安装通风柜、恒温变风量通风系统，安装实验台柜，配套实验中央纯水制备系统、中央气源系统	改善了科研环境条件，增强了安防监控和消防系统监测能力，减少或杜绝因电负荷超标跳闸或市电停电导致的仪器设备突然断电的现象，保障了仪器设备安全使用，提升了大型仪器设备正常运行，确保实验数据的准确性

（续表）

序号	建设单位	项目名称	实际完成总投资（万元）	完成情况	产生的效益
22	茶叶研究所	院所共享设施：中国农业科学院茶叶研究所情报楼及综合楼公共实验室修缮（2 年）（条件专项）	555	整体修缮情报楼，进行墙体加固、更换楼地面、小青瓦屋面、卫生间瓷砖墙面、室内走道及大厅吊顶等，更换室外给排水管道；新增室外疏散钢楼梯；更换卫生间洁具，新装灯具、灭火器、消防栓、配电箱、电线电缆开关插座等	提高了房屋结构安全性，布局更加合理，增设了标准茶叶审评功能实验室、茶叶理论教学和茶艺教室等，提高了情报楼的使用功能，为科研提供了基础保障
23	哈尔滨兽医研究所	院所共享设施：科研辅助基础设施改造项目一期（条件专项）	1 780	东区：配置水质净化设施，新建水处理用房。改造生物质锅炉，改建供暖锅炉房。安装配电电气系统。铺设水泥道路，安装路灯、监控摄像头； 西区：安装高压成套配电柜，更换上水管线； 南区：改造热交换站废水处理及热水交换系统，安装监控摄像头、地沟照明、漏水检测及自动排水系统	完成了研究所水、暖、电、路等科研基础设施的一期改造，为科研试验工作提供了基础保障
24	哈尔滨兽医研究所	院所共享设施：科研辅助基础设施改造项目二期（条件专项）	591	完成了冷却塔冷热水系统翅片更换、消防系统改造工程、管道系统修缮工程、监控系统改造工程，新建围墙	完成了所区水、暖、弱电监控、围墙等基础设施的改造，加强了场区的安全防范能力，提高了基础设施水平，为开展动物医学试验等科研实验工作提供了基础保障

（续表）

序号	建设单位	项目名称	实际完成总投资（万元）	完成情况	产生的效益
25	上海兽医研究所	中国农业科学院上海兽医研究所血吸虫病参考实验室建设项目	1 367	改造实验室，购置安装超微量分光光度计、高压灭菌锅、荧光定量 PCR 仪等仪器设备 45 台（套）	项目建成后，将国家血吸虫病参考实验室由普通实验室升级改造成洁净实验室，基本达到了国家血吸虫病参考实验室的运行条件，为国家动物血吸虫病参考实验室承担国家动物血吸虫病监测、控制及消除技术与对策研究，开展动物血吸虫病诊断、治疗、预防与控制，流行病学调查与防控对策制定等相关基础和应用研究工作提供了条件保障
26	上海兽医研究所	院所共享设施：上海兽医研究所所区基础设施改造（条件专项）	430	新建铁艺围墙、电动伸缩门，修复沥青混凝土路面，绿化恢复等建筑工程；更换变压器、高压柜、低压柜等电气工程；新建电子围栏、数字监控系统、消防报警主机升级等弱电工程；更换给水管道、污水管道、污水处理临时用房等给排水工程；另完成路灯、自行车棚等其他零星工程修缮	改善了所区基础设施条件，提升了所区安防技防能力，供水供电能力得到进一步保障，为上海兽医研究所开展科技创新提供了基础条件

（续表）

序号	建设单位	项目名称	实际完成总投资（万元）	完成情况	产生的效益
27	上海兽医研究所	院所共享设备平台：动物热带虫媒疫病研究实验室仪器设备购置项目（条件专项）	630	购置全自动洗板机、正置荧光显微镜、倒置荧光显微镜等仪器设备 42 台（套）	利用项目采购的仪器，在探索 RhATG5 调控蜱唾液腺退化过程中细胞自噬向细胞凋亡的转化、蜱的肠道菌群影响巴贝斯虫的传播、柔嫩艾美耳球虫钙依赖蛋白激酶互作蛋白的筛选验证及特性分析等方面取得了重要成果
28	特产研究所	中国农业科学院特产研究所吉林梅花鹿种质资源场建设项目	1 568	新建、改建鹿舍，新建种质资源保存中心、饲料加工间、青贮窖、供水房、围墙等，硬化场区道路，配套场区电气工程、给排水工程。购置仪器设备 47 台（套）	项目建成后，实现了吉林梅花鹿保种场总群体规模可达到 780 头的目标，有效地保存了吉林梅花鹿种质资源，为群体规模进一步增长提供了保障
29	特产研究所	院所共享设施：北方药用植物种质资源圃基础设施改造（条件专项）	305	改造浆砌排水沟；田间道路车行及人行出入口设置钢筋砼边沟过道；铺设混凝土道路；建设灌溉用 60 米深水井及配套彩钢泵房	完善了北方药用植物种质资源研究基础设施，解决了排水不合理、场地泥泞、道路通行不畅等问题，提高了基地的田间试验条件，更好地满足科学研究的需要
30	农业农村部成都沼气科学研究所	中国农业科学院沼气科学研究所双流试验基地建设项目	2 686	新建沼气工程装备科研实验室、室外地下消防水泵房及水池，配套建设场区给排水工程、污水处理站、场区电气工程等，购置消防备用柴油发电机组 1 台（套）	项目建成后，为沼科所开展沼气工程装备关键技术研发、农业农村废弃物资源化利用中试试验等提供了科研条件平台，为研究成果孵化转化提供了平台支撑

（续表）

序号	建设单位	项目名称	实际完成总投资（万元）	完成情况	产生的效益
31	农业农村部成都沼气科学研究所	成都中心农村人居环境治理关键技术创新平台仪器设备购置项目（条件专项）	880	购置秸秆发酵乳酸产品中试系统、连续式可控炭化系统、电解法二氧化氯发生器等仪器设备23台（套）	进一步优化完善了成都中心农村人居环境治理关键技术创新平台仪器设备的系统性配置，为促进相关科研团队深入开展农村人居环境综合治理尤其是农业生产、农村生活废弃物资源化利用等基础研究和应用研究提供了必要的基础条件支撑，巩固提升了开展畜禽粪污厌氧发酵、沼液达标处理与资源利用、微生物培养及基本特征分析等方面研究的支撑服务能力
32	烟草研究所	综合试验基地：青岛试验基地基础设施改造项目（2年）（条件专项）	355	完成原箱变更换为630千伏安油浸式箱变，更换高压电缆等电力改造；建成2 400平方米温室供暖系统；更换2.5吨不锈钢压力罐、2吨不锈钢压力罐，铺设铸铁管等供水系统改造工程；围墙改造；更新排水沟渠，修缮田间阀门井；改造机耕道路，新建砌筑井	完善了烟草所青岛试验基地基础设施条件，提升了试验基地电力、供暖及供水保障能力，为开展烟草品种选育、特种作物种苗培育、病虫害生物防治等应用研究与示范推广提供了基本保障

中国农业科学院 2023 年财务管理工作概况

2023 年，坚持以习近平新时代中国特色社会主义思想为指导，学习贯彻党的二十大和二十届二中全会精神，落实举院抓大事总要求，围绕全院 10 项重点任务，谋资源、防风险、强能力、优服务，全面提升财务工作水平，为实现高水平农业科技自立自强提供有力支撑。

一、聚焦重点工作，主动谋划资源

一是聚焦大事要事，积极争取经费。全院 2023 年财政拨款收入 39.25 亿元，比 2022 年增长 2.24%，其中科技创新工程 11.8 亿元，较 2022 年增加 9 000 万元，新增国家作物种质库等 10 个种质资源库圃运行费 1 759.56 万元。筹措院本级自有资金和创新工程奖励经费 6 475.09 万元，落实图书馆工程款、人才经费等重点经费。积极谋划新一轮部门预算项目开放式申报，“农业农村长期因子综合观测网项目”预算 1 500 万元首次纳入 2024 年预算建议，13 个科研设施专项运行项目通过农业农村部立项支持申报 2024 年预算 2 069 万元。

二是坚持“过紧日子”要求，优化资源配置。围绕举院抓大事，统筹安排创新工程和基本科研业务费年度预算，引领各类经费围绕创新工程重大任务优化配置。推进全院科研用房回归科研属性，截至 2023 年 11 月底，全院房产退出出租 3.67 万平方米，占出租面积的 11.5%。通过统筹调剂盘活房产解决研究所科研用房紧缺。完成 2024 年新增大型仪器设备评议，为研究所追加补报急需仪器设备 14 台/套，有力支撑全院条件平台建设。压实“过紧日子”要求，统筹重点工作和刚性需求，把好预算执行关口，守住安全底线，截至 2023 年 11 月底，全院执行进度 84.48%，在部属事业单位排名第二十二位。

三是加强标准建设，强化绩效管理。推进项目预算绩效指标标准化规范化建设，构建基本科研业务费等 18 个财政项目绩效指标体系，提炼博士后基金等非财政项目共性绩效指标。2023 年，完成全部 601 个预算二级项目绩效目标审核、分解、批复工作，全院预算绩效管理水平稳步提升。

二、加强财会监督，防控重大风险

一是贯彻落实财会监督工作要求。组织学习中办国办《关于进一步加强财会监督工作的意见》，以及习近平总书记关于做好审计整改的指示要求，进一步提升政治意识，强化财经纪律刚性约束。组织制定方案，开展全院财会监督专项检查并对 11 个单位进行复查及相关问题整改。积极应对中国农业科学院创新工程、中央基建投资等 4 个项目纳入财政部预算执行监督专项行动，针对各地财政监管局加强对属地研究所监督的实际情况，一方面采取举办培训、召开专门会议、印发通知等多种方式，就财政监管发现问题进行政策解析，指导各单位掌握好政策，提高沟通能力；另一方面多次赴财政部、地方监管局解释、沟通发现的问题，争取理解支持。

二是扎实做好内部审计工作。组织开展对院后勤服务中心、作科所、兰牧药、棉花所 4 个单位领导干部的经济责任审计工作。组织召开院内审领导小组会议，专题审议并正式印发了中固公司、基因组所、草原所 3 家单位经济责任审计报告，完成兰兽研、上兽研审计意见现场反馈。起草中固公司经济责任审计过程中发现的重点风险隐患及整改建议报告。完成对西部中心的财务检查。通过内部审计发现问题、解决问题，推进单位治理能力的提高。

三是配合做好外审工作。全力做好审计署对我院 2022 年度预算执行审计的服务保障、组织协调、沟通解释等工作。起草 2022 年度国家审计发现问题整改任务分工方案，指导和督促相关部门做好审计整改。

三、坚持一流导向，提升综合能力

按照院工作会深化“放管服”，营造一流创新环境的要求综合施策，加强全院财务管理能力建设。

一是努力适应中央预算一体化管理。开展一体化制度研究，提高政策水平；加强预算、支付、决算、绩效等多模块和资金、资产、政府采购等多业务的有效衔接和统一规范，大幅提升财务规范化水平；加大沟通协调力度，将测试化验加工费等支出纳入“白名单”，确保科研活动顺利开展。

二是构建长效机制。2023 年共制定创新工程经费管理、部门决算规程等内部管理制度 8 项，通过扎紧制度笼子，建立科学规范的财务管理体系。

三是改进评价体系。基于部计财司考核要求，结合中国农业科学院实际，印发了《中国农业科学院财务综合考核方案（试行）》，设置预算、绩效、资产、决算、财报、内控、审计等 7 个方面的考核指标体系，明确计分规则，强化正向激励，调动各单位工作积极性。

四是加强财务队伍建设。组织举办两期财务资产培训班，参训人数占全院财务队伍总人数的 2/3 以上，基本覆盖所有业务骨干。通过组织参加财政部预算一体化、农业农村部财务人员培训班和会计人员继续教育等多种方式，努力提升财务人员能力素质。印发《中国农业科学院特聘审计员管理办法》，建立了一支由 53 人组成的特聘审计员队伍。2023 年，全院财务人员积极开展理论研究，参加部级征文，1 篇获得一等奖，8 篇获得优秀奖；2 篇论文获中国农业会计学会优秀文稿奖。参加农业农村部财务知识竞赛，中国农业科学院代表队获优秀奖。

四、加强信息化建设，提升服务水平

一是全面启用预算一体化系统。开展系统先行先试，积累试点经验，为系统应用打下坚实基础；完成预算一体化系统院网 VPN 升级，实现政务外网与互联网互斥管理，守住安全底线；开通 400 余人 VPN 账号，实现应有尽有，提升系统使用效率。

二是支撑财务转型升级。开展全院集团化报销系统试点，加强数据分析利用，落实财会监督要求，提升财务决策能力，推进财务工作从核算型向管理型升级。总结“办一次”报销经验，试点财务机器人，积极申报财政部管理会计典型案例，完成部计财司组织的现场观摩中国农业科学院财务信息化活动。

三是协调推进机关职能优化调整改革。适应院本级“一盘棋”改革要求，从预算管理、财政资金分配、自筹资金保障、工资发放、公积金核定、购房补贴管理、药费报销、税收筹划等方面加强院机关和后勤中心的统筹和融合，有效衔接和优化内部管理流程，全力保障改革平稳过渡。

中国农业科学院2023年公共预算财政拨款收入支出决算表

（单位：万元）

项目		年初结转和结余金额	本年收入金额			本年支出金额			年末结转和结余金额
支出功能分类科目编码	科目名称		合计	基本支出	项目支出	合计	基本支出	项目支出	
类 款 项	合计	33 840.65	392 489.73	130 235.63	262 254.10	395 198.03	135 936.77	259 261.26	31 132.35
202	外交支出	0.00	581.00	0.00	581.00	578.00	0.00	578.00	3.00
20299	其他外交支出	0.00	581.00	0.00	581.00	578.00	0.00	578.00	3.00
2029999	其他外交支出	0.00	581.00	0.00	581.00	578.00	0.00	578.00	3.00
205	教育支出	24.84	67.80	0.00	67.80	92.64	0.00	92.64	0.00
20508	进修及培训	24.84	67.80	0.00	67.80	92.64	0.00	92.64	0.00
2050803	培训支出	24.84	67.80	0.00	67.80	92.64	0.00	92.64	0.00
206	科学技术支出	15 049.73	312 118.60	80 109.59	232 009.01	317 426.89	83 598.74	233 828.15	9 741.44
20602	基础研究	4 894.24	94 075.84	792.18	93 283.66	95 161.53	792.18	94 369.35	3 808.55
2060201	机构运行	0.00	792.18	792.18	0.00	792.18	792.18	0.00	0.00

（续表）

项目		年初结转和结余金额	本年收入金额			本年支出金额			年末结转和结余金额
支出功能分类科目编码	科目名称		合计	基本支出	项目支出	合计	基本支出	项目支出	
类 款 项	合计	33 840.65	392 489.73	130 235.63	262 254.10	395 198.03	135 936.77	259 261.26	31 132.35
2060204	实验室及相关设施	4 299.28	18 700.00	0.00	18 700.00	19 775.07	0.00	19 775.07	3 224.21
2060208	科技人才队伍建设	2.00	14 519.66	0.00	14 519.66	14 520.47	0.00	14 520.47	1.19
2060299	其他基础研究支出	592.96	60 064.00	0.00	60 064.00	60 073.80	0.00	60 073.80	583.16
20603	应用研究	7 706.56	196 147.91	79 317.41	116 830.50	200 856.77	82 806.56	118 050.22	2 997.69
2060301	机构运行	3 951.16	79 317.41	79 317.41	0.00	82 806.56	82 806.56	0.00	462.01
2060302	社会公益研究	3 706.15	115 462.50	0.00	115 462.50	116 751.44	0.00	116 751.44	2 417.21
2060303	高技术研究	49.25	1 368.00	0.00	1 368.00	1 298.77	0.00	1 298.77	118.48
20605	科技条件与服务	1 272.36	21 894.85	0.00	21 894.85	20 676.69	0.00	20 676.69	2 490.52
2060503	科技条件专项	1 272.36	21 894.85	0.00	21 894.85	20 676.69	0.00	20 676.69	2 490.52
20609	科技重大项目	1 088.71	0.00	0.00	0.00	730.39	0.00	730.39	358.31
2060901	科技重大专项	1 088.71	0.00	0.00	0.00	730.39	0.00	730.39	358.31
20699	其他科学技术支出	87.87	0.00	0.00	0.00	1.50	0.00	1.50	86.37
2069999	其他科学技术支出	87.87	0.00	0.00	0.00	1.50	0.00	1.50	86.37
207	文化旅游体育与传媒支出	59.86	98.86	98.86	0.00	158.72	98.86	59.86	0.00

（续表）

项目		年初结转和结余金额	本年收入金额			本年支出金额			年末结转和结余金额
支出功能分类科目编码	科目名称		合计	基本支出	项目支出	合计	基本支出	项目支出	
类 款 项	合计	33 840.65	392 489.73	130 235.63	262 254.10	395 198.03	135 936.77	259 261.26	31 132.35
20701	文化和旅游	59.86	0.00	0.00	0.00	59.86	0.00	59.86	0.00
2070104	图书馆	59.86	0.00	0.00	0.00	59.86	0.00	59.86	0.00
20706	新闻出版电影	0.00	98.86	98.86	0.00	98.86	98.86	0.00	0.00
2070605	出版发行	0.00	98.86	98.86	0.00	98.86	98.86	0.00	0.00
208	社会保障和就业支出	5 998.07	21 573.13	21 573.13	0.00	23 652.38	23 652.38	0.00	3 918.83
20805	行政事业单位养老支出	5 998.07	21 573.13	21 573.13	0.00	23 652.38	23 652.38	0.00	3 918.83
2080502	事业单位离退休	0.00	155.23	155.23	0.00	155.23	155.23	0.00	0.00
2080505	机关事业单位基本养老保险缴费支出	3 336.77	12 486.43	12 486.43	0.00	13 366.60	13 366.60	0.00	2 456.60
2080506	机关事业单位职业年金缴费支出	2 661.31	8 931.47	8 931.47	0.00	10 130.55	10 130.55	0.00	1 462.22
211	节能环保支出	0.00	425.61	0.00	425.61	425.61	0.00	425.61	0.00
21104	自然生态保护	0.00	425.61	0.00	425.61	425.61	0.00	425.61	0.00
2110402	农村环境保护	0.00	425.61	0.00	425.61	425.61	0.00	425.61	0.00

（续表）

项目		年初结转和结余金额	本年收入金额			本年支出金额			年末结转和结余金额
支出功能分类科目编码	科目名称		合计	基本支出	项目支出	合计	基本支出	项目支出	
类 款 项	合计	33 840.65	392 489.73	130 235.63	262 254.10	395 198.03	135 936.77	259 261.26	31 132.35
213	农林水支出	12 683.58	36 269.40	7 098.72	29 170.68	31 510.84	7 233.84	24 277.00	17 442.15
21301	农业农村	12 683.58	36 269.40	7 098.72	29 170.68	31 510.84	7 233.84	24 277.00	17 442.15
2130104	事业运行	57.21	10 400.40	7 098.72	3 301.68	10 437.05	7 134.87	3 302.18	20.56
2130106	科技转化与推广服务	1 108.67	800.00	0.00	800.00	1 475.18	0.00	1 475.18	433.49
2130108	病虫害控制	22.25	242.17	0.00	242.17	258.42	0.00	258.42	6.00
2130109	农产品质量安全	0.00	1 484.82	0.00	1 484.82	1 484.82	0.00	1 484.82	0.00
2130112	行业业务管理	113.02	361.81	0.00	361.81	450.00	0.00	450.00	24.82
2130114	对外交流与合作	0.00	36.90	0.00	36.90	36.90	0.00	36.90	0.00
2130122	农业生产发展	0.00	200.00	0.00	200.00	196.15	0.00	196.15	3.85
2130126	农村社会事业	0.00	60.00	0.00	60.00	60.00	0.00	60.00	0.00
2130135	农业资源保护修复与利用	2 794.44	1 202.30	0.00	1 202.30	2 894.48	0.00	2 894.48	1 102.26
2130199	其他农业农村支出	8 588.00	21 481.00	0.00	21 481.00	14 217.83	98.97	14 118.87	15 851.17
221	住房保障支出	24.56	21 355.33	21 355.33	0.00	21 352.96	21 352.96	0.00	26.93

（续表）

项目		年初结转和结余金额	本年收入金额			本年支出金额			年末结转和结余金额
支出功能分类科目编码（类 款 项）	科目名称		合计	基本支出	项目支出	合计	基本支出	项目支出	
	合计	33 840.65	392 489.73	130 235.63	262 254.10	395 198.03	135 936.77	259 261.26	31 132.35
22102	住房改革支出	24.56	21 355.33	21 355.33	0.00	21 352.96	21 352.96	0.00	26.93
2210201	住房公积金	0.00	15 946.29	15 946.29	0.00	15 946.29	15 946.29	0.00	0.00
2210202	提租补贴	24.56	612.18	612.18	0.00	609.81	609.81	0.00	26.93
2210203	购房补贴	0.00	4 796.86	4 796.86	0.00	4 796.86	4 796.86	0.00	0.00

中国农业科学院2023年项目收入支出决算表

（单位：万元）

项目		资金来源金额					支出金额			年末结转和结余金额	
支出功能分类科目编码	科目名称（项目）	合计	年初结转和结余		财政拨款	其他资金	合计	财政拨款	其他资金	合计	其中，财政拨款结转和结余
			小计	其中，财政拨款结转和结余							
类 款 项	合计	1 015 523.85	408 639.26	23 716.25	262 254.10	344 630.49	489 779.44	259 261.26	230 518.18	506 152.76	26 709.09
202	外交支出	581.00	0.00	0.00	581.00	0.00	578.00	578.00	0.00	3.00	3.00
20299	其他外交支出	581.00	0.00	0.00	581.00	0.00	578.00	578.00	0.00	3.00	3.00
2029999	其他外交支出	581.00	0.00	0.00	581.00	0.00	578.00	578.00	0.00	3.00	3.00
205	教育支出	92.64	24.84	24.84	67.80	0.00	92.64	92.64	0.00	0.00	0.00
20508	进修及培训	92.64	24.84	24.84	67.80	0.00	92.64	92.64	0.00	0.00	0.00
2050803	培训支出	92.64	24.84	24.84	67.80	0.00	92.64	92.64	0.00	0.00	0.00
206	科学技术支出	942 539.19	382 775.55	11 098.57	232 009.01	327 754.63	451 598.83	233 828.15	217 770.68	474 465.23	9 279.43
20602	基础研究	168 257.18	48 538.06	4 894.24	93 283.66	26 435.46	116 008.80	94 369.35	21 639.45	50 738.00	3 808.55

（续表）

项目		资金来源金额					支出金额			年末结转和结余金额	
支出功能分类科目编码	科目名称（项目）	合计	年初结转和结余		财政拨款	其他资金	合计	财政拨款	其他资金	合计	其中，财政拨款结转和结余
			小计	其中，财政拨款结转和结余							
类 款 项	合计	1 015 523.85	408 639.26	23 716.25	262 254.10	344 630.49	489 779.44	259 261.26	230 518.18	506 152.76	26 709.09
2060203	自然科学基金	70 079.28	43 643.82	0.00	0.00	26 435.46	21 639.45	0.00	21 639.45	46 929.44	0.00
2060204	实验室及相关设施	22 999.28	4 299.28	4 299.28	18 700.00	0.00	19 775.07	19 775.07	0.00	3 224.21	3 224.21
2060208	科技人才队伍建设	14 521.66	2.00	2.00	14 519.66	0.00	14 520.47	14 520.47	0.00	1.19	1.19
2060299	其他基础研究支出	60 656.96	592.96	592.96	60 064.00	0.00	60 073.80	60 073.80	0.00	583.16	583.16
20603	应用研究	602 147.71	269 030.44	3 755.40	116 830.50	216 286.76	268 272.10	118 050.22	150 221.88	322 751.69	2 535.68
2060302	社会公益研究	600 730.46	268 981.20	3 706.15	115 462.50	216 286.76	266 973.33	116 751.44	150 221.88	322 633.21	2 417.21
2060303	高技术研究	1 417.25	49.25	49.25	1 368.00	0.00	1 298.77	1 298.77	0.00	118.48	118.48
20605	科技条件与服务	23 167.21	1 272.36	1 272.36	21 894.85	0.00	20 676.69	20 676.69	0.00	2 490.52	2 490.52
2060503	科技条件专项	23 167.21	1 272.36	1 272.36	21 894.85	0.00	20 676.69	20 676.69	0.00	2 490.52	2 490.52
20609	科技重大项目	148 879.22	63 846.82	1 088.71	0.00	85 032.40	46 639.74	730.39	45 909.35	98 398.66	358.31
2060901	科技重大专项	33 294.83	6 211.49	1 088.71	0.00	27 083.34	9 875.50	730.39	9 145.11	22 255.02	358.31
2060902	重点研发计划	115 584.39	57 635.33	0.00	0.00	57 949.06	36 764.23	0.00	36 764.23	76 143.63	0.00
20699	其他科学技术支出	87.87	87.87	87.87	0.00	0.00	1.50	1.50	0.00	86.37	86.37

（续表）

项目		资金来源金额					支出金额			年末结转和结余金额	
支出功能分类科目编码	科目名称（项目）	合计	年初结转和结余		财政拨款	其他资金	合计	财政拨款	其他资金	合计	其中，财政拨款结转和结余
			小计	其中，财政拨款结转和结余							
类 款 项	合计	1 015 523.85	408 639.26	23 716.25	262 254.10	344 630.49	489 779.44	259 261.26	230 518.18	506 152.76	26 709.09
2069999	其他科学技术支出	87.87	87.87	87.87	0.00	0.00	1.50	1.50	0.00	86.37	86.37
207	文化旅游体育与传媒支出	59.86	59.86	59.86	0.00	0.00	59.86	59.86	0.00	0.00	0.00
20701	文化和旅游	59.86	59.86	59.86	0.00	0.00	59.86	59.86	0.00	0.00	0.00
2070104	图书馆	59.86	59.86	59.86	0.00	0.00	59.86	59.86	0.00	0.00	0.00
208	社会保障和就业支出	309.78	5.16	0.00	0.00	304.62	309.78	0.00	309.78	0.00	0.00
20801	人力资源和社会保障管理事务	309.78	5.16	0.00	0.00	304.62	309.78	0.00	309.78	0.00	0.00
2080113	政府特殊津贴	309.78	5.16	0.00	0.00	304.62	309.78	0.00	309.78	0.00	0.00
211	节能环保支出	425.61	0.00	0.00	425.61	0.00	425.61	425.61	0.00	0.00	0.00
21104	自然生态保护	425.61	0.00	0.00	425.61	0.00	425.61	425.61	0.00	0.00	0.00
2110402	农村环境保护	425.61	0.00	0.00	425.61	0.00	425.61	425.61	0.00	0.00	0.00
213	农林水支出	60 682.70	15 051.70	12 532.98	29 170.68	16 460.32	36 488.58	24 277.00	12 211.58	21 077.60	17 426.66
21301	农业农村	60 682.70	15 051.70	12 532.98	29 170.68	16 460.32	36 488.58	24 277.00	12 211.58	21 077.60	17 426.66

（续表）

项目		资金来源金额					支出金额			年末结转和结余金额	
支出功能分类科目编码	科目名称（项目）	合计	年初结转和结余		财政拨款	其他资金	合计	财政拨款	其他资金	合计	其中，财政拨款结转和结余
			小计	其中，财政拨款结转和结余							
类 款 项	合计	1 015 523.85	408 639.26	23 716.25	262 254.10	344 630.49	489 779.44	259 261.26	230 518.18	506 152.76	26 709.09
2130104	事业运行	3 307.25	5.57	5.57	3 301.68	0.00	3 302.18	3 302.18	0.00	5.07	5.07
2130106	科技转化与推广服务	1 908.67	1 108.67	1 108.67	800.00	0.00	1 475.18	1 475.18	0.00	433.49	433.49
2130108	病虫害控制	264.42	22.25	22.25	242.17	0.00	258.42	258.42	0.00	6.00	6.00
2130109	农产品质量安全	1 484.82	0.00	0.00	1 484.82	0.00	1 484.82	1 484.82	0.00	0.00	0.00
2130111	统计监测与信息服务										
2130112	行业业务管理	474.83	113.02	113.02	361.81	0.00	450.00	450.00	0.00	24.82	24.82
2130114	对外交流与合作	36.90	0.00	0.00	36.90	0.00	36.90	36.90	0.00	0.00	0.00
2130122	农业生产发展	200.00	0.00	0.00	200.00	0.00	196.15	196.15	0.00	3.85	3.85
2130126	农村社会事业	60.00	0.00	0.00	60.00	0.00	60.00	60.00	0.00	0.00	0.00
2130135	农业资源保护修复与利用	3 996.74	2 794.44	2 794.44	1 202.30	0.00	2 894.48	2 894.48	0.00	1 102.26	1 102.26
2130199	其他农业农村支出	48 949.07	11 007.76	8 489.03	21 481.00	16 460.32	26 330.45	14 118.87	12 211.58	19 502.11	15 851.17
221	住房保障支出	10 833.08	10 722.15	0.00	0.00	110.92	226.14	0.00	226.14	10 606.94	0.00
22102	住房改革支出	1 311.96	1 246.38	0.00	0.00	65.58	36.26	0.00	36.26	1 275.70	0.00

（续表）

项目			资金来源金额					支出金额			年末结转和结余金额	
支出功能分类科目编码		科目名称（项目）	合计	年初结转和结余		财政拨款	其他资金	合计	财政拨款	其他资金	合计	其中，财政拨款结转和结余
				小计	其中，财政拨款结转和结余							
类	款 项	合计	1 015 523.85	408 639.26	23 716.25	262 254.10	344 630.49	489 779.44	259 261.26	230 518.18	506 152.76	26 709.09
2210203		购房补贴	1 311.96	1 246.38	0.00	0.00	65.58	36.26	0.00	36.26	1 275.70	0.00
22103		城乡社区住宅	9 521.12	9 475.77	0.00	0.00	45.34	189.88	0.00	189.88	9 331.24	0.00
2210399		其他城乡社区住宅支出	9 521.12	9 475.77	0.00	0.00	45.34	189.88	0.00	189.88	9 331.24	0.00

中国农业科学院 2023 年度
行政事业单位国有资产概况

根据《中国农业科学院 2023 年度行政事业单位国有资产报表》，全院 2023 年年底资产总额达到 205.53 亿元，其中流动资产 87.42 亿元、固定资产（净值）76.07 亿元、在建工程 18.64 亿元、长期投资 19.89 亿元、无形资产（净值）3.21 亿元、其他资产 0.30 亿元，分别占资产总额的 42.53%、37.01%、9.07%、9.68%、1.56%、0.15%，如下图所示。全院共有 27 个单位资产总量超过 2 亿元，其中 13 个单位资产总量超过 5 亿元，6 家单位资产总量超过 10 亿元，如下表所示，全院国有资产规模持续扩大，为中国农业科学院“三个面向、两个一流”建设提供了坚实的物质基础支撑。

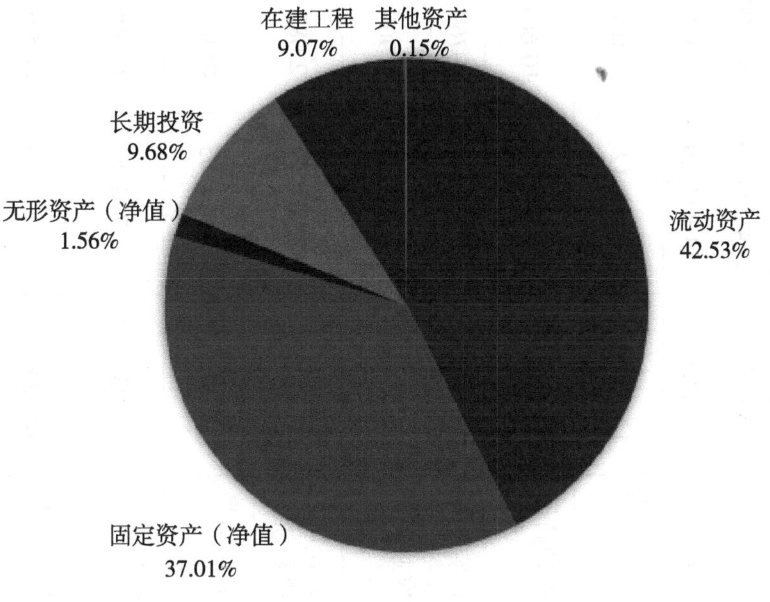

中国农业科学院 2023 年末行政事业单位国有资产构成图

（数据来源：中国农业科学院 2023 年度行政事业单位国有资产报表）

中国农业科学院2023年末资产状况一览表

（单位：万元）

序号	单位	资产合计期末数	流动资产期末数	固定资产净值期末数	无形资产净值期末数	长期股权投资期末数	在建工程期末数
	全院合计	2 055 278.37	874 224.41	760 700.47	32 098.63	198 902.08	186 359.76
1	中国农业科学院本级	235 083.62	54 744.09	69 095.27	2 872.85	42 850.12	63 960.89
2	农业农村部沼气科学研究所	15 065.47	5 392.12	7 167.71	392.48	681.99	1 431.18
3	农业农村部环境保护科研监测所	34 985.55	22 990.83	10 607.31	272.57	184.94	929.89
4	中国农业科学院研究生院	26 264.38	17 525.96	7 769.85	59.49	366.27	542.82
5	中国农业科学院农业经济与发展研究所	12 650.45	9 522.75	1 906.54	1 221.15	0.00	0.00
6	中国农业科学院农业质量标准与检测技术研究所	15 352.54	12 701.67	2 082.85	217.15	350.87	0.00
7	中国农业科学院农业信息研究所	114 702.62	22 614.05	49 640.32	5 410.84	346.12	36 691.29
8	中国农业科学院作物科学研究所	118 038.00	69 758.52	28 998.25	672.80	5 063.99	13 544.44
9	中国农业科学院蔬菜花卉研究所	54 824.21	33 304.33	11 528.15	31.74	5 421.60	4 538.40
10	中国农业科学院农业环境与可持续发展研究所	49 628.75	21 607.55	24 515.10	1 796.06	551.05	1 158.98

（续表）

序号	单位	资产合计期末数	流动资产期末数	固定资产净值期末数	无形资产净值期末数	长期股权投资期末数	在建工程期末数
11	中国农业科学院农业资源与农业区划研究所	75 916.84	46 554.02	23 009.83	4 436.45	868.10	1 048.43
12	中国农业科学院植物保护研究所	83 477.96	36 686.52	36 155.60	1 157.97	8 015.66	984.06
13	中国农业科学院农产品加工研究所	50 066.07	30 008.80	17 497.47	125.99	1 996.29	410.00
14	中国农业科学院棉花研究所	44 004.94	15 220.07	19 930.92	2 405.68	4 292.01	2 156.26
15	中国农业科学院油料作物研究所	60 663.74	23 781.35	29 946.72	2 982.97	3 271.92	679.27
16	中国农业科学院果树研究所	12 705.43	5 895.61	5 514.88	380.36	151.21	716.99
17	中国农业科学院郑州果树研究所	24 600.45	12 872.65	9 478.47	30.20	0.00	2 219.13
18	中国农业科学院茶叶研究所	32 351.79	18 613.44	8 385.30	1 536.91	3 222.05	594.09
19	中国农业科学院烟草研究所	28 890.43	15 896.30	9 890.49	1 192.28	1 911.36	0.00
20	中国农业科学院麻类研究所	21 678.74	8 282.73	10 622.73	454.84	774.21	1 544.23

（续表）

序号	单位	资产合计期末数	流动资产期末数	固定资产净值期末数	无形资产净值期末数	长期股权投资期末数	在建工程期末数
21	中国农业科学院农田灌溉研究所	8 639.02	1 556.28	5 715.83	194.14	1 172.77	0.00
22	中国农业科学院北京畜牧兽医研究所	113 503.44	55 528.98	48 781.09	638.18	50.00	8 471.11
23	中国农业科学院蜜蜂研究所	17 302.67	6 491.59	6 832.18	25.81	2 390.91	1 553.35
24	中国农业科学院哈尔滨兽医研究所	248 555.61	62 065.62	143 463.06	90.58	42 112.83	823.51
25	中国农业科学院兰州兽医研究所	218 507.40	100 629.54	48 085.21	425.83	60 787.54	8 466.26
26	中国农业科学院兰州畜牧与兽药研究所	25 538.15	12 326.40	10 292.25	17.21	154.32	2 747.98
27	中国农业科学院草原研究所	29 956.14	16 434.85	6 703.78	256.51	350.87	5 487.00
28	中国农业科学院特产研究所	50 917.80	20 923.45	25 219.55	730.56	3 487.60	556.64
29	中国农业科学院上海兽医研究所	31 492.40	14 094.11	14 202.10	429.47	1 637.40	1 129.32
30	中国水稻研究所	81 326.50	39 559.34	33 139.62	1 031.17	3 735.24	3 861.12

（续表）

序号	单位	资产合计期末数	流动资产期末数	固定资产净值期末数	无形资产净值期末数	长期股权投资期末数	在建工程期末数
31	农业农村部南京农业机械化研究所	27 836.82	13 357.32	10 565.36	64.86	1 999.28	1 850.00
32	中国农业科学院饲料研究所	18 420.52	10 079.89	7 854.30	82.76	403.56	0.00
33	中国农业科学院生物技术研究所	25 413.57	16 093.83	7 651.65	379.09	300.00	989.01
34	农业农村部食物与营养发展研究所	1 953.26	1 682.22	259.58	11.45	0.00	0.00
35	中国农业科学院农业基因组研究所	39 887.23	16 486.59	6 075.43	51.08	0.00	17 274.13
36	中国农业科学院都市农业研究所	5 075.87	2 941.02	2 115.70	19.15	0.00	0.00

数据来源：中国农业科学院2023年度行政事业单位国有资产报表。

中国农业科学院 2023 年度政府采购情况

一、2022 年政府采购工作开展情况

2023 年，中国农业科学院认真组织完成了政府采购预算、计划、执行情况和信息统计的填报，政府采购进口产品集中论证和备案工作等各项政府采购日常管理工作。

（一）优化政府采购进口产品集中论证流程，缩短科研仪器设备采购周期、确保项目顺利实施

组织完成院属 14 个单位 2023 年政府采购进口产品专家集中论证工作。14 个单位申报 2023 年政府采购进口产品仪器设备共 183 台/套，图书期刊共 2 320 册/套，金额共计 8 110. 84 万元。并于基建项目下达后，追加了一次政府采购进口产品备案工作，6 个单位共申请采购设备 113 台/套，金额 7 588. 74 万元。两批次进口产品均及时完成了审核和备案工作，确保科研仪器设备按时顺利采购。

（二）及时办理政府采购预算调剂和政府采购品目调整，确保政府采购活动顺利实施

2023 年“中央预算管理一体化系统”（以下简称一体化系统）正式上线实施，资金支付与政府采购预算完全关联。根据政府采购预算调剂管理要求，政府采购预算与非政府采购预算间的调剂需报部门审批，自 2023 年 12 月开始在政府采购预算不变的情况下增加新的政府采购品目需要报部门审批。由于农业科研工作的不确定性，实际政府采购执行与政府采购预算出现不一致。为确保政府采购活动顺利实施、资金及时支付，2023 年中国农业科学院组织院属各单位集中申报 4 批次政府采购预算调剂。

（三）加强业务培训，提升政府采购队伍能力

为适应一体化系统实施后的政府采购管理，中国农业科学院通过各种形式加强业务培训，提高政府采购队伍能力。一是抓实政府采购预算编制。通过业务指导和预算审核，提高政府采购预算编报质量，做到应编尽编。二是在政府采购执行过程中及时组织

培训。如参加财政部组织的政府采购调剂规则和操作培训等。三是组织系统培训，全面讲解政府采购政策要求和业务操作。通过全院财务培训班给全院政府采购、财务和资产管理人员讲解政府采购预算编制、调剂，一体化系统实施后的新要求和操作中的常见问题等，帮助全院政府采购管理等人员更好理解制度要求和业务操作，提高实施能力和水平。四是通过线上工作群，及时解答院属单位操作中遇到的问题。五是线下现场指导操作，帮助院属单位解决实际问题。

二、政府采购执行情况分析

（一）政府采购预算、计划、执行总体情况

2023 年，中国农业科学院严格落实“过紧日子”要求和按照“无预算不采购、无计划不执行采购”的要求，强化预算约束，严格按程序执行政府采购，认真编制了政府采购预算、计划和执行情况报表，确保了全院计划不超预算，执行不超计划。经统计，全院 2023 年政府采购计划金额 59 153. 88 万元，实际采购金额 53 478. 79 万元，较 2022 年（51 375. 16 万元）增加 2 103. 6 万元，增幅 3. 56%。实际采购相对计划节约资金总额 5 675. 10 万元，总节约率 10. 61%。

（二）按采购资金构成分析

2023 年实际采购金额中，货物类采购金额 19 024. 11 万元，工程类采购金额 30 608. 98 万元，服务类采购金额 3 845. 71 万元，分别占采购总金额的 35. 57%、57. 24%和 7. 19%。

（三）按组织形式分析

2023 年，全院实际采购金额中，集中采购金额 13 493. 04 万元，分散采购金额 36 522. 91 万元，分别占总采购金额的 25. 23%和 68. 29%。

（四）按采购方式分析

2023 年全院实际采购金额中，公开招标采购金额 47 651. 32 万元，邀请招标采购金额 68. 90 万元，竞争性谈判采购金额 184. 84 万元，竞争性磋商采购金额 2 837. 18 万元，单一来源 0. 35 万元，询价采购金额 292. 82 万元，电子卖场采购金额 837. 76 万元，协议供货金额 1 605. 62 万元。从以上数据来看，公开招标是中国农业科学院政府采购的主要采购方式，与《中华人民共和国政府采购法》的管理要求相吻合。

（五）合同授予情况

2023年中国农业科学院实际采购金额中，授予中国境内生产的产品45 831.86万元，授予国外厂商7 646.93万元。其中，授予国外厂商的主要为货物类采购。

（六）按政府采购品目分析

货物类采购方面，2023年全院共采购通用设备2 027台（套）、金额17 851.48万元（含汽车10辆180.71万元），家具用具11 937.74台（套）、金额105.14万元；工程类采购金额30 608.98万元；服务类采购金额3 845.71万元。

（七）节能节水和环保产品分析

全院2023年实际采购节能节水产品252.18万元，占同类产品采购总金额的98.43%。

中国农业科学院
科技创新工程经费管理办法（修订）

第一章 总 则

第一条 为有效组织实施中国农业科学院科技创新工程（以下简称创新工程），根据《农业部财政部关于同意启动实施中国农业科学院科技创新工程的批复》（农财发〔2013〕2号）以及国家有关优化科研经费管理、提升科研绩效的规定，制定本办法。

第二条 创新工程的总体目标是：深入实施科教兴国战略、人才强国战略、创新驱动发展战略，加快建设农业强国，攀登世界农业科技高峰，推动建设现代农业科研院所，推动中国农业科学院加快建设“四中心一智库”，发挥中国农业科学院改革排头兵、创新国家队、决策智囊团的作用，引导全国农业科技创新和体制改革。

第三条 创新工程发挥中国农业科学院科研组织和多学科优势，以“学科集群—学科领域—重点方向”三级学科体系为指导，以院、所、科研团队三级任务为框架，建立院为统领、所为基础、共建共管、分级负责的科技创新与管理机制。院所两级共同推进创新工程科学、规范、有序、高效实施。

第四条 创新工程按照整体设计、科学规划、稳步推进的实施思路，以5年为一个实施阶段，梯次推进。总体实施原则如下。

（一）使命牵引。聚焦国家战略科技力量使命定位，瞄准“国之大者”，以中国农业科学院确定的核心使命职责为指引，细化制定任务清单，以使命任务引领农业科技创新。

（二）稳定支持。稳定支持科研团队按照学科方向持续开展科技创新，稳定国家农业科技主方向，稳住国家农业科研主力军。兜底支持院所、科研团队使命清单重点任务，根据实施成效动态调整支持力度。

（三）链式布局。围绕使命职责和产业需求部署学科方向，按学科方向组建科研团队、配置科技人才和平台设施。从顶层引导科研团队按照理论创新、技术创新、产品创制、集成示范与成果转化全链条一体化部署创新链。

（四）团队攻关。按照三级学科体系布局，组建科研团队，作为创新任务实施、创新岗位设置和资源优化配置的基本单元，围绕院所使命职责与重大农业农村科技问题开展科技创新与协同攻关。

（五）贡献导向。创新工程实施绩效管理，通过绩效考评引导院、所、科研团队聚焦使命履行，重点关注创新质量、创新业绩和创新贡献。

第五条　创新工程经费属于国家财政专项资金，主要用于强化国家战略科技力量建设，按照“稳定为主，适度竞争”的原则支持科研团队按照学科方向持续开展研究探索，重点支持体现国家使命和“三农”急需的学科建设与科技任务，兜底支持长期性、公益性农业科技创新任务，支持以科学中心、区域中心、产业专家团等模式开展的跨所跨学科重大联合攻关任务，以及相关人才引进与培养等方面。

第六条　创新工程经费强化对基础研究的长期稳定支持，院和研究所在组织实施中应统筹部署基础研究与应用研究任务，全院用于支持基础研究任务的经费占比不少于 50%。

第七条　创新工程经费安排应与中央级公益性科研院所基本科研业务费专项、社会公益类科研机构改革专项、中央级科学事业单位改善科研条件专项等中央财政经费以及其他渠道资金有效衔接，防止重复支持，提高单位资金总体使用效益。

第八条　创新工程实施范围为院属研究所、科研团队和中国农业科学院为举院抓大事而构建的科学中心、区域中心、产业专家团等重大联合攻关任务。

第二章　组织管理与职责

第九条　院全面负责创新工程的组织和实施，院常务会议负责审议创新工程实施方案、制度办法、学科布局、人才团队、科研任务、经费安排、绩效考评等重大事项。

第十条　设立创新工程管理办公室（简称创新办）负责创新工程的组织协调和日常管理工作，主要职责如下。

（一）负责创新工程综合管理、制度建设、重大问题调查研究，组织协调等日常管理工作。

（二）制定并组织实施创新工程各阶段实施方案。

（三）组织开展绩效任务书签订、年度监测、绩效考评等绩效管理工作，推进预算和绩效管理一体化。

（四）负责科研团队建设与调整优化过程中的相关管理工作。

（五）其他日常管理工作。

第十一条　科技管理局、人事局、财务局、国际合作局、成果转化局等院机关相关部门按职责承担创新工程相关管理工作。

第十二条　院属研究所是创新工程执行主体，应切实履行法人管理职责，组织推进创新工程实施。主要职责是：制定研究所创新工程管理制度；优化研究所学科体系，组建科研团队；引进和培育优秀科技人才，完善平台条件，促进国际合作与交流，创造良好的科研环境；做好创新工程预算编制、预算执行与监督工作；开展竞争性项目与创新工程任务的查重工作，避免重复支持；按照要求对科研团队实施绩效考评，并合理运用考评结果。

第十三条 科研团队是创新工程实施基本单元，实行首席科学家负责制。主要职责是：围绕院所使命任务与职责定位，聚焦重大农业科技问题，持续开展科学研究、技术攻关和成果转化；培养优秀科技人才；组织开展本科研团队任务实施与绩效考评等。

第十四条 院所两级学术委员会是创新工程学术咨询评议机构。主要职责：院学术委员会对创新工程实施、学科设置、科研团队布局、重大任务部署等提出咨询意见；所学术委员会对本所学科领域和研究方向设置、创新任务和重大成果、所内人才引进和科研团队组建等提出咨询意见。

第三章 任务实施与管理

第十五条 创新工程实施院、所、科研团队三级任务制度，引领全院聚焦核心使命，围绕“国之大者”，统筹创新资源，稳定开展符合学科方向的基础性和公益性科学研究，择优择重开展多学科、多科研团队联合攻关重大科研任务。

第十六条 院级层面按照“先导性、重要性、前瞻性、关键性、非共识性、协作性、种子性”等特性，组织谋划实施创新工程联合攻关重大科研任务，建立院级重大任务清单，集中优势科研力量与资源，加快推动取得一批原创性、突破性成果。院级重大科研任务的立项与实施按照《中国农业科学院科技创新工程重大科研任务管理办法》执行。

第十七条 所级层面进一步落实研究所法人主体责任和科研自主权，把握研究所定位，在鼓励团队开展原始创新，持续做好基础性长期性工作的基础上，围绕国家重大需求、重大成果培育等组织凝练一批所级重点任务。

第十八条 科研团队层面聚焦团队定位，凝练不超过三项重点任务，开展长期持续攻关。

第十九条 建立院级重大联合攻关任务查重机制，避免创新工程科研任务与国家科技计划支持项目等科研任务简单重复。

第二十条 科研任务实施动态支持与管理。科研任务在列入国家相关科技计划支持前，通过创新工程经费支持开展前期研究，列入国家科技计划或其他中央财政科研项目支持后，创新工程退出支持，项目期结束后需要继续开展后续研究的，可通过创新工程继续支持，深化研究和成果培育。各级科研任务均需签订任务书，根据实施成效动态调整任务与经费安排。

第二十一条 建立创新工程任务和成果报告制度。研究所每年 3 月底前向院报告上年创新活动及成果产出情况，6 月底前向院报告当年创新任务及经费安排情况。院按要求每年向上级部门报告院创新任务及经费安排、创新活动重大产出成果等情况。

第四章　科研团队管理

第二十二条　科研团队应具有一定的科技创新能力，优势明显，特色突出，围绕面向世界农业科技前沿、面向国家重大需求、面向现代农业建设主战场、面向人民生命健康的要求，依据院“学科集群—学科领域—重点方向”三级学科体系，在每个重点方向上组建 1~2 个科研团队。

第二十三条　科研团队实行岗位管理，设置首席科学家、骨干专家和研究助理三个层级的岗位。各级岗位的基本任职条件为：首席科学家须具备正高级职称，身体健康，申请首席岗位时距法定退休年龄不少于一个聘期（5 年），应为各学科领域领军人才、优秀青年人才和特色学科领域的优秀人才。骨干专家须具有高级职称，或出站博士后，或取得博士学位后工作满 2 年。研究助理须具有中级及以上职称，或在站博士后，或获得博士学位的在职人员。

第二十四条　在基础前沿交叉和新兴学科方向上，组建一批青年科研团队，制定符合青年科研团队需求的岗位任职条件。

第二十五条　科研团队组建应符合相应要求与程序。拟建科研团队应符合学科方向，具备良好工作基础，在充分研究、科学论证的基础上，围绕重大农业农村科学问题、重要战略问题或关键核心技术问题，明确研究方向，按照岗位设置要求配齐科研人员。

第二十六条　科研团队可根据不同实施阶段任务目标的变化，申请调整科研方向、科研团队名称等事项，获院批复后执行。

第二十七条　分类健全人才成长梯次体系，对纳入“农科英才”特殊支持计划的各层次人才，按其在科研团队中承担的科研任务，分别给予科研经费支持，其中支持 40 岁以下青年科技人才的科研经费占比原则上不低于 20%。

第二十八条　农科英才科研经费实行任务制管理，农科英才应根据所在研究所及科研团队任务布局，编制任务书，并根据任务书合理安排使用经费。

第五章　预算与经费管理

第二十九条　创新工程经费主要用于科研团队长期稳定开展科研活动，跨所跨学科的重大科研任务、人才引进与培养、国际合作、基地平台运行服务奖补，人才激励与科技奖励，以及其他相关工作。主要包括以下三方面经费。

（一）业务费。指创新工程实施过程中消耗的各种材料、辅助材料等低值易耗品的采购、运输、装卸、整理等费用，发生的测试化验加工、燃料动力、交通、出版/文献/信息传播/知识产权事务、会议/差旅/国际合作交流、租赁费，科研基础设施设备维修维护，以及其他相关支出。

（二）劳务费。指创新工程实施过程中支付给参与创新活动的在读研究生、博士后、访问学者、客座人员和聘用人员等的劳务性费用，以及支付给临时聘请的咨询专家的费用。劳务性费用开支标准参照当地科学研究和技术服务业从业人员平均工资水平，根据参与人员在科研团队中承担的任务和贡献据实编制，相关应由单位缴纳的社会保险补助、住房公积金等纳入劳务费科目开支。

（三）奖励经费。指用于科研人才激励和科技奖励的经费。奖励经费实行总额控制，按照创新工程经费预算总额不超过20%的比例确定限额，由院核定，研究所统一提取、统筹管理、单独核算。奖励经费的管理使用按照《中国农业科学院关于稳定性科研专项奖励经费管理的指导意见》执行。

创新工程经费原则上不支持设备购置，符合科研急需条件的科研仪器设备，报院核准后按国家有关规定购置。

第三十条 各单位要严格执行国家有关财经法规、制度的规定，按照本办法规定的开支范围合理支出，不得用于与科研工作无关的支出，不得用于支付各种罚款、捐款、赞助、投资等；不得用于有工资性收入的人员工资、津补贴和福利以及本单位在职职工专家咨询费等支出。本办法所指与科研工作无关的支出，包括：公务接待费，党团工青妇等活动经费，科研房屋占用费，土地、公务用车购置费，房屋建筑物和基础设施购建与大型修缮改造，以及其他与创新工程无关的支出。

第三十一条 院根据创新工程中长期发展规划及年度工作任务，确定创新工程“一上”预算建议数。各单位根据院下达的“一上”预算建议数编制创新工程预算，经本单位领导班子集体研究审议后报院审核。院组织审核、汇总形成创新工程“一上”预算建议，经院常务会审定后报送农业农村部。

第三十二条 院根据部门预算“一下”控制数，结合研究所创新工程实施的绩效评价结果、预算执行情况和审计检查问题屡查屡犯等情况，以及研究所学科类型、创新任务、团队岗位结构等因素，由财务局会同创新办综合测算提出创新工程“一下”预算控制数分解建议，报院常务会议审定后分解下达至各单位。各单位根据院下达的创新工程“一下”预算控制数编制“二上”预算草案，经本单位领导班子集体研究审议后报院审核。财务局会同创新办组织审核、汇总后，按部门预算管理程序报送农业农村部。

第三十三条 财务局根据部门预算“二下”批复，下达各单位创新工程经费预算。各单位应严格按照批复下达的预算执行，不得擅自转拨院外单位。除奖励经费不得调增外，预算执行中确需调剂的，各单位可自行办理创新工程预算调剂手续。各单位应结合工作实际制定本单位预算调剂操作流程。

第三十四条 各单位应采取有效措施加快专项经费预算执行，提高资金使用效益。科研团队首席应结合科研活动需要，科学合理安排创新工程经费支出进度。

第三十五条 创新工程经费结转资金继续用于下一年度创新工程相关任务，纳入部门预算统一编报。奖励经费不得结转到下年度。

第三十六条 各单位应加强资产采购和大宗材料采购的管理，制定和完善资产和物资采购、验收、登记、保管、领用等管理制度。涉及政府采购的，按照政府采购有关规定执行。

第三十七条　各单位应加强测试化验加工费支出管理，制定和完善必要的内控流程和管理制度。科研活动中发生的测试化验业务，应加强成本核算，严格控制成本支出。

第三十八条　因科研活动实际需要，各单位邀请国内外专家、学者和有关人员参加由其主办的会议等，确需负担的城市间交通费、国际旅费，可在会议费等费用中报销。国内差旅费中的伙食补助费、市内交通费和难以取得发票的住宿费可实行包干制。野外考察、心理测试等科研活动中无法取得发票或者财政性票据的，在确保真实性的前提下，可按实际发生额予以报销。

第三十九条　每个科研团队应当配有相对固定的科研财务助理，为科研人员在项目预算编制和调剂、经费报销、项目综合绩效评价等方面提供财务专业服务。

第六章　绩效考评

第四十条　院根据创新工程绩效管理目标，按照科学规范、公开透明、统一组织、分级实施、分类考评的原则，建立绩效评价动态调整机制。以质量、绩效、贡献为评价导向，尊重科技创新规律，全面准确反映创新工程科技成果创新水平、转化应用绩效和对经济社会发展的实际贡献。

第四十一条　创新工程绩效评价运用定性和定量相结合的方法，对研究所、科研团队、重大联合攻关任务、农科英才等组织开展过程监测和结果评价，追踪问效。

第四十二条　创新工程实行“1+3+5”监测评价机制，一年一监测、三年一评估、五年一考评。年度监测主要是动态监测科研状态，及时纠正科研方向，确保经费使用实时安全；三年中期评估主要是分析诊断科研进展及存在的问题、团队工作状态等；五年期满考评主要是全面评价科研成果水平或重大突破、人才培养及团队持续创新能力等。

第四十三条　院对研究所实施分类绩效评价，主要评价研究所在体制机制创新、科技创新、成果转化与贡献、人才团队建设、国际合作与交流、科研条件建设、资金使用与管理等方面的进展成效。研究所考评结果分为优秀、良好、一般三个等级。

第三十四条　研究所对科研团队开展绩效评价，主要评价团队的科研方向、团队组织、创新水平和产出、人才培养和资金使用管理等内容。研究所结合不同科研团队业务特点，制定科研团队绩效管理指标体系。团队绩效评价实行目标管理，建立健全与岗位职责、工作业绩、实际贡献紧密联系和鼓励创新的分配激励和问责机制。科研团队考评结果分为优秀、良好、一般和较差四个等级。

第四十五条　院对重大联合攻关任务开展绩效评价，主要评价科研任务目标的完成质量和效益，包括经费使用的直接效益、发挥的撬动作用，在科技支撑与产业贡献、创新能力建设、机制创新等方面的进展成效。院级重大联合攻关任务考评结果分为优秀、良好、一般三个等级。

第四十六条 院组织对农科英才开展绩效评价，主要评价农科英才支持期内任务目标完成情况。五年支持期内将开展三年中期评估、五年期满考评。农科英才中期评估结果分为优秀、良好、一般、较差四个等级，期满考核结果分为优秀、良好、一般三个等级。

第四十七条 考评结果在院范围内进行公示和通报，主要用于改进创新工程工作，作为任务调整、经费安排等的重要参考依据。其中，年度监测结果实行预警机制，对未能完成年度绩效目标的，提出警告和整改要求；中期和期满绩效评价结果作为任务和经费预算调整，以及科研团队调整或退出的依据。

第七章　监督检查

第四十八条 研究所是创新工程经费使用的责任主体，应建立内部控制制度，明确部门、团队职责权限，加强经费日常监管，采取随机抽查等方法，充分运用财务信息化手段，建立创新工程经费支出动态监管和实时预警机制，确保经费合理规范使用。

第四十九条 院负责监督、检查研究所创新工程经费的安排、使用、管理情况，以及统筹其他渠道经费情况，检查结果作为预算安排的参考依据。

第五十条 院创新工程经费检查，可通过实地检查或查阅资料方式开展。根据具体情况，院可委派检查组或委托社会中介机构进行检查。

第五十一条 推进创新工程经费检查与院巡察、经责审计、财会检查等数据汇交共享和结果互认，充分利用大数据等信息化技术手段，实行随机抽查，减少过程检查，提高监督检查效率。

第五十二条 院所建立创新工程经费信息公开制度，按规定将预算安排和预算执行情况及时公开，接受社会监督。

第五十三条 建立信用记录评级制度。院对进入创新工程的研究所、科研团队、首席科学家的科研诚信进行评价和记录，形成逐级考核问责机制和责任倒查机制。

第五十四条 创新工程经费使用中如发现弄虚作假、截留、挪用、挤占等违反财经纪律的行为，视具体情况给予通报批评，责令限期整改，或调整相应研究所有关年度预算；对情节严重的团队和人员，退出创新工程，并按国家有关规定追究行政或法律责任。

第八章　附　则

第五十五条 本办法由中国农业科学院负责解释。

第五十六条 本办法自印发之日起执行，原《中国农业科学院科技创新工程经费管理办法（试行）》（农科院财〔2014〕131号）和《中国农业科学院科技创新工程经费管理实施细则（试行）》（农科院财〔2014〕238号）同时废止。

中国农业科学院关于加强房产资源管理推动科研房产回归科研用途的意见

为提高全院房产资源使用效益，全面落实中央巡视“科研用房一律回归科研属性”整改要求，充分发挥房产资源对我院科技创新的基础保障作用，根据《行政事业性国有资产管理条例》（中华人民共和国国务院令第 738 号）和《财政部关于盘活行政事业单位国有资产的指导意见》（财资〔2022〕124 号）等规定，结合中国农业科学院实际，提出以下意见。

一、房产资源是重要的科技资源，是开展科研活动的基本保障，是实现高水平科技自立自强的重要支撑。院属各单位房产资源都必须围绕部院党组确定的重点任务，聚焦主责主业，用于科技创新和成果转化，用于不断改善全院科研基础条件，用于为科研人员营造良好的科研环境。

二、规范房产资源管理。完善院所两级房产管理制度，进一步规范房产规划立项、建设维护、分配使用、统筹调剂、出租出借、产权处置等各环节的管理，推动我院房产管理制度化、规范化、科学化。

三、严格房产资源立项用途。立项规划为科研房产的要用于科研活动，原则上不得用于商业性出租出借，目前已签订出租出借协议的科研房产，待当前租借期结束后，须回归科研用途。立项规划用途为科研生活服务配套、商业或沿街适合对外经营的房产，在满足其立项用途后，围绕农业农村科技创新与成果转化活动出租出借。

四、加强房产资源统筹利用。在优先保障院属各单位自身科研需求的同时，确有调剂空间的房产，由院部根据实际需求统筹调剂，优先满足院属单位科研活动，用房单位有偿使用。调剂后仍有闲置的房产，经审批后，也可通过科技合作的形式，出租给与本单位有实质性科技合作的企业，以及出租出借给与业务相关的国际机构、学会协会、事业单位等使用。

五、建立房产协同管理机制。院部有关部门要按照职责分工做好房产管理工作，财务局要加强日常管理，建立各类房产台账，出台科研房产统筹调剂、出租出借的具体规定，明确审批权限和程序，要制定相关激励制度，将科研房产回归与新增资产配置预算、出租收入上缴和经费预算安排挂钩。发展建设局要将促进房产资源回归科研用途作为新建房产立项审批的前置条件，存在科研房产商业出租的单位原则上不得立项新的同类科研房产建设项目。成果转化局要界定科研房产科企合作是否符合要求。院办公室要做好院部出租房产管理。监督局要对科研用房回归落实情况进行监督。

六、明确房产出租出借审批权限。按照分级管理、从严审批的原则，院部负责院属单位房产权属管理、全院科研房产调剂、京区单位科研房产出租出借审批及其他房产出租出借备案。院属京区单位向院部资产部门报备本单位可用于调剂和出租出借房源，在签订科研用房出租出借协议前，报院部资产部门审批；在签订非科研用房出租出借协议后向院部资产部门报备。院属京外单位向院部资产部门报备本单位可用于调剂和出租出借房源及出租出借协议。

各类房产出租期限一般不超过 5 年，出借期限一般不超过 1 年。

七、规范房产出租出借收入用途。院属各单位科研房产出租出借收入在依法缴纳税款、上缴院部、支出出租出借房屋日常维护费用后，必须用于人才经费支出和弥补单位日常运转经费不足，不得直接用于福利性分配。其他房产出租出借收入原则上也要优先用于上述用途。

八、强化出租出借房产日常监管。院属各单位每年向院部资产部门报告全年房产调剂、出租出借详细情况及租金收缴与支出情况。各单位加强出租出借房产物业管理、安全生产、保卫保密等工作，确保出租出借房产安全。

九、压实房产管理主体责任。院属各单位要把推进科研房产回归科研属性、强化房产管理作为一项重要的政治任务抓紧抓好。将科研房产回归科研用途进展情况纳入研究所运行监测，作为年终考核院属单位领导班子的重要内容。各单位要专题研究，摸清底数，制定科研房产回归计划和具体方案，完善房产管理制度，严格遵守院房产管理规定。

十、加强房产管理工作监督。将科研房产回归科研用途、加强房产资源管理利用作为巡察、审计、检查的重点任务。对于在规范房产出租出借管理、推动科研房产回归工作中不作为或阳奉阴违的行为要及时约谈提醒、批评教育。对于不执行科研房产管理规定，未经批准，将科研用房用于商业出租出借、擅自延长现有合同、突击签订新的出租合同等行为严肃问责追责。

中国农业科学院财务综合考核方案（试行）

第一章　总　则

第一条　为进一步规范和加强中国农业科学院财务综合管理，提高财务信息质量，提升财务工作水平，调动各单位积极性、主动性，根据《中华人民共和国预算法实施条例》《关于进一步加强财会监督工作的意见》《行政事业单位国有资产年度报告管理办法》《行政事业单位内部控制报告管理制度（试行）》《农业农村部部门预算管理工作规程》《农业农村部部门决算管理工作规程》《农业农村部财务综合考核评比管理办法》等规定，结合中国农业科学院实际情况，制定本方案。

第二条　纳入中国农业科学院财务综合考核（以下简称考核）范围的单位为院属各预算单位（以下简称各单位），包括院本级、院属研究所、院研究生院、中国农业科学技术出版社。

第三条　考核坚持实质性内容与程序性内容考核相结合，以定量指标为主的原则。

第四条　考核内容包括部门预算管理、预算绩效管理、资产管理、部门决算管理、政府部门财务报告管理、内部控制报告管理、财务检查、审计监督和预算管理一体化动态监控情况，主要考核各单位财务管理、资产管理工作成效，会计核算的规范合理性，预决算、预算绩效管理、资产管理、政府部门财务报告、内部控制报告等材料的编报质量，以及部门预决算公开工作完成情况等。

第五条　考核每年开展一次，考核周期为一个完整的自然年度，起止时间节点为N年1月1日起，到N年12月31日止（N为被考核年度，下同）。首次开展考核的年度，考核周期不足一个完整的自然年度，考核周期为首次被考核年度的7月1日至12月31日。

第六条　考核由财务局按照科学规范、客观公正、统筹兼顾、突出重点的原则组织实施。

第二章　考核指标

第七条　部门预算管理考核基础分合计100分，采取扣分制，各项指标扣完为止，不再加扣。考核指标包括：部门预算编报（50分）、预算执行及调整（25分）、结转结余资金管理（6分）、公开完成情况（9分）、其他预算管理工作（10分），具体考核指标见附表1。

第八条 预算绩效管理考核基础分合计100分，采取扣分制，各项指标扣完为止，不再加扣。考核指标包括：基础工作（10分）、绩效目标（30分）、绩效监控管理（15分）、绩效自评管理（25分）、财政和部门评价管理（20分），具体考核指标见附表2。

第九条 资产管理考核基础分合计100分，采取扣分制，各项指标扣完为止，不再加扣。考核指标包括：编报的及时性（20分），编报的规范性（20分），数据的真实性、准确性、完整性（50分），填报说明和分析材料（10分），具体考核指标见附表3。

第十条 部门决算管理考核基础分合计100分，采取扣分制，各项指标扣完为止，不再加扣。考核指标包括：编报的及时性（20分）、报送材料的完整性（10分）、数据的规范性（40分）、填报说明和分析材料（20分）、公开完成情况（10分），具体考核指标见附表4。

第十一条 政府部门财务报告管理考核基础分合计100分，采取扣分制，各项指标扣完为止，不再加扣。考核指标包括：编报的及时性（20分）、报送材料的完整性（10分）、数据的规范性（50分）、报告的规范性（20分），具体考核指标见附表5。

第十二条 内部控制报告管理考核基础分合计100分，采取扣分制，各项指标扣完为止，不再加扣。考核指标包括：编报的及时性（20分）、内容的完整性（30分）、数据的准确性（50分），具体考核指标见附表6。

第十三条 财务检查、审计监督、预算管理一体化动态监控各5分，无基础分，采取扣分制，扣完为止，不再加扣。其中，财务检查指上级部门和院财务局组织开展的各类财务会计和国有资产管理检查；审计监督指审计署①组织开展的各类审计任务（以下简称国家审计）和部、院组织开展的各类审计任务（以下简称内部审计）；预算管理一体化动态监控指根据财政部有关规定，通过预算管理一体化系统对预算执行等进行的实时监控，以及部计划财务司开展的国库集中支付专项核查，具体考核指标见附表7。

第十四条 财务局根据下列因素对各单位予以适当加分。

（一）积极参加财务局组织的财务检查、内部审计、集中会审、制度建设等工作，以及选派到上级部门开展相关工作的，给予适当加分，加分区间为0.1~0.3分，累计加分最高上限为2分。

（二）根据各单位第N-1年政府部门财务报告中本年收入规模情况，设定管理难度加分项，具体规则为：

（1）本年收入规模最大的单位，加3分；

（2）其他单位加分值=3分×（本单位本年收入金额/院内本年收入规模最大单位的收入金额×100%）

（三）为中国农业科学院财务工作争得重大荣誉，经财务局集体研究后给予加分，

① 中华人民共和国审计署，全书简称审计署。

累计加分最高上限为 5 分。

上述各类加分事项涉及相同单位的，可重复加分。

第三章　考核结果及运用

第十五条　因单位不涉及某类业务，导致某项指标不适用的，其基础分需要换算，换算公式：

基础分=［参评指标得分÷（100-不适用指标分值）］×100 分

第十六条　汇总分具体计算公式为：

汇总分=（部门预算管理考核得分×35%+预算绩效管理考核得分×15%+资产管理考核得分×25%+部门决算管理考核得分×10%+政府部门财务报告管理考核得分×7%+内部控制报告管理考核得分×8%）+（财务检查、审计监督和预算管理一体化动态监控扣分）+（支持工作、管理难度等加分）

第十七条　财务局按照各单位综合考核汇总分进行排序，考核结果报送院领导并予以通报。其中，汇总分排序前 1/3 的单位考核为优秀，并予以表扬。

第四章　附　则

第十八条　本方案由财务局负责解释。

第十九条　本方案自发布之日起施行。

附表：1. 中国农业科学院部门预算管理考核评分表

2. 中国农业科学院预算绩效管理考核评分表
3. 中国农业科学院资产管理考核评分表
4. 中国农业科学院部门决算管理考核评分表
5. 中国农业科学院政府部门财务报告管理考核评分表
6. 中国农业科学院内部控制报告管理考核评分表
7. 中国农业科学院财务检查、审计监督、预算管理一体化动态监控考核评分表

附表 1

中国农业科学院部门预算管理考核评分表

考核指标	标准分	分值	考核内容	计分标准
编报的及时性	20	8	按规定时限报送三年支出规划和年度部门预算“一上”建议、“二上”草案相关材料	“一上”“二上”各 4 分，未按规定时间报送相关资料的，相较于院里要求报送的时间，每推迟报送一天扣 1 分，扣完为止
		8	院里、部里集中会审期间，按照通知要求的时间，对部门预算进行修改，并重新报送相关材料	“一上”“二上”各 4 分，未按规定时间报送相关资料的，相较于院里要求报送的时间，每推迟报送一天扣 1 分，扣完为止
		4	按规定时限报送其他预算测算材料（包括但不限于基本支出测算、项目支出预算压减、落实审计整改等预算管理有关的测算工作）	未按规定时间报送相关资料的，相较于院里要求报送的时间，每推迟报送一天扣 1 分，扣完为止
报送材料的完整性	10	10	按照规定要求提交年度部门预算“一上”建议、“二上”草案相关材料（包括预算报表、预算说明、项目文本和相关证明资料，签章是否齐全，电子数据是否顺利接收，履行领导班子集体决策程序等）	“一上”和“二上”各 5 分，材料不完整的，每缺少一项扣 1 分，扣完为止
数据的规范性	20	20	“一上”建议、“二上”草案数据真实、准确，报表之间勾稽关系准确，无漏填漏报	单位存在故意虚报瞒报的，每发现一次扣 10 分；存在明显失误、疏漏的，每出现一类问题扣 1 分

（续表）

考核指标	标准分	分值	考核内容	计分标准
预算执行进度	15	5	在规定时间内报送部门预算执行月度报告	相较于院里要求报送的时间，每推迟报送一次扣1分，扣完为止
		5	考核期内年中（6月底）执行进度不低于40%	年中（6月底）执行进度以40%为标准，每少1个百分点扣0.25分，扣完为止
		5	考核期内年末（12月底）执行进度不低于96%	年末（12月底）执行进度以96%为标准，每少1个百分点扣0.25分，扣完为止
预算调整	10	5	在预算执行中，申请调整预算（包括但不限于政府采购和新增资产配置预算，非单位自身原因除外）	由于年初预算编制不规范、工作失误等不合理原因，申请调整预算一次扣1分，扣完为止
		5	超过规定时限申请调整预算	发现相关情况的，每出现一次扣减2.5分，扣完为止
结转结余资金管理	6	3	准确填报结余资金相关信息，并按照收回结余资金文件要求，在规定时间内足额交回结余资金	应报未报结余资金的扣减3分；结余资金国库和非国库填报有误的扣减1分；未按规定时间和金额交回结余资金的扣减1分
		3	年末财政拨款结转资金占全年财政拨款收入的比重较上年增加幅度不超过5%	年末财政拨款结转资金占全年财政拨款收入的比重较上年增加幅度超过5%的，每增加1个百分点，扣0.2分，扣完为止
公开完成情况	9	3	按照规定时限公开部门预算	未按规定时限公开部门预算的，每推迟一天扣1分，扣完为止
		3	按照规定内容（要素）和要求、渠道和载体、方式和层级公开部门预算	发现一处不符合，扣1分，扣完为止
		3	做好舆情应对，主动回应关切	发生一次舆情造成不利影响，扣1分，扣完为止

（续表）

考核指标	标准分	分值	考核内容	计分标准
其他预算管理工作	10	10	单位预算编制和执行中出现重大错误或违规问题，在院内或者被上级部门进行通报批评、扣减预算的	每发生一次扣5分
合计	100	100		

附表 2

中国农业科学院预算绩效管理考核评分表

考核指标	标准分	分值	考核内容	计分标准
基础工作	10	5	按照全面实施预算绩效管理的要求，建立完善预算绩效管理相关制度或实施细则	未出台、修订预算绩效管理相关制度或实施细则的，扣 5 分
		5	健全内部管理流程，明确内部具体职责分工或人员，加强计划财务与业务工作的紧密衔接	未明确内部管理流程的，扣 2 分；未明确预算绩效管理具体职责分工的，扣 2 分；未明确预算绩效管理人员的，扣 1 分
绩效目标	30	5	明确预算项目年度绩效目标。明确年度完成的工作任务、预期产出和效益，进行概括性描述	年度绩效目标设定与单位职能任务、预算项目功能定位、业务活动、重点工作无关的，发现 1 个项目扣 1 分，扣完为止；简单重复罗列绩效指标内容，未概括性描述的，发现 1 个项目，扣 1 分，扣完为止；简单复制上一年度绩效目标内容，未根据当年预算设定的，发现 1 个项目，扣 1 分，扣完为止
		10	规范设置绩效指标。内容完整，指向明确，重点突出，量化细化	必须设置绩效指标缺少的，发现 1 个项目缺失，扣 1 分，扣完为止； 未从计财司下发指标体系中选取指标设置的，发现 1 个项目，扣 1 分，扣完为止； 量化指标数量占比低于 50%的，发现 1 个项目，扣 1 分，扣完为止； 绩效指标归类不准确的，发现 1 个项目，扣 1 分，扣完为止； 绩效指标与绩效目标内容不关联的，每发现 1 个项目，扣 1 分，扣完为止； 绩效指标与相应预算支出内容不匹配，发现 1 个项目，扣 1 分，扣完为止

（续表）

考核指标	标准分	分值	考核内容	计分标准
绩效目标	30	10	规范设置指标分值。一级指标按规定设置，二级指标、三级指标与一级指标分值对应，并依据指标的重要程度合理设置	指标分值设置违规，发现1个项目，扣1分，扣完为止
		5	对项目绩效目标审核发现问题进行修改完善	对审核发现问题未修改完善的，发现1个项目，扣1分，扣完为止
绩效监控管理	15	5	单位应按时全面开展绩效监控，及时准确报送监控结果，就相关问题提出下一步改进措施	未按规定时间报送绩效监控结果的，每推迟一天扣1分，扣完为止
		5	深入开展绩效监控分析，对发现的绩效目标执行偏差和管理漏洞，应及时采取措施予以纠正	绩效目标执行偏差较大，未分析偏差原因或说明理由不合理的，发现1个项目，扣1分，扣完为止
		5	对绩效监控审核发现问题进行修改完善	对审核发现问题未修改完善的，发现1个项目，扣1分，扣完为止
绩效自评管理	25	5	单位应按要求对纳入部门预算的所有预算项目全面开展绩效自评工作，及时报送自评表及自评报告	未全面开展绩效自评的，少1个项目，扣1分，扣完为止； 未按院发通知规定时间报送绩效自评表及自评报告的，每推迟一天扣1分，扣完为止； 绩效自评表以系统数据为准，电子数据和系统数据存在差异，发现1个项目差异，扣0.5分，扣完为止
		10	保证自评结果真实、完整、规范	绩效目标和指标完成值与设定值差异较大且说明理由不合理，发现1个项目，扣1分，扣完为止； 未按要求对绩效指标完成情况打分的，发现1个项目，扣1分，扣完为止； 绩效自评结果不真实的，发现1次扣10分

（续表）

考核指标	标准分	分值	考核内容	计分标准
绩效自评管理	25	5	对绩效自评审核发现问题进行修改完善	对审核发现问题未修改完善的，发现 1 个项目，扣 1 分，扣完为止
		5	积极配合绩效自评抽查验证，对抽查验证发现的问题及时进行整改	未按规定时间提交绩效自评抽查验证材料的，每推迟一天扣 1 分，扣完为止； 抽查验证发现的问题未及时整改的，发现一次扣 1 分，扣完为止； 抽查验证提供材料不真实的，发现 1 次扣 5 分； 经抽查验证核实发现绩效自评阶段弄虚作假，发现一次扣 5 分
财政和部门评价管理	20	5	积极配合财政部、农业农村部开展的绩效评价，及时、完整提供所需资料，配合开展现场评价等有关工作	不配合财政部评价和农业农村部评价的，直接扣 5 分； 未按规定时间提供评价所需资料的，每推迟一天扣 1 分，扣完为止
		10	对评价指出的问题进行整改，并将整改情况按时报送财务局转报部计划财务司	对评价发现问题未整改的，发现一次扣 1 分，扣完为止； 未按时报送整改情况的，每推迟一天扣 1 分，扣完为止
		5	将评价结果应用于完善制度、改进管理	未将评价结果应用于完善制度或改进管理的，每发现 1 项，扣 1 分，扣完为止
合计	100	100		

附表 3

中国农业科学院资产管理考核评分表

<table>
<tr><th>考核指标</th><th>标准分</th><th>分值</th><th>考核内容</th><th>计分标准</th></tr>
<tr><td rowspan="2">编报的及时性</td><td rowspan="2">20</td><td>12</td><td>单位应按照规定时限编制和报送决算数据报表、填报说明、分析报告以及相应电子介质数据等相关资料</td><td>未按规定时间报送全部资料的，每推迟一天扣 2 分，扣完为止</td></tr>
<tr><td>8</td><td>按我院资产类决算审核通知要求的时间，报送修改后的数据及文字材料；按财政部、国家机关事务管理局、农业农村部和院审核口径调整报送调整后的报表及相关材料</td><td>未按规定时间报送的，每推迟一天扣 2 分，扣完为止</td></tr>
<tr><td rowspan="4">编报的规范性</td><td rowspan="4">20</td><td>5</td><td>不得随意增减、更改报告（报表）格式</td><td>有随意增减、更改报表格式的，发现一处扣 1 分，扣完为止</td></tr>
<tr><td>4</td><td>按要求规格打印，报告（报表）装订规范，不得缺页少页</td><td>报表装订顺序有误的，扣 2 分；有缺页少页的，缺少 1 页扣 1 分，扣完为止</td></tr>
<tr><td>6</td><td>报表封面内容填列完整、准确，人名签章和单位公章齐全</td><td>报表封面内容填列有误的或者有缺项的，发现一处扣 1 分，扣完为止</td></tr>
<tr><td>5</td><td>报告（报表）等材料必须以正式文件上报</td><td>未以正式文件形式上报的，扣 5 分</td></tr>
</table>

（续表）

考核指标	标准分	分值	考核内容	计分标准
数据的真实性、准确性、完整性	50	10	数据填报应真实有效、准确无误	数据填报不真实准确的，发现一处扣 1 分，扣完为止
		10	各项资产类决算间同口径数据保持一致，相关数据保持衔接；资产类决算应与单位部门决算、相关软件系统内基础数据等同口径数据保持一致	发现一处不一致的数据扣 2 分，扣完为止
		8	决算表内和表间数据勾稽关系正确无误	勾稽关系不正确的，每修改一处扣 1 分，扣完为止
		8	上下年度相关数据衔接一致（如有变动，应提供相关文件依据）	无合理理由变动的，发现一处扣 2 分，扣完为止
		4	纸质报表数据与系统填报数据一致，报表数据与报告（说明书）数据一致	发现一处不一致的数据扣 2 分，扣完为止
		4	应完整反映单位年度执行情况	资产类决算与预算相比较有不合理的，发现一处扣 1 分，扣完为止
		6	报告（报表）数据填列齐全，无漏报、重报、错报现象	数据漏报、重报或错报的，发现一处扣 0.5 分，扣完为止
填报说明和分析报告	10	1	决算编制的基本情况	未做阐述的扣 1 分，阐述不完整的扣 0.5 分
		4	决算数据汇总、分析情况	未按要求对重点数据做汇总分析的，发现一个扣 1 分，扣完为止
		2	决算编制反映的问题及原因分析	问题及原因分析缺一项扣 0.5 分，扣完为止
		1	填报说明和分析报告应更新资产管理等方面相关情况	未及时更新有关情况的，发现一个扣 0.5 分，扣完为止
		2	应特别说明的事项进行说明并提供有关依据	未进行说明且提供有关依据一项扣 1 分，扣完为止
合计	100	100		

附表4

中国农业科学院部门决算管理考核评分表

考核指标	标准分	分值	考核内容	计分标准
编报的及时性	20	10	按规定时间报送部门决算报表、附表、填报说明、分析报告、电子介质数据以及正式文件等资料	未按规定时间报送相关资料的，相较于院里要求报送的时间，每推迟报送一天扣1分，扣完为止
		10	院里、部里集中会审期间，按照通知要求的时间，对部门决算进行修改，并重新报送相关材料	未按规定时间报送相关资料的，相较于院里要求报送的时间，每推迟报送一天扣1分，扣完为止
报送材料的完整性	10	5	报送材料应包括部门决算报表、附表、填报说明、分析报告、电子介质数据以及正式文件等资料	少报一项内容扣1分，扣完为止
		5	正式文件应格式规范，封面签章和日期应齐全	每错漏一项扣1分，扣完为止
数据的规范性	40	8	财政资金有关指标、非税收入收缴、上缴中央财政专户情况与财政部对账数据一致	出现一处不合理的错误扣1分，扣完为止
		8	决算数据与资产报告、政府部门财务报告等其他报告相互衔接，如有差异应具有合理原因	出现一处不合理的错误扣1分，扣完为止
		6	上下年度相关数据衔接一致，如有差异应具有合理原因	出现一处不合理的错误扣1分，扣完为止
		6	本年收入、财政拨款结转结余的预决算差异率不应过大	差异率在50%～100%的，每个指标扣1分；差异率在100%以上的，每个指标扣2分
		6	决算数据应与单位财务账目和会计报表等相关同口径数据保持一致	出现一处不合理的错误扣1分，扣完为止
		6	决算数据应填报规范，勾稽关系正确，符合预算管理要求、财务管理和会计核算要求	出现一处明显不合理的错误扣1分，扣完为止

（续表）

考核指标	标准分	分值	考核内容	计分标准
填报说明和分析材料	20	10	按照规定体例和内容要求编写决算填报说明	未按照要求的体例格式编写的，发现一处扣1分，扣完为止
		10	按照规定体例和内容要求编写决算分析报告	未按照要求的体例格式编写的，发现一处扣1分，扣完为止
公开完成情况	10	5	按照规定时限公开部门决算	未按规定时限公开部门决算的，每推迟一天扣1分，扣完为止
		2	按照规定内容（要素）和要求、渠道和载体、方式和层级公开部门决算	不符合要求的，出现一处扣1分
		3	做好舆情应对，主动回应关切	发生舆情造成不利影响，发生一次扣1分
合计	100	100		

附表 5

中国农业科学院政府部门财务报告管理考核评分表

考核指标	标准分	分值	考核内容	计分标准
编报的及时性	20	10	按规定时间报送财务报表、报告	未按规定时间报送相关资料的，相较于院里要求报送的时间，每推迟报送一天扣1分，扣完为止
		10	院里、部里集中会审期间，按照通知要求的时间，对政府部门财务报告进行修改，并重新报送相关材料	未按规定时间报送相关资料的，相较于院里要求报送的时间，每推迟报送一天扣1分，扣完为止
报送材料的完整性	10	5	报送材料应包括报表、报告、工作总结、正式文件等相关资料	少报一项内容扣1分，扣完为止
		5	正式文件应格式规范，封面应填列完整、准确，签章和日期齐全	每错漏一项扣1分，扣完为止
数据的规范性	50	20	政府部门财务报告数据与部门决算、资产报告等其他报告数据相互衔接，如有差异应具有合理原因	出现一处不合理的错误扣2分，扣完为止
		10	政府部门财务报告数据上下年度相关数据衔接一致，如有差异应具有合理原因	出现一处不合理的错误扣2分，扣完为止
		10	政府部门财务报告数据应与单位财务账目和会计报表等相关同口径数据保持一致，如有差异应具有合理原因	出现一处不合理的错误扣2分，扣完为止
		10	政府部门财务报告数据应填报规范，勾稽关系正确，符合预算管理要求、财务管理和会计核算要求	出现一处明显不合理的错误扣2分，扣完为止

（续表）

考核指标	标准分	分值	考核内容	计分标准
报告的规范性	20	20	按照规定体例和内容要求编写政府部门财务报告	未按照要求的体例格式编写的，发现一处扣 2 分，扣完为止
合计	100	100		

附表6

中国农业科学院内部控制报告管理考核评分表

考核指标	标准分	分值	考核内容	计分标准
编报的及时性	20	20	按规定时间报送内控报告	未按规定时间报送，每延迟1天，扣1分，扣完为止
内容的完整性	30	30	按规定提交内容完整、规范的内控评估报告、风险自评报告	每少报一个报告或者报告内容不符合要求的，扣15分
数据的准确性	50	20	规定格式内容填写完整、准确，没有漏项和错项	每漏一项或错一项，扣2分，扣完为止
		30	内控报告填报数据与部门决算、财务报告及其他报表同口径数据保持一致	每错一项，扣2分，扣完为止
合计	100	100		

附表 7

中国农业科学院财务检查、审计监督、预算管理一体化动态监控考核评分表

考核指标	计分标准
财务检查	最高扣 5 分。 (1) 不配合财务检查工作的，每次扣 0.5 分； (2) 未按规定时限反馈取证单（证明材料）、报送问题整改情况，以及发生其他不配合财务检查工作情形的，每次扣 0.5 分； (3) 对检查出的问题未整改的，每个问题扣 1 分；部分未整改的，每个问题扣 0.5 分； (4) 对检查报告指出的问题报送已整改但再次检查时发现实际未整改的，每个问题扣 1.5 分；发现部分未整改的，每个问题扣 0.75 分
审计监督	最高扣 5 分。 (1) 国家审计报告中指出存在审计问题的，每个问题扣 0.1 分； (2) 在国家审计和内部审计中，未按审计规定时限反馈对审计取证单（审计证明材料）或者审计报告征求意见稿意见、报送审计问题整改情况，以及发生其他不配合审计工作情形的，每次扣 0.5 分； (3) 对审计报告指出的问题未整改的，每个问题扣 1 分；部分未整改的，每个问题扣 0.5 分； (4) 对审计报告指出的问题报送已整改但审计回访检查发现未整改的，每个问题扣 1.5 分；发现部分未整改的，每个问题扣 0.75 分
预算管理一体化动态监控	最高扣 5 分。 (1) 对财政部预算管理一体化动态监控发现并通报的违规问题进行扣分，“违反规定扩大开支范围、提高开支标准”“违规划转财政预算资金”“通过化整为零、人为拆分或签订虚假合同等方式，将实行财政直接支付的事项采用财政授权支付以规避直接支付审核”“应当实行财政直接支付的事项采用财政授权支付”等问题，每个问题扣 2.5 分；“相关支付凭证信息填写不完整、不规范”等问题，每个问题扣 0.2 分； (2) 对部内开展国库集中支付专项核查发现的违规问题整改不到位的，每个问题扣 1 分；对部内开展国库集中支付专项核查工作不配合的，每个问题扣 0.5 分； (3) 对违规问题报送已整改但再次检查时发现实际未整改的，每个问题扣 1.5 分；发现部分未整改的，每个问题扣 0.75 分

中国农业科学院部门决算管理工作规程

第一章 总 则

第一条 为推进中国农业科学院部门决算（以下简称决算）工作的制度化和规范化，提高决算编制水平，保证决算质量，根据《中华人民共和国预算法》《中华人民共和国会计法》《中华人民共和国预算法实施条例》《部门决算管理办法》《农业农村部部门决算管理工作规程》等，结合中国农业科学院实际，制定本规程。

第二条 本规程所称决算，是指单位依据国家有关法律法规规定及其履行职能情况编制，反映单位所有预算收支和结余执行结果及绩效等情况的综合性年度报告，是改进部门预算执行以及编制后续年度部门预算的参考和依据。

第三条 本规程适用范围为与中央财政直接发生预算缴拨款关系的院属预算单位，涵盖范围与部门预算相对应。院属预算单位包括院本级、院属研究所、中国农业科学院研究生院、中国农业科学技术出版社。

第四条 决算管理工作主要包括决算编制、审核与报送、批复与信息公开、数据资料应用管理等环节。

第五条 中国农业科学院决算由院属预算单位决算汇总组成，包括院本级、院属研究所、中国农业科学院研究生院、中国农业科学技术出版社的决算。

第六条 院决算管理按照“依法依规、科学规范、统一高效”的原则，由财务局实施统一管理。

财务局预算处负责全院决算的布置、培训、审核、汇总、报送、批复、公开和分析应用等组织管理工作，指导院属预算单位开展决算管理工作。

财务局会计处负责编制院本级决算，并做好院本级决算的公开、分析应用和数据资料管理等工作。

院机关相关部门负责配合做好全院决算中涉及本部门职责范围内容的决算编制、审核等工作。

第七条 院属预算单位是本单位决算管理责任主体，按照院决算工作部署，做好本单位决算管理工作，对本单位决算的真实性、准确性、完整性、规范性负责。

第二章　决算编制

第八条　院属预算单位应按以下要求完成决算编制工作。

（一）依法依规编制决算。每一预算年度终了，按照决算编制工作布置，认真开展决算编制工作，做到收支真实、数额准确、数据衔接、内容完整、报送及时。

（二）全面清理核实收入、支出等情况。清理收支账目、往来款项，核对年度预算收支和各项缴拨款项，做到账实相符、账证相符、账表相符、表表相符。按照规定的时间结账，不得提前或者延迟。根据预算会计核算生成的数据、预算批复文件等编制决算，如实反映年度内全部收支，不得以估计数据替代，不得弄虚作假。

（三）规范和完整编制决算。决算报告体系包括决算报表、填报说明和分析报告等，其中决算报表包括报表封面、主表、附表和补充资料表，填报说明和分析报告按照规定体例编写。

（四）做好数据衔接工作。统筹决算编制与预算、财政拨款结转结余、政府采购、“三公”经费、基本支出经济分类预算执行和决算、政府部门财务报告、行政事业性国有资产报告、预算绩效评价报告等编报或信息统计工作，确保同口径数据衔接一致。

第三章　审核与报送

第九条　院属预算单位决算审核的主要内容如下。

（一）决算资料的完整性。包括：以正式文件报送的决算报表、填报说明、分析报告等材料是否齐全，电子数据和纸质材料是否齐全。

（二）决算数据的完整性。包括：决算是否如实反映单位全部收支和资金情况，相关口径与预算批复（含追加调整预算）是否一致，相关数据、文字内容有无漏填、漏写、重复编报等。

（三）决算数据的准确性和合规性。包括：决算数据是否准确反映单位预算执行结果和财务状况，是否符合预算管理、会计制度和有关政策规定，是否符合决算编制要求等。

（四）决算数据的一致性。包括：决算报表表内数据、表间数据是否衔接一致；决算报表与会计账簿数据、决算报表与说明材料中对应数据是否保持一致；电子资料与纸质资料数据是否保持一致；当年与上年数据是否衔接，有关指标上下年变动情况是否合理等。

（五）填报说明和分析报告是否符合决算编制规定。

第十条　院属预算单位编制的决算应提交单位领导班子集体研究审议，经确认无误后由单位主要负责人、财务负责人、编报人分别签字并加盖公章，附会议纪要，在规定时间内以正式文件报送至财务局。

第十一条 财务局组织开展院决算汇审，会同院机关有关部门，审核院属预算单位决算，以及汇总编制中国农业科学院决算。院决算汇审期间，如发现有关院属预算单位的决算存在不符合编制要求的问题，财务局应通知相关单位对决算报表和说明材料进行调整，相关单位应根据审核意见对决算进行相应调整，并在规定期限内重新报送财务局。

第十二条 财务局在规定期限内，将汇总编制形成的中国农业科学院决算提交领导班子集体研究审议，经确认无误后由院主要负责人、财务负责人、编报人分别签字并加盖公章，附会议纪要，在规定时间内以正式文件报送农业农村部计划财务司（以下简称部计财司）。

第十三条 部计财司决算审核期间，财务局根据部计财司提出的决算审核意见，通知有关院属预算单位对决算进行相应调整。按规定调整后的决算经财务局审核汇总后重新报送部计财司。

第十四条 纳入属地财政监管局决算审核范围的院属预算单位，应当根据有关通知要求，将经部计财司审核的单位年度决算抄送属地财政监管局，并积极配合其审核，指定专人实时跟踪了解审核进程，做好解释沟通工作，及时将审核情况和结果报告至财务局。财务局应将院属预算单位接受监管局决算审核的相关情况及时向部计财司报告。

根据审核意见，院属预算单位如需调整相关账务及决算，须在规定期限内将修改后的决算重新报送财务局，财务局在规定期限内将修改后的决算重新报送部计财司。

第四章 批复与信息公开

第十五条 财务局按照《中华人民共和国预算法》和部计财司有关要求，在收到农业农村部的决算批复后，于15日内将决算批复到院属预算单位。

院属预算单位应当根据决算批复文件、审计意见等，办理预算执行调整事项，并依据有关会计准则制度进行会计处理。决算批复后，按照相关制度规定，决算数据确需变动的，应按程序调整下一年度决算年初数。

第十六条 财务局根据部计财司决算公开有关要求，及时制定院决算公开工作方案，编制院级决算公开材料，将院级决算公开材料会签有关部门，报院领导审定并报部计财司备案后，于部计财司批复决算之日起20日内通过院门户网站向社会公开，并及时监测和报告有关舆情动态，妥善回应社会关切。

院级决算公开材料向社会公开后，根据决算公开工作方案，院办公室应会同财务局做好舆情监测工作。院机关相关部门、院属预算单位应提供相关的决算公开说明材料，配合做好舆情监测与应对。

第十七条 院属预算单位是本单位决算公开的责任主体，应根据决算公开工作要求，提前制定决算公开方案，履行内部审批程序，于院批复决算之日起20日内按规定方式公开批复后的决算。按照“谁公开、谁解读”的原则，院属预算单位应主动跟踪舆情动态，妥善做好相关解释工作，如发生舆情应及时向财务局报告。

第十八条 院级及院属预算单位如果出现舆情，根据农业农村部信息公开相关规定、院决算公开工作方案等，财务局及院机关相关部门应及时将相关情况向部计财司和业务归口司局报告。

第十九条 院属预算单位应在规定期限内，向财务局报告本单位决算公开工作情况。财务局根据部计财司要求，汇总报告院决算公开情况。

第二十条 决算公开内容为经农业农村部批复的决算，包括收支总体情况、财政拨款收支情况以及部计财司规定的其他公开事项，涉及国家秘密的信息除外。决算公开材料应按照部计财司工作要求进行编写，可参照农业农村部门户网站决算公开内容和体例，结合单位实际增加相关数据和内容。

第二十一条 根据决算公开及保密管理相关要求，对涉及国家秘密的内容依法不予公开。部分内容涉及国家秘密的，在确保安全的前提下，按照下列原则处理。

（一）同一支出功能分类款级科目下，大部分项级科目涉密的，仅公开到该款级科目。

（二）同一支出功能分类类级科目下，大部分款级科目涉密的，仅公开到该类级科目。

（三）个别支出功能分类款级科目或项级科目涉密的，除不公开该涉密科目外，同一级次的“其他支出”科目也不公开。

对于决算中的敏感信息，应在公开材料中进行必要删减。

第五章　数据资料应用管理

第二十二条 院及院属预算单位应加强对决算数据和预算绩效的分析，强化决算分析结果的反馈和运用，及时解决决算反映的问题，发挥决算对预算编制执行和财务管理等工作的促进作用。

第二十三条 院及院属预算单位应结合中央预算管理一体化工作，充分利用信息技术，推动决算数据共享工作，提高决算数据的应用质效。

第二十四条 院及院属预算单位应按照会计档案管理规定，做好决算资料立卷归档及决算数据的备份保存、管理维护等工作。决算数据资料包括以各种介质存放的决算报表、报表说明、决算分析等。

第二十五条 决算数据资料涉及国家秘密的，应当依法严格执行保密规定，既确保国家秘密安全，又便利信息资源合理利用。

第二十六条 财务局将按有关要求，对决算数据是否与会计账簿一致，是否符合预算管理、会计制度和有关政策规定等情况，适时组织开展监督检查。

第六章 附 则

第二十七条 财务局按照财务综合考核方案，对院属预算单位决算工作进行考核。

第二十八条 本规程由财务局负责解释。未尽事宜按照财政部、农业农村部和中国农业科学院有关规定执行。

第二十九条 本规程自发布之日起施行。原《中国农业科学院部门决算工作规程（试行）》（农科办财〔2014〕9号）同时废止。

中国农业科学院特聘审计员管理办法（试行）

第一章　总　则

第一条　为进一步发挥内部审计监督作用，盘活内部审计人力资源，加强内部审计队伍建设，提升我院内部审计工作质量和效率，根据《审计署关于内部审计工作的规定》和农业农村部有关制度规定，结合中国农业科学院实际，制定本办法。

第二条　本办法所称特聘审计员，是指中国农业科学院按规定程序从院属单位选聘参加我院内部审计工作的人员。

第三条　特聘审计员的管理应当坚持“择优选聘、统筹使用、动态管理”的原则。

第二章　特聘审计员的选聘

第四条　特聘审计员应当具备以下条件。

（一）政治立场坚定，作风务实，自觉拥护并执行党的路线、方针、政策，自觉遵守国家法律法规和各项规章制度。

（二）热爱审计事业，能够保持独立性、客观性和应有的职业精神，严格遵守职业道德，具备较强的事业心、责任感和担当精神。

（三）专业素养高，具有较高的财务审计理论水平和丰富的实践经验，从事审计、会计、资产管理等相关工作 3 年以上，具备履行职责所需要的专业能力。

（四）具有较强的组织协调能力、良好的沟通协作能力和扎实的文字功底。

（五）身体健康，并能够保证参加内部审计工作的时间。

在符合上述条件的情况下，优先选聘具有审计、会计或经济等相关专业中级以上职称，或者具有注册会计师（CPA）、国际注册内部审计师（CIA）资格的人员。

第五条　特聘审计员的选聘程序如下。

（一）中国农业科学院财务局组织院属单位推荐候选人员。

（二）院属单位征求被推荐人同意的基础上，向财务局择优推荐候选人员 1~2 人，并承诺支持其每年参加 1~2 次内部审计工作。

（三）财务局对候选人员的资格条件进行审核及初选，并提出拟聘用人员名单，报中国农业科学院内部审计工作领导小组审定。

（四）经院内部审计工作领导小组审定同意后，向聘用人员颁发“中国农业科学院特聘审计员”聘书。

第六条 特聘审计员实行聘任制，聘期一般为 3 年，期满后综合考虑个人能力水平、业绩贡献、单位情况等因素，可进行续聘。

第七条 财务局对特聘审计员进行动态管理，并根据人员变动情况和内部审计工作任务进行充实或调整。

第三章 特聘审计员的职责和要求

第八条 特聘审计员的工作职责为承担中国农业科学院部署的内部审计相关工作，包括参与经济责任审计等各类审计项目、专项检查、审计课题研究等。

第九条 特聘审计员的主要责任如下。

（一）严格落实中央八项规定精神，自觉遵守审计法律法规、审计纪律、内部审计职业规范和内部审计相关制度规定。

（二）依法审计、文明审计、忠于职守、坚持原则、实事求是。

（三）按时保质保量完成内部审计工作，并对所承担内部审计工作的质量负责。

（四）严格遵守保密规定，增强保密意识，对内部审计工作中知悉的国家秘密和商业秘密以及有关敏感信息负有保密义务并签署保密承诺书。

（五）完成内部审计工作后，移交全部工作资料（包括电子版），需要时有义务配合完成有关后期工作。

（六）特聘审计员参加内部审计工作期间，确需返回所在单位，或者由于其他原因无法继续参加内部审计工作的，经审计组组长批准后方可返回，并做好相关交接工作。

（七）特聘审计员遇有下列情形时，应当如实告知，申请回避。

（1）与被审计单位负责人或者有关主管人员有夫妻关系、直系血亲关系、三代以内旁系血亲或者近姻亲关系的。

（2）与被审计单位或者审计事项有经济利益关系的。

（3）与被审计单位、审计事项、被审计单位负责人或者有关主管人员有其他利害关系，可能影响公正执行公务的。

第四章 特聘审计员的管理

第十条 财务局根据内部审计工作需要，结合特聘审计员的实际情况，提出拟安排参加内部审计工作的特聘审计员名单，并与所在单位协商一致。

第十一条 特聘审计员所在单位应当积极支持其参加内部审计工作，配合做好其本职工作相关安排，并给予时间保障。

第十二条 特聘审计员参加内部审计工作期间，组织人事关系不脱离所在单位工作岗位，工资、奖金、福利等由所在单位负责，内部审计工作经费由财务局解决。

第十三条　财务局强化对特聘审计员的培养锻炼，通过集中培训、经验交流、以审代训等方式，加强业务指导和能力提升。

第十四条　财务局按照财政部、农业农村部等上级部门专家咨询费管理办法等规定的标准和范围，结合特聘审计员在参与内部审计工作期间承担的工作量、工作难度、个人表现等情况，发放一定金额的专家咨询费。

第十五条　财务局结合审计项目难度、参加审计项目次数、实际工作成效及个人团队贡献等因素，每年评选一定数量的优秀特聘审计员，报院内部审计工作领导小组审定后，颁发荣誉证书。各单位应在年度考核、评优评先、职称评审、干部提拔等方面将其作为重要参考。

第十六条　特聘审计员在聘用期间离开院系统、履行职责不到位以及存在违规违纪违法行为的，予以解聘。

第五章　附　则

第十七条　本办法由财务局负责解释。

第十八条　本办法自印发之日起施行。

七、研究生教育与管理

中国农业科学院2023年度研究生教育概况

2023年，中国农业科学院研究生院以习近平新时代中国特色社会主义思想为指导，深入学习贯彻党的二十大精神，全面贯彻党的教育方针，落实立德树人根本任务，在部、院党组的正确领导下，认真学习落实《教育部办公厅等四部门关于加快新农科建设推进高等农林教育创新发展的意见》，紧密围绕“四个面向”“两个一流”，服务支撑“四中心一智库”“四横四纵”人才体系建设，聚焦“国之大者”，以高质量发展为主线，谋划改革发展新思路、新举措，创新人才培养新模式，圆满完成各项任务。

一、坚持党的全面领导，扎实开展主题教育

（一）以党的政治建设为统领，始终做到“两个维护”

坚决贯彻落实习近平总书记重要指示批示精神，认真落实党中央、部、院党组决策部署，加强党对研究生教育工作的全面领导。坚持“两个第一”学习制度，全年共组织召开理论学习中心组（扩大）学习会5次、党委（扩大）会46次。严守意识形态阵地，针对教职工、学生等群体做好思想工作，增强意识形态工作的针对性和实效性。完成党委委员和纪委委员增补，组织干部职工参加学习贯彻党的二十大精神网上专题班，完成度100%。做好2019—2023年党员教育培训工作贯彻落实情况总结评估，党员、基层党组织书记和班子成员每年集中学习培训和集体学习规定学时100%达标。

（二）凝心铸魂，扎实开展学习贯彻习近平新时代中国特色社会主义思想主题教育

按照《中共中央关于在全党深入开展学习贯彻习近平新时代中国特色社会主义思想主题教育的意见》和有关部署要求，结合研究生院实际，制定主题教育实施方案，推动主题教育走深走实。

加强组织领导，严格落实责任。成立主题教育领导小组，党委书记、执行院长担任组长，领导班子成员落实“一岗双责”，对分管处室、联系支部的主题教育加强督促指导。院党委带头学习、带头研讨、带头调研，以上率下。

全面系统学习，强化理论武装。全体党员干部坚持读原著学原文悟原理，领导班子带头认真研读必读书目原文，结合工作实际深入思考，不断加强学习领会习近平新时代

中国特色社会主义思想的科学体系、精髓要义、实践要求。通过党委会、支部会、理论学习中心组、专题读书班、专题集中学习研讨会、“七个一”系列活动等方式，集中学习主题教育书目节选，围绕不同专题交流学习体会。深入开展党员教育培训教学活动，组织教职工党员赴河南开展宁陵精神、新乡精神、中棉所精神、红旗渠精神等“精神谱系”党员学习教育活动；赴延安开展主题教育；参观学习国家作物种质库和国家农业科技创新园。此外，围绕主题教育举办了学习贯彻习近平总书记致我院贺信精神 6 周年专题辅导报告会、党的二十大精神总体解读专题辅导报告会。

深入调查研究，破解改革发展难题。重点围绕推动“两个一流”建设、思政教育、课程与教材建设、学科建设、学位授予质量提升、生源质量提升、教育国际化、教学督导、基层“三农”队伍培训等方面，深入研究生培养单位和有关高校开展调研，以深化调查研究推动解决发展难题，有关处室负责人分享交流体会。召开调研成果交流会，领导班子成员和党员代表结合主题教育，围绕党建与业务互融互促、“两段式”培养模式下研究生教育管理服务优化、新形势下进一步提高研究生生源质量、研究生课程教材建设等方面，交流调研成果，分享学习体会。

认真检视整改，不断推动高质量发展。在主题教育中抓好干部队伍和纪检干部教育整顿工作，认真开展个人自查、学习教育、检视整治。深入查摆不足，检视查找出研究生招生规模和生源质量有待进一步提升、加强新时代研究生思想政治工作的新举措还需进一步探索、对党员领导干部及年轻干部的全面监督需要进一步加强等问题，逐项明确整改目标、时限、措施及牵头负责人，做好主题教育整改落实情况自查。

（三）加强领导班子和干部队伍建设，打造高素质干部队伍

认真落实院党组《贯彻落实〈中共中央关于加强对“一把手”和领导班子监督的意见〉的实施办法》，建立健全监督管理长效机制。严格落实《党政领导干部选拔任用工作条例》等制度，坚持把政治标准放在首位、贯穿始终，对处级及以下全体干部职工岗位调整，从院属单位调入 8 名年轻干部充实后备人才力量，做好 2022 年提拔的 4 名处级干部试用期满考核工作，为单位事业发展提供有力人才保障。实施兼职班主任制度，完成第十三批班主任（辅导员）聘任，48 名青年教工担任班主任，强化年轻干部在教育一线锻炼成长。注重强化干部职工理论素养，开展干部职工素质提升培训，邀请有关专家围绕“马克思主义中国化”“党的二十大精神解读”“党中央在延安”等专题讲授党课，邀请上级部门领导、有关专家分别围绕公文写作及心理健康等进行专题辅导报告，不断加深领导干部对党的理论、党史的理解领悟，加强教职工素质能力建设，高质量推动研究生教育工作。积极选派干部参加上级调训和挂职锻炼。贯彻执行部系统处级及以下党员干部日常提醒监督实施办法，落实一把手和分管领导与年轻干部、青年职工谈心谈话制度，形成教育管理合力，激励年轻干部健康成长。

（四）加强组织建设和群团工作，建强战斗堡垒

加强党支部建设，结合研究生院机构调整和人员变化实际情况调整教工党支部。严肃党内政治生活，指导支部严格落实“三会一课”、谈心谈话等组织生活制度、为党员购买“政治生日”读本，加强学习型党组织建设。持续推进党支部标准化规范化建设，认真开展“四强”党支部复查推荐，新增1个教工支部并获中央和国家机关“四强”党支部。坚持师生党建分类指导、齐抓共管、一体推进，推动实现党的组织和党的工作全覆盖。积极参加评选院“两优一先”，扎实推进群团统战工作，充分发挥党支部在选人用人中的监督作用，全年新发展在职教工党员4名，研究生党员89名。指导所属学生党支部开展“学习两会精神，凝聚奋斗力量”主题党日、“三农”知识问答等“三会一课”百余次；组织开展第四十一期业余党校培训班、第十四期预备党员培训班，对全院403名研究生积极分子和50名预备党员进行系统培训，强化对习近平新时代中国特色社会主义思想的学习；圆满完成2022—2023学年度研究生“两优一先”评选表彰，发挥研究生党支部战斗堡垒作用和党员先锋模范作用。工会积极开展趣味运动会、春秋游活动，组织参加农业农村部2023年职工广播操比赛、院工会职工健步走、扑克牌团体赛、摄影、好书推介、阅读与身心健康讲座、“村BA”篮球选拔赛等活动；青委会加强青年理论学习小组建设，组织开展“学思想　弘精神　凝力量　建新功”青年联学活动；妇委会组织继续积极参加“恒爱行动”，开展插花讲座、摄影展等活动，群团活力进一步加强，职工集体荣誉感和团队凝聚力显著提高。

（五）坚持严的主基调，推动全面从严治党向纵深发展

以政治建设为统领，立足职能职责，围绕推动党的二十大精神、党中央重大决策部署、部院重要工作贯彻落实等强化政治监督。加强党风廉政建设，开展经常性纪律教育和廉洁教育，开展“廉政风险防控制度执行情况‘回头看’”，修订《中国农业科学院研究生院廉政风险防控手册》，提升廉政风险防控工作规范化、制度化水平。发挥好党支部、纪检小组优势，加强近距离、常态化特别是对重要岗位、关键环节的日常监督，坚持不懈抓好八项规定精神学习贯彻落实。深入开展纪检干部队伍教育整顿，落实纪检干部学习制度，通过强化学习、检视整治、纪委书记廉政教育报告等，提升监督执纪能力水平，推进教育整顿见行见效，不断推动研究生院全面从严治党取得新成效。

二、围绕立德树人根本任务，全面提升人才培养质量

（一）严格招生录取考核，规模质量持续提升

严格落实教育部、北京市教委各项部署要求，做好 2023 年全国硕士研究生入学考试复试、调剂，博士研究生“申请—考核制”学科初选、复核。严格落实 2024 年研考初试环节增设智能安检门等新要求，细化工作方案、优化工作流程，认真做好各项工作，顺利完成组考任务，实现“三无三稳三确保”的工作目标。开展自命题改革，优化和调整试题内容，2024 年硕士研究生招生考试研究生院自命题科目由 38 门压缩至 33 门。积极向教育部多渠道申请增加招生指标，2023 年教育部下达研究生院硕士招生指标 1 375 个，较 2022 年增加 55 个，增长 4%，其中“海南专项”和少数民族骨干计划分别增加 50 个和 5 个；下达研究生院博士招生指标 472 个，较 2022 年增加 38 个，增长 8%；其中“海南专项”“生物育种专项”较 2022 年分别增加 15 个和 18 个。探索新形势下加强与高水平院校交流与合作的新模式，与北京大学现代农学院开展全方位、深层次的人才培养合作，共同在研究生院招收培养高层次农业科技拔尖人才，首批招收博士研究生 3 名。加大招生宣传力度，通过赴相关优势专业农林高校座谈宣传、组织直播、指导并参与培养单位宣讲及夏令营活动等多种方式，提高宣传效果，吸引更多优秀生源报考。2024 年研究生院拟录取推免生（含直博生）人数首次突破 200 人，达到 203 人，较 2023 年增长 5. 18%。

（二）加强课程及教材建设，教学改革迈向深水区

首次开展中国农业科学院教材建设，出台《中国农业科学院“十四五”研究生教材建设规划》。首次组织开展研究生规划教材立项评审，聚焦“国之大者”批准立项“作物种质资源学”等 30 个项目，将科研和人才优势转化为人才培养优势，为打造具有农科特色，培根铸魂、启智增慧的精品教材奠定坚实基础。2023 年研究生院北京院区集中教学阶段开课 171 门、271 门次，全年新开课程 9 门，优化调整课程 17 门，组织课程外出实习 21 次，进一步丰富课程资源，加强实践教学，提高教学质量。指导中国水产科学研究院无锡教学点集中教学阶段首次开课。持续加强回所课程建设与管理，17 个培养单位统一组织开设课程 75 门，较 2022 年增长 20%。首次开展在线课程建设，制订《中国农业科学院研究生在线开放课程建设技术要求》，组织在线课程建设立项申报与评审工作，推动信息技术与研究生教育教学深度融合，助力新形态教材数字资源建设。稳妥有序完成 3 次英语四级、六级组考，共 2 734 人次报考，其中报考四级 700 人次，报考六级 2 034 人次。

（三）强化关键环节管理，培养体系不断完善

组织召开中国农业科学院研究生院教学委员会五届三次会议，制订《中国农业科学院博士研究生资格考试管理办法（试行）》《中国农业科学院研究生新开课程管理办法（试行）》，修订《中国农业科学院博士研究生培养工作规定》《中国农业科学院学术学位硕士研究生培养工作规定》《中国农业科学院研究生回所课程教学管理办法》等制度。首次按照一级学科制修订研究生培养方案22个，进一步明确各学科培养目标；将核心课程目录纳入培养方案，提高选课自由度；增加研究生文献阅读书目，拓宽研究生学术视野；增加博士研究生资格考试环节，切实提升培养质量。组织各级研究生完成论文研究计划制订、开题报告、回所课程、学术活动、实践训练、科研记录检查、中期考核等培养关键环节。

（四）发挥“大思政”辐射作用，意识形态领域安全防线牢不可破

组织开展课堂动态跟踪调查，定期对学校意识形态领域问题进行分析研判，持续开展“中国农业科学院党组书记进课堂”“研究生院书记、院长进课堂”系列活动，加强党史、院史与国情、院情教育。增加“乡村振兴理论与实践”课程授课班级，通过小班精品线下教学模式，提高课程教学效果。强化学术规范与诚信教育，严格研究生必修课程“科研诚信与学术道德”管理。新增开设“中西视野下的中国思想”思政选修课，加强中国传统文化教育，增强研究生爱国情怀与文化自信。加强思政教师机构与队伍建设，成立“马克思主义教研室”，引进中国农业科学院特聘研究员1人、公开招聘专职思政教师1人。

（五）丰富校园活动，研究生综合素养进一步提高

深入学习贯彻习近平总书记关于深入开展学雷锋活动的重要指示精神，组织召开学生青年志愿者表彰大会，开展社区志愿值守、爱心捐赠、义务清扫、义务植树、无偿献血等活动。加强学风建设和“一懂两爱”宣传教育，为金善宝院士塑像揭幕，参加首都高校科学家精神宣讲会，组织第十七届研究生学术节、廉洁文化进校园系列活动、“和美乡村”短视频暨摄影大赛、“校园回忆录”征集，弘扬农业科学家精神，促进理想信念、价值理念、优良传统等深入学生思想和心灵，涵养优良学风。谋划丰富多彩的团学活动，全年围绕思政、人文、艺术等主题组织树人讲堂16期，开展青春风采展示大赛、“一二·九”合唱比赛，组织女生节、心理节、寝室文化节、新生篮球赛、干部素质拓展培训等一系列活动，积极展现农科学子朝气蓬勃的精神风貌，全面提升研究生人文素质水平。加强实践创新，组织并指导学生参加中国研究生乡村振兴科技强农+创

新大赛第一届乡村振兴志愿服务技能大赛、第二届中国研究生“双碳”创新与创意大赛、第二十届研究生数学建模竞赛、第二届中国研究生网络安全创新大赛等国家级研究生实践创新赛事并斩获佳绩。

（六）严格出口质量把关，学位授予质量稳中有升

坚持“严”字当头、质量为先，严格学位论文格式审查、评阅、答辩、复制比检测、学位申请材料审核等关键环节管理，充分发挥三级学位评定体系作用，加强对评阅环节存在问题学位论文的答辩督导及审核把关，确保学位论文质量。稳妥有序组织开展2023 年学位论文答辩，召开院学位评定委员会十届五次、六次会议，授予学位 1 370 人（其中博士学位 342 人、硕士学位 1 028 人）。组织完成 2022 年度院级优秀学位论文评选，表彰优秀博士学位论文 10 篇、优秀硕士学位论文 19 篇，树立优秀标杆，带动论文质量整体提升。2020—2021 学年国家博士学位论文抽检全部合格，截至目前已连续 6 年保持抽检全部合格。3 篇博士学位论文荣获 2023 年北京市优秀博士学位论文奖。

（七）启动督导反馈机制，开创以导促学新局面

把握督导工作的本质和规律，成立专门机构并全面启动教学督导工作，初步构成教学督导工作体系。开展高校督导工作调研，制修订《中国农业科学院研究生院教学督导委员会管理办法》《中国农业科学院研究生院教学督导工作实施细则》《中国农业科学院研究生院教学督导工作暂行办法》，明确细化研究生院教学督导工作组织管理、核心工作内容及具体实施方式。成立首届教学督导委员会，组织召开第一届督导委员会会议，颁发委员聘书并开展多种形式的培训学习，加强督导队伍建设。全年督导听课 168 门、606 学时，涉及 208 名教师。其中，新开课程 15 门、新任授课教师 30 名、优化核心课程 27 门，巡视期末课程考核 33 门。对兽医学院、南繁学院、深圳研究生院及无锡淡水中心开展教学专项调研和督导。及时反馈问题，提出改进建议意见，做到督教、督学、督管并重，督与导并行，推动教学质量提升。

（八）深化人才引育管理，打造育人新生态

组织全体导师开展师德集中学习教育及专项整治，营造践行高尚师德的良好氛围。落实院人才政策，加大对优秀青年科技人员的支持力度，完成 2022 年博士生导师遴选及硕士生导师备案，遴选博士生导师 73 人、备案硕士生导师 222 人，导师队伍不断壮大。实施导师招生资格动态管理，严把招生导师队伍质量，审核通过 2 080 名导师 2024 年招生资格，选拔高水平导师进入招生师资队伍，吸引更多优秀生源报考。新聘 190 名专业学位研究生校外导师、续聘 123 名专业学位研究生校外导师。成功举办 2023 年新

任导师岗前培训班、第七届教师教学培训班、班主任工作坊培训，院党组书记对254名参训导师进行集体政治谈话，切实提升师资队伍管理理念、指导能力和育人能力。

（九）鼓励先进树典型，创先争优氛围浓郁

组织评选表彰2022—2023学年教学名师6人、优秀教师55人、优秀教师团队37个，营造尊师重教氛围，增进教师教学荣誉感，发挥先进典型示范引领作用。组织评选表彰2022级课程学习优秀奖获奖硕士研究生265名，2021级中期考核优秀奖获奖博士研究生166名、硕士研究生279名。组织研究生学业奖学金评审，涉及研究生5 167人，发放金额4 444.42万元；发放国家奖学金、勤学励志助学金、大北农奖学金和三仪奖学金、323名学生获得资助，涉及金额362万元；开展优秀学生干部、社会活动优秀奖、优秀毕业生、先进班集体评选工作，获奖学生878人，发放优秀学生干部奖金32.7万元。评审资助研究生临时性困难补助22人，金额15.9万元，特困生生源地贷款552人。评选表彰中国农业科学院2022年度研究生教育管理工作先进集体11个、先进个人13人。完善优化指标体系，完成2023年度研究所研究生教育评价，发挥“指挥棒”作用，引导教育管理提质增效。

（十）加强指导帮扶，多措并举促进高质量充分就业

首次设计编印《就业指导手册》，帮助毕业生了解政策规定以及手续办理程序。开展系列就业创业指导讲座22场次；举办春季、秋季4场大型线下双选会，其中研究生院独立举办2场，共90家用人单位，1 200人次参与；首次举办“毕业生就业促进月”系列活动，通过加强校企对接、开展直播带岗、加强就业指导等，有效助力毕业生高质量充分就业。邀请江西省农业科学院等科研单位和高校，来研究生院开展专场博士研究生招聘宣讲。海南省委组织部首次将研究生院列入定向选调生院校名单，共推荐20名毕业生报名，录用9人。修订《中国农业科学院研究生院毕业生赴西部地区、艰苦边远地区和基层就业奖励办法》，积极引导毕业生面向西部、面向基层就业鼓励毕业生到西部地区和基层建功立业。通过系列举措，有力促进研究生院毕业生高质量充分就业，截至目前，研究生院2023届毕业生整体就业率达到88%，位于京区科研单位前列。

三、深入推进学科建设，着力提升科技创新及社会服务能力

（一）组织专项核验，以评促建提升学科建设水平

认真落实国务院学位委员会 教育部《关于开展2023年学位授权点专项核验工作的通知》要求，组织完成研究生院农业工程、兽医博士等6个学位授权点专项核验，

坚持“以评促建、以评促改、评建结合、重在建设”，通过梳理建设进展，认真查找不足，促进学位点内涵式发展，持续提升学科建设水平。现已经收到 5 个学位点的核验结果，均为“合格，继续授权”。各学位点根据学科评议组、教指委提出的存在问题和改进建议，认真制订提升改进方案，探索建立具有农科特色的人才培养模式，不断提高培养质量。

（二）打造拓展“校友圈”，发挥校友榜样力量

制定《中国农业科学院研究生院毕业班校友联络大使聘任管理办法（试行）》，首批聘任 27 名毕业生为校友联络大使。组织开展第一届中国农业科学院杰出校友评选工作，评选表彰 22 名杰出校友，为在校学生成长成才树立优秀榜样。组织开展校友沙龙、校友讲坛等活动，凝聚校友力量。发挥“留学农科”品牌效应，开展外籍留学在校生和校友调查，完善校友信息库，在校生的留学生教育总体满意度达到 88. 37%，较 2019 年提升 10. 02%，着力培养造就知华友华的高层次国际化人才。

（三）发挥基金会公益效应，服务院所发展需求

稳步推进北京中国农业科学院农业发展基金会工作，完成理事长变更和基金会功能型党支部书记调整。积极拓展院内外募捐渠道，扩大基金规模，接受腾讯公益慈善基金会捐赠作科所国家作物种质库 2. 0 项目，到账经费 1 100 万元。与大北农集团、中国农业科学院哈尔滨兽医研究所正式签署全面战略合作协议。资助“第五届农科开放日”30 万元；做好作科所智慧育种项目的财务管理和项目监督；完成庄巧生小麦基金立项，为 2022 年度 3 名获得研究奖的专家发放奖金 14 万元；向门头沟灾区捐赠 7. 2 万元物资；支持第二届农业科技图书奖 50 万元；赞助第七届国际农科院院长高层研讨会 50 万元，着力打造基金会品牌，全面提升知名度和影响力。

（四）擦亮培训中心金字招牌，服务乡村振兴主战场

扎实做好乡村振兴人才培训工作，积极完成农业农村部“西部之光”访问学者及少数民族特培学员、新疆农科院短期访问学者培训，落实好院“田间课堂”行动和乡村振兴科技支撑示范县人才培训任务、各部委及地方、院属研究所等人才培训项目，全年圆满完成培训任务 43 期，累计线下各类培训 13 000 人次，向农业农村最需要的地方培养输送一大批高农技水平人才，为乡村振兴源源不断提供坚实的人才保障。丰富培训项目来源，引进国家乡村振兴局“驻村第一书记双创人才孵化项目”、人力资源社会保障部①“专业

① 中华人民共和国人力资源和社会保障部，全书简称人力资源社会保障部。

技术人才知识更新工程高级研修项目”、新疆农业科学院短期访问学者项目等20个部委及地方项目。强化培训体系建设，升级“农业农村技术技能人才职业技能培训项目”，打造乡村振兴职业经理人等系列农业人才精品项目，搭建上线学习系统平台，充实网络培训模式与内容，完善培训管理体制机制，提高人才培训质量。新设立培训基地3个，与农业行业各集团建立战略合作关系，为乡村振兴提供有力人才支撑。

四、聚焦特色优势，国际化发展迈上新台阶

（一）留学生教育内涵式发展取得新成绩

积极争取中国政府奖学金和北京市外国留学生奖学金项目，推荐60名专家入选中国政府奖学金来华留学评审专家，2023年录取留学生77人，其中国奖生63人、院奖生14人，中国政府奖学金名额较2022年增加36.9%，北京市外国留学生奖学金名额增加18.5%。完成新生报到和老生返校注册，境外留学生返校（所）176人。组织春季学期开课11门、秋季学期开课18门课，完成5门课程教学督导。组织完成留学生开题报告、中期考核等培养环节，7名留学生获得中期考核优秀生荣誉。完成2022年度中国政府奖学金绩效评价报告。积极组织参加各类文化社会实践活动，包括科技部“海外杰青项目”10周年研讨对话、商务部项目留学生征文比赛、中央电视台“赏味敦煌”节目、在京外国友人环昆明湖长走、非洲科学院院长来访座谈等，在文化交融中讲好中国故事。完成研究生院来华留学生高等教育质量再认证报告和自评工作。2023年毕业留学生58人，共计发表第一作者（含共同第一作者）论文106篇（生均1.83篇），论文平均影响因子4.258，单篇最高影响因子12.084。

（二）中外合作办学项目办学取得新成效

2023年招收中外合作博士学位教育项目博士生40人，中比项目70%的生源来自中国农业科学院、海外高校、双一流高校，中荷项目90%的生源来自中国农业科学院、海外高校、双一流高校，项目学生英语水平和生源质量明显提升。2023年中比项目新增毕业生16人，共发表学术论文105篇，其中SCI一作论文72篇、生均4.5篇，单篇最高影响因子17.4；中荷项目新增毕业生12人，共发表学术论文69篇，其中SCI一作论文42篇、生均3.5篇，单篇最高影响因子9.2。联合国粮食及农业组织（FAO）在意大利首都罗马举行2023世界粮食日和世界粮食论坛活动，中比项目2022级博士生作为领队成员荣获“水在农业粮食体系转型中的作用”专项奖和“变革性研究挑战（TRC）”总冠军，是中国团队首次在此活动中进入决赛并获得奖项。

（三）国际合作与交流取得新发展

2023年应届毕业生出国攻读学位26人次，应届毕业生出国开展博士后研究15人次，在校生赴境外学习获得外方学位34人次，学生短期出国交流（连续90天及以上）124人次，参加国际会议做口头报告145人次。研究生院派出2个团组（10人次）出访乌兹别克斯坦、哈萨克斯坦、坦桑尼亚、布隆迪4国，接待来自荷兰、南非、巴基斯坦的4个来访团组13人次，新签合作谅解备忘录6份。引进列日大学（比利时）、瓦赫宁根大学（荷兰）和国际应用生物中心网络课程共计5门。组织高水平建设大学项目申报经验交流会，提升学生国际视野，成功申请国家留学基金委项目攻读国外博士学位的硕士5人，成功申请联培博士43人，录取率69.35%。完成2023年乡村振兴人才培养专项人员选拔报送。完成研究生院代表中国农业科学院加入了“食物、保护、护理全球合作博士平台”的前期工作，2名博士生获外方资助，将参加2024年3月在法国举办的学术交流活动。

五、深化教育综合改革，办学条件支撑保障逐步增强

（一）抓管理体制机制创新，科研机构办学特色进一步凸显

深入推进国际教育学院实体化建设，完善来华留学生管理制度，制定或修订《中国农业科学院研究生院外国留学生招生管理办法（试行）》《外国留学生手册》，中国农业科学院党组会议审议通过国际教育学院领导班子成员建议人选。积极探索“学院制”改革之路，兽医学院培养管理体系成熟完备；深圳研究生院在读研究生已达808人；南繁学院在高校分支机构整体评价中排名位列第三、教学综合评估位列第二。设立研究生院西南管理分院、北方管理分院、中原管理分院、西北管理分院，集中区域教育优势资源，推动农科教、产学研紧密结合。依托科技小院助推应用型人才培养，首批获得国家级支持建设的48个科技小院已全部挂牌；接受全国农业专业学位研究生教育指导委员会对吉林公主岭玉米杂粮科技小院的实地调研考察并获肯定。根据教育部有关意见及部、院党组部署安排，积极推进中国现代农业联合研究生院建设。

（二）抓基础设施建设，教学生活条件进一步改善

对学生食堂实施科学化管理，严把采买准入关，全链条、全过程管控食材供应，加强对原材料的检验检测、对生产流程的监督控制，对安全与卫生的监督管理，确保师生用餐安全有保障。完成基础修缮，包括中关村院区风雨操场顶棚更换加固和地面更新、学生公寓及浴室食堂等修缮维护、马连洼院区综合楼部分卫生间改造，以及办公楼办公

室和教学楼卫生间改造，保障各类场地及设施设备安全运转。做好教室管理、毕业生退宿、搬迁，妥善安排秋季学期及夏令营学生住宿。加强相关楼长及值班员培训，确保管理到位，服务学生热情周到。完成资产情况统计及政府采购。大力推进信息化建设，定期对所有教室设备进行巡检、升级，解决各种设备故障。完成马连洼校区网络带宽升级、产业楼无线网络搭建、网络安全设备规则库升级。完成一卡通新卡制作等建设工作。

（三）抓课题研究，“以研促教”进一步实现

做好基本科研业务费项目管理，鼓励职工积极申报课题，提升研究水平、强化业务能力。组织完成2020—2022年三年绩效评价（包括8个院统筹项目、35个所统筹项目），开展完成所统筹项目结题验收（43个项目）、进展检查（5个项目）与立项申报（9个项目）。完成大北农科技奖评选专家推荐、国家自然科学基金项目结题与申报等。组织实施并顺利通过2021年修缮购置项目院级验收，购置生物学实验室教学设备7台套，投入至实验课教学使用，切实增强教学效果，加强研究生实操能力、创新性实践能力培养，有效提高研究生院教学科研水平。

（四）抓人事管理，干事创业原动力进一步激发

根据有关政策，制定实施奖励方案，调整年终绩效等发放方式和标准，最大程度保障全体职工的切身利益。全力推进养老保险改革工作，2023年8月实现首次征缴，2024年1月实现退休待遇纳入中央国家机关及事业单位的社会保险发放。完成2022年度职称评审，推荐正高级1人，评审副高级3人、初级1人，其中专职教师首次按照“全职从事教研教学人员”条件参评。完成2023年享受政府特殊津贴人员推荐上报、专业技术岗位第八次分级聘用和第六次聘期考核、管理七级及以下岗位聘用等。开展2023年度两个批次公开招聘，更换劳务派遣公司，确保编外人员权益，管理服务更加专业规范。做好离退休服务工作，积极搭建线上平台和线下阵地，组织建言献策、书画摄影作品展示、健步走等各类活动；重视日常关怀慰问，及时落实福利待遇，对孤寡独居、遭受家庭变故以及自身健康情况有重大变化的老同志，加强心理疏导，加大经费保障，体现组织温暖。

（五）抓财务管理，资金保障和创新服务能力进一步提升

坚持科学建账、规范使用会计科目，严格执行报销审批规定，确保财务工作规范有序。合理编制收支预算，严格预算管理，有力推进预算执行进度。加强日常财会监督，执行财务信息公开制度。及时催缴学费收入，积极组织培训收入，积极盘活存量资金利

息收入，做好资金保障。始终坚持“改革创新一小步，服务提升一大步”的服务宗旨，不断创新工作方式方法，利用微信小程序、二维码扫码完成在校生学费、住宿费、水电费等手机自助缴费、学员培训费手机自助缴费，并将纸质发票改为电子发票，可批量发送邮箱，节约时间提高效率，切实提升学生学员满意度，实现了让“数据多跑路，让学生少跑腿”的创新，为研究生教育事业提供了优质、高效的服务保障。

（六）抓内部保障，综合支撑能力进一步增强

切实把“安全责任重于泰山”的理念贯穿到各项工作中，加大安全生产及保密工作力度。全年大检查 10 余次，各类小型检查 50 余次，对安全隐患进行整改 30 余项，督促隐患整改率达 100%。开展了家庭急救、红十字救护员、防电信诈骗、安全防卫常识培训、消防培训、学生公寓消防疏散演练、危险化学品及危险废物安全培训及应急演练等各类宣教培训 10 余次，80 余名教职工取得“红十字救护员证书”，培训覆盖人群不少于 2 000 人。做好中控室消防设备改造更新、消防及电器设备检测整改，参加中国农业科学院第四届“消防技能大比武”活动，获得团体一等奖、消防水带链接三等奖、灭火器灭火一等奖。近年来首次组织召开研究生教育管理工作会议，全面总结“十四五”阶段性经验成效，谋划部署下一步重点工作。组织召开院长办公会 42 次，着力加强议题材料审核及组织协调，确保会议务实高效。全年处理收文 191 份、发文 158 份、会议纪要 55 期，加强形式审核，提高运转效率。及时统筹完成各类委员会、工作小组人员调整。认真起草各类文稿，做好上级领导、兄弟单位等来院调研接待。认真学习、及时跟进有关政策要求，充分利用网站、宣传栏、电子屏等做好宣传工作。加强督办，推进重大决策部署、重点工作任务落地见效。努力做好职工福利发放、帮扶慰问，营造和谐向上的良好氛围。

2022 年北京市学位委员会动态调整增列学位授权点名单（中国农业科学院）

2023 年 9 月 14 日，北京市学位委员会下达了 2022 年动态调整撤销和增列学位授权点名单，中国农业科学院增列“资源与环境”硕士专业学位授权类别。

中国农业科学院研究生院第一届教学督导委员会成立

农研生〔2023〕74 号

各处室、院属各研究生培养单位、各学院：

为健全我院研究生教学质量保障体系，加强教学督导队伍建设，不断提升研究生培养质量，根据《中国农业科学院研究生院教学督导工作暂行办法》（农科研生〔2023〕73 号）、《中国农业科学院研究生院教学督导委员会管理办法》（农科研生〔2023〕53 号）、《中国农业科学院研究生院教学督导工作实施细则》（农科研生〔2023〕54 号）等文件精神，研究生院于 6 月 16 日印发了《关于推荐中国农业科学院研究生院教学督导委员的通知》，各相关研究生培养单位按照通知要求，共推荐第一届教学督导委员会委员 21 人。

研究生院在各相关研究生培养单位推荐的基础上，综合考虑研究生培养方案、课程体系、学科专业、专家年龄及个人意愿等因素，经研究生院党委会议研究决定，确定了第一届教学督导委员会委员名单。

第一届教学督导委员会由相关研究生培养单位推荐的专职督导委员和研究生院委任的兼职督导委员共 15 位委员组成。教学督导委员会主任委员由研究生院原副院长王述民研究员担任，副主任委员由农业资源与农业区划研究所刘荣乐研究员、中国农业大学马克思主义学院李明教授担任，委员名单见附件。

教学督导委员会对我院研究生教育教学等工作履行监督检查、评价指导、信息反馈及咨询建议等职责。督导委员的工作主要包括：按照分工参与研究生集中教学、回所课程、实验与实践教学的听课评课，督查“教与学”的情况，填写相应的教学质量评价量表，积极总结推广课堂教学先进典型，及时指出教学过程中出现的问题并提出改进意见建议；参加我院组织的期初、期中、期末教学检查和教学评估等工作，参与专题师生座谈会、教研活动等；协助我院做好新任教师试讲听课、新任教师试用期与合同期届满考核工作，加强对新开课、开新课和新任教师的教学情况督查，帮助新任教师掌握教学技能和教学规律；定期检查教学大纲、教学 PPT、讲义、教材等教学资料；每学期参加督导工作会议，撰写个人督导工作报告，做好督导信息交流反馈工作等。

中国农业科学院研究生院第一届教学督导委员会聘任暨第一次会议拟定于 8 月下旬召开，届时以会议通知为准。

附件：中国农业科学院研究生院第一届教学督导委员会名单

中国农业科学院研究生院
2023 年 7 月 11 日

附件

中国农业科学院研究生院
第一届教学督导委员会委员名单

序号	姓名	性别	出生年月	工作（推荐）单位	学科专业	工作情况（在岗、退休）	备注
1	王述民	男	1962 年 10 月	研究生院	作物种质资源学	退休	主任委员
2	李　明	男	1963 年 2 月	中国农业大学	科学社会主义	退休	副主任委员
3	刘荣乐	男	1963 年 3 月	资划所	植物营养学	退休	副主任委员
4	杨正礼	男	1960 年 4 月	环发所	生态学	退休	专职委员
5	孙国庆	男	1963 年 5 月	生物所	生物学	退休	专职委员
6	李　聪	男	1958 年 4 月	牧医所	草学	退休	专职委员
7	吴敬学	男	1958 年 10 月	农经所	农业经济管理	退休	专职委员
8	张克诚	男	1962 年 11 月	植保所	植物保护	退休	专职委员
9	诸叶平	女	1959 年 3 月	信息所	信息技术与数字农业	退休	专职委员
10	景蕊莲	女	1958 年 4 月	作科所	作物遗传育种	退休	专职委员
11	卢　鹿	女	1976 年 7 月	研究生院	英语语言教育	在岗	兼职委员
12	汪勋清	男	1966 年 2 月	研究生院	分析化学	在岗	兼职委员
13	赵百锁	男	1974 年 5 月	研究生院	微生物学	在岗	兼职委员
14	卓　炯	男	1984 年 7 月	研究生院	教育经济与管理	在岗	兼职委员
15	温　洋	女	1970 年 7 月	研究生院	植物营养学	在岗	兼职委员

注：委员按专兼职分列，分别以姓氏笔画顺序排序。

关于公布中国农业科学院 2023 年新增博士研究生指导教师名单的通知

农科学位〔2024〕3 号

院属各研究生培养单位：

根据《中国农业科学院研究生指导教师工作条例》的规定，严格按照个人申报、研究所学位评定委员会初审、研究生院资格审查、研究生院组织院外同行专家通讯评议、院学科评议组复审、院学位评定委员会终审的遴选程序，经中国农业科学院第十届学位评定委员会第六次会议审议并无记名投票表决，遴选 149 人为博士研究生指导教师。名单经公示无异议，现予以公布（见附件）。博士研究生指导教师资格从 2023 年 12 月 28 日起生效。

附件：中国农业科学院 2023 年新增博士研究生指导教师名单

中国农业科学院学位评定委员会

2024 年 1 月 19 日

附件

中国农业科学院 2023 年新增博士研究生指导教师名单

（按所在单位—姓氏拼音排序）

序号	所在单位	姓名	性别	出生年月	学科专业
1	草原所	都瓦拉	女	1979 年 8 月	草学
2	草原所	高凤芹	女	1978 年 12 月	草学
3	草原所	武自念	男	1985 年 4 月	草学
4	草原所	张福顺	男	1981 年 1 月	草学
5	草原所	张晓庆	女	1978 年 1 月	草学
6	茶叶所	边　磊	男	1986 年 12 月	茶学
7	茶叶所	金基强	男	1983 年 6 月	茶学
8	茶叶所	马立锋	男	1972 年 7 月	茶学
9	茶叶所	王　璐	女	1986 年 4 月	茶学
10	都市所	戚智勇	男	1980 年 2 月	农业生物环境与能源工程
11	哈兽研	韩宗玺	男	1972 年 2 月	预防兽医学
12	哈兽研	胡　森	男	1975 年 4 月	预防兽医学
13	哈兽研	黄　丽	女	1985 年 3 月	预防兽医学
14	哈兽研	贾洪林	男	1978 年 7 月	预防兽医学
15	哈兽研	刘永振	男	1987 年 7 月	预防兽医学
16	哈兽研	盛相鹏	男	1988 年 10 月	预防兽医学
17	哈兽研	田　进	男	1983 年 6 月	预防兽医学
18	哈兽研	王雪峰	男	1982 年 10 月	预防兽医学
19	哈兽研	薛　美	女	1984 月 7 月	预防兽医学
20	哈兽研	曾显营	男	1979 年 5 月	预防兽医学
21	哈兽研	张万江	男	1982 年 9 月	基础兽医学

（续表）

序号	所在单位	姓名	性别	出生年月	学科专业
22	环保所	黄永春	男	1974年1月	农业环境学
23	环保所	林大松	男	1977年7月	农业环境学
24	环保所	申　锋	男	1986年10月	农业环境学
25	环保所	王　风	男	1982年5月	农业环境学
26	环保所	赵建宁	男	1981年3月	生态学
27	环发所	耿　兵	男	1979年9月	生态学
28	环发所	杨世琦	男	1970年7月	生态学
29	环发所	张　义	女	1981年1月	农业生物环境与能源工程
30	基因组所	钱万强	男	1981年5月	生物化学与分子生物学
31	基因组所	陶永富	男	1986年10月	生物信息学
32	基因组所	张艳聪	女	1988年12月	生物信息学
33	加工所	陈芹芹	女	1985年11月	农产品加工利用
34	加工所	黄　峰	男	1982年3月	农产品加工利用
35	加工所	刘　璇	女	1982年5月	农产品加工利用
36	加工所	孙红男	女	1983年3月	农产品加工利用
37	加工所	易建勇	男	1983年5月	农产品加工利用
38	兰牧药	刘建斌	男	1977年9月	动物遗传育种与繁殖
39	兰牧药	王胜义	男	1981年1月	中兽医学
40	兰兽研	曹轶梅	女	1976年8月	预防兽医学
41	兰兽研	刘会胜	男	1990年1月	预防兽医学
42	兰兽研	吴　欣	女	1994年1月	预防兽医学
43	兰兽研	夏　天	男	1991年1月	预防兽医学
44	兰兽研	殷相平	男	1972年6月	预防兽医学
45	兰兽研	郑福英	女	1974年10月	预防兽医学
46	麻类所	石鹏君	男	1979年2月	动物营养与饲料科学

（续表）

序号	所在单位	姓名	性别	出生年月	学科专业
47	蜜蜂所	丁桂玲	女	1980 年 7 月	特种经济动物饲养
48	蜜蜂所	方小明	男	1983 年 5 月	农产品质量与食物安全
49	蜜蜂所	黄家兴	男	1979 年 1 月	特种经济动物饲养
50	蜜蜂所	王　凯	男	1988 年 6 月	特种经济动物饲养
51	棉花所	葛晓阳	男	1987 年 2 月	生物化学与分子生物学
52	棉花所	匡　猛	男	1982 年 12 月	作物遗传育种
53	棉花所	王占彪	男	1986 年 4 月	作物栽培学与耕作学
54	棉花所	魏恒玲	女	1982 年 10 月	作物遗传育种
55	棉花所	赵云雷	男	1976 年 10 月	作物遗传育种
56	牧医所	杜卫华	女	1974 年 8 月	动物遗传育种与繁殖
57	牧医所	范学政	男	1973 年 2 月	预防兽医学
58	牧医所	贾亚雄	男	1978 年 3 月	动物遗传育种与繁殖
59	牧医所	李　朋	男	1990 年 3 月	预防兽医学
60	牧医所	潘章源	男	1986 年 10 月	动物遗传育种与繁殖
61	牧医所	浦　华	男	1972 年 1 月	产业经济
62	牧医所	唐湘方	男	1980 年 3 月	动物营养与饲料科学
63	牧医所	杨　亮	男	1980 年 8 月	信息技术与数字农业
64	牧医所	张龙超	男	1978 年 8 月	动物遗传育种与繁殖
65	牧医所	赵圣国	男	1984 年 10 月	动物营养与饲料科学
66	牧医所	朱增勇	男	1977 年 8 月	产业经济
67	农经所	陈学渊	男	1983 年 10 月	农业经济管理
68	农经所	贾　伟	男	1981 年 7 月	农业经济管理
69	农经所	钱加荣	男	1983 年 7 月	农业技术经济
70	农经所	钱静斐	女	1982 年 8 月	农业经济管理
71	农经所	谢玲红	女	1983 年 8 月	农业经济管理

（续表）

序号	所在单位	姓名	性别	出生年月	学科专业
72	农经所	辛翔飞	女	1980年9月	农业经济管理
73	热科院	曹红星	女	1977年12月	作物种质资源学
74	热科院	程　汉	男	1978年11月	作物遗传育种
75	热科院	胡丽松	男	1983年3月	作物遗传育种
76	热科院	胡　伟	男	1982年9月	作物遗传育种
77	热科院	黄乔乔	男	1982年8月	入侵生物学
78	热科院	刘菊华	女	1970年6月	果树学
79	热科院	吕宝乾	男	1977年1月	农业昆虫与害虫防治
80	热科院	乔　飞	男	1977年9月	生物化学与分子生物学
81	热科院	谢江辉	男	1973年7月	果树学
82	上兽研	姜一峰	男	1983年2月	预防兽医学
83	上兽研	蒋　蔚	女	1980年12月	预防兽医学
84	上兽研	李蓓蓓	男	1984年11月	预防兽医学
85	生物所	甘　露	男	1986年11月	生物化学与分子生物学
86	生物所	郭静利	男	1969年2月	农业经济管理
87	生物所	王俊英	女	1971年8月	生物化学与分子生物学
88	生物所	谢钰容	男	1974年11月	生物化学与分子生物学
89	蔬菜所	茆振川	男	1970年11月	植物病理学
90	蔬菜所	王海平	男	1975年7月	蔬菜学
91	蔬菜所	王深浩	男	1984年8月	蔬菜学
92	蔬菜所	张晓辉	男	1983年3月	蔬菜学
93	蔬菜所	张占全	男	1982年4月	蔬菜学
94	蔬菜所	庄飞云	男	1975年10月	蔬菜学
95	水稻所	任德勇	男	1983年10月	作物遗传育种
96	水稻所	张迎信	男	1981年1月	作物遗传育种

（续表）

序号	所在单位	姓名	性别	出生年月	学科专业
97	饲料所	谷　旭	女	1982 年 1 月	动物营养与饲料科学
98	饲料所	王金全	男	1973 年 2 月	动物营养与饲料科学
99	特产所	刘志杰	男	1976 年 8 月	预防兽医学
100	特产所	孙印石	男	1980 年 2 月	农产品加工利用
101	特产所	王大涛	男	1984 年 3 月	特种经济动物饲养
102	特产所	杨艳玲	女	1975 年 12 月	预防兽医学
103	信息所	李干琼	男	1980 年 11 月	农业信息分析学
104	信息所	李　娴	女	1984 年 3 月	信息技术与数字农业
105	信息所	刘升平	男	1981 年 1 月	信息技术与数字农业
106	信息所	谢能付	男	1975 年 7 月	信息技术与数字农业
107	信息所	喻　闻	男	1969 年 12 月	农业信息分析学
108	信息所	张建华	男	1982 年 12 月	信息技术与数字农业
109	烟草所	程立锐	男	1979 年 9 月	作物遗传育种
110	烟草所	董建新	男	1976 年 6 月	作物栽培学与耕作学
111	烟草所	邱　军	男	1975 年 12 月	农产品质量与食物安全
112	烟草所	王　杰	男	1990 年 8 月	作物遗传育种
113	营养所	韩　娟	女	1983 年 11 月	农产品质量与食物安全
114	营养所	徐海泉	男	1983 年 10 月	农业经济管理
115	油料所	陈海峰	男	1978 年 9 月	作物遗传育种
116	油料所	万　霞	女	1981 年 10 月	微生物学
117	油料所	喻　理	女	1984 年 10 月	农产品质量与食物安全
118	沼科所	谭芙蓉	女	1979 年 3 月	生物化学与分子生物学
119	郑果所	薛华柏	男	1981 年 1 月	果树学
120	郑果所	张　颖	女	1977 年 9 月	果树学
121	植保所	陈　威	男	1990 年 6 月	农业昆虫与害虫防治

（续表）

序号	所在单位	姓名	性别	出生年月	学科专业
122	植保所	李　梅	女	1972 年 9 月	生物防治学
123	植保所	彭　焕	男	1983 年 1 月	植物病理学
124	植保所	魏守辉	男	1974 年 4 月	杂草学
125	植保所	闫晓静	女	1981 年 8 月	农药学
126	植保所	杨代斌	男	1972 年 1 月	农药学
127	植保所	杨念婉	女	1984 年 4 月	入侵生物学
128	质标所	樊　霞	女	1977 年 2 月	农产品质量与食物安全
129	质标所	李　亮	男	1982 年 2 月	农产品质量与食物安全
130	质标所	李　耘	女	1975 年 11 月	农产品质量与食物安全
131	质标所	赵　燕	女	1982 年 1 月	农产品质量与食物安全
132	资划所	刘云鹏	男	1988 年 9 月	微生物学
133	资划所	王　迪	男	1977 年 6 月	农业遥感
134	资划所	王利民	男	1968 年 9 月	农业遥感
135	资划所	闫瑞瑞	女	1979 年 1 月	生态学
136	资划所	余强毅	男	1986 年 6 月	农业遥感
137	资划所	张怀志	男	1968 年 1 月	生态学
138	作科所	付金东	男	1976 年 6 月	农产品质量与食物安全
139	作科所	郭刚刚	男	1983 年 1 月	作物种质资源学
140	作科所	贺　强	男	1989 年 11 月	作物遗传育种
141	作科所	侯　鹏	男	1981 年 11 月	作物栽培学与耕作学
142	作科所	李春辉	男	1986 年 5 月	作物种质资源学
143	作科所	李明顺	男	1973 年 3 月	作物遗传育种
144	作科所	林启冰	男	1977 年 9 月	生物化学与分子生物学
145	作科所	宋振伟	男	1976 年 7 月	作物栽培学与耕作学
146	作科所	王　轲	男	1983 年 5 月	作物遗传育种

（续表）

序号	所在单位	姓名	性别	出生年月	学科专业
147	作科所	王丽侠	女	1972 年 1 月	作物种质资源学
148	作科所	张立超	男	1982 年 5 月	生物化学与分子生物学
149	作科所	郑晓明	女	1982 年 4 月	作物种质资源学

关于授予胡霞等262人博士学位、宋春燕等1 022人硕士学位的决定

农科学位〔2023〕3号

院属各研究生培养单位：

中国农业科学院第十届学位评定委员会第五次会议于2023年6月29日召开，根据《中国农业科学院学位授予工作实施细则》的规定，决定授予胡霞等262人博士学位，其中全日制学术学位博士261人（含来华留学生40人），全日制专业学位博士1人；授予宋春燕等1 022人硕士学位，其中全日制学术学位硕士451人（含来华留学生1人），全日制专业学位硕士550人，非全日制专业学位硕士21人，授予学位日期为2023年6月29日。具体名单见附件。

附件：中国农业科学院2023年夏季授予学位人员名单

中国农业科学院学位评定委员会

2023年6月29日

附件

中国农业科学院 2023 年夏季授予学位人员名单

1. 授予全日制学术学位博士学位人员名单（261 人）

胡　霞	刘福江	童丹丹	于莉莉	余　佳	杨晨宇	孔令磊	孔垂正	孙亭亭
赵　洁	谢华里	吴　俊	战徊旭	许榜丰	张灵静	耿入丹	刘启明	朱永兴
朱秀生	苗田田	岳彩德	张学贤	晁江涛	吉夏洁	李丹萍	张宇微	马朦朦
王姗姗	江　涛	王　恒	田雪力	许　帅	曹步暐	何　浩	张亚朵	赵胜园
郭雨龙	马明英	梁　晨	姜姗姗	丁尊丹	荆叶醒	李姚姚	杨宇昕	王裴林
周利利	韩佳慧	李秋佳	陈　茂	石添添	李　莎	韩　玲	张思宇	崔嘉欣
滕云飞	邱玉亮	王学波	苑广迪	杨雯晶	孙亮庆	任　俊	黄　苑	魏　萌
张嘉琦	葛春雨	刘　泓	解　斌	宁　宇	曹青青	邵晨阳	唐玉超	刘晓彤
肖　琼	李　格	张毅博	张俪予	王　凯	李　强	刘　园	沈贝贝	李　颜
彭　烨	刘　欢	谢殿杰	王振辉	葛林豪	蒋丽君	闫建培	李业芳	王园美
巩建飞	向光明	胡凤明	张正义	柯　俐	白玉彬	李　准	许正茂	李凯琳
罗　杰	史智宾	许腾林	张志雄	汤建立	苗　鑫	刘婷丽	邹闻书	丁永潮
刘大众	刘子萱	何亚萍	任育锋	郝　娅	王梦雨	邢利娟	马龙雪	王恒超
丁武汉	杨　柯	孙　宁	刘家源	李传宗	王世林	崔国庆	陈天鑫	崔雪妍
李亚梦	刘腾鹏	王　琦	张　琳	赵文玉	陶宇逍	赵　彤	张　瑶	李　甜
屈　阳	张瑛毓	段韫丹	任科宇	张　雨	李炳言	张　昕	高海河	李会宾
夏　浪	秦璐瑶	孙　彤	陈　诚	乔　培	张　维	安　东	常一明	焦　斌
曹晶晶	杜素洁	蔡　霓	曹蓓蓓	刘晨晨	刘大鹏	任吉龙	王添祯	王欣悦
杨丽玉	张　锦	乔国艳	戴　东	葛建忠	王　杰	武小亮	夏　锐	杜春梅
刘　温	张　博	郭保地	孙皓然	路晓荣	汤傲星	赵焕之	陈　萌	丁蕾蕾
付佳雯	李继伟	李明蔚	潘　力	刘军龙	何　飞	冯祎宇	甘林针	李冬青
于　琦	周厚熹	熊偲皓	张　杰	刘　聪	姚　茹	李旭君	薛　平	于卓卉
董　渤	张小允	王　宵	杨　娟	廖　敏	任帅凯	陈　旋	余映军	马前磊
张正贵	文利超	谷世超	刘　锴	马婉君	王　震	曹萌萌	褚德朋	宋玉莹
李　倩	马天馨	冯海鹏	卢昱嘉	杨入一	Mamiya Binte Ahsan			

Uzma Majeed	Rahiel Hagos Abraha
Zaw Lin Naing	Batchimeg Togoobat
Syed Asim Shah Bacha	Asad Shah
Sehrish Ali	Muhammad Numan Khan
Yibrah Tekle Hagoss	Ashutus Singha

Mahmoud Salama Hassan Salama Abdalla

Frederick Danso	Saboor Ahmad
Amir Sohail	Sani Muhammad Tajo
Manzoor	Kwadwo Gyapong Agyenim-Boateng
Nafiu Garba Hayatu	Saba Najeeb
Toba Stephen Olasehinde	Mebrahtom Nguse Asmelash
Salsabeel Yousuf	Sarfaraz Hussain
Israt Jahan	Iranzi Emile Rushimisha
Muhammad Anees	Ziggiju Mesenbet Birhanie
Tosin Victor Adegoke	Munib Ullah
Nigus Abebe Shumuye	Monirul Islam
Uchechukwu Edna Obianwuna	Lydia Kanyange
Soualihou Soualiou	Aminu Inuwa Darma
Patience Afi Seglah	Mounkaila Hamani Abdoul Kader
Rakhwe Kama	Raifatou Affoh

2. 授予全日制专业学位博士人员名单（1 人）

李宛生

3. 授予全日制学术学位硕士人员名单（451 人）

宋春燕	蒋　彬	邢庆花	陈　勇	陈　风	李　清	刘珊珊	沙玉宝	孙熙廷
张　芳	邹佳欢	高维崧	李甜饴	薛　威	郑　娟	蒋　珊	曹　查	毛崇辉
张本旭	张思成	刘加鼎	张　怡	董　蕊	李宜统	秦瑞东	王　芮	巫忞曦
伍慧琳	张佳琳	张玉洁	朱紫薇	靳严洁	李园园	孟德龙	王懿珺	张经纬
宝雅茹	陈　莹	高佳蓓	葛佳茗	何海焱	姜　腾	李昊倩	李晓曼	李晓影
李钰洁	梁　钰	刘　迪	刘　璐	刘思男	苗丽青	任　莹	王　柳	王娅丽
叶育璐	翟姗姗	张二特	周玲瑜	杜国忠	吴争雄	徐建婷	马孝臣	潘　琳
徐　琛	雷御琦	李文康	裴亚月	王育轩	蒋美华	刘晶慧	袁晓戈	郭啸远
郑雨迪	刘洪志	吴云峰	程　铭	蒋佳俊	韩明芳	刘远航	孙　莹	胡　勇
杨建君	于　茹	陈之晗	罗美玲	王珮环	姚　瑶	张睿瑶	胡　垚	杜元杰
范加力	李　港	马士鑫	邵　伟	司书宁	王帅洋	魏德欣	邢钦淞	赵　伟
丁大伟	董聪慧	冯泉清	高福奎	郝益婷	胡慧玲	李胜曙	刘　然	孙召军
王亚丹	王钰婷	柯昊纯	刘新颖	文　渊	李双霜	裴　玮	孙汇苑	游　梦
姜凯阳	储玉檀	符芙蓉	韩　婷	杨慧敏	原海越	张润祺	王　爽	蔡阳扬

丛群欣	宋　曼	孔　豪	刘家华	王思淇	徐思瑜	张理胜	刘佳鑫	施琳波
雷雅杰	李博恩	孟瑞媛	史浩川	张　琛	赵海晴	刘晓雯	田志良	席慧涵
虞青婷	张宏远	张巧真	王文千	王　宣	刘晓晗	倪　犇	钟　诚	左家思
张琬悦	别　瑞	关　健	祁倩倩	孙雨晴	任　潇	何　悦	李　薇	刘浩栋
董　宇	高　鹏	齐立伟	苏媛媛	武广玉	陈家乐	熊家欢	姜淑祯	李　贤
马茹辉	任晓春	姜　静	李　雷	刘思洋	苏　越	郭姿汝	毛皓明	王艳文
杨晓庆	欧阳文琦		杨雨婷	陈红梅	吴凯雄	武曌忠	谢　伟	崔露莹
贾振国	王永达	燕思凡	范伟雅	胡艳珍	康西璐	龙　欧	聂亚敏	汪　敏
王梦菲	庄　蕾	范一铭	陈路娜	王　健	刘苏宁	曹炜玉	梁兆林	唐　琦
白靖伟	冯晓洁	李旭彤	李玉芳	刘金晖	庞恩娣	苏文悦	王　硕	王　翔
杨东旭	杨莹莹	赵丹琦	赵鑫雨	高健健	刘洪霞	刘钰懿	刘毓婕	申瑞寒
谭　畅	吴正浩	徐丽丽	许继业	杨奉水	杨高中	张　政	李常悦	渠雨潇
熊海荣	杨可鑫	李德近	王东睿	张路平	周新雨	晋　琳	李令仪	吴琪滢
张佳音	仇学峰	李雪菲	刘美霞	狄　艳	耿云憬	李淑贞	练义华	吴清滢
张士博	曾先锋	侯　雪	冉　林	温智浩	方前东	黄立强	李展鸿	刘　政
田　栓	王极嵩	张素杰	张子萌	赵　薇	钟嘉怡	朱孟杰	马晓杰	梁文豪
丁程瀛	吕晓琳	张　鑫	贾晓君	欧阳纯正		钱康华	崔壮志	杜源哲
李维维	刘香雨	王文汇	徐晴晴	于思琪	张梦君	赵向杰	马孟馨	崔　进
付慧敏	姬雪娇	刘晓慧	王　晴	王思佳	王　威	杨　瑾	杨庆杰	张斌斌
左晗瑜	李志鹏	裴怡铭	万伟杰	贾茜茜	李倩文	郭　妍	李明霞	王　震
杨腾峰	张　能	赵　雪	冯志强	吉日木图		李慧慧	李若男	李桃桃
马浩然	孟思含	彭焕祺	王婉洁	王文翔	王晓庆	徐　茜	杨淳怀	张高猛
张　鹤	张　琪	郑炬梅	郑　旭	付域泽	高　放	韩露露	梁亚哲	刘嘉诚
王桦康	殷成港	邓富丽	邓生青	丁　军	冯玉静	刘俊浩	宋明强	王梦雨
王文星	王艳可	武旭芳	仲慧月	杜瀚超	马贝贝	桑慧玲	周　珏	崔宏全
杨文琳	史梦艳	张欣欣	陈秋阳	刘可欣	叶京飞	董妮华	范修齐	付宁宁
杭　璐	胡一帆	刘彦峰	宋俊菡	吴海燕	武子华	张贝贝	张思诗	张晓曼
朱　敏	白晓利	曹洪敏	陈凡若	崔赛赛	冯笑艳	何豪杰	李鸿鑫	刘晓红
刘晓萌	毛　曌	孟德锦	缪　茜	屈玉杏	王欣荣	夏大松	肖培宇	胥　利
杨佳欣	叶光强	张春玮	张　浩	张柯慧	张乃心	张倩茹	张奕杰	邓欣雨
梁正基	谭书桢	王訢丞	王　悦	吴晓妮	杨金柯	于浩源	于永峰	余影影
张永芝	彭　晶	苏　钰	付曦瑶	林乐丰	魏倩倩	吴　炎	许　琳	于芸泽
张燕停	崔　伟	乐　燕	雷　琪	马丽娟	孙怡茹	张昌盛	张静静	张路珂
张　薇	李　心	何永涛	张腾薇	林雨楠	刘亚东	鲍　洁	陈博立	陈彩铭
陈玥婧	高丙超	霍梦佳	李　欣	王晋飞	岳广兴	张翔鹤	李　桐	贤　鑫
邹秦琦	陈　希	陈梓方	兰向民	苏玉杰	易裕元	张　驰	张德凤	王世玉

许佳伟　杨旭东　方　强　Borhanudin Noori

4. 授予全日制专业学位硕士人员名单（550 人）

杨馨悦	雷玉萍	商　政	胡宇微	李丹枫	刘　慧	刘文锐	孟德娟	司　凯
苏　婷	张　烁	张艺凡	职兰懿	白　东	白家兴	侯宇轩	解　晨	雷远宝
李红叶	李佳锐	李文端	李椰诚	李英博	李　颖	廖如意	苗思雨	裴红红
王琪琪	王土金	王婉馨	王　颖	王棕瑶	薛贝贝	杨宝兰	杨子欣	于慧玲
于　美	张　成	张　静	张　岳	邹新宇	艾　青	陈紫月	高　朔	韩金赢
郝卫东	黄文悦	李舒鑫	刘季扬	刘晓宁	刘中萍	邱喜岩	疏　琴	逄永瑞
万一兵	王晶晶	吴　欢	吴元康	辛　颀	张棣莛	张　敏	赵宇婧	郑　旭
周黛媛	李　雪	卢栋宇	马晓颖	董媛鑫	端瑞薇	孔伟康	卢兰迎	苗玉乐
谭西北	王绍祖	徐龙兰	许孝辉	闫乐乐	禹方方	安　莉	冯茜贤	刘佳俊
吕晓炎	米热扎提江·喀由木			亓　倩	申延会	孙言猛	武兰新	席鸿方
臧　榕	张鑫淼	赵盈睿	朱梦晨	何延庆	罗自舒	穆　雨	苏比努尔·玉苏甫	
谭　贤	陶顺玉	王凯旋	余金龙	张小雪	郅晨阳	李阿蕾	刘俊飞	邵德义
王元昌	王　越	伍叶娜	张　义	安瑞虎	陈昌招	郭　锐	李沛远	阮哲彦
孙志豪	王孟佳	肖德顺	徐青山	徐　冉	余钧明	周盼盼	刘浩然	璩馥榕
王　倩	王月琪	荀涵硕	雷梦雨	沈锦洪	许亚苹	曹亚男	杜海娜	黄国栋
解梦凡	李世斌	刘　涛	王李先秋		徐沛雯	杨秀军	张　燕	李雅淑
穆　朋	王荣灿	赵姝婷	聂晗宇	杨明昊	叶　宇	赵亮亮	李华强	李淑慧
刘万鹏	苏　敏	王昊然	王梓凡	陈家乐	成宇阳	高　丰	冀琳宇	金　雅
孔陈琛	李　磊	李倩倩	李亚丽	刘　锐	毛琳琳	牛邦彦	宋桂霈	王　赛
王韦燕	王新修	王亚静	王永庆	杨　敏	张　楚	张敬敏	张　鑫	周　天
周园园	朱倬漪	珠　娜	陈卓帛	杜　谦	韩　燕	冀　琳	蒋柯南	孔　梦
刘慧慧	陆朝阳	马　涛	孙仲旭	王淳一	王开悦	王晓伟	许　邶	薛亦康
颜　鑫	张　鑫	朱启明	王文璐	吴明媚	曹秋林	曹　艺	常朝阳	陈召霞
丁奎婷	堵　宇	冯钰梅	顾紫琼	胡宇钊	李　婧	李文静	刘　蓉	吕朝阳
马明慧	马茜月	马　宇	马振杰	聂　行	牛亮亮	石钰杰	孙　伟	谭兆岩
田　璐	王文杰	严　森	于　晶	于敬文	张道刚	张国欣	张茂森	张芹芹
张帅虎	赵小倩	郑小冰	周宏旭	周彦妨	曹昊宇	高　歌	黄兰媚	黄　磊
李胜君	李梓君	刘双月	马　成	牟力言	唐　鑫	田佩宁	王晓丽	闫雪影
禹玲玲	张海洋	张　倩	郝小菀	杨士兵	杜乾坤	吕峻元	张茗起	于东洋
赵曼利	邓　桥	汤雅萍	葛帅领	金文涌	杨奇欣	程俊杰	王紫晗	许　栋
于松淼	陈　月	何　某	赖鹏慧	赖贞丽	李佳芮	李　静	梁兰梅	张明叶
陈星宇	方建伟	李清钰	李艺池	谭菲菲	郭海萌	金　实	高海燕	宋晓晓

王　乐　罗勤川　冯亚楠　何威振　李香月　刘子奇　王少龙　张青双　赵子涛
朱宏宇　白　露　侯任达　季湛卿　李柯安宁　栾园园　王　慧　王　唯
王枭鸿　熊金珂　徐小静　杨继勇　余　平　余志雪　张浩波　赵金蒙　赵　鑫
朱晓艳　朱雨婷　常宏才　姬聪聪　李艾芮　吕国达　钱炳男　吴　彤　谢子涵
田　旭　白玉亭　陈锐朴　李浩东　刘　倩　马翠柳　杨苏坤　张成琪　周宏达
曹梦丽　戴荣凤　孟光耀　申家豪　张　丹　庞立川　杜宜晦　黄中家　陈苏蒙
崔　娜　董　雪　杜秋玲　贾　莉　卯明彩　潘凌屹　郄梦洁　孙惠芳　孙小云
许灵媛　杨艺玥　杜利红　史秀梅　吴洪亚　杨晓东　陈晓萍　郭雅红　李　乐
李　原　刘春梅　唐继兴　王　洁　张珍珍　赵赓九　赵晓璇　赵志雅　祝　冬
毕延祥　石会娟　张　敏　韩巧玉　解　鑫　陈析羽　段宏玉　李　栋　李绍薇
李雅丽　李　燕　刘桧慧　汪　念　杨丹丹　陈薛颖　徐清宇　陈德权　陈旭伟
黄雅丽　余勤艳　贺　佩　刘天择　王贤贤　赵旭影　刘梦月　李宏强　李紫琪
马国宇　武美杉　张梦娜　李映祥　杨　涵　傅国浩　刘　鑫　桑　硕　周迎港
邵明月　王　震　张欣钰　薄佳乐　付　健　李聿尧　齐彦栋　高文菊　郭　琰
邵敬淼　包文静　郝　帅　刘丽萍　刘婷婷　孙雨萌　王科栋　张　浩　段凌云
李向阳　农杰宁　夏千童　武　敏　关雅琪　高　峰　李东旭　李　飞　邵兰童
郭嘉诚　黄贝珣　李夏清　廖文博　张颢城　马欣甜　王子珊　杨利洪　张爱娟
曹子建　郭　慧　卢　跃　位佳佳　张欢欢　高　飞　韩明月　王玉凤　陈　鑫
李松达　庞忠宝　代昕宇　李昀真　李卓宸　蔡其健　陈小珺　冯　骞　黄　馨
季桂梅　李　嘉　李　娜　林亮亮　刘佳晨　吕荣雪　倪　捷　聂红丽　冉金鑫
荣新利　王小妹　魏晨曦　吴雨婷　杨心雨　张小芸　张子言　赵世帆　周黎笋
陈普泽　单智博　杜炳辰　冯廷帅　高广娟　高艳飞　龚帮俊　郭慧娟　郭鹏宇
郭榕容　韩佳贝　和新文　黄炼榆　焦瑞雪　李嘉琦　李帅杰　李晓涵　梁　彤
刘弘毅　刘建行　刘　芮　刘雅茹　陆　阳　鹿　萍　沙玮萍　宋　浩　宋洪莹
索学鹏　王　晨　王文哲　王　晓　王　燕　吴正双　杨光璞　姚　楠　张思宇
张文英　张玉娟　何辰香　胡林杰　焦云娟　荆婷婷　亢伟芳　李　红　李　静
李小云　李晓璐　刘晓庆　鲁明星　马小琴　苗　春　潘颂佳　齐　震　田慧慧
王琼洁　王武斌　王一望　王英杰　许福玲　薛钊宁　游　杰　翟凯歌　张克强
张志刚　陈玲玲　景小涵　刘　莲　刘　琴　刘学伟　周宇航　曾　勇　史毓心
辛竹琳　杨玲珊　袁　琳　张云玲　赵钰佳　郑雪洁

5. 授予非全日制专业学位硕士人员名单（21 人）

孙　通　王　景　魏　峡　张亚波　朱孟东　张　帅　王笑妍　董晨晨　邱毓蓉
董志杰　吕贝贝　沈洪飞　王紫豪　宗万里　王立青　梅英婷　王　倩　林群昌
吴　沛　张　燕　孟　红

关于授予李楚曦等80人博士学位、廖心伟等6人硕士学位的决定

农科学位〔2023〕4号

院属各研究生培养单位：

中国农业科学院第十届学位评定委员会第六次会议于2023年12月28日召开，根据《中国农业科学院学位授予工作实施细则》的规定，决定授予李楚曦等80人博士学位，其中全日制学术学位博士79人（含来华留学生14人），全日制专业学位博士1人；授予廖心伟等6人硕士学位，其中全日制学术学位硕士2人，全日制专业学位硕士2人，非全日制专业学位硕士2人，授予学位日期为2023年12月28日。具体名单见附件。

附件：中国农业科学院2023年冬季授予学位人员名单

中国农业科学院学位评定委员会

2023年12月28日

附件

中国农业科学院 2023 年冬季授予学位人员名单

1. 授予全日制学术学位博士人员名单（79 人）

李楚曦　解振诚　孟　强　郭　莹　王晶静　陈　娜　倪有亮　闫军朝　李仕峰
胡玉珍　高真贞　乔金柱　王嘉翼　徐　帆　刘西西　丁璐璐　石玉龙　郑国防
张小萌　冯舒涵　程　晨　辛同旭　刘跃东　李婷婷　张静静　韩卫华　冀拯宇
郝泽芸　张刘萍　刘志权　周　颖　刘性坡　朱　琳　张嘉俊　张元成　李继清
赵玉博　张文立　兰仕梅　任静静　吴燕涛　瞿若频　金　晔　胡　广　周　爽
周谈龙　张佳玲　杨卫芳　陈宇宏　王晓醒　李厚禹　孙鹏雷　李延璨　于家荣
张晓丽　陈　欣　邢　鑫　柏　玲　谭金龙　张英楠　陈芙蓉　赵玉菡　袁凯文
高博嘉　商　璐　Md Jamal Uddin　Somaiyeh Ghasemzadeh Dizaji
Bilawal AbbasI　Shiva Parsiaaref
Beena Alam　Shah Johir Rayhan
Bahlibi Weldegebriall Sahlu　Mubashir Abbas
Muhammad Mubashar Zafar　Dawit Samuel Teshome
Md. Panir Choudhury　Muhammad Sohaib Shafique
Hosny Ahmed Abdelgawad Abdelkareem
Flavia Darcy Ferreira Cabral

2. 授予全日制专业学位博士人员名单（1 人）

王立群

3. 授予全日制学术学位硕士人员名单（2 人）

廖心伟　孟德双

4. 授予全日制专业学位硕士人员名单（2 人）

陈志颖　李爱萍

5. 授予非全日制专业学位硕士人员名单（2人）

罗　青　尹训刚

关于准予董坤等 1 361 名研究生 2023 年夏季毕业的决定

农科研生〔2023〕67 号

院属各研究生培养单位：

根据《中国农业科学院研究生院学生管理规定》第四十一条“学生在学校规定最长学习年限内，修完培养计划规定内容，成绩合格，完成毕业论文且通过答辩者，准予毕业，学校发给毕业证书”的规定，2023 年 6 月 28 日研究生院召开院长办公会议，对我院 38 个研究生培养单位的 1 361 名研究生进行了毕业资格审查。经会议审议，董坤等 340 名博士研究生具备博士毕业资格，其中具有中国国籍的博士研究生 298 人，来华留学博士研究生 42 人，准予毕业，颁发博士研究生毕业证书；王景等 1 021 名硕士研究生具备硕士毕业资格，其中具有中国国籍的硕士研究生 1 019 人，来华留学硕士研究生 2 人，准予毕业，颁发硕士研究生毕业证书。毕业时间为 2023 年 6 月 29 日（国内联合培养博士研究生毕业时间以联培高校为准）。

附件：中国农业科学院研究生院 2023 年夏季毕业生名单

中国农业科学院研究生院
2023 年 6 月 28 日

附件

中国农业科学院研究生院 2023 年夏季毕业生名单

一、授予博士学位人员名单（340 人）

董　坤　马晓娇　于莉莉　余　佳　孔垂正　孟　强　赵　洁　谢华里　吴　俊
战徊旭　冯　岳　刘　鑫　郭婷婷　崔宏伟　刘启明　朱永兴　陈　娜　朱秀生
苗田田　岳彩德　张学贤　晁江涛　吉夏洁　李丹萍　张宇微　王姗姗　江　涛
王　恒　田雪力　许　帅　赵玉丹　张亚朵　赵胜园　张　新　郭雨龙　冯二凯
马明英　梁　晨　邢鹏飞　狄清华　王　伟　高　杰　胡　鸣　舒亚洲　王晓宇
杨伶俐　刘聪利　王君秀　吴萌萌　于淑婷　郭　珍　冯自力　徐江民　谢丽娜
李长育　徐云飞　齐　杰　张秀玲　张雪钰　姜姗姗　丁尊丹　荆叶醒　李姚姚
杨宇昕　乔金柱　王嘉翼　王斐林　翟明娟　周利利　韩佳慧　李秋佳　石添添
李　莎　韩　玲　张思宇　崔嘉欣　滕云飞　邱玉亮　王学波　苑广迪　杨雯晶
孙亮庆　任　俊　黄　苑　魏　萌　张嘉琦　葛春雨　刘　泓　解　斌　曹青青
邵晨阳　唐玉超　刘晓彤　肖　琼　李　格　张毅博　张俪予　王　凯　李　强
刘　园　沈贝贝　李　颜　张刘萍　彭　烨　刘　欢　王振辉　蒋丽君　闫建培
周　颖　李业芳　王园美　巩建飞　向光明　胡凤明　张正义　柯　俐　赵向远
白玉彬　李　准　王志豪　许正茂　周莎莎　朱　琳　罗　杰　师乾凯　史智宾
张嘉俊　张元成　张文立　张志雄　汤建立　苗　鑫　刘婷丽　邹闻书　丁永潮
刘大众　刘子萱　任育锋　鹿志伟　董荣荣　孟宪敏　张美惠　袁江江　林清彩
陈吉强　任立瑞　安小康　梁奔梦　谢晓泽　孙福昱　张　帆　于安东　邹先炎
杨北方　李沪波　李永旗　章志强　盛　晨　田正书　李　鹏　赵亚林　白丹凤
邸太妹　刘　美　马　强　金彦龙　沈文祥　侯　美　刘彩月　张振江　赵东方
张会军　齐海军　詹腾飞　郝　娅　王梦雨　邢利娟　乔妍婷　马龙雪　胡　广
王恒超　丁武汉　杨　柯　孙　宁　刘家源　李传宗　张佳玲　王世林　崔国庆
黄婧芬　陈天鑫　崔雪妍　李亚梦　刘腾鹏　王　琦　张　琳　赵文玉　陶宇逍
赵　彤　张　瑶　李　甜　屈　阳　张瑛毓　段韫丹　任科宇　张　雨　李炳言
张　昕　高海河　李会宾　夏　浪　秦璐瑶　孙　彤　陈　诚　乔　培　张　维
安　东　常一明　焦　斌　孙鹏雷　曹晶晶　杜素洁　蔡　霓　曹蓓蓓　刘晨晨
刘大鹏　任吉龙　王添祯　王欣悦　杨丽玉　张　锦　乔国艳　戴　东　葛建忠
王　杰　武小亮　夏　锐　杜春梅　刘　温　张　博　郭保地　孙皓然　路晓荣
汤傲星　赵焕之　陈　萌　丁蕾蕾　付佳雯　李继伟　李明蔚　李雪峰　潘　力
邢　鑫　刘军龙　何　飞　李宛生　冯祎宇　甘林针　李冬青　于　琦　周厚熹

熊偲皓　张　杰　刘　聪　姚　茹　李旭君　薛　平　于卓卉　董　渤　张小允
王　宵　杨　娟　廖　敏　李夕萱　任帅凯　陈　旋　佘映军　马前磊　张正贵
文利超　谷世超　刘　锴　袁凯文　马婉君　王　震　曹萌萌　褚德朋　高博嘉
宋玉莹　李　倩　马天馨　冯海鹏　卢昱嘉　杨入一　冯娟娟　许艳超　闫晓红
秦　嫘　Riaz Ali Nahiyoon　Uzma Majeed
Rahiel Hagos Abraha　Zaw Lin Naing
Batchimeg Togoobat　Syed Asim Shah Bacha
Asad Shah　Sehrish Ali
Muswar Ali　Muhammad Numan Khan
Yibrah Tekle Hagoss　Ashutus Singha
Mahmoud Salama Hassan Abdalla　Frederick Danso
Saboor Ahmad　Amir Sohail
Sani Muhammad Tajo　Manzoor
Kwadwo Gyapong Agyenim-Boateng　Nafiu Garba Hayatu
Saba Najeeb　Toba Stephen Olasehinde
Mebrahtom Nguse Asmelash　Salsabeel Yousuf
Sarfaraz Hussain　Israt Jahan
Iranzi Emile Rushimisha　Muhammad Anees
Ziggiju Mesenbet Birhanie　Tosin Victor Adegoke
Mebrahtu Berhe Gebremedhin　Munib Ullah
Nigus Abebe Shumuye　Monirul Islam
Hosny Ahmed Abdelgawad Abdelkareem
Uchechukwu Edna Obianwuna　Lydia Kanyange
Aminu Inuwa Darma　Patience Afi Seglah
Abdoul Kader Mounkaila Hamani　Rakhwe Kama
Raifatou Affoh

二、授予硕士学位人员名单（1 021 人）

王　景　宋春燕　蒋　彬　邢庆花　陈　勇　陈　风　杨馨悦　雷玉萍　商　政
魏　崃　朱孟东　张　帅　李　清　刘珊珊　沙玉宝　孙熙廷　张　芳　邹佳欢
高维崧　李甜饴　薛　威　郑　娟　蒋　珊　曹　查　毛崇辉　张本旭　张思成
刘加鼎　张　怡　董　蕊　李宜统　秦瑞东　王　芮　巫忞曦　伍慧琳　张佳琳
张玉洁　朱紫薇　靳严洁　李园园　孟德龙　王懿珺　张经纬　宝雅茹　陈　莹
高佳蓓　葛佳茗　何海焱　姜　腾　李昊倩　李晓曼　李晓影　李钰洁　梁　钰
刘　迪　刘　璐　刘思男　苗丽青　任　莹　王　柳　王娅丽　叶育璐　翟姗姗

张二特 周玲瑜 杜国忠 吴争雄 徐建婷 马孝臣 潘　琳 徐　琛 雷御琦
李文康 裴亚月 王育轩 蒋美华 刘晶慧 袁晓戈 郭啸远 郑雨迪 刘洪志
吴云峰 程　铭 蒋佳俊 韩明芳 刘远航 孙　莹 胡　勇 杨建君 于　茹
陈之晗 罗美玲 王珮环 姚　瑶 张睿瑶 胡　垚 杜元杰 范加力 李　港
马士鑫 邵　伟 司书宁 王帅洋 魏德欣 邢钦淞 赵　伟 丁大伟 董聪慧
冯泉清 高福奎 郝益婷 胡慧玲 李胜曙 刘　然 孙召军 王亚丹 王钰婷
柯昊纯 刘新颖 文　渊 李双霜 裴　玮 孙汇苑 游　梦 姜凯阳 储玉檀
符芙蓉 韩　婷 杨慧敏 原海越 张润祺 王　爽 蔡阳扬 丛群欣 宋　曼
孔　豪 刘家华 王思淇 徐思瑜 张理胜 刘佳鑫 施琳波 雷雅杰 李博恩
孟瑞媛 史浩川 张　琛 赵海晴 刘晓雯 田志良 席慧涵 虞青婷 张宏远
张巧真 王文千 王　宣 刘晓晗 倪　犇 钟　诚 左家思 张琬悦 别　瑞
关　健 祁倩倩 孙雨晴 任　潇 何　悦 李　薇 刘浩栋 董　宇 高　鹏
齐立伟 苏媛媛 武广玉 陈家乐 熊家欢 姜淑祯 李　贤 马茹辉 任晓春
姜　静 李　雷 刘思洋 苏　越 郭姿汝 毛皓明 王艳文 杨晓庆 欧阳文琦
杨雨婷 陈红梅 吴凯雄 武罂忠 谢　伟 崔露莹 贾振国 王永达 燕思凡
范伟雅 胡艳珍 康西璐 龙　欧 聂亚敏 汪　敏 王梦菲 庄　蕾 范一铭
陈路娜 王　健 刘苏宁 曹炜玉 梁兆林 唐　琦 白靖伟 冯晓洁 李旭彤
李玉芳 刘金晖 庞恩娣 苏文悦 王　硕 王　翔 杨东旭 杨莹莹 赵丹琦
赵鑫雨 高健健 刘洪霞 刘钰懿 刘毓婕 申瑞寒 谭　畅 吴正浩 徐丽丽
许继业 杨奉水 杨高中 张　政 李常悦 渠雨潇 熊海荣 杨可鑫 李德近
王东睿 张路平 周新雨 晋　琳 李令仪 吴琪滢 张佳音 仇学峰 李雪菲
刘美霞 狄　艳 耿云憬 李淑贞 练义华 吴清滢 张士博 曾先锋 侯　雪
冉　林 温智浩 方前东 黄立强 李展鸿 刘　政 田　栓 王极嵩 张素杰
张子萌 赵　薇 钟嘉怡 朱孟杰 马晓杰 梁文豪 丁程瀛 吕晓琳 张　鑫
贾晓君 欧阳纯正 钱康华 崔壮志 杜源哲 李维维 刘香雨 王文汇
徐晴晴 于思琪 张梦君 赵向杰 马孟馨 崔　进 付慧敏 姬雪娇 刘晓慧
王　晴 王思佳 王　威 杨　瑾 杨庆杰 张斌斌 左晗瑜 李志鹏 裴怡铭
万伟杰 贾茜茜 李倩文 郭　妍 李明霞 王　震 杨腾峰 张　能 赵　雪
冯志强 吉日木图 李慧慧 李若男 李桃桃 马浩然 孟思含 彭焕祺
王婉洁 王文翔 王晓庆 徐　茜 杨淳怀 张高猛 张　鹤 张　琪 郑炬梅
郑　旭 付域泽 高　放 韩露露 梁亚哲 刘嘉诚 王桦康 殷成港 邓富丽
邓生青 丁　军 冯玉静 刘俊浩 宋明强 王梦雨 王文星 王艳可 武旭芳
仲慧月 杜瀚超 马贝贝 桑慧玲 周　珏 崔宏全 杨文琳 史梦艳 张欣欣
陈秋阳 刘可欣 叶京飞 董妮华 范修齐 付宁宁 杭　璐 胡一帆 刘彦峰
宋俊菡 吴海燕 武子华 张贝贝 张思诗 张晓曼 朱　敏 白晓利 曹洪敏
陈凡若 崔赛赛 冯笑艳 何豪杰 李鸿鑫 刘晓红 刘晓萌 毛　罂 孟德锦

缪　茜　屈玉杏　王欣荣　夏大松　肖培宇　胥　利　杨佳欣　叶光强　张春玮
张　浩　张柯慧　张乃心　张倩茹　张奕杰　邓欣雨　梁正基　谭书桢　王訢丞
王　悦　吴晓妮　杨金柯　于浩源　于永峰　余影影　张永芝　彭　晶　苏　钰
付曦瑶　林乐丰　魏倩倩　吴　炎　许　琳　于芸泽　张燕停　崔　伟　乐　燕
雷　琪　马丽娟　孙怡茹　张昌盛　张静静　张路珂　张　薇　李　心　何永涛
张腾薇　林雨楠　刘亚东　鲍　洁　陈博立　陈彩铭　陈玥婧　高丙超　霍梦佳
李　欣　王晋飞　岳广兴　张翔鹤　李　桐　贤　鑫　邹秦琦　陈　希　陈梓方
兰向民　苏玉杰　易裕元　张　驰　张德凤　王世玉　许佳伟　杨旭东　方　强
胡宇微　李丹枫　刘　慧　刘文锐　孟德娟　司　凯　苏　婷　张　烁　张艺凡
职兰懿　白　东　白家兴　侯宇轩　解　晨　雷远宝　李红叶　李佳锐　李文端
李椰诚　李英博　李　颖　廖如意　苗思雨　裴红红　王琪琪　王土金　王婉馨
王　颖　王棕瑶　薛贝贝　杨宝兰　杨子欣　于慧玲　于　美　张　成　张　静
张　岳　邹新宇　艾　青　陈紫月　高　朔　韩金赢　郝卫东　黄文悦　李舒鑫
刘季扬　刘晓宁　刘中萍　邱喜岩　疏　琴　逯永瑞　万一兵　王晶晶　吴　欢
吴元康　辛　颀　张棣莛　张　敏　赵宇婧　郑　旭　周黛媛　李　雪　卢栋宇
马晓颖　董媛鑫　端瑞薇　孔伟康　卢兰迎　苗玉乐　谭西北　王绍祖　徐龙兰
许孝辉　闫乐乐　禹方方　安　莉　冯茜贤　刘佳俊　吕晓炎　亓　倩　申延会
米热扎提江·喀由木　孙言猛　武兰新　席鸿方　臧　榕　张鑫淼　赵盈睿
朱梦晨　何延庆　罗自舒　穆　雨　苏比努尔·玉苏甫　谭　贤　陶顺玉
王凯旋　余金龙　张小雪　郅晨阳　李阿蕾　刘俊飞　邵德义　王元昌　王　越
伍叶娜　张　义　安瑞虎　陈昌招　郭　锐　李沛远　阮哲彦　孙志豪　王孟佳
肖德顺　徐青山　徐　冉　余钧明　周盼盼　刘浩然　璩馥榕　王　倩　王月琪
荀涵硕　雷梦雨　沈锦洪　许亚苹　曹亚男　杜海娜　黄国栋　解梦凡　李世斌
刘　涛　王李先秋　徐沛雯　杨秀军　张　燕　李雅淑　穆　朋　王荣灿
赵姝婷　聂晗宇　杨明昊　叶　宇　赵亮亮　李华强　李淑慧　刘万鹏　苏　敏
王昊然　王梓凡　陈家乐　成宇阳　高　丰　冀琳宇　金　雅　孔陈琛　李　磊
李情情　李亚丽　刘　锐　毛琳琳　牛邦彦　宋桂霈　王　赛　王韦燕　王新修
王亚静　王永庆　杨　敏　张　楚　张敬敏　张　鑫　周　天　周园园　朱倬漪
珠　娜　陈卓帛　杜　谦　韩　燕　冀　琳　蒋柯南　孔　梦　刘慧慧　陆朝阳
马　涛　孙仲旭　王淳一　王开悦　王晓伟　许　邶　薛亦康　颜　鑫　张　鑫
朱启明　王文璐　吴明媚　曹秋林　曹　艺　常朝阳　陈召霞　丁奎婷　堵　宇
冯钰梅　顾紫琼　胡宇钊　李　婧　李文静　刘　蓉　吕朝阳　马明慧　马茜月
马　宇　马振杰　聂　行　牛亮亮　石钰杰　孙　伟　谭兆岩　田　璐　王文杰
严　森　于　晶　于敬文　张道刚　张国欣　张茂森　张芹芹　张帅虎　赵小倩
郑小冰　周宏旭　周彦妨　曹昊宇　高　歌　黄兰媚　黄　磊　李胜君　李梓君
刘双月　马　成　牟力言　唐　鑫　田佩宁　王晓丽　闫雪影　禹玲玲　张海洋

张　倩　郝小苑　杨士兵　杜乾坤　吕峻元　张茗起　于东洋　赵曼利　邓　桥
汤雅萍　葛帅领　金文涌　杨奇欣　程俊杰　王紫晗　许　栋　于松淼　陈　月
何　某　赖鹏慧　赖贞丽　李佳芮　李　静　梁兰梅　张明叶　陈星宇　方建伟
李清钰　李艺池　谭菲菲　郭海萌　金　实　高海燕　宋晓晓　王　乐　罗勤川
冯亚楠　何威振　李香月　刘子奇　王少龙　张青双　赵子涛　朱宏宇　白　露
侯任达　季湛卿　李柯安宁　栾园园　王　慧　王　唯　王枭鸿　熊金珂
徐小静　杨继勇　余　平　余志雪　张浩波　赵金蒙　赵　鑫　朱晓艳　朱雨婷
常宏才　姬聪聪　李艾芮　吕国达　钱炳男　吴　彤　谢子涵　田　旭　白玉亭
陈锐朴　李浩东　刘　倩　马翠柳　杨苏坤　张成琪　周宏达　曹梦丽　戴荣凤
孟光耀　申家豪　张　丹　庞立川　杜宜晦　黄中家　陈苏蒙　崔　娜　董　雪
杜秋玲　贾　莉　卯明彩　潘凌屹　郄梦洁　孙惠芳　孙小云　许灵媛　杨艺玥
杜利红　史秀梅　吴洪亚　杨晓东　陈晓萍　郭雅红　李　乐　李　原　刘春梅
唐继兴　王　洁　张珍珍　赵赓九　赵晓璇　赵志雅　祝　冬　毕延祥　石会娟
张　敏　韩巧玉　解　鑫　陈析羽　段宏玉　李　栋　李绍薇　李雅丽　李　燕
刘桧慧　汪　念　杨丹丹　陈薛颖　徐清宇　陈德权　陈旭伟　黄雅丽　余勤艳
贺　佩　刘天择　王贤贤　赵旭影　刘梦月　李宏强　李紫琪　马国宇　武美杉
张梦娜　李映祥　杨　涵　傅国浩　刘　鑫　桑　硕　周迎港　邵明月　王　震
张欣钰　薄佳乐　付　健　李聿尧　齐彦栋　高文菊　郭　琰　邵敬淼　包文静
郝　帅　刘丽萍　刘婷婷　孙雨萌　王科栋　张　浩　段凌云　李向阳　农杰宁
夏千童　武　敏　关雅琪　高　峰　李东旭　李　飞　邵兰童　郭嘉诚　黄贝珣
李夏清　廖文博　张颢城　马欣甜　王子珊　杨利洪　张爱娟　曹子建　郭　慧
卢　跃　位佳佳　张欢欢　高　飞　韩明月　王玉凤　陈　鑫　李松达　庞忠宝
代昕宇　李昀真　李卓宸　蔡其健　陈小珺　冯　骞　黄　馨　季桂梅　李　嘉
李　娜　林亮亮　刘佳晨　吕荣雪　倪　捷　聂红丽　冉金鑫　荣新利　王小妹
魏晨曦　吴雨婷　杨心雨　张小芸　张子言　赵世帆　周黎笋　陈普泽　单智博
杜炳辰　冯廷帅　高广娟　高艳飞　龚帮俊　郭慧娟　郭鹏宇　郭榕容　韩佳贝
和新文　黄炼榆　焦瑞雪　李嘉琦　李帅杰　李晓涵　梁　彤　刘弘毅　刘建行
刘　芮　刘雅茹　陆　阳　鹿　萍　沙玮萍　宋　浩　宋洪莹　索学鹏　王　晨
王文哲　王　晓　王　燕　吴正双　杨光璞　姚　楠　张思宇　张文英　张玉娟
何辰香　胡林杰　焦云娟　荆婷婷　亢伟芳　李　红　李　静　李小云　李晓璐
刘晓庆　鲁明星　马小琴　苗　春　潘颂佳　齐　震　田慧慧　王琼洁　王武斌
王一望　王英杰　许福玲　薛钊宁　游　杰　翟凯歌　张克强　张志刚　陈玲玲
景小涵　刘　莲　刘　琴　刘学伟　周宇航　曾　勇　史毓心　辛竹琳　杨玲珊
袁　琳　张云玲　赵钰佳　郑雪洁　王笑妍　董晨晨　邱毓蓉　董志杰　吕贝贝
沈洪飞　王紫豪　宗万里　王立青　梅英婷　王　倩　林群昌　吴　沛　张　燕
孟　红　Zin Mary Win　Thuzar Moe

关于公布 2023 年研究所研究生教育考核评价结果的通知

农科办研生〔2023〕67 号

院属各研究生培养单位：

为进一步加强研究生教育管理工作，强化考核监督、促进提质增效，根据《中国农业科学院办公室关于印发〈2023 年研究所评价方案〉的通知》（农科办发展〔2023〕56 号）等文件要求，研究生院组织开展了 2023 年研究生教育评价工作，现将结果予以公布（见附件）。

请各培养单位对照评价结果，认真查找研究生教育管理中存在的问题和薄弱环节，进一步健全规章制度，切实压实导师作为研究生培养第一责任人的责任，不断强化培养过程管理，着力加强关键环节审核，充分发挥学位评定委员会的把关作用，全面落实立德树人根本任务，推动研究生教育高质量发展。

附件：中国农业科学院 2023 年研究生教育评价结果

中国农业科学院办公室

2023 年 12 月 26 日

附件 1

中国农业科学院 2023 年研究生教育评价结果

排名	培养单位	纳入全院指标按系数折合得分	管理指标得分	管理指标加减分项得分	总得分	排名变化
1	牧医所	61.95	93.13	40.40	195.48	+1
2	植保所	39.10	85.83	28.60	153.53	−1
3	哈兽研	48.55	84.35	10.10	143.00	0
4	作科所	38.60	81.33	16.10	136.03	+7
5	基因组所	42.45	71.26	8.20	121.91	0
6	加工所	13.65	80.09	26.70	120.44	−2
7	信息所	27.75	72.96	7.10	107.81	+10
8	蜜蜂所	35.20	69.92	1.40	106.52	+10
9	农经所	31.15	71.98	2.00	105.13	+16
10	棉花所	25.50	77.38	2.00	104.88	+17
11	环发所	27.375	65.99	8.50	101.86	−3
12	饲料所	7.85	85.03	8.30	101.18	0
13	烟草所	10.70	77.88	10.90	99.48	−3
14	蔬菜所	12.45	75.23	11.20	98.88	−5
15	环保所	4.30	88.23	6.20	98.73	−9
16	资划所	28.73	55.81	13.00	97.54	−9
17	生物所	14.90	78.91	2.40	96.21	−3
18	油料所	4.35	80.38	7.00	91.73	+5
19	水稻所	8.80	79.09	3.80	91.69	+3
20	郑果所	8.75	78.73	4.20	91.68	0
21	质标所	3.65	83.37	4.50	91.52	−8

（续表）

排名	培养单位	纳入全院指标按系数折合得分	管理指标得分	管理指标加减分项得分	总得分	排名变化
22	灌溉所	5.90	78.40	5.30	89.60	+8
23	上兽研	0.00	83.16	4.80	87.96	−7
24	茶叶所	4.85	79.20	3.80	87.85	−5
25	农机化所	7.50	80.16	0.00	87.66	−4
26	麻类所	1.35	80.71	4.20	86.26	0
27	兰兽研	4.40	76.18	5.60	86.18	−3
28	果树所	2.10	80.94	2.20	85.24	0
29	兰牧药	1.85	78.51	0.40	80.76	−14
30	草原所	3.00	70.85	4.70	78.55	+2
31	沼科所	0.70	75.37	2.40	78.47	−2
32	特产所	5.50	72.53	0.20	78.23	−1
33	都市所	7.55	67.05	0.20	74.80	
34	甘薯所	0.00	70.17	0.20	70.37	−1
35	营养所	0.00	70.07	−8.30	61.77	−1
36	家禽所	3.00	58.58	0.00	61.58	−1

注：都市所 2023 年完成首届研究生培养，首次纳入评价范围。

关于表彰中国农业科学院2022年度研究生教育管理工作先进集体和先进个人的决定

农科研生〔2023〕47号

院属各研究生培养单位：

按照《关于评选中国农业科学院2022年度研究生教育管理工作先进集体和先进个人的通知》（农科研生〔2022〕143号）文件精神，在各培养单位申报推荐的基础上，根据《中国农业科学院研究生教育管理工作先进集体和先进个人评选办法》（农科研生〔2022〕140号），结合2022年度中国农业科学院研究生教育评价指标体系考核评价结果，经研究生院2023年5月26日党委会研究决定，表彰植物保护研究所等11个培养单位为2022年度研究生教育管理工作先进集体（附件1）；表彰王恩涛等13位同志为2022年度研究生教育管理工作先进个人（附件2）。

附件：1. 中国农业科学院2022年度研究生教育管理工作先进集体名单
2. 中国农业科学院2022年度研究生教育管理工作先进个人名单

中国农业科学院研究生院

2023年5月31日

附件 1

中国农业科学院 2022 年度
研究生教育管理工作先进集体名单

植物保护研究所
北京畜牧兽医研究所
哈尔滨兽医研究所
农产品加工研究所
深圳农业基因组研究所
环境保护科研监测所
农业环境与可持续发展研究所
蔬菜花卉研究所
烟草研究所
饲料研究所
农业质量标准与检测技术研究所

附件 2

中国农业科学院 2022 年度 研究生教育管理工作先进个人名单

王恩涛　植物保护研究所
刘益民　哈尔滨兽医研究所
彭慧珍　农业环境与可持续发展研究所
杨　玥　深圳农业基因组研究所
王皓宇　北京畜牧兽医研究所
霍伶艳　蔬菜花卉研究所
李佳佳　环境保护科研监测所
吴万灵　饲料研究所
戚亚梅　农业质量标准与检测技术研究所
康宇立　生物技术研究所
申红芳　水稻研究所
邱　坤　沼气科学研究所
彭　军　南繁学院

关于表彰中国农业科学院 2022—2023 学年教师教学奖获奖教师的决定

农科研生〔2023〕88 号

院属各研究生培养单位：

为加强我院教师队伍建设，营造尊师重教氛围，表彰爱岗敬业、为人师表、无私奉献的专（兼）职教师，按照《中国农业科学院教师教学奖励办法》，经有关教学单位评审推荐，研究生院研究决定，授予王建康等 6 位教师“教学名师”称号、姚艳敏等 55 位教师“优秀教师”称号、刘旭等 37 个教师团队“优秀教师团队”称号，颁发荣誉证书，并按照有关办法给予奖励，以资鼓励。

希望全院教师以他们为榜样，坚持立德树人，深入开展教学改革，全面提高教学质量，为培养“一懂两爱”的高层次创新型、应用型、复合型、国际型农业科技人才做出更大的贡献。

附件：1. 中国农业科学院 2022—2023 学年教学名师名单
2. 中国农业科学院 2022—2023 学年优秀教师名单
3. 中国农业科学院 2022—2023 学年优秀教师团队名单

中国农业科学院研究生院
2023 年 8 月 24 日

附件 1

中国农业科学院 2022—2023 学年教学名师名单

序号	主讲教师	职称	参评课程	推荐单位
1	王建康	研究员	数量遗传学（植物）	作物科学研究所
2	张淑香	研究员	土壤生物学	农业资源与农业区划研究所
3	桑建利	教授	分子细胞生物学	生物技术研究所
4	李向林	研究员	放牧管理学	北京畜牧兽医研究所
5	郑世军	教授	高级免疫学	兽医学院
6	卢　鹿	研究员	硕士学术英语综合 硕士学术英语口语	研究生院外语教研室

注：以院网站单位顺序排序。

附件2

中国农业科学院2022—2023学年优秀教师名单

序号	主讲教师	职称	参评课程	推荐单位
1	姚艳敏	研究员	农业遥感原理与应用	农业资源与农业区划研究所
2	高懋芳	副研究员	地理信息系统	农业资源与农业区划研究所
3	雷秋良	研究员	基于ArcGIS Modelbuilder的空间分析建模	农业资源与农业区划研究所
4	汪　洪	研究员	高级植物营养与肥料学	农业资源与农业区划研究所
5	刘布春	研究员	自然灾害与减灾	农业环境与可持续发展研究所
6	杨正礼	研究员	高级农业生态学	农业环境与可持续发展研究所
7	王耀生	研究员	环境学概论 SSPS统计分析（英语）	农业环境与可持续发展研究所 研究生院国际教育处
8	明　军	研究员	高级观赏植物育种学	蔬菜花卉研究所
9	张治国	研究员	分子遗传学	生物技术研究所
10	林　浩	研究员	分子遗传学	生物技术研究所
11	韩昕儒	副研究员	中级计量经济学	农业经济与发展研究所
12	钱加荣	研究员	农业政策学	农业经济与发展研究所
13	马晓敏	副研究员	信息检索利用（高阶）	农业信息研究所
14	赵廷昌	研究员	植物病原细菌学	植物保护研究所
15	张　蕾	研究员	昆虫分类学	植物保护研究所
16	李　欣	研究员	高级食品化学	农产品加工研究所
17	王　盈	副研究员	电子显微镜技术	农产品加工研究所
18	古勤生	研究员	硕士生专业外语	郑州果树研究所
19	贾银华	副研究员	棉花种质资源学	棉花研究所
20	崔金杰	研究员	硕士生专业Seminar （棉花产品质量安全）	棉花研究所

（续表）

序号	主讲教师	职称	参评课程	推荐单位
21	巩万奎	副研究员	硕士生专业 Seminar（棉花分子育种学）	棉花研究所
22	唐淑荣	研究员	棉花纤维加工与检验	棉花研究所
23	王　磊	研究员	试验设计与数据分析	中国水稻研究所
24	李　伟	研究员	微生物代谢与调控	深圳研究生院
25	蓝一洲	副教授	博士生英语	深圳研究生院
26	张兴坦	研究员	基因组学	深圳研究生院
27	胡冠菁	研究员	硕士生专业外语（生物类）	深圳研究生院
28	刘桂富	副教授	数量遗传学（植物）	深圳研究生院
29	邵浩靖	研究员	生物信息学方法	深圳研究生院
30	郭永峰	研究员	硕士生专业外语	烟草研究所
31	祁小乐	研究员	专题报告	哈尔滨兽医研究所
32	孔晖晖	研究员	文献阅读	哈尔滨兽医研究所
33	刘怀然	副研究员	动物实验技术	兽医学院
34	万迎朗	教授	分子生物学	南繁学院
35	毛晓霞	研究员	中国概况（英语） 博士生英语听说	研究生院国际教育处 研究生院外语教研室
36	潘东芳	研究员	强化汉语	研究生院国际教育处
37	郭仰东	教授	植物生物技术（英语）	研究生院国际教育处
38	许　雷	研究员	生物化学实验理论与操作技术	研究生院生物教研室
39	赵百锁	研究员	分子微生物学实验理论与操作技术	研究生院生物教研室
40	郭　巍	教授	高级生物化学	研究生院生物教研室
41	齐孟文	副教授	同位素示踪技术	研究生院生物教研室

（续表）

序号	主讲教师	职称	参评课程	推荐单位
42	闫艳春	教授	分子生物学	研究生院生物教研室
43	赵铁洁	副研究员	硕士生学术英语综合 硕士生学术英语口语	研究生院外语教研室
44	贾文学	讲师	硕士生学术英语综合 硕士生学术英语口语	研究生院外语教研室
45	任林静	副教授	硕士生英语听说	研究生院外语教研室
46	王　林	教授	硕士生学术英语综合 硕士生学术英语口语	研究生院外语教研室
47	董　杰	讲师	博士生国际会议交流英语	研究生院外语教研室
48	宋建农	教授	高等农业机械学	研究生院教务处
49	肖　阳	研究员	应用数理统计	研究生院教务处
50	潘学标	教授	农业气候信息系统	研究生院教务处
51	方　放	副研究员	中国传统书画鉴赏与实践	研究生院教务处
52	熊汉忠		健康心理学	研究生院教务处
53	罗静初	教授	实用生物信息技术（硕士）	研究生院教务处
54	郑　行	教授	高级动物生殖生理学	研究生院教务处
55	于向鸿	副研究员	高级试验设计与统计	研究生院教务处

注：以院网站单位顺序排序；同一单位内部以单位推荐顺序排序。

附件 3

中国农业科学院 2022—2023 学年优秀教师团队名单

序号	任课教师团队	组织教师	组织教师职称	参评课程	推荐单位
1	刘　旭、李立会、杨庆文、辛　霞、郭刚刚、张宗文、朱振东、方　沩	刘　旭	研究员/院士	作物种质资源学专题	作物科学研究所
2	刘录祥、马有志、孙　石、李新海、徐建龙、徐云碧、王建康、何中虎、张　锐	刘录祥	研究员	作物育种学专题	作物科学研究所
3	李燕婷、赵秉强、沈　兵、闫　湘、王　磊	李燕婷	研究员	农用化学品高效利用与管理（案例）（资源利用方向）	农业资源与农业区划研究所
4	赵立欣、姚宗路、朱志平、程瑞锋、霍丽丽	赵立欣	研究员	农业生物环境工程进展	农业环境与可持续发展研究所
5	董红敏、朱志平、董大明、顾宪红、王朝元	董红敏	研究员	畜禽养殖环境工程进展	农业环境与可持续发展研究所
6	张圣平、王海平、张扬勇、王晓武、刘富中、王立浩、张淑江、李君明、庄飞云、王怀松、钱　伟	张圣平	研究员	高级蔬菜育种学	蔬菜花卉研究所

（续表）

序号	任课教师团队	组织教师	组织教师职称	参评课程	推荐单位
7	张合成、胡向东、韩昕儒、钟　钰、王国刚、刘　静、牛坤玉、陈秧分、张永勋、赵一夫、朱　宁、李　芸、郭君平、吴永常、陈学渊、夏　英、刘文勇	张合成	研究员	乡村振兴理论与实践	农业经济与发展研究所
8	赵一夫、周向阳	赵一夫	研究员	农村社会学	农业经济与发展研究所
9	赵瑞雪、鲜国建	赵瑞雪	研究员	数据库原理与应用	农业信息研究所
10	卢　垚、刘　峥、王　新	卢　垚	副研究员	信息组织	农业信息研究所
11	许世卫、庄家煜	许世卫	副研究员	农业信息分析学	农业信息研究所
12	金　芬、王　静、李　亮、汤晓艳、陈　松、刘霁欣、邱　静、王培龙、戚亚梅	钱永忠	研究员	农产品质量安全研究进展	农业质量标准与检测技术研究所
13	刘万学、周忠实、张桂芬、冯　洁、杨念婉、郭建洋、吕志创、王　瑞、冼晓青、张毅波、赵梦欣	刘万学	研究员	入侵生物学	植物保护研究所
14	彭德良、彭　焕、黄文坤、刘世名	彭德良	研究员	植物病原线虫学	植物保护研究所
15	刘文德、马占鸿、李方方、彭　焕、陈华民	刘文德	研究员	高级植物病理学	植物保护研究所

（续表）

序号	任课教师团队	组织教师	组织教师职称	参评课程	推荐单位
16	侯茂林、姜玉英、王锡峰、陈巨莲、李克斌、李宝聚、雷仲仁、马春森、李世访、涂雄兵、刘晓辉、陆宴辉、简桂良、张克诚	侯茂林	研究员	植物有害生物综合防控	植物保护研究所
17	刘太国、陈捷胤、赵廷昌、李方方、彭　焕	刘太国	研究员	植物病理学专题	植物保护研究所
18	张　博、郭荣君、任　杰、张　杰	张　博	研究员	生物防治专题	植物保护研究所
19	高会江、徐凌洋、赵福平	高会江	研究员	高级动物育种学	北京畜牧兽医研究所
20	徐凌洋、高会江、周正奎、王彦芳、蒋　琳、赵学明、张龙超、狄　冉、李庆贺	徐凌洋	研究员	动物遗传育种与繁殖专题	北京畜牧兽医研究所
21	朱化彬、赵学明、王彦芳、牟玉莲、麻　柱	朱化彬	研究员	动物繁殖理论与生物技术	北京畜牧兽医研究所
22	王彦芳、蒋　琳、徐凌洋、张广智	王彦芳	研究员	硕士生专业外语	北京畜牧兽医研究所
23	赵桂苹、马月辉、王立刚、孙东晓、周正奎、吴桂琴、高会江、张　莉、安建东	赵桂苹	研究员	动物遗传原理与育种方法	北京畜牧兽医研究所
24	辛凤姣、郑　浩、杨　栋、袁红莉、尚　铁、王　颖	辛凤姣	研究员	食品营养组学与生物制造	农产品加工研究所

（续表）

序号	任课教师团队	组织教师	组织教师职称	参评课程	推荐单位
25	王景雷、齐学斌、孙景生、王和洲、周新国、段爱旺、翟国亮、黄修桥、吴海卿	王景雷	研究员	农业水土工程研究进展	农田灌溉研究所
26	朱荷琴、崔金杰	朱荷琴	研究员	植物保护	棉花研究所
27	崔　鹏、刘万飞、林　强	崔　鹏	研究员	转录组学	深圳研究生院
28	徐　炜、高　飞、孔思远、张新岩	徐　炜	研究员	表观遗传学与表观基因组学	深圳研究生院
29	闫建斌、王　博、刘晓蕙、邹忠梅、赵玉成、杜　然	闫建斌	研究员	代谢组学	深圳研究生院
30	石　屹、宋文静、刘海伟、马兴华、闫慧峰、徐秀红、孟　霖、任　杰、王松峰、陈爱国、王程栋、郑学博、王晓琳、孙延国	石　屹	研究员	烟草栽培与调制	烟草研究所
31	邱　军、杜咏梅、于卫松、窦玉青	邱　军	研究员	烟草质量安全	烟草研究所
32	步志高、柳金雄、关云涛、何希君、张险峰、李　曦	步志高	研究员	生物安全	兽医学院
33	王晓钧、黄　丽、高宏雷、汤艳东、蔡文通	王晓钧	研究员	分子生物学实验设计与技术	兽医学院
34	徐凌洋、蒋　琳、王彦芳	徐凌洋	研究员	动物基因组与育种（英语）	研究生院国际教育处

（续表）

序号	任课教师团队	组织教师	组织教师职称	参评课程	推荐单位
35	李方方、陈华民、葛蓓孛、李玉艳、刘　杨、陈巨莲、宁约瑟、董丰收、李广悦、杨念婉、杨晓伟	李方方	研究员	植物保护前沿（英语）	研究生院国际教育处
36	赵福平、张　勤	赵福平	研究员	数量遗传学（动物）	研究生院生物教研室
37	杨从科、王　静、鲜国建	杨从科	研究员	论文写作	研究生院教务处

注：以院网站单位顺序排序；同一单位内部以单位推荐顺序排序。

八、综合政务管理

吴孔明院长在中国农业科学院党组2023年第1次理论学习中心组（扩大）学习会暨传达学习全国两会精神干部大会上的讲话

2023年3月16日

同志们：

今天，我们召开院党组理论学习中心组扩大会，主要任务是，学习领会习近平总书记在全国两会上的重要讲话精神，传达贯彻全国两会精神以及农业农村部干部大会精神，部署我院贯彻落实工作，推进落实全年重点任务。

刚才，周若辉同志和陈华宁同志分别传达了全国两会精神、农业农村部传达学习两会干部大会精神。今年，我院共有4位人大代表和8位政协委员参加全国两会，体现了党中央对农业农村和农业科技工作的重视，体现了党中央对中国农业科学院的充分肯定和期待。刚才6位同志交流了参会体会，讲得都很好，对于我们理解和抓好两会精神落实，很有启发。下面，我讲三点意见。

第一，认真学习习近平总书记重要讲话和全国两会精神，深入领会全国两会的重大意义，把思想和行动统一到党中央重大决策部署上来。

今年全国两会，是在党的二十大召开之后，在我国进入全面建设社会主义现代化国家、向第二个百年奋斗目标进军新征程重要时刻召开的一次重要会议。近年来，世界百年未有之大变局加速演进，世界进入新的动荡变革期，正是有了习近平总书记的掌舵领航，我们才能有信心和能力战胜各种不确定性。习近平总书记以全票当选国家主席、中央军委主席，反映了全体全国人大代表的共同意志和全国各族人民的共同心愿，是党心所向、民心所盼、众望所归！党确立习近平同志党中央的核心、全党的核心地位，确立习近平新时代中国特色社会主义思想的指导地位，对新时代党和国家事业发展、对推进中华民族伟大复兴历史进程具有决定性意义，必将激励全国各族人民在强国建设、民族复兴新征程上踔厉奋发、勇毅前行。我们要坚决拥护“两个确立”，自觉增强“四个意识”、坚定“四个自信”、做到“两个维护”，迅速把思想和行动统一到习近平总书记重要讲话精神和全国两会部署上来。

一要学深悟透习近平总书记重要讲话精神。两会期间，习近平总书记多次下团组，同大家倾心交流、深入讨论、擘画未来。在参加江苏代表团审议时强调，高质量发展是全面建设社会主义现代化国家的首要任务；加快实现高水平科技自立自强，是推动高质量发展的必由之路；我们能不能如期全面建成社会主义现代化强国，关键看科技自立自强。总书记特别指出，农业强国是社会主义现代化强国的根基，推进农业现代化是实现高质量发展的必然要求；要严守耕地红线，稳定粮食播种面积，加强高标准农田建设，切实保障粮食和重要农产品稳定安全供给；要把产业振兴作为乡村振兴的重中之重，积极延伸和拓展农业产业链，培育发展农村新产业新业态，不断拓宽农民增收致富渠道。在十四届全国人大一次会议闭幕会上，总书记发表重要讲话，强调要完整、准确、全面贯彻新发展理念，加快构建新发展格局，深入实施科教兴国战略、人才强国战略、创新驱动发展战略，着力提升科技自立自强能力。习近平总书记的重要讲话精神，我们要全面系统学习领会、真抓实干加以落实，以实绩实效加快推动农业科技创新、高质量支撑农业强国建设。

二要全面学习贯彻全国两会的重大部署。会议审议通过的政府工作报告，提出了2023年经济社会发展的总体要求、主要目标、政策取向和重点工作。报告强调，科技政策要聚焦自立自强，完善新型举国体制，发挥好政府在关键核心技术攻关中的组织作用，突出企业科技创新主体地位。报告部署了2023年的8项重点工作，强调要稳定粮食生产和推进乡村振兴，要求“稳定粮食播种面积，抓好油料生产，实施新一轮千亿斤粮食产能提升行动。完善农资保供稳价应对机制。加强农田水利和高标准农田等基础设施建设。深入实施种业振兴行动。强化农业科技和装备支撑。发展乡村特色产业，拓宽农民增收致富渠道。巩固拓展脱贫攻坚成果，坚决防止出现规模性返贫”。李强总理在回答记者提问时强调，推进乡村振兴要突出“全面”“特色”“改革”三个关键词，保障粮食安全要抓住耕地和种子“两个要害”，不断提高粮食生产能力。这些决策和工作部署，为我们厘清下一个阶段农业科技创新的方向与重点提供了基本遵循。

三要准确把握中央关于深化国家机构改革的部署要求。此次会议，国务院机构改革备受关注。这次国务院机构改革是贯彻落实党的二十大和二十届二中全会精神的一项重要任务，充分彰显了以习近平同志为核心的党中央坚定不移全面深化改革、推进国家治理体系和治理能力现代化的坚强意志，必将为全面建设社会主义现代化国家、全面推进中华民族伟大复兴提供有力保障。与我院密切相关的主要有两方面。一是重新组建科技部，将科技部的组织拟订科技促进农业农村发展规划和政策、指导农村科技进步职责划入农业农村部，将科技部所属中国农村技术开发中心划入农业农村部；二是优化农业农村部职责，将国家乡村振兴局的职责划入农业农村部，在农业农村部加挂国家乡村振兴局牌子，不再保留单设的国家乡村振兴局。这次科技管理体制改革，将产业科技职能划入相关部委，重组后的科技部不再参与具体科研项目评审和管理，必将对我国科技创新组织模式产生重大影响，对我院而言是重要的战略性机遇。

第二，深刻领会党中央对科技创新的新要求，主动入位发挥好农业科研国家队的示范引领作用。

今年是贯彻党的二十大精神的开局之年，强化农业科技装备支撑、抓好耕地和种子

“两个要害”，有力支撑全面推进乡村振兴，对于全面建设社会主义现代化国家开好局、起好步至关重要。作为农业科研国家队，我们要在深入贯彻落实科教兴国战略、人才强国战略、创新驱动发展战略，加快建设农业强国中走在前、做表率。

一要尽快适应科技管理体制改革的新形势和新要求，推动院所改革创新发展。党的二十大报告要求“完善党中央对科技工作统一领导的体制，健全新型举国体制，强化国家战略科技力量，优化配置创新资源”“深化科技体制改革，深化科技评价改革，加大多元化科技投入，加强知识产权法治保障，形成支持全面创新的基础制度”。近年来，西方国家不断升级对我国的科学技术和科技产业的限制和打压。可以预见的是，中美科技竞争将伴随现代化强国建设和民族复兴的整个过程。在高质量发展对科技创新的要求日益提高、国际科技“脱钩”形势愈加严峻的背景下，我国科技领域面临的压力越来越大。通过组建中央科技委员会，加强党中央对科技工作的集中统一领导，统筹推进国家创新体系建设和科技体制改革，对于进一步激发科技创新内在活力、充分发挥新型举国体制优势、破解关键核心技术难题，具有重大意义。我院深化院所改革是为适应国家科技创新体系改革大局主动作出的战略安排。下一步，要深入研究如何进一步加强现代院所治理体系和治理能力建设，进一步理顺科技管理体制，加快建立符合农业科技创新规律的基础研究支持方式，完善以持续稳定支持为特征的科研组织方式，健全符合农业科技创新要求、责权利明确、层次分明、协作高效的运行管理体系，营造激发创新活力的氛围环境。

二要充分认识加快原始自主创新的紧迫性，努力推动实现高水平农业科技自立自强。总书记在参加江苏代表团审议时强调，要坚持“四个面向”，加快实施创新驱动发展战略，推动产学研深度合作，着力强化重大科技创新平台建设，支持顶尖科学家领衔进行原创性、引领性科技攻关，努力突破关键核心技术难题，在重点领域、关键环节实现自主可控。这就要求我们更好统筹科技资源力量，强化基础研究，追求原始创新，在关键核心技术上攻坚克难，抢占科技制高点，努力实现高水平科技自立自强，切实摆脱“卡脖子”困境。

三要充分认识“三农”工作目标任务的艰巨性和重要性，更好发挥科技创新的支撑、引领和推动作用。中央农村工作会议指出，农业强国是社会主义现代化强国的根基，要依靠科技和改革双轮驱动加快建设农业强国。2023 年中央一号文件和政府工作报告，对稳定粮食生产和推进乡村振兴作出明确部署。当前，世界百年未有之大变局加速演进，我国发展进入战略机遇和风险挑战并存、不确定难预料因素增多的时期，守好“三农”基本盘至关重要、不容有失。确保粮食产量稳定在 1.3 万亿斤以上是“军令状”，是必须完成的首要硬任务。农业农村部传达学习全国两会精神干部大会强调，要系统把握“三农”新部署新要求，当前要抓好五项重点工作：一是全力抓好春季农业生产，二是攻坚克难扩种大豆油料，三是切实加强耕地保护建设，四是着力推进农业科技创新体系变革，五是扎实推进脱贫攻坚成果巩固和乡村发展、建设与治理。作为国家战略科技力量，我院任务、挑战、责任都很重大，必须从党和国家事业发展全局出发，整体谋划、系统安排，切实做好科技支撑服务“三农”的各项工作。

第三，深入贯彻落实全国两会精神，推动重点工作落实落地。

学习贯彻全国两会精神是当前一项重大政治任务，我们要坚持以习近平新时代中国特色社会主义思想为指导，把学习贯彻两会精神与学习贯彻党的二十大精神结合起来，牢牢把握高质量发展这一首要任务，完整、准确、全面贯彻新发展理念，以强烈的政治责任感和历史使命感担当履责，切实把两会精神落到实处。院属各单位要积极组织开展多种形式的学习贯彻活动，要认真贯彻落实习近平总书记重要讲话精神和政府工作报告要求，按照农业农村部工作部署和我院工作安排，全面做好各项重点工作。为加快实现高水平科技自立自强、支撑引领高质量发展，我院要重点抓好三方面工作。

一是抓好基础与前沿研究工作，加紧突破“卡脖子”关键技术，支撑科技强国建设。要加强院党组统筹管理，推动 8 个牵头和 7 个参与的全国重点实验室建设，引导全院科技力量聚焦根本性、源头性科学问题和产业未来发展趋势开展跨所、跨学科、跨团队的基础性、前瞻性科学攻关。要在“强统筹、促融合、稳经费”上下功夫，依托已有的试验基地网络体系，建设“数据总平台—区域中心—观测站”三级观测网络体系，筑牢农业应用基础研究的根基。

二是加快推动科技成果走入产业和田间地头，支撑农业强国建设。2023 年，农业农村部首次把我院列入贯彻落实中央一号文件重点任务的责任单位，对我院而言，这是与中央部署同频共振、科技助力稳产保供、支撑乡村全面振兴的重要着力点，既是机遇、也有挑战。下一步，我们要切实加强党的领导，把相关任务细化分解到产业专家团、研究所、科研团队及其党组织，发挥好各级党组织对任务落实的政治引领和监督保障作用，推动形成“院党组—研究所党委—团队党支部”三级党组织齐抓共管的工作格局，并将任务落实情况列入考核督办。要加强技术集成应用转化，做好中期技术熟化与当前成熟技术推广应用，力争构建更多可复制、可推广的高产高效技术模式，把科教优势转化为产业和发展优势。

三是加快推进院所改革，加强自身能力建设。当前我院发展面临一些比较突出的问题，比如，“一农”向“三农”学科拓展还有差距，部分研究所的主责主业未能聚焦“国之大者”，有的研究所力量布局还未跟上产业转移趋势，拟转企所的改革问题迟迟未能解决。下一步，要以健全举院抓大事的管理体制为核心，盘活用好机构编制资源，推进院部机构改革。要加快重大任务管理机构建设，强化重大任务的组织实施、资源统筹和日常管理，全面提升科技创新效能。要统筹科研资产管理，确保科研用地和房屋用于科技创新。要以推动“一农”向“三农”转变为契机，下大力气拓展优化学科方向，围绕全面推进乡村振兴强化科技支撑，以此推动研究所改革创新发展。

最后，我再强调一下作风建设。各级领导干部要始终同以习近平同志为核心的党中央保持高度一致，在坚决贯彻落实党中央和部院党组决策部署上为全院作好表率，以强烈担当推动落实，以过硬本领促进落实，以优良作风保障落实，确保部院党组工作部署第一时间迅速执行、落地见效。要持续深化落实中央八项规定精神、纠治“四风”，找准我院在作风建设尤其是形式主义、官僚主义方面存在的突出问题，紧盯重要节点、重点领域、关键岗位加强权力运行监督制约，重点关注学风、师风和科研诚信问题，有针对性地推动整改纠治，确保全院上下以更加优良的作风做好各项工作。

同志们，我们要更加紧密地团结在以习近平同志为核心的党中央周围，深入学习贯彻党的二十大精神，全面贯彻落实全国两会精神，开拓创新、奋发进取，扎实做好农业科技创新工作，努力以高水平自立自强、高质量科技服务为建设科技强国、农业强国提供更加有力的支撑保障。

谢谢大家！

杨振海书记在中国农业科学院党组 2023 年第 2 次理论学习中心组（扩大）学习会暨主题教育专题读书班集中学习会上的讲话

2023 年 5 月 9 日

同志们：

根据专题读书班的安排，下面，结合本人的学习思考，与大家分享读书体会和认识。我发言的题目是“担负国家队使命　加快推进高水平农业科技自立强”。主题教育开展以来，通过认真研读《习近平著作选读》第一卷和第二卷，细品深悟总书记关于“三农”工作的重要论述以及建设农业强国和科技强国的部署，我对科技是第一生产力、创新是第一动力、人才是第一资源，有了更深刻的理解，对加快实施创新驱动发展战略、加快实现高水平科技自立自强，有了更全面的认识。中国农业科学院作为国家战略科技力量，农业科技国家队，必须牢记总书记的嘱托，扛起推进农业科技高水平自立自强的责任和使命。

一、加快实现高水平农业科技自立自强是强国建设、民族复兴的必然选择

强国建设、民族复兴，科技是关键，农业是保障。加快实现农业科技高水平自立自强，既是建设农业强国的需要，也是建设科技强国的应有之义。

第一，加快建设农业强国，需要高水平农业科技自立自强。党的二十大新提出建设农业强国战略，把农业强国建设摆上了全面推进中华民族伟大复兴的重要位置。2023 年中央一号文件，强调建设供给保障强、科技装备强、经营体系强、产业韧性强、竞争能力强的农业强国。这其中都强调科技必须强。农业科技是农业强国建设的利器，是保障粮食和重要农产品稳定安全供给、全面推进乡村振兴的重要动力源泉。没有高水平的农业科技自立自强，农业强国只能是“空中楼阁”。

第二，加快建设科技强国，需要高水平农业科技自立自强。党的二十大将建成科技强国纳入 2035 年发展目标。当前，我国全球创新指数排名从 2012 年的第三十四位上升至 2022 年的第十一位，进入创新型国家行列，开启了建设科技强国的新阶段。随着全行业科技进步贡献率增速加快，农业科技进步贡献率虽然达到 62.4%，但已由之前的

高于全行业总体水平，转变为基本持平，领先优势逐步缩小。如再不采取有效措施，农业科技进步贡献率很可能由持平转变为滞后，进而严重影响到科技强国建设进程。

第三，攻克“卡脖子”技术把握发展主动权，需要高水平农业科技自立自强。党的二十大强调，高质量发展是全面建设社会主义现代化国家的首要任务。实现农业农村高质量发展迫切需要在补短板、强动能上下功夫。无论是破解“卡脖子”技术难题、解决产业最紧迫问题，还是开辟发展新领域新赛道，都迫切需要加快实现高水平农业科技自立自强，将关键核心技术掌握在自己手中，将农业未来发展主动权掌握在自己手中。

二、我国高水平农业科技自立自强已站在新的起点上

高水平农业科技自立自强是建设农业强国的必由之路，我们要坚持目标导向和问题导向，对照自身成绩和不足，扎实推进高水平农业科技自立自强。

第一，农业科技高水平自立自强的基本要求。从科技创新与支撑产业发展的角度看，高水平农业科技自立自强至少要达到基础研究原创能力强、核心技术支撑能力强、集成创新转化应用能力强。一是基础研究和原创能力强。基础研究是科技创新的源头，是引领农业科技变革的起点。没有强大的基础研究和原始创新能力，只能是跟踪模仿，难以真正实现科技自立自强。二是核心技术研发和支撑能力强。核心技术是支撑和保障现代农业产业发展的关键，将核心关键技术掌握在自己手中，才能真正掌握产业发展主动权。三是集成创新和转化应用能力强。单项科技成果需要根据生产需求，形成场景化应用模式，才能真正支撑产业发展。

第二，我国农业科技供给和应用水平大幅提升。在基础研究领域，发现并克隆了一批具有调控作物高产优质、营养高效以及抗病虫等重要育种价值的自主知识产权新基因，基本完成猪、牛、羊等畜禽水产动物全基因组测序。在关键技术领域，培育了亩产突破 1 200 千克的超级稻、抗虫耐除草剂转基因大豆玉米，以及具有自主知识产权的华西牛、白羽肉鸡、白羽肉鸭等一批新品种；草地贪夜蛾实时监测预警技术体系有效保障了粮食安全。在转化应用领域，集成推广了玉米密植滴灌、畜禽养殖减抗替抗、农产品质量安全快速检测等先进实用技术模式。农业科技进步贡献率达到 62.4%，主要良种覆盖率超过 96%，农业综合机械化率超过 72%，为农业强国建设打下坚实基础。

第三，高水平农业科技自立自强的差距还比较明显。虽然我国农业科技在个别领域达到领跑状态，但从整体看与农业发达国家仍有很大差距，与 2035 年实现农业农村现代化的要求相比，还存在短板。一是基础研究和原始创新能力不强，缺乏“从 0 到 1”的原创性成果。二是在底盘技术、核心种源、关键农机装备等领域还存在“卡脖子”技术问题。三是科技成果转化应用率不高，公共科技供给不足。我国玉米单产为 429 千克/亩、大豆单产为 132 千克/亩，均只有美国的 60%左右；主粮化肥利用率为 41.3%，农药利用率 41.8%，低于发达国家 10~20 个百分点；灌溉水有效利用系数为 0.57，低

于发达国家 20～30 个百分点。

三、坚决扛起新时代加快实现高水平农业科技自立自强的历史责任

2017 年 5 月 26 日，习近平总书记在致我院建院 60 周年贺信中强调要加快创新步伐，努力抢占世界农业科技竞争制高点，牢牢掌握我国农业科技发展主动权，为我国由农业大国走向农业强国提供坚实科技支撑。我们要牢记习近平总书记的嘱托和期望，坚决贯彻落实党和国家的战略部署和总体要求，主动谋划改革发展布局，加强组织领导，强化科技创新平台等载体建设，加快推进高水平农业科技自立自强步伐，肩负起时代赋予我们的使命和责任。

第一，聚焦粮食和重要农产品供给头等大事，推进协同攻关。牢牢抓住种子、耕地两个要害，强化科技保障提高粮食及重要农产品供应的韧性和安全水平。一是加快种业科技攻关。加强种质资源收集和鉴定利用，加强生物育种技术研发与产业化应用。重点推进大豆、玉米、水稻、小麦等关系国家粮食安全的大宗农作物品种，猪、鸡、牛等关系百姓生活品质提升的重要农产品品种选育推广，推进协同攻关。二是强化耕地科技支撑。研发新技术、新产品，服务中低产田改造，提升边际土地利用效率，支撑高标准农田建设。针对黑土地、干旱半干旱耕地、红黄壤耕地、盐碱地综合治理和利用，推进协同攻关，提供系统解决方案。更加重视藏粮于技，强化科技创新，提升科技支撑力度，努力突破耕地等自然条件对农业生产的限制。

第二，立足农业高质量发展的必由之路，强化关键技术供给。强化新型农机装备和绿色农业投入品研发，推动农业高质量发展。一是推进智能农机装备研发。聚焦大型装备智能化、丘陵山区小型装备轻简化、棉油装备关键核心技术自主化、蔬菜设施高效化，重点研发新型农业设施装备，支撑设施农业现代化提升行动。二是系统开展农业生物安全研究。系统开展外来生物入侵、植物病虫草害、畜禽疫病等风险因素的监测预警、快速检测、综合防控和战略研究，持续推进防控攻坚技术支撑行动。三是强化农业绿色发展技术供给。重点研发推广农业投入品减量增效技术模式、水肥一体化高效利用技术模式、农业废弃物收集利用处理技术模式，支撑农业绿色发展。

第三，以乡村振兴工作为中心，系统提供技术、智力、人才支撑。围绕扎实推动乡村产业、人才、文化、生态、组织振兴，统筹部署学科、团队和重点任务，系统支撑全面推进乡村振兴。一是强化实用技术和产品研发。重点开展富民特色产业技术攻关与集成示范，助力发展特色优势富民产业，打造科技支撑乡村振兴示范县。二是充分发挥智库作用。深入乡村一线开展战略性咨询服务，监测和评估，以乡村规划引领打造示范样板。三是积极培育乡村振兴人才。持续做好产业顾问组工作，为乡村发展提供智力和技术支持。努力培养更多乡村优秀青年人才和乡村产业振兴带头人。

四、关于下一步工作的意见

以上就是我个人的学习体会。这次读书班期间，大家都下了很大工夫，把能往后排的事都往后排了，挤出整块时间来专门学习研读。今天，我们把读书班集中研讨与院党组理论学习中心组学习会结合开展，是对读书班学习成效的最好检验。刚才，各位院领导围绕选题深入交流了学习体会、思考认识，结合个人思想和工作实际找准了切入点，结合岗位职责和重点任务谋划了务实举措，达到了统一思想、开阔思路、明晰重点、推动工作的预期目标。关于下一步工作，我谈三点意见。

第一，扎实组织开展主题教育。开展主题教育是当前的重大政治任务，院党组研究制定了主题教育实施方案，召开大会专门作出部署安排，院机关各部门、院属各单位也都制定细化了方案，关键要抓好落实、力求实效。中央第三十五指导组柯尊平组长访谈讲话时，对领导班子成员提出了“五个带头”的要求，即带头深入学习、武装头脑，带头深入调研、摸清情况，带头查找问题、厘清思路，带头改进作风、推动发展，带头增强党性、带好队伍。各位院领导和各部门各单位班子成员都要不折不扣落实好“五个带头”要求，切实把理论学习、调查研究、推动发展、检视整改贯通起来，真正做到学思用贯通、知信行统一，确保主题教育取得实实在在的效果。

第二，院领导班子成员要持续深入开展学习，强化学以致用。要在这次专题读书班的基础上，继续研读中央指定的学习材料，切实做到全面领会、准确把握。要坚持第一时间学习领会习近平总书记的重要讲话和重要指示批示，切实做到学习跟进、认识跟进、行动跟进。这次读书班期间，大家主动带着问题学，在理论学习中找到了一些破解难题的思路办法。要把这种好的做法、实的作风坚持下去，努力将学习的所思、所想、所得转化为推动科技创新、成果转化、科技服务、改革发展等各项工作的思路办法、政策举措、制度机制。在抓好自身学习的同时，还要督促指导分管部门、联系单位把读书班组织好，把理论学习开展好，把理论联系实际落实好，坚决防止走过场、不深不实等形式主义问题。

第三，院机关各部门、院属各单位要尽快按规定按要求办好读书班。要创造性开展多种形式的学习活动，综合运用自学、集中学习、专题辅导、参学调研和集中研讨交流等方式。学习安排要尽量细化，坚决做到时间服从质量，保证学习读书的完整性，确保时间和效果。规定的学习书目要一篇一篇读、逐段逐句悟，重点是学懂弄通中央确定的四种必读书目，原原本本、系统全面地学习领会习近平新时代中国特色社会主义思想。领导班子要带好头，拿出最大精力、集中整块时间真正坐下来、静下心去学。读书班期间班子成员原则上不安排出差，确有必要的须向院巡回指导组请假。大家的工作都很忙，特别是科研人员，正值农忙时节，要统筹安排好工作、科研，确保不误农时、不误科研、不误学习。

重温贺信精神　践行四个面向　建设两个一流

——吴孔明院长在学习贯彻习近平总书记贺信精神交流会上的讲话

2023 年 5 月 26 日

同志们：

今天我们以“重温贺信精神，践行四个面向，建设两个一流”为主题召开会议，主要任务是深入学习贯彻党的二十大关于加快建设科技强国、农业强国的战略部署，贯彻落实习近平总书记致我院建院 60 周年贺信精神，对标建设世界一流学科、建成世界一流科研院所的战略目标，进一步统一思想、凝心聚力，加快推动“举院抓大事”和科技支撑农业农村重点工作举措落实落地，推动学习贯彻习近平新时代中国特色社会主义思想主题教育走深走实。

2017 年 5 月 26 日，在我院热烈庆祝建院 60 周年之际，习近平总书记专致贺信，为新时代农业科技创新和我院改革发展指明了方向，提供了根本遵循。6 年来，我院坚持以贺信精神为指引，坚决履行农业科研国家队的职责使命，着力打造国家农业科技战略力量，加快实现高水平农业科技自立自强，在推动我国农业科技进步、保障国家粮食安全、支撑脱贫攻坚和乡村振兴等各方面取得了不少突破、作出了很多贡献。刚才，我们一起重温了习近平总书记的贺信，科技局、转化局和产业专家团汇报了科技支撑农业农村重点工作进展，重任局、资划所、农机化所交流了推进“举院抓大事”的进展和下一步工作谋划。总体来看，各部门、各单位目标一致、协同配合，面向世界农业科技前沿和国家重大需求狠抓 6 个重点领域的创新攻关、面向现代农业建设主战场狠抓科技支撑服务，措施有力、卓有成效。

过去一年，我院持续深入贯彻落实总书记贺信精神，围绕“四个面向”，对标“两个一流”，探索建立起“举院抓大事”的体制机制，改革创新发展取得了新进展。

我们聚焦“四个面向”调学科、优布局。新增“农业基础前沿”和“农业微生物”学科集群，重构“农业经济与农村发展”和“农业装备工程与农业信息”学科集群，形成“11 大学科集群、58 个学科领域、283 个重点方向”的全新学科体系。加快建设西部中心、成都中心、南繁院、深圳食品谷、中原中心、北方农牧业中心等区域创新中心，推动全院机构布局重塑。

我们围绕“两个一流”建机制、强统筹。以院部改革为统领推动管理方式从“管所为主”向“管所与管大事并重”转变，组建重大任务局，坚持“院党组管总、重大任务局主战、科技管理局主建”原则，优化科研任务组织模式；重组发展建设局，贯通基本建设、条件建设，以及研究所评价、战略规划、深化改革等宏观管理职责一体化；将后勤服务职能整体纳入院办，大力推进职责融合、队伍融合、机制融合“三个融合”；构建“大监督”工作格局，突出以政治监督为统领，指导协调各类监督优势互补、贯通协同，推动横向到边、纵向到底，发挥全面从严治党对科技创新主责主业的引领保障作用。统筹实验室体系建设、全院重大科研设施和野外台站建设、科研资产管理、科研经费管理和人才力量配备，一体化配置创新资源的格局正在加速形成。

我们瞄准农业强国建设抓创新、强支撑。加强农业基础性长期性工作，构建了“数据总平台—区域中心—观测站”三级农业长期因子观测体系。强化基础与应用基础研究，依托全国重点实验室建设科学中心，聚焦重要领域开展共通性、基础性、前瞻性科学研究。实施“强种”“沃田”“增粮”“智机”等科技行动，推进种子、耕地等6个领域科技创新。统筹全院科技力量，组建小麦、水稻等7个产业专家团，打造专家工作站和“田间课堂”，建立常态化农业科技服务体系。组织调动全院科技力量，聚焦当前成熟技术推广应用，提出76条针对性举措，全方位支撑2023年全面推进乡村振兴重点工作。

同志们，党的二十大提出加快建设农业强国，这是党中央着眼于全面建设社会主义现代化国家大局做出的重大战略部署。当前，全球农业科技创新竞争形势日趋复杂严峻，保护主义抬头，外部不确定因素增多。我国农业科技创新虽然整体迈进了世界第一方阵，但农业科技进步贡献率同世界先进水平相比也还有不小的差距，部分核心种源、高端装备等“卡脖子”领域还随时面临脱钩断链的风险。我们要深刻认识到，新阶段推进农业强国建设，补上农业农村现代化薄弱环节，比任何时候都更加需要科技创新这个第一动力。我们要深入落实总书记贺信精神，奋力扛起加快实现高水平农业科技自立自强的责任使命，紧盯世界农业科技前沿，大力提升我国农业科技水平，为建设农业强国开辟新领域新赛道，塑造新动能新优势。要对照农业强国建设六个方面的基本内涵，加强科技创新支撑。要聚焦“供给保障安全可靠”，落实“藏粮于地、藏粮于技”和“大食物观”，强化种子与耕地创新，加快产出水稻、小麦、玉米、大豆四大作物优质新品种，加快推动畜禽良种化进程，做好转基因产业化的科技支撑，持续攻关东北黑土地、北方旱地、南方水田、南方旱地、盐碱地、设施农地和后备耕地的质量保护与地力提升，科技助力戈壁农业和设施农业发展；要聚焦“科技创新自立自强”，以产业急需为导向，聚焦底盘技术、核心种源、关键农机装备、合成药物、耕地质量、农业节水等领域，强化原始创新和关键核心技术攻关突破；要聚焦“设施装备配套完善”，强化设施农业和农机装备研发，加快补短板特别是丘陵山区专用机械技术攻关，推进设施农业智能装备、设施农业专用品种、设施产品保鲜、产后加工等领域的技术整合；要聚焦“产业链条健全高端”，以农业生产、加工、流通等各环节需求为导向，整合全院科研力量，针对不同品种打造产业专家团，提供全产业链科技支撑服务，推进农业全产业链技术提档升级；要聚焦“资源利用集约高效”，深化绿色低碳发展理论研究、模式创新，研究升级农业节水技术、废弃物资源化利用技术、面源污染防控技术和农村绿色能源利用技术，创制农药化肥地膜等绿色投入品，破解当前农业资源趋紧、环境问题突出、生态系统退化等重大瓶颈问题，为产业安全、生态安全提供科技支撑；要聚焦“国际竞争优势明显”，面向周边国家和毗邻区域，以及南美重要农产品贸易国，建设科技合作前沿阵地，从源头提升国际供应链的掌控能力和竞争能力。要加强与联合国粮农组织等国际组织的合作，在更多国家推广我国农业先进适用技术和产品，为解决全球粮食安全作出贡献。

下一步，我们要继续深刻领悟、深入践行贺信精神，抓住学习贯彻习近平新时代中国特色社会主义思想主题教育这个重大契机，坚持“四个面向”推进科技创新，对标“两个一流”建强战略力量，为早日实现高水平农业科技自立自强、加快建设农业强国作出国家队应有贡献。

第一，要大力推进组织化系统化的科技创新。一是聚焦当前国家重大需求开展技术攻关。要建立技术支撑工作体系，全力推进玉米大豆生物育种产业化步伐；要筛选短生育期高产水稻和短生育期油菜品种，开展稻稻油或稻再油等一年三熟制生产技术模式研发，提升粮食单产水平；要推进设施农业技术系统化研发，把戈壁、沙漠变成生产蔬菜的重要基地，把种蔬菜的高标准农田腾出来种粮食；要加快培育高产高油大豆，在适应地区开展大豆高产创建与示范推广，推动国产大豆自给率提升；要强化盐碱地综合开发利用科技支撑，研制推广土壤改良产品和耐盐碱作物品种，突破盐碱地利用关键技术，推动我国盐碱地等后备耕地资源综合开发。二是持续深化学科体系和科研机构改革。继续推进建设 11 大学科集群，补齐乡村振兴学科短板，实现从支撑“一农”向支撑“三农”转变。要努力解决困扰我院多年的“拟转企所”问题，有关研究所要有主动求变的意识，不能“等、靠、要”，要先有作为，才能争取更多政策支持。一方面要把握区域创新发展的新需求、新趋势，按照“一地一策、院地共建”为原则，大力推进区域性农业综合研究中心建设，争取地方支持；另一方面，可以通过设立院级研究中心，将院内该领域的科研力量和资源集聚到该平台，以此为契机，重新谋划研究所改革发展和创新布局，带动研究所转型发展。三是构建有组织的适度竞争的科研体系。中国农业科学院作为农业科研国家队，首先要建立完善内部科研组织体系，充分发挥国家队“领头羊”作用，在此基础上加强与省院、农业院校、农业企业的交流协作，依托国家实验室、省实验室、新型研发机构等新型创新平台，团结带领全国农业科研力量建立联合作战、协同攻关的组织模式与合作机制，为攻克关键核心技术、解决农业产业发展难题贡献更大力量。四是把一切资源统筹配置到科技创新上。全面摸清我院科研房产使用和出租管理存在的问题和管理现状，提出科研房产回归科研属性和统筹使用方案，加快推动科研资产全面回归科研属性。

第二，要大力推进组织化系统化的科技服务。一要落实好中央一号文件重点任务分工。今年农业农村部首次把我院列入贯彻落实中央一号文件重点任务的责任单位，对我院而言，这是科技助力稳产保供、支撑乡村振兴的重要着力点，既是机遇也有挑战。要明确新一轮千亿斤粮食产能提升行动、油料产能提升工程、吨粮田创建等重点任务分工，把任务细化分解到产业专家团、研究所、团队，充分发挥党组织的战斗堡垒作用和党员的先锋模范作用，确保各项任务措施落实落地，取得实实在在的成效，在现代农业主战场上交出满意答卷。二要加强技术集成应用转化。做好中期技术熟化与当前成熟技术推广应用，在主产区谋划布局油菜、蔬菜、奶牛等主要产业绿色高产高效技术集成示范工作，开展集成研究、示范展示等，力争构建更多可复制、可推广的高产高效技术模式，把科技创新强势转化为产业发展优势。三要充分发挥产业专家团作用。围绕粮棉油、肉蛋奶、果蔬茶等主要产业，健全“专家团—专家站—田间课堂”服务体系与管理机制，全方位、常态化支撑农业全产业链发展，有效保障粮食安全和重要农产品稳定安全供给。四要科技赋能乡村全面振兴。加快推进乡村振兴学院建设，推动产业顾问组支持脱贫县产业发展工作。开展院 11 个乡村振兴示范县和舟曲、台江等 7 个定点帮扶县科技支撑，持续开展派专家、送技术、做示范、搞培训等农科帮扶模式。加强与部里工作对接，力争纳入全面推进乡村振兴的整体工作布局中。

第三，要在推动学习贯彻习近平新时代中国特色社会主义思想走深走实上下功夫。这次主题教育，为科技创新工作提供了强大的思想武器和精神动力，我们要牢牢把握“学思想、强党性、重实践、建新功”的总要求，深学细悟勇担当，凝心聚力促发展，锚定建设农业强国目标，切实把主题教育成果转化为贯彻落实总书记贺信精神、加快实现高水平农业科技自立自强、加快建设农业强国的强大动力。一要扎实抓好专题读书班，确保 5 月底前完成。以专题读书班为开端，将学习的所思、所想、所得转化为做好新时代农业科技创新的思路办法、政策举措、制度机制。二要扎实抓好科技支撑农业农村重大问题大调研，领导干部要围绕选定的调研主题，带头到困难多、群众意见集中、工作打不开局面的地方，与基层干部群众面对面，了解科研人员、干部职工、农民群众的真实诉求，推动解决一批发展所需、改革所急、基层所盼、民心所向的问题。各级党组织要形成一批务实管用的调研成果，组织召开调研成果交流会，真正把调研成果转化为解决问题、促进发展的实际行动。三要扎实抓好干部队伍教育整顿工作，院党组已制定印发我院干部队伍教育整顿工作实施方案，近期院党组以及各部门单位要形成干部教育整顿问题清单和专项整治方案，开展干部队伍状况专题调研报告等一系列工作。各级党组织以及人事部门、纪检监督部门要全力做好干部队伍教育整顿工作。四要扎实抓好问题清单检视整改，当前，院部和院属各单位均完成整改整治问题梳理工作，其中院部 14 个，院属各单位 199 个。各级党组织要发挥刀刃向内的自我革命精神，认真研究制定整改措施，确保整改到位。对群众反映强烈、长期没有解决的突出问题，要制定专项整治方案，对账销号逐项整治到位。五要以主题教育成果推动事业高质量发展，中央第三十五指导组来我院调研时指出，本次主题教育特别注重用推动发展和整改整治的成果去检验主题活动的成果，并要求各级党组织在调研中要注重来自身边的意见建议，因为身边事是推动队伍建设、推动事业发展很重要的元素。全院各级党组织要围绕党的二十大、中央农村工作会议、中央一号文件和全国两会部署要求，通过主题教育学习、调研、谋划推动落实的抓手、载体、平台，一步一个脚印向前推进，加强促进高水平农业科技自立自强。

同志们，强国建设、民族复兴的宏伟目标令人鼓舞、催人奋进，我们这一代科技工作者使命光荣、责任重大。我们要坚持以习近平新时代中国特色社会主义思想为指导，持续深入学习贯彻习近平总书记重要指示精神，踔厉奋发、勇毅前行，奋进新征程、建功新时代，为科技强国、农业强国建设不断作出新的更大的贡献！谢谢大家！

中共中国农业科学院党组关于深入开展学习贯彻习近平新时代中国特色社会主义思想主题教育　做好科技支撑农业农村重大问题大调研的通知

农科院党组发〔2023〕22号

院机关各部门、院属各单位：

为深入贯彻落实习近平总书记关于大兴调查研究的重要批示精神，根据《中共中央办公厅关于在全党大兴调查研究的工作方案》（以下简称《工作方案》）、中共农业农村部党组关于印发《在部系统深入开展学习贯彻习近平新时代中国特色社会主义思想主题教育实施方案的通知》要求，经院党组研究，决定2023年结合学习贯彻习近平新时代中国特色社会主义思想主题教育，组织院机关各部门、院属各单位围绕农业科技创新、科技成果转化与服务、院所改革发展等重大问题组织开展大调研。现将有关工作要求通知如下。

一、重大意义

党的十八大以来，以习近平同志为核心的党中央高度重视调查研究工作。习近平总书记强调，调查研究是我们党的传家宝，是做好各项工作的基本功；调查研究是谋事之基、成事之道，没有调查就没有发言权，没有调查就没有决策权；要在全党大兴调查研究之风，推动全党崇尚实干、力戒空谈、精准发力，推动党中央大政方针和决策部署在基层落地生根。今年是全面贯彻党的二十大精神的开局之年，是加快建设农业强国的起步之年，科技支撑全面推进乡村振兴和农业强国建设的任务更加艰巨，迫切需要开展调查研究，全面深入系统了解重大科技需求，大力探索打造国家农业科技战略力量、提升创新体系整体效能、加快实现高水平农业科技自立自强的办法和路径。各部门各单位要认真学习领会习近平总书记重要指示精神，全面学习贯彻中央以及部院党组的部署要求，充分认识大兴调查研究的重大意义，切实增强做好科技支撑农业农村重大问题大调研的责任感紧迫感。

二、总体要求

一要把调查研究作为深入开展学习贯彻习近平新时代中国特色社会主义思想主题教育的重要内容，切实把调查研究摆在突出位置，认真学习贯彻习近平总书记关于调查研究、“三农”工作、科技创新等重要论述精神，深入贯彻落实习近平总书记致我院建院 60 周年贺信精神，增强做好大调研的思想自觉、政治自觉、行动自觉，建立常态化长效化的调研制度机制。二要全面贯彻落实中办《工作方案》要求，坚持以习近平新时代中国特色社会主义思想为指导，全面贯彻落实党的二十大精神和中央经济工作会议、中央农村工作会议精神，聚焦全面推进乡村振兴、加快建设农业强国战略任务，紧紧围绕部、院党组重点工作任务，大力弘扬党的光荣传统和优良作风，坚持党的群众路线，坚持实事求是，坚持系统观念，突出问题导向和目标导向，组织引导广大党员干部、特别是各级领导干部深入基层和一线开展调查研究，不断深化对党的创新理论的认识和把握，运用党的创新理论研究新情况、解决新问题，把大调研工作与贯彻落实党中央决策部署结合起来，与解决科技支撑农业农村重大问题结合起来，与推动院所改革创新和高质量发展结合起来，小角度小切口找准问题、摸清情况、出好对策。三要深入基层与科研人员、广大职工、农民群众、新型经营主体等各类服务对象面对面，虚心听取意见建议，深入了解“三农”发展变化、院所改革创新情况和基层群众真实诉求，系统研究科技支撑全面推进乡村振兴和农业强国建设的务实举措，注重成果转化应用，使大调研成为进一步转变工作作风、完善制度措施、改进工作方法的重要抓手，切实提升科技支撑“三农”工作的能力水平。

三、调研内容

根据习近平总书记重要指示批示精神和党的二十大、中央农村工作会议、中央一号文件、农业农村部一号文件等关于“三农”工作的部署要求，立足职责使命和发展实际，按照中办《工作方案》关于 6 类调研形式和 12 个方面调研内容的总体要求，围绕院工作会议重点任务部署和院《落实 2023 年中央一号文件　科技支撑农业农村部重点工作任务分工方案》，聚焦打造国家农业科技战略力量、提升创新体系整体效能、加快实现高水平农业科技自立自强等当前最重大、最急迫、最艰巨的工作任务，各单位要结合主责主业和自身实际，拟定调研选题，制订调研方案。院部研究确定了 19 个调研选题，逐一细化提出了调研的问题导向、预期成果、责任人、支撑部门/单位等。各单位要根据大调研掌握的新情况、发现的新问题，适时提出新的研究题目持续深化调查研究。

四、工作要求

（一）加强组织领导

院领导班子成员对分管领域的调研工作负总责、亲自抓，及时了解调研进展情况，推动调研扎实有效开展，聚焦工作中最突出的短板、最难啃的骨头牵头开展调研，提出切实管用的对策举措。各部门各单位主要负责同志是牵头调研的第一责任人，负责主持制定本部门本单位的调研工作方案，带头深入开展调研，亲自组织撰写调研报告，班子成员要积极主动参与调查研究。

（二）严明工作纪律

要严格执行中央八项规定及其实施细则精神，坚持轻车简从、厉行节约，不影响调研对象正常工作。多采取“四不两直”方式，多到困难多、群众意见集中、工作打不开局面的单位开展调研。对违反作风建设要求和廉洁自律规定的，要依规依纪严肃处理。

（三）做好统筹协调

要强化调研安排统筹，避免扎堆调研、多头调研、重复调研等问题。各部门各单位要在保障管理运行顺畅和科研正常开展的基础上高质量完成调研，调研过程要充分，分析问题、剖析原因要深入，研究提出对策建议要务实管用。要及时总结调查研究的有效做法和成功经验，建立调查研究的长效机制，使调查研究成为全院党员、干部职工的经常性工作。

（四）严格跟踪落实

各部门各单位要按照“提高认识、制定方案、开展调研、深化研究、解决问题、督查回访”六个步骤组织调研。院主题教育领导小组办公室调查研究组要及时跟踪了解、检查督促调研工作开展情况，推动调研成果转化为解决问题、推动发展的办法措施。

院属各单位要在2023年5月12日前按照院部选题清单（附件）格式报送本单位调研选题清单。各部门各单位主要调研活动原则上在2023年6月底前完成，调研报告等阶段性调研成果在2023年6月底前报送院主题教育领导小组办公室调查研究组。下半年，各部门各单位要在持续深入开展调研的基础上，重点推动调研成果转化应用。

附件：中国农业科学院科技支撑农业农村重大问题大调研选题清单（院部）

中共中国农业科学院党组
2023 年 5 月 5 日

附件

中国农业科学院科技支撑农业农村重大问题大调研选题清单（院部）

序号	调研选题	问题导向	预期成果	责任人	支撑部门/单位
1	建立健全适应转基因作物常规化种植的制度机制	聚焦转基因作物常规化种植的制度衔接和保障问题，研究明确转基因作物生产种植、储备加工、标识销售等环节的管理要求	形成调研报告；提出针对性的政策建议	吴孔明	科技局、作科所、植保所、生物所
2	我国设施农业智能装备发展方向与科技需求	聚焦大食物观“向设施农业要食物”和“要大力推进农业机械化、智能化，给农业现代化插上科技的翅膀”新时代农业装备发展目标，调研我国设施农业智能装备的产业基础、应用现状与科技需求，总结分析设施农业生产全环节智能装备与技术的堵点卡点，提出设施农业智能生产全环节装备发展方向与科技需求和戈壁设施农业发展建议，推动设施农业生产转型升级	形成调研报告；提出我国设施农业智能装备发展方向与科技需求	杨振海	重任局
3	中国农业科学院基层党组织党建和业务深度融合机制研究	立足农业科研特点和业务工作实际，到基层党委和党支部开展调研，针对我院基层党组织党建与业务深度融合还不够的问题，查找短板弱项、总结典型经验，探索完善党建和业务工作融合发展的有效机制，提升党建工作质量	形成调研报告；总结经验，发现问题，提出针对性解决措施	杨振海	机关党委
4	中国农业科学院科研资产回归科研属性的步骤和机制	聚焦中国农业科学院科研房产使用和出租管理存在的问题，调研院内外科研资产管理现状，研提科研房产回归科研属性和统筹使用方案	形成调研报告；制定中国农业科学院科研房产统筹使用的机制和措施	周若辉	财务局、监督局

（续表）

序号	调研选题	问题导向	预期成果	责任人	支撑部门/单位
5	中国农业科学院智库建设现状、问题与对策建议	聚焦中国农业科学院智库组织运行和成果产出存在的问题，调研国内新型智库建设先进经验，查摆差距，理顺机制	形成调研报告；提出中国农业科学院打造国家高端智库的组织体系、制度体系和支撑体系、服务体系和产出体系	梅旭荣	战略中心、农经所、信息所、营养所、资划所、环发所、发展局
6	中国农业科学院新型研发机构体制机制创新和发展战略	以平台型区域中心为对象，调研事业单位类型的院级新型研发机构设立、运行、监管、党建等存在问题与制度创设	形成调研报告；完善新型研发机构管理办法；华东、淄博、北方、中原中心运行机制设计	孙　坦	转化局、环发所、信息所、草原所、郑果所
7	中国农业科学院基地台站建设布局规划与共享机制研究	针对中国农业科学院现有野外台站、实验基地资源分散、数据采集可比性差、稳定运行经费支持不足等问题，调研基地台站建设现状及存在问题；研提推动科技平台一体化规划建设管理有关机制和举措	形成调研报告；形成全院基地台站一张网统筹管理，建立各类基地台站的开放共享机制	刘现武	发展局、科技局
8	以高质量农业科技人才队伍引领支撑农业强国建设	聚焦中国农业科学院六件大事等“国之大者”领域高层次人才供给不足、人才队伍质量与“两个一流”要求存在差距等问题，以优化升级我院人才引进培养使用有关制度措施为目的，分析梳理存在问题与短板，调研国内外科研机构及高校先进经验，研提强化农业科技人才队伍建设支撑高质量发展的方法与举措	形成调研报告；出台建设高质量农业科技人才队伍的相关政策措施	陈华宁	人事局

（续表）

序号	调研选题	问题导向	预期成果	责任人	支撑部门/单位
9	与国家战略科技力量定位相适应的新闻宣传能力建设	中国农业科学院新闻宣传在队伍建设、选题策划、渠道拓展、引导能力和工作成效等方面还存在短板弱项，拟开展针对性、系统性调研	形成 1 篇调研报告，立足国家战略科技力量使命任务提出加强我院宣传能力建设的对策建议	孙　研	院办公室
10	打造全球农业科技创新高地的路径和步骤研究	落实党的二十大和中央农村工作会议精神，面向全球科技竞争，以创新能力提升与创新产出提质为目标，以结构调整、方式转换为手段，调研中国农业科学院现有三级三类科技条件平台的历史沿革、布局建设与管理运行等情况，研判未来发展趋势，提出布局优化、高效建设、开放运行等的可行建议，为实现农业科技高水平自立自强奠定坚实基础	形成 1 篇调研报告；分析世界主要农业科学中心与创新高地迁移规律，提出我院加强以全国重点实验室为核心的科技平台建设，做好组织架构、机制创新、人员力量、资源配置等举措	杨　鹏	科技局
11	中国农业科学院科研项目资助体系现状及优化路径	聚焦中国农业科学院基础研究相对薄弱，前沿交叉学科布局落后等问题，调研中国农业科学院各单位竞争性项目、创新工程和基本科研业务费等全链条布局整体情况，研提优化全院各类科技计划资金配置、强化国家战略科技力量支撑的路径，提升科技创新效能	形成 1 篇调研报告；提出我院加强基础研究和交叉学科的针对性制度措施	杨　鹏	科技局
12	中国农业科学院研究所评价工作的优化调整	坚持目标导向和问题导向，聚焦当前中国农业科学院研究所评价工作的突出问题，借鉴国内外科研机构绩效评价经验，进一步完善院所评价指标体系和工作流程，研提 2023 年研究所评价的优化调整方案	形成 2023 年度研究所评价方案，适时提交院常务会审议	夏耀西	发展局

（续表）

序号	调研选题	问题导向	预期成果	责任人	支撑部门/单位
13	中国农业科学院中关村院区停车位布局和管理研究	围绕中关村院区机动车停车位不足、不规范停放等问题，调研科研院所、高校大院停车规划和管理模式，研提中关村院区停车布局和管理运行建议	形成1篇调研报告，提出院区停车布局方案	夏耀西	发展局
14	中国农业科学院沿边（境）农业科技国际合作谋划	为服务国家周边外交和粮食安全、生物安全等重大战略需求，聚焦提升周边国家粮食等重要农产品生产能力，搭建跨境农业有害生物联防联控网络，助力构建我国粮食安全与生物安全保障体系，推动农业科技“走出去”，调研我院沿边（境）试验基地（野外观测台站）、全国农业科技走出去联盟成员单位等，研提中国农业科学院沿边农业科技国际合作路径与方法	形成2～3篇调研报告；提出沿边国际合作整体方案	金　轲	国合局
15	中国农业科学院国际化人才队伍建设需求	发放调查问卷，结合实地走访，摸清我院国际化人才队伍需求，对标“两个一流”，形成国际化人才队伍建设需求报告	形成中国农业科学院国际化人才队伍建设需求报告	翟　琳	国合局
16	中国农业科学院产业专家团管理机制与运行模式研究	聚焦科技更好支撑服务稳产保供等“国之大者”，开展产业专家团运行管理与机制体制研究，重点调研分析中国农业科学院小麦、水稻、蔬菜等已组建产业专家团组建原则、组织管理、专家站布局、运行模式、重点任务等，研究提出运转高效、布局合理、分工协作的科技服务稳产保供长效工作机制	形成1篇调研报告，制定出台中国农业科学院产业专家团管理办法	赵玉林	转化局

（续表）

序号	调研选题	问题导向	预期成果	责任人	支撑部门/单位
17	中国农业科学院加强新时代科普工作情况调研	贯彻落实习近平总书记对科普工作的重要指示精神，把党的领导贯彻到中国农业科学院科普工作全过程，针对中国农业科学院科普工作情况开展调查研究，形成科普工作优秀典型案例，高质量开展科普以更好服务“三农”事业和农业科技创新	形成 1 篇调研报告；提出加强中国农业科学院新时代科普工作的解决措施	舒文华	机关党委
18	规范和加强院属单位纪委书记履职研究	立足构建大监督格局，从纪委书记履职切入，调研各单位纪委围绕全院工作大局发挥作用情况，总结经验，发现问题，找出症结，提出对策，推动监督责任一贯到底、一体发力	形成 1 篇调研报告；形成规范和加强纪委书记履职考核相关办法	姜梅林	监督局
19	丘陵山区“短板”农机装备研发与应用	聚焦丘陵山区“短板”农机装备研究制造和推广应用存在突出堵点及卡点问题，通过调研丘陵山区省份的成功经验做法、成熟农机装备的研创和推广应用经验，提出丘陵山区“短板”农机装备发展方向与科技需求，研究形成打通丘陵山区“短板”农机装备研创到田间的应用全环节综合性解决方案，推动丘陵山区农业生产转型升级	形成 1 篇调研报告；提出打通丘陵山区“短板”农机装备研创到田间的应用全环节综合性解决方案	钱万强	重任局

中国农业科学院关于印发《中国农业科学院新闻宣传管理办法（试行）》的通知

农科院办〔2023〕19 号

院机关各部门、院属各单位：

《中国农业科学院新闻宣传管理办法（试行）》已经 2022 年 12 月 20 日院常务会议审议通过，现予以印发，请认真贯彻执行。

中国农业科学院

2023 年 1 月 18 日

中国农业科学院新闻宣传管理办法
（试行）

第一章 总 则

第一条 为进一步加强和规范中国农业科学院新闻宣传工作，全面深入宣传中国农业科学院学习贯彻落实中央关于科技创新和“三农”工作的方针政策、重大决策部署情况，及时准确宣传全院重要工作成效，推动“两个一流”建设，更好地支撑乡村振兴和农业农村现代化发展，根据中央关于新闻宣传工作的要求和规定，结合中国农业科学院实际，制定本办法。

第二条 中国农业科学院新闻宣传工作坚持习近平新时代中国特色社会主义思想，深入落实习近平总书记致中国农业科学院建院60周年贺信精神，坚持正确政治方向、舆论导向、价值取向，坚持“四个面向”，坚持服从服务党和国家“三农”工作大局和院党组中心工作，遵守国家法律法规，执行党和国家关于新闻宣传、互联网和保密等方面规定，把握时度效，唱响主旋律，弘扬正能量，不断提高新闻舆论传播力、引导力、影响力、公信力，为我院科技事业发展营造良好舆论氛围。

第三条 本办法所称中国农业科学院新闻宣传工作，是指通过报刊、广播、电视、图书、网络、新媒体等，开展涉及中国农业科学院职能和工作的宣传活动。

第四条 本办法中所称“部门”是指院机关各部门（含后勤服务中心）；所称“单位”是指研究生院、研究所、出版社等院属各法人单位。

第五条 本办法适用于中国农业科学院在院级层面开展的新闻宣传工作，包括涉及院领导出席的重大活动、重要会议的宣传报道，对媒体召开的新闻发布会，接受媒体采访，需在院媒刊发的新闻等。

第六条 本办法所称院媒是指以中国农业科学院名义注册的网站、新媒体账号以及《中国农业科学院报》等。

第七条 中国农业科学院新闻宣传工作由院党组统一领导。在院级层面的宣传工作，由院党组领导，重大新闻宣传事项应向院主要领导请示报告。院属各单位的新闻宣传工作由各单位党委领导，特别重大的新闻宣传事项应向院党组请示报告。

第八条 院办公室负责中国农业科学院新闻宣传工作的管理和组织协调，具体职责是：

（一）在院党组的领导下，指导全院新闻宣传工作，提出中国农业科学院新闻宣传工作总体思路和重点任务的意见和建议，协调院内有关单位贯彻执行；围绕党中央重大决策部署，以及部院党组工作部署，策划系列宣传报道，加强重大科研成果宣传；

（二）联系新闻媒体，受理、安排采访事宜；

（三）指导召开新闻发布会、吹风会、通气会等各种形式的记者会；

（四）组织院舆情监测、研判和处置；

（五）审核发布院级媒体新闻稿件；

（六）指导、协调、推进、监督院系统新媒体建设和发展。

第九条　院机关各部门、院属各单位应将新闻宣传工作列入本部门、本单位总体工作计划，切实加强保障。

第二章　新闻发布

第十条　新闻发布的主要内容包括：

（一）农业科技工作重大进展和成效；

（二）对“三农”与农业科技方面热点问题的看法和主张；

（三）“三农”及农业科技重要政策咨询报告；

（四）涉院公共事件有关情况、工作举措、最新动态和防范措施等；

（五）其他需要通过新闻媒体向公众介绍的信息。

第十一条　中国农业科学院设立新闻发言人。新闻发言人一般由分管新闻宣传工作的院领导担任，主要职责是：

（一）指导中国农业科学院新闻发布筹备和实施工作；

（二）审核中国农业科学院新闻发布方案、发布材料和答问口径；

（三）代表中国农业科学院对外发布新闻、声明和有关重要信息。

第十二条　院属单位实行新闻发布工作责任制，设立新闻发言人。新闻发言人一般由院属单位主要负责同志担任，主要职责是：

（一）审核新闻通稿和媒体报道稿；

（二）把握涉及本单位职责的重点工作、重大事件和舆情热点敏感问题宣传导向；

（三）发布重要信息和出席新闻发布会；

（四）审核本单位年度宣传计划；

（五）指导本单位热点敏感问题口径库建设。

第十三条　院主要领导出席的新闻发布活动，一般由分管院领导或院办公室主任主持。其他院领导出席的新闻发布活动，一般由院办公室分管宣传工作的副主任或业务部门负责同志主持。

第十四条　新闻发布应遵循把握时机、及时主动，准确全面、客观公正，严格程序、注重效果，统筹协作、责任明确的原则。

第十五条　根据发布目的、内容和要求，从实际效果出发，新闻发布可以采取以下形式：

（一）举行新闻发布会、吹风会、通气会；

（二）以官方名义发表新闻公报、声明；

（三）以官方名义答复新闻媒体问询，接受新闻媒体采访，向新闻媒体提供新闻通稿或新闻素材；

（四）在院所官网、院所官方新媒体发布新闻通稿；

（五）其他新闻发布形式。

第十六条 以中国农业科学院名义开展新闻发布活动时，主发布部门或单位应将拟发布主题与方案、发布词、新闻通稿和答问口径等提前5个工作日报院办公室审核，审核通过后由院办公室报有关院领导审批，未经审批不得开展。涉及重大或敏感问题的新闻发布，需报院主要领导审批，特别重大的，应报农业农村部办公厅。

第十七条 以院属单位名义开展的新闻发布活动，原则上应提前5个工作日将宣传方案及新闻通稿报院办公室，经审核同意后方可发布。

第十八条 院办公室每年年初调度全院年度新闻宣传计划。机关各部门、院属各单位应结合重点工作报送计划，并按照计划执行。除重大突发事件、院领导布置的重要工作、重大科技创新成果外，原则上不安排计划外新闻宣传活动。

第三章　新闻媒体采访及稿件审核

第十九条 院办公室宣传信息处、院机关其他部门综合处及院属各单位办公室（综合处）负责受理新闻媒体采访需求，院机关其他部门综合处接受新闻媒体采访需求须向院办公室宣传信息处报备。院属各单位应积极配合院办公室推荐的媒体采访，并协调落实采访人员、采访时间或提供书面答复材料。对确实无法安排采访的，应及时反馈院办公室。

第二十条 院属各单位可自行接受非敏感选题的媒体采访，对采访内容自主审核把关。涉及重大或敏感问题的采访需求，须向院办公室报告，并提供相关材料，经审批同意后方可接受采访。

第二十一条 全院职工（含在职职工、聘用人员）和在读研究生，个人接到新闻媒体采访邀请时，应在第一时间向所在单位或部门报告，经审批同意后方可接受采访。

第二十二条 新闻媒体采访院领导前，原则上由院办公室商相关部门提出拟办意见，报请院领导本人同意后方可安排采访。涉及重大或敏感问题的采访，应报院主要领导审批，特别重大时，应报农业农村部办公厅审批。

第二十三条 除根据工作需要安排批准的采访活动外，全院职工不得以组织或单位的名义向新闻媒体发表言论或接受采访。

第二十四条 接受境外新闻媒体采访应按照《中华人民共和国外国常驻新闻机构和外国记者采访条例》《香港澳门记者在内地采访办法》《台湾记者在祖国大陆采访办法》有关规定履行审批手续，并向院办公室报批。

第二十五条 受访者应在记者发稿前对稿件进行把关，并报所在部门或单位审核同意。

第四章 院媒新闻稿件审核

第二十六条 中国农业科学院举办的需要宣传报道的重要会议、重大活动，主办单位或主办部门应将宣传方案纳入活动方案同谋划同部署，原则上至少提前 5 个工作日将领导讲话代拟稿、方案、背景材料等文字材料并报送分管院领导审核，紧急情况下应及时报送分管院领导审批。

第二十七条 院机关各部门及院属各单位应认真审核稿件，严把稿件政治关、保密关、政策关、文字关，确保真实性，突出新闻性。

第二十八条 重要会议、重大活动的新闻报道应确保时效性。其中，涉及院领导出席的，原则上应在会议或活动结束后 2 小时内报送院办公室审核发布；重大科研进展应提前 5 个工作日做好宣传策划工作，适时对外发布。

第二十九条 院机关各部门、院属各单位邀请院领导出席活动的新闻稿件，应经所在部门或单位主管领导审定后，直接报院办公室。涉及院外单位领导出席的稿件，由撰稿单位报请领导本人审核同意后，按程序报院办公室。院媒正式发布后，院属各单位方可转载发布。只在院属各单位网站发布的涉及院领导出席的新闻稿件，由各单位报请院领导本人审核。

第三十条 涉及院主要领导的稿件，院办审核后报分管院领导，由院主要领导本人签发。其他新闻由院办主任签发。

第三十一条 院媒收稿渠道为新闻邮箱（xinwen@ caas. cn），投稿部门或单位要严格按照《中国农业科学院宣传工作指南》，提交文字稿、图片及审核单。

第五章 舆情应对与引导

第三十二条 本办法所称舆情应对是指在媒体或网络上公开发布的涉及中国农业科学院的负面信息或言论。

第三十三条 应对引导舆情，应坚持第一时间发现、第一时间报告、第一时间处置的原则。舆情处置应尊重事实，客观公正。

第三十四条 院办公室负责舆情的总体监测和预警，发现舆情信息后，应立即启动涉院舆情处置预案，报告有关院领导，通知舆情所涉部门或单位。

第三十五条 舆情应对由院办公室统一组织，根据院主要领导指示意见，视情况决定应对方式，回应社会关切。重大舆情的应对，应报请农业农村部办公厅指导。未经批准，任何部门、单位或个人不得擅自对外提供消息、接受采访、发表意见。

第三十六条 舆情所涉及的部门或单位是舆情应对引导的第一责任单位，应按照院办公室的要求，立即启动本部门或单位舆情处置预案，及时调查、核实有关情况，研究应对措施，拟订对外口径，及时向院办公室报告相关工作进展。起草的对外公告、口径材料、新闻通稿，应报院办公室审核和院主要领导审批，同意后方可对外发布。

第三十七条 舆情所涉及的部门或单位须在院办公室的指导下做好舆情引导，组织有关专家，通过媒体采访、刊发署名文章等形式，对舆情所涉及的问题进行权威解读，答疑释惑，营造正面舆论氛围。

第六章 人才队伍建设

第三十八条 全院新闻宣传工作人才队伍包括新闻发言人、新闻通讯员、科普工作者、舆情信息员四支队伍。院机关各部门、院属各单位应高度重视新闻宣传工作，选派政治素质硬、专业技能好、沟通能力强的人才充实到院新闻宣传人才队伍中。

第三十九条 院机关各部门、院属各单位要重视对新闻宣传工作人员的培养，每年选送相关人员参加部、院或专业组织的有关培训。

第七章 考核与奖惩

第四十条 院机关各部门、院属各单位的新闻宣传工作成效作为年度工作绩效指标，纳入院机关部门考核和研究所评价体系。

第四十一条 院办公室建立新闻宣传工作通报制度，定期对院机关各部门、院属各单位配合开展新闻宣传工作的情况、报送新闻和各类信息稿件的采用情况等进行统计，并在全院范围内通报。

第四十二条 院办公室每年组织评选新闻宣传工作先进单位、先进个人、优秀媒体报道等，并予以表彰和奖励。

第四十三条 院机关各部门、院属各单位和全院职工应严格遵守新闻宣传工作纪律。违反本办法规定，造成不良影响的，由院办公室视情节轻重对当事人给予批评教育、通报、或取消当年新闻宣传工作先进单位和先进个人的评选资格；造成严重后果的，依法依纪追究相关责任。

第八章 附 则

第四十四条 新型研发机构、企业、学会、协会、联盟、编辑部、基地等的新闻宣传工作由挂靠所在部门、单位归口管理。

第四十五条 院属各单位应结合本单位实际，参照本办法，制定本单位新闻宣传管理办法。

第四十六条 本办法由中国农业科学院办公室负责解释。

第四十七条 本办法自印发之日起施行。原《中国农业科学院科技传播工作管理办法》（农科院办〔2014〕315 号）自动废止。

中国农业科学院关于印发院机关各部门院属各单位规范化简称的通知

农科院办〔2023〕84号

院机关各部门、院属各单位：

为规范名称使用，方便工作交流，我院于2019年印发了《中国农业科学院机关各部门和院属各单位名称表》（农科院办〔2019〕164号）（以下简称《名称表》）。鉴于近期院部职能优化调整，组建或更名有关职能部门，成立有关机构并实体化运行，我们对《名称表》进行了修订。

现将修订后的《名称表》印发给你们，请在开展交流、公文往来、信息发布等工作中按此规范使用。

中国农业科学院

2023年6月6日

中国农业科学院机关各部门和院属各单位名称表

全称	规范化简称
中国农业科学院办公室	院办
中国农业科学院科技管理局	科技局
中国农业科学院人事局	人事局
中国农业科学院财务局	财务局
中国农业科学院发展建设局	发展局
中国农业科学院国际合作局	国合局
中国农业科学院成果转化局	转化局
中国农业科学院重大任务局	重任局
中国农业科学院直属机关党委	机关党委
中国农业科学院监督局	监督局
中国农业科学院研究生院	研究生院
中国农业科学院作物科学研究所	作科所
中国农业科学院植物保护研究所	植保所
中国农业科学院蔬菜花卉研究所	蔬菜所
中国农业科学院农业环境与可持续发展研究所	环发所
中国农业科学院北京畜牧兽医研究所	牧医所
中国农业科学院蜜蜂研究所	蜜蜂所
中国农业科学院饲料研究所	饲料所
中国农业科学院农产品加工研究所	加工所
中国农业科学院生物技术研究所	生物所
中国农业科学院农业经济与发展研究所	农经所
中国农业科学院农业资源与农业区划研究所	资划所

（续表）

全称	规范化简称
中国农业科学院农业信息研究所	信息所
中国农业科学院农业质量标准与检测技术研究所	质标所
农业农村部食物与营养发展研究所	营养所
中国农业科学技术出版社	出版社
中国农业科学院战略研究中心	战略中心
中国农业科学院农田灌溉研究所	灌溉所
中国水稻研究所	水稻所
中国农业科学院棉花研究所	棉花所
中国农业科学院油料作物研究所	油料所
中国农业科学院麻类研究所	麻类所
中国农业科学院果树研究所	果树所
中国农业科学院郑州果树研究所	郑果所
中国农业科学院茶叶研究所	茶叶所
中国农业科学院哈尔滨兽医研究所	哈兽研
中国农业科学院兰州兽医研究所	兰兽研
中国农业科学院兰州畜牧与兽药研究所	兰牧药
中国农业科学院上海兽医研究所	上兽研
中国农业科学院草原研究所	草原所
中国农业科学院特产研究所	特产所
农业农村部环境保护科研监测所	环保所
农业农村部沼气科学研究所	沼科所
农业农村部南京农业机械化研究所	农机化所
中国农业科学院烟草研究所	烟草所
中国农业科学院农业基因组研究所	基因组所
中国农业科学院都市农业研究所	都市所

（续表）

全称	规范化简称
中国农业科学院西部农业研究中心	西部中心
三亚中国农业科学院国家南繁研究院	南繁院

九、党的建设、思想政治和党风廉政工作

中共中国农业科学院党组关于印发《中国农业科学院2023年党建工作要点》的通知

农科院党组发〔2023〕10号

院机关各部门、院属各单位：

《中国农业科学院2023年党建工作要点》已经院党组2023年第6次会议审议通过，现印发给你们，请结合实际，认真贯彻落实。

中共中国农业科学院党组

2023年4月3日

中国农业科学院 2023 年党建工作要点

2023 年是全面贯彻党的二十大精神的开局之年，是加快建设农业强国的起步之年。中国农业科学院党建工作的总体要求是：以习近平新时代中国特色社会主义思想为指导，深刻领悟“两个确立”的决定性意义，增强“四个意识”、坚定“四个自信”、做到“两个维护”，当好“三个表率”，以学习宣传贯彻党的二十大精神为主线，深入学习贯彻习近平总书记在中央和国家机关党的建设工作会议上的重要讲话精神，以及习近平总书记关于“三农”工作、科技创新工作的重要论述和重要指示批示精神，加强党对农业科技创新事业的全面领导，推进我院党的建设高质量发展，为加快实现高水平农业科技自立自强、科技支撑乡村全面振兴和农业强国建设提供坚强保证。

一、自觉坚定践行“两个维护”

（一）强化政治机关意识教育

围绕走好第一方阵，履行农业科研国家队职责使命，组织开展强化政治机关意识教育活动，持续开展对党忠诚教育，以“学用新思想、奋进新征程”为主题开展多种形式的学习教育，引导广大党员干部深刻领悟“两个确立”的决定性意义，增强践行“两个维护”的自觉性和坚定性。把做到“两个维护”作为党建调研、党建监督检查的重要内容，坚决纠治各种“低级红”“高级黑”现象。按照“讲政治、守纪律、负责任、有效率”要求，持续推进模范机关创建。深化精神文明建设，加强社会主义核心价值观教育，推动理想信念教育常态化制度化，大力弘扬以伟大建党精神为源头的中国共产党人精神谱系。注重培育、选树先进典型，加大对模范机关和文明单位的宣传力度。

（二）推动党的二十大决策部署落地见效

发挥党建政治引领和保障作用，推动全院各级党组织和党员干部聚焦“国之大者”，增强党对农业科技创新事业全面领导的责任感，立足职责使命，创造性抓好落实，以高质量党建促进党的二十大精神落实落地。推进政治监督具体化、精准化、常态化，围绕党的二十大决策部署、习近平总书记关于“三农”工作和科技创新工作的重要指示批示精神、习近平总书记致中国农业科学院建院 60 周年贺信精神贯彻落实情况开展监督，防止和纠正空喊口号、机械执行、消极应付等问题。推进党建和业务深度融合，深化“党建+全面推进乡村振兴”工作成果，持续开展基层党组织联学共建、结对帮扶等活动，助力巩固拓展脱贫攻坚成果同乡村振兴有效衔接。

（三）深入推进党的政治建设

严明党的政治纪律和政治规矩，把党章党规党纪作为理论学习、教育培训的必修课，将提高政治能力作为党员干部学习教育培训的重要内容。严肃党内政治生活，规范和完善重温入党誓词、党员过“政治生日”等政治仪式，开展党性教育，增强党员意识。认真落实党的组织生活制度，开展经常性政治体检，提高民主生活会、组织生活会、“三会一课”等的质量，组织参加农业农村部组织生活制度执行情况抽查检查。加强形势政策教育、斗争精神教育等，引导党员干部发扬斗争精神、增强斗争本领，不断提高政治判断力、政治领悟力、政治执行力，增强防范化解各种风险挑战的本领。持续抓好中央巡视以及部、院巡视巡察发现的党建问题整改。

二、坚持用习近平新时代中国特色社会主义思想凝心铸魂

（一）持续推动学习贯彻党的二十大精神走深走实

坚持把学习贯彻党的二十大精神作为首要政治任务，组织开展党课宣讲、主题联学、交流研讨、专题培训等活动，引导各级党组织和党员干部在全面学习、全面把握、全面落实上下功夫。持续学深悟透习近平总书记关于“三农”工作和科技创新的重要论述，开展所局级干部理论文章征集评选。着力提升理论学习中心组集体学习研讨质量。认真落实青年理论学习小组学习细则，结合青年实际和需求，丰富学习内容，创新学习方式，开展主题联学、征文演讲、故事分享等活动，加强工作交流，推动打造学习品牌，提升学习效果，从小切口入手推动党的二十大有关部署要求落细落实。

（二）扎实开展主题教育

按照党中央统一部署，高标准高质量开展学习贯彻习近平新时代中国特色社会主义思想主题教育。系统学习《习近平谈治国理政》第一至第四卷，用好《习近平著作选读》《习近平新时代中国特色社会主义思想学习纲要》等权威读本，坚持“两个第一”学习贯彻制度，跟进学习习近平总书记最新重要讲话精神，引导党员干部落实“六个必须坚持”要求，把握好习近平新时代中国特色社会主义思想的世界观和方法论，坚持好、运用好贯穿其中的立场观点方法。运用好红色教育资源和党性教育基地，常态化长效化开展党史学习教育。加强组织领导和督促指导，推动全院各级党组织在主题教育中取得实效，引导党员干部将习近平新时代中国特色社会主义思想转化为坚定理想、锤炼党性和指导实践、推动工作的强大力量。

（三）落实意识形态工作责任制

落实主管主办责任，加强院属网站、期刊、新媒体、会议、论坛、图书馆、学会协会、院所办企业、出版物等各类意识形态阵地的建设和管理。科学分析研判意识形态领域情况，推动意识形态工作责任制落实。做深做实思想政治工作，定期调查分析干部职工思想动态，紧盯重点人员、重要节点，落细落实谈心谈话制度，加强人文关怀和心理疏导，增强思想政治工作的针对性和实效性。加强党建信息报送管理的规范化、制度化，管好用好院党建网、“光荣榜”专栏、支部工作 App 等平台，及时总结宣传基层党建成效做法。

（四）深化党建研究

强化党务干部研究能力建设，组织党组织和党务干部结合科研院所党建工作实际，深入开展党建课题研究。充分发挥全国党建研究会科研院所专委会和上级党组织党建研究等平台作用，积极推荐院所优秀课题成果参加研讨交流活动，形成一批高质量的调研成果，为全面提高我院党建工作质量提供决策参考。

三、增强党组织政治功能和组织功能

（一）提升基层党组织建设质量

坚持大抓基层的鲜明导向，紧紧围绕走好贯彻落实党中央决策部署“最初一公里”推进基层党建工作，充分发挥基层党组织在业务工作中的政治引领、督促落实、监督保障作用。推动创新团队党支部健全完善议事决策机制，进一步发挥支委会职能作用，把中心工作、抓重大任务落实作为试金石，发挥基层党组织组织功能，确保“四个面向”科研方向，打造有效实现党对“三农”工作和科技创新领导的坚强战斗堡垒。

（二）深化“四强”党支部建设

持续推进党支部标准化规范化建设，深入开展政治功能强、支部班子强、党员队伍强、发挥作用强的“四强”党支部建设。加强基层党组织党建活动管理和日常指导，强化政治性和庄重感，进一步提升党建活动质量和效果。探索总结具有农业科研特色的“三会一课”和主题党日活动有效方式，总结提炼党建创新案例、优秀党课报告、优秀主题党日案例、党支部工作法等，举办全院党支部书记示范培训班，加强工作交流，拓宽工作思路，打造农科特色党建活动方式。

（三）加强分类指导

认真落实部党组《关于加强和改进新时代部属科研院所党建工作的意见》，加强调研指导，坚持精准施策，增强工作的针对性和有效性。进一步规范完善企业、社会组织、试验基地等领域党组织建设。持续做好离退休干部党建工作，加强和改进流动党员管理，有效实现党的组织和党的工作全覆盖。

（四）强化党员教育管理

提升发展党员质量和工作规范性，注重从优秀青年和科研骨干等群体中发展党员，有领导、有计划地做好党员发展工作。严肃稳妥处置不合格党员，规范党员档案管理。加强对入党积极分子、预备党员、新党员以及党支部委员等的教育培训，做好《2019—2023 年全国党员教育培训工作规划》总结评估工作，用好“党课开讲啦”等党员教育平台。评选表彰院“两优一先”，选树政治素质好、岗位履职好、作风品行好、群众评价好的优秀共产党员，教育引导党员向身边榜样学习。关心关爱困难党员、老党员，继续做好“光荣在党 50 年”纪念章颁发工作。进一步规范党费收缴、使用和管理。扎实做好党内统计工作。

四、以严的基调强化正风肃纪反腐

（一）推进作风建设常态化长效化

认真学习贯彻党的二十大、二十届中央纪委二次全会关于作风建设的部署要求和农业农村部党组的工作安排，开展案例通报、约谈提醒、监督检查、线索处置等，持续深化纠治“四风”，不断加固中央八项规定精神堤坝。配合部直属机关纪委组织开展好作风建设专题调研，摸清找准中国农业科学院在作风建设尤其是形式主义、官僚主义方面存在的突出问题，有针对性地推动整治、纠治。坚持党性党风党纪一起抓，紧盯重要节点、重点领域、关键岗位，严防严查违规收送礼品礼金、违规吃喝等问题。落实党员干部与管理服务对象打交道负面清单，加强权力运行监督制约，着力构建“亲”“清”关系。重点关注学风师风和科研诚信问题，出台进一步加强学术监督工作的指导意见。坚持纠“四风”树新风并举，大力弘扬党的光荣传统和优良作风。认真贯彻落实《关于在全党大兴调查研究的工作方案》，大兴调查研究之风。持续开展制止餐饮浪费行为的监督检查。

（二）加强经常性纪律教育

传达学习贯彻中央和国家机关、农业农村部警示教育会议精神，开展专题警示教育，通过案例剖析、召开专题组织生活会、讲廉政党课、参观廉政教育基地、观看警示片等形式，强化遵规守纪意识。落实上级关于加强年轻干部教育管理监督的部署要求，开展年轻干部违纪违法风险隐患排查，对新入职党员干部及时开展纪律和廉政教育，抓住提拔、晋升、入职、入学、导师上岗的关键时机，结合身边典型案例，开展廉政谈话。认真贯彻上级部门《关于加强新时代廉洁文化建设的意见》（以下简称《意见》）的要求，创新廉政教育载体方法，组织开展廉政短视频征集等活动，教育引导党员干部做到“三个务必”。

（三）强化对遵守纪律情况的监督

认真学习贯彻二十届中央纪委二次全会、国务院廉政工作会议精神，按照农业农村部全面从严治党工作会议部署，做实做细日常监督，与巡视巡察、组织人事、财务审计等方面有机衔接，形成监督合力。围绕科研项目立项评审、技术服务、成果转化、所办企业、国有资产监管等关键领域和重要岗位，持续健全完善廉政风险防控制度，强化内控手段。落实《中央和国家机关党员工作时间之外政治言行若干规定（试行）》《部系统处级及以下党员干部日常提醒监督实施办法（试行）》，强化运用监督执纪第一种形态。严格监督执纪，对违规违纪问题发现一起、严查一起，做好查办案件“后半篇文章”。规范开展问题线索处置、违纪案件审查审理工作。

（四）提升纪检组织履责能力

持续深化“学重要讲话　抓《意见》[①] 落实　改突出问题　强作用发挥”活动，巩固活动成果。按照上级部署要求深入开展纪检干部队伍教育整顿。充分发挥院直属机关纪委委员和院属各单位纪检组织作用，选优配强纪检干部队伍。继续推进“以干代训”机制，抽调院内优秀纪检干部参与线索核实、巡视巡察等工作，提升监督执纪能力和水平。健全完善院直属机关纪委工作规则等制度规范，加快推进我院干部职工纪律作风纪实台账建设工作。围绕当前监督工作的重点难点问题，组织深入一线调研摸底。选取具有农科特色监督工作的重点内容，开展课题研究，推动农科特色监督工作理论创新和实践创新。

---

① 《意见》指中共中央办公厅印发的《关于加强中央和国家机关部门机关纪委建设的意见》。

五、扎实推进群团统战工作

(一) 充分发挥工会优势作用

大力弘扬劳模精神，做好全国五一劳动奖、全国工人先锋号推荐申报工作；加强职工文体俱乐部建设，组织参加部工会乒乓球、广播体操比赛等，举办健步走、摄影、知识竞赛等丰富多彩的文体活动。鼓励基层工会用好职工书屋，开展读书荐书、阅读交流活动。关注干部职工身心健康，举办健康应急救护、心理辅导等讲座；做好困难帮扶，常态化开展“送温暖”工作，举办单身青年联谊活动，支持基层工会建立母婴室。强化自身建设，指导督促基层工会换届，落实工会经费管理制度，坚持经费向基层倾斜。

(二) 加强共青团和青年工作

认真贯彻落实院党组《关于学习宣传贯彻习近平总书记在庆祝中国共产主义青年团成立100周年大会上重要讲话精神的通知》要求，提高工作站位，增强做好青年工作的责任感和使命感，引导激励中国农业科学院广大青年干部坚定理想信念、牢记初心使命，胸怀“国之大者”，立足岗位成才。评选表彰院青年文明号和共青团“两优一红”，开展全国青年岗位能手标兵、院“十佳青年”等先进典型宣传，充分发挥示范引领作用。组织开展院青工委负责人暨共青团干部培训班，加强工作交流，提升综合素质。关注团员青年的思想动态和心理健康，特别加强对学生群体的政治引领和思想引导。

(三) 组织做好妇女工作

深化“农科巾帼心向党　科研建功新时代”“乡村振兴巾帼行动”等系列活动，为妇女干部职工搭建学习培训、交流合作、施展才华的平台。评选表彰院妇女先进集体和优秀个人，积极推荐申报全国妇联、中央和国家机关妇工委、农业农村部机关妇工委有关奖项。举办“倾情礼赞新时代　巾帼奋进新征程”——中国农业科学院纪念“三八”国际妇女节113周年暨表彰活动，大力宣传妇女先进典型，进一步发挥示范引领作用。继续开展“恒爱行动”。深化家庭家教家风建设，组织学习《习近平走进百姓家》，结合“国际家庭日”、弘扬廉洁文化，组织参加上级妇女组织“最美家书”征集评选活动。

（四）加强新时代统一战线工作

建立院系统党外代表人士名录。继续支持民主党派基层组织围绕全面推进乡村振兴、加快建设农业强国开展课题研究、建言献策。组织党外人士参加学习贯彻中共二十大精神专题培训班。积极参加农业农村部“同心筑梦”、归侨侨眷“侨心永向党”活动。加大民主党派、无党派人士活动的宣传力度。强化领导干部联系统战对象、定期通报、走访慰问等制度执行。

（五）全方位加强中国农业科学院科学技术协会工作

认真贯彻落实党的二十大关于“加强国家科普能力建设”的要求，印发《中国农业科学院进一步加强科学技术普及工作的意见》，出台《中国农业科学院科学技术协会运行管理办法》，设立专业委员会、规范会员管理，充分发挥中国农业科学院科学技术协会统筹、协调作用。大力开展线上科普，积极参加全国科普教育基地评选，加强科普工作者队伍建设和科普基础设施建设。

六、着力推动党建和科研工作互融互促

（一）强化举院抓大事意识和能力

坚持和加强党对农业科研工作的全面领导，健全完善“举院抓大事”党组织保障机制，围绕“国之大者”，聚焦“六件大事”，发挥党建引领作用。建立院党组—所党委—科研团队党支部三级抓大事体系，推进科学中心、区域中心、跨所研究机构等的党组织设置和职能作用发挥，推动党的组织建设、党的工作落实、党员作用发挥全覆盖。

（二）强化党建与业务工作深度融合

坚持围绕中心抓党建、抓好党建促发展，推进党建和科研工作一起谋划、一起部署、一起落实、一起检查，使党建和科研工作深度融合、相互促进。聚焦 2023 年中央一号文件任务分工、科技支撑农业农村部重点工作和稳产保供、增产增效、科技帮扶、应急服务等任务，充分发挥党支部战斗堡垒作用和党员先锋模范作用，引导广大党员、科技人员为乡村全面振兴作出新的农科贡献。

（三）加强领导班子和干部队伍建设

聚焦院党组重大部署知事识人、以事择人，树立鲜明干事创业导向，大力发现培养选拔敢担当善作为的优秀干部。强化任期制落实，加快“推年轻”步伐，激发全体干部干事创业活力。推进院部职能优化调整落地，健全完善“举院抓大事”体制机制，推动院部管理在机构设置上更加科学、在职能配置上更加优化、在运行管理上更加高效。强化干部实践锻炼，积极选派优秀年轻干部参加援疆援藏等挂职及西部中心、南繁院建设等重大任务。紧盯领导干部“关键少数”和年轻干部“重点多数”，规范做好个人事项报告、企业、社团兼职审批等工作，强化干部全方位管理和日常监督，把从严要求落到实处。

（四）努力打造国家农业科技战略人才力量

升级实施“农科英才工程”，健全完善制度体系，努力打造“战略支点”专项工程。组建我院青年人才联合会，支持优秀青年人才开展学术交流和前沿交叉研究，打造学术交流平台、前沿探索平台、聚智引才平台。适时组织开展青年英才、转化和支撑英才遴选，农科英才期中和期满考核。全力做好院士增选服务保障，指导办好院士学术思想研讨会。聚焦“六件大事”，开展高层次人才引育和举荐工作。设立“青年远航计划”，选派优秀博士后赴世界一流机构开展合作研究。深化职称和岗位评聘机制改革，树牢鼓励人才聚焦主责主业干事创业的导向。指导资划所、基因组所开展好国家农业科技人才评价试点工作。

（五）弘扬新时代农科精神

深入开展“灯塔”“谱系”“铸魂”“强基”农科精神系列行动，持续开展老一辈科学家精神周年传承和先进事迹宣讲活动，用好院新乡精神展馆等农科精神教育实践基地，举办大型现代豫剧《黄河故道梨花开》进京展演活动，进一步宣传弘扬农科精神。梳理编辑院史相关书籍，推进院史馆建设。深入挖掘、大力宣传新时代农科精神，以身边事教育身边人，编辑出版《奋斗者正当时——农科故事汇》。

七、压紧压实全面从严治党责任

（一）推动全面从严治党责任向基层延伸

认真学习党的二十大和二十届中央纪委二次全会精神，组织召开院全面从严治党工作会议，制定《全面从严治党工作要点及分工意见》，增强全面从严治党永远在路上的政治自觉，坚持严的基调强化正风肃纪，督促各级党组织严格履行主体责任和“一岗双责”。做实做细党员干部日常监督，持续推动抓早抓小具体化常态化，发挥好党支部、党小组、纪检小组管到人头的优势，加强近距离、常态化监督特别是工作时间之外的监督。完善党建工作考核评价机制，强化督查及考核结果运用，扎实做好基层党组织书记抓党建工作述职评议考核。

（二）强化制度执行

把制度建设贯穿新时代党的建设各方面，引导基层党组织完善党建制度、增强制度执行力。结合农业农村部党建综合督查、基层党建调研等活动，开展对党内法规制度执行情况的监督检查，指导各级党组织严格落实党章党规党纪要求，对执行不力、落实不好、问题突出的，进行督促、推动整改。

（三）加强党务干部队伍建设

指导院属各级党组织配齐配强党务干部，激活党建工作力量。督促指导院属党组织规范落实专兼职党务工作经历纳入干部履历要求。持续抓好党办主任、党支部书记、纪检干部、群团干部等党务干部培训，使党务干部成为政治上的明白人、党建工作的内行人、干部职工的贴心人。

附件：中国农业科学院 2023 年党建重点工作事项

附件

中国农业科学院 2023 年党建重点工作事项

（1）围绕走好第一方阵，强化政治机关意识教育，持续开展对党忠诚教育，以“学用新思想、奋进新征程”为主题开展多种形式的学习教育。

（2）持续推进模范机关创建，加大对模范机关和文明单位的宣传力度。

（3）推进政治监督具体化、精准化、常态化，围绕党的二十大决策部署、习近平总书记关于“三农”工作和科技创新工作的重要指示批示精神、习近平总书记致我院建院 60 周年贺信精神贯彻落实情况开展监督。

（4）推进党建和业务深度融合，深化“党建+全面推进乡村振兴”工作成果，持续开展基层党组织联学共建、结对帮扶等活动。

（5）严肃党内政治生活，规范和完善重温入党誓词、党员过“政治生日”等政治仪式。持续抓好中央巡视以及部、院巡视巡察发现的党建问题整改。

（6）坚持把学习贯彻党的二十大精神作为首要政治任务。持续学深悟透习近平总书记关于“三农”工作和科技创新的重要论述。开展所局级干部理论文章征集评选。

（7）着力提升理论学习中心组集体学习研讨质量。认真落实青年理论学习小组学习细则，开展主题联学、征文演讲、故事分享等活动，加强工作交流。

（8）按照党中央统一部署，高标准高质量开展学习贯彻习近平新时代中国特色社会主义思想主题教育。

（9）组织学习《习近平谈治国理政》第一至第四卷，用好《习近平著作选读》《习近平新时代中国特色社会主义思想学习纲要》等权威读本。坚持“两个第一”学习贯彻制度。常态化长效化开展党史学习教育。

（10）做深做实思想政治工作，定期调查分析干部职工思想动态，落细落实谈心谈话制度，加强人文关怀和心理疏导。

（11）加强党建信息报送管理的规范化、制度化，管好用好院党建网、“光荣榜”专栏、支部工作 App 等平台，及时总结宣传基层党建成效做法。

（12）强化党务干部研究能力建设，深入开展党建课题研究。

（13）推动创新团队党支部健全完善议事决策机制，进一步发挥支委会职能作用。

（14）持续推进党支部标准化规范化建设，深入开展“四强”党支部建设。加强基层党组织党建活动管理和日常指导。

（15）打造农科特色党建活动方式，总结提炼党建创新案例、优秀党课报告、优秀主题党日案例、党支部工作法等。

（16）进一步规范完善企业、社会组织、试验基地等领域党组织建设，持续做好离退休干部党建工作，加强和改进流动党员管理。

（17）提升发展党员质量和工作规范性，注重从优秀青年和科研骨干等群体中发展党员。严肃稳妥处置不合格党员。

（18）加强对入党积极分子、预备党员、新党员等教育培训。

（19）评选表彰院“两优一先”，教育引导党员向身边榜样学习。做好“光荣在党50年”纪念章颁发工作。

（20）组织召开院全面从严治党工作会议，制定《全面从严治党工作要点及分工意见》，督促各级党组织严格履行主体责任和“一岗双责”。

（21）组织开展作风建设专题调研，摸清找准中国农业科学院在作风建设尤其是形式主义、官僚主义方面存在的突出问题，有针对性地推动整治、纠治。

（22）加强经常性纪律教育，传达学习贯彻中央和国家机关、农业农村部警示教育会议精神，开展专题警示教育。

（23）创新廉政教育载体方法，组织开展廉政短视频征集等活动。

（24）落实党员干部与管理服务对象打交道负面清单，开展年轻干部违纪违法风险隐患排查，加强权力运行监督制约。

（25）围绕关键领域和重要岗位，持续健全完善廉政风险防控制度，强化内控手段。

（26）落实《中央和国家机关党员工作时间之外政治言行若干规定（试行）》《农业农村部系统处级及以下党员干部日常提醒监督实施办法（试行）》，强化运用监督执纪第一种形态。

（27）按照上级部署要求深入开展纪检干部队伍教育整顿，持续深化“学重要讲话 抓《意见》[①] 落实 改突出问题 强作用发挥”活动。继续推进“以干代训”机制。

（28）健全完善院直属机关纪委工作规则等制度规范。围绕当前监督工作的重点难点问题，组织深入一线调研摸底。选取具有农科特色监督工作的十大方向，开展课题研究。

（29）以“凝心铸魂跟党走 团结奋斗新征程”为主题，开展工会特色宣传教育活动，强化思想政治引领。维护职工权益，充分发挥职代会作用。做好全国五一劳动奖、全国工人先锋号推荐申报工作。邀请先进人物走进职工书屋，讲好农科人的故事。

（30）举办健步走、羽毛球、足球、阅读交流、单身青年联谊以及心理服务等活动。组织参加农业农村部工会乒乓球、广播体操比赛等，丰富职工文化生活。持续开展“送温暖”活动，加大对困难职工的帮扶救助力度。指导督促基层工会换届和加强基层工会干部教育。

（31）评选表彰院青年文明号和共青团“两优一红”，开展全国青年岗位能手标兵、院“十佳青年”等先进典型宣传。组织开展院青工委负责人暨共青团干部培训班。

（32）深化“农科巾帼心向党 科研建功新时代”“乡村振兴巾帼行动”等系列活动。评选表彰院妇女先进集体和优秀个人，积极推荐申报全国妇联、中央和国家机关妇

---

① 《意见》指中共中央办公厅印发的《关于加强中央和国家机关部门机关纪委建设的意见》。

工委、农业农村部机关妇工委有关奖项。举办“三八”国际妇女节纪念表彰活动。

（33）深化家庭家教家风建设，组织学习《习近平走进百姓家》，组织参加上级妇女组织“最美家书”征集评选活动。

（34）继续支持民主党派基层组织围绕全面推进乡村振兴、加快建设农业强国开展课题研究、建言献策。组织党外人士参加学习贯彻中共二十大精神专题培训班。积极参加农业农村部“同心筑梦”、归侨侨眷“侨心永向党”活动。加大民主党派、无党派人士活动的宣传力度。

（35）全方位加强院科协工作，印发《中国农业科学院进一步加强科学技术普及工作的意见》，出台《中国农业科学院科学技术协会运行管理办法》，设立专业委员会、规范会员管理。大力开展线上科普，加强科普工作者队伍建设和科普基础设施建设。

（36）健全完善“举院抓大事”党组织保障机制。围绕“国之大者”，聚焦“六件大事”，发挥党建引领作用。

（37）聚焦2023年中央一号文件任务分工、科技支撑农业农村部重点工作和稳产保供、增产增效、科技帮扶、应急服务等任务，充分发挥党支部战斗堡垒作用和党员先锋模范作用。

（38）加强领导班子和干部队伍建设。发现培养敢担当善作为的优秀干部，加快“推年轻”步伐。聚焦抓主抓重推进院部职能优化，健全完善“举院抓大事”体制机制。强化干部实践锻炼，选派优秀年轻干部参加重大任务。强化干部全方位管理和日常监督。

（39）努力打造国家农业科技战略人才力量。升级实施“农科英才工程”。组建院青年联合会，支持优秀青年人才开展学术交流和前沿交叉研究。全力做好院士增选服务保障。开展高层次人才引育和举荐工作。深化职称和岗位评聘机制改革。

（40）大力弘扬新时代农科精神，深入开展“灯塔”“谱系”“铸魂”“强基”农科精神系列行动。持续开展老一辈科学家精神传承和先进事迹宣讲活动。举办大型现代豫剧《黄河故道梨花开》进京展演活动。梳理编辑院史相关书籍，推进院史馆建设。编辑出版《奋斗者正当时——农科故事汇》。

（41）完善党建工作考核评价机制，强化督查及考核结果运用，扎实做好基层党组织书记抓党建工作述职评议考核。

（42）结合农业农村部党建综合督查、基层党建调研等活动，开展对党内法规制度执行情况的监督检查。

（43）持续抓好党办主任、党支部书记、纪检干部、群团干部等党务干部培训。

中国农业科学院 2023 年科普工作概况及 2024 年工作要点

2023 年，中国农业科学院全面落实《关于新时代进一步加强科学技术普及工作的意见》《“十四五”国家科学技术普及发展规划》，围绕“四个面向”，聚焦“国之大者”，积极谋划、扎实推动科普工作取得新成效。中国农业科学院 2023 年科普工作概况及 2024 年科普工作要点如下。

一、实施进展与取得的成效

科普事业是党的重要事业。一直以来，中国农业科学院认真贯彻落实习近平总书记关于科学普及与科技创新同等重要的指示精神，始终坚持把党的领导贯穿到科普工作全过程，开展科普工作调研，加强科普能力建设，以高水平科普助力全民科学素质提升，为实现高水平科技自立自强、建设农业强国奠定坚实基础。

（一）举办第五届农科开放日，持续提升农科特色科普品牌活动

中国农业科学院第五届农科开放日暨海淀区“科普之春”活动以“科技科普惠农科学素质提升”为主题，由院科协和海淀区科协共同举办。主会场邀请中国科学院、颐和园等 9 家院外单位参与，集中展出中国农业科学院 200 余种特色农产品，吸引公众现场感受中国农业科学院作为国家农业战略科技力量的使命担当，融入农业科研场景，体验农业科研工作，观看科技表演秀，打卡农业科普市集。中国农业科学院 35 个院属单位同步开展特色科普活动，用通俗易懂的方式和语言，拉近公众与农业科技工作者的距离。活动共吸引 828.2 万人通过线上线下参与，被中央电视台农业频道等 10 余家主流媒体报道，有效提升了中国农业科学院的影响力，提高公众尤其是青少年群体对农业科学知识的兴趣和认识。

（二）发挥产业专家团作用，以科技助力粮食稳产丰收

2022 年以来，中国农业科学院陆续组建小麦、水稻、玉米、大豆、油菜、蔬菜、棉花 7 个产业专家团，2023 年新组建生猪、肉牛、羊、家禽、蛋、奶、果树瓜类、茶叶 8 个产业专家团，实现了粮食和重要农产品全覆盖。产业专家团按照“专业到边、

服务到底、全院一盘棋”的组织模式，实现创新团队顶天立地上下贯通，遵从“专家团—专家工作站—田间课堂”服务格局，以“平时专家工作站、急时科技小分队”平战结合形式，做好服务政府、服务企业、服务农民、服务科研“四个服务”，常态化、成建制、全天候服务稳产保供，为极端天气应急服务提供科技支撑，指导农业生产，助力乡村振兴。在应对豫南小麦“烂场雨”过程中，中国农业科学院第一时间启动应急预案，深入南阳、驻马店、漯河、许昌等地，协同当地科研力量，对受灾情况进行深入调研，提出针对性意见和技术措施；在应对“杜苏芮”等台风影响中，中国农业科学院科技小分队 300 余人次下沉到河北、黑龙江、吉林、内蒙古等重点受灾一线开展防范指导工作，为夯实全年粮食丰收基础，保障国家粮食安全提供科技支撑，展现了农业科研工作者“科筑粮安”的责任与担当，赢得了地方政府、农民朋友的广泛赞誉。在中央宣传部等部门和单位联合发布的 2022 年度全国学雷锋志愿服务“四个 100”先进典型名单中，中国农业科学院“科技小分队守护大国粮仓”志愿服务项目和作科所刘录祥研究员分别获得“最佳志愿服务项目”和“最美志愿者”荣誉称号。

（三）做好转基因科普，为生物育种产业化应用营造良好社会氛围

大力支持科普团队开展转基因技术科普视频制作。资划所李文娟研究员及其团队积极利用短视频平台开展农业转基因技术辟谣，得到农业农村部的高度重视。2023 年累计在抖音、快手、微信视频号等平台发布转基因科普视频 24 篇，播放量 1 120.5 万次，点赞量 25.4 万次；组织评选中国农业科学院 2023 年度科普奖 30 项，重点推荐转基因相关科普人物、科普作品共 5 项。推荐生物所《50 问带你读懂转基因》《生命演化中的基因智慧》等科普图书，参评 2023 年全国优秀科普作品；在中关村院区打造转基因技术专题科普长廊，完成 29 块展板布展工作，向公众科普农业转基因技术；在农科开放日主会场，向公众免费发放转基因安全宣传册以及《50 问带你读懂转基因》图书，设立“转基因安全”宣传专区，并安排专家进行现场讲解。生物所积极强化转基因全国科普联络站建设。拓展天津城建大学、重庆巴蜀中学等科普网联络点 11 个，推动转基因科普级联效应、增加转基因科普覆盖度，提高转基因科普影响力。棉花所依托转基因科普展厅，组织开展农业转基因知识科普。通过模型讲解、视频观看、科普书籍发放等方式，宣传棉花、木瓜、大豆、玉米等转基因农作物原理，传播农业转基因知识，年度累计接待 8 所学校，超过 3 000 人次参观。

（四）开展助力贵州台江系列活动，以农业科普为乡村振兴提供有力支撑

主题教育期间，中国农业科学院在贵州省台江县开展“联学共建强党性　携手同行促振兴”系列活动。7 个创新团队党支部与贵州台江富强村等 4 个村党支部签署结对共建协议，捐赠科技文化图书千余册。专家团队分组到台盘乡、排羊乡等地进行实地调

研，深入稻鱼综合种养示范基地、高原生态茶园和预制菜产业园开展技术指导，围绕轻简化种植技术、病虫害绿色防控、农产品精深加工等农户十分关心的问题进行集中培训，进一步提升了中国农业科学院科技支撑乡村振兴效能，以农业科普为乡村振兴提供有力支撑。

（五）积极参加全国科普日活动，让农业科普走进千家万户

中国农业科学院各单位积极参与 2023 年全国科普日，聚焦主责主业，举办具有特色的农业科普活动。水稻所举办“舌尖上的味稻”全国科普日活动，水稻所所长胡培松院士出席活动并为青少年授课，活动包括“一粒米的时空旅行”稻文化科普、“稻花香里说丰年”田间展示和“舌尖上的味稻”稻米加工与品鉴等环节，来自杭州市的 200 余位中小学生及家长参加，活动受到新华社报道，浏览量 90. 7 万人次。茶叶所举办 2023 年全国科普日活动暨中国茶叶学会首届茶科普大会。活动邀请中国茶叶学会名誉理事长陈宗懋院士与刘仲华院士等 19 位权威专家现场分享茶科普知识。活动期间，除了精彩的科普讲座，观众还能现场欣赏“中国传统制茶技艺及其相关习俗代表作之径山茶宴”。总计 400 余名线下观众与 300 余万名线上网友，共享茶界科普盛宴。果树所开展“走进果树所，探秘果业‘芯’——2023 年全国科普日暨葫芦岛市第十二届科普日活动”“国家梨、苹果种质资源圃（兴城）科普开放日活动”等系列科普活动，激发社会公众对果业科学的兴趣和热情，惠及“三农”和青少年群体 1 100 余人。

（六）弘扬科学家精神和新时代农科精神，增强广大科技工作者的责任感和使命感

持续开展“灯塔”“谱系”“铸魂”“强基”四大行动，继新乡精神展馆之后，祁阳红壤实验站入选第二批全国科学家精神教育基地，宁陵精神、长岛试验站精神、寿阳站精神使农科精神谱系不断丰富；举行庄巧生院士、郭予元院士、贾大林先生纪念活动，深切缅怀他们为我国农业科技发展作出的突出贡献，弘扬他们献身科学、服务“三农”的崇高精神；组织豫剧《黄河故道梨花开》进京演出获得成功，该剧讲述了中国农业科学院一代代林果专家扎根黄河故道 60 余年，通过科技支撑发展梨产业，治理风沙盐碱，带动农民脱贫致富、建设和美乡村的生动故事，在农业农村部系统、中国农业科学院以及社会各界引起热烈反响；大力宣传先进典型，发布红色农学家陈凌风、朱明凯在延安的故事；选树并授予茶叶所白堃元研究员“卓越奉献奖”，《83 岁茶专家的 26 年下乡路》在主题教育期间被浙江省多家媒体宣传报道；举办两期农科讲坛，邀请植保所特聘兼职研究员、农民育种家李修立和华为公司人工智能领域首席科学家田奇院士作专题报告，并与现场科研人员、学生代表进行互动交流，总计 2 000 余人通过线上线下参与；编辑出版《奋斗者　正当时——中国农业科学院农科精神故事汇》，集中展

示中国农业科学院广大科技工作者聚焦“国之大者”、勇攀科技高峰、服务“三农”工作的动人故事，用身边事感动身边人，增强广大科技工作者的责任感和使命感。

（七）开展年度科普人物、科普作品、科普短视频评选，表彰激励优秀科普工作者

为进一步提高全院职工对科普工作重要性的认识，充分展示科普的价值引领作用，营造崇尚创新的文化氛围，结合中国科学技术协会《关于开展“典赞·2023科普中国”活动的通知》要求，中国农业科学院积极组织开展“典赞·2023科普中国”年度科普人物（团队）、科普作品、科普短视频评选，盘点年度具有影响力的科普人物和作品。通过评选产生植保所吕佳乐、蜜蜂所王秀红、营养所朱大洲等中国农业科学院2023年度科普人物12名，《50问带你读懂转基因》《“吃鸡自由”科学简史》《农药问答（第六版）》《解锁基因智库》等年度科普作品10项，《虫口夺粮！转基因技术打响“玉米保卫战”》《什么是转基因技术，转基因农产品有害吗?》《厕所小王子解答农村改厕问题》等年度科普短视频8项。同时，中国农业科学院积极推动农业科普图书出版，出版社启动第二届农业科技图书奖评选活动，评选获奖图书8册（套）。

（八）创新工作方式方法，推动“互联网+科普”新模式

在院网主页开设第五届农科开放日专题网页，发布各研究所宣传海报、预热视频、更新动态，转载各主流媒体关于农科开放日的新闻报道。筹建“农科科普网”网页，已在“要闻动态、科普文章和视频、基地风采”等板块填充完善内容，使网页成为中国农业科学院科普宣传工作的平台和抓手。蔬菜所李宝聚研究员及其团队，利用微信公众号“蔬菜卫士”，每周发布6篇左右科普文章。“蔬菜卫士李宝聚”短视频号通过抖音、快手、微信视频号三平台同步推出农业科普视频，视频内容从病虫害防治到栽培技术，再到二十四节气农事操作，真正做到了全方位的“蔬菜卫士”。目前抖音平台已发布视频作品303部，粉丝数量13.8万名，获赞38.4万次。茶叶所中国茶叶学会利用抖音、今日头条等多个传播平台，与新华社、海外在线、人民网、光明网、中国新闻网、学习强国等多家主流媒体合作，形成“1网2微10渠道1 App”传播矩阵，年度点击量超5 000余万次。开设中国茶叶云电台，创建“一周茶事速览”，以便爱茶人及时了解茶业领域重要事件。兰牧药科普工作者牛春娥，在“环县金羊120”快手直播平台指导养羊技术，2023年通过线上培训2 000人次。沼科所针对户用沼气池使用过程中容易发生的安全生产事故，联合四川省农村能源发展中心，制作农村户用沼气安全使用宣传片，通过短视频方式进行线上宣传，提高农户对户用沼气池使用的安全意识。

（九）加强科普教育基地建设，提升科普服务能力

中国农业科学院积极依托作物科学研究所、植保所廊坊科研中试基地、环发所顺义综合基地、资划所德州盐碱土改良实验站、蔬菜花卉研究所、棉花研究所、农田灌溉研究所、特产研究所等 8 个全国科普教育基地，以及我院重大基础设施、科技创新园、重点实验室、野外台站、试验基地、标本馆、图书馆、院所史馆等科研设施，开展科普活动、弘扬科学精神、传播科学思想，促进全民科学素质提升。植保所廊坊试验基地通过暑期夏令营、科普日、技术培训等形式，接待各类人员上千人次，深入宣传农业科学知识，以“虫虫大战：天敌昆虫打败粮食杀手”“什么是天敌昆虫”等为主题，举办多项主题科普活动，带领社会公众走进基地，与农业科学零距离接触。灌溉所积极与新乡市教育局以及相关研学机构等开展交流合作，组织研学教育公益活动十余次，总计组织 2 000 多名中小学生走进试验基地参观学习。蜜蜂所中国蜜蜂博物馆 2023 年全年正常开馆，为参观者普及蜂业知识，全年接待企事业单位、社会团体、中小学校和游客等总计 20 万余人。持续发挥行业交流的桥梁纽带作用，组织接待国内同行交流学习 50 余场，累计 300 多人，国际同行参观交流 5 场，累计 135 人。郑果所依托国家园艺种质资源库，精心策划，通过开展农科开放日、课题实践等活动，让学生们近距离了解果树生长与种子保护的重要性，激发青少年好奇心和想象力，增强创新意识，本年度共开展 4 期开放日活动，接待社会公众 2 500 余人次。

（十）推动农业科普进校园，促进青少年科学素质提升

加工所针对中小学青少年学生，策划科普实践课程。着力打造“农产品加工及膳食营养”北京市中小学教育实践课堂，开设市中小学教育实践课堂，开设“果蔬为什么会变黑”“疯狂的维 C”等 20 门精品课程。研究所专家走进农科附小、农科幼儿园，讲解《膳食营养》《味》《从麦田里走来的文明》等科普报告，覆盖 2 000 余人次，受到中小学生广泛喜爱。牧医所积极推动科普与学校教育深度融合，大力支持中小学生科普教育，面向中小学生开展《家禽与鸟类趣谈》《畜牧文化小常识》等科普活动，服务总人次达 7 500 人次。南繁院组建两支研究生志愿支教团，为三亚寰岛实验中学生物兴趣社团提供课堂教学，授课内容覆盖种业安全、粮食安全、动植物等多个领域。通过绿植盆栽、植物拓印、农药速测、昆虫学习、解剖牛蛙等有趣活动，带领学生们感受自然的奥妙和农业科普的魅力。

二、存在的问题和困难

在农业农村部科教司与中国科学技术协会、北京市科学技术协会的共同领导下，中

国农业科学院高度重视科普工作，经过各级党组织和广大科技人员的共同努力，中国农业科学院2023年度科普工作取得了一些成绩，彰显了农业科研国家队的科普力量、科普影响，为促进社会公民科学素养提升贡献了农科力量。但面对新时代新要求，中国农业科学院科普工作还存在以下问题。

一是对科普工作重要性的认识还不够高。有些单位对科普工作重视不够，没有把科技创新与科学普及放到同等重要位置，甚至认为科普可有可无、科普是社会科普部门或者学会协会的责任等，而学会协会更多的是组织学术交流，科普工作基本无人顾及。另外，一般科研人员研究出成果后，大多把精力投入到发表论文上、评奖上，对成果在社会上的科学普及重视不够，对日常的科普支持不够、参与不够。

二是科普的能力建设还较弱。科普工作需要一定专业能力，需要具备科学知识、科学素养、学习能力、演说能力、授课能力，还要具备政治素质、辨别能力、群众工作能力、现代传媒利用能力等，而很多研究所、科研人员科普的能力还不够强，以至于科普的效果没有充分体现。

三是科普的手段还不够先进。新媒体、新技术的应用还不充分，视频音像设备还较落后，科普作品制作技术、制作能力、制作水平还不高，与抖音等媒介平台的合作还不成熟、不深入，利用现代信息技术开展科普的本领还不强，应对社会反应的能力还不够强等。

四是科普工作的激励机制还不完善。受“四唯”的影响，目前对科研和科研人员的评价机制更多体现在科研成果、科研奖励、高水平论文以及各种“帽子”上，科研人员参加科普工作的积极性不高，例如撰写科普书籍、参与科普活动、推广实用技术等得不到充分认可，职称上不去、待遇上不去，科普的积极性受到很大影响。以上问题需要在今后工作中予以高度重视，认真研究，以利于科普工作的进一步开展，为提高全社会公民科学素养作出更大贡献。

三、下一步工作建议

习近平总书记在2023年中央政治局第三次集体学习时强调，“要加强国家科普能力建设”“树立热爱科学、崇尚科学的社会风尚”。习近平总书记的一系列重要论述为加强新时代科普工作指明了方向。这是习近平总书记站在时代高度对我国科普事业的重新定位，是做好科普工作的根本遵循，对于落实创新发展理念、推动社会主义现代化强国建设具有重大战略意义。中国农业科学院将持续贯彻落实中共中央办公厅印发的《关于加强中央和国家机关部门机关纪委建设的意见》和农业农村部党组、中国农业科学院党组关于加强科普工作的指示要求，把党的领导贯彻到科普工作全过程，促进科普工作高质量发展，为促进全面乡村振兴、加快建设农业强国作出更大贡献。

一是大力加强科普能力建设。推进中国农业科学院科技资源科普化，加大科技基础设施向公众开放力度。持续提升“农科开放日”等品牌科普活动影响力，充分发挥社会效益，引导社会形成理解和支持农业科技创新的正确导向，为科学研究和技术应用创造良好氛围，发挥科技创新对科普工作的引领作用。邀请中国科学技术协会、北京市科学技术协会等专家从政策解读、组织建设、工作方法等方面对院科协工作人员进行科普工作专题培训，创造更多交流学习机会，进一步增强科普责任感和使命感，提升科普政策理论水平和科普工作能力。

二是大力促进科普与科技创新协同发展。聚焦生物育种等前沿农业技术或重点农业科技创新领域开展针对性科普，及时向公众普及科学新发现和技术创新成果。在科技帮扶等专项任务中积极推进成果转化，发挥科普对科技成果转化的促进作用。围绕农业农村部稳产保供中心任务，充分发挥小麦、水稻、玉米、大豆、油菜、蔬菜、棉花等产业专家团的头雁作用，选派科技专家、研究生深入生产一线解决技术问题，在粮食生产、产业振兴、服务“三农”的第一线传播科学技术，培训农村实用人才，普及科学知识，为农村更美、农业更强提供更有力的科技支撑。

三是加大对科普工作的激励。优化科普人才发展政策环境，积极完善科普工作标准和评估评价体系。努力在研究所评价系统中合理设置科普工作比重，鼓励承担各级科技计划项目的单位和人员，结合科研任务加强科普工作。对在科普工作中作出突出贡献的组织和个人，按照有关规定给予表彰和支持。将科普工作成效作为职工职称评审、业绩考核的重要内容。在评奖评优、媒体宣传报道、科普专项经费和调研课题方面给予科普工作者大力支持。

四是壮大科普人才队伍。通过建设科普专家库、科普专家团队、讲解员等形式，培育一支专兼结合、素质优良、老中青结合的科普工作队伍。针对社会关注问题和农业农村热点问题，鼓励院士和专家进行权威解读和科学普及。动员科研人员尤其是青年学生积极加入科普志愿者队伍。优化科普人才发展政策环境，畅通科普人才职业发展通道。

五是打造科普传播平台。充分利用物联网等信息技术，深入推进科普信息化发展，大力发展线上科普。强化院政务新媒体矩阵和院属各单位微信公众号、短视频平台等媒体的科普宣传力度，建设线上线下结合、传统新兴融合的科普宣传工作平台。结合重大科学事件、科研成果，社会热点等，定期发布科普性、趣味性强的农业科学知识、科普文章和科研成果。结合科普品牌活动，线上普及农业科学知识、弘扬科学家精神。推动“农科科普网”尽快上线。

六是建立科普项目保障机制。积极增加科普专项经费，并纳入年度预算。积极拓展科普经费渠道。将科普纳入院基本科研业务费等项目任务指标，在项目验收、成果评价中增加科普作品、科普成效的考核。

吴孔明院长在中国农业科学院学习贯彻习近平新时代中国特色社会主义思想主题教育动员部署大会上的讲话

2023 年 4 月 19 日

根据党中央部署，从 2023 年 4 月开始，在全党深入开展学习贯彻习近平新时代中国特色社会主义思想主题教育。近日，习近平总书记在中央政治局会议、中央政治局集体学习、主题教育工作会议，以及在广东考察时发表一系列重要讲话，为全党开展主题教育提供了根本遵循。中央专门印发了《关于在全党开展学习贯彻习近平新时代特色社会主义思想主题教育的意见》。4 月 12 日，农业农村部召开动员部署大会，中央第 35 指导组柯尊平组长做了指导讲话，启动部署农业农村部主题教育各项工作。今天我们召开会议，就是要深入学习贯彻习近平总书记重要讲话精神和党中央部署要求，按照农业农村部动员部署大会精神，正式启动、全面部署我院主题教育各项工作。

下面，我就开展好我院主题教育，提 3 点要求。

一要聚焦目标任务开展好主题教育。全院各级党组织要认真学习领会习近平总书记重要讲话精神，牢牢把握主题教育“十二字”总要求，锚定主题教育的根本任务和五大具体目标，进一步提高政治站位，贯彻落实好各项要求，确保在以学铸魂、以学增智、以学正风、以学促干方面取得实实在在的成效，为我院改革发展、科技支撑乡村全面振兴和加快建设农业强国提供坚强保证。

二要聚焦压实责任开展好主题教育。各部门各单位党组织主要负责同志要把主体责任扛起来，把开展主题教育作为重大政治任务，摆在突出位置，认真研究谋划，精心组织，扎实推进。今天大会覆盖至京内外各部门各单位副处级以上党员干部、党支部书记、团队首席等，经请示部主题教育领导小组办公室和部第一巡回指导组，对各部门各单位召开动员部署会议不作硬性要求，但各级党组织要确保把主题教育有关精神传达学习到位、严格按要求落实到位。院所领导要发挥好示范带头作用。院主题教育巡回指导组要认真履职尽责，采取巡回指导、随机抽查、下沉走访、座谈访谈等方式开展督促指导，确保我院主题教育质量。

三要聚焦农业科技创新开展好主题教育。全院各级党组织和广大党员、干部要把开展主题教育同落实好党的二十大各项决策部署结合起来，同完成院所改革发展各项任务结合起来，同推动农业科技创新工作结合起来，同科技支撑乡村全面振兴结合起来，根据院所实际，聚焦科技支撑农业农村发展重大问题开展调研，选好选准调研课题，形成一批务实管用的调研成果，推动部署得到有效落实。要强化“两手抓、两促进”，以更高的标准、更有力的行动、更扎实的作风，不断推动农业科技创新取得新成效，实现主题教育预期目标。

杨振海书记在中国农业科学院学习贯彻习近平新时代中国特色社会主义思想主题教育动员部署大会上的讲话

2023 年 4 月 19 日

根据党的二十大部署，党中央决定以县处级以上领导干部为重点，在全党深入开展学习贯彻习近平新时代中国特色社会主义思想主题教育。2023 年 3 月 30 日以来，习近平总书记在中央政治局会议、中央政治局集体学习、主题教育工作会议，以及在广东考察时发表一系列重要讲话，从战略和全局高度深刻阐述主题教育的重大意义和目标要求，明确根本任务，作出全面部署，为全党开展主题教育提供了根本遵循。4 月 1 日，党中央印发了《关于在全党深入开展学习贯彻习近平新时代中国特色社会主义思想主题教育的意见》(以下简称《意见》)，对主题教育作出系统安排。4 月 12 日，农业农村部召开动员部署大会，对部系统开展主题教育工作进行全面动员部署，提出明确要求。今天我们召开会议，主要任务是深入学习贯彻习近平总书记重要讲话精神和党中央部署要求，按照部党组工作安排，正式启动和全面部署我院主题教育工作，推动主题教育扎实有序开展。

全院各级党组织和广大党员、干部要认真学习领会、自觉贯彻落实习近平总书记重要讲话精神。接下来，戴军组长还要作讲话提要求，我们要认真贯彻落实。下面，我讲 3 点意见。

一、深刻认识主题教育的重大意义，迅速把思想和行动统一到党中央决策部署上来

在迈上民族复兴新征程的历史节点、推动强国建设开新局的关键时刻，党中央部署开展主题教育，事关全局、正当其时。这是以习近平同志为核心的党中央统揽战略全局作出的重大部署，是贯彻落实党的二十大精神的重大举措，意义十分重大。我们要从 4 个方面深刻理解和体会，坚决贯彻落实。

一要深刻认识主题教育对于全院各级党组织和党员、干部旗帜鲜明讲政治的重大意义。习近平总书记指出，旗帜鲜明讲政治、保证党的团结和集中统一是党的生命，也是我们党能成为百年大党、创造世纪伟业的关键所在。近年来，我院各级党组织和广大党员、干部坚持旗帜鲜明讲政治，持续加强政治建设，坚持“四个面向”、聚焦“国之大

者”开展科研攻关，党对农业科技创新工作的全面领导不断加强。但从政治上把握问题、从全局上谋划工作还有较大提升空间，有的党员、干部政治站位不高，还不善于从政治上观察和处理问题，围绕“国之大者”抓主抓重不够，缺乏识变的敏锐性、应变的主动性、求变的改革精神，科研力量布局滞后于国家农业产业结构调整和主产区转移的大趋势；有的研究所仍然存在“推、拖、等”“过小日子、发小文章、拿小奖励”，以及科研人员凭兴趣搞研究，结合国家需求不紧密，解决产业重大技术问题主动性不强等问题。要通过主题教育，教育引导党员、干部强化政治意识，不断提高政治判断力、政治领悟力、政治执行力，更加深刻领悟“两个确立”的决定性意义，增强“四个意识”、坚定“四个自信”、做到“两个维护”，更加深刻领悟“三农”领域国家战略科技力量的使命定位，做“讲政治”的农业科学家。

二要深刻认识主题教育对于用习近平新时代中国特色社会主义思想凝心铸魂的重大意义。历史和实践充分证明，习近平新时代中国特色社会主义思想是当代中国马克思主义、21 世纪马克思主义，是中华文化和中国精神的时代精华，是我们改造主观世界和客观世界的强大武器。我院始终高度重视学习贯彻习近平新时代中国特色社会主义思想，特别是认真学习贯彻习近平总书记关于“三农”工作、科技创新的重要论述以及致我院建院 60 周年贺信精神。但对照习近平总书记的期望，对照习近平新时代中国特色社会主义思想所蕴含的世界观和方法论、贯穿其中的立场观点方法，我们在全面系统学、主动深入学、联系实际学上还存在差距，有的同志把理论学习当负担，不愿意下功夫；有的同志理论指导实践、学以致用不够；有的科研人员把学习思想和科研工作看成两件事、做成“两张皮”等。要通过主题教育，督促党员、干部自觉学习、深刻领悟、全面把握习近平新时代中国特色社会主义思想，深学细悟总书记关于“三农”工作、科技创新的重要论述，以及贺信精神，做到学而思、学而用，不断增强用习近平新时代中国特色社会主义思想推动农业科技创新工作的本领。

三要深刻认识主题教育对于实现高水平农业科技自立自强的重大意义。习近平总书记在党的二十大报告中对全面推进乡村振兴、加快建设农业强国、加快实现高水平科技自立自强进行总体部署。近年来，我院认真落实习近平总书记“四个面向”精神，围绕当前最紧迫的重大国家需求，扎实开展科研工作，创新机制“举院抓大事”，谋划建设“四中心一智库”，在常态化稳产保供、疫情防控等急难险重任务中经受住了考验，为保障国家粮食安全，支撑全面推进乡村振兴、加快建设农业强国和科技强国贡献了强劲的农科力量。但也要清醒看到，在党的领导上，对农业科研工作全面领导的机制还不够完善，抓“四个面向”“举院办大事”落地的能力有待进一步增强，落细落小不够，个别同志不愿担当、不敢担当、不善担当，面对重大风险挑战往后躲，破解多难问题没思路还不同程度存在。要通过主题教育，教育引导广大党员、干部学思想、见行动，增强做好新时代新征程农业科技创新工作的责任感、使命感，大力弘扬新时代科学家精神和农科精神，增强本领、担当作为，为实现高水平农业科技自立自强，科技支撑全面推进乡村振兴、加快建设农业强国团结奋斗。

四要深刻认识主题教育对于纵深推进我院全面从严治党的重大意义。在全党开展集中学习教育，是我们党推进全面从严治党、进行自我革命的重要途径和重要经验。经过这些年历次党内集中教育，我院各级党组织的组织力、创造力、凝聚力、战斗力明显提高，自我净化、自我完善、自我革新、自我提高能力进一步增强。但也要看到，日常监督还有薄弱环节，压力没有层层传导到位，劳务费和咨询费发放、科研副产品管理、房屋出租出借、所办企业经营管理等还有不规范现象。有的党组织对党员和干部职工教育管理不到位；学风师风、科研诚信等风险隐患仍然存在。党的十九大以来，我院有48名党员、干部受到党纪政务处分。要通过主题教育，教育引导各级党组织和广大党员、干部查不足、找差距、明方向，强化党建引领、提升组织效能，始终保持党的先进性和纯洁性，在学习贯彻习近平新时代中国特色社会主义思想、落实党中央，以及部党组决策部署上走在前、作表率，为新时代农业科技创新开新局、建新功提供坚强政治和组织保障。

二、准确把握目标任务，把主题教育部署落实到农业科技创新各方面全过程

中央对主题教育的总要求、目标任务、工作安排提出了明确要求，我们要不折不扣落实到位。经部第一巡回指导组审核同意，院党组制定印发了院主题教育实施方案。全院各级党组织要紧密结合实际，细化任务、提出安排，扎实有力推进各项工作。

一要始终贯彻主题教育十二个字的总要求。这次主题教育总要求是“学思想、强党性、重实践、建新功”。我们要全面准确把握这十二个字的总要求，作为贯穿主题教育全过程的一条主线，结合实际作出具体安排。要把“学思想”贯穿始终：每项安排都要坚持学习打头，既要全面学习领会习近平新时代中国特色社会主义思想的科学体系、精髓要义、实践要求和世界观方法论；也要学深悟透总书记关于“三农”工作、科技创新的重要论述，以及致我院建院60周年贺信精神，牢牢把握推动工作的根本遵循。要把“强党性”摆在首位：教育引导党员、干部深刻领会习近平新时代中国特色社会主义思想中关于坚定理想信念、提升思想境界、加强党性锻炼等重要内容，自觉用以改造主观世界、锤炼坚强党性，始终保持共产党人的政治本色。要把“重实践”作为导向：推动党员、干部学以致用、知行合一，结合实际思考谋划，带着问题深入调研，自觉践行习近平新时代中国特色社会主义思想，统筹运用总书记关于“三农”工作、科技创新的重要论述破解难题、推动发展。要把“建新功”落到实处：从习近平新时代中国特色社会主义思想中汲取智慧和力量，用好用活其中蕴含的领导方法、思想方法、工作方法，不断提高履职尽责的能力和水平，努力开创农业科技创新事业发展新局面。

二要全面落实“五个目标任务”。这次主题教育，中央明确了根本任务和具体目标，我们要落细落实，努力在以学铸魂、以学增智、以学正风、以学促干方面取得实实

在在的成效。要凝心铸魂筑牢根本：组织开展系列教育活动，让党员、干部接受思想淬炼、精神洗礼，引导大家从古今对照、中西对比中，从新时代“三农”和科技创新发展的历史性成就、历史性变革中坚定信念，牢记“三个务必”，筑牢信仰之基、补足精神之钙、把稳思想之舵。要锤炼品格强化忠诚：深入开展对党忠诚教育，组织党员、干部强化党性分析、锤炼政治品格，增强忠诚核心、拥戴核心、维护核心、捍卫核心的政治自觉、思想自觉、行动自觉。要实干担当促进发展：教育引导我院党员、干部胸怀“国之大者”，找准科技支撑“三农”工作的切入点、落脚点，锚定建设农业强国、科技强国目标，埋头苦干、真抓实干，坚决落实好 2023 年中央一号文件中科技支撑农业农村部重点工作任务，完成好今年院工作会议提出的“十项重点任务”，加快推进新时代农业科技创新事业。要践行宗旨为民造福：教育引导我院党员、干部时刻牢记全心全意为人民服务的根本宗旨，着力解决好农民群众和干部职工的急难愁盼问题，不断增强他们的获得感、幸福感、安全感。要廉洁奉公树立新风：以有效的政治引领、严格的管理监督、刚性的制度约束，教育引导我院党员、干部增强纪律意识、规矩意识，严格落实中央八项规定及其实施细则精神，持续纠治“四风”，营造风清气正的良好政治生态。

三要细化分解“五项工作安排”。按照中央安排，我院主题教育从 4 月开始，8 月基本结束，不划阶段、不分环节。要在时间上统筹安排，质量上严格把握，把重点措施贯通起来，有机融合、一体推进。要强化理论学习：坚持全面学和专题学相结合，用好“8+5”的学习资料，即《习近平著作选读》《习近平新时代中国特色社会主义思想专题摘编》等 8 种中央指定学习材料，和《习近平关于“三农”工作论述摘编》、习近平同志《论“三农”工作》《习近平关于国家粮食安全论述摘编》、习近平总书记在 2022 年中央农村工作会议上的重要讲话，以及刚刚出版发行的《习近平关于“三农”工作的重要论述学习读本》等，要一篇一篇读，逐段逐句悟，学深悟透、学以致用。在抓好个人自学的同时，还要精心组织集中学习，举办 1 周以上的读书班，统筹安排好理论学习中心组学习、领导干部讲专题党课、青年干部学习交流等活动。要深入调查研究：近期部党组多次研究农业农村重大问题大调研，制定了工作方案，我院要主动入位，紧密结合实际，开展科技支撑农业农村重大问题调研，认真研究选题、抓好落实，运用好总书记调查研究“深、实、细、准、效”五字诀，深入研究所、基层党组织，深入田间地头、农村一线，发现、分析、解决真问题。坚持“调”“研”“用”并重，既要调查，又要研究，更要运用，小切口小角度摸清情况问题，形成一批务实管用的调研成果，推动决策部署得到有效落实，推动问题得到有效解决。要务实推动发展：我们要围绕党的二十大、中央农村工作会议、中央一号文件和全国两会部署要求，针对种子、耕地、农机装备、生物安全、绿色低碳、乡村发展六件大事，研究拿出推动落实的抓手、载体、平台，以“钉钉子”精神，一步一个脚印向前推进，坚定不移加快建设世界一流学科、一流院所，加快促进高水平农业科技自立自强。要抓好检视整改：坚持边学习、边对照、边检视、边整改，对照中央《意见》及院主题教育实施方案列举的问题，对标对表习近平新时代中国特色社会主义思想，深入查摆班子和个人在贯彻党中央以及部党组决策部署，认真履职尽责等方面存在的问题；院所两级班子要对照总书记的贺信精神，查找在落实“四个面向”方面还有什么差距，在深入基层群众方面，对干部职工诉求了解情况还有什么差距，在领导方法和院所改革发展方面，还有哪些问题亟待解决。院部各部门班子，要在机关作风方面找差距，在服务态度、工作效率方面找问题，梳理形成问题清单；对查摆出的问题，能改的马上改，一时解决不了的要明确具体措施、整改时限、责任分工、紧盯不放、一抓到底。对群众反映强烈、长期没有解决的突出问题，要制定专项整治方案，对账销号逐项整治到位；要高质量开好专题民主生活会和专题组织生活会，严肃认真开展批评和自我批评，同时，按照中央要求抓好干部队伍教育整顿。要跟进建章立制：坚持“当下改”与“长久立”相结合，对主题教育中的经验做法，要及时以制度形式固定下来，对整改整治发现的问题短板，迅速健全制度、补上漏洞，形成巩固拓展主题教育成果的长效机制。

三、结合实际、精心组织，确保我院主题教育取得实效

开展主题教育是一项重大的政治任务，时间紧、任务重、要求高。全院各级党组织要认真贯彻落实习近平总书记重要讲话和中央《意见》精神，按照部党组部署，统筹谋划、精心组织、扎实推进，高标准高质量完成主题教育。

一要强化责任落实。我院主题教育在院党组领导下，在部第一巡回指导组的直接指导下开展。我院已经成立了主题教育领导小组，由孔明院长和我担任组长，周若辉同志、刘现武同志、陈华宁同志任副组长，领导小组下设办公室，负责日常工作。机关党委、院办公室、人事局、监督局、研究生院等成员单位要履职尽责、密切配合形成合力。院党组将切实担负起主体责任，从自身做起，以上率下，做到6个带头：带头学习原著、带头集中研讨、带头调查研究、带头讲好党课、带头检视问题、带头抓好整改，以6个带头促进全院主题教育各项工作扎实落实。院长和我作为组长，将认真履职尽责，各位院领导也要落实“一岗双责”，加强对分管部门、单位主题教育的督促指导。各部门各单位要结合实际，成立相应领导机构，落实责任部门和工作人员，制定工作方案，统筹安排、有序推进主题教育。要把主题教育开展情况作为领导班子和领导干部年度考核、党组织书记抓党建工作述职评议考核、院内巡察的重要内容，压紧压实责任。

二要强化督促指导。院党组，院部各部门、院属各单位要自觉接受部第一巡回指导组的督促指导，及时检视整改指导组提出的问题，全力做好配合保障工作。院主题教育领导小组组建10个巡回指导组，采取巡回指导、随机抽查、下沉走访、座谈访谈等方式，对各部门各单位主题教育进行督促指导，确保主题教育质量。各巡回指导组要加强理论政策学习、注重分类指导，防止一刀切、照抄照搬、上下一般粗。对开展主题教育消极对待、敷衍应付、搞形式主义的要严肃批评、及时纠正，对走形变样、问题严重的按照规定追究责任。

三要强化两手抓、两促进。我院开展主题教育要立足农业科技创新工作，把主题教育的部署任务落实到农业科技创新和科技支撑乡村振兴工作中，与深入学习宣传贯彻党的二十大精神、习近平总书记关于“三农”工作和科技创新的重要论述结合起来，与全面贯彻落实中央一号文件精神结合起来，不断增强我院作为农业科技领域“领头羊”的责任担当、使命担当。

四要强化工作实效。在注重实效、提高质量上下功夫，重点聚焦党员、干部理论掌握运用、调查研究成果转化、群众急难愁盼问题解决、突出问题整治等方面，力求取得一批实实在在的成果。把纠治形式主义、官僚主义摆上重要位置，不对写读书笔记、心得体会等提出硬性要求，不得随意要求基层填报材料，严格控制简报数量，严格控制网络平台载体痕迹管理。

五要强化宣传引导。发挥好院（所）媒体作用，统筹运用院网、院报、新媒体矩阵、院党建网等媒体平台，宣传阐释总书记重要讲话和重要指示批示精神，宣传解读党中央部署要求，宣传推广我院主题教育进展成效、典型经验，营造良好氛围。

开展好学习贯彻习近平新时代中国特色社会主义思想主题教育，是当前中国农业科学院的重要政治任务。我们要深刻认识开展这次主题教育的重大意义，牢牢把握“学思想、强党性、重实践、建新功”的总要求，紧紧锚定目标任务，全面落实重点措施，切实加强对主题教育的领导，确保圆满完成主题教育各项任务。

学思想　强党性　重实践
为科技强国　农业强国建新功

——吴孔明院长在学习贯彻习近平新时代特色社会主义思想主题教育专题党课上的报告

2023 年 6 月 29 日

同志们：

按照主题教育有关要求，我认真研读党的二十大报告和指定的书目，学习领会习近平新时代中国特色社会主义思想的科学体系、核心要义和立场观点，对这一重要思想的世界观和方法论有了更深的认识。下面我结合学习、调研和工作实际，就加强科技强国、农业强国建设，谈一谈体会和下一阶段工作。

一、坚持人民至上，感悟习近平总书记的农业科技情怀

习近平总书记有着深厚的“三农”情怀，他一以贯之地关注中国农业科技事业的发展，曾多次赴农业科研院所视察或作出重要指示批示，为农业科研院所的改革发展指明方向。习近平总书记明确指出，要给农业现代化插上科技的翅膀；要紧盯世界农业科技前沿，加快实现高水平农业科技自立自强，为我国由农业大国走向农业强国提供坚实科技支撑。

（一）在梁家河插队期间

1969—1975 年，习近平总书记在延安下乡和担任村支书的 7 年里，曾两次带队到四川学习沼气技术（我院沼科所首任所长薛斌奎曾两次与习近平总书记一起调研），建成了陕西第一口沼气池，轰动了整个延川县，走在了农业农村科技应用的前列。他曾经向我院蔬菜所写信寻求技术帮助，蔬菜所同志给他寄去了蔬菜种子，在收到蔬菜种子后，专门拨出一块地试验种植，丰富了百姓“菜篮子”。

（二）在福建工作期间

1985—2002 年，习近平总书记在福建工作期间多次对农业科技工作作出重要指示批示，明确提出要使农业科技成为农业革命的巨大推动力，要探索出一条适合国情、省情、县情的现代农业发展道路。他曾 4 次到福建省农业科学院视察，多次帮助解决福建省农业科学院发展中的难题，2 次向福建省农业科学院致贺信，希望全院解放思想、开拓创新，全面提高科研水平，努力为福建省经济社会发展作出更大贡献。

（三）在浙江工作期间

2002—2007 年，习近平总书记在浙江工作期间，于 2003 年视察浙江省农业科学院，于 2004 年视察我院水稻所和茶叶所，提出全省要提高对科技工作和农业工作的认识，农科院要在科技兴农中发挥主力军作用，科研人才都应该到生产的主战场上去，真正成为老百姓最爱戴的人。他强调，农业是弱质产业，政府、财政要始终关心、支持农业科研单位。

（四）党的十八大以来

习近平总书记多次就农业现代化和农业科技创新进行调研考察、发表重要讲话、作出重要指示批示，于 2013 年视察山东省农业科学院，于 2017 年向中国农业科学院建院 60 周年致贺信。他要求农业科技工作者要继承和发扬老一辈农业科研工作者胸怀祖国、服务人民的优秀品质，拿出十年磨一剑的劲头，勇攀农业科技高峰，要把论文写在祖国大地上，让农民用最好的技术种出最好的粮食。

二、坚持思想引领，筑牢建设科技强国、农业强国的思想根基

（一）深刻把握党的创新理论的世界观和方法论

习近平新时代中国特色社会主义思想是党的创新理论的最新成果，是中国化时代化马克思主义的最新创造，是中华文化和中国精神的时代精华，是实现中华民族伟大复兴的行动指南。我们要坚持不懈用习近平新时代中国特色社会主义思想凝心铸魂，全面系统掌握这一思想的基本观点、科学体系，把握好这一思想的世界观、方法论，坚持好、运用好贯穿其中的立场观点方法，真正把马克思主义看家本领学到手。在各项工作中要做到“六个必须坚持”，即必须坚持人民至上，坚持自信自立，坚持守正创新，坚持问题导向，坚持系统观念，坚持胸怀天下。要进一步提升政治能力，善于驾驭复杂局面，

凝聚社会力量，防范政治风险，切实担负好政治责任，成为政治上的明白人。要进一步提升思维能力，切实提高战略思维、辩证思维、系统思维、创新思维、历史思维、法治思维、底线思维的能力，运用科学思维方法开创农业科技创新高质量发展的新局面。要进一步提升实践能力，增强运用党的创新理论推动高质量发展、服务群众、防范化解风险的本领，增强斗争精神和斗争本领，及时填补知识空白，不断提高专业化水平。

（二）深刻认识党中央科技强国、农业强国战略部署

1. 党中央关于建设科技强国的战略部署

加快建设科技强国，实现高水平科技自立自强。2021 年 5 月 28 日，习近平总书记在两院院士大会和中国科协全国代表大会上讲话指出，坚持把科技自立自强作为国家发展的战略支撑，立足新发展阶段、贯彻新发展理念、构建新发展格局、推动高质量发展，坚持四个面向，深入实施科教兴国战略、人才强国战略、创新驱动发展战略，完善国家创新体系，加快建设科技强国，实现高水平科技自立自强。习近平总书记的重要指示为我们如何建设科技强国提供了科学指南和行动纲领。

把科技的命脉牢牢掌握在自己手中。2022 年 6 月，习近平总书记在湖北武汉考察讲话时强调，科技自立自强是国家强盛之基、安全之要。我们必须完整、准确、全面、贯彻新发展理念，深入实施创新驱动发展战略，把科技的命脉牢牢掌握在自己手中。随着我国发展壮大，突破“卡脖子”关键核心技术刻不容缓，必须坚持问题导向，发挥新型举国体制优势，踔厉奋发、奋起直追，加快实现科技自立自强。

科技、教育、人才是全面建设社会主义现代化国家的基础性、战略性支撑。党的二十大报告提出，科技、教育、人才是全面建设社会主义现代化国家的基础性、战略性支撑。坚持教育优先发展、科技自立自强、人才引领驱动，加快建设教育强国、科技强国、人才强国，并对完善科技创新体系、加快实施创新驱动发展战略等作出专门部署。这充分体现了习近平总书记和党中央高瞻远瞩、统揽全局的战略思想及对科技创新的战略擘画，为新时代科技发展指明了方向。

2. 党中央关于建设农业强国的部署要求

坚持把解决好“三农”问题作为全党工作重中之重。2021 年 2 月，习近平总书记在全国脱贫攻坚总结表彰大会上强调：“乡村振兴是实现中华民族伟大复兴的一项重大任务。坚持把解决好‘三农’问题作为全党工作重中之重，坚持农业农村优先发展，走中国特色社会主义乡村振兴道路。”在党中央的坚强领导下，脱贫攻坚取得伟大胜利，但“三农”问题须臾不可放松，始终是全党工作的重中之重。

粮食安全是“国之大者”。习近平总书记高度重视粮食安全。2023 年 3 月，习近平总书记看望参加全国政协十三届五次会议的农业界、社会福利和社会保障界委员时强调，粮食安全是“国之大者”。悠悠万事，吃饭为大。在粮食安全这个问题上不能有丝毫麻痹大意，不要指望依靠国际市场来解决。他强调，实施乡村振兴战略，必须把确保

重要农产品特别是粮食供给作为首要任务，把提高农业综合生产能力放在更加突出的位置，把“藏粮于地、藏粮于技”真正落实到位。

加快建设农业强国，扎实推动乡村产业、人才、文化、生态、组织振兴。党的二十大报告明确提出，“全面建设社会主义现代化国家，最艰巨、最繁重的任务仍然在农村”“加快建设农业强国，扎实推动乡村产业、人才、文化、生态、组织振兴”。这是我们党第一次郑重提出建设农业强国。党的二十大报告提出了 12 个强国建设，其中农业强国建设起步较晚，基础也薄弱，必须加快推进、加力推进。

把加快建设农业强国摆上建设社会主义现代化强国的重要位置。在 2022 年 12 月召开的中央农村工作会议上，习近平总书记强调，“没有农业强国就没有整个现代化强国；没有农业农村现代化，社会主义现代化就是不全面的”“必须深刻领会党中央这一战略部署，把加快建设农业强国摆上建设社会主义现代化强国的重要位置”“要依靠科技和改革双轮驱动加快建设农业强国。建设农业强国，利器在科技，关键靠改革”。明确了当前和今后一个时期“三农”工作的目标任务、战略重点和主攻方向，为我们解决农业大而不强问题、实现农业农村现代化目标指明了科学路径。

建设供给保障强、科技装备强、经营体系强、产业韧性强、竞争能力强的农业强国。2023 年中央一号文件提出，要立足国情农情，体现中国特色，建设供给保障强、科技装备强、经营体系强、产业韧性强、竞争能力强的农业强国。文件对全面推进乡村振兴重点工作作出部署，并提出加快建设农业强国的总体要求和具体安排。党中央已经把农业强国的指标体系具体化，我们要围绕这些指标去找问题，去解决问题。

（三）深刻认识科技自立自强是建设农业强国的必由之路

1. 建设农业强国利器在科技

国家要强，农业必须强。农业要强，科技必须强。目前，能够称为农业强国的有美国、加拿大、澳大利亚、法国、德国、意大利、荷兰、丹麦、以色列等国家。这些国家中只有美国属于综合型农业强国，其他国家属于特色型农业强国。党的十八大以来，我国农业科技创新实现大发展、大跨越，整体迈进了世界第一方阵。2022 年全国农业科技进步贡献率达 62. 4%、自主选育作物品种面积占比超 95%、主要畜禽核心种源自给率达 75%、农作物耕种收综合机械化率达 72. 03%、农业绿色发展指数达 76. 91，为保障国家粮食安全、促进农民增收和农业绿色发展发挥了重要作用。当前，生物技术、信息技术、材料技术等领域发展日新月异，基因编辑、合成生物、数字智能等关键核心技术不断加快农业产业变革，科技竞争空前激烈。我们必须肩负起推动高水平农业科技自立自强的责任使命，紧盯世界农业科技前沿，加强原创性、引领性科技攻关，加快取得一批突破性成果，抢占科技竞争制高点、赢得战略主动权。

2. 实现稳产保供必须依靠农业科技创新

保障粮食和重要农产品稳定安全供给始终是建设农业强国的头等大事，我国 14 亿多人每天要消耗70万吨粮食、9.8万吨油、23万吨肉、192万吨菜，这是我们国家稳定发展的基础。随着经济社会发展和人民生活水平的提高，人均粮食消费量会持续增加。我国实现农业强国建设目标，每年人均占有粮食600千克必不可少。解决吃饭问题，根本出路在科技。在我国耕地、淡水等基础资源以及农业劳动力日趋紧张的情况下，依靠自己的力量端牢饭碗，必须依靠农业科技支撑与赋能。

3. 全面推进乡村振兴迫切需要通过科技创新塑造新动能新趋势

全面推进乡村振兴是新时代建设农业强国的重要任务，产业振兴是乡村振兴的重中之重，巩固拓展脱贫攻坚成果是底线任务，增加农民收入是中心任务。必须多方位、全时域把创新元素融入乡村产业发展之中，加快推进科技创新由注重种养为主向“种养加”结合、一二三产融合全过程拓展，由注重农业向农业农村并重拓展，由注重生产向生产生活生态并重及文化、休闲等多功能性拓展，推动乡村产业全链条升级，做强现代种养业，做精乡土特色产业，提升农产品加工流通业，优化乡村休闲旅游业，培育乡村新型服务业，发展乡村信息产业，为乡村振兴注入新动能塑造新优势。

4. 建设宜居宜业和美乡村迫切需要科技创新强力支撑

农村现代化是建设农业强国的内在要求和必要条件，建设宜居宜业和美乡村是农业强国的应有之义。乡村不仅是农业生产的空间载体，也是广大农民的家园故土。我国有69万多个行政村，乡村居住人口约5亿人，占全国人口总数的36%，是很大的一个行政区域和人口群体。绿色是农业的底色、生态是农业的底盘，农业绿色低碳发展是建设美丽乡村的必然选择。必须坚持绿水青山就是金山银山理念，突破农业绿色投入品研发、化肥农药减施增效、节水控水、耕地质量提升、农业废弃物循环利用、农业污染治理、生态修复与保护等领域的技术瓶颈，着力构建支撑农业绿色发展的技术体系，加快推动农业绿色发展，提升改善农村人居环境，建设宜居宜业和美乡村。

三、坚持问题导向，把握科技支撑农业强国建设的重点任务

坚持问题导向是习近平新时代中国特色社会主义思想世界观和方法论的重要内容。按照主题教育边学习、边对照、边检视、边整改的要求，对标对表习近平新时代中国特色社会主义思想，特别是党中央建设科技强国、农业强国的部署要求，深入科研和生产一线，认真开展调查研究，对一些共性问题进行系统梳理，对调研发现的问题进行分析归纳，对我院作为农业科研国家队在建设科技强国、农业强国中存在的问题短板有了更加清醒的认识。

（一）充分认识建设科技强国的主要短板制约

一是原始创新能力还不强，创新体系整体效能还不高，科技创新资源整合还不够，科技创新力量布局有待优化，科技投入产出效益较低，科技人才队伍结构有待优化，科

技评价体系还不适应科技发展要求，科技生态需要进一步完善。二是基础科学研究短板依然突出，底层基础技术、基础工艺能力不足，工业母机、高端芯片、基础软硬件、开发平台、基本算法、基础元器件、基础材料等瓶颈仍然突出，关键核心技术受制于人的局面没有得到根本性改变。科技创新源头供给不充分，对世界科技发展贡献不足。我国的三方专利和 PCT 专利远远落后于美国、日本。三是国家实验室、国家科研机构、科技领军企业等科技创新主体协同合作不紧密，创新链与产业链融合不充分；适应大科学时代的跨学校、跨学科、跨专业的协同创新机制不完善，跨学科、跨单位组建科研团队困难；在培养敢打硬仗、能扛重担的国家战略科技力量方面缺乏有效机制，导致科技创新方向与国家需求衔接不紧密，推进较慢，不能很好满足国家发展战略需求。

（二）清醒认识建设农业强国还有诸多短板弱项

1. 保障粮食和重要农产品稳定安全供给压力大，存在结构性短板和资源环境压力

随着经济社会的进步和生活水平的提高，我国各类食物消费需求将明显增长，对稳产保供的要求也越来越高。2000—2022 年，我国粮食进口量从 1 356 万吨增至 1.47 亿吨，年均增幅 11.44%，粮食自给率也从 2000 年的 93.6%降至 2022 年的 82.4%，连续多年大豆对外依存度超过 80%。尤其在饲料粮方面，受畜产品消费需求带动，国内饲料粮需求持续增长，供需缺口不断扩大，进口依赖呈刚性增长态势，2021 年饲料粮对外依存度高达 15.35%。此外，保障国家粮食和重要农产品供给面临耕地资源退化酸化盐碱化、水资源利用不充分、化肥农药利用率低等资源环境压力，可持续性受到诸多挑战。

2. 科技和装备水平仍面临诸多风险挑战，突破“卡脖子”技术刻不容缓

在底盘技术方面，特别是种源到种子芯片系统设计方法与技术、基于合成生物学的智能制造工艺系统设计方法与技术，我国与美国、加拿大、法国、德国等农业强国还有较大差距。在种业方面，我国种业不仅面临本土优良粮种资源消失的风险，而且存在种子核心技术自主创新能力不足的问题，缺乏具有重大创新性的种子品种。此外，我国种子贸易逆差较大，2021 年高达 3.5 亿美元，来源国多集中在荷兰、日本、美国。我国大型农机，设施装备芯片及相关软件，冷冻电镜、高通量测序等高端仪器对外依存度高。关键核心技术受制于人的局面没有得到根本性改变，突破“卡脖子”农业关键核心技术刻不容缓。

3. 农业生产经营方式以小农户为主，现代化经营体系尚未完全建立

目前，我国的农业生产经营方式仍以小农户为主，缺乏规模效益导致粮食生产内生动力不足和再生产能力不足。国情农情决定了在相当长时期内小农户是我国农业经营的基本主体。全国现有 2.3 亿农户，户均耕地 7.8 亩，其中 10 亩以下的有 2.1 亿户。我国小农户数量占农业经营主体总量的 98%以上，小农户经营的耕地面积占耕地总面积的 70%。同时，我国粮食价格保持稳定，但农资、土地、人工成本持续增长，粮食生产净利润整体呈现波动下降趋势。种粮收益主要来源于国家补贴，粮食与经济作物、种粮与外出务工的效益差距进一步扩大，农民种粮积极性持续下降。

4. 农业产业整体韧性不足，抗风险能力较弱

在生产环节，农业生产面临的资源环境承载压力加大，同时，我国是受灾害和极端气候事件影响最大的国家之一，灾害发生频率极高，给农业带来巨大损失；在加工环节，我国农产品加工业规模小，加工业研究基础薄弱，自主研发水平有待提高，农产品加工业产值是第一产业增加值的 2.5 倍，低于发达国家的 3~4 倍；在流通环节，受小农生产方式为主的影响，农业生产具有明显地域集中性的特点，存在流通层级繁多、流通距离过长、流通速度缓慢、流通政策性强等问题；在消费环节，随着经济社会的发展，我国农产品消费结构发生了巨大变化，国民在健康饮食方面的需求不断升级，与目前的供给结构有一定的错位。

5. 农业竞争力不强，受国际农产品市场冲击风险较大

我国小麦、水稻、玉米、大豆等种植成本普遍比国际市场高 40%~70%，特别是进入新世纪以来，由于农业生产所需的原辅料价格上涨、土地细碎化、农机装备和技术服务落后等问题，我国农业生产物质与服务费用、人工成本、土地租金等物、人、地三类成本不断攀升，严重挤压了农业生产经营收益，农产品国际竞争不具有价格优势。国内部分农产品价格普遍高于国际市场上同类农产品的到岸价格，缺乏竞争优势，造成了“洋货入市，国货入库”的局面。以 2023 年 5 月为例，国产大豆、玉米、食糖的价格均远高于国际进口到岸税后价，其中大豆高出 22.2%，玉米高出 15.5%，食糖更是高出 95.2%。

（三）按照主题教育要求，深刻检视我院科技创新的差距不足

1. 学科建设有短板，不适应引领支撑农业农村现代化发展需求

一是新兴学科不够强。以合成生物学、基因编辑等为代表的生命科学，以人工智能、物联网等为代表的信息科学前沿技术研究力量薄弱。二是乡村学科碎片状。农业农村部职能调整后，作为部属科研单位，我院科技支撑“一农”向“三农”转变力度不够，乡村发展学科不成体系，尚有空白点。三是区域集成能力弱。面向华北、东北、西南、西北等粮食主产区，学科交叉融合不够，多熟制、粮豆轮作、种养加循环等技术组合配套、综合解决方案不足。四是传统学科重复多。农业资源环境、畜牧兽医等传统学科领域机构，研究边界不够清晰，学科方向存在交叉重复现象，亟待进一步厘清学科边界。

2. 产业服务不到位，部分科研机构设置不适应产业布局深刻变化

一是一些研究所对应的产业重要性下降。例如，随着化纤产业发展，麻原料作为保障物资和出口创汇历史使命已经完成，麻类种植面积从最高峰 2 000 万亩缩减至不足 100 万亩，必须加快麻类所转型发展。二是一些研究所与主产区严重脱节。例如，棉花

主产区从长江、黄河流域转移至西北地区，新疆产棉量占全国棉花总产量92%，位于河南安阳的棉花所亟待区域性布局迁移。再比如，吉林是我国盐碱地集中分布区，也是产粮大省和肉牛主产区，位于吉林长春的特产所仍以毛皮动物等为研究对象，亟待立足产区需求，优化调整科研方向。

3. 科研体制不统一，不适应新时代农业科技创新工作

在2002年科技体制改革中，我院蔬菜所、蜜蜂所等12个研究所被划为“拟转企”研究所。长期以来，12个研究所财政支持严重不足，正常运转难以为继，由于不能承担政府购买服务，制约服务农业农村主战场；受“拟转企”定位影响，人才严重流失，科研方向固化，自主创新受限。在事业单位分类改革中，除12个“拟转企”所暂不分类外，我院22个研究所全部划为公益二类。但从财政归口上，质标所、营养所、灌溉所、农机化所、基因组所、都市所6个研究所作为农业事业单位管理，其余16个研究所作为科学事业单位管理。由于单位类型不同，资金渠道不同，农业事业单位人均财政拨款仅为科学事业单位2/3，修购经费约为其1/3，改革发展受限。

4. 人才供给有差距，不能完全适应引领驱动发展的要求

人才结构和区域布局还不适应农业农村高质量发展的需要，服务支撑乡村和西部地区发展的人才队伍存在短板。农业科技基础性、前沿性和交叉性研究领军人才数量和质量还需进一步提升。具有全球视野和熟悉国情，能够把基础理论、前沿技术与产业应用融会贯通的战略性科学家严重短缺。农业基础研究高端人才储备不足，京外研究所引进人才困难。博士后和研究生储备还不足、质量还不高。

5. 科研工作环境有弱项，不能完全满足职工群众需求

中国农业科学院是一个大的集体、大的组织，无论是在院层面上，还是所层面上，甚至到所办企业层面上，我们都要关注科研工作环境和民生问题，一切工作都要从职工群众利益出发。科研工作环境和民生问题包括院所区停车位不足、汽车充电桩不足、部分车辆随意停放，职工食堂、职工体育锻炼场所缺乏，老旧楼房亟需设施改造和物业服务，家属楼外部管线较乱，自行车、电动自行车停车棚管理混乱，学生宿舍条件有待改善，等等。要以这次主题教育为契机，把这些问题检视清楚，务必抓好整改。当下能整改的问题要尽快改，当下改不了的问题，要认真拿出一个长期整改的思路和方案。

四、坚持真抓实干，奋力担当科技支撑农业强国建设的领头羊

新时代新征程，中国农业科学院要牢记习近平总书记嘱托，用习近平新时代中国特色社会主义思想武装头脑、提高能力、改进工作、推动发展。要瞄准农业强国重点任务，针对主题教育中查摆出的制约我院科技创新的问题，加强党的全面领导，主动适应科技体制改革新要求，加快探索完善有利于全院发挥体系化建制化优势的、开展有组织科技创新的有效机制，把中国农业科学院锻造成敢打硬仗、能扛重担的国家战略科技力量。要举全院之力办好“种子、耕地、生物安全、农机装备、绿色低碳、乡村发展”

六件大事，从院、所、团队、科学家层面落实落细工作任务，推动我国农业科技自立自强加速取得重大突破，为建设农业强国作出新贡献。

（一）加强党对农业科技创新事业的全面领导

一是高质量开展学习贯彻习近平新时代中国特色社会主义思想主题教育。把握“学思想、强党性、重实践、建新功”12字总要求，努力在以学铸魂、以学增智、以学正风、以学促干方面取得实实在在的成效。以政治建设为统领，进一步筑牢“国之大者”意识，把党的领导落实到科技创新各个环节，把党建引领落实到实现“四个面向”、建设“两个一流”的全过程，推动新时代农科党建工作高质量发展，为促进院所发展和高水平科技自立自强提供坚强保证。二是全面加强基层党组织建设，夯实支部战斗堡垒。巩固支部建在团队成效，持续推进“四强”党支部建设，围绕举院抓大事谋划推进党组织建设，发挥支部战斗堡垒作用和党员模范带头作用。三是大力弘扬新时代农科精神，营造科技创新良好氛围。持续开展“灯塔”“谱系”“铸魂”“强基”四大行动，形成传承弘扬科学家精神的良好氛围，促进农科特色创新文化建设，为科技创新提供强大精神动力。

（二）深化现代院所改革

要通过机构改革解决我们发展中的一些问题。围绕贯彻落实党的二十大部署、习近平总书记重要讲话精神，锚定科技强国、农业强国建设目标，立足当前、着眼长远，以院部改革为龙头和引领，加快打造多点突破、全面发力、系统集成的“1+3+N”改革体系，让机构、学科、人才、平台、资金、项目都充分活跃起来，形成推进科技创新强大合力，加快实现院所跨越式发展。“1”是以全面提升院所治理体系和治理能力现代化为主轴，建立“院管院事、所管所事、各负其责、协同一致”管理机制。“3”是以构建“举院抓大事”管理体制、健全“四个面向”科研体系、畅通科教融合发展路径为突破口，推动解决制约院所发展的全局性、根本性、关键性重大问题。“N”是以增强改革的系统性、整体性、协同性为着力点，一体推进重点任务落实，打好改革组合拳，形成整体效应，充分激发院所创新活力。

（三）加快建设国家农业科技人才中心和创新高地

一是优化升级“农科英才”品牌工程。进一步完善有利于科研、管理、支撑、转化四支队伍协调发展、梯次衔接的人才发展体系以及稳定支持、考核激励、动态管理等机制，夯实“四横四纵”人才力量，打造一支引领驱动科技强国、农业强国建设的干部人才队伍。二是做好人才服务支撑保障。发挥人员调配单独立户优势，多渠道争取京外调干指标。持续深化收入分配制度改革，持续规范科技成果转化奖励分配。三是加强干部人才教育培训。健全体系抓骨干，打造所局级干部、首席科学家等常态化重点班次。丰富内容提实效，全面提升干部队伍政治素养、战略思维、业务本领、履职能力。

（四）完善农业科技创新体系

一是加快全国重点实验室建设，打造我院创新高地。加快出台全国重点实验室建设发展指导意见，促进基础研究与应用基础研究、关键核心技术创新融通发展，深化"开放、流动、联合、竞争"管理机制，推动各实验室体系化、规范化、专业化建设。二是推动长期因子综合观测网落地，支撑农业强国建设。依托优势观测团队及试验基地资源，开展公益性、基础性、长期性、战略性综合观测和数据分析，为加快推进农业农村现代化发展和农业强国建设提供坚实的基础数据和科学支撑。三是推进院学术委员会改革，不断加强学术治理体系建设。完成院学术委员会换届，构建"院部—学部—研究所"学术化工作机制，建立学部委员荣誉制度，强化学术委员会重大学术事项的咨询职能。按照全新学科体系 11 大学科集群，科学设置学部，强化学部学术引领和学科统筹能力，发挥学部对研究所学科事务的统筹管理作用，提升全院学术治理体系现代化水平。

（五）建设世界一流科研条件平台

一是优化研究所评价体系，发挥引领"指挥棒"作用。聚焦核心使命职责，对标科技强国、农业强国和国家战略科技力量建设要求，对评价指标体系框架进行系统化重构。强化服务中心大局，围绕院所工作重点，优化评价指标设置。突出重大成果导向。围绕举院抓大事，突出高质量、原创性、实用性成果。创新评价方式。坚持定量评价和定性评价相结合，减少定量指标，优化定性指标。保持指标总体稳定。遵循农业科研规律，稳步有序推动研究所评价改革。二是整合科技资源，落实"举院抓大事"体制机制。统筹利用全院土地资源，编制土地统筹利用发展规划，构建土地资源平台。统筹谋划全院空间布局。建设好、利用好中原中心等区域平台。统筹优化京区发展布局。疏解院部建设压力，拓展京区发展空间。三是推进重大科研设施和院所区基础设施建设"两手抓"。推进重大设施谋划建设，打造"国之重器"。围绕重点领域，突出跨研究所跨学科重大建设需求和科研平台体系化建设需要，梯次推进重大设施谋划建设。坚持"人民至上"，扎实推进院区条件提升和综合整治。提升中关村、马连洼院区事业发展公共保障和基础支撑能力。

(六) 聚焦国家重大需求，破解“卡脖子”难题

一是探索重大任务管理新模式。围绕保障国家粮食安全和重要农产品供给的大事要事，建立目标导向、需求导向，工程化管理的重大任务组织实施模式。一方面，围绕制约相关产业发展的关键问题，靠前一体化布局；另一方面，探索挂图作战、组织化推动、责任分工明确到人、工程化管理的组织管理模式。同时，建立“双总”把关督导、联络专员对接、定期调度会商、动态考核调整的全过程跟踪管理机制，用“一张图、一张表”实现研发工作可量化，加快重大突破性、原创性、有竞争力和引领性的新品种、新成果培育。二是破解丘陵山区农机装备研发应用堵点卡点。针对丘陵山区非结构化环境造成大田农机装备无法直接应用等问题，破解农机装备研发的“卡脖子”问题，形成全环节综合性解决方案，推动丘陵山区农业生产转型升级。三是推动我国设施农业智能装备发展。针对设施农业智能装备机械化、智能化水平不高等问题，提出设施农业智能生产全环节装备发展方向与科技需求，推动我国设施农业智能装备高质量发展。

(七) 完善公益性科技支撑与技术服务体系

一是稳步构建科技支撑稳产保供的长效机制。组建小麦、水稻、玉米等 7 个产业专家团，打造稳定的一线稳产保供科技力量。创新“科技包县”新模式，熟化 20 个绿色高产高效示范项目，引领农业产业高质量发展。二是持续构建科技助力乡村振兴的好机制好模式。组建产业顾问组团，牵头 44 个县、参与 71 个县科技帮扶，全力支撑脱贫县产业发展。持续做好 11 个乡村振兴示范县和舟曲、台江等 7 个定点帮扶县的工作。建立援疆、援藏工作协同机制，协调我院 36 个单位与新疆维吾尔自治区各级单位协同推进援疆工作，牵头共建高原农业联合创新中心。三是强化知识产权管理，提高科技成果转化效率。构建科学规范的知识产权管理体系。持续推进科企科产融合发展，以高质量的科研产出支撑区域农业高质量发展。

(八) 扩大国际农业科技开放合作

一是推进实施农业领域国际大科学计划。牵头组织“G2P：农作物基因资源阐析”国际大科学计划，建立基因资源研究国际合作新范式和管理机制。通过描绘全球农作物基因资源研究网络“一个蓝图”、创建全球农作物基因资源大数据中心“一个中心”、重构全球农作物基因资源战略布局“一个布局”，实现基因资源助推新绿色革命。二是发起国际农科院院长高层研讨会。以“科技引领全球粮食系统转型”为主题，组织开好将于今年 10 月底在三亚召开的大会，提升我国在全球农业科技界的影响力和话语权。三是实施沿边农业科技国际合作行动。“丰邻保供”，提升周边国家粮棉油糖等重要农

产品生产能力，保障我国农产品进口安全；“关口前移”，与周边国家建立跨境动植物疫病联防联控网络，实现重大跨境有害生物的源头治理和关口前移；农业技术“走出去”，向周边国家传授我国农业技术和发展经验，推动合作国减贫和发展，打造农业科技“走出去”品牌和影响力。

（九）加快构建高质量研究生培养体系

一是完善高质量教育体系，走具有农科特色人才自主培养道路，加快推进中国农业科学院大学建设。招生指标进一步向“国之大者”重点领域倾斜；启动重点领域学科课程建设，打造具有农科院教育特色的核心课程体系；坚持为重大科研任务服务，整合学科资源、凝练学科特色、优化学科体系。二是充分发挥开放教育资源优势，以“科技小院”为抓手，为乡村振兴一线主战场增添动力。加强乡村振兴等培训课程体系建设，充分发挥“乡村振兴大课堂”“田间课堂”作用，以“科技小院”为抓手，为农业产业发展和乡村振兴提供源源不断的技术支撑、人才支持和成果供给。三是拓展国际教育交流合作，深入服务科教外交。持续推进国际教育学院建设，持续提高生源质量和国别质量。丰富留学生社会文化实践活动，培养造就一批知华友华和具有农科情怀的国际后备人才和未来领军人才。

（十）加强高端智库建设

一是持续强化智库建设。坚持规划引领，突出软硬结合优势。形成“科技硬实力+战略软实力”相结合的智库优势和特色。强化服务国家使命。强化支撑国家决策，服务地方发展，为农业农村经济发展、政策创设和科技进步提供科学咨询和决策参考。二是做实做强战略研究中心。明确战略研究中心职责定位，组织全院力量开展重大战略问题研究，推进国家农业高端智库建设。明确职能定位，优化机构职能和配强专职队伍，一体化推进中国农业发展战略研究院工作。三是推进产出有重大影响的智库成果。健全全院智库体系，优化“一农”到“三农”的新学科体系，健全“团队—所级—院级”三级智库研究体系。建立智库机制，任务形成机制、成果报送机制、评价激励机制。打造农科智库成果品牌。

（十一）加快完善科技资源支撑保障体系

一是强化财政资金保障。争取增量资金；用好现有存量资金。优化资金分配和使用，通过创新工程长期稳定的支持，为院所改革、稳定、发展提供强有力支撑。二是持续深化财会监督。强化重点领域风险防控，聚焦科研副产品处置、科研经费使用、房屋出租出借管理等重点领域。扎实开展内部审计监督，充分发挥内部审计“防未病、治已病”的重要作用。三是推进科研用房回归科研属性，从讲政治的高度开展工作，深入调查研究、摸清现状，再宣传再动员；开展房产统筹使用试点，探索统筹机制和措施；制定管理办法，稳步推进回归和统筹使用。

（十二）持续提升综合政务服务水平

一是发挥参谋助手作用，更好服务院党组科学决策。强化重大会议活动的服务保障，持续推进会议活动模块化标准化建设。抓好中央一号文件贯彻落实，强化督查督办、跟踪调度，确保中央决策精神、部院党组重点工作落地见效。强化调查研究和信息报送，推出一批有分量的调研成果，有力支撑国家和上级部门决策。二是充分发挥统筹协调作用，更好服务院机关高效运转。持续优化文件运转、信息报送、新闻宣传、请示报告工作程序，强化文字材料把关能力。细化明确责任分工，加强部门间沟通协调，形成有效工作合力。三是充分发挥窗口示范作用，更好服务研究所改革创新发展。持之以恒为基层松绑减负，重点针对“填表多、填表频”等问题，提出改进举措，切实为基层减负。持之以恒强化服务意识、责任意识，持续加强作风建设，服务研究所高质量发展。四是充分发挥后勤保障作用，更好服务大院职工群众。坚持强学习、拓思路，以高质量发展理念引领后勤服务各项工作。坚持提素质、谋创新，提升服务质量和服务效能，打造优美的大院环境。坚持重质量、保安全，以“时时放心不下”的责任感，筑牢大院后勤坚强防线。

（十三）千方百计为群众办实事

本次主题教育征求意见时，我们的职工包括离退休职工，都围绕着我院的发展，提出了很多意见和建议。要把理论学习和调查研究成果融入具体工作实践中，以工作作风大转变推动服务能力大提升。不遮掩、不回避、不应付，不折不扣将主题教育民生问题整改到位，以职工群众满意度提升作为衡量主题教育成效的重要依据。时刻关注职工群众冷暖，用心用情办实事解难题，下大力气解决“急难愁盼”问题。

（十四）坚定不移深入推进全面从严治党

一是聚焦“国之大者”，做实做细政治监督。紧盯六个重点领域院级重大任务、科研资源回归科研使用等重点工作，坚持巡视巡察、专项监督、调研监督统筹衔接，督部署与督进度、督结果与督巩固、督报告与督现场有机结合，以强有力的政治监督保障决策部署落地见效。二是完善制度建设，夯实“大监督”四梁八柱。以三大领域 17 个方面风险防控、中央八项规定精神自查自纠、加强科研学术活动监督、因公出国（境）行前纪律谈话、下级纪委向上级纪委报告工作等重要制度夯基垒台、立柱架梁，不断构建完善“大监督”工作格局，以纪检专责监督撬动各类监督特别是职能监督协调贯通，把制度优势和组织优势更好地转化为治理效能。三是规范纪委履职，护航全院改革发展。扎实开展纪检干部队伍教育整顿工作，建立健全纪委书记任职谈话、业务培训、管理监督、考核评价等全链条管理机制，深化“规范和加强院属单位纪委书记履职研究”调研成果运用，全面提升各级纪检组织服务保障中心工作的能力。

同志们，我们要以主题教育为契机，坚持学思用贯通、知信行统一，把习近平新时代中国特色社会主义思想转化为坚定理想、锤炼党性和指导实践、推动工作的强大力量，为实现高水平农业科技自立自强，加快建设科技强国、农业强国作出更大贡献！

中国农业科学院学习贯彻习近平新时代中国特色社会主义思想主题教育总结报告

2023年9月

自2023年4月以来，中国农业科学院党组以及各级党组织认真学习贯彻党中央决策部署，落实落细“学思想、强党性、重实践、建新功”总要求，在农业农村部党组坚强领导和部第一巡回指导组悉心指导下，紧密结合农业科研单位特点和实际，认真开展主题教育各项工作。总体来看，中国农业科学院主题教育学得实、调研深、对照细、成效好，既紧扣中央要求、又体现农科特色，以学铸魂、以学增智、以学正风、以学促干，有力推进了农业科技创新各项事业发展。

一、坚持“学思想、强党性”，用思想之力引领实践推动发展

中国农业科学院党组始终坚持把“学思想”贯穿主题教育始终，在推动学习贯彻习近平新时代中国特色社会主义思想走深走实上下功夫，做到院党组、38个党委、633个党支部，全体党员干部、科技人员全覆盖。通过主题教育，全院党员干部和广大科技人员的理想信念进一步坚定，政治判断力、政治领悟力、政治执行力进一步提高，干事创业的精气神进一步增强，各级党组织的创造力、凝聚力、战斗力显著提升。

（一）做到以学铸魂，学出政治忠诚

组织全院各级党组织和党员干部认真学习习近平总书记在主题教育工作会议上的讲话和对“以学铸魂”“以学增智”“以学正风”“以学促干”的深刻阐释等内容，深入研读《党的二十大报告》《中国共产党章程》《习近平著作选读》《论党的自我革命》等“8+5”学习材料。中国农业科学院党组带头示范，吴孔明院长以“学思想　强党性　重实践　为科技强国、农业强国建新功”为题作专题党课报告，与全院党员干部交流在主题教育期间的学习体会；杨振海书记围绕“牢牢掌握党对意识形态工作领导权　为高水平农业科技自立自强提供坚强保证”为题作专题党课报告；院党组成员分别在分管领域、分管单位或所在支部讲党课。各级党组织通过专题读书班、理论学习中心组、青年理论学习小组等多种方式学习、研讨、交流。植保所组织中层以上党员干部参观院新乡精神展馆，激励干部职工围绕“生物安全”“国之大者”建功立业。质标所、

环发所发挥“关键少数”示范引领作用，强化学习纪律，以主题教育开展推动农业科技创新。出版社引导党员干部从讲政治的高度看出版抓出版，全力做好农业科技出版创新各项工作。棉花所开展“学习劳模精神、争做新时代青年”主题活动，激励广大青年职工勇于担当作为、大胆创新实践。果树所邀请葫芦岛市委党校教授作专题导学，举办多期读书班进行导读分享。哈兽研以“六个一”活动推动主题教育，讲一次党课，举办一次读书班、一次主题党日，开展一次调研、一次系列活动、一次评选表彰。特产所、都市所扎实开展专题读书班、讲党课，为深入开展主题教育打牢思想基础。

（二）做到以学增智，学出能力提升

组织全院广大党员干部坚持“第一时间”“第一议题”学习制度，及时跟进学习习近平总书记重要讲话精神，重点学习浙江“千万工程”经验，组织青年干部学习贯彻习近平总书记给中国农业大学科技小院学生的回信精神等。邀请中央党校（国家行政学院）教授宋雄伟作题为“以习近平新时代中国特色社会主义思想为指导，奋力推进中国式现代化”的辅导报告。组织“农科讲坛”，邀请农民育种家、植保所特聘研究员李修立作专题报告，为院所弘扬农科精神、解放思想、开拓创新、推动改革发展提供有益借鉴。充分发挥院（所）媒体作用，在院网开设专栏，累计发布各类信息 180 余篇，编发简报 42 期，搭建了互学互鉴的有益平台，形成了“比学赶超”的浓厚学习氛围。推荐到部主题教育专栏上刊发 8 篇，交流中国农业科学院主题教育的经验做法，利用学习强国、今日头条、微信公众号等广泛传播，全平台总阅读量达 400 万。各部门单位开展了丰富的主题党日活动，营养所邀请国家食物与营养咨询委员会主任陈萌山同志以《牢牢端稳中国饭碗》为主题作辅导报告。饲料所组织开展党组织联学共建、青年读书班、女职工读书分享会等特色学习活动，增强广大党员干部责任感和使命感。农机化所通过搭建“环境、思政、对话、一线、经验”5 个课堂，将学习地点从会议室搬到新农村一线，有效提升学习效果。加工所、兰兽研、烟草所通过党委带头学、支部跟进学、青年创新学、党外并行学，推动“学思想”落实落细。

（三）做到以学正风，学出作风转变

坚持目标导向和问题导向相结合、学查改相贯通，大兴务实之风，弘扬清廉之风，养成俭朴之风。召开院全面从严治党工作会议，全面总结十九大以来工作成效，聚焦开展主题教育、强化政治监督、发挥巡察利剑作用、推进各类监督贯通融合，研究部署 2023 年重点任务。完善监督工作制度体系，研究制定《关于进一步加强科研和学术活动监督工作的意见》《因公出国（境）行前纪律谈话工作规定》等，将制度要求转化为治理效能。加强廉政教育监督，加强对“一把手”领导班子和年轻干部教育监督，对新任导师开展集体政治谈话，组织新入职职工和组工干部开展廉政党课教育。严格贯彻

落实中央八项规定及实施细则精神，紧盯年节假期关键时间节点进行廉政提醒。在广大女干部职工中开展“最美家书”学习宣传，倡导涵养传承新时代共产党人的优良家风。蜜蜂所组织党员、干部参观“廉兴腐衰鉴圆明”——清代廉政文化展，近距离接受廉政思想洗礼，强化廉洁从业意识。水稻所把6月作为廉政宣传月，开展一次走馆访廉活动、聆听一堂廉政教育课、观看一部警示教育片、剖析一个违纪违法典型案例。郑果所深入了解科研院所监督执纪工作特点和重点难点问题处置的方法手段，不断提升监督执纪能力。

（四）做到以学促干，学出使命担当

全院各级党组织和广大党员干部主动作为、勇于担当，落实“重实践”要求，匡正干的导向，增强干的动力，形成干的合力。扎实推动科技帮扶，吴孔明院长带队到河南新乡、山东东营、贵州台江、云南普洱等地开展下沉一线粮油生产调研督导，杨振海书记带队到甘肃舟曲调研乡村特色产业发展；开展助力贵州台江乡村振兴系列活动，支部结对共建，捐赠科技文化图书，专家团队到台盘乡、排羊乡等地进行实地调研、技术指导和培训、参加“村BA”活动，加深与当地干部群众的感情。西部中心在新疆昌吉牵头召开科技援疆工作推进会，院党组号召组织全院广大科技人员积极投身科技援疆主战场，目前院属20个研究所115个工作团队的1 046名专家在新疆开展工作；加强高端智库建设，中国农业科学院先后召开2023农业生物安全战略研讨会、中国农业展望大会等会议，引领和带动全国农业农村和农业科技战略研究。大力弘扬科学家精神和农科精神，举行庄巧生院士、郭予元院士、贾大林先生纪念活动，选树并授予茶叶所白堃元研究员“卓越奉献奖”，《83岁茶专家的26年下乡路》在主题教育期间被浙江省多家媒体宣传报道；推动中国农业科学院祁阳红壤实验站成功入选2023年度全国科学家精神教育基地。发挥典型模范作用，水稻所胡培松院士、资划所周卫院士、环发所董红敏研究员、加工所张德权研究员获得第三届全国创新争先奖。“科技小分队守护大国粮仓”志愿服务项目和作科所刘录祥研究员分获“最佳志愿服务项目”和“最美志愿者”荣誉称号。

二、立足“重实践、建新功”，把主题教育成果转化为解难题促发展的强大动力

中国农业科学院党组坚持边学习、边对照、边检视、边整改，求真务实，深入开展调查研究，聚焦农业科技创新，把主题教育成果转化为解难题促发展的强大动力。

（一）扎实调查研究，破解发展难题

组织全院开展科技支撑农业农村重大问题大调研，围绕落实 2023 年中央一号文件任务分工，聚焦打造国家农业科技战略力量、提升创新体系整体效能、加快实现高水平农业科技自立自强等当前最重大、最急迫、最艰巨的工作任务，研究确定院党组成员、院机关各部门牵头组织开展的 20 个调研选题，通过书面调研、实地走访、考察等方式，调研 108 个院内外部门、单位、企业和县（市），累计调研 188 天，形成调研报告 20 篇，专题研究报告 17 篇。院属 36 个单位，共形成 186 篇调研报告，29 篇分报告。研究生院围绕思政教育等课题，深入一线调查研究，把调研成果转化为推动发展的动力。信息所以“三个一线”为基准，调查研究深入基层一线、科技知识送到一线、重大成果用到一线，为全面推进乡村振兴贡献科技力量。麻类所赴湖南省 13 个县（区）、25 个乡镇调研，对以湖南为样本做好“土特产”文章、促进乡村产业发展的做法经验进行了系统总结提炼。上兽研赴重庆澳龙生物制品有限公司等 6 家企业和兄弟单位调研，学习成果转化、所办企业管理的制度和经验，为研究所改革发展提供借鉴。

（二）胸怀“国之大者”，践行农科初心

中国农业科学院党组召开“重温贺信精神　践行四个面向　建设两个一流”交流会，重温习近平总书记致中国农业科学院建院 60 周年贺信精神，激发奋进之志，凝聚干事力量。推动院部改革，以主题教育为契机，统一思想、提高站位，健全部门间协同配合机制，建立完善过渡期管理模式，组建重大任务专家顾问组，有力推进“举院抓大事”工作，为强化国家战略科技力量建设提供坚强组织保障。作科所聚焦大豆单产攻关、科技支撑稳产保供，落实“藏粮于地、藏粮于技”战略，全方位、常态化支撑农业产业发展。蔬菜所打造蔬菜生物育种“国之重器”，有序推进“卡脖子”蔬菜品种科技创新工作，服务现代农业主战场。牧医所深化“院—所—团队”三级任务体系，着力攻克基因组精准操作等关键生物育种技术，加速培育战略性突破性畜禽新品种。农经所聚焦党中央决策部署，推动高端智库建设，农业政策解读影响力大幅提升。资划所举办耕地学科发展战略研讨会，共商耕地科技创新思路举措。

（三）坚持刀刃向内，补齐短板弱项

抓好问题整改整治，中国农业科学院党组形成南方三熟制问题、丘陵山区农机装备科技支撑问题、设施农业智能化问题、高水平农业科技人才问题等 4 个整改整治问题，各部门单位共梳理出问题清单 213 项，每项都有明确的整改目标、整改时限，责任分工，目前院党组已完成问题清单整改销号。各部门单位整改销号 209 项，还有 4 项正在

持续推进。特别是聚焦农业科技创新突出问题和群众反映强烈的问题，刀刃向内，动真碰硬，取得了突破性的进展。从严从实开展教育整顿，中国农业科学院党组重点检视“部分院属单位领导班子成员和领导干部民主集中制意识不够强，执行不够严格”问题，持续深化整改。对照干部队伍教育整顿列出的9个方面突出问题，组织全院6 288名党员、干部逐一进行自查。中国农业科学院党组把研究生院王仕龙违反组织纪律案件作为反面典型案例，在专题民主生活会上进行深入剖析。各部门单位均开展整改整治、教育整顿，召开专题民主生活会和组织生活会，严肃认真开展批评与自我批评。茶叶所、灌溉所、草原所、沼科所、南繁院以专题民主生活会为契机，狠抓问题整改落实，带领全体干部职工推动研究所各项工作迈向新台阶。生物所深入检视查找农业微生物学科建设等整改问题，逐项制定整改措施。基因组所推动干部队伍教育整顿“预热升温”，保持主题教育“恒温不松劲”，切实扛起现代院所改革“试验田”的重任。

（四）心系民生冷暖，解决“急难愁盼”

聚焦为民办实事、解决群众诉求，小切口、小角度查摆群众关心科研工作环境和民生问题，围绕院区民生改造、文化建设、科研人员住房待遇等问题谋划推出了一批实招、硬招，目前大部分问题均已完成，取得了积极效果。院部围绕院区停车位不足、车辆随意停放等问题进行调研，提出拓展机动车停车空间和管理运行的建议，规划增加停车位近400个。院机关工会于7—8月专门安排场地，设立学生托管班，解决机关职工子女暑期“看护难”问题。油料所制定2023年度实事办理计划，制定职工食堂建设和运营实施方案，优化新增职工就餐点2个，提升职工群众的满意度和获得感。兰牧药积极争取地方资源，申请人才卡、人才补贴和兰州市人才公寓，为人才引进提供保障。环保所关注研究生身心健康，举办暑期夏令营、趣味运动会、师生篮球赛文体活动等，为研究生搭建学习交流平台。

中国农业科学院主题教育顺利完成了各项任务，得到了中央第三十五指导组和部第一巡回指导组的充分肯定和认可。党员干部群众代表对中国农业科学院主题教育总体评价为好的达到100%。

三、持续巩固拓展主题教育成果，为高水平农业科技自立自强作出新贡献

学习运用党的创新理论是终身课题，全院各级党组织要以这次主题教育总结为新的起点，坚持不懈，久久为功。不断巩固拓展主题教育成果，全面加强党的建设，为做好新时代、新征程的农业科技创新提供坚强政治保证。

一要始终坚持党中央集中统一领导，坚定拥护“两个确立”、做到“两个维护”。要坚持不懈深入学习贯彻习近平新时代中国特色社会主义思想，坚持学思用贯通、知信

行统一，进一步提高政治判断力、政治领悟力、政治执行力，坚定拥护“两个确立”，坚决做到“两个维护”，不断形成对党的创新理论的政治认同、思想认同、理论认同、情感认同。

二要始终坚持以党的创新理论凝心铸魂，加力推进农业科技创新。持续做好学习贯彻习近平新时代中国特色社会主义思想的深化、内化、转化工作，着力把世界观、方法论和贯穿其中的立场、观点、方法领会透、把握准，不断提高解决实际问题、推动农科发展的引领水平。不折不扣贯彻落实党中央以及部党组决策部署，紧盯粮食和重要农产品稳定安全保供，巩固拓展脱贫攻坚成果等大事、要事，提供强有力的科技支撑，确保工作任务落实落地。

三要始终坚持践行宗旨为民造福，不断增强职工群众获得感幸福感安全感。以这次主题教育为契机，将调查研究发扬光大，这次大调研形成不少好的调研成果，要尽快推动调研成果转化为思路、办法、文件、规划。要全面总结大调研中好经验、好做法，把调查研究作为重大政策制定、重要文件出台、重大工作推进的前置条件和必要程序，做好“后半篇”文章。坚持以人民为中心，用心用情用力解决群众关心的民生问题，为科研人员营造良好科研创新环境。

四要始终坚持自我革命的自觉性和坚定性，把全面从严治党向纵深推进。要抓好专题民主生活会整改落实，制定具体方案，逐条细化，明确整改措施、完成时限，建立问题清单、任务清单、责任清单。把整改整治作为巩固主题教育成果的重点内容，坚持“当下改”和“长久立”相结合，推动全面从严治党向纵深发展。坚持以政治建设为统领，全面加强党的建设，推进党建与业务深度融合，扎扎实实把党建工作抓到实处。各部门单位班子成员要切实履行“一岗双责”，既要抓好分管领域的业务工作，更要管思想、管作风、管纪律，把全面从严治党的责任层层压实到位。

五要始终坚持守正创新、巩固深化，切实担起新时代新征程农业科技创新的职责使命。坚持和加强党对农业科技工作的全面领导，大力弘扬科学家精神和农科精神，全力以赴推进“举院抓大事”改革，调整优化管理机构、组织模式、运行机制、评价体系。紧紧围绕“四个面向”，加快优化学科布局和科研力量布局。加强人、财、物等科技资源统筹配置，加强基础研究、关键核心技术与装备攻关，加快科教科产融合发展，扩大农业科技国际交流与合作，提升支撑粮食和重要农产品稳定安全供给、全面推进乡村振兴的整体能力，以钉钉子精神推动全年各项工作落地见效，为加快建设农业强国作出新贡献。

全面加强基层党组织建设
为科技创新和改革发展提供坚强保障

——杨振海书记在中国农业科学院党支部书记示范培训班上的讲话

2023 年 10 月 31 日

同志们：

当前，全国秋收已近尾声，秋粮丰收已成定局；秋冬种正在全国渐次展开，我院很多团队、首席和科技人员正在一线服务。在这大忙时节，院里还是下决心举办党支部书记示范培训班，希望能达到“磨刀不误砍柴工”的效果。今天，140 名党支部书记来参加培训，这是我院近年来规模最大且首次涵盖京内外党支部书记的现场培训，是深入贯彻落实党的二十大精神、巩固拓展主题教育成果、进一步加强基层党建工作的重要举措。借此机会，我讲三点意见。

一、充分认识基层党支部的重要地位和作用，增强使命感和责任感

党支部是党的基础组织，担负着直接教育、管理、监督和组织、宣传、凝聚、服务群众的职责，是党和群众之间的纽带和桥梁，是群众了解党的窗口，是团结带领党员、干部和群众完成各项任务的保证。只有每一个基层党组织都能起到战斗堡垒、先锋模范的作用，这个基础才能坚如磐石。

我们要认识到，中国共产党历来高度重视基层党支部建设，是我们做好基层党支部工作的底气。我们党是按照马克思主义建党原则建立起来的统一的政党，始终把党支部建设作为组织建设的基础和关键。党的二大就提出，凡有党员 3~5 人均得成立一组。党的四大将党支部明确为党的基本组织，随后召开的四届二次扩大会第一次提出“一切工作归支部”，强调支部是教育党员的学校、是联系群众的桥梁纽带，应该成为“坚强堡垒”。土地革命时期，毛泽东同志对秋收起义部队进行了著名的“三湾改编”，创造性提出“支部建在连上”的建党建军基本原则。此后，无论在抗日战争时期、解放战争时期，还是新中国成立后，党都把基层组织建设作为基础性建设。正是由于重视支部建设，坚持党的一切工作要落到支部，才使得我们能够不断巩固党的基础组织，使党

由小变大、由弱变强，不断取得革命、建设和改革的一个又一个胜利。站在新时代新征程上，党的二十大对深入推进新时代党的建设新的伟大工程作出全面部署，明确提出要坚持大抓基层的鲜明导向、把基层党组织建设成为有效实现党的领导的坚强战斗堡垒，为坚持党的领导、加强基层党组织建设指明了方向、提供了遵循。严密的组织体系，是马克思主义政党的优势所在、力量所在。中央和国家机关党的建设是党的建设新的伟大工程重要“子系统”，中央和国家机关党支部是其中的“地基工程”“示范工程”，要走在前列、作出表率。近期党中央要求进一步明确垂直管理部门的党建工作责任，按照这一要求，院党组负责全面落实院系统京内外单位党建工作的主体责任，要坚持管干部、管业务与管党建相结合，抓好基层党组织建设、党员队伍建设、组织生活制度落实、党务工作人员队伍建设，以及党内集中教育、民主生活会、中心组学习、党建工作责任制落实等工作。我院京内、京外的基层党组织，都要按照中央和国家机关工委部署，践行“两个维护”第一方阵的要求，各基层党支部既要打通基层党建和服务群众的“最后一公里”，更要牢记是落实党中央决策部署的“最初一公里”，准确把握新形势和新要求，思想上更加重视，政治上提高站位，行动上坚决有力，真正明责履职尽责。

我们要认识到，习近平总书记关于加强党的基层组织建设的重要论述，是我们做好基层党建工作的法宝。习近平总书记高度重视基层党组织建设，多次就党支部建设发表重要论述。2018 年 3 月，习近平总书记在参加十三届全国人大一次会议重庆代表团审议时强调，基础非常重要，基础不牢、地动山摇。在基层就是党支部，上面千条线、下面一根针，必须夯实基层。2018 年 7 月，习近平总书记在全国组织工作会议上指出，党的基层组织是党的肌体的“神经末梢”，要发挥好战斗堡垒作用。加强党的基层组织建设，关键是从严抓好落实。要以提升组织力为重点，突出政治功能，健全基层组织，优化组织设置，理顺隶属关系，创新活动方式，扩大基层党的组织覆盖和工作覆盖。要严格党员教育管理，严格组织生活，加强理论教育、形势教育和革命传统教育。2019 年 9 月，习近平总书记在河南考察时强调，党的政策再好，也要靠大家去落实。要把基层党组织建设成为坚强战斗堡垒，把党中央提出的重大任务转化为基层的具体工作，抓牢、抓实、抓出成效。2023 年“七一”前夕，习近平总书记对全国组织工作会议作出重要指示，指出党的全面领导、党的全部工作要靠党的坚强组织体系去实现，必须完善上下贯通、执行有力的组织体系，增强党组织政治功能和组织功能。习近平总书记的重要论述，为我们做好新时代基层党建工作提供了理论指导和行动指南，不仅提出了“过河”的任务，还解决了“船”和“桥”的问题。我们要认真学习、全面落实。

我们要认识到，“四强”党支部建设，是我们做好基层党建工作的载体。2022 年 8 月 26 日，习近平总书记对中央和国家机关基层党组织建设作出重要批示，强调要着力建设政治功能强、支部班子强、党员队伍强、作用发挥强的“四强”党支部，不断提高基层党的建设质量。近期，中央和国家机关工委专门印发《中央和国家机关“四强”党支部创建管理办法（试行)》，我们要深研细品、抓住要害，全面把握“四强”的深刻内涵和实践要求。首先，“政治功能强”就是要把旗帜鲜明讲政治作为第一位的要求，把习近平新时代中国特色社会主义思想作为必修课，在深化内化转化上下功夫，不断筑牢政治忠诚的思想根基，坚定拥护“两个确立”、坚决做到“两个维护”，走好第一方阵、提高“政治三力”，始终在思想上政治上行动上同以习近平同志为核心的党中央保持高度一致，不折不扣贯彻落实党中央决策部署和习近平总书记关于本行业本系统工作的重要指示批示精神。对我们院里来说，就是要持之以恒地落实总书记致我院建院60周年的贺信精神，奋力推进农业强国建设和高水平农业科技自立自强。其次，“支部班子强”就是支部班子要团结协作、拼搏奉献、开拓创新、坚强有力。支部强不强，关键看头羊。支部班子特别是支部书记是党支部建设的“施工队长”，书记要带头落实责任、带头担当作为、带头增强本领、带头改进作风，善于通过抓党建带队伍促业务；支部委员要主动履职、各司其责，积极发挥作用。结合农业科研实际，探索形成务实管用、具有特色的党支部工作方法。再次，“党员队伍强”就是党员要坚定理想信念，爱岗敬业、勤勉尽责、锐意进取，工作实绩突出。党员是党的肌体的细胞，是党支部建设的“施工队员”，要加强政治历练、思想淬炼、实践锻炼和专业训练，强化日常管理监督，争当政治素质好、岗位履责好、作风品行好、群众评价好的“四好”优秀党员。最后，“作用发挥强”就是要推进党建和业务深度融合，充分发挥党支部的政治引领、督促落实、监督保障作用，高标准完成中心工作和日常业务。作用发挥强是党支部建设的落脚点和最终目标，也是检验“四强”党支部创建成效的试金石。要尊重党员的主体地位，发挥先锋模范作用，引导党员将完成中心任务和本职工作作为检验党性的考场、创先争优的赛场、拼搏奋斗的战场。

建设“四强”党支部是一个长期、动态的过程，必须坚持不懈、久久为功。要严格标准要求、严格审核把关，及时对党支部开展全面体检，认真做好复查复核工作，接受上级党组织的抽查检查。不达标的，要取消其参评资格或撤销已经获得的“四强”党支部称号。希望各党支部再接再厉，持续做好“四强”党支部创建工作，抓好党支部日常工作和作用发挥，保持先进。

二、系统梳理我院基层党组织建设的做法和经验，明确存在的问题和努力方向

近年来，我院以“支部建在团队”为抓手，围绕贯彻落实党的重大决策部署、有效履行所在团队核心职责推进支部工作，全面提升基层党组织组织力，充分发挥党组织战斗堡垒作用，重点抓了三方面工作。

一是抓组织体系建设，有力推进党的组织和党的工作全覆盖。聚焦科研主体，全面推进支部建在创新团队：目前，全院357个科研党支部中，一对一建在团队的341个，占比96%。党员团队首席担任支部书记，一体推进党建和科研工作，强化党建引领，立足主责主业，把党的领导落实到科研方向和创新任务上，确保科研工作开展到哪里，

党的建设就延伸到哪里；创新力量布局到哪里，党的工作就跟进到哪里。围绕“举院抓大事”，强化党组织保障机制：根据院部改革需要，设立院办公室党委和重大任务局党支部；根据科研布局调整和科学中心、区域中心建设情况，设立西部中心、南繁研究院党委及中原中心临时党支部；根据稳粮保供重大任务安排，在夺夏粮丰收专项行动和下沉一线包省包片专家组中设立临时党支部，管理监督党员、组织动员群众，助力打好丰收保卫战。针对薄弱环节，加强组织和工作覆盖：加强离退休党员、研究生党员等重点群体，以及企业、学会协会、期刊、基地、聘用人员等薄弱环节的党员管理和党组织建设，出台《关于推进企业发展加强企业监管的指导意见》《关于加强新时代研究生党员教育管理工作的意见》等，在新乡基地建立功能型党支部。目前，企业、基地建立党组织占比达 97%和 93%，聘用人员转入组织关系占比达 65%。

二是抓运行机制完善，有效提升基层党组织的组织力和执行力。强化理论武装，政治学习与业务工作紧密结合：以政治建设为统领，通过支部“三会一课”等，“第一时间”“第一议题”学习习近平总书记最新重要指示批示精神，传达部、院党组重大决策部署，加强对“国之大者”的学习研讨，把好团队政治方向、科研方向、选题方向，使党的创新理论成果成为做好团队工作的有力思想武器，引导党员不断提高政治判断力、政治领悟力、政治执行力，增强国家战略科技力量的使命担当。强化职能作用，明晰支委会议事及分工职责：加强党支部班子建设，选优配强支部委员，明确支委会参与团队科研方向和选题设置的讨论，参与团队岗位设置方案、人员聘用条件、绩效分配原则、评优推荐人选的讨论，参与团队科研经费使用情况监督，实现党建和业务工作同步发展。强化责任落实，工作有计划、有部署、有检查：院所制定年度党建工作要点，督促指导基层党支部制定年度工作计划，并通过调研座谈、互动培训、问卷调查等方式，调度支部情况，了解存在困难，促进支部工作；认真开展党建述职评议考核，机关各部门、院属各单位党组织负责人在全院范围述职，基层党支部书记在本单位述职，强化落实主体责任和第一责任人责任；全面推进党支部标准化规范化建设，命名院“四强”党支部 185 个，57 个党支部获评部直属机关“四强”党支部，55 个党支部获评中央和国家机关“四强”党支部。

三是抓方式载体创新，充分发挥党支部战斗堡垒和党员先锋模范作用。继承优良传统，弘扬践行新时代农科精神：认真挖掘梳理老一辈农业科学家事迹，为老一代院士塑像、召开学术研讨会，传承发扬光荣传统和优良作风；凝练新时代农科精神典型代表，祁阳站精神、中棉所精神、新乡精神、宁陵精神、植保所长岛试验站精神、环发所寿阳站精神等，成为农科精神谱系的重要组成部分，为激励科技人员、打造优秀团队提供精神力量；建成院展厅和新乡精神展馆、祁阳站精神展馆等教育实践基地，构筑弘扬科学家精神的高地和主阵地。立足基层一线，党建引领科研与产业紧密结合：通过党支部联学共建、结对帮扶，服务“三农”、服务一线，专家与农民零距离接触、面对面交流，在生产中发现技术问题、在实践中解决生产问题，推动科研选题更加精准、与产业的结合更加紧密，提升服务主战场的成效；“田间课堂”这一助力乡村产业振兴的新模式蓬勃开展，获全国第三届党建创新成果展示交流活动十佳案例银奖。服务“国之大者”，在急难险重任务中彰显担当作为：舟曲、台江两县科技帮扶前方工作组临时党支部，组织 20 个团队，通过编制规划、争取项目、创建品牌、提供技术指导等方式，助力当地产业振兴；在支撑河南抗灾夺丰收、黄淮海“三秋”抢收抢种、越冬蔬菜应急保供、科技壮苗、抗旱保秋粮等农业生产关键行动中，中国农业科学院千余名党员专家积极开展生产服务和技术指导，为粮食连年丰收提供了有力科技支撑。

工作中，我们积累了不少好做法好经验，不断深化科研院所党建工作的规律性认识，主要包括：必须坚持和加强党的全面领导，始终保持正确政治方向；必须坚持围绕中心、建设队伍、服务群众，推动党建和业务工作深度融合；必须坚持守正创新，不断提升党建工作质量；必须坚持分类指导，提高工作的针对性和实效性；必须落实好党建责任，坚定不移推进全面从严治党。

同时，我们也清醒认识到，我院基层党组织具有机构性质多、工作领域多、人员数量多、身份类别多、分布区域多等“五多”特点，工作中还存在不少短板弱项。我来院工作虽然不到一年，也到了不少研究所调研，工作有特点有亮点有成效，但与党中央和上级党组织的高标准、与新形势新任务的高要求、与广大党员和职工群众的高期待还有差距，上级党组织指出的一些党员干部政治意识和政治能力与走好第一方阵要求不相适应、一些党组织理论学习效果与深化内化转化党的创新理论的要求不相适应、一些基层党组织建设质量与建设坚强战斗堡垒的要求不相适应、一些部门单位内部管理监督与全面从严治党的要求不相适应、一些部门单位党建制度建设与制度建党和依规治党的要求不相适应、一些党务干部素质能力与高素质专业化的要求不相适应等“六个不相适应”的问题，在我院也都不同程度存在。例如，有的党支部设置不规范，“三会一课”等组织生活不规范不严肃，必要的仪式感不强，党建活动党味不浓，业务活动方向不明；有的支部开展活动计划性不强，外出活动参观点选择随机、支部共建长期稳定性不够，思想政治工作不细致不到位，开展活动党员参与的主动性不高；有的支部理论学习不认真不扎实、不用心不走心，与业务结合不紧密，停留在文字和感性层面，大而化之、一带而过，研讨交流落细落地不够，甚至是“应景学”“应急学”“应付学”，找不准学习重点和推动工作的切口，运用党的创新理论武装头脑、指导实践、推动工作还有不小差距；有的支部工作与业务连不上线，“物理拼接”多、“化学反应”少，缺乏针对性和实效性，与党员对不上话，也不会对话，在激发党员内生动力，充分发挥党组织和党员作用方面需要加强实践探索；有的支部书记、委员是党务新兵，对党建工作不熟悉，对基本任务把握不准确不全面，支委会研究事项还不够细化、作用发挥还不够明显，尤其科研党支部的党务干部都是兼职，还存在不会抓、不善抓等问题，亟须加强业务培训和能力建设。这些问题，都需要我们在今后工作中认真研究解决。

三、全面推进党建与业务工作深度融合，以高质量党建引领高质量发展

2019 年 7 月 9 日，习近平总书记在中央和国家机关党的建设工作会议上强调：“只有围绕中心、建设队伍、服务群众，推动党建和业务深度融合，机关党建工作才能找准定位。”今年主题教育大调研期间，我牵头开展了这方面的调研，目前机关党委正在起草这方面的院党组文件。我们要进一步巩固拓展主题教育成果，坚持大抓基层和一切工作到支部的鲜明导向，坚持党建工作把方向、抓落实、重服务、强保障的定位，全面提高基层党支部建设质量，为中心工作和改革发展提供坚强保障。

一要强化政治引领，切实增强党组织政治和组织功能。首先，要坚决做到“两个维护”。把旗帜鲜明讲政治贯穿党支部建设全过程、各方面，引导支部党员坚定政治立场，严守政治纪律和政治规矩，在大是大非面前旗帜鲜明，在关键时刻靠得住、信得过、能放心，始终在思想上政治上行动上同以习近平同志为核心的党中央保持高度一致，真正把“两个维护”体现在支部日常工作和党员一言一行中。其次，要不折不扣落实上级党组织决策部署。坚持用习近平新时代中国特色社会主义思想凝心铸魂，深入贯彻落实习近平总书记关于“三农”工作和科技创新的重要论述及对中国农业科学院工作的重要指示批示精神，引导党员干部牢记“国之大者”，围绕“六件大事”和“举院抓大事”科研布局改革，找准坐标方向，努力推动落实。最后，要严肃党内政治生活。严格执行《关于新形势下党内政治生活的若干准则》等党内法规，严格落实“三会一课”、主题党日、组织生活会、民主评议党员、谈心谈话等组织生活制度，开展经常性政治体检。坚持入党宣誓、重温入党誓词等政治仪式，积极探索重温入党志愿书、党员过“政治生日”等政治仪式，开展对党忠诚教育，增强党员意识。

二要强化履职尽责，切实增强支部班子整体合力。首先，要认真履行第一责任人职责和支部书记“一岗双责”。强化管党责任，必须紧紧牵住党建责任制“牛鼻子”，推动责任层层传递、压力层层传导、任务层层落实。党支部书记既是一种荣誉，更是一份沉甸甸的责任，代表着党员的信任和组织的重托。支部书记要牢记是党支部建设的第一责任人，把自己的“责任田”种好，种成高产田、优质田，要牢固树立“抓好党建是本职，不抓党建是失职，抓不好党建是渎职”的意识，不能认为自己是兼职的、是搞业务的就对党建工作不上心不使劲，更不能当“甩手掌柜”“挂名书记”。其次，要发挥好支部带头人作用。习近平总书记在“不忘初心、牢记使命”主题教育总结大会上指出，在上面要求人、在后面推动人，都不如在前面带动人管用。各位支部书记要带头学习《中国共产党支部工作条例（试行）》《中国共产党党员教育管理工作条例》《中国共产党党和国家机关基层组织工作条例》《关于加强和改进新时代部属科研院所党建工作的意见》等与党支部工作密切相关的规章制度，坚持干什么学什么、缺什么补什么，把学习成效转化为加强支部建设、提升党建质量的实际能力。最后，要加强支部班

子建设。党建要立得住，关键要看党支部。要选优配强支部委员，充分发挥支部委员作用，摆好站位、找准定位，加强配合、相互支持，按照分工有序有力做好党支部组织、宣传、纪检、青年等方面工作，增强支部班子整体合力。要加强支委会建设，结合实际明确支委会职能作用，细化研究事项，强化党建引领，保证正确方向，参与重要决策，促进事业发展。

三要强化典型引路，充分发挥榜样的示范引领作用。一方面，要深化“四强”党支部创建。注重日常表现和工作实绩，加强分类指导、检查评估、督促提升和动态调整，推进“四强”党支部之间及与其他党支部的工作交流和联学联建，积极开展结对共建等活动，以点带面、整体推进，让越来越多的党支部强起来。把“四强”党支部创建与“两优一先”评选表彰等贯通起来，让更多党支部学先进、赶先进、当先进，营造后进赶先进、中间争先进、先进更前进的氛围，把“四强”党支部的“金字招牌”擦得更加鲜亮。“一花独放不是春，百花齐放春满园。”我们既要积极培育叫得响、立得住、推得开的先进典型，也要把点连成线，让点上经验面上开花，形成满园春色。另一方面，要选树“四好”优秀党员。这是“四强”党支部建设要求在党员队伍上的具体体现，希望各党支部通过创建党员先锋岗、设定党员责任区、开展岗位建功活动等方式，激励党员踊跃投身急难险重任务，立足中心工作和本职岗位积极创先争优。希望各党支部结合民主评议党员、优秀党员评选表彰等选树先进典型，进一步激发党员的积极性、主动性、创造性，充分发挥每一名共产党员的先锋模范作用，真正做到平常时候看得出来、关键时刻站得出来、危难关头豁得出来。通过党员带头，振奋精神、凝聚合力，使每个支部都成为坚强战斗堡垒。

四要聚焦主责主业，创新打造特色党建品牌。首先，要发挥党建的引领保障作用。党支部要围绕科技创新中心任务，找准党建工作定位，树立“围绕中心抓党建、抓好党建促发展”的融合发展理念，深入推进党建与业务互融互促，把党中央决策部署是否落实、中心工作是否完成、党组织功能是否增强、党员干部素质是否提高、干事创业精气神是否提振、职工群众是否满意作为衡量党建成效的根本标准。其次，要增强党建活动的计划性和参与性。紧跟党中央部署和习近平总书记最新指示制定支部年度工作计划、明确党建活动主题，关注活动整体流程安排，邀请支部党员及团队成员参与活动设计，汲取集体智慧，增强支部活动的吸引力和凝聚力，以党建活动的成效推动重点工作和重大任务落实。最后，要拓展党建活动内容和方式。拓宽思路，加强党建和业务工作梳理，积极挖掘并统筹协调各种资源，带领党员群众走进乡村农户、试验基地、生产一线、田间地头，与村委会、合作社、企业、地方政府等基层党组织广泛开展支部共建、联学共建、结对帮扶，积极实践总结党建创新案例、支部工作法等，努力打造“一支部一品牌”，常态化长效化在现代农业建设主战场发挥作用，实现党的建设和中心工作相互促进。

五要加强文化建设，营造积极向上的良好氛围。首先，要践行新时代农科精神。大力弘扬以“爱国、创新、求实、奉献、协同、育人”为内涵的新时代科学家精神，以

“求真笃行，敬农致用”院训为核心的新时代农科精神，继承发扬老一辈科学家的优良传统，结合本行业本领域本团队特点，凝练具有自身特色的团队文化和价值理念，引导党员群众树立远大志向、投身“三农”事业、勇攀科技高峰。其次，要深化科研道德和学风作风建设。党支部书记、团队首席要带头恪守学术道德和学术规范，在师德师风上决不能出问题、不能有瑕疵。广泛开展学术活动，鼓励高层次专家发挥传帮带作用，奖掖后学，发现和培养青年科技人员，引领优良学术风气。加强支部党员的教育管理，八小时之内带头营造清风正气，对党员严管厚爱；八小时之外带头建设良好家风，清白做人、廉洁从业、自立自强，在身边筑起拒腐防变“防火墙”。最后，要深化创新文化和精神文明建设。发挥精神塑造人、文化鼓舞人的重要作用，引导科技人员树立科技创新自立自强、敢闯无人区、做人民科学家的价值理念，塑造创新创造、引领发展、服务“三农”、造福人民的行为规范，推动形成以人为本、鼓励创新、开放包容的学术环境，保护和激发科技人员的创新创造活力。落实意识形态工作责任制，做实做细思想政治工作，党支部书记经常主动开展谈心谈话，及时掌握党员群众的思想动态，有针对性地鼓励鞭策、提醒帮助，把解决思想问题与解决实际困难结合起来，做到思想上解惑、精神上解忧、心理上解压、生活上解难。

同志们，党建工作的难点在基层，亮点也在基层，努力把每个党支部都建成坚强的战斗堡垒，引导广大党员发挥好先锋模范作用，意义重大、使命光荣、任重道远！希望大家通过这次培训，进一步提高政治站位，更加增强工作的积极性、主动性、创造性，守正创新、锐意进取、真抓实干，以党支部建设的高质量促进高水平农业科技自立自强，为支撑科技强国、农业强国建设作出新贡献。

中共中国农业科学院党组关于印发《在中国农业科学院深入开展学习贯彻习近平新时代中国特色社会主义思想主题教育实施方案》的通知

农科院党组发〔2023〕17号

院机关各部门、院属各单位：

《在中国农业科学院深入开展学习贯彻习近平新时代中国特色社会主义思想主题教育实施方案》已经院党组2023年第7次会议审议通过。现予印发，请结合实际认真贯彻执行。

中共中国农业科学院党组

2023年4月19日

在中国农业科学院深入开展学习贯彻习近平新时代中国特色社会主义思想主题教育实施方案

根据党的二十大部署，党中央决定，以县处级以上领导干部为重点在全党深入开展学习贯彻习近平新时代中国特色社会主义思想主题教育。按照《中共中央关于在全党深入开展学习贯彻习近平新时代中国特色社会主义思想主题教育的意见》和中央主题教育工作会议有关部署要求，以及《中共农业农村部党组关于印发〈在部系统深入开展学习贯彻习近平新时代中国特色社会主义思想主题教育实施方案〉的通知》，结合我院实际，现就在全院开展主题教育制定如下实施方案。

一、重大意义

习近平新时代中国特色社会主义思想是当代中国马克思主义、21 世纪马克思主义，是中华文化和中国精神的时代精华，是党和人民实践检验和集体智慧的结晶，是中国特色社会主义理论体系的重要组成部分，是全党全国各族人民为实现中华民族伟大复兴而奋斗的行动指南，必须长期坚持并不断发展。新时代十年伟大变革，是全党全国各族人民一道拼出来、干出来、奋斗出来的，最根本在于有习近平总书记掌舵领航，有习近平新时代中国特色社会主义思想科学指引。实践充分证明，“两个确立”是党在新时代取得的重大政治成果，是推动党和国家事业取得历史性成就、发生历史性变革的决定性因素，是战胜一切艰难险阻、应对一切不确定性的最大确定性、最大底气、最大保证。

开展学习贯彻习近平新时代中国特色社会主义思想主题教育，是党中央为全面贯彻党的二十大精神、动员全党同志为完成党的中心任务而团结奋斗所作的重大部署，是深入推进新时代党的建设新的伟大工程的重大部署。在全院开展主题教育，对于教育引导全院党员干部坚持不懈用习近平新时代中国特色社会主义思想凝心铸魂，更加深刻领悟“两个确立”的决定性意义，更加自觉增强“四个意识”、坚定“四个自信”、做到“两个维护”，始终在思想上政治上行动上同以习近平同志为核心的党中央保持高度一致；对于教育引导全院党员干部全面学习、全面把握、全面落实党的二十大精神，推动党中央“三农”和科技创新决策部署落实落地；对于教育引导全院党员干部坚定不移推进全面从严治党，始终与人民同心，以实际行动保持党的先进性和纯洁性，为实现高水平农业科技自立自强，科技支撑乡村全面振兴、加快建设农业强国开好局起好步提供坚强有力的政治引领和政治保障，具有十分重大的意义。

二、目标任务

中国农业科学院开展主题教育，总要求是“学思想、强党性、重实践、建新功”，根本任务是坚持学思用贯通、知信行统一，把习近平新时代中国特色社会主义思想转化为坚定理想、锤炼党性和指导实践、推动工作的强大力量，使全院党员干部始终保持统一的思想、坚定的意志、协调的行动、强大的战斗力，努力在以学铸魂、以学增智、以学正风、以学促干方面取得实实在在的成效。具体达到以下目标。

（一）凝心铸魂筑牢根本

教育引导全院党员干部全面、系统、深入学习习近平新时代中国特色社会主义思想，完整准确掌握这一重要思想的主要内容，全面把握这一重要思想的世界观、方法论和贯穿其中的立场观点方法，深刻理解这一重要思想的道理学理哲理，学深悟透习近平总书记关于“三农”工作和科技创新的重要论述，推动真学真懂真信真用，推动学习往深里走、往实里走、往心里走，提高思想觉悟，切实做到筑牢信仰之基、补足精神之钙、把稳思想之舵。

（二）锤炼品格强化忠诚

教育引导全院党员干部深刻领悟“两个确立”的决定性意义，增强忠诚核心、拥戴核心、维护核心、捍卫核心的政治自觉、思想自觉、行动自觉，始终忠诚于党、忠诚于人民、忠诚于马克思主义，真心爱党、时刻忧党、坚定护党、全力兴党，不断提高政治判断力、政治领悟力、政治执行力，更加自觉从讲政治高度看“三农”、抓“三农”，切实把学习成果转化为做到“两个维护”的坚定行动。

（三）实干担当促进发展

教育引导全院党员干部突出实践导向，真抓实干、务求实效，紧紧围绕新时代新征程党的中心任务，锚定建设农业强国、科技强国目标，胸怀“国之大者”，牢固树立正确的权力观、政绩观、事业观，增强推动高质量发展本领、服务群众本领、防范化解风险本领，敢于斗争、勇于负责，聚焦问题、知难而进，以“时时放心不下”的责任感、积极担当作为的精气神履职尽责、岗位建功，以新气象新作为推动农业科技创新事业发展取得新成效、开创新局面。

（四）践行宗旨为民造福

教育引导全院党员干部坚持人民至上，一切为了人民，一切依靠人民，始终同人民群众同呼吸、共命运、心连心，把为民办实事作为重要内容，把农民群众和干部职工满意不满意作为根本评判标准，紧紧抓住农民群众和干部职工最关心最直接最现实的利益问题，把惠民生、暖民心、顺民意的工作做到农民群众和干部职工心坎上，不断增强农民群众和干部职工的获得感、幸福感、安全感。

（五）廉洁奉公树立新风

教育引导全院党员干部坚持以党性立身做事，增强纪律意识、规矩意识，践行“三严三实”，严格落实中央八项规定及其实施细则精神，持续纠治“四风”，把纠治形式主义、官僚主义摆在更加突出位置，坚决反对特权思想和特权现象，做到公正用权、依法用权、为民用权、廉洁用权，推动形成清清爽爽的同志关系、规规矩矩的上下级关系、亲清统一的新型政商关系，当好全院良好政治生态和社会风气的引领者、营造者、维护者，树立求真务实、团结奋斗的时代新风。

主题教育坚持目标导向和问题导向相统一，对照中央有关要求，结合我院实际，着力解决 6 个方面的突出问题。理论学习方面，主要是学习贯彻习近平新时代中国特色社会主义思想和习近平总书记关于“三农”工作、科技创新的重要论述不走心不深入不系统，用以指导实践、解决问题还有差距和不足；政治素质方面，主要是政治判断力、政治领悟力、政治执行力不够强，不善于从政治上分析和处理问题，贯彻落实习近平总书记关于“三农”工作和科技创新的重要指示批示精神和党中央有关决策部署不到位；能力本领方面，主要是新发展理念树得不牢，缺乏全局观念，抓落实能力不够强，不善于围绕“国之大者”抓主抓重，围绕中央部署落细落小，推动高质量发展、应对风险挑战、解决多难问题的本领不够强，缺乏及时发现和解决自身存在问题的意识和能力；担当作为方面，主要是干事创业精气神不足，缺乏担责意识，缺乏斗争精神，不敢直面矛盾，不敢动真碰硬，不敢攻坚克难，存在思维惯性和路径依赖，满足于过“小日子”、用“老办法”，工作瞻前顾后、畏首畏尾，上推下卸、推拖躲绕；工作作风方面，主要是宗旨意识不强、群众感情不深，调查研究不经常、不深入，对农业农村基层实际和农民群众、干部职工冷暖了解不深、感知不真，对党中央“三农”和科技创新决策部署领会把握不深不透，落实政策、要求、工作与基层实际结合不够紧密，简单化、“一刀切”，照搬照抄，上下一般粗，报喜不报忧，弄虚作假、搞花架子，搞形式主义、官僚主义，存在特权思想和特权行为；廉洁自律方面，主要是纪法意识不强，对党规党纪不上心、不了解、不掌握，运用法治思维和法治方式开展工作的意识不强，廉政风险防控制度执行不严格，违反中央八项规定精神、违纪违法行为仍有发生。

三、工作安排

根据党中央统一部署，我院主题教育从2023年4月开始，8月基本结束，不划阶段、不分环节，把理论学习、调查研究、推动发展、检视整改等贯通起来，有机融合、一体推进。

（一）理论学习

组织全院党员干部全面深入学习贯彻习近平新时代中国特色社会主义思想，大力弘扬马克思主义学风，坚持全面系统、及时跟进，坚持多思多想、学深悟透，坚持知行合一、学以致用，坚持联系实际、立足岗位，从事什么工作就重点学什么，做到知其言更知其义、知其然更知其所以然，在深学细照笃行中提高理论素养、坚定理想信念、升华觉悟境界、增强能力本领，夯实坚定拥护“两个确立”、坚决做到“两个维护”的思想根基。

坚持读原著学原文悟原理，认真研读党的二十大报告和党章，学习《习近平著作选读》《习近平新时代中国特色社会主义思想专题摘编》等权威读本，全面学习领会习近平新时代中国特色社会主义思想的科学体系、核心要义、实践要求，把握好这一重要思想的世界观和方法论，坚持好、运用好贯穿其中的立场观点方法。结合工作实际和职责任务，深学细悟习近平总书记关于“三农”工作和科技创新的重要讲话和重要指示批示精神以及致我院建院60周年贺信精神，跟进学习习近平总书记最新重要讲话和文章。认真学习中国式现代化理论，围绕全面推进乡村振兴、加快建设农业强国等，有侧重地研读《习近平关于“三农”工作论述摘编》、习近平《论“三农”工作》《习近平关于国家粮食安全论述摘编》《习近平关于“三农”工作的重要论述学习读本》以及习近平总书记在2022年中央农村工作会议上的重要讲话等学习资料。

院党组带头加强集中学习，组织举办读书班，时间不少于1周。院党组及各部门各单位理论学习中心组结合实际列出若干专题，组织党员领导干部联系思想和工作实际，深入研讨，交流运用党的创新理论解决实际问题的具体案例和体会，提出改进工作的思路措施。“七一”前后，领导班子成员要结合学习体会和实际工作讲专题党课，主要负责同志带头讲，其他班子成员到分管部门和单位或所在支部讲。党员领导干部要把学习作为一种生活态度、一种工作责任、一种精神追求，抓好个人自学。

院机关各部门、院属各单位党支部要依托“三会一课”、主题党日，通过交流研讨、宣讲阐释、案例教学、线上培训等方式组织党员学习，深刻领悟习近平新时代中国特色社会主义思想的真理力量和实践伟力。结合常态化党史学习教育，运用红色教育资源、党性教育基地和农科精神教育实践基地开展学习，砥砺理想信念和初心使命。用好青年理论学习小组，组织青年干部广泛开展征文演讲、知识竞赛、主题联学、参观寻访等形式多样的学习交流活动。抓好离退休干部职工党员、学生党员和流动党员的学习。

（二）调查研究

按照党中央关于在全党大兴调查研究的工作方案要求，落实《中共农业农村部党组关于贯彻落实习近平总书记重要指示批示精神　迅速组织开展农业农村重大问题大调研的通知》《中共农业农村部党组关于深入开展学习贯彻习近平新时代中国特色社会主义思想主题教育　进一步做好农业农村重大问题大调研的通知》安排，在院系统开展科技支撑农业农村重大问题调研，组织全院党员干部、特别是各级领导干部扑下身子、沉到一线，深入基层开展调查研究，在调查研究中加深对党的创新理论的理解，运用党的创新理论研究新情况、解决新问题，使调查研究的过程成为理论学习向实践运用转化的过程，成为转变作风、增进同农民群众和干部职工感情的过程，成为提高履职本领、增强责任担当的过程。

院党组及各部门各单位领导班子要围绕贯彻落实习近平总书记重要指示批示精神和党的二十大、中央农村工作会议、中央一号文件等关于“三农”工作和科技创新的部署要求，结合职责任务，有针对性地研究确定若干调研课题，开展专题调研。领导班子成员每人领题调研，形成高质量调研成果。调研结束后，领导班子结合专题研讨，运用习近平新时代中国特色社会主义思想的立场观点方法，交流调研情况，集思广益研究对策措施，形成指导实践、推动工作的思路举措，并抓好贯彻落实，真正把调研成果转化为解决问题、促进发展的实际行动。

坚持奔着问题去、对着实效来，真解决问题、解决真问题。综合运用实地走访、座谈交流等多种方式，深入农村一线、田间地头、基层单位，与基层干部群众面对面、心交心，了解农民群众和干部职工真实诉求，问计于群众、问计于实践，切实将发现问题、研究问题、解决问题贯穿调研全过程，推动解决一批发展所需、改革所急、基层所盼、民心所向的问题。党支部要利用主题党日、结对帮扶、主题联学等方式，组织党员干部广泛听取农民群众和干部职工意见，帮助解决实际困难，扎实推动农业科技创新各项工作部署落地生效。组织参加农业农村部“根在基层”主题实践、“关键小事”调研攻关等活动，组织青年干部深入基层了解情况，研究解决实际问题。

要多采取“四不两直”方式开展调研，多到困难多、群众意见集中、工作打不开局面的地方、部门和单位，体察实情、解剖麻雀，把问题研究透彻、把措施提准提实。要加强工作协调和衔接，对表现在基层、根子在上面的问题，对涉及多个部门和单位的问题，上下协同、一体推进解决。要制定调研计划安排，统筹确定调研时间、地点、方式，开展典型案例的解剖式调研，不搞大规模的“普查式”调研，防止扎堆调研、作秀式调研，不折腾基层、不增加基层负担，坚决克服调研中的形式主义、官僚主义。

（三）推动发展

组织全院党员干部紧紧围绕高质量发展这个全面建设社会主义现代化国家的首要任务以及全面推进乡村振兴、加快建设农业强国、科技强国等目标任务，以强化理论学习指导发展实践，以深化调查研究推动解决发展难题，把学习和调研落实到完成党的二十大关于“三农”工作和科技创新的各项部署任务中去，以保障粮食安全、推动乡村全面振兴、农业农村高质量发展的新成效检验全院主题教育成果。

破难题、促发展。院党组及各部门各单位领导班子和领导干部根据自身职责，结合理论学习和调查研究，深入查找分析在贯彻新发展理念、构建新发展格局、推动高质量发展以及建设农业强国、科技强国中的问题短板及其根源。找准切入点、发力点，把本部门本单位工作融入农业科技创新发展大局。领导班子和领导干部要紧密结合实际，认真贯彻落实党中央关于“三农”工作和科技创新的战略部署，增强系统观念和大局意识，全力做好农业科技创新各项工作，推动形成共促高质量发展的强大合力。紧密结合中心任务和日常工作，组织党员干部立足岗位作贡献，积极履职尽责，勇于担当作为，以每名党员干部本职工作水平的提升，促进本单位工作的高质量发展。

办实事、解民忧。牢固树立以人民为中心的发展思想，积极解决农民群众和干部职工急难愁盼的具体问题，建立办实事清单，制定管用举措，认真组织实施，完善制度机制。落实党员领导干部直接联系群众制度，对基层干部群众普遍关切的问题及时开题作答、解疑释惑、回应诉求。广泛开展党员志愿服务，激励党员在服务群众、奉献社会中发挥作用。

（四）检视整改

组织全院党员干部发挥刀刃向内的自我革命精神，坚持边学习、边对照、边检视、边整改，坚持分类整改与集中整治相结合，深入查摆不足，抓好突出问题的整改整治。

开展党性分析。院党组及各部门各单位领导班子对标对表习近平新时代中国特色社会主义思想，针对完整准确全面贯彻新发展理念、加快构建新发展格局、着力推动高质量发展等战略部署落实情况，党中央提出的“三农”和科技创新重点任务、重点举措、重要政策、重要要求贯彻情况，属于本部门本单位的职责担当情况，系统梳理调查研究发现的问题、推动发展中的问题、群众反映强烈的问题，结合巡视巡察、审计监督、日常监督执纪发现的问题，列出问题清单。党员干部从政治、思想、能力、作风、纪律等方面进行党性分析，找准问题症结，着力从思想根源上解决问题。7 月下旬之后，院党组及各部门各单位领导班子召开专题民主生活会，党支部召开专题组织生活会，把自己摆进去、把职责摆进去、把工作摆进去，严肃认真开展批评与自我批评。

开展整改整治。对查摆出的问题，一项一项制定整改措施，能改的马上改。一时解决不了的要明确具体措施、整改时限、责任分工，确保整改到位。院党组带头确定若干群众反映强烈、长期没有解决的突出问题，制定专项整治方案，采取台账式管理、项目式推进的方式进行集中整治，动真碰硬、务求实效。专项整治方案及落实情况，要以适当方式向党员群众通报。

按照党中央关于干部队伍教育整顿的部署安排，结合中国农业科学院实际，在主题教育中切实抓好全院干部队伍教育整顿。

（五）建章立制

坚持“当下改”与“长久立”相结合，对主题教育中学习贯彻习近平新时代中国特色社会主义思想的好做法好经验，及时以制度形式固定下来。同时，建立巩固拓展主题教育成果的长效机制，健全学习贯彻党的创新理论的制度机制，确保常态长效。

四、组织领导

（一）建强组织机构

中国农业科学院主题教育在农业农村部指导组直接指导和中国农业科学院党组领导下开展。成立院学习贯彻习近平新时代中国特色社会主义思想主题教育领导小组，院长、院党组书记担任组长，履行第一责任人职责；院领导班子成员落实“一岗双责”，对分管部门和单位主题教育加强督促指导；发挥领导小组成员部门和单位职能作用，形成齐抓共管合力。组建院主题教育领导小组办公室，负责日常工作。领导小组办公室下设综合组、指导协调组、宣传信息组、调查研究组。综合组和宣传信息组由机关党委牵头，院办公室有关同志参与宣传信息组有关工作，指导协调组由监督局负责，调查研究组由院办公室负责。各部门各单位结合实际，成立相应领导机构，落实责任部门和工作人员，制定工作方案，统筹安排、有序推进主题教育。

挂职的党员干部原则上参加党组织关系所在挂职单位的主题教育，并及时向原单位报告参加主题教育情况。主题教育期间，参加各级党校培训的党员干部，培训期间按有关要求参加主题教育，培训结束后，按原单位安排参加主题教育。借调超过 1 个月且与借调单位开展主题教育时间大体一致的，原则上在借调单位参加主题教育；借调工作时间与主题教育开展交叉时间短于 1 个月的，按照原单位安排参加主题教育。参加指导组工作的党员干部按有关要求参加原单位主题教育，做到学习和工作两手抓、两促进。

（二）强化督促指导

要将主题教育纳入院内巡察内容，加强工作统筹衔接，协调推进。院主题教育领导小组组建巡回指导组，由所局级干部担任组长，采取巡回指导、随机抽查、调研访谈等方式，对各部门各单位开展主题教育进行督促指导，确保主题教育质量。

要坚持因地制宜、加强分类指导，针对科研、管理、学生、离退休、流动党员等不同群体，有针对性地安排好教育内容和方式。学生党员参加主题教育，要结合学生党员特点，以支部为单位，组织好学习研讨，开好专题组织生活会。离退休党员干部参加主题教育，不降低标准和质量，在具体安排中要充分考虑离退休党员干部的年龄、身体、居住等情况，对处级以上和其他离退休党员干部提出具体要求。流动党员原则上参加现所在单位的主题教育。结合我院干部队伍特点，党支部书记、团队首席要全程参加主题教育，研究员、副研究员、研究生导师和党外人士中的处级干部也要参加学习教育。

（三）加强宣传引导

院（所）媒要充分发挥作用，主动入位、积极作为，注重运用新媒体，策划推出一批有新意、有分量、有影响力的报道和文章等。在院网开设主题教育专栏，用好院主题教育简报、院党建网、支部工作 App 等平台载体，深入宣传党中央部署要求，宣传习近平总书记关于主题教育的重要讲话和重要指示批示精神，反映中国农业科学院主题教育进展成效，及时选树宣传先进典型，营造良好舆论氛围。

（四）务求取得实效

坚持把开展主题教育同推动农业科技创新中心工作结合起来，防止“两张皮”。围绕党的创新理论掌握运用、调查研究成果转化、群众急难愁盼问题解决、专项整治突出问题、党员干部群众满意程度等方面，采取述学、问卷调查、实地查看、随机走访等方式，把过程评价与总结评估结合起来，通过领导班子全面自评、巡回指导组研判分析，评估主题教育效果。各部门各单位主题教育开展情况作为领导班子和领导干部年度考核、党组织书记抓党建述职评议考核、院内巡察的重要内容。坚决反对形式主义、坚决防止“低级红”“高级黑”。不对写读书笔记、心得体会等提出硬性要求，不随意要求基层填报材料，严格控制简报数量，严格控制网络平台载体痕迹管理。对开展主题教育消极对待、敷衍应付、搞形式主义的要严肃批评、及时纠正，对走形变样、问题严重的按照规定追究责任。

中国农业科学院关于印发《加强行业协会等社会团体使用院所区办公场所管理的有关规定（试行）》的通知

农科院直党〔2023〕174 号

院机关各部门、院属各单位：

为进一步规范行业协会等社团组织使用院所区办公用房，根据中办、国办《行业协会商会与行政机关脱钩总体方案》（中办发〔2015〕39 号）以及《行政事业性国有资产管理条例》（国务院令第 738 号），我院制定了《加强行业协会等社会团体使用院所区办公场所管理的有关规定（试行）》，已经 2023 年第 14 次院常务会议审议通过，现印发给你们，请遵照执行。

中国农业科学院

2023 年 12 月 21 日

加强行业协会等社会团体使用院所区办公场所管理的有关规定（试行）

根据中办、国办《行业协会商会与行政机关脱钩总体方案》（中办发〔2015〕39号）以及2021年2月1日发布的《行政事业性国有资产管理条例》（中华人民共和国国务院令第738号）精神，现就中国农业科学院加强行业协会等社会团体（包括商会、联合会、促进会等）使用院所区办公场所等国有房屋资产管理有关事项规定如下。

第一条 中国农业科学院院本级及院属单位，按照“谁管理、谁负责”的原则，明确房屋资产管理的责任部门、责任人，对行业协会等社会团体使用院所区办公场所等房屋资产履行监督和管理责任。其中，院办公室承担院委托的房屋资产的监督管理责任，院属单位承担所属房屋资产的监督管理责任，院财务局承担全院房屋资产依法依规管理情况的监督检查责任。

第二条 院所房屋资产管理单位（部门），要按照院房屋出租管理及国有资产管理有关规定，与行业协会等社会团体签订办公场所租赁协议，严格按照规定收取房租、物业费等国有资产使用费用。

第三条 院所房屋资产管理单位（部门），对使用院所区办公场所的行业协会等社会团体加强监督、管理和服务，指导督促社会团体落实国有资产、安全生产和院所区管理等各项规定。对于不服从管理、违反规定的行业协会等社会团体，终止办公场所使用，并追究相关责任。

第四条 本规定自印发之日起执行，由中国农业科学院直属机关党委负责解释。

中国农业科学院关于公布 2023年度科普奖项的通知

农科院直党〔2023〕175号

院机关各部门、院属各单位：

为深入贯彻落实习近平总书记关于“要把科学普及放在与科技创新同等重要的位置”的重要指示精神，激励全院广大科技工作者进一步做好新时代科学技术普及工作，我院于8月底下发通知，在全院范围内组织开展2023年度院级科普奖项评选工作。经组织申报、资格审查、会议评审、公示、院党组会审定等程序，评选出2023年度科普人物12项、作品10项、短视频8项，现对获奖者予以通报表彰。

希望受到表彰的个人和集体珍惜荣誉，再接再厉，开拓创新，在科普工作中不断作出新成绩。全院广大科技工作者要向受表彰的个人和集体学习，全面深入贯彻落实习近平总书记关于科普工作的重要指示精神，不断增强科普责任感和使命感，围绕“国之大者”，发挥自身优势，积极开展科普活动，创作科普作品，弘扬农科精神，为提升全民科学素质，促进高水平农业科技自立自强、推进乡村全面振兴和农业强国建设作出贡献。

附件：中国农业科学院2023年度科普奖项名单

中国农业科学院

2023年12月22日

附件

中国农业科学院 2023 年度科普奖项名单

<table>
<tr><th colspan="2">类别</th><th>被推荐人/作品名称</th><th>推荐单位</th></tr>
<tr><td rowspan="12">年度科普人物</td><td rowspan="9">科研科普人物（含团队）（9 项）</td><td>吕佳乐</td><td>植保所</td></tr>
<tr><td>李宝聚</td><td>蔬菜所</td></tr>
<tr><td>王秀红</td><td>蜜蜂所</td></tr>
<tr><td>李文娟农业科普团队</td><td>资划所</td></tr>
<tr><td>张星联</td><td>质标所</td></tr>
<tr><td>朱大洲</td><td>营养所</td></tr>
<tr><td>王文辉</td><td>果树所</td></tr>
<tr><td>战徊旭</td><td>烟草所</td></tr>
<tr><td>李　庭</td><td>基因组所</td></tr>
<tr><td rowspan="3">基层与社会科普人物（含团队）（3 项）</td><td>中国农业科学院夺夏粮丰收行动科技小分队</td><td>作科所</td></tr>
<tr><td>中国水稻研究所办公室（党委办公室）</td><td>水稻所</td></tr>
<tr><td>胡志勇</td><td>油料所</td></tr>
<tr><td rowspan="10">年度科普作品</td><td rowspan="8">科普图书（8 项）</td><td>《农药问答（第六版）》</td><td>植保所</td></tr>
<tr><td>《农业主要外来入侵植物图谱》</td><td>环发所</td></tr>
<tr><td>《“吃鸡自由”科学简史》</td><td>牧医所</td></tr>
<tr><td>《解锁基因智库》系列丛书</td><td>生物所</td></tr>
<tr><td>《50 问带你读懂转基因》</td><td>出版社</td></tr>
<tr><td>《探秘中国茶（少儿版）》</td><td>茶叶所</td></tr>
<tr><td>《中国草原保护与牧场利用丛书（汉蒙双语版）》</td><td>草原所</td></tr>
<tr><td>《农用无人机 100 问》</td><td>农机化所</td></tr>
<tr><td rowspan="2">科普影视片（2 项）</td><td>《丰收时节话五谷》</td><td>作科所</td></tr>
<tr><td>《如何阻击外来“生态杀手”?》</td><td>植保所</td></tr>
</table>

（续表）

类别		被推荐人/作品名称	推荐单位
年度科普短视频	科普短视频（8 项）	《厕所小王子解答农村改厕问题》	环发所
		《虫口夺粮！转基因技术打响“玉米保卫战”》	生物所
		《“什么是转基因技术”转基因农产品有害吗？》	资划所
		《高值果园系列》科普短视频	郑果所
		《刘崇怀老师讲葡萄冬季修剪》系列视频	郑果所
		《天选之种》《动物能吃中药吗？》等系列视频	兰牧药
		《乡村振兴　农机先行——西藏青稞生产机械化适用装备技术指引》	农机化所
		《腊八蒜》	烟草所

中国农业科学院关于中止以中国农业科学院研究所名义对外开展工作的函

农科院直党函〔2023〕16号

江苏省家禽科学研究所、江苏徐淮地区徐州农业科学研究所、广西壮族自治区水牛研究所、黑龙江大学、西南大学柑桔研究所、江苏科技大学、南京农业大学、军事兽医研究所、兰州大学：

2022年我院开展了共建研究单位评估工作。根据评估报告，部分单位以中国农业科学院研究所名义开展了项目申报、平台建设、研究生教育、人才培养、国际交流合作等方面的工作，提升了学科建设和科技创新水平；部分单位积极承担我院创新联盟建设、农业增产增效绿色技术集成示范、产业科技帮扶等工作，为促进区域农业发展和乡村振兴作出积极贡献。在此，表示诚挚感谢。

2019年，中共中央印发《中国共产党机构编制工作条例》，把机构编制工作纳入法治化轨道。其中明确规定，严禁擅自设立、撤销、合并机构或者变更机构名称、规格、性质、职责权限；部门规章和规范性文件不得就机构编制事项作出具体规定，不得作为审批机构编制的依据；对违反《中国共产党机构编制工作条例》规定的严肃问责追责。因此，继续使用中国农业科学院研究所名称和印章对外开展工作，不符合法律规定。请贵单位自收函之日起，中止以中国农业科学院研究所名义开展业务活动，并清理相关公开信息，停用印章。

下一步，对符合国家重大需求与我院重大学科布局、有实质性合作内容和进一步合作意愿的，建议以共建中国农业科学院研究中心科研平台的方式开展。请按照一事一议原则，由贵单位上级部门商我院研究具体合作事宜。

感谢对我院工作的大力支持！

中国农业科学院

2023年5月8日

关于中国农业科学院院属京外单位“四强”党支部评定结果的通知

院属京外各单位党组织：

为巩固拓展我院“四强”党支部建设成果，夯实基层战斗堡垒，加强全院党建工作的统筹推进，根据 2023 年院党建工作要点安排，近期，我院启动了京外“四强”党支部评定工作。经院属京外各单位党委推荐、院直属机关党委研究并报院党组同意，确定农田灌溉研究所非常规水团队党支部等 101 个党支部为中国农业科学院“四强”党支部。

希望“四强”党支部珍惜荣誉，再接再厉，按照“政治功能强、支部班子强、党员队伍强、作用发挥强”的要求，进一步强化政治引领、强化责任落实、强化队伍建设、强化作用发挥，不断提高党支部建设质量，切实发挥好表率示范作用。各单位党组织要以“四强”党支部为榜样，坚持以习近平新时代中国特色社会主义思想为指导，强化党组织政治功能和组织功能，进一步推进党支部标准化规范化建设，进一步推进党建与中心工作深度融合，为加快实现高水平农业科技自立自强、科技支撑乡村全面振兴和农业强国建设作出新的更大贡献。

附件：中国农业科学院院属京外单位“四强”党支部名单

中共中国农业科学院直属机关委员会

2023 年 6 月 19 日

附件

中国农业科学院院属京外单位“四强”党支部名单

农田灌溉研究所非常规水团队党支部
农田灌溉研究所科技管理与期刊党支部
农田灌溉研究所综合管理与服务党支部
水稻研究所办公室（党委办公室）党支部
水稻研究所水稻基因组编辑与无融合生殖创新团队党支部
水稻研究所科研管理与国际合作处党支部
水稻研究所财务处党支部
水稻研究所硕士研究生党支部
水稻研究所成果转化与服务处和国稻公司党支部
水稻研究所水稻产业经济研究创新团队党支部
水稻研究所水稻品质遗传改良研究创新团队党支部
棉花研究所科研第一党支部
棉花研究所党务行政党支部
棉花研究所科研第二党支部
棉花研究所科研第五党支部
棉花研究所科研第七党支部
棉花研究所科研第十一党支部
棉花研究所科研第十二党支部
油料作物研究所油料质量安全与风险评估创新团队党支部
油料作物研究所油菜遗传育种创新团队党支部
油料作物研究所花生遗传育种创新团队党支部
油料作物研究所管理支撑一党支部
油料作物研究所管理支撑二党支部
油料作物研究所南方大豆遗传育种创新团队党支部
麻类研究所可降解材料开发与利用团队党支部
麻类研究所行政第二党支部
麻类研究所麻类作物遗传育种团队党支部
麻类研究所功能因子利用与生物合成团队党支部
果树研究所科研第一党支部
果树研究所科研第二党支部

果树研究所行政第一党支部
果树研究所行政第二党支部
郑州果树研究所第三党支部
郑州果树研究所第一党支部
郑州果树研究所第五党支部
郑州果树研究所第二党支部
郑州果树研究所第四党支部
茶叶研究所茶深加工与多元化利用团队党支部
茶叶研究所茶业发展战略研究与文化传播中心党支部
茶叶研究所认证中心基地办党支部
茶叶研究所茶树病虫害防控团队党支部
茶叶研究所茶树生态栽培团队党支部
哈尔滨兽医研究所动物流感基础与防控研究创新团队党支部
哈尔滨兽医研究所机关第一党支部
哈尔滨兽医研究所国家动物疫病防控高级别生物安全实验室党支部
哈尔滨兽医研究所重要人兽共患病创新团队党支部
哈尔滨兽医研究所禽免疫抑制病创新团队党支部
哈尔滨兽医研究所机关第二党支部
哈尔滨兽医研究所维科公司禽流感生产车间党支部
兰州兽医研究所口蹄疫与新发病流行病学团队党支部
兰州兽医研究所口蹄疫技术防控团队党支部
兰州兽医研究所畜禽人兽共患病团队党支部
兰州兽医研究所生产一党支部
兰州兽医研究所外寄生虫与虫媒疫病团队党支部
兰州兽医研究所兰州兽研生物科技有限公司党支部
兰州兽医研究所运行保障部党支部
兰州兽医研究所行政一党支部
兰州畜牧与兽药研究所牦牛资源与育种团队党支部
兰州畜牧与兽药研究所办公室党支部
兰州畜牧与兽药研究所计划财务处党支部
兰州畜牧与兽药研究所党办人事处党支部
兰州畜牧与兽药研究所兽药创新与耐药性团队党支部
兰州畜牧与兽药研究所质检中心党支部
上海兽医研究所第十五党支部
上海兽医研究所第九党支部
上海兽医研究所第二党支部

上海兽医研究所第六党支部
草原研究所第八党支部
草原研究所第七党支部
草原研究所第四党支部
草原研究所第十党支部
特产研究所第五科研党支部
特产研究所第九科研党支部
特产研究所第二机关党支部
特产研究所农业农村部特种经济动植物及产品质量监督检验测试中心党支部
特产研究所第七科研党支部
环境保护科研监测所期刊出版与信息服务中心党支部
环境保护科研监测所养殖业污染防治创新团队党支部
环境保护科研监测所环境危害因子风险评估创新团队党支部
环境保护科研监测所农田有机污染生物消减创新团队党支部
环境保护科研监测所产地环境监测与预警创新团队党支部
沼气科学研究所畜禽粪污能源化利用与污染控制创新团队党支部
沼气科学研究所厌氧微生物创新团队党支部
沼气科学研究所农村生物质能源与人居环境发展战略及政策创新团队党支部
沼气科学研究所培训与信息研究中心党支部
南京农业机械化研究所第四党支部
南京农业机械化研究所第十三党支部
南京农业机械化研究所第九党支部
南京农业机械化研究所第七党支部
南京农业机械化研究所第五党支部
南京农业机械化研究所第十一党支部
烟草研究所综合管理处党支部
烟草研究所滨海盐碱地生物资源评价利用创新团队党支部
烟草研究所成果转化处党支部
烟草研究所烟草病虫害绿色防控创新团队党支部
农业基因组研究所科研一党支部
农业基因组研究所科研三党支部
农业基因组研究所行政一党支部
农业基因组研究所行政三党支部
都市农业研究所第三党支部
都市农业研究所第四党支部

关于表彰中国农业科学院 2021—2022 年度优秀共产党员优秀党务工作者和先进基层党组织的决定

院机关各部门、院属各单位党组织：

近年来，我院各级党组织和广大党员坚持以习近平新时代中国特色社会主义思想为指导，全面深入学习宣传贯彻党的二十大精神，扎实开展学习贯彻习近平新时代中国特色社会主义思想主题教育，学思想、强党性、重实践、建新功，不断提升基层党建工作质量，基层党组织战斗堡垒作用和党员先锋模范作用进一步发挥，涌现出一批成绩显著、表现优异、事迹突出的优秀共产党员、优秀党务工作者和先进基层党组织。

为充分发挥先进典型的示范引领作用，进一步振奋精神、凝聚力量，激励全院广大党员和基层党组织在农业科技创新、稳产保供、科技帮扶、应急服务等重大任务中挺膺担当、积极作为，在建党 102 周年之际，我院组织开展 2021—2022 年度“两优一先”评选表彰工作，在各部门及各单位申报、评委会评审的基础上，经直属机关党委常委会研究并报院党组同意，决定授予马莹等 41 名同志“优秀共产党员”荣誉称号、授予卜登攀等 30 名同志“优秀党务工作者”荣誉称号、授予植物保护研究所党委等 21 个基层党组织“先进基层党组织”荣誉称号。

希望受到表彰的组织和个人珍惜荣誉，以更加强烈的使命担当、更加饱满的精神状态，再接再厉，再创佳绩。全院各级党组织、广大共产党员和党务工作者要向受表彰的组织和个人学习，以此次评选表彰为契机，持续深入学习贯彻习近平新时代中国特色社会主义思想和党的二十大精神，全面深入贯彻落实习近平总书记关于“三农”工作、科技创新的重要论述和致我院建院 60 周年贺信精神，深刻领悟“两个确立”的决定性意义，增强“四个意识”、坚定“四个自信”、做到“两个维护”，加强党对农业科研工作的全面领导，推进党建与业务工作深度融合，不断巩固深化支部建在团队成果，真抓实干、攻坚克难，积极投身农业科技创新和院所改革发展，为推动高水平农业科技自立自强、科技支撑全面推进乡村振兴和加快建设农业强国贡献力量。

附件：1. 中国农业科学院 2021—2022 年度优秀共产党员名单

2. 中国农业科学院 2021—2022 年度优秀党务工作者名单

3. 中国农业科学院 2021—2022 年度先进基层党组织名单

中共中国农业科学院直属机关委员会

2023 年 6 月 20 日

附件 1

中国农业科学院 2021—2022 年度优秀共产党员名单

（41 名，按姓氏笔画排序）

马　莹　饲料研究所所长、党委副书记，副研究员
王　宁　草原研究所副研究员
王　贺　发展建设局发展改革处处长，副研究员
王　琤　监督局监督一处处长，副研究员
王大江　果树研究所副研究员
王文国　沼气科学研究所纪委副书记、团队执行首席、党支部书记，研究员
王占彪　西部农业研究中心科研与国际合作处副处长、团队首席、中亚试验站站长，研究员
王胜义　兰州畜牧与兽药研究所中兽医（兽医）研究室副主任、团队首席、党支部书记，研究员
方小明　蜜蜂研究所科研第四党支部书记，副研究员
方福平　水稻研究所所长助理、团队首席，研究员
朱东海　农田灌溉研究所党委委员、综合管理处处长，副研究员
刘　燕　直属机关党委正处级纪检员、院工会副主席，研究员
刘文德　植物保护研究所所长助理、科技管理与国际合作处处长，研究员
关荣霞　作物科学研究所研究员
孙君茂　院办公室副主任，研究员
苏世鸣　农业环境与可持续发展研究所研究员
李培武　油料作物研究所团队首席，中国工程院院士，研究员
肖碧林　人事局综合劳资处处长，研究员
张　帅　国际合作局国家合作处副处长，助理研究员
张　蕾　特产研究所吉林省特种动物用生物制品工程中心主任，副研究员
张扬勇　蔬菜花卉研究所党委委员、副所长，研究员
张继宗　农业资源与农业区划研究所纪委委员、副所长，研究员
张银定　成果转化局科技推广处处长，副研究员
张新忠　茶叶研究所副研究员（挂职贵州台江县农业农村局党组成员、副局长）
张德权　农产品加工研究所党委委员、副所长、团队首席，研究员
陈黎明　研究生院院长办公室主任，副研究员
周清波　农业信息研究所所长、党委副书记，研究员

郑床木　农业质量标准与检测技术研究所党委委员、副所长，研究员
赵东明　哈尔滨兽医研究所团队执行首席，研究员
胡铁华　食物与营养发展研究所科技管理处处长、党支部书记，副研究员
钟　钰　农业经济与发展研究所产业经济研究室主任、党支部书记，研究员
侯春生　麻类研究所团队首席、党支部书记，研究员
夏先飞　南京农业机械化研究所副研究员
郭刚刚　重大任务局种子创新处处长，研究员
涂　涛　北京畜牧兽医研究所饲用酶工程创新团队党支部纪检委员，副研究员
彭　军　南繁研究院院长，研究员
谢秀兰　都市农业研究所副研究员
蔡彦明　环境保护科研监测所科研处处长、党支部书记，研究员
戴培刚　烟草研究所党委委员、副所长，研究员
魏延迪　科技管理局七级职员，助理研究员
魏建超　上海兽医研究所成果转化处副处长，研究员

附件 2

中国农业科学院 2021—2022 年度
优秀党务工作者名单

（30 名，按姓氏笔画排序）

卜登攀　北京畜牧兽医研究所反刍动物营养创新团队党支部书记、团队首席，研究员

于大伟　生物技术研究所党委委员、党办人事处处长，副研究员

王立霞　植物保护研究所党委委员、纪委副书记、党办主任，研究员

孔德男　蔬菜花卉研究所纪委委员、党办主任、工会副主席，助理研究员

毋永龙　果树研究所行政第一党支部宣传委员，助理研究员

艾　超　农业资源与农业区划研究所科研第一党支部书记、研究室主任，副研究员

左　旭　科技管理局综合处处长，副研究员

刘治岐　监督局综合处（纪委办）副处长，助理研究员

刘建功　棉花研究所党办副主任、工会副主席，研究员

刘益民　哈尔滨兽医研究所兽医学院党总支书记、常务副院长，研究生培养处处长，副研究员

严定春　烟草研究所党委书记、副所长，研究员

李志平　中国农业科学技术出版社党委副书记、纪委书记、监事、工会主席、妇委会主任，研究员

杨永坤　麻类研究所所长、党委副书记，研究员

杨馥如　上海兽医研究所第九党支部书记、党办（综合办）副主任，助理研究员

吴洪新　草原研究所分析测试中心党支部书记、主任，研究员

佟立涛　农产品加工研究所第六党支部书记、团队副首席，研究员

佟继旭　直属机关党委党支部组织委员、办公室（统战工作处）主任（处长）、院工会常委，副研究员

宋晓龙　环境保护科研监测所纪委委员、党办副主任，副研究员

张国良　院部企业党支部书记、执行董事、总经理，副研究员

张鸣鸣　沼气科学研究所农村生物质能源和人居环境战略创新团队党支部书记、团队首席，研究员

宗　洁　农田灌溉研究所党办副主任、党务与人事管理党支部组织委员，助理研究员

郝志强　农业环境与可持续发展研究所党委书记、副所长，研究员

胡　强　茶叶研究所认证中心基地办党支部书记、茶叶质量认证发展研究中心副主

任，农艺师

闻治国　饲料研究所水禽营养与饲料创新团队党支部书记、团队首席，副研究员

贾广东　研究生院党委书记，研究员

徐建龙　作物科学研究所水稻分子设计创新团队党支部书记，研究员

殷　娟　南京农业机械化研究所第十三党支部书记、党办副主任、离退办主任，助理研究员

韩　进　院办公室党支部宣传委员、副主任，副研究员

韩小玲　财务局党支部副书记、副局长，研究员

裴　越　人事局党支部宣传委员、七级职员，助理研究员

附件3

中国农业科学院2021—2022年度先进基层党组织名单

（21个）

植物保护研究所党委
郑州果树研究所党委
茶叶研究所党委
兰州畜牧与兽药研究所党委
农业基因组研究所党委
院办公室党支部
人事局党支部
财务局党支部
成果转化局党支部
院机关离退休党总支
研究生院教工第一党支部
作物科学研究所小麦育种新技术及应用创新团队党支部
蔬菜花卉研究所第九党支部
北京畜牧兽医研究所鸡遗传育种团队党支部
生物技术研究所第二党支部
农业信息研究所第三党支部
水稻研究所水稻基因组编辑与无融合生殖创新团队党支部
油料作物研究所南方大豆遗传育种创新团队党支部
哈尔滨兽医研究所动物流感基础与防控研究创新团队党支部
兰州兽医研究所口蹄疫与新发病流行病学团队党支部
特产研究所第五科研党支部

关于 2022 年度所局级领导干部理论学习论文评选情况的通报

直党字〔2023〕57 号

院机关各部门、院属各单位党组织：

根据《中共中国农业科学院党组贯彻落实〈中国共产党党委（党组）理论学习中心组学习规则〉实施细则》有关要求，院直属机关党委组织开展了 2022 年度所局级干部理论学习论文征集评选活动。各部门各单位党组织高度重视、认真组织，所局级干部积极参与，共报送论文 179 篇。直属机关党委坚持公平公正原则，组织专家进行评选，共评出获奖论文 70 篇，其中一等奖 10 篇、二等奖 20 篇、三等奖 40 篇（见附件）。后续将编印《修学笃行润桑麻——中国农业科学院领导干部理论学习文集》，供学习交流。

2023 年，院直属机关党委将继续组织开展所局级领导干部理论学习论文征集评选，参评理论学习论文要紧密结合学习贯彻习近平新时代中国特色社会主义思想和党的二十大精神，聚焦习近平总书记关于“三农”工作和农业科技创新的重要论述和重要指示批示精神，聚焦农业科技创新和科研院所党建重点工作，立场鲜明、观点明确，联系实际、内容充实，文风朴实、表述准确，字数在 3 000 字左右。论文应由本人撰写，如发现抄袭或他人代写，取消参评资格。

请各部门各单位党组织于 2023 年年底前将 2023 年度所局级干部理论学习论文以电子邮件方式发送至直属机关党委宣传处邮箱 zxc@ caas. cn。

附件：2022 年度所局级干部理论学习论文获奖名单

中共中国农业科学院直属机关委员会
2023 年 10 月 13 日

附件

2022年度所局级干部理论学习论文获奖名单

一等奖（10篇）

单位	姓名	题目
人事局	薛鹏飞	关于推进国家农业科技创新人才中心建设的研究报告
基建局	于　辉	贯彻举院抓大事机制　推动区域中心设施条件高质量建设
转化局	刘　洁	关于我院建设新型研发机构的初步思考
监督局	姜梅林	发挥专责监督作用　强化“关键少数”监督
作科所	刘录祥	认真学习党的二十大精神　加快生物种业发展
环发所	郝志强	加强战略研究　推进智库建设　打造绿色低碳发展战略科技力量
农经所	毛世平	完善国家农业科技创新体系的思考
棉花所	李付广	关于棉花产业高质量发展的探索与思考
油料所	马秀勇	深入学习党的二十大精神　加快油料科技种业创新
兰兽研	罗建勋	守正创新培根铸魂　推动科研单位思想政治工作强起来

二等奖（20篇）

单位	姓名	题目
科技局	张军民	建设国家农业农村长期因子综合观测网络　支撑农业农村现代化
转化局	赵玉林	关于农业科技成果转化的几点思考
机关党委	苗水清	深入学习习近平“三农”工作重要论述　以高质量党建推动高水平农业科技自立自强
植保所	陆宴辉	打赢作物生物安全科技攻坚战　服务国家粮食安全和乡村振兴
饲料所	马　莹	学习贯彻党的二十大精神　聚焦主责主业　为全方位夯实粮食安全根基提供科技支撑

（续表）

单位	姓名	题目
加工所	王凤忠	深入学习贯彻党的二十大精神　创新驱动农产品加工业高质量发展　全力支撑乡村振兴
农经所	袁龙江	关于加快建设农业强国的几点思考
资划所	王秀芳	牢记“国之大者”　切实肩负起耕地科技创新的时代重任
质标所	汪飞杰	学习贯彻党的二十大精神　筑牢科研单位意识形态工作防线
出版社	李祥洲	做强做优做大数字出版业务
灌溉所	周国民	灌溉所两个“一流”建设思考
果树所	曹永生	创新驱动果业高质量发展和果业强国建设
郑果所	方金豹	禁止耕地“非粮化”背景下果业发展策略思考
茶叶所	江用文	科技支撑茶业强国建设　助力乡村全面振兴
上兽研	韩雪松	抓时代新机遇　谋全所新发展　全力推进生物安全建设和科技创新
草原所	林克剑	对标三个第一　重铸三个高地　着力打造草牧业科技战略力量
环保所	张克强	关于科研院所推进有组织科研的思考与认识
农机化所	曹光乔	加强农机社会化服务　带动小农户可持续发展
烟草所	严定春	抓好支部建在团队上　为科技创新保驾护航
基因组所	钱万强	坚持系统观念　深化国家科研机构体制改革

三等奖（40 篇）

单位	姓名	题目
院　办	韩　进	用好建设一流院所的“金钥匙”
科技局	杨　鹏	强化国家农业科技战略力量　加快建设科技强国、农业强国
人事局	季　勇	对农业科研管理体制有关问题的思考与建议
财务局	范　静	以党的二十大精神为指引　为建设世界一流科研院所提供财力支撑
基建局	夏耀西	关于我院土地资源调研及统筹利用的思考

（续表）

单位	姓名	题目
国合局	金　轲	不断开创农业科技国际合作新局面　推动构建人类命运共同体
后勤中心	李滋睿	科研单位纪委如何做好日常监督工作
研究生院	贾广东	深入学习贯彻二十大精神　以深化科教融汇、产教融合促进研究生教育高质量发展
作科所	王文生	创新实干　乘势而上　为南繁硅谷建设贡献力量
植保所	刘蓉蓉	一部二战后美国科学政策研究报告对当今中国科技发展的启示
蔬菜所	张友军	以史为鉴　开创未来　奋力谱写蔬菜花卉事业“十四五”发展新篇章
环发所	赵立欣	以高水平科技自立自强助力农业绿色低碳发展
牧医所	秦玉昌	加快实现高水平畜牧科技自立自强
牧医所	张明富	以党的二十大精神引领畜牧科技创新
蜜蜂所	彭文君	高质量发展背景下中国蜜蜂产业发展的使命与出路
饲料所	陆建中	党支部战斗堡垒作用和党员先锋模范作用的内涵要求与实现途径
加工所	康　威	落实大食物观的思考和建议
生物所	李红康	深入实施新时代人才强国战略　建设高质量农业科技人才队伍
生物所	郭静利	有序推进生物育种产业化应用的对策和建议
农经所	朱铁辉	新阶段中国特色农业现代化体系构建
资划所	吴文斌	全面深入学习贯彻落实党的二十大精神　努力推进耕地科技自立自强
信息所	刘继芳	加强农业农村信息服务的成效与建议
质标所	钱永忠	提升农产品质量安全保障水平　全面推进乡村振兴和农业强国建设
营养所	王济民	我国资源性农产品对外依存度分析及相关问题与建议
出版社	沈银书	提高“政治三力”　把牢出版质量
水稻所	李国荣	深化科研经费管理改革

（续表）

单位	姓名	题目
油料所	张银波	学习贯彻党的二十大精神　为大豆油料产能提升团结奋斗
麻类所	朱爱国	农业科技支撑县域经济发展的机制与对策建议
果树所	李建才	发展山区果业　推进山区特色产业振兴
茶叶所	姜仁华	让绿色成为茶产业高质量发展最动人的色彩
哈兽研	孙百明	深刻领会党的二十大精神　点燃人才引擎　激发创新动力
兰兽研	申拥军	学习《论“三农”工作》　不断增强做好“三农”工作的使命感责任感
兰牧药	阎　萍	科教兴国　砥砺实干
草原所	张应禄	论共产党员自觉
特产所	孙长伟	科研环境与政治生态互育共促
环保所	熊明民	打造农业农村生态环境领域国家战略科技力量
沼科所	王　超	深入学习贯彻党的二十大精神　加快推动研究所人才工作创新发展
农机化所	陈巧敏	以自我革命精神践行初心使命
烟草所	张忠锋	深入贯彻党的二十大精神　打造青年创新型研究所
西部中心	高　雷	发挥国家战略科技力量优势　引领新疆农业科技整体跃升

关于转发《中央和国家机关工委关于命名中央和国家机关“四强”党支部的决定》的通知

各直属党组织：

近日，中央和国家机关工委印发了《中央和国家机关工委关于命名中央和国家机关“四强”党支部的决定》（中工委发〔2023〕14 号）（以下简称《决定》），命名 2012 个党支部为新一批“中央和国家机关‘四强’党支部”。现将《决定》和我院财务局党支部等 26 个新命名的“四强”党支部名单予以印发。

各部门、各单位党组织要认真学习贯彻习近平总书记关于党的建设的重要思想，不断巩固拓展主题教育成果，坚持大抓基层的鲜明导向，持续深入推进“四强”党支部创建，不断提高党支部创造力、凝聚力、战斗力，为加快建设农业强国、实现高水平农业科技自立自强提供坚强组织保证。

附件：中央和国家机关工委关于命名中央和国家机关“四强”党支部的决定

中共中国农业科学院直属机关委员会

2023 年 10 月 19 日

附件

中央和国家机关工委关于命名中央和国家机关“四强”党支部的决定

2022 年以来，中央和国家机关各部门全面贯彻习近平新时代中国特色社会主义思想和党的二十大精神，认真贯彻落实习近平总书记关于党的建设的重要思想特别是关于机关党建的重要讲话和指示精神，扎实开展学习贯彻习近平新时代中国特色社会主义思想主题教育，持之以恒抓基层、打基础，不断严密组织体系，严肃党的组织生活，严格党员教育管理，严明基层党建责任，增强基层党组织政治功能和组织功能，着力把基层党组织建设成为有效实现党的领导的坚强战斗堡垒，机关基层党组织建设取得新成效，政治功能强、支部班子强、党员队伍强、作用发挥强的“四强”党支部进一步涌现。

为深入推动中央和国家机关各级党组织和广大党员在新时代新征程更好履职尽责、担当作为，中央和国家机关工委决定，命名中央纪委国家监委办公厅会议处党支部等 2012 个党支部为新一批“中央和国家机关‘四强’党支部”。

希望被命名的党支部珍惜荣誉、再接再厉，在新起点上不断取得新的更大成绩。中央和国家机关各党支部要向“四强”党支部学习，坚持以习近平新时代中国特色社会主义思想为指导，深入贯彻习近平总书记关于中央和国家机关基层党组织建设的重要批示精神，坚持和加强党的全面领导，坚定不移推进全面从严治党，以党支部标准化规范化建设为基础，深入开展“四强”党支部创建工作，深入推进党建和业务深度融合，不断交出新的合格答卷。

学用新思想、建功新征程，中央和国家机关使命光荣、责任重大。各级党组织和广大党员要更加紧密地团结在以习近平同志为核心的党中央周围，深刻领悟“两个确立”的决定性意义，增强“四个意识”、坚定“四个自信”、做到“两个维护”，走好第一方阵、当好“三个表率”、建设模范机关，以高质量机关党建推动经济社会高质量发展，为强国建设、民族复兴作出新的更大贡献。

附件：新一批中央和国家机关“四强”党支部名单（中国农业科学院）

附件

新一批中央和国家机关“四强”党支部名单
（中国农业科学院）

中国农业科学院财务局党支部
中国农业科学院发展建设局党支部
中国农业科学院院部生活服务处党支部
中国农业科学院研究生院教工第一党支部
中国农业科学院作物科学研究所水稻分子设计技术与应用创新团队党支部
中国农业科学院作物科学研究所特色农作物优异种质资源发掘与创新利用团队党支部
中国农业科学院作物科学研究所大豆科技创新党支部
中国农业科学院植物保护研究所经济作物虫害监测与防控团队党支部
中国农业科学院植物保护研究所作物病原生物功能基因组研究团队党支部
中国农业科学院蔬菜花卉研究所第九党支部
中国农业科学院蔬菜花卉研究所第十一党支部
中国农业科学院农业环境与可持续发展研究所第一党支部
中国农业科学院农业环境与可持续发展研究所第六党支部
中国农业科学院北京畜牧兽医研究所家畜营养与调控团队党支部
中国农业科学院北京畜牧兽医研究所行政党支部
中国农业科学院蜜蜂研究所科研第一党支部
中国农业科学院农产品加工研究所第三党支部
中国农业科学院生物技术研究所第五党支部
中国农业科学院生物技术研究所第六党支部
中国农业科学院农业经济与发展研究所职能部门党支部
中国农业科学院农业资源与农业区划研究所科研第八党支部
中国农业科学院农业资源与农业区划研究所科研第九党支部
中国农业科学院农业资源与农业区划研究所职能第二党支部
中国农业科学院农业信息研究所第七党支部
中国农业科学院农业信息研究所学生党支部
中国农业科学院农业质量标准与检测技术研究所行政党支部

关于同意中国农业科学院团委换届选举结果的批复

农团组〔2023〕26 号

中国农业科学院团委：

2023 年 11 月 14 日的报告收悉。经研究，同意换届选举结果，同意王一丁、王亚丽、刘巧、杜慧、李文迪、李然嫣、李魁、吴瞳瞳、赵善江（以姓氏笔画为序）9 名同志为新一届团委委员，其中刘巧为书记，吴瞳瞳、李魁、李然嫣为副书记。请按规定程序宣布。

特此批复。

农业农村部直属机关团委

2023 年 11 月 29 日

关于表彰 2021—2022 年度中国农业科学院青年先进集体和个人的决定

农科团〔2023〕3 号

院属各单位团组织：

为深入学习贯彻党的二十大有关部署要求和习近平总书记在庆祝中国共产主义青年团成立 100 周年大会上的重要讲话精神，表彰和宣传我院基层团组织和广大团员青年中的先进典型，进一步引导激励广大团员青年创先争优、岗位建功，为全面推进乡村振兴、加快建设农业强国、加快实现高水平农业科技自立自强贡献青春力量，院团委组织开展 2021—2022 年度中国农业科学院青年先进集体和个人评选表彰工作。经推荐申报、组织评选、审定公示等程序，院团委决定，授予院办公室综合处（秘书处）等 14 个青年集体 2021—2022 年度“中国农业科学院青年文明号”称号，授予研究生院团委等 15 个团组织 2021—2022 年度“中国农业科学院五四红旗团组织”称号，授予段璇卿等 16 名同志 2021—2022 年度“中国农业科学院优秀共青团员”称号，授予李月明等 15 名同志 2021—2022 年度“中国农业科学院优秀共青团干部”称号。

这次表彰的青年文明号，是我院众多青年集体的杰出代表，政治素质过硬、业务技能强、工作作风优良、岗位业绩突出，在服务中心工作、促进青年发展等方面发挥了积极作用，具有较强的代表性、示范性。这次表彰的五四红旗团组织，是我院广大基层团组织的先进典型，坚持政治引领，认真落实上级党组织和团组织部署要求，密切联系服务团员青年，创先争优、服务大局，打造特色品牌活动，组织力强、作用发挥好。这次表彰的优秀共青团员，是我院广大团员中的优秀分子，他们政治素质好，理想信念坚定，立足岗位履职尽责，业务能力强、工作实绩好，有效发挥了带动作用。这次表彰的优秀共青团干部，是我院广大团干部的突出代表，他们政治素质过硬，热爱党的青年工作，密切联系、热心服务团员青年，围绕中心工作和青年需求主动作为，取得良好成绩。

希望受到表彰的集体和个人珍惜荣誉、再接再厉，发挥模范带头作用和青年生力军作用，不断创造新的业绩。希望全院各级团组织和广大团员青年、团干部以他们为榜样，守正创新、勇于担当、立足岗位、成才建功，为推进农业科技创新和院所改革发展做出更大贡献。

附件：1. 2021—2022 年度中国农业科学院青年文明号

2. 2021—2022 年度中国农业科学院五四红旗团组织
3. 2021—2022 年度中国农业科学院优秀共青团员
4. 2021—2022 年度中国农业科学院优秀共青团干部

中国农业科学院团委
2023 年 4 月 12 日

附件 1

2021—2022 年度中国农业科学院青年文明号（14 个）

院办公室综合处（秘书处）
研究生院招生就业处
作物科学研究所荞麦基因资源创新研究组
植物保护研究所农药代谢与健康效应研究组
农产品加工研究所财务与资产管理处
农业资源与农业区划研究所耕地养分绿色高效利用课题组
农业信息研究所农业农村资源数字化管理创新团队
水稻研究所水稻病原菌互作课题组
棉花研究所棉花资源创新利用团队
油料作物研究所油菜种质资源创新团队
麻类研究所可降解材料开发与利用团队
郑州果树研究所核果类果树栽培生理与技术团队
兰州畜牧与兽药研究所抗寄生虫新兽药创制课题组
上海兽医研究所猪病毒性繁殖障碍疫病防控技术团队

附件2

2021—2022年度中国农业科学院五四红旗团组织（15个）

研究生院团委
作物科学研究所团支部
植物保护研究所团支部
蔬菜花卉研究所团支部
农业环境与可持续发展研究所团支部
饲料研究所团支部
农产品加工研究所团支部
农业经济与发展研究所团支部
农业资源与农业区划研究所团支部
中国农业科学技术出版社团支部
茶叶研究所团总支
哈尔滨兽医研究所团委
环境保护科研监测所团支部
南京农业机械化研究所团委
深圳农业基因组研究所团委

附件3

2021—2022年度中国农业科学院优秀共青团员（16名）

段璇卿　财务局
田枭艺　基本建设局
刘　巧　直属机关党委
高　雅　作物科学研究所
刘静诺　农产品加工研究所
李　祎　生物技术研究所
高　虹　农业经济与发展研究所
王亚丽　农业信息研究所
于　涵　水稻研究所
刘　爽　油料作物研究所
程　潜　麻类研究所
杨兴旺　果树研究所
乌日力嘎　草原研究所
焦雨轩　南京农业机械化研究所
徐方正　烟草研究所
张永进　深圳农业基因组研究所

附件 4

2021—2022 年度中国农业科学院优秀共青团干部（15 名）

李月明　院办公室
李然嫣　研究生院
高韵哲　作物科学研究所
宋　振　农业环境与可持续发展研究所
赵善江　北京畜牧兽医研究所
侯晓宇　蜜蜂研究所
金　诺　农产品加工研究所
梅英婷　生物技术研究所
房　悦　农业经济与发展研究所
杨亚东　农业资源与农业区划研究所
陈　飞　棉花研究所
杨泽宇　油料作物研究所
占　莎　麻类研究所
孟照刚　果树研究所
孟　鹤　烟草研究所

关于印发《中国农业科学院妇女工作委员会工作规则（试行）》的通知

农科妇〔2023〕1号

院机关、院属各单位妇女组织：

经院妇工委常委研究并报院直属机关党委常委会审定，现将《中国农业科学院妇女工作委员会工作规则（试行）》印发给你们，请认真遵照执行。

中国农业科学院妇女工作委员会

2023年1月13日

中国农业科学院妇女工作委员会工作规则（试行）

第一章　总　则

第一条　根据《中华全国妇女联合会章程》《妇女联合会机关、事业单位基层组织工作条例》《中央和国家机关妇女工作委员会工作规则》《农业农村部直属机关妇女工作委员会工作规则（试行）》等有关规定，结合中国农业科学院妇女工作委员会（以下简称院妇工委）实际，制定本工作规则。

第二条　院妇工委领导院机关、院属京区各单位妇委会（以下简称各直属妇委会）的工作，指导院属京外各单位妇女组织工作，接受中国农业科学院直属机关党委（以下简称院机关党委）、农业农村部直属机关妇女工作委员会（以下简称部妇工委）双重领导，以院机关党委领导为主。

第三条　院妇工委坚持以习近平新时代中国特色社会主义思想为指导，增强“四个意识”、坚定“四个自信”、做到“两个维护”，贯彻男女平等基本国策，团结引导中国农业科学院女干部职工坚定不移走中国特色社会主义妇女发展道路，在深入学习贯彻习近平新时代中国特色社会主义思想上作表率，在始终同以习近平同志为核心的党中央保持高度一致上作表率，在坚决贯彻落实党中央各项决策部署上作表率。

第二章　工作职责

第四条　院妇工委在新时代担负着团结引导院机关、院属各单位妇女组织和广大女干部职工听党话、跟党走的政治责任，以围绕中心、服务大局为工作主线，以联合和服务女干部职工为根本任务，以代表和维护女干部职工权益、促进男女平等和女干部职工全面发展、引导干部职工家庭培育良好家风为基本职能。

第五条　组织引导女干部职工学习贯彻习近平新时代中国特色社会主义思想和党的路线方针政策，坚定政治信仰，自觉学懂弄通做实。

第六条　团结动员女干部职工立足岗位建功立业，为科技支撑全面推进乡村振兴、加快农业农村现代化、加快建设农业强国贡献智慧力量，努力培养懂农业、爱农村、爱农民的女干部职工队伍。

第七条　深入了解院机关、院属各单位妇女组织和女干部职工队伍状况和发展需求，向院机关党委、部妇工委提出意见建议。组织完成院党组、院机关党委和上级妇女组织临时交办的任务。

第八条　定期开展推优荐先活动，宣传表彰优秀典型，引导女干部职工弘扬自尊、自信、自立、自强精神，提高综合素质，实现全面发展。

第九条 支持女干部职工参与民主决策、民主管理、民主监督，落实保障女干部职工合法权益的各项法律政策。竭诚服务女干部职工和干部职工家庭，开展或组织参加学习、交流、培训和文体活动，做好特殊困难帮扶工作，推进妇女之家建设。

第十条 注重家庭家教家风建设，推动社会主义核心价值观在家庭中落细落实，引导女干部职工培育传承良好家风、廉洁齐家，为涵养风清气正的政治生态发挥作用。

第十一条 加强对院机关、院属各单位妇女组织工作和建设的指导，深入调查研究，完善有关制度，推动基层结合实际创造性开展工作，增强妇女组织活力。

第三章 组织制度

第十二条 院妇工委由主任、副主任、常委和委员组成，由院系统妇女代表按程序协商推选产生。委员 25 人或 27 人；常委 7 人或 9 人；设主任 1 人，副主任 2~3 人，负责日常工作，可对重要事项或重点工作实行分工负责制。

各直属妇委会由主任、副主任和委员组成，由妇女大会或妇女代表大会选举产生。委员 5 人或 7 人；设主任 1 人，根据需要设副主任。京外单位妇女组织按照属地管理规定，以当地上级妇女组织要求为准，在此前提下可参照执行。

第十三条 院妇工委主任、副主任、常委人选应当事先征求部妇工委意见，报经院领导审定后，由院机关党委任免，一般任期 5 年。院妇工委成员变动情况报部妇工委备案。成员调离院系统，其相应职务自动免除。

各直属妇委会换届、领导成员变动情况报院妇工委审批，京外单位妇女组织抄报院妇工委备案。

第四章 议事决策

第十四条 院妇工委坚持和贯彻民主集中制原则，实行集体领导和个人分工负责相结合的制度，凡属重大问题都应当按照集体领导、民主集中、个别酝酿、会议决定的原则进行集体讨论和决定。

第十五条 院妇工委实行院系统妇女代表大会、院妇工委全体会议、院妇工委常委会议等会议制度。

第十六条 会议由主任或委托副主任召集并主持，应当有半数以上应到会人员参加方可召开。在表决事项时，赞成人数超过到会人员的 2/3 为通过。

第十七条 院系统妇女代表大会的主要任务是：贯彻落实院机关党委、部妇工委决策部署；审议和批准院妇工委工作报告；推举院妇工委组成人员；研究审议其他事项。

第十八条 院妇工委全体会议原则上每年至少召开 1 次，主要任务是：传达学习党中央决策部署，学习贯彻上级党组织、妇女组织重要文件精神；研究年度工作安排，督促检查工作进展，总结工作经验；研究确定向院机关党委、部妇工委请示报告的重要事项；研究审议其他重要事项。

第十九条 院妇工委常委会议根据工作需要随时召开，主要任务是：传达学习贯彻上级党组织、妇女组织有关重要会议和指示精神；研究决定妇工委各类推荐评选表彰等重要事项；讨论酝酿需要提请妇工委全体会议审议的事项；研究制定相关文件和制度；研究审议其他重要事项。

第五章　工作制度

第二十条 健全请示报告制度。院妇工委每年至少向院机关党委、部妇工委报告 1 次中国农业科学院妇女工作情况，重大事项必须向院机关党委、部妇工委请示报告。及时总结宣传妇工委工作经验，积极向上级党组织、妇女组织报送相关情况。

第二十一条 严格文件管理制度。院妇工委发文一般由院机关党委经办处室和院妇工委相关负责同志协同办理，报院妇工委主任和院机关党委分管领导审定签发，重要文件需报院机关党委常务副书记审签。外单位联合（会签）发文由院机关党委经办处室按职责分工征求有关单位意见后，提出办理意见，经院妇工委主任和院机关党委分管领导审核并报院机关党委常务副书记审定后按流程办理。

院机关党委或上级妇女组织印发的重要文件以及相关领导的重要讲话、指示批示由院机关党委经办处室办理收文后，送院妇工委主任、副主任、常委等传阅，或经院机关党委有关领导、院妇工委主任阅示后，协同院妇工委相关负责同志组织贯彻落实。

严格公文管理，严格履行文件签收、分发和传阅程序，院妇工委各类公文、简报的原稿和有关领导同志重要批示要及时存档，年底做好立卷归档工作。密级文件要严格按照保密管理规定保管。

第二十二条 健全学习培训制度。院妇工委每年组织参加部系统妇女工作干部培训，根据实际情况安排院系统妇女工作干部培训，开展理论学习，交流院机关、院属各单位妇女组织工作经验，促进提升能力素质和妇女工作本领。

第二十三条 建立调查研究制度。院妇工委通过开展调研统计等工作，适时了解各直属妇女组织和女干部职工队伍状况及发展需求，根据需要形成调研报告和有关工作建议。

第六章　活动经费

第二十四条 院妇工委开展活动，所需经费由院工会列入年度经费预算。

活动经费使用管理坚持厉行节约、统筹安排、严格程序、公开透明的原则，应遵照《中国农业科学院机关财务报销管理办法（试行）》等有关财务制度执行。

第七章 附 则

第二十五条 本规则由院妇工委负责解释。
第二十六条 本规则自发布之日起施行。

关于表彰2021—2022年度中国农业科学院巾帼文明岗　先进基层妇女组织　巾帼建功标兵优秀妇女工作干部　五好文明家庭妇女之友的决定

农科妇〔2023〕2号

2021年以来，在院党组以及院直属机关党委、各级党组织的坚强领导下，中国农业科学院各级妇女组织和广大女干部职工坚持以习近平新时代中国特色社会主义思想为指导，深刻领悟“两个确立”的决定性意义，增强“四个意识”、坚定“四个自信”、做到“两个维护”，持续落实习近平总书记关于妇女工作、“三农”工作和科技创新的重要论述精神以及致中国农业科学院建院60周年贺信精神，扎实推进新时代妇女工作创新发展，不断加强妇女组织建设，全面提升妇女职工综合素质，涌现出一批爱岗敬业、求实创新、团结奉献、锐意进取的妇女先进集体和先进个人。

为表彰先进、树立典型、激励创新，由各单位申报、经院妇工委评选、报院直属机关党委批准，公示无异议后呈报院党组审定，决定授予作物科学研究所人事处等10个集体为2021—2022年度中国农业科学院“巾帼文明岗”称号，授予牛丽芳等10名同志为2021—2022年度中国农业科学院“巾帼建功标兵”称号，授予后勤服务中心妇委会等10个妇女组织为2021—2022年度中国农业科学院“先进基层妇女组织”称号，授予李美等10名同志为2021—2022年度中国农业科学院“优秀妇女工作干部”称号，授予王垚家庭等12个家庭为2021—2022年度中国农业科学院“五好文明家庭”称号，授予王登山等38名同志为2021—2022年度中国农业科学院“妇女之友”称号。

希望受到表彰的先进集体和先进个人把荣誉作为新起点，谦虚谨慎、再接再厉，充分发挥示范引领作用，奋进新征程，建功新时代。希望院各级妇女组织要向受到表彰的先进基层妇女组织学习，结合农业科研特点，不断创新工作思路，团结带领广大女干部职工投身到“农科巾帼心向党　科研建功新时代”实践中，为党做好新时代妇女工作，为党的事业广泛团结凝聚巾帼力量。希望全院广大女干部职工要以受到表彰的先进集体和先进个人为榜样，弘扬新时代科学家精神和农科精神，立足本职、脚踏实地，求真务实、开拓创新，以敢于担当、迎难而上的精气神，笃行不怠、苦干实干的好作风，为实现高水平农业科技自立自强，科技支撑全面推进乡村振兴、加快建设农业强国而团结奋斗。

附件：2021—2022 年度中国农业科学院巾帼文明岗 先进基层妇女组织 巾帼建功标兵 优秀妇女工作干部 五好文明家庭 妇女之友名单

中国农业科学院妇女工作委员会

2023 年 2 月 17 日

附件

2021—2022年度中国农业科学院巾帼文明岗 先进基层妇女组织　巾帼建功标兵 优秀妇女工作干部　五好文明家庭　妇女之友评选名单

一、巾帼文明岗

（10个，排名不分先后）

作物科学研究所人事处
植物保护研究所农药分子靶标与绿色农药创制创新团队
蔬菜花卉研究所花卉种质资源与遗传育种创新团队
农业环境与可持续发展研究所种植废弃物清洁转化与高值利用团队
农产品加工研究所财务与资产管理处
农业信息研究所中国农业科学期刊发展中心
中国水稻研究所稻田生态与环境创新团队
油料作物研究所花生种质资源课题组
茶叶研究所茶叶质量安全与病虫害防控课题组
草原研究所“三农”巾帼服务团队

二、先进基层妇女组织

（10个，排名不分先后）

后勤服务中心妇委会
研究生院妇委会
农产品加工研究所妇委会
农业资源与农业区划研究所妇委会
中国农业科学技术出版社妇委会
兰州畜牧与兽药研究所妇委会
上海兽医研究所妇委会
农业农村部环境保护科研监测所妇女联合会
农业农村部沼气科学研究所妇委会
烟草研究所妇委会

三、巾帼建功标兵

（10 名，按姓氏笔画排序）

牛丽芳　生物技术研究所研究员
李红娜　农业环境与可持续发展研究所研究员
李雁冰　哈尔滨兽医研究所研究员
吴限忠　监督局副局长、研究员
张　蕾　特产研究所副研究员
张云慧　植物保护研究所副研究员
范术丽　棉花研究所研究员
赵桂苹　北京畜牧兽医研究所研究员
龚　艳　南京农业机械化研究所研究员
屠　焰　饲料研究所研究员

四、优秀妇女工作干部

（10 名，按姓氏笔画排序）

李　美　农业基因组研究所妇委会委员
杨　杰　棉花研究所女工委主任委员
杨亚民　兰州兽医研究所女工委委员
张　婷　蜜蜂研究所妇委会副主任委员
张　蕾　植物保护研究所妇委会副主任委员
张丽娜　作物科学研究所妇委会副主任委员
金　芬　农业质量标准与检测技术研究所妇委会主任委员
周加加　生物技术研究所妇委会主任委员
宗　洁　农田灌溉研究所妇委会副主任委员
康霞珠　果树研究所妇委会委员

五、五好文明家庭

（12 户，按姓氏笔画排序）

王　垚家庭　研究生院
王宇菲家庭　北京畜牧兽医研究所
王晓钧家庭　哈尔滨兽医研究所
朱大洲家庭　农业农村部食物与营养研究所

陈兆国家庭　上海兽医研究所
周　卫家庭　农业资源与农业区划研究所
郑胤建家庭　都市农业研究所
钟　钰家庭　农业经济与发展研究所
徐永阳家庭　郑州果树研究所
郭会君家庭　作物科学研究所
蔡彦明家庭　农业农村部环境保护科研监测所
廖勇凤家庭　麻类研究所

六、妇女之友

（38名，按姓氏笔画排序）

王登山　农业农村部沼气科学研究所
方金豹　郑州果树研究所
邓　祥　农田灌溉研究所
邓红亮　农产品加工研究所
申拥军　兰州兽医研究所
刘建功　棉花研究所
刘继芳　农业信息研究所
江用文　茶叶研究所
李祥洲　中国农业科学技术出版社
李滋睿　后勤服务中心
杨永坤　麻类研究所
杨振刚　兰州畜牧与兽药研究所
吴文斌　农业资源与农业区划研究所
余　波　油料作物研究所
汪飞杰　农业质量标准与检测技术研究所
张士安　财务局
张友军　蔬菜花卉研究所
张应禄　草原研究所
张忠锋　烟草研究所
张晓鹏　哈尔滨兽医研究所
陆建中　饲料研究所
陈永生　南京农业机械化研究所
罗长富　植物保护研究所
周其文　农业农村部环境保护科研监测所

郝志强　农业环境与可持续发展研究所
胡永松　都市农业研究所
袁龙江　农业经济与发展研究所
贾广东　研究生院
夏耀西　基本建设局
钱　前　作物科学研究所
高士军　水稻研究所
曹永生　果树研究所
崔泽民　农业基因组研究所
梁　波　特产研究所
彭文君　蜜蜂研究所
韩雪松　上海兽医研究所
舒文华　直属机关党委
路铁刚　生物技术研究所

吴孔明院长在中国农业科学院 2023 年全面从严治党工作会议上的讲话

2023 年 5 月 6 日

今天会议的主要任务是，深入学习贯彻党的二十大和习近平总书记在二十届中央纪委二次全会上的重要讲话精神，全面学习贯彻农业农村部 2023 年全面从严治党工作会议精神，分析形势任务，部署中国农业科学院 2023 年全面从严治党重点工作，坚定不移把全面从严治党推向纵深，为推动高水平农业科技自立自强、科技支撑全面推进乡村振兴和加快建设农业强国提供坚强的政治保障。

这里我就贯彻落实本次会议精神提 3 点具体要求。

一要统一思想，提高站位。每年的全面从严治党会议都是院党组落实全面从严治党主体责任的一项制度安排，也是以实际行动贯彻落实党中央决策部署、坚定不移推进全面从严治党的具体安排和重要举措。会后各部门各单位党组织要及时将会议精神传达到全体党员干部，要将学习领会会议精神与深入学习贯彻党的二十大精神、学思践悟习近平总书记关于“三农”工作重要论述结合起来，与主题教育和纪检干部队伍教育整顿结合起来，与全面贯彻落实中央一号文件精神结合起来，牢牢把握全面从严治党的政治意蕴、政治标准和政治要求，牢牢把握农业科技创新事业的正确道路和方向，牢牢把握农业科研国家队的使命担当，切实把思想和行动统一到党中央决策部署和部院党组重点工作安排上来，把严的基调、严的措施、严的氛围长期坚持下去。

二要聚焦问题，务实整改。从典型案例通报和杨振海同志点到的问题看，中国农业科学院并非一片净土，并非没有风险隐患，还远没有到高枕无忧的时候，党风廉政形势依然严峻复杂，全面从严治党一刻不能放松，各部门各单位对此一定要有足够清醒的认识。会上被“点名”的单位，要深刻反思案件发生的深层次原因，把暴露出来的责任落实、思想教育、监督约束、体制机制等方面的问题找准找实，把根源剖析透，在此基础上，扎实开展警示教育和专题民主生活会，做实以案促改促治。其他单位也要以案为鉴、对照检视，深入梳理排查风险点和可能存在的问题，一并纳入到主题教育和干部队伍教育整顿问题清单，全面整改到位，抓早抓小，防患未然。针对业务领域的问题和风险，有关业务主管部门要以问题为导向，在“大监督”格局中找准职责定位，发挥好职能监督作用，在健全各项规章制度和解决体制机制层面问题上拿出实招硬招，把监督融入业务、融入管理，从根本上遏制违纪违法违规问题发生。

三要明晰责任，狠抓落实。一分部署，九分落实。2023 年全面从严治党的各项任务目标已经明确，关键在于抓好落实，重点是压实各方责任。监督局要按照本次会议部署要求，抓紧研究起草全面从严治党任务分工意见，逐条逐项细化分解任务，落实领导责任，明确牵头单位，确保工作有人抓、问题有人管、落实有人盯。各单位党委要切实履行管党治党主体责任，党委书记、所长是第一责任人，要紧盯重大政治任务和全院改革发展大局，将全面从严治党贯穿始终，谋落实之策，干落实之事，求落实之效，不断巩固发展风清气正的良好政治生态。班子其他成员要严格落实“一岗双责”，自觉加强分管和联系领域的管理监督，尤其要加强对管钱管物管人、管项目、管资源、管审批等重点岗位人员的监督提醒，把职责范围内的各项工作抓具体、抓深入。各单位纪委要立足监督专责，主动跟踪问效，围绕全院工作大局，更好地发挥监督保障执行、促进完善发展作用，推动院党组重大决策部署和各项改革举措落地见效。

坚持不懈把全面从严治党向纵深推进 为科技支撑农业强国建设提供坚强保证

——杨振海书记在 2023 年中国农业科学院全面从严治党工作会议上的讲话

2023 年 5 月 6 日

刚才，陈华宁同志传达了二十届中央纪委二次全会和农业农村部全面从严治党工作会议精神，我们要深入学习领会，认真抓好贯彻落实。周若辉同志通报了党风廉政典型案例，全院上下都要引以为戒，深刻汲取教训。下面，我就落实习近平总书记重要讲话和二十届中央纪委二次全会精神以及农业农村部全面从严治党会议要求，坚持不懈把我院全面从严治党工作向纵深推进讲 4 点意见。

一、认真总结，不断巩固十九大以来我院全面从严治党成果

2022 年，我院紧紧围绕“举院抓大事”体制机制改革，探索构建“大监督”格局，建立健全下级纪检组织向上级纪检组织报告工作制度，把党对纪检工作的领导一贯到底，把纪检监督工作融入院所治理全领域、全链条；组织召开全面从严治党工作会议、全面推进监督工作会议，出台“纪委书记履职清单”和“纪检机构监督执纪能力提升方案”，推动“两个责任”落地落实落细；持续巩固深化中央巡视整改成果，制定年度重点整改任务清单，对 9 个单位开展政治巡察，圆满完成十九大以来巡察全覆盖，不断提升政治监督实效；出台加强对“一把手”和领导班子监督的实施办法，认真落实处级及以下党员干部日常提醒监督制度；对新提拔领导干部、新晋高级职称人员、新入职职工等各类人员集体谈话，围绕“吴志凤案”“屈哲案”深入开展警示教育，坚持把纪律规矩挺在前面，推进教育监督工作发挥抓早抓小、提醒警示作用；抓实财政经费管理使用和房屋出租出借管理整改、公务用车和加油卡管理使用整治、落实中央八项规定精神自查自纠等专项监督工作，做到有的放矢、靶向精准，农科监督工作特色更加鲜明，全面从严治党取得新进展新成效。

2022 年的成绩，是我们持之以恒推进全院全面从严治党工作的延续。党的十九大以来，院党组坚持以习近平新时代中国特色社会主义思想为指导，坚决贯彻落实党中央全面从严治党战略部署和农业农村部党组、驻部纪检监察组关于推进全面从严治党的工

作要求，不断提高政治站位，自觉肩负起管党治党的政治责任，坚持严的基调，坚持稳中求进，坚持农科特色，全面从严治党工作不断深入，党的建设不断加强，为促进高水平农业科技自立自强提供了强有力的政治保障。

一是以贯彻落实习近平总书记致我院贺信精神为统领，党对科研工作的领导不断加强。把总书记贺信精神作为全院各项工作的根本遵循，按照“四个面向”和“两个一流”的要求，推动院科研管理体制改革，着力加强党对科研工作的领导。主动对标“国之大者”，发布10项使命、78项重点任务清单，明确举全院之力重点推动的“六件大事”，不断优化学科体系和资源布局，切实扛起国家战略科技力量的使命职责。五年来全院在全球顶尖期刊发表论文67篇，取得科技成果445项，国家科技奖占全国农业领域的1/4。一方面，强化党对人才工作的领导。大力实施人才强院战略，召开五次人才工作会，出台“30条”“新30条”等人才制度，构建“四横四纵”人才体系，大力弘扬新时代科学家精神和农科精神，做细做实科研人员思想政治和意识形态工作。另一方面，推动党建与科研互融互促。把支部建在创新团队上，358个科研团队中，支部一对一建在团队的349个，占比超97%，创新团队首席中党员占比超74%，以卓有成效的党建工作为科技创新凝心聚力，把关定向。

二是强化“两个责任”，全面从严治党工作体系不断完善。每年召开全面从严治党工作会议，研究制定全面从严治党年度工作要点和分工意见，强化责任落实。建立和驻部组会商制度，及时准确把握驻部组发现和重点关注的问题，同向发力，推动解决。首先，压实各级领导干部管党治党的政治责任。严格执行“院党组落实全面从严治党主体责任清单”“院领导同志落实‘一岗双责’的若干规定”，同步压实院属各单位党委、党政主要领导、纪委和班子成员的责任，做到明责、履责、尽责。其次，强化院所治理体系。严明政治纪律，确保党中央重大决策和上级部门部署要求在农科院落地。创新机制“举院抓大事”，加快由“管所为主”向“管大事与管所并重”转变。最后，加强制度建设。出台关于加强政治把关、加强“一把手”和领导班子监督实施办法、公车和加油卡管理使用、房屋出租出借等重要制度，建立健全监督治理长效机制。

三是把政治监督作为首要任务，“大监督”格局逐步形成。首先，围绕全院工作大局强化政治监督。聚焦践行“两个维护”和重大使命任务落实，紧盯“关键少数”开展政治生态调研和监督。成立监督局，加强对全院监督工作的组织统筹，充分发挥巡视巡察、纪律检查、审计监督、职能监督的作用，推动各类监督形成合力。其次，高标准抓好中央巡视整改。对中央巡视组指出的47个问题全部按期推进整改，把中央巡视整改作为推动我院改革发展的强大动力。高质量完成十九大以来全院巡察全覆盖，创新巡察反馈机制，加强巡察整改和成果运用，巡察工作不断规范，巡察质效不断提升。再次，强化日常监督。围绕抓早抓小、科研副产品等监督工作组织开展课题研究，从三大重点领域17个方面查找廉政风险点，明确廉政风险防范的举措，农科特色监督体系逐步形成。重点加强对“关键少数”和年轻干部的教育管理。紧盯科研经费、劳务费咨询费、科研副产品、招标采购、师德师风等重点加强监督检查，查堵廉政风险。最后，加强制度建设。发布《“十四五”农业科研特色监督工作规划》，出台《科研人员重点纪律红线》，营造纪律严明、环境宽松的创新氛围。

四是坚持严的基调，坚决查处违纪违法行为。首先，把纪律挺在前面。党的十九大以来，院纪检组处置问题线索200余件，对48名违纪违规党员干部予以党纪政务处分，其中12人被开除党籍。其次，持之以恒贯彻落实中央八项规定精神。制定工作方案，建立自查自纠工作常态化机制。从快从严查处我院违反中央八项规定精神案件，着力整治形式主义、官僚主义、享乐主义和奢靡之风，常抓不懈、久久为功。再次，集中查纠重点领域的突出问题。开展检测中心、期刊杂志、试验基地等5个领域专项整治，公务用车和加油卡问题专项治理，召开院所办企业监管专题民主生活会，靠前开展疫情防控监督，实现精准监督，靶向纠治。最后，强化警示教育。做好案件查办“后半篇文章”，以发生在身边的典型案件为反面教材，以案明纪，发挥震慑和警示作用。

过去5年成绩的取得，根本原因在于我们始终坚持以习近平新时代中国特色社会主义思想为指导；在于我们深刻领悟“两个确立”的决定性意义，不断增强“四个意识”，坚定“四个自信”，做到“两个维护”，自觉对标党中央全面从严治党各项战略部署；在于我们始终把科技的政治属性摆在第一位，紧紧围绕履行国家队职责使命发挥纪检工作“监督保障执行、促进完善发展”的作用；在于各级党组织、纪检组织管党治党主体责任和监督责任的认真落实；在于农业农村部党组和驻部组的坚强领导和悉心指导，既肯定成绩也指出不足，驻部组、部直属机关党委等部门的领导对我院的工作也高度重视，大力支持，在此我代表院党组表示感谢。

二、清醒认识我院全面从严治党工作存在的问题短板

在看到进步和成绩的同时，我们也要看到问题和不足。尤其是要看到，我院党风廉政建设和反腐败斗争的形势依然严峻复杂，存量尚未完全清除，增量还时有发生，边改边犯、屡提屡不改的情况仍然存在，特别是处级以上领导干部和一些年轻干部的违纪违法案件十分典型，教训极其深刻。农业农村部全面从严治党工作会议上指出的部系统存在的5个方面问题，我院都或多或少地存在，亟须下大力气加以解决。

一是着力解决理论学习主动性不足、系统性不够的问题。二是着力解决政治站位、全局思维不够高的问题。三是着力解决制度不严、管理不细的问题。四是着力解决管党治党不上心、责任落实不到位的问题。五是着力解决自律不够、监督不严的问题。以上5个方面的问题，说到底都是不守纪律、不讲规矩，没有敬畏意识造成的。我们要以这次主题教育为契机，重温党章党纪、重温法律法规，重温党的优良传统和工作惯例，明制度于前，重威刑于后，努力营造守纪律、讲规矩的氛围，在深入推进全面从严治党工作中下大气力加以解决。

三、坚决贯彻落实党的二十大关于全面从严治党的战略部署，锲而不舍把我院全面从严治党引向深入

（一）提高政治站位，自觉把持续贯彻落实好习近平总书记对农业科技工作的指示批示精神作为推进我院全面从严治党的首要任务

在2022年底中央农村工作会议上，习近平总书记强调，要依靠科技和改革双轮驱动加快建设农业强国。在耕地、淡水等农业资源以及农业劳动力日趋紧张的情况下，建设农业强国从根本上要依靠高水平农业科技自立自强。2023年全国两会期间，习近平总书记在参加江苏代表团审议时强调，加快实现高水平科技自立自强，是推动高质量发展的必由之路。我们能不能如期全面建成社会主义现代化强国，关键看科技自立自强。2023年中央一号文件和政府工作报告对稳定粮食生产、全面推进乡村振兴重点工作作出明确部署，对加快建设农业强国提出总体要求和具体安排。2023年，农业农村部首次把我院列入贯彻落实中央一号文件重点任务的责任单位，对我院而言，这是与中央部署同频共振、科技助力稳产保供、支撑乡村全面振兴的重要着力点，是机遇也是挑战，更是沉甸甸的责任。

全院要切实把思想和行动统一到中央擘画的宏伟蓝图、谋划的战略部署上来，自觉把贯彻落实好习近平总书记对农业科技工作的指示精神作为政治监督首要任务，把党的领导落实到科技工作的方方面面，把科技的政治属性摆在第一位，让科技服从服务于国家战略需要，成为大国博弈和竞争的利器锐器。要紧紧围绕贯彻落实中央一号文件开展各项工作，把政策落实到基层，把任务细化到团队，把考核评价指标从“一农”向“三农”转变，在解决“卡脖子”技术、支撑乡村产业、服务农村建设上提供强力科技支撑。要加大力度落实“举院抓大事”工作思路和部署，聚焦种子、耕地、农机装备、生物安全、绿色低碳、乡村发展“六件大事”加快推进科技创新，加强政治监督，确保执行不偏向、不变通、不走样。

（二）准确把握中央和上级部门对全面从严治党的部署要求

党的二十大对新时代新征程全面从严治党进行系统部署，要求全党必须牢记，全面从严治党永远在路上，党的自我革命永远在路上；首次明确提出“健全全面从严治党体系”；强调以严的基调强化正风肃纪；坚决打赢反腐败斗争攻坚战持久战，坚持不敢腐、不能腐、不想腐一体推进。习近平总书记在二十届中央纪委二次全会上对健全全面从严治党体系作出重要部署，强调要更加突出运用治理的理念、系统的观念、辩证的思维管党治党建设党。要永远吹冲锋号，把严的基调、严的措施、严的氛围长期坚持下去，把党的伟大自我革命进行到底。在农业农村部全面从严治党会针对学习贯彻习近平

总书记重要讲话和重要指示精神，提出了四个“准确把握”的要求，即准确把握自我革命这个重大命题，准确把握“全面”这个明确要求，准确把握“严”这个关键要害，准确把握“制度”这个重要基础，部署了 2023 年全面从严治党 6 个方面重点工作。吴清海组长从进一步提升政治能力，锲而不舍落实中央八项规定精神，坚持以严的基调强化正风肃纪，持续深化不敢腐、不能腐、不想腐一体推进，贯通主体责任与监督责任落实等 5 个方面提出了工作要求。

中国农业科学院作为国家农业科技战略力量，作为落实中央一号文件的第一方阵，使命光荣、任务艰巨、责任重大，我们必须对改革发展中的风险保持清醒认识，全面贯彻落实好党中央和部党组全面从严治党工作部署，把严的要求、严的措施一贯到底。要更加注重运用系统化思维，强化顶层设计与系统规划，将监督体系嵌入院所治理体系，做到监督内容上全涵盖、对象上全覆盖、责任上全链条、制度上全贯通，使我院全面从严治党各项工作更好体现时代性、把握规律性、富于创造性。

（三）紧密结合我院实际，努力构建具有农科特色的“大监督”工作格局

习近平总书记强调，健全党统一领导、全面覆盖、权威高效的监督体系，是实现国家治理体系和治理能力现代化的重要标志。党委（党组）要发挥主导作用，统筹推进各类监督力量整合、程序契合、工作融合。

2023 年年初，我们专门召开了全面推进监督工作会议，成立了监督局，这是我院全面坚持党对一切工作的领导，贯彻落实“举院抓大事”的标志性举措。今后 5 年，要按照“大监督”的工作思路不断深化我院监督格局，强化监督合力，提升监督实效。要加强对院属单位纪检工作的领导、指导、督促、检查，实现纵向贯通；推动纪检专责监督与职能监督统筹联动、有机协调，实现横向一体。院机关各部门、院属各单位要认真落实院党组要求，自觉将部门工作摆进去，强化在业务领域加强日常监督的首责意识。我们要更加突出抓好“一把手”和领导干部监督，高度重视年轻干部教育管理，针对科研人员深入开展依法科研和纪律作风宣传教育，大力弘扬新时代科学家精神和农科精神，不断建强监督体系，完善监督制度，加强权力制约和风险防控，积极营造纪律严明、作风优良、环境宽松的良好创新环境。全院纪检监督干部要坚持打铁必须自身硬，以开展纪检队伍教育整顿为契机，带头加强政治建设和能力建设，深学习、实调研、抓落实，加大培训锻炼力度，提升敢于监督、善于监督的能力，以彻底的自我革命精神打造纪检监督铁军。

四、积极谋划，抓好 2023 年全面从严治党重点工作的落实

2023 年是全面贯彻党的二十大精神的开局之年，是加快建设农业强国的起步之年，

也是我院构建农科特色“大监督”工作格局的重要一年，各项工作都要有新气象，全面从严治党也要有新进展，重点抓好以下六个方面工作。

（一）精心组织开展学习贯彻习近平新时代中国特色社会主义思想主题教育

习近平新时代中国特色社会主义思想是推进中国式现代化的指导思想，也是保证我们在第二个百年新征程上能够行稳致远的思想指南。全院要坚持用习近平新时代中国特色社会主义思想统一思想、统一意志、统一行动，按照4月19日我院主题教育动员部署会以及实施方案的安排和要求，扎实组织开展主题教育。要结合深入学习贯彻党的二十大精神，进一步学思践悟习近平总书记关于“三农”工作、科技创新工作的重要论述，带着问题去学习，把工作中的一些困惑解决掉。要着力加强对“一把手”和领导班子监督，督促其严于律己、严负其责、严管所辖，通过一级抓一级，一级管一级，引导督促全体干部职工和广大科研人员时时处处向党中央看齐，扎扎实实贯彻执行党中央决策部署，以“头雁领航”带动“群雁起飞”，把主题教育各项要求落实到农业科技创新各方面全过程，引领科技创新走向高水平自立自强。

（二）聚焦“国之大者”强化政治监督

习近平总书记强调，要以有力政治监督保障党的二十大决策部署落实见效。院领导班子要带头抓好落实，按照总书记提出的“三个看”的明确要求，强化政治监督意识，把政治监督融入业务管理，进一步明确导向要求、细化措施机制。各级党组织和纪检组织要锚定建设农业强国目标，紧盯粮食和重要农产品稳定安全供给、巩固拓展脱贫攻坚成果、建设宜居宜业和美乡村等“三农”大事，自觉把科研工作摆进去，检查贯彻落实中央一号文件的分解任务落实得怎么样，全国重点实验室重组建设工作落实得怎么样，“举院抓大事”的工作要求落实得怎么样，科研资源回归科研使用落实得怎么样，“六件大事”的重点任务落实得怎么样，服务支撑乡村产业和全面推进乡村振兴落实得怎么样。各级党组织要自觉贯彻落实，纪检组织要同步跟进，综合运用调研督导、专项监督、巡察、纪检监督、党建督察等各类监督手段，不断推动我院政治监督工作的内容具体化、形式精准化和机制常态化。

（三）有力发挥政治巡察利剑作用

贯彻中央巡视工作方针和中央巡视工作五年规划精神，突出政治巡视定位，围绕全院工作大局，出台我院巡察工作五年规划，与时俱进制修订相关规章制度，统筹安排好常规巡察、专项巡察和回头看。扎实谋划开展2023年巡察工作，确保开好局、起好步。

深化巡察整改监督检查，合理有效地开展巡察整改成效评估，加强巡察成果运用，推动深化改革、完善制度。进一步促进巡察监督与各类监督贯通融合，督促职能部门对共性问题进行系统纠治，更加注重同题共答，更加注重解决深层次问题，不断推进巡察工作高质量发展。

（四）大力推进各类监督贯通融合形成合力

一要压紧压实主体责任和“一岗双责”。贯彻执行好我院“十四五”监督工作规划，持续夯实院党组—所党委—团队支部三级责任体系。首先从院党组做起，我和孔明同志一定会带头扛牢抓实全面从严治党主体责任，院领导班子成员要认真履行“一岗双责”，牢固树立既要管业务，也要管思想、管纪律、管作风的意识，坚持全面从严治党与业务工作同部署、同检查、两融合、两促进。各单位党政“一把手”和班子成员要带头讲政治讲规矩，带头依规依法履职用权，带头廉洁自律。要敢于管理、善于管理，尤其要管好关键人、管到关键处、管住关键事、管在关键时，重视对“小微权力”“软权力”的监督制约，真正做到把自己摆进去，把职责摆进去，把工作摆进去。要完善监督的全链条，充分发挥基层党支部的战斗堡垒作用和党内日常监督第一道关卡的作用，进一步明确基层支部和团队抓监督的工作重点和工作方法，把主体责任和监督责任一贯到底。二要加快健全监督协同机制。纵向加强“组局委联动”（院纪检组、监督局，所纪委），横向加强“局局协同”，采取“专责+专业”的方式，对监督发现的问题快速响应、共同会商、即时办理、工作共推，形成精准发现问题、及时反馈问题、督促解决问题的工作闭环，真正打造合力，增强监督的专业性和权威性。三要持续提升院系统基层党组织的政治功能和组织功能。以“四强”党支部创建为抓手，做好典型示范，以开展督促整改为抓手，带动后进提升，在科研团队中努力营造自觉对标对表中央要求、胸怀“国之大者”、积极履职尽责的良好氛围。

（五）坚持以严的基调强化正风肃纪

一要持续加固落实中央八项规定精神的堤坝。贯彻落实《中共中央政治局贯彻落实中央八项规定实施细则》和我院《推进中央八项规定及其实施细则精神常态化自查自纠工作方案》，坚持纠“四风”树新风并举，教育引导党员干部牢记“三个务必”，推进作风建设常态化长效化。找准我院在作风建设尤其是形式主义、官僚主义方面存在的突出问题，坚持风腐同查同治，对苗头性倾向性问题露头就打，对反复性顽固性、改头换面、翻新升级的问题加大查处力度，坚决防反弹回潮、防隐形变异、防疲劳厌战。二要大兴调查研究之风。各级领导干部、机关干部要按照中央《关于在全党大兴调查研究的工作方案》的部署和要求，扑下身子到基层、到科研一线深入开展调查研究，了解研究所和科研团队在落实重大决策部署、推进关键核心技术攻关、推动改革发展以及全面从严治党工作中的情况和问题，干实事、谋实招、求实效，增强领导本领和干事创业的能力。三要强化科研学术监督。我们要紧密结合科研单位的特点，坚持问题导向，持续关注科研经费使用、科研副产品管理、科研资源回归科研使用、院所办企业监管、依法依规科研、外事纪律等方面的问题，强化风险防控。职能部门要加强日常监督，细化制度规程，狠抓制度执行；纪检监督部门要延伸监督链条，消除监督死角，抓好预防工作，使监督形成常态。我还要重点强调一下学风、师风和科研诚信方面的问题，这是科研工作的生命线，要建立健全科研学术活动监督制度，建设优良的科研作风，筑牢科技创新的基石。

（六）持之以恒一体推进不敢腐、不能腐、不想腐

一要以零容忍的警醒、零容忍的力度保持不敢腐的震慑。对违反中央八项规定精神的行为，以权谋私、化公为私的行为，学术不端学风不正的行为，坚决严肃惩处。二要做实以案促改、以案促治，扎紧不能腐的笼子。聚焦典型案例“解剖麻雀”，从小角度小切口发现问题、解决问题，倒推流程、倒查症结、倒追责任，真正抓实抓严、落细落小。着眼于惩前毖后、治病救人，开展对当事人、当事单位、相关人员的回访，强化对当事人关心激励，促进受处分人员从“有错”向“有为”转变，做好监督这项“人心工作”和“护人工作”。对发生比较典型或比较严重违纪违法案件的相关单位党委，责令召开专题民主生活会，督促其从思想政治高度、制度执行层面、责任作风角度深入剖析查摆，切实推动“三不腐”同时发力、同向发力、综合发力。三要坚持正面引导、反面警示相结合，形成不想腐的自觉。要不断丰富教育形式和载体，打造“指尖上”的纪律教育，实现便捷化、高效化，把纪律教育做到科研人员身边去，让纪律规矩刻印在心。要大力弘扬新时代科学家精神和农科精神，充分发挥支部建在创新团队的战斗堡垒作用和党员科学家先锋模范作用，讲好农科故事，讲好老一辈科学家的故事，加强对科学家、年轻科研人员和各类人才的思想教育和精神引导，带领他们感党恩、听党话、跟党走，积极创新实干，努力作出贡献。

同志们，让我们更加紧密地团结在以习近平同志为核心的党中央周围，沿着党的二十大指引的方向，以担当实干的奋斗姿态，以时不我待的精神状态，履职尽责、开拓创新，不断取得全面从严治党和党风廉政建设新成效，为实现高水平农业科技自立自强，高质量服务支撑科技强国和农业强国建设贡献力量！

谢谢大家。

杨振海书记在中国农业科学院2023年巡察工作动员部署会上的讲话

2023年6月1日

刚才，周若辉同志宣布了今年被巡察单位名单，并向巡察组组长授权，资划所党委书记王秀芳同志代表被巡察单位作了表态发言，第一巡察组组长毛世平同志代表巡察组作了发言，讲得都很到位。下面，我讲3点意见。

一、深入贯彻落实习近平总书记和党中央关于巡视工作的新部署新要求，不断强化做好巡察工作的政治自觉

党的十八大以来，以习近平同志为核心的党中央高度重视巡视工作。总书记亲自指挥、亲自部署，深入推进巡视实践创新、理论创新、制度创新。巡视工作十年磨一剑，成为党之利器、国之利器。总书记多次强调，要把巡视利剑磨得更光更亮，勇于亮剑，始终做到利剑高悬、震慑常在。近期中央印发了《中央巡视工作规划（2023—2027年）》，明确今后5年中央巡视工作的总体思路、目标任务、主要举措，推动巡视工作向深拓展、向专发力、向下延伸。前不久召开的全国巡视工作会议，从深化政治巡视、服务保障大局、坚持人民立场、做好“后半篇文章”、增强监督效能、加强巡视规范化建设等六个方面作出部署，为进一步推进巡视工作高质量发展指明了方向。5月19日，农业农村部党组召开2023年巡视动员部署会，吴清海同志作动员讲话，强调要牢牢把握巡视正确的政治方向，把握巡视的政治性、人民性、时代性和融合性。我们要认真学习贯彻，不断巩固深化政治巡察，做实政治监督。

一是坚定不移深化政治巡察，以有力政治监督保障党的二十大决策部署在我院落实见效。习近平总书记多次强调，巡视是政治巡视，本质上是政治监督。我们要深刻理解巡视巡察是上级党组织对下级党组织履行党的领导职能责任的政治监督，秉持“巡视是政治巡视，不是业务巡视”的要求，牢牢把握政治性是巡察工作的第一属性，深刻领悟党中央在关心什么、强调什么，自觉对标对表，抓好贯彻执行。各巡察组要坚决贯彻落实中央关于巡视工作的新部署新要求，旗帜鲜明把坚定拥护“两个确立”、坚决做到“两个维护”作为根本任务，聚焦“国之大者”检查核心职责使命履行情况，严明党的政治纪律和政治规矩，深入查找被巡察单位在管党治党和政治生态等方面存在的突出问题，及时发现和清除各种政治尘埃，通过政治“体检”增强被巡察单位党组织的

政治“体质”，确保党中央重大决策部署落到实处。

二是坚持严的基调不动摇，以高标准巡察服务高质量发展。中国农业科学院巡察工作是农业农村部巡视工作的重要组成部分，也是中央巡视战略格局的一环，担负着保障院系统党的队伍、党的事业坚定不移沿着正确方向前进，保障党中央重大决策部署和部党组工作安排在我院不折不扣贯彻落实的重要任务。巡察是综合监督平台，监督内容涉及党的领导、党的建设、全面从严治党等方方面面，要坚持问题导向、目标导向相结合，“发现问题、形成震慑”是手段和措施，“推动改革、促进发展”是出发点和落脚点。要坚持严的基调不动摇。巡察工作不是敲锣打鼓、开个会、作一两次总结汇报就能解决的。要做到在思想认识上从严，敢于动真碰硬，严守各项纪律；在问题查摆上从严，要力争透过现象看本质，找准真问题；在巡察反馈上从严，真正红脸出汗，真改实改；在整改监督上从严，对发现整改不落实、或者成效不佳的，及时约谈提醒，督促抓实整改成效。

三是强化巡察整改和成果运用，扎实做好“后半篇文章”。习近平总书记多次强调，巡视整改是“四个意识”的试金石，整改不落实，就是对党不忠诚、对人民不负责。2021 年 12 月，中共中央办公厅印发了《关于加强巡视整改和成果运用的意见》，对巡视整改有关工作作出明确安排。我们要认真贯彻落实上述精神，压紧压实被巡察党组织整改主体责任，不断增强做好巡察整改的政治自觉、思想自觉和行动自觉，持续提升整改的政治效果、纪法效果和社会效果。被巡察党组织要提前研究、主动查摆、立行立改、即知即改、举一反三。院巡察工作领导小组办公室要加强协调调度，推动监督、整改、治理有机贯通，最大化发挥整改监督的治理效能。

四是抓好贯通融合，充分发挥巡察综合监督作用。党的十九大以来，中央在构建巡视战略格局方面抓了两件大事，一件是纵向抓上下联动，另一件是横向抓贯通融合。我院巡察工作，一方面要注重与部党组巡视工作形成上下联动的工作格局，既要结合我院实际，突出特色重点，也要将部巡视的统一要求不折不扣落实；另一方面，要加强部门协作，抓好巡察监督与其他监督的贯通融合。近期，部党组制定印发了《关于加强巡视监督与其他监督贯通协调的实施办法》，我院要认真抓好贯彻落实，推动巡察工作依靠体系功能更好发挥作用。这里要特别强调，贯通融合关键还在落实上，做到思想上、责任上、机制上、组织上全方位贯通。具体到我院，就是院机关各部门、院属有关单位，要在情况互通、工作互动、信息共享等方面探索更加有效的贯通方式，科技、转化、人事、财务、党委、纪检等部门要建立健全“专业力量深度参与”的制度机制，进一步形成工作合力，提升监督质量。

二、准确把握巡察监督重点，找准找实影响被巡察单位的突出问题

发现问题、形成震慑是巡视的生命线。巡察组要善于发挥巡视政治“显微镜”“探

照灯”的作用，照亮问题盲区、不留工作死角，注重倾听和发现被巡察单位干部职工反映集中的问题，深入查找和推动解决影响被巡察单位事业发展的责任问题、能力问题、作风问题和体制机制问题。各组进驻前，组长要特别静下心来，对应该做什么、怎么做心中有数，要做好充分准备，不能“踩西瓜皮”。同志们进驻以后，要按照部党组指示和院党组的部署，结合我院全面从严治党会议要求，聚焦“四个落实”，做到“四个紧盯”。

一要紧盯贯彻落实党的路线方针政策和党中央重大决策部署情况，查找偏差和不足。这部分是政治巡察的核心内容。我院是中央国家机关的一部分，也是捍卫“两个确立”、践行“两个维护”的第一方阵，还是贯彻落实党中央决策部署的“最初一公里”。要重点了解被巡察党组织坚持和加强党的全面领导、加强党的政治建设、履行核心职能、推动事业改革发展、防范化解风险等情况，看是否结合实际深入学习贯彻习近平新时代中国特色社会主义思想和党的二十大精神，结合职能责任认真贯彻落实习近平总书记关于“三农”工作和科技创新的重要论述，立足全面推进乡村振兴、加快建设农业强国工作大局，研究务实管用的工作措施。具体要重点看“两个第一”学习制度、理论学习中心组学习等有没有落地，总书记贺信要求落实是否到位，院“十四五”规划和使命清单任务落实得怎么样。看被巡察单位领导班子特别是主要负责人推动改革、谋划发展的动力足不足、闯劲够不够，是否存在“国家账算不清、小算盘打得精”“定位不准、各自为政”“过小日子、发小文章、拿小奖励”的情况；围绕“国之大者”稳产保供，落实“举院抓大事”机制，谋划“四中心一智库”建设，特别是围绕种子、耕地、生物安全、农机装备、绿色低碳、乡村发展“六件大事”是不是主动谋划、扛起支撑保障国家粮食安全的政治责任；聚焦“四个面向”解决“卡脖子”技术攻关，服务国家重大战略需要，践行高水平科技自立自强使命担当的情况等等。

二要紧盯落实全面从严治党“两个责任”情况，看是否放在心上、抓在手上、扛在肩上，还是写在纸上、挂在墙上、喊在嘴上。推动全面从严治党，“一把手”是关键。党的二十大要求，增强对“一把手”和领导班子监督实效。中央巡视工作规划中明确，检查落实全面从严治党主体责任和监督责任情况，突出对“一把手”和领导班子的监督。我院巡察要认真落实中央和部党组有关要求，加强对被巡察单位“一把手”履行第一责任人责任、依规依法履职用权、担当作为、廉洁自律等情况的了解，对重要问题进行深入了解。这两年，我院巡察加强对“一把手”的“政治画像”，起到了不错的效果。下一步还要继续深化，在巡察准备、情况互通、个别谈话、下沉了解等环节突出对班子成员特别是“一把手”的监督，督促“关键少数”严于律己、严负其责、严管所辖，发挥好“头雁”作用。

三要紧盯落实新时代党的组织路线情况，看干部人才队伍建设效果。党员和干部人才队伍建设是党的建设的重要基础，也是履行党的领导职能责任的组织保障。从以往巡察看，被巡察单位干部人才队伍年龄老化、后备力量储备不足，人才引育机制不灵活等问题都不同程度存在。这些问题归根到底，就是因为领导班子对队伍建设的统筹谋划不够，选人用人导向不够鲜明。巡察要重点查找被巡察单位贯彻党管干部、党管人才原则，执行干部选拔任用制度规定等方面存在的问题。要督促被巡察单位加强基层党组织建设，严格落实支部建在团队上，推进党建和业务深度融合，切实增强基层党组织的政治功能和组织功能。要结合正在开展的主题教育，及时发现和推动解决党员干部在思想和行为上存在的偏差。

四要紧盯巡察整改和成果运用情况，突出对履行整改责任的监督。巡察整改是政治任务，能否抓好巡察整改，是对院属单位党委和党员领导干部政治立场、政治忠诚、政治担当的直接检验。院党组要进一步传导压力，压紧压实巡察整改主体责任，确保整改取得实效。对巡视巡察中发现的屡提屡不改、边改边犯的问题，要采取有力措施，务实抓好整改。2023 年巡察要重点了解被巡察党组织落实整改、加强整改日常监督、成果运用情况，要检查上轮巡视巡察反馈问题，特别是中央巡视反馈整改落实情况，看看被中央巡视组点名的单位、点出的问题是否真改了，是否改到位了，是否存在只做表面文章不注重整改成果，是否存在把说了当成做了，把做了、布置了当成做完了、做好了的情况；要看整改效果干部群众是否认可，有没有形成常态化、长效化的工作机制。这里强调一下，2016 年、2020 年两次中央巡视都指出我院存在科研用房违规出租问题，为解决该问题，院党组下了很大功夫。2023 年在开展常规巡察同时，也同步启动科研用房出租出借专项检查，院属单位要认真落实自查自纠要求，切实落实整改责任，各巡察组要强化对被巡察单位专项检查，确保摸清底数，明确时间表和路线图，有序推进科研资源回归科研使用。

三、扎实组织开展好 2023 年巡察工作，确保开好局起好步

2023 年是全面贯彻党的二十大精神的开局之年，是实施“十四五”规划承前启后的关键一年，是加快建设农业强国的起步之年，也是我院构建农科特色“大监督”工作格局首年，高质量开展好巡察工作十分重要，意义十分特殊。

一是巡察组要扛起政治责任，高质高效开展工作。巡察组是经院党组选用、授权派出的，代表着院党组的形象，肩负着院党组信任和重托，要讲政治、强能力，坚持实事求是、坚持依规依纪依法开展工作。要牢固树立“两职”观念（有重大问题应当发现而没有发现是失职、发现问题没有如实报告是渎职），严格执行“两不”规定（不干预被巡察党组织正常工作，不履行执纪审查职责），把握好职责边界。一方面，要充分信任、坚决依靠被巡察党组织开展工作，加强与被巡察单位“一把手”的沟通；另一方面，要敏于发现问题，发现真问题大问题，并善于从政治上看问题，精准画好“政治画像”，履行好院党组赋予的职责，提交一份高质量巡察报告。

二是被巡察单位要坚持同题共答，全力支持配合巡察工作。做好巡察工作是巡察组和被巡察党组织共同的政治责任，两者的目标是一致的，要落实好同题共答、同向发

力、同时发力的要求。被巡察党组织要站在讲政治的高度，切实增强接受巡察的政治自觉、思想自觉和行动自觉，全力支持配合巡察组开展工作。所长书记同责，都是第一责任人，要对汇报材料、上报材料亲自把关；要带头接受监督，带领班子成员把思想和行动统一到习近平总书记和党中央关于巡视工作的新部署新要求上来，鼓励支持干部群众消除顾虑、向巡察组如实反映情况、反映问题。要把巡察作为改进工作的重要契机，对巡察反馈的问题全盘接受、照单全收，要先改起来，先做起来。所长书记要主动把自己摆进去，主动认领问题，主动对照检视；班子成员要履行“一岗双责”，抓好分管领域整改落实，决不能将问题向下推，更不能“新官不理旧账”。

三是院机关要坚持贯通协调，做好巡察统筹和服务保障。院机关各部门要提高政治站位，为院巡察工作做好政策支持和服务保障，不能只当看客。主管业务领域做好政策支持保障，对巡察组和被巡察单位咨询问题、要求帮助解决问题时要认真对待。对问题的回答解释要一把尺子量到底，要有权威依据。对帮助解决基层困难和问题要高度重视，不论是巡察组还是研究所，出发点落脚点是解决问题，这一点要高度重视。坚持首问责任，不能推诿扯皮，要负责到底，帮助协调。被抽调的巡察干部所在单位要支持抽调同志参加巡察工作，巡察期间不安排其他工作任务，确保能全身心投入到巡察工作中。院巡察工作领导小组办公室要抓落实、抓督办、抓推进，发挥好组织协调和督导指导作用。

中共中国农业科学院党组关于印发《中国农业科学院2023年全面从严治党工作任务分工意见》的通知

农科院党组发〔2023〕33号

院机关各部门、院属各单位：

《中国农业科学院2023年全面从严治党工作任务分工意见》已经院2023年第11次党组会议审议通过，现印发执行。

各部门要压实主体责任，针对本部门牵头分工任务，认真研究制定工作方案，明确分管领导、责任处室、时限进度和措施要求，强化组织协调和督促指导，于今年12月上旬前将全年任务完成情况形成书面报告，报院党风廉政建设工作领导小组办公室(监督局，电子邮箱jcj001@caas.cn)。各单位党组织和纪检组织要狠抓任务落实，保质保量按时完成全年重点任务。

中共中国农业科学院党组

2023年7月7日

中国农业科学院 2023 年
全面从严治党工作任务分工意见

为深入学习贯彻落实党的二十大和二十届中央纪委二次全会精神、《党委（党组）落实全面从严治党主体责任规定》以及 2023 年农业农村部、中国农业科学院全面从严治党工作会议部署和中国农业科学院全面推进监督工作会议要求，结合落实《农业农村部 2023 年全面从严治党工作任务分工意见》，现就今年全面从严治党工作任务，制定如下分工意见（以下简称《分工意见》）。

一、任务分工

（一）精心组织开展主题教育

（1）深入学习贯彻习近平新时代中国特色社会主义思想，坚持用习近平新时代中国特色社会主义思想统一思想、统一意志、统一行动，进一步学思践悟习近平总书记关于“三农”工作、科技创新工作的重要论述。按照我院主题教育动员部署会以及实施方案的安排和要求，扎实组织开展主题教育。(直属机关党委牵头，院属各单位党组织落实)

（2）加强对“一把手”和领导班子监督，督促其严于律己、严负其责、严管所辖，通过一级抓一级，一级管一级，带动全体干部职工和广大科研人员时时处处向党中央看齐，扎扎实实贯彻执行党中央决策部署，把主题教育各项要求落实到农业科技创新各方面全过程，引领科技创新实现高水平自立自强。(人事局牵头，直属机关党委、监督局按照职责配合，院属各单位党组织、纪检组织落实)

（3）按照上级部署要求深入开展干部队伍和纪检干部队伍教育整顿，细化实施方案，直面问题、动真碰硬，结合开展主题教育，抓好学习教育、检视整治、巩固提升等重点工作，确保实现整顿目标任务。(人事局、监督局按照职责牵头，院属各单位党组织、纪检组织落实)

（二）聚焦“国之大者”强化政治监督

（1）聚焦贯彻落实习近平总书记重要指示批示精神和党中央关于“三农”工作的决策部署，锚定建设农业强国目标，紧盯粮食和重要农产品稳定安全供给、巩固拓展脱贫攻坚成果、建设宜居宜业和美乡村等“三农”大事，自觉把科研工作摆进去，检查贯彻落实中央一号文件的分解任务落实得怎么样，全国重点实验室重组建设工作落实得怎么样，“举院抓大事”的工作要求落实得怎么样，科研资源回归科研使用落实得怎么样，“六个领域”的重点任务落实得怎么样，服务支撑乡村产业和全面推进乡村振兴落实得怎么样。切实强化政治监督意识，把政治监督融入“一岗双责”、融入业务管理，进一步明确导向要求、细化措施机制，以有力有效的日常监督促进工作落实。（科技局、重大任务局、财务局、发展建设局、成果转化局、监督局按照职责牵头，院属各单位党组织、纪检组织落实）

（2）综合运用巡察、党建述职评议考核、干部教育监督、审计监督、财会监督、调研监督、专项监督、纪检监督等各类监督手段，不断推动中国农业科学院政治监督工作的内容具体化、形式精准化和机制常态化，构建起精准监督的闭环，形成全方位、无死角的监督合力。（监督局牵头，院机关各部门按照职责配合，院属各单位党组织、纪检组织落实）

（3）健全完善规范化的党内谈话制度，单位领导班子与党员干部、纪检组织与重点岗位人员等经常性开展谈心、听取汇报、廉政谈话，有效传导压力、及时提醒警醒、层层压实责任。（院属各单位党组织、纪检组织落实）

（三）有力发挥政治巡察利剑作用，组织开展好首轮巡察

（1）贯彻中央巡视工作方针和中央巡视工作五年规划精神，突出政治巡视定位，围绕全院工作大局，出台中国农业科学院巡察工作五年规划，与时俱进制修订相关规章制度，统筹安排好常规巡察、专项巡察和回头看。扎实谋划开展2023年巡察工作，确保开好局、起好步。（监督局牵头，院机关各部门按照职责配合）

（2）深化巡察整改监督检查，合理有效地开展巡察整改成效评估，加强巡察成果运用，推动深化改革、完善制度。（监督局牵头，院机关各部门按照职责配合，院属各单位党组织、纪检组织落实）

（3）进一步促进巡察监督与各类监督配合协作，督促职能部门对共性问题进行系统纠治，对个性问题“举一反三”，更加注重同题共答，更加注重解决深层次问题，不断推进巡察工作高质量发展。（监督局牵头，院机关各部门按照职责配合）

（四）大力推进各类监督贯通融合

（1）压紧压实主体责任和“一岗双责”。贯彻执行好中国农业科学院“十四五”监督工作规划，持续夯实院党组—所党委—团队支部三级责任体系。各单位党组织和班子成员以身作则，切实做到重要工作亲自部署、重大问题亲自过问、重点环节亲自协调、重要案件亲自督办，担当起应有的政治责任。落实好全面从严治党主体责任清单、加强对“一把手”和领导班子监督实施办法、“一岗双责”规定等，抓细抓实分管领域全面从严治党工作，管思想、管纪律、管作风，在完善监督机制、提高监督实效上下工

夫。（院办公室、人事局、直属机关党委、监督局按照职责牵头，院属各单位党组织、纪检组织落实）

（2）党政"一把手"和班子成员带头讲政治讲规矩，带头依规依法履职用权，带头廉洁自律。做到敢于管理、善于管理，尤其是管好关键人、管到关键处、管住关键事、管在关键时，重视对"小微权力""软权力"的监督制约，真正做到把自己摆进去，把职责摆进去，把工作摆进去。（人事局、监督局按照职责牵头，院属各单位党组织、纪检组织落实）

（3）完善监督的全链条，充分发挥党组织日常监督第一道关卡的作用，进一步明确基层支部和团队抓监督的工作重点和工作方法，把主体责任和监督责任一贯到底。（直属机关党委、直属机关纪委按照职责牵头，院属各单位党组织、纪检组织落实）

（4）切实加强对非党员干部特别是民主党派干部管理监督，建立起党组织统一领导、全面覆盖、权威高效的监督体系。对于重要岗位的非党员干部，要关注思想动态和工作生活情况，引导养成在受监督和约束的环境中工作生活的习惯。（人事局、直属机关党委、直属机关纪委按照职责牵头，院属各单位党组织、纪检组织落实）

（5）加快健全监督协同机制。纵向加强"组局委联动"（院纪检组、监督局、纪委），横向加强"局局协同"，采取"专责+专业"的方式，对监督发现的问题快速响应、共同会商、即时办理、工作共推，形成精准发现问题、及时反馈问题、督促解决问题的工作闭环，增强监督的专业性和权威性。（监督局牵头，院机关各部门按照职责配合，院属各单位纪检组织落实）

（6）持续提升院系统基层党组织的政治功能和组织功能。坚持党建和业务工作同谋划、同部署、同推进、同考核，把抓党建促科技创新和支撑乡村振兴落到实处。把党建业务融合作为重要标准，以"四强"党支部创建为抓手，做好典型示范在科研团队中努力营造自觉对标对表中央要求、胸怀"国之大者"、积极履职尽责的良好氛围。（直属机关党委牵头，院属各单位党组织、纪检组织落实）

（7）党建中的理论学习、主题党日活动等要围绕本单位的主责主业、重点任务和急难险重任务来开展，发挥党组织战斗堡垒和党员先锋模范作用，明方向、出良策、促落实。（院属各单位党组织、纪检组织落实）

（五）坚持以严的基调强化正风肃纪

（1）部署开展深化纠正"四风"、加强作风建设专题调研，摸清找准院属单位作风方面普遍发生、反复出现的突出问题，拿出针对性的举措方案，持续深入开展整治。（直属机关纪委牵头，院属各单位党组织、纪检组织落实）

（2）持续加固落实中央八项规定精神的堤坝。认真执行中国农业科学院《推进中央八项规定及其实施细则精神常态化自查自纠工作方案》，坚持纠"四风"树新风并举，教育引导党员干部牢记"三个务必"，推进作风建设常态化长效化。（院办公室、

监督局按照职责牵头，院属各单位党组织、纪检组织落实）

（3）坚持风腐同查同治，对苗头性倾向性问题露头就打，对反复性顽固性、改头换面、翻新升级的问题加大查处力度，坚决防反弹回潮、防隐形变异、防疲劳厌战。紧盯微信红包、电子礼品卡、快递送礼、隐蔽场所吃喝等问题，坚持通报警示、节点提醒，弘扬党的光荣传统和优良作风。（监督局牵头，院属各单位党组织、纪检组织落实）

（4）大兴调查研究之风。各级领导干部、机关干部要按照中央《关于在全党大兴调查研究的工作方案》的部署和要求，扑下身子到基层、到科研一线深入开展调查研究，了解研究所和科研团队在落实重大决策部署、推进关键核心技术攻关、推动改革发展以及全面从严治党工作中的情况和问题，干实事、谋实招、求实效，增强领导本领和干事创业的能力。（院办公室牵头，院属各单位党组织、纪检组织落实）

（5）强化职能监督意识，把监督监管责任挺起来、挺在前，机关各部门既要监督自身，也要向下监督职责领域，增强协同性、有效性，形成监督合力。各部门、各单位要对现有的廉政风险防控制度机制进行全面梳理，聚焦问题易发多发领域，深入剖析科研院所个性化廉政风险，有针对性建立完善制度机制，着力解决制度不健全、执行不到位等突出问题，确保真正务实管用。（院机关各部门按照职责牵头，院属各单位党组织、纪检组织落实）

（6）强化科研学术监督。紧密结合科研单位的特点，坚持问题导向，持续关注科研经费使用、科研副产品管理、科研资源回归科研使用、院所办企业监管、依法依规科研、外事纪律等方面的问题，强化日常监督。职能部门要细化制度规程，狠抓制度执行；纪检监督部门要延伸监督链条，消除监督死角，抓好预防工作，使监督形成常态。建立健全科研学术活动监督制度，建设优良的科研作风，筑牢科技创新的基石。（院机关各部门按照职责牵头，院属各单位党组织、纪检组织落实）

（六）持之以恒一体推进不敢腐、不能腐、不想腐

（1）以零容忍的警醒、零容忍的力度保持不敢腐的震慑。对违反中央八项规定精神的行为，以权谋私、化公为私的行为，学术不端、学风不正的行为，坚决严肃惩处。（监督局牵头，院属各单位纪检组织落实）

（2）做实以案促改、以案促治，扎紧不能腐的笼子。聚焦典型案例“解剖麻雀”，从小角度小切口发现问题、解决问题，倒推流程、倒查症结、倒追责任。（监督局牵头，院属各单位党组织、纪检组织落实）

（3）认真反思农影中心、药检所严重违纪违法案件教训，进一步完善工作流程和监督制度，落实好党员干部与监管服务对象打交道的负面清单，对硬权力进行严管理，对软权力进行硬约束。（院属各单位党组织、纪检组织落实）

（4）着眼于惩前毖后、治病救人，开展对当事人、当事单位、相关人员的回访，

强化对当事人关心激励，促进受处分人员从“有错”向“有为”转变，做好监督这项“人心工作”和“护人工作”。（监督局牵头，院属各单位党组织、纪检组织落实）

（5）对发生比较典型或比较严重的违纪违法案件的相关单位党委，责令召开专题民主生活会，督促其从思想政治高度、制度执行层面、责任作风角度深入剖析查摆，切实推动“三不腐”同时发力、同向发力、综合发力。（监督局牵头，院属各单位党组织、纪检组织落实）

（6）认真学习党章党规党纪，强化纪律教育经常性、针对性、有效性，把党员干部自身学习、组织纪律教育、监督执纪贯通起来。坚持正面引导、反面警示相结合，不断丰富教育形式和载体，打造“指尖上”的纪律教育，实现便捷化、高效化，把纪律教育做到科研人员身边去，推动永葆“拒腐蚀永不沾的政治本色”。（直属机关党委、直属机关纪委、监督局按照职责牵头，院属各单位纪检组织落实）

（7）大力弘扬新时代科学家精神和农科精神。充分发挥党支部的战斗堡垒作用和党员先锋模范作用，讲好农科故事，讲好老一辈科学家的故事，加强对科学家、年轻科研人员和各类人才的思想教育和精神引导，带领他们感党恩、听党话、跟党走，积极创新实干，努力作出贡献。（直属机关党委牵头，院属各单位党组织落实）

（8）选优配强纪检干部队伍、充分发挥院系统纪检干部作用。落实集中开展监督执纪工作机制，根据工作需要抽调纪检干部参与部院两级巡视巡察、纪检监督等工作，通过“以干代训”，提高纪检干部政治素养和专业能力水平。（监督局牵头，人事局按照职责配合，院属各单位党组织、纪检组织落实）

二、工作要求

（一）切实加强学习

各部门各单位要以精心组织开展学习贯彻习近平新时代中国特色社会主义思想主题教育为契机，深学细悟习近平总书记关于全面从严治党、关于“三农”工作和科技创新的重要论述，贯彻党的二十大、二十届中央纪委二次全会精神和农业农村部全面从严治党会议精神，认真贯彻落实中国农业科学院全面从严治党会议部署和《分工意见》，聚焦“国之大者”强化政治监督，坚持以严的基调正风肃纪，推动中国农业科学院全面从严治党工作取得新进展。

（二）加强组织领导

各部门要立足中国农业科学院“大监督”工作格局，加强沟通协调，切实担负起职能监督责任，对牵头任务认真研究，制定工作方案，明确分管领导、责任处室、时限进度和措施要求，强化组织协调和督促指导，纳入本部门2023年度工作重点一体部署、一体推动、一体落实。各单位党组织和纪检组织要狠抓任务落实，保质保量按时完成全年重点任务。

（三）压实主体责任

各部门各单位领导班子要扛牢抓实全面从严治党主体责任，按照职责分工，加强统筹协调和督促指导，各部门主要负责人、各单位党政“一把手”切实履行第一责任人职责，相互密切配合，凝心聚力抓好落实；分管领导严格落实“一岗双责”，在分管领域做到管人、管事、管党建、管监督一体；各单位纪委要认真履职尽责，敢于监督、善于监督，协助党组织落实全面从严治党任务，抓好职责范围内的工作；团队首席、党支部书记、纪检小组切实负起责任，确保全面从严治党工作任务在基层组织贯彻落实。

（四）强化督促检查

各部门要根据工作职能，通过绩效考核、内部巡察、党建述职评议考核、监督检查等方式对任务分工落实情况加强检查，扎实推动院系统全面从严治党各项任务落地见效。

（五）及时总结报告

各部门于2023年12月上旬前将全年任务完成情况形成书面报告，报院党风廉政建设工作领导小组办公室（监督局），由领导小组办公室形成全院党风廉政建设工作报告上报农业农村部党建工作领导小组办公室（机关党委），并抄送办公厅、人事司和驻部纪检监察组。

各单位纪委将《分工意见》结合纪委年度工作重点细化措施，一并组织落实。按照《关于建立下级纪检组织向上级纪检组织报告工作制度的意见》要求，及时上报纪委年度述职报告。根据农业农村部机关党委有关要求，将强化运用监督执纪“第一种形态”的情况纳入纪委书记年度书面述职报告内容，并按半年度、年度时间节点上报《运用监督执纪“第一种形态”情况汇总表》。

中共中国农业科学院党组纪检组关于报送中国农业科学院2023年全面从严治党任务落实及党风廉政建设工作总结的函

农科院党组纪检组报〔2023〕13号

农业农村部直属机关纪委：

中国农业科学院紧密围绕部党组全面从严治党任务分工，根据农党组发〔2015〕63号文件及相关工作要求，现将中国农业科学院2023年全面从严治党“两个责任”落实和党风廉政建设工作情况，以及运用监督执纪“第一种形态”情况予以报送。

特此致函报告。

附件：1. 中国农业科学院2023年全面从严治党任务落实及党风廉政建设工作情况报告

2. 运用监督执纪“第一种形态”情况汇总表（略）

中共中国农业科学院党组纪检组

2023年12月22日

附件 1

中国农业科学院 2023 年全面从严治党任务落实及党风廉政建设工作情况报告

2023 年以来，中国农业科学院党组以习近平新时代中国特色社会主义思想为指导，深入贯彻落实党的二十大和二十届中央纪委二次全会精神、2023 年农业农村部全面从严治党工作会议部署，深刻领悟“两个确立”的决定性意义，增强“四个意识”、坚定“四个自信”、做到“两个维护”，认真落实《农业农村部 2023 年全面从严治党工作任务分工意见》，不断压实全面从严治党政治责任。现将全年重点工作情况报告如下。

一、深入学习贯彻党的二十大精神，紧盯重大政治任务和全院改革发展大局，将全面从严治党贯穿始终

（一）切实加强政治建设，在思想上政治上行动上同以习近平同志为核心的党中央保持高度一致

一是认真落实“两个第一”学习制度。第一时间、第一议题学习贯彻习近平总书记的重要讲话和指示精神，全年院党组共组织 16 次学习，深刻领会党中央对“三农”工作、科技创新、全面从严治党的新指示、新要求，把学习理论同研究解决农业科技创新重大问题结合起来，同谋划科技支撑乡村振兴的部署安排结合起来，以实际行动捍卫“两个确立”，做到“两个维护”。二是持之以恒深刻领悟、深入践行贺信精神。召开“重温贺信精神　践行‘四个面向’建设‘两个一流’”学习贯彻习近平总书记贺信精神交流会，进一步统一思想，激发奋进之志，凝聚干事力量，全力支撑高水平农业科技自立自强。三是加强理论研究和成果宣传。在全国党建研究会科研院所专委会 2022 年度课题成果交流评选中，《夯实党领导科研工作组织基础　构筑科技攻关和服务“三农”的坚强战斗堡垒》课题荣获一等奖。

（二）扎实开展学习贯彻习近平新时代中国特色社会主义思想主题教育，用党的创新理论凝心铸魂

一是抓好理论学习。全院各级党组织和党员干部认真学习习近平总书记在主题教育工作会议上的讲话，深入研读《党的二十大报告》《中国共产党章程》《习近平著作选读》《论党的自我革命》等“8+5”学习材料。吴孔明院长、杨振海书记分别作

党课报告，院党组成员在分管领域、单位或所在支部讲党课。各级党组织通过专题读书班、理论学习中心组、青年理论学习小组等多种方式学习、研讨、交流。全院编发主题教育简报 42 期，院网专栏发布信息 180 余篇，推荐部专栏刊发 8 篇，形成了积极浓厚的学习氛围。二是开展调查研究。组织全院开展科技支撑农业农村重大问题大调研，围绕落实 2023 年中央一号文件任务分工，研究开展 20 个调研选题，形成调研报告 20 篇，专题研究报告 17 篇。院属单位共形成 186 篇调研报告，29 篇分报告。三是推进整改整治。院党组围绕南方三熟制、丘陵山区农机装备科技支撑、设施农业智能化、高水平农业科技人才 4 个方面问题，形成问题清单并全部整改。各部门各单位整改整治问题共计 213 项，目前已整改 210 项，3 项持续推进。认真开展干部教育整顿，对照 9 个方面突出问题，组织全院党员、干部逐一自查。组织召开专题民主生活会和组织生活会。通过整改整治，切实将主题教育成果转化为推进工作、改进工作的实际成效。四是强化巡回指导。全院组建 10 个巡回指导组，对各部门各单位主题教育工作进行督导。建立指导协调组，及时协调、调度、指导各巡回指导组开展工作，确保全院主题教育开展取得扎实成效。

（三）强化思想教育和精神引领，切实增强做好新时代新征程农业科技创新工作的责任感使命感

一是做细做实意识形态工作。制定《贯彻落实〈党委（党组）落实网络意识形态工作责任制督查和通报办法〉工作方案》，加强网络意识形态监督管理。完成《2022 年度意识形态工作报告》，开展职工思想状况调查，及时发现苗头性倾向性问题，增强工作预判性。二是弘扬践行新时代农科精神。举办庄巧生院士、郭予元院士、贾大林先生周年纪念活动，拍摄陈宗懋院士专题片《“90”后茶院士》。举行“长岛试验站精神”“寿阳站精神”发布活动，丰富和发展了农科精神谱系。组织豫剧《黄河故道梨花开》在京展演，讴歌中国农业科学院一代代林果专家扎根沙地、造福百姓的崇高精神，在部系统和全院引起热烈反响。加强实体化教育基地建设，祁阳红壤实验站入选全国科学家精神教育基地。三是在服务“三农”主战场中讲好农科故事。大力宣传红色农学家陈凌风、朱明凯在延安的故事和 83 岁茶专家白堃元坚持下乡开展科技帮扶 26 年的先进事迹，宣传农民育种家李修立先进事迹，为全院广大科技工作者积蓄攻坚克难、勇毅前行的奋进力量。四是评选表彰先进典型。举办庆祝中国共产党成立 102 周年表彰大会，颁发“卓越奉献奖”和“光荣在党 50 年”纪念章，表彰院“两优一先”，为“四强”党支部授牌，举行先进事迹报告和典型经验交流，充分彰显党支部战斗堡垒作用和党员先锋模范作用。

二、以强有力的政治监督确保党中央对农业科技创新工作的重大部署和要求落实落地

（一）把抓好中央一号文件重点任务落实作为我院科技支撑农业强国建设的重要着力点

制定《落实2023年中央一号文件 科技支撑农业农村部重点工作任务分工方案》，提出了29大项任务，形成“院党组—所党委—团队党支部”齐抓共管的工作格局。年中、年末进行调度督办，确保各项任务落实到位，取得成效。一是强化粮食和重要农产品稳产保供的科技支撑。落实藏粮于地、藏粮于技战略部署，重点围绕高油高产大豆培育、稻稻油三熟制生产、密植玉米高产技术等方面开展原创性科技攻关，持续保障粮食和重要农产品稳定安全供给。二是强化农业基础设施建设的科技支撑。加速建设国家盐碱地综合利用技术创新中心，主办2023盐碱地特色农业发展会议，承担“揭榜挂帅”项目3项，加快实施盐碱地综合利用重大任务，为实现盐碱地高质量发展、全面掌握我国土壤资源情况以及用现代设施打造富农强农新引擎提供有力支撑。三是强化农业科技和装备的支撑服务。统筹全国重点实验室运行建设、农业农村长期因子观测、生物育种产业化试点、动植物疫病虫害监测等重点任务，为加快推动农业农村现代化建设和全面推进乡村振兴贡献科技力量。四是以产业专家团为抓手支撑稳产保供。组建粮棉油、肉蛋奶、果菜茶等15个产业专家团，支撑夺取夏季粮油丰收和包省包片活动，围绕粮食稳产增产、大豆油料扩种等重大工作建言献策。派出科技小分队为农业农村部奋战120天夺取夏季粮油丰收行动、奋战100天夺秋粮丰收行动、极端天气应急服务等活动提供强有力科技支撑。

（二）推进“举院抓大事”体制机制改革，打造国家农业科技战略力量

一是大力推进组织化系统化的科技创新。切实加强党对农业科研工作的全面领导，聚焦“国之大者”开展系统性、协同性的重大成果培育和核心技术攻关，召开推进全国重点实验室建设工作会，完成学科体系修订，组建若干科学中心、区域中心等新型研发机构，构建有组织的适度竞争的科研创新体系。二是竞争性项目立项实现突破。2023年共申报各类基金项目1 965项，增幅4%；获批立项363项，同比增长4.9%；直接费用2.11亿元，同比增长19.2%。3项杰青项目获批立项，创历史最好成绩；9项联合基金项目为近年最高。全院68个国家重点研发计划项目通过评审，立项数同比增长36%。三是平稳有序推动院部改革。组建重大任务局，聚焦种子、耕地等6个重点领域，部署实施院级重大任务。制定《优化院部职能调整推进“举院抓大事”方案》，稳妥做好涉改部门干部岗位调整、人员转隶和配备工作。四是加快打造农业科技创新高地和人才高

地。召开国家农业战略科技和人才力量建设规划论证会，专题研究国家农业战略科技和人才力量建设。深入开展人才评聘用制度改革，出台《职称评审管理办法》《公开招聘管理办法》等。稳步推进农科英才工程升级，完善稳定支持、考核激励、动态管理等机制。严格落实首席接续机制，13 个研究所的 27 个科研团队更换了首席科学家，其中 20 位为青年首席，全院首席平均年龄保持在 48. 7 岁。五是建立科技创新资源全院一盘棋机制。聚焦“科研资产回归科研属性”，以规范科研用房出租出借为切入点，强化科研资源配置优化调整。出台《关于加强房产资源管理　推动科研房产回归科研用途的意见》，将科研用房出租出借专项检查纳入 2023 年巡察工作，传导压力、督促落实，推进政治监督具体化精准化常态化。对推进缓慢、出租依赖、属性不清、管理不规范等问题，要求院属各单位举一反三、对照查摆、及时纠正，对存在问题较大的单位纳入巡察整改“黄区”重点督促整改。

（三）强化政治巡察，助推院所改革发展

一是科学谋划部署新一轮巡察全覆盖任务。全面总结党的十九大以来巡察工作成效，出台《中国农业科学院党组巡察工作规划（2023—2027 年）》及细化实施的 5 年工作方案，组织召开 2023 年巡察工作领导小组会和巡察工作动员部署会，组建 4 个巡察组，首次采取“一托二”（即 1 位组长带 2 个巡察组）方式对 8 个单位开展现场巡察。强化巡中调度和巡后指导，召开院巡察工作领导小组会议，审议巡察报告。二是加强巡察干部队伍建设。严把巡察干部入库条件、规范抽调程序。选派巡察干部参加部巡视干部业务培训，举办院内巡察业务培训班，进一步丰富培训内容和形式，提高巡察工作的专业化、规范化水平，使巡察工作成为培养和锻炼干部的“熔炉”和“平台”。三是聚焦重点问题开展巡察。对照“四个落实”进行内容细化，聚焦院党组部署的重大任务、重点工作以及关心关注的重要问题，将主题教育和干部队伍教育整顿、6 个重点领域院级重大任务、“举院抓大事”管理机制等作为巡察工作重中之重。四是压实巡察反馈和整改责任。院纪检组组长约谈“黄区”单位，联系院领导带队向被巡察单位反馈，压实“一岗双责”。对巡察发现的问题认真梳理研判，形成重点问题清单、共性问题清单，从院层面同题共答、举一反三、综合施策，实实在在推动解决。五是跟进监督整改。台账式跟进监督并全面总结 2022 年被巡察的 9 个单位的整改进展情况。通过查阅材料、座谈走访、驻点调研等方式，持续推动被巡察单位整改措施“对号结账、销号下账”，做实“后半篇文章”。

三、深化构建农科特色“大监督”格局，大力推进各类监督贯通融合

（一）压紧压实主体责任和“一岗双责”，自觉把监督融入院所管理全链条、全过程

一是深入构建全面从严治党体系。年初召开全面推进监督工作会议，调整我院纪检监督机构，进一步加强对全院纪检工作的统一领导，塑造监督工作高质量发展的新格局、新态势、新动能，将全面从严治党工作不断向纵深推进。围绕学习贯彻二十届中央纪委二次全会、部全面从严治党工作会议精神，召开中国农业科学院2023年全面从严治党工作会议，全面总结党的十九大以来工作成效，制定《2023年全面从严治党工作任务分工意见》《直属机关纪委2023年重点工作安排》，将2023年全面从严治党重点任务落实落细。二是谋划架构“大监督”工作格局。全面梳理中国农业科学院现有监督工作组织体系和责任体系，设计《中国农业科学院“大监督”工作格局架构图》，分区分类分层明确监督对象、重点内容，构建全院监督工作的“责任共同体”，实现内容上全涵盖、对象上全覆盖、责任上全链条。三是完善农科特色监督工作制度体系。立足落实从严管党治党要求，服务科研事业和科研人员需要，制定出台《关于进一步加强科研和学术活动监督工作的意见》《因公出国（境）行前纪律谈话工作规定》，并通过会议、调研、授课等方式加强制度宣贯，将制度要求转化为治理效能。严格执行《关于建立下级纪检组织向上级纪检组织报告工作制度的意见》，建立“纪检工作报告事项一览表”，不断强化各级纪检组织的履责意识。四是推动专责监督与职能监督贯通协调。针对国际交流中心房产出租、领导干部持股、依法开展科研活动等上级部门高度关注问题开展专项监督，实时跟进主管业务部门工作进展，及时上报有关情况。五是把廉政风险防控作为日常监督一项基础性、关键性工作。在全院范围开展风险防控制度执行情况“回头看”工作，对各单位强化风险防控意识，筑牢风险防控制度，落实风险防控责任提出明确要求，督促各单位及时修订完善风险防控措施，做好学习宣贯。

（二）加强纪律教育，筑牢思想基础，以严的基调推动纠治“四风”常态化长效化

一是持续加固落实中央八项规定精神的堤坝。围绕我院《推进中央八项规定及其实施细则精神常态化自查自纠工作方案》中“八个不该”问题加强监督，紧盯年节假期关键时间节点，就违规收受礼品礼金、违规接受宴请和旅游安排等常见问题，及时进行廉政提醒。持续加强精文减会，发文总量同比减少5.27%，各部门备案的业务会议同比减少33.3%。二是加强对“一把手”和领导班子监督。巡察中突出对“一把手”

和领导班子的监督，对“一把手”进行个人政治画像，检查履职用权情况。聚焦“关键少数”，对整改“黄区”单位以及信访举报反映较集中单位开展政治生态驻点调研，督促营造良好干事创业氛围。结合干部队伍教育整顿，针对领导班子贯彻落实民主集中制不到位问题，形成问题清单，持续深化整改并销号。院党组书记围绕新时代好干部标准，为所局级干部任职培训班作专题报告。院纪检组组长对新任所局级领导干部进行集体廉政谈话，从“旗帜鲜明讲政治、对党忠诚守纪律、尽职尽责善作为、以身作则做表率”等方面进行教育提醒。三是加强对年轻干部教育引导。在年轻干部培养考察中，把规矩意识、纪律意识作为一项重要考察内容，不断提高选人用人科学性、精准度。院党组书记对新任导师进行集体政治谈话，为博士新生讲授思政第一课，为新入职人员岗前培训班讲授开班第一课，勉励年轻同志要始终坚定理想信念、强化使命担当、严守纪律规矩、坚守科研诚信、赓续农科精神。

（三）以“一案双查”深化促改促治，持之以恒一体推进不敢腐、不能腐、不想腐

一是强化警示教育。在全院范围通报近年来部院发生的 10 起违纪违法典型案例以及我院在巡察、审计、日常监督中发现的 4 类典型问题，用身边事教育身边人。抓住新职工入职、干部培训等时机，选取行业内、系统内近年发生的典型案例，结合“科研人员重点纪律红线”，面向全院新入职职工以及都市所、郑果所、植保所等 10 余个单位，针对性、定制化开展纪律教育。积极参加部机关纪委组织的“廉韵‘三农’”廉政短视频征集活动，获 2 个三等奖和优秀组织奖。二是认真查摆问题。针对驻部组指出的加强作风建设问题，院党组责令相关部门单位召开了专题民主生活会，督促其从思想政治高度、制度执行层面、责任作风角度深入剖析，落实整改措施。通过组织人事干部培训、廉政教育、编发《人事工作纪律规范选编》，切实强化我院人事干部的纪律意识和规矩意识。三是坚持举一反三。深挖问题线索背后反映的普遍性和深层次问题，针对营利性培训班存在较大监管风险和制度漏洞的问题成立专项调研组，摸清全院情况，明确工作思路，提出有效措施，堵塞风险漏洞。四是做好信访监督。建立组局办公会议制度，集中研判、精准甄别，突出重点、精准处置，提高问题线索办理质效。全年收到信访举报、问题线索 57 件，较 2022 年同比下降 38%，除业务范围外、无实质内容、重复举报不予受理件外，由监督局自办或转相关单位纪委办理 35 件。办结问题线索 50 件（含上年结转），办结率达 68%，较 2022 年同比上升 14%。依据信访举报、问题线索情况，严格廉政意见出具范围和程序，审核拟提拔任用干部、评先选优推荐人选廉政情况 500 余人次。组织开展 2021 年以来受处分党员干部教育回访工作，将思想政治工作贯穿回访全过程，推动纪法情理贯通融合。五是灵活运用监督执纪“四种形态”。全年运用“第一种形态”对院所管理的干部予以提醒谈话 5 人，批评教育 6 人，书面检查 1 人，诫勉 3 人，综合运用提醒谈话、批评教育 1 人，综合运用责令作出书面检查、批评

教育1人。同时，坚持“二三四种形态”不放松，予以党纪政务处分2人。

四、打造新时代纪检铁军，提升纪检监督保障能力，推进纪检监督工作高质量发展

（一）扎实开展纪检干部队伍教育整顿

一是将教育整顿与主题教育有机结合。成立教育整顿领导小组，制定工作计划，将36个京内外单位共计95名纪检干部全部纳入教育整顿人员范围，加强系统谋划、整体推进。将学习教育贯穿始终，梳理“8+5+19”学习书目，划分11个学习教育小组，创新建立纪委书记领学、组内研学、组间联学、党员自学、领导小组督学的“五学联动”机制，强化学习效果。院纪检组长以《凝心铸魂　履职尽责　做忠诚干净担当的纪检干部》为题，监督局局长以《遵〈党章〉学〈条例〉做好农业科研单位纪检监督工作》为题，分别给全院纪委书记、纪检干部讲党课。二是开展检视整治。详列“6+6+9”查摆清单，组织各单位纪委书记结合主题教育调研发现的问题，带头刀刃向己、对照查摆，全面查找责任落实、监督质效、队伍建设等方面共性问题，推动真改实改。三是持续巩固深化教育整顿成果。制定完善监督局“三定”方案，明晰纪检监督机构职责，明确机关纪委职责定位，借助联学、调研、案件核查等契机，加强对院属单位纪委工作的指导和检查，压实监督责任，以教育整顿推动全院纪检监督工作高质量发展。

（二）以调查研究解决监督难题

一是坚持问题导向。将科研资产回归科研、规范和加强纪委书记履职、收费性培训班管理、科研副产品监管等重点难点问题作为调研选题，由纪检组、监督局领导班子成员领题，深入近半数院属单位开展调研，发放调查问卷近300件，座谈谈话百余人次，摸清情况、找准问题、出好对策，形成高质量调研报告。各院属单位纪委书记围绕基层纪检监督体系建设、提高监督执纪水平等开展调研，提交调研报告33篇。二是及时总结经验。召开专题会议，就如何推进主题教育调查研究“深、实、细、准、效”开展深入研讨，解剖优秀调研成果案例，交流分享调研经验方法。强调要努力把调研成果转化为加强和改进纪检监督工作的思路举措。三是加强成果运用。针对纪委书记和纪检干部不敢、不会、不想履职的问题，提出10项对策建议。有的放矢对中国农业科学院开展培训工作提出工作建议，明确培训班回归公益的政策导向，充分发挥好培训业务对中心工作的支撑服务作用。针对科研经费管理领域“屡查屡犯、屡改屡犯”问题，提出《关于规范科研副产品管理工作的提醒（2023）》。把制度建设作为调研成果转化运用的着力点，研究起草《中国农业科学院纪检干部正负面清单》《围绕“国之大者”加强政治监督工作清单》《中国农业科学院直属机关纪律检查委员会工作规则》《院属单位纪

委书记考核管理办法》等多项制度。

2024 年，中国农业科学院将坚持以习近平新时代中国特色社会主义思想为指导，深入贯彻落实二十届中央纪委三次全会精神，认真落实农业农村部党组工作部署，持续压紧压实全面从严治党政治责任。重点抓好以下任务：以“大监督”促进监督治理常态长效，针对《中国农业科学院“大监督”工作格局架构图》开展宣讲；以政治监督为统领，出台《院属单位纪委政治监督工作清单》；对 8～10 个单位开展常规巡察，出台《推进巡察监督与其他监督贯通融合的实施办法》《巡察整改质效评估办法》等制度规定；全力推进农科特色廉洁文化建设，做实以廉洁文化促廉洁科研；深化巩固主题教育和纪检干部队伍教育整顿成果，出台《中国农业科学院纪检干部正负面清单》《中国农业科学院直属机关纪律检查委员会工作规则》《院属单位纪委书记考核管理办法》等一系列制度规定，不断提升纪检工作的规范化法治化正规化水平。

中国农业科学院因公出国（境）行前纪律谈话工作规定

为进一步加强中国农业科学院因公出国（境）团组和人员的教育管理，提高干部职工遵守党章党规党纪、国家法律法规和外事纪律的意识，就严格执行并认真做好出国（境）行前纪律谈话工作，做出以下规定。

一、谈话对象

以中国农业科学院或院属单位名义派出的因公出国（境）团组，且团长由院职工担任的，均需在行前由相关人员对团长开展纪律谈话，并由团长签署《中国农业科学院因公出国（境）团长承诺书》（附件1）。

二、谈话内容

按照抓早抓小、防范在先的工作原则，向团长发放《中国农业科学院因公出国（境）纪律要求》（附件2），讲明重点纪律内容及注意事项，有针对性地进行教育和提醒。谈话内容主要包括以下4个方面。

（1）遵纪守法讲规矩。严格遵守政治纪律、组织纪律、廉洁纪律、工作纪律和外事纪律，以及我国和出访国家当地的法律规定。

（2）保守秘密严要求。严格执行《中华人民共和国保守国家秘密法》和各项保密制度，增强保密意识，自觉保守秘密。

（3）节俭出行讲文明。不折不扣执行中央八项规定及其实施细则精神，遵守《党政机关厉行节约反对浪费条例》。尊重当地风俗习惯，保持对外礼仪，遵守社会公德。

（4）防范安全谨慎行。本着对组织负责、对本人负责的态度，严格遵守各项安全规定，注意人身安全和财产安全。

三、组织实施

按因公出国（境）团组团长的身份，由相关人员分别进行谈话。

（1）团长为院领导的，由院纪检组组长进行纪律谈话。

（2）团长为院属各单位党政主要负责同志或院机关领导班子成员的，由院直属机关纪委书记进行纪律谈话。

（3）团长为院属各单位、院机关各部门其他人员的，由其所在单位纪委书记或纪检工作负责人进行纪律谈话。

谈话结束后，团长要签署《中国农业科学院因公出国（境）团长承诺书》一式两份，其中一份交纪检部门存档，另一份由团长个人留存。

附件：1. 中国农业科学院因公出国（境）团长承诺书

2. 中国农业科学院因公出国（境）纪律要求

附件 1

中国农业科学院因公出国（境）团长承诺书

为切实做好本团组因公出访工作，本人承诺如下：

（1）本人为团组第一负责人，对出访所有活动负总责。

（2）本人已知晓《中国农业科学院因公出国（境）纪律要求》全部内容，并将带头遵守各项纪律要求。

（3）在出访前，本人将《中国农业科学院因公出国（境）纪律要求》全部条款传达到本团组所有人员；并在出访期间督促全体团员严格遵守，确保各项出访任务圆满完成。

（4）如本团组在出访期间出现违规违纪情况，本人愿接受组织相应处理。

承诺人：

年　月　日

附件 2

中国农业科学院因公出国（境）纪律要求

一、政治纪律

（1）不得参加反党、反国家的活动。

（2）不得因言行不当在政治上造成恶劣影响，损害党和国家尊严、利益。

（3）不得私自携带、寄递坚持资产阶级自由化立场、反对四项基本原则、反对党的改革开放决策等书刊、音像制品、电子读物、网络音视频资料等出入境。

二、组织纪律

（1）不得违反有关规定同国（境）外机构、人员联系和交往。

（2）不得擅自脱离团组随意单独活动，因私外出须严格执行请示报告制度。

三、廉洁纪律

（1）严格执行中央八项规定及其实施细则精神，严格控制各项经费开支标准，厉行节俭、务实高效。

（2）不得接受礼金、贵重礼品、有价证券、支付凭证等。

（3）不得与我国驻外机构和其他中资机构、企业之间用公款互赠礼品或者纪念品，不得用公款相互宴请。

（4）不得以考察、学习、培训、研讨、参展等名义变相用公款出国（境）旅游。

四、工作纪律

（1）不得擅自延长在外停留时间，不得擅自变更出访路线。

（2）不得触犯驻在国家、地区的法律、法令或者不尊重驻在国家、地区的宗教习俗。

（3）未经批准不得向境外提供、从境外引进农作物种质资源、畜禽遗传资源等农业种质资源，或者擅自与境外机构、个人开展相关合作研究。

（4）不得擅自将重要的科学技术资源和关键核心技术携运出境，不得擅自向境外组织和个人提供未发布的动植物疫病、农作物病虫害监测信息等涉及国家生物安全的重要数据。

（5）对外科技学术交流与合作中，不得泄露涉及国家安全和利益的科学技术秘密。

五、外事纪律

（1）严禁出入赌博场所，不得使用任何形式的资金参与赌博活动。

（2）严禁出入色情场所和观看色情表演，不得参加涉及低级趣味的娱乐游览项目。

（3）增强安全保密意识，未经批准不得携带涉密载体（包括纸质文件和电磁介质等）。妥善保管内部材料，未经批准不得对外提供内部文件和资料。不在非保密场所谈论涉密事项；不得泄露国家秘密和商业秘密。

（4）增强应急应变意识，注意防范反华敌对势力的干扰、破坏，避免与可疑人员接触，拒收任何可疑信函和物品。

（5）增强防盗、防抢、防诈骗的自我保护意识，遇到重大事项应及时与我驻外机构取得联系。

（6）增强证照管理意识，切实遵守证照管理的有关规定。

上述条款依据《中国共产党纪律处分条例》《党政机关厉行节约反对浪费条例》《中纪委中组部外交部公安部关于加强因公出国（境）团组境外纪律的通知》（外外管函〔2007〕2号），以及《中华人民共和国科学技术进步法》《中华人民共和国种子法》《中华人民共和国畜牧法》《中华人民共和国生物安全法》《科学技术保密规定》等科研领域相关法规编写。

中国农业科学院关于进一步加强科研和学术活动监督工作的意见

为加强党对科研和学术活动的领导，强化对科研和学术活动的日常监管，进一步推进科研学术诚信道德建设，营造优良科研学术生态，确保科研和学术活动依法依规、高效有序开展，现提出如下意见。

一、总体要求

（一）指导思想

以习近平新时代中国特色社会主义思想为指导，深入学习贯彻党的二十大精神，落实党和国家关于完善科技创新体系和加快实施创新驱动发展战略的总体要求，坚持“四个面向”，着力推进“两个一流”建设，为打造国家农业科技战略力量，加快实现高水平农业科技自立自强营造良好创新氛围。

（二）基本原则

坚持党对科研和学术活动的领导。把党的领导贯穿科研和学术活动全过程，确保党中央决策部署和部院党组工作要求贯彻落实，确保科研学术方向聚焦“国之大者”，服务“三农”大局。

坚持有利于科研和学术活动健康有序开展。严把科研和学术活动法律法规关和道德伦理关，营造健康向上的学术氛围，培育优良学风和作风，确保科研和学术活动多出成果，出高水平成果。

坚持对科研和学术活动的全过程监督。构建具有农科特色的大监督体系，以国家法纪条规为准绳，以科研学术伦理道德为标尺，以确保科研和学术活动高效有序开展为目标，实现监督的全过程、全链条。

二、准确把握科研和学术活动监督工作的重点

（一）加强对科研和学术活动的政治监督

重点监督院所学科建设、科研立项、成果产出等是否符合“四个面向”“两个一流”的指示精神；是否围绕“三农”“国之大者”抓主抓重，体现作为国家农业科技战略力量的使命担当，把抢占制高点、掌握主动权、引领现代化作为使命职责；是否围绕党中央决策部署和我院使命清单，紧扣部院党组重点工作，聚焦主业，履行主责等。

（二）加强对科研和学术活动依法依规情况的监督

重点监督院所在作物、动物、资源环境、农产品质量安全和国家重点管制等农业相关领域，是否严密防范法律风险，依法依规开展科研和学术活动；是否能够贯彻落实总体国家安全观，切实防范重大生物安全事故发生，保障科技创新工作安全、平稳、高效开展；是否严格遵守《科学技术保密规定》和部院相关保密制度要求，确保科研信息数据安全；是否在国际交流活动中遵守相关政治纪律、组织纪律、工作纪律、外事纪律，严格保守秘密，自觉维护国家安全和利益等。

（三）加强对科研诚信与学术腐败的监督

重点监督科研人员是否抄袭、剽窃他人科研成果；是否伪造、篡改研究数据、研究结论；是否购买、代写、代投论文，虚构同行评议专家及评议意见；是否违反论文署名规范，擅自标注或虚假标注获得科技计划（专项、基金等）等资助；是否弄虚作假，骗取科技计划（专项、基金等）项目、科研经费以及奖励、荣誉；是否在科技计划（专项、基金等）项目、奖励、人才计划等评审、论证、验收等活动中发生贿赂行为，以谋取不正当利益等。

（四）加强对科研和学术活动伦理道德的监督

重点监督开展科研和学术活动是否坚持以人民为中心的发展思想，对增进人类福祉、实现社会可持续发展具有积极作用；是否尊重生命权利，尊重人格尊严和个人隐私，确保参与者的知情权和选择权；是否尊重宗教信仰、文化传统等方面的差异；是否能够合理控制风险，科技成果有没有危及社会安全、公共安全、生物安全和生态安全的风险等。

（五）加强对科研和学术活动经费的监督

重点监督是否完善科研经费管理制度，建立适合本单位实际情况的内部控制体系；是否能够严格执行科研和学术活动经费使用相关制度规定和科研经费信息公开制度；是否加强对业务活动真实性、票据合规合理性和支出事项与科研项目（课题）的目标相关性、政策相符性、经济合理性等重点环节的日常监管；是否规范横向经费使用办法、劳务费专家咨询费发放程序、试剂耗材和仪器设备采购管理等。

（六）加强对科研和学术活动成果转化的监督

重点监督科研产出目标是否明确、聚焦，凝练培养重大突破性成果；是否围绕院级重大成果培育清单，加强动态跟踪和条件支持，助力全院产出大成果、实现大突破；是否在获奖成果、认定成果与知识产权、论文著作、咨询报告等方面有明确评价标准；是否注重推进知识产权转化，不断健全完善成果转化管理制度、工作流程、转让价格评估、分配激励机制等；是否在新品种新技术新装备等推广应用、科技培训与咨询等科技兴农和助力全面推进乡村振兴方面有所作为等。

三、认真落实科研和学术活动监督工作的责任

（一）院党组强化对科研和学术活动监督的领导

全院科研和学术活动监督各项工作在院党组的领导下开展，院领导各司其职，按照谁分管谁负责的要求，认真落实监督责任，加强统筹协调。充分发挥院学术委员会学术治理专责作用，在科研诚信、科研伦理监管、评议和裁定相关的学术道德问题等方面发挥积极作用，监督、指导和督促院所学风建设工作。

（二）院属各部门单位强化职能监督责任

院属相关部门单位按照工作职能，负责科研和学术活动相关监督工作。院办主要负责科研和学术活动依法依规的监督管理；科技局（院学术委员会办公室）主要负责科研和学术活动伦理与道德规范的监督管理；财务局主要负责科研和学术活动经费的监督管理；转化局主要负责科研和学术活动成果转化的监督管理；人事局主要负责人才评价导向和指标的优化；研究生院主要负责学风师风道德建设；机关党委主要负责强化正面引导，激励广大科研人员自觉践行新时代农科精神；监督局主要负责协同推动形成科研和学术活动监督合力，对相关违纪违规行为予以查处。

(三) 院属各单位切实履行主体责任

院属各单位是履行科研和学术活动监督的第一责任主体，要对科研和学术活动监督工作作出具体安排，将科研和学术活动监督工作纳入常态化管理，把科研和学术活动监督理念和要求融入科研管理工作各环节，主动研判、及时化解本单位科研和学术活动中存在的风险。

(四) 从事科研和学术活动的人员切实担负直接责任

团队首席、研究生导师等要充分发挥言传身教作用，加强对科研人员、研究生等科研和学术活动的指导和把关，在团队内形成良好的科研学术氛围。科研人员要恪守科学道德准则，遵守科研和学术活动规范，践行科研诚信和科研伦理要求，在项目申请、论文著作、成果报奖、经费使用等方面做到坚守底线、严格自律。

四、不断完善科研和学术活动监督工作体系

(一) 进一步推进制度化建设，健全完善管理机制

院机关相关部门制定完善依法开展科研和学术活动、科研诚信与信用管理、学术道德与学术纠纷问题调查认定、科技伦理审查办法、科研经费管理等规章制度；完善科研绩效评价、成果评价、人才评价等导向和指标，探索分类评价，注重标志性成果质量，防止简单量化、重数量轻质量。院属各单位要制定具体实施细则，建立健全学术论文等科研成果管理制度，建立学术论文发表诚信承诺制度、科研过程可追溯制度、科研成果检查和报告制度等。各单位建立科研诚信档案，对科研人员的科研诚信状况进行记录，强化信息共享。

(二) 切实加强宣传教育，大力弘扬农科精神

大力弘扬新时代科学家精神，自觉践行以“求真笃行　敬农致用”为核心内涵的新时代农科精神，激励科研人员深入生产一线，掌握一手资料，甘坐“冷板凳”，勇闯“无人区”，反对“圈子”“学阀”文化和浮夸浮躁、投机取巧作风，摒弃在各级各类评审中的“打招呼”“走关系”行为，形成履职尽责、担当作为、潜心研究、崇尚学术民主的学风和作风。加强宣传教育和预防，在入学入职、职称晋升、导师上岗、科技计划项目及科技奖励申报等重要节点开展教育工作，创新宣传方式，加强宣传阵地建设，加强政策制度宣贯解读。

（三）严肃查处违纪违规行为，多方位开展联合惩戒

监督部门对科研和学术活动中出现倾向性、苗头性问题的人员及时开展提醒谈话和批评教育。对严重学术不端的行为坚持零容忍，及时组织调查，情节严重的行为依纪依法处理，强化警示教育，及时通报曝光典型案例。探索在学籍管理、学历学位授予、科研立项、职称评审、导师遴选、岗位聘用、年度考核、评选表彰、人才推荐等方面开展联合惩戒，建立终身追究制度。

（四）坚持宽严相济，营造良好科技创新环境

坚持严管和厚爱结合、激励和约束并重。尊重农业科学研究规律和创新规律，允许和包容科学研究失败，改革评价体系，引导广大农业科技人员更加重视中长期的持续积累，更加重视科研产出的原创性和创新性。坚持“宽严相济”的处理方式，准确把握科研探索失误与违反科研和学术活动规定的政策界限，将科研和学术活动中“无主观恶意”与“主观故意”区别开来，为科研纠错提供宽松环境。

十、人物介绍

全国五一劳动奖章获得者棉花所严根土

严根土，第十三届、第十四届河南省人大代表、中国农业科学院棉花研究所三级研究员。从事棉花抗逆育种工作30余年，一直坚守科研第一线，扎根基层、服务“三农”。带领团队创新了育种方法，克服了产量、纤维品质和抗旱耐盐碱等负相关的育种瓶颈，在棉花新品种选育与应用方面取得了突破。曾获国家发明专利6项，发表论文40余篇，出版著作2部，主持培育了国内外棉花新品种20余个（国外审定3个），以第一完成人获国家科技进步奖二等奖1项，省部级科技进步奖一等奖2项、二等奖2项。先后获得首届全国创新争先奖状，入选国家新世纪百千万人才工程，入选国务院政府特殊津贴专家；获得河南省五一劳动奖章。

全国五一劳动奖章获得者果树所赵德英

赵德英，博士研究生导师。中国农业科学院三级研究员，梨栽培课题组组长。长期从事果树栽培与生理研究工作，先后主持国家、省部级及其他项目 15 项，获省部级奖励成果 5 项，获国家专利授权 19 项，获中国计算机软件著作权 5 项，发布地方标准 3 项，主编著作 12 部，发表论文 200 余篇，选育梨新品种 19 个。扎根果园 26 年，聚焦产业瓶颈，攻克技术难关，集成创新苹果“一优两无三高四精”高质量发展技术体系，服务足迹遍及 7 省（区）的 40 余个县（市），年均驻在基地超过 150 天，协办和扶持新型经营主体 50 余个，现场指导果农 5 万多人次，在快手、抖音和今日头条发布科普短视频 234 个，短视频浏览量 152. 2 万次，累计示范推广新品种、新技术、新产品 500 余万亩，有力促进了果农增收致富。先后任辽宁省果树产业技术体系岗位专家、中国植物营养与肥料学会理事、山东省烟台市第十四届政协委员，被中共诸城市委、诸城市人民政府授予 2022 年度“优秀新诸城人”荣誉称号，2023 年入选辽宁省“兴辽英才计划”农业专家。

全国工会系统先进工作者机关党委刘燕

刘燕，中国农业科学院直属机关党委正处级纪检员、院工会副主席。专职从事工会工作近8年来，认真学习贯彻党的路线方针政策，发挥好工会桥梁纽带作用；大力弘扬劳模精神、工匠精神和科学家精神，组织推荐选树全国“五一劳动奖章”、全国先进工作者等一批先进典型；推动加强群众文体活动组织和基础设施建设，组织开展丰富多彩的集体活动，多项活动获得中央和国家机关、农业农村部表彰奖励；热心服务农业科研和职工群众，落实有关福利政策，做好困难帮扶和送温暖等工作，全心全意为干部职工办实事、办好事，得到职工群众一致称赞；指导和服务基层工会建设，推动工会工作创新发展，首次编制完成中国农业科学院《工会工作文件制度选编》《基层工会工作手册》，为院各级工会提供工作指引，受到农业农村部工会表扬并在全系统推广。获得中国农业科学院优秀共产党员和优秀党务工作者表彰各1次，2次被评为农业农村部优秀工会干部，2023年10月被人力资源社会保障部、中华全国总工会授予“全国工会系统先进工作者”荣誉称号，为中国农业科学院首次获得该项荣誉。

全国巾帼建功标兵作科所谢瑞芝

笃行创新撒汗水　巾帼建功保粮丰

农业的出路在现代化，农业现代化关键在科技进步。要给农业插上科技的翅膀，既需要农业核心技术的创新，也离不开农业科技创新成果的转化应用。中国农业科学院作物科学研究所作物栽培与创新团队首席专家谢瑞芝在现代玉米生产技术的创新和推广工作中作出了突出贡献，被评为 2023 年“全国巾帼建功标兵”，让我们一起走近这位端稳中国饭碗、守护粮食安全的“耕耘者”。

潜心基础研究　创新关键技术

玉米是我国第一大粮食作物，在全国各地都有种植，作为粮、经、饲兼用的作物，对整个国民经济发展有着巨大的影响。2022 年，我国玉米平均单产 429 千克/亩，仅为美国平均产量的 60%左右，这个差距就是谢瑞芝研究员所属团队的努力方向。

2004 年以来，在资深首席李少昆研究员的带领下，谢瑞芝和团队成员坚持开展玉米超高产潜力挖掘工作，从土地耕整、品种选择、精量播种、水肥运筹、病虫草害防控、抗倒防衰、减损增效等全方位监控，确保每一个环节都满足玉米生长发育的需求。团队连续 7 次创造了我国玉米高产纪录，最高产量水平是 1 663 千克/亩，并连续稳定实现 1 500 千克/亩，为国家实施“藏粮于技”战略提供了坚强的科技支撑。

为了把农民从繁重的体力劳动中解脱出来，谢瑞芝团队在全国率先组织开展了玉米籽粒机械收获技术的研究与示范工作，推动了我国玉米机械籽粒收获水平的快速提升。增密是玉米产量提升的主要途径。谢瑞芝带领团队成员，将密植高质量群体调控的栽培学理论与滴灌水肥一体化的农业工程技术相结合，研发“玉米密植滴灌技术”，有效提升了玉米的单产能力，为保障粮食安全提供了技术支持。

党建科研融合　田间课堂扬名

提升农业科技进步贡献率，加强农业科技创新成果转化应用，打通成果转化应用“最后一公里”是核心。

作为首批“支部建在创新团队”的试点，担任党支部书记的谢瑞芝认真学习贯彻党的创新理论，带领团队把党建与业务工作一起谋划、一起部署、一起落实，明确科研方向、聚焦乡村振兴科研任务，通过建设示范基地，展示新品种、新技术。近几年来，每到玉米春季播种、夏季田管、秋季收获等关键时期，谢瑞芝研究员就会带领团队成员奔赴田间地头，组织农户现场观摩，开展农民培训工作，向当地老百姓面对面传授生产技术、提供咨询服务，解决实际生产问题。

“农业生产受气候条件影响大，每年的气候变化还会带来各种意料不到的境况，玉米生长期间的低温甚至是大雪、长期的高温干旱、阴雨渍涝和降温、突如其来的大风暴雨，还有各种突发的病虫害，都会影响甚至破坏研究和推广工作。”谢瑞芝研究员介绍说，“但这些突发情况也帮助我积累了更多经验，提升了科研能力，我有信心能够更好地服务生产、造福农民。”农业科研工作者就是这样，从田间地头来，把论文写在大地上；最终又回到田间地头，只为把成果送进千万家。

先进技术的应用使示范区作物产量提高20%~30%以上，生产效益也明显提升，被当地农民亲切地称为“田间课堂”。这种科技兴农的新模式被中国农业科学院各研究所、各创新团队借鉴，打造出具有各自特点的“田间课堂”，实现了“一团队一课堂，一所一样本”，成为科技转化和乡村振兴的有效手段，为保障国家粮食安全提供有力科技支撑。

全国最美家庭资划所周卫、何萍家庭

伉俪情深三十年　携手攻关育沃田

在 5 月 15 日“国际家庭日”，全国妇联揭晓“2023 年全国最美家庭”评选结果，1 000 户家庭获选，其中，中央和国家机关有 22 户。由中国农业科学院妇工委推荐的周卫家庭获评“2023 年全国最美家庭”，这是我院职工家庭首次获此殊荣。此次获奖有助于激励广大干部职工自觉弘扬中华民族家庭美德、厚植家国情怀、弘扬文明新风。

一家两位党代表　政治同心对党忠诚

周卫同志的家庭，是一个温馨幸福的三口之家。这个平凡的家庭，却出了两名“党代表”。2022 年，中国工程院院士、全国五一劳动奖章获得者、农业资源与农业区划研究所植物营养团队首席科学家周卫光荣当选党的二十大代表。2012 年，全国三八红旗手、资源区划所肥料与施肥技术团队首席何萍研究员光荣当选党的十八大代表。周卫、何萍两位党代表充分发挥表率作用，多次在全院领学党的代表大会精神，组织党支部成员深入学习习近平新时代中国特色社会主义思想，以及习近平总书记关于“三农”工作和科技创新的重要论述，并自觉运用到指导农业科研实践中，坚定拥护“两个确立”、坚决做到“两个维护”。

为梦想攻坚克难　科研路上比翼生辉

周卫和何萍同为著名土壤肥料学家林葆先生的学生，后又在同一个研究室、科研团队共同奋斗，他们结缘于耕地、相知于耕地、相伴于耕地。他们是夫妻，拥有幸福美满的家庭；他们是战友，十年如一日奋战在田间地头。育田“夫妻档”，上阵“伉俪兵”，他们将恩师的谆谆教诲始终铭记心间，携手同心、攻坚克难，为培育沃田贡献双倍力量。作为土壤肥料学领域的领军专家，周卫始终以满腔热忱站在科研前沿，瞄准国家农业出现的新问题，把科研工作与国家需求和长远发展结合起来，工作 30 余年，他已收获 3 个国家奖。巾帼不让须眉，何萍作为首席科学家领衔申报的“973”项目，曾获得“优秀”评价，研究成果为我国集约化农区化肥用量减施提供了强有力的理论依据和技术支撑。

为事业一往无前　家庭是最温暖港湾

工作的骄人成绩、家庭的和睦融洽，离不开父母的支持和女儿的理解。周卫在英国读博士后期间，何萍也到日本留学。农村来京的父母帮他们照顾年幼的女儿，夫妻俩在工作之余只能通过电话和女儿交流感情，但他们始终没有忽略女儿的成长。如今女儿已经长大，正在国外求学，她不仅学业有成，而且性格开朗、独立自强，父母对事业的执着追求和高度的责任感也深深鼓舞着她，她立志也要做个对社会、对行业有贡献的人。

携手走来，周卫与何萍相濡以沫、志同道合，新征程上，他们将共同践行科技沃田的使命，为高水平农业科技自立自强谱写新的篇章，用实际行动诠释最美家庭的深刻内涵，推动建设社会主义家庭文明新风尚。

十一、大事记

中国农业科学院2023年大事记

1月

1月5日 中国农业科学院召开国家农业战略科技和人才力量建设规划论证会。会议指出，要坚持创新在我国现代化建设全局中的核心地位，强化国家农业战略科技力量与人才力量建设布局，进一步明确定位、研判方向、补足短板、开阔视野、强化改革，加快打造农业科技创新高地和人才高地。农业农村部党组成员、中国农业科学院院长吴孔明，院党组书记张合成出席会议并讲话，副院长王汉中主持会议。

1月5日 农业农村部党组成员、中国农业科学院院长吴孔明，院党组书记张合成出席农村能源与生态环境研究中心建设方案研讨会，副院长刘现武主持会议。会议强调，要加强顶层设计，从人才、团队和平台建设等多角度给予支持，创新体制机制，统筹全院相关科技资源，避免低水平重复和各自为战，努力把农村能源学科建设成为国家农业科技创新高地。

1月6日 中国农业科学院召开全面推进监督工作会议，宣布农业农村部和中国农业科学院关于院纪检监督机构及干部调整的决定，对中国农业科学院认真贯彻落实党的二十大精神、深入构建全面从严治党体系、全面推进监督工作进行系统部署和安排。农业农村部党组成员、中国农业科学院院长吴孔明出席会议，院党组书记张合成主持会议。农业农村部直属机关党委副书记、纪委书记周清，部人事司副司长王欣太等参加会议。

1月6日 中国农业科学院召开农业农村部基因编辑创新利用重点实验室建设研讨会。会议要求，加强基因编辑技术与院生物育种研究的有效衔接，构建院有关创新团队聚焦“国之大者”协同攻关机制，加快建立重要科研进展汇报制度。农业农村部党组成员、中国农业科学院院长吴孔明出席会议，院党组书记张合成出席会议并讲话，副院长孙坦主持会议，院党组成员、人事局局长陈华宁参加会议。

1月8日 农业农村部党组成员、中国农业科学院院长吴孔明，院党组书记张合成赴石家庄市调研，与河北省委常委、石家庄市委书记张超超进行会谈。期间，双方签署战略合作框架协议。中国农业科学院副院长孙坦，石家庄市市长马宇骏代表双方在战略合作框架协议上签字。副院长刘现武出席签约仪式。

1月9日 农业农村部党组成员、中国农业科学院院长吴孔明主持召开2023年第1次常务会，审议并原则通过了中国农业科学院学科体系修订方案。新版学科体系体现了

3 个方面的重大创新，一是优势更优，传统优势学科更加优化并继续保持农科院特色；二是突出基础，首次设置农业基础前沿学科集群，为统筹全院基础研究奠定学科基础；三是补齐短板，加强“三农”学科布局，强化研究力量。

1 月 11 日　中国农业科学院召开干部大会。中央组织部干部四局有关负责同志宣布中央决定：杨振海同志任中国农业科学院党组书记（副部长级），免去张合成同志中国农业科学院党组书记职务。农业农村部党组成员、中国农业科学院院长吴孔明主持会议。农业农村部人事司司长陆红、科技教育司司长周云龙等出席会议。

1 月 12 日　中国农业科学院召开水稻、玉米、大豆、油菜、蔬菜产业专家团启动会。农业农村部党组成员、中国农业科学院院长吴孔明为专家团依托单位授牌、颁发团长聘书并讲话。各产业团团长介绍组建方案，钱前、胡培松院士分别代表专家团依托单位和专家团团长作表态发言，中国农业科学院副院长刘现武主持会议。

1 月 12 日　农业农村部党组成员、中国农业科学院院长吴孔明会见到院调研的深圳市市场监管局党组书记、局长李忠一行。双方表示，将进一步加强在合成生物、食品加工与营养等领域的紧密合作，共同推动深圳食品谷建设，强化科技成果转化运用。中国农业科学院副院长梅旭荣主持座谈会。

1 月 12 日　中国农业科学院召开东北温带农业研究中心建设方案研讨会。会议强调，谋划推进东北温带农业研究中心建设很有必要、非常紧迫，要加强顶层设计，从“农村”视角转移到“农业”视角，聚焦粮食安全和主要农产品保供，科学谋划研究所转型发展；要统一思想，敢于“刀刃向内”推动深化改革，对现有团队进行压减，为拓展学科领域预留空间。农业农村部党组成员、中国农业科学院院长吴孔明出席会议，副院长孙坦主持会议，院党组成员、人事局局长陈华宁参加研讨。

1 月 12 日　中共中央党史和文献研究院副院长王全春一行到中国农业科学院就农业科技创新与成果转化工作开展调研。中国农业科学院党组书记杨振海、副院长梅旭荣出席座谈会。会议强调，双方要建立联络机制，积极围绕提升科技创新体系整体效能开展研究与合作。

1 月 12 日　国家盐碱地综合利用技术创新中心正式获科技部批复建设。该中心由中国农业科学院与山东省人民政府共同组建，中国农业科学院农业资源与农业区划研究所、黄三角国家农高区和山东省农业科学院作为总牵头，联合国内 18 家优势科研院所、高校、企业共同建设。这是继玉米种业、耐盐碱水稻、乳业、生猪之后科技部批复的农业领域第 5 个国家技术创新中心。

1 月 13 日　农业农村部党组成员、中国农业科学院院长吴孔明会见了到访的非洲科学院院长菲利克斯·达帕雷·达科拉一行，双方就新时期进一步加强中非农业科技合作深入交换了意见，同意共同牵头筹备成立“中非农业科技创新联盟”，并签署两院首份合作谅解备录。中国农业科学院副院长孙坦参加会见。

1 月 16 日　中国农业科学院召开 2023 年工作会议，农业农村部副部长张兴旺出席会议并讲话。会议强调，要坚持以习近平新时代中国特色社会主义思想为指导，以学习宣传贯彻党的二十大精神为首要政治任务，以高质量全方位支撑农业强国建设为统领，以“抓改革、优布局、强统筹、提能力”为总体要求，一体部署推进全院科技、人才和教育工作，持续打造国家农业科技战略力量，更好地发挥农业科研国家队的“领头羊”作用。

1月17日 2022年度全国政协委员优秀履职奖表彰仪式在北京举行。全国政协委员、中国农业科学院原党组书记陈萌山，全国政协委员、中国农业科学院质标所研究员王静获得2022年度全国政协委员优秀履职奖。

1月17日 全国政协第十三届全国委员会常务委员会审议通过了第十四届全国政协委员名单，中国农业科学院万建民、王静、李宝聚、李家洋、张合成、陈化兰、胡培松、侯水生8人光荣入选。

1月19日 农业农村部党组成员、中国农业科学院院长吴孔明，院党组书记杨振海，副院长刘现武一行看望慰问春节期间坚守工作岗位的一线职工，向大家致以新春的祝福和问候。

1月29日 农业农村部党组成员、中国农业科学院院长吴孔明，院党组书记杨振海一行与吉林省委副书记、省长韩俊进行会谈，并共同出席双方战略合作框架协议签约仪式。院党组书记杨振海与吉林省副省长韩福春分别代表双方签署战略合作框架协议。

1月30日 农业农村部党组成员、中国农业科学院院长吴孔明，院党组书记杨振海，副院长孙坦一行到特产研究所调研。调研组听取科研人员意见建议和研究所深化改革情况汇报，强调要立足新阶段新形势新任务，聚焦“国之大者”推动研究所转型发展，抓住院省合作和温带农业研究中心建设的重大机遇，以粮食安全和重要农产品保供为重点，围绕玉米、水稻、大豆、肉牛等全产业链科技需求调整优化学科方向，支撑吉林“双千工程”和长春国家农高区建设。副院长孙坦主持座谈会。

1月30日 农业农村部党组成员、中国农业科学院院长吴孔明，院党组书记杨振海一行到长春军事兽医研究所调研。调研指出，中国农业科学院在生物安全领域涉及面广，与长春军事兽医研究所互补性强，合作空间巨大，双方应适应新发展阶段要求，进一步加强合作，共促融合发展，为维护国家安全提供更好的科技支撑。

2月

2月1日 中国农业科学院与与天津市召开视频会议，共商加快推进中国农业科学院大学建设。会议强调，要进一步细化建设方案，加快启动相关报批工作，积极争取各方支持，确保大学建设尽快落实落地。农业农村部党组成员、中国农业科学院院长吴孔明，院党组书记杨振海出席会议，天津市委常委、市教工委书记王旭主持会议。中国农业科学院副院长梅旭荣，院党组成员、人事局局长陈华宁参加会议。

2月1日 中国农业科学院党组书记杨振海到蔬菜花卉所调研，实地考察有关实验室运行情况，听取研究所工作汇报，与所领导班子、团队首席和中层干部座谈。调研组强调，研究所要聚焦“国之大者”，在支撑蔬菜稳产保供、保证量足价稳，引领蔬菜消费升级、实现质好价好，推动蔬菜品种多样、助力富农强农等方面发挥好蔬菜科技创新国家队作用。

2月2日　云南省副省长张治礼调研中国农业科学院植保所江城基地，听取草地贪夜蛾等重大跨境迁飞害虫监测与防控研究进展汇报，调研基地建设进展及规划。

2月3日　中国农业科学院党组书记杨振海到资划所调研，实地考察科技平台和创新团队，听取研究所工作汇报，与干部职工进行座谈，强调研究所要在管控耕地面积和数量、提升耕地质量、提高耕地资源综合利用上强化支撑，在农业资源优化利用上强化攻关。

2月4日　农业农村部党组成员、中国农业科学院院长吴孔明一行到新疆昌吉调研西部农业研究中心，慰问中国农业科学院科技援疆干部，考察西部中心建设新址和国家农业生物安全科学中心西北中心规划选址，听取西部中心建设进展汇报。新疆维吾尔自治区政府副主席麦尔丹·木盖提出席调研活动。中国农业科学院副院长梅旭荣主持座谈会。

2月5日　农业农村部党组成员、中国农业科学院院长吴孔明一行在乌鲁木齐与新疆维吾尔自治区党委书记马兴瑞、自治区主席艾尔肯·吐尼亚孜等会谈。会议强调，中国农业科学院将聚焦新疆“一带一路”桥头堡的区域优势，在西部农业研究中心加快建设重大科技平台，统筹全院在疆科研力量，挖掘新疆农产品保供潜力，助力昌吉乃至新疆的粮油、棉花、林果、畜牧等特色优势产业升级。中国农业科学院副院长梅旭荣参加会谈。

2月6日　农业农村部党组成员、中国农业科学院院长吴孔明出席新疆维吾尔自治区党委农村工作会议，表示中国农业科学院将发挥科技和人才资源优势，大力支持新疆农业农村现代化发展和乡村全面振兴。中国农业科学院副院长梅旭荣参加会议。

2月7日　中国农业科学院党组书记杨振海会见来院调研的深圳市科技创新委员会党组书记、主任王有明一行。双方表示，将继续深化落实院市合作协议，积极推动深圳食品谷建设，以共建全国农业科技成果转移服务中心（深圳）国际中心、国家种业科技成果产权交易中心（深圳）国际中心两个中心为抓手，推动构建农业科技成果转移服务网络，实现农业科技成果交易市场互联互通，促进农业科技成果转移转化和人才培养。

2月8日　中国农业科学院党组书记杨振海与农业农村部总农艺师、发展规划司司长曾衍德出席中国农业科学院饲料所与内蒙古星光煤炭集团合作协议签署仪式。双方将围绕阿尔巴斯白山羊的科学养殖、饲料配制、品质调控等开展深度合作，联合打造鄂托克旗阿尔巴斯白山羊主导产业，以产业振兴推动乡村振兴。

2月9日　中国农业科学院党组书记杨振海会见青海省委农办主任，农业农村厅党组书记、厅长李青川一行。双方围绕共同打造北繁高地、发展优势特色畜牧业、促进牦牛和藏羊产业发展、解决冷水鱼养殖饲料技术短板、推动科技人才队伍建设、发展特色蔬菜产业等方面展开座谈交流，并就下一步深化院地合作、助力青海省农业农村发展达成共识。

2月9日 中国农业科学院党组书记杨振海会见宁夏回族自治区党委农办主任，自治区农业农村厅党组书记、厅长滑志敏一行。双方就宁夏农牧业发展，尤其是前期奶牛产业发展、粮改饲工作、养殖业发展深入交流研讨，并就宁夏回族自治区做大做强畜牧业，发展蔬菜产业、农产品加工业、农业绿色生态等方面达成合作共识。

2月10日 中国农业科学院党组书记杨振海会见来院调研的江西省副省长卢小青一行。双方围绕生猪组学大数据平台等科研平台建设、人员交流和高端人才培养、科技成果转化应用等进行深入交流，一致同意聚焦江西“5+2”农业发展布局加强合作，科技赋能江西农业农村高质量发展。

2月10日 中国农业科学院党组书记杨振海会见来院调研的黑河市委书记李锡文一行。双方围绕黑河大豆研究中心建设座谈交流并达成共识。

2月10日 中国农业科学院党组书记杨振海会见河北省人大常委会副主任、衡水市委书记吴晓华一行。双方围绕编制现代农业产业发展规划、共建华北蔬菜研发中心、共建加工研发中心等深入交流并达成共识。

2月10日 农业农村部总经济师、办公厅主任魏百刚调研中国农业科学院沼科所、都市所，实地走访沼科所中国厌氧微生物菌种保藏管理中心、畜禽粪污能源化利用与污染控制团队实验室，以及都市所育种加速重点实验室、智能农业机器人科技创新实验室、智能园艺装备实验室。中国农业科学院副院长刘现武参加调研。

2月10日 成都市委副书记陈彦夫到中国农业科学院国家成都都市农业科技中心调研垂直农业展示中心、垂直植物工厂智能装备与光调控联合实验室等，表示成都市将加大工作力度，创设农业科技专项激励机制，进一步深化院市科技合作。中国农业科学院副院长刘现武参加调研。

2月12日 甘肃省委常委、兰州市委书记朱天舒调研中国农业科学院兰州兽医研究所，了解生物医药基地动物高级别实验室、动物疫病基因工程疫苗创制及其生产线建设运行情况，强调要通过P3实验室，加快推进重大动物疫病基因工程疫苗的创制与生产应用，助力兰州高新区生物医药产业的快速发展。

2月13日 中国农业科学院党组2023年第2次会议研究通过中国农业科学院共建研究机构评估报告。会议要求，严格依法依规开展科研活动和科技合作，根据中央机构编制管理有关规定，取消现有的共建研究机构，中止中国农业科学院名义的使用，切实防范风险隐患。对确有实质性合作内容和进一步合作意愿的，以共建研究中心的方式开展共建，签订合作协议，规范管理运行。对符合国家重大需求与我院重大学科布局的，加大共建力度，确保机构运行合法合规。

2月14日 中国农业科学院党组召开院部职能优化调整工作专班启动会，通报农业农村部党组批复精神，宣布成立重大任务等4个工作专班的决定。农业农村部党组成员、中国农业科学院院长吴孔明出席会议并讲话，院党组书记杨振海主持会议，全体院领导出席会议。

2 月 14 日　农业农村部党组成员、中国农业科学院院长吴孔明会见来院调研的海南省农业科学院院长黄正恩一行，双方围绕共建国家级种质资源保护基地、推动国家热带农业科技成果转移转化、加强农业科技人才交流培养等方面展开深入交流。双方表示，将进一步推进一体化融合布局，搭平台、带队伍、出成果，支撑海南省农业科学院打造特色、一流的省级科研院所，共推海南热带农业高质量发展。中国农业科学院副院长孙坦主持座谈会。

2 月 14 日　中国农业科学院党组书记杨振海会见来院调研的青岛农业大学校长刘新民一行，双方围绕种业创新、研究生培养、平台建设、成果转化等展开深入交流。会议指出，中国农业科学院与青岛农业大学合作基础良好、成效显著，要进一步深化合作，充分对接双方优势资源，打造新的农业科技创新平台，共同支撑青岛市、山东省农业农村高质量发展。中国农业科学院副院长刘现武主持座谈会。

2 月 15 日　农业农村部党组成员、中国农业科学院院长吴孔明在京会见了陪同伊朗总统莱希访华的伊朗农业部部长赛义德·内贾德一行，双方就共同关心的农业科技成果转化和推广问题交换了意见。中国农业科学院副院长孙坦参加会见。

2 月 15 日　“农经观察”围绕增产增收政策工具开展会商，中国农业科学院党组书记杨振海出席会议。会商建议，新发展阶段我国粮食安全面临的形势和任务发生了深刻变化，增产增收的政策工具创新要以提高国家粮食安全支撑保障能力为目标，以问题为导向，充分调动地方政府抓粮、农民种粮的积极性，统筹考虑政策间的协调性、一致性，扶持种粮大户，创新支持土地托管等多种经营形式，建立粮食主产区和主销区利益协调机制，巩固和提升主产区产能，提高政策实施效能。

2 月 15 日　中国农业科学院党组书记杨振海会见来院对接的甘肃省临潭县县长宋国全一行。双方围绕共建乡村振兴示范县目标任务，在编制特色产业发展规划、制定高原特色产业标准、打造品牌和建设检测体系、做好成果示范展示、建设现代产业园等方面进行全面深入对接，达成广泛共识。

2 月 15 日　湖南省委常委、副省长张迎春调研麻类所，听取麻类所科技创新工作汇报，对麻类所 65 年来为湖南经济社会发展作出的重要贡献表示肯定。

2 月 16 日　科学技术部党组成员、副部长吴朝晖到中国农业科学院开展调研。会议强调，要持续加大科技投入，充分发挥国家战略科技力量的引领作用，大力发展生物学和智能信息等现代科学技术，赋能促进农业转型升级、高质量发展；紧盯世界农业科技前沿，聚焦基础研究、应用研究，不断优化学科建设，持续突破“卡脖子”关键技术，以解决“三农”瓶颈问题、提高现代农业高端化为使命，不断提升我国农业科技水平，加快推动实现高水平农业科技自立自强。农业农村部党组成员、副部长张兴旺，部党组成员、中国农业科学院院长吴孔明出席座谈会。中国农业科学院党组书记杨振海主持会议。唐华俊、万建民、钱前、周卫等院士专家代表，科学技术部农村科技司司长叶玉江，农业农村部科教司司长周云龙参加座谈会。

2 月 16 日　全国政协委员宋建朝、张合成到中国水产科学研究院南海水产研究所调研农产品质量安全工作，了解水产保鲜运输技术和添加剂科研工作进展，并与科研人员、行业管理部门人员座谈。

2月17日 农业农村部党组成员、中国农业科学院院长吴孔明，院党组书记杨振海会见凯赛尔·阿不都克热木一行。双方就进一步推进科技支撑新疆农业农村现代化与新疆“三农”工作高质量发展、助力新疆农业科技进步与现代农牧业发展、支撑新疆在保障国家粮食安全和重要农产品稳定安全供给，以及加快中国农业科学院西部中心建设进行交流。中国农业科学院副院长梅旭荣参会。

2月19日 中国农业科学院国合局主要负责同志赴海南省海口市与非洲科学院院长达科拉进行深入交流。双方交流了联盟争取非盟支持的最新进展，就邀请非洲农业研究论坛（FARA）和中国热带农业科学院加入联盟理事会达成一致意见，商议了联盟下一步建设工作。双方还就加强联合国粮食及农业组织（FAO）框架下的南南及三方合作、研究生教育以及联合平台建设等交换意见。

2月20日 农业农村部党组成员、副部长张兴旺调研中国农业绿色发展研究会，详细了解研究会运行发展、创新研究、技术推广等相关工作，强调要加快做好技术成果落地和政策保障支持，持续发挥好“政产学研用”桥梁纽带作用，助力农业绿色发展事业做大做强。中国农业科学院党组书记杨振海、农业农村部科技教育司司长周云龙、中国农业绿色发展研究会秘书长刘北桦参加调研。

2月21日 由中国农业科学院与河南省宁陵县联合举办，反映中国农业科学院“宁陵精神”的大型现代豫剧《黄河故道梨花开》在中国农业电影电视中心展演。中央农办副主任、国家乡村振兴局党组书记、局长刘焕鑫，农业农村部党组成员、副部长张兴旺，农业农村部党组成员、中国农业科学院院长吴孔明，中国农业科学院党组书记杨振海出席活动。

2月22日 农业农村部党组成员、中国农业科学院院长吴孔明会见来院调研的云南省普洱市委副书记任远征一行，双方围绕推进普洱生物育种产业化试点、共建云南江城昆虫跨境迁飞科学观测试验站、支撑普洱优势特色产业发展、建立双向人员流动锻炼机制等方面进行深入对接，达成广泛共识。中国农业科学院副院长梅旭荣主持座谈会。

2月22日 农业农村部党组成员、中国农业科学院院长吴孔明会见来院调研的江苏省南通市委副书记沈雷一行，双方围绕产业提档升级、全产业链延伸、乡村振兴等方面进行深入交流，达成广泛共识。中国农业科学院副院长刘现武主持座谈会。

2月23日 中国农业科学院党组书记杨振海到加工所调研，实地考察实验室建设运行情况，听取研究所汇报，与所领导班子、团队首席、中层干部围绕推动研究所高质量发展、加工科技创新、产业链创新链深度融合等进行座谈交流。会议要求，研究所要聚焦主责主业，在加工减损保供、农业提质增效、落实“大食物观”保障食物安全和产业战略研究等方面持续发力、再获突破；发挥党建引领作用，加强青年人思政教育，春风化雨做好意识形态工作，守护身心健康，为加快建设农业强国和科技强国作出新的更大贡献。

2 月 24 日　中国农业科学院党组书记杨振海到研究生院调研，听取研究生教育发展和推进中国农业科学院大学建设有关情况汇报，与领导班子、职能部门负责人和教师代表进行座谈交流。

2 月 27 日　中国农业科学院党组书记杨振海会见人力资源社会保障部工资福利司副司长陈佳忠。会议围绕事业单位绩效工资管理难点热点问题进行交流探讨。中国农业科学院党组成员、人事局局长陈华宁主持会议，农业农村部人事司副司长王晖，中共中央组织部、财政部相关工作负责同志参加调研。

2 月 27 日　农业农村部科教司司长周云龙调研都市所、沼科所，强调要积极研究都市农业现代化实践路径，做好都市农业在超特大城市服务建设农业强国、推动实现农业现代化的时代课题，围绕产业需求，加强关键技术攻关和重大成果培育，搭建产学研用交流合作平台，为都市农业高质量发展提供科技支撑；沼科所要在特色厌氧微生物应用、畜禽粪污和秸秆综合利用、可降解农膜技术等领域继续深耕，加快基础研究和实用技术创新，为实现乡村全面振兴提供有力科技支撑。

2 月 28 日　中国农业科学院党组书记杨振海实地考察生物所科技平台和实验室运行情况，听取研究所总体发展与农业微生物研究中心建设情况汇报，与所领导班子、团队首席、中层干部围绕推动研究所改革创新发展、加强科技创新、深化成果推广等座谈交流，要求研究所围绕农业微生物和生物科学基础前沿方向，打造具有核心竞争力的团队，推动研究所成为农业生物核心技术创新高地。

2 月 28 日　中国农业科学院与腾讯公司共同发起的国家作物种质库 2.0 项目在京正式启动。中国农业科学院党组书记杨振海，中国工程院院士、中国工程院原副院长刘旭，腾讯公司副总裁陈菊红出席活动。双方将围绕种质资源的数字化信息保护利用开展全方位合作。

2 月 28 日　江西省副省长卢小青调研水稻所萍乡早稻研究中心，强调要依托水稻所在水稻新品种培育、物化栽培技术、重金属污染治理以及低镉品种培育等方面的科研实力，围绕江西乃至全国早稻生产中的实际问题，加强核心技术攻关，争取科研成果早日落地，更好地服务区域内经济社会发展。

3 月

3 月 1 日　中国农业科学院与国家乡村振兴局就深化合作、推进巩固拓展脱贫攻坚成果同乡村振兴有效衔接工作举行会商。中央农办副主任、国家乡村振兴局局长刘焕鑫，农业农村部党组成员、中国农业科学院院长吴孔明出席会商并讲话，院党组书记杨振海主持会议。国家乡村振兴局副局长夏更生、李敬辉，中国农业科学院副院长孙坦，院党组成员、人事局局长陈华宁参加会谈。

3 月 1 日　农业农村部党组成员、中国农业科学院院长吴孔明会见到院调研的湖南省永顺县县长向加茂一行，双方围绕制定产业发展规划、开展科技帮扶、搭建协作平台等方面展开深入交流，达成广泛共识。中国农业科学院副院长刘现武主持座谈会，院党组成员、人事局局长陈华宁参加会见。

3月2日 中国农业科学院召开领导班子成员任职决定宣布会议，宣布农业农村部党组关于周若辉同志任中国农业科学院纪检组组长、党组成员的决定。农业农村部党组成员、中国农业科学院院长吴孔明出席并讲话，院党组书记杨振海主持会议并宣布有关决定。

3月3日 农业农村部党组成员、中国农业科学院院长吴孔明在北京会见了俄罗斯驻华大使馆科技参赞叶尔莫拉耶夫，双方就进一步推进中俄农业科技合作交换了意见。中国农业科学院原院长翟虎渠，副院长孙坦参加会见。

3月6日 农业农村部党组成员、中国农业科学院院长吴孔明会见河北省农业农村厅厅长刘宝岐与雄安新区有关领导。双方表示，将进一步理顺合作机制，科学合理布局农业科技创新资源，共同助力打造中国北方农业硅谷。中国农业科学院副院长刘现武主持座谈会。

3月7日 农业农村部党组成员、中国农业科学院院长吴孔明，院党组书记杨振海会见了来访的联合国粮食及农业组织（FAO）总干事屈冬玉。双方表示，希望进一步依托中国农业科学院—FAO创新平台，促进南南合作，推动国际能力建设，更好服务全球农业科研创新，更好保障全球粮食安全、生态安全和生物安全。联合国粮食及农业组织驻华代表文康农，农业农村部国际合作司一级巡视员张陆彪参加活动。

3月7日 农业农村部党组成员、中国农业科学院院长吴孔明会见到院调研的吉林省农业科学院院长马国成一行，双方围绕科技支撑吉林千亿斤粮食和千万头肉牛建设工程开展深入交流。会议强调，两院合作基础良好，要进一步发挥各自优势，在科技人员交流互访、科技平台共建共享、研发项目申请等方面强化合作。

3月7日 国家农业绿色发展长期固定观测试验站建设交流活动在中国农业科学院举办。中国农业科学院党组书记杨振海在致辞中指出，要加强基础数据开放共享和互联互通，力争建成农业农村建设发展观测数据一张网，为农业强国建设、国家绿色低碳发展政策集成和绿色技术创新提供支撑。中国农业绿色发展研究会理事长余欣荣，农业农村部总农艺师、发展规划司司长曾衍德出席活动。

3月7日 中国农业科学院妇工委举办纪念“三八”国际妇女节113周年暨表彰活动，中国农业科学院党组书记杨振海出席活动。活动回顾了中国农业科学院妇工委近年来的工作成果，表彰了中国农业科学院2021—2022年度妇女工作先进集体和个人，获奖代表作了主题宣讲。全国妇联妇女发展部部长邰烈虹，农业农村部直属机关妇工委主任、种植业管理司副司长刘莉华参加活动。

3月7日 湖北省副省长吴海涛到油料所调研。调研组参观了所史馆、国家油料作物种质资源中期库、油菜育种基地、大豆新品种创制组培室等，充分肯定油料所聚焦大豆油料产能提升、提质增效加快科技创新取得的成绩，希望油料所进一步加快关键核心技术攻关和技术成果集成推广应用，为服务湖北和全国油料产业高质量发展、支撑乡村全面振兴和保障国家油料安全作出更大贡献。

3 月 10 日　中国农业科学院与北京市密云区人民政府签署战略合作框架协议。农业农村部党组成员、中国农业科学院院长吴孔明，密云区委书记余卫国出席签约仪式。中国农业科学院党组书记杨振海主持签约仪式。中国农业科学院副院长刘现武，密云区委副书记、区长马新明代表双方签署协议。

3 月 10 日　中国农业科学院与商务部研修学院签署合作谅解备忘录。双方表示，将以此次签署备忘录为契机，充分发挥各自优势，共同组织实施中国对外援助农业领域培训项目，加大培训合作力度，为讲好中国故事、树立中国农业科技对外形象而共同努力。中国农业科学院副院长孙坦出席仪式。商务部国际商务官员研修学院党委书记、院长孙中和，副院长陈润云参加活动。

3 月 10 日　辽宁省委副书记、大连市委书记胡玉亭一行到果树所调研，考察研究所果品贮藏加工研究中心和设施果树栽培实验示范区，与相关科研人员深入交流。

3 月 13 日　农业农村部党组成员、中国农业科学院院长吴孔明会见来访的盖茨基金会北京代表处首席代表郑志杰博士一行，双方就加强对非农业科技合作、共同推动发起国际大科学计划等进行了交流。盖茨基金会北京代表处副主任朱庆华参加活动。

3 月 13 日　河南省政协副主席朱焕然调研中原智慧灌溉装备制造产业园，听取灌溉所科技支撑“中原农谷”百万亩高标准农田建设工作情况，强调灌溉所要继续发挥自身优势，研发推广智慧灌溉技术，全力打造好中原地区智慧灌溉装备制造基地，持续支撑高标准农田建设，助推河南农业综合生产能力有效提升。

3 月 14 日　中国农业科学院党组书记杨振海会见到院调研的重庆市农业科学院院长苟小红一行。双方围绕贯彻落实院市战略合作协议，在强化种业创新、生物育种、山地农机、智慧农业、农产品加工领域合作，共建农业科技成果转移转化平台，指导培养高层次科技人才等方面进行深入交流。中国农业科学院副院长孙坦主持召开座谈会。

3 月 14 日　中国林业科学院分党组成员、副院长汪阳东一行来中国农业科学院调研人才队伍建设、科研团队管理和综合政务等工作，双方重点围绕高层次人才引进、科技人才激励、职称晋升和分类评价、科技资源配置、科研团队管理与考核及信息化建设等方面进行深入交流。中国农业科学院党组成员、人事局局长陈华宁出席座谈会。

3 月 15 日　农业农村部党组成员、中国农业科学院院长吴孔明出席中国农业科学院科技帮扶舟曲和台江工作推进会。会议总结交流前期帮扶成效，部署今年重点工作。会议强调，要从打造乡村振兴探索新模式的高度，提高对帮扶两县特色产业发展的思想认识；进一步加大帮扶力度，将特色产业的帮扶工作不断推向深入；进一步完善和理顺帮扶工作机制和技术帮扶体系，加强资源统筹。中国农业科学院副院长孙坦主持会议，院党组成员、人事局局长陈华宁参加会议。

3 月 15 日　中国农业科学院与普洱市人民政府签署战略合作框架协议。农业农村部党组成员、中国农业科学院院长吴孔明，普洱市委副书记、市长王刚出席签约仪式并讲话。中国农业科学院副院长孙坦主持会议。

3月16日 中国农业科学院与复旦大学签署共建交叉科学联合中心战略合作框架协议。双方将在高附加值农副产品开发、科研平台建设、高层次人才培养等方面与普洱市开展务实合作。农业农村部党组成员、中国农业科学院院长吴孔明，复旦大学校长金力出席座谈会，并代表双方签署协议。

3月16日 中国农业科学院党组召开2023年第1次理论学习中心组（扩大）学习会暨传达学习全国两会精神干部大会，传达学习习近平总书记重要讲话精神和全国两会精神，以及农业农村部干部大会精神，安排部署中国农业科学院贯彻落实工作。会议要求全院上下迅速把思想和行动统一到习近平总书记重要讲话精神和全国两会决策部署上来，高质量抓好全年重点工作落实，为全面推进乡村振兴、加快建设农业强国提供强有力的科技支撑。农业农村部党组成员、中国农业科学院院长吴孔明出席会议并讲话，院党组书记杨振海主持并作会议总结。

3月16日 农业农村部党组成员、中国农业科学院院长吴孔明，复旦大学校长金力代表双方签署共建交叉科学联合中心战略合作框架协议。双方将围绕种子、生物安全、农机装备、绿色低碳、乡村发展等“国之大者”，聚焦全基因组设计、合成生物学、农业智能化和食品营养健康等前沿领域积极开展全面合作。

3月16日 中国农业科学院党组书记杨振海会见到院调研的司法部立法四局副局长郭文芳一行。随后，多方围绕我国耕地现状与问题、耕地保护科技创新、耕地保护立法等开展座谈交流。

3月17日 中国农业科学院在北京发布《中国农村人居环境发展报告（2022）》绿皮书。中央农办副主任、农业农村部党组成员、国家乡村振兴局局长刘焕鑫，农业农村部党组成员、中国农业科学院院长吴孔明出席发布会并讲话，院党组书记杨振海主持发布会，副院长梅旭荣发布报告。

3月17日 中国农业科学院党组书记杨振海会见到院调研的中央统战部办公厅副主任、一级巡视员李勇，副主任苏向东、王生才一行。中国农业科学院党组成员、人事局局长陈华宁参加会见。

3月17日 中国农业科学院党组召开院部职能优化调整工作调度会，专题听取重大任务等4个专班职能调整研究落实情况汇报，中国农业科学院党组书记杨振海出席会议并讲话，院党组成员、人事局局长陈华宁主持会议。

3月17日 甘肃省副省长李刚到兰州兽医研究所调研，听取动物疫病防控全国重点实验室、动物高级别生物安全实验室相关工作情况，了解中农威特公司疫苗生产与产业化发展。甘肃省政府副秘书长王晓阳参加调研。

3月19日 甘肃省委书记、省人大常委会主任胡昌升到兰州兽医研究所、兰州牧药研究所调研，考察研究所科技创新、成果转化、产业支撑和人才培养等方面的情况，对两所多年来扎根西部、服务地方经济社会发展表示感谢。甘肃省委常委、省委秘书长张伟、副省长陈得信参加调研。

3月17—19日 由中国农业科学院、中国农业大学和美国乳房炎协会联合主办的第三届国际奶牛疾病大会暨美国乳房炎协会（NMC）区域会在北京召开。大会以“坚持创新引领筑牢健康基石共促奶业高质量发展”为主题，分享全球奶牛疾病防治及诊断的新理念、新技术和新方案，为推进奶业振兴贡献智慧和力量。农业农村部国家首席兽医师（官）李金祥，中国农业科学院副院长孙坦出席会议。

3 月 20 日　中国农业科学院饲料研究所与北京大北农科技集团股份有限公司在京签署科企战略合作协议和“饲用微生物工程国家重点实验室—资源开发实验室”共建协议。双方将进一步加强饲料资源开发与关键核心技术联合攻关，共同推动我国饲料科技自立自强，共促现代饲料工业和畜牧水产养殖业高质量发展。中国农业科学院党组书记杨振海、大北农集团董事长邵根伙博士出席签约仪式并为实验室揭牌。

3 月 21 日　农业农村部党组成员、中国农业科学院院长吴孔明会见来中国农业科学院调研的西南大学党委书记李旭锋一行，双方围绕贯彻落实院校战略合作，共建柑桔研究所、共建资源昆虫科研平台、推进研究生联合培养等事项进行深入交流，达成广泛共识。中国农业科学院党组成员、人事局局长陈华宁主持调研座谈会。

3 月 21 日　中国农业科学院党组书记杨振海会见来中国农业科学院调研的农业农村部农机化司司长冀名峰一行，双方围绕我国农业机械化现状及问题、农业机械化科技创新、农业机械化与信息化紧密融合等问题进行座谈交流。

3 月 22 日　广西壮族自治区党委副书记刘小明率队实地考察基因组所外延机构巴马乡村振兴研究院，听取研究院科技创新、成果转化与研究生联合培养情况汇报，对巴马院实施的“稻薯猪”等研究和“国家地方猪研究中心”建设项目等工作给予充分肯定。

3 月 23 日　农业农村部党组成员、中国农业科学院院长吴孔明在成都会见四川省委常委、成都市委书记施小琳，双方围绕深化合作进行会谈。中国农业科学院副院长刘现武、成都市委副书记陈彦夫参加会见。

3 月 23 日　农业农村部党组成员、中国农业科学院院长吴孔明调研都市农业研究所和国家成都农业科技中心，现场察看都市所育种加速重点实验室、戈壁设施农业展示场景，以及成都中心企业研发中心、动物科学中心等平台，并听取工作汇报。中国农业科学院副院长刘现武参加调研。

3 月 23 日　农业农村部党组成员、中国农业科学院院长吴孔明一行调研农业农村部成都沼气科学研究所，并为中国农业科学院农村能源与生态研究中心揭牌。中国农业科学院副院长刘现武参加调研。

3 月 23 日　中国农业科学院党组书记杨振海到植保所、牧医所听取两所党建工作情况及 4 个创新团队党支部建设情况汇报，与基层党务干部、党员科研骨干座谈。

3 月 23 日　浙江省政协副主席、九三学社浙江省委主委叶正波调研茶叶所，考察国家茶树种质资源圃（杭州）、中国茶叶学会和龙冠公司，要求研究所围绕中心工作，充分发挥人才、科技优势，推动浙江茶产业高质量发展，助力乡村全面振兴和浙江“两个先行”建设。

3月24日 农业农村部副部长张兴旺赴国家成都农业科技中心调研，现场察看了育种加速重点实验室、戈壁设施农业展示场景、垂直超级食物生产系统等，高度评价院地双方前瞻谋划、合力共建农业科创平台，充分肯定成都中心从规划到建成的效率和成果。农业农村部党组成员、中国农业科学院院长吴孔明，农业农村部总经济师、办公厅主任魏百刚，农业农村部科教司司长周云龙、种业司副司长杨海生，中国农业科学院副院长刘现武参加调研。

3月25日 中国工程院党组书记、院长李晓红到油料所阳逻试验基地调研，了解油菜种质资源创新和新品种选育情况，参观彩色油菜花展示基地和国家种质野生花生资源圃，表示希望油料所加快产出原创性、引领性科技成果，加大中油杂501等重大新品种和花生大豆固氮提质绿色增产等关键技术示范推广力度，加快产业化应用步伐，让科技成果切实转化为现实生产力，为保障国家油料安全作出更多贡献。

3月27日 拉美及加勒比地区驻华使节赴中国农业科学院调研中国农业科技。会议指出，中国步入了加快农业现代化、建设农业强国的新阶段新征程，中方愿同拉加地区进一步凝聚共识，加强政策交流、深化科技合作、扩大贸易投资，欢迎包括拉加在内的各个国家参与中国农业农村发展，共享成果机遇。农业农村部副部长马有祥主持交流活动，中国政府拉美事务特别代表邱小琪，农业农村部党组成员、中国农业科学院院长吴孔明，中国农业科学院党组书记杨振海参加有关活动。

3月28日 农业农村部党组成员、中国农业科学院院长吴孔明会见到院调研的大理州委副书记肖创勇一行，双方围绕大理试验站建设、农村人居环境整治、奶业振兴、果蔬高值高效、农技人员能力提升等方面进行深入交流，达成广泛共识。中国农业科学院副院长孙坦主持座谈会。

3月29日 农业农村部党组成员、中国农业科学院院长吴孔明会见浙江省农业科学院党委书记劳红武一行，双方围绕科技强国、农业强国等国家战略目标，就加强双方紧密协作、发挥农业科技创新体系作用、开展有组织的科研等深入交流。中国农业科学院副院长孙坦参加会见。

3月30日 农业农村部党组成员、中国农业科学院院长吴孔明主持召开专题会议，研究推进大豆科技创新重大任务。会议强调，要进一步围绕大豆耐密高产、高油、多抗的核心目标，完善和优化组织实施机制，厘清院地、院企联合攻关机制，统筹好多渠道资源和优势力量，协同推进中国农业科学院以及全国大豆科技创新工作；要以大豆重大任务设计实施为蓝本，进一步研究和启动其他重大任务。

3月30日 黑龙江省委书记、省人大常委会主任许勤到哈尔滨兽医研究所调研，考察新型动物疫苗项目建设现场，并展开座谈。会议强调，要深入贯彻党的二十大和全国两会精神，全面落实习近平总书记重要讲话精神，围绕“国之大者”，充分发挥创新资源、人才队伍、平台条件等优势，进一步提升科技创新能力，构建高质量的人才队伍，发挥动物疫病防控全国重点实验室的核心引领作用，推进基础研究实现高质量发展，为我国实现高水平科技自立自强作出更大贡献。

3月31日　中国农业农村低碳发展论坛暨第十六届农业环境峰会在北京举行。农业农村部党组成员、副部长张兴旺，农业农村部党组成员、中国农业科学院院长吴孔明出席会议并讲话，中国农业科学院副院长梅旭荣发布《2023中国农业农村低碳发展报告》。中国农业科学院副院长刘现武主持会议。

3月31日　农业农村部党组成员、中国农业科学院院长吴孔明会见了来访的马来西亚农科院院长穆罕默德·扎巴维，双方在进一步优化农业科技合作机制，深化在作物育种、植物保护、设施农业、食品加工等领域的科技合作，加强科技人才交流及研究生培养等方面达成共识。

3月31日　第二十届中央候补委员、江苏省委副书记邓修明调研农机化所，先后参观成果展示中心和无人植保飞机风洞实验室，详细了解研究所机械化技术与装备研发工作进展情况，就加强所地合作、推动科技成果转化等方面展开深入交流。

4月

4月1日　农业农村部副部长张兴旺调研中国农业科学院国家南繁研究院，实地考察国家南繁作物表型鉴定设施、种业创新中心两大科研平台建设情况，听取南繁院在机构建设、人才团队、科技创新、研究生培养以及国际合作等领域实体化建设进展汇报，强调要进一步做好发展规划、找准基本定位，探索创新团队运行机制，加强人才引进和国际合作，承担起国家种业振兴及农业科技创新自立自强赋予的使命任务。中国农业科学院副院长刘现武参加调研。

4月1日　科技部副部长吴朝晖一行到国家野生水稻种质资源圃调研，详细了解野生稻资源圃建设发展历程，强调要充分利用绝对优势资源，集中力量攻克重大技术难题，为全面推进乡村振兴、加快建设农业强国提供有力科技支撑。中国农业科学院副院长刘现武，海南省科技厅党组书记李劲松、副厅长刘作凯参加调研。

4月2日　农业农村部国家首席兽医师（官）李金祥到特产所调研，指出特产所要继续加大改革创新力度，做好人才引育和人才梯队建设，拓展梅花鹿疫病防控、营养饲养、中药材食品加工、中药替抗等方面科技服务范围。

4月3日　中国农业科学院召开推进全国重点实验室建设工作会，农业农村部党组成员、中国农业科学院院长吴孔明出席会议并讲话。会议指出，要高度重视全国重点实验室建设发展，加强组织领导、职能配置、综合保障与绩效评价，进一步明确定位、创新运行机制、加强团队建设，强化院党组对实验室的统筹管理，紧密围绕“国之大者”开展有组织科学研究，打造科技创新“特长生”，发挥国家战略科技力量作用，有力支撑科技强国与农业强国建设。中国农业科学院党组书记杨振海主持会议。

4月3日　农业农村部党组成员、中国农业科学院院长吴孔明会见来访的非洲科学院院长菲利克斯·达帕雷·达科拉，双方就进一步推进“中非农业科技创新联盟”建设深入讨论，并就加强人才交流及研究生培养合作达成一致意见。

4月7日 农业农村部党组成员、中国农业科学院院长吴孔明在京会见安徽省副省长张曙光一行，双方就粮食和重要农产品稳定安全供给、农产品加工、农机装备研发、联合实施重大科技项目等方面展开深入交流，达成广泛共识。中国农业科学院副院长孙坦参加座谈会。

4月9日 农业农村部党组成员、中国农业科学院院长吴孔明在北京会见河南省副省长杨青玖一行并座谈，双方就进一步深化合作、加快推进安阳创新基地和中原中心建设交换了意见。中国农业科学院党组书记杨振海主持座谈，副院长孙坦、刘现武参加座谈。

4月11日 农业农村部党组成员、中国农业科学院院长吴孔明会见来院调研的华为技术有限公司数字政府副总裁李然一行，双方在共建农业人工智能联合创新实验室、开展关键核心技术联合攻关、搭建稳产保供应急指挥系统等方面达成初步共识，将加强战略合作、强化顶层设计，紧扣科技创新主题，引领中国农业科技创新范式转型，智慧赋能中国农业农村现代化建设。中国农业科学院副院长孙坦主持座谈会。

4月11日 中国农业科学院党组召开会议，传达学习贯彻习近平新时代中国特色社会主义思想主题教育工作会议精神，按照部动员部署大会精神，研究贯彻落实工作。农业农村部党组成员、中国农业科学院院长吴孔明出席会议，院党组书记杨振海主持会议。

4月13日 农业农村部党组成员、中国农业科学院院长吴孔明会见来院调研的内蒙古自治区兴安盟盟长苏和一行，双方围绕落实中国农业科学院与内蒙古自治区及兴安盟签署的战略合作协议进行了交流讨论。中国农业科学院副院长孙坦参加会见。

4月13日 农业农村部党组成员、中国农业科学院院长吴孔明会见来院调研的中共中央组织部人才工作局副局长张志刚一行并座谈，农业农村部人事司司长陆红出席座谈会，中国农业科学院党组成员、人事局局长陈华宁主持会议。

4月13日 中国农业科学院党组书记杨振海到茶叶所调研，听取研究所科技支撑茶产业发展和乡村振兴工作汇报，围绕茶文化、茶产业、茶科技与领导班子、团队首席和中层干部座谈交流。

4月13日 中国农业科学院党组书记杨振海到水稻所调研，听取研究所科技支撑稳产保供和乡村振兴工作汇报，围绕推动研究所高质量发展、水稻种业科技创新和产业发展等问题与干部职工深入交流。

4月18日 中国农业科学院党组召开院部改革暨新部门集中揭牌会议，宣布部、院党组关于院部机构调整和有关干部任免决定，为重大任务局、发展建设局揭牌。农业农村部党组成员、中国农业科学院院长吴孔明出席会议并讲话，中国农业科学院党组书记杨振海主持会议。农业农村部人事司副司长王欣太、科技教育司副司长张振华出席会议。

4月18日 农业农村部党组成员、中国农业科学院院长吴孔明，院党组书记杨振海会见到院调研的河南省副省长宋争辉，双方围绕科技支撑粮食安全、加强院地合作、联合开展科技攻关等进行交流，下一步将加强战略合作、强化顶层设计，共同探索完善科技创新思路举措，为加快推进农业农村现代化、建设农业强国作出新的贡献。张新友院士、中国农业科学院副院长孙坦出席调研活动。

4 月 18 日 新疆维吾尔自治区党委书记马兴瑞一行调研西部中心（科技援疆指挥部），听取关于落实中国农业科学院“举院援疆”重大战略的工作进展，强调要充分发挥科技创新平台的示范引领作用，围绕新疆粮油、棉花、果蔬、畜牧业等重点产业，做实做细科研工作，在棉花高质量发展、戈壁生态农业规划、林果业提质增效、农业机械装备和生产技术改革等方面加强产学研融合对接，加大科研成果转化应用力度，深化与周边国家国际交流合作，为推动新疆农牧业高质量发展作出更大贡献。

4 月 19 日 中国农业科学院召开学习贯彻习近平新时代中国特色社会主义思想主题教育动员部署大会。会议强调，要全面准确把握主题教育“学思想、强党性、重实践、建新功”的总要求，努力在以学铸魂、以学增智、以学正风、以学促干方面取得实实在在的成效。农业农村部党组成员、中国农业科学院院长吴孔明主持会议，院党组书记杨振海作动员讲话，农业农村部第一巡回指导组组长戴军出席会议并讲话。

4 月 19 日 海南省委常委、三亚市委书记周红波到国家野生稻种质资源圃项目现场，听取野生稻种质资源收集与保存利用情况汇报，表示相关部门要积极支持、全力配合种质资源及其他项目建设，强化要素保障，完善配套设施，培育好创新链、产业链、创新创业生态“两链一生态”，推进种质资源保护利用和生物育种产业化应用提档加速，高质量打造“南繁硅谷”。联合国粮食及农业组织植物生产和保护司司长夏敬源，钱前院士参加调研。

4 月 20 日 2023 中国农业展望大会在京召开。大会以“加强农业监测预警　保供强农促增收”为主题，发布了《中国农业展望报告（2023—2032）》，对未来 10 年粮食等 18 种主要农产品生产、消费、贸易、价格信息进行预测。农业农村部副部长张兴旺，部党组成员、中国农业科学院院长吴孔明出席会议并致辞。十三届全国人大农业与农村委员会主任委员陈锡文、第十四届全国政协委员张合成分别就加快建设农业强国和打造中国特色农业展望制度作大会主题报告。中国农业科学院党组书记杨振海主持大会开幕式。

4 月 20 日 农业农村部党组成员、中国农业科学院院长吴孔明会见河南省新乡县委书记祝显成一行。双方围绕统筹推进新乡基地建设、弘扬中国农业科学院新乡精神、推进中原农谷建设、完善新乡基地管理体制、开展现代农民技能培训等展开深入交流，就下一步共同推动新乡基地管理水平提升、科技支撑新乡县乡村振兴等重点工作达成共识。

4 月 21 日 山东省德州市政协党组书记、主席卜祥联与海淀区政协党组副书记、副主席赵小云一行到加工所调研。调研组详细了解当前我国农产品加工业发展态势，就核心技术创新前沿、产业带动作用与潜力、产业未来发展趋势等展开深入交流；与研究所就共同推进中国（德州）农业食品创新产业园建设等事宜达成初步共识，表示将充分结合地区资源禀赋和研究所科研优势，为德州市农产品加工业高质量发展作出积极贡献。

4月22日 第五届农科开放日暨海淀区“科普之春”活动在中国农业科学院启动。农业农村部党组成员、中国农业科学院院长吴孔明，中国农业科学院党组书记杨振海，中国科学技术协学科普部副部长庞晓东，北京市科协二级巡视员张玉山，海淀区委副书记杨仁全，中国农业科学院党组成员、人事局局长陈华宁等出席启动仪式。此次开放日集中展出中国农业科学院200余种特色农产品，35个院属单位同步开展特色科普活动，拉近了公众与农业科技工作者的距离，提高公众尤其是青少年群体对农业科学知识的兴趣和认识，共计吸引828.2万人通过线上线下参与。

4月23日 农业农村部党组成员、中国农业科学院院长吴孔明一行在乌鲁木齐与新疆维吾尔自治区党委书记马兴瑞会谈。双方就进一步强化西部中心统筹作用、推动科技成果在新疆落地转化方面达成共识。中国农业科学院副院长梅旭荣参加会见。

4月24日 中国农业科学院在新疆昌吉召开科技援疆工作推进会。会上，中国农业科学院与新疆维吾尔自治区人民政府签署了农业科技合作补充协议，为中国农业科学院棉花产业专家团进行授牌。农业农村部党组成员、中国农业科学院院长吴孔明，新疆维吾尔自治区副主席麦尔丹·木盖提出席会议。中国农业科学院副院长梅旭荣主持会议。

4月24日 湖北省副省长邵新宇到油料所调研，参观国家油料种质资源库、油菜新品种培育基地、大豆新品种创制实验室、农业农村部油料及制品监督检验测试中心和油料加工中试车间，了解油料所科技创新和成果转化情况。

4月25日 农业农村部党组成员、中国农业科学院院长吴孔明出席“蔬菜生物育种全国重点实验室”建设咨询战略研讨会。会议强调，重点实验室要瞄准世界科技前沿，服务国家重大战略需求，以提升原始创新能力为目标，努力打造基础与应用基础研究和前沿技术研究融通发展的高水平创新平台，产出具有国际影响力的重大原创成果，助力产业结构调整，引领产业高质量发展，为科技强国农业强国建设作出新的更大贡献。农业农村部科技教育司长周云龙出席会议。

4月26日 四川省委常委、成都市委书记施小琳率队调研成都中心，察看无人植物工厂小麦水稻育种加速器、智能农业机器人科技创新实验室，听取成都中心工作汇报。

4月27日 贵州省人大常委会副主任王世杰到基因组所考察调研，听取基因组所建设发展、科技创新情况汇报，了解研究所科技支撑贵州现代农业发展情况。

4月28日 浙江省农业科学院举办“重温重要讲话凝聚奋进力量”主题大会，中国农业科学院党组书记杨振海出席会议并致辞。会上，中国农业科学院与浙江省人民政府举行共建湘湖实验室签约仪式，中国农业科学院党组书记杨振海、浙江省人民政府副省长李岩益代表双方签署协议。

5月

5月4日　农业农村部党组成员、中国农业科学院院长吴孔明会见了来访的先正达集团首席科学家顾玉诚，双方就深化科研创新合作交换了意见。

5月4日　中国农业科学院“五四”主题活动在京举行。活动以“青春心向党　建功新时代——农科青年在行动”为主题，安排科研一线的青年代表聚焦“六件大事”线上进行工作汇报，表彰2021—2022年度院青年文明号、五四红旗团组织和优秀共青团员、优秀共青团干部，邀请研究生院、基因组所党委交流工作经验，并请获奖青年代表作了典型发言。中国农业科学院党组成员、人事局局长陈华宁出席并代表院党组向全院团员青年致以节日祝贺。

5月4日　中国农业科学院举办“进化基因组学鉴定有害突变、加速杂交马铃薯育种”成果新闻发布会，中国农业科学院党组书记杨振海出席会议，副院长梅旭荣主持会议。

5月4—5日　农业农村部党组成员、中国农业科学院院长吴孔明赴河南调研新乡综合试验基地和中原研究中心，全面了解基地发展及中原中心建设情况，现场听取入驻研究所、小麦产业专家团工作汇报，并与一线科研人员进行座谈。

5月6日　天津市委常委、教育工委书记王旭一行到院调研，商讨推进中国农业科学院大学建设事宜，农业农村部党组成员、中国农业科学院院长吴孔明，院党组书记杨振海，副院长梅旭荣，院党组成员、人事局局长陈华宁出席座谈会。会议听取了双方关于推进中国农业科学院大学建设的进展汇报，就下一步起草共建协议等工作进行充分交流。

5月6日　吉林省政协主席朱国贤到特产所调研，实地考察了国家特种动物种质资源库、中新联合实验室、人参驯化栽培实验室等，听取关于科技支撑吉林省梅花鹿产业高质量发展专题汇报。

5月8日　农业农村部科技教育司司长周云龙一行到农机化所调研，听取研究所历史沿革、学科建设、科技创新情况汇报，就推动丘陵山地农机专项以及科技成果转化落地等方面展开交流，希望农机化所充分发挥在农机领域的科研优势，面向国家重大需求，找准目标定位，不断提升农机装备自主研发能力，加快推进农业机械化高质量发展，助力乡村全面振兴。

5月9日　中央政策研究室副主任田培炎到南繁院调研，了解国家野生稻种质资源圃项目进展情况，听取野生稻种质资源收集与保存利用情况的汇报，强调有关部门要积极支持、全力配合，充分利用优势资源，集中力量攻克重大技术难题，加快推进南繁硅谷建设，为全面推进乡村振兴、加快农业强国建设提供有力科技支撑。海南省副省长顾刚，海南省委常委、三亚市委书记周红波参加调研。

5月10日　浙江省委书记易炼红赴茶叶所实地考察国家茶树种质资源圃（杭州）、

科技成果展厅、杭州龙冠实业有限公司、陈宗懋院士实验室、农业农村部茶叶质量监督检验测试中心，详细了解茶叶所科技支撑我国茶产业高质量发展情况，强调要继续发挥茶业科研国家队作用，在茶树种业和数字茶业上取得新突破，不断提升传统茶产业的科技水平和竞争力，为科技支撑浙江茶产业高质量发展、奋力推进浙江“两个先行”建设作出更大贡献。浙江省副省长李岩益参加调研。

5月10日 海南省委常委、三亚市委书记周红波到南繁院种业创新中心施工现场视察，听取项目的施工进展、功能定位、团队入驻等情况，全面了解项目规划建设及推进过程中遇到的困难和问题。

5月10日 国家乡村振兴局、中国科学技术协会和中国农业科学院共同召开第一批112个县产业顾问组支持脱贫县产业发展工作启动会，国家乡村振兴局党组书记、局长刘焕鑫出席会议并讲话，中国农业科学院党组成员、人事局局长陈华宁代表中国农业科学院发言。会议强调，产业顾问组要聚焦脱贫县县域要求最紧迫、发展最急需的产业，围绕提供决策咨询服务、指导主导产业发展、开展技术服务、帮助培养本土人才、促进科研成果转化等方面开展科技服务，全力支撑脱贫县产业发展。中国农业科学院组织18个研究所138位专家参与71个县科技帮扶工作。

5月11日 全国政协副主席周强赴成都中心调研，察看超级植物工厂食物生产系统及育种加代重点实验室、戈壁设施农业展示场景和园艺机器人实验室等。

5月13日 中国农业科学院党组书记杨振海，农业农村部总农艺师、发展规划司司长曾衍德出席在京举办的耕地学科发展战略研讨会。会议要求，要进一步聚焦耕地高效利用和质量提升，努力抢占世界耕地科技创新制高点，全面支撑黑土地保护、盐碱地综合利用、高标准农田建设等国家重大战略需求，为加快实现高水平农业科技自立自强、保障国家粮食安全和加快建设农业强国不断作出新的更大贡献。中国农业科学院副院长刘现武主持会议。

5月16日 北京市平谷区政府和中国农业科学院蔬菜花卉研究所在平谷签署蔬菜生物育种全国重点实验室落户农业中关村合作协议。

5月16日 甘肃省委常委、兰州市委书记朱天舒率队到兰州牧药研究所调研生物安全创新体系建设，听取研究所关于加强生物安全产业建设的建议以及与广药集团的合作进展情况汇报。

5月17日 农业部原部长陈耀邦，农业部原副部长万宝瑞、齐景发、牛盾，国有大型企业监事会原主席崔世安，国务院扶贫办原主任范小建，驻农业农村部纪检组原组长朱保成等7位老领导到中国农业科学院调研。中国农业科学院党组书记杨振海，农业农村部离退休干部局局长陶永平，中国农业科学院党组成员、人事局局长陈华宁参加调研。

5月18日 中国农业科学院党组书记杨振海到牧医所调研，全面了解研究所发展情况、主题教育开展情况以及畜牧兽医领域科技创新情况，听取有关提高院所发展质量和科技创新能力的意见建议，强调要牢牢把握“学思想、强党性、重实践、建新功”

总要求，推进主题教育走深走实，不断提高政治能力、思维能力和实践能力，努力把学习成果转化为推动畜牧业高质量发展的生动实践；充分发挥牧医所在畜牧兽医领域的科研优势，聚焦主责主业，克难题、攻难关，为全面推进乡村振兴、加快实现高水平畜牧科技自立自强提供有力支撑。

5月19日 荷兰经济事务和气候政策部创新与知识司到访中国农业科学院，双方就加强在G2P国际大科学计划、设施园艺、农业可持续发展、青年人才联合培养等领域的合作，共同应对全球气候变化和粮食安全挑战方面交换了意见。中国农业科学院副院长孙坦会见了来访的米歇尔·斯威尔斯司长一行。

5月21日 中国农业科学院和国际食物政策研究所（IFPRI）在北京联合举办《中国农业产业发展报告2023》《2023全球粮食政策报告》发布会，共同探讨中国农业产业发展的现状与趋势，全球食物和营养安全的热点难点问题与形势挑战，为农业农村经济发展、政策创设和科技进步提供科学咨询和决策参考。农业农村部党组成员、中国农业科学院院长吴孔明出席会议并致辞，国际食物政策研究所所长约翰·思文视频致辞。

5月22日 中央第三十五指导组到中国农业科学院开展主题教育调研，农业农村部党组成员、中国农业科学院院长吴孔明，院党组书记杨振海，院党组成员、人事局局长陈华宁，农业农村部直属机关党委常务副书记潘学峰参加调研。调研组实地调研国家作物种质库、国家农业科技创新园、全国农田建设综合监测监管平台，与部系统党的二十大代表以及院全国人大代表、全国政协委员、青年科学家代表等开展座谈，参会代表围绕主题教育开展情况，结合本职工作谈体会、讲感受、提建议。

5月22日 农业农村部党组成员、中国农业科学院院长吴孔明会见到院调研的贵州省农业科学院党委书记范永海、院长周维佳一行，双方围绕创新产业专家团工作运行机制、共建国家级农业科研平台、加强高层次人才交流培养、推动科技成果转移转化等方面进行深入交流研讨，达成广泛共识。中国农业科学院党组书记杨振海出席座谈会，副院长孙坦主持会议。

5月23日 中国农业科学院召开巡察工作领导小组会议，农业农村部党组成员、中国农业科学院院长吴孔明主持会议，院党组书记杨振海作工作部署，院纪检组组长、副院长周若辉，院党组成员、人事局局长陈华宁参加会议。会议传达学习中央巡视工作规划和部党组2023年巡视动员部署会议精神，听取中国农业科学院十九大以来巡察工作及2022年被巡察单位整改进展情况汇报，审议院党组2023—2027年巡察工作规划及2023年工作安排。

5月23日 农业农村部党组成员、中国农业科学院院长吴孔明会见到访的乌拉圭牧农渔业部部长费尔南多·马托斯一行。双方表示，要继续开展大豆科技和生物技术合作，加强青年科学家能力建设，共同应对全球气候变化和粮食安全挑战。乌拉圭驻华大使、乌拉圭国家农牧业研究院院长陪同来访。

5月23日 中国农业科学院党组书记杨振海会见到院调研的财政部农业农村司司长吴奇修一行。调研组参观了国家作物种质库，了解种质资源保存鉴定等工作进展、资金支持等情况，实地调研作物科普基地，了解中麦、航麦、轮选系列品种选育情况。

5月24日 农业农村部党组成员、中国农业科学院院长吴孔明会见了来访的国际原子能机构（IAEA）总干事格罗西一行，双方就关心事项交换了意见。中国农业科学院副院长孙坦参加活动。

5月24日 农业农村部党组成员、中国农业科学院院长吴孔明会见了来访的印度尼西亚海洋与投资统筹部副部长娜妮·亨迪亚拉蒂一行，双方就进一步深化农业科技合作交换了意见。中国农业科学院副院长孙坦出席会见。

5月25日 农业农村部党组成员、中国农业科学院院长吴孔明到通州区调研，与通州区委书记孟景伟就支持北京副中心建设、加强农业微生物创新展开座谈交流，中国农业科学院副院长刘现武参加调研。

5月26日 中国农业科学院召开“重温贺信精神　践行四个面向　建设两个一流”交流会，重温习近平总书记致中国农业科学院建院60周年贺信精神，进一步统一思想，激发奋进之志，凝聚干事力量，全力支撑高水平农业科技自立自强。会上，院党组书记杨振海领学了习近平总书记致中国农业科学院建院60周年贺信。院机关有关部门、院属有关单位、有关产业专家团分别交流在科技支撑2023农业农村重点工作、推进落实“举院抓大事”的进展和下一步工作安排。农业农村部党组成员、中国农业科学院院长吴孔明出席会议并讲话，院党组书记杨振海主持会议。

5月29日 农业农村部党组成员、中国农业科学院院长吴孔明召开院长办公会议，研究推进与北京市科技创新合作事宜。会议指出，中国农业科学院与平谷、密云、通州区有较好的合作基础，要抓住机遇，发挥国家战略科技力量的优势，加强顶层设计，推进重大平台建设，为当地产业升级、绿色发展、农民增收、生态涵养、科学普及等方面提供切实有力的科技支撑。

5月29日 农业农村部党组成员、中国农业科学院院长吴孔明到中国公司调研，听取公司主营业务和院国际交流中心运营方案的汇报，强调要围绕主责主业，按照科研资源用于促进科技创新和成果转化的原则，进一步优化现有运营方案，扎实推进国际交流中心运行；进一步拓展业务内容、强化服务成效，继续为全院提供优质、安全的保障服务。

5月29—30日 落实开展学习贯彻习近平新时代中国特色社会主义思想主题教育和大兴调查研究的工作要求，中国农业科学院党组书记杨振海到农机化所、都市所和成都企业研发中心调研，详细了解丘陵山区农机装备研发进展、科研布局、科技成果、落地产品等情况。农业农村部农业机械化管理司司长冀名峰参加农机化所调研。中国农业科学院副院长刘现武一同参加调研。

5月30日 成都中心与巨星农牧股份有限公司合作共建的巨星健康养猪研究院举行签约暨揭牌仪式，中国农业科学院党组书记杨振海为研究院揭牌，副院长刘现武主持揭牌仪式。

5月30日 第三届全国创新争先奖表彰名单正式公布，中国农业科学院4人获奖。

其中，水稻所胡培松院士获得奖章，资划所周卫院士、环发所董红敏研究员、加工所张德权研究员 3 人获得奖状。

5 月 30 日　青海省委书记陈刚、省长吴晓军到兰兽研调研科技创新与生物安全工作，实地考察动物疫病防控全国重点实验室、高级别（P3）生物安全实验室。调研组充分肯定研究所依托创新平台资源在支撑国家重大需求、国际前沿研究和全产业链式创新工作中所取得的成绩，希望兰兽研在国家生物安全产业领域发挥更大作用。甘肃省委书记胡昌升、省长任振鹤，兰州市委书记朱天舒、西宁市委书记王卫东一同调研。

5 月 30 日　新疆维吾尔自治区党委常委、组织部部长张柱率队到西部中心昌吉综合试验基地调研，听取西部中心系统推进科技援疆工作汇报。

5 月 30 日　中国科学技术协会、教育部、科技部等 7 部门联合发布 2023 年度科学家精神教育基地认定名单。中国农业科学院祁阳红壤实验站成功入选，这是中国农业科学院继新乡基地后第二个入选的基地。

5 月 31 日　农业农村部党组成员、中国农业科学院院长吴孔明出席与安阳市共建安阳创新基地签约仪式，要求安阳创新基地建设立足河南农业资源禀赋，发挥中国农业科学院科技创新整体优势，把基地打造成为世界一流的农业科技创新高地、乡村振兴示范高地和农耕文明传播高地。中国农业科学院党组成员、人事局局长陈华宁和安阳市副市长贾晓军代表双方签订协议。

5 月 31 日　中国农业科学院在河南安阳举办小麦高产高效耕作模式示范现场会，农业农村部党组成员、中国农业科学院院长吴孔明，安阳市市长高永出席会议。会上，展示了集成“棉花所优异小麦新品种+高标准农田建设+灌溉所智慧前沿节水灌溉技术及装备”的“良田+良种+良法”小麦高产高效耕作模式。中国农业科学院党组成员、人事局局长陈华宁参加活动。

5 月 31 日　中国农业科学院党组书记杨振海调研沼科所、都市所基层党组织党建和业务深度融合机制建设情况，实地考察厌氧微生物菌种保藏管理中心、畜禽粪污能源化利用与污染控制团队和秸秆资源化利用团队实验室，听取两所党建工作汇报，与团队首席、党支部书记等座谈交流。

5 月 31 日　安徽省副省长张曙光调研中国农业科学院在皖创新中心布局选址情况，中国农业科学院副院长孙坦参加调研。双方就加快推进合作进行深入交流，一致表示要围绕农产品加工、生物育种、畜禽养殖、生物安全、农机装备、智慧农业领域，尽快签署战略合作协议和创新中心共建协议，按照“小切口、大文章”思路，抓紧推进创新中心基础设施建设，构建定期会商协调机制，梳理创新中心实体化运行需求清单，力争当年实现团队进驻和项目落地。

6 月

6 月 1 日　中国农业科学院召开 2023 年巡察工作动员部署会。中国农业科学院党组书记杨振海出席会议并作工作部署。院纪检组组长周若辉主持会议，宣布被巡察单位名单并向巡察组组长授权。会上，被巡察单位和巡察组代表分别作表态发言。农业农村部第三巡视组组长参加会议。

6月1日 中国农业科学院副院长孙坦会见白俄罗斯农业和食品部副部长沙戈伊科·韦德兹姆，表示中国农业科学院愿与白俄罗斯在两国农业主管部门签署的谅解备忘录框架和支持下，推动双方建立常态化的农业科技对话机制，围绕研究生培养、援外培训、畜牧兽医等重要领域开展广泛交流，推动务实合作。

6月5日 中国农业科学院党组书记杨振海会见到加工所调研的安徽省副省长张曙光一行，双方就深化合作、推动预制徽菜产业高质量发展进行座谈交流，中国农业科学院副院长孙坦主持座谈。

6月5—6日 农业农村部党组成员、中国农业科学院院长吴孔明到云南省普洱市开展下沉一线粮油生产督导。调研组现场听取了云南省农业农村厅、普洱市关于粮油生产的情况汇报，实地察看玉米、水稻等农作物长势，并与省、市、县有关负责人，种植户及农技人员就粮油生产情况进行沟通交流，听取意见建议。农业农村部科教司二级巡视员何艺兵参加调研。

6月6日 中国农业科学院党组书记杨振海会见北京市平谷区委书记唐海龙一行，双方就深化合作、推动农业中关村建设展开交流，中国农业科学院副院长刘现武参加会见。

6月6日 中国农业科学院副院长孙坦会见挪威生物经济研究院院长尼尔斯·哈里·瓦格斯塔德一行。双方一致同意，将在G2P国际大科学计划合作机制、科研投入等关键事项开展深入讨论，并在已有基础上进一步在留学生教育、科学家互访和能力建设培训等方面加强合作。挪威驻华大使馆参赞参加会见。

6月7日 “第二届中国农业绿色发展产业大会”在北京开幕。会上，中国农业科学院副院长梅旭荣发布《中国农业绿色发展报告2022》。报告以客观、权威的数据，评价了我国农业绿色发展水平，系统反映了2021—2022年我国农业资源节约保育、农业产地环境保护、绿色农产品供给和乡村生活富裕美好等方面的重大变化，全面分析了新型农业经营主体绿色发展态势，集中梳理了农业绿色发展新技术新模式和典型案例。农业农村部党组成员、中国农业科学院院长吴孔明，农业农村部总农艺师、发展规划司司长曾衍德出席开幕式并致辞，农业农村部总经济师、办公厅主任魏百刚主持开幕式。

6月7日 中国农业科学院党组书记杨振海会见交通运输部公路科学研究院院长张劲泉一行，双方就党对科技事业的全面领导、战略性科技需求凝练、科研管理体制机制改革、科技创新平台建设、创新型人才队伍培养等方面交流了意见，针对科研团队建设、科技成果转化、高端人才引进、科技平台实体化运行、经费投入等问题展开讨论，分享主要做法及典型经验。中国农业科学院副院长梅旭荣主持调研座谈会。

6月7日 吉林省副省长韩福春一行到特产所左家所区调研，听取相关工作汇报，表示要全力支持特产所工作，把资产盘活，真正发挥助力乡村振兴、服务“三农”的作用。

6 月 8—10 日 中国农业科学院党组书记振海赴甘肃省舟曲县调研，考察中藏药材、中华蜂、从岭藏鸡、黑土猪、食用菌、花椒 6 个重点帮扶产业示范点等，出席科技帮扶舟曲乡村产业振兴座谈会，看望慰问中国农业科学院派驻舟曲帮扶干部，为舟曲食用菌科技小院揭牌。

6 月 8 日 全国政协常委、民革中央副主席兼秘书长李惠东率队到都市所调研，详细了解育种加代、超高层垂直植物工厂、沙漠设施农业等关键技术。全国政协常委、四川省政协副主席、民革中央副主席欧阳泽华，全国政协常委、吉林省政协副主席，民革中央常委、吉林省委主委郭乃硕参加调研。

6 月 10 日 全国设施蔬菜发展战略研讨会在北京召开。会议强调，要加强科技支撑，在设施专用品种、机械装备等领域强化原始创新，培育壮大新型经营主体，推动建立“企业+农户”“企业+合作社”等多种利益联结模式，打造设施农业区域公用品牌和企业品牌，加强蔬菜市场实时调研分析，推动订单式生产，设立设施蔬菜专项贷款和政策性保险，最大限度激发设施蔬菜种植积极性。农业农村部党组成员、中国农业科学院院长吴孔明，农业农村部科技教育司一级巡视员张文，农业农村部科技发展中心党委书记李岩，农业农村部种植业管理司副司长刘莉华出席会议并致辞。中国农业科学院副院长梅旭荣主持开幕式。

6 月 13 日 农业农村部党组成员、中国农业科学院院长吴孔明带队到海南省开展下沉一线粮油生产调研。会上，调研组听取了海南省粮油生产情况的汇报，强调要进一步提高认识，强化措施落地，扎实做好“三夏”农业生产各项工作，做好气象灾害预报和应对，为粮食丰收和油料扩种提供有力的政策支持。

6 月 13 日 农业农村部党组成员、中国农业科学院院长吴孔明与海南省委常委、三亚市委书记周红波会谈。中国农业科学院副院长孙坦，钱前院士出席座谈会。

6 月 14 日 农业农村部党组成员、中国农业科学院院长吴孔明到中国农业科学院国家南繁研究院调研，详细听取南繁院发展建设、团队入驻、研究生培养等方面情况汇报，看望慰问南繁院教职工，出席南繁院与斯里兰卡卢胡纳大学签约活动并致辞。中国农业科学院副院长孙坦参加调研。

6 月 15 日 农业农村部党组成员、中国农业科学院院长吴孔明会见了到院访问的美国比尔及梅琳达·盖茨基金会联席主席比尔·盖茨，建议双方在推进 G2P 国际大科学计划发起实施，促进对非洲农业技术和经验共享，开展乡村建设、产业发展和人居环境治理等方面深化合作。盖茨基金会全球政策与倡导总裁加吉·戈什、北京代表处首席代表郑志杰，中国农业科学院副院长孙坦，G2P 国际大科学计划高级顾问王韧参加活动。

6 月 15 日 四川省副省长胡云到农机化所调研，观看丘陵山区农业智能化机械装备、电动薯尖叶菜采收机等农机装备动态演示，参观植保风洞实验室，了解研究所科技创新、丘陵农机研发、科技平台建设等工作情况，并展开座谈交流。

6月21日 中国农业科学院党组书记杨振海出席植保所在山东北隍城岛举行的“长岛试验站精神”发布活动，回顾长岛试验站20年的奋斗历程，弘扬新时代农科精神。活动号召，全院干部职工，特别是广大青年要树立兴农理想，厚植爱农情怀，练就强农本领，勇担国之重任，在全面推进乡村振兴的大舞台上奋发有为、建功立业，在加快建设农业强国的历史进程中书写青春、成就梦想。中国农业科学院党组书记杨振海、副院长刘现武，全国农业技术推广服务中心主任魏启文出席活动。

6月25—26日 中国农业科学院党组书记杨振海到西部农业研究中心调研，详细了解西部中心专班进疆一年来的工作进展情况，考察西部中心老龙河试验基地和综合服务楼，参观西部中心展览室，与新疆维吾尔自治区副主席麦尔丹·木盖提、自治区政协副主席孔星隆等共同出席国家农业生物安全科学中心西北中心项目启动仪式。中国农业科学院副院长梅旭荣参加调研活动。

6月26日 中国农业科学院党组书记杨振海出席首届新疆农产品加工产业发展大会。会议发布了全国粮油加工环节减损增效典型案例，并为国家农产品加工产业科技创新联盟新疆分会、国家农产品加工技术研发中心西北中心、新疆农村综合产权交易中心、新疆农产品产销联盟揭牌。新疆维吾尔自治区副主席麦尔丹·木盖提，自治区政协副主席孔星隆，农业农村部乡村产业发展司副司长邵建成出席大会。中国农业科学院副院长梅旭荣主持开幕式。

6月26日 中国农业科学院党组书记杨振海出席国家农业生物安全科学中心西北中心开工仪式。西北中心承担着国家农业生物安全的风险评估、监测预警、灾变机制及防控技术创新的重要使命。该中心的立项建设有利于构建立足西北抵御外来生物入侵的“防护墙”和新疆有害生物传播扩散的“防护网”，对筑牢我国农业生物安全屏障和保障国家粮食安全、经济安全和生态安全具有重要战略意义。

6月26—27日 中国农业科学院党组书记杨振海一行到都市所南疆和田基地，调研戈壁设施农业发展和农业智能装备研发情况，察看戈壁万亩设施农业基地，听取科技成果示范应用汇报，与塔里木大学和当地政府及企业座谈交流，并就南疆地区设施农业智能生产全环节装备发展方向和科技需求达成共识。

6月28日 湖北省委副书记诸葛宇杰到油料所调研油料科技创新情况，参观所史馆，联系看望油料所党外人士，表示湖北省委将加大力度支持研究所发挥国家战略科技力量作用，为服务油料产业高质量发展、支撑乡村全面振兴和保障国家油料安全作出更大贡献。

6月29日 中国农业科学院召开庆祝中国共产党成立102周年表彰大会。大会颁发院“卓越奉献奖”和“光荣在党50年”纪念章，表彰2021—2022年度优秀共产党员、优秀党务工作者、先进基层党组织，为“四强”党支部授牌，开展先进事迹和典型经验交流，举行新党员宣誓和集体重温入党誓词仪式。农业农村部党组成员、中国农业科学院院长吴孔明以《学思想、强党性、重实践，为科技强国、农业强国建新功》为题，为全院党员干部讲党课。全体院领导以及部主题教育第一巡回指导组组长戴军出席会议。院党组成员、人事局局长陈华宁主持会议。

6月29日 中国农业科学院副院长孙坦会见到院调研的北京市人才局副局长于海蛟。双方围绕G2P国际大科学计划合作事宜展开座谈交流。双方就推动G2P与国际种业创新中心对接、G2P国际组织总部和数据中心落户北京、北京市出具G2P支持函并提供必要资金支持等方面达成初步共识。

6月30日 北京中国农业科学院农业发展基金会第一届八次理事会召开，中国农业科学院副院长梅旭荣主持会议。会议表决同意梅旭荣辞去基金会理事长职务，由副院长刘现武接任。基金会自成立以来，设立了“乡村振兴”专项基金、“科学技术成果奖”“大北农人才奖”，实施研究生助学金项目，被评为3A级社会组织。

7月

7月2日 第十四届全国人大常委会副委员长、九三学社中央主席武维华调研西部中心试验基地。调研组听取“举院科技援疆”工作总体情况汇报，了解花生超高产创建情况、全国品种区试工作、绿色高产高效新品种新技术，强调西部中心作为国家战略科技力量，要进一步厘清新疆花生产业发展现状，以高效、稳产、优质为目标，精算种植效益，集成创新不同区域种植模式，为把新疆打造成全国油料储备基地提供科技支撑。自治区副主席麦尔丹·木盖提，昌吉回族自治州党委书记曾艳阳参加调研。

7月3日 农业农村部党组成员、副部长张兴旺一行到农机化所调研，详细了解粮油生产装备、大豆玉米复合种植装备、设施农业装备、丘陵山区适用装备等研发和产业化情况，强调农机化所要胸怀雄心壮志，站在加快建设农业强国的高度，既要抓紧破解当前农业生产急需的机械装备短板，又要前瞻性布局有需求、有潜力的领域深耕，把握市场需求、聚集科研力量，大力推进基于国情农情的现代农业装备研发，不断提供满足现代农业发展需求的“硬核科技”，为实现农业强国提供科技装备支撑。农业农村部科教司司长周云龙、农业农村部农业机械化管理司副司长王甲云参加调研。

7月3日 中国农业科学院召开领导班子成员任职决定宣布会议，宣布农业农村部党组关于曹永生同志任中国农业科学院副院长、党组成员的决定。农业农村部党组成员、中国农业科学院院长吴孔明出席会议并讲话，院党组书记杨振海主持会议并宣布有关决定。

7月3日 农业农村部党组成员、中国农业科学院院长吴孔明和中国农业科学院党组书记杨振海分别会见到院调研的西藏自治区农牧科学院院长曹永寿一行。双方围绕落实农业科技援藏工作交流会精神、推进高原农业科技联合创新中心建设展开深入交流，达成广泛共识。中国农业科学院副院长孙坦主持座谈会。

7月3日 农业农村部党组成员、中国农业科学院院长吴孔明会见来院调研的云南省楚雄彝族自治州委书记刘勇、州长张文旺一行。双方围绕高原生物育种、绿色食品加工、新型研发机构共建等进行深入交流，达成广泛共识。中国农业科学院副院长孙坦主持座谈会。

7月5日 中国农业科学院与贵州省人民政府签署科技支撑贵州农业高质量发展战略合作协议。农业农村部党组成员、中国农业科学院院长吴孔明，贵州省委副书记、省委政法委书记时光辉出席签约仪式。贵州省副省长罗强、中国农业科学院副院长孙坦代表双方签订协议。

7月5—6日 河南省委书记楼阳生一行到灌溉所调研。调研组考察重大科研基础设施，了解粮水协同优化基础前沿研究成果，听取研究所科技支撑河南高标准农田建设情况的汇报。调研组表示，希望灌溉所继续发挥创新优势，强化核心技术攻关，培养拔尖创新人才，推动农机与农技、农艺结合，打造全品种门类、全生产周期、全生命周期的智能化、智慧化、数字化灌排装备，为河南农业强省建设作出更大贡献。中国农业科学院副院长孙坦参加调研。

7月6日 农业农村部党组成员、中国农业科学院院长吴孔明一行赴贵州省台江县调研台江产业帮扶工作。调研组参观调研了“茶+果”立体复合生态种植示范基地、“稻+鱼”种养基地及数字化设施平台、枇杷新品种选育基地等，看望慰问挂职帮扶干部，强调要切实保障农民利益，做好人员培训，遵循发展规律，挖掘文化元素，保护生态系统，务实落实规划，建立可持续的产业发展模式，打造产业助力乡村振兴新范式。中国农业科学院副院长孙坦参加调研。

7月7日 农业农村部党组成员、中国农业科学院院长吴孔明一行到贵州大学调研。双方对已开展的合作进行回顾，并就下一步合作领域与计划开展探讨。贵州大学校长宋宝安出席活动。

7月7日 中国农业科学院召开党建与业务深度融合调研工作推进会，院党组书记杨振海出席会议，副院长曹永生主持会议。会议强调，要进一步提高思想认识，深入剖析问题原因，聚焦党建工作“把方向、抓落实、重服务、强保障”的目标定位，实化党建与业务融合发展的机制措施，积极转化行之有效的工作经验，把各项工作贯通起来，以高水平党建促进高水平农业科技自立自强。

7月7日 中国农业科学院召开科技支撑农业农村重大问题调研“丘陵山区‘短板’农机装备”和“设施农业智能装备”工作推进会，院党组书记杨振海出席会议。会议强调，要立足全行业，形成具有可操作性的措施建议，为宏观政策制定提供决策支撑。

7月8日 农产品质量安全学科发展战略研讨会在北京召开。中国工程院院士孙宝国、李培武分别作大会主旨报告。与会代表围绕农产品质量安全检测技术、风险评估、控制与溯源、标准物质以及品质评价等科技创新、学科建设发展问题进行了深入研讨。农业农村部党组成员、中国农业科学院院长吴孔明，农业农村部科技教育司司长周云龙，农业农村部农产品质量安全监管司司长肖放出席会议并致辞。中国农业科学院副院长孙坦主持会议。

7月10日 中国农业科学院召开院领导班子（扩大）会，全面总结梳理上半年重点工作，谋划部署下半年重点工作。会议强调，要深入学习贯彻习近平新时代中国特色社会主义思想，努力在以学铸魂、以学增智、以学正风、以学促干方面取得实实在在的成效；要以改革、发展、安全为总基调，畅通举院抓大事管理体制、“四个面向”科研体系、科教融合发展路径，落实以建设科技强国、农业强国为目标的长远发展任务及科技支撑2023年中央一号文件的当前任务，夯实中国农业科学院各层面安全工作；要扎实推进2023年重点工作，确保全年各项目标顺利实现。

7月12日　农业农村部党组成员、中国农业科学院院长吴孔明会见到院调研的河南省驻马店市农业科学院院长马红珍一行，双方围绕进一步推动落实中国农业科学院与河南省政府共建协议，共建豫南农业科研创新和成果转化中心、农产品综合检验检测中心、国际农产品加工产业园和智慧农业示范区等方面展开深入研讨。双方一致表示，要进一步加强交流协作，共同推动院市、院院合作，助力我国农业科技创新事业高质量发展。

7月12日　河南省副省长刘尚进到中原智慧灌溉装备制造产业园调研。调研组一行实地考察产业园建设成效，参观智慧灌溉科技展厅、实验室和检测中心，深入生产车间与企业交流灌排装备生产情况，听取灌溉所科技支撑企业产品研发与技术攻关情况汇报。

7月13日　成都市政协主席张剡率队赴成都中心调研，现场察看育种加代重点实验室、戈壁设施农业展示场景、智能农业机器人重点实验室、超高层垂直智慧植物工厂生产系统和屋顶农场等。

7月13日　中国农业科学院与宁夏农林科学院签署科技合作备忘录。双方将围绕科技支撑宁夏农业产业发展、共建重大科技创新平台、推动科技成果转移转化、加强人才交流培养等方面开展务实合作，共同打造农业科技创新高地，助推宁夏“六特”产业高质量发展和乡村全面振兴。中国农业科学院副院长孙坦出席宁夏科技成果转化暨人才交流合作大会开幕式，并代表中国农业科学院签署备忘录。

7月14日　中国农业科学院和北京理工大学在京签署战略合作协议，双方将在重点领域创新、优势学科共建、成果转化机制建立、人才合作培养等方面进一步加强合作。农业农村部党组成员、中国农业科学院院长吴孔明，北京理工大学校长龙腾出席会议。中国农业科学院副院长曹永生与北京理工大学副校长汪本聪代表双方签署协议。

7月14日　农业农村部党组成员、中国农业科学院院长吴孔明与来院调研的云南江城县委书记胡兴华一行进行座谈，副院长孙坦主持座谈会。双方围绕实验基地建设、地方特色种质资源开发利用、产业发展规划编制等展开深入交流，达成广泛共识。

7月14—15日　中国农业科学院“设施农业绿色高效生产技术集成与示范”现场观摩会在内蒙古自治区赤峰市举办。中国农业科学院党组书记杨振海，农业农村部科技发展中心主任杨礼胜，中国蔬菜协会会长杨雄年出席会议。

7月15日　作物基因资源与育种全国重点实验室学术委员会会议召开。会上聘任了学术委员会委员，10余名院士专家对实验室发展提出建议。农业农村部党组成员、中国农业科学院院长吴孔明，中国农业科学院副院长曹永生，农业农村部科教司司长周云龙，科技部农村科技司副司长孙传范出席会议。

7月16日 江西省委书记尹弘到水稻所江西省早稻研究中心调研，察看中心实验室平台条件，详细询问中心科研选题方向。他强调，农业产业发展要发挥科技创新引领作用，希望中心瞄准江西省乃至全国水稻生产中的重大问题，开展协同攻关，力争在高产优质专用早籼稻、高档优质中晚稻、低镉水稻品种培育方面取得更大突破，为江西省乃至全国水稻生产、保障国家粮食安全贡献力量。

7月17日 中国农业科学院和昌吉回族自治州人民政府共同举办中国—中亚农业科技创新与合作国际研讨会。陈焕春、陈学庚院士，副院长梅旭荣作主题报告。会上揭牌成立了中国农业科学院中亚农业研究中心，西部中心与塔吉克斯坦农业科学院签署农业合作备忘录，研究生院、海外研究中心、西部中心与乌兹别克斯坦塔什干农业大学签署关于加强科学研究和教育方面的合作协议。

7月17日 中国农业科学院副院长梅旭荣在新疆昌吉分别与塔吉克斯坦农业科学院院长阿萨佐达·努拉利、乌兹别克斯坦塔什干农业大学副校长阿卜杜阿齐兹·阿卜杜瓦西科夫、西哈萨克斯坦农业技术大学副校长阿占·沙姆希丁座谈交流。各方就进一步深化农业科技合作交换意见并达成共识，拟通过开展人才交流与研究生联合培养、共建"一带一路"联合实验室、共同实施科研项目等方式，在棉花、林果、畜牧等领域开展务实合作，共同推进农业发展。

7月18日 中国农业科学院华东农业科技中心第一次学术委员会会议在江苏昆山召开，中国农业科学院党组书记杨振海出席会议并致辞。华东农业科技中心负责人汇报了中心建设情况与关键成果，6个入驻团队介绍了项目进展与工作计划。学术委员会主任、中国工程院院士唐华俊主持会议并讲话。

7月11—18日 中国农业科学院党组成员、人事局局长陈华宁率代表团赴德国、法国开展农业科技合作交流。代表团聚焦科技创新支撑粮食系统转型，围绕国际化人才培养、农业资源环境、都市农业、生物质能源、农业经济等重点领域，与德国洪堡大学、德国莱布尼茨农业工程和生物经济研究所、德国生物质研究所等科研机构以及法国农业和粮食主权部开展交流研讨，参观了德国全球气候变化实验设施和法国屋顶农业项目，并与德国莱布尼茨转型经济农业发展研究所签订《合作备忘录》。

7月19日 中国农业科学院党组召开2023年第3次理论学习中心组（扩大）学习会，认真贯彻习近平总书记关于开展主题教育和大兴调查研究的系列重要讲话和指示批示精神，交流农业科技创新重大问题大调研成果，系统研究院所改革发展、科技支撑乡村全面振兴和农业农村现代化的务实举措，推动调研成果转化应用。农业农村部党组成员、中国农业科学院院长吴孔明出席会议，农业农村部主题教育第一巡回指导组组长戴军到会指导，院党组书记杨振海主持会议。

7月19日 中国农业科学院党组书记杨振海以《牢牢掌握党对意识形态工作领导权 为高水平农业科技自立自强提供坚强保证》为题，作主题教育专题党课报告。报告强调，要从理论、历史和现实三重逻辑深刻理解意识形态工作极端重要性，正确面对我院意识形态工作中存在的风险挑战，通过抓理论武装、思想工作、文化建设、阵地建设、责任落实，扎实有效推进意识形态工作，为党和国家事业发展提供坚强思想保证和强大精神动力。

7月19日 中央和国家机关党外代表人士“同心筑梦”活动在中国农业科学院举行。中国农业科学院党组书记杨振海会见参会领导嘉宾，副院长曹永生出席活动并致辞。中央和国家机关工委群工部（统战部）部长王立连、副部长王瑞芹，农业农村部机关党委常务副书记潘学峰、副书记王家忠出席活动。

7月20日 浙江省人大常委会副主任刘忻一行到水稻所调研，参观所成就展厅和院士实验室，重点围绕农村生产、供销、信用“三位一体”改革和《浙江省农作物病虫害防治条例》修订等工作，与水稻所领导专家展开座谈。

7月20—21日 信息所学术期刊与数字出版中心举办2023农业生物技术青年科学家研讨会。农业农村部党组成员、中国农业科学院院长吴孔明受邀作《渤海观虫20年》特邀报告，讲述科研团队在长岛试验站20年奋斗历程，寄语青年科学家要凝练重大科学问题，坚持长期系统攻关，将科研成果和产业发展高度结合起来，为农业生物技术领域的创新发展作出新的贡献。

7月21日 农业农村部党组成员、中国农业科学院院长吴孔明会见来院调研的安徽省农业大学党委书记张庆亮一行。双方一致表示，要持续加强交流，在前期良好的合作基础上，在科研项目、平台共建、人才交流和研究生培养等方面开展务实合作，共同助推安徽省农业高质量发展。中国农业科学院副院长曹永生参加会见并主持座谈会。

7月21日 中国农业科学院党组书记杨振海与副院长梅旭荣一行到基因组所调研。调研组详细了解主题教育开展、科技创新、成果转化和重大项目建设情况，实地考察基因组所综合试验基地、国家基因组学研究中心和实验室，与深圳市政府党组成员张礼卫会谈，商讨院地合作事宜。

7月24—25日 农业农村部党组成员、中国农业科学院院长吴孔明一行赴农业农村部包省包片联系省江苏省调研督导，听取江苏省农业农村厅、水利厅、气象局等有关部门工作情况汇报，以及中国农业科学院江苏科技小分队实地调研指导的有关意见建议，查看浦口区水稻生产基地和浦口区经开区千亩大豆种植基地作物生长情况，与种植大户及经营主体进行沟通交流。

7月25日 甘肃省政协副主席贠建民率队到兰兽研调研高级别（三级）生物安全实验室、动物疫病防控全国重点实验室创新发展情况。

7月26日 中国农业科学院举办万建民院士团队“破解水稻生殖隔离之谜”重大成果新闻发布会。会议指出，破解籼、粳亚种间的生殖隔离，实现籼、粳杂种优势的利用，将有望实现水稻单产的再次飞跃。该研究既聚焦基础前沿，又面向国家重大需求，是中国农业科学院在农业基础研究领域一项重大标志性成果。农业农村部党组成员、中国农业科学院院长吴孔明出席会议，副院长曹永生主持会议。

7月27日 农业农村部党组成员、中国农业科学院院长吴孔明到山东省东营市调研国家盐碱地综合利用技术创新中心建设情况。调研组先后考察了国家盐碱地综合利用技术创新中心、盐碱地农业试验示范基地、黄河三角洲现代农业试验示范基地，与山东省及东营市相关单位代表座谈交流。中国农业科学院副院长梅旭荣参加调研。

7月28日 中国农业科学院召开重大任务专家顾问组成立大会。陈化兰等16位院士和专家组成专家顾问组，其中万建民、周卫、陈化兰、唐华俊、梅旭荣、张合成分别为种子、耕地、生物安全、农机装备、绿色低碳、乡村发展六大领域总首席。农业农村部党组成员、中国农业科学院院长吴孔明，院党组书记杨振海出席会议，副院长曹永生主持会议。

8月

8月14日 中国农业科学院召开生物安全领域国际合作交流公共产品研究专题研讨会，农业农村部党组成员、中国农业科学院院长吴孔明主持会议。会议听取重任局牵头的《生物安全领域国际合作交流公共产品研究报告》编制情况汇报，就生物安全领域公共产品定义与范畴、国际合作主要成效、未来风险与对策建议等开展深入讨论。

8月17—18日 农业农村部党组成员、中国农业科学院院长吴孔明一行赴内蒙古自治区兴安盟调研，现场考察生物育种玉米大豆生长情况，听取内蒙古自治区农牧厅、内蒙古自治区农牧科学院、兴安盟农牧局有关部门工作情况汇报，强调要深刻认识加快推进玉米大豆生物育种产业化步伐的重大意义，切实做好政策保障和组织实施各项工作，扎实推进中国农业科学院相关研究所做好产业化试点技术支撑，为产业化试点顺利实施提供有力保障。

8月19日 由中国农业科学院草原研究所和阿尔山市共建的“阿尔山森林草原防灾减灾内蒙古自治区野外科学观测研究站”揭牌仪式在内蒙古自治区阿尔山市举行。农业农村部党组成员、中国农业科学院院长吴孔明，阿尔山市市长王晓欢出席活动并为研究站揭牌。

8月21日 内蒙古自治区政协主席张延昆，自治区政协副主席、自治区科学技术厅厅长孙俊青一行到草原所调研。调研组听取了草原所建所60年来的科技创新成果、科技支撑内蒙古草牧业发展情况工作汇报，详细了解北方中心、国家草业技术创新中心和饲草种源创制重大项目的工作进展和落地成效。

8月22日 浙江省人大常委会副主任刘忻一行到茶叶所调研，听取茶叶所工作汇报，考察中国茶叶学会、国家茶树种质资源圃（杭州）、科技成果展厅、质检中心和龙冠公司。

8月23日 根据主题教育工作安排，中国农业科学院党组召开理论学习中心组（扩大）学习会，传达农业农村部党组理论学习中心组学习会精神，聚焦中央明确的学习内容开展集中学习研讨，打牢开好专题民主生活会的思想基础。农业农村部党组成员、中国农业科学院院长吴孔明出席会议。中国农业科学院党组书记杨振海主持会议。

8 月 23 日　中国农业科学院副院长孙坦会见到访的国际农业研究磋商组织（CGIAR）资源筹措创新小组高级主管特尼斯·范·里宁一行。双方就下一步加强战略合作进行研讨，同意将继续完善 CGIAR 与中国战略合作研究报告，积极争取我国对 CGIAR 捐款额度增加和结构优化，共同推动 G2P 大科学计划实施，携手为全球粮食安全、减贫、农业农村现代化和绿色发展等提供科技支撑。

8 月 24 日　中国农业科学院党组书记杨振海出席湖北省襄阳市召开的花生 ARC 控毒固氮提质增产关键技术现场观摩研讨会。会议认为，油料所李培武院士团队研发的花生控毒固氮提质增产关键技术打破了豆科作物共生固氮理论的现有认知，具有“两固三增五减”的鲜明特点，具有前沿性、革命性和颠覆性，对落实“藏粮于地”“藏粮于技”战略、助力大豆油料产能提升具有重要意义。会议要求，要乘势而上强化基础研究，加快新剂型研发与多技术集成，持续不断做好技术示范与应用推广。

8 月 25 日　2023 年 HICOOL 全球创业者峰会在京举行，会上举行了国际种业联合创新中心试点建设启动及科学家发起“农作物基因资源阐析”国际大科学计划（G2P 计划）仪式。农业农村部党组成员、中国农业科学院院长吴孔明应邀出席仪式。在此次峰会上，万建民院士（G2P 计划技术总师）、中国农业科学院曹永生副院长、胡培松院士、国际农业研究磋商组织两位国外科学家以科学家名义共同发起 G2P 计划；北京市政府宣布启动国际种业联合创新中心建设工作，中国农业科学院作为该中心发起单位之一，深度参与了国际种业联合创新中心建设方案制定，G2P 计划也成为该中心的首要任务。

8 月 25 日　中国农业科学院党组书记杨振海就科技支撑大豆油料产能提升和现代院所建设到油料所调研，参观了所史馆，考察了国家油料种质资源中期库、油菜育种实验室、农业农村部油料中试加工车间、农业农村部油料质检中心，深入试验基地了解大豆、花生、芝麻等田间试验情况，并与所领导、团队首席、党支部书记等座谈。

8 月 27 日　全国政协副主席、民建中央常务副主席秦博勇一行到特产所调研，考察国家特种动物种质资源库、特种动植物功能实验室、吉林省中药材种植（养殖）重点实验室等，并展开座谈交流。

8 月 28 日　农业农村部党组成员、中国农业科学院院长吴孔明会见了大北农集团董事长邵根伙一行，双方就高质量发展农产品加工业展开会谈。会后，加工所与大北农集团举行战略合作协议签约仪式。中国农业科学院副院长刘现武出席仪式。

8 月 29 日　中国农业科学院党组书记杨振海一行到西藏自治区农牧科学院调研，参观了农业所试验地、蔬菜所园区和青藏高原果树种质资源圃，并围绕高原农业科技联合创新中心建设、人才培养交流、重大科研平台建设等进行了深入交流。杨振海书记逐一听取中国农业科学院 4 名援藏干部工作进展和成效汇报，专程到住地看望，了解居住环境和生活条件，代表院党组对他们的工作表现表示充分肯定，勉励他们发扬“老西藏精神”，牢记科研国家队职责使命，适应地方需求，主动深入基层，发挥自身优势，在工作中不断增强能力素质，锤炼过硬作风。中国农业科学院副院长孙坦全程参加活动。

8月30日 中国农业科学院与西藏自治区农牧科学院共同组织召开高原农业科技联合创新中心工作推进会，中国农业科学院党组书记杨振海、西藏自治区副主席张洪波出席会议并讲话，中国农业科学院副院长孙坦主持会议。

8月31日 中国农业科学院党组书记杨振海调研都市所，听取工作情况汇报，充分肯定都市所在院地合力支持下取得的建设成效。

9月

9月1日 中国农业科学院党组书记杨振海会见正大集团资深副董事长谢毅一行，双方围绕深化农业科技合作、升级农业产业深入交换了意见。

9月4日 农业农村部党组成员、中国农业科学院院长吴孔明会见了来访的爱尔兰议会对华友好小组召集人、共和党众议员詹姆斯·奥康纳一行，双方就中爱农业科技合作交换了意见。爱尔兰共和党众议员、农业部前部长巴里·考恩随团来访。中国农业科学院副院长孙坦参加会见。

9月4日 农业农村部党组成员、中国农业科学院院长吴孔明会见了来访的老挝国会主席赛宋蓬·丰威汉一行，双方就进一步深化中老农业科技合作深入交换了意见。中国农业科学院副院长孙坦参加会见。

9月5日 我国首个国家级北方水稻重大科研平台——中国水稻研究所北方水稻研究中心在黑龙江省宝清县正式落成。农业农村部党组成员、中国农业科学院院长吴孔明，副院长刘现武，黑龙江省政府副秘书长韩库出席活动。

9月5日 中国农业科学院党组书记杨振海到内蒙古自治区呼伦贝尔新巴尔虎左旗和新巴尔虎右旗，围绕布鲁氏菌病等人畜共患病防控及新型动物防疫社会化服务进行调研。调研组实地考察了承担社会化服务的企业，入户开展布病防控现状调查，听取有关情况汇报，与政府、企业、养殖户代表进行深入交流，并对现行动物疫病防控政策、社会化服务模式等提出了创新发展的思路和举措。

9月6日 农业农村部党组成员、中国农业科学院院长吴孔明到哈尔滨兽医研究所调研，听取哈兽研改革发展情况汇报，现场察看了老所区运行情况以及基地建设情况。中国农业科学院副院长刘现武参加调研。

9月6日 中国农业科学院党组书记杨振海一行到呼伦贝尔草原生态系统国家野外观测研究站调研，考察实验站长期观测样地与实验平台，听取实验站基地建设、科研进展、人才培养、合作交流、制度文化及党建精神文明建设等情况汇报，与实验站科研人员深入交流。

9月7日 农业农村部党组成员、中国农业科学院院长吴孔明会见来访的著名昆虫学家、德国马普学会化学生态学研究所名誉所长大卫·赫克尔。国合局、基因组所主要负责同志参加会见。

9月7—8日　由国家知识产权局运用促进司和农业农村部科技教育司共同主办，中国农业科学院承办的“知识产权服务万里行”——服务农业领域科技创新活动在京举行。活动旨在通过主题对话、政策宣讲、案例剖析、面对面交流等多种形式，深化农业知识产权领域对话交流，共同营造农业科技创新良好氛围。农业农村部党组成员、中国农业科学院院长吴孔明，国家知识产权局党组成员、副局长卢鹏起出席并致辞。

9月9日　中国农业科学院党组书记杨振海带队调研灌溉所，听取工作汇报，充分肯定灌溉所近年来在各方面取得的新成绩。其间，调研组到中原智慧灌溉装备制造产业园、农业农村部节水灌溉工程重点实验室，详细了解科技支撑河南省高标准农田建设和灌溉科技发展情况。

9月9日　农药国家工程研究中心正式成立，农业农村部党组成员、中国农业科学院院长吴孔明和南开大学校长陈雨露共同为中心揭牌，双方专家就农药化学合成、农药高效使用、农药风险评估与控制等方面进行交流。南开大学副校长陈军、李靖，全国农业技术推广服务中心主任魏启文，农业农村部农药检定所所长黄修柱，中国农药工业协会会长孙叔宝参加揭牌仪式。

9月11日　农业农村部党组成员、中国农业科学院院长吴孔明出席第三十届中国北京种业大会。会上，中国农业科学院与通州区政府签订合作框架协议，决定共建国家农业微生物研究中心。双方将以平台建设为抓手，全力打造具有国际影响力的农业微生物研究“硅谷”，引领农业微生物学科和产业发展，为北京“种业之都”建设提供有力支撑。中国农业科学院副院长刘现武参加签约仪式。

9月11日　中国农业科学院副院长孙坦会见美国心脏协会代表一行，双方主要就G2P国际大科学计划和食物周期表倡议（简称PTFI，秘书处设在美国心脏协会）合作展开交流，并签署相关合作协议。双方商定，中国农业科学院营养所将作为PTFI国家中心具体执行机构，PTFI将作为国际合作伙伴参加G2P计划。

9月12日　农业农村部党组成员、中国农业科学院院长吴孔明在京会见了率团访华的巴拿马共和国农牧业发展部部长奥古斯托·瓦尔德拉玛一行，双方一致同意在气候变化、小农户增收、农产品质量标准与检测技术及杂交水稻研究等领域加强合作。巴拿马共和国驻华大使莱奥纳多·甘林陪同来访。

9月13日　中国农业科学院“黄淮海夏玉米密植精准调控高产技术”现场观摩交流会在河南省漯河市举办。期间，河南省农业农村厅、作科所、院中原研究中心三方签订《河南省玉米密植精准调控高产技术推广合作协议》。农业农村部党组成员、中国农业科学院院长吴孔明，副院长孙坦，农业农村部种植业管理司副司长吕修涛，河南省农业农村厅党组书记、厅长孙巍峰，副厅长马万里，河南省乡村振兴局党组成员、副局长王惠民等领导出席活动。

9月13日　中国农业科学院油料作物研究所举办的花生提质固氮减损增产ARC耦合技术千亩连片应用观摩与交流研讨会在河南正阳召开。会上，中国科学院院士张启发应邀讲话；专家组组长、中国工程院院士张新友宣读了现场考察意见。农业农村部党组成员、中国农业科学院院长吴孔明出席现场观摩会。中国农业科学院副院长孙坦，农业农村部科技教育司一级巡视员张文、种植业管理司副司长吕修涛、农产品质量安全监管司二级巡视员董洪岩、科技发展中心主任杨礼胜、全国农业技术推广服务中心主任魏启文出席会议。

9月13日 中国农业科学院党组书记杨振海会见来中国农业科学院饲料研究所洽谈合作的浙江海洋大学党委书记严小军一行，双方围绕院校学科共建、科技创新共享等进行了座谈交流。中国农业科学院党组成员、人事局局长陈华宁参加会见。

9月14日 中国农业科学院中原研究中心揭牌仪式在新乡市平原示范区举行。农业农村部党组成员、中国农业科学院院长吴孔明与河南省副省长李酌共同为中原研究中心、果蔬园艺作物种质创新与利用全国重点实验室及中国农业科学院研究生院中原管理分院揭牌。中国农业科学院副院长孙坦主持揭牌仪式。

9月18日 农业农村部党组成员、中国农业科学院院长吴孔明，院党组书记杨振海与来院调研的河南农业大学党委书记李成伟一行座谈。双方就加强院校合作、加快高水平学科建设、优化学生教育培养、推进高等农林教育创新发展、更好科技支撑农业强国建设等方面进行了深入交流。

9月19日 中国农业科学院党组书记杨振海会见河南省安阳市委副书记、市长高永一行，双方围绕深化农业科技领域务实合作、推进安阳创、新基地规划建设等展开深入交流，中国农业科学院副院长孙坦主持座谈会。

9月19—20日 2023全球土壤健康论坛—盐碱土壤分论坛在陕西召开。与会专家围绕盐碱地以种适地、盐碱地产能提升、盐碱地生态利用等方面的科技发展现状、前沿技术以及发展方向开展深入研讨，助力盐碱地土壤特性、植物适应机制和管理策略的研究，推动盐碱地的可持续利用和农产品的安全生产。中国农业科学院副院长梅旭荣主持论坛。曹晓风院士、联合国粮食及农业组织土地与水资源司司长李利锋，以及12个国家的相关专家参加论坛。

9月20日 十四届全国政协委员、中共中央组织部原副部长曾一春到中国农业科学院调研，农业农村部党组成员、中国农业科学院院长吴孔明出席会议，院党组书记杨振海主持会议。农业农村部人事司司长陆红，中共中央组织部办公厅副主任张瑞君，中国农业科学院副院长孙坦，院党组成员、人事局局长陈华宁参加座谈。

9月20日 中国农业科学院在京举办“礼赞二十大　奋进新征程”离退休职工文艺演出，农业农村部党组成员、中国农业科学院院长吴孔明出席活动并致辞，院党组书记杨振海带领党员同志重温入党誓词，农业农村部离退休干部局局长陶永平，院纪检组组长、副院长周若辉，院党组成员、人事局局长陈华宁出席活动。

9月20日 黑龙江省副省长徐向国到哈兽研调研，参观研究所规划沙盘和所史展览馆，察看国家动物疫病防控高级别生物安全实验室，听取研究所相关工作汇报。

9月20日 甘肃省政协党组书记、主席庄国泰一行调研兰兽研。调研组考察了动物疫病防控全国重点实验室、高级别生物安全实验室和所属企业，详细了解研究所科技创新链及产业化发展情况，召开省政协十三届一次会议重点提案督办协商会，部署甘肃省生物医药产业和“专精特新”企业发展工作。

9 月 21 日　全国人大常委会委员、全国人大农业与农村委副主任委员唐华俊院士率队到南繁院调研，考察南繁院作物表型设施，听取南繁院发展建设、科研工作进展的情况汇报，与南繁院领导班子、创新团队开展座谈交流。

9 月 22 日　中国农业科学院党组书记杨振海上门走访蔬菜所李宝聚研究员，了解团队开展作物病害防治科学研究、成果转化和技术推广情况，与团队成员座谈交流粮经轮作、种养结合、肥药利用、耕地保护等国家产业重大需求，征求推动院所改革创新发展的意见建议。

9 月 22 日　甘肃省临潭县委副书记、县长宋国全一行到中国农业科学院调研座谈，中国农业科学院副院长曹永生出席座谈会。双方围绕产业发展规划、人才技术支撑、特色农产品研发和精深加工等方面进行了深入交流。

9 月 24 日　中国农业科学院与北京市朝阳区人民政府签署战略合作协议。双方将在建设温榆河公园（朝阳段）智慧农业示范基地、药食同源资源开发与应用示范基地、国家农业科技创新园新技术新装备应用示范基地、国家现代农业科技展示基地，打造农业公园特色场景和中国传统花卉种质资源展示与科普宣传示范园等方面开展合作。副院长孙坦代表中国农业科学院与北京市朝阳区委常委、政法委书记、副区长李欣签署战略合作协议。

9 月 26 日　第十四届全国政协委员、中共中央组织部原副部长曾一春和农业农村部党组成员、中国农业科学院院长吴孔明率队赴西藏调研高原地区膳食结构和居民营养健康工作。西藏自治区党委书记王君正会见调研组一行，双方就进一步加大西藏农产品供给、改善膳食结构等内容展开交流。中国农业科学院副院长曹永生参加活动。

9 月 26 日　农业农村部党组成员、中国农业科学院院长吴孔明在拉萨看望慰问农业农村部及中国农业科学院援藏干部并开展座谈。西藏自治区农业农村厅副厅长刘志国代表部援藏干部组介绍中国农业科学院援藏干部的总体工作情况，果树所史祥宾、环发所武建双、信息所梁丹辉和作科所郑成岩四位援藏干部分别进行了工作汇报。

9 月 26 日　第十四届全国人大常委会委员、农业与农村委员会副主任委员唐华俊院士到蜜蜂所云南沧源试验站调研，详细了解云南临沧市蜜蜂产业的发展情况。

9 月 26—27 日　中国农业科学院农业环境与可持续发展研究所在山西寿阳举办“寿阳站精神”发布活动，正式发布“扎根旱地、集智攻关、治旱兴农、服务人民”的“寿阳站精神”。中国农业科学院党组书记杨振海出席活动并致辞。中国农业科学院副院长梅旭荣，农业农村部科技教育司二级巡视员何艺兵出席活动。

9 月 28 日　中国农业科学院在京召开区域中心工作推进会，成都中心、西部中心、南繁院、北方中心、中原中心、华东中心、中农数院分别汇报了建设进展与成效、存在问题及下一步重点工作。农业农村部党组成员、中国农业科学院院长吴孔明出席会议并讲话，强调要加强组织领导，立足公益定位，构建院地深度融合的开放发展模式。院党组书记杨振海主持会议。副院长梅旭荣、孙坦、曹永生，院党组成员、人事局局长陈华宁出席会议。

9月28日 农业农村部党组成员、中国农业科学院院长吴孔明会见了来访的新加坡可持续发展与环境部部长傅海燕一行，双方就进一步深化中新农业科技合作交换了意见。

9月22—28日 乌兹别克斯坦棉花研究所副所长卡里莫夫一行到新疆、海南的棉花所试验基地调研，深入了解中国植棉技术相关科研成果，双方在棉花科技创新、人员交流、科技产业发展等领域达成合作共识。中国农业科学院副院长梅旭荣参加调研。

10月

10月8日 农业农村部党组成员、中国农业科学院院长吴孔明会见到院调研的黑龙江省副省长徐向国一行，双方表示，希望双方进一步深化合作，以哈兽研、北方水稻研究中心和黑河大豆研究中心为战略支点，科技支撑黑龙江农业农村高质量发展。中国农业科学院副院长孙坦，院党组成员、人事局局长陈华宁参加会见。

10月8日 教育部党组成员、副部长孙尧带队调研南繁院，考察国家南繁作物表型研究设施项目建设进展，听取海南专项研究生教育培养情况。中国农业科学院副院长梅旭荣参加调研。

10月10日 甘肃省政府副省长、党组成员李刚到兰牧药调研科技创新工作，听取研究所关于科技创新和服务甘肃情况汇报，表示甘肃省政府将在重大项目立项、重大平台建设等方面持续支持研究所，推动研究所高质量发展。

10月11日 外交部部长助理农融一行到中国农业科学院开展专题调研。调研组听取中国农业科学院国际合作总体情况汇报，表示外交部将进一步加大对农业科技国际合作的重视和支持力度，加强顶层设计，谋划重点项目，强化内外宣传，提升合作层级，为国家总体外交形成更有效支撑。农业农村部党组成员、中国农业科学院院长吴孔明出席座谈会。中国农业科学院副院长孙坦主持座谈会，农业农村部国际合作司司长隋鹏飞、外交部亚洲司副司长梁建军参加座谈。

10月11日 湖南省委、省政府在长沙举行杂交水稻研究成功50周年座谈会，中国农业科学院党组书记杨振海，院党组成员、人事局局长陈华宁出席会议。会议要求，中国农业科学院要与全国农业科研单位、种业企业共同努力，坚决贯彻落实党中央决策部署，打造新时代全国种业科技力量大联合、大协作的良好生态，加强种质资源收集保存和精准鉴定，加强原创性、引领性研究，为保障国家粮食安全、建设农业强国作出新的更大贡献。

10月12日 中国农业科学院党组书记杨振海出席所局级干部任职培训班并作专题报告，院党组成员、人事局局长陈华宁主持报告会。会议围绕新时代好干部标准“信念坚定、为民服务、勤政务实、敢于担当、清正廉洁”，从 5 个方面系统阐述总体要求，全面总结中国农业科学院经验做法，深入分析差距不足，就打造中国农业科学院高素质干部队伍提出明确要求。

10 月 13 日 中国农业科学院与华为技术有限公司在京召开战略合作座谈会。农业农村部党组成员、中国农业科学院院长吴孔明，华为技术有限公司副总裁、数字政府总裁吴刚出席会议并讲话。中国农业科学院副院长孙坦主持会议。

10 月 15 日 智利共和国总统博里奇一行到都市所调研研究所自主研发的无人植物工厂超级食品生产系统，参观家庭园艺、都市园艺和屋顶农业等多个展示区域，品尝新品种莴苣（生菜），高度赞赏都市所科技创新取得的成绩，希望中智两国能够进一步加强农业领域的合作交流，将更多的中国农业高新技术输出到智利，推动技术联合攻关，助力两国现代农业健康发展。

10 月 16 日 农业农村部党组成员、中国农业科学院院长吴孔明与来院调研的黑龙江省双鸭山市委书记邵国强一行座谈，强调双方要在现有合作基础上，做好顶层谋划，以北方水稻研究中心为平台，拓展合作范围，拓宽合作领域，建立常态化合作机制，组建相关创新团队，在水稻玉米大豆杂粮种业创新、技术集成示范、产业链延伸、品牌创建等方面强化合作，共同助推农业增产增效、农民增收致富，科技赋能双鸭山粮食安全和农业农村现代化。中国农业科学院副院长孙坦主持座谈会。

10 月 17 日 中国农业科学院 2023 年新入职人员岗前培训班正式开班，院党组书记杨振海以“厚植爱农情怀　练就兴农本领　为加快建设农业强国贡献青春力量”为题做专题讲课，院党组成员、人事局局长陈华宁主持开班式。

10 月 18 日 农业农村部党组成员、中国农业科学院院长吴孔明会见了老挝人革党中央政治局委员、中央书记处书记、中组部部长西赛·勒德门松一行，双方就作物育种和设施农业等领域科技创新进行了深入交流。中联部二局副局长王波、参赞梁大宗，老挝中宣部部长，中央办公厅主任、中联部部长等随团来访。

10 月 18 日 中国农业科学院党组书记杨振海一行实地调研南繁院作物表型设施及国家野生稻种质资源圃，与南繁院领导班子、创新团队开展座谈交流，重点听取南繁院党建、精神文明建设、平台建设、科研进展、人才引进、研究生培养、合作交流等情况汇报。

10 月 18 日 全国政协副主席、民建中央常务副主席秦博勇率“扛稳粮食安全责任”十三省（区）政协调研组调研中国农业科学院中原研究中心，听取中心建设情况汇报。中国农业科学院副院长孙坦陪同参观调研。

10 月 18 日 第十四届全国政协委员、中共中央组织部原副部长曾一春到中国农业科学院就改善西藏居民营养膳食结构开展座谈交流，农业农村部党组成员、中国农业科学院院长吴孔明出席座谈会。会议强调，西藏居民营养膳食改善工作是一项系统和长期工作，要提高站位，聚焦重，分类研，分阶段实施，注重宣教引导和方案的可操作性，不断提升西藏城乡居民的营养健康水平。中共中央组织部办公厅副主任张瑞君，农业农村部国家首席兽医师（官）李金祥、发展规划司副司长王晋臣，国家卫生健康委食品司司长刘金峰，西藏自治区农业农村厅厅长张海波、卫生健康委副主任郭珞、西藏自治区农牧科学院院长曹永寿，中国农业科学院副院长曹永生，以及调研组专家代表参加座谈。

10 月 19 日 河北省委书记倪岳峰到中国农业科学院农产品与营养健康研究院（沧州）（简称沧州加工院）调研，参观成果展示厅，考察旱碱麦加工科研进展情况，听取沧州加工院与地方企业开展合作情况的汇报，表示望沧州加工院针对地方需求，推进科技创新和科技成果转化同时发力，助力河北省农产品加工业高质量发展。

10 月 20 日 农业农村部党组成员、中国农业科学院院长吴孔明会见了来访的联合国工业发展组织总干事格尔德·穆勒一行，双方就下一步合作方向交换了意见。中国农业科学院副院长孙坦参加活动。

10 月 20 日 农业农村部党组成员、中国农业科学院院长吴孔明会见到院调研的福建省农业科学院院长余文权一行，双方围绕福建省与中国农业科学院合作协议落实情况开展交流。中国农业科学院副院长曹永生参加会见。

10 月 18—20 日 2023 国际智慧农业创新大会在昆山召开。大会以"数据赋能，融合创新"为主题，交流智慧农业科技最新研究进展，分享智慧农业应用案例和经验，探讨未来智慧农业科技创新所面临的机遇与挑战。唐华俊院士担任大会主席并主持开幕式，中国农业科学院副院长刘现武、中国农村技术开发中心主任邓小明等致辞。

10 月 21 日 农业农村部党组成员、中国农业科学院院长吴孔明出席 2023 盐碱地特色农业发展会议。会议以"科技创新引领支撑盐碱地特色农业产业发展"为主题，同商共议盐碱地综合利用科技创新与产业发展。会上还举行了国家盐碱地生物农业试验示范区揭牌仪式。中国农业科学院副院长梅旭荣参加会议。

10 月 23 日 农业农村部党组成员、中国农业科学院院长吴孔明会见了来访的俄罗斯科学院副院长切科马列夫·彼得·亚历山大罗维奇一行，双方就进一步深化两院合作交换了意见。中国农业科学院副院长孙坦参加会见。

10 月 23 日 农业农村部党组成员、中国农业科学院院长吴孔明会见了来访的国际粮食政策研究所（IFPRI）所长约翰·斯温宁一行。双方就年度智库报告联合发布、共同筹备发起 G2P 国际大科学计划等交换了意见。中国农业科学院副院长孙坦参加会见。

10 月 24 日 农业农村部党组成员、中国农业科学院院长吴孔明会见来院调研的北京市委副书记刘伟一行并座谈。双方表示，希望进一步深化合作，建立常态化沟通交流机制，加强战略规划对接，共同推进农业中关村建设，为加快农业强国建设作出更大贡献。中国农业科学院副院长刘现武参加座谈。

10 月 24 日 中国农业科学院与联合国粮食及农业组织（FAO）、国际农业研究磋商组织（CGIAR）共同主办的首届旱地农业国际研讨会在北京开幕。会议指出，中国农业科学院与有关科研机构联合研发推广抗旱适水种植模式和关键技术装备，使中国北方干旱地区降水利用效率平均提高 7 个百分点，旱地作物的生产力在过去 30 年中翻了近一番；今后将继续与国内外同行密切合作，积极推动旱地农业可持续发展，为联合国 2030 年可持续发展目标的实现作出更大的贡献。农业农村部党组成员、中国农业科学院院长吴孔明出席开幕式并致辞。中国农业科学院副院长梅旭荣主持开幕式。

10 月 24 日　黑龙江省人大常委会副主任杨廷双到哈兽研调研，围绕科技创新、成果转化、人才培养等方面与所领导班子进行座谈交流。

10 月 25 日　中华全国妇女联合会第十三届执行委员会召开第一次会议，选举中华全国妇女联合会第十三届主席、副主席和常务委员。中国科学院院士、中国农业科学院哈尔滨兽医研究所动物流感基础与防控研究创新团队首席科学家陈化兰再次当选中华全国妇女联合会副主席。

10 月 26 日　由中国农业科学院与海南省人民政府、联合国粮食及农业组织（FAO）、国际农业研究磋商组织（CGIAR）、国际原子能机构（IAEA）共同主办的第七届国际农科院院长高层研讨会（GLAST—2023）在海南三亚开幕。大会以“科技引领全球粮食系统转型”为主题，聚焦全球重大议题，立足国家战略需求、推动农业科技合作。农业农村部党组成员、中国农业科学院院长吴孔明，农业农村部国家首席兽医师（官）李金祥，海南省政府党组成员刘平治，海南省三亚市市长陈希，国际农业研究磋商组织体系转型全球总监约翰·斯温宁等出席开幕式并致辞，联合国粮食及农业组织总干事屈冬玉、国际原子能机构副总干事纳贾德·莫克塔专门发来视频致辞。

10 月 26 日　中国农业科学院副院长孙坦会见挪威生物经济研究所科研所长 Per Stålnacke，共同见证饲料所与挪威生物经济研究所签署共建“中国—挪威水产动物饲料资源开发与利用技术创新中心”合作协议。双方一致表示，要持续提升已有领域的合作水平，依托搭建的创新合作平台，进一步推进国际化人才培养与合作交流，共同开展农业生物资源保藏与评价等工作，为全球农业科技发展贡献力量。

10 月 27 日　农业农村部党组成员、中国农业科学院院长吴孔明出席第三届全国农业科技成果转化大会高级别全体会议。大会以“农业强国，科技驱动”为主题，聚焦农业科技成果转化与应用，促进多方交流与合作。中国农业科学院副院长刘现武主持高级别全体会议，院党组成员、人事局局长陈华宁参加会议。

10 月 29 日—11 月 2 日　国际玉米小麦改良中心主任布拉姆·戈瓦茨率队到访作科所，就建立南繁玉米育种合作团队、将热带系玉米引入中国等事宜展开会谈，达成初步共识，并共同为在前期合作中做出卓越贡献的单位和个人颁发奖项。

10 月 30 日　农业农村部党组成员、中国农业科学院院长吴孔明出席植物生物安全国际研讨会。开幕式上举行了农业农村部—国际应用生物科学中心（CABI）生物安全联合实验室十五周年庆祝活动、国际植保科技创新联盟组建方案宣介、中老植物保护联合实验室交流及学术研讨等。植保所向老挝农林部捐赠价值 88 万元的草地贪夜蛾防控产品和监测设备。CABI 席执行官丹尼尔·埃尔格等出席会议。

10 月 30 日　中国农业科学院副院长孙坦会见到访的美国国际开发署首席科学家罗伯特·伯特伦以及联合国粮食及农业组织（FAO）总干事特别顾问夏敬源，就下一步加强战略合作展开研讨。

10月31日 农业农村部党组成员、中国农业科学院院长吴孔明出席“国际杰青计划十周年研讨对话活动”。会上发布了国际杰青10周年成果案例集，中国农业科学院植保所、加工所、果树所国际杰青项目入选案例。科技部副部长张广军、国际合作司副司长张健、中国科学技术交流中心主任高翔参加活动。

10月31日 由中国农业科学院与联合国粮食及农业组织共同主办，中国农业科学院植物保护研究所、全国农业技术推广服务中心和中国植物保护学会承办的“全球草地贪夜蛾可持续防控研讨会”在北京召开。农业农村部党组成员、中国农业科学院院长吴孔明，草地贪夜蛾研讨会全球组委会主席、美国国际开发署首席科学家罗伯特·贝特拉姆，联合国粮食及农业组织草地贪夜蛾全球防控行动秘书处秘书长、总干事特别顾问夏敬源，全国农业技术推广服务中心主任魏启文等出席开幕式并致辞。联合国粮食及农业组织副总干事贝丝·贝克多尔发来视频致辞。

11月

11月1日 中国农业科学院举办2023年综合政务培训班。中国农业科学院副院长梅旭荣以“农业科技：迈向创新型国家前列”为题作专题讲座，副院长刘现武出席开班式。会议强调，要深入学习贯彻习近平总书记关于新时代办公厅（室）工作的重要讲话和指示批示精神，带头讲政治、优机制、强作风、保落实，以高水平的综合政务工作支撑中国农业科学院高质量发展，为农业强国、科技强国建设作出新贡献。

11月1日 国家卫生健康委员会副主任、党组副书记曾益新院士到兰兽研调研，考察了高级别生物安全实验室、动物疫病防控全国重点实验室，详细了解生物安全学科建设、重大平台运行以及研究所与兰州大学共建动物医学与生物安全学院的发展情况。

11月1日 中国农业科学院副院长孙坦会见到访的国际生物多样性中心与国际热带农业中心联盟主任胡安·卢卡斯一行。会议指出，双方应围绕G2P国际大科学计划，推动遗传资源保护和利用的创新性研究、加强人才培养和能力建设，中国农业科学院将作为联合主办方，与联盟密切合作，共同筹备第三届国际农业生物多样性大会。

11月2日 农业农村部党组成员、中国农业科学院院长吴孔明会见了来访的国际玉米小麦改良中心主任布拉姆·戈瓦茨一行。双方就共同举办中国—非洲作物科学研讨会等达成初步共识。

11月2—3日 由中国农业科学院茶叶研究所和中国茶叶学会联合主办的“第五届国际茶学院所长会议”在浙江杭州召开。会上发布了国际杰青十周年成果案例集，中国农业科学院植保所、加工所、果树所国际杰青入选经典案例。中国农业科学院副院长孙坦出席会议并致辞。

11月3日 农业农村部党组成员、中国农业科学院院长吴孔明出席世界农业科技创新大会并作主论坛报告。题为“中国的粮食安全：成就、挑战与对策”的主论坛报告从我国保障粮食安全取得的成就、目前所面临的挑战和下一步对策措施三个方面对我国农业粮食系统建设作了全面阐述。

11 月 5 日　黑龙江省委书记许勤率队到哈兽研下属企业（哈尔滨国生生物科技股份有限公司和哈尔滨恩维生物制药有限公司）调研项目建设情况，强调要坚持以科技创新引领产业全面振兴，加大优质项目引进力度，加快重点项目建设进度，加速产业结构调整步伐，着力构建具有黑龙江特色的现代化产业体系，为高质量发展、可持续振兴提供有力支撑。

11 月 6 日　农业农村部党组成员、中国农业科学院院长吴孔明会见国际原子能机构技术合作项目执行专家埃文·埃施。双方建议在国际原子能机构工作框架下进一步促进全球科研机构和科学家之间的交流合作，特别是利用昆虫辐照不育技术应对气候变化对病虫害防控带来的不利影响，共同推进全球病虫害防治能力和水平提升。

11 月 7 日　河南省副省长宋争辉到郑果所调研，考察西瓜甜瓜种质资源中期库和国家葡萄桃种质资源圃。

11 月 8 日　中国农业科学党组书记杨振海出席 2023 年科技创新工作会议并讲话。副院长曹永生主持会议并作会议总结。会议强调，要聚焦国家最紧迫的重大需求，在创新工程、重点项目、重大平台、学科团队、体制机制等方面推动科技创新，为建设科技强国、农业强国，加速实现农业科技自立自强提供坚实支撑。

11 月 8 日　中国农业科学党组书记杨振海一行到郑果所调研，考察国家葡萄桃资源圃和西瓜甜瓜种质资源中期库，听取研究所工作汇报。

11 月 9 日　中国农业科学党组书记杨振海出席中原中心与作科所联合举办的水稻新品种食味品鉴活动，要求中原中心加快提升条件保障能力，扎实开展科技创新和成果转化工作，高效服务区域经济发展和乡村全面振兴，高水平科技支撑中原农谷和河南农业强省建设。

11 月 9 日　中国农业科学院与黑龙江省佳木斯市人民政府签署战略合作协议，双方将在成果落地转化、科研平台共建、高层次人才培养交流等方面开展务实合作。中国农业科学院副院长孙坦，佳木斯市副市长王继武出席签约仪式并讲话。

11 月 9 日　中国农业科学院副院长孙坦会见了来访的比尔及梅琳达盖茨基金副主任尼尔·沃特金斯一行。双方将探索结合 FAO-CAAS 创新平台和中国农业科学院国际农业科学计划二期项目，共同开展科技+企业模式的南南合作，帮助发展中国家提高农业生产能力；在中非农业科技创新联盟框架下，发挥中国农业科学院的科研教育优势，为非洲科学家和留学生提供长期培训。

11 月 10 日　中国农业科学党组书记杨振海出席河南省人民政府主办的 2023 中原农谷国际种业大会，表示将与全国农业科研单位、种业企业共同努力，进一步夯实种质资源基础，抓紧补齐基础理论和共性技术短板，加快培育重大品种，努力攻克粮食单产提升综合技术，深化种业科技国际合作，打好种业翻身仗。河南省委书记楼阳生、省长王凯，农业农村部副部长马有祥参加会议。

11月10日 全国政协常委、甘肃省政协副主席、民革甘肃省委会主委霍卫平考察兰兽研动物疫病防控全国重点实验室与高级别生物安全实验室，重点了解研究所科技创新、重大成果培育和成果转化应用等情况。甘肃省政协常委袁斌才参加调研。

11月10日 中国农业科学院以“加强统筹谋划，建设一流科研条件平台，打造国家战略科技力量”为主题，在成都召开2023年发展建设工作会。中国农业科学院副院长刘现武出席会议并作主题报告。农业农村部发展规划司副司长王晋臣出席会议。

11月13日 全国政协副主席、民革中央常务副主席何报翔一行到兰兽研调研，考察了动物疫病防控全国重点实验室、高级别生物安全实验室，详细了解创新学科建设、重大平台运行及其支撑科研攻关情况。

11月14日 “农经观察”围绕优秀传统文化对乡村文化振兴的积极作用、传统孝道在当代乡村文化建设中的价值、农耕文明对建设农业强国启示等方面展开会商，中国农业科学院党组书记杨振海、全国政协委员张合成、中国农业科学院副院长梅旭荣出席会议。

11月14日 由中国农业科学院与非洲科学院牵头发起的中非农业科技创新联盟倡议在第二届中非农业合作论坛上正式发布，号召中非各利益相关方共同参与，为实现科技创新引领中非农业现代化贡献力量。中国农业科学院副院长孙坦主持发布仪式。

11月15日 中国农业科学院与黑龙江省签署战略合作协议。双方将在建设专业化大豆研究机构、共建科技创新区域中心、开展成果转移转化、联合培养高端人才等方面进一步加强合作，共同助推黑龙江现代化大农业高质量发展。农业农村部副部长张兴旺，部党组成员、中国农业科学院院长吴孔明以及黑龙江省委书记许勤、省长梁惠玲出席签约仪式。

11月15日 农业农村部副部长张兴旺出席第七期大豆科技月月谈活动。活动由重任局（大豆办）和北大荒农垦集团主办。活动强调，要强化种源科技创新的战略思维，加强政府和市场力量的运用，促进企业和科研的相互交融，破除唯论文唯专利的思维局限，弘扬新时代科学家精神，加强评价制度研究，全力做好大豆科技攻关。

11月15—16日 由中国农业科学院海外农业研究中心、国合局主办的第七届海外农业研究大会在广州举办。与会人员以“深化科企融合，构建周边外交新格局”为主题，围绕生物育种、低碳农业与碳中和等领域展开交流。会上还发布了2023海外农业研究中心智库报告。中国农业科学院副院长孙坦、农业农村部科教司二级巡视员窦鹏辉出席开幕式。

11月17日 马来西亚副总理法迪拉·尤索夫到访中国农业科学院，副院长孙坦出席会见。双方建议进一步深化在作物育种、设施农业和能力建设等领域合作，为两国农业发展提供更强支撑。马来西亚外交部副部长穆罕默德·阿拉敏、驻华大使诺曼·穆罕默德等随团来访。

11月18日 中国农业科学院果树研究所召开果树学科发展战略研讨会，农业农村部国家首席兽医师（官）李金祥、中国农业科学院副院长孙坦出席会议。会上发布了院的建设成效和各创新团队取得的科研成绩，对南繁院的一期项目成果表示认可。

12 月 15 日 中国农业科学院召开新任所局级领导集体廉政谈话会，院党组成员、纪检组组长周若辉与新提任所局级领导干部及新转任纪委书记进行集体廉政谈话。

12 月 18 日 由国家食物与营养咨询委员会、中国农业科学院主办，营养所承办的《2023 年中国食物与营养发展报告》发布会暨中国食物与营养创新发展论坛在京召开。报告从数量、营养、经济等多个层面对我国食物损耗浪费情况进行量化评估。中国农业科学院副院长叶玉江出席会议并讲话。

12 月 19 日 何梁何利基金会 2023 年度颁奖大会在北京举行，中国农业科学院兰州兽医研究所郑海学研究员荣获何梁何利基金科学与技术创新奖，奖励其在口蹄疫等重大动物疫病防控理论和高效疫苗设计创制应用等方面作出的突出贡献。

12 月 25 日 中国农业科学院召开“海南专项”研究生规范管理工作会，农业农村部党组成员、中国农业科学院院长吴孔明出席会议，副院长孙坦主持会议。会议指出，要务实做好“海南专项”研究生培养工作，管理机制要有创新，注重培养质量，体现专项需求，契合中国农业科学院在海南发展规划；要扎实筑牢安全底线，梳理各项风险点，确保研究生和科研人员、实验室、网络等各方面安全生产。

12 月 27 日 农业农村部党组成员、副部长张兴旺到牧医所调研国家畜禽种质资源库建设情况，农业农村部党组成员、中国农业科学院院长吴孔明参加调研并主持座谈会。张兴旺强调，各参建单位要充分认识建设国家畜禽种质资源库的重大意义，把国家畜禽种质资源库建成优质精品工程、绿色环保工程、安全廉洁工程；要创新运行管理机制，充分发挥“国之重器”的作用，做好我国优秀畜禽种质资源的长期战略保存、鉴定评价、深度挖掘、开放共享等工作。农业农村部科学技术司司长周云龙、种业管理司一级巡视员孙好勤、发展规划司副司长王晋臣，全国畜牧总站站长、党委书记魏宏阳，中国农业科学院副院长刘现武参加调研。

12 月 28 日 中国农业科学院召开工作建议交流会，农业农村部党组成员、中国农业科学院院长吴孔明出席会议，副院长刘现武主持会议。会议听取了院士专家和部分研究所相关负责同志对深入推进“举院抓大事”、加快推动院所高质量发展的意见建议。会议对举办好 2024 年院工作会议提出了明确要求。院党组成员、人事局局长陈华宁参加会议。

12 月 29 日 中央编办四局副局长杨巍会同财政部综合司、科技部政策法规与创新体系建设司有关负责同志到中国农业科学院调研指导，听取中国农业科学院工作汇报，聚焦优化科研机构布局深入研讨交流，农业农村部党组成员、中国农业科学院院长吴孔明主持会议，农业农村部人事司司长陆红、科技司司长周云龙、计财司副司长虞涛，中国农业科学院党组成员、人事局局长陈华宁出席会议。